Visual Basic 开发 从入门到精通

陈强◎编著

人民邮电出版社
北京

图书在版编目（C I P）数据

Visual Basic开发从入门到精通 / 陈强编著. -- 北京 : 人民邮电出版社, 2016.9
ISBN 978-7-115-41987-3

Ⅰ. ①V… Ⅱ. ①陈… Ⅲ. ①BASIC语言－程序设计 Ⅳ. ①TP312

中国版本图书馆CIP数据核字(2016)第123673号

内 容 提 要

本书由浅入深地详细讲解了 Visual Basic（简称 VB）的开发技术，并通过具体实例的实现过程演示了各个知识点的具体应用。全书共 24 章，其中第 1 章讲解了 Visual Basic 技术的基础知识，包括搭建开发环境和编写第一段 Visual Basic 程序；第 2～10 章分别讲解了 Visual Basic 的基础语法、条件语句、流程控制、数组、函数和控件应用等知识，这些内容都是 Visual Basic 开发技术的核心知识；第 11～17 章分别讲解了数据库工具、Data 控件和 ADO 控件、DataGrid 控件、报表打印、存储过程和 ActiveX 控件等基本知识，这些内容是 Visual Basic 开发技术的重点和难点；第 18～22 章分别讲解了绘图处理、MSChat 控件、图形动画编程和多媒体编程等内容；第 23～24 章通过两个综合实例的实现过程，介绍了 Visual Basic 技术在综合项目中的使用流程。全书内容循序渐进，以“技术解惑”和“范例演练”贯穿全书，引领读者全面掌握 Visual Basic 语言。

本书不但适用于 Visual Basic 的初学者，也适用于有一定 Visual Basic 基础的读者，也可以作为大专院校相关专业师生的学习用书和培训学校的教材。

◆ 编　　著　陈　强
　责任编辑　张　涛
　责任印制　焦志炜

◆ 人民邮电出版社出版发行　　北京市丰台区成寿寺路 11 号
　邮编　100164　　电子邮件　315@ptpress.com.cn
　网址　http://www.ptpress.com.cn
　固安县铭成印刷有限公司印刷

◆ 开本：787×1092　1/16
　印张：31.75　　　　2016 年 9 月第 1 版
　字数：842 千字　　　2024 年 7 月河北第 5 次印刷

定价：69.00 元（附光盘）

读者服务热线：(010) 81055410　印装质量热线：(010) 81055316
反盗版热线：(010) 81055315
广告经营许可证：京东市监广登字20170147号

前　言

从你开始学习编程的那一刻起，就注定了以后所要走的路：从编程学习者开始，依次经历实习生、程序员、软件工程师、架构师、CTO 等职位的磨砺；当你站在职位顶峰的位置蓦然回首，会发现自己的成功并不是偶然，在程序员的成长之路上会有不断修改代码、寻找并解决 Bug、不停测试程序和修改项目的经历；不可否认的是，只要你在自己的开发生涯中稳扎稳打，并且善于总结和学习，最终将会得到可喜的收获。

一本合适的书

对于一名想从事程序开发的初学者来说，究竟如何学习才能提高自己的开发技术呢？其一的答案就是买一本合适的程序开发书籍进行学习。但是，市面上许多面向初学者的编程书籍中，大多数篇幅都是基础知识讲解，多偏向于理论；读者读了以后面对实战项目时还是无从下手，如何实现从理论平滑过渡到项目实战，是初学者迫切需要的书籍，为此，作者特意编写了本书。

本书用一本书的容量讲解了入门类、范例类和项目实战类 3 类图书的内容，并且对实战知识不是点到为止地讲解，而是深入地探讨。用纸质书＋光盘资料（视频和源程序）＋网络答疑的方式，实现了入门＋范例演练＋项目实战的完美呈现，帮助读者从入门平滑过渡到适应项目实战的角色。

本书的特色

1. 以“入门到精通”的写作方法构建内容，让读者入门容易

为了使读者能够完全看懂本书的内容，本书遵循“入门到精通”基础类图书的写法，循序渐进地讲解这门开发语言的基本知识。

2. 破解语言难点，“技术解惑”贯穿全书，绕过学习中的陷阱

本书不是编程语言知识点的罗列式讲解，为了帮助读者学懂基本知识点，每章都会有“技术解惑”板块，让读者知其然又知其所以然，也就是看得明白，学得通。

3. 全书共计 314 个实例，和“实例大全”类图书同数量级的范例

书中一共有 314 个实例，其中 104 个正文实例，2 个综合实例。每一个正文实例都穿插加入了 2 个与知识点相关的范例，即 208 个拓展范例。通过对这些实例及范例的练习，实现了对知识点的横向切入和纵向比较，让读者有更多的实践演练机会，并且可以从不同的角度展现一个知识点的用法，真正实现了举一反三的效果。

4. 视频讲解，降低学习难度

书中每一章节均提供声、图并茂的语音教学视频，这些视频能够引导初学者快速入门，增强学习的信心，从而快速理解所学知识。

5. 贴心提示和注意事项提醒

本书根据需要在各章安排了很多“注意”“说明”和“技巧”等小板块，让读者可以在学习过程中更轻松地理解相关知识点及概念，更快地掌握个别技术的应用技巧。

6. *源程序＋视频＋PPT 丰富的学习资料，让学习更轻松*

因为本书的内容非常多，不可能用一本书的篇幅囊括“基础+范例+项目案例”的内容，所以，需要配套 DVD 光盘来辅助实现。在本书的光盘中不但有全书的源代码，而且还精心制作了实例讲解视频。本书配套的 PPT 资料可以在网站下载（www.toppr.net）。

7. *QQ 群+网站论坛实现教学互动，形成互帮互学的朋友圈*

本书作者为了方便给读者答疑，特提供了网站论坛、QQ 群等技术支持，并且随时在线与读者互动。让大家在互学互帮中形成一个良好的学习编程的氛围。

本书的学习论坛是：www.toppr.net。

本书的 QQ 群是：347459801。

本书的内容

本书循序渐进、由浅入深地详细讲解了 Visual Basic 语言开发的技术，并通过具体实例的实现过程演练了各个知识点的具体应用，如讲解了 Visual Basic 语句、数组、过程和函数、窗体处理、控件应用、工具栏和状态栏、菜单和对话框、程序调试、错误处理和创建帮助、数据库工具、使用 Data 控件和 ADO 控件、DataGrid 控件和数据绑定、绘图处理、使用 MSChat 控件处理图形、图形动画编程和多媒体编程、网络编程、程序打包和部署等，最后通过开发一个简单的扫雷游戏和图书借阅系统等案例把上述知识应用起来。全书以“技术解惑”和“范例演练”贯串全书，引领读者全面掌握 Visual Basic 语言开发。

各章的内容版式

本书的最大特色是实现了入门知识、实例演示、范例演练、技术解惑、综合实战 5 大部分内容的融合。其中各章内容由如下模块构成。

① 入门知识：循序渐进地讲解了 Visual Basic 语言开发的基本知识点。

② 实例演示：遵循理论加实践的教学模式，用 104 个实例演示了各个入门知识点的用法。

③ 范例演练：为了加深对知识点的融会贯通，每个实例配套了 2 个演练范例，全书共计 208 个拓展范例，深入演示了各个知识的用法和技巧。

④ 技术解惑：把读者容易混淆的部分单独用一个板块进行讲解和剖析，对读者所学的知识实现了“拔高”处理。

下面以本书第 3 章为例，演示本书各章内容版式的具体结构。

① 入门知识

3.5.2　使用 While/Wend 语句

While/Wend 语句先判断循环条件，然后决定是否执行循环体语句。While/Wend 语句常被用于一些未知循环次数的程序中，和 Do 语句类似。

While / Wend 语句的语法格式如下所示。

```
While 条件语句
  循环体
Wend
```

其中，只有当“条件语句”的返回值是 True 时，才会执行下面的循环体；否则，将跳出循环，执行后面的代码。

在下面的内容中，将通过一个简单实例来演示 While / Wend 语句的使用方法。

② 实例演

实例 007　计算“1!+ 2!+3!…+12!”的值

源码路径　光盘\daima\3\6\　　视频路径　光盘\视频\实例\第 3 章\007

本实例演示说明了 While/Wend 语句的使用方法，功能是计算“1!+ 2!+3!…+12!”的值。本实例的实现流程如图 3-28 所示。

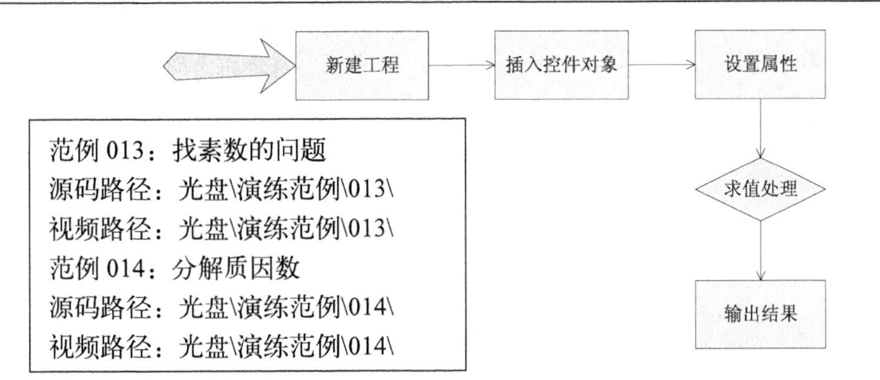

图 3-28　实例实现流程

下面将详细介绍上述实例流程的具体实现过程，首先创建项目工程并插入各个控件对象，具体流程如下所示。

（1）打开 Visual Basic 6.0，创建一个标准 EXE 工程，如图 3-29 所示。

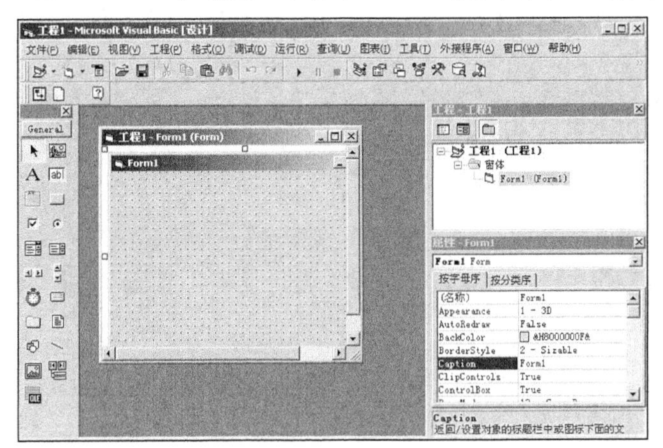

图 3-29　创建工程

（2）在窗体上插入 1 个 Command 控件，并设置其属性，如图 3-30 所示。

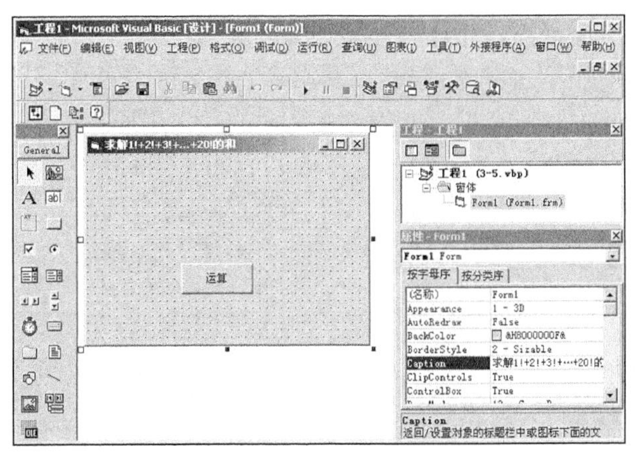

图 3-30　插入对象并设置属性

窗体内各对象的主要属性设置如下所示。

- 窗体：设置名称为“form1”，Caption 属性为“求 1!+2!+3!+…+20!的和”。

❑ Command 控件：设置名称为“Command1”，Caption 属性为“运算”。

双击窗体到代码编辑界面，为 Command1 设置鼠标单击事件处理代码。具体代码如下所示。

```
Private Sub Command1_Click()
    Dim n As Integer, i As Integer, sum As Double
    Dim k As Double
    '循环计算"1!+2!+3!+…+20!"的和
i = 1
    k = 1
    While i <= 15
        k = k * i
        sum = sum + k
        i = i + 1
    Wend
Print "1!加到15!="; sum                    '输出计算结果
End Sub
Private Sub Form_Load()
```

在上述代码中，首先定义了 i 和 k 两个变量，并分别初始化它们的值为 1；然后使用 While/Wend 语句，如果 $i \leqslant 15$，则计算 i 的阶乘。

至此，整个实例的设置、编写工作完成。将实例文件保存并执行后，将首先按指定样式显示窗体对话框，如图 3-31 所示；当单击【运算】按钮后，将输出对应的计算结果，如图 3-32 所示。

图 3-31　窗体对话框

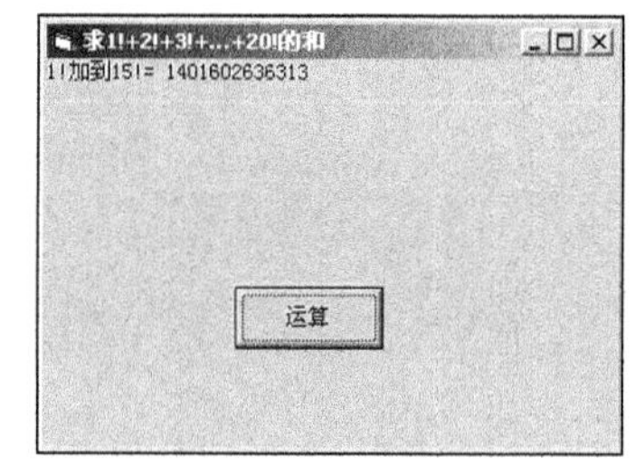

图 3-32　输出计算结果

④ 技术解惑

3.7　技术解惑

3.7.1　几种语句的选择

3.7.2　结构的选择

3.7.3　慎用 Goto 语句

3.7.4　Visual Basic 语句大全及详解

3.7.5　End 和 Stop 的区别

赠送资料

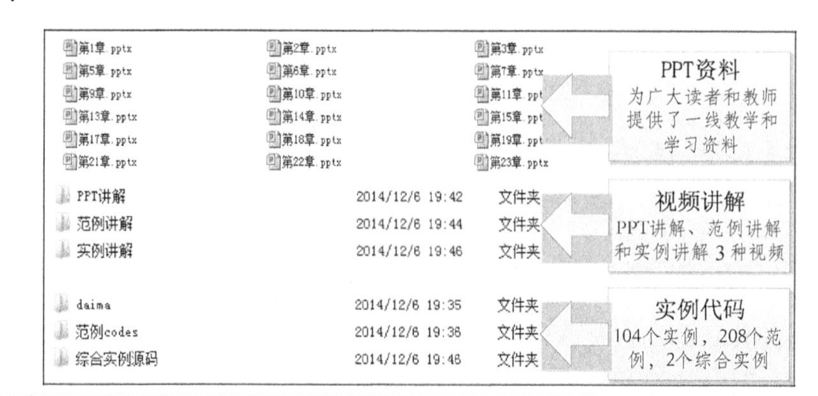

售后服务

本书的读者对象

初学编程的自学者	编程爱好者
大中专院校的教师和学生	相关培训机构的教师和学员
毕业设计的学生	初、中级程序开发人员
软件测试人员	参加实习的初级程序员
在职程序员	

致谢

本书在编写过程中，十分感谢我的家人给予的巨大支持。本人水平毕竟有限，书中存在纰漏之处在所难免，诚请读者提出意见或建议，以便修订并使之更臻完善。编辑联系邮箱：zhangtao@ptpress.com.cn。

最后感谢读者购买本书，希望本书能成为读者编程路上的领航者，祝读者阅读快乐！

作者

目 录

本书实例

范例 038：演示数组做参数合并排序
实例 020：设置可选参数的默认值，并输出结果
范例 039：演示可选参数的用法
范例 040：演示值参与变参的用法
实例 021：计算并输出不定数量参数的和
范例 041：演示参数的混合使用
范例 042：演示函数嵌套求组合数
实例 022：计算指定数值的阶乘
范例 043：演示递归构图
范例 044：演示递归的“栈溢出”
实例 023：分别显示模态窗口和非模态窗口
范例 045：实现类 WinXP 的窗体界面
范例 046：实现圆形窗体界面效果
实例 024：在窗体内输出指定格式的字符
范例 047：实现渐变色的窗体界面效果
范例 048：实现跟随分辨率变化的窗体界面
实例 025：对用户单击窗口进行响应
范例 049：加载窗体时触发的 Load 事件
范例 050：卸载窗体时触发的 Unload 事件
实例 026：通过 Resize 事件改变窗体的外观
范例 051：失去焦点触发 LostFocus 事件
范例 052：鼠标单击触发的 Click 事件
实例 027：在窗体内传递数据
范例 053：创建 SDI 界面
范例 054：创建 MDI 界面
实例 028：实现跨窗体的简单操作
范例 055：排列子窗体
范例 056：悬挂子窗体
实例 029：实现跨窗体的交互操作
范例 057：实现透明窗体效果
范例 058：实现字形窗体效果
实例 030：在标签内显示当前系统时间
范例 059：演示文本的定位选择
范例 060：测试功能键
实例 031：通过文本框内输入数字的变化实现简单的加法运算
范例 061：自动删除文本中的非法字符
范例 062：字体的单项选择
实例 032：通过单选按钮实现简单的运算
范例 063：演示多组单选功能的使用
范例 064：使用单选按钮的属性、方法与事件
实例 033：通过复选框设置文本框内文本的样式
范例 065：实现字体的复选效果
范例 066：实现个人调查表效果
实例 034：实现列表框选项的选择处理
范例 067：演示两种列表框样式
范例 068：演示添加表项的用法
实例 035：通过组合框为用户提供选项选择
范例 069：演示组合框的 3 种风格
范例 070：实现信息管理功能
实例 036：实现对窗体内图片的处理
范例 071：复制图片
范例 072：实现立体浮雕效果
实例 037：在图片框内按指定方式显示图片
范例 073：演示 AutoSize 的用法
范例 074：使用图像框的 Stretch 属性
实例 038：通过滚动条控制框内文本字体的大小
范例 075：滚动条接收用户输入
范例 076：调色板应用程序
实例 039：在窗体内即时显示当前的时间
范例 077：制作日期时间表
范例 078：实现一个流动字幕
实例 040：在窗体内添加工具栏按钮
范例 079：实现一个可伸缩展开的菜单
范例 080：实现一个带历史信息的菜单
实例 041：在 ImageList 内添加一幅图像
范例 081：实现一个树状导航菜单
范例 082：向菜单中添加图标
实例 042：实现 ImageList 和 Toolbar 控件的关联，以在工具栏子项中显示设置的图片
范例 083：实现一个动态菜单
范例 084：实现一个弹出式菜单
实例 043：在窗体内显示系统的当前时间
范例 085：实现一个常用的状态栏

第1章

Visual Basic 技术基础

Visual Basic 是一种可视化的编程语言，利用这种可视化开发技术可以快速地开发出许多应用项目。因为 Visual Basic 提供了友好的开发界面，所以深受开发人员的喜爱。作为微软的专业开发语言，Visual Basic 在开发领域经久不衰，被广泛地应用于各种级别的项目工程中。在本章的内容中，将详细介绍 Visual Basic 开发技术的基础知识，带领读者逐步进入 Visual Basic 世界。

本章内容

- Visual Basic 介绍
- 安装 Visual Basic
- Visual Basic 的启动和退出
- Visual Basic 可视化开发环境介绍
- 常见的错误方式
- Visual Basic 程序调试方法
- Visual Basic 用户界面设计基础
- 一个简单的 Visual Basic 程序

技术解惑

初学者需要知道的正确观念

怎样学好 Visual Basic 语言

1.1　Visual Basic 介绍

知识点讲解：光盘：视频\PPT 讲解（知识点）\第 1 章\Visual Basic 介绍.mp4

1991 年，微软公司推出了 Visual Basic（简称 VB）。Visual 即可视的、可见的，指的是在开发像 Windows 操作系统的图形用户界面（Graphic User Interface，GUI）时，不需要编写大量代码去描述界面元素的外观和位置，只要把预先建立好的对象拖放到屏幕上相应的位置即可。Basic 意思为初始者通用符号指令代码语言。在本节的内容中，将简单介绍 Visual Basic 技术的基本知识。

1.1.1　Visual Basic 的版本

Visual Basic 有学习版、专业版和企业版 3 种版本，它满足了不同的开发需要。各版本的具体说明如下所示。

- 学习版（Learning）。

基础版本，包括所有的内部控件以及网格、选项卡和数据绑定控件。

- 专业版（Professional）。

它是针对计算机专业开发人员的、一整套功能完备的开发工具。该版本包括学习版的全部功能以及 ActiveX 控件、Internet Information Server Application Designer、集成的 Visual Database Tools 和 Data Environment、Active Data Objects 和 Dynamic HTML Page Designer。

- 企业版（Enteprise）。

这是 Visual Basic 6.0 的最高版本，企业版使得专业编程人员能够开发功能强大的分布式应用程序。该版本包括专业版的全部功能以及 Back Office 工具，例如 SQL Server、Microsoft Transaction Server、Internet Information Server、Visual SourceSafe 和 SNA Server 等。

本书使用的是 Visual Basic 6.0 的企业版（中文版），主要介绍 Visual Basic 程序设计的基本概念、开发环境、基本数据结构，使大家具有用 Visual Basic 解决基本应用问题的能力。

1.1.2　Visual Basic 的特点

Visual Basic 6.0 有如下 4 个突出特点。

1. 提供可视化编程环境

Visual Basic 6.0 是一种可视化的编程语言，具有“所见即所得”的特点。通过 Visual Basic 6.0 专用的可视化开发环境，可以迅速地、可视化地设计出需要的项目程序。

2. 基于面向对象，大大提高了开发效率

面向对象编程是当前所有高级语言所必须具备的特点。在面向对象中，窗体和控件对象都被看作为一个对象。作为面向对象的编程语言，它将代码和数据结合在每一个对象中。用户只需要了解每个对象能够完成何种任务，而不需要了解它如何实现和工作。这样，开发人员就只需要编写少量的代码，就能够实现对应的功能，从而大大提高了开发效率。

3. 事件驱动

Visual Basic 6.0 的运行机制是基于事件驱动的，它把一个大型的应用程序分解为多个独立的小程序，并分别由不同的事件来完成。事件驱动改变了传统的程序机制，因为每一个子程序实现的功能都是单一的，所以每一个子程序都不会太大。

4. 集成化开发环境

Visual Basic 6.0 提供了集成化的开发环境，开发人员可以迅速地在设计界面和代码编辑界面灵活转换和调试。

1.2 安装 Visual Basic

知识点讲解：光盘：视频\PPT 讲解（知识点）\第 1 章\安装 Visual Basic.mp4

了解 Visual Basic 6.0 的基本信息后，还需要搭建专用的开发环境。在本节的内容中，将简要介绍 Visual Basic 6.0 的安装环境、配置步骤和添加/删除组件的方法，为读者步入本书后面知识的学习打下基础。

1.2.1 Visual Basic 运行环境介绍

Visual Basic 6.0 因为本身是微软的产品，所以对计算机硬件的要求比较低，可以在大多数计算机上进行安装、搭建；并且对操作系统也没有特殊的要求，它可以在包括 Windows 97 以上的系统中运行。

1.2.2 Visual Basic 安装

读者可以通过多个渠道来获取 Visual Basic 6.0 的安装资源，如购买安装光盘或网络下载等。下面以安装光盘方式为例，介绍 Visual Basic 6.0 的安装流程。具体流程如下所示。

（1）将光盘放入光驱，双击“SETUP.EXE”文件，弹出安装向导界面，如图 1-1 所示。

（2）单击【下一步】按钮，弹出用户许可协议界面，如图 1-2 所示。

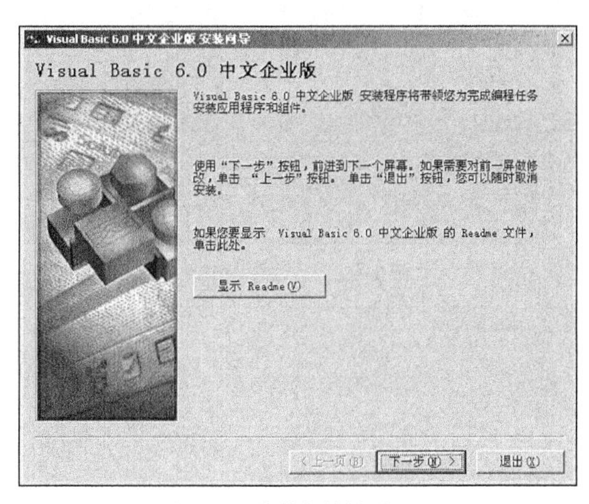

图 1-1 安装向导界面

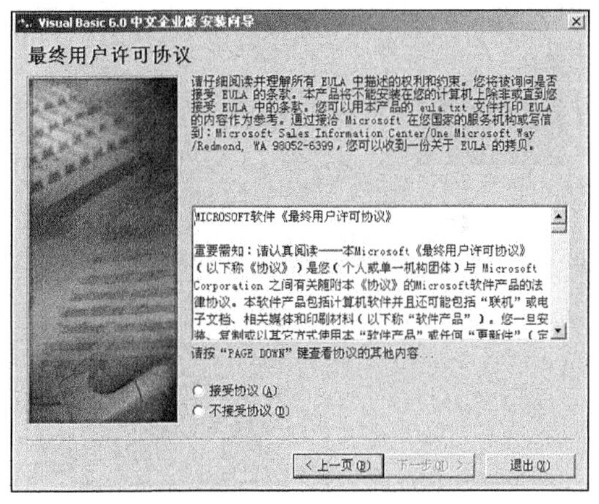

图 1-2 用户许可协议界面

（3）选择“接受协议”选项并单击【下一步】按钮，在弹出的产品号和用户名界面，分别输入产品 ID 等信息，如图 1-3 所示。

（4）单击【下一步】按钮，在弹出界面中选择“安装 Visual Basic 6.0 中文企业版”选项，如图 1-4 所示。

（5）单击【下一步】按钮，在弹出界面中选择安装目录，如图 1-5 所示。

（6）单击【下一步】按钮，按照默认选项即可完成安装，如图 1-6 所示。

注意：在上述安装过程中，从步骤（6）开始正式安装，读者可以根据个人需要选择“典型安装”或“自定义安装”。在安装完成后，计算机将重新启动，重启后将弹出显示“安装 MSDN”对话框界面，如图 1-7 所示。

MSDN 可以对开发人员提供在线帮助，读者可以依照其默认选项依次单击【下一步】按钮来安装 MSDN。

图 1-3 产品号和用户名界面

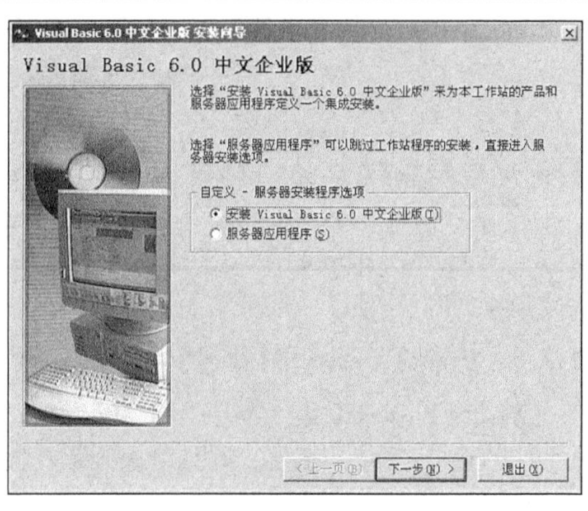

图 1-4 确定安装界面

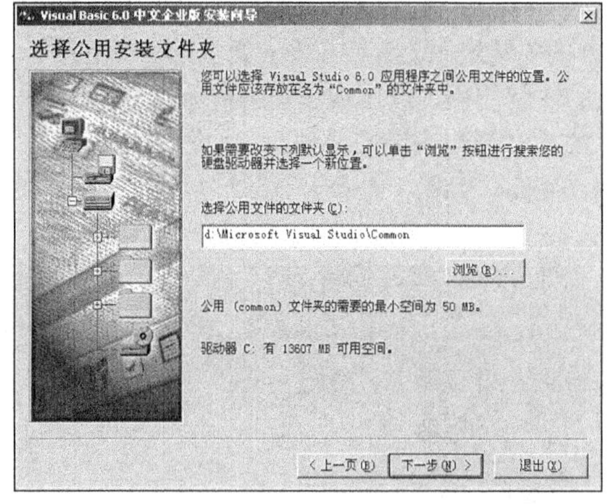

图 1-5 选择安装目录界面

图 1-6 正在安装界面

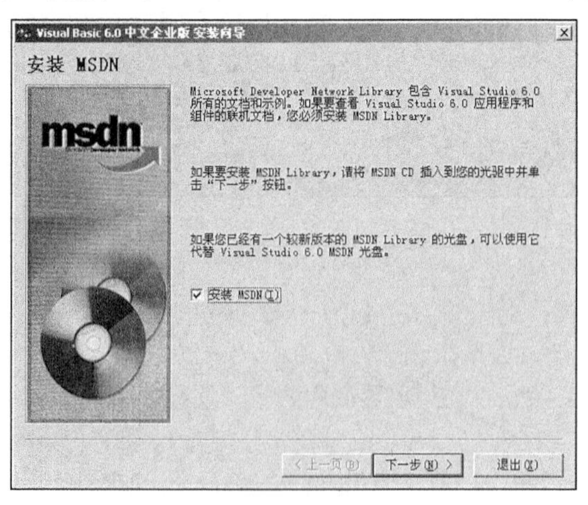

图 1-7 "安装 MSDN"对话框界面

1.2.3 添加\删除组件

安装 Visual Basic 6.0 后，在系统内将安装其默认的应用组件。但是在现实应用中，还经常需要添加或删除一些组件。Visual Basic 6.0 添加/删除组件的具体操作如下所示。

(1) 将安装光盘放入光驱，然后依次单击【开始】|【控制面板】，单击左侧的【添加/删除】选项，打开"添加或删除程序"对话框，如图 1-8 所示。

（2）在图 1-8 中找到 Visual Basic 选项并选中，单击【更改】按钮后弹出“Visual Basic 6.0 安装程序”对话框，如图 1-9 所示。

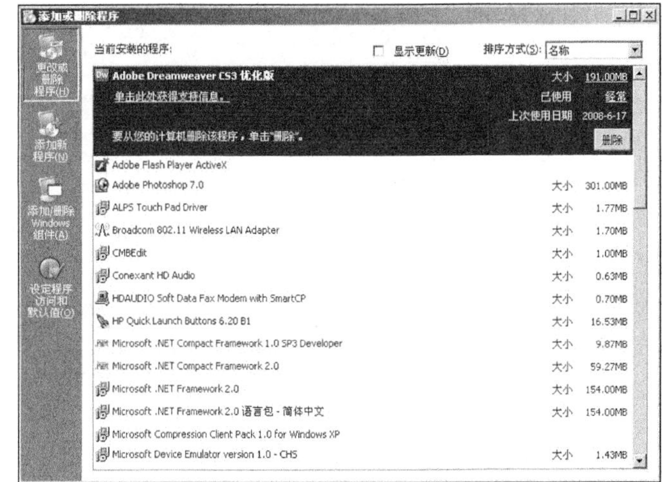

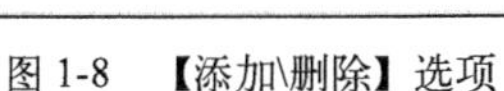
图 1-8 【添加\删除】选项

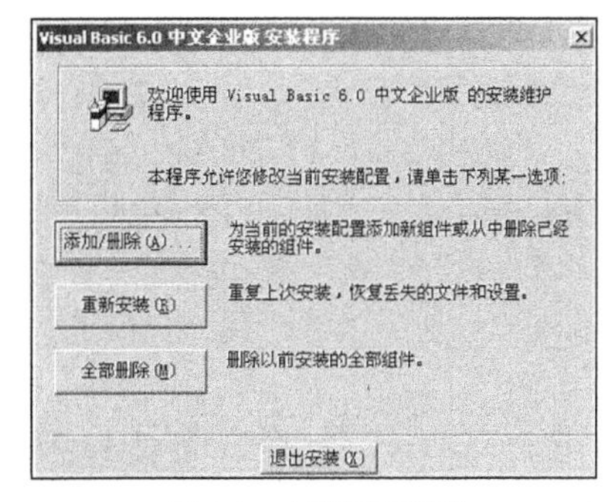

图 1-9 安装程序界面

在图 1-9 所示的“Visual Basic 6.0 中文企业版安装程序”对话框中，有如下所示的 3 个操作按钮。

- 添加/删除按钮：用于添加或删除组件。
- 重新安装按钮：用于重新安装当前机器上的 Visual Basic 6.0。
- 全部删除按钮：用于卸载删除当前机器上的 Visual Basic 6.0。

1.3 Visual Basic 的启动和退出

知识点讲解：光盘：视频\PPT 讲解（知识点）\第 1 章\Visual Basic 的启动和退出.mp4

Visual Basic 6.0 的开发环境是一个可视化的开发环境，这方便了开发人员的使用。在本节的内容中，简要介绍 Visual Basic 6.0 启动和退出的方法。

1.3.1 启动 Visual Basic

启动 Visual Basic 6.0 的方法比较简单，只需单击其桌面快捷方式即可。另外，也可以依次单击【开始】|【所有程序】|【Visual Basic 6.0 中文版】选项来启动。启动将首先弹出一个“新建工程”对话框界面，如图 1-10 所示。

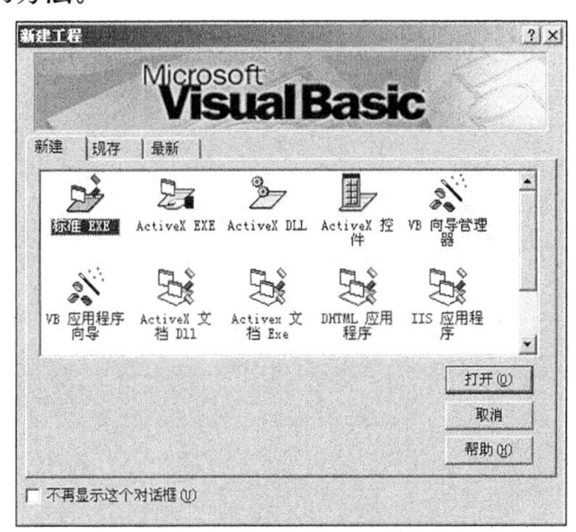

图 1-10 “新建工程”对话框界面

在图 1-10 所示界面中，有 3 个操作选项供用户选择。具体信息如下所示。

- “新建”选项：用于用户新建一个新的 Visual Basic 程序。在列表内列出了所有的 Visual Basic 应用程序类型，默认类型为“标准 EXE”。单击【打开】按钮后即可新建一个指定类型的程序。
- “现存”选项：用于选择打开一个已经存在的工程。

❑ “最新”选项：用于列出最近使用的 Visual Basic 工程项目。

1.3.2 退出 Visual Basic

退出 Visual Basic 6.0 的方法比较简单，具体来说有如下两种常用方法。

❑ 在“工具栏”中依次单击【文件】|【退出】选项。

❑ 直接单击标题栏中的关闭图标×。

注意：

当关闭一个 Visual Basic 6.0 工程项目时，如果没有保存这个项目，则会弹出“保存更改”对话框供用户选择“是”或“取消”操作。具体如图 1-11 所示。

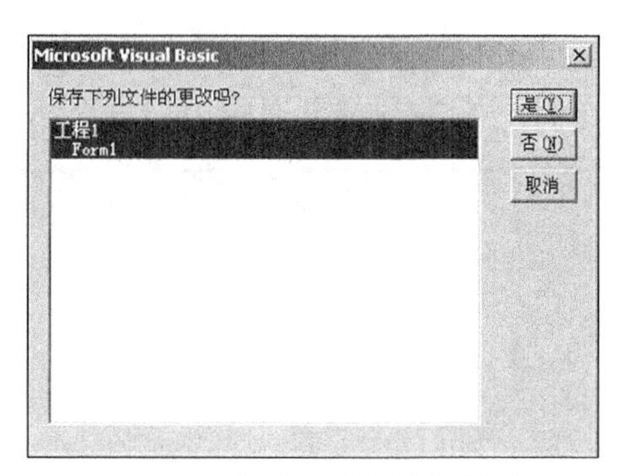

图 1-11 “保存更改”对话框界面

1.4 Visual Basic 可视化开发环境介绍

知识点讲解：光盘：视频\PPT 讲解（知识点）\第 1 章\可视化开发环境介绍.mp4

通过 Visual Basic 的可视化开发环境平台，可以轻松地编写出应用项目代码。运行 Visual Basic 6.0 后，在开发环境中将显示标题栏、菜单栏、工具栏、工具箱和工程资源管理器窗口等元素，如图 1-12 所示。

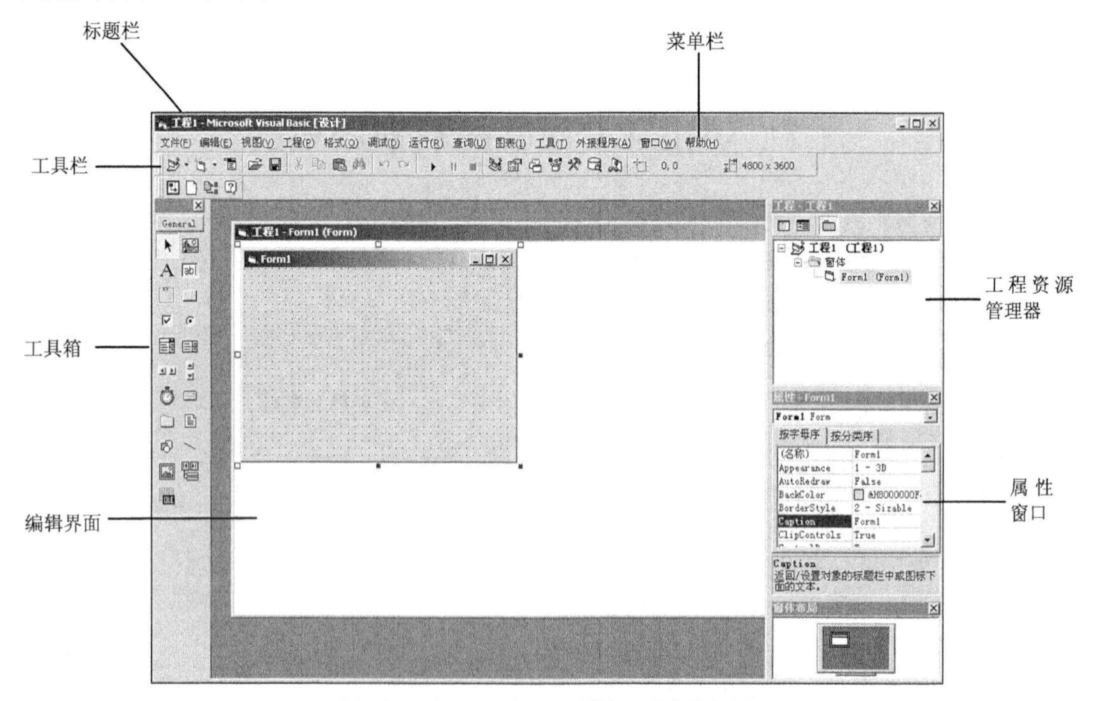

图 1-12 Visual Basic 6.0 可视化开发环境界面

在下面的内容中，将对上述 Visual Basic 6.0 的开发环境元素进行简要介绍。

1. 标题栏

启动 Visual Basic 6.0 后，标题栏显示的是“工程 1-Microsoft Visual Basic[设计]”。其中，[设计]表示当前的工作状态是“设计模式”。在 Visual Basic 6.0 中有如下 3 种工作状态模式。

- 设计模式：用户可以在此状态下操作设计界面或编写项目代码。
- 运行模式：此模式下将运行当前程序，不可以进行编辑处理。
- 中断模式：当前模式下程序暂时中断，此时可以编辑代码，但是不能编辑界面。

2. 菜单栏

在菜单栏中将显示 Visual Basic 6.0 开发所需要的所有操作命令，各项菜单栏的具体说明如下所示。

- 【文件】选项：包含和文件操作相关的所有命令，例如打开或关闭当前项目文件。
- 【编辑】选项：包含编辑正文和控件的操作命令。
- 【视图】选项：包含和显示窗口相关的所有命令，例如显示代码窗口和显示对象窗口等操作命令。
- 【工程】选项：包含用于多窗体程序设计的添加窗体命令，在工具箱中添加控件的部件和用于设置某些工程属性的操作命令。
- 【格式】选项：包含窗体控件对齐格式的操作命令。
- 【运行】选项：包含程序的启动、暂停和结束等操作命令。
- 【调试】选项：包含常用的程序查错的操作命令。
- 【工具】选项：包含过程添加等操作命令。
- 【窗口】选项：包含用于设置在窗口内显示某操作元素的操作命令。
- 【外接程序】选项：包含 Visual Basic 6.0 外接程序和外接程序管理器相关的操作命令。
- 【帮助】选项：包含和帮助信息相关的操作命令。

3. 工具栏

工具栏的作用是为开发人员提供常用的操作命令，单击工具栏中的某个命令图标后即可迅速完成相应的操作。用户将鼠标指针悬停于某个工具栏图标后，将显示对应图标的功能提示文本，如图 1-13 所示。

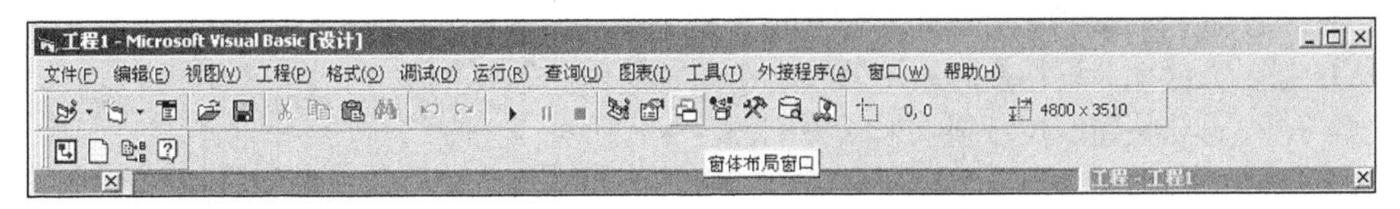

图 1-13 光标悬停于图标后的提示文本效果

工具栏中各图标的具体说明如下所示。

- ：添加标准 EXE 工程按钮，用于添加一个新的 EXE 工程。
- ：添加窗体按钮，为当前工程添加一个新的窗体。
- ：菜单编辑器按钮，用于打开 Visual Basic 6.0 的菜单编辑器。
- ：打开工程按钮：用于打开一个已有的工程。
- ：保存工程按钮，用于保存当前的工程项目。
- ：剪切按钮，用于剪切当前项目内的文本或控件。
- ：复制按钮，用于复制当前项目内的文本或控件。
- ：粘贴按钮，用于粘贴当前项目内的文本或控件。
- ：启动按钮，用于启动当前项目程序。
- ：暂停按钮，用于暂停当前项目程序。
- ：停止按钮，用于结束当前项目程序的运行。
- ：工程资源管理器按钮，用于显示当前项目的资源管理器窗口。

- ：属性窗口按钮，用于显示当前项目的属性窗口。
- ：窗体布局窗口按钮，用于显示当前项目的窗体布局窗口。
- ：对象浏览器按钮，用于打开显示对象浏览器窗口。
- ：工具箱按钮，用于打开显示工具箱窗口。
- ：数据视图窗口按钮，用于打开显示数据视图窗口。
- ：可视化部件管理窗口按钮，用于打开显示可视化部件管理窗口。

4. 工具箱

Visual Basic 6.0 的工具箱内将显示开发所需要的各种控件，在默认情况下将显示 20 个标准控件按钮。同样将鼠标指针悬停于某个工具箱图标后，将显示对应图标功能的提示文本。工具箱中各控件按钮的具体说明如下所示。

- ：指针控件按钮，用于选择窗体对象。
- ：图片框控件按钮，用于插入图片。
- A：标签控件按钮，用于插入标签字符。
- abl：文本框控件按钮，用于插入文本字符。
- ：框架控件按钮，用于插入框架元素。
- ：按钮控件按钮，用于插入操作按钮。
- ：复选框控件按钮，用于插入复选框。
- ：单选框控件按钮，用于插入单选框。
- ：组合框按钮，用于插入组合框。
- ：列表框按钮，用于插入列表框。
- ：水平滚动条按钮，用于插入水平滚动条。
- ：垂直滚动条按钮，用于插入垂直滚动条。
- ：定时器按钮，用于插入定时器。
- ：驱动器列表框按钮，用于插入驱动器列表框。
- ：目录列表框按钮，用于插入目录列表框。
- ：文件列表框按钮，用于插入文件列表框。
- ：形状按钮，用于插入形状图形。
- ：画线按钮，用于插入线图形。
- ：图像框按钮，用于插入图像。
- ：数据库按钮，用于插入数据库数据。

注意：在 Visual Basic 6.0 的工具箱内除了有上述按钮外，还可以根据需要在里面添加新的控件。具体方法是在工具箱空白处单击【部件】选项，在弹出的“部件”对话框内选择要插入的控件。具体如图 1-14 所示。

从图 1-14 所示的界面可以看出，插入部件分为控件、设计器和可插入对象 3 部分。

5. 工程资源管理器窗口

一个 Visual Basic 6.0 工程可以由多个不同类型的文件构成，例如工程文件、窗体文件和标准模块文件等。在工程资源管理器中，将以树形目录结构的样式列出当前工程内的所有文件，如图 1-15 所示。

在图 1-15 所示的工程资源管理器窗口界面中，有如下 3 个按钮来设置窗口的显示方式。

- ：查看代码按钮，用于切换到代码编辑窗口。
- ：查看对象按钮，用于切换到窗体对象窗口。
- ：切换文件夹按钮，用于切换到文件夹的显示方式。

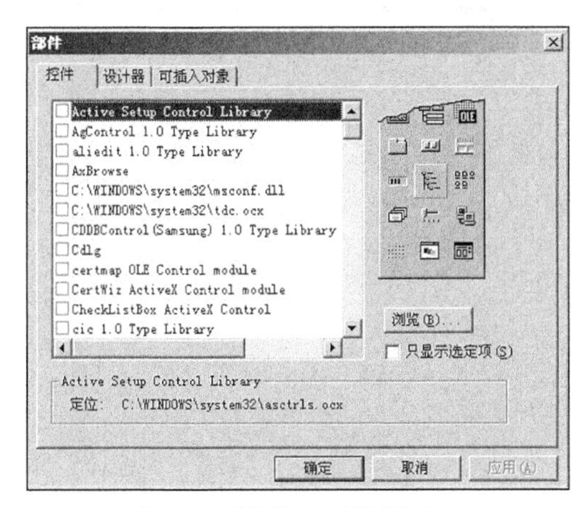

图 1-14 “部件”对话框界面

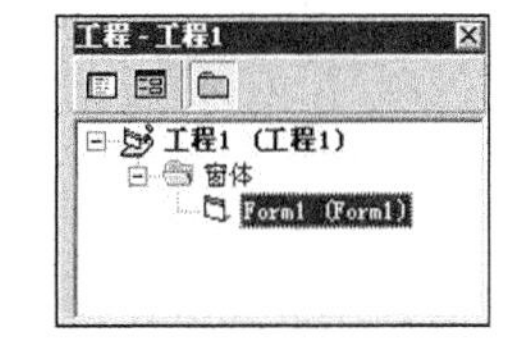

图 1-15 工程资源管理器窗口界面

在工程资源管理器窗口中，将以树形列表样式显示当前工程的组成文件。组成文件的类型主要有如下 3 种。

- .vbp（工程文件）和.vbg（工程组文件）：每个工程对应一个工程文件，当一个应用程序包含 2 个以上的工程时，这些工程就组成一个工程组。
- .frm（窗体文件）：此文件保存当前项目的窗体，以及所使用控件的属性、对应事件的过程和程序代码等。一个 Visual Basic 6.0 工程至少要有一个窗体文件。
- .bas（标准模块文件）：包含所有模块级变量和用户定义的通用过程。它是一个纯代码文件，不属于任何一个窗体。

6. 属性窗口

属性窗口位于资源管理器窗口的正下方，其功能是用来设置窗体和控件的属性。当在 Visual Basic 6.0 中选择某控件或某窗体时，将在属性窗口中显示对应的各属性设置列表，如图 1-16 所示。

图 1-16 属性窗口界面

开发人员可以通过单击【按字母序】按钮或【按分类序】按钮，来设置各属性的显示顺序。

7. 代码编辑界面

代码编辑界面是 Visual Basic 6.0 的主体界面，用于显示和编辑程序的代码。应用程序中的每一个窗体或标准模块都和一个独立的代码编辑器相对应，如图 1-17 所示。

开发人员可以通过如下 4 种方式打开代码编辑器窗口。

- 双击窗体。
- 用鼠标右键单击窗体，在弹出的菜单中选择“查看代码”命令。
- 单击工程资源管理器窗口中的【查看代码】按钮。
- 依次单击【视图】|【代码窗口】选项。

在图 1-17 所示的代码编辑窗口中，可以通过对象下拉列表框来选择处理对象名，通过过程下拉列表框来选择处理过程。在编写代码过程中，当输入合法的语句或函数时，在代码编辑器窗口中会自动弹出提示代码，如图 1-18 所示。如果编写的代码格式有误，当单击回车键后会自动弹出错误提示，如图 1-19 所示。

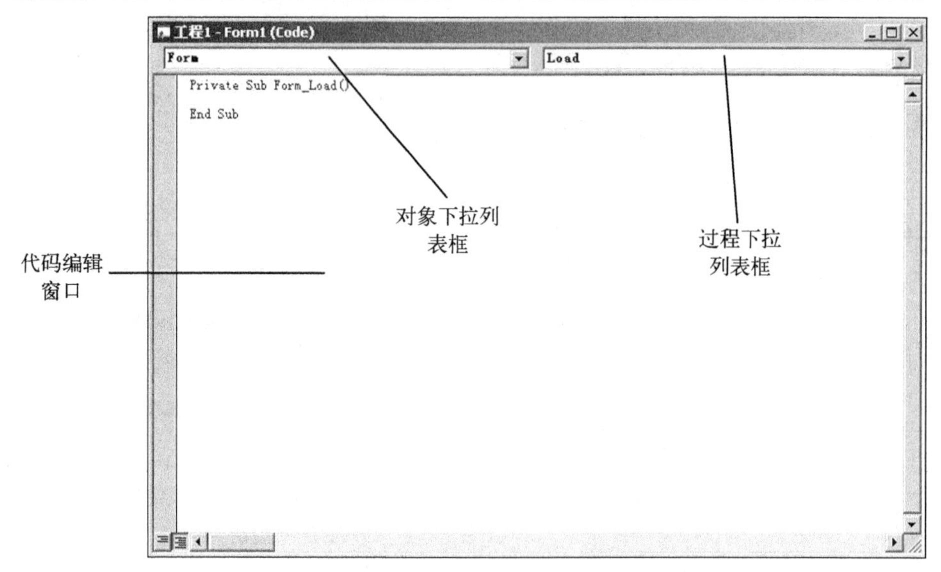

图 1-17　代码编辑界面

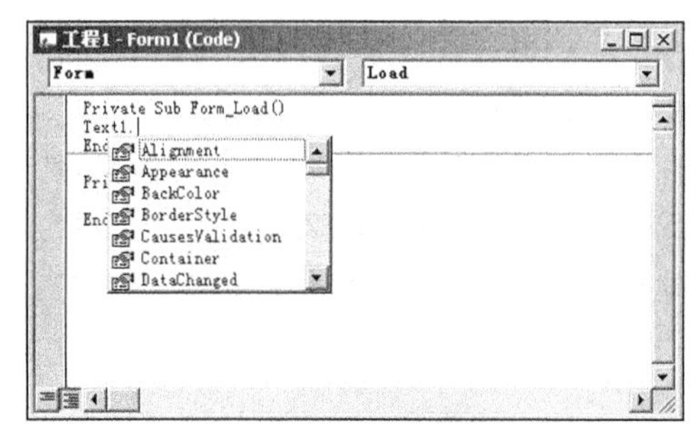

图 1-18　弹出提示代码格式

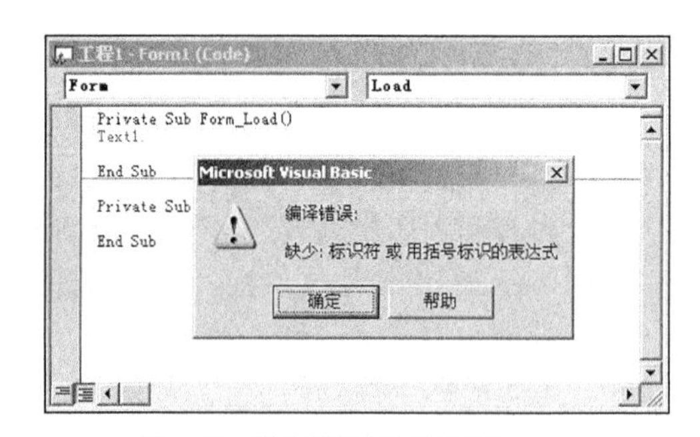

图 1-19　弹出错误提示对话框

1.5　常见的错误方式

知识点讲解：光盘：视频\PPT 讲解（知识点）\第 1 章\常见的错误方式.mp4

在 Visual Basic 6.0 编程应用中，有 4 种常见错误方式，具体说明如下所示。

1．编辑时错误

当用户在代码窗口编辑代码时，Visual Basic 6.0 会对程序进行语法检查，当发现语句没有输完、关键字输错等情况时，系统会弹出对话框，提示出错，并在错误处加亮显示，以便用户修改。

2．编译时错误

是指用户单击了“启动”按钮，Visual Basic 6.0 开始运行程序前，先编译执行的程序段时产生的错误，此错误是由于用户未定义变量、遗漏关键字等原因而产生的。发现错误时系统会停止编译，提示用户修改。

3．运行时错误

指 Visual Basic 6.0 在编译通过后，运行代码时发生的错误，一般是由于指令代码执行了非法操作引起的，如：数据类型不匹配、试图打开一个不存在的文件等。系统会报错并加亮显示、等候处理。

4．逻辑错误

如果程序运行后得不到所希望的结果，则说明存在逻辑错误。如：运算符使用不正确、语句的次序不对、循环语句的起始和终值不正确。这种错误系统不会报错，需要用户自己分析判断。

1.6 Visual Basic 程序调试方法

知识点讲解：光盘：视频\PPT 讲解（知识点）\第 1 章\Visual Basic 程序调试方法.mp4

当编写好 Visual Basic 程序后，需要对程序进行调试，以确保程序的正确性。调试 Visual Basic 程序的方法有 3 种，分别是中断状态调试、调试窗口调试和断点逐句跟踪调试。在下面的内容中，将对上述调试方法进行简要介绍。

1. 进入/退出中断状态

进入中断状态有 4 种方法。

（1）程序运行时发生错误自动进入中断。

（2）程序运行中用户按中断键强制进入中断。

（3）用户在程序中预先设置了断点，程序执行到断点处即进入中断状态。

（4）采用单步调试方式，每运行一个可执行代码后，即进入中断状态。

2. 利用调试窗口

在 Visual Basic 6.0 中有如下 3 种类型的调试窗口。

- 立即窗口。

这是调式窗口中使用最方便，也是最常用的窗口。可以在程序中用 Debug.Print 方法，把输出送到立即窗口，也可以在该窗口中直接使用 Print 语句或“?”显示变量的值。

- 本地窗口。

该窗口显示当前过程中所有变量的值，当程序的执行从一个过程切换到另一个过程时，该窗口的内容发生改变，它只反映当前过程中可用的变量。

- 监视窗口。

该窗口可显示当前的监视表达式，在此之前必须在设计阶段，利用调试菜单的“添加监视命令”或“快速监视”命令添加监视表达式以及设置的监视类型在运行时显示在监视窗口，根据设置的监视类型进行相应的显示。

3. 插入断点和逐句跟踪

在调试程序时，通常会设置断点来中断程序的运行，然后逐句跟踪检查相关变量、属性和表达式的值是否在预期的范围内。可在中断模式下或设计模式时设置或删除断点，在代码窗口选择怀疑存在问题的地方作为断点，按下 F9 键，则程序运行到断点处即停下，进入中断模式，在此之前所关心的变量、属性、表达式的值都可以看到。

1.7 Visual Basic 用户界面设计基础

知识点讲解：光盘：视频\PPT 讲解（知识点）\第 1 章\Visual Basic 用户界面设计基础.mp4

Visual Basic 界面的设计有两步：先绘制控件，然后确定控件属性。具体说明如下所示。

- 绘制控件：在工具箱里单击想画的控件，在窗体里按下鼠标键并拖曳，然后松开鼠标键即可。
- 确定属性：先选中控件，然后按 F4 键或单击工具栏上的属性窗口进入属性（Properties）窗口，再在属性窗口中找到要设置的属性并进行设置。

在本节的内容中，将对设置界面属性的基本知识进行详细讲解。

1.7.1 常用属性的设置

在 Visual Basic 6.0 的对象中，有大量的对象属性需要设置。其常用的属性信息如下所示。

1. Name 属性

用于设置对象的名称，对象都有名称，计算机把名称看成对象与对象之间的根本差异，因此，在同一窗体里不许出现重名的情况（除非这是一个控件数组），且名字不得超过 40 个字。

在简单的程序里，给控件命名不是很必要，完全可以使用控件 Name 属性的默认值。例如 Text1。但在有几十个控件的复杂窗体里，就很难区分它们。所以，Visual Basic 6.0 推荐由 3 个小写字母的前缀和一个第一个字母为大写的描述性单词组成的名字。例如 cmdMyButton 是一个命令按钮（前缀是 cmd）。

Visual Basic 6.0 推荐的对象名称前缀信息如表 1-1 所示。

表 1-1　　推荐的对象名称前缀信息

对　　象	前　　缀	例　　子
确认框（Check Box）	chk	chkCareerChioce
组合框（Combo Box）	cbo	cboCrimesCommitted
命令钮（Command Button）	cmd	cmdExit
数据库控件（Data Control）	dat	datTopSecretInfo
目录列表框（Directory List Box）	dir	dirTree
驱动器列表框（Drive List Box）	drv	drvHardDisk
文件列表框（File List Box）	fil	filDocuments
窗体（Form）	frm	frm1040Tax
框架（Frame）	fra	fraGroupButtons
水平滚动条（Horizontal Scroll Bar）	hsb	hsbTemperature
图形（Image）	img	imgPrettyDrawing
标签（Label）	lbl	lblFakeName
线（Line）	lin	linBorder
列表框（List Box）	lst	lstCandidates
菜单（Menu）	mnu	mnuHamAndEggs
选项钮（Option Button）	opt	optStation101
图形框（Picture Box）	pic	picPrettyPicture
几何图形（Shape）	shp	shpUpOrShipOut
文本框（Text Box）	txt	txtWarning
垂直滚动条（Vertical Scroll Bar）	vsb	vsbMoneyRaised

2. Caption 属性

Caption 即对象的标题，是可以在对象外观上直接看见的文本，可以长达 255 字符，包括空格和标点符号，比如一个叫 cmdOk 的命令按钮，它的 Caption 属性就可以是“Ok”。但是并不是所有的对象都有此属性，比如文本框、图片框、线条等就没有。

如果为按钮设置热键，在设置 Caption 属性时，在需要加下划线的字母前加上“&”</SPAN>符号，例如“&File”</SPAN>，输出的就是“File”，这样就可以通过按 ALT 键和标题上那个带下划线的字母来选取它了，不必为此编写任何代码。

注意：

Name 和 Caption 两者看起来相同，其实功能是完全不同的。具体来说主要具有如下 3 点区别。

（1）Name 是系统用来识别对象的，编程时需要用它来指代各对象；Caption 是给用户看的，提示用户该对象的作用。

（2）Name 可以采用系统默认的名称，但 Caption 应该根据实际情况改成意义明了的名词。

（3）所有对象都有 Name，但不一定都有 Caption。

3. Top 和 Left 属性

这两个属性决定对象的位置。只有两种情况需要在属性窗口里设置这两个属性：第一种是用户没有鼠标，第二种是程序员需要十分精确地设定这两个值。当选中对象，单击并拖曳它的时候，便开始修改这两个值了。

4. Height 和 Width 属性

这两个属性决定了对象的大小，当选中控件时，它周围出现 8 个小黑方块，把鼠标指针指向这些方块，鼠标指针将变成一个双向的箭头，这时按下鼠标键并拖曳它，即可改变控件的大小，也就改变了 Height 和 Width 属性。

1.7.2 窗体的属性

窗体是一个 Visual Basic 项目的基础，所有的 Visual Basic 程序都是基于窗体开始的。在下面的内容中，将对 Visual Basic 窗体的基本知识进行简要介绍。

Visual Basic 窗体的常用属性信息如表 1-2 所示。

表 1-2 Visual Basic 窗体的常用属性信息

属　性	名　称	说　明
Name	窗体名称	系统识别窗体的标识名，一个窗体名必须以一个字母开头，可包含数字和下划线，但不能包含空格和标点符号
Caption	窗体标题	出现在窗体标题栏中的文本内容
Icon	窗体图标	这是用户经常要使用的一种属性。当用户的应用程序在工具条上最小化或在 Windows 桌面上变为一个独立应用程序时，该属性决定将采用何种图标，窗体控制框里的图标也由它决定
BackColor	窗体背景色	可以从属性框里弹出调色板，选择所需要的颜色
ForeColor	窗体前景色	窗体上打印文字的颜色
BorderStyle	边框风格	这个属性决定了窗体边框的样式，共有 6 种属性值。改变窗体的 BordrStyle 属性后，窗体在屏幕上没有变化，它只在运行时才变为所要求的样子
Apearance	外形	这个属性用来决定控件是否采用三维效果
ControlBox	控件按钮控件按钮	用来决定是否采用控件框的属性，仅在程序运行时才有效
Font	字体	用来改变该窗体上显示信息的字体、字型和字号，它控制着直接在窗体上打印的文本显示
Visible	可见性	该属性决定窗体是否可见，默认情况下是可见的。错误地改变其值是很危险的，窗体会从眼前消失
WindowState	窗体状态	指定窗体在运行时的 3 种状态：正常、最小化、最大化
Enabled	活动性	默认值为 True，决定窗体能否被访问
Left、Top、Height、Width	左边距、顶边距、高度、宽度	决定窗体在屏幕上的位置及窗体大小

1. 设置窗体属性

可以在设计状态下直接通过属性窗口设置，也可以在程序代码中改变属性值。

2. 窗体的常用方法

窗体可以通过方法来实现某项操作，Visual Basic 窗体的常用方法如下所示。

- ❑ Hide 方法：用于隐藏 MDIForm 或 Form 对象，但不能使其卸载。
- ❑ Move 方法：用于移动 MDIForm、Form 或控件。
- ❑ Print 方法：用于在窗口中显示输出的文本。
- ❑ PrintFrom 方法：用于将 Form 对象的图像逐位发送给打印机。

- ❑ Refresh 方法：用于强制重绘一个窗体或控件。
- ❑ Show 方法：用于显示 MDIForm 或 Form 对象的内容。
- ❑ Cls 方法：用于清除运行时 Form 或 PictureBox 所生成的图形和文本。

3. 窗体的常用事件

窗体可以通过事件来实现对某操作的响应，并完成某功能的处理。Visual Basic 窗体的常用事件信息如下所示。

❑ Load 事件。

此事件发生在窗体被装入内存时，且发生在窗体出现在屏幕之前。窗体出现之前，Visual Basic 会看一看 Load 事件里有没有代码，如果有，那么它先执行这些代码，再让窗体出现在屏幕上。

❑ Click 事件/Dblclick 事件。

此两种事件在单击或双击窗体时发生。不过单击窗体里的控件时，窗体的 Click 事件并不会发生，Visual Basic 会去看控件的 Click 事件里有没有代码。

❑ 活动事件（Activate）/非活动事件（Deactivate）。

显示多个窗体时，可以从一个窗体切换到另一个窗体。每次激活一个窗体时，发生 Activate 事件，而前一个窗体发生 Deactivate 事件。

❑ Resize 事件。

当窗体被改变大小时会触发此事件。

1.8　一个简单的 Visual Basic 程序

知识点讲解：光盘：视频\PPT 讲解（知识点）\第 1 章\一个简单的 Visual Basic 程序.mp4

在前面的内容中，了解了 Visual Basic 6.0 的基础知识和可视化开发环境。在本节的内容中，将通过一个简单的 Visual Basic 6.0 程序实例，使读者加深对 Visual Basic 的认识。

1.8.1　Visual Basic 开发流程

使用 Visual Basic 6.0 进行程序开发的具体流程如下所示。

（1）新建一个工程。

（2）创建应用程序界面。

（3）设置对象的属性值。

（4）编写事件处理过程。

（5）运行和调试工程。

（6）保存工程。

上述流程的具体实现过程如图 1-20 所示。

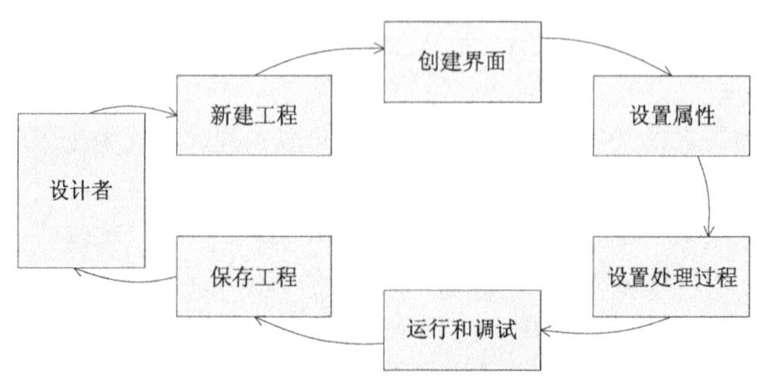

图 1-20　Visual Basic 6.0 程序设计流程

1.8.2 实例概述

实例 001	演示窗体界面的交互	
	源码路径 光盘\daima\1\	视频路径 光盘\视频\实例\第 1 章\001

本实例的功能是运行后首先弹出一个窗体界面，当单击【执行】按钮后将显示指定的文本，当单击【结束】按钮后将结束当前窗体程序。

范例 001：制作一个欢迎界面
源码路径：光盘\演练范例\001\
视频路径：光盘\演练范例\001\
范例 002：实现一个字符转换程序
源码路径：光盘\演练范例\002\
视频路径：光盘\演练范例\002\

1.8.3 实现流程

下面将详细介绍本实例的实现过程。

1. 新创建工程和窗体

依次单击【开始】|【所有程序】|【Visual Basic 6.0 中文版】选项启动 Visual Basic 6.0，在新创建工程对话框中选择“EXE”。单击【打开】按钮后新创建一个“工程 1”项目，如图 1-21 所示。

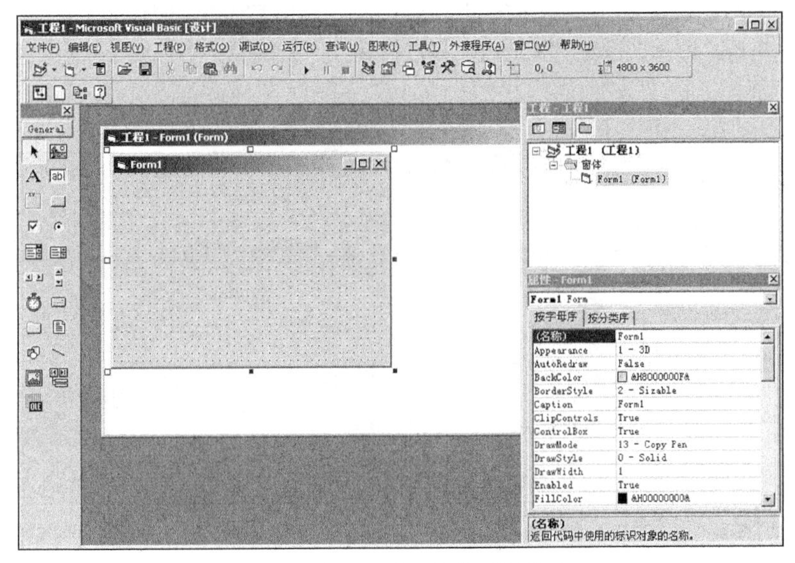

图 1-21 新创建“工程 1”项目界面

2.创建应用程序界面

本步骤的功能是，在窗体内插入需要的控件，并分别调整这些控件的位置。具体实现流程如下所示。

（1）在工具箱中选择标签按钮A，然后在窗体内拖动鼠标，插入 1 个标签控件 Lable1，如图 1-22 所示。

（2）在工具箱中选择按钮控件图标▭，然后在窗体内拖动鼠标，分别插入 2 个按钮 Command1 和 Command2，如图 1-23 所示。

（3）选中窗体内的所有选项，通过【格式】选项调整它们的对齐方式，如图 1-24 所示。

注意：当在窗体内插入控件元素后，可以通过【格式】选项调整它们的对齐方式，如上例的处理方式。另外，也可以通过鼠标调整它们的大小和位置，具体移动方法是通过<Ctrl>键+光标移动键（↑、↓、←、→）来实现，并且也可以通过鼠标箭头来控制控件的大小。在实际应用中，通常需要对窗体内的空间格式进行设置，具体方法是通过单击菜单栏中的【格式】选项来实现。如果不需要移动某个窗体控件，可以通过依次单击【格式】|【锁定控件】选项来

实现。当然也可以对窗体内的空件进行直接复制、剪切和删除操作。

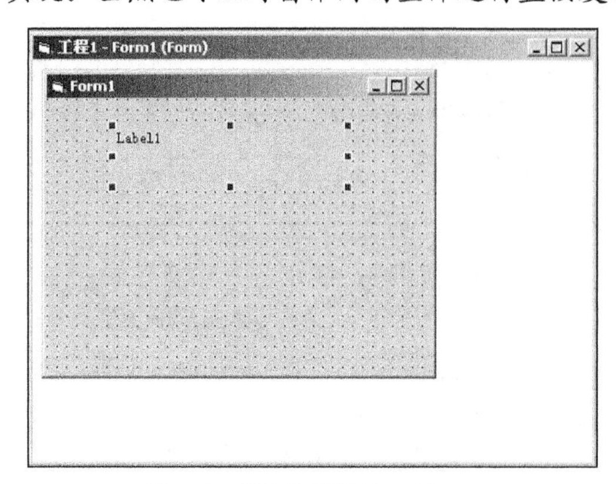

图 1-22　插入标签控件 Lable1

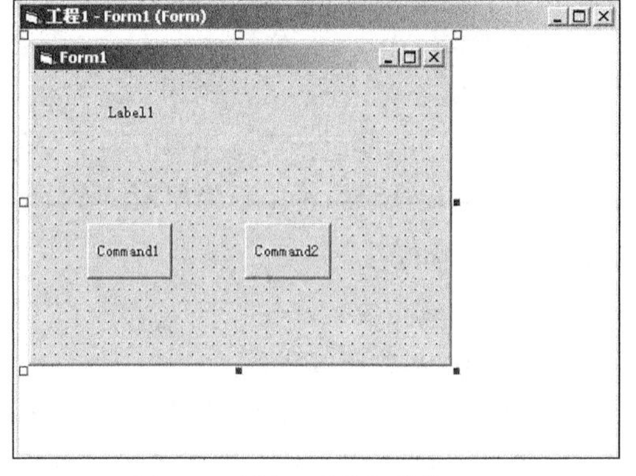

图 1-23　插入 2 个按钮控件

3. 设置窗体对象属性

通过属性窗口可以设置实例窗体内对象的属性，具体流程如下所示。

（1）选中 form1 窗体，设置其 Caption 属性值为“一个简单的 Visual Basic 程序”，如图 1-25 所示。

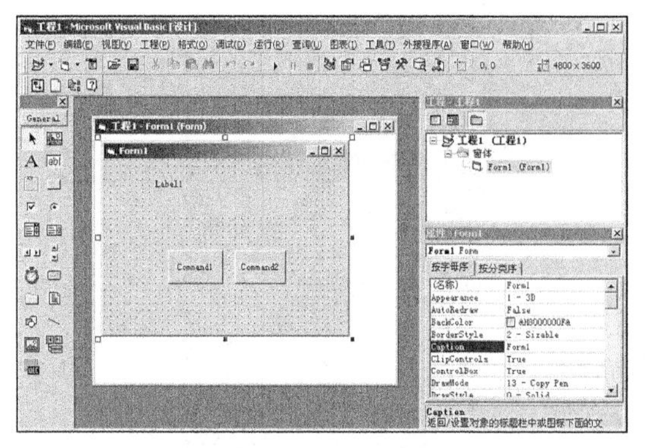

图 1-24　调整插入窗体内控件的对齐方式

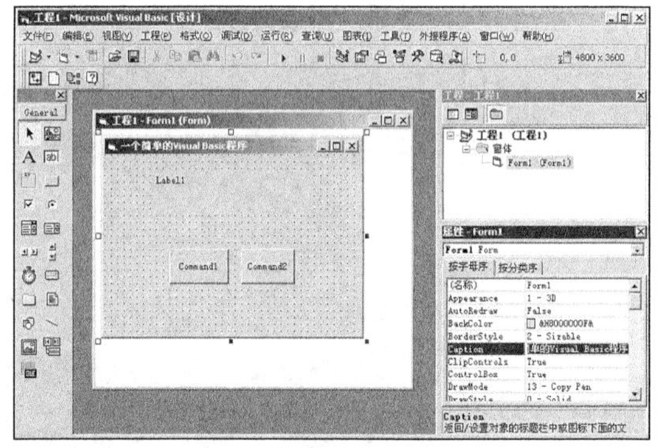

图 1-25　设置 Caption 属性值

（2）选中 Label1 控件，设置其 Caption 属性值为空，如图 1-26 所示。

（3）分别选中 Command1 和 Command2 控件，设置其 Caption 属性值分别为“执行”和“结束”，如图 1-27 所示。

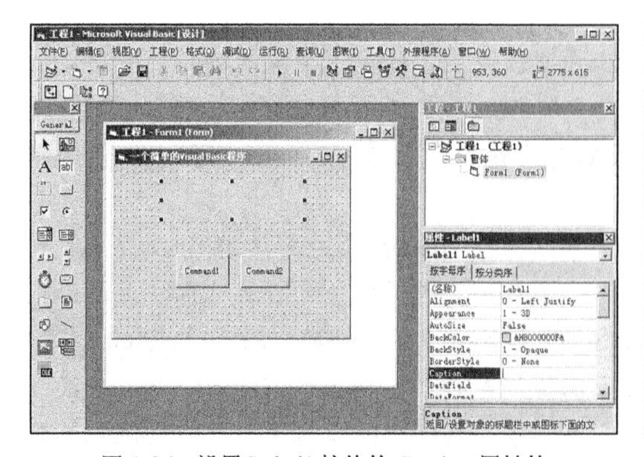

图 1-26　设置 Label1 控件的 Caption 属性值

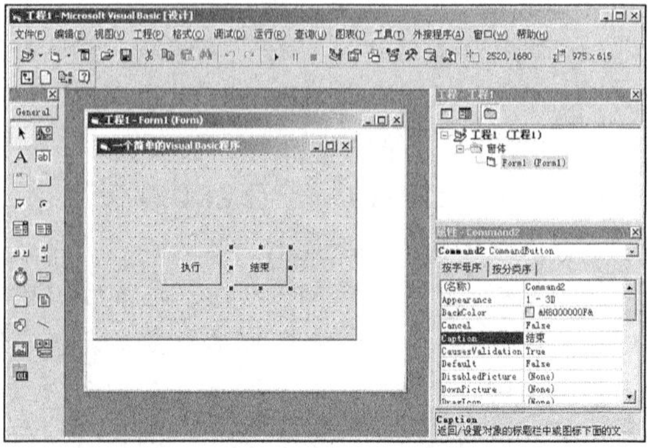

图 1-27　设置 Command1 和 Command2 控件的 Caption 属性值

（4）编写处理过程代码。

鼠标双击 Command1 控件来到代码边辑界面，为 Command1 控件设置如下处理代码。

```
Private Sub Command1_Click()
Label1.Caption = "欢迎学习Visual Basic 6.0!"              '单击后显示的文本
End Sub
```

鼠标双击 Command2 控件来到代码编辑界面，为 Command2 控件设置如下处理代码。

```
Private Sub Command2_Click()
End
End Sub
```

（5）运行和调试工程。

经过上述步骤操作后，本实例基本设置完毕。单击“工具栏”中的启动按钮 ▸ 或单击“F5”键，运行当前工程。程序执行后，如果没有任何错误则显示设置样式的窗体界面。具体如图 1-28 所示。单击【执行】按钮后，将在 Label1 空间位置显示指定的提示文本“欢迎学习 Visual Basic 6.0!”，如图 1-29 所示。

当单击【结束】按钮后则结束当前程序的运行。

（6）保存工程。

当工程设计完毕并调试成功后，即可将工程文件保存。可以通过如下 3 种方法保存 Visual Basic 6.0 程序。

- 依次单击【文件】|【保存工程】命令。

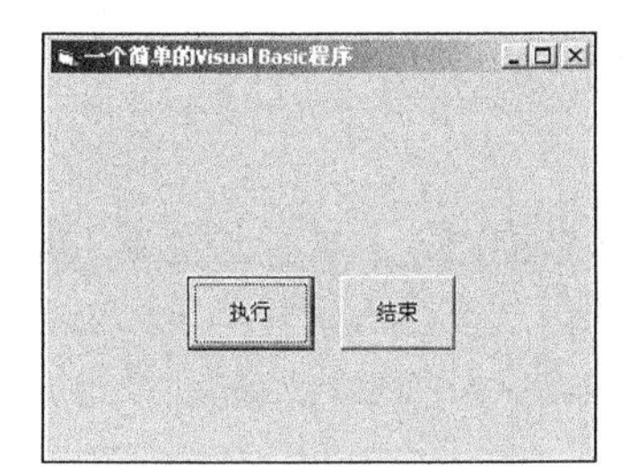

图 1-28　初始执行效果

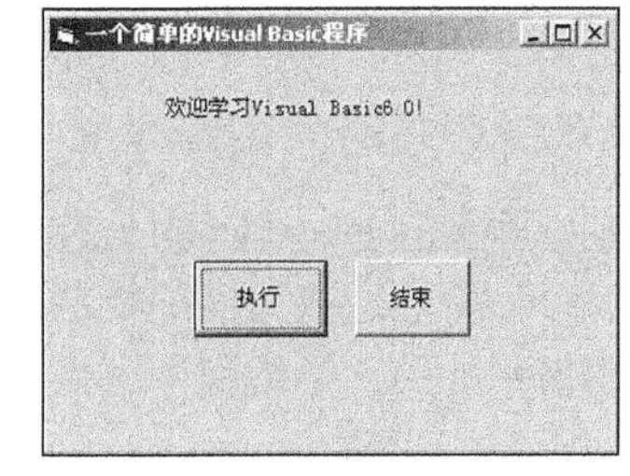

图 1-29　输出提示文本

- 单击“工具栏”中的保存工程图标 。
- 按快捷键<Ctrl+S>。

开发人员可以为当前工程设置属性，具体实现流程如下所示。

（1）在“菜单栏”中依次单击【工程】|【工程 1 属性】选项，弹出“工程属性”对话框，如图 1-30 所示。

（2）选择启动对象为 Form1，设置工程名称为“你好”，如图 1-31 所示。

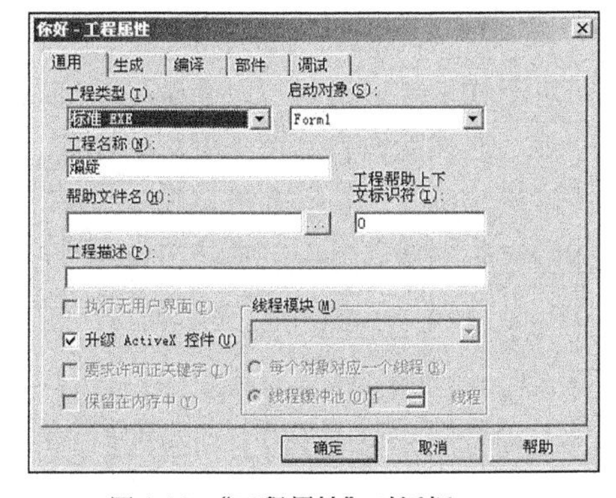

图 1-30　“工程属性”对话框

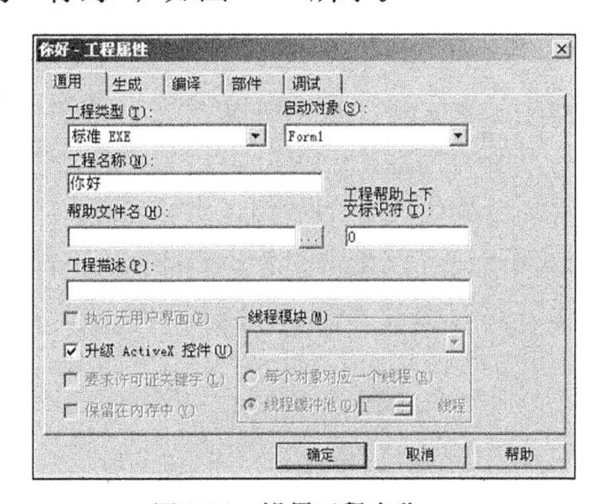

图 1-31　设置工程名称

（3）选择“生成”选项卡，设置版本信息的值为“123”，如图 1-32 所示。

注意：对于简单的 Visual Basic 应用程序来说，生成的可执行 EXE 文件可以直接在 Windows 系统下执行，例如上述实例文件。但是对于一些复杂的 Visual Basic 程序，在执行时还需要一些类库文件的支持。例如，常见的 DLL 和 OCX 文件。为此，在发布 Visual Basic 程序时，需要将这些类库文件进行打包处理，创建一个安装包。创建工程安装包十分必要，特别是大型的项目程序。

至此，本节的 Visual Basic 实例设计完成。从整个实例的实现过程可以看出，Visual Basic 6.0 可视化开发环境的功能十分强大，开发人员只需编写少量的代码即可设计出功能强大的项目工程。

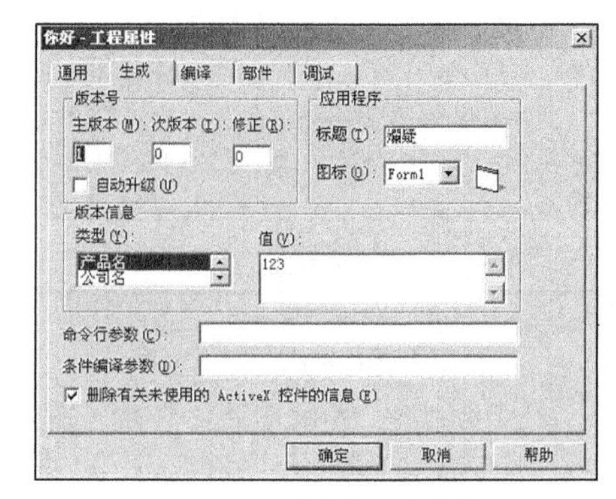

图 1-32　设置版本信息的值

1.9　技术解惑

因为 Visual Basic 6.0 技术简单易用，并且功能强大，所以一直深受广大程序员的喜爱。作为一名初学者，肯定会在学习中遇到很多疑问和困惑。为此在本节的内容中，作者将自己的心得体会传授给大家，帮助读者解决一些困惑性和深层次性的问题。

1.9.1　初学者需要知道的正确观念

大家要好好体会 Visual Basic 语言在风格、算法与数据结构、设计与实现、界面、排错、测试、性能、可移植性这些方面的特色，万万不要浮躁，若自己基础打不牢，去学习那些精彩的技巧是无任何用处的。学编程语言需要经过不断的理论学习和编程实践，经过练习再练习，才能掌握这门语言的精髓。

1.9.2　怎样学好 Visual Basic 语言

关于怎样学好 Visual Basic 语言，这是仁者见仁、智者见智的，但是最起码要遵循如下两个原则。

1. 多看代码

在有一定基础以后一定要多看别人的代码。注意代码中的算法和数据结构。学习 Visual Basic 语言的关键是算法和数据结构，并且要熟练掌握每个控件的基本用法。另外，别的方面也要关注一下，诸如变量的命名、函数的用法等。

2. 多动手实践

程序开发比较注重实践和演练，光学不练不行。对于初学者来说，可以多做一些练习，对于自己不明白的地方，可以自己编一个小程序试验一下，这样能给自己留下深刻的印象。在自己动手的过程中，要不断纠正自己不好的编程习惯和错误。在有一定的基础之后，可以尝试编一点小游戏，可以参考相关资料来编写一定规模的代码。基础很扎实的时候，可以编一些关于数据库方面的项目当练习，例如学生管理系统。

第 2 章

Visual Basic 语言初步

Visual Basic 是一种编程语言，所以具有本身的语法结构。在本章的内容中，将逐一讲解关键字、标识符、数据类型、变量、常量、数组和运算符表达式的基本知识，为读者步入本书后面知识的学习打下基础。

本章内容

- 使用变量
- 使用常量
- 运算符和表达式
- 日期表达式
- 运算符的优先级

技术解惑

公用变量与局部变量的比较
体会静态变量
标识符本身的原则
Visual Basic 表达式的特点

2.1 使用关键字

知识点讲解：光盘：视频\PPT 讲解（知识点）\第 2 章\使用关键字.mp4

任何一门编程语言都有自己的关键字。关键字俗称保留字，即程序员不能使用这些保留字来编写代码，每一个关键字都有各自的具体含义。在 Visual Basic 中，规定关键字的第一个字母必须为大写。Visual Basic 6.0 的常用关键字如表 2-1 所示。

表 2-1 **Visual Basic 6.0 常用关键字信息**

As	New	To	Null
Empty	Optional	Fore	Property
Input	Seek	Let	Step
Mid	Time	Nothing	Wtth
Option	ByRef	Private	Else
Resume	False	Static	Get
Then	Len	True	On
Binary	Next	Date	Public
Error	Print	Friend	String
Is	Set	Lock	Events

2.2 使用标识符

知识点讲解：光盘：视频\PPT 讲解（知识点）\第 2 章\使用标识符.mp4

标识符是为变量、常量、数据类型、过程和函数设置的名称。通过使用标识符，可以实现对变量、常量、数据类型、过程和函数的引用。Visual Basic 6.0 有如下 3 类标识符。

1. 系统标识符

即 Visual Basic 6.0 中定义的关键字和保留字，它们表示特定的含义，不能具有其他的作用。例如，有 Public、String、Private 和 Static 等。

2. 系统预定义标识符

即 Visual Basic 6.0 能够识别，可以为用户实现其他特定的作用。Visual Basic 6.0 中的系统函数的函数名就属于系统预定义标识符。

3. 自定义标识符

即用户在编写代码时自行定义的标识符，例如自行定义的变量、函数和数组等都是自定义标识符。

2.3 使 用 变 量

知识点讲解：光盘：视频\PPT 讲解（知识点）\第 2 章\使用变量.mp4

变量是指在程序执行的过程中其值可以改变的量。每一个变量会在计算机内存中占据一个存储单元，不同类型的变量在内存中占有的空间也不相同。在本节的内容中，将详细讲解 Visual Basic 6.0 变量的基本知识。

2.3.1 变量的命名规则

在 Visual Basic 中命名变量时需要遵循一定的规则，规则的具体说明如下所示。

- 必须是以字母开头。
- 变量名最长为 255 个字符。
- 大小写字母同等对待，不区分大小写。
- 在同一个范围内变量名必须是唯一的。
- 不能使用系统保留字。

微软建议的 Visual Basic 6.0 变量命名规则是：以小写字母开头，第一个单词后的每一个单词都以大写字母开头，其他字母小写。例如，myName 和 name。

2.3.2 声明变量

声明一个变量即事先将变量的有关信息通知程序，以便系统可以确定变量的存储格式。在大多数的高级编程语言中，使用变量时必须遵循“先声明，后使用”的原则。但是在 VB 中，变量在使用时不一定要“先声明，后使用”，它有显式声明、隐式声明之分。

1. 隐式声明

即不声明而直接使用，变量以 Variant 类型处理。另外，通常在变量名后加特定的后缀字符，通过后缀字符来隐式说明变量的类型。一般后缀字符和变量声明的关系如下所示。

- 后缀字符为“%”时，隐含表示变量类型为整型。
- 后缀字符为“&”时，隐含表示变量类型为长整型。
- 后缀字符为“!”时，隐含表示变量类型为单精度浮点型。
- 后缀字符为“#”时，隐含表示变量类型为双精度浮点型。
- 后缀字符为“$”时，隐含表示变量类型为字符串型。

2. 显式声明

显式声明的语法格式如下所示。

```
[关键字] 变量名 [AS  类型]
```

其中，Visual Basic 6.0 各变量声明“关键字”的具体说明如下所示。

- Dim：设置在窗体模块、标准模块或过程中声明变量。
- Private：设置在窗体模块或过程中声明变量，使此变量仅在该模块中有效。
- Static：设置在过程中声明静态变量，即使此过程结束，也仍然保留此变量的值。
- Public：设置在标准模块中声明全局变量，使此变量在整个应用程序中都能使用。

看下面的代码：

```
dim temp as integer
temp=2
a=4
```

上面的代码分别显式声明了变量 temp 和隐式声明了变量 a。

为了保证 Visual Basic 6.0 项目程序的健壮性，建议读者采用强制变量声明。在具体声明时，可以使用“Option Explicit”语句来设置项目强制显式声明。声明后一旦项目内有未声明的变量，则会弹出对应的错误提示。

在编写代码时，可以将“Option Explicit”语句加入到项目文件的声明段中，也可以通过如下流程来强制设置。

（1）依次单击 Visual Basic 6.0 菜单栏中的【工具】|【选项】，弹出“选项”对话框，如图 2-1 所示。

（2）选择“编辑器”选项卡，勾选“要求变量声明”前的复选框，如图 2-2 所示。

经过上述流程设置后，用 Visual Basic 6.0 编写出的项目程序必须强制声明，否则将会出错。例如，下面的代码就是使用了强制声明语句。

```
option explicit
sub form_click()
```

```
    dim a as integer
    dim b as integer
    a=4
    b=5
end sub
```

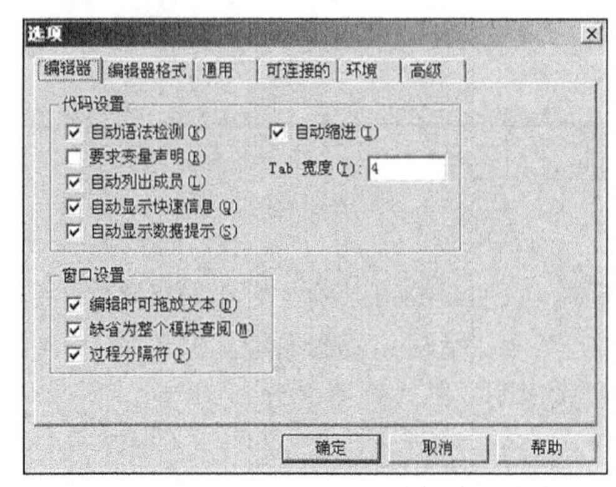

图 2-1　“选项”对话框

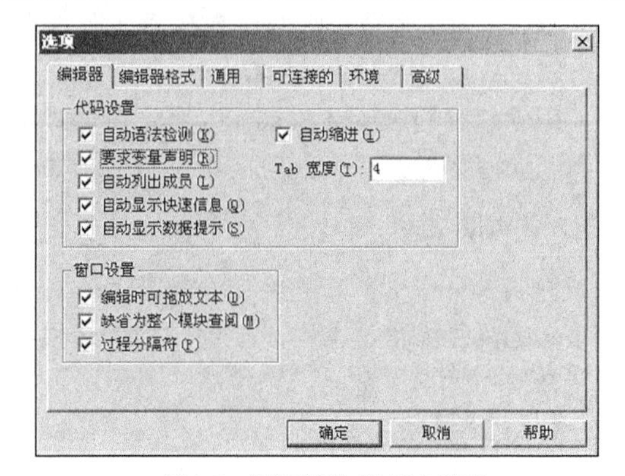

图 2-2　“编辑器”选项卡界面

2.3.3　变量的数据类型

Visual Basic 的标准数据类型有数值型、字符型、逻辑型、日期型、对象型和变体数据类型共 6 种，这 6 种标准类型的具体说明如下所示。

1. 数值（Numeric）数据类型

数值数据类型有整型、浮点型、货币型和字节型 4 种，具体说明如下所示。

（1）整型。

整型是指不带小数点和指数符号的数，整型运算速度快、精确，但表示数的范围小。整型有整型和长整型两种。

- 整型（Integer）：存储长度为 2 个字节（16 位），数的表示范围是−32768～+32767。
- 长整型（Long）：存储长度为 4 个字节（32 位），数的表示范围是−2147483648～2147483647。

（2）浮点型。

浮点型由符号、尾数（Q）以及指数(J)3 部分组成。指数分别用“E”表示单精度、“D”表示双精度。浮点数的符号均占 1 位。浮点数有单精度浮点数和双精度浮点数两种。

- 单精度浮点数（Single）：以 4 字节形式存储（32 位），可以精确到 7 位十进制数。单精度数的负数的范围是−3.402823E+38～−1.401298E−45；正数的范围是+10401298E−45～+3.402823E+38。
- 双精度浮点数（Double）：以 8 字节形式存储（64 位），可以精确到 15～16 位十进制数。双精度数的负数的范围是−1.797693134862315D+308～−.9406564584112465D−324；正数的范围是+4.940656458412465D−324～+1.797693134862315D+308。

注意：浮点数表示的数的范围大，但有误差，在做浮点数的运算时，应尽量使每一次运算的结果都在有效位数范围内；尽量不要使两个相差很大的数值直接相加或相减。

（3）货币型。

货币型数（Currency）是定点数，在内存中存储为 64 位（8 个字节）整型的数值形式，其小数点左边有 15 位数字，右边有 4 位数字。取值范围是−922，337，203，685，477.5808～922，337，203，685，477.5807。Currency 数据类型通常被用于货币计算与定点计算领域中。

（4）字节型。

字节型数（Byte）是二进制数。其存储为单精度型、无符号整型、8 位（1 个字节）的数值形式，取值范围在 0～255。

Byte 数据类型在存储二进制数据时很有用。

2. 字符（String）数据类型

字符数据类型用于存放字符数据，所谓字符型数据就是用双引号括住的字符串，例如“Abcde”和“Visual Basic 欢迎你!”等。在字符串中每个字符占 1 个字节，字符数据的范围以字符串长度的大小来度量。

Visual Basic 有两种字符串，分别是变长字符串和定长字符串。

（1）变长字符串。

变长字符串所占的空间大小为 10 个字节加字符串，最多可包含大约 20 亿个字符。变长字符串的定义格式如下。

```
关键字  变量名 AS  String
```

（2）定长字符串。

定长字符串所占字节就是字符串的长度，可包含 $1 \sim 2^{16}$ 个字符。定长字符串的定义格式如下。

```
关键字 变量名AS String *字符串长度
```

3. 逻辑（Boolean）数据类型

逻辑数据类型变量主要用来进行逻辑判断，它的存储位数是 16 位。逻辑（Boolean）数据类型数据只有两个值，分别是 True（真）或 False（假）。

在 Visual Basic 中，逻辑数据可以转换成整型数据。这时，True 转换为-1，False 转换为 0；而当其他类型的数据转换成逻辑数据时，非零数转换成 True，0 转换为 False。

4. 日期（Date）数据类型

日期数据类型用于表示和存储日期和时间的数据，它是按 8 个字节的浮点数存储。任何字面上可被认作日期和时间的字符（除汉字外），只要用磅号（#）括起来都可以认作为日期型数据。例如，#1 Jan，97#、#January 1，1999# 格式都可以看作为日期类型。

日期表示的范围是公元 100 年 1 月 1 日～9999 年 12 月 31 日；时间表示的范围是：从 0:00:00～23:59:59。

注意：当其他数据转换成日期型数据时，小数点左边的数值代表日期，而小数点右边的数值代表时间：0 为午夜 12 点，0.5 为中午 12 点；负数代表的是 1899 年 12 月 31 日之前的日期和时间。

5. 对象（Object）数据类型

对象数据类型:存储为 32 位（4 个字节）的数值形式，作为对象的引用。利用 Set 语句，声明为 Object 的变量可以赋值为任何对象的引用。例如下面的代码。

```
Sub form_click()
    Dim Temp AS Object
    Set Temp =form1
End Sub
```

6. 变体（Variant）数据类型

变体数据类型也称为万用数据类型，这是一种特殊的数据类型，它所需类型可以根据上下文的变化而变化。除了定长的 String 数据及用户定义的类型之外，可以处理任何类型的数据而不必进行数据类型的转换。它是对所有未定义的变量的默认数据类型的定义。

Variant 类型的数据可以根据运算的实际情况而“变体”，Visual Basic 提供了一个函数 VarType 专门用来检测 Variant 中保存的数据类型，例如：VarType(123)的返回值为 2，表示为整型。

VarType 函数的返回值与数据类型的关系如表 2-2 所示。

表 2-2　VarType 函数数据类型检测

内部常数	VarType 返回值	数据类型
vbEmpty	0	空（Empty）
vbNull	1	无效（Null）
vbInteger	2	整型（Integer）
vbLong	3	长整型（Long）
vbLong	4	单精度（Single）
vbDouble	5	双精度型（Double）
vbCurrency	6	货币型（Currency）
vbDate	7	日期型（Date）
vbString	8	字符型（String）
vbObject	9	OLE 自动化对象（OLE Automation Object）
vbError	10	错误（Error）
vbBoolean	11	逻辑型（Boolean）
vbVariant	12	变体数组（Variant）
vbDataObject	13	非 OLE 自动化对象（Non-OLE Automation Object）
vbByte	17	字节型（Byte）
vbArray	8192	数组（Array）

2.4　使用常量

知识点讲解：光盘：视频\PPT 讲解（知识点）\第 2 章\使用常量.mp4

常量是指在程序运行过程中不再发生改变的数据。例如“ASC”和“1234”都是常量。Visual Basic 中包含文字常量、符号常量和系统常量 3 种常量。在本节的内容中，将简要讲解 Visual Basic 常量的基本知识。

2.4.1　文字常量

文字常量包含数值常量、字符串常量、逻辑型常量和日期型常量。

Visual Basic 6.0 中的整型、长整型、单精度浮点数、双精度浮点数、货币型以及字节型都称为数值型数据。在使用数值型数据时，应该注意以下 3 点。

（1）如果数据内包含小数，则应该使用 Single、Double、或 Currency 类型。其中 Single 类型的有效数字为 7 位，Double 类型的有效数字为 15 位，Currency 类型支持 15 位整数和 4 位小数。

（2）数值类型的数据都有一个有效的取值范围，如果程序内数据超出这个范围，就会发生溢出错误。

（3）Visual Basic 6.0 通常使用十进制数，但也有时会使用八进制或十六进制。

2.4.2　符号常量

用一个符号（一个字母组合）来代替长长的数字常量，具体的声明格式如下所示。

```
Const 字符常量名 [AS 类型]=表达式
```

上述各参数的具体说明如下。

- “字符常量名”是有效符号名，其命名规则与变量名相同。一般使用大写，尽量选择易记、有意义的名称。
- “AS 类型”说明了该常量的数据类型，若省略该选项，则数据类型由表达式决定。

也可用在符号常量名后加类型说明符来决定。

- "表达式"可以是数值常数、字符常数、时间日期以及运算符组成的表达式。

在上述表达式中不能调用函数，即其中不能有函数元素。可以用先前定义过的符号常数定义新常数。例如下面的代码。

```
Const PI=3.1415926                    '声明了常量PI，代表3.1415926 ，单精度型
Const MAX As Integer =&H21ED          '声明了常量MAX，代表十六进制整型数21ED
Const COUNT# =53.78                   '声明了常量COUNT，代表53.78，双精度型
Const BIRTHDAY=# 3/22/72#
Const PI 2= PI * 2
```

2.4.3 系统常量

系统常量是由 Visual Basic 提供的并能够识别的、具有专用名称和作用的常数。Visual Basic 6.0 提供了颜色常数、控件常数、窗体常数、绘图常数、图形常数和键码常数等 32 类近千个常数，这些常数位于 Visual Basic 的对象库中。具体如表 2-3 所示。

表 2-3　Visual Basic 的常用颜色常数

常　数	值	描　述	常　数	值	描　述
vbBlack	&H0	黑色	vbBlue	&HFF0000	蓝色
vbRed	&HFF	红色	vbMagentavbCya	&HFF00FF	洋红
vbGreen	&HFF00	绿色	n	&HFFFF00	青色
vbYellow	&HFFFF	黄色	vbWhite	&HFFFFFF	白色

2.5 运算符和表达式

知识点讲解：光盘：视频\PPT 讲解（知识点）\第 2 章\运算符和表达式.mp4

运算符是对数据进行加工处理的过程，描述各种不同运算的符号叫作运算符，而参与运算的数据称为操作数。概括来说，表达式是用来表示某个求值规则，由原算符号实现对变量、常量、函数和对象等操作数进行合理操作的过程。表达式可以用来执行运算、操作或数据测试，一个表达式将产生对应的结果值，结果值的的类型由运算符的类型所决定。在 Visual Basic 6.0 中共包括 5 类运算符和表达式，在本节的内容中，将详细讲解这 5 种运算符和表达式的基本知识。

2.5.1 算术运算符/算术表达式

算术运算符和算术表达式是用来进行算数处理的，例如数学计算。其运算结果一般是一个数值。

1. 算数运算符

Visual Basic 6.0 的算数运算符如表 2-4 所示。

表 2-4　算术运算符

运　算　符	说　　明	示　　例	优　先　级
-	取负值	Test=-7	由高到低 自左到右 括号优先
^	指数	Test=3^2 表示 3 的 2 次方，结果为 9	
*	乘法	Test=37*16	
/	浮点数除法	Test=37/16 '结果为 2.3125	
\	整数除法	Test=37\16 '结果为 2，表示先四舍五入为整数后再相除	
Mod	求余数	Test=37 mod 16 '结果为 5，表示先四舍五入为整数后再求余数	
+，-	加法、减法	Test=37+16 Test=37-16	

2. 算数表达式

常量、变量和函数是算数表达式，将它们加上圆括号或用运算符连接后也称之为表达式。在书写算数表达式时，应该注意与数学表达式的区别。在具体应用中，应该注意如下 4 点。

（1）不能漏写运算符号，即使是*。

（2）要使用小括号。

（3）每个符号必须并排写在同一横线上，不能使用次方的上标和下标的格式。

（4）要把数学表达式中一些符号修改为 Visual Basic 6.0 中可以表示的符号。

2.5.2 关系运算符/关系表达式

关系表达式是把两个算数表达式或字符表达式连接起来的表达式。Visual Basic 6.0 的关系运算符信息如表 2-5 所示。

表 2-5 关系运算符

运算符	含义
=	等于
>	大于
>=	大于等于
<	小于
<=	小于等于
<>	不等于

Visual Basic 6.0 的关系表达式又称为条件表达式，如果条件成立则表达式值为 True，否则为 False。Visual Basic 6.0 的关系表达式信息如表 2-6 所示。

表 2-6 关系表达式

运 算 符	含 义	示 例	结 果
=	等于	"ABCDE"="ABR"	False
>	大于	"ABCDE">"ABR"	False
>=	大于等于	"bc">="大小"	False
<	小于	23<3	False
<=	小于等于	"23"<="3"	True
<>	不等于	"abc"<>"ABC"	True

2.5.3 连接运算符

连接运算就是将两个表达式连接在一起。Visual Basic 6.0 连接运算符有如下两个。

- &：用来强制两个表达式作字符串连接。
- +：如果两个表达式都为字符串，则将两个字符串连接；若一个为字符串而另一个为数字则进行相加运算。

连接运算符的处理结果如表 2-7 所示。

表 2-7 两种连接运算符“&”和“+”的比较

表达式 1	表达式 2	&	+
“123”	“3”	“1233”	“1233”
123	3	“1233”	126
“123”	3	“1233”	126
“123a”	3	“123a3”	报错

2.5.4 逻辑运算符/逻辑表达式

Visual Basic 6.0 逻辑运算符的信息如表 2-8 所示。

表 2-8 Visual Basic 6.0 的逻辑运算符

运算符	含义	优先级	说明	示例	结果
Not	取反	1	当操作数为假时，结果为真	Not F Not T	T F
And	与	2	两个操作数均为真时，结果才为真	T And T F And F T And F F And T	T F F F
Or	或	3	两个操作数中有一个为真时，结果为真	T Or T F Or F T Or F F Or T	T F T T
Xor	异或	3	两个操作数不相同，结果才为真，否则为假	T Xor F T Xor T	T F
Eqv	等价	4	两个操作数相同时，结果才为真	T Eqv F T Eqv T	F T
Imp	蕴含	5	第一个操作数为真，第二个操作数为假时，结果才为假，其余都为真	T Imp F T Imp T	F T

Visual Basic 6.0 逻辑表达式的运算顺序是按照表 2-8 的顺序从上到下的。

例如，下面的代码是一个典型的是一个逻辑表达式。

```
a>20 AND a<40
```

而在数学上可以写为 40>a>20。

看下面逻辑表达式的值。

```
 (15>3) And  (6>2)                     结果为 True
 (7>3) Or  (2>6)                       结果为 True
Not (2>6) And (6>2)                    结果为 True
 ("a">"A") Xor  ("b">"B")              结果为 False
 (7.8>3.2) Eqv  (16.8>7.2)             结果为 True
 (16.3>7.0) Imp (4.5>19.2)             结果为 False
 (4.5>19.2) Imp (16.5>7.0)             结果为 True
```

注意：逻辑运算一般是对关系表达式或逻辑量进行的，但也可以对数值进行运算。在对数值进行运算时，是以数字的二进制值逐位进行逻辑运算的。例如 7 的二进制数为 0111，对它们逐位进行逻辑运算得到二进制数为 0010，结果是十进制数 2。

2.5.5 日期表达式

日期表达式是由运算符+、-、算数运算符、日期型常量、日期型变量和函数组成的。日期数据是一种特殊的执行数据，它们之间只能用加、减来运算。Visual Basic 6.0 的日期表达式有如下 3 种运算情况。

（1）两个日期型数据可以相减，结果是一个数值型数据。例如，下面代码的运算结果是 12。

```
#4/28/2008#-#4/16/2008#
```

（2）表示天数的数值型数据可以加到日期型数据中，结果是一个日期型数据。例如，下面代码的运算结果是“#4/28/2008#”。

```
#4/18/2008# + 10
```

（3）一个日期型数据可以减去一个表示天数的数值型数据，结果是一个日期型数据。例如，下面代码的运算结果是“#4/18/2008#”。

```
#4/28/2008# - 10
```

2.6　运算符的优先级

知识点讲解：光盘：视频\PPT 讲解（知识点）\第 2 章\运算符的优先级.mp4

在一个 Visual Basic 6.0 项目程序中，可能需要多个不同类型的运算符同时进行运算处理。在运算时，应该按照它们的优先级顺序进行运算。在 Visual Basic 6.0 程序中，各个运算符的优先级顺序如表 2-9 所示。

表 2-9　　Visual Basic 6.0 运算符的优先级顺序

优先级顺序	运算符类型	运　算　符	优　先　级
1	算数运算符	指数（^）运算符	由高到低 自左到右 括号优先
2		负数（-）	
3		乘除（* /）	
4		整数除法（\）	
5		求模运算（Mod）	
6		加减运算（+ —）	
7	字符串运算符	&	
8	关系运算符	=、<>、<、>、<=、>=	
9	逻辑运算符	Not	
10		And	
11		Or	
		Xor	
		Eqv	
		Imp	

注意：运算符和表达式的值在整个 Visual Basic 6.0 体系中十分重要，因为几乎所有的项目程序都会涉及到变量和数据的相互操作。Visual Basic 6.0 的运算符和表达式体系十分清晰，读者只需把握“由高到低、自左到右、括号优先”这一理念，并通过对应的实例来慢慢体会即可掌握。

2.7　技 术 解 惑

2.7.1　公用变量与局部变量的比较

在不同的范围内也可以有同名变量。例如，可以有名为 Temp 的公用变量，然后在过程中声明名为 Temp 的局部变量。在过程内通过引用名字 Temp 来访问局部变量，而在过程外则通过引用名字 Temp 来访问公用变量。通过用模块名限定模块级变量就可在过程内访问这样的变量。

```
Public Temp As Integer
Sub Test ()
   Dim Temp As Integer
   Temp = 2                        'Temp 的值为 2
     MsgBox Form1.Temp                 'Form1.Temp 的值为 1
     End Sub
Private Sub Form_Load ()
   Temp = 1                        ' 将 Form1.Temp 的值设置成 1
   End Sub
       Private Sub Command1_Click ()
         Test
   End Sub
```

一般说来，当变量名称相同而范围不同时，局限性大的变量总会用“阴影”遮住局限性不太大的变量（即优先访问局限性大的变量）。所以，如果还有名为 Temp 的过程级变量，则它会用“阴影”遮住模块内部的公用变量 Temp。

2.7.2 体会静态变量

除了范围之外，变量还有存活期，在这一期间变量能够保持它们的值。在应用程序的存活期内一直保持模块级变量和公用变量的值。但是，对于 Dim 声明的局部变量以及声明局部变量的过程，仅当过程在执行时这些局部变量才存在。通常，当一个过程执行完毕，它的局部变量的值就已经不存在，而且变量所占据的内存也被释放。当下一次执行该过程时，它的所有局部变量将重新初始化。

但是可以将局部变量定义成静态的，从而保留变量的值。在过程内部用 Static 关键字声明一个或多个变量，其用法和 Dim 语句完全一样。

```
Static Depth
```

例如，下面的函数将存储在静态变量 Accumulate 中的以前的运营总值与一个新值相加，以计算运营总值。

```
Function RunningTotal (num)
    Static ApplesSold
    ApplesSold = ApplesSold + num
    RunningTotal = ApplesSold
End Function
```

如果用 Dim 而不用 Static 声明 ApplesSold，则以前的累计值不会通过调用函数保留下来，函数只会简单地返回调用它的那个相同值。

2.7.3 标识符本身的原则

Visual Basic 6.0 标识符的含义比较容易理解，但是在具体使用时必须遵循它本身的原则。具体说明如下所示。

- 只能由字母、数字和下划线组成。
- 第一个字符必须是字母。
- 标识符的长度不能超过 255 个字符。
- 自定义的标识符不能和程序内的运算符、函数和过程名的关键字相同，也不能和系统对象的方法和属性同名。
- Visual Basic 6.0 标识符不区分大小写。

2.7.4 Visual Basic 表达式的特点

Visual Basic 表达式有如下 5 个特点。

- 乘号不能省略。
- 括号必须成对出现，均使用圆括号，可以嵌套，但必须配对。
- 表达式从左到右在同一基准上书写，无高低、大小之分。
- 操作数的数据类型应该符合要求，不同的数据应该转换成同一类型。在算术运算中，如果操作数的数据精度不同，VB 规定运算结果采用精度较高的数据类型。
- 同一表达式中，不同运算符的优先级是：算术运算符 > 字符运算符 > 关系运算符 > 逻辑运算符。

第 3 章

Visual Basic 算法语句

Visual Basic 语句是整个项目程序的核心，通过语句可以实现对特定项目的判断处理，并做出相应的处理。几乎所有的 Visual Basic 项目程序都使用了语句，所以，可以把语句看作为 Visual Basic 的核心。在本章的内容中，将详细讲解 Visual Basic 算法语句的基本知识，并通过具体的实例来加深对知识点的理解。

本章内容

- 算法概述
- 程序语句
- 条件判断语句
- 循环结构
- 其他控制语句

技术解惑

几种语句的选择
结构的选择
慎用 Goto 语句
End 和 Stop 的区别

3.1 算法概述

知识点讲解：光盘：视频\PPT 讲解（知识点）\第 3 章\算法概述.mp4

算法是指用计算机解决某一问题的方法和步骤。在计算机程序实现某个处理功能时，实际上是实现某个算法的过程。在本节的内容中，将对算法等基本知识进行简要介绍。

3.1.1 算法分类

算法分为如下 3 类。

- 数值算法：用于解决一般数学解析方法难以解决的问题，例如求超越方程的根，求定积分，解微分方程等。
- 非数值算法：用于对非数值信息进行查找、排序等。
- 非数值算法：用于对非数值信息进行查找、排序等。

3.1.2 算法的特征

算法一共有 5 个特征，具体说明如下所示。

- 确定性：指算法的每个步骤都应确切无误，没有歧义。
- 可行性：指算法的每个步骤必须是计算机能够有效执行、可以实现的，并可得到确定的结果。
- 有穷性：指一个算法应该在有限的时间和步骤内可以执行完毕的。
- 输入性：指一个算法可以有 0 或多个输入数据。
- 输出性：指一个算法必须有一个或多个输出结果。

Visual Basic 语言在遵循算法处理的指导下，生成对应功能的流程语句来实现算法的目标。"结构化程序设计方法"规定算法有顺序结构、选择结构和循环结构 3 种基本结构，所以 Visual Basic 在流程语句也对应的分为顺序结构、选择结构和循环结构 3 种基本结构。

3.2 程序语句

知识点讲解：光盘：视频\PPT 讲解（知识点）\第 3 章\程序语句.mp4

Visual Basic 6.0 的程序代码中，某行特定的代码被称为程序语句。程序语句能够实现特定的功能，以满足项目的需求。

Visual Basic 6.0 执行特定的操作，每一个语句必须以回车键结束，一个语句的长度不能超过 1023 个字符。Visual Basic 6.0 的程序语句由关键字、属性、函数、运算符和能够被 Visual Basic 6.0 所识别的指令等符号构成。最简单的 Visual Basic 6.0 语句只包含一个关键字。

Visual Basic 6.0 语句是各种元素的组合，例如下面的代码将当前时间赋值给了 Caption 属性。

```
Label1.Caption = Time
```

上面的语句由属性"Caption"、对象"Label1"、函数"Time"和赋值号"="构成。

编写的 Visual Basic 6.0 程序语句要遵循一定的规则，只有编写出科学的语句，才能保证程序迅速的被计算机识别。另外当输入代码后，Visual Basic 6.0 会对输入代码进行语法检查。当出现错误后，会输出对应的错误提示，并给出简单的格式修改处理。

在 Visual Basic 6.0 语句书写过程中，对于初学者来说有如下两点应该充分注意。

1. 同行多语句的处理

在默认情况下，一行输入一个语句。但是有时需要将多个语句放在一行中，这时必须在多个语句之间用分号";"隔开。看下面的一段代码。

```
Label1.Caption =“你好！我是×××”；
Else；Label1.Caption =“哈哈！回答错了”
```

在上面的代码中，使用了分号“;”将两段同行语句隔开。

2. 长语句换行处理

当一个语句过长时，在代码维护时会不便于代码检查。建议读者遇到长语句时，用换行符“-”将长语句换行处理。

3.3 顺序结构

知识点讲解：光盘：视频\PPT 讲解（知识点）\第 3 章\顺序结构.mp4

顺序结构是 Visual Basic 6.0 的一种语句结构，在处理时将顺序执行。Visual Basic 6.0 的顺序结构语句有赋值语句、注释语句、数据类型声明和符号常量声明语句。在本节的内容中，将对上述顺序结构语句的基本知识进行简要介绍。

3.3.1 使用赋值语句

赋值语句是任何程序设计中最基本的语句，赋值语句都是顺序执行的，其功能是将指定的值赋给指定的对象或属性。赋值语句基本语法格式如下所示。

```
变量名/属性名=表达式（变量值/属性值）
```

看下面的一段代码。

```
Text1.text =“大家好！”
Text2.text =“我是好人！”
```

在上面的代码中，分别对 Text1 和 Text1 进行了赋值。

在使用 Visual Basic 6.0 赋值语句时应该注意如下 8 点。

（1）当表达式为数值型而与变量精度不同时，强制转换成左边变量的精度。

（2）当表达式是数字字符串，左边变量是数值类型，自动转换成数值类型再赋值，但当表达式中有非数字字符或空串，则出错。

（3）任何非字符类型赋值给字符类型，自动转换为字符类型。

（4）当逻辑型赋值给数值型时，True 转换为-1，False 转换为 0；反之，非 0 转换为 True，0 转换为 False。

（5）赋值号左边的变量只能是变量，不能是常量、常数符号、表达式，否则报错。

（6）不能在一句赋值语句中，同时给各变量赋值。

（7）在条件表达式中出现的“=”是等号，系统会根据“=”号的位置，自动判断是否为赋值号。

（8）注意 N=N+1 是累加中常见的赋值语句，表示将 N 变量中的值加 1 后再赋值给 N。

3.3.2 使用 Print 方法

Print 方法是常用的输出方法，通过 Print 语句可以在窗体上输出表达式的值或字符串，也可以在其他图形对象或打印机上输出信息。

使用 Print 方法的语法格式如下所示。

```
对象名.Print 表达式
```

其中，“对象名”可以是窗体、图片框和打印机等对象；“表达式”可以是一个或多个表达式，表达式之间用分号分割。

3.3.3 使用注释语句

注释语句的功能是对程序代码进行解释，其主要功能是对项目代码进行注解，便于程序的后期维护。Visual Basic 6.0 注释方法有两种，具体信息如下所示。

1. 使用 Rem 注释

使用 Rem 注释的语法格式如下所示。

```
Rem 注释文字
```

在使用 Rem 注释时，Rem 语句可以单独占用一行，也可以在语句后使用冒号“:”隔开。看下面的一段代码。

```
Dim a (3, 4) As Integer
Rem在此定义了数组
```

上述代码和如下代码的功能是等效的。

```
Dim a (3, 4) As Integer : Rem 在此定义了数组
```

2. 使用单引号注释

使用单引号注释的语法格式如下所示。

```
'注释文字
```

在 Visual Basic 6.0 语句中，程序会忽略单引号“'”后的代码。单引号注释即可以在单独的一行，也可以直接在项目语句的代码后。

看下面的一段代码。

```
Dim a (3, 4) As Integer
'在此定义了数组，是单行注释
```

上述代码和如下代码的功能是等效的。

```
Dim a (3, 4) As Integer    '在此定义了数组，是代码后的注释
```

3.4　条件判断语句

知识点讲解：光盘：视频\PPT 讲解（知识点）\第 3 章\条件判断语句.mp4

在 Visual Basic 6.0 程序文件中，经常需要对同一问题进行多种不同的处理。在 Visual Basic 6.0 中，可以根据实际情况使用条件判断语句来实现。在本节的内容中，将对 Visual Basic 6.0 条件判断语句的基本知识进行简要介绍。

3.4.1　使用 If/Then 语句

Visual Basic 6.0 的 If/Then 语句可以分为单分支结构、双分支结构和多分支结构。

1. 单分支结构 If/Then 语句

当单分支结构条件成立时，就执行后面的语句；当后面的语句有一个或多个时，可以用语句块来实现。单分支结构 If/Then 语句的执行过程如图 3-1 所示。

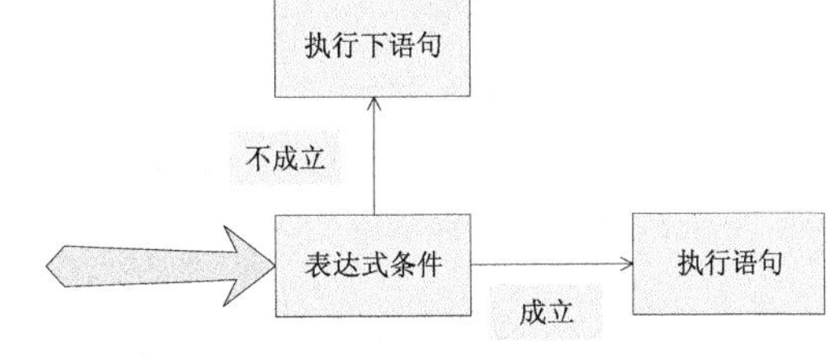

图 3-1　单分支结构执行流程图

单行单分支结构 If/Then 语句的语法结构如下所示。

```
If 表达式Then语句
```

语句块格式单分支结构 If/Then 语句的语法结构如下所示。

```
If 表达式Then
  语句块
End If
```

其中，“表达式”一般为关系表达式、逻辑表达式，也可以为算术表达式，非 0 为 True，是 0 则为 False；语句块可以是一句或多句，若用单行单分支结构表示，则只能是一句语句，若多句，语句间需用冒号分隔，而且必须在一行上书写。

注意：在使用单行格式时不能使用 End If，如果有多个语句，则语句间要使用冒号“:”隔开。如果某执行语句中只有一行语句，则建议读者使用单行格式。看下面的一段代码。

```
If a<b Then c=a                '单行格式
```

上述代码和如下代码的功能是等效的。

```
If a<b Then                          '多行语句块格式
   c=a
End If
```

2. 双分支结构 If/Then 语句

当双分支结构条件成立时，则执行后面的语句 1；否则将执行语句 2。双分支结构 If/Then 语句的执行过程如图 3-2 所示。

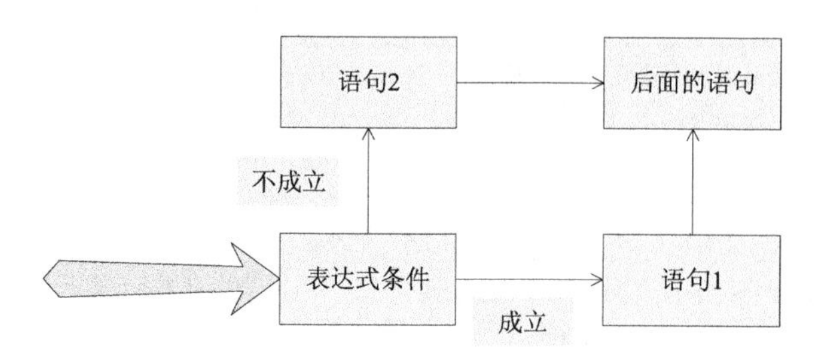

图 3-2　双分支结构执行流程图

双分支结构 If/Then 语句也分为单行格式和语句块格式，其中单行双分支 If/Then 的语法结构如下所示。

```
If 表达式Then语句1 Else 语句2
```

语句块格式双分支结构 If/Then 语句的语法结构如下所示。

```
If 表达式Then
  语句块1
Else
  语句块2
End If
```

在具体项目开发时，建议读者使用语句块格式，因为语句块格式的缩进结构比较清晰，便于阅读和后期的代码维护。

实例 002　判断输入框内的年份是否是闰年

源码路径　光盘\daima\3\1\　　视频路径　光盘\视频\实例\第 3 章\002

本实例演示了双分支结构 If/Then 语句的使用方法，功能是判断输入框内的年份是否是闰年。闰年的年份必须满足如下两个特点。

（1）年份能够被 4 整除。

（2）年份既能够被 100 整除，也能够被 400 整除。

本实例的实现流程如图 3-3 所示。

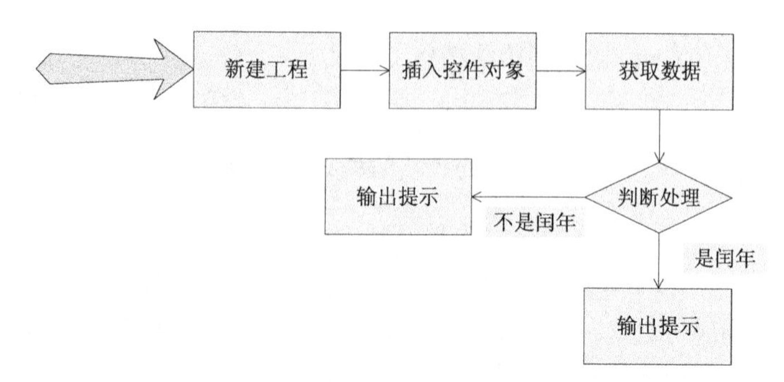

图 3-3　实例实现流程图

下面将详细介绍上述实例流程的具体实现过程，首先新建项目工程并插入各个控件对象，具体流程如下所示。

（1）打开 Visual Basic 6.0，新建一个标准 EXE 工程，如图 3-4 所示。

（2）在窗体内分别插入 1 个 Text 控件、2 个 Command 和 2 个 Lable 控件，并分别设置它们的属性，如图 3-5 所示。

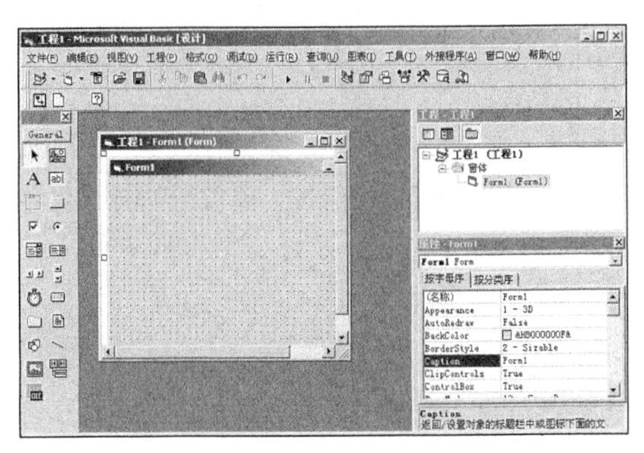

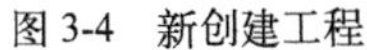

图 3-4 新创建工程

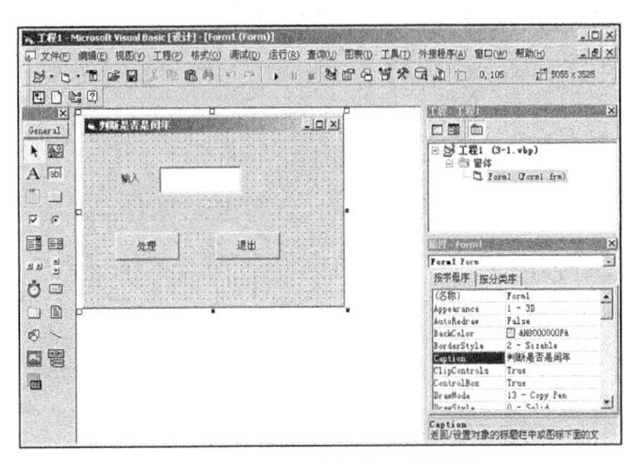

图 3-5 插入对象并设置属性

窗体内各对象的主要属性设置如下所示。

- 第一个 Label 控件：设置名称为“Label1”，Caption 属性为“输入”。
- 第二个 Label 控件：设置名称为“Label2”，Caption 属性为空。
- 窗体：设置名称为“Form1”，Caption 属性为“判断是否是闰年”。
- TextBox 控件：设置名称为“Text1”，Text 属性为空。
- 第一个 Command 控件：设置名称为“Command1”，Caption 属性为“处理”。
- 第二个 Command 控件：设置名称为“Command2”，Caption 属性为“退出”。

然后来到代码编辑界面，分别为 Command1 和 Command2 设置鼠标单击事件处理代码。具体代码如下所示。

```
'定义单击Command1处理代码，获取输入的年份
Private Sub Command1_Click()
    Dim y As Integer
    y = Text1.Text
    '判断是否是闰年，不是则输出“是闰年提示”
    If y Mod 400 = 0 Or (y Mod 4 = 0 And y Mod 100 <> 0) Then
      Label2.Caption = "是闰年"
Else                '是闰年则输出“是闰年”提示
       Label2.Caption = "不是闰年"
    End If
End Sub
Private Sub Command2_Click()                    '定义单击Command2处理代码，执行退出
    End
End Sub
Private Sub Form_Load()
End Sub
```

> 范例 003：实现数据的交换
> 源码路径：光盘\演练范例\003\
> 视频路径：光盘\演练范例\003\
> 范例 004：计算长方体的表面积
> 源码路径：光盘\演练范例\004\
> 视频路径：光盘\演练范例\004\

至此，整个实例设置、编写完毕。将实例文件保存并执行后，将首先按指定样式显示窗体框，如图 3-6 所示；当输入年份并单击【处理】按钮后，将判断当前年份是否为闰年。例如输入年份为 2008 后，则输出判读后的结果“是闰年”，如图 3-7 所示。

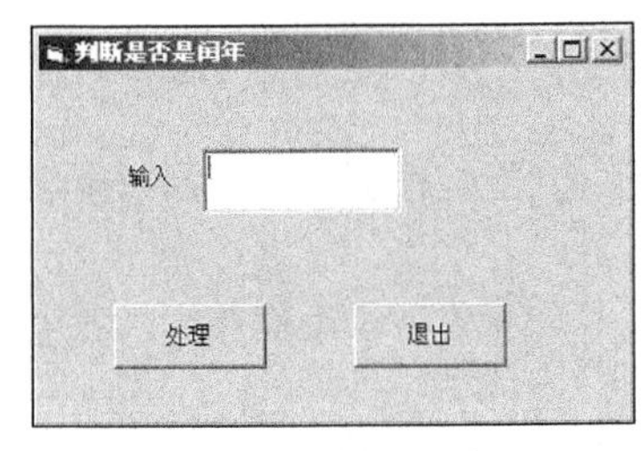

图 3-6 窗体对话框

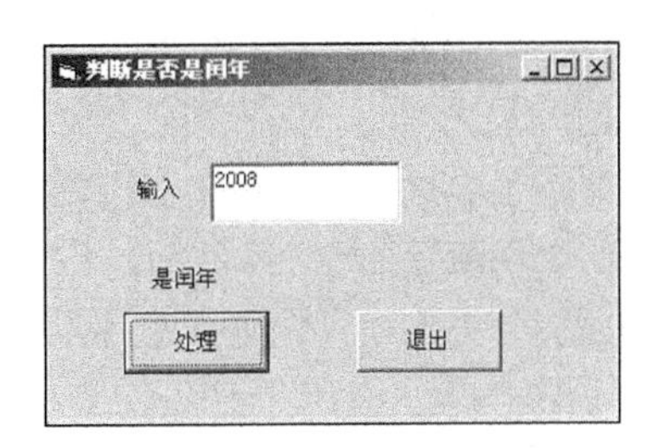

图 3-7 判断处理结果

注意：在上述实例中，使用了 If/Then 语句进行是否是闰年的判断。在输入年份时，只能输入数字，而不能输入文本。如果要想使上述项目也支持文本，可以在使用年份变量 y 时，使用 CInt 或者 Val 进行格式转换。因为在现实中的应用十分广泛，所以上述转换功能十分必要。例如在密码登录系统中，用户名和密码可以既可以是文本，也可以是数字，这就需要系统对文本和数字的判断同时支持。

3. 多分支结构 If/Then 语句

多分支结构 If/Then 语句也被称为“If 语句的嵌套”，能够处理多个分支。它首先判断 If 条件是否满足，并一直找到满足条件的执行语句。多分支结构 If/Then 语句的执行过程如图 3-8 所示。

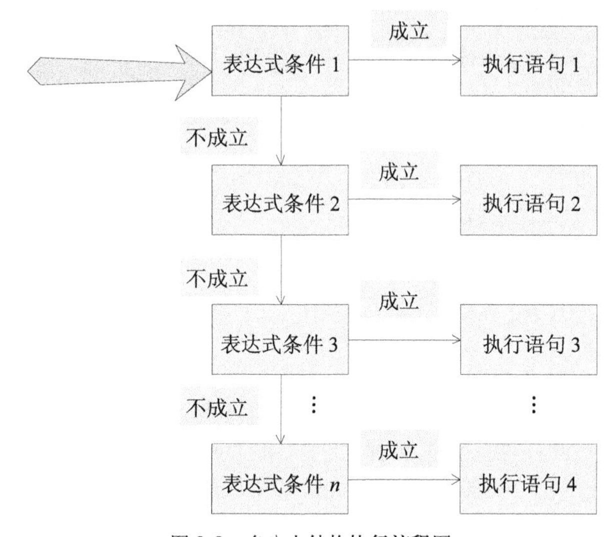

图 3-8　多分支结构执行流程图

多分支结构 If/Then 语句只有语句块格式，具体的语法结构如下所示。

```
If  <表达式1>  Then
        语句块1
      ElseIf  表达式2 Then
         语句块2
         ……
         Else  语句块 n+1
End If
```

在使用上述多分支结构 If/Then 语句时，执行过程首先检测表达式 1，如果为 False 则检查表达式 2，依次执行检查，直到结果为 True，才停止检查。另外，在编写多分支结构 If/Then 语句代码时，应该注意如下 3 点。

（1）不管有几个分支，程序执行了一个分支后，其余分支不再执行。

（2）ElseIf 不能写成 Else If 。

（3）当多分支中有多个表达式同时满足时，则只执行第一个与之匹配的语句块。

实例 003　根据购买商品的金额设置打折价格

源码路径　光盘\daima\3\2\　　视频路径　光盘\视频\实例\第 3 章\003

本实例演示了多分支结构 If/Then 语句的使用方法，功能是根据购买商品的金额设置打折价格。本实例的实现流程如图 3-9 所示。

下面将详细介绍上述实例流程的具体实现过程，首先新建项目工程并插入各个控件对象，具体流程如下所示。

（1）打开 Visual Basic 6.0，新建一个标准 EXE 工程，如图 3-10 所示。

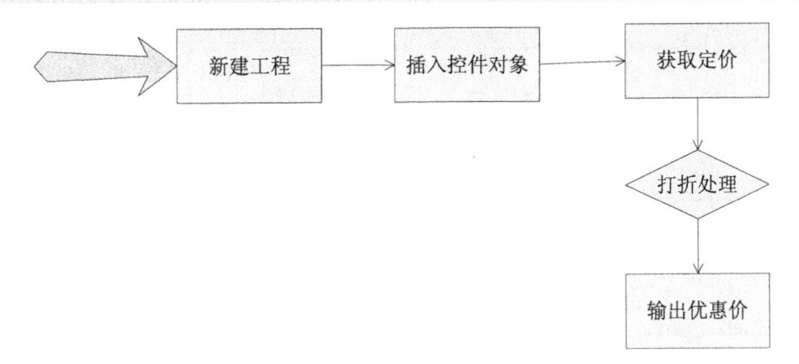

图 3-9 实例实现流程图

(2) 在窗体内分别插入 2 个 TextBox 控件、2 个 Command 和 2 个 Lable 控件，并分别设置它们的属性，如图 3-11 所示。

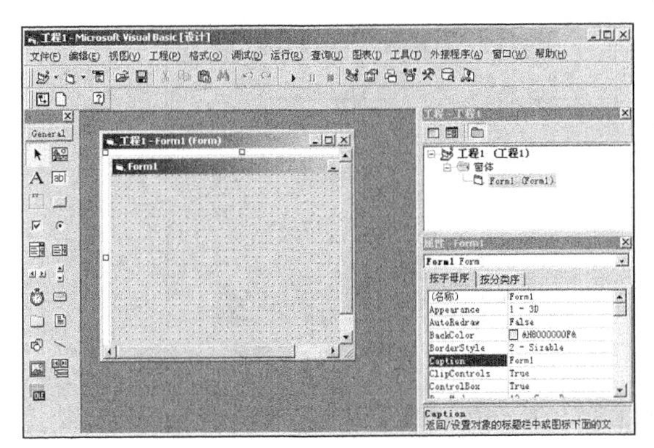

图 3-10 新建工程

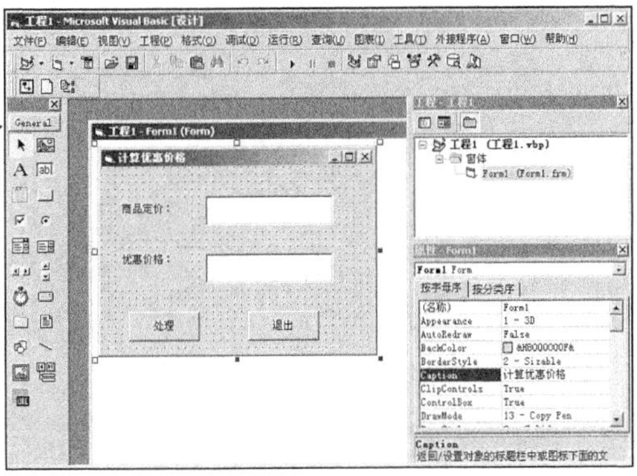

图 3-11 插入对象并设置属性

窗体内各对象的主要属性设置如下所示。

- 第一个 Label 控件：设置名称为“Label1”，Caption 属性为“商品定价：”。
- 第二个 Label 控件：设置名称为“Label2”，Caption 属性为“优惠价格”。
- 窗体：设置名称为“Form1”，Caption 属性为“计算优惠价格”。
- 第一 TextBox 控件：设置名称为“Text1”，Text 属性为空。
- 第二 TextBox 控件：设置名称为“Text2”，Text 属性为空。
- 第一个 Command 控件：设置名称为“Command1”，Caption 属性为“处理”。
- 第二个 Command 控件：设置名称为“Command2”，Caption 属性为“退出”。

此商店的商品打折原则如下所示。

- 当商品金额小于 300 时，不打折。
- 当商品金额小于 500 时，打 9 折。
- 当商品金额小于 1000 时，打 8 折。
- 当商品金额小于 2000 时，打 7 折。
- 当商品金额大于等于 2000 时，打 6 折。

根据上述打折原则，双击窗体来到代码编辑界面，分别为 Command1 和 Command2 设置鼠标单击事件处理代码。具体代码如下所示。

```
'定义单击Command1处理代码，获取商品的金额
Private Sub Command1_Click()
    Dim x As Single, y As Single
    x = Val(Text1.Text)
    '根据商品金额，计算打折金额
    If x < 300 Then
```

```
        y = x
    ElseIf x < 500 Then
        y = x * 0.9
    ElseIf x < 1000 Then
        y = x * 0.8
    ElseIf x < 2000 Then
        y = x * 0.7
    Else
        y = x * 0.6
    End If
    Text2.Text = y                    '将打折结果输出
End Sub
Private Sub Command2_Click()
    End
End Sub
```

范例 005：求 3 个数中的最值
源码路径：光盘\演练范例\005\
视频路径：光盘\演练范例\005\
范例 006：根据成绩进行判断
源码路径：光盘\演练范例\006\
视频路径：光盘\演练范例\006\

至此，整个实例设置、编写完毕。将实例文件保存并执行后，将首先按指定样式显示窗体框，如图 3-12 所示；当输入商品金额并单击【处理】按钮后，将根据打折原则输出打折后的金额。例如输入商品金额 2000 后，将打 6 折，输出打折后的价格是 1200，如图 3-13 所示。

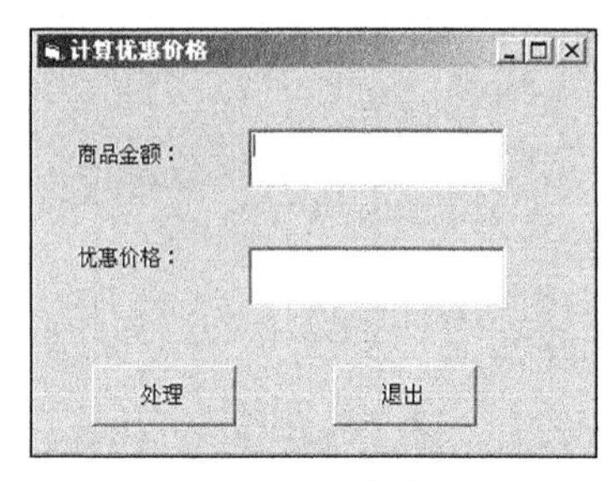

图 3-12　窗体对话框

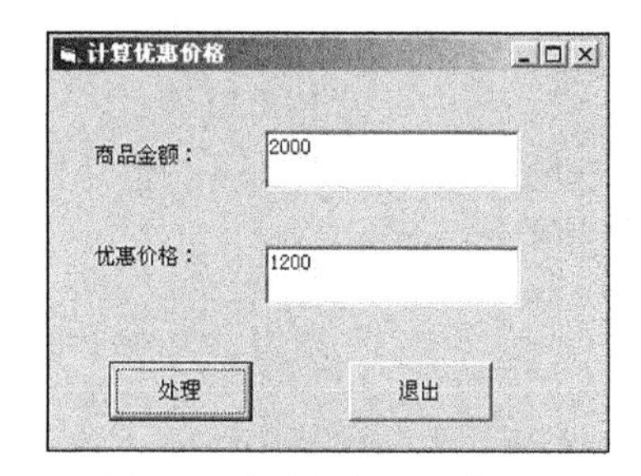

图 3-13　输出打折处理结果

在上述实例中，使用了 If/Then 语句进行商品打折后的价格计算处理。上述应用在现实中十分常见，例如，超市等销售行业中被广泛应用。上述实例具有很强的灵活性，使用人员可以随时调整打折值，并且也可以删除或增加更多的打折条件。

读者可以结合上述实例，对系统进行稍微改动，使其打折处理满足如下条件。

- 购买商品价格大于 1000，打 5 折。
- 800<=购买商品价格<=1000，打 6 折。
- 600<=购买商品价格<800，打 7 折。
- 400<=购买商品价格<600，打 8 折。
- 200<=购买商品价格<400，打 9 折。
- 100<=购买商品价格<200，打 9.5 折。

3.4.2　使用 Select Case 语句

Select Case 语句又被称为情况语句，其功能是根据表达式的不同值来决定要执行的分支，是多分支语句的一种特殊形式。当选择判断条件较多时，用 If 语句也能实现处理，但不是很直接。通过 Select Case 语句，可以使处理过程变得更加直接。

使用 Select Case 语句的语法格式如下所示。

```
Select Case  变量或表达式
        Case  表达式列表1
                语句块1
        Case  表达式列表2
              语句块2
              ……
        Case Else
            语句块n
End Select
```

其中，“表达式”既可以是数值表达式，也可以是字符串表达式。

Select Case 语句的处理过程如图 3-14 所示。

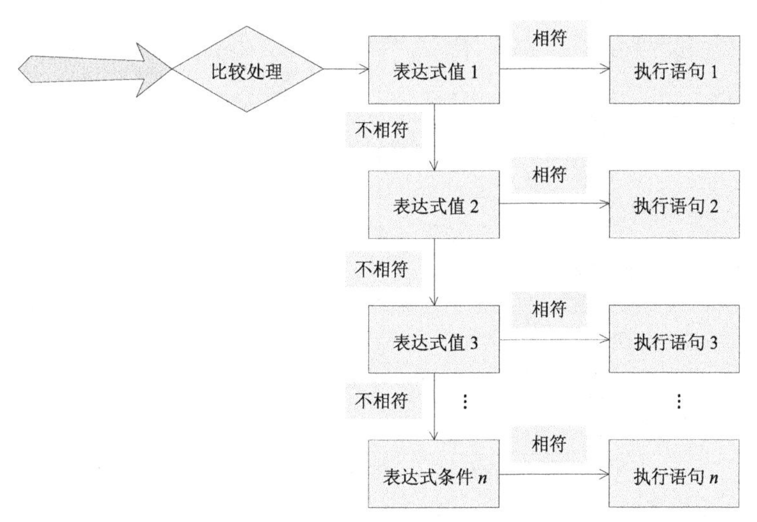

图 3-14　Select Case 语句执行流程图

上述处理过程的具体说明如下所示。

- 首先计算变量或表达式的值。
- 如果变量或表达式的值和 Case 语句中的“表达式列表”中的每一个值逐一进行比较，如果和其中的一个值相匹配，则执行该语句中的语句块；如果和多个语句块值相匹配，则只执行第一个语句块；如果“表达式列表”中没有一个与之相匹配，则执行“Case Else”语句。
- “Case Else”语句是可选的。

实例 004　根据购买商品的金额设置打折价格

源码路径　光盘\daima\3\3\　　**视频路径**　光盘\视频\实例\第 3 章\004

本实例演示了 Select Case 语句的使用方法，功能是实现和“实例 003”完全相同的功能。本实例的实现流程如图 3-15 所示。

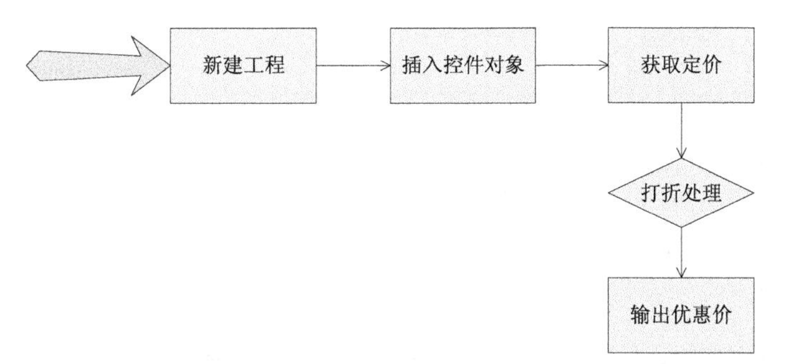

图 3-15　实例实现流程图

下面将详细介绍上述实例流程的具体实现过程，首先新建项目工程并插入各个控件对象，具体流程如下所示。

（1）打开 Visual Basic 6.0，新建一个标准 EXE 工程，如图 3-16 所示。

（2）在窗体内分别插入 2 个 TextBox 控件和 2 个 Command 和 2 个 Lable 控件，并分别设置它们的属性，如图 3-17 所示。

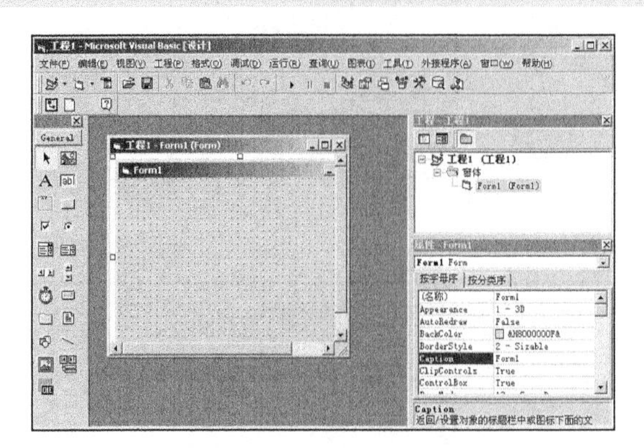

图 3-16 新建工程

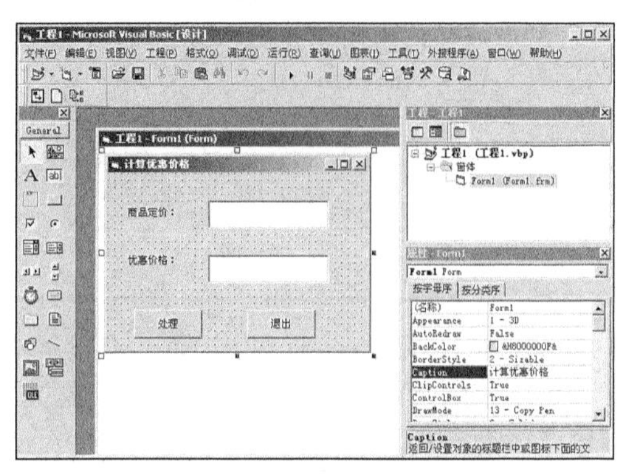

图 3-17 插入对象并设置属性

窗体内各对象的主要属性设置如下所示。

- 第一个 Label 控件：设置名称为“Label1”，Caption 属性为“商品定价：”。
- 第二个 Label 控件：设置名称为“Label2”，Caption 属性为“优惠价格”。
- 窗体：设置名称为“Form1”，Caption 属性为“计算优惠价格”。
- 第一 TextBox 控件：设置名称为“Text1”，Text 属性为空。
- 第二 TextBox 控件：设置名称为“Text2”，Text 属性为空。
- 第一个 Command 控件：设置名称为“Command1”，Caption 属性为“处理”。
- 第二个 Command 控件：设置名称为“Command2”，Caption 属性为“退出”。

根据打折原则，双击窗体来到代码编辑界面，分别为 Command1 和 Command2 设置鼠标单击事件处理代码，具体代码如下所示。

```
'定义单击Command1处理代码，获取商品的金额
Private Sub Command1_Click()
    Dim x As Single, y As Single
    x = Val(Text1.Text)
    '根据商品金额，计算打折金额
    If x < 300 Then
        y = x
    ElseIf x < 500 Then
        y = x * 0.9
    ElseIf x < 1000 Then
        y = x * 0.8
    ElseIf x < 2000 Then
        y = x * 0.7
    Else
        y = x * 0.6
    End If
    Text2.Text = y                    '将打折结果输出
End Sub
Private Sub Command2_Click()
    End
End Sub
```

> 范例 007：编程计算通话费用
> 源码路径：光盘\演练范例\007\
> 视频路径：光盘\演练范例\007\
> 范例 008：设置奖学金的等级
> 源码路径：光盘\演练范例\008\
> 视频路径：光盘\演练范例\008\

将实例文件保存并执行后，将实现和“实例 003”完全相同的功能。

3.4.3 嵌套用法

因为现实项目中对 If 语句的应用比较频繁，所以对于复杂的处理功能经常需要嵌套处理。If 语句的嵌套是指 If 或 Else 后面的语句块中又包含 If 语句。具体的语法格式如下所示。

```
If  表达式1  Then
        If  表达式11  Then
            ……
        End If
            ……
End If
```

对于上述嵌套格式，需要注意如下两点。

- 对于嵌套结构，为了增强程序的可读性，应该采用缩进形式书写。

- If 语句形式若不在一行上书写，必须与 End If 配对，多个 If 嵌套，End If 与它最接近的 Emd If 配对。

另外，If 语句也可以和 Select Case 语句进行嵌套。有如下两种形式：

（1）If 语句中的 Then 和 Else 分支中嵌套另一个 If 或 Select Case，具体格式如下所示。

```
If   条件1   Then
         ……
         If   条件2   Then
              ……
          Else
              ……
          End If
Else
          Select Case  表达式
          Case  表达式列表1
          ……
          Case  表达式列表n
          ……
          End Select
End If
```

（2）在 Select Case 语句中的每一个 Case 分支中嵌套另一个 If 或 Select Case 语句，具体格式如下所示。

```
Select Case  表达式
   Case  表达式列表1
      If   条件1   Then
      ……
      Else
      ……
       End if
   Case……
   Case  表达式列表n
      Select Case  表达式2
      Case  表达式列表2
      ……
      Case Else
      ……
   End Select
End Select
```

在上述嵌套结构中，应该注意如下 4 点。

- 仅在一个分支中嵌套，不能出现交叉。
- 对于多层 If 嵌套，要注意 If 和 Else 的对应关系。
- 对于 Select Case 语句，要注意 Select Case 和 End Select 的对应关系。
- 建议使用代码的缩进格式，便于代码的阅读和后期维护。

3.5 循环结构

知识点讲解：光盘：视频\PPT 讲解（知识点）\第 3 章\循环结构.mp4

循环结构是计算机编程语言内重要结构之一，通过循环结构可以处理一些常见的和数学相关的运算。例如，累加金额穷举。

Visual Basic 6.0 中的循环结构有如下 3 种。

- Do/Loop 语句。
- While/Wend 语句。
- For/Next 语句。

在本节的内容中，将详细讲解上述循环结构的基本知识。

3.5.1 使用 Do…Loop 语句

Do…Loop 语句的功能是根据条件语句来设置循环是否执行。根据条件语句的不同位置，可以将 Do…Loop 语句划分为前侧型和后侧型 2 种。

1. 前侧型 Do…Loop 语句

前侧型 Do…Loop 语句先判断条件语句，后执行循环体。具体的语法格式如下所示。

```
Do While/Until 条件语句
循环体1
Exit Do
循环体2
Loop
```

上述格式的具体说明如下所示。

- Do While…Loop：只有当条件为 True 时才执行循环体；否则终止。
- Do Until…Loop：只有当条件为 False 时继续执行循环体，直到条件为 True 时终止。
- “条件语句”是条件表达式，其值是 True 或 False。
- “循环体”是一条或多条命令，能够被重复执行。
- 在 Do…Loop 循环中可以在任何位置放任何数量的“Exit Do”，用于及时跳出当前循环。
- “Exit Do”通常用于条件判断之后，例如 If Then，此情况下，“Exit Do”将控制权转移到紧挨的 Loop 后的语句。

实例 005　计算 1 到 200 之间的整数和

源码路径　光盘\daima\3\4\　　　视频路径　光盘\视频\实例\第 3 章\005

本实例演示说明了前侧型 Do…Loop 语句的使用方法，功能是计算 1～200 的整数和。本实例的实现流程如图 3-18 所示。

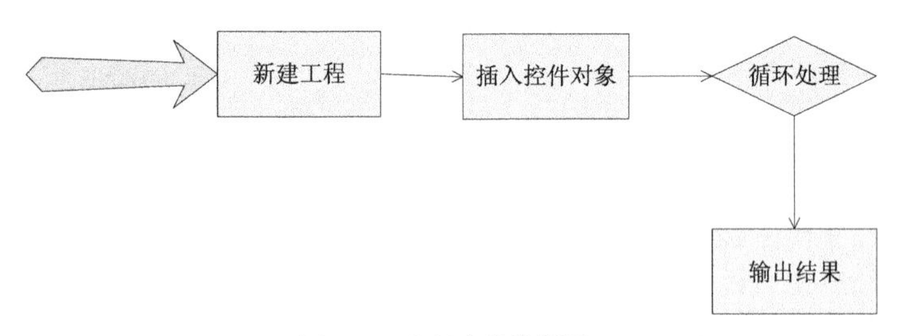

图 3-18　实例实现流程图

下面将详细介绍上述实例流程的具体实现过程，首先新建项目工程并插入各个控件对象，具体流程如下所示。

（1）打开 Visual Basic 6.0，创建一个标准 EXE 工程，如图 3-19 所示。

（2）在窗体插入 1 个 Command 控件，并设置它的属性，如图 3-20 所示。

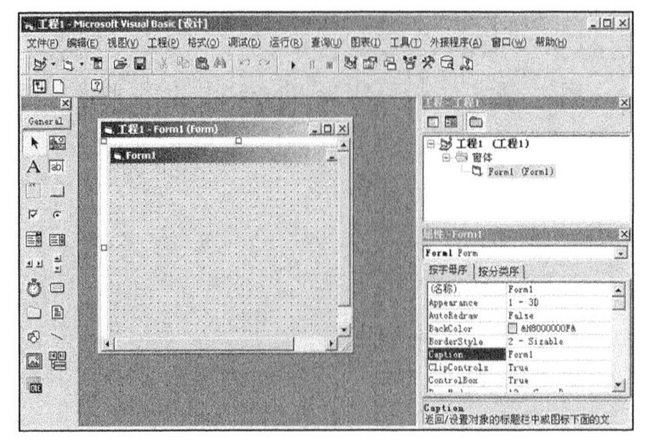

图 3-19　新建工程

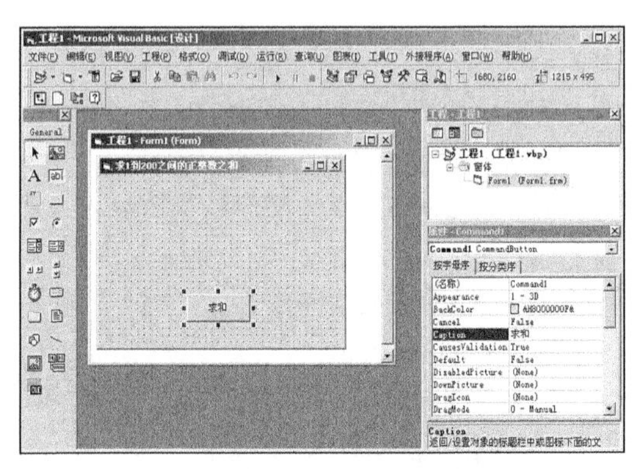

图 3-20　插入对象并设置属性

窗体内对象的主要属性设置如下所示。

- 窗体：设置名称为“form1”，Caption 属性为“求 1 到 200 之间的正整数之和”。
- Command 控件：设置名称为“Command1”，Caption 属性为“求和”。

双击窗体来到代码编辑界面，为 Command1 设置鼠标单击事件处理代码。具体代码如下所示。

```
'定义单击Command1处理代码，循环计算1～200的整数和
Private Sub Command1_Click()
   Dim i As Integer, sum As Integer
   i = 1
   Do Until i > 200
         sum = sum + i
         i = i + 1
   Loop
  '输出计算结果
  Print "1+2+3+…+200="; sum
End Sub
Private Sub Form_Load()
End Sub
```

范例 009：计算奇数的和
源码路径：光盘\演练范例\009\
视频路径：光盘\演练范例\009\
范例 010：计算 n 的阶乘
源码路径：光盘\演练范例\010\
视频路径：光盘\演练范例\010\

至此，整个实例设置、编写完毕。将实例文件保存并执行后，将首先按指定样式显示窗体框，如图 3-21 所示；当单击【求和】按钮后，将输出 1～200 中所有整数的和，如图 3-22 所示。

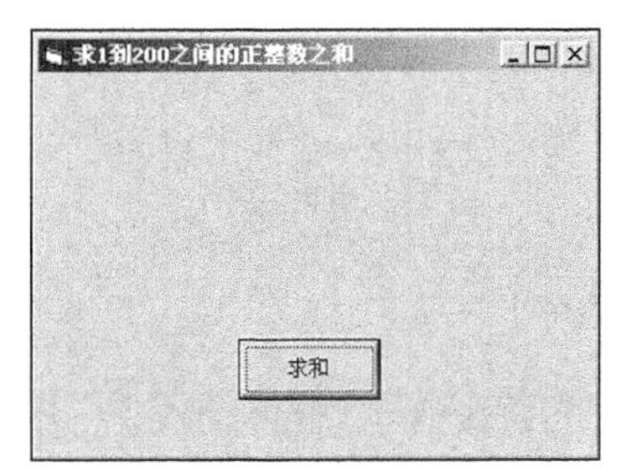

图 3-21　窗体对话框

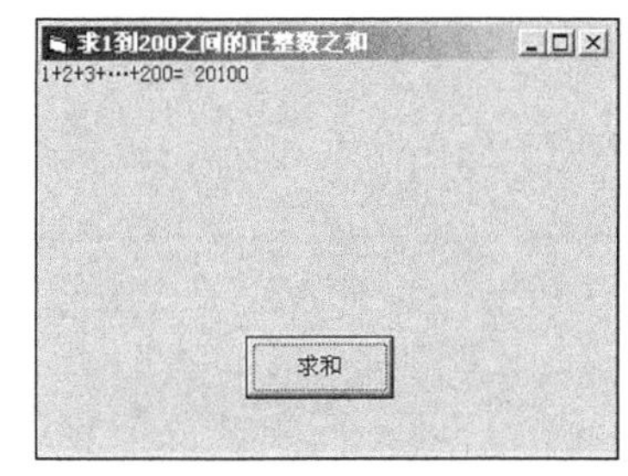

图 3-22　输出计算结果

在上述实例中使用的是前侧性 Do…Loop 语句，通过使用后侧型 Do…Loop 语句，也可以实现和实例 4 完全相同的功能。唯一的区别是对单击事件处理代码进行如下修改。

```
Private Sub Command1_Click()          '定义单击Command1处理代码，循环计算1到200的整数和
   Dim i As Integer, sum As Integer
   i = 1
   Do
      sum = sum + I                   '循环计算1到200的整数和
      i = i + 1
   Loop Until i > 200
  Print "1+2+3+…+200="; sum           '输出计算结果
End Sub
Private Sub Form_Load()
End Sub
```

有关后侧型 Do…Loop 语句的具体知识将在下面的内容中进行详细介绍。

2. 后侧型 Do…Loop 语句

后侧型 Do…Loop 语句先执行循环体，后判断条件语句。具体的语法格式如下所示。

```
Do
循环体1
Exit Do
循环体2
Loop While/Until条件语句
```

上述格式的具体说明如下所示。

- Do While…Loop：只有当条件为 True 时才执行循环体；否则终止。
- Do Until…Loop：只有当条件为 False 时继续执行循环体，直到条件为 True 时终止。
- “条件语句”是条件表达式，其值是 True 或 False。
- “循环体”是一条或多条命令，能够被重复执行。

- ❑ 在 Do…Loop 循环中可以在任何位置放任何数量的“Exit Do”，用于及时跳出当前循环。
- ❑ “Exit Do”通常用于条件判断之后，例如 If Then，此情况下，“Exit Do”将控制权转移到紧挨的 Loop 后的语句。

实例 006 计算任意两个正数的最大公约数

源码路径 光盘\daima\3\5\ 视频路径 光盘\视频\实例\第 3 章\006

本实例演示说明了后侧型 Do…Loop 语句的使用方法，功能是计算任意两个正数的最大公约数。本实例的实现流程如图 3-23 所示。

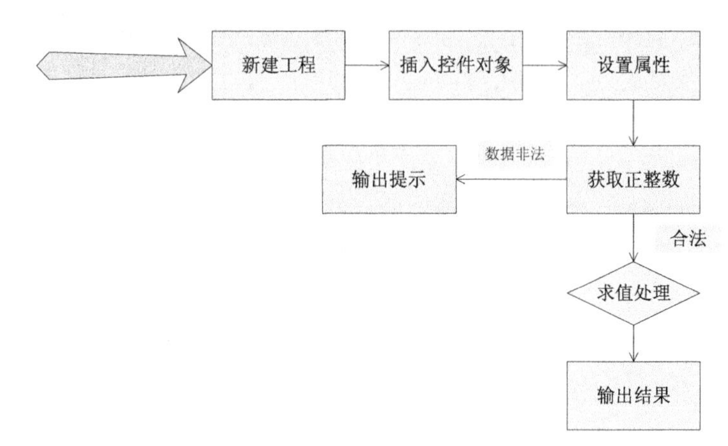

图 3-23 实例实现流程图

下面将详细介绍上述实例流程的具体实现过程，首先新建项目工程并插入各个控件对象，具体流程如下所示。

（1）打开 Visual Basic 6.0，新建一个标准 EXE 工程，如图 3-24 所示。

（2）在窗体插入 1 个 Command 控件、2 个 TextBox 控件和 3 个 Label 控件，并分别设置其属性，如图 3-25 所示。

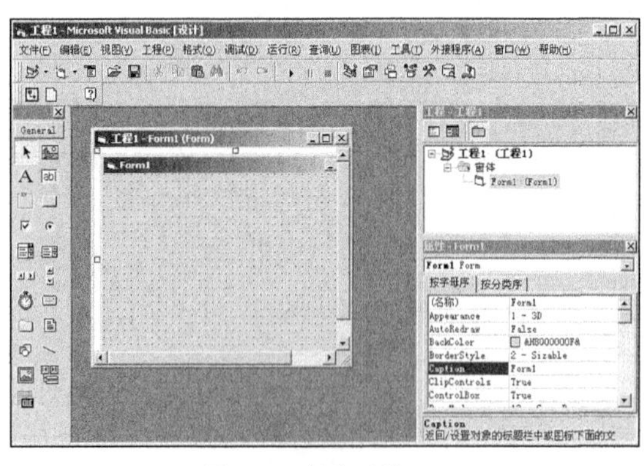

图 3-24 新建工程

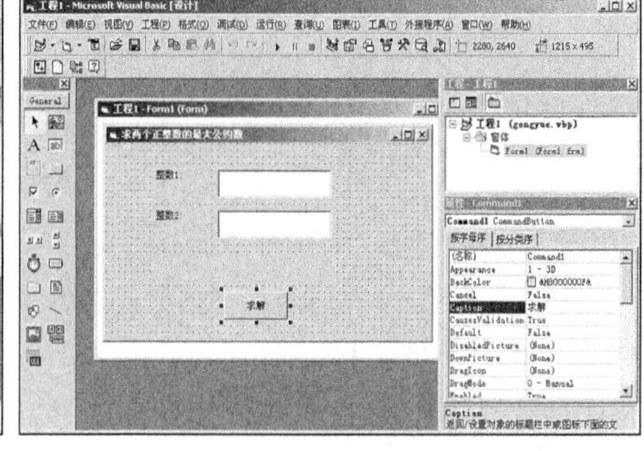

图 3-25 插入对象并设置属性

窗体内各对象的主要属性设置如下所示。

- ❑ 窗体：设置名称为“Form1”，Caption 属性为“求两个正整数的最大公约数”。
- ❑ Command 控件：设置名称为“Command1”，Caption 属性为“处理”。
- ❑ 第一个 Label 控件：设置名称为“Label1”，Caption 属性为“整数 1”。
- ❑ 第二个 Label 控件：设置名称为“Label2”，Caption 属性为“整数 2”。
- ❑ 第三个 Label 控件：设置名称为“Label3”，Caption 属性为空。

- 第一个 TextBox 控件：设置名称为“Text1”，Text 属性为空。
- 第二个 TextBox 控件：设置名称为“Text2”，Text 属性为空。

双击窗体来到代码编辑界面，为 Command1 设置鼠标单击事件处理代码，具体代码如下所示。

```
'定义单击Command1处理代码
'获取Text控件数据，如果数据非法则输出对应提示
Private Sub Command1_Click()
    Dim m As Long, n As Long, temp As Long
    If (Val(Text1.Text) = 0
    Or Val(Text2.Text) = 0)
    Or Val(Text1.Text) > 2147483647
    Or Val(Text2.Text) > 2147483647 Then
        MsgBox "输入的数0或溢出，请重新输入！"
        MsgBox "输入的数0或溢出,请重新输入!",
        vbInformation + vbOKOnly, "数据错误"
        Text1.Text = ""
        Text2.Text = ""
        Text1.SetFocus
    Else
        m = Val(Text1.Text)
        n = Val(Text2.Text)
    If m < n Then
        temp = m: m = n: n = temp
    End If
    Do                                                     '计算最大公约数
        r = m Mod n
        m = n
        n = r
    Loop While r <> 0
    Label3.Caption = "两个正整数m和n的最大公约数为:  " & m        '输出计算结果
    End If
End Sub
```

> 范例 011：解决猴子摘桃的问题
> 源码路径：光盘\演练范例\011\
> 视频路径：光盘\演练范例\011\
> 范例 012：解决参赛评委打分的问题
> 源码路径：光盘\演练范例\012\
> 视频路径：光盘\演练范例\012\

至此，整个实例设置、编写完毕。将实例文件保存并执行后，将首先按指定样式显示窗体框，如图 3-26 所示；当输入合法整数并单击【处理】按钮后，将输出对应的计算结果。例如当分别输入整数 8 和 122 后，将输出计算后的最大公约数 2，如图 3-27 所示。

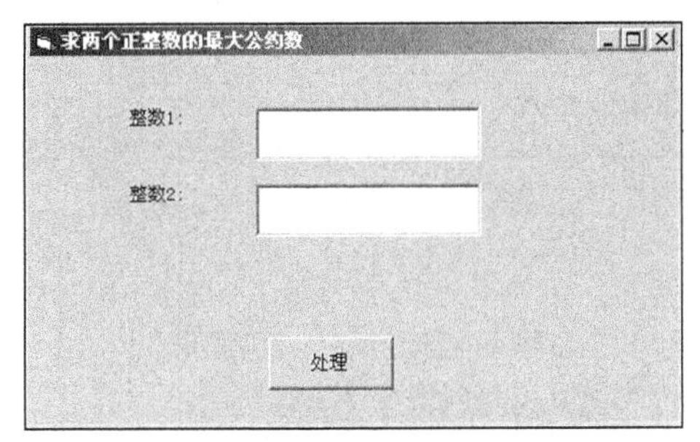

图 3-26　窗体对话框

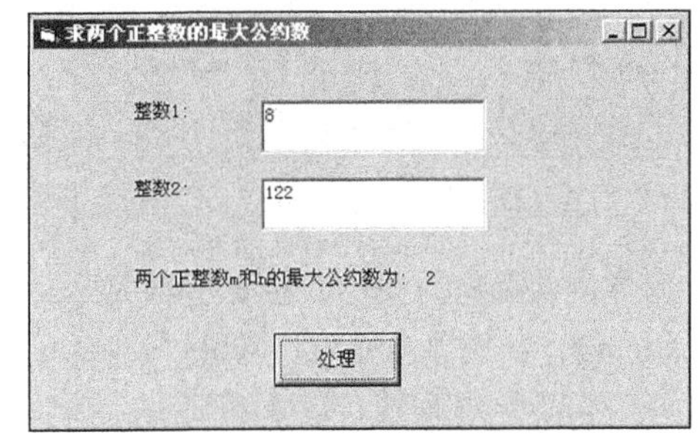

图 3-27　输出计算结果

3.5.2　使用 While/Wend 语句

While/Wend 语句先判断循环条件，然后决定是否执行循环体语句。While / Wend 语句常被用于一些未知循环次数的程序中，和 Do 语句类似。

While/Wend 语句的语法格式如下所示。

```
While条件语句
    循环体
Wend
```

其中，只有当“条件语句”的返回值是 True 时，才会执行下面的循环体；否则将跳出循环，执行后面的代码。

实例 007　计算“1!+ 2!+3!…+12!”的值

源码路径　光盘\daima\3\6\　　　视频路径　光盘\视频\实例\第 3 章\007

本实例演示说明了 While/Wend 语句的使用方法，功能是计算“1!+ 2!+3!…+12!”的值。本

实例的实现流程如图 3-28 所示。

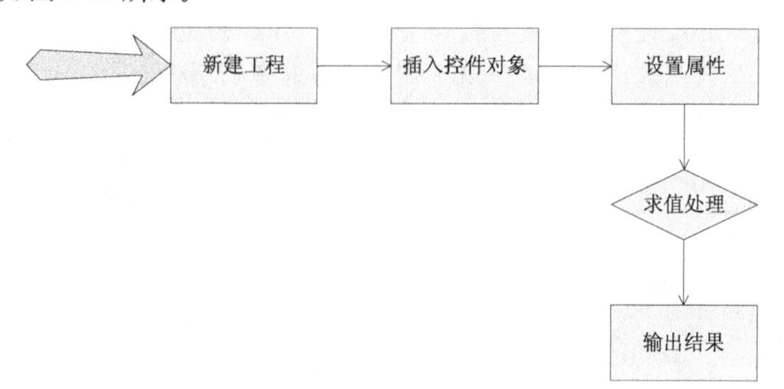

图 3-28　实例实现流程图

下面将详细介绍上述实例流程的具体实现过程，首先新建项目工程并插入各个控件对象，具体流程如下所示。

（1）打开 Visual Basic 6.0，新建一个标准 EXE 工程，如图 3-29 所示。

（2）在窗体插入 1 个 Command 控件，并设置其属性，如图 3-30 所示。

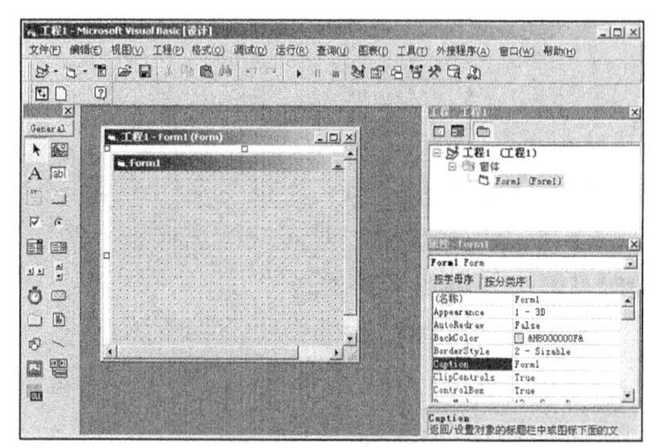

图 3-29　新建工程

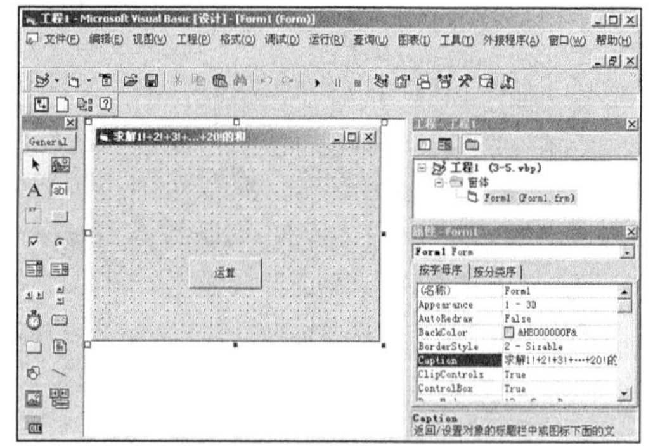

图 3-30　插入对象并设置属性

窗体内各对象的主要属性设置如下所示。

- 窗体：设置名称为“form1”，Caption 属性为“求解 1!+2!+3!+…+20!的和”。
- Command 控件：设置名称为“Command1”，Caption 属性为“运算”。

双击窗体来到代码编辑界面，为 Command1 设置鼠标单击事件处理代码，具体代码如下所示。

```
Private Sub Command1_Click()
    Dim n As Integer, i As Integer, sum As Double
    Dim k As Double
    '循环计算"1!+2!+3!+...+20!"的和
    i = 1
    k = 1
    While i <= 15
        k = k * i
        sum = sum + k
        i = i + 1
    Wend
      Print "1!加到15!="; sum                    '输出计算结果
End Sub
Private Sub Form_Load()
```

> 范例 013：找素数的问题
> 源码路径：光盘\演练范例\013\
> 视频路径：光盘\演练范例\013\
> 范例 014：分解质因数
> 源码路径：光盘\演练范例\014\
> 视频路径：光盘\演练范例\014\

在上述代码中，首先定义了 i 和 k 两个变量，并分别初始化它们的值为 1；然后使用 While / Wend 语句，如果 i <= 15，则计算 i 的阶乘。

至此，整个实例的设置、编写工作完成。将实例文件保存并执行后，将首先按指定样式显示窗体对话框，如图 3-31 所示；当单击【运算】按钮后，将输出对应的计算结果，如图 3-32 所示。

图 3-31　窗体对话框

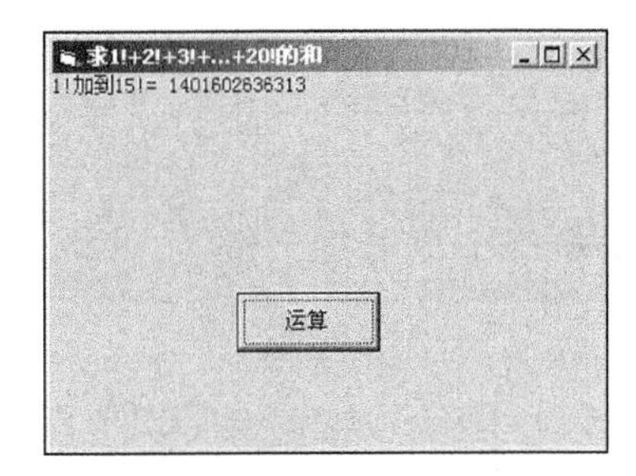

图 3-32　输出计算结果

3.5.3　使用 For…Next 语句

如果知道循环体的执行次数，则可以使用 For…Next 语句来提高执行效率。和 Do…Loop 语句不同，For…Next 语句使用一个“计数器”来控制次数的增加或减少。

```
For  循环变量 = 初值To 终值  [ Step  步长]
     循环体
        [Exit For]
      语句块
Next  循环变量
```

上述格式的具体说明如下所示。

（1）循环变量必须为数值型。

（2）步长一般为正，初值小于终值；若为负，初值大于终值；缺省步长为 1。

（3）循环体语句可以是一句或多句语句。

（4）Exit For 表示当遇到该语句时，退出循环体，执行 Next 的下一句。

（5）退出循环后，循环变量的值保持退出时的值。

（6）在循环体内对循环变量可多次引用，但不要对其赋值，否则影响结果。

实例 008　列出 1～100 间的所有素数

源码路径　光盘\daima\3\7\　　视频路径　光盘\视频\实例\第 3 章\008

本实例演示说明了 For…Next 语句的使用方法，功能是列出 1～100 的所有素数（素数是指只能被 1 和其本身整除的数）。本实例的实现流程如图 3-33 所示。

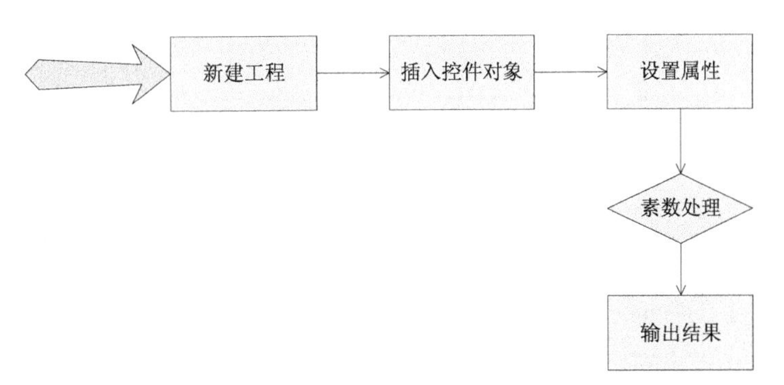

图 3-33　实例实现流程图

下面将详细介绍上述实例流程的具体实现过程，首先新建项目工程并插入各个控件对象，具体流程如下所示。

（1）打开 Visual Basic 6.0，新建一个标准 EXE 工程，如图 3-34 所示。

（2）在窗体插入 1 个 Command 控件，并设置其属性，如图 3-35 所示。

窗体内各对象的主要属性设置如下所示。

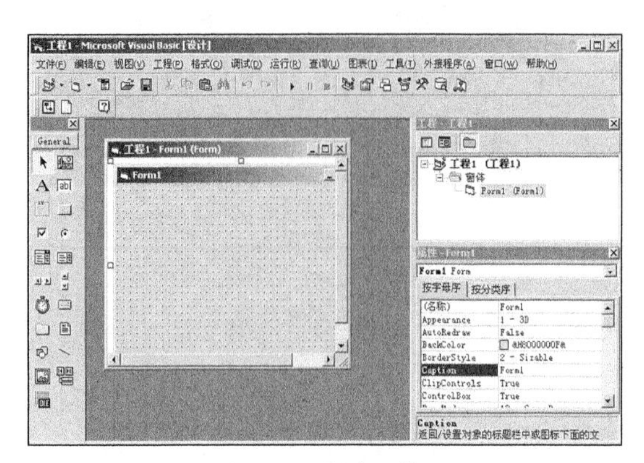

图 3-34　新建工程

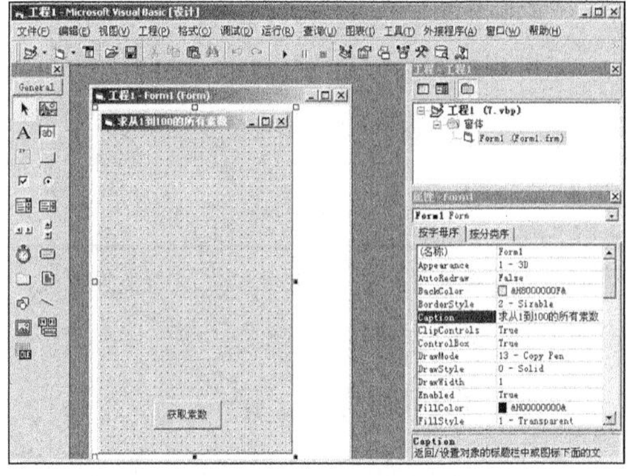

图 3-35　插入对象并设置属性

- 窗体：设置名称为“Form1”，Caption 属性为“求从 1 到 100 的所有素数”。
- Command 控件：设置名称为“Command1”，Caption 属性为“获取素数”。

双击窗体来到代码编辑界面，为 Command1 设置鼠标单击事件处理代码，具体代码如下所示。

```
Private Sub Command1_Click()
    a = ""            '素数处理，获取1～100间的素数
    For n = 1 To 100 Step 2
        s = 0
        For i = 2 To Int(Sqr(n))
            If n Mod i = 0 Then
              s = 1
              Exit For
            End If
        Next
        If s = 0 Then a = a & Str(n) & vbCrLf          '素数换行处理
    Next
    Print a                                            '输出素数列表
End Sub
Private Sub Form_Load()
End Sub
```

> 范例 015：打印输出九九乘法表
> 源码路径：光盘\演练范例\015\
> 视频路径：光盘\演练范例\015\
> 范例 016：输出有规律的图形
> 源码路径：光盘\演练范例\016\
> 视频路径：光盘\演练范例\016\

至此，整个实例的设置和编写工作完成。将实例文件保存并执行后，将首先按指定样式显示窗体对话框，如图 3-36 所示；当单击【获取素数】按钮后，将输出对应的计算结果，如图 3-37 所示。

图 3-36　窗体对话框

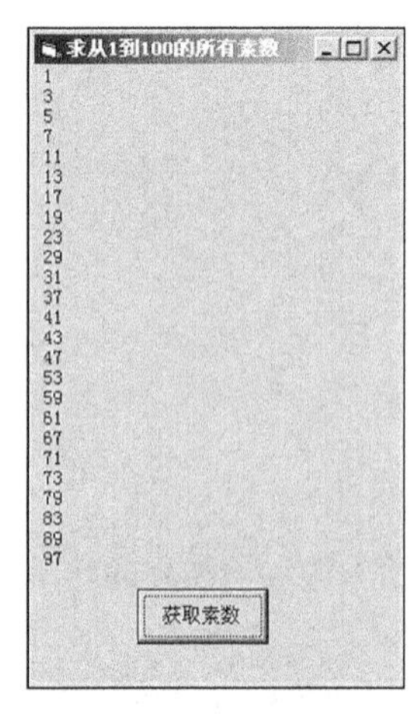

图 3-37　列出素数

注意：和选择语句相同，循环语句也可以嵌套使用。循环的嵌套是指在循环体内又包含

了一个完整的循环结构。循环嵌套对 For 循环和 Do…Loop 循环均适用。在上面的实例中，就是使用了两个 For 循环语句的嵌套。

3.6 其他控制语句

知识点讲解：光盘：视频\PPT 讲解（知识点）\第 3 章\其他控制语句.mp4

除了前面介绍的 Visual Basic 语句外，在日常应用中还有其他的几种语句。在本节的内容中，将对其他几种常用的 Visual Basic 语句进行简要介绍。

3.6.1 使用 Goto 语句

Goto 语句的功能是将当前的执行转移到行号或标号指定的语句，其语法格式如下所示。

```
GoTo 标号/行号
```

上述格式的具体说明如下所示。

（1）GoTo 语句只能转移到同一过程的标号或行号处。

（2）标号是一个字符系列，首字符必须为字母，与大小写无关，任何转移到的标号后面必须有冒号“:”。

（3）行号必须是一个数字序列。

实例 009　计算 1～100 间所有整数的和

源码路径　光盘\daima\3\8\　　视频路径　光盘\视频\实例\第 3 章\009

本实例演示说明了 Goto 语句的使用方法，功能是计算 1～100 间所有整数的和。本实例的实现流程如图 3-38 所示。

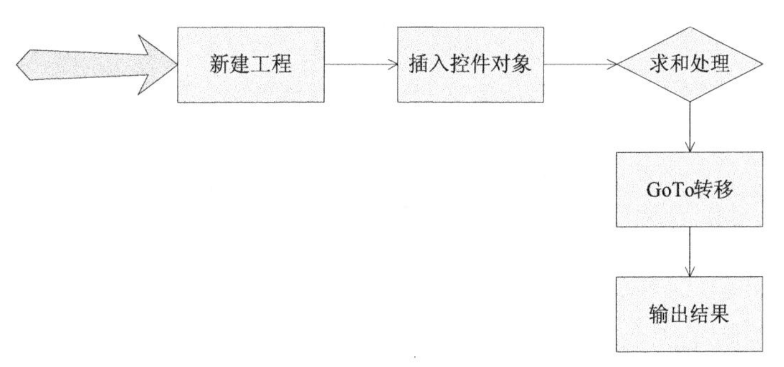

图 3-38　实例实现流程图

下面将详细介绍上述实例流程的具体实现过程，首先新建项目工程并插入各个控件对象，具体流程如下所示。

（1）打开 Visual Basic 6.0，新建一个标准 EXE 工程，如图 3-39 所示。

（2）在窗体分别插入 1 个 Command 控件和 TextBox 控件，并设置其属性，如图 3-40 所示。

窗体内各对象的主要属性设置如下所示。

- 窗体：设置名称为“Form1”，Caption 属性为“求 1 到 100 的整数和”。
- Command 控件：设置名称为“Command1”，Caption 属性为“计算”。
- TextBox 控件：设置名称为“Text1”，Text 属性值为空。

双击窗体来到代码编辑界面，为 Command1 设置鼠标单击事件处理代码，具体代码如下所示。

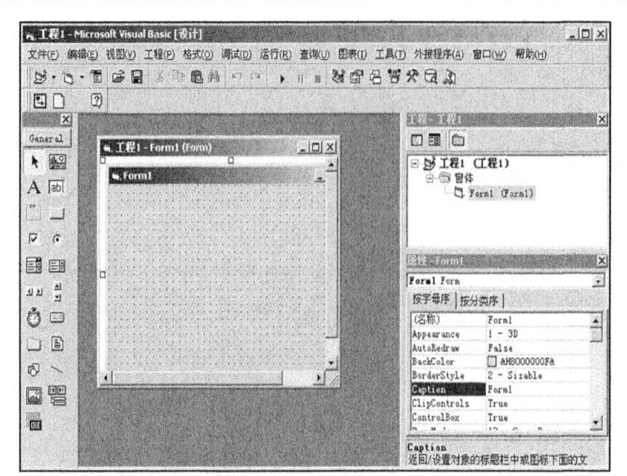

图 3-39　新建工程

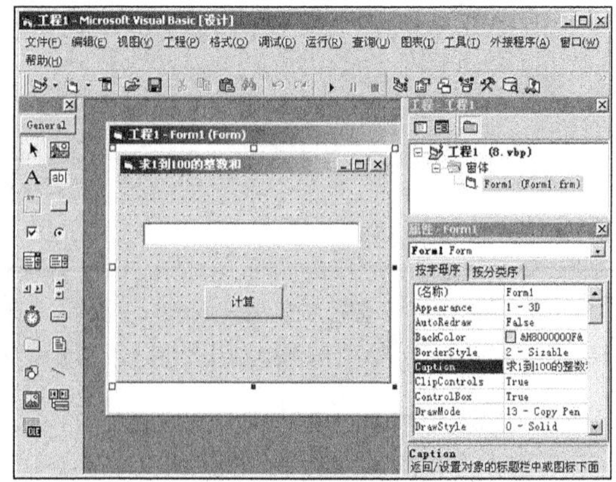

图 3-40　插入对象并设置属性

```
Private Sub Command1_Click()
Dim intI, intSum As Integer
    intI = 1
    intSum = 0
L1: intSum = intSum + intI        '求和处理
    intI = intI + 1
    If intI <= 100 Then
    '跳转执行L1
    GoTo L1
End If
    Text1.Text = intSum                                   '输出结果
End Sub
```

范例 017：找水仙花数
源码路径：光盘\演练范例\017\
视频路径：光盘\演练范例\017\
范例 018：正整数的各位数字之和
源码路径：光盘\演练范例\018\
视频路径：光盘\演练范例\018\

至此，整个实例的设置、编写工作完成。将实例文件保存并执行后，将输出 1～100 中所有整数的和，如图 3-41 所示。

图 3-41　输出执行结果

3.6.2　使用 Exit 与 End 语句

Visual Basic 中的 Exit 和 End 语句用于退出当前循环。

1．Exit 语句

Exit 语句用于退出某控制结构的执行，Visual Basic 的 Exit 语句有多种形式，例如：

```
Exit For（退出For循环）
Exit Do（退出Do循环）
Exit Sub（退出子过程）
Exit Function（退出函数）
```

2．End 语句

独立的 End 语句用于结束一个程序的执行，可以放在任何事件过程中。Visual Basic 的 End 语句还有多种形式，用于结束一个过程或模块，例如：

```
End If
End With
End Type
End Select
End Sub
End Function
```

实例 010 退出当前的窗体程序

源码路径 光盘\光盘\daima\3\9\　　视频路径 光盘\视频\实例\第 3 章\010

本实例演示说明了 End 语句的使用方法，功能是退出当前的窗体程序。本实例的实现流程如图 3-42 所示。

图 3-42 实例实现流程图

下面将详细介绍上述实例流程的具体实现过程，首先新建项目工程并插入各个控件对象，具体流程如下所示。

（1）打开 Visual Basic 6.0，新建一个标准 EXE 工程，如图 3-43 所示。

（2）设置窗体的属性，如图 3-44 所示。

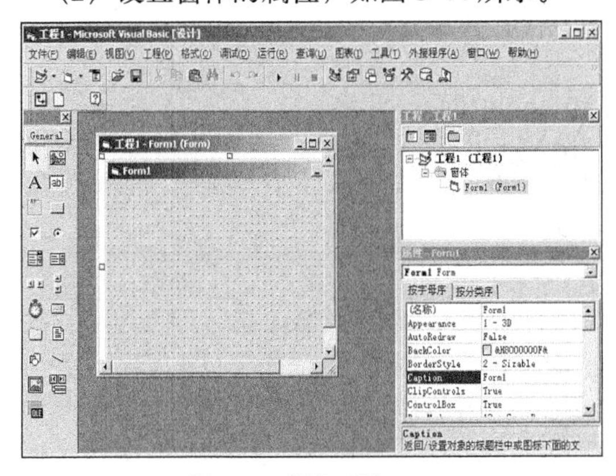

图 3-43 新建工程

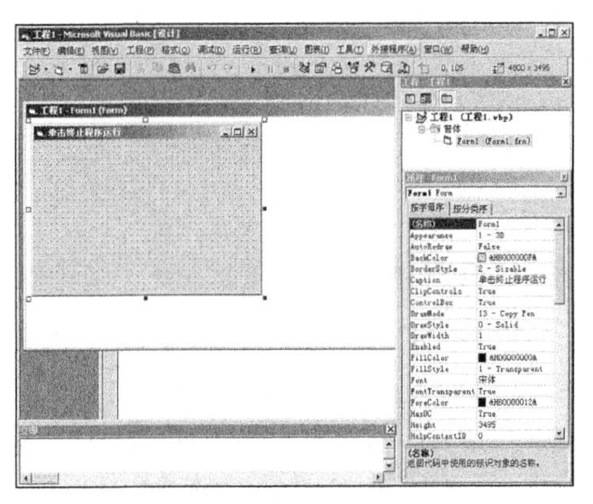

图 3-44 插入对象并设置属性

窗体内各对象的主要属性设置如下所示。

- 窗体：设置名称为“Form1”，Caption 属性为“单击终止程序运行”。

双击窗体来到代码编辑界面，为 Command1 设置鼠标单击事件处理代码，具体代码如下所示。

```
'单击后退出此窗体
Private Sub Form_Click()
    End
End Sub
```

至此，整个实例的设置、编写工作完成。将实例文件保存并执行后，将首先按指定样式显示窗体框，如图 3-45 所示；当单击窗体后将终止程序的运行，退出窗体。

范例 019：GoTo 语句用法实例
源码路径：光盘\演练范例\019\
视频路径：光盘\演练范例\019\
范例 020：End 结束语句实例
源码路径：光盘\演练范例\020\
视频路径：光盘\演练范例\020\

图 3-45 窗体界面框

3.6.3 使用 Stop 语句

Visual Basic 中 Stop 语句的功能是，暂停当前程序的运行，其语法格式如下所示。

```
Stop
```

上述格式的具体说明如下所示。

（1）Stop 语句的主要功能是把程序设置为中断模式，以检查和调试程序。

（2）可以在程序的任何位置放置 Stop 语句，当执行到 Stop 时将自动打开 DeBug 窗口。

（3）Stop 语句不同于 End 语句，它不会关闭任何文件或清除变量。但是当执行“.EXE ”文件含有 Stop 时，将关闭所有文件并退出程序。

3.6.4 使用 With 语句

Visual Basic 中 With 语句的功能是对某个对象执行一系列的语句,而不用重复指出对象的名称。不能用一个 With 语句设置多个不同的对象。属性前面需要带点号“.”，其语法格式如下所示。

```
With  对象名
  语句块
End With
```

例如下面的代码：

```
With form1
        . Height=3000
        . Width=4000
        . BackColor=RGB(255,0,0)
End With
```

3.7 技 术 解 惑

3.7.1 几种语句的选择

在 Vsiaul Basic 6.0 开发应用中，Do…Loop 语句在现实应用中比较常见。如果想重复执行一组语句且直到满足了某个条件为止，则可使用 Do…Loop 结构。但是如果想重复执行语句既定的次数，则 For…Next 语句通常是更好的选择。Do…Loop 结构在灵活性上比 While…End While 语句（Visual Basic）更强，这是因为，它允许您在 condition 停止为 True 或初次变为 True 时选择是否结束循环。它还允许您在循环的开头或结尾测试 condition。为此，通过 Do…Loop 结构可以实现上述实例中比较繁琐的数值处理。

在数学领域中的求值计算应用比较常见，既然使用 Do…Loop 可以获得最大公约数值，则也可以获取最小公倍数。读者可以在上述实例的基础上进行尝试，使其能够获取指定数字的最小公倍数。

3.7.2 结构的选择

如果要重复一组语句无限次数，请使用 While…End While 结构，只要条件一直为 True。如果想要更灵活地选择在任何测试条件以及针对什么结果进行测试，则最好使用 Do…Loop 语句。如果想要重复语句一定次数，则 For…Next 语句通常是最佳选择。如果条件为 True，则所有后续语句都将运行，直至遇到 End While 语句。随后控制返回到 While 语句并再次检查条件。如果条件仍为 True，则重复上面的过程。如果为 False，控制将传递到 End While 语句后面的语句。

While/Wend 语句的最大好处就是循环显示，能够顺序循环显示满足条件的结果。所以它可以将满足条件的数据库中的数据，以指定的格式循环显示出来。

3.7.3 慎用 Goto 语句

在 Vsiaul Basic 6.0 开发应用中，虽然 Goto 语句可以对项目中执行语句进行转移，例如在实例 009 中将执行的语句转移为了继续计算。但是在使用 Goto 语句后，整个程序代码的可读性将大大降低，所以在此建议读者尽量少用或不用 Goto 语句，改用选择结构或循环结构来代替。

在 Visual Basic 项目中，最常见的 Goto 语句方式就是设置语句行号，通过 Goto 语句设置到指定的行号。例如常见的错误处理语句中就使用了 Goto 语句，例如“On Error GoTo 0”，它表示禁止当前过程中任何已启动的错误处理程序。 其具体格式如下所示。

```
On Error GoTo line
```

启动错误处理程序，且该程序从 line 参数中指定的 line 开始。line 参数可以是任何行标签或行号。如果发生一个运行时错误，则控件会跳到 line，激活错误处理程序。指定的 line 必须在一个过程中，这个过程与 On Error 语句相同；否则会发生编译时间错误。

上述错误处理方式只是 Visual Basic 处理错误的方式之一，目的是为说明 Goto 语句的应用。读者可以以本章实例为基础进行尝试，通过 On Error GoTo line 语句来处理项目中的错误。

3.7.4 End 和 Stop 的区别

End 和本章接下来将要介绍的 Stop 有点相似。End 标识结束，即结束当前程序的运行。而 Stop 是停止的意思，是在调试的时候使用的，功能相当于断点。但是如果编译成 EXE 文件再执行的话，两者的执行情况就有点不同了。当遇到 Stop 的时候，就会弹出一个提示框“程序遇到 Stop”之类的提示，然后退出；而遇到 End 就会直接退出，没有任何提示。读者可以在程序中分别尝试使用 End 和 Stop，并体会在正常运行和编译后运行的效果差别。

第 4 章

数　　组

Visual Basic 通过其数据变量可以实现简单的操作功能。但是，如果涉及的数据量很大，则此时变量将不能满足项目的需求，为此 Visual Basic 6.0 推出了数组这一概念，用于存储多个变量的数据。在本章的内容中，将详细讲解 Visual Basic 数组的基本知识，并通过具体的实例来加深对知识点的理解。

本章内容

- ⏭ 数组基础
- ⏭ 二维数组
- ⏭ 多维数组
- ⏭ 动态数组
- ⏭ 控件数组

技术解惑

使用数组的注意事项
自定义数据类型
在二维数组中合并相同的项
数组的大小不一定固定

4.1 数组基础

知识点讲解：光盘：视频\PPT 讲解（知识点）\第 4 章\数组基础.mp4

数组区别于前面介绍的变量，数组能够同时存储多个不同类型的变量。数组是用一个通用名称来代表具有相同属性的一组数据，是同类型有序数据的集合。在本节的内容中，将简要讲解 Visual Basic 数组的基本知识。

4.1.1 数组的作用和常用概念

通过数组能够大大减少代码的编写量，提高开发效率。例如，需要求 100 个学生的平均成绩及超过平均成绩的人数。如果用一般变量来表示成绩，则需要定义 100 个变量，如：mark1，mark2，…，mark100；如果使用数组，可以只使用如下数组即可

```
mark（1 To100）
```

1. 数组元素

即数组中的变量，通常用下标来表示数组中的各个元素，表示格式如下所示。

```
数组名（P1，P2，...）
```

其中 P1、P2 表示元素在数组中的排列位置，称为“下标”，例如，“A （3,2）”代表二维数组 A 中第 3 行第 2 列上的那个元素。

2. 数组维数

由数组元素中下标的个数决定，一个下标表示一维数组，二个下标表示二维数组。Visual Basic 最多到 60 维数组。

3. 下标

下标表示顺序号，每个数组有一个唯一的顺序号，下标不能超过数组声明时的上、下界范围。下标可以是整型的常数、变量、表达式，甚至又是一个数组元素。

4.1.2 声明数组

数组必须先声明后才能使用，声明数组就是让系统在内存中分配一个连续的区域，用来存储数组元素。声明数组和声明变量类似，只是增加了一个指定数组大小的参数。声明 Visual Basic 数组的格式如下所示。

```
Dim/Private/Static/Public 数组名 下标 To 上标 As类型
```

如果要建立公用数组，则在模块的通用语句段中使用 Public 来声明数组。具体格式如下所示。

```
Public 数组名 下标 To 上标 As类型
```

如果要建立模块级数组，则在模块中使用 Dim 或 Private 来声明数组。具体格式如下所示。

```
Dim/Private 数组名 下标 To 上标 As类型
```

如果要建立局部级数组，则在过程中使用 Dim 或 Static 来声明数组。具体格式如下所示。

```
Dim/ Static 数组名 下标 To 上标 As类型
```

上述格式的具体说明如下所示。

（1）下标必须为常数，不可以为表达式或变量。

（2）下标下界最小为-32768，最大上界为 32767；省略下界，其默认值为 0，一维数组的大小为：上界-下界+1。

（3）如果省略类型，则为变体型。

看下面一段代码。

```
Dim   mm (10) As Integer
```

在上述代码中，声明了一个 11 个元素的一维整型数组，其下边界是 0，上边界是 10。包括 mm(0)到 mm(10)。

4.1.3　使用数组

当声明数组后，数组即可在程序中使用了。开发人员可以对数组进行各种操作，例如赋值、表达式运算和输入/输出等。

实例 011　输出定义数组的各元素值

源码路径　光盘\daima\4\1\　　　　视频路径　光盘\视频\实例\第 4 章\011

本实例的实现流程如图 4-1 所示。

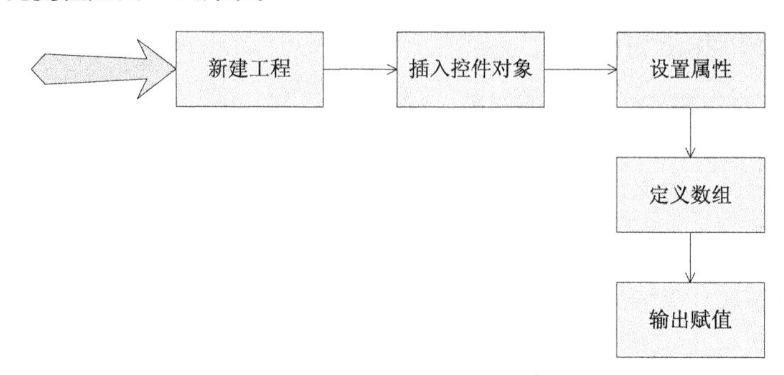

图 4-1　实例实现流程图

下面将详细介绍上述实例流程的具体实现过程，首先新建项目工程并插入各个控件对象，具体流程如下所示。

（1）打开 Visual Basic 6.0，新建一个标准 EXE 工程，如图 4-2 所示。

（2）在窗体内插入 1 个 Command 控件，并设置其属性，如图 4-3 所示。

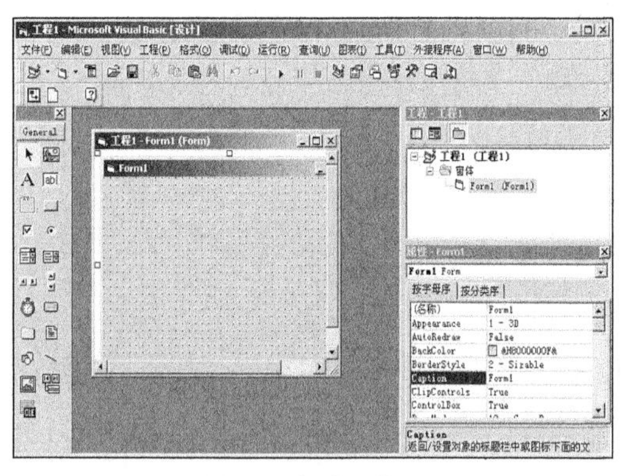

图 4-2　新建工程

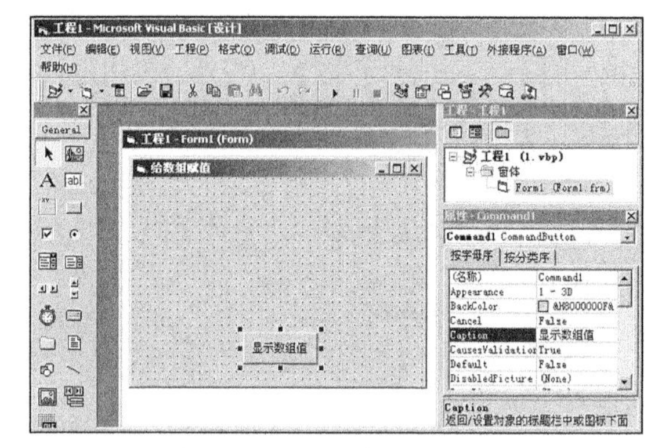

图 4-3　插入对象并设置属性

窗体内各对象的主要属性设置如下所示。

窗体：设置名称为“Form1”，Caption 属性为“数组赋值”。

Command 控件：设置名称为“Command1”，Caption 属性为“显示数组值”。

然后来到代码编辑界面，为 Command1 设置鼠标单击事件处理代码，具体代码如下所示。

```
'定义单击Command1处理代码，定义数组A
Private Sub Command1_Click()
    Dim A(10) As Integer
For i = 1 To 10                         '数组赋值处理
        A(i) = i
Print "A(" & i & ")="; A(i)             '输出各数组元素的值
    Next i
End Sub
Private Sub Form_Load()
End Sub
```

范例 021：用数组求平均成绩
源码路径：光盘\演练范例\021\
视频路径：光盘\演练范例\021\
范例 022：数组下标说明实例
源码路径：光盘\演练范例\022\
视频路径：光盘\演练范例\022\

至此，整个实例设置、编写完毕。将实例文件保存并执行后，将首先按指定样式显示窗体对话框，如图 4-4 所示；当单击【显示数组值】按钮后，将显示各数组元素的值，如图 4-5 所示。

图 4-4 窗体对话框

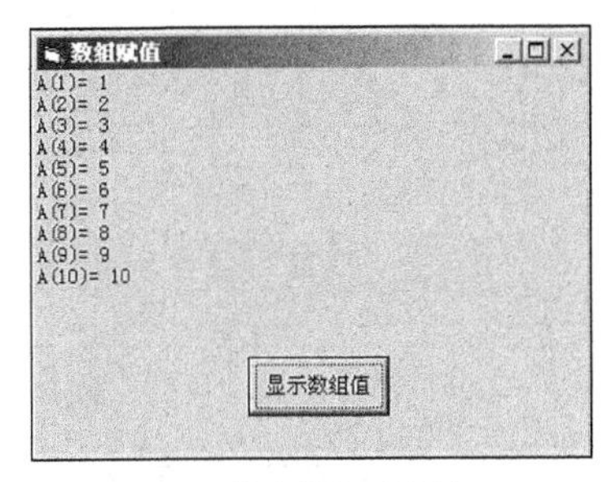

图 4-5 输出数组元素值

在上述实例中，定义了一个简单的 1～10 的数组，包含 1～10 共 10 个整数数字。上述数组的大小是固定的，通常被称之为定长数组。

4.2 二维数组

知识点讲解：光盘：视频\PPT 讲解（知识点）\第 4 章\二维数组.mp4

因为数组维数由数组元素中下标的个数决定，所以可以有不同维数的数组。二维数组是由 2 个下标的数组元素构成的数组，它类似于一个二维表格。在本节的内容中，将对 Visual Basic 二维数组的基本知识进行简要介绍。

4.2.1 声明二维数组

声明 Visual Basic 二维数组的格式如下所示。

```
Dim/Private/Static/Public 数组名 下标 To 上标 下标 To 上标 As类型
```

上述格式的具体说明如下所示。

（1）其中的参数和一维数组完全相同。

（2）二维数组在内存中按列存放，首先存放第一列中的所有元素，然后才存放第二列中的所有元素，直到最后列的元素。

看下面一段代码。

```
Dim    mm (1 To10, 1 To10) As Integer
```

在上述代码中，声明了一个 10×10 的二维数组 mm。

4.2.2 使用二维数组

在使用 Visual Basic 二维数组时，直接调用其数组的具体下标值即可，格式如下所示。

数组名（下标 m，下标 n）

实例 012 首先输出定义数组的各元素值，然后对数组矩阵元素进行重新排序并输出

源码路径 光盘\daima\4\2\ 视频路径 光盘\视频\实例\第 4 章\012

本实例的实现流程如图 4-6 所示。

下面将详细介绍上述实例流程的具体实现过程，首先新建项目工程并插入各个控件对象，具体流程如下所示。

（1）打开 Visual Basic 6.0，新建一个标准 EXE 工程，如图 4-7 所示。

（2）在窗体内插入 1 个 Command 控件，并设置其属性，如图 4-8 所示。

窗体内各对象的主要属性设置如下所示。

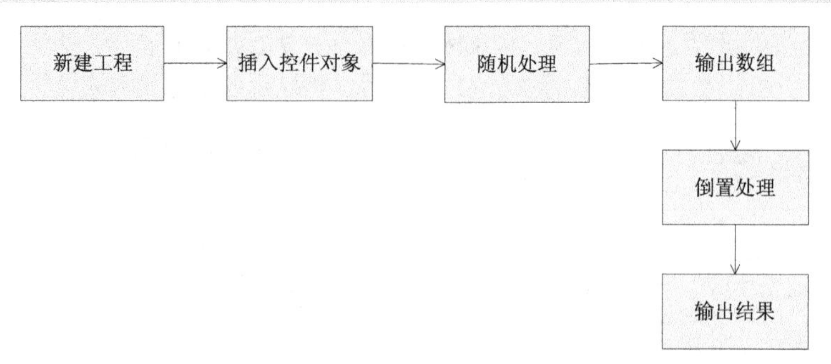

图 4-6　实例实现流程图

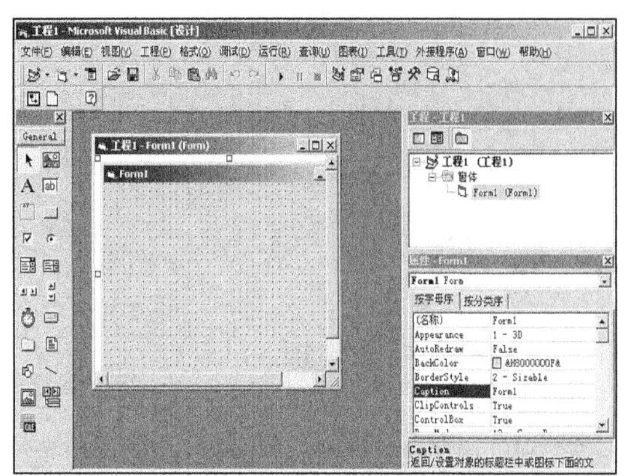

图 4-7　新建工程

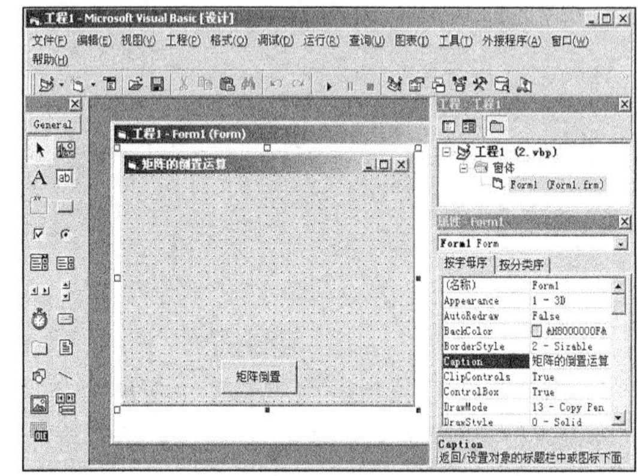

图 4-8　插入对象并设置属性

窗体：设置名称为“Form1”，Caption 属性为“矩阵的倒置运算”。

Command 控件：设置名称为“Command1”，Caption 属性为“矩阵倒置”。

然后来到代码编辑界面，为 Command1 设置鼠标单击事件处理代码，具体代码如下所示。

```
Private Sub Command1_Click()
Dim i As Integer
Dim j As Integer
Dim temp As Integer
'生成随机数据，并定义一个5×5的数组
Dim A(1 To 5, 1 To 5) As Integer
Print "随机产生矩阵"
   For i = 1 To 3
      For j = 1 To 3
         A(i, j) = Int(Rnd * 90) + 10
      Next
   Next
    For i = 1 To 3                          '使用For语句产生二维数组数据，并将数组数据输出
       For j = 1 To 3
          Print A(i, j);
       Next
       Print
   Next
Print vbCrLf
   Print "矩阵倒置"
  For i = 1 To 3                            '对生成的数组数据进行重新排序处理
      For j = i + 1 To 3
      temp = A(i, j)
         A(i, j) = A(j, i)
         A(j, j) = temp
      Next
   Next
 For i = 1 To 3                             '将重新排序处理后的数组数据输出
      For j = 1 To 3
         Print A(i, j);
      Next
      Print
```

范例 023：演示矩阵的加法运算
源码路径：光盘\演练范例\023\
视频路径：光盘\演练范例\023\
范例 024：计算矩阵中的最值
源码路径：光盘\演练范例\024\
视频路径：光盘\演练范例\024\

```
        Next
        Print vbCrLf
    End Sub
```

至此，整个实例设置、编写完毕。将实例文件保存并执行后，将按设置样式在窗体内显示排序处理后的数据，如图 4-9 所示。

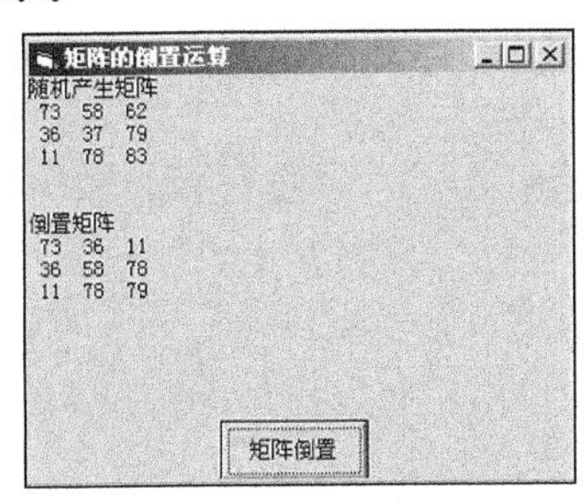

图 4-9 执行效果

在上述实例中，只是简单应用了二维数组的基本功能。从执行效果中可以看出，二维数组比一维数组有更为强大的功能。

4.3 多维数组

知识点讲解：光盘：视频\PPT 讲解（知识点）\第 4 章\多维数组.mp4

多维数组是指包含两个以上下标的数组，具体格式如下所示。

```
Dim  数组名（下标1[，下标2...]） [As  类型]
```

上述格式的具体说明如下所示。

（1）下标个数决定数组的维数，最多 60 维。

（2）每一维的大小=上界-下界+1；数组的大小=每一维大小的乘积。

看下面的的代码：

```
Dim  C（-1 To 5， 4） As  Long
```

在上述代码中，声明了一个名为 C 的数组，其第一维下标范围为-1～5，第二维下标的范围是 0～4，占据 7×5 个长整型变量的空间。

4.4 动态数组

知识点讲解：光盘：视频\PPT 讲解（知识点）\第 4 章\动态数组.mp4

动态数组是指在程序执行过程中数组元素的个数可以改变的数组。在现实项目开发时，如果不能确定数组的大小，可以使用动态数组来实现。因为动态数组可以根据需要而重新变化，所以深受开发人员的喜爱。

建立动态数组的方法是，利用 Dim、Private、Public 语句声明括号内为空的数组，然后在过程中用 ReDim 语句指明该数组的大小。具体的语法格式如下所示。

```
    ReDim  数组名（下标1[，下标2…]） [As 类型]
```

其中，“下标”可以是常量，也可以是有了确定值的变量；“类型”可以省略，若不省略，必须与 Dim 中的声明语句保持一致。

看下面的一段代码。

```
Dim D() As Single
        Sub Form_Load（）
        ……
        ReDim D（4，6）
        ……
End Sub
```

在上述代码中，首先定义了动态数组 D，在窗体载入后通过 ReDim 重新设置了数组的大小。

实例 013 输出指定整数的杨辉三角效果

源码路径 光盘\daima\4\3\ 视频路径 光盘\视频\实例\第 4 章\013

本实例的实现流程如图 4-10 所示。

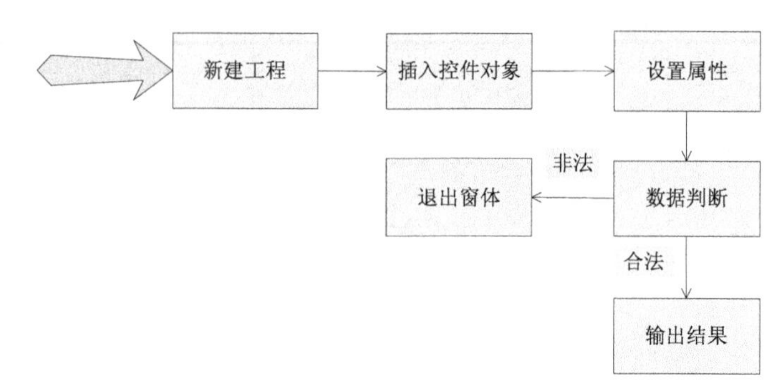

图 4-10 实例实现流程图

下面将详细介绍上述实例流程的具体实现过程，首先新建项目工程并插入各个控件对象，具体流程如下所示。

（1）打开 Visual Basic 6.0，新建一个标准 EXE 工程，如图 4-11 所示。

（2）在窗体内插入 1 个 Command 控件，并设置其属性，如图 4-12 所示。

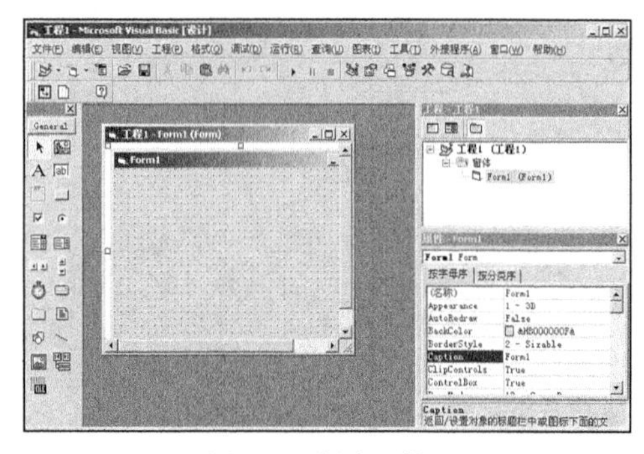

图 4-11 新建工程

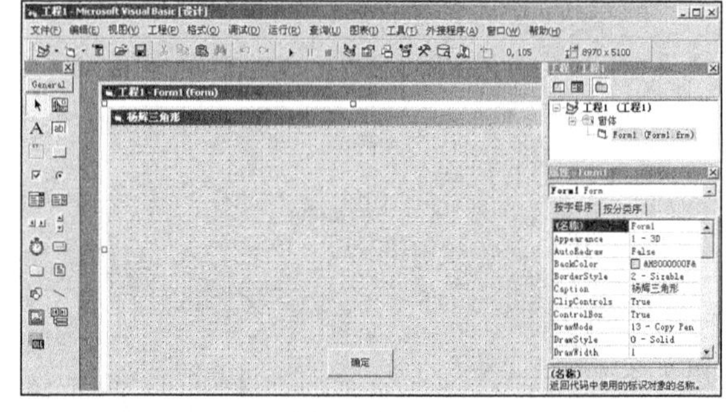

图 4-12 插入对象并设置属性

窗体内各对象的主要属性设置如下所示。

窗体：设置名称为“Form1”，Caption 属性为“杨辉三角形”。

Command 控件：设置名称为“Command1”，Caption 属性为“确定”。

然后来到代码编辑界面，为 Command1 设置鼠标单击事件处理代码，具体代码如下所示。

```
'定义单击Command1判断用户输入数据是否合法
Private Sub Command1_Click()
    Dim n As Integer
    n = InputBox("请输入一个不大于100的整数",
"输入", Default)
    If n > 100 Then
      End
    End If
    ReDim a(n, n)                    '定义动态数组a
    For i = 1 To n
      a(i, 1) = 1: a(i, i) = 1
    Next
    p = Format(1, "!@@@@") & Chr(13)
    p = p & Format(1, "!@@@@") & Format(1, "!@@@@@") & Chr(13)
    For i = 3 To n
```

范例 025：动态演示冒泡法过程
源码路径：光盘\演练范例\025\
视频路径：光盘\演练范例\025\
范例 026：利用文本框组输入数据
源码路径：光盘\演练范例\026\
视频路径：光盘\演练范例\026\

```
        p = p & Format(a(i, 1), "!@@@@@")
        For j = 2 To i - 1
            a(i, j) = a(i - 1, j - 1) + a(i - 1, j)
            p = p & Format(a(i, j), "!@@@@@@")
        Next
    p = p & Format(a(i, i), "!@@@@@@") & Chr(13)
    Next
'将实现的杨辉三角形数据数组保存，并将数据在窗体内输出。
Print p
End Sub
```

至此，整个实例设置、编写完毕。将实例文件保存并执行后，将首先按指定样式显示窗体对话框，如图 4-13 所示；当单击【确定】按钮后，将弹出输入对话框，如图 4-14 所示；输入数据并单击【确定】按钮后将显示对应的数组数据，如图 4-15 所示。

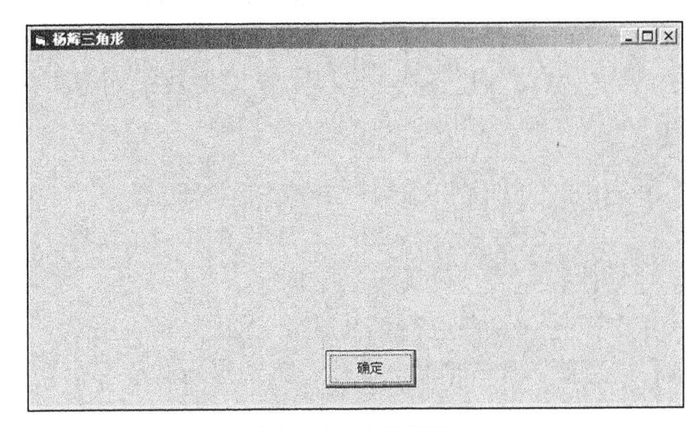

图 4-13　窗体界面

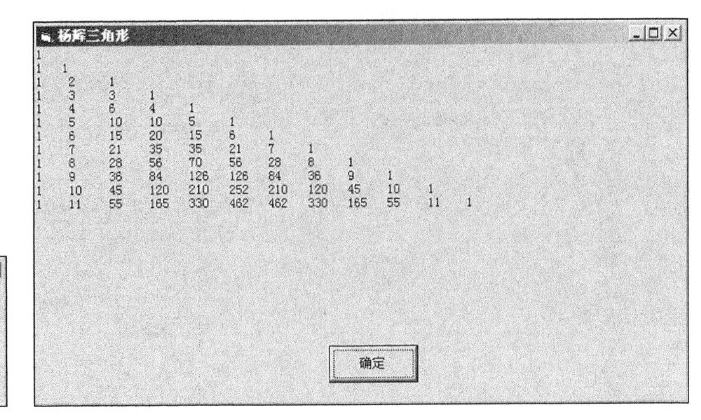

图 4-14　弹出输入对话框

图 4-15　输出数组元素值

在上述实例中，使用动态数组实现了杨辉三角性的效果。在使用动态数组时，必须要一个未指明大小的数组才能改变，如果已经指明了大小则在程序运行的时候系统就已经给你的数组分配好了特定大小，在程序运行过程中是无法再改变的。

通过数组不但可以设置数据，而且可以控制窗体内的某控件元素。例如窗体上有若干个以 Command1 命名的命令按钮，现要求：单击其中一个按钮后，该按钮不可用，而其他的按钮均可用。通过以下几行代码可以实现上述要求。

```
Private Sub Command1_Click(Index As Integer)
Static a As Integer
If a <> 0 Then Command1(a - 1).Enabled = True      '用于恢复按钮可用
Command1(Index).Enabled = False
a = Index + 1
End Sub
```

上述代码比一个一个地设置高效得多，并且代码更简易。需要注意的是变量 a 是用来存储上一次单击的按钮 Index，至于 a-1 和 a+1 是为了避免当单击 index 为 0 时按钮出现的问题。

另外，通过数组可以控制窗体内某控件元素的显示样式。请读者课后考虑如下问题：当自制一个菜单时，当移到哪一项时，则那项背景色就与其他的项目的背景色不同。就是说和真的菜单一样，当移到哪一项时，则那一项的背景色就会以蓝色背景显示。

4.5　控 件 数 组

知识点讲解：光盘：视频\PPT 讲解（知识点）\第 4 章\控件数组.mp4

控件数组是由一组相同类型的控件组成的，它们共用一个控件名，具有相同的数组。控件数组适用于若干个控件执行操作相似的场合，控件数组共享同样的事件过程。控件数组通过索引号（属性中的 Index）来标识各控件，第一个下标是 0，如 Text1(0)、Text1(1)、Text1(2)、Text1(3)……在本节的内容中，将详细讲解 Visual Basic 控件数组的基本知识。

4.5.1　建立控件数组

建立控件数组有 2 种方法，分别是在设计时建立和运行时添加。

1. 在设计时建立

在设计过程中，建立控件数组的具体流程如下所示。

（1）在窗体中插入 1 个某控件，并进行属性设置，如图 4-16 所示。

（2）选中该控件进行“复制”和“粘贴”操作，系统提示“是否建立控件数组”，选择【是】按钮即可，如图 4-17 所示。

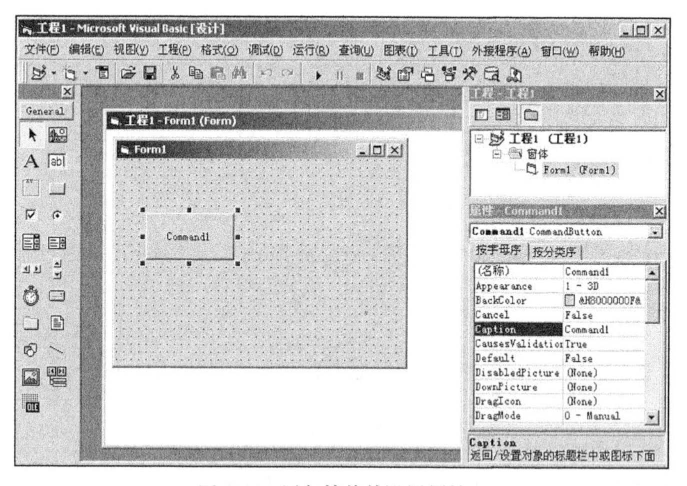

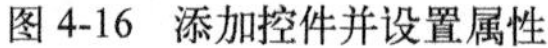
图 4-16　添加控件并设置属性

图 4-17　创建控件数组

（3）多次粘贴就可以创建多个控件元素，即可进行事件过程的编程处理，如图 4-18 所示。

2. 运行时添加

在程序运行时，添加建立控件数组的流程如下所示。

（1）在窗体中插入 1 个控件，设置该控件的 Index 值为 0，表示该控件为数组。

（2）在编程时通过 Load 方法添加其余若干个元素，也可以通过 Unload 删除某个添加的元素。

（3）每个添加的控件数组通过 Left 和 Top 属性确定其在窗体上的位置，并将 Visible 设置为 True。

经过上述两种方法的设置后，将在代码编辑界面自动生成对应的事件处理代码，如图 4-19 所示。

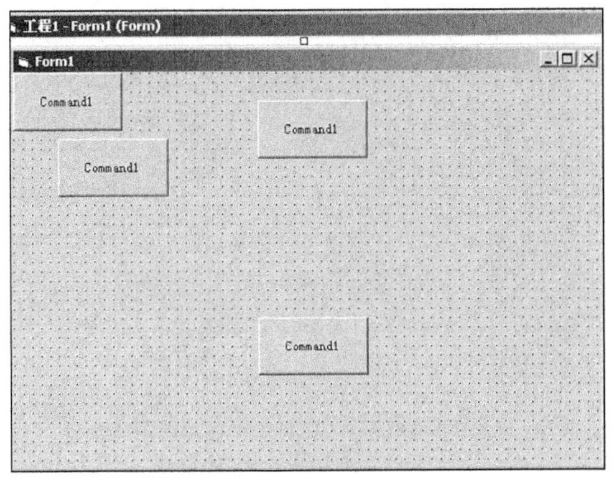

图 4-18 创建多个控件

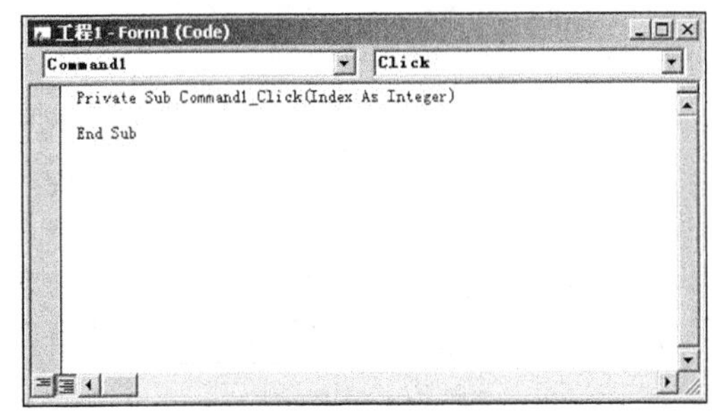

图 4-19 编辑代码界面

4.5.2 建立一个控件数组

在下面的内容中，将通过一个具体实例的实现过程，来讲解空间数组的使用方法。

实例 014 制作一个简单的计算器

源码路径 光盘\daima\4\4\ 视频路径 光盘\视频\实例\第 4 章\014

本实例的实现流程如图 4-20 所示。

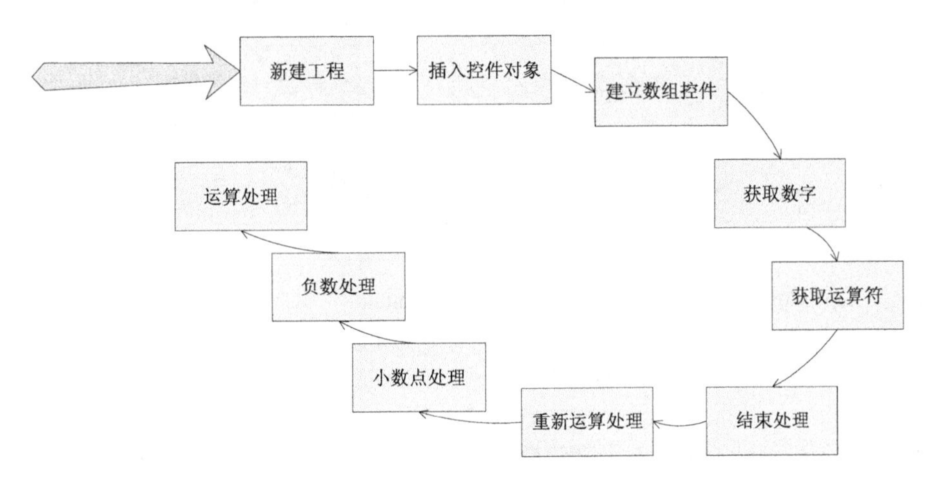

图 4-20 实例实现流程图

下面将详细介绍上述实例流程的具体实现过程，首先新建项目工程并插入各个控件对象，具体流程如下所示。

（1）打开 Visual Basic 6.0，新建一个标准 EXE 工程，如图 4-21 所示。

（2）在窗体内插入 1 个 TextBox 控件，并设置其属性，如图 4-22 所示。

（3）插入不同类型的 3 个 Command 控件，然后分别使用“复制”“粘贴”命令创建 3 种不同类型的数组控件，并分别设置 Command 控件的属性，如图 4-23 所示。

窗体内各对象的主要属性设置如下所示。

窗体：设置名称为“Form1”，Caption 属性为“简单计算器”。

TextBox 控件：设置名称为“Text1”，Text 属性为空。

- 第一个 Command 控件：设置名称为“Command3”，Caption 属性为“结束”。

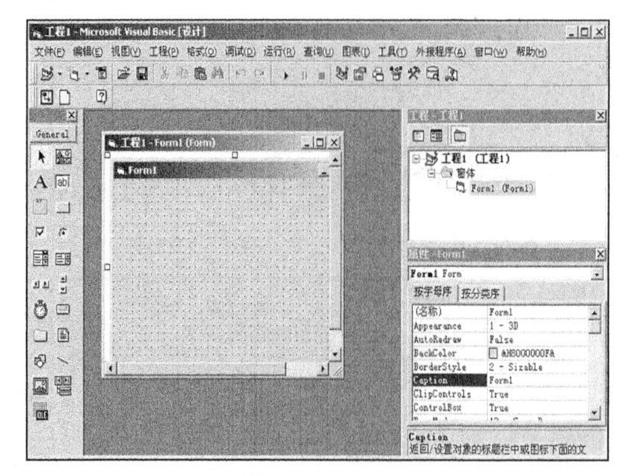

图 4-21 新建工程

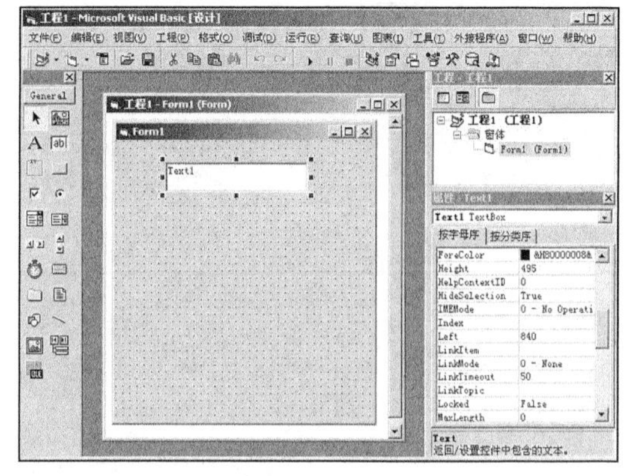

图 4-22 插入对象并设置属性

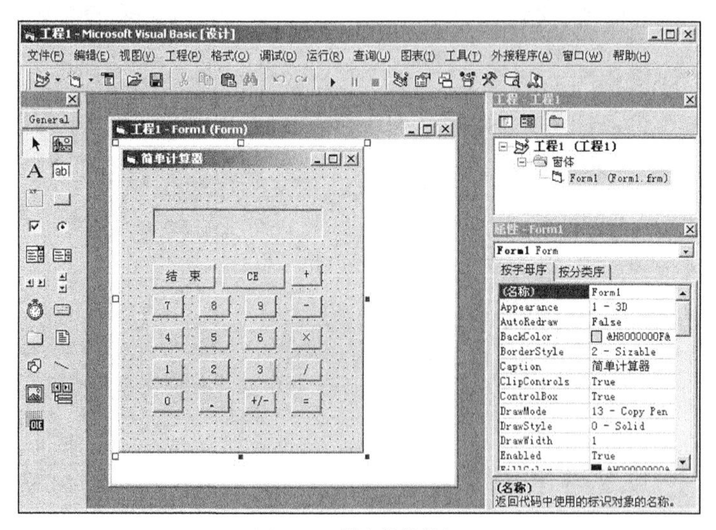

图 4-23 创建控件数组

- 第二个 Command 控件：设置名称为“Command4”，Caption 属性为“重新计算”。
- 第三个 Command 控件：设置名称为“Command2”，Caption 属性为“+”。
- 第四个 Command 控件：设置名称为“Command2”，Caption 属性为“−”。
- 第五个 Command 控件：设置名称为“Command2”，Caption 属性为“×”。
- 第六个 Command 控件：设置名称为“Command2”，Caption 属性为“/”。
- 第七个 Command 控件：设置名称为“Command1”，Caption 属性为“0”。
- 第八个 Command 控件：设置名称为“Command1”，Caption 属性为“1”。
- 第九个 Command 控件：设置名称为“Command1”，Caption 属性为“2”。
- 第十个 Command 控件：设置名称为“Command1”，Caption 属性为“3”。
- 第十一个 Command 控件：设置名称为“Command1”，Caption 属性为“4”。
- 第十二个 Command 控件：设置名称为“Command1”，Caption 属性为“5”。
- 第十三个 Command 控件：设置名称为“Command1”，Caption 属性为“6”。
- 第十四个 Command 控件：设置名称为“Command1”，Caption 属性为“7”。
- 第十五个 Command 控件：设置名称为“Command1”，Caption 属性为“8”。
- 第十六个 Command 控件：设置名称为“Command1”，Caption 属性为“9”。
- 第十七个 Command 控件：设置名称为“Command5”，Caption 属性为“.”。
- 第十八个 Command 控件：设置名称为“Command6”，Caption 属性为“+/-”。

❑ 第十九个 Command 控件：设置名称为“Command7”，Caption 属性为“=”。

然后来到代码编辑界面，为上述 Command 控件分别设置鼠标单击事件处理代码，具体代码如下所示。

范例 027：控件数组画图实例
源码路径：光盘\演练范例\027\
视频路径：光盘\演练范例\027\
范例 028：实现七彩标签的效果
源码路径：光盘\演练范例\028\
视频路径：光盘\演练范例\028\

```
Option Explicit
Public num As String, num1 As String
Dim C As Integer
'获取选择的运算数
Private Sub Command1_Click(Index As Integer)
  Text1.SetFocus
    num = num + Command1(Index).Caption
    Text1.Text = num
End Sub
Private Sub Command2_Click(Index As Integer)     '获取运算操作符号
  num1 = num
      Text1.Text = ""
      num = ""
      C = Index
End Sub
Private Sub Command3_Click()                     '退出当前系统处理
    End
End Sub
Private Sub Command4_Click()                     '重新计算处理，清空计算的值
'清空Text1,使操作数空
    Text1.Text = ""
    num = ""
End Sub
Private Sub Command5_Click()                     '小数点处理
  If InStr(num, ".") Then
        MsgBox "已经存在小数点!!"
        Exit Sub
    Else
        num = num + Command5.Caption
    End If
End Sub
Private Sub Command6_Click()                     '负数运算处理
If Text1.Text <> "" Then
    Text1.Text = -1 * Text1.Text
    num = Text1.Text
End If
End Sub
Private Sub Command7_Click()                     '单击"="后执行对应的运算处理
Select Case C
        Case 0
            num = Str(Val(num1) + Val(num))
        Case 1
            num = Str(Val(num1) - Val(num))
        Case 2
            num = Str(Val(num1) * Val(num))
        Case 3
            If Val(num) = 0 Then
            MsgBox "除数不能为零!!"
            Text1.Text = ""
            num = ""
        Else
            num = Str(Val(num1) / Val(num))
        End If
    End Select
    Text1.Text = num
End Sub
Private Sub Form_Load()
End Sub
```

至此，整个实例设置、编写完毕。将实例文件保存并执行后，将首先按指定样式显示窗体对话框，如图 4-24 所示；当选择数据和运算符并单击【=】按钮后，将显示运算后的结果，如图 4-25 所示。

在本实例中定义了程序内的多个变量，在日常应用中，不但可以自定义变量，而且还可以自定义数据类型。自定义数据类型是指由若干标准数据类型组成的一种复合类型，也称为记录类型。

图 4-24　窗体对话框

图 4-25　输出数组元素值

4.6　技 术 解 惑

4.6.1　使用数组的注意事项

但是在使用数组时，应该注意如下 3 点。

（1）在有些语言中，下界一般从 1 开始，为了便于使用，在 VB 的窗体层或标准模块层用 Option Base n 语句可重新设定数组的下界，如 Option Base 1。

（2）在数组声明中的下标关系到每一维的大小，是数组说明符，而在程序其他地方出现的下标为数组元素，两者写法相同，但意义不同。

（3）在数组声明时的下标只能是常数，而在其他地方出现的数组元素的下标可以是变量。

4.6.2　自定义数据类型

在下面的内容中，将对自定义数据类型的基本知识进行简要介绍。

（1）定义自定义数据类型。

定义自定义数据类型的定义格式如下所示。

```
Type 自定义类型名
        元素名[（下标）]  As 类型名
        ……
        元素名[（下标）]  As 类型名
End Type
```

其中，“元素名”表示自定义类型中的一个成员；“下标”是可选的，表示是数组；“类型名”是标准的类型。

例如，下面的代码定义了一个学生信息的自定义类型。

```
Type studtype
        No As Integer                 ' 定义学号
        Name As String*10             ' 定义姓名
        Sex As String*2               ' 定义性别
        Mark(1 TO 4) As Single        ' 定义4门课程的成绩
        Total As Single               ' 定义总分
End Type
```

在定义自定义数据类型时，应该注意如下 4 点。

自定义类型一般在标准模块（.bas）中定义，默认是 Public。

自定义类型中的元素可以是字符串，但应是定长字符串。

不可把自定义类型名与该类型的变量名混淆。

注意自定义类型变量与数组的差别：它们都由若干元素组成，前者的元素代表不同性质、不同类型的数据，以元素名表示不同的元素；后者存放的是同种性质、同种类型的数据，以下标表示不同元素。

（2）自定义型变量的声明。

自定义型变量的声明格式如下所示。

```
Dim 变量名  As  自定义类型名
```

例如，下面的代码进行了自定义声明。

```
Dim   student As studtype,   mystud   As studtype
```

自定义类型中元素的表示方法如下所示。

```
变量名 . 元素名  如：student.name   student.mark(4)
```

为了简单起见，可以用 With … End With 语句进行简化。例如下面的代码。

```
With  student
  .no=99001
  .name=""
  .sex=""
  .total=0
    for I=1 to 4
  .mark(I)=int(rnd*101)                    '随机产生0～100的分数
  .total=.total+.may(I)
    next I
End With
Mystud=student                              '同种自定义类型变量可以直接赋值
```

4.6.3 在二维数组中合并相同的项

在 CSDN 上曾经有一个经典的问题：

有一个二维数组

A(1,1)=C

A(1,2)=2

A(2,1)=Z

A(2,2)=1

A(3,1)=C

A(3,2)=1

A(4,1)=R

A(4,2)=5

A(5,1)=F

A(5,2)=2

A(6,1)=Z

A(6,2)=11

要统计形成数组 B()

B(1,1)=C

B(1,2)=2+1=3

B(2,1)=F

B(2,2)=2

B(3,1)=R

B(3,2)=5

B(4,1)=Z

B(4,2)=1+11=12

答案是：

```
Private Sub Command3_Click()
    Dim a(1 To 2, 1 To 5000)
    Dim zhaodao As Boolean
    Dim b(), Nb As Integer

    Nb = 1
```

```
    ReDim Preserve b(1 To 2, Nb)

    a(1, 1) = "A"
    a(2, 1) = 2
    a(1, 2) = "C"
    a(2, 2) = 2
    a(1, 3) = "A"
    a(2, 3) = 1
    a(1, 4) = "A"    '未定义的A(1,x)="",这点切记
    a(2, 4) = 5

    b(1, 1) = a(1, 1)
    b(2, 1) = a(2, 1)
    For i = 2 To UBound(a, 2)
        If a(1, i) <> "" Then
            zhaodao = False
            For j = 1 To Nb                          '看是否已经登记到b
                If a(1, i) = b(1, j) Then
                    zhaodao = True                   '已经登记
                    b(2, j) = b(2, j) + a(2, i)
                    Exit For
                End If
            Next j
            If Not zhaodao Then                      '没有登记
                Nb = Nb + 1                          '扩展b数组
                ReDim Preserve b(1 To 2, Nb)
                b(1, Nb) = a(1, i)                   '登记
                b(2, Nb) = a(2, i)
            End If
        End If
    Next i
    For k = 1 To Nb
        Print k, b(1, k), b(2, k)
    Next k
End Sub
```

4.6.4　数组的大小不一定固定

但是在现实应用中，无论一维还是多维数组，数组的大小并不一定都是大小固定的，而在很多情况下，数组的长度事先是无法预测的。而且有时可能需要在程序中改变数组的长度以适应新的情况，因此出现了动态数组。动态数组是在定义数组只指定数组名及其类型，等以后知道数组的长度或需要改变数组长度时再用“ReDim”指定它的长度。

第 5 章

过程和函数

Visual Basic 程序可以分割成较小的、并且能够完成某特定任务的模块，这个模块称为过程。通过过程可以增强和扩展 Visual Basic 的功能。另外在 Visual Basic 程序中，可以通过一个函数实现某个独有的功能。在本章的内容中，将详细讲解 Visual Basic 过程和函数的基本知识，并通过具体实例的实现来讲解 Visual Basic 过程的具体使用方法。

本章内容

- ⏭ 使用 Sub 过程
- ⏭ 使用 Function 过程
- ⏭ 传递过程参数
- ⏭ 可选参数与不定量参数
- ⏭ 递归调用
- ⏭ Visual Basic 内置函数

技术解惑

调用其他模块中过程的方法

子过程和函数的区别

判断过程参数的传递方式

用“ParamArray”表示数组参数的规则

使用递归的注意事项

5.1 使用 Sub 过程

知识点讲解：光盘：视频\PPT 讲解（知识点）\第 5 章\使用 Sub 过程.mp4

Visual Basic 6.0 将程序分为多个模块，每个模块的代码又可以分为相互独立的过程，每个过程都可以完成一个具有特定目的的任务。在 Visual Basic 6.0 程序中，通常分为如下 3 类过程。

- ❑ Sub 子程序过程：以保留字 Sub 开始的子程序过程，包括事件过程和通用过程，没有返回值。
- ❑ Function 函数过程：以保留字 Function 开始的函数过程，有一个返回值。
- ❑ Property 属性过程过程：以保留字 Property 开始的属性过程，可以返回和设置窗体、标准模块以及类模块的属性值，也可以设置对象的值。

在本节的内容中，将首先详细介绍 Sub 过程的基本知识。

5.1.1 使用 Sub 过程

Sub 过程也被称为子过程，它以规定的语法结构组织语句块，可以被重复调用。Sub 过程分为事件过程和通用过程两种，在下面的内容中将分别介绍。

事件过程是以处理事件为基础的过程，功能是完成某特定的事件处理程序。根据事件的类型又可以分为如下 3 类：

1. 窗体事件过程

窗体事件过程以窗体事件为基础的过程，具体的语法格式如下所示。

```
Private  Sub Form_事件名（[参数列表]）
        [局部变量和常数声明]
        语句块
End Sub
```

在使用上述格式时要注意如下 3 点。

- ❑ 窗体事件过程名由 Form_事件名组成，多文档窗体用 MDIForm_事件名。
- ❑ 每个窗体事件过程名前都有一个 Private 的前缀，表示该事件过程不能在它自己的窗体模块之外被调用。
- ❑ 事件过程有无参数，完全由 VB 提供的具体事件本身决定，用户不可以随意添加。

2. 控件事件过程

控件事件过程是以控件事件为基础的过程，具体的语法格式如下所示。

```
Private Sub 控件名_事件名（[参数列表]）
      [局部变量和常数声明]
      语句块
End Sub
```

在使用上述格式时，其中的控件名必须与窗体中某控件相匹配，否则 Visual Basic 将认为它是一个通用过程。只要遵循上述语法格式，即可轻易建立 Visual Basic 事件过程。建立 Visual Basic 事件过程的基本流程如图 5-1 所示。

上述过程的具体说明如下所示。

（1）新创建 Visual Basic 6.0 工程，打开代码编辑器窗口。

（2）在代码编辑器窗口中，选择所需要的“对象”和“事件过程”。

（3）在“Private Sub … End Sub”之间输入代码。

（4）保存工程和窗体。

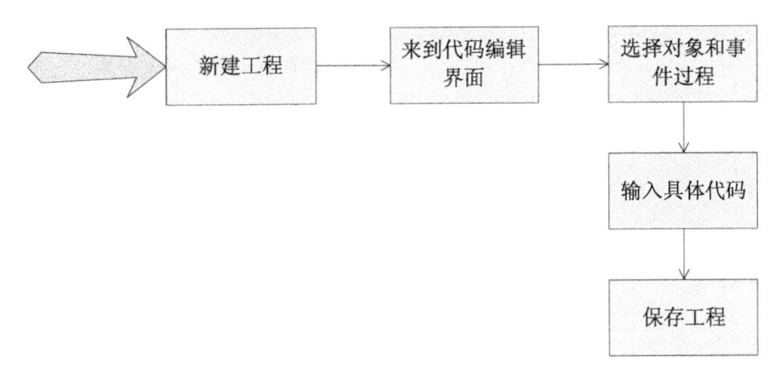

图 5-1 建立事件过程流程图

5.1.2 通用过程

通用过程是一个必须从另一个过程显示调用的程序段，通用过程有助于将复杂的应用程序分解成多个易于管理的逻辑单元，使应用程序更简洁、更易于维护。

Visual Basic 通用过程分为公有（Public）过程和私有（Private）过程两种。公有过程可以被应用程序中的任一过程调用，而私有过程只能被同一模块中的过程调用。

1. 定义方法

定义通用过程的具体语法格式如下所示。

```
[ Private | Public ]   [ Static]   Sub  过程名（[参数列表]）
    [局部变量和常数声明]              '用Dim  或Static声明
    语句块
  [Exit Sub]
    语句块
End Sub
```

在使用上述格式时，需要注意如下所示的 7 点。

（1）系统的默认关键字是 Public 。

（2）Static 表示过程中的局部变量为“静态”变量。

（3）过程名的命名规则与变量命名规则相同，在同一个模块中，同一符号名不能既用于 Sub 过程名，又用于 Function 过程名。

（4）参数列表中的参数称为形式参数，它可以是变量名或数组名，只能是简单变量，不能是常量、数组元素和表达式；若有多个参数时，各参数之间用逗号分隔，形参没有具体的值。Visual Basic 的过程可以没有参数，但一对圆括号不可以省略。不含参数的过程称为无参过程。

形参的语法格式如下所示。

```
[ ByVal ] 变量名[()] [As  数据类型]
```

其中，“变量名[()]”为合法的 Visual Basic 变量名或数组名，如果没有括号则表示是变量，有括号则表示是数组；“ByVal ”表明其后的形参是按值传递参数（传值参数 Passed By Value），如果缺省或用 ByRef，则表明参数是按地址传递的（传址参数）或称“引用”（Passed By Reference）；“As”是数据类型，缺省时表明该形参是变体型变量，若形参变量的类型声明为 String，则只能是不定长的。而在调用该过程时，对应的实参可以是定长的字符串或字符串数组，若形参是数组则无限制。

（5）End Sub 标志该过程的结束，系统返回并调用该过程语句的下一条语句。

（6）过程中可以用 Exit Sub 提前结束过程，并返回到调用该过程语句的下一条语句。

2. 建立通用过程

建立 Sub 通用过程的方法有两种，下面将分别介绍。

（1）第一种方法的具体建立流程如图 5-2 所示。

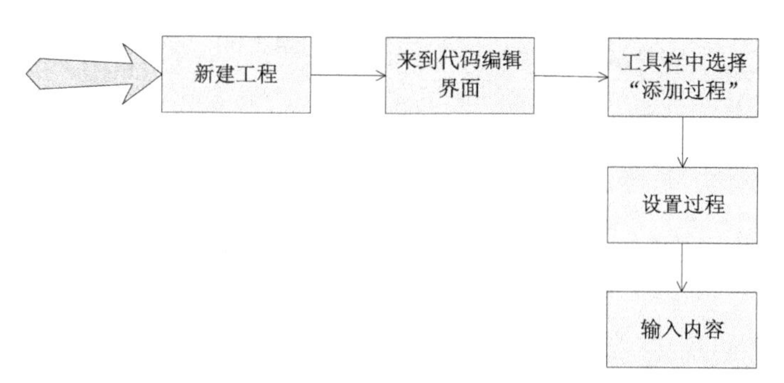

图 5-2　建立通用过程流程图

上述流程的具体说明如下所示。

- 打开代码编辑器窗口。
- 选择“工具”菜单中的“添加过程”。
- 从对话框中输入过程名，并选择类型和范围。
- 在新创建的过程中输入内容。

（2）第二种方法的具体建立流程如图 5-3 所示。

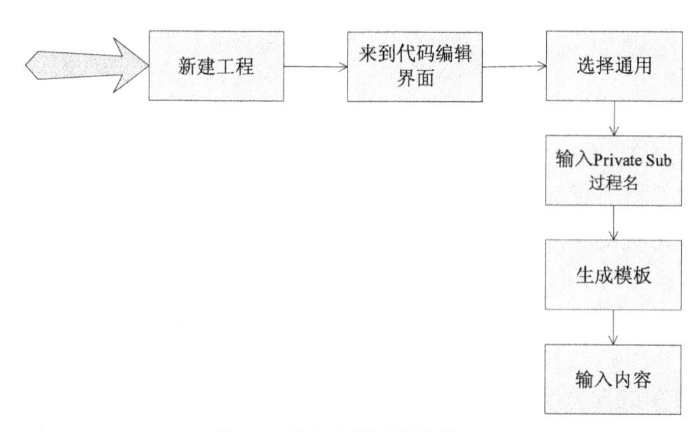

图 5-3　建立通用过程流程图

上述流程的具体说明如下所示。

- 在代码编辑器窗口的对象中选择“通用”，在文本编辑区输入 Private Sub 过程名。
- 按回车键，即可创建一个 Sub 过程样板。
- 在新创建的过程中输入内容。

经过上述流程操作后，将在 Visual Basic 代码编辑界面中自动生成指定格式的代码，如图 5-4 所示。

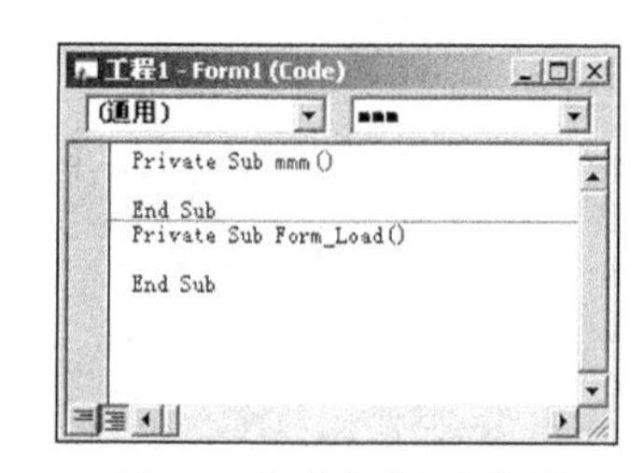

图 5-4　自动生成格式代码

5.1.3　调用过程

过程只有被调用后才能发挥自己的作用，在建立 Visual Basic 后，可以对其进行调用以实现某特定的功能。调用 Sub 过程的方法有两种，下面将分别介绍。

1．Call 语句调用

使用 Call 语句调用 Sub 过程的语法格式如下所示。

```
Call 过程名（实际参数表）
```

其中，“实际参数表”可能包含多个实际参数。

注意：实际参数的个数、类型和顺序，应该与被调用过程的形式参数相匹配，有多个参数时，用逗号分隔。

2. 直接调用

直接调用是指把过程名作为一个语句来用，而不用使用它后面的参数括号。

实例 015 计算“1！+2！+3！”阶乘的值

源码路径 光盘\daima\5\1\　　　　视频路径 光盘\视频\实例\第 5 章\015

本实例的实现流程如图 5-5 所示。

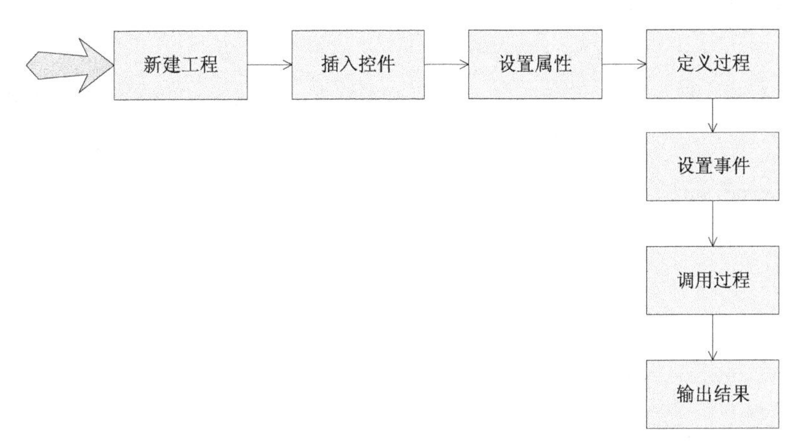

图 5-5 实例实现流程图

下面将详细介绍上述实例流程的具体实现过程，首先新建项目工程并插入各个控件对象，具体流程如下所示。

（1）打开 Visual Basic 6.0，新创建一个标准 EXE 工程，如图 5-6 所示。

（2）在窗体内插入 1 个 Command 控件，并设置其属性，如图 5-7 所示。

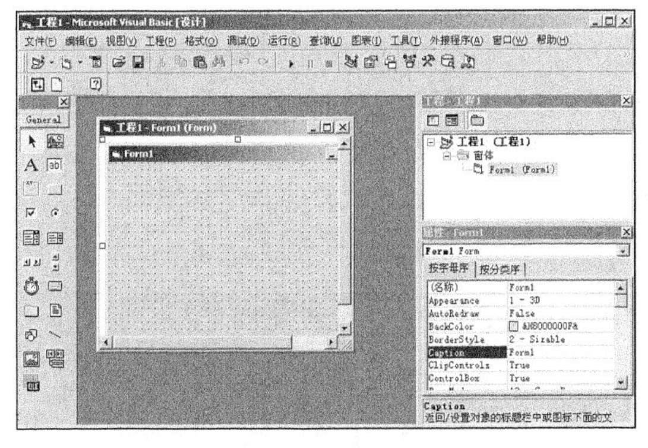

图 5-6 新建工程

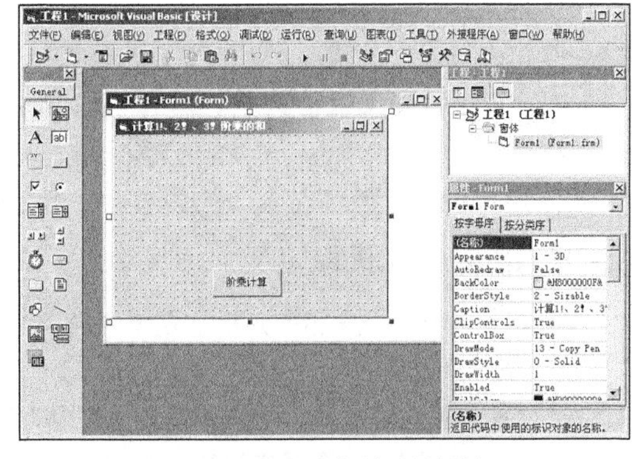

图 5-7 插入对象并设置属性

窗体内各对象的主要属性设置如下所示。

- 窗体：设置名称为“Form1”，Caption 属性为“计算 1!、2!、3! 阶乘的和”。
- Command 控件：设置名称为“Command1”，Caption 属性为“阶乘计算”。

然后来到代码编辑界面，为 Command1 设置鼠标单击事件处理代码，具体代码如下所示。

```
'定义过程mmm
Sub mmm(m As Integer, total As Long)
    Dim i As Integer
    total = 1
    For i = 1 To m
```

```
        total = total * i
    Next
End Sub
Private Sub Command1_Click()        '设置单击按钮事件
    Dim a As Integer, b As Integer, c As Integer, tot As Long, total As Long
    a = 1
    b = 2
    c = 3
    s = tot
Call mmm(a, tot)                   '调用过程进行处理
    s = tot
    Call mmm(b, tot)
    s = s + tot
    Call mmm(c, tot)
    s = s + tot
    Print "1!+2!+3!=" & s          '输出计算结果
End Sub
```

范例 029：过程的简单应用实例
源码路径：光盘\演练范例\029\
视频路径：光盘\演练范例\029\
范例 030：使用过程求最值
源码路径：光盘\演练范例\030\
视频路径：光盘\演练范例\030\

至此，整个实例设置、编写完毕。将实例文件保存并执行后，将首先按指定样式显示窗体对话框，如图 5-8 所示；当单击【阶乘计算】按钮后，将输出计算结果，如图 5-9 所示。

图 5-8　显示窗体对话框

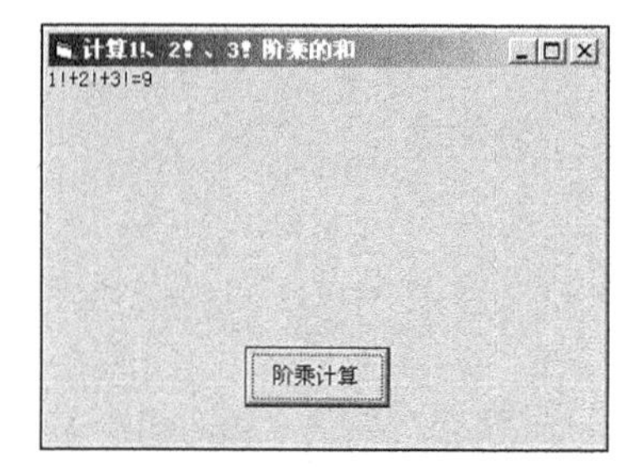

图 5-9　输出计算结果

在上述实例中，调用定义的 Sub 过程实现了指定数学表达式的数值运算。在 Visual Basic 6.0 工程应用中，Sub 过程虽然不是最主要的过程，但是它却在 Visual Basic 6.0 中占据着十分重要的位置。

5.2　使用 Function 过程

知识点讲解：光盘：视频\PPT 讲解（知识点）\第 5 章\使用 Function 过程.mp4

Function 过程又被称为函数过程，它除了具有 Sub 过程所有的功能和用法外，还能够返回一个结果值。Visual Basic 6.0 中包含一些常用的内置函数，另外开发人员也可以自行定义自己需要的 Function 函数。在本节的内容中，将详细讲解使用 Function 过程的基本知识。

5.2.1　Function 过程定义

定义 Function 过程的方法有两种，具体信息如下所示。

1. 创建菜单栏命令

在 Visual Basic 6.0 代码编辑界面中，利用“工具”菜单下的“添加过程”命令，插入一个函数过程模板来定义，如图 5-10 所示。

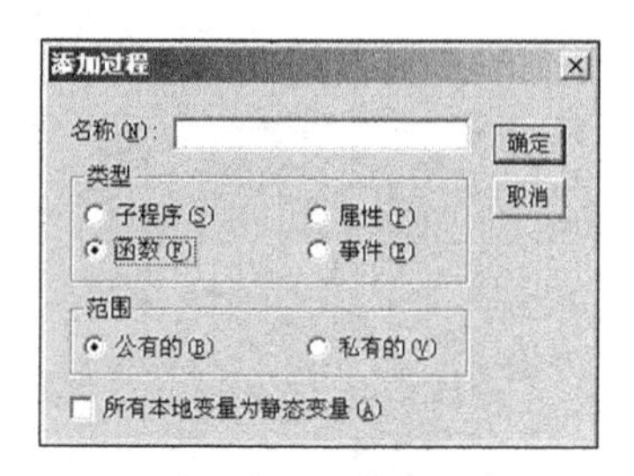

图 5-10　添加过程

2. 直接定义输入函数

即在代码编辑窗口中，把插入点放在所有现有过程之外，直接输入函数来定义，具体的语法格式如下所示。

```
[ Private | Public ]   [ Static]   Function 函数名（[参数列表]）[As 数据类型]
    [局部变量和常数声明]        '用Dim 或Static声明
    [ 语句块 ]
    [ 函数名=表达式 ]
[ Exit Function]
    语句块
    [ 函数名=表达式 ]
End Function
```

在使用上述格式时应注意如下 3 点。

（1）函数名的命名规则与变量命名规则相同；函数过程必须由函数名返回一个值。

（2）如果函数体内没有给函数名赋值，则返回对应类型的缺省值，数值型返回 0，字符型返回空字符串。

（3）函数过程内部不得再定义 Sub 过程或 Function 过程。

5.2.2 调用 Function 过程

调用 Function 过程与调用 Sub 过程的方法基本一样，即在表达式中写出它的名称和相应的实际参数即可。具体格式如下所示。

```
过程名（[实参列表]）
```

在使用上述格式时，应该注意如下 2 点。

（1）必须给参数加上括号，即使没有参数也不可省略括号。

（2）Visual Basic 6.0 允许象调用 Sub 过程一样来调用 Function 过程，但这样就没有返回值。

实例 016 使用 Function 过程计算指定数值的绝对值

源码路径 光盘\daima\5\2\　　**视频路径** 光盘\视频\实例\第 5 章\016

本实例的实现流程如图 5-11 所示。

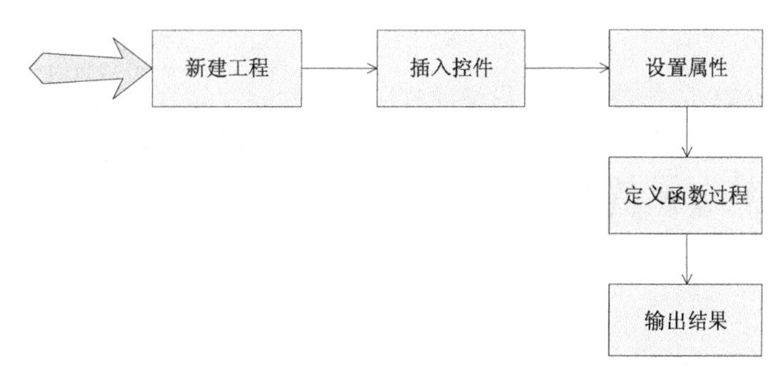

图 5-11　实例实现流程图

下面将详细介绍上述实例流程的具体实现过程，首先新建项目工程并插入各个控件对象，具体流程如下所示。

（1）打开 Visual Basic 6.0，新建一个标准 EXE 工程，如图 5-12 所示。

（2）在窗体内插入 1 个 Command 控件、2 个 Label 控件和 1 个 TextBox 控件，并分别设置各控件的属性，如图 5-13 所示。

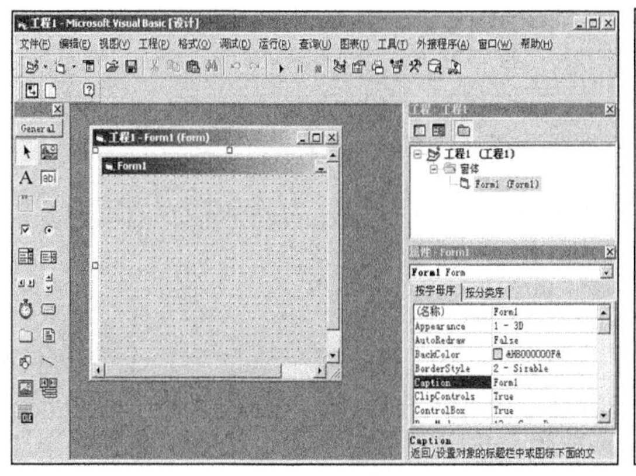

图 5-12　新建工程

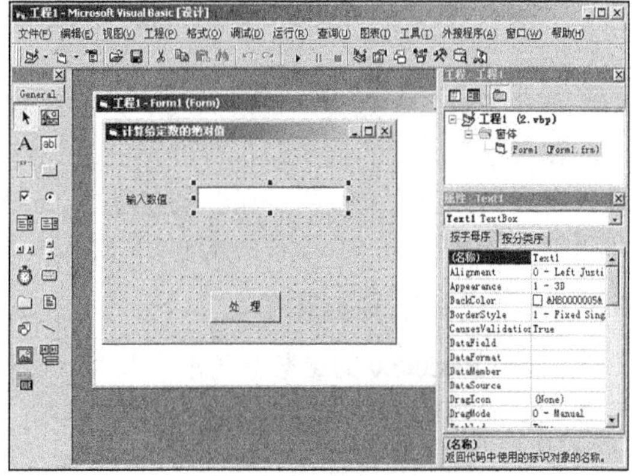

图 5-13　插入对象并设置属性

窗体内各对象的主要属性设置如下所示。

- 窗体：设置名称为“Form1”，Caption 属性为“计算绝对值”。
- Command 控件：设置名称为“Command1”，Caption 属性为“处理”。
- 第一个 Label 控件：设置名称为“Label1”，Caption 属性为“输入数值”。
- 第二个 Label 控件：设置名称为“Label2”，Caption 属性为空。
- TextBox 控件：设置名称为“Text1”，Text 属性为空。

然后来到代码编辑界面，为 Command1 设置鼠标单击事件处理代码。具体代码如下所示。

```
Public n As Double
'定义Function函数Juedui,用于计算数据的绝对值
Public Function Juedui(dbll As Double) As Double
   '如果获得的是正数，则绝对值即为该数
   If dbll >= 0 Then
   Juedui = dbll
   Else
      '如果获得的是负数，则绝对值即为该数的相反数
      Juedui = -dbll
   End If
End Function
'调用函数Juedui,计算并输出绝对值
Private Sub Command1_Click()
   n = Text1.Text
   Label2.Caption = n & "的绝对值是：" & Juedui(n)
End Sub
Private Sub Form_Load()
End Sub
```

范例 031：用过程定义窗体大小
源码路径：光盘\演练范例\031\
视频路径：光盘\演练范例\031\
范例 032：使用过程求组合数
源码路径：光盘\演练范例\032\
视频路径：光盘\演练范例\032\

至此，整个实例设置、编写完毕。将实例文件保存并执行后，将首先按指定样式显示窗体对话框，如图 5-14 所示；当输入数据并单击【处理】按钮后，将输出此数据的绝对值，如图 5-15 所示。

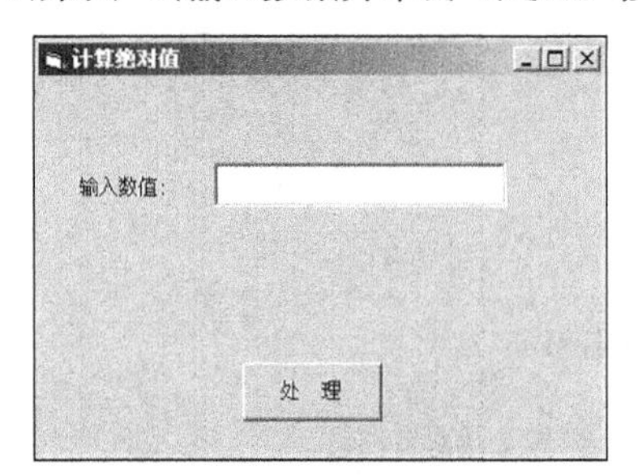

图 5-14　显示窗体对话框

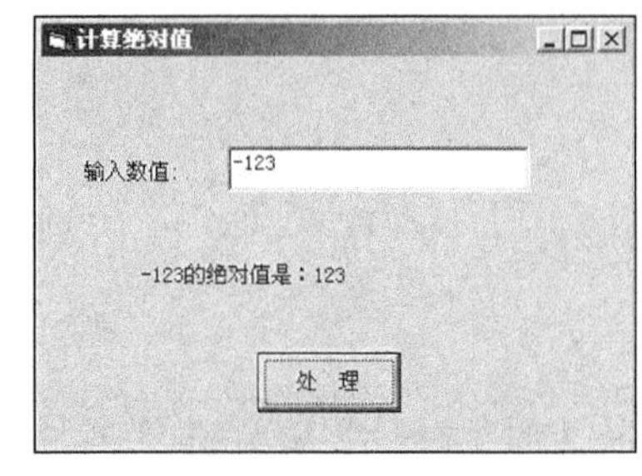

图 5-15　输出绝对值

在本实例中，是通过对定义的 Function 的调用实现了指定的数学运算。一个 Function 调用过程可以在不同的应用模块中使用，甚至是某工程的不同窗体内。

5.3　传递过程参数

知识点讲解：光盘：视频\PPT 讲解（知识点）\第 5 章\传递过程参数.mp4

在函数和过程的传递、执行过程中，需要某些关于程序状态的信息才能完成某项工作。这些信息通常被包含在过程或函数的变量中，这些变量通常被称为参数。在本节的内容中，将详细讲解 Visual Basic 6.0 参数的基本知识。

5.3.1　形式参数和实际参数

Visual Basic 6.0 的参数分为形参和实参两种。其中，形参是指出现在 Sub 和 Function 过程形参表中的变量名、数组名，过程被调用前，没有分配内存，其作用是说明自变量的类型和形态以及在过程中的角色。Visual Basic 6.0 形参可以是以下两种形式。

- 除定长字符串变量之外的合法变量名。

❑ 后面跟（）括号的数组名。

而实参是指在调用 Sub 和 Function 过程时，传送给相应过程的变量名、数组名、常数或表达式。在过程调用传递参数时，形参与实参是按位置结合的，形参表和实参表中对应的变量名可以不必相同，但位置必须对应起来。

形参与实参的关系描述是：形参如同公式中的符号，实参就是符号具体的值。

5.3.2 参数传递

项目程序在调用通用过程时，需要把语句中的实参传递给被调用过程的“形参”，然后才执行被调用过程的语句。也就是说，形参相当于过程中的过程级变量，在参数被传递时相当于为变量赋初值，过程结束后程序返回到调用其过程中继续执行。

在调用 Visual Basic 6.0 过程时，参数的传递方式有按值传递和按地址传递两种。

1. 按值传递参数

按值传递参数时，是将实参变量的值复制一个到临时存储单元中，如果在调用过程中改变了形参的值，不会影响实参变量本身，即实参变量保持调用前的值不变。按值传递参数时，需要在参数名前加“ByVal”关键字。

实例 017　传递窗体内定义的函数参数值

源码路径　光盘\daima\5\3\　　　视频路径　光盘\视频\实例\第 5 章\017

本实例演示说明了参数在 Function 过程的传递，具体实现流程如图 5-16 所示。

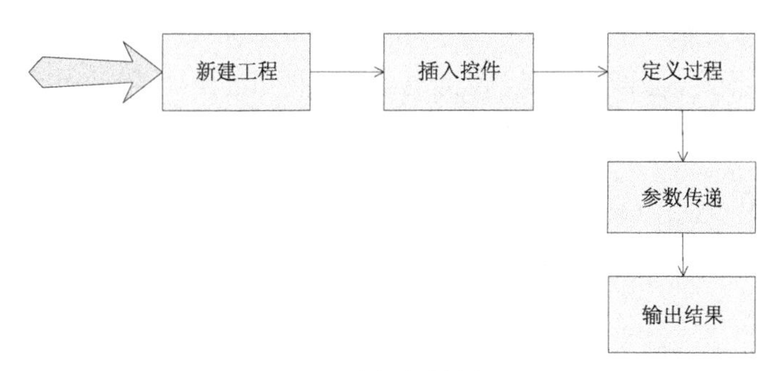

图 5-16　实例实现流程图

下面将详细介绍上述实例流程的具体实现过程，首先新建项目工程并插入各个控件对象，具体流程如下所示。

（1）打开 Visual Basic 6.0，新创建一个标准 EXE 工程，如图 5-17 所示。

（2）在窗体内插入 1 个 Command 控件，并设置其属性，如图 5-18 所示。

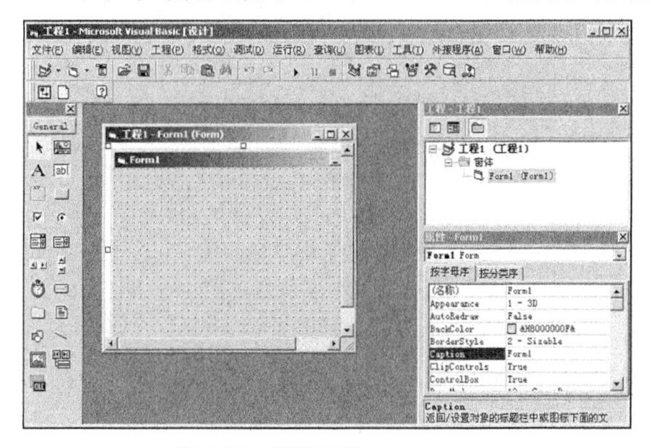

图 5-17　新建工程

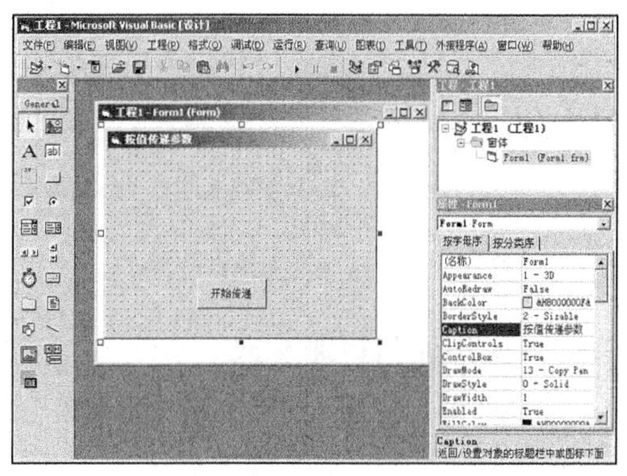

图 5-18　插入对象并设置属性

窗体内各对象的主要属性设置如下。

- 窗体：设置名称为“Form1”，Caption 属性为“按值传递参数”。
- Command 控件：设置名称为“Command1”，Caption 属性为“开始传递”。

然后来到代码编辑界面，为 Command1 设置鼠标单击事件处理代码，具体代码如下所示。

```
'定义过程，并设置初始参数值为10
Private Sub MySub(ByVal A As Integer)
   A = 10
End Sub
Private Sub Command1_Click()
'改变参数值，并调用过程
num1% = 11
     Print num1
     Call MySub(num1)
     Print num1                    '输出参数值
End Sub
Private Sub Form_Load()
End Sub
```

范例 033：演示常量作为实参
源码路径：光盘\演练范例\033\
视频路径：光盘\演练范例\033\
范例 034：演示变量作为实参
源码路径：光盘\演练范例\034\
视频路径：光盘\演练范例\034\

在上述实例中，过程 MySub 的参数是按值进行传递的。所以即使后来改变了参数的值，依旧输出原来的数值。执行后效果如图 5-19 所示。

在上述实例中使用的是数值传递，而在 Visual Basic 6.0 项目中，默认的传递方式是按地址传递。数值传递只是把形参的数据复制给实参，他们分别用了两个地址存放数据。在此假设用 A 和 B 来举例：A 有 1 个苹果，现在我让 B 等于 A（注意在此是复制，而不是说现在 B 也是 A），然后再给 B 2 个苹果，那么现在 A 还是有 1 个苹果，而 B 有 3 个。因为我给的是不同的两个人，所以后面的人和前面的会互不影响。

2. 按地址传递参数

按地址传递参数时，把实参变量的地址传送给被调用过程，形参和实参共用内存的同一地址。在被调用过程中，形参的值一旦改变，相应实参的值也跟着改变。如果实参是一个常数或表达式，Visual Basic 6.0 会按“传值”方式来处理。按地址传递不需要“ByVal”关键字。

例如，如果对实例 017 的单击事件处理代码进行如下修改。

```
Private Sub MySub(A As Integer)                          '按地址传递参数
   A = 10
End Sub
Private Sub Command1_Click()                             '传递后参数值将被修改
num1% = 11
     Print num1
     Call MySub(num1)
     Print num1
End Sub
```

上述代码执行后的效果如图 5-20 所示。

图 5-19　输出过程参数

图 5-20　代码修改后的执行效果

5.3.3　数组作为传递参数

Visual Basic 6.0 允许把数组作为形参出现在形参表中，具体的语法格式如下所示。

```
形参数组名() [As 数据类型]
```

在使用上述格式时应注意如下 4 点。

（1）形参数组只能按地址传递参数，对应的实参也必须是数组，且数据类型相同。

（2）调用过程时，把要传递的数组名放在实参表中，数组名后面不跟圆括号。在过程中不可以用 Dim 语句对形参数组进行声明，否则会产生“重复声明”的错误。但在使用动态数组时，可以用 ReDim 语句改变形参数组的维界，重新定义数组的大小。

（3）被调用过程可以通过 Lbound 和 Ubound 函数确定实参数组的上下边界。

（4）当数组作为参数传递时，必须是按照地址传递的。

实例 018 传递数组参数，并对数组数据进行加法运算处理

源码路径 光盘\daima\5\4\ 视频路径 光盘\视频\实例\第 5 章\018

本实例演示说明了数组参数传递的过程，具体实现流程如图 5-21 所示。

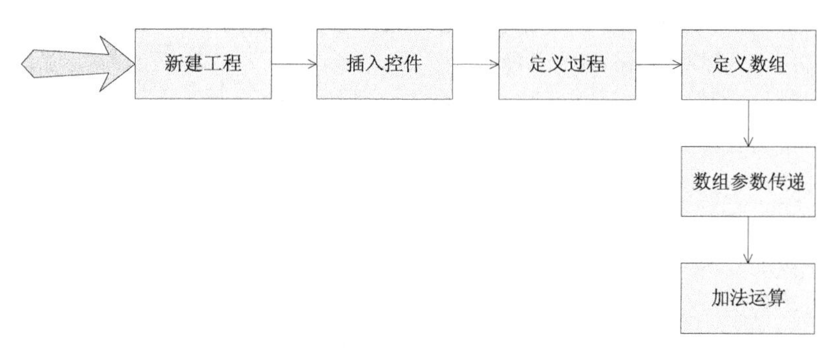

图 5-21 实例实现流程图

下面将详细介绍上述实例流程的具体实现过程，首先新建项目工程并插入各个控件对象，具体流程如下所示。

（1）打开 Visual Basic 6.0，新创建一个标准 EXE 工程。如图 5-22 所示。

（2）在窗体内分插入 1 个 Command 控件、1 个 TextBox 控件和 1 个 Label 控件，并分别设置它们的属性，如图 5-23 所示。

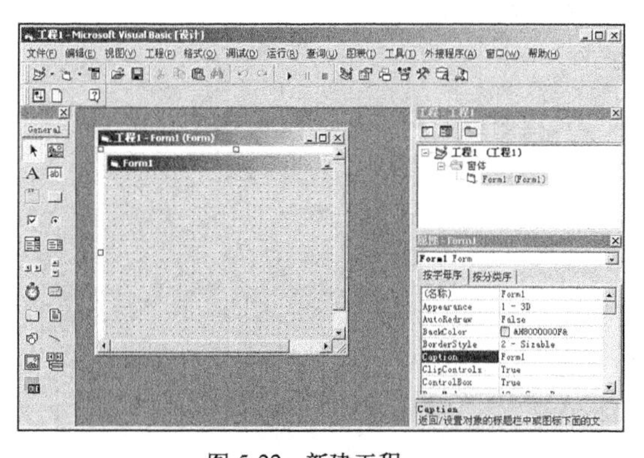

图 5-22 新建工程

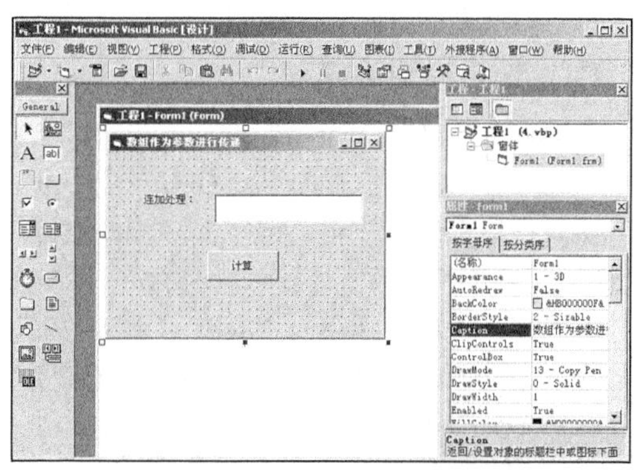

图 5-23 插入对象并设置属性

窗体内各对象的主要属性设置如下。

- 窗体：设置名称为“Form1”，Caption 属性为“数组作为参数进行传递”。
- Command 控件：设置名称为“Command1”，Caption 属性为“计算”。
- Label 控件：设置名称为“Label1”，Caption 属性为“连加处理：”。
- TextBox 控件：设置名称为“Text1”，Text 属性为空。

然后来到代码编辑界面，为 Command1 设置鼠标单击事件处理代码，具体代码如下所示。

```
Private Sub Command1_Click()
    Dim a(10) As Integer              '定义数组a，设置各数组元素的值
      a(1) = 12: a(2) = 14:
      a(3) = 6: a(4) = 17: a(6) = 26:
      a(6) = 39: a(7) = 16: a(8) = 3:
      a(9) = 1: a(10) = 7
      Text1.Text = sum(True, a)
End Sub
'定义过程Sum，用数组a作为其参数
Private Function sum(operate As Boolean, a() As Integer) As Long
    Dim i As Integer
  f operate Then                      '逐一读取数组参数值，并进行传递
      For i = LBound(a) To UBound(a)
      sum = sum + a(i)                '连加各数组元素值
      Next
    End If
End Function
```

范例 035：演示数组元素做实参
源码路径：光盘\演练范例\035\
视频路径：光盘\演练范例\035\
范例 036：演示数组名做实参
源码路径：光盘\演练范例\036\
视频路径：光盘\演练范例\036\

上述代码执行后，将数组作为过程进行了传递，并计算数组内各元素的值，如图 5-24 所示。

在上述实例中，过程 Sum 的传递参数是数组 a。当数组作为过程参数时，对某一个特定的形参只能指定一种传递方式，默认为地址方式。如果需要开发的项目过大，开发人员可以尝试在模块中定义数组，而不循规蹈矩的在窗体中定义，这样在整个项目中的任何调用都是可以的。实际上数组作为过程参数是数组的一种特殊应用，读者课后可以在网络中获取很多数组参数传递的例子，请仔细体会数组在过程中作为参数的意义。

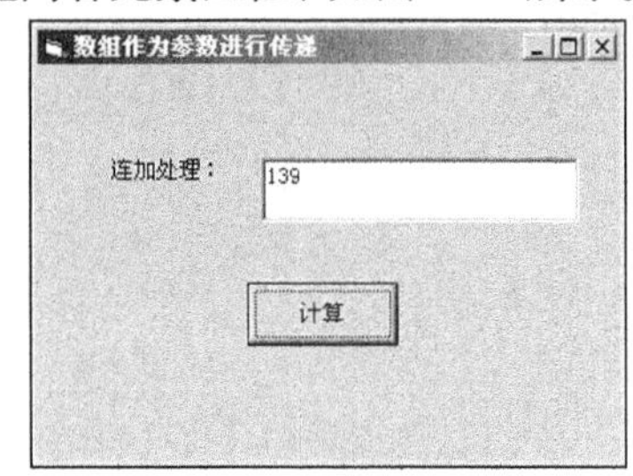

图 5-24　输出数组连加值

5.4　可选参数与不定量参数

知识点讲解：光盘：视频\PPT 讲解（知识点）\第 5 章\可选参数与不定量参数.mp4

在传递 Visual Basic 参数时，要求实参的个数、类型和形参的个数及类型相对应。为增强参数的灵活性，Visual Basic 6.0 允许在参数传递时使用可选参数和不定量参数。在本节的内容中，将简要介绍 Visual Basic 6.0 可选参数与不定量参数的基本知识。

5.4.1　使用可选参数

可选参数 Optional，如果某过程的参数设置为可选参数，则在调用此过程时可以不提供对应与此行参的实参。如果某过程有多个形参，当其中的一个形参设置为可选参数时，此行参后的所有行参都应该使用关键字 Optional 设置为可选参数。

1. 可选参数的省略

当应用程序在调用一个具有可选参数的过程时，可以省略其中的任意一个或多个可选参数。如果省略的不是最后一个参数，则其位置要使用逗号“,”保留。

实例 019　对可循参数进行省略
源码路径　光盘\daima\5\5\　　视频路径　光盘\视频\实例\第 5 章\019

本实例演示说明了可选参数的省略用法，具体实现流程如图 5-25 所示。

下面将详细介绍上述实例流程的具体实现过程，首先新建项目工程并插入各个控件对象，具体流程如下所示。

（1）打开 Visual Basic 6.0，新创建一个标准 EXE 工程，如图 5-26 所示。

（2）在窗体内分别插入 1 个 Command 控件、2 个 TextBox 控件和 2 个 Label 控件，并分别设置它们的属性，如图 5-27 所示。

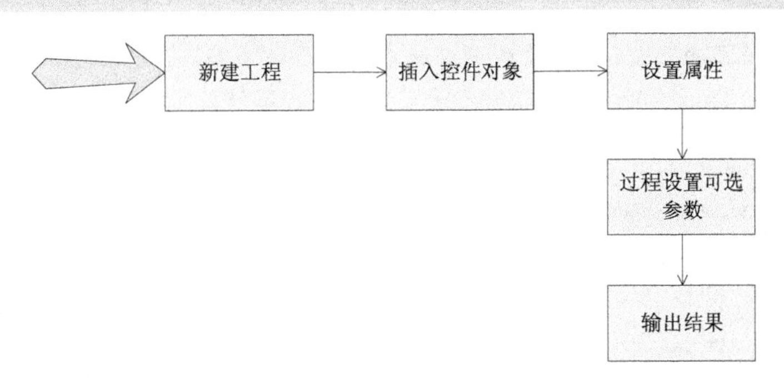

图 5-25 实例实现流程图

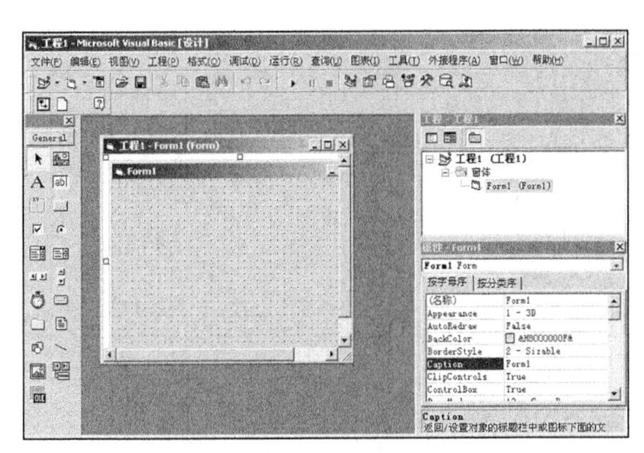

图 5-26 新建工程

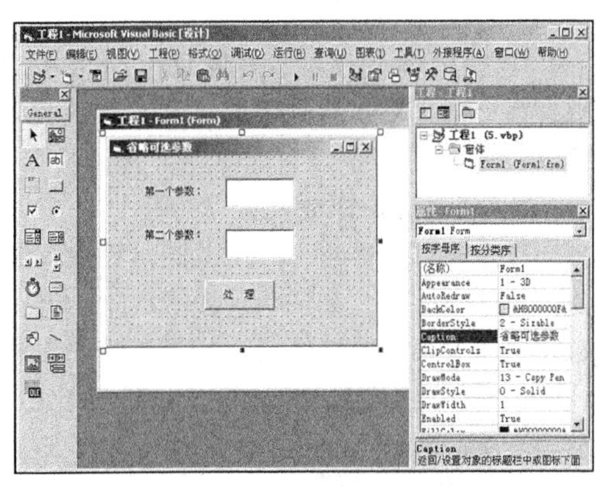

图 5-27 插入对象并设置属性

窗体内各对象的主要属性设置如下。

- 窗体：设置名称为“Form1”，Caption 属性为“省略可选参数”。
- Command 控件：设置名称为“Command1”，Caption 属性为“处 理”。
- 第一个 Label 控件：设置名称为“Label1”，Caption 属性为“第一个参数:”。
- 第二个 Label 控件：设置名称为“Label2”，Caption 属性为“第二个参数:”。
- 第一个 TextBox 控件：设置名称为“txt1”，Text 属性为空。
- 第二个 TextBox 控件：设置名称为“txt2”，Text 属性为空。

然后来到代码编辑界面，为 Command1 设置鼠标单击事件处理代码，具体代码如下所示。

```
Private Sub Command1_Click()    '只调用第一个过程的参数
   Call mysub1("我很厉害")
End Sub
'定义过程，第二个参数是可选参数
Sub mysub1(var1 As String, Optional var2 As Integer)
'第二个参数为可选参数
   txt1.Text = var1
    txt2.Text = var2                              '输出参数值
End Sub
Private Sub Form_Load()
End Sub
```

范例 037：演示数组做形参排序
源码路径：光盘\演练范例\037\
视频路径：光盘\演练范例\037\
范例 038：演示数组做参数合并排序
源码路径：光盘\演练范例\038\
视频路径：光盘\演练范例\038\

至此，整个实例设置、编写完毕。将实例文件保存并执行后，将在窗体内的文本框内输出参数值。因为第二个参数为可选参数，所以在此被省略，如图 5-28 所示。

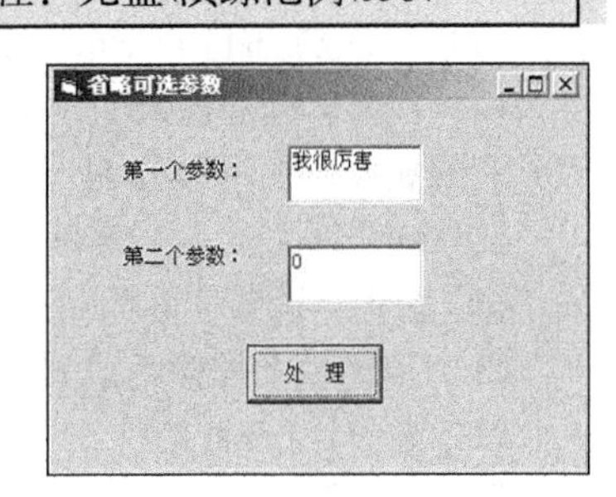

图 5-28 输出参数

如果可选参数没有被省略，则其调用过程和一般参数是完全相同的。关键字 Optional 可以和 ByVal，ByRef 关键字同时修饰一个形参。

注意：在本实例中，因为第二个参数为可选参数，所以在此被省略。如果可选参数的类型是 Variant，则可以通过

Visual Basic 的内置函数 IsMissing 来检测可选参数是否被省略。如果被省略则返回 False，如果没有被省略则返回 True。例如，可以对上述实例的单击事件处理代码进行如下修改。

```
Private Sub Command1_Click()                                  '调用时省略了可选参数
    Call mysub1("我很厉害")
End Sub
Sub mysub1(var1 As String, Optional var2 As Integer)
    txt1.Text = var1                                          '设置被省略时输出的文本
    If Not IsMissing(var2) Then
        txt2.Text = "参数被省略"
    Else
        txt2.Text = var2
    End If
End Sub
Private Sub Form_Load()
End Sub
```

在上述代码中，通过函数 IsMissing 来检测可选参数是否被省略，如果被省略则输出显示“参数被省略”，如图 5-29 所示。

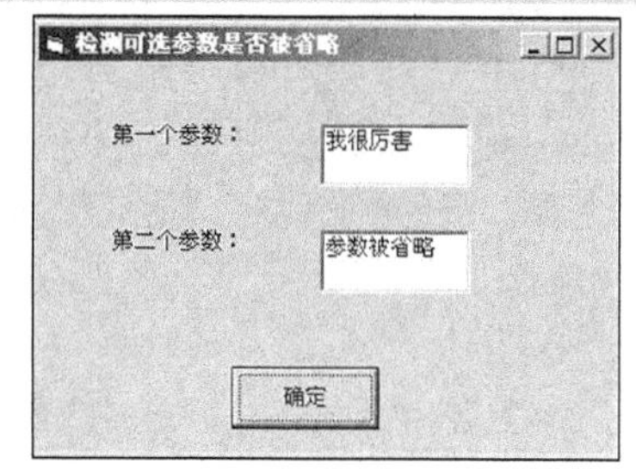

图 5-29　输出界面

2. 可选参数的默认值

在定义可选参数时，可以同时设置可选参数的初始默认值。具体做法是，在声明过程的同时，通过为可选参数赋值来设定可选参数的默认值。如果一个过程的可选参数含有默认值，则使用 IsMissing 函数进行验证时将返回 False。

实例 020　设置可选参数的默认值，并输出结果

源码路径　光盘\daima\5\6\　　　视频路径　光盘\视频\实例\第 5 章\020

本实例演示说明了可选参数默认值的使用效果，具体实现流程如图 5-30 所示。

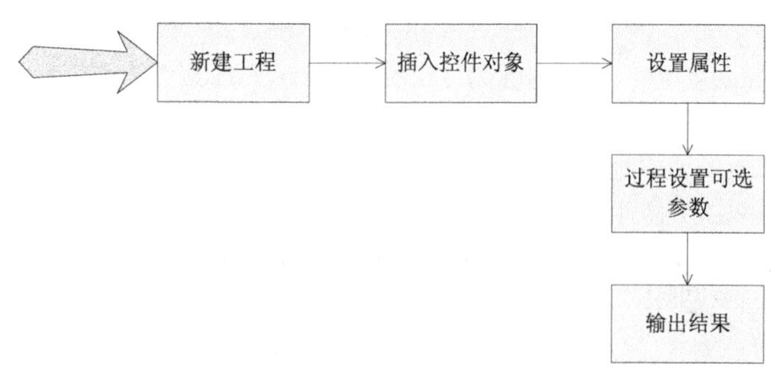

图 5-30　实例实现流程图

下面将详细介绍上述实例流程的具体实现过程，首先新建项目工程并插入各个控件对象，具体流程如下所示。

（1）打开 Visual Basic 6.0，新建一个标准 EXE 工程，如图 5-31 所示。

（2）在窗体内分插入 1 个 Command 控件、2 个 TextBox 控件和 2 个 Label 控件，并分别设置它们的属性，如图 5-32 所示。

窗体内各对象的主要属性设置如下。

- 窗体：设置名称为“Form1”，Caption 属性为“省略可选参数”。
- Command 控件：设置名称为“Command1”，Caption 属性为“处　理”。
- 第一个 Label 控件：设置名称为“Label1”，Caption 属性为“第一个参数：”。
- 第二个 Label 控件：设置名称为“Label2”，Caption 属性为“第二个参数：”。

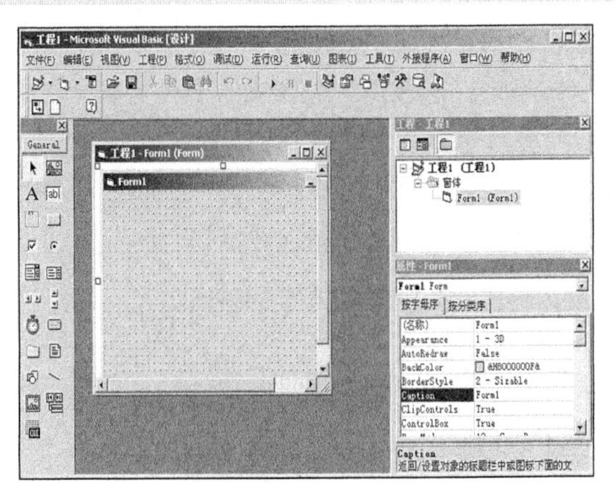

图 5-31　新建工程

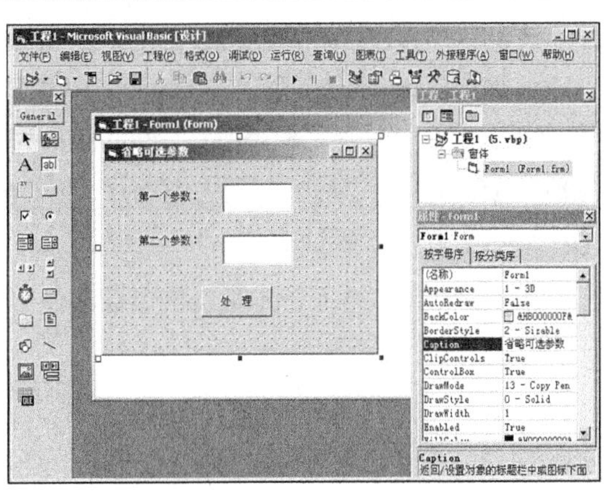

图 5-32　插入对象并设置属性

- 第一个 TextBox 控件：设置名称为"txt1"，Text 属性为空。
- 第二个 TextBox 控件：设置名称为"txt2"，Text 属性为空。

然后来到代码编辑界面，为 Command1 设置鼠标单击事件处理代码，具体代码如下所示。

```
'调用时省略了可选参数
Private Sub Command1_Click()
   Call mysum1("我很厉害")
End Sub
'设置可选参数默认值为100
Sub mysum1(var1 As String,
 Optional var2 As Integer = 100)
     '给可选参数设定默认值
     txt1.Text = var1
     txt2.Text = var2           '输出参数
End Sub
Private Sub Form_Load()
End Sub
```

范例 039：演示可选参数的用法
源码路径：光盘\演练范例\039\
视频路径：光盘\演练范例\039\
范例 040：演示值参与变参的用法
源码路径：光盘\演练范例\040\
视频路径：光盘\演练范例\040\

上述实例执行后，将输出显示可选参数的默认值，如图 5-33 所示。

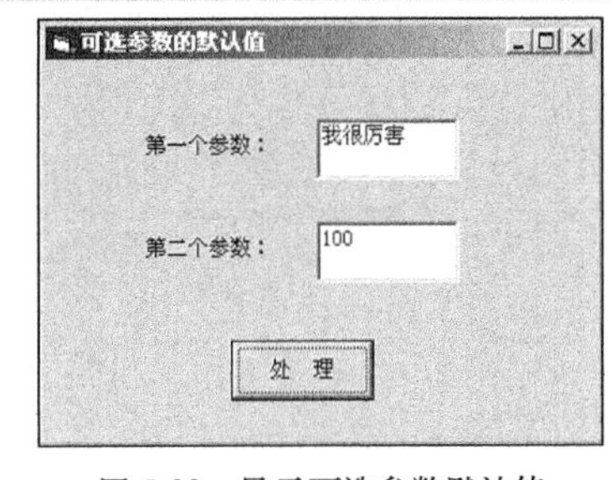

图 5-33　显示可选参数默认值

在本实例中，设置了可选参数默认值为 100，所以在窗体将输出对应的值。如果设置为其他的值，将会输出对应的其他设置的值。如果不设置默认值，则最终执行效果和实例 019 的效果一样。在 Visual Basic 中，不但可以设置内置函数参数的默认值，而且也可以设置自定义函数参数的默认值，看下面的代码。

```
Public Function factor(ByVal a As Integer) As Double
        Dim t As Double
        Dim i As Integer
        If a <= 0    Then
            factor = 1#
        Else
            t = 1#
                For i = 1 To a
                    t = t * i
                Next i
                factor = t
        End If
    End Function
```

如果将上述代码中的参数 a 的默认值设置为 7，则只需在定义函数时设置即可。

```
Public Function factor(optional ByVal a As Integer=7) As Double
```

5.4.2　使用不定数量的参数

不定数量的参数是使用关键字 ParamArry 声明的数组参数，当此过程被调用时可以接受任意个实参，而在调用此过程时使用的多余实参值均按顺序存于这个数组内。

关键字 ParamArry 不能与 ByVal、ByRef 和 Optionl 一起使用，它修饰的参数类型只能是 Variant 类型。当有多个形参时，ParamArry 修饰的形参必须是其中的最后一个。

实例 021　计算并输出不定数量参数的和

源码路径　光盘\daima\5\7\　　　　视频路径　光盘\视频\实例\第 5 章\021

本实例演示说明了不定数量的参数的使用效果，具体实现流程如图 5-34 所示。

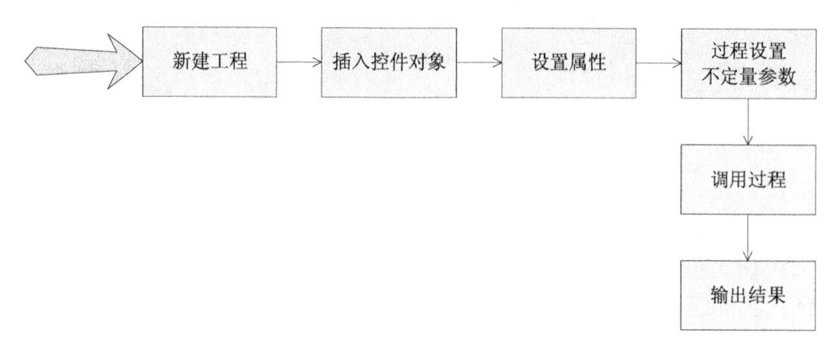

图 5-34　实例实现流程图

下面将详细介绍上述实例流程的具体实现过程，首先新建项目工程并插入各个控件对象，具体流程如下所示。

（1）打开 Visual Basic 6.0，新建一个标准 EXE 工程，如图 5-35 所示。

（2）在窗体内分别插入 1 个 Command 控件、1 个 TextBox 控件和 1 个 Label 控件，并分别设置它们的属性，如图 5-36 所示。

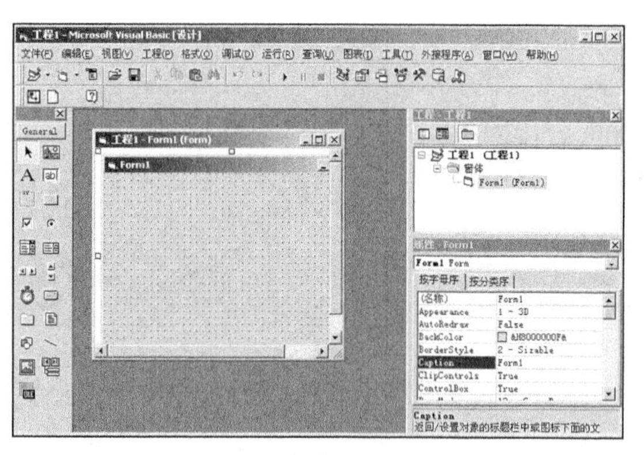

图 5-35　新建工程

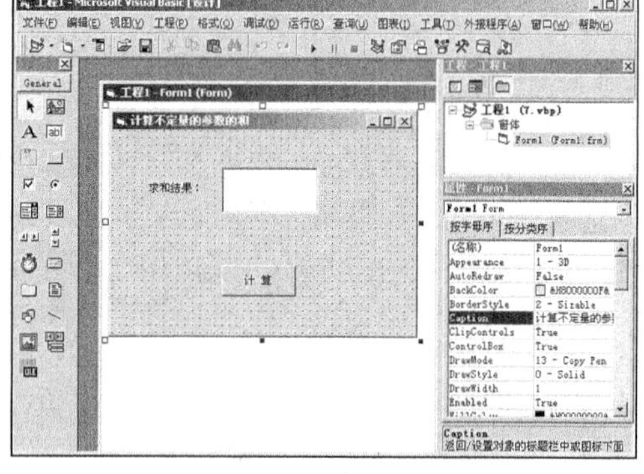

图 5-36　插入对象并设置属性

窗体内各对象的主要属性设置如下。

- 窗体：设置名称为“Form1”，Caption 属性为“计算不定量的参数的和”。
- Command 控件：设置名称为“Command1”，Caption 属性为“计算”。
- Label 控件：设置名称为“Label1”，Caption 属性为“求和结果：”。
- TextBox 控件：设置名称为“txt1”，Text 属性为空。

然后来到代码编辑界面，为 Command1 设置鼠标单击事件处理代码，具体代码如下所示。

```
'定义事件，调用不定量参数数组的过程
Private Sub Command1_Click()
    Dim intSum As Integer
    intSum = Qiuhe(6, 6, 6, 6, 6)
    Txt1.Text = intSum
```

```
End Sub
'设置不定量参数var1
Function Qiuhe(ParamArray var1()) As Integer
    Dim int1 As Integer
    Dim intSum As Integer
    intSum = 0
    For int1 = LBound(var1) To UBound(var1)  '计算并输出不定量参数的和
      intSum = intSum + var1(int1)
    Next
    Qiuhe = intSum
End Function
Private Sub Form_Load()
End Sub
```

范例 041：演示参数的混合使用
源码路径：光盘\演练范例\041\
视频路径：光盘\演练范例\041\
范例 042：演示函数嵌套求组合数
源码路径：光盘\演练范例\042\
视频路径：光盘\演练范例\042\

上述实例执行后，将输出显示不定量参数内各数组元素的和，如图 5-37 所示。

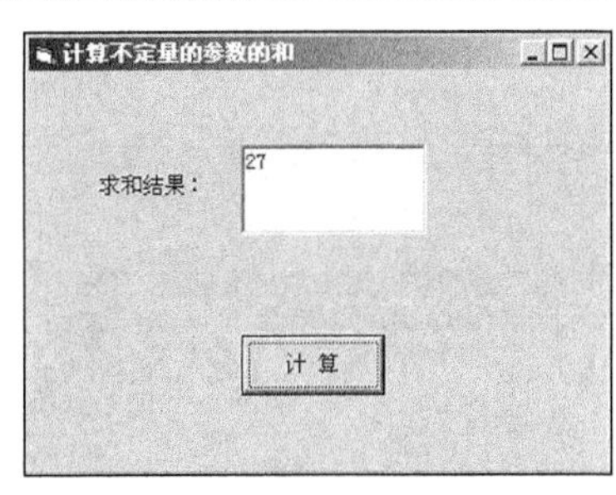

图 5-37　显示数组参数的和

在本实例中，首先定义单击事件，调用不定量参数数组过程，然后定义了不定量参数 var1()，最后输出了不定量参数的和。一般来说，过程调用中的参数个数应等于过程说明的参数个数。可用一个参数数组向过程传递参数，当定义过程时候，不必知道参数数组中的元素的个数，参数数组的大小由每次调用过程时决定。数组参数实际上可以被看作是不定量参数的特例或一种方式。

5.5 递 归 调 用

知识点讲解：光盘：视频\PPT 讲解（知识点）\第 5 章\递归调用.mp4

通俗来讲，用自身的结构来描述自身就称为“递归”。例如，下面对阶乘运算的定义就是递归的。

```
n!=n(n-1)!
(n-1)!=(n-1)(n-2)!
```

Visual Basic 6.0 的过程定义都是相互平行和独立的。在定义一个过程时，不能包含另外一个过程。但是，Visual Basic 6.0 支持对调用过程的嵌套，即在一个程序中调用一个子过程。并且在子过程中又可以调用另外的子过程。

递归是一种特殊的嵌套，Visual Basic 6.0 的过程可以直接或间接的调用自身。直接调用称为“直接递归调用”，间接调用称为“间接递归调用”。

Visual Basic 6.0 允许一个自定义子过程或函数过程，在过程体的内部调用自己。这样的子过程或函数就叫递归子过程和递归函数。递归过程包含了递推和回归两个过程。构成递归的条件如下。

（1）递归结束条件和结束时的值。

（2）能用递归形式表示，并且递归向结束条件发展。

实例 022　计算指定数值的阶乘

源码路径　光盘\daima\5\8\　　视频路径　光盘\视频\实例\第 5 章\022

本实例演示说明了 Visual Basic 递归调用的方法，具体实现流程如图 5-38 所示。

下面将详细介绍上述实例流程的具体实现过程，首先新建项目工程并插入各个控件对象，具体流程如下所示。

（1）打开 Visual Basic 6.0，新建一个标准 EXE 工程，如图 5-39 所示。

（2）在窗体内分别插入 1 个 Command 控件、1 个 TextBox 控件和 2 个 Label 控件，并分别设置它们的属性，如图 5-40 所示。

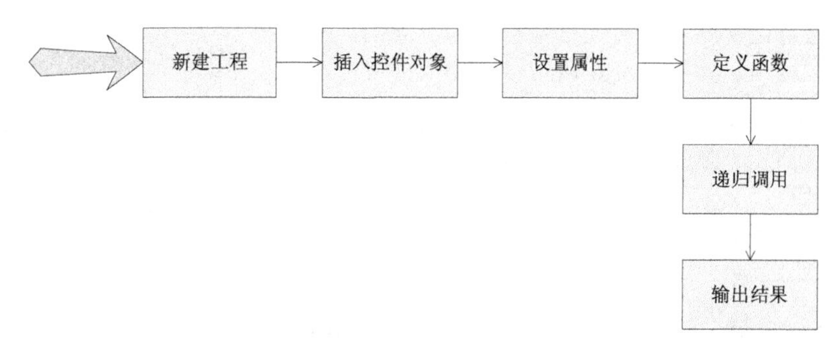

图 5-38　实例实现流程图

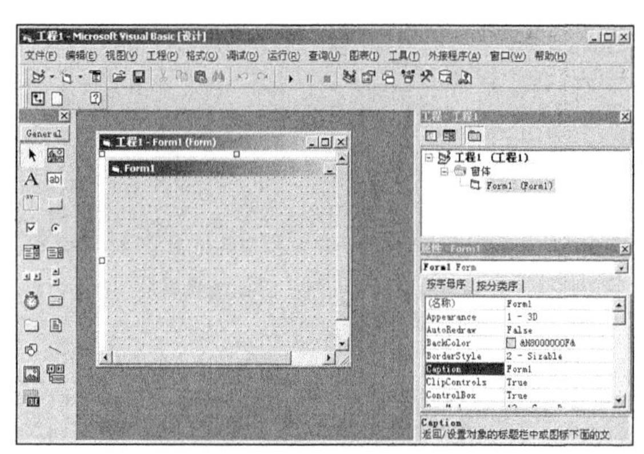

图 5-39　新建工程

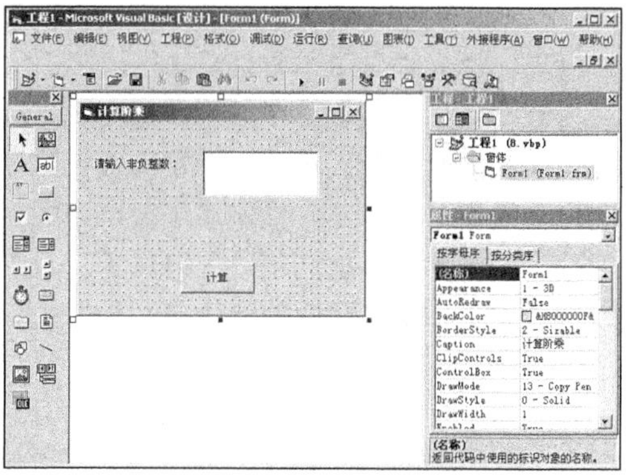

图 5-40　插入对象并设置属性

窗体内各对象的主要属性设置如下。

- 窗体：设置名称为“Form1”，Caption 属性为“计算阶乘”。
- Command 控件：设置名称为“Command1”，Caption 属性为“计算”。
- 第一个 Label 控件：设置名称为“Label1”，Caption 属性为“请输入非负整数：”。
- 第二个 Label 控件：设置名称为“Label2”，Caption 属性为空。
- TextBox 控件：设置名称为“txt1”，Text 属性为空。

然后来到代码编辑界面，为 Command1 设置鼠标单击事件处理代码，具体代码如下所示。

```
'定义函数
Function Factorial(n As Long) As Long
    Dim nTemp As Long
   If n = 0 Or n = 1 Then
       nTemp = 1
    Else
        nTemp = n * Factorial(n - 1)        '递归调用
    End If
    Factorial = nTemp
End Function
Private Sub Command1_Click()   '定义单击事件，输出指定数值的阶乘结果
    n& = Val(Text1.Text)           '获得一个值
     Label2.Caption = "n=" & n & "     n!=" & Factorial(n)
End Sub
Private Sub Form_Load()
End Sub
Private Sub Label2_Click()
End Sub
```

范例 043：演示递归构图
源码路径：光盘\演练范例\043\
视频路径：光盘\演练范例\043\
范例 044：演示递归的“栈溢出”
源码路径：光盘\演练范例\044\
视频路径：光盘\演练范例\044\

至此，整个实例设计完毕。当工程执行后将首先按指定样式显示窗体内的各控件，如图 5-41 所示；当输入某整数并单击【计算】按钮后将输出显示此整数的阶乘结果，如图 5-42 所示。

如果可选参数没有被省略，则其调用过程和一般参数是完全相同的。关键字 Optional 可以和 ByVal、ByRef 关键字同时修饰一个形参。

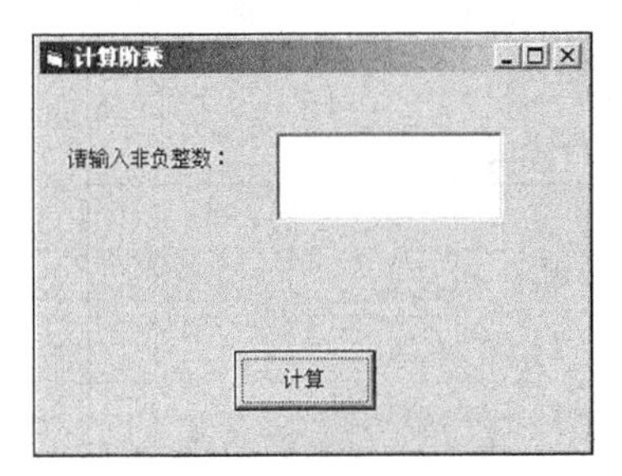

图 5-41　初始执行效果

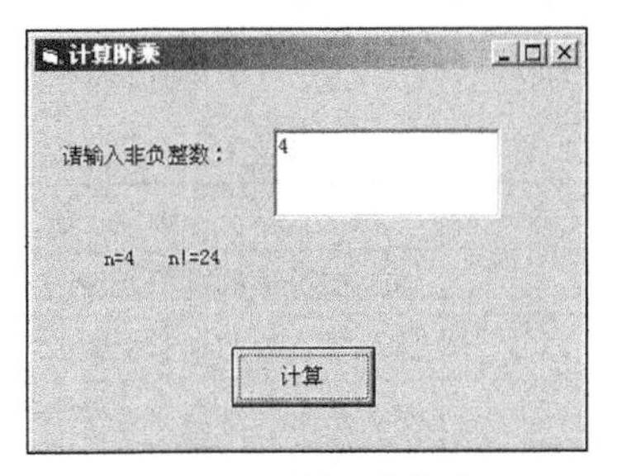

图 5-42　计算 4 的阶乘

注意：在上述实例中，只是简单的 Visual Basic 递归调用的方法。当然读者对实例中非负整数可以随意选择，系统都会计算出对应的结果。并且可以根据具体需要，实现其他的数学运算。例如，常见的求和和求积运算。

5.6　Visual Basic 内置函数

知识点讲解：光盘：视频\PPT 讲解（知识点）\第 5 章\Visual Basic 6.0 内置函数.mp4

函数是任何一门编程语言的核心。开发人员除了能够自行编写自己的函数外，Visual Basic 6.0 还包括一些本身内置的函数。通过本身内置函数，能够实现某些特定功能。在本节的内容中，将简要讲解 Visual Basic 6.0 常用内置函数的基本知识。

5.6.1　数学函数

数学函数用于处理常规的数学运算，Visual Basic 常用数学函数的具体信息如表 5-1 所示。

表 5-1　**Visual Basic** 常用数学函数

函 数 名	功　　能	示　　例	结　　果
Sqr（x）	求平方根	Sqr（9）	3
Log（x）	求自然对数，x>0	Log（10）	2.3
Exp（x）	求以 e 为底的幂值，即求 ex	Exp（3）	20.086
Abs（x）	求 x 的绝对值	Abs（-2.6）	2.6
Hex[$]（x）	求 x 的十六进制数，返回的是字符型值	Hex[$]（28）	"1C"
Oct[$]（x）	求 x 的八进制数，返回的是字符型值	Oct[$]（10）	"12"
Sgn(x)	求 x 的符号，当 x>0，返回 1 ；x=0，返回 0； x<0，返回-1	Sgn(16)	1
Rnd(x)	产生一个在（0，1）区间均匀分布的随机数，每次的值都不同；若 x=0，则给出的是上一次本函数产生的随机数	Rnd(x)	0～1 之间的数
Sin(x)	求 x 的正弦值，x 的单位是弧度	Sin(0)	0
Cos(x)	求 x 的余弦值，x 的单位是弧度	Cos(1)	0.64
Tan(x)	求 x 的正切值，x 的单位是弧度	Tan(1)	1.66
Atn(x)	求 x 的反正切值，x 的单位是弧度，函数返回的是弧度值	Atn(1)	0.79

5.6.2　字符函数

字符函数用于实现对字符串的格式处理。在 Windows 系统中的 DBCS（Double Byte Character Set）编码方案中，一个汉字在计算机内存中占 2 个字节，一个西文字符（ASCII 码）占 1 个字节。但是在 Visual Basic 中采用的是 Unicode（ISO 字符标准）来存储字符的，所有字符都占 2 个字节。为方便使用，可以用 StrConv 函数来对 Unicode 与 DBCS 进行转换，可以用 Len()函数求字符串的字符数，用 LenB()函数求字符串的字节数。

Visual Basic 常用字符串函数的具体信息如表 5-2 所示。

表 5-2　Visual Basic 常用字符串函数

函 数 名	功 能	示 例	结 果
Len(x)	求 x 字符串的字符长度(个数)	Len("ab 技术")	4
LenB(x)	求 x 字符串的字节个数	LenB("ab 技术")	8
Left(x,n)	从 x 字符串左边取 n 个字符	Left("ABsYt",2)	"AB"
Right(x,n)	从 x 字符串右边取 n 个字符	Right("ABsYt",2)	"Yt"
Mid(x,n1,n2)	从 x 字符串左边第 n1 个位置开始向右取 n2 个字符	Mid（"ABsYt",2,3）	"BsY"
Ucase(x)	将 x 字符串中所有小写字母改为大写	Ucase（"ABsYug"）	ABSYUG
Lcase(x)	将 x 字符串中所有大写字母改为小写	Ucase（"ABsYug"）	absyug
Ltrim(x)	去掉 x 左边的空格	Lrim("ABC")	"ABC "
Rtrim(x)	去掉 x 右边的空格	Trim("ABC")	" ABC"
Trim(x)	去掉 x 两边的空格	Trim("ABC")	"ABC"
Instr(x,"字符", M)	在 x 中查找给定的字符,返回该字符在 x 中的位置,M=1 不区分大小写,省略则区分	Instr("WBAC","B")	2
String(n，"字符")	得到由 n 个首字符组成的一个字符串	String(3,"abcd")	"aaa"
Space (n)	得到 n 个空格	Space (3)	"□□□"
Replace(C,C1,C2,N1,N2)	在 C 字符串中从 N1 开始将 C2 替代 N2 次 C1,如果没有 N1 表示从 1 开始	Replace("ABCASAA","A","12",2,2)	"ABC12S12A"
StrReverse (C)	将字符串反序	StrReverse ("abcd")	"dcba"

5.6.3　日期与时间函数

日期与时间函数用于处理和日期、时间相关的运算，Visual Basic 常用日期和时间函数的具体信息如表 5-3 所示。

表 5-3　Visual Basic 常用日期与时间函数

函 数 名	功 能	示 例	结 果
Date ()	返回系统日期	Date ()	02-3-19
Time()	返回系统时间	Time()	3:30 :00 PM
Now	返回系统时间和日期	Now	02-3-19 3:30 :00
Month(C)	返回月份代号（1～12）	Month("02,03,19")	3
Year(C)	返回年代号（1762～2078）	Year("02-03-19")	2002
Day(C)	返回日期代号（1～31）	Day("02,03,19")	19
MonthName(N)	返回月份名	MonthName(1)	一月
WeekDay()	返回星期代号（1-7），星期日为 1	WeekDay("02,03,17")	1
WeekDayName(N)	根据 N 返回星期名称，1 为星期日	WeekDayName(4)	星期三

另外，增减日期函数和求日期之差函数也十分常用。

使用增减日期函数的语法格式如下。

```
DateAdd（要增减日期形式，增减量，要增减的日期变量）
```

使用求日期之差函数的语法格式如下。

```
DateDiff（要间隔日期形式，星期一，星期二）
```

例如，可以通过如下代码计算距离和毕业时间 2008 年 7 月 1 日的天数。

```
DateDiff("d", Now, #2008/7/1#)
```

5.6.4 转换函数

转换函数用于实现对数据的格式转换，Visual Basic 常用转换函数的具体信息如表 5-4 所示。

表 5-4 Visual Basic 常用转换函数

函数名	功能	示例	结果
Str (x)	将数值数据 x 转换成字符串	Str (45.3)	"45.3"
Val(x)	将字符串 x 中的数字转换成数值	Val("23ab")	23
Chr(x)	返回以 x 为 ASCII 码的字符	Chr(66)	"A"
Asc(x)	给出字符 x 的 ASCII 码值，十进制数	Asc("a")	97
Cint(x)	将数值型数据 x 的小数部分四舍五入取整	Cint(3.6)	4
Int(x)	取小于等于 x 的最大整数	Int(−3.6) Int(3.6)	−4 3
Fix(x)	将数值型数据 x 的小数部分舍去	Fix(−3.6)	−3
CBool(x)	将任何有效的数字字符串或数值转换成逻辑型	CBool(2) CBool("0")	True False
CByte(x)	将 0～266 之间的数值转换成字节型	CByte(6)	6
CDate(x)	将有效的日期字符串转换成日期	CDate(#1990,2,23#)	1990-2-23
CCur(x)	将数值数据 x 转换成货币型	CCur(26.6)	26.6
Round(x，N)	在保留 N 位小数的情况下四舍五入取整	Round(2.86，1)	2.9
CStr(x)	将 x 转换成字符串型	CStr(12)	"12"
CVar(x)	将数值型数据 x 转换成变体型	CVar("23")+"A"	"23A"
CSng(x)	将数值数据 x 转换成单精度型	CSng(23.6126468)	23.61266
CDbl(x)	将数值数据 x 转换成双精度型	CDbl(23.6126468)	23.6126468

5.6.5 格式输出 Format 函数

格式输出 Format 函数用于制定字符串或数字的输出格式，具体的语法格式如下所示。

```
x = Format (expression, fmt )
```

其中，“expression”是所输出的内容；“fmt”是指输出的格式，这是一个字符串型的变量，这一项若省略的话，那么 Format 函数将和 Str 函数的功能差不多。

看下面代码的输出结果。

```
Format (2, "0.00")                '输出结果是"2.00"
Format (.7, "0%")                 '输出结果是"70%"
Format (1140, "$#,##0")           '输出结果是"$1,140"
```

“fmt”字符的具体说明如表 5-5 所示。

表 5-5 “fmt”字符说明

字符	说明
0	显示一数字，若此位置没有数字则补 0
#	显示一数字，若此位置没有数字则不显示
%	数字乘以 100 并在右边加上”%”号
.	小数点
,	千位的分隔符
- + $ ( )	出现在 fmt 后将原样输出

Format 函数对时间进行输出时的具体意义如表 5-6 所示。

表 5-6 "fmt"格式说明

fmt	输　出
m/d/yy	8/16/96
d-mmmm-yy	15-August-96
d-mmmm	15-August
mmmm-yy	august-96
hh:mm AM/PM	10:41 PM
h:mm:ss a/p	10:41:29 p
h:mm	22:41
h:mm:ss	22:41:29
m/d/yy h:mm	8/16/96 22:41

5.6.6 InputBox 函数与 MsgBox 函数

InputBox 函数是输入框函数，具体的语法格式如下所示。

```
x = InputBox (prompt, title, default, xpos, ypos, helpfile, context)
```

其中，"prompt"是提示的字符串，这个参数是必须的；"title"是对话框的标题，是可选的；"default"是文本框里的默认值，也是可选的；"xpos"和"ypos"决定输入框的位置；"helpfile"和"context"用于显示与该框相关的帮助屏幕。返回值 x 将是用户在文本框里输入的数据，x 是一个字符串类型的值。如果用户按了 Cancel 钮，则 x 将为空字符串。

MsgBox 函数是输出框函数，具体的语法格式如下所示。

```
Action = MsgBox (msg, type, title)
```

对话框显示常量值的含义如表 5-7 所示。

表 5-7 对话框常量值的含义

数　值	符 号 常 量	意　义
0	vbOKOnly	只显示 Ok 按钮
1	vbOKCancel	显示 Ok Cancel 按钮
2	vbAbortRetryIgnore	显示 Abor Retry Ignore 按钮
3	vbYesNoCancel	显示 Yes No Cancel 按钮
4	vbYesNo	显示 Yes No 按钮
6	vbRetryCancel	显示 Retry Cancel 按钮
16	vbCritical	Stop Sign 对极其重要的问题提醒用户
32	vbQuestion	Question Mark 增亮没有危险的问题
48	vbExclamation	Exclamation Mark 强调警告用户必须知道的事情
64	vbInformation	Information Mark 可以使乏味的信息变的有趣
0	vbDefaultButton1	第一个按钮缺省
266	vbDefaultButton2	第二个按钮缺省
612	vbDefaultButton3	第三个按钮缺省

至此，Visual Basic 6.0 内置函数的基本知识介绍完毕。为节省本书篇幅，只对函数进行了简要说明。至于更加详细的知识，读者可以参阅相关资料。

5.7 技术解惑

5.7.1 调用其他模块中过程的方法

在下面的内容中，将简要介绍下调用其他模块中过程的方法。

1. 调用窗体中的过程

从窗体模块的外部调用窗体中的公有过程，必须用窗体的名字作为调用前缀。例如：

```
Call  Form1.Examsub([实参表])
```

2. 调用标准模块中的过程

如果在应用程序中，过程名是唯一的，则调用时不必加模块名。如果有同名的，则在同一模块内调用时可以不加模块名，而在其他模块中调用时必须加模块名。

3. 调用类模块中的过程

调用类模块的公有过程时，要求用指向该类某一实例的变量修饰过程，即首先要声明类的实例为对象变量，并以此变量作为过程名前缀修饰词，不可直接用类名作为前缀修饰词。

例如，在类模块 Class1 中含有过程 Mm，变量 Nn 是类 Class1 的一个实例，则调用 Mm 的实现代码如下所示。

```
Dim Nn AS New Class1
  Call  Nn.Mm
```

Function 过程和 Sub 过程相比，Function 过程具有很强的优越性，它能够处理比较复杂的工作。例如在求解方程“$x^2 - 3x + 2 = 0$”时，通过 Sub 过程会不好实现，而通过 Function 过程则轻而易举。读者可以在课后尝试通过 Function 过程，来编写求解方程“$x^2 - 3x + 2 = 0$”的工程项目。

5.7.2 子过程和函数的区别

子过程和函数其实都是一段独立完成某一任务的程序代码，通常情况下，是为了减少重复代码的输入，因为在很多地方，我们可能会用到相同的一段代码来完成相似一件事情，此时我们就会创建函数或过程。

函数通常是有返回值的，而过程通常没有返回值。函数实现的是调用相应的代码完成后，把结果返回到需要的变量中，以方便后面使用。过程则相当于是把需要用到的那段代码插入到当前调用的位置。当然 VB 中的过程也能有返回值，需要在过程声明中声明。当然也可以不设置，你可以设置一个公共变量，这样，当这个变量的值改变时，过程之后的代码也就是过程调用后的值了。

5.7.3 判断过程参数的传递方式

在日常应用中，判断过程参数的传递方式十分必要。判断参数传递方式，不能单纯地看过程定义中形参前的修饰限定词有无 ByVal。参数传递到底采用何种方式，不仅取决于过程定义，还取决于过程调用，即与对应实参的具体形式也有很大关系。因此，应该从以下三个方面综合考虑。

（1）形参是否为数组或者控件。

（2）形参前是否有 ByVal 修饰。

（3）对应实参是否为表达式或者值。

5.7.4 用“ParamArray”表示数组参数的规则

在 Vsiaul Basic 应用中，使用关键字“ParamArray”表示数组参数的规则如下所示。

（1）一个过程只能有一个参数数组，而且参数数组必须在其他参数的后面。

（2）参数数组必须是按值传递的，在过程定义此参数数组时，明确有关键字“ByVal”。

（3）参数数组必须是一维数组，参数数组本身的每个元素必须是同一种类型的，如果没定义，按 Object 类型处理。

不定量参数的通常使用方式如下：如果要传递不定个数的参数给过程，该过程应如下定义。

```
Sub MySub( ParamArray P() )                    '参数定义为一个数组
```

以下是可以使用的调用：

```
MySub "ABC"
MySub 1, 3, 9, 988, 776, 234
MySub 123, "abc", Date()
```

可用以下的方法来读每个参数。

```
For i = 0 To UBound(P)                         ' P(i) 为第 i 个参数
Next
```

5.7.5 使用递归的注意事项

在 Vsiaul Basic 应用中使用递归进行处理时，应该注意如下 3 点。

（1）递归算法设计简单，但消耗的上机时间和占据的内存空间比非递归大。

（2）设计一个正确的递归过程或函数过程必须具备两点：

- ❑ 具备递归条件；
- ❑ 具备递归结束条件。

（3）一般而言，递归函数过程对于计算阶乘、级数、指数运算有特殊效果。

第6章

窗 体 处 理

窗体是 Visual Basic 中的重要对象之一，窗体除了自己的属性、事件和方法外，还可以作为其他控件的容器。在本书前面实例中介绍的工程项目里，都是基于窗体实现的。在本章的内容中，将详细讲解 Visual Basic 窗体的属性、方法和事件处理的基本知识。

本章内容

- 了解运算符和表达式的基本概况
- 对象
- 窗体基础
- 窗体的属性
- 窗体方法
- 窗体的事件
- 多窗体和环境应用
- 设计 MDI 窗体

技术解惑

总结与多重窗体程序设计有关的语句和方法

Vsiaul Basic 窗体的属性、方法和事件的关系

Visual Basic 的自适应窗体设计

命令按钮和文本框控件等对象不能直接添加在 MDIForm 窗体中

Visual Basic 的属性

6.1　对　　象

知识点讲解：光盘：视频\PPT 讲解（知识点）\第 6 章\对象.mp4

Visual Basic 6.0 不仅仅是一种模块化语言，而且是一种面向对象的、可视化的编程语言。窗体是 Visual Basic 6.0 中最重要的对象之一，下面将首先简要介绍 Visual Basic 6.0 对象的基本知识。

6.1.1　对象概述

对象是程序设计的目标实体，编程的实质就是使用语言对对象进行处理。Visual Basic 6.0 中的对象分为系统预定义对象和用户自定义对象，窗体和控件共同组成了 Visual Basic 6.0 中定义的对象。

在面向对象的程序设计过程中，现实世界中的所有事物都可以被看作为对象。每一种事物或物体都可能属于同一类，也可能属于不同一类。用户建立一个对象后，即可对对象进行操作，其操作可以通过对象的属性、事件和方法来描述。

6.1.2　对象的属性

属性是指一个对象的性质，不同的对象拥有不同的属性。在 Visual Basic 6.0 中，常用的对象属性有标题、名称、颜色、字体大小等。通过这些属性，设置了 Visual Basic 6.0 对象的外观表现样式。

Visual Basic 6.0 的对象属性，即可以在代码编辑窗口中设置，也可以通过属性窗口设置。例如，如下代码可以将窗体 form1 的 Caption 属性设置为“计算机图书”。

```
form1. Caption=" 计算机图书"
```

通过 Visual Basic 6.0 的属性窗口，可以迅速设置对象的属性。具体来说有如下 3 种方法。

1. 输入新值

输入新值即直接在属性窗口中输入某属性的值，例如设置窗体 form1 的 Caption 属性为“计算机图书”，可以在属性窗口中找到 Caption 属性选项，然后在后面输入“计算机图书”即可。具体如图 6-1 所示。

2. 对话框输入

在 Visual Basic 6.0 属性窗口中，已经为某些属性提供了详细的设置对话框，开发人员只需单击后面的...图标即可完成属性设置。例如设置窗体 form1 的 Font 属性，可以通过如下流程完成设置。

（1）直接单击 Font 后面的...图标，如图 6-2 所示，弹出“字体”对话框。

图 6-1　属性窗口

图 6-2　“属性”窗口界面

（2）在弹出的“字体”对话框内，详细设置字体属性，如图 6-3 所示。

3. 选择输入

在 Visual Basic 6.0 属性窗口中，已经为某些属性提供了可选择的属性值，开发人员只需选择一个值即可完成属性设置。例如设置窗体 form1 的 WhatsThisHelp 属性，只需在图 6-4 所示的下拉框中选择一个属性值即可。

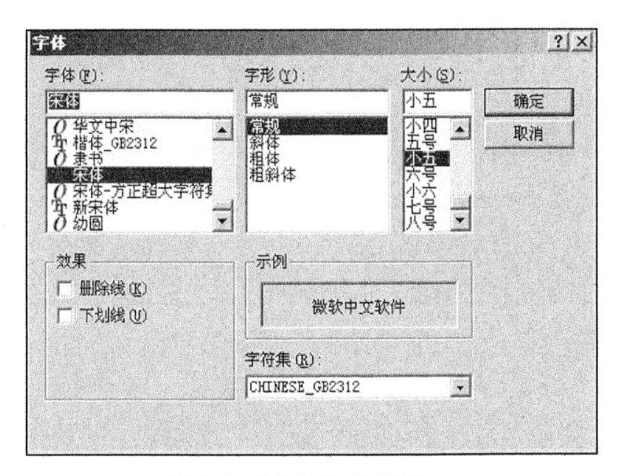

图 6-3 “字体”对话框

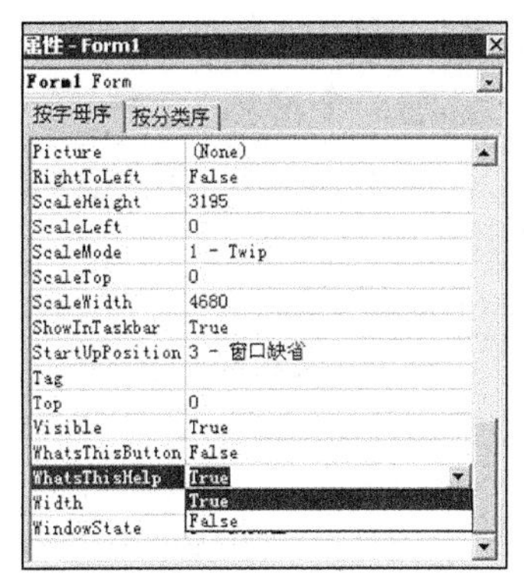

图 6-4 选择输入

6.1.3 对象的事件

事件是预先编写好的，能够被对象识别并能完成某功能的动作。Visual Basic 6.0 采用了事件驱动机制，用户不必考虑程序执行的每一个步骤，只要编写一些独立的程序段即可。

不同的对象有不同事件，常见的事件有单击-Clik、双击- DbClik、改变-Change 和装载-Load 等。当在某对象上发生了事件后，应用程序将运行事件过程。事件过程用于响应对象事件，语法格式如下所示。

```
Private Sub 对象名_时间名()
  .........
  事件响应代码
End Sub
```

6.1.4 对象的方法

方法是 Visual Basic 6.0 提供的一些已封装好的通用子程序，用户可以使用对象名直接调用其方法。调用对象方法的语法格式如下所示。

```
对象名.方法名
```

6.2 窗体基础

知识点讲解：光盘：视频\PPT 讲解（知识点）\第 6 章\窗体基础.mp4

窗体程序是计算机程序项目中的重要组成部分，而窗体项目是基于窗体的。窗体对象作为各种控件的容器，在项目中有着重要的作用。在本节的内容中，将对 Visual Basic 6.0 窗体的基础性知识进行简要介绍。

6.2.1 窗体结构

Visual Basic 6.0 窗体由标题栏、图标、控制按钮和主题构成，如图 6-5 所示。

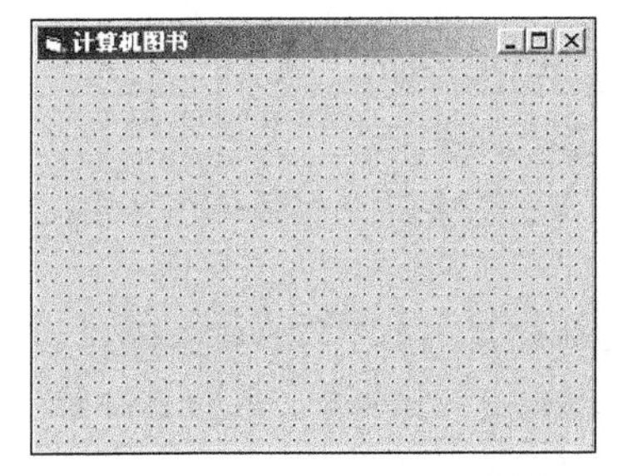

图 6-5 Visual Basic 6.0 窗体结构

其中，在标题栏中将显示此窗体的标题；通过控制按钮可以控制窗体的最小化、关闭和最大化设置；窗体的主体用于存放项目的对象，例如各种控件等。

6.2.2　添加一个窗体

在 Visual Basic 6.0 工程中添加窗体的方法有两种，一种是创建新的窗体，另外一种是打开现有窗体。

1. 创建新窗体

在 Visual Basic 6.0 工程中，有如下 3 种添加窗体的方法。

- 依次单击【工程】|【添加窗体】选项。
- 单击菜单栏中的图标。
- 右键单击“工程资源管理器”中的工程图标，然后依次选择“添加”、“添加窗体”命令。

经过上述方法的操作后，可以在弹出的“添加窗体”对话框中选择窗体的类型，如图 6-6 所示。

2. 从现有窗体中导入窗体

在进行程序开发时，如果在某工程中设计与前面创建工程中相同或类似的窗体，那么可以直接将其导入到现在的工程中，以提高开发效率。例如，打开一个已经编写好的实例，并经过添加窗体操作后，在弹出的“添加窗体”对话框中选择【现存】选项，如图 6-7 所示。

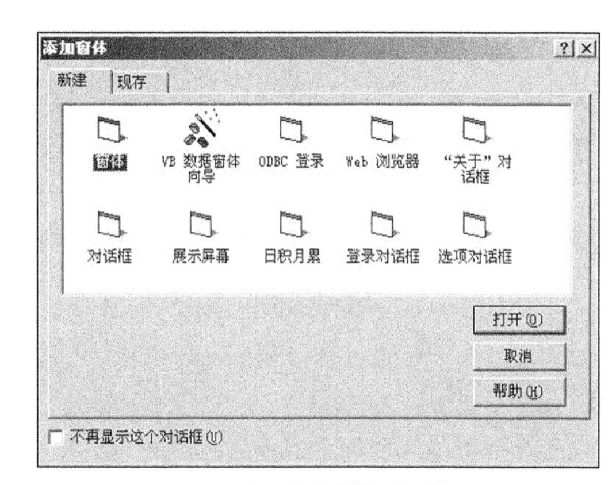

图 6-6　“添加窗体”对话框

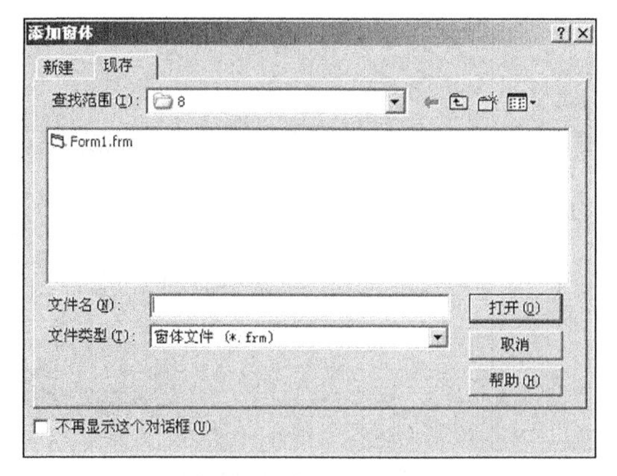

图 6-7　“添加窗体”【现存】对话框

注意：在将当前项目内某窗体导入到另外一个工程文件时，系统会提示“此窗体已经存在”的信息，读者只需将导入的窗体重新命名即可解决此问题。

6.2.3　保存和删除窗体

建立一个窗体后，可以通过单击工具栏中的【文件】|【保存<窗体名>】选项进行保存。如果当前项目是一个新建的工程，可以通过单击【文件】|【工程另存为】选项保存整个工程，在保存目录将自动生成.frm 格式的窗体文件。

在当前工程中删除窗体的流程如下所示。

（1）打开一个 Visual Basic 6.0 工程文件，右键单击“资源管理器”中的“移除.frm”命令。如图 6-8 所示。

（2）处理后，此时被选择窗体将从当前工程中被删除，如图 6-9 所示。

注意：通过上述所示流程删除一个窗体后，在项目目录中依旧没有将窗体文件彻底删除，必须将其在所在的目录中删除后才能够完全删除。

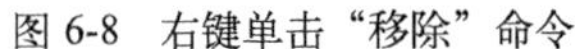
图 6-8 右键单击“移除”命令

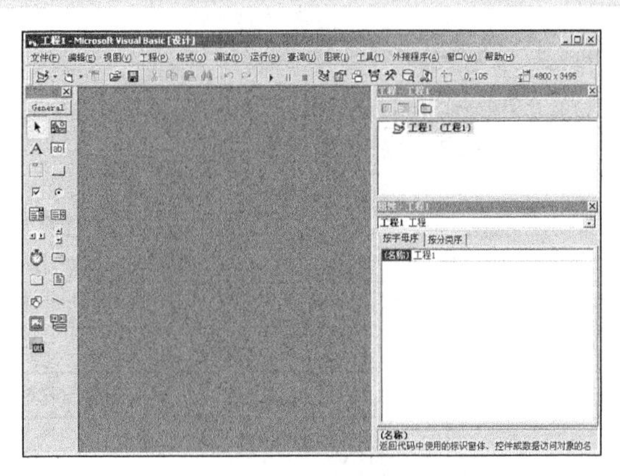

图 6-9 窗体已经被移除

6.3 窗体的属性

知识点讲解：光盘：视频\PPT 讲解（知识点）\第 6 章\窗体的属性.mp4

由本书前面的内容了解到，窗体通过其多个属性设置外观样式。并且在前面的实例中，都涉及了一些主要属性的设置问题。在本节的内容中，将简要介绍窗体属性的基本知识，让读者进一步加深对窗体的理解。

6.3.1 Name 属性

用于设置窗体的名称，可以和窗体的实际文件名不同。

6.3.2 Caption 属性

Caption 属性是窗体的标题属性，设置在窗体标题栏上显示的文本。

6.3.3 Icon 属性

Icon 属性是窗体的图标属性，可以设置在窗体上显示的图标。在 Visual Basic 6.0 中，窗体的图标样式是默认，读者可以根据个人需要进行修改。具体修改流程如下所示。

（1）在 Visual Basic 6.0 中打开要修改的窗体文件，单击 Icon 属性后面的图标...，如图 6-10 所示。

（2）在弹出的“加载图标”对话框中选择修改的图标文件，格式为.rco 和.cur 格式，如图 6-11 所示。

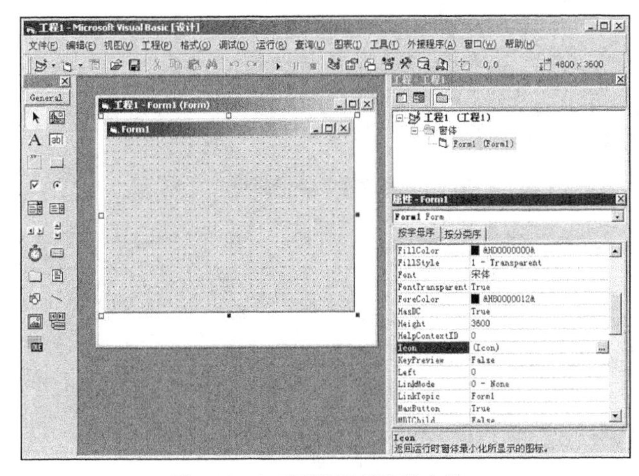

图 6-10 打开要修改的窗体文件

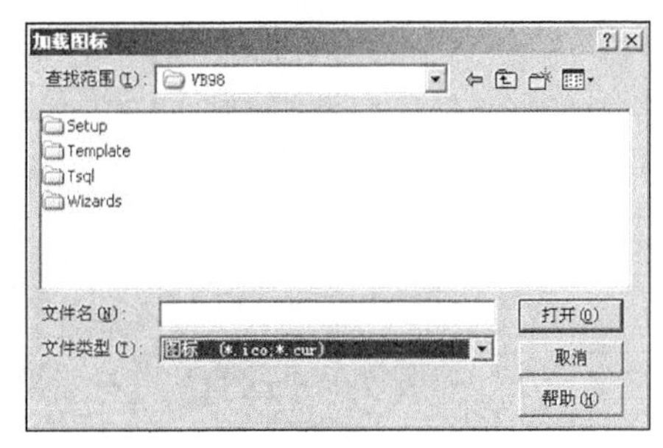

图 6-11 “加载图标”对话框

6.3.4　WindowState 属性

WindowState 属性用于设置窗体的状态是还原、最小化，还是最大化。WindowState 各属性取值的具体说明如表 6-1 所示。

表 6-1　WindowState 取值说明

属　性　值	常　　量	说　　明
0	vbNormal	还原，是默认值
1	vbMinimized	最小化
2	vbMaximized	最大化

6.3.5　Picture 属性

Picture 属性能够在窗体内插入一幅修饰图片。为窗体设置修饰图片的操作流程如下所示。

（1）在 Visual Basic 6.0 中打开要操作的窗体文件，单击 Picture 属性后面的图标...，如图 6-12 所示。

（2）在弹出的“加载图片”对话框中选择要添加的图片，如图 6-13 所示。

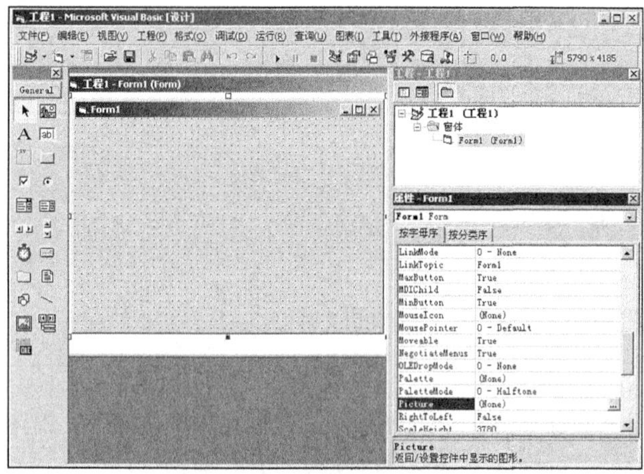

图 6-12　打开要操作的窗体文件

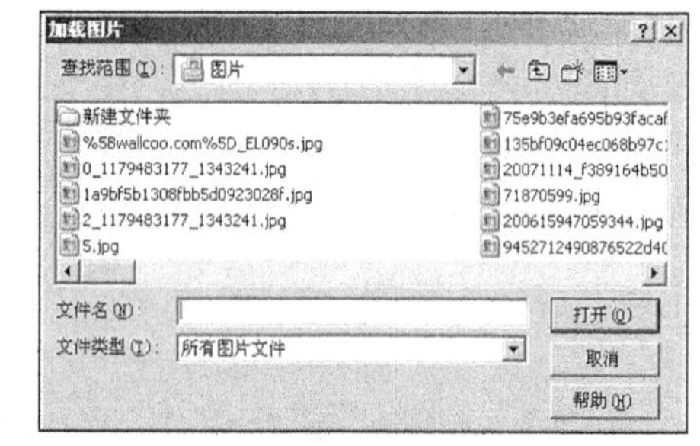

图 6-13　“加载图片”对话框

（3）返回设计窗口后，将指定图片设置为窗体的图片，如图 6-14 所示。

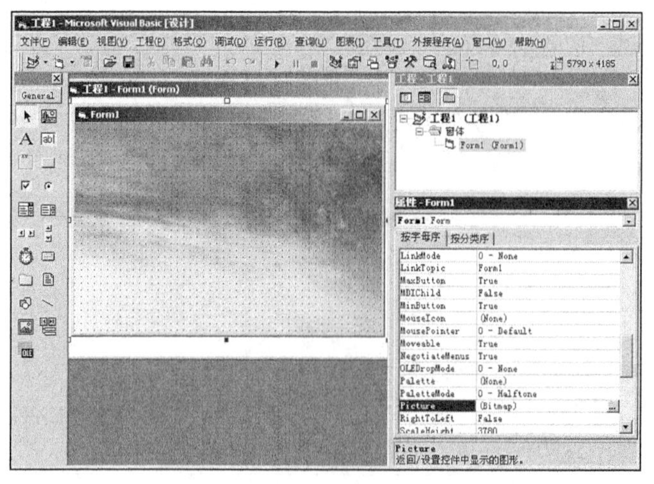

图 6-14　指定图片设置成为窗体的图片

6.4 窗体方法

知识点讲解：光盘：视频\PPT 讲解（知识点）\第 6 章\窗体方法.mp4

方法是对象具有的行为和执行动作，Visual Basic 6.0 窗体将通过方法来实现某项操作。在本节的内容中，将对 Visual Basic 6.0 窗体的常用方法进行简要介绍。

6.4.1 Load 和 UnLoad 方法

Load 方法用于加载窗体。通过执行 Load 语句后，可以引用窗体中的控件及各个属性，但是此时窗体是不可见的。Load 方法的语法格式如下所示。

```
Load 窗体名
```

方法 UnLoad 和 Load 完全相反，用于卸载窗体。其语法格式如下所示。

```
UnLoad 窗体名
```

6.4.2 Show 方法

方法 Load 仅是加载窗体，并不显示窗体。而 Show 方法的功能是显示一个窗体。Show 方法的语法格式如下所示。

```
窗体名.Show[Style]
```

其中，“Style”是可选的，是一个整数，用于设置窗体的状态。具体说明如下所示。

- 0：是无模式状态，设置显示窗体后继续执行后面的语句。此状态不会影响用户对同一程序中其他窗体的操作。
- 1：模式状态，设置显示窗体并暂停执行后面的语句。在此模式下，窗体阻止用户操作程序的其他窗体，只有隐藏或卸载了模式窗体后，才能继续执行 Show 方法后的语句，并使用其他的窗体。

大多数项目程序内的对话框都是模式对话框，即只有将当前对话框关闭后才能使用主窗口或其他的窗口。

实例 023　分别显示模态窗口和非模态窗口

源码路径　光盘\daima\6\1\　　视频路径　光盘\视频\实例\第 6 章\023

本实例演示说明了 Show 方法的使用过程，具体实现流程如图 6-15 所示。

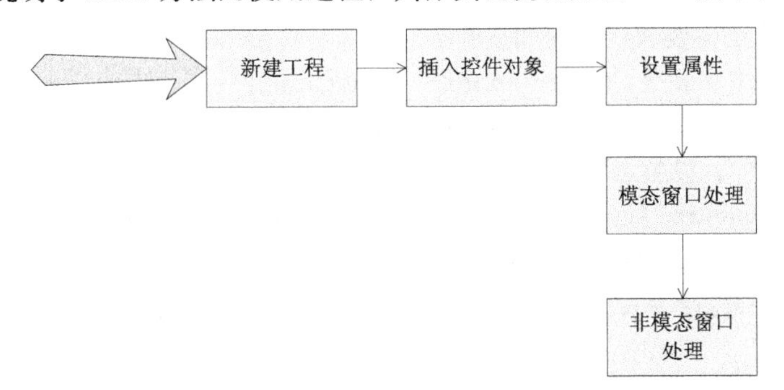

图 6-15　实例实现流程图

下面将详细介绍上述实例流程的具体实现过程，首先新建项目工程并插入各个控件对象，具体流程如下所示。

（1）打开 Visual Basic 6.0，新建一个标准 EXE 工程，并设置窗体 Form1 的属性，如图 6-16 所示。

（2）在窗体 Form1 内插入 2 个 Command 控件，并分别设置其属性，如图 6-17 所示。

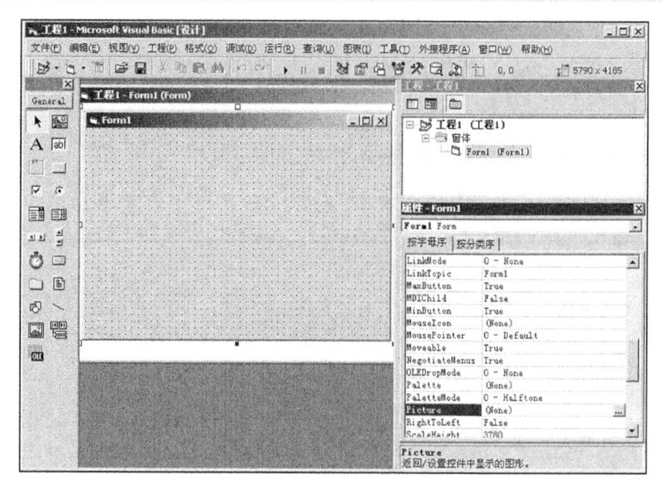

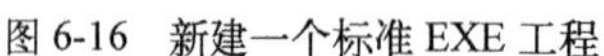
图 6-16　新建一个标准 EXE 工程

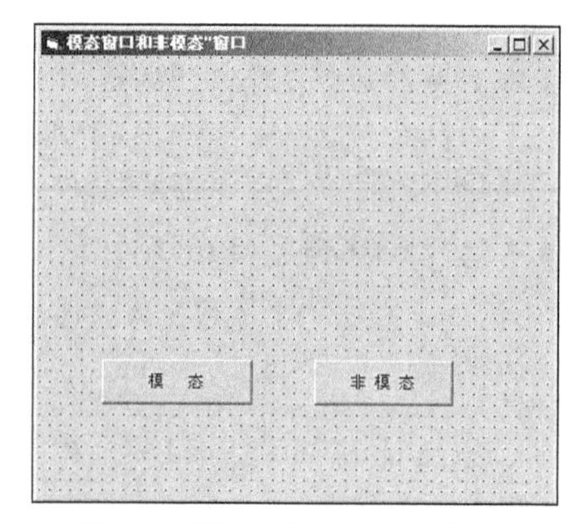

图 6-17　插入 2 个 Command 控件

（3）在当前工程内依次插入 2 个窗体 Form2 和 Form3，如图 6-18 所示。

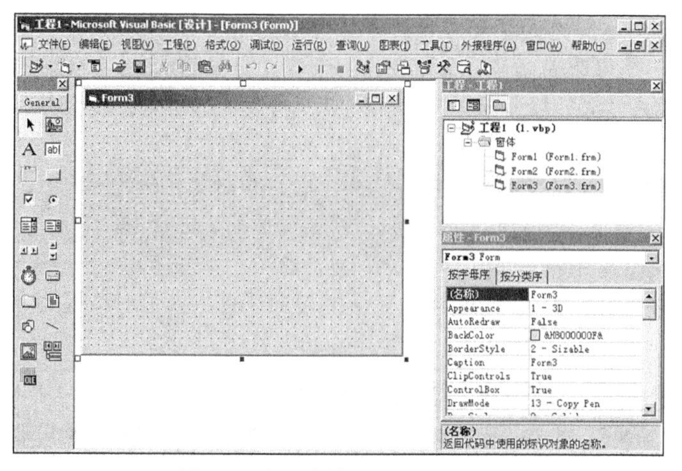

图 6-18　插入窗体 From2 和 From3

窗体内各对象的主要属性设置如下所示。

- 第一个窗体：设置名称为“Form1”，Caption 属性为“模态窗口和非模态窗口”。
- 第二个窗体：设置名称为“Form2”，Caption 属性为“模态”。
- 第三个窗体：设置名称为“Form3”，Caption 属性为“非模态”。
- 第一个 Command 控件：设置名称为“Command1”，Caption 属性为“模　　态”。
- 第二个 Command 控件：设置名称为“Command2”，Caption 属性为“非 模 态”。

然后来到代码编辑界面，为 Command1 和 Command2 设置鼠标单击事件处理代码，具体代码如下所示。

```
'单击非模态按钮处理
Private Sub Command2_Click()
Form2.Show
Form3.Show
End Sub
'单击模态按钮处理
Private Sub Command1_Click()
Form2.Show 1
Form3.Show 1
End Sub
Private Sub Form_Load()
End Sub
```

范例 045：实现类 WinXP 的窗体界面
源码路径：光盘\演练范例\045\
视频路径：光盘\演练范例\045\
范例 046：实现圆形窗体界面效果
源码路径：光盘\演练范例\046\
视频路径：光盘\演练范例\046\

经过上述设置处理后，整个实例设置完毕。执行后，将首先显示主窗体 Form1，如图 6-19 所示；当单击【模态】按钮后，将执行 Command1 的处理代码，因为在处理代码中设置是显示模态窗口，所以在显示 Form2 窗口后将不再执行后面的代码，即只显示 Form2 窗口，如图 6-20 所示；单击【非模态】按钮后，将执行 Command2 的处理代码，因为在处理代码中设置是显示非模态窗口，所以在显示 Form2 窗口后将继续执行后面的代码，共同显示所有的窗口，如图 6-21 所示。

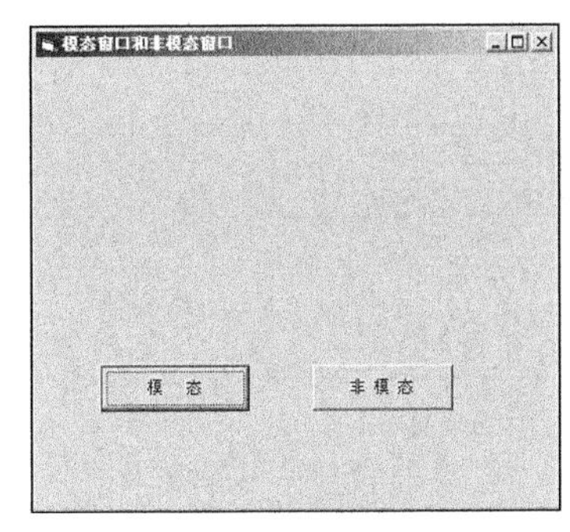

图 6-19 主窗体执行界面

图 6-20 单击【模态】按钮后

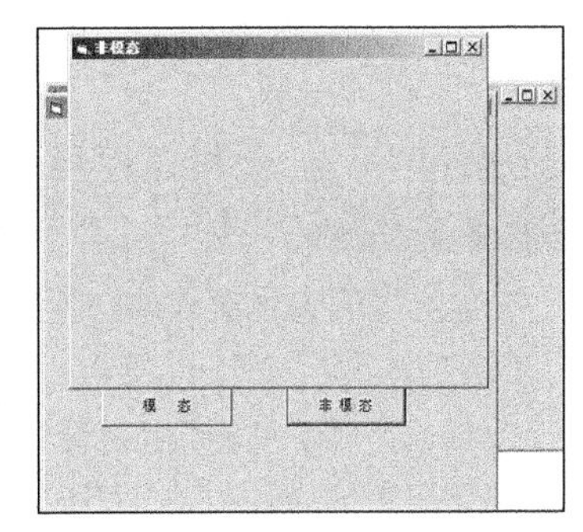

图 6-21 单击【非模态】按钮后

注意：在上述实例中，因为 Visual Basic 窗体的默认方式是无模态的，所以在 Command2_Click()的处理代码中，可以省略 Show 后面的 0。在使用 Show 方法时建议读者要认真仔细，避免按钮名和要显示的窗体名重名，否则将不会显示要打开的窗体。另外 Show 方法也可以用于自定义控件中，虽然这样有时会画蛇添足。读者可以尝试自己定义一个简单控件，并查看运用 Show 方法后的效果。

6.4.3 Move 方法

方法 Move 用于移动窗体，具体语法格式如下所示。

```
窗体名. Move left,top,width,height
```

其中，“窗体名”是可选的，如果省略则带有焦点的窗体被默认为当前的移动窗体；“left”和“top”设置移动的方向，“width”和“height”设置设置新窗体的高度和宽度。

例如，有一个名为 from1 的窗体，则可以通过如下语句进行移动处理。

```
from1.Move=1000,1000,500,500                '移动并重新设置大小
from1.Move=1000,1000                        '移动到指定位置
from1.Move=1000                             '水平移动
```

注意：在使用 Move 方法时，不能出现空参数，否则将会出现错误。例如，下面的代码将会出现运行错误。

```
from1.Move=1000,,200                        '中间的参数为空
```

6.4.4 Print 方法

Print 方法用于在窗口中显示输出的文本。此方法有多个参数，一次即可以显示多个数据项的内容。在默认情况下，每调用一次 Print 方法，就会在窗体上产生一个新的输出行。

Print 方法的具体语法格式如下所示。

```
窗体名. Print表达式
```

其中，“窗体名”是可选的，如果省略则带有焦点的窗体被默认为当前的移动窗体；“表达式”是可选的，是要打印的表达式或表达式列表，如果省略则输出空白行。在上述格式中，“表达式”需要遵循如下格式。

```
Spc(n)/Tab(n) 打印字符串和表达式   Charpos
```

上述格式的具体说明如下所示。

- ❑ Spc(n)：是可选的，用于设置输出插入空白字符，*n* 表示插入空白字符的个数。

- ❑ Tab(n)：是可选的，用于设置将插入点定位在绝对列号上，n 设置列号。
- ❑ 打印字符串和表达式：是可选的，设置要打印的数值表达式或字符串表达式，它可以是一个或多个同一类型的常量、变量、表达式和属性，在输出时会自动转换为字符串。
- ❑ Charpos：是可选的，用于设置下个字符的插入点。如果 Charpos 被省略，则在下一行打印下一字符。
- ❑ 如果有多个输出项，则之间必须用逗号或分号分隔，逗号分隔时则间距较大，分号分隔时则间距为 0。
- ❑ 数据之间用分号分隔，间距为 1 字符。

实例 024　在窗体内输出指定格式的字符

源码路径　光盘\daima\6\2\　　　**视频路径**　光盘\视频\实例\第 6 章\024

本实例的实现流程如图 6-22 所示。

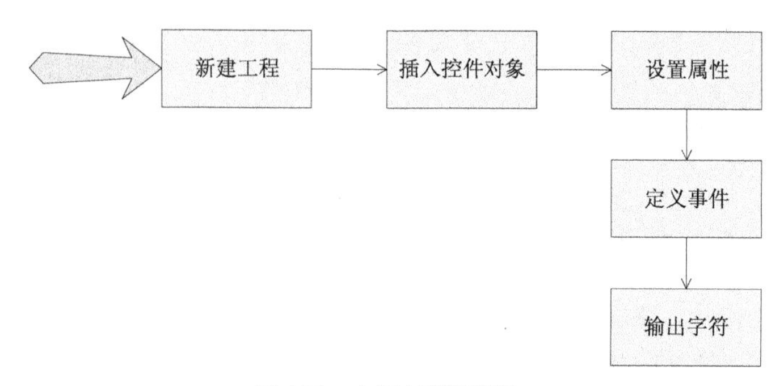

图 6-22　实例实现流程图

下面将详细介绍上述实例流程的具体实现过程，首先新建项目工程并插入各个控件对象，具体流程如下所示。

（1）打开 Visual Basic 6.0，新建一个标准 EXE 工程，并设置窗体 Form1 的属性，如图 6-23 所示。

（2）在窗体 Form1 内插入 1 个 Command 控件，并设置其属性，如图 6-24 所示。

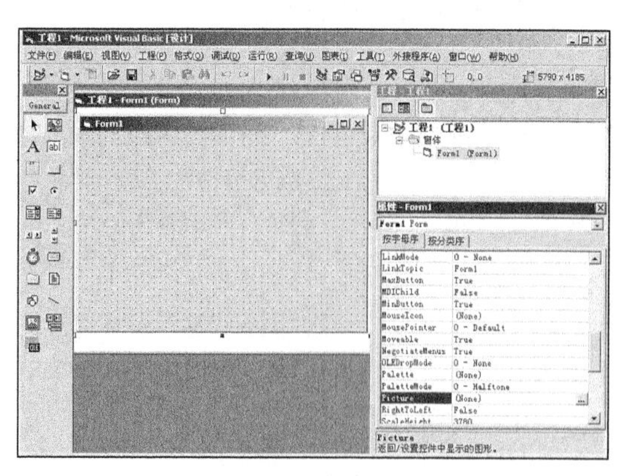

图 6-23　新建一个标准 EXE 工程

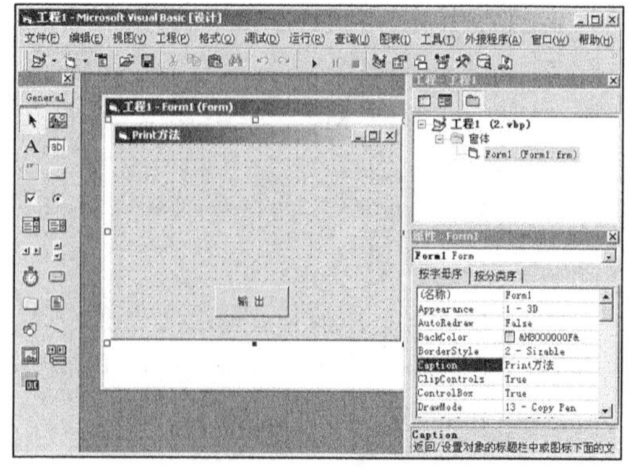

图 6-24　插入 1 个 Command 控件

窗体内各对象的主要属性设置如下所示。

- ❑ 窗体：设置名称为“Form1”，Caption 属性为“Print 方法”。
- ❑ Command 控件：设置名称为“Command1”，Caption 属性为“输出”。

然后来到代码编辑界面，为 Command1 设置鼠标单击事件处理代码，具体代码如下所示。

```
Private Sub Command1_Click()    '定义单击事件
'使用Print方法输出字符
Print "分隔符为逗号", "所以距离很大"
    Print
    Print "分隔符为分号"; "所以没有距离"
    Print
    Print 123; 456
    Print
    Print "距离是"; Spc(5); "5个空格"
    Print
    Print Tab(20); "我的起始位置在第五列"
End Sub
Private Sub Form_Load()
End Sub
```

范例 047：实现渐变色的窗体界面效果
源码路径：光盘\演练范例\047\
视频路径：光盘\演练范例\047\
范例 048：实现跟随分辨率变化的窗体界面
源码路径：光盘\演练范例\048\
视频路径：光盘\演练范例\048\

经过上述设置处理后，整个实例设置完毕。执行后，将首先显示主窗体 Form1。当单击【输出】按钮后，将 Print 内的文本按指定样式输出，如图 6-25 所示。

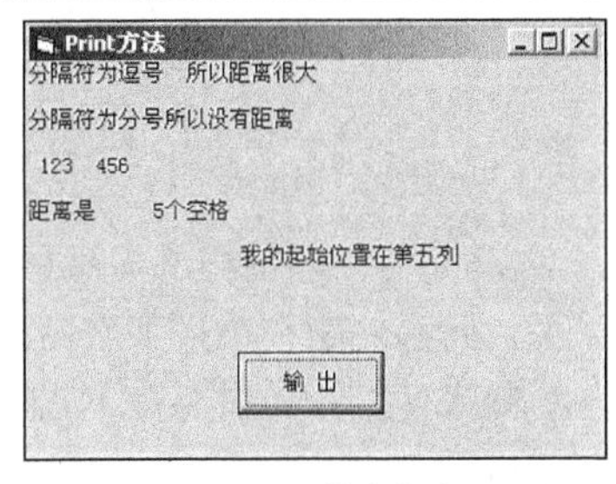

图 6-25　输出文本

注意：在上述实例中，通过 Print 方法在窗体内输出了指定的字符。读者对上述 Print 内的格式表达式随意设置后，也能够生成读者需要的效果。如果要使输出的字体更加美观些，可以尝试设置输出字体的颜色。例如下面的代码对输出的字体颜色进行了设置。

```
for i= 1 to 8
if i=1 then
forecolor=rgb(int(rnd*255),int(rnd*255),int(rnd*255))
 print i
elseif i= 2 then forecolor=rgb(int(rnd*255),int(rnd*255),int(rnd*255))
 print i
elseif i= 3 then forecolor=rgb(int(rnd*255),int(rnd*255),int(rnd*255))
 print iel
seif i= 4 then forecolor=rgb(int(rnd*255),int(rnd*255),int(rnd*255))
 print i
elseif i= 5 then forecolor=rgb(int(rnd*255),int(rnd*255),int(rnd*255))
 print i
elseif i= 6 then forecolor=rgb(int(rnd*255),int(rnd*255),int(rnd*255))
 print i
elseif i= 7 then forecolor=rgb(int(rnd*255),int(rnd*255),int(rnd*255))
 print i
elseif i= 8 then forecolor=rgb(int(rnd*255),int(rnd*255),int(rnd*255))
 print i
end if
next
```

读者可以在上述实例的基础上，对输出的文本进行颜色设置尝试。另外，除了本节前面介绍的窗体方法外，Visual Basic 6.0 中还有一些其他常用的方法。例如 Hide 方法、PrintFrom 方法、Refresh 方法和 Cls 方法等。

6.5　窗体的事件

知识点讲解：光盘：视频\PPT 讲解（知识点）\第 6 章\窗体的事件.mp4

窗体可以通过事件来实现对某操作的响应，并完成某功能的处理。事件是对象能够识别的、并对其作出反应的“动作”。对于 Visual Basic 6.0 事件来说，引发事件的原因可能来自用户的操作，也可能来自程序本身，也可能来自操作系统。Visual Basic 6.0 中的每类对象支持的事件是已经定义的，每个事件都有自己的事件名。

事件的主体是事件过程，是程序代码的重要组成部分。Visual Basic 6.0 事件的过程代码在代码编辑器中，如图 6-26 所示。

在下面的内容中，将简要介绍 Visual Basic 6.0 事件的基本知识。

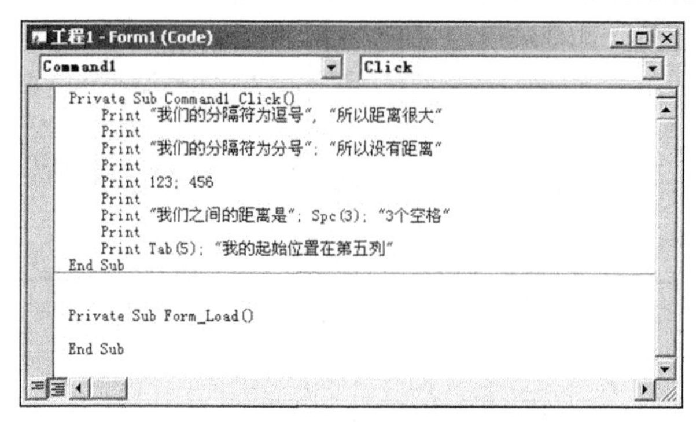

图 6-26　输出文本

6.5.1　Click 事件

Click 事件即鼠标单击事件，是用户鼠标右键单击窗体区时所触发的事件。对于 Form 窗体来说，此事件是在单击某空白区域或某无效控件时发生的。

如果开发人员需要在单击窗体时作出某种反应，就需要设置单击事件。其具体的语法格式如下所示。

```
Private Sub Form_Click()
  ……
End Sub
```

其中，Sub 必须成对出现。

实例 025　对用户单击窗口进行响应

源码路径　光盘\daima\6\3\　　**视频路径**　光盘\视频\实例\第 6 章\025

本实例演示说明了 Click 事件的使用方法，具体实现流程如图 6-27 所示。

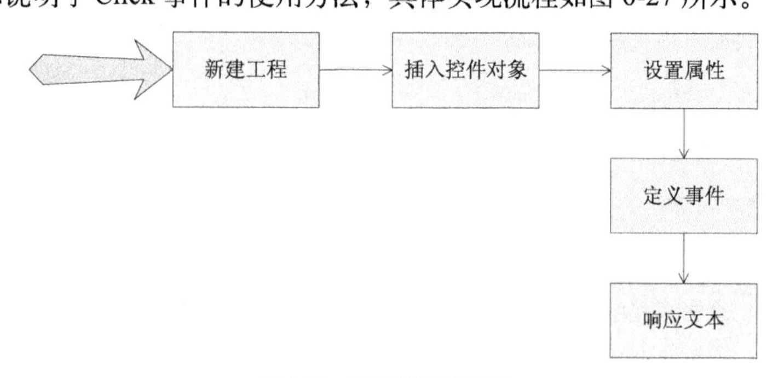

图 6-27　实例实现流程图

下面将详细介绍上述实例流程的具体实现过程，首先新建项目工程并插入各个控件对象，具体流程如下所示。

（1）打开 Visual Basic 6.0，新建一个标准 EXE 工程，如图 6-28 所示。

（2）设置窗体 Form1 的属性，如图 6-29 所示。

窗体对象属性的设置如下所示。

- 窗体：设置名称为“Form1”。

然后来到代码编辑界面，设置鼠标单击事件处理代码。

```
'定义单击事件
Private Sub Form_Click()
  '事件主体代码
  Form1.Caption = "单击了窗体"
End Sub
```

> 范例 049：加载窗体时触发的 Load 事件
> 源码路径：光盘\演练范例\049\
> 视频路径：光盘\演练范例\049\
> 范例 050：卸载窗体时触发的 Unload 事件
> 源码路径：光盘\演练范例\050\
> 视频路径：光盘\演练范例\050\

图 6-28　新建一个标准 EXE 工程

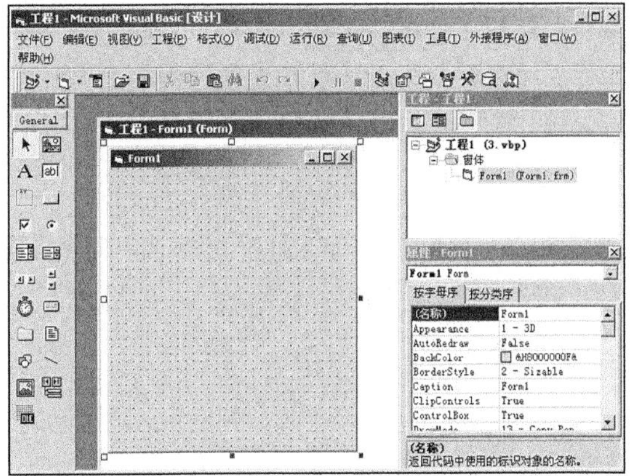

图 6-29　设置窗体属性

经过上述设置处理后，整个实例设置完毕。执行后，将首先显示主窗体 Form1，如图 6-30 所示；当单击窗体后激活单击事件，将窗体的 Caption 属性设置为“单击了窗体”，如图 6-31 所示。

图 6-30　初始显示窗体

图 6-31　单击后改变标题

在上述实例中，通过窗体的单击事件实现了窗体名的变化显示。在 Visual Basic 6.0 中除了窗体的 Click 事件外，其他的控件也具有 Click 事件，例如最为常见的 CommandButton 控件。在其他控件中使用 Click 事件的方法和在窗体中使用的方法一样，只需在控件名称后添加“_Click()”即可。例如下面的代码是单击按钮 Command1 所触发的事件。

```
Private Sub Command1_Click()
    Command.Caption = "单击了按钮"
End Sub
```

读者可以在上述实例的基础之上添加一个按钮控件，并为按钮设置单击处理程序，以完成某特定的功能。也可以尝试插入别的常用控件，并设置简单的单击事件，查看具有什么样的效果。

6.5.2　DblClick 事件

DblClick 事件即鼠标双击事件，是用户用鼠标右键双击窗体区时所触发的事件。该事件没有操作参数，具体的语法格式如下所示。

```
Private Sub Form_DblClick()
    ......
End Sub
```

如果同时为窗体编写了单击事件程序和双击事件程序，则首先执行单击事件程序，然后再执行双击事件程序。

6.5.3　Initialize 事件

Initialize 事件即初始化事件，任何窗体的生命周期的第一个事件都是 Initialize 事件。只要在项目中使用了窗体的名称，或在 Visual Basic 6.0 创建实际窗口及其控件之前，都会发生 Initialize 事件。可以在 Initialize 事件处理过程中正确地初始化窗体变量，它在 Load 事件之前发生。

Initialize 事件的语法格式如下所示。

```
Private Sub Form_Initialize()
    ......
End Sub
```

例如，下面的代码将通过 Initialize 事件设置变量的初始值。

```
Public Mm As String
Public Nn As Boolean
Private Sub Form_Initialize()
    Mm = " "                                    '设置变量的初始值
    Nn = True
End Sub
```

6.5.4　Resize 事件

Resize 事件即重绘事件，当在窗体大小改变或移动时被触发。通过 Resize 事件，可以改变窗体控件的大小和位置，实现窗体界面的美化效果。Resize 事件的语法格式如下所示。

```
Private Sub Form_Resize()
    ......
End Sub
```

实例 026　通过 Resize 事件改变窗体的外观

源码路径　光盘\daima\6\4\　　　　视频路径　光盘\视频\实例\第 6 章\026

本实例的实现流程如图 6-32 所示。

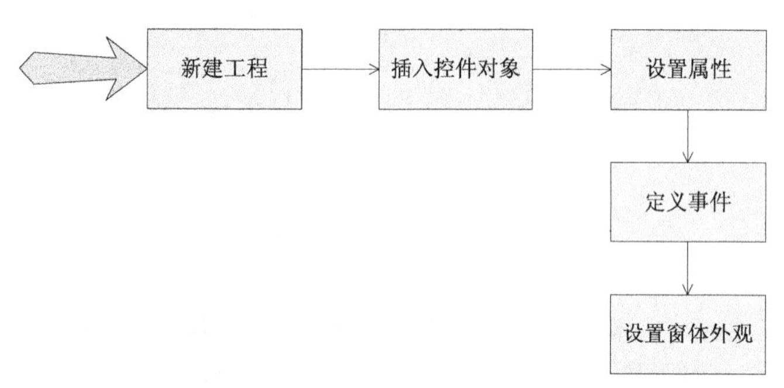

图 6-32　实例实现流程图

下面将详细介绍上述实例流程的具体实现过程，首先新建项目工程并插入各个控件对象，具体流程如下所示。

（1）打开 Visual Basic 6.0，新建一个标准 EXE 工程，如图 6-33 所示。

（2）在窗体内插入一个 TextBox 控件，并分别设置窗体 Form1 和 TextBox 控件的属性，如图 6-34 所示。

窗体对象属性的设置如下所示。

- 窗体：设置名称为“Form1”，设置 Caption 属性为“窗体”。
- TextBox 控件：设置名称为“Text1”，设置 Text 属性为空。

然后来到代码编辑界面，设置窗体 Resize 事件的处理代码。

```
'定义重绘事件
Private Sub Form_Resize()
    '重绘窗体外观
    Text1.Width = Form1.ScaleWidth - Text1.Left * 2
End Sub
```

范例 051：失去焦点触发 LostFocus 事件
源码路径：光盘\演练范例\051\
视频路径：光盘\演练范例\051\
范例 052：鼠标单击触发的 Click 事件
源码路径：光盘\演练范例\052\
视频路径：光盘\演练范例\052\

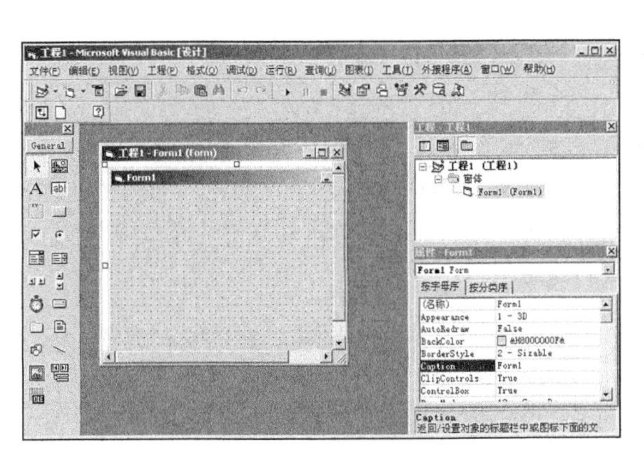

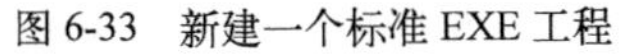

图 6-33 新建一个标准 EXE 工程

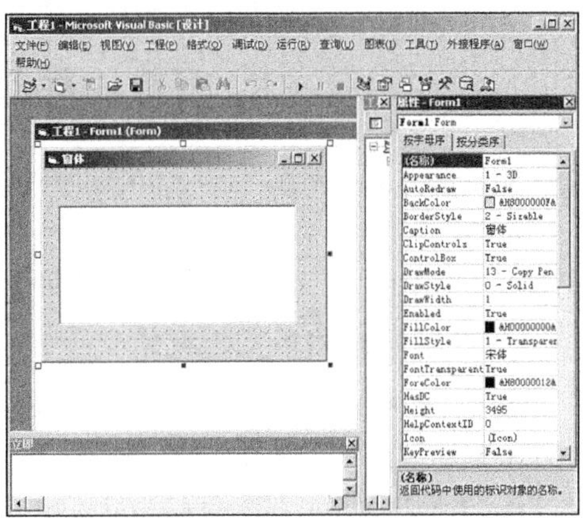

图 6-34 设置属性

经过上述设置处理后，整个实例设置完毕。执行后，将首先显示默认主窗体 Form1，如图 6-35 所示；当拖动窗体改变窗体大小后，Text 控件也随之改变，如图 6-36 所示；如果删除 Form_Resize() 事件代码，再次拖动窗体改变窗体大小后，Text 控件将不再随之改变，如图 6-37 所示。

图 6-35 初始效果

图 6-36 拖动窗体改变窗体大小后效果

在上述实例中，只是设置了 Text 控件的水平变化。读者可以在课后尝试设置下垂直方向上的变化，看有什么具体的变化效果。除了本节前面介绍的窗体事件外，Visual Basic 6.0 中还有一些其他常用的事件。例如 Load 事件、活动事件（Activate）、非活动事件（Deactivate）、Query Unload 事件和 UnLoad 事件等。如果要想获取 Visual Basic 6.0 中所有的窗体事件名称，可以在代码编辑器的列表中获得，如图 6-38 所示。

图 6-37 实例执行效果

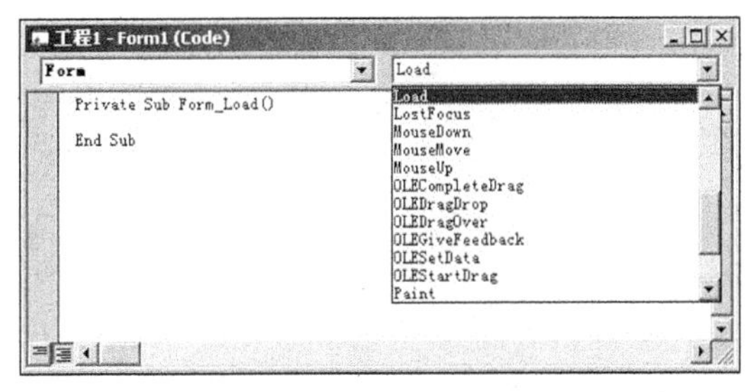

图 6-38 Visual Basic 6.0 窗体事件列表

6.6 多窗体和环境应用

知识点讲解：光盘：视频\PPT 讲解（知识点）\第 6 章\多窗体和环境应用.mp4

在项目程序中，可以同时使用多个窗体。如果需要为用户提供更多的信息，则需要在程序中插入多个窗体。在本节的内容中，将简要介绍 Visual Basic 6.0 多窗体和环境应用的基本知识。

6.6.1 多重窗体和多文档窗体

Visual Basic 6.0 允许在一个工程中存在多个窗体。多窗体程序一般具有单文档界面、多文档界面和资源管理器界面 3 种性质。

1. 单文档界面

单文档界面又被称为多重窗体界面，每个窗体都是独立平等的。例如常见的 NotePad（记事本）应用程序，在里面只能打开一个文档，要打来另外一个文档就必须关闭当前的文档。

2. 多文档界面

多文档界面中包含的多个窗体被放置在一个父窗体内，父窗体为应用程序的子窗体提供工作空间。例如常见的 Word 和 Excel 使用的就是多文档界面。他们允许同时显示多个文档，每个文档都显示在自己的窗口内。

3. 资源管理器界面

资源管理器界面包含 2 个窗体区域，通常在左面以树形结构显示，右面以一个显示组显示。现实中常见的资源管理器界面是计算机的资源管理器。

6.6.2 多重窗体操作

如果在一个项目程序内需要多个界面，则需要在里面插入多个窗体，这就需要进行多重窗体操作。在下面的内容中，将对多重窗体操作的基本知识进行简要说明。

1. 添加窗体

在某应用程序内添加多重窗体的具体流程如下所示。

（1）打开 Visual Basic 6.0，新建一个标准 EXE 工程，如图 6-39 所示。

（2）依次单击“菜单栏”中的【工程】|【添加窗体】选项，在弹出的“添加窗体”对话框内选择窗体的选项，如图 6-40 所示。

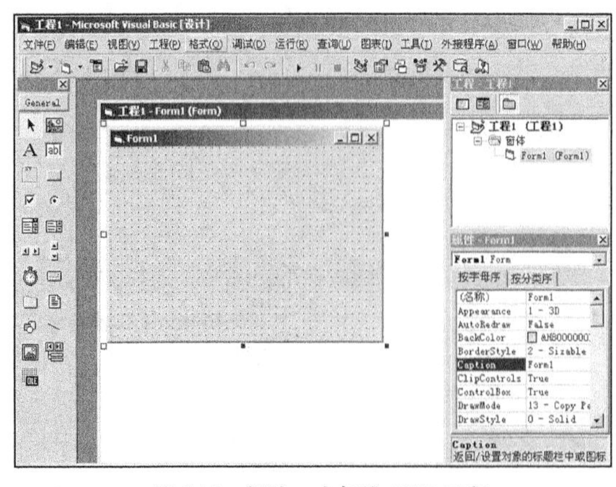

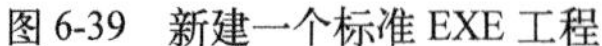
图 6-39 新建一个标准 EXE 工程

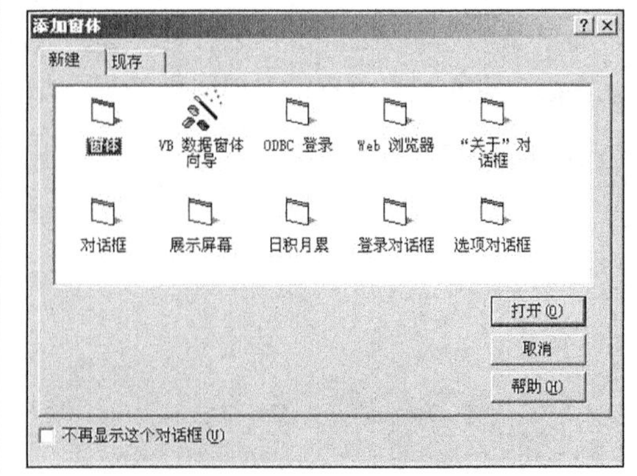

图 6-40 “添加窗体”对话框

（3）依次单击“菜单栏”中的【工程】|【属性】选项，在弹出的“工程属性”对话框内选择当前工程的启动窗体，如图 6-41 所示。

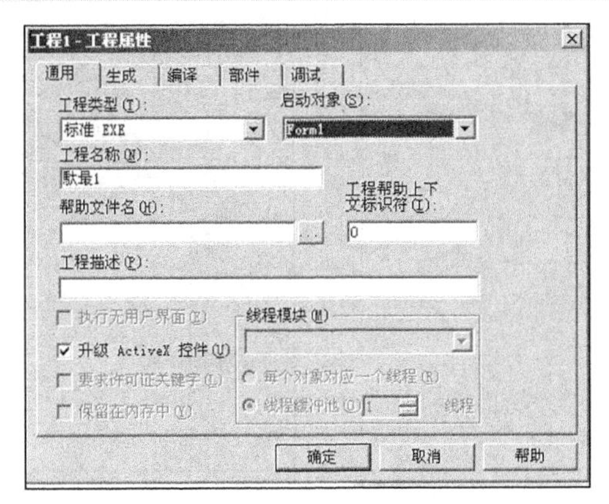

图 6-41 “工程属性”对话框

如果程序内有多个窗体，程序将首先执行启动窗体。如果不在上述步骤（3）中设置启动窗体，系统将自动默认 form1 为启动窗体对象。

2. 多窗体的数据存取

在不同的窗体间可以实现数据存取，具体来说有如下两种情况。

❑ 存储控件属性。

如果在当前窗体内存储另外一个窗体内的控件属性，具体格式如下所示。

```
窗体名.空间名.属性
```

例如当前窗体 Form1 的 Text1 控件的属性为窗体 Form2 中 Text1 控件和 Text2 控件的和，则可以使用如下代码获得窗体 Form1 的 Text1 控件属性值。

```
Text1=Val(Form2. Text1)+ Val(Form2. Text21)
```

❑ 存储变量的值。

在存储不同窗体中变量的值时，必须规定在要存取的窗体被声明的是全局变量，具体格式如下所示。

```
窗体名.变量名
```

实例 027 在窗体内传递数据

源码路径 光盘\daima\6\5\　　视频路径 光盘\视频\实例\第 6 章\027

本实例演示说明了多窗体的操作流程，具体实现流程如图 6-42 所示。

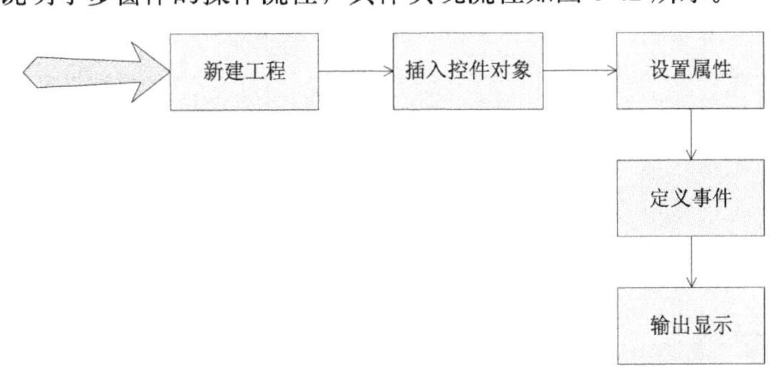

图 6-42 实例实现流程图

下面将详细介绍上述实例流程的具体实现过程，首先新建项目工程并插入各个控件对象，具体流程如下所示。

（1）打开 Visual Basic 6.0，新建一个标准 EXE 工程，如图 6-43 所示。

（2）分别插入 3 个窗体、5 个 Command 控件、2 个 TextBox 控件和 2 个 Label 控件，并分别设置它们的属性，如图 6-44 所示。

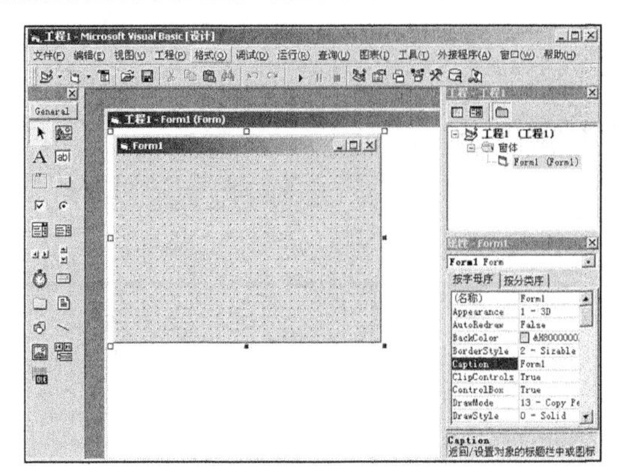

图 6-43　新建一个标准 EXE 工程

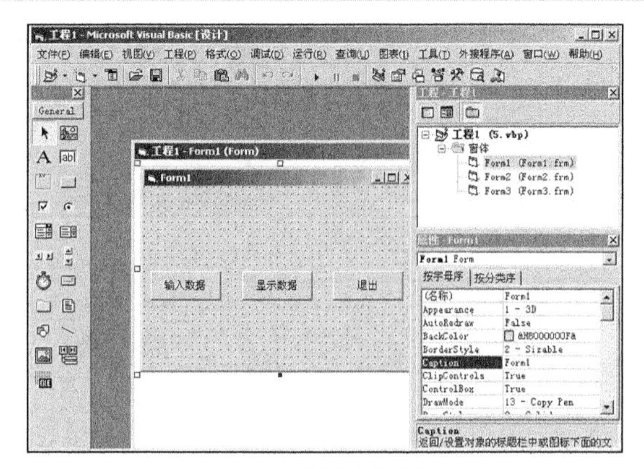

图 6-44　设置对象属性

实例中存在 3 个窗体，各窗体对象属性的设置如下所示。

（1）第一个窗体。

- ❑ 窗体：设置名称为“Form1”，设置 Caption 属性为“Form1”。
- ❑ 第一个 Command：设置名称为“Command1”，Caption 属性为“输入数据”。
- ❑ 第二个 Command：设置名称为“Command2”，Caption 属性为“显示数据”。
- ❑ 第三个 Command：设置名称为“Command3”，Caption 属性为“退出”。

（2）第二个窗体。

- ❑ 窗体：设置名称为“Form2”，设置 Caption 属性为“输入数据”。
- ❑ Command：设置名称为“Command1”，Caption 属性为“提交”。
- ❑ 第一个 Label：设置名称为“Label1”，Caption 属性为“球 队：”。
- ❑ 第二个 Label：设置名称为“Label2”，Caption 属性为“积 分：”。
- ❑ 第一个 TextBox 控件：设置名称为“Text1”，设置 Text 属性为空。
- ❑ 第二个 TextBox 控件：设置名称为“Text2”，设置 Text 属性为空。

（3）第三个窗体。

- ❑ 窗体：设置名称为“Form3”，设置 Caption 属性为“显示数据”。
- ❑ 第一个 Label：设置名称为“Label1”，Caption 属性为空。
- ❑ 第二个 Label：设置名称为“Label2”，Caption 属性为空。

然后来到代码编辑界面，设置窗体 Command1 的事件处理代码，具体代码如下所示。

```
Private Sub Command1_Click()    '定义事件
Form2.Show
End Sub
Private Sub Command2_Click()    '定义事件
Form3.Show
End Sub
Private Sub Command3_Click()    '定义事件
End
End Sub
Private Sub Form_Load()
End Sub
```

范例 053：创建 SDI 界面
源码路径：光盘\演练范例\053\
视频路径：光盘\演练范例\053\
范例 054：创建 MDI 界面
源码路径：光盘\演练范例\054\
视频路径：光盘\演练范例\054\

设置窗体 Command2 的事件处理代码，具体代码如下所示。

```
Private Sub Command1_Click()                    '定义事件
Hide
End Sub
Private Sub Form_Load()
End Sub
```

设置窗体 Command3 的事件处理代码，具体代码如下所示。

```
Private Sub Command1_Click()                    '定义事件
Hide
```

```
End Sub
Private Sub Form_Load()
Label1.Caption = "球队：" + Form2.Text1.Text          '输出窗体Form2中文本框中的数据
Label2.Caption = "积分：" + Form2.Text2.Text
End Sub
```

经过上述设置处理后，整个实例设置完毕。执行后，将首先显示默认主窗体 Form1，如图 6-45 所示；当单击【输入数据】按钮，此时将弹出第二个窗体 Form2，如图 6-46 所示；输入数据并单击【提交】按钮后，将返回弹出第一个窗体 Form1，如图 6-47 所示；单击【显示数据】按钮后，将弹出第三个窗体 Form3，并显示第二个窗体内输入的数据，如图 6-48 所示。

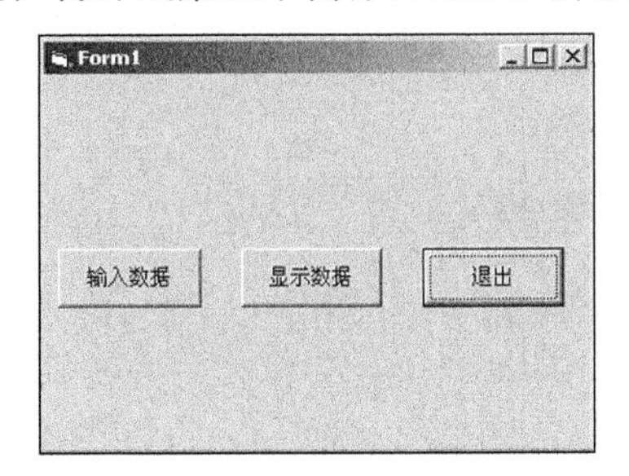

图 6-45　首先显示默认主窗体 Form1

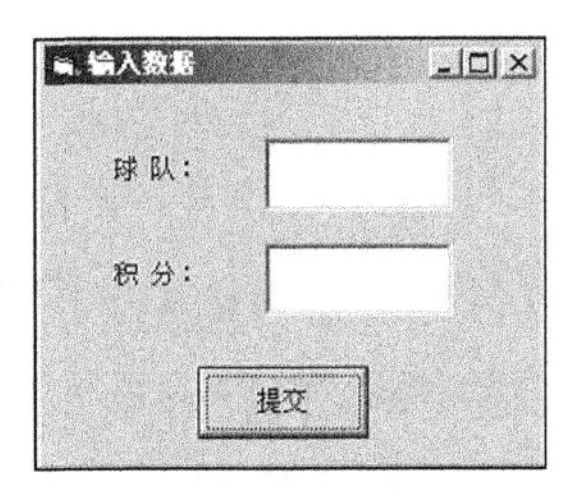

图 6-46　弹出第二个窗体 From2

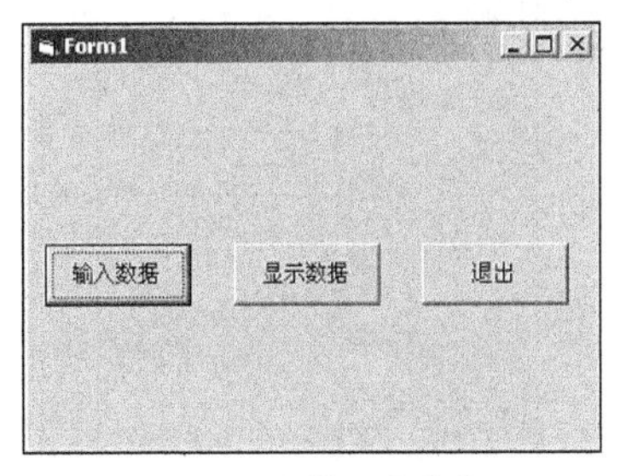

图 6-47　返回弹出第一个窗体 Form1

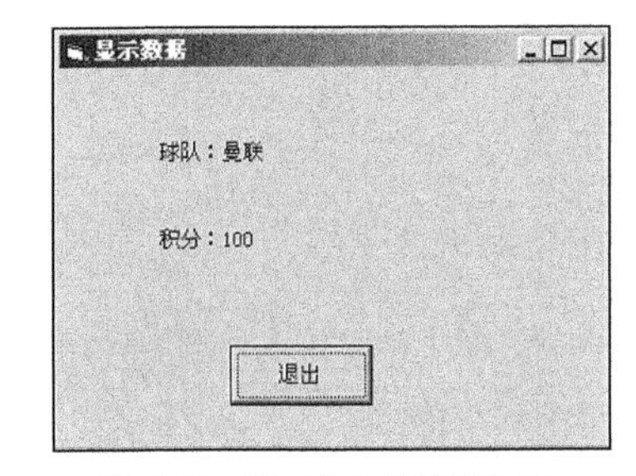

图 6-48　第三个窗体显示数据

6.7　设计 MDI 窗体

知识点讲解：光盘：视频\PPT 讲解（知识点）\第 6 章\设计 MDI 窗体.mp4

MDI 是“多文档窗体”的缩写，它允许在单个容器窗体内创建含有多个窗体的应用程序。在本节的内容中，将对 MDI 窗体的设计方法进行简要介绍。

6.7.1　MDI 主窗体和 MDI 子窗体

MDI 程序允许用户同时显示多个文档，被多文档窗体调用的窗体被称为“子窗体”。它由菜单、工具栏、子窗口显示区和状态栏构成。文档或子窗口被包含在父窗口中，父窗口为应用程序提供工作区域。

子窗体是多文档计划界面应用程序中包含在 MDI 主窗体中的一个窗体。为了创建一个子窗体，应该将 MDIChild 属性设置为 True。

实例 028　实现跨窗体的简单操作

源码路径　光盘\daima\6\6\　　　　视频路径　光盘\视频\实例\第 6 章\028

本实例演示说明了创建多重窗体的方法，具体实现流程如图 6-49 所示。

1. 新建项目

首先新建项目工程并插入菜单对象，具体流程如下所示。

（1）新建一个标准 EXE 工程，依次单击【工程】|【插入 MDI 窗体】选项，添加一个

MDI 窗体，如图 6-50 所示。

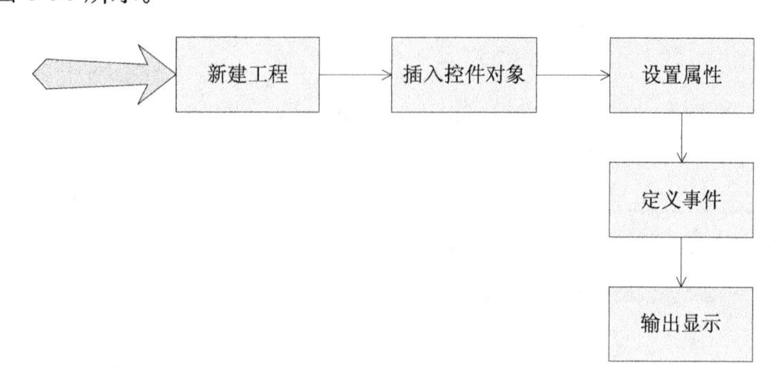

图 6-49　实例实现流程图

（2）为插入的 MDI 窗体插入菜单栏，并分别设置分选项，如图 6-51 所示。

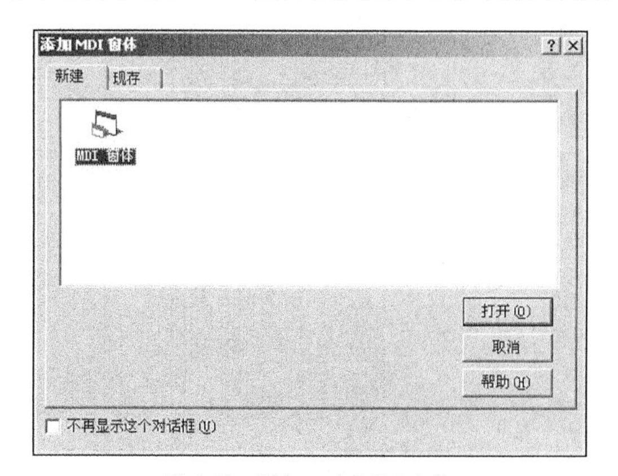

图 6-50　添加一个 MDI 窗体

图 6-51　插入菜单栏

2. 插入窗体

在程序内插入 2 个另外的窗体，并设置启动项，具体流程如下所示。

（1）再次插入 2 个 Form 窗体，如图 6-52 所示。

（2）依次单击【工程】|【工程属性】选项，设置插入的 MDI 窗体为启动项，如图 6-53 所示。

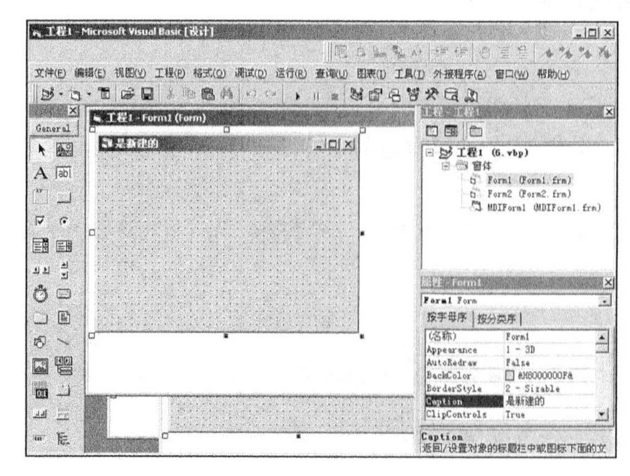

图 6-52　插入 2 个 Form 窗体

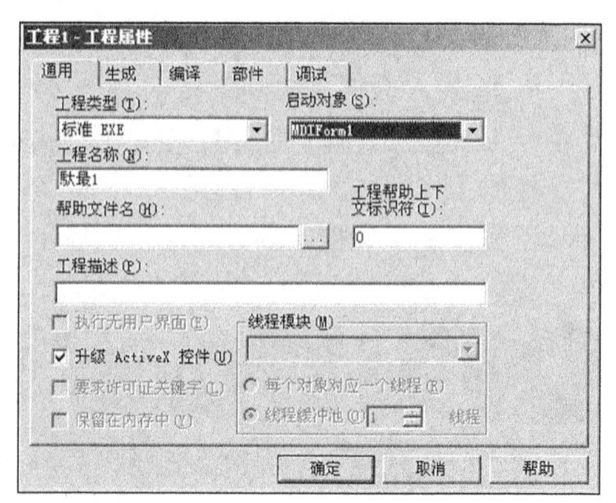

图 6-53　设置插入的 MDI 窗体为启动项

实例中存在 3 个窗体，各窗体对象属性的设置如下所示。

- ❑ 第一个窗体：设置名称为“Form1”，设置 Caption 属性为“是新建的”。
- ❑ 第二个窗体：设置名称为“Form2”，设置 Caption 属性为“是帮助文档”。
- ❑ 第三个窗体：设置名称为“MDIForm1”，设置 Caption 属性为“MDIForm1”。

然后，在 MDIForm1 窗体中，依次为【文件】|【打开】选项，和【帮助】|【系统介绍】选项设置时间处理程序。具体代码如下所示。

```
Private Sub MDIForm_Load()
End Sub
Private Sub MenuAbout_Click()    '定义事件
Form2.Show
End Sub
'定义事件
Private Sub MenuOpen_Click(Index As Integer)
Form1.Show
End Sub
```

范例 055：排列子窗体
源码路径：光盘\演练范例\055\
视频路径：光盘\演练范例\055\
范例 056：悬挂子窗体
源码路径：光盘\演练范例\056\
视频路径：光盘\演练范例\056\

经过上述设置处理后，整个实例设置完毕。执行后，将首先显示默认启动项窗体 MDIForm1，如图 6-54 所示；当依次单击【文件】|【打开】选项后，弹出第一个窗体 Form1，如图 6-55 所示；当依次单击【帮助】|【系统介绍】选项后，将弹出第二个窗体 Form2，如图 6-56 所示。

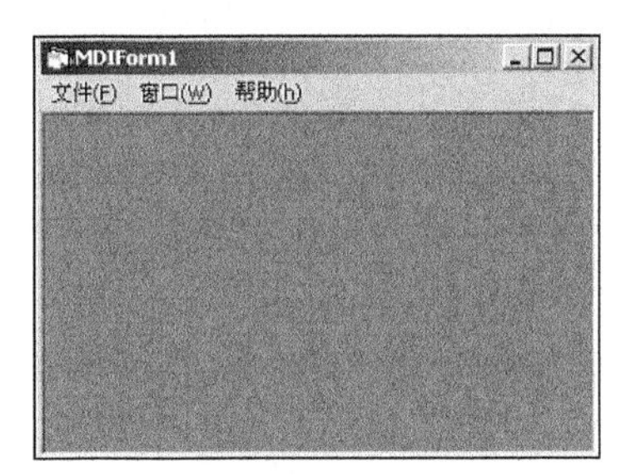

图 6-54　显示默认启动项窗体

图 6-55　弹出第一个窗体 Form1

图 6-56　弹出第二个窗体 Form2

6.7.2　排列子窗体

大多数的 MDIForm 窗体中都包含“窗口”菜单，例如平铺、层叠和排列图标等操作选项。在 MDIForm 窗体中使用 Arrange 方法可以实现对子窗体的排列，实现层叠、水平平铺、或沿 MDIForm 窗体下方排列等效果。

使用 Arrange 方法的语法格式如下所示。

```
对象.排列方式
```

Arrange 方法参数值的具体说明如下所示。

- ❑ vbCascade：取值为 0，层叠所有最小化。
- ❑ vbTitleHorizontal：取值为 1，水平平铺所有非最小化。
- ❑ vbTitleVertcal：取值为 2，垂直平铺所有非最小化。
- ❑ vbArrangeIcons：取值为 3，当子窗体被最小化为图标后，将图标在父窗体的底部重新排列。

例如，下面的代码实现了子窗体的重叠。

```
MDIForm1. Arrange vbCascade
```

实例 029　实现跨窗体的交互操作

源码路径　光盘\daima\6\7\　　　　视频路径　光盘\视频\实例\第 6 章\029

本实例是基于实例 028 的，唯一的区别是在 MDIForm1 窗体的菜单选项中增加了“窗口”选项，如图 6-57 所示。

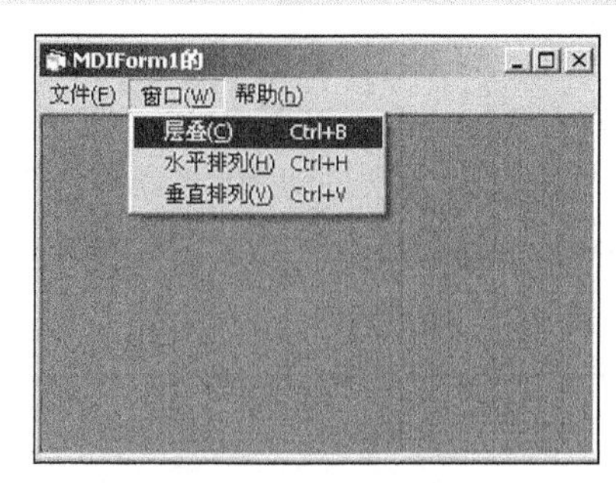

图 6-57　MDIForm1 窗体

然后，为"窗口"选项的 3 个命令添加事件处理代码，具体代码如下所示。

```
'子窗体层叠排列
Private Sub MenuCascade_Click(Index As Integer)
MDIForm1.Arrange vbCascade
End Sub
'子窗体水平排列
Private Sub MenuHorizontal_Click(Index As Integer)
MDIForm1.Arrange vbTileHorizontal
End Sub
'子窗体垂直排列
Private Sub MenuVertical_Click(Index As Integer)
MDIForm1.Arrange vbTileVertical
End Sub
```

范例 057：实现透明窗体效果
源码路径：光盘\演练范例\057\
视频路径：光盘\演练范例\057\
范例 058：实现字形窗体效果
源码路径：光盘\演练范例\058\
视频路径：光盘\演练范例\058\

经过上述设置处理后，整个实例设置完毕。执行后，将首先显示默认启动项窗体 MDIForm1，如图 6-58 所示；当依次单击【文件】|【打开】选项后，弹出第一个窗体 Form1，如图 6-59 所示；当依次单击【帮助】|【系统介绍】选项后，将弹出第二个窗体 Form2，如图 6-60 所示。

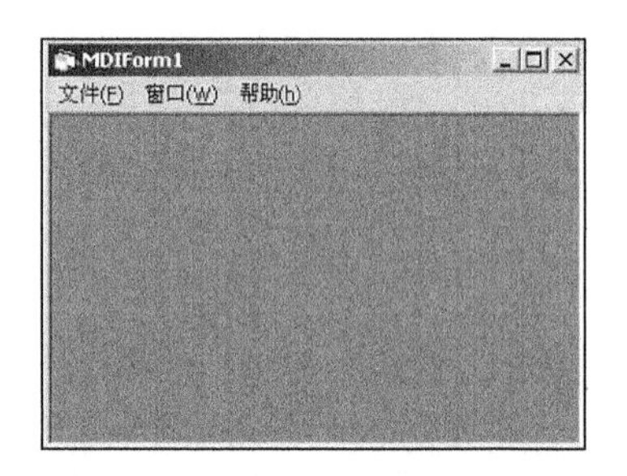

图 6-58　首先显示默认启动项窗体

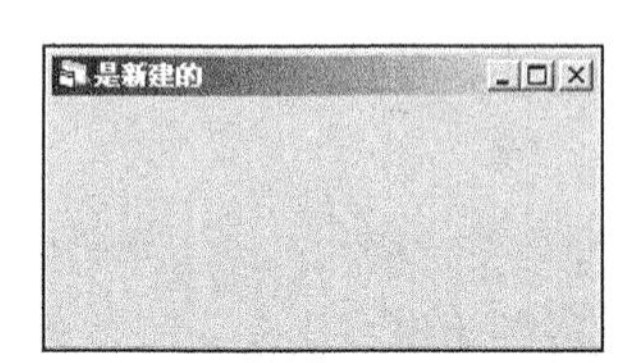

图 6-59　弹出第一个窗体 Form1

图 6-60　弹出第二个窗体 Form2

注意：在现实的应用项目中，几乎所有的项目都是基于多窗体操作实现的，并且有的多达上百个。所以读者在学习本章内容时，不应该仅仅拘泥于书中介绍的实例，应该尽量从第三方获取一些大的应用程序代码，参考它们处理多窗体的方法。

6.8　技术解惑

6.8.1　总结与多重窗体程序设计有关的语句和方法

1. Load 语句

```
格式：Load窗体名称
```

Load 语句把一个窗体装入内存。执行 Load 语句后，可以引用窗体中的控件及各种属性，但此时窗体没有显示出来。"窗体名称"是窗体的 Name 属性。

2. UnLoad 语句

```
格式：UnLoad窗体名称
```

该语句与 Load 语句的功能相反，它清除内存中指定的窗体。

3. Show 方法

格式：[窗体名称.]Show[模式]

Show 方法用来显示一个窗体。如果省略“窗体名称”，则显示当前窗体。参数“模式”用来确定窗体的状态，可以取两种值，即 0 和 1（不是 False 和 True）。Show 方法兼有装入和显示窗体两种功能。也就是说，在执行 Show 方法时，如果窗体不在内存中，则 Show 方法自动把窗体装入内存，然后再显示出来。

4. Hide 方法

格式：[窗体名称.]Hide

Hide 方法使窗体隐藏，即不在屏幕上显示，但仍在内存中，因此，它与 UnLoad 语句的作用是不一样的。在多窗体程序中，经常要用到关键字 Me，它代表的是程序代码所在的窗体。

5. 多重窗体程序的执行与保护

（1）指定启动窗体。

Visual Basic 规定，对于多窗体程序，必须指定其中一个窗体为启动窗体；如果未指定，就把第一个窗体作为启动窗体。

（2）多重窗体程序的存取。

① 保存多窗体程序。

② 在工程资源管理器中选择需要保存的窗体，然后执行【文件】菜单中的【*.frm 另存为】命令，打开【文件】|【另存为】对话框。

③ 执行【文件】菜单中的【工程】|【另存为】命令，打开【工程】|【另存为】对话框，把整个工程以“.vbp”为扩展名存入磁盘。

④ 装入多窗体程序。

打开（装入）文件的操作比较简单。即执行【文件】菜单中的【打开工程】命令，将显示【打开工程】对话框（【现存】选项卡），在对话框中输入或选择工程文件（.vbp）名，然后单击【打开】按钮，即可把属于该工程的所有文件（包括.frm 和.bas 文件）装入内存。

⑤ 多窗体程序编译。

多窗体程序可以编译生成可执行文件（.exe），而可执行文件总是针对工程建立的，因此，多窗体程序的编译操作与单窗体程序一样。

6.8.2 Vsiaul Basic 窗体的属性、方法和事件的关系

Visual Basic 的窗体和控件是具有自己的属性、方法和事件的对象。可以把属性看作一个对象的性质，把方法看作对象的动作，把事件看作对象的响应。日常生活中的对象，如小孩玩的气球同样具有属性、方法和事件。气球的属性包括可以看到的一些性质，如它的直径和颜色。其他一些属性描述气球的状态（充气的或未充气的）或不可见的性质，如它的寿命。通过定义，所有气球都具有这些属性；这些属性也会因气球的不同而不同。

气球还具有本身所固有的方法和动作。如：充气方法（用氦气充满气球的动作），放气方法（排出气球中的气体）和上升方法（放手让气球飞走）。所有的气球都具备这些能力。

气球还有预定义的对某些外部事件的响应。例如，气球对刺破它的事件响应是放气，对放手事件的响应是升空。

6.8.3 Visual Basic 的自适应窗体设计

凡用过 Visual Basic 编写 Windows 应用程序的用户，都可能会有过这样的经历：当一个经过精心设计的应用程序运行后，如果用户重新调整了窗体的大小，则控制在窗体中的相对位置、控件与窗体的大小比例均会严重失调，程序的界面变得面目全非。一个好的 Windows 应用程序

的界面，自适应窗体尺寸改变的能力是必不可少的。笔者在这方面做了一些探讨，希望能对 Visual Basic 编程爱好者提供一些启发和帮助。

1. 按照窗体尺寸缩放比例自动调整控件的大小

窗体和控件的大小由窗体和控件的 Width 属性和 Height 属性确定。所以当用户界面设计完成之后，窗体及其内部的各控件的 Width、Height 属性便随之确定下来；从而窗体相对于每一个控件，它们的宽度之比、高度之比均被确定。如果窗体 Forml 内的一个文本框 Text1 的宽（即 Text1 的 Width 属性值）为 3610，高度（即 Text1 的 Height 属性值）为 1935；而窗体 Form1 的上述两个值分别为 4890 和 3615，则它们的宽度之比和高度之比分别为：3610/4890、1935/3615。当用户在程序启动后调整了窗体的尺寸，窗体的宽度和高度将分别为 Form1.ScaleWidth，Form1.ScaleHeight；此时应该按上述比例来调整文本框 Textl 的高度和宽度值，具体如下所示。

- (调整后的 Text1 的 Width 属性值)/(Form1.ScaleWidth)=3610/4890。
- (调整后的 Text1 的 Height 属性值)/(Form1.Scale-Height)=1935/3615。

所以调整后的 Text1 的 Width 属性值=(3610/4890)* Form1.ScaleWidth。

调整后的 Text1 的 Height 属性值=(1935/3615) * Form1.ScaleHeight。

对于一般控件来说，应该有。

- 调整后的控件的 Width 属性值=(控件原 Width 属性值/窗体原 Width 属性值)*窗体.ScaleWidth。
- 调整后的控件的 Height 属性值=(控件原 Height 属性值/窗体值/窗体原 Height 属性值)*窗体.ScaleHeight。

按照上述方法确定窗体缩放后控件 Width 和 Height 属性值，则当窗体尺寸被调整后，控件的大小将按比例得到相应的调整。

2. 按照窗体尺寸缩放比例自动调整控件在窗体中的相对位置

控件在窗体中的位置由该控件的 Left 和 Top 属性确定。程序启动后如果窗体被缩放，只要按照缩放的比例来重新调整窗体内各控件的 Left 和 Top 属性值即可。

6.8.4　命令按钮和文本框控件等对象不能直接添加在 MDIForm 窗体中

单文档窗体中常见的命令按钮和文本框控件等对象不能直接添加在 MDIForm 窗体中，而只能添加菜单栏、工具栏、状态栏和定时器等控件。因为 MDI 由多个窗体构成，所以在日常应用中确定哪个窗体被激活就变得十分重要了。读者可以在项目中通过定义如下过程来判断哪个窗体被激活。

```
Private Function ActivityForm(FromName As String) As Boolean
    Dim Form As Form
    For Each Form In Forms
        If Form.Name = FromName Then
            ActivityForm = True
        Else
            ActivityForm = False
        End If
    Next
End Function
```

6.8.5　Visual Basic 的属性

在 Visual Basic 6.0 中有很多属性，其中也包括其他的窗体属性。例如，MaxButton 和 MinButton 等。读者对这些属性不需牢记，在 Visual Basic 6.0 的属性窗口中即可获取所有的属性名称，如图 6-61 所示。

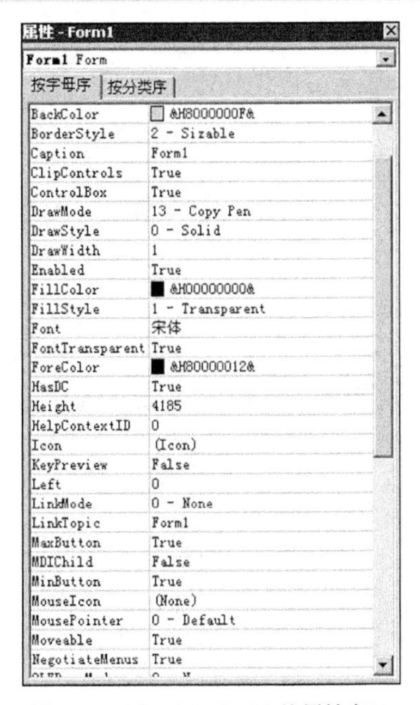

图 6-61 Visual Basic 6.0 的属性窗口

在图 6-61 所示的属性窗口中列出了所有的窗体属性，犹如一个属性列表。

第7章

控 件 应 用

控件是 Visual Basic 的核心内容，Visual Basic 通过控件能够迅速实现指定功能。另外，控件能够和 Visual Basic 的可视化开发环境很好地结合，灵活地在项目中添加和删除。Visual Basic 有大量的控件，涉及窗体编程和数据库编程的各个领域。在本章的内容中，将详细讲解 Visual Basic 控件的基本知识。

本章内容

- Windows 控件介绍
- 文本编辑控件
- 按钮控件
- ListBox 控件和 ComboBox 控件
- 图片图形控件
- 滚动条控件
- 定时器控件

技术解惑

- 使用 Scrollbars 属性时的注意事项
- Image 控件和图片框的区别
- Visual Basic 控件的 3 种广义分类
- Visual Basic 的标准控件
- 用第三方控件修饰按钮
- 滚动条控件的属性和事件
- 解决 ListBox 内选项过多的问题

7.1 Windows 控件介绍

知识点讲解：光盘：视频\PPT 讲解（知识点）\第 7 章\Windows 控件介绍.mp4

众所周知，Visual Basic 是一门优秀的窗体开发语言。它能够使用其可视化开发环境，灵活地设计出功能强大到窗体项目。所以，Visual Basic 中的控件大多和窗体项目有关。根据应用类型，Visual Basic 控件可以分为 3 类。在本节的内容中，将对这 3 种主要控件的知识进行简要说明。

7.1.1 内置控件

内置控件即 Visual Basic 工具箱中的控件，里面包含了常见窗体程序所需要的控件，如图 7-1 所示。

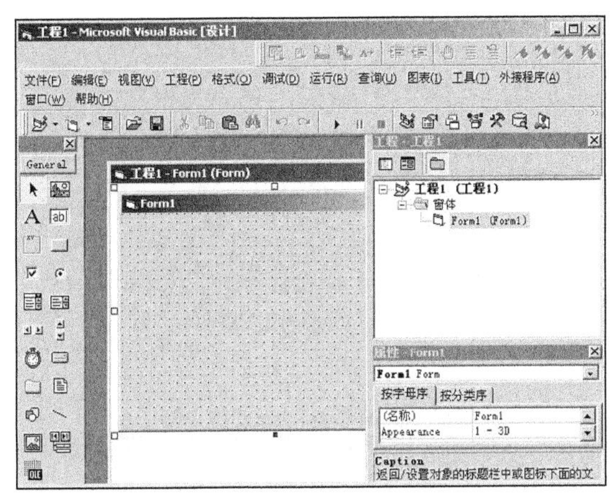

图 7-1 Visual Basic 工具箱控件

7.1.2 ActiveX 控件

ActiveX 控件包含不同版本 Visual Basic 提供的控件和仅在专业版、企业版中提供的控件，并且还包含第三方提供的控件。

ActiveX 控件是对 Visual Basic 内置控件的扩充，开发人员可以根据个人需要进行随意扩充，扩充的 ActiveX 控件将在工具箱中显示。在工具箱中添加 ActiveX 控件的流程如下所示。

（1）打开一个 Visual Basic 6.0 项目，依次单击【工程】|【部件】选项，在弹出“部件”对话框内选择“控件”选项，在列表框中选择要添加的 ActiveX 控件，如图 7-2 所示。

（2）返回 Visual Basic 主界面，此时添加的 ActiveX 控件将被添加到工具箱内，如图 7-3 所示。

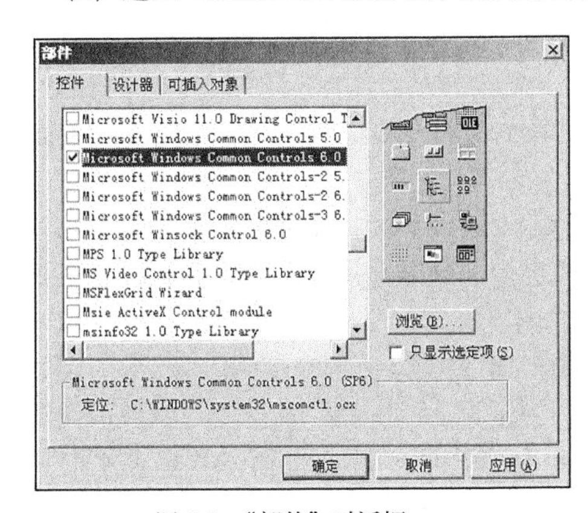

图 7-2 “部件”对话框

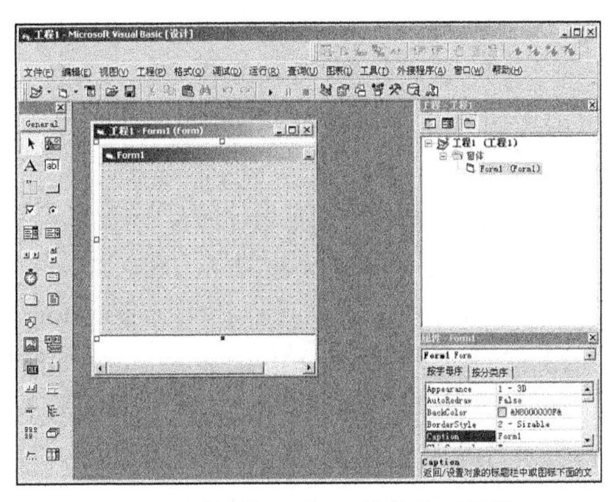

图 7-3 添加的 ActiveX 控件在工具箱

7.1.3　可插入对象

在 Visual Basic 的工具栏中，可以放置其他的第三方对象，可以和使用控件一样进行轻松使用。添加后的对象也在工具箱中显示，添加对象的方法和添加 ActiveX 控件类似，只要依次单击【工程】|【部件】选项，在弹出“部件”对话框内选择“可插入对象”选项，并选择添加的对象即可，如图 7-4 所示。

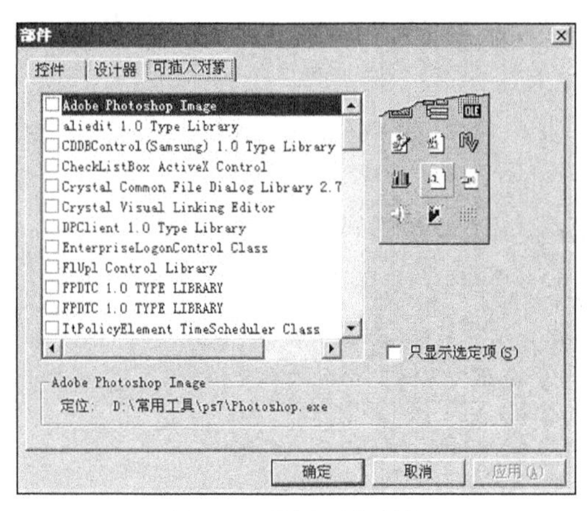

图 7-4　可插入对象列表

7.2　文本编辑控件

知识点讲解：光盘：视频\PPT 讲解（知识点）\第 7 章\文本编辑控件.mp4

Visual Basic 6.0 中的文本编辑控件主要有标签控件和文本框控件 2 种，用于实现窗体内的文本处理。在本节的内容中，将简要讲解 Visual Basic 6.0 文本编辑控件的基本知识。

7.2.1　标签控件

标签控件用于显示静态文本，为其他控件显示说明信息。用户不能单击标签，也不能使用 Tab 键获得焦点。通过对 Visual Basic 6.0 标签属性的设置，可以控制标签的显示样式。

Visual Basic 6.0 标签的主要属性如下所示。

1. Caption 属性

Caption 属性用于设置 Label 控件中显示的文本，此属性内的文本长度不能超过 1024 字节。如果文本超过控件宽度时将自动换行，如果文本高度超过控件高度，则高出部分将被裁切。

2. AutoSize 和 WordWrap 属性

AutoSize 和 WordWrap 属性用于设置控件文本的显示位置，通过两者可以使标签内容能够完全显示出来。

属性 AutoSize 的功能是，根据标签显示的内容动态设置大小。具体说明如下所示。

- 当属性 AutoSize 设置为 True 时，可以使控件自动调整以适用文本的内容。这样控件能够在水平方向扩充，以适用 Caption 属性中的内容。
- 当属性 AutoSize 设置为 False 时，控件将不能自动调整以适用文本的内容。

WordWrap 属性的功能是，使 Caption 属性的内容自动换行并垂直扩充。具体说明如下所示。

- 当属性 AutoSize 设置为 True 时，可以使 Caption 属性的内容自动换行并垂直扩充。
- 当属性 AutoSize 设置为 False 时，控件将不能自动换行。

3. BackStyle 属性

属性 BackStyle 的功能是设置 Label 控件的背景样式是透明的还是不透明的。具体说明如下所示。

- 当属性设置为 0 时，背景样式为透明。
- 当属性设置为 1 时，背景样式为不透明。

实例 030 在标签内显示当前系统时间

源码路径 光盘\daima\7\1\ 视频路径 光盘\视频\实例\第 7 章\030

本实例的实现流程如图 7-5 所示。

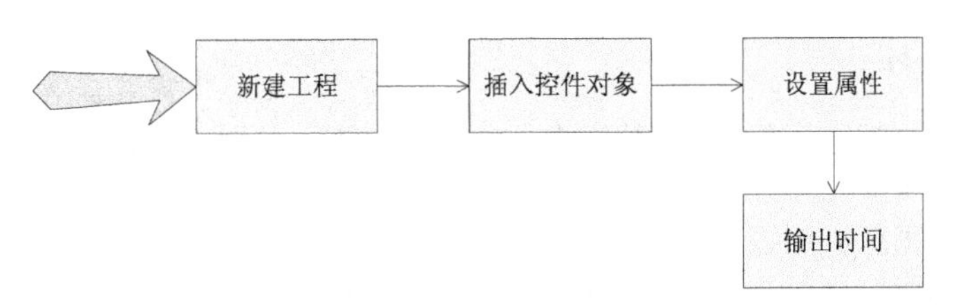

图 7-5 实例实现流程图

下面将详细介绍上述实例流程的具体实现过程，首先新建项目工程并插入各个控件对象，具体流程如下所示。

（1）打开 Visual Basic，新建一个标准 EXE 工程，如图 7-6 所示。

（2）在窗体 Form1 内插入 1 个 Label 控件，并设置其属性，如图 7-7 所示。

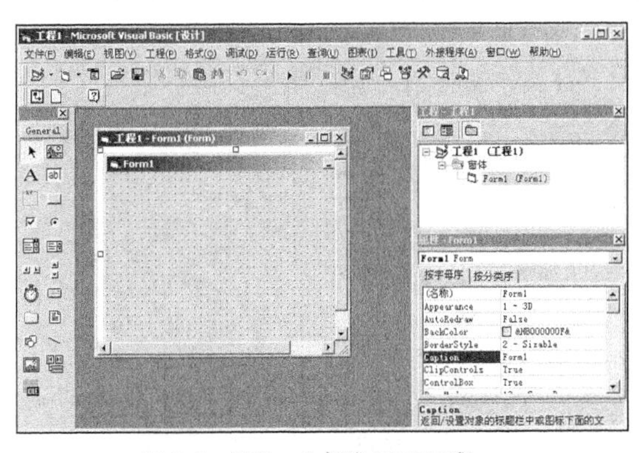

图 7-6 新建一个标准 EXE 工程

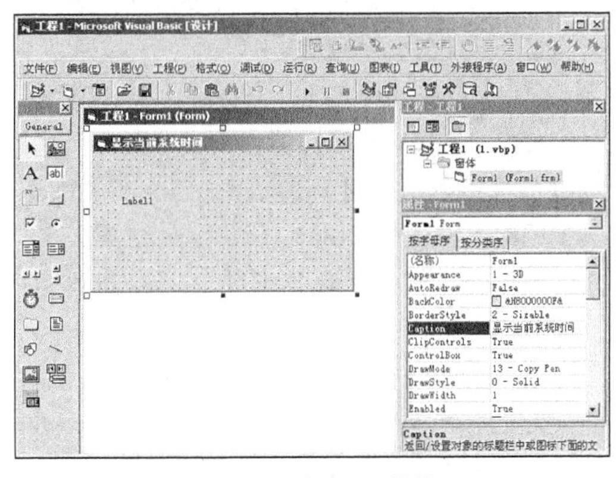

图 7-7 插入 1 个 Label 控件

窗体内各对象的主要属性设置如下所示。

- 窗体：设置名称为“Form1”，Caption 属性为“显示当前系统时间”。
- Label 控件：设置名称为“Label1”，Caption 属性为“Label1”。

然后来到代码编辑界面，设置窗体载入处理代码。

```
Private Sub Form_Load()
'窗体载入代码显示当前系统时间
Label1.Caption = "当前系统时间：" & Now()
End Sub
```

经过上述设置处理后，整个实例设置完毕。执行后，将按指定样式在窗体内显示系统的当前时间，并且能够自动垂直换行适用内容，如图 7-8 所示。

范例 059：演示文本的定位选择
源码路径：光盘\演练范例\059\
视频路径：光盘\演练范例\059\
范例 060：测试功能键
源码路径：光盘\演练范例\060\
视频路径：光盘\演练范例\060\

在上述实例中，通过 Label 控件在窗体内输出了系统的当前时间。因为 AutoSize 属性设置为 True，所以可以使 Caption 属性的内容自动换行并垂直扩充。从具体的执行效果可以看出，因为 Label 控件内的文本长度大于 Label 控件本身的长度，所以显示的时间文本会换行显示。除了上述因为长度原因而换行外，还可以通过 ASCII 换行符来实现换行处理。例如需要显示的为字符串 A+换行+字符串 B，则可以将 Label 的 Caption 设置如下所示。

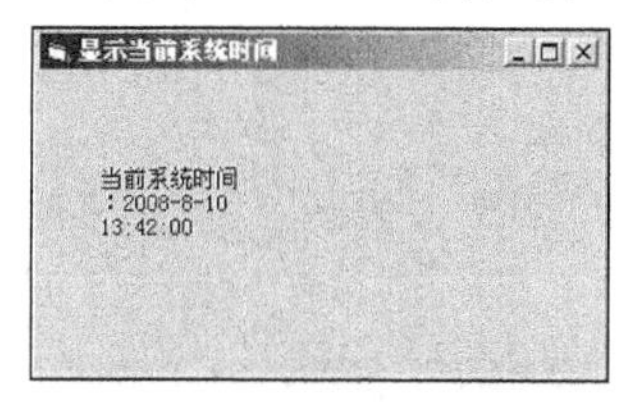

图 7-8　实例执行效果

```
Label1.Caption=A & chr(13) & chr(10) & B
```

读者可以在上述实例的基础上进行修改，尝试在 Label 内输入一段文字并进行需要的换行处理，查看最终的执行效果。

7.2.2　文本框控件

文本框控件不但能够在设计或运行时为 Text 属性赋值，而且可以在运行时显示用户输入的文本信息，并编辑文本。Visual Basic 6.0 的文本框控件，通过本身的属性和事件实现指定的功能。

1. 文本框控件的属性

文本框控件的主要属性有 Text 属性、Multiline 属性和 Scrollbars 属性。各属性具体的说明如下所示。

（1）Text 属性：Text 属性设置输入的文本内容，当文本内容改变后，此属性也随之改变。

（2）Multiline 属性：Multiline 属性设置文本框内文本多行显示。在默认情况下，文本框文本不能换行显示，但是当文本内容过多时，如果不能换行则会造成信息缺失。所以就需要将 Multiline 属性值设置为“True”，实现多行显示。

当文本单行输入时，字符长度不能超过 2048 个。当 Multiline 属性值设置为“True”时，字符长度可以达到 32KB。

（3）Scrollbars 属性：Scrollbars 属性用于设置在文本框内显示滚动条。在项目设计时，有时即使将 Multiline 属性值设置为“True”，但仍然不能完全显示文本内容。通过 Scrollbars 属性，可以很好地解决上述问题。Scrollbars 属性各属性值的具体说明如下所示。

- ❑ 当取值为 0 时：不出现滚动条。
- ❑ 当取值为 1 时：出现水平滚动条。
- ❑ 当取值为 2 时：出现垂直滚动条。
- ❑ 当取值为 3 时：同时出现水平、垂直滚动条。

2. 文本框控件的事件

文本框控件有 Change 事件和 KeyPress 事件，各事件的具体说明如下。

（1）Change 事件：当文本框内的文本内容变化时，将引发 Change 事件。

（2）KeyPress 事件：当键盘输入字符时引发 KeyPress 事件，通过此事件可以实现某些热键效果。

实例 031　通过文本框内输入数字的变化实现简单的加法运算

源码路径　光盘\daima\7\2\　　　　视频路径　光盘\视频\实例\第 7 章\031

本实例的实现流程如图 7-9 所示。

下面将详细介绍上述实例流程的具体实现过程，首先新建项目工程并插入各个控件对象，具体流程如下所示。

（1）打开 Visual Basic，新建一个标准 EXE 工程，如图 7-10 所示。

（2）在窗体 Form1 内插入 2 个 TextBox 控件和 3 个 Label 控件，并分别设置其属性，如图 7-11 所示。

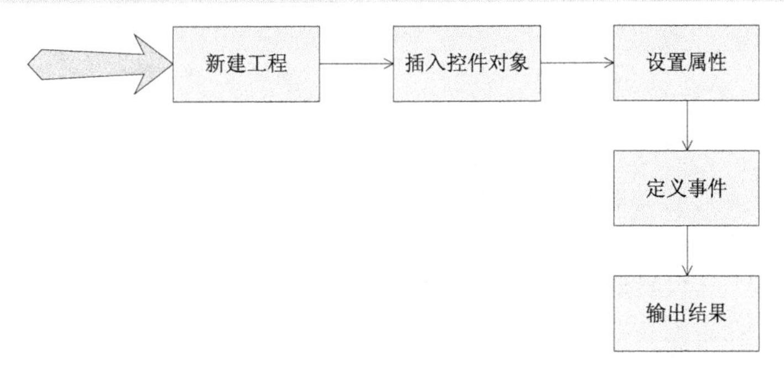

图 7-9 实例实现流程图

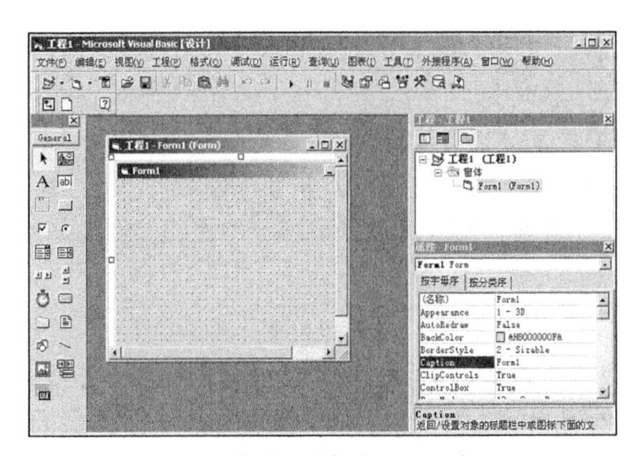

图 7-10 新建一个标准 EXE 工程

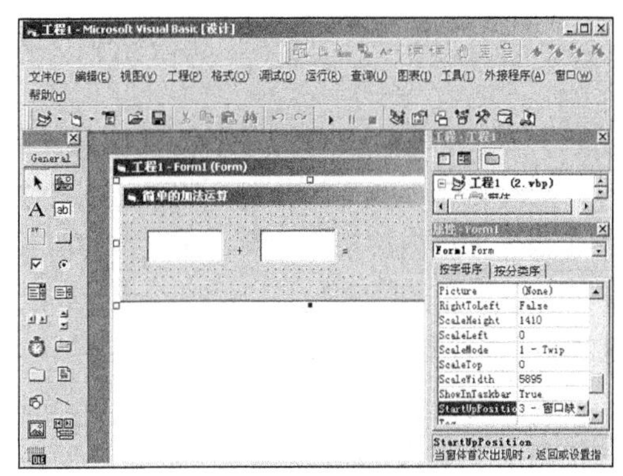

图 7-11 插入控件并设置属性

窗体内各对象的主要属性设置如下所示。

- 窗体：设置名称为“Form1”，Caption 属性为“简单的加法运算”。
- 第一个 Label 控件：设置名称为“Label1”，Caption 属性为“+”。
- 第二个 Label 控件：设置名称为“Label2”，Caption 属性为“=”。
- 第三个 Label 控件：设置名称为“result”，Caption 属性为空。
- 第一个 TextBox 控件：设置名称为“Text1”，Text 属性为空。
- 第二个 TextBox 控件：设置名称为“Text2”，Text 属性为空。

然后来到代码编辑界面，设置文本框文本内容改变处理事件，具体代码如下所示。

```
Private Sub Form_Load()    '窗体载入事件
End Sub
Private Sub result_Click()
End Sub
Private Sub Text1_Change() '文本框1内容改变事件
Dim A As Long
Dim B As Long
    If (Text1.Text = "") Then
      Text1.Text = "0"
    End If
     If (Text2.Text = "") Then
      Text2.Text = "0"
    End If
    A = CLng(Text1.Text)
    B = CLng(Text2.Text)
result.Caption = CStr(A + B)
End Sub
Private Sub Text2_Change()                          '文本框2内容改变事件
Dim A As Long
Dim B As Long
    If (Text1.Text = "") Then
      Text1.Text = "0"
    End If
     If (Text2.Text = "") Then
```

范例 061：自动删除文本中的非法字符
源码路径：光盘\演练范例\061\
视频路径：光盘\演练范例\061\
范例 062：字体的单项选择
源码路径：光盘\演练范例\062\
视频路径：光盘\演练范例\062\

```
        Text2.Text = "0"
    End If
    A = CLng(Text1.Text)
    B = CLng(Text2.Text)
result.Caption = CStr(A + B)                    '输出两文本框数值计算结果
End Sub
```

在上述代码中，通过文本框控件实现了简单数据的数学运算，并且使用了 Scrollbars 属性的默认值“0”。经过上述设置处理后，整个实例设置完毕。执行后，将根据文本框数值的改变而计算结果，如图 7-12 所示。

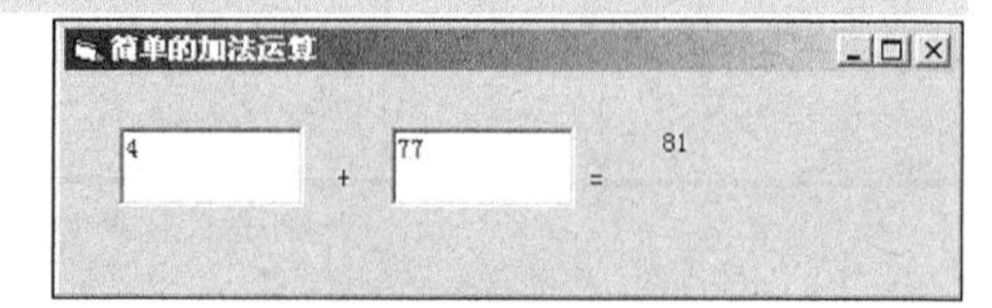

图 7-12　实例执行效果

7.3　按 钮 控 件

知识点讲解：光盘：视频\PPT 讲解（知识点）\第 7 章\按钮控件.mp4

Visual Basic 6.0 中的按钮控件主要有命令按钮控件、单选按钮控件和复选框按钮控件 3 种，用于实现窗体内的按钮处理。在本节的内容中，将简要讲解 Visual Basic 6.0 中按钮控件的基本知识。

7.3.1　命令按钮控件

在大多数的项目程序中，人机交互功能通过单击按钮来实现。用户通过单击某个命令按钮来激活某个事件，从而完成某个特定功能。命令按钮控件是通过其属性和事件来完成某功能的，下面将分别介绍命令按钮控件的属性和事件。

1. 命令按钮控件的属性

命令按钮控件的属性主要有 Caption 属性和 Default 属性。

（1）Caption 属性。

Caption 属性用于显示按钮上的文本，也可以为其设置按钮的快捷访问方式，方法是在访问字母前加&字符。例如，如果要为“新建”按钮创建一个“M”的快捷键，只需在“M”字母前加&字符即可，如图 7-13 所示。

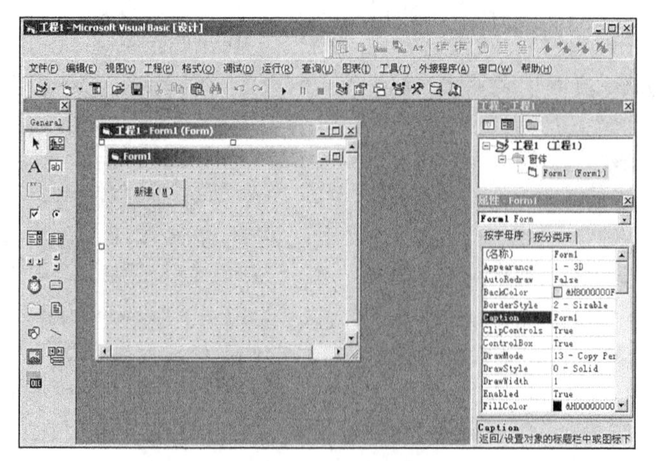

图 7-13　设置快捷键

（2）Default 属性。

如果窗体内的命令按钮较多，可以使用<Tab>键在控件之间进行切换。【确定】和【取消】按钮，通常使用<Enter>和<Esc>键来触发。

如果设置一个默认的命令按钮，应该将其 Default 属性设置为 True。

注意：如果设置一个默认的命令按钮，应该将其 Default 属性设置为 True。同样，可以使用 Cancel 属性设置默认的取消按钮。在 Visual Basic 中，开发人员可以根据个人需要或项目需要，自行设置按钮的快捷键。相关的详细信息，读者可以在百度中通过检索"设置 Visual Basic 按钮快捷键"关键字，来获取相关的知识。另外，除了上述按钮属性外，命令按钮控件属性中还有 Value 等属性。

2. 命令按钮控件的事件

当单击按钮时将会触发单击事件 Click，Click 是按钮事件中最重要的事件之一。另外当单击命令按钮时，将同时生成 MouseDown 和 MouseUp 事件。

7.3.2 OptionButton 控件

OptionButton 控件即单选按钮控件，功能是在窗体内生成单选按钮。单选按钮的功能对于广大读者来说不必多说，它被广泛地应用于窗体项目和 Web 项目，例如，注册领域的性别选择和职业选择等。

命令按钮控件是通过其属性和事件来完成某功能的，下面将分别介绍单选按钮控件的属性和事件。

1. 单选按钮控件的属性

单选按钮控件的属性主要有 Caption 属性、Enabled 属性和 Alignment 属性。

（1）Caption 属性。

Caption 属性值是字符类型，功能是显示控件上的文本内容，例如，图 7-14 中的"初中毕业"和"高中毕业"就是 Caption 属性的值。

（2）Enabled 属性。

Enabled 属性设置程序在运行时是否为可用，如果为 True 则表示该控件可用。

（3）Alignment 属性。

Alignment 属性设置单选按钮的 Caption 内容在左边还是在右边显示，具体来说有如下两个取值。

- 0：是默认值，左对齐。
- 1：右对齐。

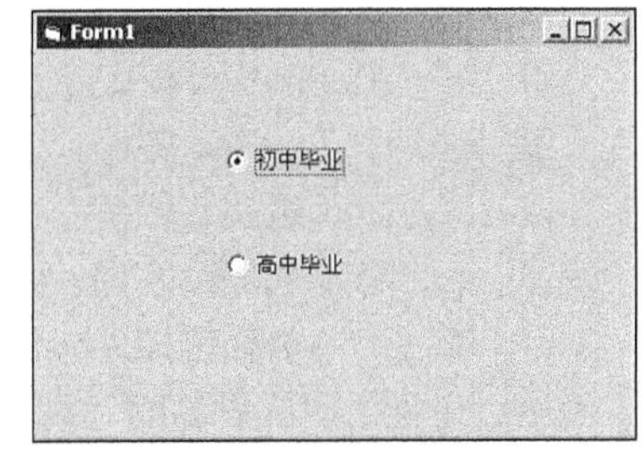

图 7-14 单选按钮

实例 032 通过单选按钮实现简单的运算

源码路径 光盘\daima\7\3\ 视频路径 光盘\视频\实例\第 7 章\032

本实例的实现流程如图 7-15 所示。

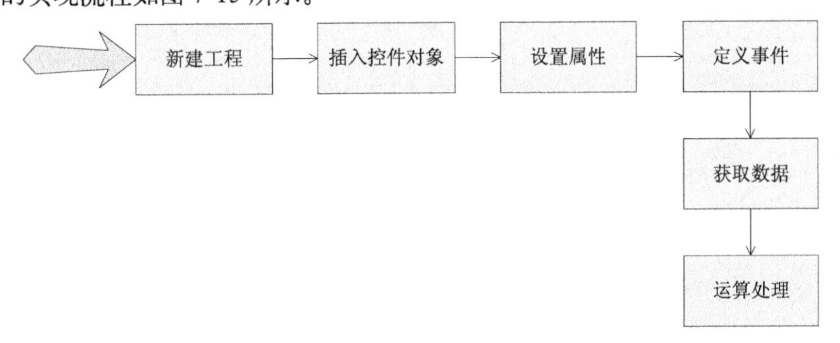

图 7-15 实例实现流程图

下面将详细介绍上述实例流程的具体实现过程，首先新建项目工程并插入各个控件对象，具体流程如下所示。

（1）打开 Visual Basic，新建一个标准 EXE 工程，如图 7-16 所示。

（2）在窗体 Form1 内插入 2 个 Label 控件、2 个 TextBox 控件、3 个 Label 控件、3 个单选按钮和 2 个 CommandButton 控件，并设置其属性，如图 7-17 所示。

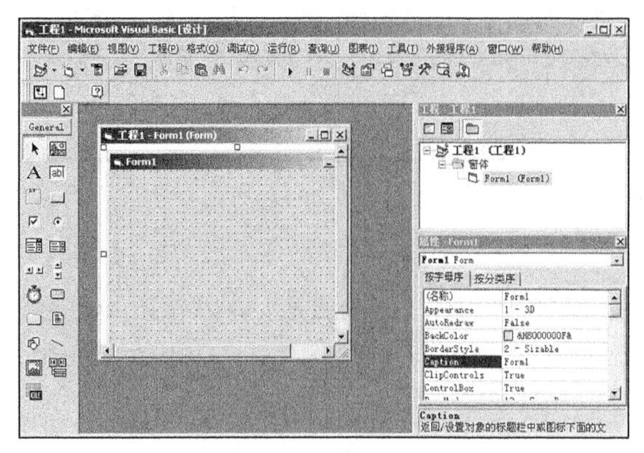

图 7-16　新建一个标准 EXE 工程

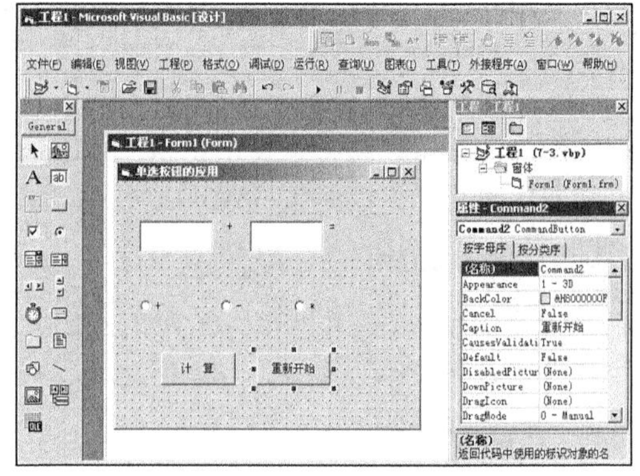

图 7-17　插入控件并设置属性

窗体内各对象的主要属性设置如下所示。

- 窗体：设置名称为“Form1”，Caption 属性为“单选按钮”。
- 第一个 Label 控件：设置名称为“Label1”，Caption 属性为“+”。
- 第二个 Label 控件：设置名称为“Label2”，Caption 属性为“=”。
- 第三个 Label 控件：设置名称为“result”，Caption 属性为空。
- 第一个 TextBox 控件：设置名称为“Text1”，Text 属性为空。
- 第二个 TextBox 控件：设置名称为“Text2”，Text 属性为空。
- 第一个单选按钮控件：设置名称为“Option1”，Alignment 属性为 0。
- 第二个单选按钮控件：设置名称为“Option2”，Alignment 属性为 0。
- 第三个单选按钮控件：设置名称为“Option3”，Alignment 属性为 0。

然后来到代码编辑界面，设置窗体载入处理代码。具体代码如下所示。

```
Dim A As Long
    Dim B As Long
    '如果文本框数值空则默认为0
    If (Text1.Text = "") Then
      Text1.Text = "0"
    End If
    If (Text2.Text = "") Then
      Text2.Text = "0"
    End If
    '获取2个文本框的数值
    A = CLng(Text1.Text)
    B = CLng(Text2.Text)
  '根据单选按钮值进行运算
  If Option1.Value = True Then
        result.Caption = CStr(A + B)
    ElseIf Option2.Value = True Then
        result.Caption = CStr(A - B)
    ElseIf Option3.Value = True Then
        result.Caption = CStr(A * B)
    End If
End Sub
Private Sub Command2_Click()                        '重新计算事件代码
    Text1.Text = "0"
    Text2.Text = "0"
End Sub
Private Sub Form_Load()                             '窗体载入事件代码
    Option1.Value = True
    Text1.Text = "0"
    Text2.Text = "0"
End Sub
```

范例 063：演示多组单选功能的使用
源码路径：光盘\演练范例\063\
视频路径：光盘\演练范例\063\
范例 064：使用单选按钮的属性、方法与事件
源码路径：光盘\演练范例\064\
视频路径：光盘\演练范例\064\

经过上述设置处理后，整个实例设置完毕。执行后，将按指定样式在窗体内显示各窗体，并能够根据单选按钮进行简单的运算，如图 7-18 所示。

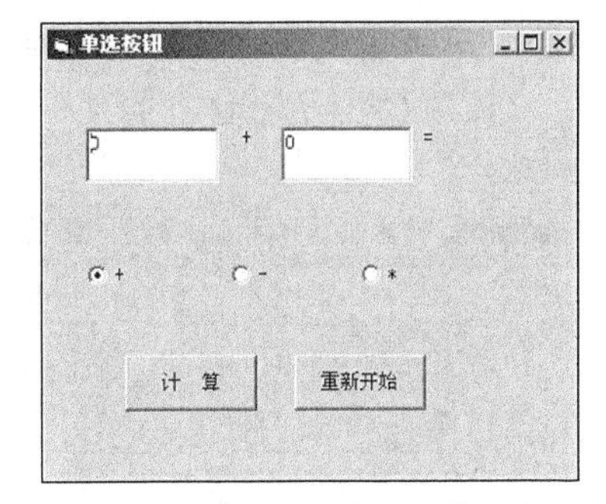

图 7-18　执行加法运算

在上述实例中，在窗体内加入了现实中常见的按钮控件。从具体的执行效果可以看出，显示的按钮控件样式比较单一。

7.3.3　Checkbox 控件

Checkbox 控件即复选框控件，在 Visual Basic 程序中，一般以数组方式添加 Checkbox 控件。一组复选框能够为每个对象提供多个选项，用户可以同时选择一个或多个。Checkbox 控件是通过本身的属性和事件来实现其功能的，下面将分别介绍 Checkbox 控件的属性和事件。

1. Checkbox 控件的属性

Checkbox 控件的属性主要有 Caption 属性、Indcx 属性和 Value 属性。

（1）Caption 属性。

Caption 属性用于显示复选框的文本，默认值是 Check1、Check2…。

（2）Index 属性。

Index 属性用于设置复选框的下标，它是控件数组中不可缺少的属性之一。通过设置 Index 属性的值，可以对组内的不同复选框进行区分。

（3）Value 属性。

Value 属性是复选标志，通过 Value 属性的值可以控制复选框的状态，其默认值为 0。Value 值和复选框状态的关系如下所示。

- 为 0 时：复选框内为空白，表示未选中。
- 为 1 时：复选框内显示“对号”，表示被选中。
- 为 2 时：复选框内显示灰色“对号”，表示被禁止。

2. 复选框的事件

复选框的最常用事件是单击和双击事件，其具体用法和单选按钮的事件完全相同。

实例 033　通过复选框设置文本框内文本的样式

源码路径　光盘\daima\7\4\　　　　视频路径　光盘\视频\实例\第 7 章\033

本实例的实现流程如图 7-19 所示。

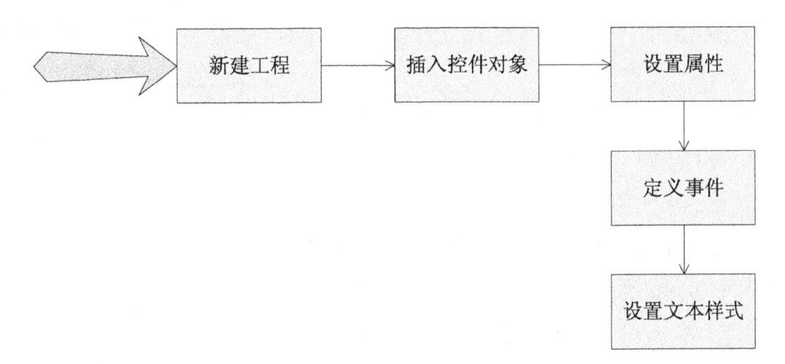

图 7-19　实例实现流程图

下面将详细介绍上述实例流程的具体实现过程，首先新建项目工程并插入各个控件对象，具体流程如下所示。

（1）打开 Visual Basic，新建一个标准 EXE 工程，如图 7-20 所示。

（2）在窗体 Form1 内插入 1 个 TextBox 控件和 2 个复选框控件，并分别设置其属性，如图 7-21 所示。

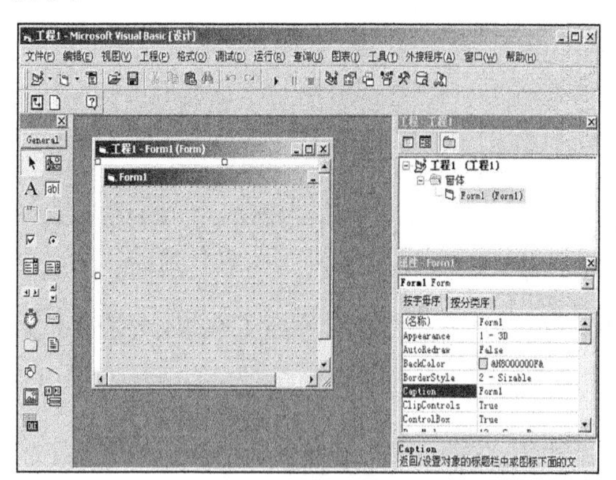

图 7-20　新建一个标准 EXE 工程

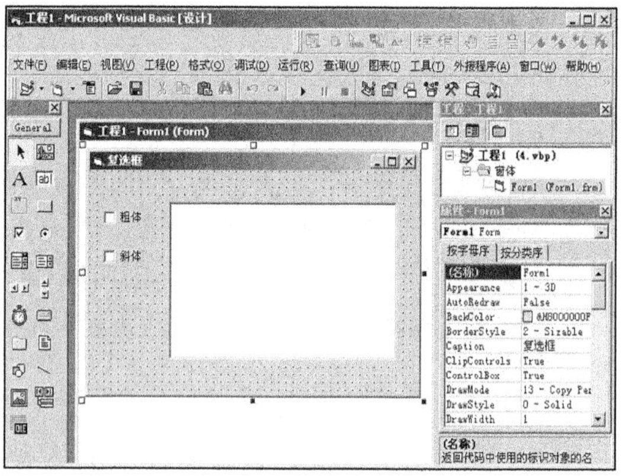

图 7-21　插入控件并设置属性

窗体内各对象的主要属性设置如下所示。

- 窗体：设置名称为“Form1”，Caption 属性为“复选框”。
- 第一个复选框控件：设置名称为“Check1”，Caption 属性为“粗体”。
- 第二个复选框控件：设置名称为“Check2”，Caption 属性为“斜体”。
- TextBox 控件：设置名称为“Text1”，Text 属性为空。

然后来到代码编辑界面，设置复选框处理事件，具体代码如下所示。

```
Private Sub Check1_Click()          '复选框1事件
  If Check1.Value = 1 Then          '复选框1事件加粗样式处理
      Text1.FontBold = True
   Else
     Text1.FontBold = False
   End If
End Sub
Private Sub Check2_Click()          '复选框2事件
   If Check2.Value = 1 Then
      '复选框2事件斜体样式处理
      Text1.FontItalic = True
   Else
      Text1.FontItalic = False
   End If
End Sub
Private Sub Form_Load()
End Sub
```

范例 065：实现字体的复选效果
源码路径：光盘\演练范例\065\
视频路径：光盘\演练范例\065\
范例 066：实现个人调查表效果
源码路径：光盘\演练范例\066\
视频路径：光盘\演练范例\066\

经过上述设置处理后，整个实例设置完毕。执行后，文本框内的文本能够根据复选框按钮显示指定的样式，如图 7-22 所示。

图 7-22　都选中后的效果

注意：在上述实例中，通过复选框控件实现了对文本框内文本样式的控制。读者在此需要注意的是：在具体使用 if 进行是否选择判断时，使用的复选框标识是数字 0 或 1。另外，读者可以定义多个复选框为数组，并同时对多个复选框进行控制。例如，有 100 个复选框:xiangmu()，单击任意一个复选框，选中时显示“好”，不选时显示为空。上述功能可以通过如下代码实现。

```
Private Sub xiangmu_Click(Index As Integer)
If xiangmu(Index).Value = Checked Then
 xiangmu(Index).Caption = "好"
```

```
    GoTo jieshu
  ElseIf xiangmu(Index).Value = Unchecked Then
    xiangmu(Index).Caption = ""
    End If
  jieshu:
  End Sub
```

读者可以尝试对上述数组复选框功能进行完善，编写出完整的代码来实现上述功能。

7.4 ListBox 控件和 ComboBox 控件

知识点讲解：光盘：视频\PPT 讲解（知识点）\第 7 章\ListBox 控件和 ComboBox 控件.mp4

ListBox 控件和 ComboBox 控件分别是列表框控件和组合框控件，通过它们可以在窗体内迅速创建不同的列表框。在本节的内容中，将简要介绍 ListBox 控件和 ComboBox 控件的基本知识。

7.4.1 ListBox 控件

ListBox 控件即列表框控件，它能够提供多个选项供用户选择。如果选项过多而超出了列表框的长度，则将自动在框内产生下拉框。ListBox 控件是通过本身的属性和事件来实现其功能的，下面将分别介绍 ListBox 控件的属性和事件。

ListBox 控件的属性

ListBox 控件的属性主要有 List 属性、ListCount 属性和 MultiSelect 属性。

（1）List 属性。

List 属性用于设置列表项的内容，列表框内的各个列表项将以数组方式保存，数组内的每一个元素存储列表框内的每一个列表项。具体的适用格式如下所示。

```
列表框控件名.List(Index)
```

（2）ListCount 属性。

ListCount 属性用于设置列表项的个数，从 0 索引值开始。

（3）MultiSelect 属性。

MultiSelect 属性可以区分列表框是“单选”还是“允许多选”，各取值的具体说明如下所示。

- 0：每次只能选一项，如果选中某选项后，则其他项取消突出显示。
- 1：可以多选，如果被选中则突出显示。
- 2：可以选择指定范围内的项，选择方法是单击要选择的第一项，然后按<Shift>键后选择其他的项。

实例 034　实现列表框选项的选择处理

源码路径　光盘\daima\7\5\　　　视频路径　光盘\视频\实例\第 7 章\034

本实例演示说明了 ListBox 控件的使用方法，具体实现流程如图 7-23 所示。

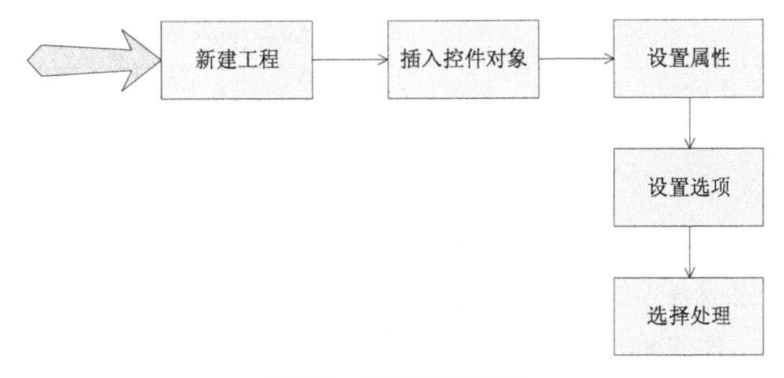

图 7-23　实例实现流程图

下面将详细介绍上述实例流程的具体实现过程，首先新建项目工程并插入各个控件对象，具体流程如下所示。

（1）打开 Visual Basic，新建一个标准 EXE 工程，如图 7-24 所示。

（2）在窗体 Form1 内插入 2 个 ListBox 控件、2 个 Label 控件、3 个单选按钮和 1 个 CommandButton 控件，并分别设置其属性，如图 7-25 所示。

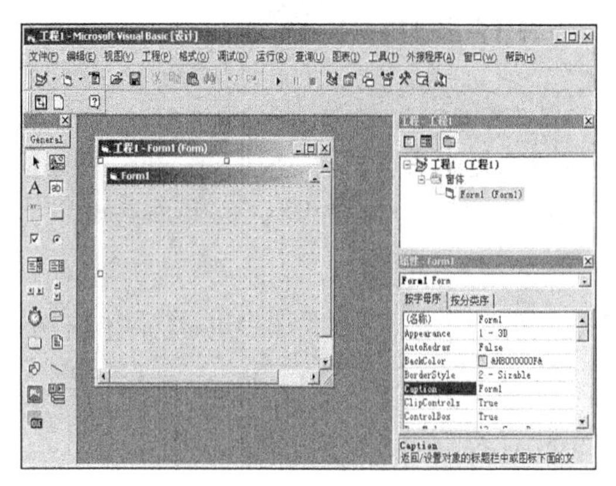

图 7-24　新建一个标准 EXE 工程

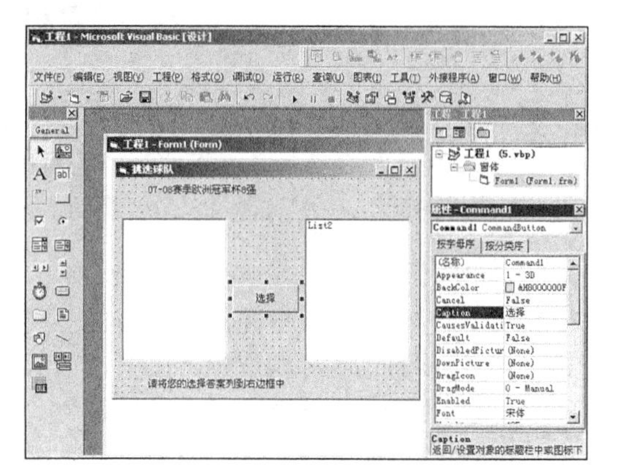

图 7-25　插入控件并设置属性

窗体内各对象的主要属性设置如下所示。

- 窗体：设置名称为“Form1”，Caption 属性为“挑选球队”。
- 第一个 Label 控件：设置名称为“Label1”，Caption 属性为“07-08 赛季欧洲冠军杯 8 强”。
- 第二个 Label 控件：设置名称为“Label2”，Caption 属性为“请将您的选择答案列到右边框中”。
- 第一个 ListBox 控件：设置名称为“List1”，MultiSelect 属性为 2。
- 第二个 ListBox 控件：设置名称为“List2”，MultiSelect 属性为 0。
- CommandButton 控件：设置名称为“Command1”，Caption 属性为“选择”。

然后来到代码编辑界面，设置按钮事件处理代码，具体代码如下所示。

```
Private Sub Form_Load()
    '设置左侧列表框选项值
    List1.AddItem "曼联"
    List1.AddItem "切尔西"
    List1.AddItem "利物浦"
    List1.AddItem "罗马"
    List1.AddItem "费内巴切"
    List1.AddItem "巴塞罗那"
    List1.AddItem "斯图加特"
    List1.AddItem "国际米兰"
    List1.AddItem "AC米兰"
    List1.AddItem "阿森纳"
End Sub
'设置按钮单击事件，将左侧被选中选项移到右侧列表框
Private Sub Command1_Click()
    List2.AddItem List1.Text
      List1.RemoveItem List1.ListIndex
End Sub
Private Sub Label1_Click()
End Sub
```

范例 067：演示两种列表框样式
源码路径：光盘\演练范例\067\
视频路径：光盘\演练范例\067\
范例 068：演示添加表项的用法
源码路径：光盘\演练范例\068\
视频路径：光盘\演练范例\068\

经过上述设置处理后，整个实例设置完毕。执行后将按指定样式显示窗体内的各个元素，如图 7-26 所示；如果选择左侧框内的某选项并单击【选择】按钮后，则被选中项将来到右侧框中，如图 7-27 所示；因为实例中左侧列表框的 MultiSelect 属性值设置为 2，所以可以同时选择多个选项，如图 7-28 所示。

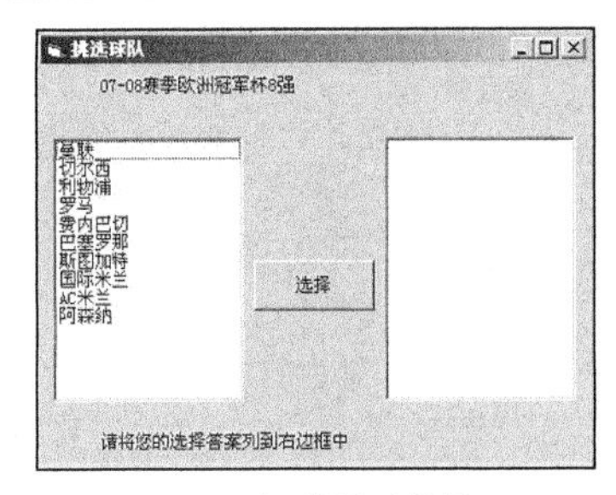

图 7-26 初始显示效果

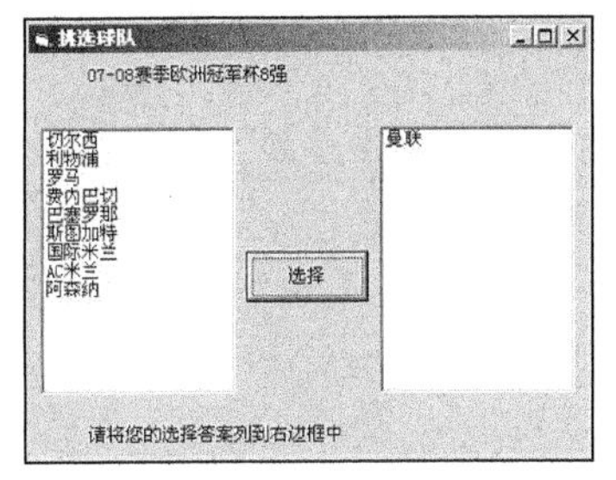

图 7-27 选择一个选项后的效果

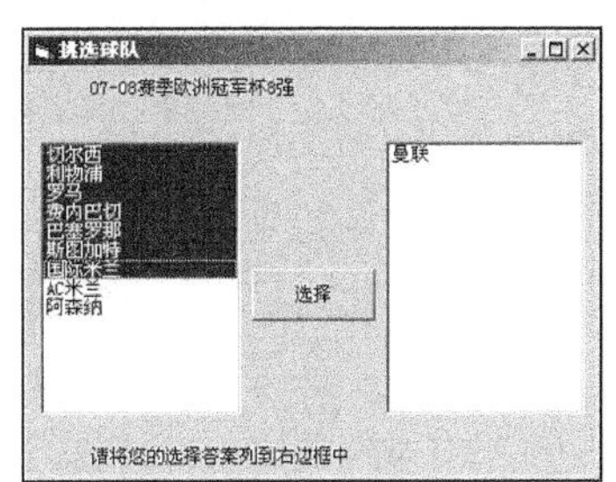

图 7-28 同时选择多个选项

注意：在上述实例中，实现了窗体内列表框选项的选择处理，整个功能是通过列表框属性和相关的事件来实现的。除了上述属性外，ListBox 控件还有 ListIndex 属性和 Text 属性，分别用于设置索引和列表项的内容。其中 ListIndex 属性可以和 List 属性组合使用，共同确定选定选项的文本。

7.4.2 ComboBox 控件

ComboBox 控件是组合框控件，它同时具有列表框和文本框的特点。用户既可以在组合框中输入文本，也可以在其中选择某个选项。ComboBox 控件是通过本身的属性和事件来实现其功能的，下面将分别介绍 ComboBox 控件的属性和事件。

1. ComboBox 控件的属性

ComboBox 控件的属性主要有 Text 属性和 Style 属性。

（1）Text 属性。

Text 属性设置被选中列表框中的文本或在文本编辑区输入的文本，但是不支持多选。

（2）Style 属性。

Style 属性设置组合框的样式，是只读的，只能在设计时设置。各取值的具体说明如下所示。

- 0：下拉式组合框，是默认值，包含一个文本框和一个下拉列表框，可以在文本框中输入文本，也可以单击右端箭头弹出下拉列表框。
- 1：简单组合框，包含一个文本框和一个标准列表框（非下拉），可以在文本框中输入文本，也可以直接在下拉列表框中选择选项。
- 2：下拉式组合框，是默认值，包含一个不可输入的文本框和一个下拉列表框，具体操作和下拉式组合框相同，但是不可以在文本框中输入文本。

2. ComboBox 控件的事件

ComboBox 控件的事件取决于 Style 属性值，具体说明如下所示。

- Style 属性值为 0 时，支持 Clik 事件、Change 事件和 DropDown 事件。
- Style 属性值为 1 时，支持 Clik 事件、DoubleClik 事件和 Change 事件。
- Style 属性值为 2 时，支持 Clik 事件和 DoubleClik 事件。

实例 035 通过组合框为用户提供选项选择

源码路径 光盘\daima\7\6\ 视频路径 光盘\视频\实例\第 7 章\035

本实例演示说明了 ComboBox 控件的使用方法，具体实现流程如图 7-29 所示。

下面将详细介绍上述实例流程的具体实现过程，首先新建项目工程并插入各个控件对象，具体流程如下所示。

（1）打开 Visual Basic，新建一个标准 EXE 工程，如图 7-30 所示。

（2）在窗体 Form1 内插入 2 个 Label 控件和 1 个组合框控件，并分别设置其属性，如图 7-31 所示。

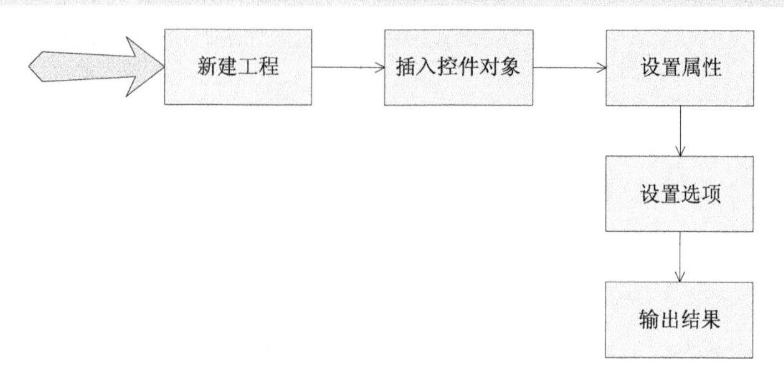

图 7-29　实例实现流程图

窗体内各对象的主要属性设置如下所示。

- 窗体：设置名称为“Form1”，Caption 属性为“组合框”。
- 第一个 Label 控件：设置名称为“Check1”，Caption 属性为“你喜欢的球队是：”。
- 第二个 Label 控件：设置名称为“Label2”，Caption 属性为空。
- 组合框控件：设置 Style 为“0”，Text 属性为“请选择球队”。

然后来到代码编辑界面，设置组合框处理事件，具体代码如下所示。

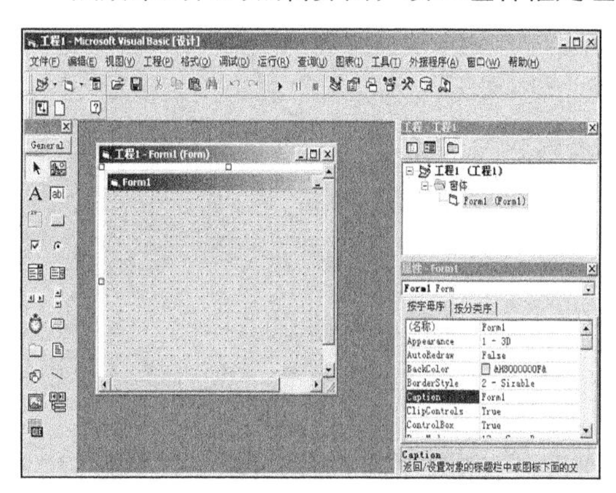

图 7-30　新建一个标准 EXE 工程

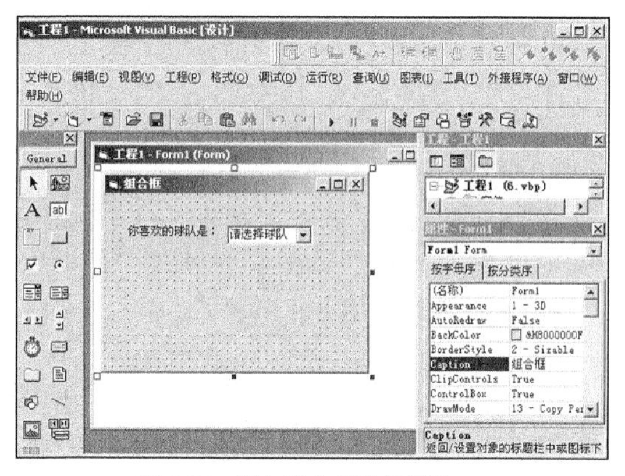

图 7-31　插入控件并设置属性

```
Private Sub Combo1_Click()'定义事件，输出选择结果
    Label2.Caption = "您最喜欢的球队是：" & Combo1.Text
End Sub
Private Sub Form_Load()    '设置列表框的选项值
    Combo1.AddItem "曼联"
    Combo1.AddItem "皇马"
    Combo1.AddItem "巴萨"
    Combo1.AddItem "拜仁"
    Combo1.AddItem "利物浦"
    Combo1.AddItem "阿森纳"
    Combo1.AddItem "AC米兰"
    Combo1.AddItem "国际米兰"
    Combo1.AddItem "尤文图斯"
End Sub
Private Sub Label2_Click()
End Sub
```

范例 069：演示组合框的三种风格
源码路径：光盘\演练范例\069\
视频路径：光盘\演练范例\069\
范例 070：实现信息管理功能
源码路径：光盘\演练范例\070\
视频路径：光盘\演练范例\070\

经过上述设置处理后，整个实例设置完毕。执行后将按默认样式显示窗体内各个元素，如图 7-32 所示；如果选择框内的某选项后，则被选中项将显示在框中，如图 7-33 所示。

在上述实例中，通过窗体内的组合框为用户提供了选项选择。其中的 Style 属性对于 ComboBox 控件十分重要，它决定了 ComboBox 控件的区别性属性。当属性值为 2 时，可以识别 DropDown 事件，但是不能识别 DblClik 事件和 Change 事件。另外，ComboBox 控件中还有一个十分重要的属性——ListIndex 属性，它设置被选中表项的索引值。

图 7-32 实例初始效果

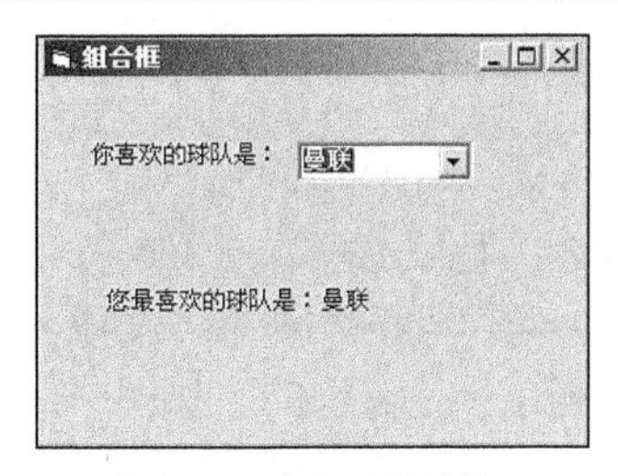

图 7-33 选择后的效果

7.5 图片图形控件

知识点讲解：光盘：视频\PPT 讲解（知识点）\第 7 章\图片图形控件.mp4

在 Visual Basic 窗体内可以显示图形图片，通过其专用的图片图形控件可以迅速地为窗体创建图片界面。在本节的内容中，将详细讲解 Visual Basic 图片图形控件的基本知识。

7.5.1 PictureBox 控件

PictureBox 控件即图片框控件，它可以作为图片的容器并能够输出指定的文本。PictureBox 控件是通过本身的属性和函数实现其功能的，下面将分别介绍 PictureBox 控件的属性和函数。

1. PictureBox 控件的属性

PictureBox 控件的属性主要有 AutoSize 属性、Algin 属性、Image 属性和 Picture 属性。

（1）AutoSize 属性。

AutoSize 属性能够返回或设置一个值，以及设置控件是否自动改变大小以显示其全部内容。各取值的具体说明如下所示。

- True：自动改变控件大小以显示其全部内容。
- False：保持控件大小不变。

（2）Algin 属性。

设置图形对象是否可以在窗体上以任意大小、在任意位置上显示。各属性值的具体说明如下所示。

- 0：可以在设计时或程序中确定大小和位置。如果在 MDI 窗体上面，则可以忽略此值。
- 1：设置显示在窗体顶部，其宽度等于窗体的 ScaleWidth 的值。
- 2：设置显示在窗体底部，其宽度等于窗体的 ScaleWidth 的值。
- 3：设置显示在窗体左侧，其宽度等于窗体的 ScaleWidth 的值。
- 4：设置显示在窗体右侧，其宽度等于窗体的 ScaleWidth 的值。

（3）Image 属性。

Image 属性用于记录图片框中的所有图形信息，包括使用绘图方法所产生的图形和 Print 方法产生的文字信息。

（4）Picture 属性。

Picture 属性用于确定图片框控件引入图片的名称，即设置插入图片的位置。具体设置方法是单击属性后的...图标，在弹出的“加载图片”对话框中选择插入的图片，如图 7-34 所示。

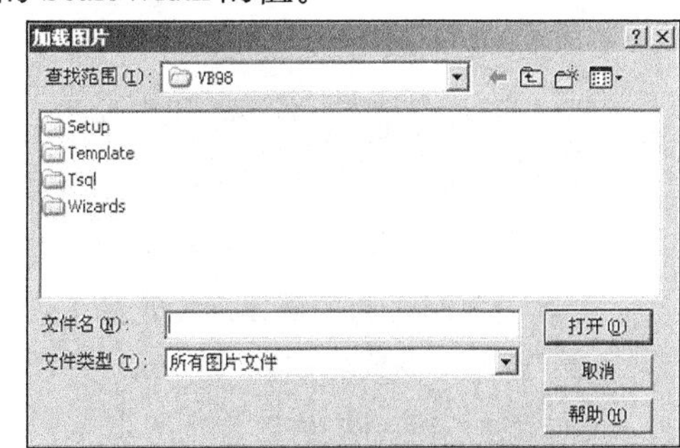

图 7-34 “加载图片”对话框

2. PictureBox 控件函数

PictureBox 的常用函数是 LoadPicture 函数，能够将图形载入到窗体的 Picture 属性、

PictureBox 控件或 Image 控件。LoadPicture 函数的语法格式如下所示。

```
LoadPicture(文件名,大小,可选变量[x,y])
```

上述参数的具体说明如下所示。

- 文件名：是可选项，使用字符串指定一个图片的文件名。
- 大小：是可选的，如果“文件名”是光标或图标文件，则需要设置图像的大小。
- 可选变量：是可选的，如果“文件名”是光标或图标文件，则需要设置颜色深度。
- x 和 y：是可选的，如果设置了 y，则必须使用 x，分别用于设置文件的宽度和高度。

实例 036　实现对窗体内图片的处理

源码路径　光盘\daima\7\7\　　　　视频路径　光盘\视频\实例\第 7 章\036

本实例演示说明了 PictureBox 控件的使用方法，具体实现流程如图 7-35 所示。

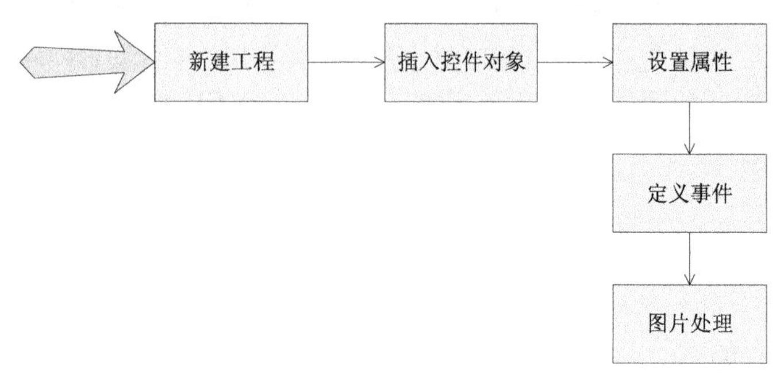

图 7-35　实例实现流程图

下面将详细介绍上述实例流程的具体实现过程，首先新建项目工程并插入各个控件对象，具体流程如下所示。

（1）打开 Visual Basic，新建一个标准 EXE 工程，如图 7-36 所示。

（2）在窗体 Form1 内插入 2 个 PictureBox 控件和 3 个 CommandButton 控件，并分别设置其属性，如图 7-37 所示。

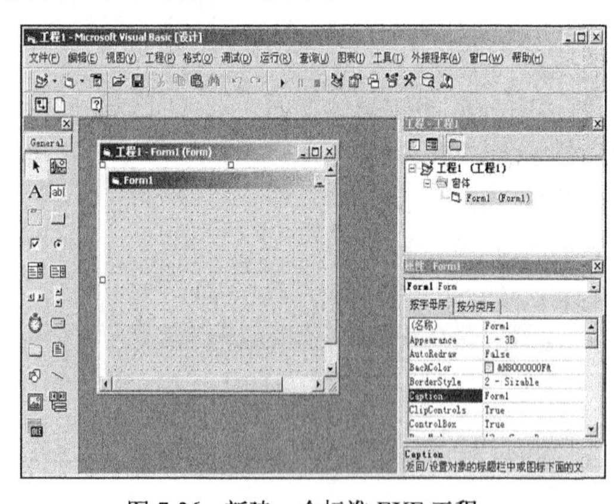

图 7-36　新建一个标准 EXE 工程

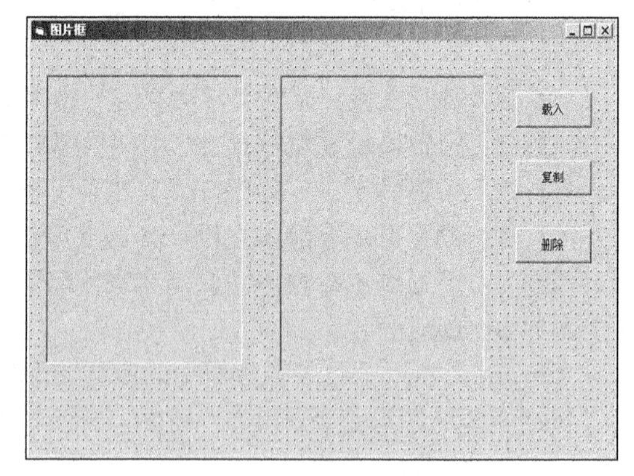

图 7-37　插入控件并设置属性

窗体内各对象的主要属性设置如下所示。

- 窗体：设置名称为“Form1”，Caption 属性为“图片框”。
- 第一个 PictureBox 控件：设置名称为“Picture1”，Algin 属性为“0”。
- 第二个 PictureBox 控件：设置名称为“Picture2”，Algin 属性为“0”。
- 第一个 CommandButton 控件：设置名称为“Command1”，Caption 属性为“载入”。
- 第二个 CommandButton 控件：设置名称为“Command2”，Caption 属性为“复制”。

❑ 第三个 CommandButton 控件：设置名称为“Command3”，Caption 属性为“删除”。

然后来到代码编辑界面，设置按钮事件处理代码，具体代码如下所示。

```
Private Sub Command1_Click()    '定义按钮1事件
'载入指定图片
Picture1.Picture = LoadPicture(App.Path & "\1.jpg")
End Sub
'定义按钮2事件
Private Sub Command2_Click()
'复制指定图片
Picture2.Picture = Picture1.Image
End Sub
'定义按钮3事件
Private Sub Command3_Click()
'删除框内的图片
Picture1.Picture = LoadPicture("")
Picture2.Picture = LoadPicture("")
End Sub
Private Sub Form_Load()
End Sub
```

范例 071：复制图片
源码路径：光盘\演练范例\071\
视频路径：光盘\演练范例\071\
范例 072：实现立体浮雕效果
源码路径：光盘\演练范例\072\
视频路径：光盘\演练范例\072\

经过上述设置处理后，整个实例设置完毕。当单击【载入】按钮后，将在左图片框内显示指定图片，如图 7-38 所示；当单击【复制】按钮后，将左图片框内的图片复制到右图片框内，如图 7-39 所示；当单击【删除】按钮后，将两幅图片框内的图片全部清空，如图 7-40 所示。

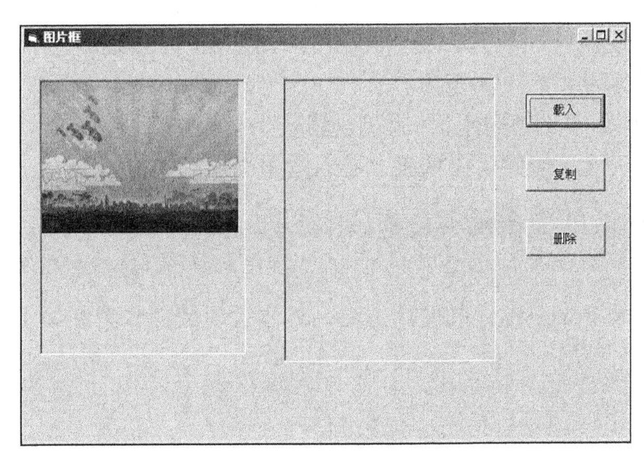

图 7-38 载入图片效果

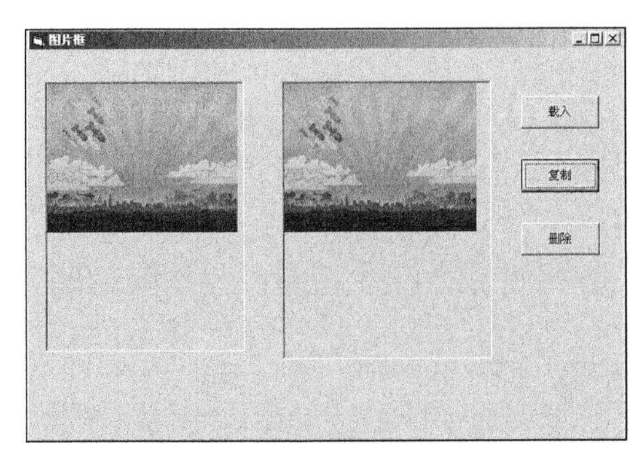

图 7-39 复制图片效果

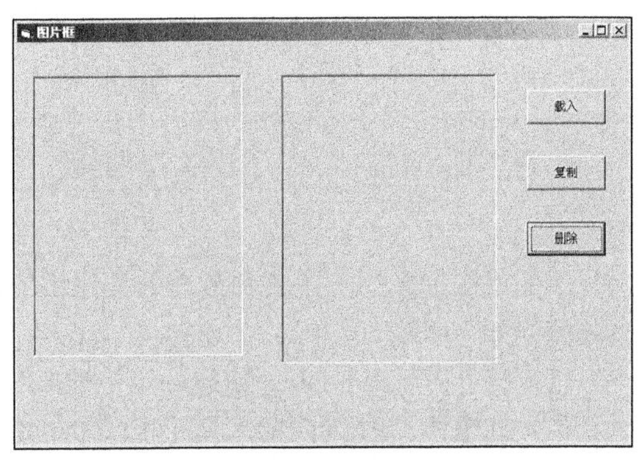

图 7-40 删除图片效果

在上述实例中，实现了对窗体内图片的简单处理。为了加载在 PictureBox 控件和 Image 控件中显示的图形，或作为窗体背景的图形，必须将 LoadPicture 的返回值赋给要显示该图片的 Picture 属性。看下面的代码。

```
Set Picture = LoadPicture("1.jpg")
Set Picture1.Picture = LoadPicture("1.jpg")
```

在上述代码中，将对象 Picture 的图片赋给了窗体 Picture1。

如果要将图标赋予窗体，则要把 LoadPicture 函数的返回值赋给 Form 对象的 Icon 属性，例如下面的代码。

```
Set Form1.Icon = LoadPicture("1.jpg")
```

图标也可以被赋予除 Timer 和 Menue 外的其他控件的 DragIcon 属性。例如下面的代码。

```
Set Conmmand1.DragIcon = LoadPicture("1.jpg")
```

使用 LoadPicture 也可以将图形文件载入到系统的粘贴板，例如下面的代码。

```
Clipborad.SetData LoadPicture("1.jpg")
```

7.5.2　Image 控件

Image 控件即图像框控件，和 PictureBox 控件极其类似，但是不能作为其他控件的容器。这种控件支持相同的图片格式，因为图像框控件使用较少的系统资源，所以处理的速度会更快。Image 控件是主要通过本身的属性来实现其功能的，下面将分别介绍 Image 控件的主要属性。

Image 控件的属性主要有 Picture 属性和 Stretch 属性。

（1）Picture 属性。

Picture 属性返回或设置控件中要显示的图片，可以通过 LoadPicture 函数在代码中设置。

（2）Stretch 属性。

Stretch 属性返回或设置一个值，用于设置一个图形是否要调整大小，以适用图形框控件的大小。适用取值的具体说明如下所示。

- True：在控件大小调整时里面的图形也随之调整。
- False：是默认值，控件需要调整大小以适用图形的大小。

实例 037　在图片框内按指定方式显示图片

源码路径　光盘\daima\7\8\　　　视频路径　光盘\视频\实例\第 7 章\037

本实例演示说明了 Image 控件的使用方法，具体实现流程如图 7-41 所示。

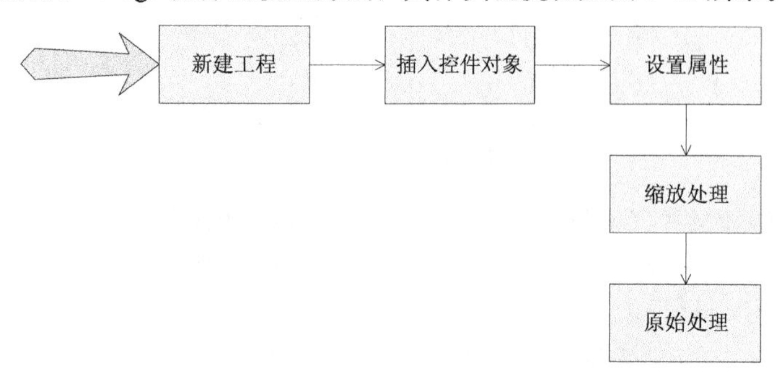

图 7-41　实例实现流程图

下面将详细介绍上述实例流程的具体实现过程，首先新建项目工程并插入各个控件对象，具体流程如下所示。

（1）打开 Visual Basic，新建一个标准 EXE 工程，如图 7-42 所示。

（2）在窗体 Form1 内插入 2 个 CommandBottom 控件和 2 个 Image 控件，并分别设置其属性，如图 7-43 所示。

窗体内各对象的主要属性设置如下所示。

- 窗体：设置名称为“Form1”，Caption 属性为“图像框”。
- 第一个 Image 控件：设置名称为“Image1”，Stretch 属性为“False”。
- 第二个 Image 控件：设置名称为“Image2”，Stretch 属性为“False”。
- 第一个 CommandBottom 控件：设置名称为“Command1”，Stretch 属性为“缩放”。

❑ 第二个 CommandBottom 控件：设置名称为“Command2”，Stretch 属性为“原始”。

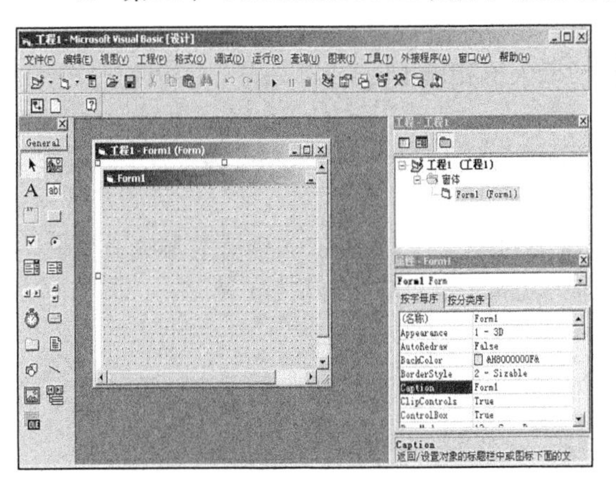

图 7-42　新建一个标准 EXE 工程

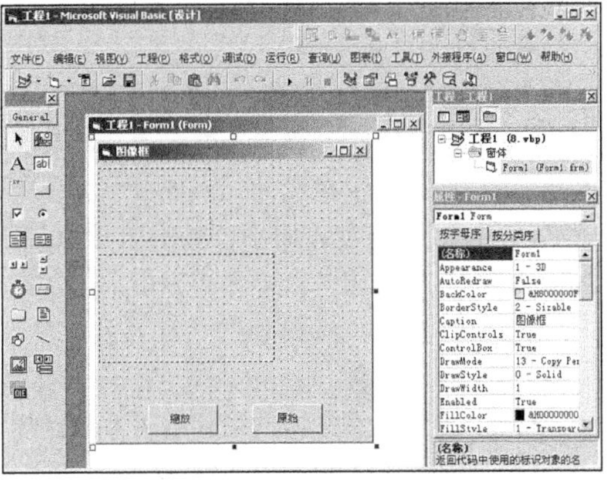

图 7-43　插入控件并设置属性

然后来到代码编辑界面，设置窗体中各对象的处理事件。具体代码如下所示。

```
'定义按钮1事件，设置图片根据图像框大小缩放显示
Private Sub Command1_Click()
Image1.Stretch = True
Image1.Picture = LoadPicture(App.Path & "\1.jpg")
End Sub
Private Sub Command2_Click()
'定义按钮2事件，设置图像框根据图片大小显示
Image2.Stretch = False
Image2.Picture = LoadPicture(App.Path & "\1.jpg")
End Sub
Private Sub Form_Load()
End Sub
```

范例 073：演示 AutoSize 的用法
源码路径：光盘\演练范例\073\
视频路径：光盘\演练范例\073\
范例 074：使用图像框的 Stretch 属性
源码路径：光盘\演练范例\074\
视频路径：光盘\演练范例\074\

经过上述设置处理后，整个实例设置完毕。如果单击【缩放】按钮，将以缩放样式显示指定图片，如图 7-44 所示；如果单击【原始】按钮，将以原始大小样式显示指定图片，具体效果如图 7-45 所示。

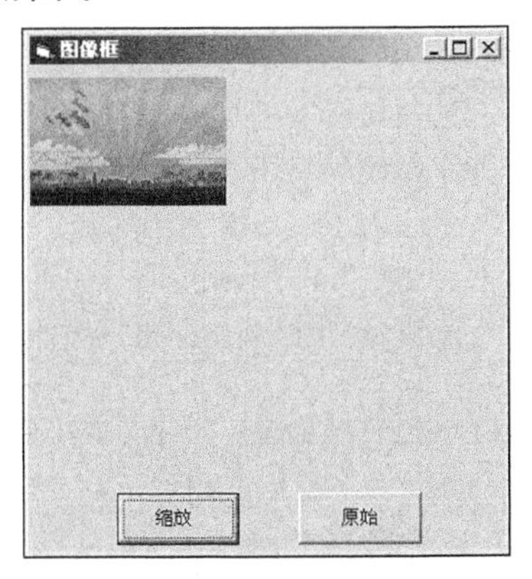

图 7-44　缩放效果显示

图 7-45　原始大小显示

7.6　滚动条控件

知识点讲解：光盘：视频\PPT 讲解（知识点）\第 7 章\滚动条控件.mp4

在 Windows 窗体程序中，滚动条的应用比较频繁，通过滚动条可以实现窗体的巨量信息显示。在本节的内容中，将向读者简要介绍 Visual Basic 中滚动条控件的基本知识。

滚动条分为水平滚动条 HScroll 和垂直滚动条 VScroll，分别用于实现水平滚动和垂直滚动。

滚动条控件的有如下 3 个主要属性。

（1）Max 和 Min 属性。

Max 和 Min 属性用于分别设置滚动条 Value 的最大值和最小值，取值范围是-32968～32969。

（2）Value 属性。

Value 属性用于设置滚动框在滚动条上的当前位置，不能超过 Max 和 Min 属性设置的范围。

（3）LargeChange 属性和 SmallChange 属性。

LargeChange 属性用于设置当用户单击滚动箭头的区域时，Value 属性值的最大改变量；SmallChange 属性用于设置当用户单击滚动箭头时，Value 属性值的最小改变量。

滚动条控件的有如下两个主要事件。

（1）Scroll 事件。

Scroll 事件只有在拖动滚动条时才被调用。

（2）Change 事件。

Change 事件可以在改变滚动条 Value 值时就会被调用。

实例 038 通过滚动条控制框内文本字体的大小

源码路径 光盘\daima\7\9\　　视频路径 光盘\视频\实例\第 7 章\038

本实例的实现流程如图 7-46 所示。

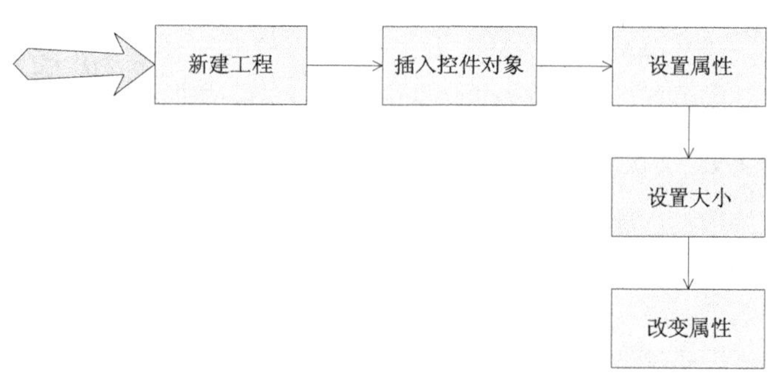

图 7-46 实例实现流程图

下面将详细介绍上述实例流程的具体实现过程，首先新建项目工程并插入各个控件对象，具体流程如下所示。

（1）打开 Visual Basic，新创建一个标准 EXE 工程，如图 7-47 所示。

（2）在窗体 Form1 内插入 1 个 TextBox 控件和 1 个水平滚动条（HScroll）控件，并分别设置其属性，如图 7-48 所示。

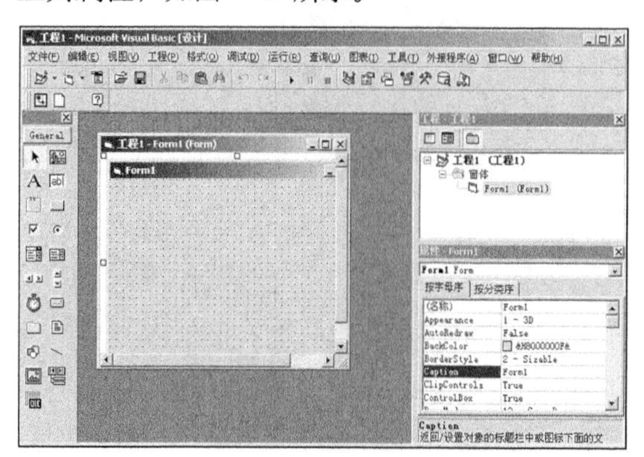

图 7-47 新建一个标准 EXE 工程

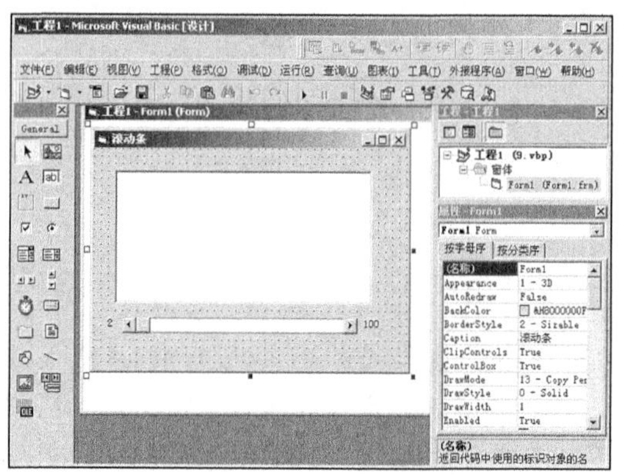

图 7-48 插入控件并设置属性

窗体内各对象的主要属性设置如下所示。

- ❑ 窗体：设置名称为“Form1”，Caption 属性为“滚动条”。
- ❑ TextBox 控件：设置名称为“Text1”，Text 属性为空。
- ❑ HScroll 控件：设置名称为“HScroll1”，Value 属性为“0”。

然后来到代码编辑界面设置处理代码。具体代码如下所示。

```
Private Sub Form_Load()
  HScroll1.Min = 2                    '设置最大和最小值
  HScroll1.Max = 100
  End Sub
  Private Sub HScroll1_Change()  '设置大小为滑动值
  Text1.FontSize = HScroll1.Value
  End Sub
```

经过上述设置处理后，整个实例设置完毕。执行后将按指定样式显示窗体，滑动滚动条可以控制框内的文本大小，具体效果如图 7-49 所示。

范例 075：滚动条接收用户输入
源码路径：光盘\演练范例\075\
视频路径：光盘\演练范例\075\
范例 076：调色板应用程序
源码路径：光盘\演练范例\076\
视频路径：光盘\演练范例\076\

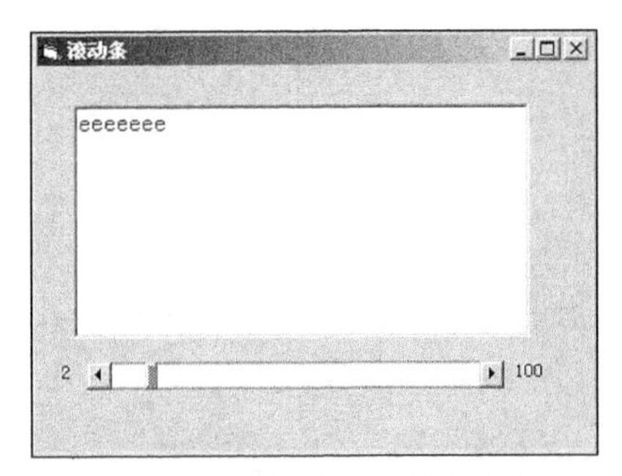

图 7-49　滚动条控制文本的字体大小

在上述实例中，通过滚动条控制了框内文本的字体大小。

7.7　定时器控件

知识点讲解：光盘：视频\PPT 讲解（知识点）\第 7 章\定时器控件.mp4

定时器控件即 Time 控件，它能够实现计时处理，将每隔一定的时间触发一次。开发人员可以通过定时器控件来执行周期性操作或时间长度的操作，在特定间隔后自动触发一个事件。在定时器控件中有两个比较常用属性，在本节将详细讲解这两个属性的基本知识。

7.7.1　Enabled 属性

Enabled 属性设置计时器控件是否开始计时，各取值的具体说明如下所示。

- ❑ 默认值为 True，表示开始计时。
- ❑ False：设置始终为休眠状态。

7.7.2　Interval 属性

Interval 属性设置定时的时间间隔，单位是毫秒，取值范围为 0～65535 毫秒。如果取值为 0，则表示时钟不起任何作用。

实例 039　在窗体内即时显示当前的时间

源码路径　光盘\daima\7\10\　　　视频路径　光盘\视频\实例\第 7 章\039

本实例演示说明了定时器控件的使用方法，具体实现流程如图 7-50 所示。

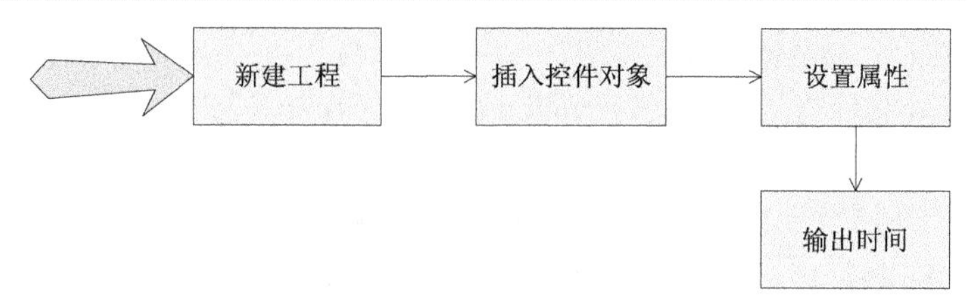

图 7-50　实例实现流程图

下面将详细介绍上述实例流程的具体实现过程，首先新建项目工程并插入各个控件对象，具体流程如下所示。

（1）打开 Visual Basic，新建一个标准 EXE 工程，如图 7-51 所示。

（2）在窗体 Form1 内插入 1 个 Label 控件和 1 个 Tomer 控件，并分别设置其属性，如图 7-52 所示。

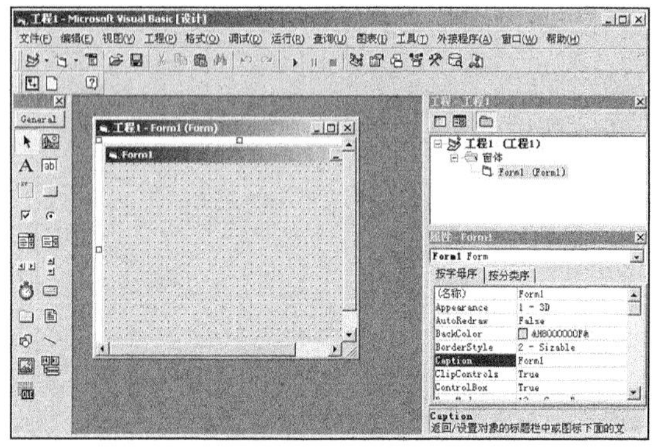

图 7-51　新建一个标准 EXE 工程

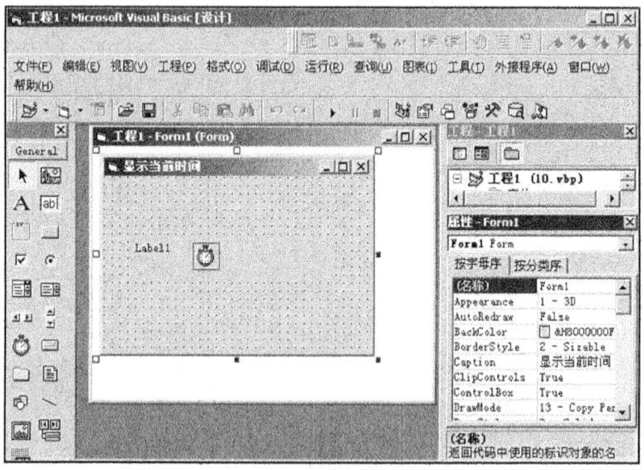

图 7-52　插入控件并设置属性

窗体内各对象的主要属性设置如下所示。

- 窗体：设置名称为“Form1”，Caption 属性为“显示当前时间”。
- Label 控件：设置名称为“Label1”，Caption 属性为“Label1”。
- Timer 控件：设置名称为“Timer1”。

> 范例 077：制作日期时间表
> 源码路径：光盘\演练范例\077\
> 视频路径：光盘\演练范例\077\
> 范例 078：实现一个流动字幕
> 源码路径：光盘\演练范例\078\
> 视频路径：光盘\演练范例\078\

然后来到代码编辑界面设置窗体的处理代码，具体代码如下所示。

```
Private Sub Form_Load()
Timer1.Interval = 100
End Sub
Private Sub Timer1_Timer()'输出显示当前时间
Label1.Caption = "当前系统时间：" & Now()
End Sub
```

经过上述设置处理后，整个实例设置完毕。执行后将在窗体内以计时器样式显示系统的当前时间，具体效果如图 7-53 所示。

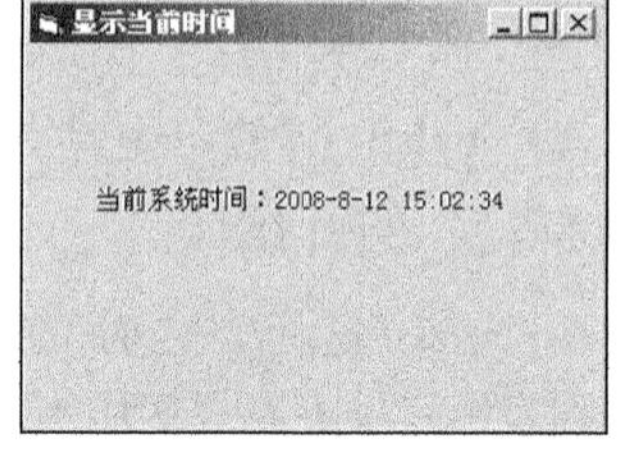

图 7-53　即时显示当前系统的时间

在上述实例中，实现了在窗体内即时显示当前时间的效果。计时器控件除了上述即时显示当前系统时间外，还可以进行倒计时处理，并且倒计时的单位可以设置。倒计时处理时可以设置 integerval 属性，如 1000（单位是毫秒）表示一秒钟执行一次，看下面的代码。

```
Private Sub Timer1_Timer()
    Static mul As integer,i As integer
    '比如是100秒的'
    i=i+1
```

```
    mul=100-i
    '用text1控键来输出结果'
    text1.text=mul
    If mul =0 Then timer1.enable=false
End Sub
```

在上述代码中，时钟控键的时频应是“1000”，enable 值为“true”。还有 text1 的字长是在 2 个字节之内，否则就会出现好多重复的。读者可以尝试使用 Timer 控件实现倒计时处理。

7.8 技术解惑

7.8.1 使用 Scrollbars 属性时的注意事项

（1）当属性值设置为 1、2 或 3 时，文本框将根据具体情况显示滚动条。只有超出水平或垂直高度时，才会显示滚动条。

（2）如果文本框不能显示所有文本，则显示滚动条。

（3）如果添加滚动条，文本的自动换行功能将消失。

（4）只有将 Multiline 属性设置为 True 时，Scrollbars 属性才会生效。

除了上面介绍的常用的属性外，文本框控件还有 SelStart、SelLength 和 SelText 等属性，分别用于设置文本框内文本的插入位置、选中文本框文本的长度和文本框选中的文本字符串。

7.8.2 Image 控件和图片框的区别

Image 控件是图像框控件，和图片框是不同的，具体区别如下所示。

（1）图片框是“容器”控件，可以作为父控件，而图像框不能作为父控件。也就是说，在图片框中，可以包含其他控件，作为它的“子控件”，如果移动图片框，则框中的控件也随着一起移动，并且与图片框的相对位置保持不变，其 Top 和 Left 属性是相对图片框而言，而与窗体无关；当图片框的大小改变时，这些子控件在图片框中的相对位置保持不变，图片框内的子控件也不能移到图片框外。

（2）图片框可以通过 Print 方法接收文本，并可接收由像素组成的图形，而图像框不能接收用 Print 方法输入的信息，也不能用绘图方法在图像框上绘制图形。每个图片框都有一个内部坐标(不显示)，用来指示下一个被绘制的点的位置，这个位置就是当前光标的坐标，它通过 CurrentX 和 CurrentY 属性来记录。

（3）图像框比图片框占用内存少，显示速度快。如果在图像框和图片框都能满足需要的情况下，应先考虑使用图像框。

7.8.3 Visual Basic 控件的 3 种广义分类

（1）内部控件，例如 CommandButton 和 Frame 控件。

这些控件都在 Visual Basic 的 .exe 文件中，内部控件总是出现在工具箱中。

（2）ActiveX 控件，是扩展名为“.vbx”的独立文件。

包括各种版本 Visual Basic 提供的控件（DataCombo, DataList 控件等）和仅在专业版和企业版中提供的控件（例如 ListView、Toolbar、Animation 和 Tabbed Dialog），另外还有许多第三方提供的 ActiveX 控件。

（3）可插入的对象。

例如一个包含公司所有雇员列表的 Microsoft Excel 工作表对象，或者一个包含某工程计划信息的 Microsoft Project 日历对象。因为这些对象能添加到工具箱中，所以可把它们当作控件使用。

7.8.4 Visual Basic 的标准控件

在下面的表 7-1 中列出了 Visual Basic 的标准控件

表 7-1 Visual Basic 的标准控件

名　称	作　用
Pointer（指针）	这不是一个控件，在选择指针后只能改变窗体中绘制的控件的大小，或移动这些控件
Label（标签）	用于显示（输出）文本，但不能输入或编辑文本
TextBox（文本框）	输入、输出文本，并可以对文本进行编辑
PictureBox（图片框）	显示图形或文字。可以装入多种格式图形，接受图形方法的输出，或作为其他控件的容器
Image（图像框）	在窗体上显示位图 、图标或源文件中的图形图像。Image 控件与 PictureBox 相比，它使用的资源要少一些
CommandButton（命令按钮）	创建按钮，选择它来执行某项命令
Frame（框架）	美化其他控件并对控件进行分组。为了将控件分组，首先要绘制框架，然后在框架中画出控件
OptionButton（单选按钮）	允许显示多个选项，但只能从中选择一项
CheckBox（复选框）	又称检查框，用它很容易指出某事的真假，有多个选择时，也可用它显示这些选择
ComboBox（组合框）	为用户提供对列表的选择，可看作文本框和列表框的组合。使用时可从下拉列表中选择一项，也可在文本框中输入值
ListBox（列表框）	用于显示项的列表，可从这些项中选择一项。如果包含的项太多而无法一次显示出来，则可滚动列表框
HScrollBar（水平滚动条）	用于表示一定范围内的数值选择。可快速移动很长的列表或大量信息，可在标尺上指示当前位置，或作为速度或数量的指示器
VScrollBar（垂直滚动条）	同 HscrollBar 控件，唯一不同的是一个是水平的，一个是垂直的
Timer（计时器）	在指定的时间间隔内产生定时器事件。该控件在运行时不可见
DriveListBox（驱动器列表框）	显示当前系统中驱动器列表
DirListBox（目录列表框）	显示当前驱动器上的目录列表
FileListBox（文件列表框）	显示当前目录中的文件列表
Shape（形状）	在窗体上绘制矩形、圆角矩形、正方形、圆角正方形、椭圆形或圆形
Line（直线）	在窗体上画直线
Data（数据）	用于访问数据库
OLE（OLE 容器）	用于对象的链接与嵌入

7.8.5 用第三方控件修饰按钮

在实际的应用中，需要对按钮控件进行样式修饰，使其以更好的效果显示出来。当前网络上有很多第三方提供的类 XP 样式的 Visual Basic 按钮，读者可以尝试下载并使用。下面以使用名为“Command.ocx”的类 XP 样式按钮控件为例，介绍具体的设置流程。具体的设置流程如下所示。

（1）在网络中下载名为“Command.ocx”的类 XP 样式按钮控件。

（2）打开 Visual Basic 6.0，右键单击工具箱中的空白位置，在弹出选项中选择“部件”命令后弹出“部件”对话框，如图 7-54 所示。

（3）单击【浏览】按钮，在弹出的“添加 ActiveX 控件”对话框中选择下载的“Command.ocx”，如图 7-55 所示。

（4）单击【确定】按钮后，下载的 Command.ocx 将会出现在 Visual Basic 6.0 的“工具箱”中，如图 7-56 所示。

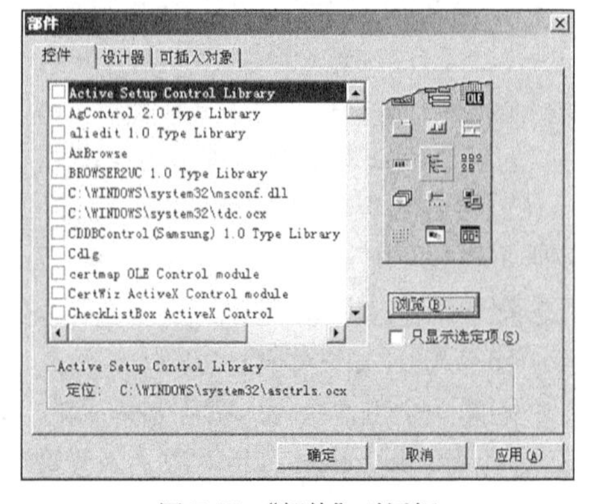

图 7-54 “部件”对话框

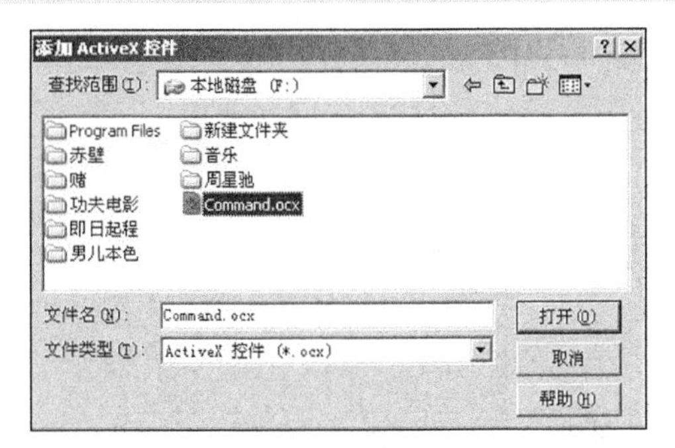

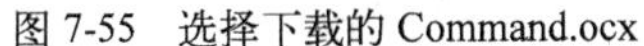
图 7-55 选择下载的 Command.ocx

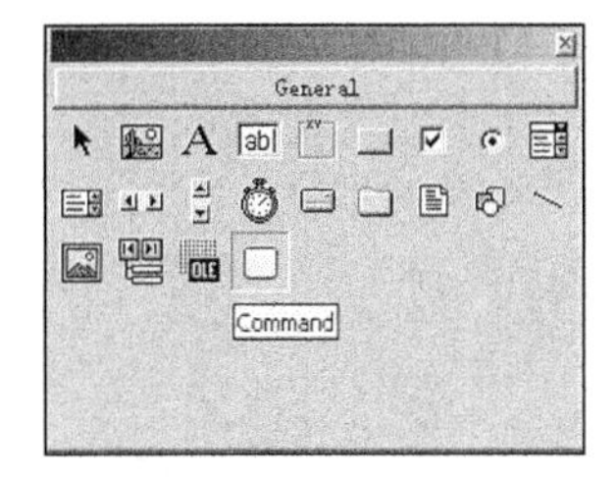

图 7-56 工具箱中的 Command.ocx

7.8.6 滚动条控件的属性和事件

滚动条控件的属性和事件的理解比较复杂，其中 Value 属性的使用和事件之间的区别比较难于理解。对于读者来说，应该充分注意如下所示的 2 点。

（1）在中间位置时，Value 属性值必须严格按照比例设置。具体来说，可以使用如下 4 种方法改变 Value 值。

- 在属性窗口改变。
- 单击两端箭头按钮改变。
- 拖动滚动条改变。
- 单击滚动条两端部分改变。

（2）在实际应用中，通常使用 Scroll 事件来跟踪滚动条在拖动时数值的变化，因为在单击滚动条或滚动箭头时将产生 Change 事件，所以经常使用 Change 事件来获得滚动条变化后的最终值。

7.8.7 解决 ListBox 内选项过多的问题

如果 ListBox 内的选项过多，则可以设置 ListBox 来产生垂直下拉条。但是如果选项的水平距离大于 ListBox 的水平距离，不会生成水平下拉条。如果要实现水平下拉条效果，可以利用 SendMessage 传送 LB_SETHORIZONTALEXTENT 讯息给 ListBox，此讯息的作用是要求 ListBox 设定水平卷动轴。具体流程如下所示。

（1）API 的声明。

```
\'16位
Const WM_USER = &H400
Const LB_SETHORIZONTALEXTENT = (WM_USER + 21)
Private Declare Function SendMessage Lib "User" (ByVal hWnd As Integer, ByVal wMsg As Integer, ByVal wParam As Integer,
lParam As Any) As Long
\'32位
Const LB_SETHORIZONTALEXTENT = &H194
Private Declare Function SendMessage Lib "user32" Alias "SendMessageA" (ByVal hWnd As Long, ByVal wMsg As Long, ByVal
wParam As Long, lParam As Any) As Long
```

（2）使用。

在如下代码中引用，即可实现水平下拉条。

```
\' List1 为 ListBox 的名称
Call SendMessage(List1.hwnd, LB_SETHORIZONTALEXTENT, 水平卷动轴的宽度, ByVal 0&)
```

以上的水平卷动轴宽度的单位是 pixel（像素），或许您会认为这个宽度就是 ListBox 的宽度，但是结果却不是这样的，它真正指的是这个卷动轴要卷动的文字的宽度，所以您要预留可能放到 ListBox 内的资料最长的长度，若留得太短，可能出现如下两个问题。

（1）水平卷动轴的宽度设的比 ListBox 本身的宽度还短，VB 会认为不需要卷动轴，而不产生卷动轴。

（2）水平卷动轴的宽度设的比 ListBox 内的资料宽度还短，则只能卷动一半，还是看不到完整内容。

第 8 章

工具栏和状态栏

工具栏和状态栏是 Visual Basic 项目中的核心元素之一，通过工具栏和状态栏可以创建功能更加丰富的 Windows 程序。在本章的内容中，将详细讲解 Visual Basic 中工具栏和状态栏的基本知识，并通过具体的实例来加深对知识点的理解。

本章内容

- ⏭ 创建和设计工具栏
- ⏭ 创建和设计状态栏

技术解惑

控制菜单和工具栏的外观
模式与无模式的对话框
用窗体作为自定义对话框
设计窗体时要心里想着用户

8.1 创建和设计工具栏

知识点讲解：光盘：视频\PPT 讲解（知识点）\第 8 章\创建和设计工具栏.mp4

工具栏可以提供应用程序中常用选项的快速访问方式，工具栏位于状态栏的下方，由不同的命令按钮构成。每个命令按钮上都具有一个小图标，用于标识命令按钮。因为工具栏本身的特点，所以被广泛地应用于工程项目的主界面中。在本节的内容中，将对 Visual Basic 中创建和设计工具栏中的基本知识进行简要说明。

8.1.1 使用 Toolbar 控件创建工具栏

Toolbar 控件是 Visual Basic 中创建工具栏的主要控件，但是 Toolbar 不在 Visual Basic 的工具箱之中，需要开发人员特地设置。设置 Toolbar 控件的基本操作流程如下所示。

（1）打开 Visual Basic 6.0，在菜单栏中依次单击【工程】|【部件】选项，在弹出的“部件”对话框内选择“控件”选项，如图 8-1 所示。

（2）选择 Mirosoft Windows Common Controls 6.0 选项，然后单击【确定】按钮将 Toolbar 控件添加到工具箱中，如图 8-2 所示。

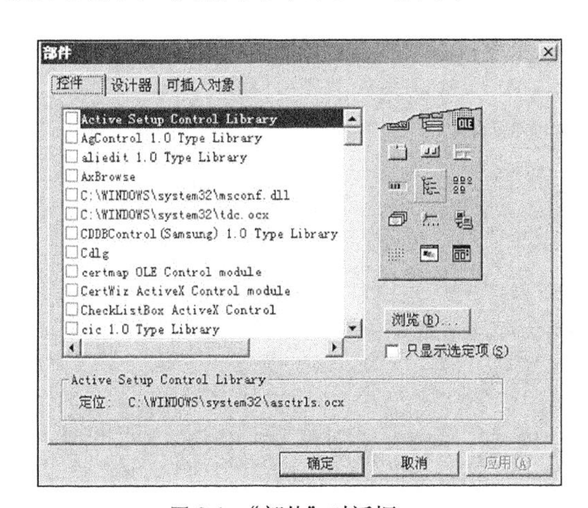

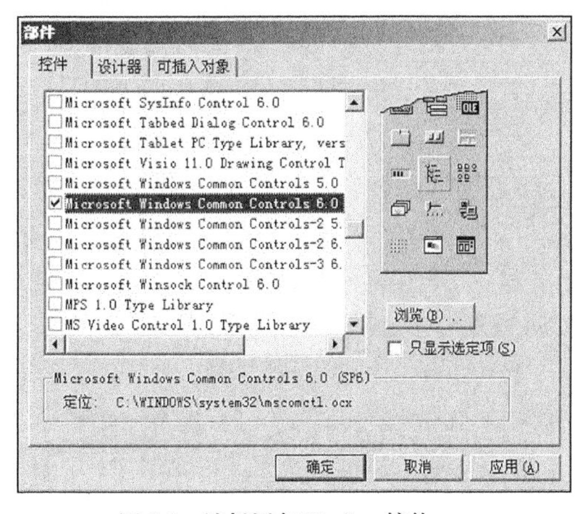

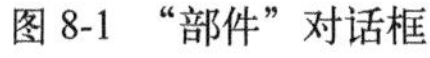
图 8-1 “部件”对话框

图 8-2 选择添加 Toolbar 控件

Toolbar 控件中包含一组 Buttom 对象，用于生成和程序菜单相关的工具栏。Toolbar 控件是通过其本身的属性来实现功能的，主要属性的具体信息如下。

1. Algin 属性

Algin 属性用于设置工具栏的按钮样式，确定对象是否可以在窗体内以任意大小、在任意位置显示。Algin 各属性值的具体说明如下。

- 0：没有限制，可以在设计时或在程序中确定大小和位置。
- 1：在顶部显示，宽度等于窗体的 ScaleWidth 的值。
- 2：在底部显示，宽度等于窗体的 ScaleWidth 的值。
- 3：在左侧显示，宽度等于窗体的 ScaleWidth 的值。
- 4：在右侧显示，宽度等于窗体的 ScaleWidth 的值。

2. Buttom 属性

Buttom 属性用于应用工具栏中的对应按钮。

3. ShowTips 属性

ShowTips 属性将返回一个值，此值决定是否显示工具栏提示。在运行时，当用户光标在按钮上逗留时间达到 1 秒后就会出现这个提示，如图 8-3 所示。

图 8-3　工具提示

实例 040　在窗体内添加工具栏按钮

源码路径　光盘\daima\8\1\　　　　视频路径　光盘\视频\实例\第 8 章\040

本实例演示说明了添加工具栏的方法，具体实现流程如图 8-4 所示。

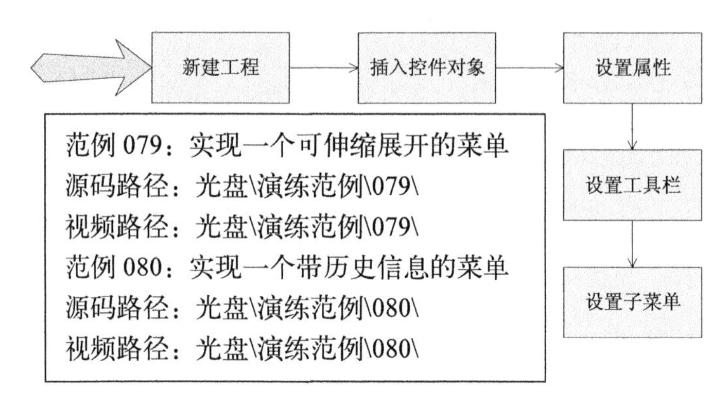

图 8-4　实例实现流程图

下面将详细介绍上述实例流程的具体实现过程，具体流程如下所示。

（1）打开 Visual Basic 6.0，新创建一个标准 EXE 工程，如图 8-5 所示。

（2）选择工具箱工具 Toolbar，在窗体内插入一个 Toolbar 控件，如图 8-6 所示。

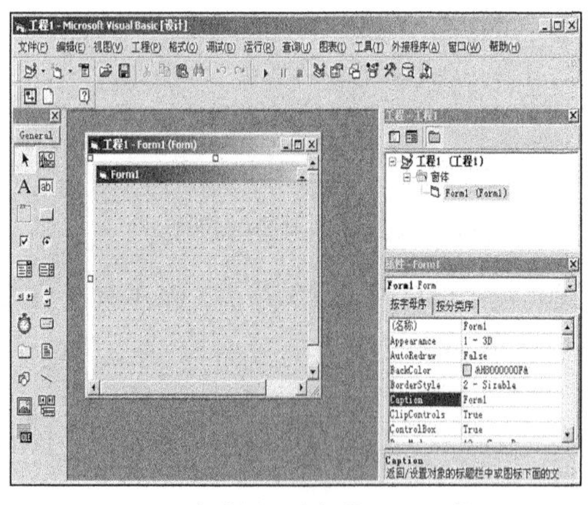

图 8-5　新创建一个标准 EXE 工程

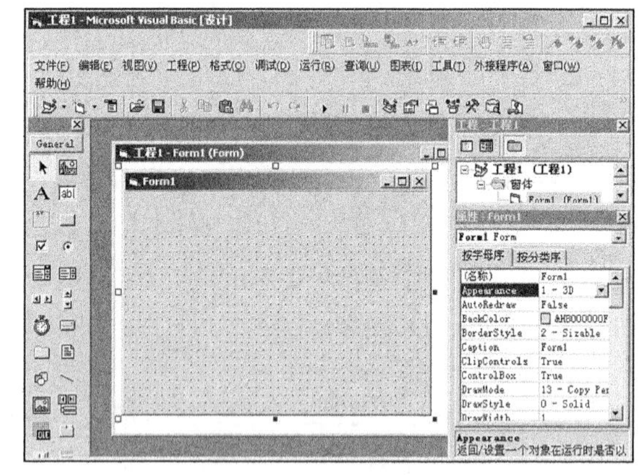

图 8-6　插入 Toolbar 控件

（3）右键单击插入的 Toolbar 控件并选择“属性”选项，在弹出的“属性”对话框中选择“按钮”选项，如图 8-7 所示。

（4）单击【插入按钮】按钮，设置“描述”为 font，“样式”为 5，“关键字”为字体，如图 8-8 所示。

（5）单击【插入按钮菜单】选项按钮，为“字体”按钮设置两个子菜单“宋体”和“正楷”，如图 8-9 所示。

经过上述设置处理后，整个实例设置完毕。执行后，在窗体内生成一个具有子菜单的按钮，如图 8-10 所示。

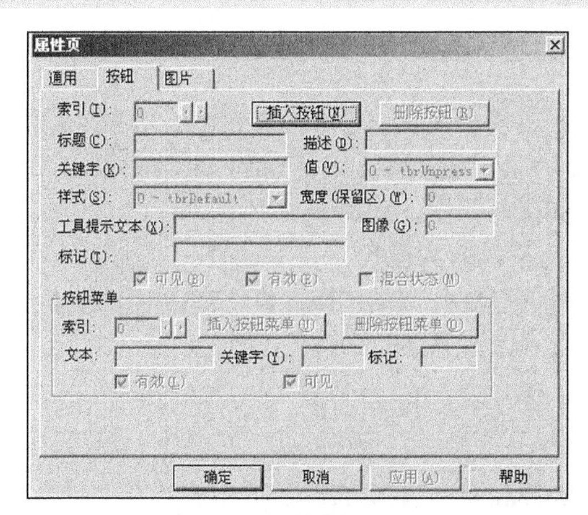

图 8-7 设置属性

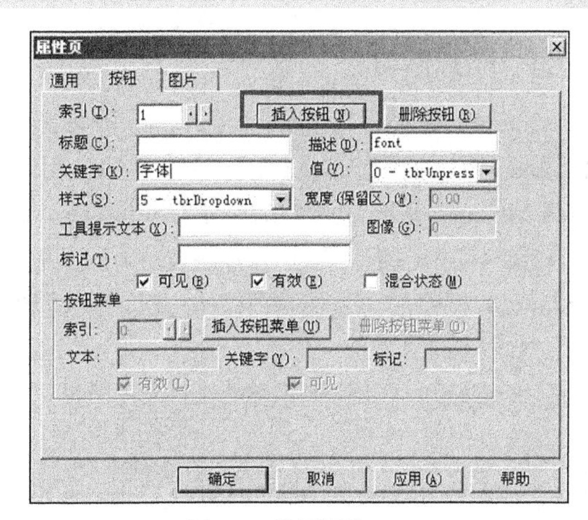

图 8-8 设置属性

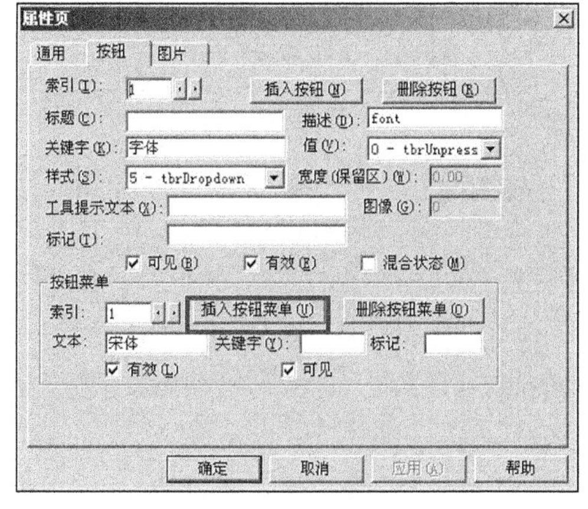

图 8-9 设置字体属性

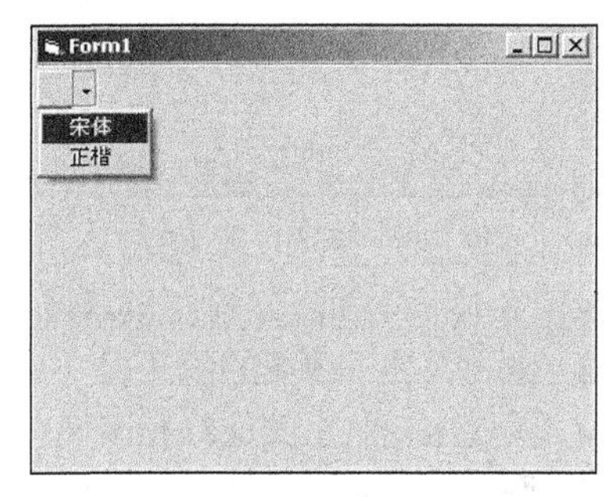

图 8-10 实例执行效果

在上述实例中，通过对 Toolbar 控件属性的简单设置，在窗体内实现了基本的工具栏效果。Toolbar 控件中除了上面介绍的基本属性外，还有常用的 ImageList 属性和 Wrappable 属性。其中，ImageList 属性用于设置 此工具栏调用的 ImageList 控件。而 Wrappable 属性用于设置当重新设置窗口大小时，Toolbar 控件是否自动换行。

在实际应用中，可以在 Toolbar 的“属性页”对话框的“按钮”选项卡中设置 Toolbar 样式，如图 8-11 所示。

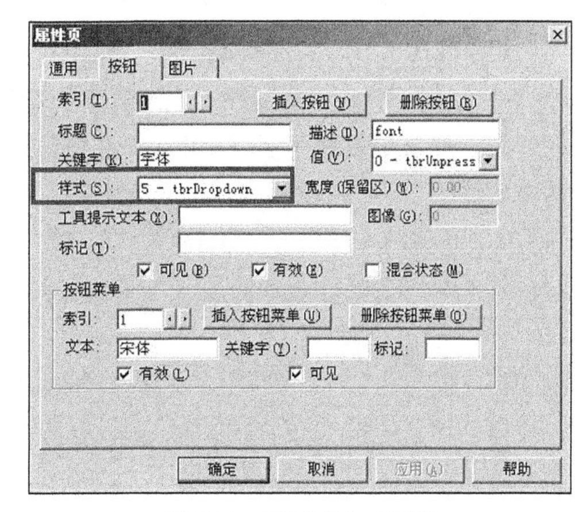

图 8-11 “属性页”对话框

在图 8-11 中有如下 5 个主要选项。

- 索引：表示每个按钮的数字编号。
- 关键字：表示每个按钮的标识名。
- 图像：选定 ImageList 图像后，可以使用索引值或关键字的值。
- 样式：用于设置按钮的样式，取值为 0～5 的整数。
- 值：表示按钮的状态，有“按下”和“未按下”两种。

其中，“样式”的取值比较重要，读者课后可以在网络中通过检索“Toolbar 控件样式”关键字，来获取对应的信息。

8.1.2　添加图像

ImageList 控件不能单独使用，它能够为其他控件提供图像。工具栏按钮中的图像，是通过 Toolbar 控件的图形库获得的。和使用 Toolbar 控件一样，需要在 Visual Basic 的“部件”对话框中将 Mirosoft Windows Common Controls 6.0 添加到工具箱中，如图 8-12 所示。

ImageList 控件的使用方法简单，和使用工具箱中的其他控件完全一样。在窗体内插入 ImageList 控件后，单击鼠标右键并选择“属性”选项，在弹出的“属性页”对话框中选择“图像”选项卡，如图 8-13 所示。

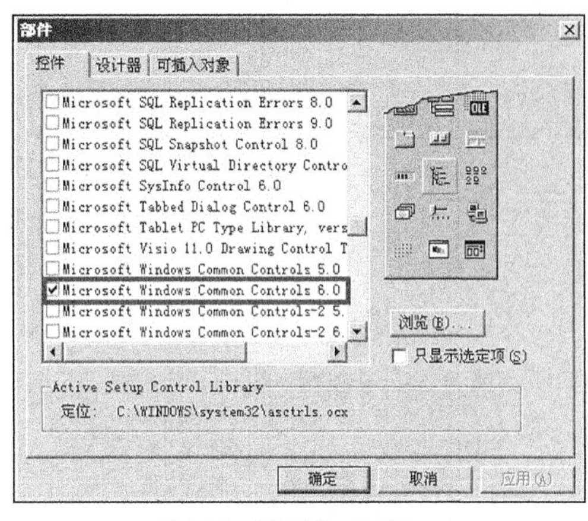

图 8-12　“部件”对话框

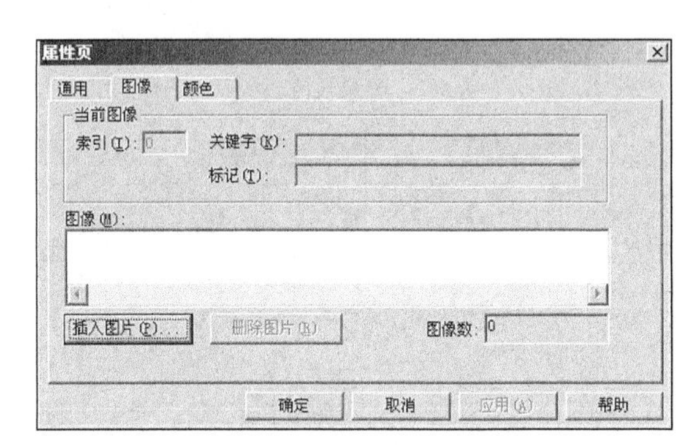

图 8-13　“属性页”对话框

在图 8-13 中有如下 5 个主要选项。

- ❑ 索引：表示图像的编号。
- ❑ 关键字：表示图像的标识名。
- ❑ 图像数：表示已插入的图像数目。
- ❑ “插入图片”按钮：用于插入新的图像。
- ❑ “删除图片”按钮：用于删除选中的图像。

实例 041　在 ImageList 内添加一幅图像

源码路径　光盘\daima\8\2\　　视频路径　光盘\视频\实例\第 8 章\041

本实例是基于前面实例 040 的，功能是在 ImageList 内添加一幅图像。具体实现流程如下所示。

(1) 打开 Visual Basic 6.0，将前面的实例 1 文件打开，如图 8-14 所示。

(2) 选择工具箱工具 Toolbar，在窗体内插入一个 ImageList 控件，如图 8-15 所示。

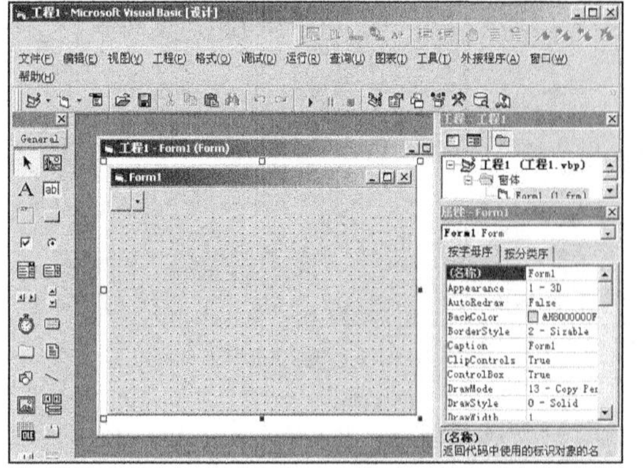

图 8-14　打开实例文件

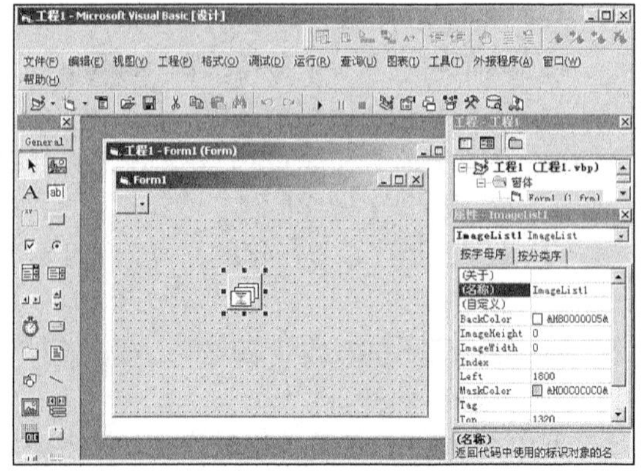

图 8-15　插入 ImageList 控件

（3）右键单击插入的 ImageList 控件并选择“属性”选项，单击“图像”标签打开“图像”对话框，如图 8-16 所示。

（4）单击【插入图片】按钮，在弹出的“选定图片”对话框内选择插入的图片，如图 8-17 所示。

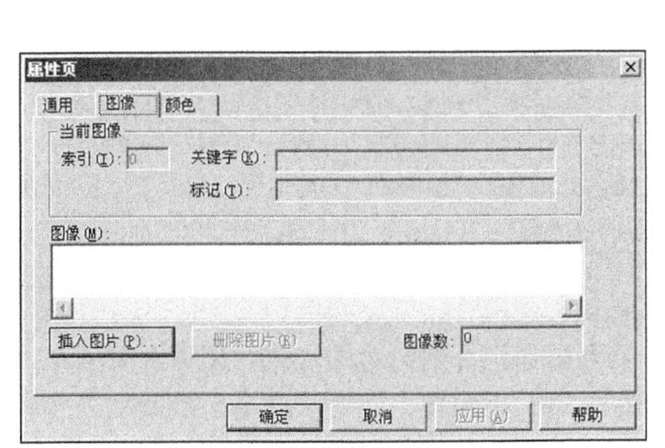

图 8-16 “属性页”对话框

图 8-17 “选定图片”对话框

（5）单击【确定】按钮返回属性页，继续单击【确定】按钮后将指定图片插入，如图 8-18 所示。

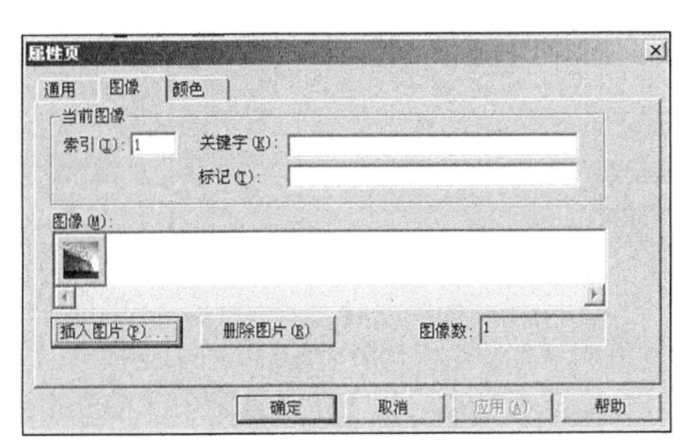

图 8-18 插入指定图片

经过上述设置处理后，整个实例设置完毕。执行后，在窗体内生成一个具有子菜单的按钮，如图 8-19 所示。

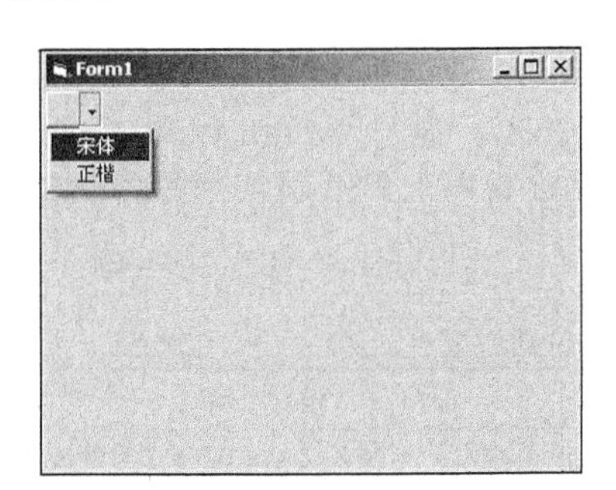

范例 081：实现一个树状导航菜单
源码路径：光盘\演练范例\081\
视频路径：光盘\演练范例\081\
范例 082：向菜单中添加图标
源码路径：光盘\演练范例\082\
视频路径：光盘\演练范例\082\

图 8-19 实例执行效果

但是，在上述实例中插入的图片没有显示，这是因为没有将 ImageList 控件和 Toolbar 控件相关联。

通过上述实例，演示了通过 ImageList 控件在工具栏子项中添加一幅图像的过程。但是

ImageList 的功能不仅限于此，接下来将详细阐述 ImageList 控件的基本用法。

在应用程序的设计中，我们常常会用到大量的图标、光标和位图资源，如果把它们都作为文件单独存放在硬盘则势必会造成管理上的混乱和程序效率的降低，而 ImageList 控件是一种较为可行的实现途径。

ImageList 作为 Comctl32.ocx 文件中的一个 ActiveX 部件，将该控件添加到工具箱并拖放到窗体之后即可为它添加图片对象，实现的途径一是在属性对话框中，按 Custom 按钮（中文版为“自定义”）并在弹出的对话框中添加图片，另一种则是在代码中利用 Add 方法来完成：

```
Object.Add(index,key,picture)
```

其中，“Object”是 ImageList 集合中的 ListImages 对象，“index”为索引，“key”为标识图标的唯一字符串（即不允许重复），后面二者均为可选参数，Picture 为必须指定的待加入图片，例如：

```
Set imgX=ImageList1.ListImages.Add(,,Load Picture_(“C: \Windows\setup.bmp”))
```

这里要注意的是 ImageList 控件要求图片的大小相等，否则会对图片强行裁剪，对于在设计阶段就加入图片的情况该控件会以第一次加入的图片大小为准，而对于在运行期间则以代码指定的宽度属性 ImageWidth 和高度属性 ImageHeight 为准，也就是说，这两个属性是只写一次属性。把图片加入到 ImageList 集合中后就可以进行应用了，最常见的是我们把它和 TreeView、TabStrip、ListView 和 ToolBar 等控件相关联，例如：

```
ImageList1.ListImages.Add(,,LoadPicture(“new.ico”))
ImageList1.ListImages.Add(,“A”,LoadPicture(“Open,ico”))
TreeView.ImageList=ImageList1                                  '关联
TreeView.Nodes(3).Image=1                                      '通过索引引用图片
TreeView.Nodes(5).Image=“A”                                    '通过Key引用图片
```

这样，就可以把 TreeView 控件中的 3 节点和 5 节点的图标分别指定为 new.ico 和 open.ico 了。同样也可以为 ToolBar 等控件建立同样关联。

```
Set btnX=ToolBar1.Buttons.Add
ToolBar1.ImageList=ImageList1
Set btnX=ToolBar1.Buttons.ADD(,,,,“A”)
```

运行程序后，可以看到工具条上新添加的前一个按钮是空白的而后一个显示 Open.ico 图标。

当然，ImageList 控件的用途并非仅仅局限于和这几种控件相关联，也可以把 RPG 游戏主角的各种姿态放入到控件中以进行切换，设主角在集合中几种姿态对应的 Key 标识分别为“Left”“Right”“UP”“Down”。下面是切换主角姿态的详细代码。

```
With ImageList1
.ListImage(“Left”).Draw Picture1.hDC,x,y,imlTransparent
.ListImage(“Right”).Draw Picture1.hDC,x,y,imlTransparent
.ListImage(“Up”).Draw Picture1.hDC,x,y,imlTransparent
.ListImage(“Down”).Draw Picture1.hDC,x,y,imlTransparent
End With
```

这里使用了一个 Draw 方法，它将 ImageList 集合中指定图像绘制到目标设备环境中，其中第一个参数指定目标设备环境(比如例中的 Dicture1.hDC，也可为 Form1.hDC)，第二、三个参数指定在目标设备环境中的起始绘制座标，默认为 0，0(左上角)，第四个参数指定绘图模式，具体说明如表 8-1 所示。

表 8-1　ImageList 集合参数说明

常　量	值	说　明
imlNormal	0	正常的覆盖操作，类似于 Paint Picture 的默认操作
imlFransParent	1	透明，对 MaskColor 指定的颜色不予绘制
imlSelected	2	使用系统高亮度颜色抖动图像
imlFocus	3	绘制抖动图像并剥掉高度颜色

但是 imlTransparent 常量必须在指定 UseMaskColor 和 MaskColor 属性时才有效，例如：

```
ImageList1.UseMaskColor=True
ImageList1.MaskColor=VbRed
```

这样，就指定了红色作为图片的背景色，当遇到红色时将不予绘制而保存背景。

另外，也可以利用 Overlay 方法从两个图片对象中产生新的图片。

```
ImageList1.MaskColor=VbBlue
ImageList1.UseMaskColor=True
Set Picture1.Picture=ImageList1.Overlay(1,"A")
```

这样，就能得到集合中第一个图片和 Key 为“A”的图片的叠加图像，同时“A”图片的蓝色部分不予绘制。下面是利用 ExtractIcon 方法创建图标或光标的代码例子。

```
Set PicA=ImageList1.ListImage("A").ExtractIcon
With Form1
.MouseIcon=PicA
.MousePointer=VbCustom
End With
```

8.1.3 ImageList 和 Toolbar 控件关联

在实际应用中，可以将 ImageList 和 Toolbar 控件实现关联，这样就可以在窗体菜单内以图像样式显示。在下面的内容中，将通过一个简单实例的实现过程，来讲解 ImageList 控件和 Toolbar 控件的关联方法。

实例 042 实现 ImageList 和 Toolbar 控件的关联，以在工具栏子项中显示设置的图片

源码路径 光盘\daima\8\3\　　视频路径 光盘\视频\实例\第 8 章\042

本实例演示说明了 ImageList 和 Toolbar 控件相互关联的方法，具体运行流程如图 8-20 所示。

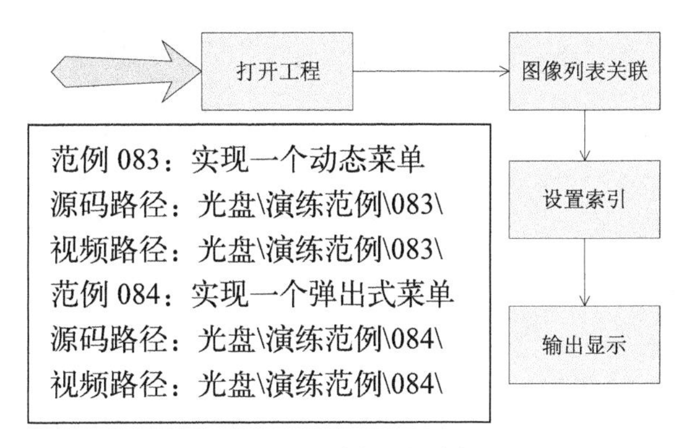

图 8-20 实例运行流程图

下面将详细介绍上述实例流程的具体实现过程，具体实现流程如下所示。

（1）打开 Visual Basic 6.0，将前面的实例 041 文件打开，如图 8-21 所示。

（2）右键单击 Toolbar 并选择“属性”选项，然后选择“通用”标签，设置“图像列表”为 ImageList1，实现关联，如图 8-22 所示。

（3）选择“按钮”标签，设置“图像”索引值为 1，如图 8-23 所示。

经过上述设置处理后，整个实例设置完毕。执行后，在窗体内生成一个具有子菜单的按钮，并且实现了 ImageList 和 Toolbar 的关联，如图 8-24 所示。

在上述实例中，实现了 ImageList 和 Toolbar 控件的关联，关联后设置的图片将显示在 Toolbar 的子菜单项中。ImageList 控件在其中的作用类似于图像的储藏室，它需要第二个控件显示所储存的图像。第二个控件可以是任何能显示图像 Picture 对象的控件，也可以是特别设计的、用于绑定 ImageList 控件的 Windows 通用控件之一。这些控件包括 ListView、ToolBar、TabStrip、Header、ImageCombo 和 TreeView 控件。为了与这些控件一同使用 ImageList，必须通过一个适当的属性将特定的 ImageList 控件绑定到第二个控件。对于 ListView 控件，必须设置其 Icons 和 SmallIcons 属性为 ImageList 控件。对于 TreeView、TabStrip、ImageCombo 和 Toolbar 控件，必须设置 ImageList 属性为 ImageList 控件。

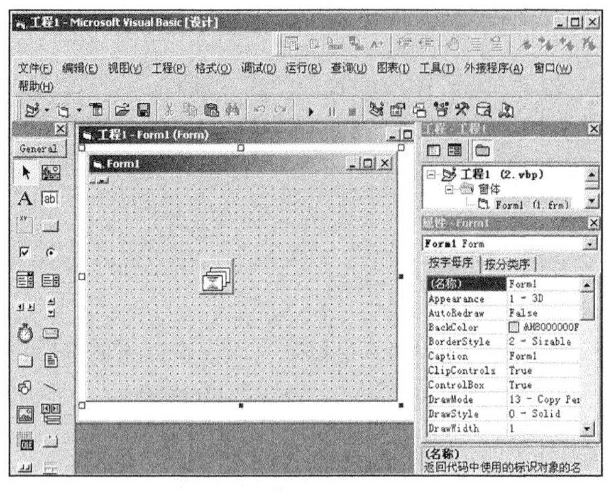

图 8-21　打开实例文件

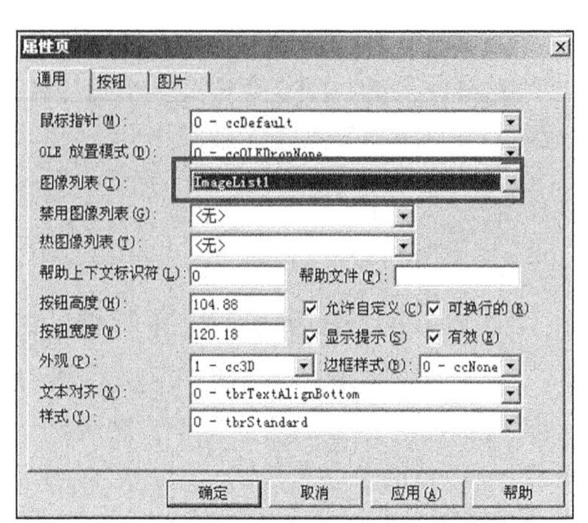

图 8-22　插入 ImageList 控件

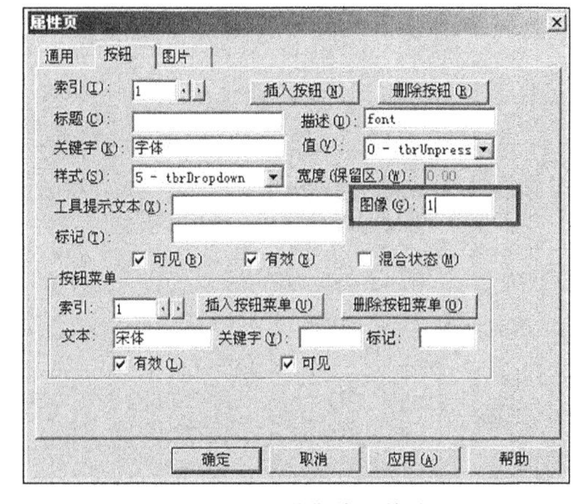

图 8-23　设置“图像”索引值为 1

图 8-24　实例执行效果

8.1.4　响应 Toolbar 控件的事件

Toolbar 控件中的常用事件是 ButtomClick 事件和 ButtomMenuClick 事件。其中，ButtomClick 事件对应的按钮样式为 0～2，ButtomMenuClick 事件对应的按钮样式为 5。

单击窗体内的 Toolbar 控件后，将会触发上述事件，在具体停用中可以通过数组索引或关键字属性来识别单击的按钮，然后使用 Select Case 语句来实现处理程序。另外，也可以使用数组索引来编程处理，使用标识名来代替关键字。

Toolbar 控件中的事件使用方法和其他 Visual Basic 事件类似，读者可以参阅其他控件的使用方法来使用 Toolbar 控件的事件。

8.2　创建和设计状态栏

知识点讲解：光盘：视频\PPT 讲解（知识点）\第 8 章\创建和设计状态栏.mp4

状态栏在 Visual Basic 应用项目中比较常见，它可以显示系统的信息和对用户的提示信息。

Visual Basic 中状态栏控件是 StatusBar 控件。在通常情况下，状态栏位于父窗体的底部。状态栏能够被最多分成 16 个 Panel 对象，每个 Panel 对象能够包含文本和图片。通过其本身的 Style 属性可以生成如 Word 的状态栏效果，如图 8-25 所示。

图 8-25 Word 的状态栏效果

StatusBar 控件有如下 3 个常用属性。

1. Panels 属性

Panels 属性用于返回对 Panels 对象的集合引用。

2. Height 和 Width 属性

Height 和 Width 属性用于分别设置或返回控件的高度和宽度。

3. Style 属性

Style 属性用于返回控件的类型，0 是默认值；如果为 1 则表示 StatusBar 显示所有的 Panel 对象。如果要使用 StatusBar 控件，则需要首先将其添加到工具箱中。和使用 Toolbar 控件一样，需要在 Visual Basic 的“部件”对话框中将 Mirosoft Windows Common Controls 6.0 添加到工具箱中。

添加后可以通过单击工具箱中的 StatusBar，实现在窗体内添加状态栏。然后右键单击 StatusBar 并选择“属性”选项，在弹出的“属性页”对话框中选择“窗格”选项卡后可以对其进行设置，如图 8-26 所示。

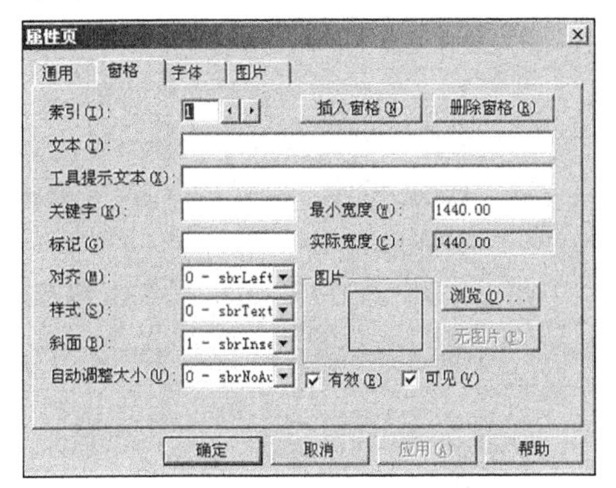

图 8-26 “属性页”对话框

在图 8-26 中有如下 6 个主要选项。

- 插入窗格：在状态栏中插入新的窗格。
- 关键字：表示窗格的标识名。
- 索引：表示每个窗格的编号。
- 文本：显示在窗格中的文本。
- “浏览”按钮：用于插入图像文件。
- “样式”下拉列表框：指定系统提供的各种信息。

实例 043 在窗体内显示系统的当前时间

源码路径 光盘\daima\8\4\　　视频路径 光盘\视频\实例\第 8 章\043

本实例演示说明了 StatusBar 控件的使用方法，具体运行流程如图 8-27 所示。

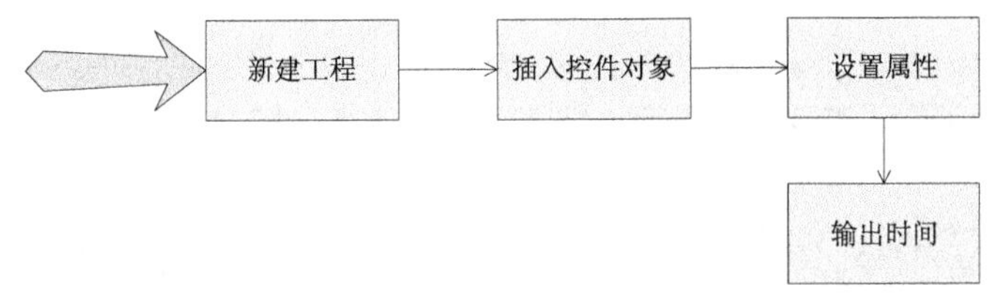

图 8-27 实例运行流程图

下面将详细介绍上述实例流程的具体实现过程，具体实现流程如下所示。

（1）打开 Visual Basic 6.0，新建 Visual Basic 的 EXE 标准工程，如图 8-28 所示。

（2）在窗体内分别插入 1 个 StatusBar 控件和 1 个 Timer 控件，并分别设置它们的属性，如图 8-29 所示。

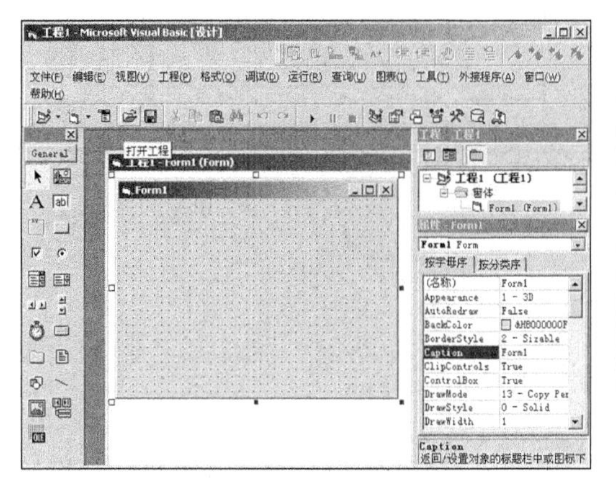

图 8-28　新创建标准工程

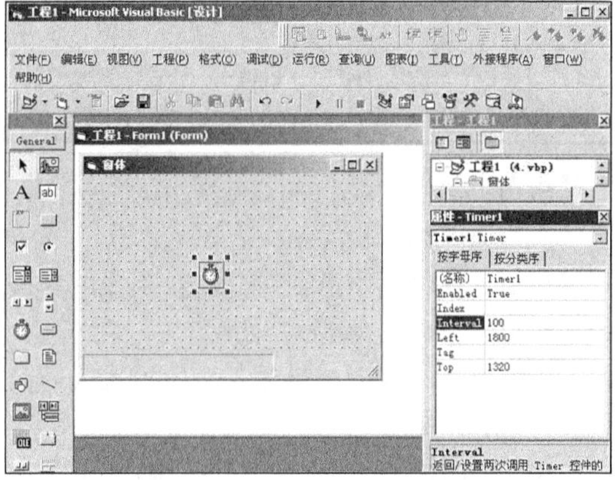

图 8-29　插入控件并设置属性

窗体内各对象的主要属性设置如下。

- ❑ 窗体：设置名称为“Form1”，Caption 属性为“窗体”。
- ❑ Timer 控件：设置名称为“Timer1”，Interval 属性为 100。

范例 085：实现一个常用的状态栏
源码路径：光盘\演练范例\085\
视频路径：光盘\演练范例\085\
范例 086：使用 API 创建状态栏
源码路径：光盘\演练范例\086\
视频路径：光盘\演练范例\086\

然后来到代码编辑界面，设置窗体载入处理代码。

```
Private Sub Form_Load()
End Sub
Private Sub Timer1_Timer()
'设置在状态栏中输出当前时间计时器
StatusBar1.Panels(1).Text = Now()
End Sub
```

经过上述设置处理后，整个实例设置完毕。执行后，将按指定样式在窗体内显示系统的当前时间，并且能够自动垂直换行适用内容，如图 8-30 所示。

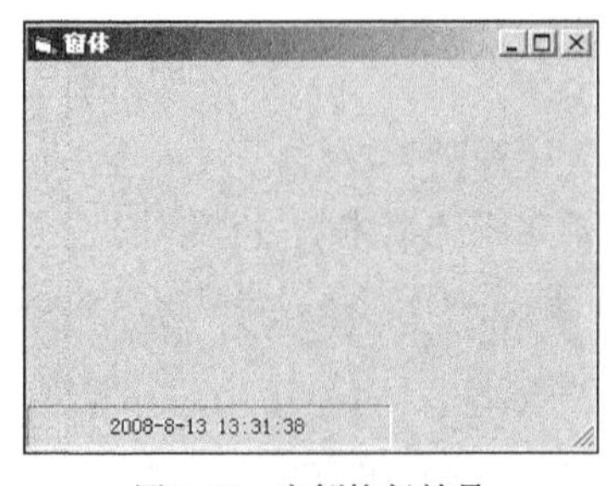

图 8-30　实例执行效果

在上述实例中，通过 StatusBar 控件在窗体内生成了一个状态栏。StatusBar 控件在现实中最为常见的是应用于类似于进度条的设计，即实现滚动效果。例如，下面的代码可以实现文字的滚动效果。

```
Private Sub Form_Load()
    StatusBar1.Panels(1).Text = "Test"
End Sub
Private Sub tmrTimer_Timer()
    StatusBar1.Panels(1).Text = " " & StatusBar1.Panels(1).Text
    If Len(StatusBar1.Panels(1).Text) > StatusBar1.Panels(1).Width / 70 Then
      StatusBar1.Panels(1).Text = Trim(StatusBar1.Panels(1).Text)
    End If
End Sub
```

其中，需要将窗体内的 tmrTimer 控件 Interval 属性设为 100。另外，也可以对滚动的文本进行进一步设置，例如设置文本的对齐方式或设置为垂直滚动。读者可以分别仔细考虑，尝试分别试写出文本左对齐滚动效果和垂直滚动效果。

8.3 技术解惑

8.3.1 控制菜单和工具栏的外观

通过设置窗体的 NegotiateMenus 属性可以决定一个链接或嵌入的对象的菜单是否出现在容器窗体中。如果子窗体的 NegotiateMenus 属性设置为 True（缺省），而且容器有一个定义的菜单栏，那么，当这个对象被激活时，它的菜单就放置在容器的菜单栏中。如果容器没有菜单栏，或者 NegotiateMenus 属性被设置为 False，那么，当这个对象被激活时对象的菜单将不出现。

MDI 窗体的 NegotiateToolbars 属性决定了链接或嵌入对象的工具栏是不固定的调色板还是被放置在父窗体上。这种性能不要求工具栏出现在 MDI 父窗体上。如果 MDI 窗体的 NegotiateToolbars 属性设为 True，则对象的工具栏出现在 MDI 父窗体上。如果 NegotiateToolbars 设为 False，则对象的工具栏就为不固定的调色板。

8.3.2 模式与无模式的对话框

对话框不是模式就是无模式的。模式对话框，在可以继续操作应用程序的其他部分之前，必须被关闭（隐藏或卸载）。例如，如果一个对话框，在可以切换到其他窗体或对话框之前要求先单击“确定”或“取消”，则它就是模式的。

Visual Basic 中的“关于”对话框是模式的。显示重要消息的对话框总应当是模式的。那就是说，在继续做下去之前，总是要求用户应当先关上对话框或者对它的消息作出响应。

无模式的对话框允许在对话框与其他窗体之间转移焦点而不用关闭对话框。当对话框正在显示时，可以在当前应用程序的其他地方继续工作。无模式对话框很少使用。Visual Basic 中“编辑”菜单中的“查找”对话框就是一个无模式对话框的实例。无模式对话框用于显示频繁使用的命令与信息。

要将窗体作为模式对话框显示，需要做如下所示的两个工作。

（1）使用 Show 方法，其 style 参数值为 vbModal（一个值为 1 的常数）。例如：

```
'将frmAbout作为模式对话框显示
frmAbout.Show vbModal
```

（2）要将窗体作为无模式对话框显示，需要使用不带 style 参数的 Show 方法。例如：

```
'将frmAbout作为无模式对话框显示
frmAbout.Show
```

如果窗体显示为模式对话框，则只有当对话框关闭之后，在 Show 方法后的代码才能执行。然而，当窗体被显示为无模式对话框时，在该窗体显示出来以后，Show 方法后面的代码紧接着就会执行。

8.3.3 用窗体作为自定义对话框

自定义对话框就是用户所创建的含有控件的窗体，这些控件包括命令按钮、选取按钮和文本框，它们可以为应用程序接收信息。通过设置属性值来自定义窗体的外观。也可以编写在运行时显示对话框的代码。

要创建自定义对话框，可以从新窗体着手，或者自定义现成的对话框。如果重复过多，可以建造能在许多应用程序中使用的对话框的集合。要自定义现存的对话框，请按照以下步骤执行。

（1）从【工程】菜单中选取【添加窗体】，在工程中添加一现存的窗体。

（2）从【文件】菜单中选取【filename 另存为】并输入新的文件名（这可以防止改变已存在的窗体版本）。

（3）根据需要自定义窗体的外观。

（4）在代码窗口中自定义事件过程。

要创建新的对话框，请按照以下步骤执行。

（1）从【工程】菜单中选取【添加窗体】，或者在工具栏上单击【窗体】按钮，创建新的窗体。

（2）如有必要，自定义窗体外观。

（3）在【代码】窗口中自定义事件过程。

有很大的自由来定义自定义对话框的外观。它可以是固定的或可移动的、模式或无模式的。它可以包含不同类型的控件；然而，对话框通常不包括菜单栏、窗口滚动条、最小化与最大化按钮、状态条或者尺寸可变的边框。

第9章

菜单和对话框

菜单和对话框是 Visual Basic 项目中的核心元素之一，通过菜单和对话框可以创建功能更加丰富的 Windows 窗体程序。在本章的内容中，将详细讲解 Visual Basic 中菜单和对话框的基本知识，并通过具体的实例来加深对知识点的理解。

本章内容

- ⏭ 菜单设计
- ⏭ 弹出式菜单
- ⏭ 菜单编程
- ⏭ 对话框

技术解惑

创建位图菜单

屏蔽键盘上由快捷键产生的弹出式菜单

使用 API 中的 ChooseColor 函数调用颜色对话框

解决“未加入字体”的问题

9.1　菜 单 设 计

知识点讲解：光盘：视频\PPT 讲解（知识点）\第 9 章\菜单设计.mp4

Visual Basic 通过菜单功能，可以创建出功能更加强大的项目程序，并且会使整个项目的操作变得更加清晰、简明。在本节的内容中，将详细讲解在 Visual Basic 6.0 中创建和设计工具栏的基本知识。

9.1.1　菜单基础

计算机应用中的菜单一般被分为下拉式菜单和弹出式菜单，在下面的内容中将分别介绍。

1. 下拉式菜单

下拉式菜单有固定的显示位置，一般位于 Windows 窗口标题的下方，并且可以使用对应的键盘快捷键来实现某些操作。图 9-1 所示的是 Word 的下拉式菜单界面。

在下拉式菜单中主要包括菜单栏、主菜单、子菜单、菜单项和快捷键等元素。如果菜单中选项继续划分，可以依次分为一级菜单和二级菜单等。

2. 弹出式菜单

弹出式菜单结构和下拉式菜单结构类似，此类菜单没有固定的位置，而且需要鼠标来激发。弹出式菜单的位置是由鼠标的位置所决定的，所以被称为弹出式菜单。图 9-2 所示的是 Word 的弹出式菜单界面。

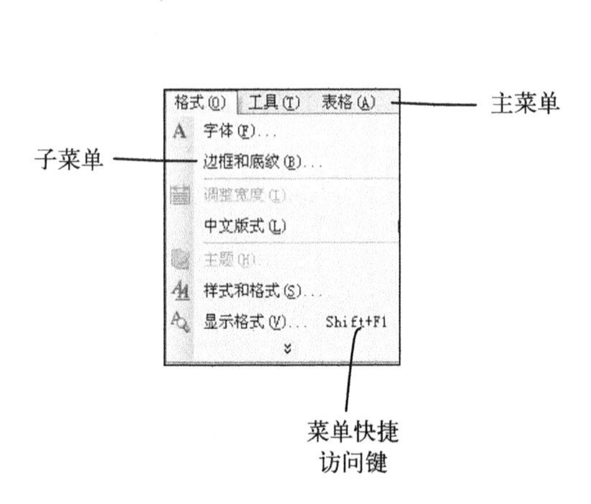

图 9-1　Word 的下拉式菜单

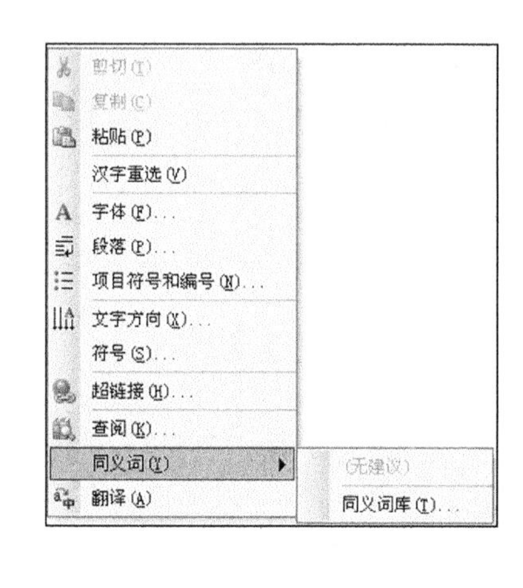

图 9-2　Word 的弹出式菜单

弹出式菜单的构成元素和下拉式菜单的完全相同，在此将不再做详细介绍。

9.1.2　菜单编辑器

Visual Basic 6.0 中提供了专门的菜单编辑器，用于迅速创建菜单和菜单栏。通过菜单编辑器不但可以创建新的菜单，而且可以对创建的菜单进行修改和删除。

在 Visual Basic 6.0 中可以使用如下 4 种方法操作菜单编辑器。

(1) 依次单击【工具】|【菜单编辑器】选项。

(2) 单击工具栏中的菜单编辑器按钮。

(3) 使用键盘快捷键<Ctrl+E>。

(4) 用鼠标右键单击窗体，单击快捷键中的【菜单编辑器】选项。

Visual Basic 6.0 菜单编辑器分为属性区、编辑区和菜单列表 3 个部分，具体如图 9-3 所示。

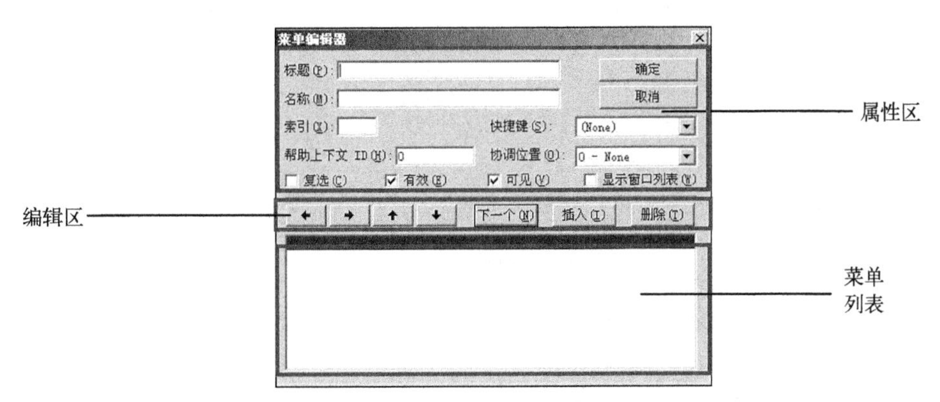

图 9-3 Visual Basic 6.0 菜单编辑器界面

1. 属性区

菜单编辑器的属性区用于输入或修改菜单项，设置菜单项属性。各选项的具体说明如下。

(1) 标题：菜单控件的 Caption 属性，如果要设置分割条，则需要输入连字符“—”；如果要设置访问快捷键，则需要输入“&”字符。

(2) 名称：即菜单控件的 Name 属性，在处理代码中用此名称来访问菜单控件。

(3) 索引：即菜单控件的 Index 属性，可以将多个菜单控件定义为一个控件数组。通过 Index 可以确定相应菜单控件在数组中的位置，并不影响菜单控件的显示位置。

(4) 快捷键：即菜单控件的 Shortcut 属性，用于设置访问快捷键。

(5) 帮助上下文 ID：即菜单控件的 HelpContextID 属性，用于设置帮助文件中用该数值查找适当的帮助主体。

(6) 协调位置：即菜单控件的 Negotiate Position 属性，用于设置是否和如何在窗体内显示菜单。各属性值的具体说明如下。

- 0：是默认值，当对象活动时菜单栏中不显示顶级菜单。
- 1：是默认值，顶级菜单显示在菜单栏左侧。
- 2：是默认值，顶级菜单显示在菜单栏中间。
- 3：是默认值，顶级菜单显示在菜单栏右侧。

(7) 复选：即菜单控件的 Checked 属性，用于设置菜单项左侧是否带复选标记。

(8) 有效：即菜单控件的 Enableded 属性，用于设置是否让菜单项对事件作出响应。

(9) 可见：即菜单控件的 Visual 属性，用于设置菜单项是否在菜单中可见。

(10) 显示窗口列表：即菜单控件的 WindowsList 属性，用于确定菜单控件是否包含一个当前打开的 MDI 子窗体列表。

2. 编辑区

编辑区内包含 7 个按钮，用于对已经输入的菜单项进行简单的编辑操作。

3. 菜单列表区

菜单列表区用于显示菜单项的分级列表，子菜单项以缩进方式显示其分级位置或等级。

注意：编辑区内各按钮的具体用法从其名称标识中一目了然。至于更加详细的信息，读者可以在百度中通过检索“Visual Basic 菜单编辑区”关键字，来获取相关的信息。

实例 044　在窗体内创建一个下拉式菜单

源码路径　光盘\daima\9\1\　　　　视频路径　光盘\视频\实例\第 9 章\044

本实例的操作程如图 9-4 所示。

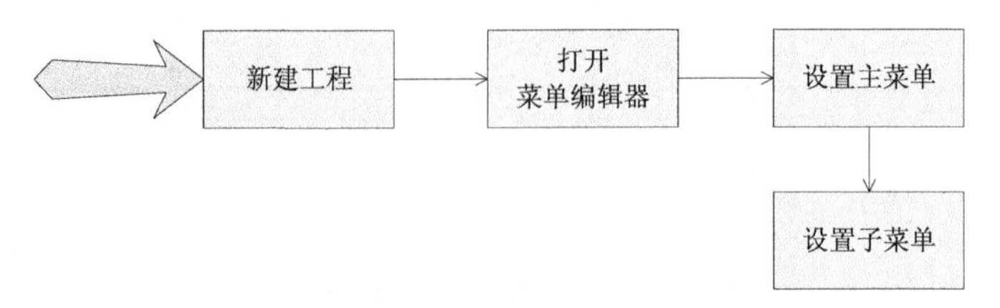

图 9-4　实例操作流程图

下面将详细介绍上述实例流程的具体实现过程，具体流程如下所示。

（1）打开 Visual Basic 6.0，新建一个标准 EXE 工程，如图 9-5 所示。

（2）依次单击【工具】｜【菜单编辑器】选项，弹出“菜单编辑器”对话框，如图 9-6 所示。

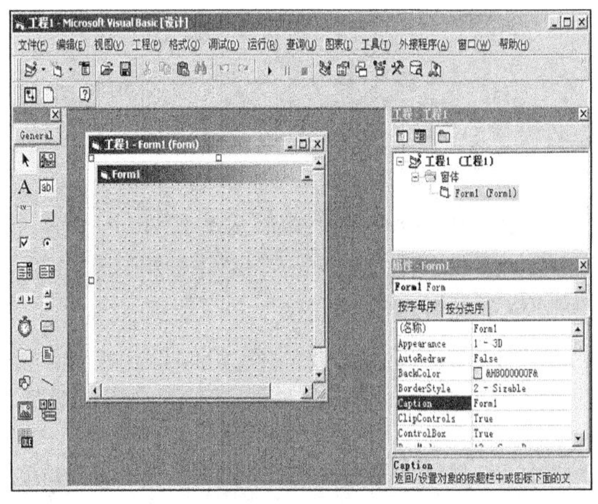

图 9-5　新建一个标准 EXE 工程

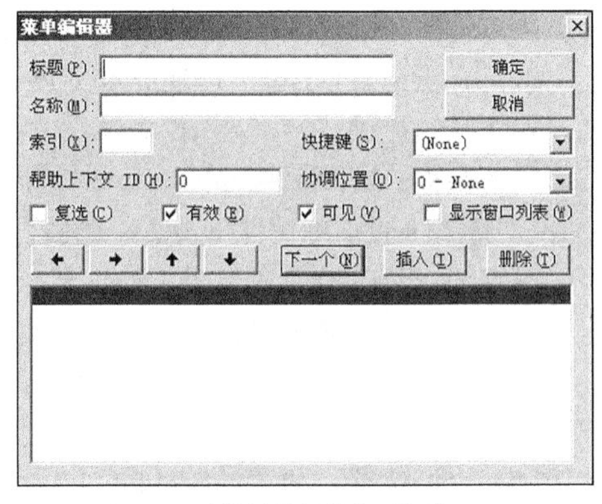

图 9-6　“菜单编辑器”对话框

（3）分别设置主菜单项和对应子菜单项的名称和访问快捷键，如图 9-7 所示。

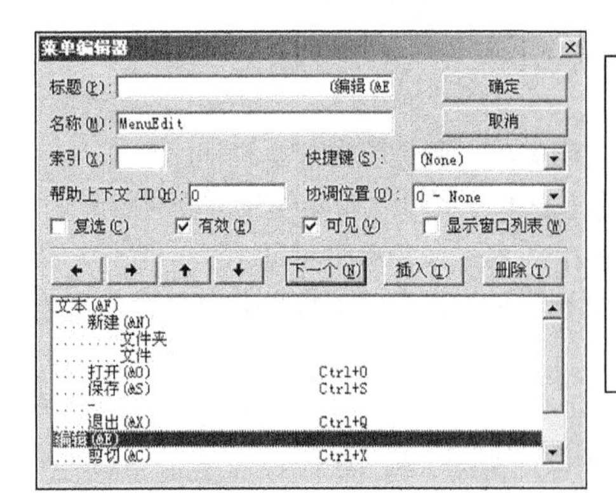

范例 087：使用 Caption 属性
源码路径：光盘\演练范例\087\
视频路径：光盘\演练范例\087\
范例 088：使用 Height、Width 属性改变大小
源码路径：光盘\演练范例\088\
视频路径：光盘\演练范例\088\

图 9-7　设置主菜单项属性

上述实例窗体的名称设置为“Form1”，Caption 属性设置为“下拉式菜单”。窗体内各菜单项的具体设置如下。

（1）第一个主菜单：标题为“文本(&F)”，菜单名称为“MenuFile”。

- 包含子菜单选项 1：标题为“…新建(&N)”，菜单名称为“MenuNew”。
- 包含二级子菜单选项 2：标题为“…文件夹”，菜单名称为“MenuNewFold”。
- 包含二级子菜单选项 3：标题为“…文件”，菜单名称为“MenuNewFile”。
- 包含子菜单选项 4：标题为“…打开(&O)”，菜单名称为“MenuOpen”，快捷键为<Ctrl+0>。
- 包含子菜单选项 5：标题为“…保存(&S)”，菜单名称为“MenuSave”，快捷键为<Ctrl+S>。
- 包含子菜单选项 6：标题为“…退出(&X)”，菜单名称为“MenuExit”，快捷键为<Ctrl+Q>。

（2）第二个主菜单：标题为“编辑(&E)”，菜单名称为“MenuEdit”。

- 包含子菜单选项 1：标题为“…剪切(&C)”，菜单名称为“MenuCut”，快捷键为<Ctrl+X>。
- 包含子菜单选项 2：标题为“…复制(&Y)”，菜单名称为“MenuCopy”，快捷键为<Ctrl+C>。
- 包含子菜单选项 3：标题为“…粘贴(&P)”，菜单名称为“MenuFaste”，快捷键为<Ctrl+V>。

经过上述设置处理后，整个实例设置完毕。执行后将按指定样式在窗体内显示主菜单选项，如图 9-8 所；单击菜单后将显示对应的子菜单选项，如图 9-9 所示。

图 9-8　显示的主菜单

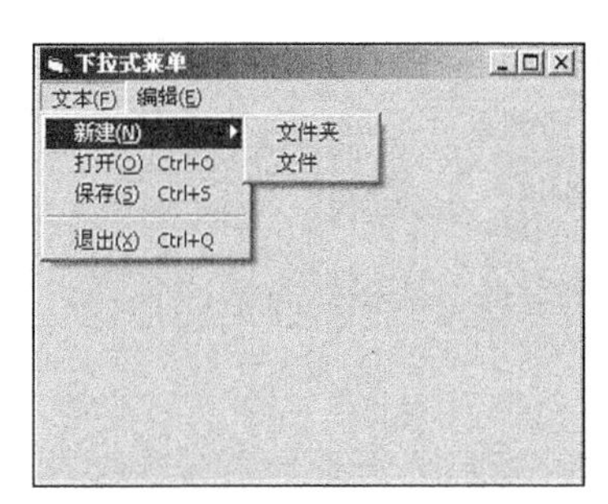

图 9-9　弹出的子菜单和二级菜单

在上述实例中，成功的在窗体内创建一个简单的下拉式菜单。通过上述方法创建的菜单是常规菜单，在现实中有时为了满足用户的特殊需求，读者可以利用第三方控件来实现其他样式的菜单效果。例如，可以下载专用的免费第三方控件，实现 QQ 界面的菜单效果和 Windows XP 样式的菜单效果。

9.2　弹出式菜单

知识点讲解：光盘：视频\PPT 讲解（知识点）\第 9 章\弹出式菜单.mp4

通过弹出式菜单可以以更加灵活的方式为用户提供方便的操作命令。弹出式菜单可以独立于菜单栏，将各选项直接显示在窗体上。弹出式菜单能够根据用户的当前单击位置动态的调整菜单项的显示位置。因为弹出式菜单统称通过右键单击打开，所以被称为“右键菜单”。

使用 Visual Basic 6.0 创建弹出式菜单的基本流程如下。

（1）在菜单编辑器中设计弹出式菜单，并将弹出式菜单的顶级项设置为不可见，设置其子项值为可见。

（2）为 MouseDown 或 MouseUP 事件编写处理代码，用 PopupMenu 方法调用弹出式菜单。

PopupMenu 方法的使用格式如下。

```
窗体名.PopupMenu<菜单名> [,flags] x,y boldcommand
```

上述格式的具体说明如下。

- 窗体名：是菜单所在的窗体名。
- 菜单名：是当前设计操作的菜单。

- Flags：是可选的，是设置菜单的位置和行为的数值常量。

Flags 位置常量取值的具体说明如表 9-1 所示。

表 9-1　　Flags 位置常量值说明

数　值	说　明
0	默认值，菜单在 x、y 处
4	菜单的上框中央在坐标 x、y 处
8	菜单的右上角在坐标 x、y 处

Flags 行为常量取值的具体说明如表 9-2 所示。

表 9-2　　Flags 行为常量值说明

数　值	说　明
0	默认值，只响应单击
2	可以响应单击和右击

- Boldcommand：设置需要加粗显示的菜单项。

实例 045　在窗体内创建一个弹出式菜单

源码路径　光盘\daima\9\2\　　视频路径　光盘\视频\实例\第 9 章\045

本实例的操作流程如图 9-10 所示。

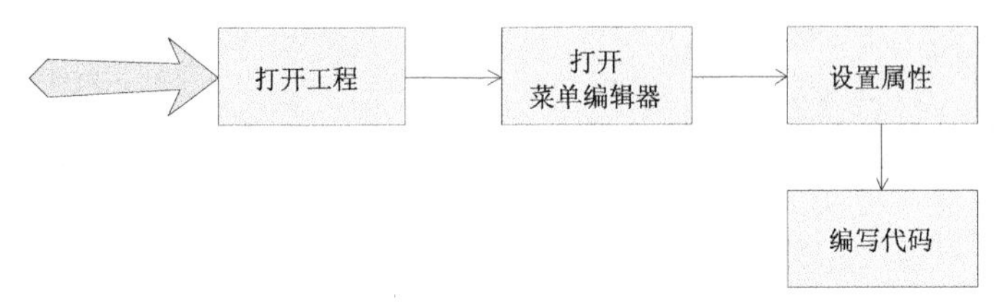

图 9-10　实例操作流程图

打开实例 044 的工程文件设置其属性，具体流程如下所示。

（1）Visual Basic 6.0 打开实例 044 的工程文件，如图 9-11 所示。

（2）依次单击【工具】｜【菜单编辑器】选项，弹出“菜单编辑器”对话框，如图 9-12 所示。

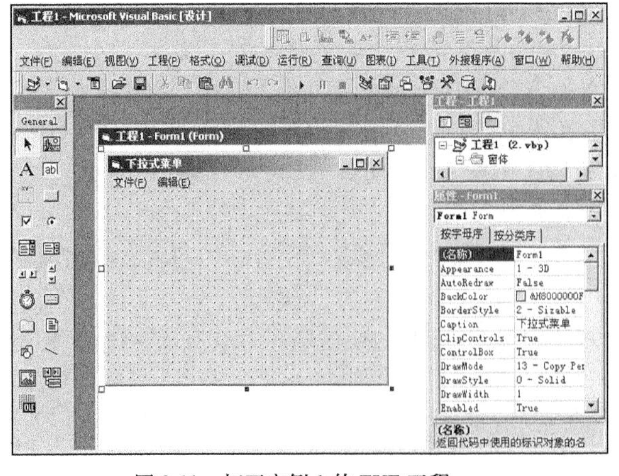

图 9-11　打开实例 1 的 EXE 工程

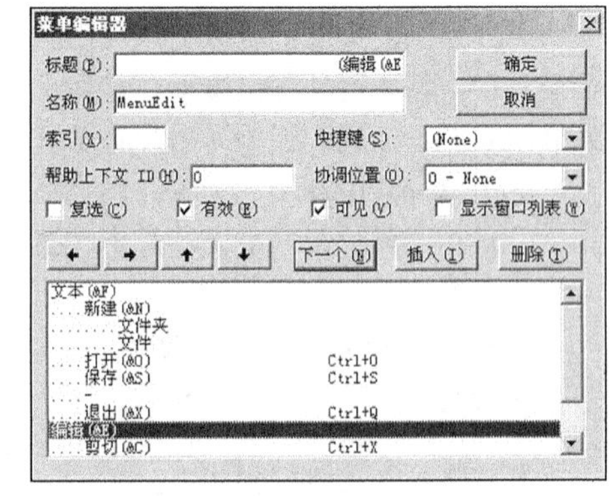

图 9-12　“菜单编辑器”对话框

（3）分别选中“文件”和“编辑”主菜单，取消其属性中的“可见”选项，如图 9-13 所示。

然后来到代码编辑界面，编写事件处理代码。具体代码如下所示。

```
Private Sub Form_MouseMove(Button As Integer,
 Shift As Integer,
 X As Single,
 Y As Single)
    If Button = 2 Then       '如果右击则弹出菜单
      Form1.PopupMenu MenuEdit
   End If
End Sub
```

范例 089：制作一个笑脸效果
源码路径：光盘\演练范例\089\
视频路径：光盘\演练范例\089\
范例 090：给窗体添加滚动条
源码路径：光盘\演练范例\090\
视频路径：光盘\演练范例\090\

经过上述设置处理后，整个实例设置完毕。执行后，将按指定样式在窗体内显示各菜单选项，如图 9-14 所示。

图 9-13　取消属性中的“可见”选项

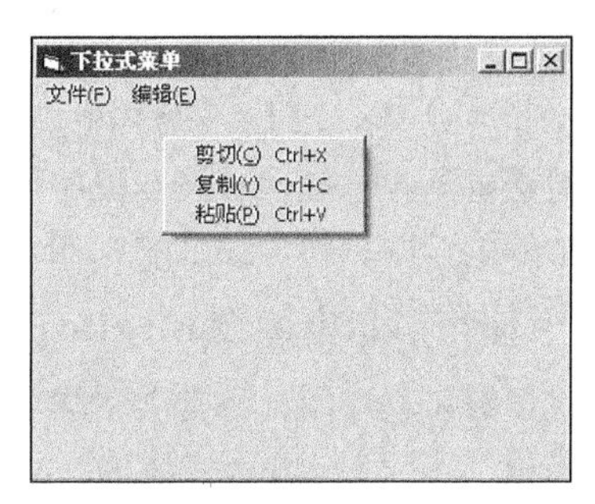

图 9-14　执行效果

9.3 菜 单 编 程

知识点讲解：光盘：视频\PPT 讲解（知识点）\第 9 章\菜单编程.mp4

在 Visual Basic 6.0 中的项目应用中，可以对菜单进行编程处理，以实现常规的功能。例如通过编写对鼠标事件的响应程序，可以实现对应菜单选项的“新建”和“退出”等功能。

实例 046　通过菜单内的“退出”命令实现退出功能

源码路径　光盘\daima\9\3\　　视频路径　光盘\视频\实例\第 9 章\046

本实例是基于前面的实例 045 的基础之上的，打开实例 045 的工程文件，单击“退出”选项后在代码界面将自动生成如下代码。

```
'自动生成的代码
Private Sub MenuExit_Click()

End Sub
```

为“退出”菜单项编写单击事件的处理代码。

```
' "退出"菜单处理代码
Private Sub MenuExit_Click()
    End
End Sub
```

范例 091：可伸缩展开的菜单
源码路径：光盘\演练范例\091\
视频路径：光盘\演练范例\091\
范例 092：带历史信息的菜单
源码路径：光盘\演练范例\092\
视频路径：光盘\演练范例\092\

经过上述设置处理后，整个实例设置完毕。执行后，将按指定样式在窗体内显示各菜单选项，如图 9-15 所示；单击菜单中的“退出”选项将退出当前的窗体，如图 9-16 所示。

在上述实例中，通过窗体内的“退出”菜单实现了退出功能。

图 9-15　显示窗体菜单

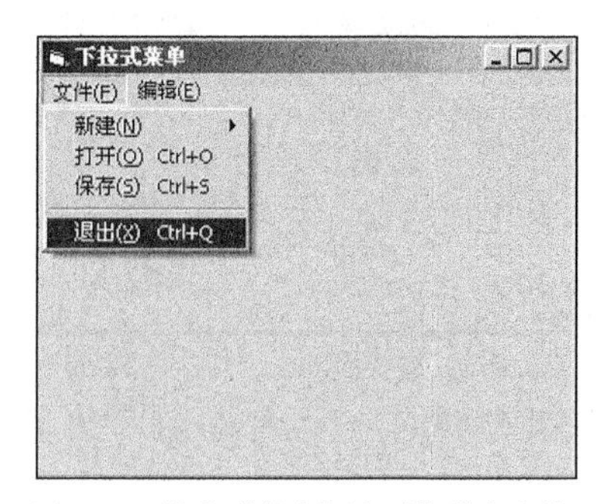

图 9-16　单击"退出"选项将退出窗体

9.4　对　话　框

知识点讲解：光盘：视频\PPT 讲解（知识点）\第 9 章\对话框.mp4

对话框是 Visual Basic 6.0 程序中的重要组成元素，通过对话框可以实现动态的人机交互。在本节的内容中，将详细讲解 Visual Basic 6.0 对话框的基本知识。

9.4.1　使用消息框函数 MsgBox

在计算机程序中，经常会在屏幕上出现一些提示信息。在 Visual Basic 6.0 中，这些提示性信息是通过函数 MsgBox 实现的。其具体的语法格式如下所示。

```
MsgBox.(内容,对话框类型, 对话框标题)
```

上述格式中各个参数的具体说明如下。

（1）内容：即对话框正文中显示的信息。

（2）对话框类型：信息框中出现的按钮和图标，由显示的按钮、图标类型和默认图表 3 个参数构成。

显示按钮参数值的具体说明如下。

- 0：显示 OK 按钮。
- 1：显示 OK 和 Cancel 按钮。
- 2：显示 Abort、Retry 和 Ignore 按钮。
- 3：显示 Yes、No 和 Cancel 按钮。
- 4：显示 Yes 和 No 按钮。

图标类型参数值的具体说明如下。

- 16：显示停止图标。
- 32：显示问号图标。
- 48：显示叹号图标。
- 64：显示信息图标。

默认图标类型参数值的具体说明如下。

- 0：第 1 个按钮是默认值。
- 256：第 2 个按钮是默认值。
- 512：第 3 个按钮是默认值。
- 768：第 4 个按钮是默认值。

（3）对话框标题：设置在对话框内显示的标题。

（4）返回值：设置在对话框中选择的按钮，具体信息如表 9-3 所示。

表 9-3　　函数 **MsgBox** 返回值说明

数　值	返回的选择按钮
1	确定
2	取消
3	中止
4	重试
5	忽略
6	是
7	否

注意：

上述格式中的各参数值都和相应的常数项对应，例如显示按钮参数 1 和 vbOKCancel 相对应，MsgBox 返回值 1 和 vbOK 相对应。在具体程序设计时，代码中既可以使用数值也可以使用常数值。

各参数值对应的长数值信息，读者可以在百度中通过检索“MsgBox 常数值”关键字，来获取相关的知识。

9.4.2　使用输入框函数 InputBox

函数 InputBox 的功能是显示一个数据输入对话框，并返回用户的输入信息。具体的语法格式如下。

```
InputBox(内容,对话框标题，默认内容)
```

上述格式中各个参数的具体说明如下。

（1）内容：即对话框正文中显示的信息。

（2）对话框标题：对话框的标题内容。

（3）默认内容：在对话框中显示的默认文本。

9.4.3　使用通用对话框

在日常编程处理中，文件打开、文件保存、颜色选择和字体选择等是常见的操作处理。为了减少代码的编写量，Windows 以动态链接库（.dll）的形式推出了通用对话框。通过使用通用对话框，可以迅速地建立上述操作处理程序。

用户可以使用 CommandDialog 控件实现打印和文件保存等操作的对话框处理。通用对话框不是标准的控件，而是 ActiveX 控件，在使用前需要用户自行设置。具体设置流程如下所示。

（1）打开 Visual Basic 6.0，依次单击【部件】|【工程】选项，在弹出的“部件”对话框中选择“控件选项”，然后选择 Microsoft Common Dialog 6.0，如图 9-17 所示。

（2）单击【确定】按钮后将通用对话框添加到工具箱中，如图 9-18 所示。

添加通用对话框控件后，它可以实现如下类型的对话框功能。

- 打开对框控：可以设置打开的文件名和路径。
- 另存为对框控：可以设置用来保存的文件名和路径。
- 颜色对框控：可以从标准色中选取需要的颜色。
- 字体对框控：可以选取需要的字体属性。
- 打印对框控：可以选取打印机和设置对应的参数。
- 帮助窗口：可以打开 Windows 的帮助系统。

在 CommandDialog 对话框中可以通过设置 Action 属性或调用 Show 方法调用制定的对话框。Action 和对应 Show 方法的具体说明如表 9-4 所示。

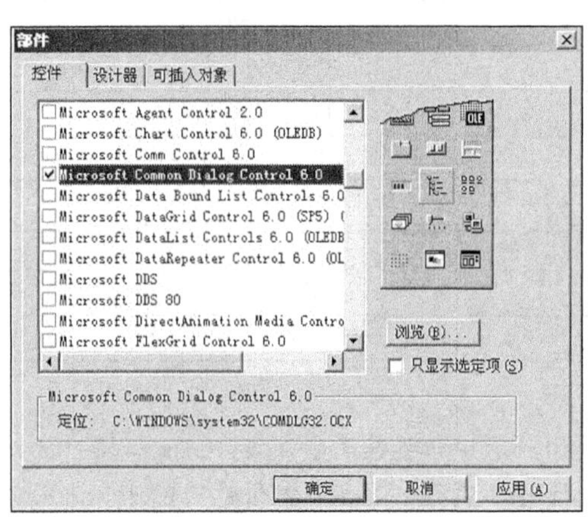

图 9-17 “部件”对话框

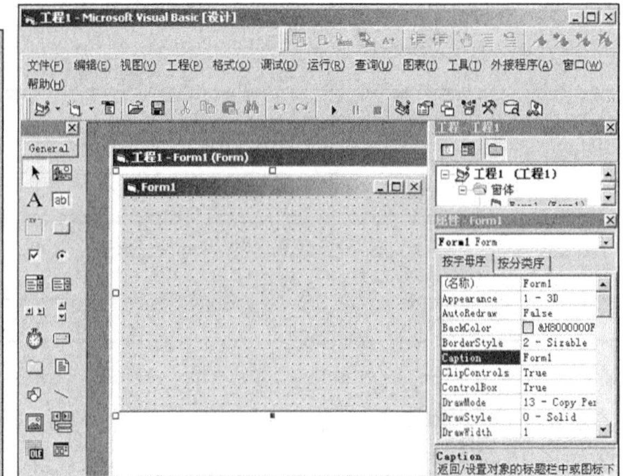

图 9-18 工具箱中出现通用对话框

表 9-4　**Action** 和对应 **Show** 方法说明

Action 值	方　　法	显示的对话框
1	ShowOpen	打开对话框
2	ShowSave	另存为对话框
3	ShowColor	颜色对话框
4	ShowFont	字体对话框
5	ShowPrinter	打印对话框
6	ShowHelp	调用 Windows 的帮助

用来显示“打开”对话框的代码如下。

```
CommandDialog1.ShowOpen
```

用来显示“另存为”对话框的代码如下。

```
CommandDialog1.ShowSave
```

实例 047 通过窗体实现一个通用对话框

源码路径　光盘\daima\9\4\　　　视频路径　光盘\视频\实例\第 9 章\047

本实例的操作流程如图 9-19 所示。

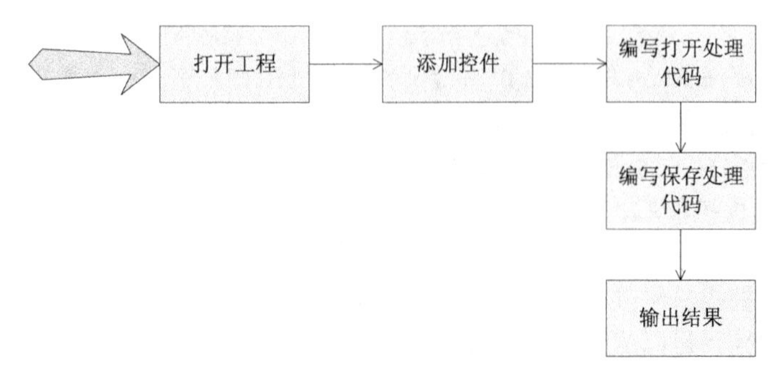

图 9-19　实例操作流程图

然后打开实例 046 的工程文件，添加控件并设置其属性，具体流程如下所示。

（1）Visual Basic 6.0 打开实例 046 文件，如图 9-20 所示。

（2）从工具箱中选择通用对话框插入到窗体，如图 9-21 所示。

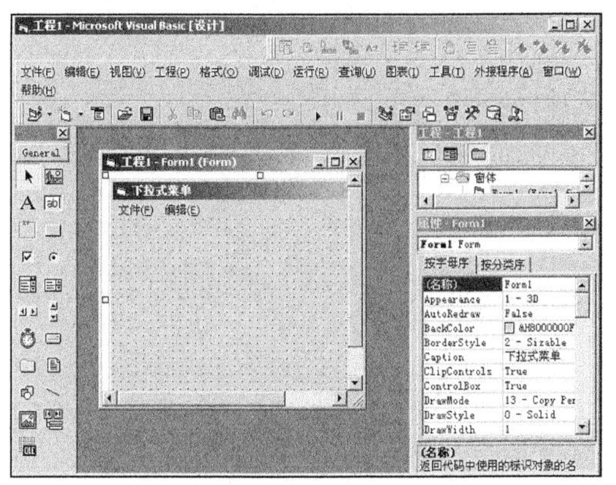

图 9-20 打开实例 046 的 EXE 工程

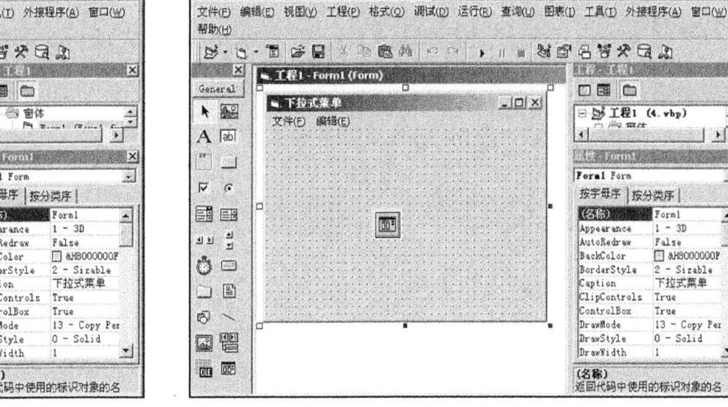

图 9-21 “菜单编辑器”对话框

然后来到代码编辑界面，编写事件处理代码，具体代码如下所示。

```
'设置弹出的菜单选项
Private Sub Form_MouseMove(
  Button As Integer,
  Shift As Integer,
  X As Single,
  Y As Single)
    If Button = 2 Then
      Form1.PopupMenu MenuEdit
    End If
End Sub
Private Sub MenuExit_Click()                '退出菜单选项处理代码
    End
End Sub
Private Sub MenuOpen_Click()                '打开菜单选项
  CommonDialog1.Filter = "图片(*.bmp;*.ico;jpg)|*.bmp;*.ico;*jpg|文件(*.*)|*.*"
     CommonDialog1.ShowOpen
    Form1.Print CommonDialog1.FileName
End Sub
Private Sub MenuSave_Click()                '保存菜单选项
CommonDialog1.Filter = "图片(*.bmp;*.ico;jpg)|*.bmp;*.ico;*jpg|文件(*.*)|*.*"
    CommonDialog1.ShowSave
End Sub
```

范例 093：实现特殊的退出效果
源码路径：光盘\演练范例\093\
视频路径：光盘\演练范例\093\
范例 094：设置窗体在屏幕中的位置
源码路径：光盘\演练范例\094\
视频路径：光盘\演练范例\094\

经过上述设置处理后，整个实例设置完毕。执行后，将按指定样式在窗体内显示各菜单选项，并实现“退出”“打开”和“保存”选项的对应功能，如图 9-22 所示。

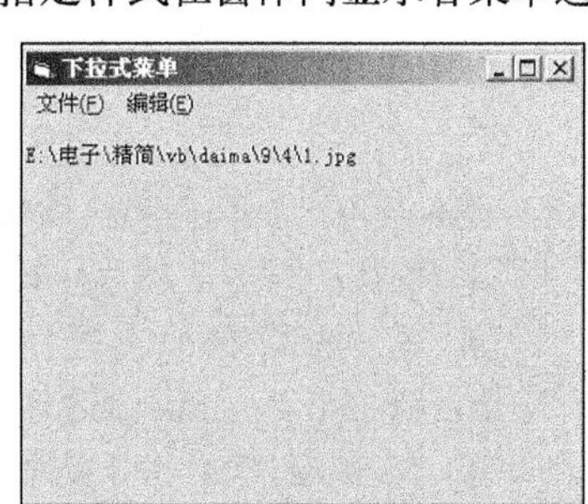

图 9-22 操作后窗体内显示的内容

在上述实例中，在窗体内实现了一个基本的通用对话框。需要读者注意的是：在实现“打开”对话框和“另存为”对话框时，需要设置特定的属性来实现指定的功能。两者有很多共同的常用属性，例如文件名称和初始化路径。另外，也可以通过 Flags 属性来设置返回的选项，通过 FilterIndex 属性来指定过滤器。

9.4.4 使用颜色对话框

在编辑软件中，通常有颜色、字体和打印等对话框。通过 Visual Basic 的 CommandDialog 控件，可以迅速地创建上述对话框功能。

颜色对话框为用户提供了标准的颜色选择界面，用户可以从中选择自己需要的颜色。并且可以通过自定义颜色按钮，自行创建自己需要的颜色。通过 CommandDialog 控件中的 ShowColor 方法，或把 CommandDialog 控件的 Action 属性设置为 3，即可实现颜色对话框效果。

如下代码可以显示颜色对话框。

```
CommandDialog1.ShowColor
```

颜色对话框的常用属性有 Color 和 Flags。

实例 048　通过窗体按钮的颜色对话框控制文本框内文本的颜色

源码路径　光盘\daima\9\5\　　　　**视频路径**　光盘\视频\实例\第 9 章\048

本实例的操作流程如图 9-23 所示。

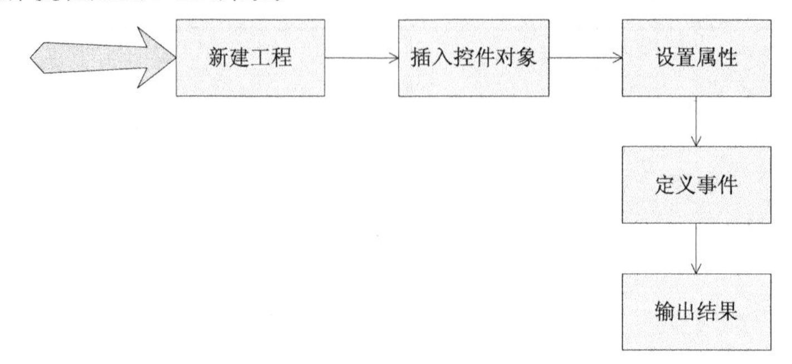

图 9-23　实例操作流程图

然后打开 Visual Basic 6.0，添加控件并设置其属性，具体流程如下所示。

（1）打开 Visual Basic 6.0，新建一个标准 EXE 工程，如图 9-24 所示。

（2）在窗体内分别插入 1 个 TextBox 控件和 2 个 CommandButton 控件，如图 9-25 所示。

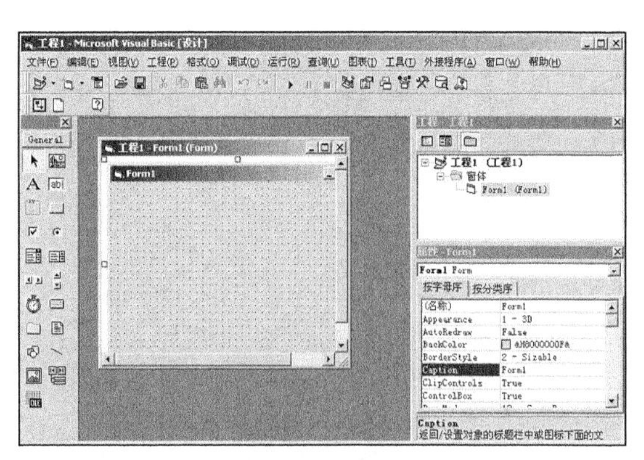

图 9-24　新建一个标准 EXE 工程

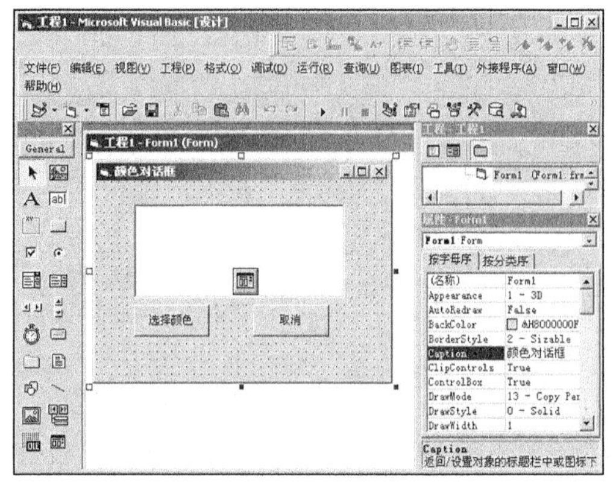

图 9-25　插入控件对象

窗体内各对象的主要属性设置如下。

- 窗体：设置名称为“Form1”，Caption 属性为“颜色对话框”。
- 第一个 Command 控件：设置名称为“Command1”，Caption 属性为“选择颜色”。
- 第二个 Command 控件：设置名称为“Command2”，Caption 属性为“取消”。
- TextBox 控件：设置名称为“Text1”，Text 属性为空。

然后来到代码编辑界面，编写事件处理代码，具体代码如下所示。

```
'显示全部对话框，包括自定义颜色部分
'然后通过ShowColor打开颜色对话框
'并将选择的颜色赋值给文本
Private Sub Command1_Click()
    CommonDialog1.Flags = cdlCCFullOpen
    CommonDialog1.ShowColor
    Text1.ForeColor = CommonDialog1.Color
ErrHandler:
    '如果用户按了"取消"按钮，退出程序
    Exit Sub
End Sub
Private Sub Command2_Click()
End
```

范例 095：将程序图标添加到托盘
源码路径：光盘\演练范例\095\
视频路径：光盘\演练范例\095\
范例 096：设置控件随窗体自动调整
源码路径：光盘\演练范例\096\
视频路径：光盘\演练范例\096\

```
End Sub
Private Sub Form_Load()
End Sub
```

至此，整个实例设置、编写完毕。将实例文件保存并执行后，将首先按指定样式显示窗体框，如图 9-26 所示；单击【选择颜色】按钮，在弹出的"颜色"对话框中选取颜色，如图 9-27 所示；选取后的颜色将作用于文本框内的文本，如图 9-28 所示。

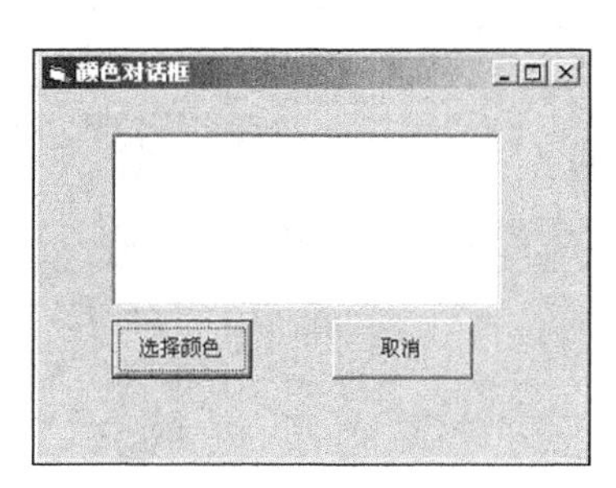

图 9-26 初始显示效果

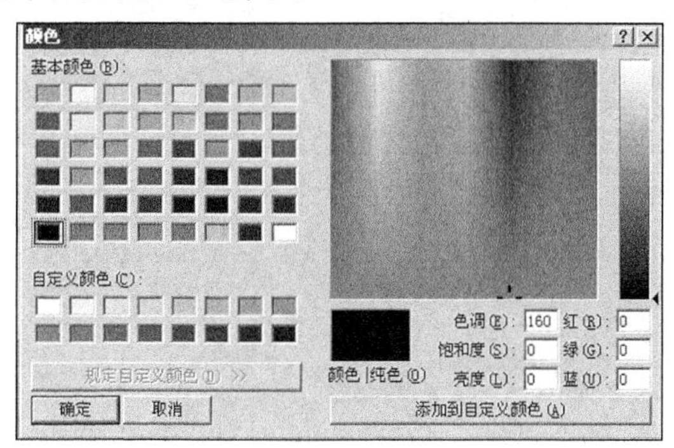

图 9-27 弹出的"颜色"对话框

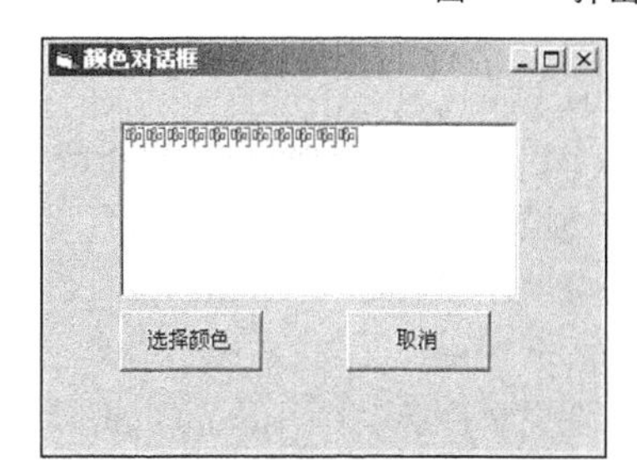

图 9-28 选取颜色作用于文本框内的文本

在上述实例中，在窗体内实现了一个基本的颜色对话框。

9.4.5 使用字体对话框

字体对话框为用户提供了标准的字体选择界面，用户可以从中选择自己需要的字体。通过 CommandDialog 控件中的 ShowFont 方法，或把 CommandDialog 控件的 Action 属性设置为 4，即可实现字体对话框效果。

如下代码可以显示颜色对话框。

```
CommandDialog1.ShowFont
```

字体对话框的常用属性有 Flags。

实例 049 通过窗体按钮的字体对话框控制文本框内文本的字体

源码路径 光盘\daima\9\6\ 视频路径 光盘\视频\实例\第 9 章\049

本实例的操作流程如图 9-29 所示。

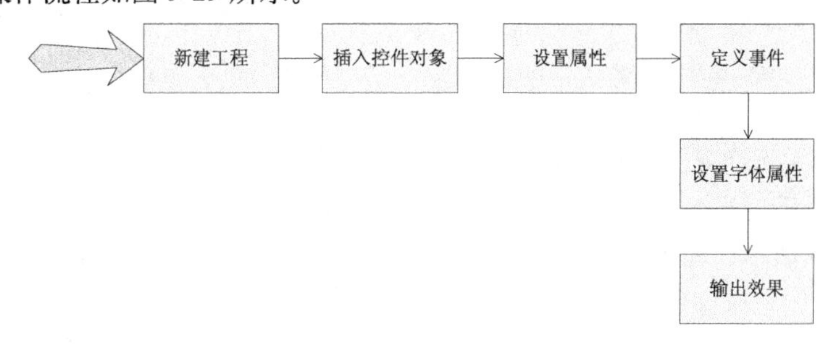

图 9-29 实例操作流程图

然后打开 Visual Basic 6.0，添加控件并设置其属性。具体流程如下所示。

（1）打开 Visual Basic 6.0，新建一个标准 EXE 工程，如图 9-30 所示。

（2）在窗体内分别插入 1 个 TextBox 控件和 2 个 CommandButton 控件，如图 9-31 所示。

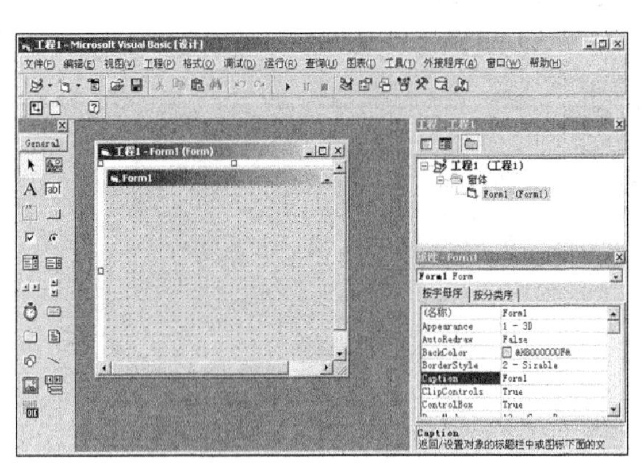

图 9-30　新建一个标准 EXE 工程

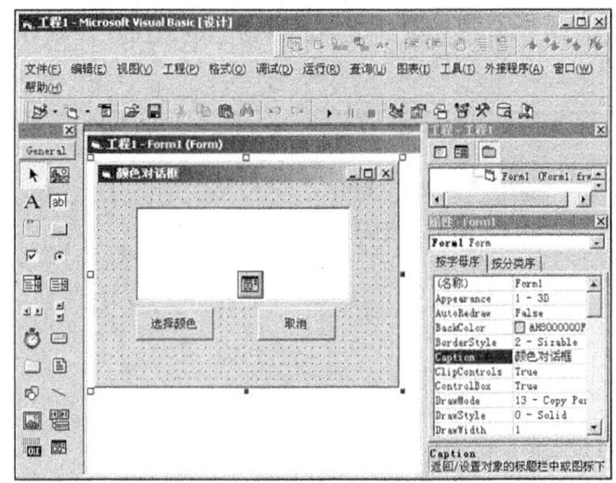

图 9-31　插入控件对象

窗体内各对象的主要属性设置如下。

- 窗体：设置名称为“Form1”，Caption 属性为“Form1”。
- 第一个 Command 控件：设置名称为“Command1”，Caption 属性为“选择字体”。
- 第二个 Command 控件：设置名称为“Command2”，Caption 属性为“取消”。
- TextBox 控件：设置名称为“Text1”，Text 属性为空。
- CommandDialog 控件：设置名称为“CommonDialog1”，Flags 属性为“0”。

然后来到代码编辑界面，编写事件处理代码，具体代码如下所示。

```
'定义选择字体按钮事件，如果有错误则转移到错误处理
Private Sub Command1_Click()
    '将 Cancel 设置成 True
    CommonDialog1.CancelError = True
    On Error GoTo ErrHandler                    '如果发生错误，转到错误处理
    '设置 Flags 属性
     CommonDialog1.Flags = cdlCFBoth Or cdlCFEffects
    '显示"字体"对话框
    CommonDialog1.ShowFont
     Text1.Font.Name = CommonDialog1.FontName            '字体
     Text1.Font.Size = CommonDialog1.FontSize            '字体大小
     Text1.Font.Bold = CommonDialog1.FontBold            '粗体
     Text1.Font.Italic = CommonDialog1.FontItalic        '斜体
     Text1.Font.Underline = CommonDialog1.FontUnderline  '下划线
     Text1.FontStrikethru = CommonDialog1.FontStrikethru
     Text1.ForeColor = CommonDialog1.Color               '颜色
     Exit Sub
ErrHandler:
     '如果用户按了"取消"按钮，退出程序
     Exit Sub
  End Sub
Private Sub Command2_Click()
End
End Sub
Private Sub Form_Load()
End Sub
```

范例 097：禁用控制菜单里的按钮
源码路径：光盘\演练范例\097\
视频路径：光盘\演练范例\097\
范例 098：实现一个闪烁的警告窗体
源码路径：光盘\演练范例\098\
视频路径：光盘\演练范例\098\

至此，整个实例设置、编写完毕。将实例文件保存并执行后，将首先按指定样式显示窗体框，如图 9-32 所示；单击【选择字体】按钮，在弹出的“字体”对话框中可以选择需要的字体样式，如图 9-33 所示；选取后的字体样式将作用于文本框内的文本，如图 9-34 所示。

在上述实例中，通过窗体按钮实现了字体对话框效果，并可以对文本框内文本的字体样式进行控制。在初学者使用字体对话框时，经常遇到“未加入字体”的系统提示。如果读者在运

行上述实例时也遇到上述提示，请在实例中加入如下代码。

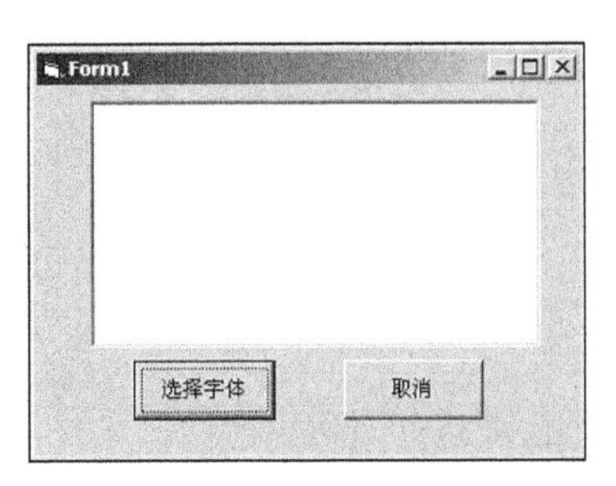

图 9-32 初始显示效果

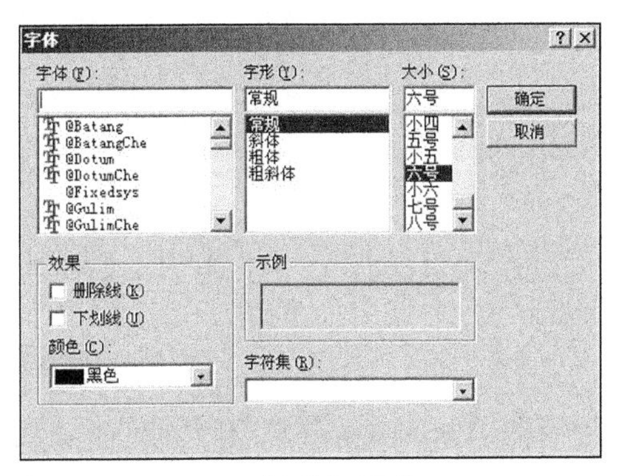

图 9-33 “字体”对话框

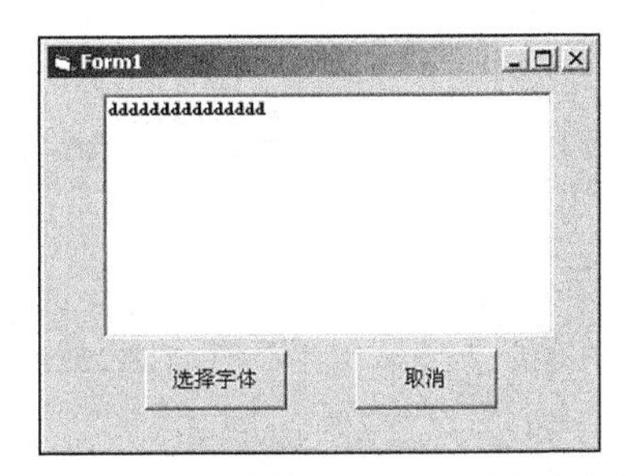

图 9-34 选取字体样式作用于文本框内文本

```
Private Sub Form_Load()
Dim i As Integer, j As Integer, s1 As Variant
For i = 0 To Screen.FontCount – 1                '系统可用的显示字体数
Combo1.AddItem Screen.Fonts(i)                   '加入工具条上的字体名列表框中
Next i
s1 = Array(8, 9, 10, 11, 12, 14, 16, 18, 20, 22, 24, 26, 28, 36, 48, 72)
For j = 0 To 15
Combo2.AddItem s1(j) '字号
Next j
End Sub
```

这样即可显示当前系统内的字体。

9.4.6 使用打印对话框

打印对话框为用户提供了标准的打印设置界面，用户可以设置打印属性。通过 CommandDialog 控件中的 ShowPrinter 方法，或把 CommandDialog 控件的 Action 属性设置为 5，即可实现打印对话框效果。

打印对话框的常用属性有 Copies、FromPage 和 ToPage。

9.4.7 使用帮助对话框

帮助对话框为用户提供了标准的 Windows 帮助界面。通过 CommandDialog 控件中的 ShowHelp 方法，或把 CommandDialog 控件的 Action 属性设置为 6，即可实现帮助对话框效果。

如下代码可以显示帮助对话框。

```
CommandDialog1.ShowHelp
```

帮助对话框的常用属性有 HelpCommand、HelpFile 和 HelpKey。

实例 050 通过窗体按钮实现帮助对话框效果

源码路径 光盘\daima\9\7\ 视频路径 光盘\视频\实例\第 9 章\050

本实例的操作程如图 9-35 所示。

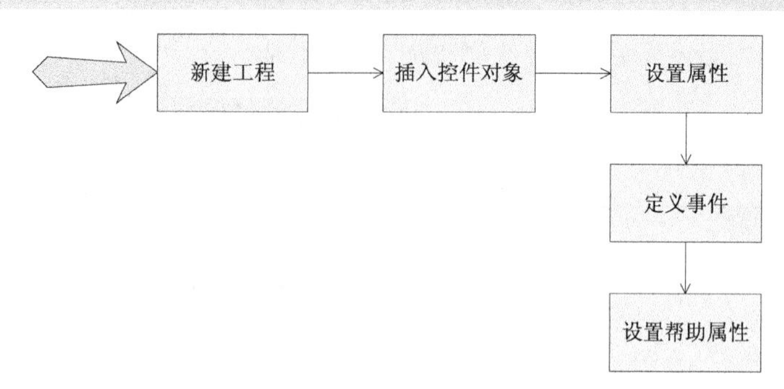

图 9-35　实例操作流程图

然后打开 Visual Basic 6.0，添加控件并设置其属性。具体流程如下所示。

（1）打开 Visual Basic 6.0，新建一个标准 EXE 工程，如图 9-36 所示。

（2）在窗体内分别插入 1 个 CommonDialog 控件和 1 个 CommandButton 控件，如图 9-37 所示。

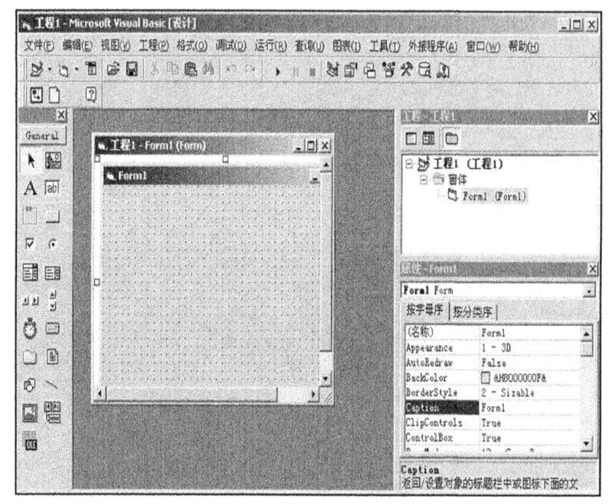

图 9-36　新建一个标准 EXE 工程

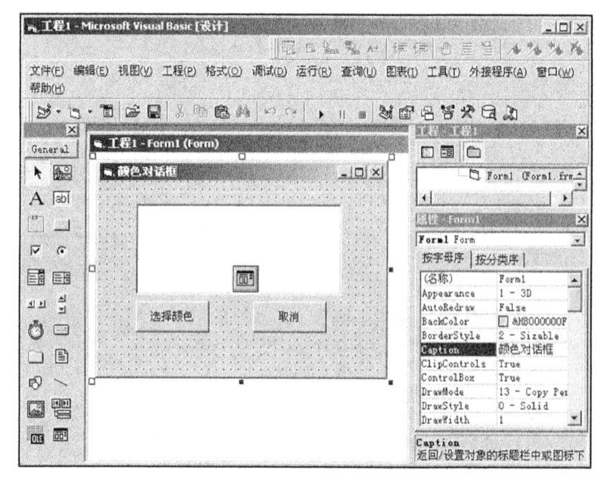

图 9-37　插入控件对象

窗体内各对象的主要属性设置如下。

- 窗体：设置名称为“Form1”，Caption 属性为“帮助对话框”。
- Command 控件：设置名称为“Command1”，Caption 属性为“打开帮助”。
- CommandDialog 控件：设置名称为“CommonDialog1”，Flags 属性为“0”。

然后来到代码编辑界面，编写事件处理代码，具体代码如下所示。

```
'定义帮助按钮事件，如果有错误则转移到错误处理
Private Sub Command1_Click()
    CommonDialog1.CancelError = True
    On Error GoTo ErrHandler
   '设置HelpCommand属性，指定帮助文件
    CommonDialog1.HelpCommand = cdlHelpForceFile
    CommonDialog1.HelpFile =
"c:\windows\system32\winhelp.hlp"
    CommonDialog1.ShowHelp
    Exit Sub
ErrHandler:
    Exit Sub
End Sub
Private Sub Form_Load()
End Sub
```

范例 099：实现一个闪烁的窗体标题栏
源码路径：光盘\演练范例\099\
视频路径：光盘\演练范例\099\
范例 100：实现一个窗体跟随移动效果
源码路径：光盘\演练范例\100\
视频路径：光盘\演练范例\100\

至此，整个实例设置、编写完毕。将实例文件保存并执行后，将首先按指定样式显示窗体框，如图 9-38 所示；当单击【帮助】按钮后将弹出指定的“帮助”对话框，如图 9-39 所示。

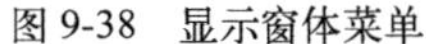
图 9-38 显示窗体菜单

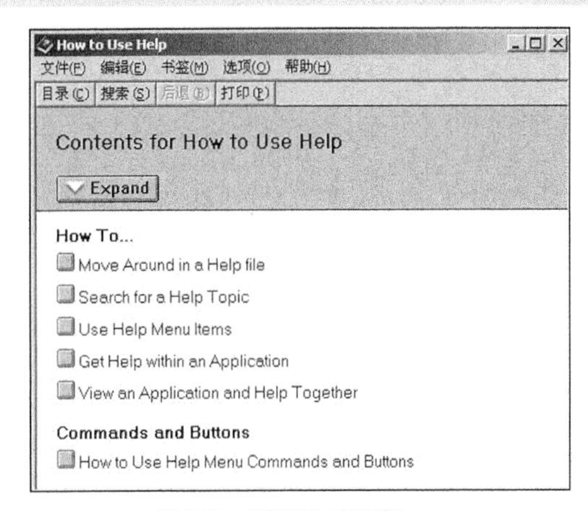

图 9-39 “帮助”对话框

在上述实例中，通过窗体按钮实现了基本帮助对话框的效果。在本节的内容中，简要介绍了通用对话框控件的几种常用方式。主要包括了 CommandDialog 控件中 ShowOpen 方法、ShowColor 方法、ShowFont 方法和 ShowPrinter 方法，它们分别为打开对话框、颜色对话框、字体对话框和打印对话框。在上述方法的具体应用中，是通过它们方法的属性来实现的。

9.5 技术解惑

9.5.1 创建位图菜单

在 Visual Basic 6.0 中，菜单选项本身的功能是通过自身事件的触发来实现的。另外为了避免程序的单调，可以在菜单项中加入类似于 Word 的菜单图片，即创建菜单位图。创建位图菜单其实非常简单，它需要用到 Windows 应用程序编程接口（API）的一些菜单函数和位图函数，你需要将这些函数的声明包含在你的应用程序的标准模块中，具体的内容请参见样例程序。

创建位图菜单的具体流程如下。

（1）使用函数 GetSubMenu 来提取子菜单项的句柄，并通过使用函数 CreateCompatibleDC 来创建一个兼容的设备环境描述表。

（2）在一个循环过程中通过使用 CreateCompatibleBitmap 函数、SelectObject 函数以及 BitBlt 函数来分别将针对各个菜单项所载入的位图选入到兼容设备环境中。

（3）通过 ModifyMenu 函数绘制真正的位图菜单选项。

（4）使用 DeleteDC 函数来释放设备环境，以便其他的程序可以使用它们。

提取位图可以有多种方法，本样例程序中在窗体上设置了 4 个图形框控件，使用它们载入 4 个预设的图标来作为菜单选项位图的源文件，当然你也可以使用其他的方法，例如使用 LoadPicture 函数来从磁盘装载位图。

9.5.2 屏蔽键盘上由快捷键产生的弹出式菜单

弹出式菜单和下拉式菜单基本类似。建立弹出式菜单通常分两步进行：首先用“菜单编辑器”建立菜单，然后用 PopupMenu 方法弹出显示。第一步的操作与下拉式菜单的方法基本相同，唯一的区别是，必须把主菜单项的“可见”属性设置为 False。

虽然菜单功能十分强大，但是有时在应用时需要特意屏蔽一些弹出式菜单。例如，在做屏幕锁定程序时，需要屏蔽掉键盘上由快捷键产生的弹出式菜单，例如【开始】菜单。这样就可以通过如下代码来实现。

```
Private Declare Function SetWindowPos Lib "user32" (ByVal hwnd As Long, ByVal hWndInsertAfter As Long, ByVal X As Long, ByVal Y As Long, ByVal cx As Long, ByVal cy As Long, ByVal wFlags As Long) As Long
Private Sub Form_Load()
Timer1.Interval = 1
End Sub
Private Sub Timer1_Timer()
SetWindowPos Me.hwnd, -1&, 0&, 0&, 0&, 0&, 3&
End Sub
```

实际上上述代码并不是对快捷键产生的菜单进行屏蔽，而是使对需要显示的窗体永远置顶，弹出式菜单虽然弹出但是看不到。

9.5.3　使用 API 中的 ChooseColor 函数调用颜色对话框

实际上不用使用 CommandDialog 控件，使用 API 中的 ChooseColor 函数也可以调用颜色对话框。例如，在窗体上放置一个命令按钮，一个图片框，一个文本框，取默认名，然后将如下代码粘贴到窗体代码中即可实现对颜色对话框的调用。

```
Private Declare Function ChooseColor Lib "comdlg32.dll" Alias "ChooseColorA" (pChoosecolor As ChooseColor) As Long
Private Type ChooseColor
lStructSize As Long
hwndOwner As Long
hInstance As Long
rgbResult As Long
lpCustColors As String
flags As Long
lCustData As Long
lpfnHook As Long
lpTemplateName As String
End Type
Private Sub Command1_Click()
Dim cc As ChooseColor
cc.lStructSize = Len(cc)
cc.hwndOwner = Me.hwnd
cc.hInstance = App.hInstance
cc.flags = 0
cc.lpCustColors = String$(16 * 4, 0)
If ChooseColor(cc) >= 1 Then
Picture1.BackColor = cc.rgbResult
Text1.Text = "颜色值：" & cc.rgbResult
Else
Text1.Text = "你取消了。"
End If
End Sub
```

9.5.4　解决“未加入字体”的问题

在初学者使用字体对话框时，经常遇到“未加入字体”的系统提示。如果读者在运行上述实例时也遇到上述提示，请在实例中加入如下代码。

```
Private Sub Form_Load()
Dim i As Integer, j As Integer, s1 As Variant
For i = 0 To Screen.FontCount - 1                    '系统可用的显示字体数
Combo1.AddItem Screen.Fonts(i)                       '加入工具条上的字体名列表框中
Next i
s1 = Array(8, 9, 10, 11, 12, 14, 16, 18, 20, 22, 24, 26, 28, 36, 48, 72)
For j = 0 To 15
Combo2.AddItem s1(j) '字号
Next j
End Sub
```

这样即可显示当前系统内的字体。读者课后也可以在网络中下载更多的字体样式，使自己的字体对话框内能有更多的字体选择。

第 10 章

程序调试、错误处理和创建帮助

通过程序调试可以对已编写的 Visual Basic 程序进行测试，验证程序的合法性，并及时发现程序的错误之处。另外，可以在 Visual Basic 6.0 中为开发的项目创建专门的帮助说明，为当前程序的使用方法和错误处理方法进行讲解。在本章的内容中，将对 Visual Basic 中程序调试和创建帮助的基本知识进行介绍，并通过具体的实例来加深对知识点的理解。

本章内容

- 程序调试的错误类型
- 使用断点跟踪调试
- 错误处理和条件编译
- 创建帮助

技术解惑

Resume 和 Goto 的区别

设置错误陷阱

编写错误处理例程

10.1 程序调试的错误类型

知识点讲解：光盘：视频\PPT 讲解（知识点）\第 10 章\程序调试的错误类型.mp4

在 Visual Basic 程序开发过程中，将不可避免的会出现程序错误。有时程序本身代码并没有问题，但是因为运行环境的问题也会造成错误。为了帮助开发人员迅速发现问题所在，在 Visual Basic 6.0 中提供了许多测试工具。通过这些测试工具不但可以找出错误的根源，而且能够尝试改变程序的运行方式。

Visual Basic 6.0 中的错误类型可以分为如下 2 类：

- 编译错误。
- 运行错误。

在本节的内容中，将简要讲解上述 2 种错误类型的基本知识。

10.1.1 编译错误

编译错误是在程序编写过程中使用了错误代码而造成的错误。通常分为语法错误和键入错误。Visual Basic 6.0 中可以设置运行“自动语法检测”功能，当发生变异错误时将自动弹出对应的错误提示。

设置使用“自动语法检测”功能的具体流程如下所示。

（1）在 Visual Basic 6.0 中打开要使用的标准 EXE 工程文件，如图 10-1 所示。

（2）依次单击【工具】|【选项】选项，在弹出“选项”对话框中勾选“自动语法检测”，如图 10-2 所示。

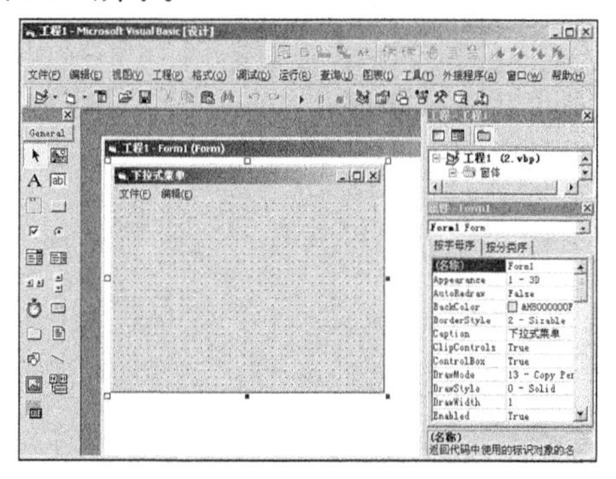

图 10-1 打开 EXE 工程文件

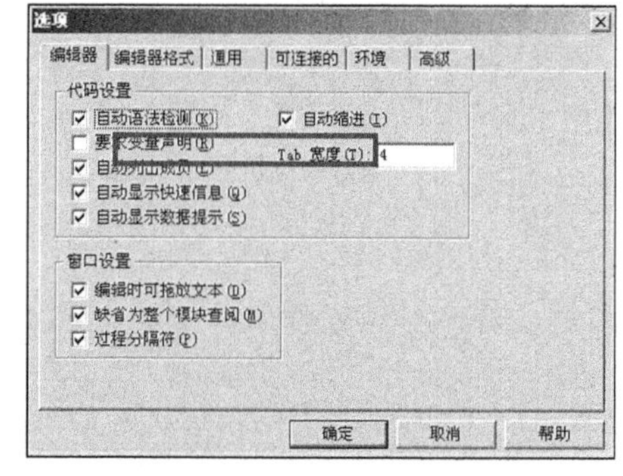

图 10-2 “选项”对话框

经过上述设置后，如果在代码编辑界面中输入的代码有语法错误，Visual Basic 6.0 将弹出对应的错误提示，并且出错部分为红色突出显示，如图 10-3 所示。

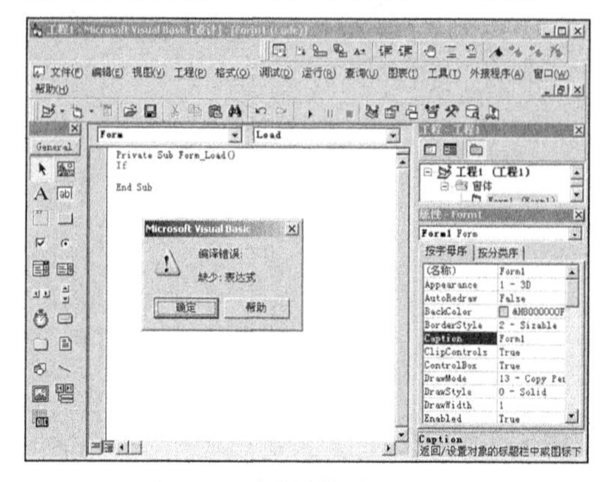

图 10-3 语法错误提示效果

10.1.2 运行错误

运行错误是在程序运行时所产生的错误，这种错误必须在程序运行后才能被发现。在 Visual Basic 6.0 中常见的运行错误有除数为 0 错误和“溢出”错误。

“溢出”错误是赋值超出目标限制时所发生的错误，在日常的变量或常量赋值过程中经常会造成赋值错误。例如下面的代码。

```
Private Sub Form_Load()
    Dim mm As Integer
    Dim nn As Long
    mm = 120000
    nn = mm
End Sub
```

在上述代码中，将值 120000 赋给整型变量将会造成溢出错误，所以运行后 Visual Basic 6.0 将会输出错误提示，如图 10-4 所示。

因为不同类型变量的值有不同的范围，所以会造成溢出错误。读者可以仔细牢记不同类型变量的范围，防止发生溢出错误。有关 Visual Basic 变量类型的取值范围，在本书前面的内容中已进行了详细介绍。

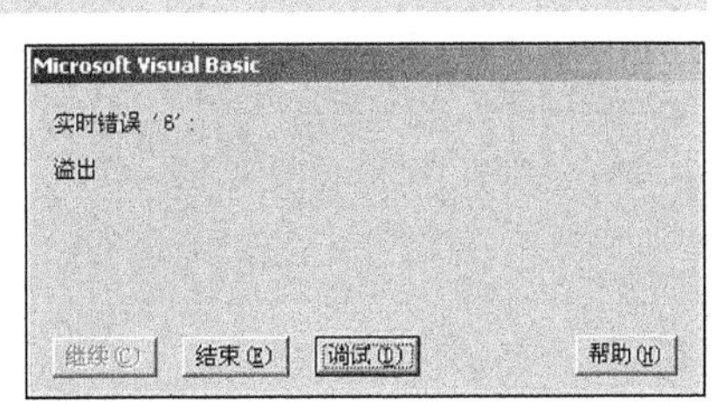

图 10-4 溢出错误提示效果

10.2 使用断点跟踪调试

知识点讲解：光盘：视频\PPT 讲解（知识点）\第 10 章\使用断点跟踪调试.mp4

在 Visual Basic 6.0 的中断模式下可以随时终止应用程序的执行，并提供有关应用程序的对照。变量和属性的设置值将被保留下来，所以用户可以分析应用程序的当前状态并输入修改内容，这些修改将会影响到应用程序的运行。所以在错误调试时，只能在断点模式下进行。

10.2.1 “调试”工具栏

在 Visual Basic 6.0 中为用户提供了一套功能强大的调试选项，特别是单步执行代码的能力。在 Visual Basic 6.0 可以调试断点、中断表达式和监视表达式。

在 Visual Basic 6.0 中调试工具栏中包含了在代码调试时频繁出现的常用选项按钮，如果该工具栏没有出现在 Visual Basic 6.0 的集成开发环境中，则可以使用如下两种方法将其显示出来。

- 依次单击【视图】|【工具栏】|【调试】选项。
- 鼠标右键单击工具栏并选择【调试】选项。

经过上述方法设置后，Visual Basic “调试”工具栏将显示在界面当中。如图 10-5 所示。

在图 10-5 所示的调试工具栏中有 3 组 12 个调试按钮，各个按钮都有对应的具体功能。将鼠标悬停于某个按钮后，系统将自动提示按钮的名称，如图 10-6 所示。

图 10-5 Visual Basic “调试”工具栏

图 10-6 Visual Basic 悬停提示名称

读者可以在百度中通过检索“Visual Basic 调试工具栏按钮”或某按钮的名称关键字，来获取对应按钮的具体信息。

在 Visual Basic 6.0 中，通过“调试”工具栏可以实现对程序的调试设置，在下面的内容中将详细介绍。

1. 设置断点

在大多数情况下，在调试程序时需要使程序进入中断模式，为程序设置断点。在运行时断点会在执行一段代码前通知 Visual Basic 6.0 终止运行。当 Visual Basic 6.0 正在运行一个过程并遇到一个具有断点的代码时，会切换到中断模式。

在中断模式或设计状态下可以设置或删除断点，也可以在程序处于空闲状态时的运行状态下设置或删除断点。设置或删除断点的具体流程如下所示。

（1）在 Visual Basic 6.0 中打开程序文件，将光标插入到要设置断点的代码行，如图 10-7 所示。

（2）依次单击【调试】|【切换断点】选项，此代码行将成为断点行，并以特殊颜色显示，如图 10-8 所示。

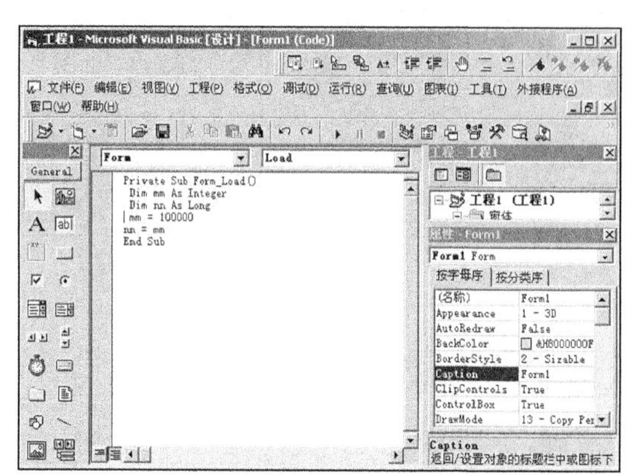

图 10-7　插入光标

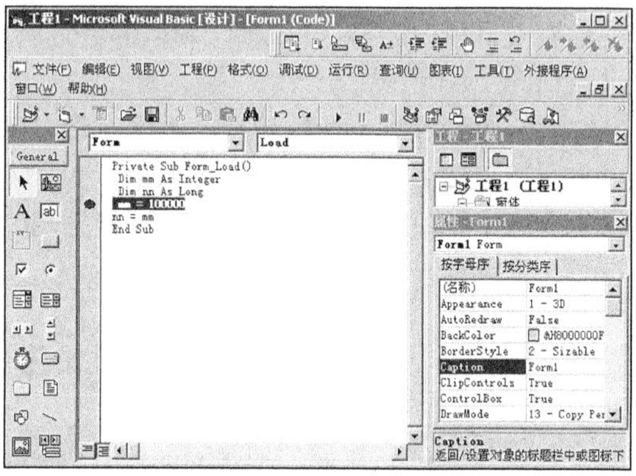

图 10-8　特殊颜色显示断点行

（3）单击断点行前面的圆圈后，将取消对此行的断点设置，如图 10-9 所示。

（4）也可以依次单击【调试】|清除所有断点】选项，将此程序内的所有断点行删除，如图 10-10 所示。

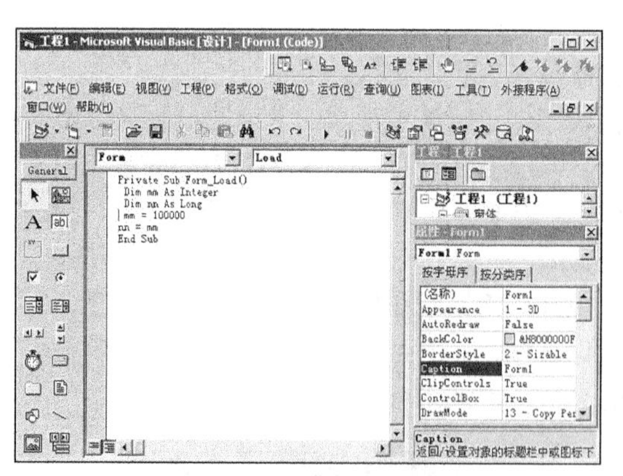

图 10-9　取消断点设置

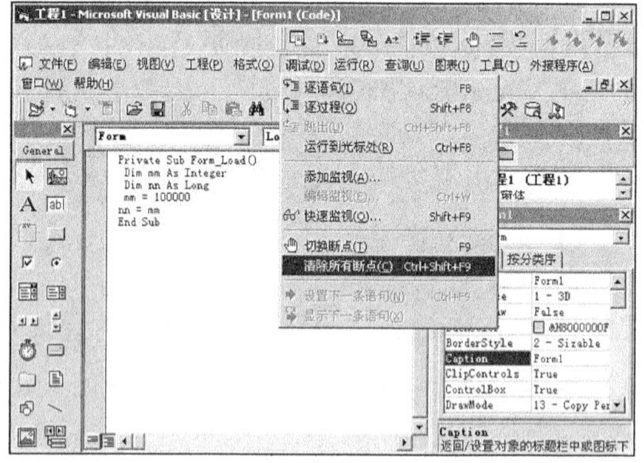

图 10-10　删除断点设置

当某行代码被设置为断点行，程序被执行到此断点行位置后将自动停止执行并进入中断模式，并在此代码前显示“→”符号，说明下一条将要执行的代码，如图 10-11 所示。

2. Stop 语句

通过 Stop 语句可以为过程设置断点，当程序执行到此语句时，会终止并切换到中断模式。在代码编辑窗口中，在需要停止的语句前一行中插入 Stop 语句。当程序运行到此语句时，将会自动中断运行。

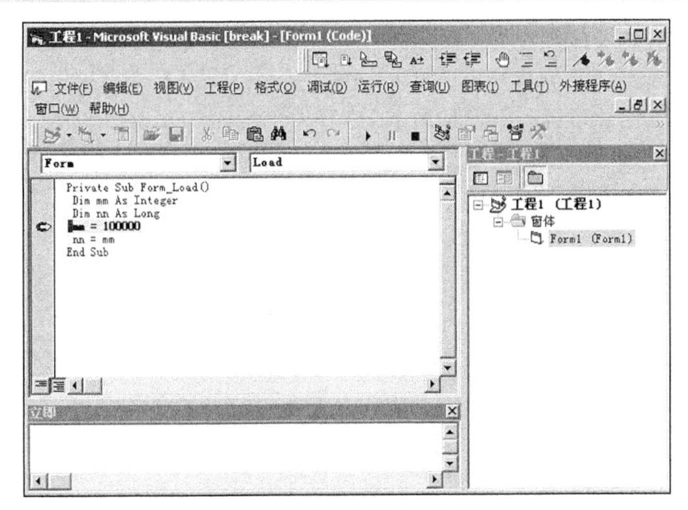

图 10-11 断点行执行后效果

10.2.2 跟踪调试程序

如果能够识别产生的错误语句，则使用单个断点就能实现问题定位。在通常情况下，只是知道错误代码的大体区域。而断点有利于将问题区域进行隔离，然后用跟踪和单步执行来观察单个语句的效果。

在 Visual Basic 6.0 的“调试”下拉菜单中，用于跟踪的代码选项有【逐语句】、【逐过程】、【跳出】、【运行到光标处】、【设置下一条语句】和【显示下一条语句】，如图 10-12 所示。

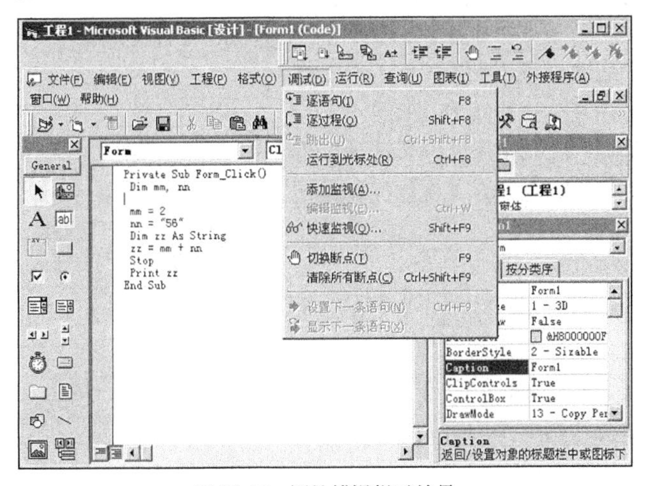

图 10-12 语法错误提示效果

其中除【逐语句】和【逐过程】外，其他选项只能在中断模式中使用，在设计或运行时是不可用的。

1. 逐语句调试

逐语句调试是指在程序调试的过程中一次执行一个语句。如果此语句是对一个过程的调用，则下一个显示的语句就是该过程的第一个语句。

可以使用如下 3 种方法执行逐语句操作。

- 依次单击【调试】|【逐语句】选项。
- 单击【调试】工具栏中的【逐语句】按钮。
- 使用快捷键<F8>。

逐语句调试的具体操作流程如下所示。

(1) 在 Visual Basic 6.0 中打开程序文件，依次单击【调试】|【逐语句】选项，此时将执行第一行代码，并突出显示第一行，如图 10-13 所示。

(2) 重复依次单击【调试】|【逐语句】选项，此时将依次执行下面的代码，并突出显示对应的代码，如图 10-14 所示。

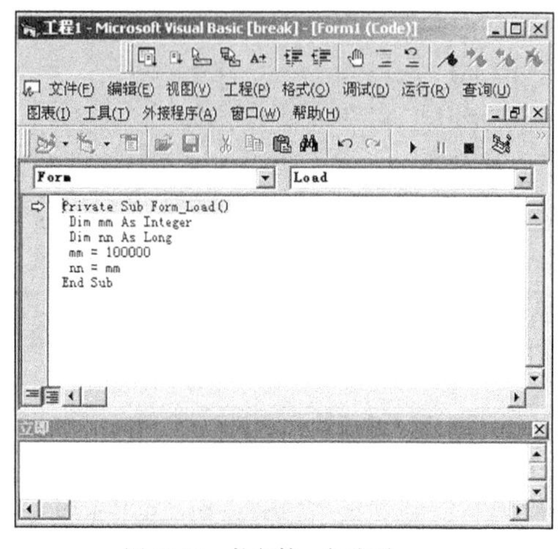

图 10-13　执行第一行代码

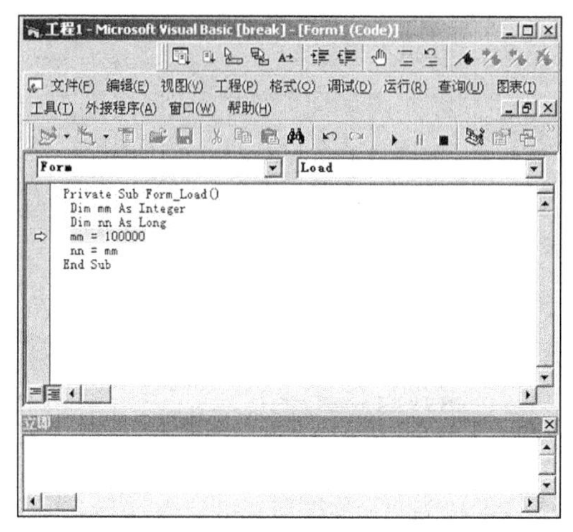

图 10-14　突出显示后面的代码

2. 逐过程调试

逐过程调试和逐语句调试类似，只有在当前程序内包含对过程的代用时才会有具体的区别。逐过程调试是将过程作为基本单位来执行的，执行一个语句后将执行下一个语句，但是下一个语句不会因当前语句是过程调用而改变。

可以使用如下 3 种方法执行逐过程操作。

- 依次单击【调试】|【逐过程】选项。
- 单击【调试】工具栏中的【逐过程】按钮。
- 使用快捷键<Shift+F8>。

3. 运行到光标处

运行到光标处是指当应用程序在中断模式下使用“运行到光标处”选项在代码的后面选择需要停止运行的语句。上述方法的操作流程如下。

(1) 在中断模式下，将光标移到需要停止的运行处。

(2) 依次单击【调试】|【运行到光标处】选项。

4. 跳出选项

跳出选项是指，执行当前光标所在函数中剩余的、未执行的下个显示语句，是紧随在该过程调用后的语句，所有在当前与最后的执行光标间的代码都会被执行。

可以使用如下 3 种方法执行跳出操作。

- 依次单击【调试】|【跳出】选项。
- 单击【调试】工具栏中的【跳出】按钮。
- 使用快捷键<Ctrl+Shift+F8>。

5. 设置下一条语句选项

在程序调试时可以通过设置下一条语句选项跳过部分代码，具体操作步骤如下。

(1) 在中断模式下将光标移动到下一次要执行的代码处。

(2) 依次单击【调试】|【设置下一条语句】选项。

(3) 依次单击【运行】|【继续】选项来恢复执行。

6. 显示下一条语句选项

把光标设置到下一个要执行的行，如果处理程序中的代码已经执行错误，但不能肯定在何处恢复运行时可以使用本选项。

具体操作步骤如下。

(1) 在中断模式下单击【显示下一条语句】选项。

(2) 依次单击【运行】|【继续】选项来恢复执行。

10.3 使用调试窗口

知识点讲解：光盘：视频\PPT 讲解（知识点）\第 10 章\使用调试窗口.mp4

在逐一运行应用程序的语句时，可以使用调试窗口监视表达式和变量值。调试窗口中有 3 个窗口，分别是立即、监视和本地窗口。在本节的内容中，将对 Visual Basic 6.0 中调试窗口的基本知识进行简要介绍。

10.3.1 在“立即”窗口中调试代码

在调试应用程序时，可能需要执行某个过程、表达式的值或变量、属性的值，这时可以使用立即窗口来完成上述任务。在立即窗口内将显示正在调试语句所产生的信息，或直接在窗口中键入命令所请求的信息。

可以通过如下 3 种方法打开立即窗口。

- ❑ 依次单击【视图】|【立即窗口】选项。
- ❑ 单击调试工具栏中的【立即窗口】按钮。
- ❑ 使用快捷键<Ctrl+G>。

10.3.2 使用“监视”窗口

监视窗口将显示当前被监视的表达式，在代码的运行过程中可以决定是否监控这些表达式的值。中断表达式是一个监控表达式，当定义某个条件为真时，他可以将 Visual Basic 6.0 进入中断模式。在监视窗口中，上下文列指出过程和模块，每个监视表达式都在这些过程或模块中执行计算。

在 Visual Basic 6.0 中可以轻松添加、编辑和删除监视，具体流程如下所示。

(1) 在工具栏中依次单击【调试】|【添加监视】选项，在弹出的“添加监视”对话框中设置监视选项，如图 10-15 所示。

(2) 单击【确定】按钮返回，在界面下方将出现监视窗口，如图 10-16 所示。

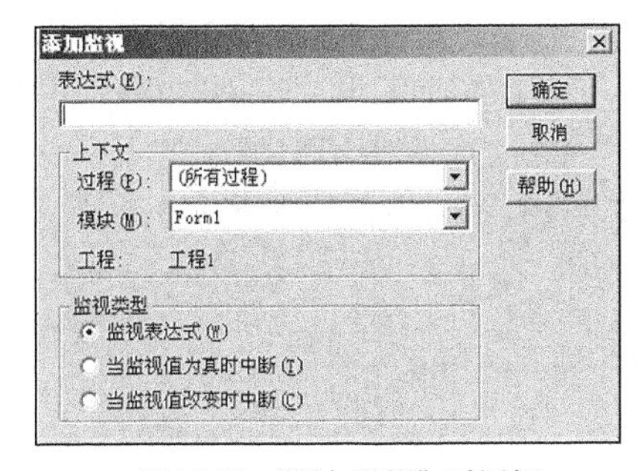

图 10-15 “添加监视”对话框

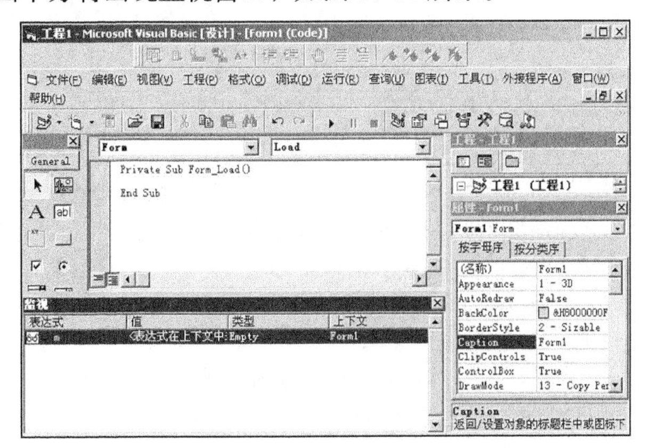

图 10-16 下方出现监视窗口

（3）用鼠标右键选中监视窗口中的某选项后选择“删除监视”命令，将此监视选项删除，如图 10-17 所示。

（4）用鼠标右键选中监视窗口中的某选项后选择“编辑监视”命令，可以在弹出的“编辑监视”对话框中重新设置选项，如图 10-18 所示。

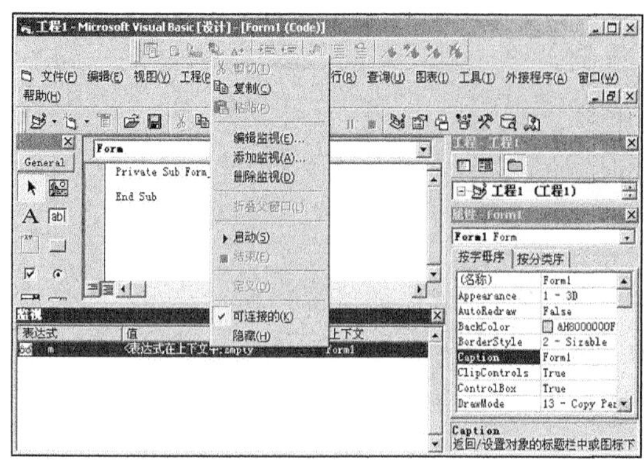

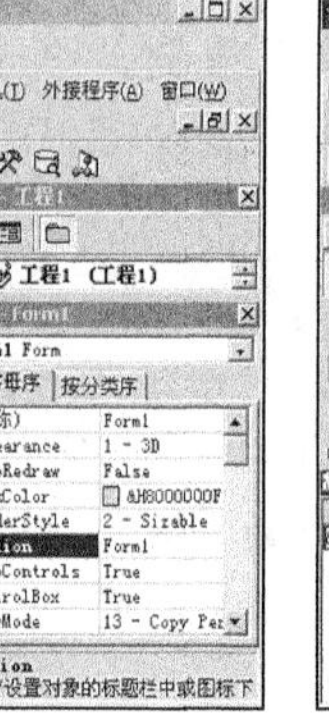

图 10-17　删除监视

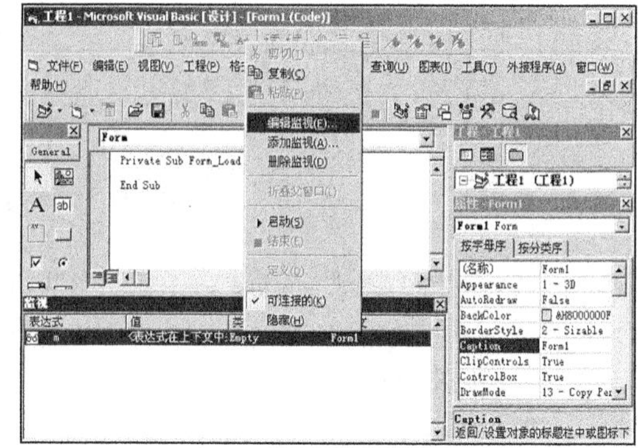

图 10-18　“编辑监视”命令

10.3.3　使用“本地”窗口

Visual Basic 6.0 的本地窗口将自动显示所有当前过程中的变量声明和变量值。如果当前本地窗口可见，则当从执行方式切换到中断模式或处理堆栈中的变量时，会自动重建显示。

可以通过如下两种方法打开本地窗口。

- 依次单击【视图】｜【本地窗口】选项。
- 单击调试工具栏中的【本地窗口】按钮。

Visual Basic 6.0 本地窗口界面效果如图 10-19 所示。

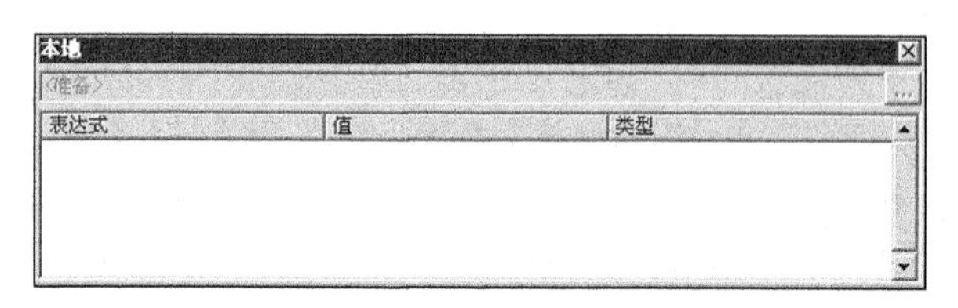

图 10-19　Visual Basic 6.0 本地窗口界面

10.4　错误处理和条件编译

知识点讲解：光盘：视频\PPT 讲解（知识点）\第 10 章\错误处理和条件编译.mp4

当设计的应用程序出现错误时，必须对这些错误进行修正。在 Visual Basic 6.0 程序中，可以使用 Visual Basic 6.0 提供的错误处理语句来中断并处理运行中的错误。在 Visual Basic 6.0 中可以被截获的错误被称为“可捕获错误”，出错处理语句只能处理这类错误。

在 Visual Basic 6.0 中通常使用 On Error 语句来捕获错误，其语法格式如下所示。

```
On Error Goto line
```

其中，“line”可以是任何行的标签或行号。

注意：有关 On Error 语句的具体使用，必须注意如下所示的两点。

（1）在项目内最好使用 On Error 语句来捕获错误，否则将会导致致命错误。

（2）指定的 line 必须和 On Error 语句处于同一过程，否则将会发生编译错误。

当 Visual Basic 程序出现错误时，可以通过 Resume 语句和 Error 对象来处理，也可以自定义错误。

1. Resume 语句

当错误处理程序结束后，应该恢复程序的原有运行，通过 Resume 语句可以完成这一功能。Resume 语句有 Resume[0]、Resume Next 和 Resume line 三种方法。具体说明如下。

- Resume[0]：如果错误和错误处理程序出现在同一过程中，则从错误产生的语句恢复运行；如果错误出现在被调用的过程中，则从最近一次调用包含错误处理程序过程语句处恢复运行。
- Resume Next：如果错误和错误处理程序出现在同一过程中，则从紧随错误产生的语句的下一个语句恢复运行；如果错误出现在被调用的过程中，则从最后一次调用包含错误处理程序过程语句之后恢复运行。
- Resume line：执行以参数 line 为行号或标签的语句，参数 line 必须是和错误处理程序为同一过程中的标签或行号。

实例 051 通过 Resume 语句忽略错误

源码路径 光盘\daima\10\1\ 视频路径 光盘\视频\实例\第 10 章\051

本实例演示说明了 Resume 语句的使用方法，具体实现流程如图 10-20 所示。

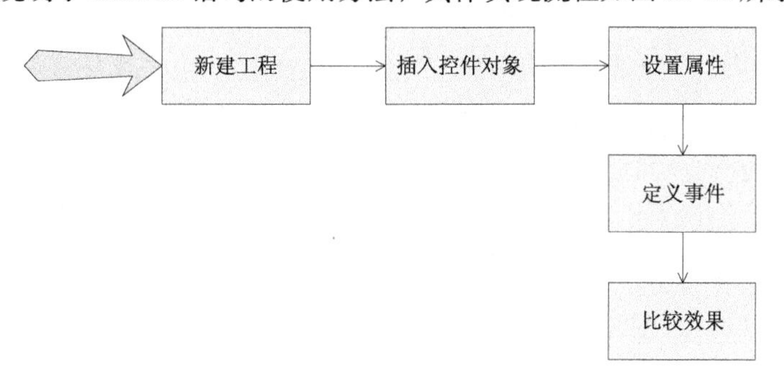

图 10-20 实例实现流程图

下面将详细介绍上述实例流程的具体实现过程，首先新建项目工程并插入各个控件对象，具体实现流程如下所示。

（1）打开 Visual Basic 6.0，新创建一个标准 EXE 工程，并设置窗体 form1 的属性，如图 10-21 所示。

（2）在窗体 form1 内插入 2 个 Command 控件，并分别设置其属性，如图 10-22 所示。

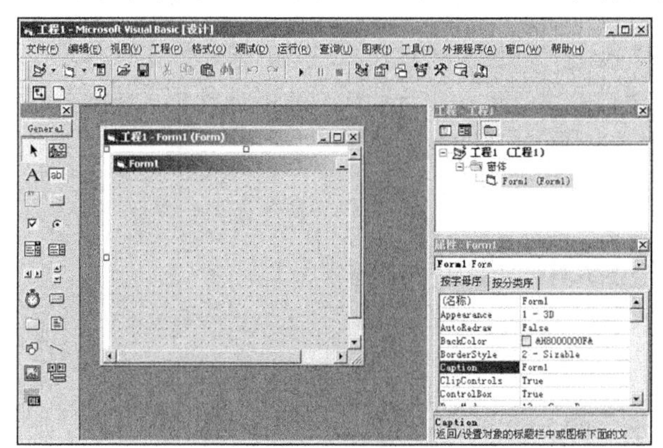

图 10-21 新建标准 EXE 工程

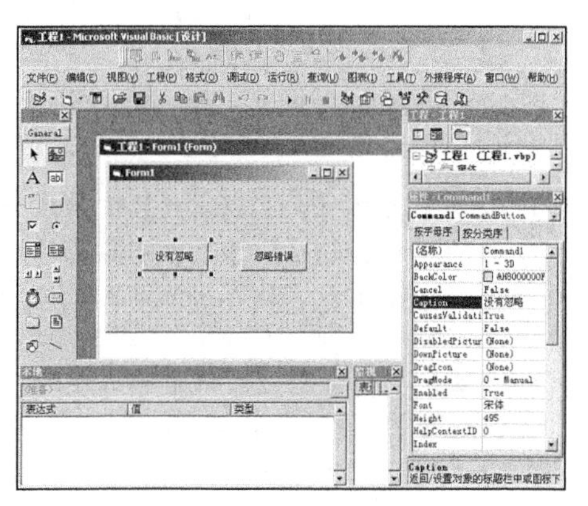

图 10-22 插入窗体对象

窗体内各对象的主要属性设置如下。

- ❑ 第一个窗体：设置名称为“Form1”，Caption 属性为“Form1”。
- ❑ 第一个 CommandButton 控件：设置名称为“Command1”，Caption 属性为“没有忽略”。
- ❑ 第二个 CommandButton 控件：设置名称为“Command2”，Caption 属性为“忽略错误”。

然后来到代码编辑界面，分别为 Command1 和 Command2 设置鼠标单击事件处理代码，具体代码如下所示。

```
'单击按钮1的处理事件，没有忽略错误
Private Sub Command1_Click()
    ActiveControl.Text = "内容"
    ActiveControl.Caption = "内容"
    ActiveControl.Min = 0
    ActiveControl.Max = 120
End Sub
'单击按钮2的处理事件，忽略了错误
Private Sub Command2_Click()
    On Error Resume Next
    ActiveControl.Text = "内容"
    ActiveControl.Caption = "内容"
    ActiveControl.Min = 0
    ActiveControl.Max = 120
End Sub
Private Sub Form_Load
```

> 范例 101：编写折半查找过程
> 源码路径：光盘\演练范例\101\
> 视频路径：光盘\演练范例\101\
> 范例 102：实现插入法排序
> 源码路径：光盘\演练范例\102\
> 视频路径：光盘\演练范例\102\

经过上述设置处理后，整个实例设置完毕。执行后将按指定样式在窗体内显示各窗体对象，如图 10-23 所示；单击【没有忽略】按钮后将弹出错误提示，如图 10-24 所示；当单击【忽略错误】按钮后将正确运行程序，如图 10-25 所示。

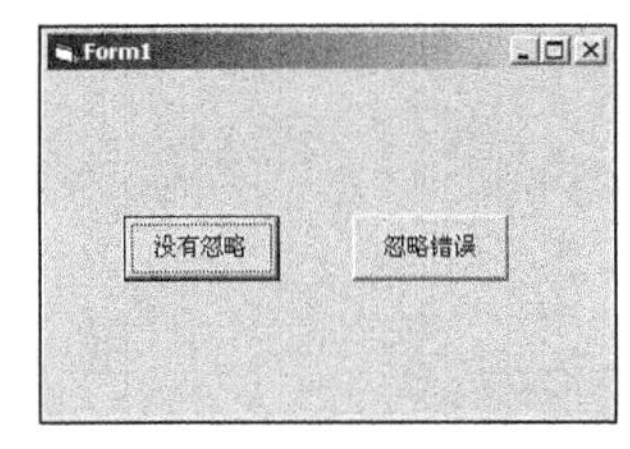

图 10-23　初始显示默认窗体

图 10-24　输出错误提示

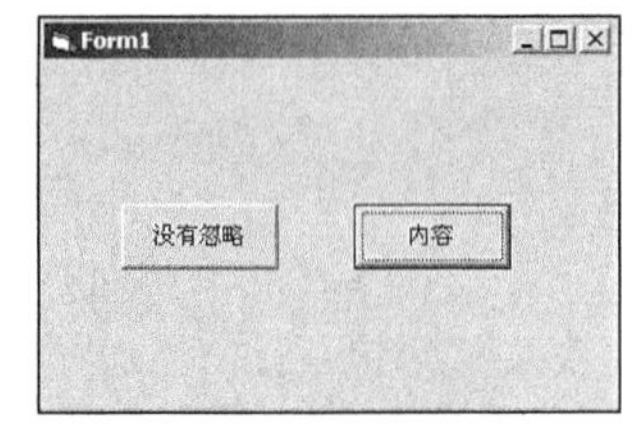

图 10-25　忽略错误

2. Error 对象

Error 对象是全局可见的对象，使用后可以保存最近运行时的错误信息，Error 对象的属性由错误生成或设置。

（1）Error 对象的属性。

Error 对象有 3 个主要属性，具体信息如下。

- ❑ Number：返回或设置表示错误的数值，是默认属性。
- ❑ Description：返回或设置一个字符串表达式，包含和对象相关联的描述性字符串。
- ❑ Source：返回或设置一个字符串表达式，设置最初生成错误对象或应用程序的名称。

（2）Error 对象的方法。

Error 对象的常用方法有 Clear 和 Raise，具体信息如下。

- ❑ Clear 方法：用于清除对象属性。
- ❑ Raise 方法：用于发布一个自定义错误，具体语法格式如下。

```
对象. Raise Number,sourse,description,helpfile,helpcontext
```

上述格式中各参数的具体说明如下。

- ❑ 对象：必选项，是 Error 对象。
- ❑ Number：必选项，是一个 Long 整数，用于识别错误性质。
- ❑ sourse：是可选项，是一个字符串表达式，为产生错误的对象或应用程序命名。

- helpfile ：helpcontext 是帮助文件的完整限定的路径，在帮助文件中可以找到有关错误的帮助信息。
- helpcontext：是可选项，用于识别 helpfile 内标题的上下文 ID。

3. 用户自定义错误

Visual Basic 6.0 中提供了 vbObjectError 常量，用户可以用其自定义错误。如果用户要自定义错误，则需要在模块的公用部分添加常量。例如，使用下面的代码。

```
Const ERROR_NOT_FOUND = 1 + vbObjectError+512
  If not blnConnect() Then
    Err.Raise Number: ERROR_NOT_FOUND
 End If
```

10.5 创建帮助

知识点讲解：光盘：视频\PPT 讲解（知识点）\第 10 章\创建帮助.mp4

程序员设计一个软件后，经常需要为其设置一个使用的帮助文件。在本节的内容中，将详细介绍使用 Windows 调用来创建类似 Windows 帮助文件的方法。

10.5.1 使用 Windows Help Workshop 创建帮助

创建帮助文件最简单的方法是使用微软的 Windows Help Workshop，此工具可以迅速地将 RTF 格式文件编译为 HLP 文件。RTF 格式能够存放所有的帮助文本。

Windows Help Workshop 是 hcw.exe，被包含在 Visual Basic 6.0 中。加入一个名为“helper”的应用程序可以创建一个帮助文件 help.hlp，并能同时创建另一个文件 help.rtf，它将保存帮助文件的数据。

下面将详细介绍通过 Windows Help Workshop 创建一个帮助文档的方法，其具体创建流程如图 10-26 所示。

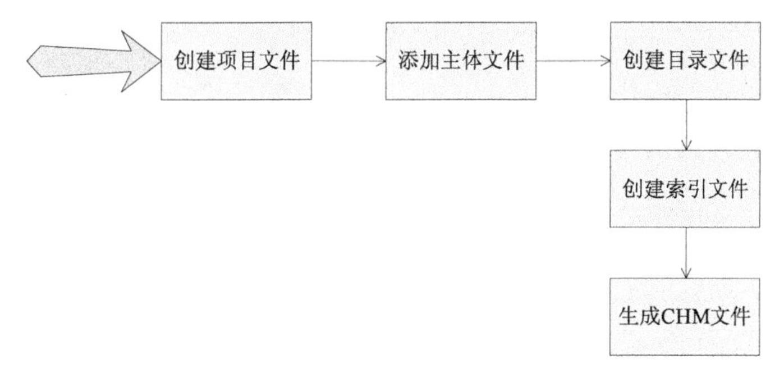

图 10-26 创建流程图

在下面的内容中，将简要介绍各流程的具体实现过程。

1. 创建项目文件

创建目录文件需要首先安装 Windows Help Workshop，它在 Visual Basic 6.0 安装文件的 HTMLHELP 目录下，名为 HTMLHELP.EXE，如图 10-27 所示。

安装 Windows Help Workshop 后，即可依次单击【开始】|【程序】|【HTML Help Workshop】选项，打开 HTML Help Workshop 后即可灵活创建。

2. 添加主体文件

主体文件即显示帮助信息的 HTM 文件，该文件可以使用网页制作工具来迅速制作，例如 FrontPage 和 Dreamweaver。单击“Windows Help Workshop”窗口中的“Project”选项卡左边的第二个按钮，可以在弹出的“Topic Files”对话框中选择添加的 HTM 文件。

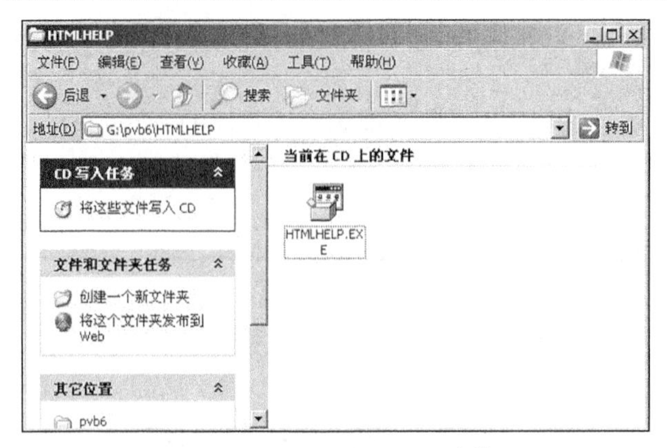

图 10-27　HTMLHELP.EXE 文件

3. 创建目录文件

为了快速访问主体文件，可以添加指定的目录。

4. 创建索引文件

创建索引文件的方法和创建目录文件的方法类似，主要区别是输入的名称是要查找的关键字。

5. 生成 CHM 文件

经过上述设置操作完成后，可以单击“Project”选项卡中的最后一个【Save all file and compile】按钮来生成帮助文件。生成后的帮助文件是 help.chm，具体效果如图 10-28 所示。

图 10-28　生成的帮助文件

10.5.2　在程序中显示帮助文件

创建帮助文档后，可以通过 Visual Basic 6.0 打开帮助文档。Visual Basic 6.0 使用 Windows API 功能的 WinHelp 来打开帮助文件，WinHelp 各主要参数的具体说明如下。

- ❑ Hwnd：打开帮助文件的句柄。
- ❑ lpHelpFile：打开 iabangzhu 文件的名称。
- ❑ wCommand：打开命令，其取值有 HELP_INDEX、HELP_CONTENTS、HELP_HELPONHELP、HELP_SETCONTENTS、HELP_CONTENTPOPUP、HELP_MULTIKEY、HELP_SETWINPOS。
- ❑ dwData：帮助文件打开操作的附加数据。

因为 Visual Basic 6.0 支持 CHM 帮助，所以只需设置项目工程的 HelpFile 属性即可打开帮助文件。

实例 052 打开指定的帮助文档

源码路径 光盘\daima\10\2\　　　　**视频路径** 光盘\视频\实例\第 10 章\052

本实例演示说明了使用 Visual Basic 6.0 打开帮助文件的方法，具体实现流程如图 10-29 所示。

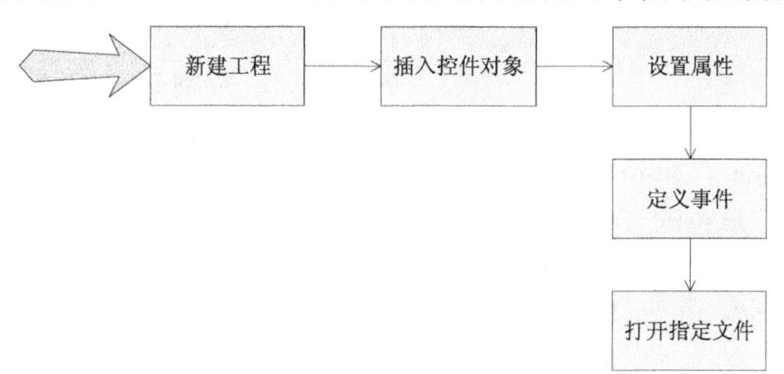

图 10-29　实例实现流程图

下面将详细介绍上述实例流程的具体实现过程，首先新建项目工程并插入各个控件对象，具体实现流程如下所示。

（1）在 Visual Basic 6.0 中新建一个标准 EXE 工程，并设置窗体 form1 的属性，如图 10-30 所示。

（2）在窗体 form1 内插入 1 个菜单控件，并设置菜单项的属性，如图 10-31 所示。

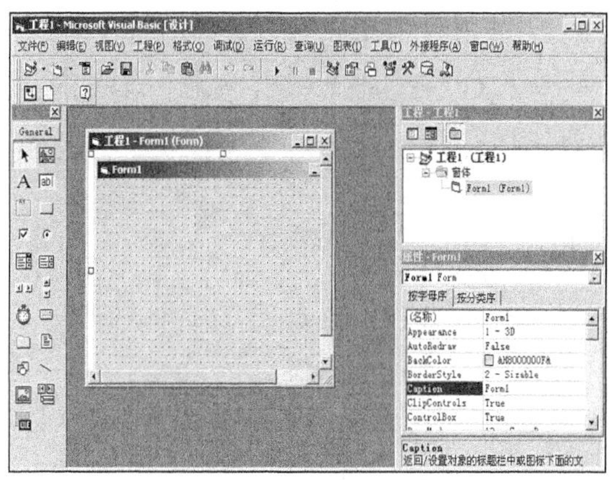

图 10-30　新建标准 EXE 工程

图 10-31　插入菜单控件

窗体内各对象的主要属性设置如下。

窗体：设置名称为“Form1”，Caption 属性为“Form1”。

菜单项的具体属性设置如图 10-32 所示。

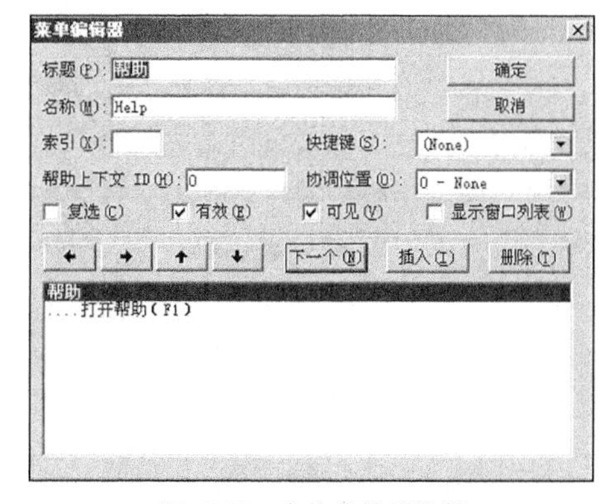

图 10-32　窗体菜单项设置

然后来到代码编辑界面，为窗体载入和快捷键事件设置处理代码。具体代码如下所示。

```
'设置打开指定帮助文件
Private Sub Form_Load()
App.HelpFile = App.Path & "\help.chm"
End Sub
'设置打开帮助文件的快捷键
Private Sub openFile_Click()
SendKeys "{F1}"
End Sub
```

范例 103：求多个数的最大公约数
源码路径：光盘\演练范例\103\
视频路径：光盘\演练范例\103\
范例 104：产生随机整数
源码路径：光盘\演练范例\104\
视频路径：光盘\演练范例\104\

经过上述设置处理后，整个实例设置完毕。执行后将按指定样式在窗体内显示各窗体对象，如图 10-33 所示；当依次单击菜单中的【帮助】|【打开】选项后，将打开指定的帮助文件 help.chm，如图 10-34 所示；当单击快捷键<F1>后将打开指定的帮助文件 help.chm，如图 10-35 所示。

图 10-33 初始显示默认窗体

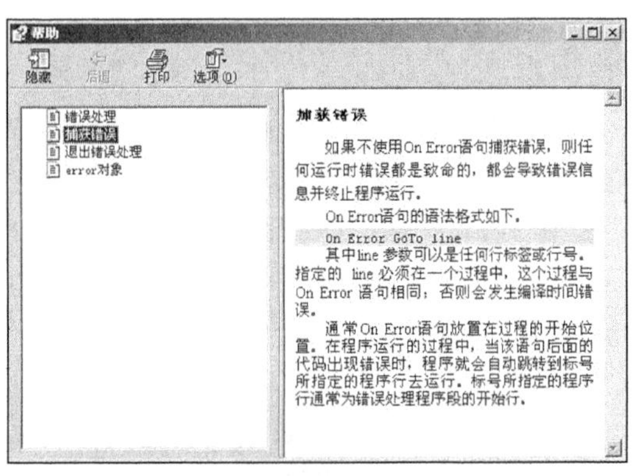

图 10-34 打开指定帮助文件

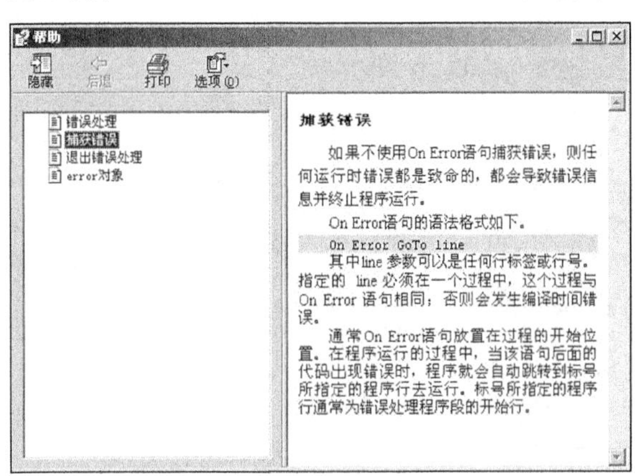

图 10-35 打开指定帮助文件

通过本实例成功地打开了指定的帮助文档信息。上面介绍 CHM 格式文件是微软公司开发的新一代基于 HTML 的帮助文件格式，它一问世就以其易用性和新颖的界面赢得了广大编程一族的喜爱，目前大多数软件都用它来制作应用程序的帮助文件。

下面将进一步讲述在实际编程中如何调用 CHM 文件，从而建立起应用程序的帮助系统。

（1）声明 HtmlHelp API 函数。

由于 HtmlHelp API 并没有集成在 Windows 操作系统的 API 中，因此不能直接调用 HtmlHelp.lib 库函数，但 HtmlHelp API 的功能位于 hhctrl.ocx 中，这样可以通过调用 hhctrl.lib 库函数来显示帮助文件，其声明格式如下。

```
Declare Function Htmlhelp Lib "hhctrl.ocx"Alias "HtmlHelpA"
(ByVal hwndCaller As Long,
```

```
ByVal    pszFile    As    String,
ByVal    uCommand    As    Long,
ByVal    dwData    As    Any)    As    Long
```

上述各参数的具体说明如下。

- hwndCaller：调用该函数的窗体句柄。
- pszFile：帮助文件的名称和位置。
- uCommand：帮助类型。
- dwData：与 uCommand 相匹配的附加参数。

（2）定义 uCommand 常数。

具体代码如下。

```
Const    HH_DISPLAY_TOPIC = &H0
Const    HH_DISPLAY_INDEX=&H2
Const    HH_HELP_CONTEXT = &HF
Const    HH_DISPLAY_SEARCH = &H3
Const    HH_DISPLAY_TEXT_POPUP = &HE
```

（3）指定 CHM 文件的名称和位置。

具体代码如下。

```
App.HelpFile=App.Path & "\Sample.CHM"
```

（4）程序调用。

调用缺省主题帮助，具体代码如下。

```
Call    HtmlHelp(hwnd,
App.HelpFile,
HH_DISPLAY_TOPIC,
ByVal    "Default.htm")
```

此调用方式用于没有上下文 ID 号的情形，dwData 可指定一个在 CHM 文件内的缺省 htm 文件，也可取 NULL，这是 HtmlHelp API 最基本的一种用法。

（5）调用关键字帮助。

具体代码如下。

```
Call    HtmlHelp(hwnd,
App.HelpFile,
HH_DISPLAY_INDEX,
(DWORD)"关键字"))
```

此调用方式中 dwData 取索引文件（.hhk）中存在的关键字。

（6）调用上下文敏感帮助。

具体代码如下。

```
Call    HtmlHelp(hwnd,
App.HelpFile,
HH_HELP_CONTEXT,    1000)
```

此调用方式用于含有映射信息的 CHM 文件, dwData 取映射表中存在的 ID 号。

（7）调用全文搜索帮助。

具体代码如下。

```
 Dim    Query    As    HH_FTS_QUERY
Call    HtmlHelp(hwnd,
App.HelpFile,
HH_DISPLAY_SEARCH,
(DWORD)& Query)
```

DwData 参数指定一个指向 HH_FTS_QUERY 结构的指针。

（8）调用弹出式帮助，具体代码如下所示。

```
Dim    Popup    As    HH_POPUP
Call    HtmlHelp(hwnd,
NULL,
HH_DISPLAY_TEXT_POPUP,
(DWORD)&Popup)
```

PszFile 通常取 NULL，也可以指定一个 CHM 和一个在该 CHM 文件中的 TEXT 文件，DwData 用于指定一个指向 HH_POPUP 结构的指针。

(9) 指定显示窗体形式。

由于显示帮助文件的默认窗体是在编译该 CHM 文件时的窗体，因此为了更好地控制帮助文件的显示，在制作 CHM 文件时，可以自定义一个窗体形式。在程序中可以通过如下两种方法来调用自定义窗体。

- 当 uCommand 为 HH_DISPLAY_TOPIC 或 HH_HELP_CONTEXT 时，在 pszFile 参数中用“>”符号，其后跟上窗体名称即可。
- 用 HtmlHelp 函数直接指定。

10.6　技 术 解 惑

10.6.1　Resume 和 Goto 的区别

从具体使用效果上看，Resume 和 Goto 类似，都是实现语句的跳转。但是 Resume 是用于错误处理时的跳转，常用于错误处理语句；而 Goto 属于常规跳转，常用于正常的处理语句。在上述实例中，通过“On Error Resume Nex”语句忽略了里面的错误。On Error Resume Next 和其他的 On Error…语句，他们的作用域都是从写这一句开始，直到函数结束（注意，这类语句只能写在函数里面）也就是碰到 End sub,End Function 就结束，而无法在函数内部中途停止。但是在中途可以改变出错的时候的处理方法，所以我们有变相停止的方法，例如只要用“on error goto 0”(注意，只能是“零”)，就可以使程序不再忽略错误。

10.6.2　设置错误陷阱

当 Visual Basic 运行错误处理程序指定的 On Error 语句时，错误陷阱被激活。当包含错误陷阱的过程处于激活状态时，该错误陷阱是有效的—也就是说，在运行 Exit Sub、Exit Function、Exit Property、End Sub、End Function 或 End Property 语句前，过程中的错误陷阱是有效的。在任何给定的过程中，任何时候都只能有一个错误陷阱有效，你可创建多个备用的错误陷阱，并在不同时间内分别激活它们。使用 On Error 语句的特殊形式 On Error GoTo 0 来禁止某一错误陷阱。

使用 On Error GoTo line 语句，设置从错误陷阱跳转到一个错误处理程序中，其中 line 参数指定识别错误处理代码的标签。在 FileExists 函数示例中的标签为 CheckError (虽然冒号是标签的组成部分，但在 On Error GoTo line 语句中不用冒号)。

10.6.3　编写错误处理例程

编写错误处理例程的第一步是添加行标签，以标识错误处理例程的开始。行标签应具有一个描述性名称，而且必须在其后加上冒号。编写时的习惯做法是把错误处理代码置于过程的结尾处，即行标签在 Eixt Sub、Exit Function 或 Exit Property 语句后。这可避免过程中无错误发生时错误处理代码的执行。

错误处理例程的主体包括实际处理错误的代码，通常采用 Select Case 或 If ...Then...Else 语句。你需要确定可能发生哪些错误，并为每个错误提供相应的处理措施，如在出现“磁盘未准备好”错误时，提示用户插入磁盘。通常需要使用 Else 或 Case Else 条件从句来提供一个处理任何预计外错误的选项，在前面的 FileExists 函数示例中，该选项是警告用户并结束应用程序。

Err 对象的 Number 属性包含一个代表最近发生的运行时错误的数值代码。Err 对象与 Select Case 或 If…Then…Else 语句的结合使用，可使你对发生的任何错误采取特定的措施。

第 11 章

数据库工具

数据库技术是实现信息动态交互的必要手段。人们可以通过修改数据库内容，实现项目内数据的动态变化，这是因为项目内的内容是从数据库中读取的。在本课内容中，将向读者介绍数据库方面的基本知识和基本概念，并对 Visual Basic 6.0 中常用数据库工具的基本知识进行介绍。

本章内容

- 数据库概述
- 使用 Access 数据库
- 使用 SQL Server 数据库
- 备份和恢复 SQL Server 数据库
- 附加和分离 SQL Server 数据库

技术解惑

数据库压缩技术
安装 SQL Server 的常见问题
在数据库中的 E-R 图
数据模型和关系数据模型

11.1　数据库概述

知识点讲解：光盘：视频\PPT 讲解（知识点）\第 11 章\数据库概述.mp4

在本节内容中，将向读者介绍数据库技术的基本知识，使读者了解数据库技术的常用概念，为本书后面的学习打下基础。

1．什么是数据库

随着计算机技术、通信技术和网络技术的飞速发展，信息系统渗透到社会各个领域。作为其核心的数据库技术更是得到了广泛的应用。数据的建设规模、数据库的信息量大小以及使用频度已成为衡量一个国家信息化程度的重要标志。

从性质上讲，数据库就是存储信息的工具，是依照某种数据模型组织起来的并存放二级存储器中的数据集合。这种数据集合具有如下所示的两个特点。

（1）尽可能不重复，以最优方式为某个特定组织的多种应用服务。

（2）对数据的增、删、改和检索由统一软件进行管理和控制。从发展的历史看，数据库是数据管理的高级阶段，它是由文件管理系统发展起来的。

数据库技术是随着数据管理的需要而产生的。数据管理指的是对数据的分类、组织、编码、存储、检索和维护，它是数据处理的核心。随着计算机硬件技术和软件技术的发展，数据管理经历了如下 3 个发展阶段。

- ❑ 人工管理。
- ❑ 文件系统处理。
- ❑ 数据库管理。

当人们收集了大量的数据后，应该把它们按照一定格式保存起来以便进一步处理。随着社会的发展和数据量急剧增长，现在人们就借助计算机和数据库技术科学地保存大量的数据，以便能更好地利用这些数据资源。自此，数据库便成为了计算机领域的核心技术。

所以，从数据库的特点和应用上理解，数据库是指“长期存储在计算机内的、有组织的、可共享的数据集合”。数据库包含关系数据库、面向对象数据库及新兴的 XML 数据库等多种，目前应用最广泛的是关系数据库。

2．数据库的常用概念

在本部分内容中，将向读者介绍数据库技术常用的几个概念，加深对数据库技术的理解。

（1）数据库管理（Database Administration）。

数据库管理是有关建立、存储、修改和存取数据库中信息的技术，是指为保证数据库系统的正常运行和服务质量，有关人员必须进行的技术管理工作。负责这些技术管理工作的个人或集体称为数据库管理员（DBA）。数据库管理的主要内容有数据库的建立、数据库的调整、数据库的重组、数据库的重构、数据库的安全控制、数据的完整性控制和对用户提供技术支持。

（2）数据库。

数据库是长期存储在计算机内有组织的大量共享的数据集合，它可以提供各种用户共享且具有最小冗余度和较高的数据与程序的独立性。

（3）数据模型。

数据模型是现实世界数据特征的抽象，是数据技术的核心和基础。它是数据库系统的数学形式框架，是用来描述数据的一组概念和定义，主要包括如下方面的内容。

- ❑ 静态特征：对数据结构和关系的描述。
- ❑ 动态特征：在数据库上的操作，例如添加、删除和修改。

❑ 完整性约束：数据库中的数据必须满足的规则。

（4）概念模型。

概念模型用于信息世界的建模，人们常常先将现实世界抽象为信息世界，然后将信息世界转换为机器世界。而概念模型是现实世界到机器世界的一个中间层次。

概念模型是对信息世界的建模，它可以用E-R图来描述世界的概念模型。E-R图提供了表示实体型、属性和联系的方法。

❑ 实体型：用矩形表示，框内写实体名称。

❑ 属性：用椭圆表示，框内写属性名称。

❑ 联系：用菱形表示，框内写联系名称。

例如，图11-1描述了实体-属性图。

图11-2描述了实体-联系图。

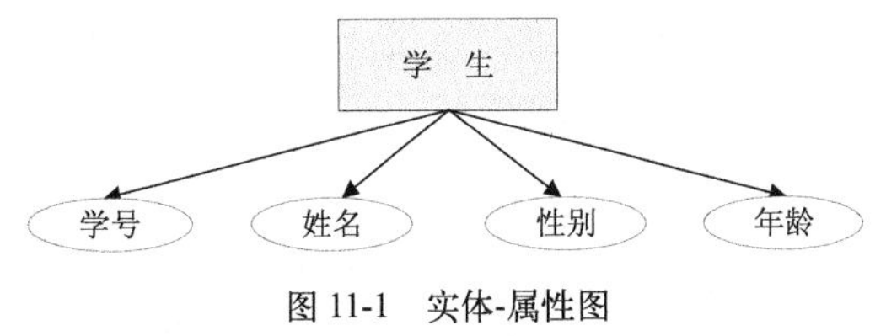

图11-1 实体-属性图

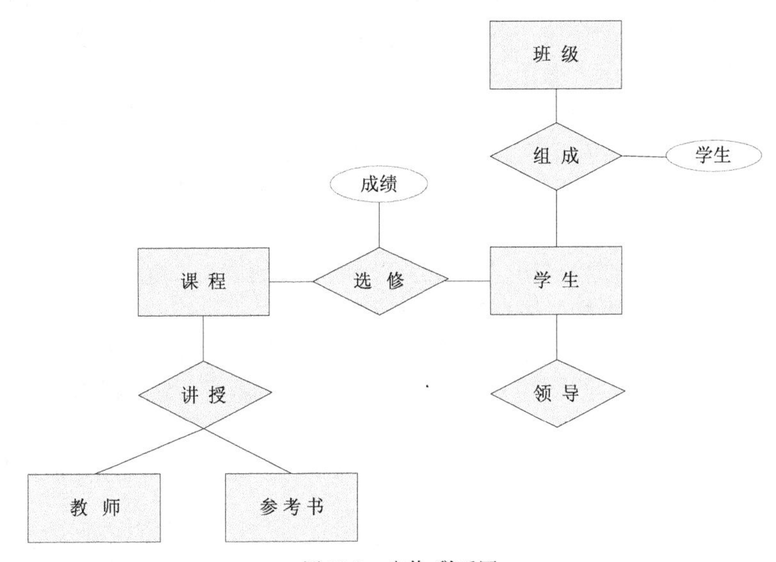

图11-2 实体-联系图

（5）数据库系统的结构。

设计数据库时，强调的是数据库结构；使用数据库时，关心的是数据库中的数据。从数据库系统角度看，数据库系统通常采用三级模式结构，这是数据库管理系统的内部系统结构。

数据库系统的三级模式结构是指数据库系统由外模式（物理模式）、模式（逻辑模式）和内模式三级抽象模式构成，这是数据库系统的体系结构或总结构。上述具体结构如图11-3所示。

（6）数据库管理系统。

数据库管理系统即DBMS，是数据库系统的核心，是为数据库的建立、使用和维护而配置的软件。它建立在操作系统的基础之上，是位于操作系统与用户之间的一层数据管理软件，负责对数据库进行统一的管理和控制。

数据库管理系统各功能主要包括如下6个方面：数据定义、数据操纵、数据库运行管理、数据组织、存储和管理、数据库的建立和维护、数据通信接口。

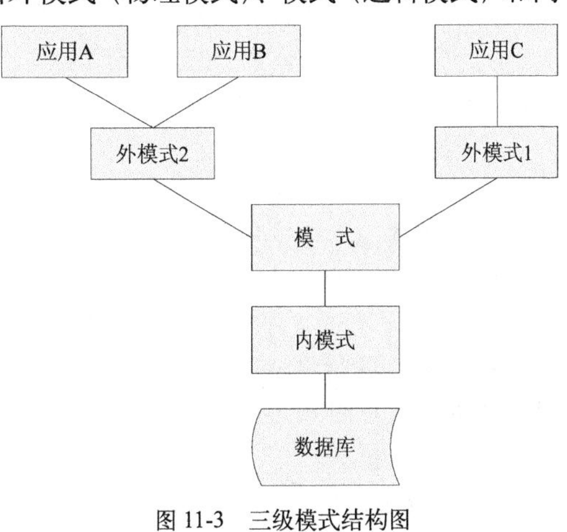

图11-3 三级模式结构图

11.2　使用 Access 数据库

知识点讲解：光盘：视频\PPT 讲解（知识点）\第 11 章\使用 Access 数据库.mp4

现实中数据库工具种类繁多，有免费的小型数据库工具，也有大型的、专门为某企业定制开发的数据库。从使用范围和影响性上来看，在 Web 领域使用最频繁的是 Access 和 SQL Server。在本节内容中，将对 Access 数据库的基本知识进行简要介绍。

11.2.1　Access 概述

Access 是微软 Office 工具中的一种数据库管理程序，可赋予更佳的用户体验，并且新增了导入、导出和处理 XML 数据文件等功能。

Microsoft Access 是一种关系式数据库，由一系列表组成。表又由一系列行和列组成，每一行是一个记录，每一列是一个字段，每个字段有一个字段名，字段名在一个表中不能重复。

Access 数据库由如下 6 种对象组成。

- 表（Table）：是数据库的基本对象，是创建其他 5 种对象的基础。表由记录组成，记录由字段组成，表用来存储数据库的数据，故又称数据表。
- 查询（Query）：可以按索引快速查找到需要的记录，按要求筛选记录并能连接若干个表的字段组成新表。
- 窗体（Form）：也称之为表单，它提供了一种方便的浏览、输入及更改数据的窗口。还可以创建子窗体显示相关联的表的内容。
- 报表（Report）：功能是将数据库中的数据分类汇总，然后打印出来，以便分析。
- 宏（Macro）：它相当于 DOS 中的批处理，用来自动执行一系列操作。Access 列出了一些常用的操作供用户选择，使用起来十分方便。
- 模块（Module）：其功能与宏类似，但它定义的操作比宏更精细和复杂，用户可以根据自己的需要编写程序。

Access 适用于小型商务活动，用以存储和管理商务活动所需要的数据。Access 不仅是一个数据库，而且具有强大的数据管理功能，可以方便的利用各种数据源，生成窗体（表单）、查询、报表和应用程序等。利用 ASP 开发小型项目时，Access 往往是首先被考虑的数据库工具。它以操作简单、易学易用的特点而受到大多数用户的青睐。

11.2.2　启动和关闭 Access

在个人机器上安装了 Office 后就可以使用 Access 数据库了。Access 数据库的启动和关闭十分简单，下面将对其进行简要介绍。

1. 启动 Access

启动 Access 数据库的具体流程下所示。

（1）用鼠标双击打开要启动的数据库文件图标，如图 11-4 所示。

（2）在弹出的安全警告窗口中单击【打开】按钮，此时将显示启动后的 Access 数据库界面，如图 11-5 所示。

2. 关闭 Access

关闭 Access 数据库的方法十分简单，

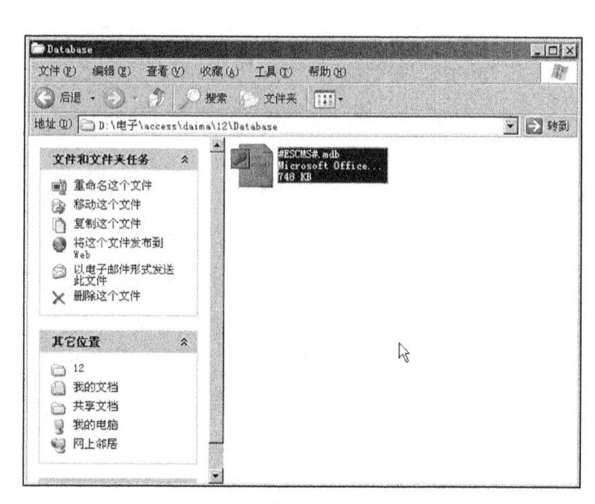

图 11-4　双击打开数据库文件图标

只需单击右上角的关闭图标“×”即可。

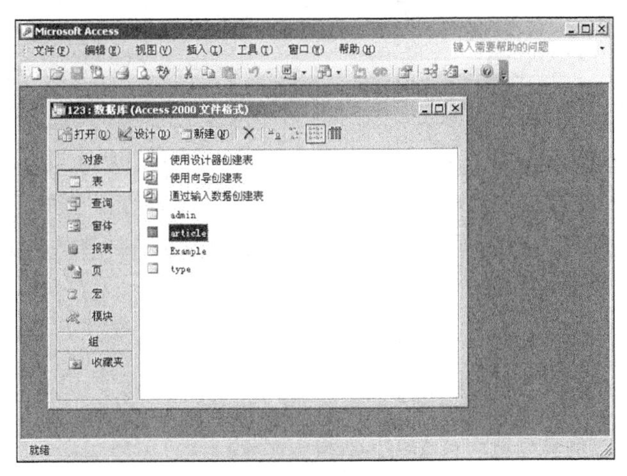

图 11-5 Access 数据库界面

注意：启动 Access 时的安全警告对话框是 Office 关于“不安全表达式”的安全警告。对普通用户而言，可以将其关闭，这样就不会遇到类似的提示问题了。具体操作方法如下所示。启动 Access，在“工具”菜单上依次选择“宏”、“安全性”，单击“安全级”选项卡，然后单击“低……”，单击“确定”按钮，重新启动 Access 即可。

11.2.3 Access 的基本操作

数据库最重要的功能是保存数据，Access 数据库中的数据保存在它的表里面。下面将对 Access 中表的操作进行简要介绍。

1. 新建表

新建表是指在数据库中创建一个新的表，具体操作流程如下所示。

（1）打开 Access 数据库，在左侧界面中单击“表”选项，如图 11-6 所示。

（2）在弹出的界面中单击“使用设计器创建表”选项，在弹出的界面中依次输入字段名称、数据类型和属性条件，单击“保存”按钮，如图 11-7 所示。

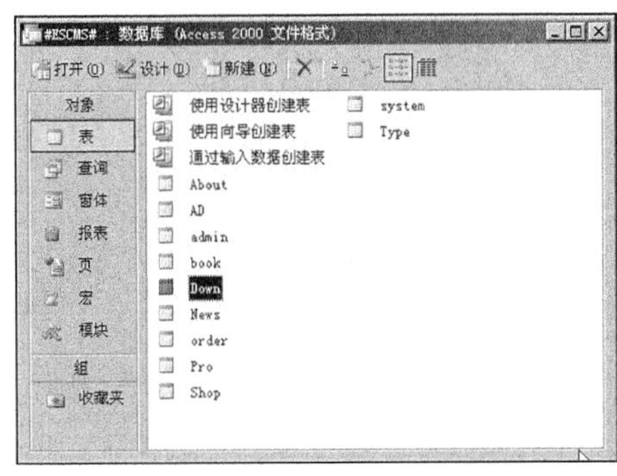

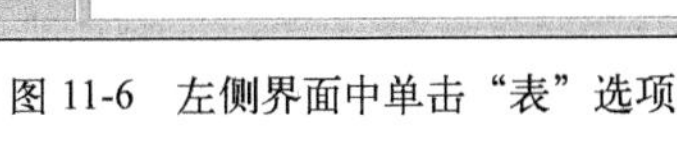
图 11-6 左侧界面中单击“表”选项

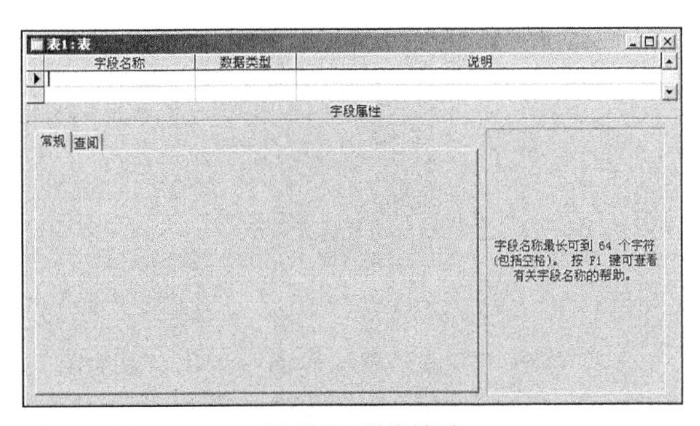

图 11-7 弹出界面

（3）在弹出的“另存为”对话框中输入表的名称，然后单击【确定】按钮，如图 11-8 所示。

（4）在弹出的“尚未定义主键”界面中单击【是】按钮，完成此表的创建，如图 11-9 所示。

另外，也可以选择“使用向导创建”和“通过输入数据创建”选项来创建新的表。

2. 修改表

可以对已创建的 Access 数据库表进行修改，其具体操作流程如下所示。

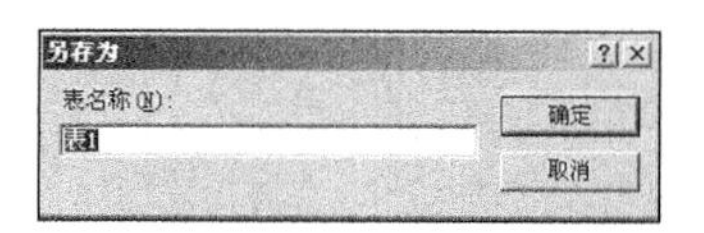

图 11-8 “另存为”对话框

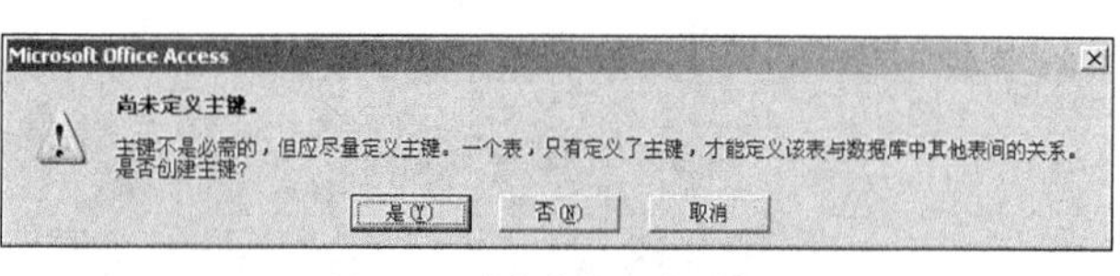

图 11-9 “尚未定义主键”界面

（1）用鼠标右键单击要修改的表，在弹出选项中选择“设计视图”命令，如图 11-10 所示。

（2）在弹出的表属性界面中对此表数据、数据类型和属性进行修改，如图 11-11 所示。

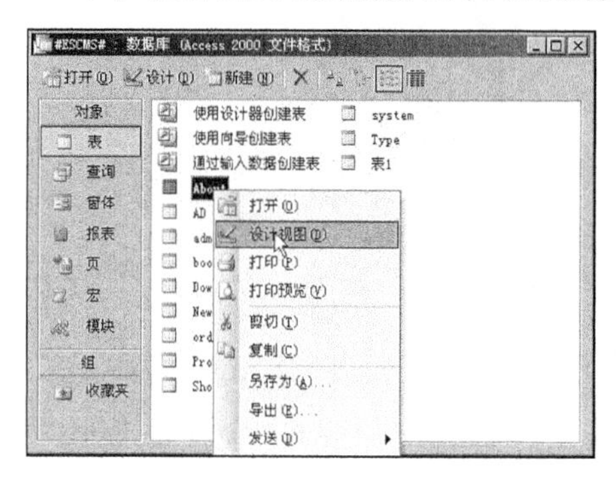
图 11-10 选择“设计视图”命令

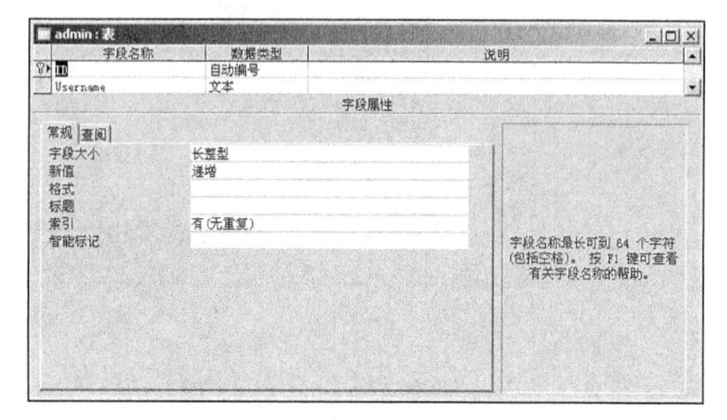
图 11-11 表修改界面

（3）修改完毕后，单击“保存”按钮后完成修改。

3. 删除表

根据系统的具体需要，可以删除已创建的 Access 数据库表，具体的操作流程如下所示。

（1）用鼠标右键单击要删除的表，在弹出选项中选择“删除”命令，如图 11-12 所示。

图 11-12 选择“删除”命令

（2）在弹出的删除确认界面中单击【是】按钮将此表删除，如图 11-13 所示。

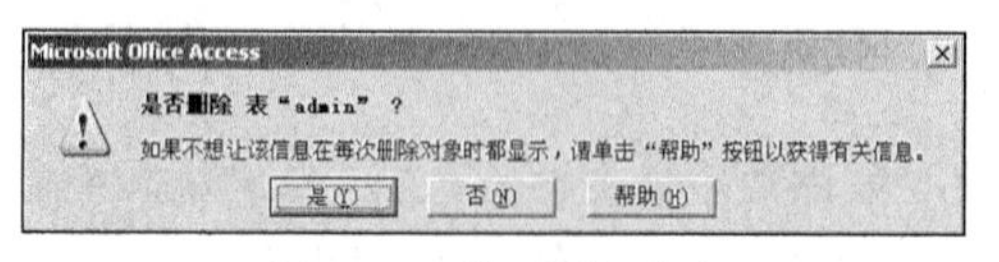

图 11-13 是否删除界面

11.2.4 压缩 Access 数据库

当用户在 Access 数据库内删除数据信息时，会产生碎片并导致磁盘空间的使用效率的降低；并且由于信息的增加，造成了 Access 数据库内数据增大。在上述问题的驱使下，必须对 Access 数据库进行压缩以提升 Access 数据库的性能。

对 Access 数据库进行压缩处理的具体操作流程如下所示。

(1) 打开要压缩的数据库，依次单击【工具】|【数据库实用工具】|【压缩和修复数据库】选项，如图 11-14 所示。

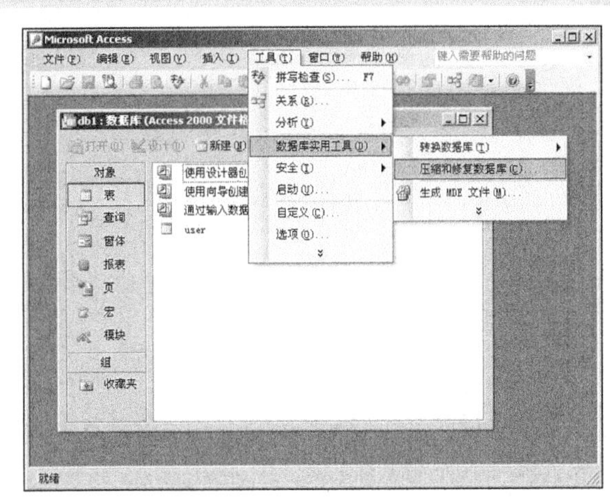

图 11-14 打开数据库文件

(2) 在弹出的“压缩数据库来源”对话框中选择压缩来源，如图 11-15 所示。

(3) 单击【压缩】按钮后弹出“将数据库压缩为”对话框，设置被压缩后的数据库名，如图 11-16 所示。

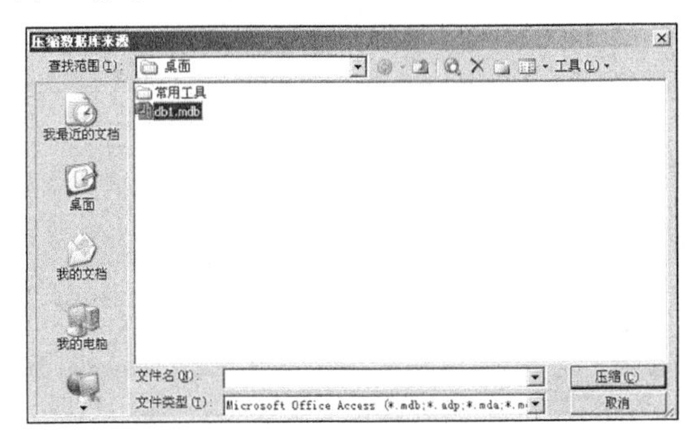

图 11-15 “压缩数据库来源”对话框

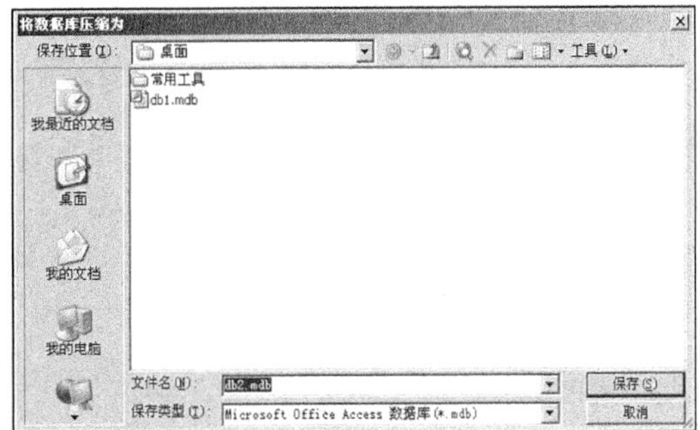

图 11-16 “将数据库压缩为”对话框

(4) 单击【保存】按钮，在指定位置将生成指定名称的压缩数据库文件，如图 11-17 所示。

在 Visual Basic 6.0 中，可以通过 DBEngine 控件来实现对 Access 数据库的压缩。在使用 DBEngine 控件前，需要特别引用“Microsoft DAO 3.6 Object Library”，具体方法是依次单击【工具】|【引用】选项，在弹出的“引用”对话框中选择“Microsoft DAO 3.6 Object Library”，如图 11-18 所示。

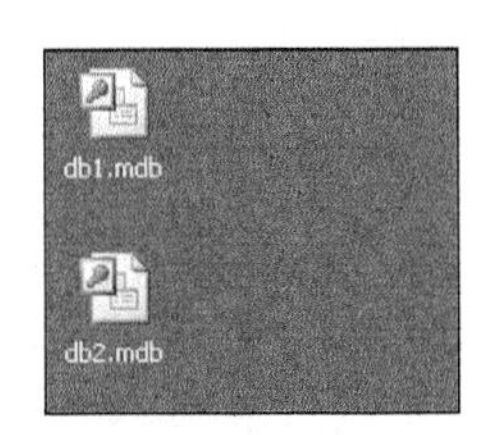

图 11-17 压缩后的数据库

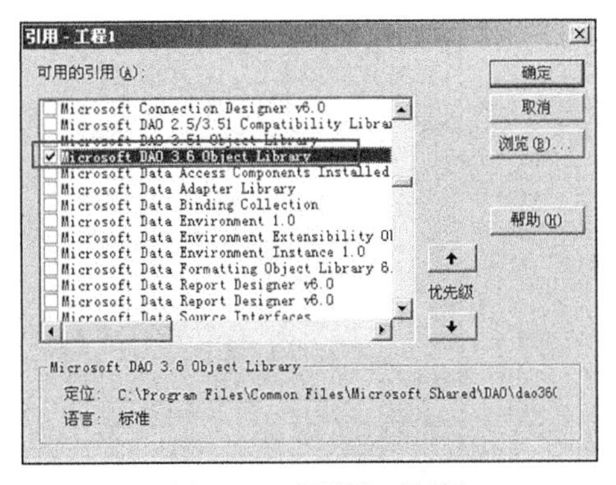

图 11-18 “引用”对话框

实例 053 通过 Visual Basic 6.0 压缩指定的 Access 数据库

源码路径 光盘\daima\11\1\　　视频路径 光盘\视频\实例\第 11 章\053

本实例的实现流程如图 11-19 所示。

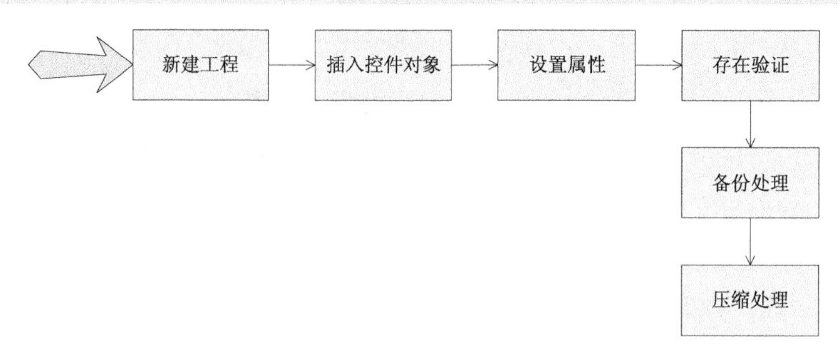

图 11-19　实例实现流程图

下面将详细介绍上述实例流程的具体实现过程，首先新建项目工程并插入各个控件对象，具体实现流程如下所示。

（1）在 Visual Basic 6.0 中新建一个标准 EXE 工程文件，如图 11-20 所示。

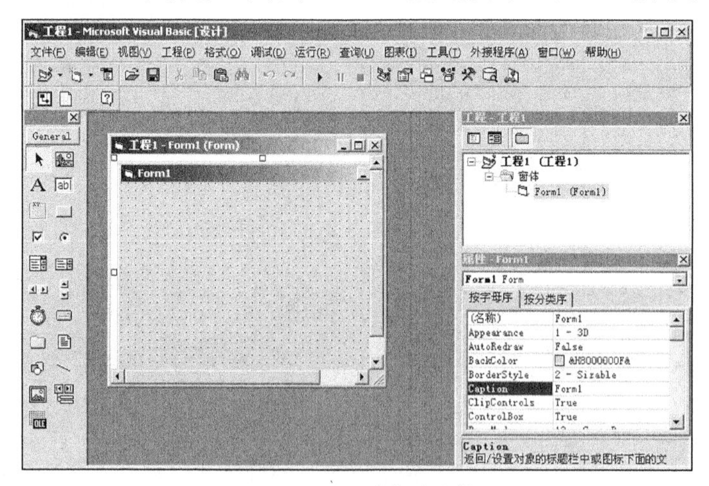

图 11-20　打开数据库文件

（2）在窗体内分插入 1 个 Command 控件、1 个 TextBox 控件、1 个 Label 控件和 1 个 CheckBox 控件，并分别设置它们的属性，如图 11-21 所示。

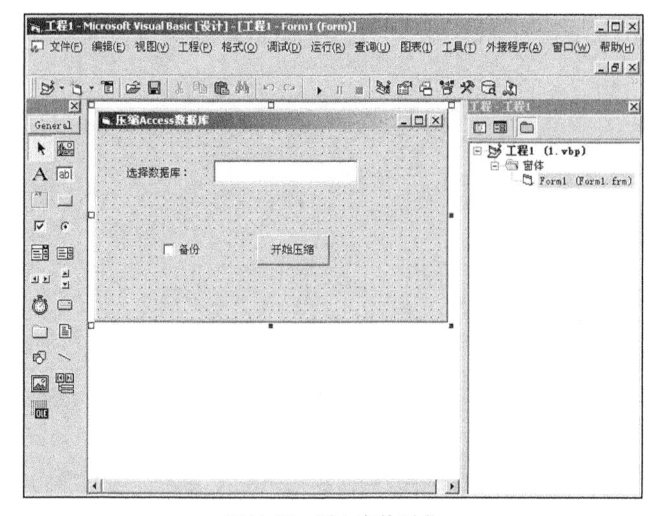

图 11-21　插入窗体对象

窗体内各对象的主要属性设置如下所示。

- 窗体：设置名称为“Form1”，Caption 属性为“压缩 Access 数据库”。
- Command 控件：设置名称为“Command1”，Caption 属性为“开始压缩”。
- Label 控件：设置名称为“Label1”，Caption 属性为“选择数据库：”。
- TextBox 控件：设置名称为“Text1”，Text 属性为空。
- CheckBox 控件：设置名称为“Check1”。

然后来到代码编辑界面，为各窗体对象设置事件处理代码。具体代码如下所示。

范例 105：建立数据库
源码路径：光盘\演练范例\105\
视频路径：光盘\演练范例\105\
范例 106：添加数据表
源码路径：光盘\演练范例\106\
视频路径：光盘\演练范例\106\

```
Option Explicit
Private Declare Function GetTempPath Lib "kernel32" Alias "GetTempPathA" (ByVal nBufferLength As Long, ByVal lpBuffer As String) As Long

Const MAX_PATH = 260
Public Sub CompactJetDatabase(Location As String, Optional BackupOriginal As Boolean = True)
On Error GoTo CompactErr
    Dim strBackupFile As String
    Dim strTempFile As String
    '检查数据库文件是否存在
    If Len(Dir(Location)) Then

      '判断是否需要备份
      If BackupOriginal = True Then
        strBackupFile = GetTemporaryPath & "backup.mdb"
        '预备份文件若已经存在，则删除
        If Len(Dir(strBackupFile)) Then Kill strBackupFile
        FileCopy Location, strBackupFile
      End If
      '如果存在数据库，则通过DBEngine压缩数据库文件。在压缩前首先删除原来的数据库文件，然后复制刚刚压缩过
      '临时数据库文件至原来位置
      strTempFile = GetTemporaryPath & "temp.mdb"
      If Len(Dir(strTempFile)) Then Kill strTempFile
      '通过DBEngine压缩数据库文件
      DBEngine.CompactDatabase Location, strTempFile
      '删除原来的数据库文件
      Kill Location
      '复制刚刚压缩过临时数据库文件至原来位置
      FileCopy strTempFile, Location
    '输出对应的操作提示对话框
      MsgBox "数据库压缩成功！ ", vbInformation, "完成"
    Else
      MsgBox "数据库文件不存在！ ", vbExclamation, "注意"
    End If
    Exit Sub
'压缩错误提示对话框
CompactErr:
    MsgBox "压缩错误！ " & vbCrLf & Err.Description, vbExclamation, "注意"
End Sub
'定义函数GetTemporaryPath()，用于获取当前临时目录的位置
Public Function GetTemporaryPath()
    '获取临时目录位置
    Dim strFolder As String
    Dim lngResult As Long
    strFolder = String(MAX_PATH, 0)
    lngResult = GetTempPath(MAX_PATH, strFolder)
    If lngResult <> 0 Then
      GetTemporaryPath = Left(strFolder, InStr(strFolder, Chr(0)) - 1)
    Else
      GetTemporaryPath = ""
    End If
End Function
'定义按钮1的单击事件处理代码，根据是否备份进行对应的处理
Private Sub Command1_Click()
If Check1.Value = 0 Then
    Call CompactJetDatabase(Text1.Text, False)
  Else
   Call CompactJetDatabase(Text1.Text, True)
    End If
End Sub

Private Sub Form_Load()
End Sub
```

经过上述设置处理后，整个实例设置完毕。执行后将按指定样式显示窗体，如图 11-22 所示，当输入被压缩数据库的路径并单击【开始压缩】按钮后，将执行压缩处理，并弹出提示对话框，如图 11-23 所示。

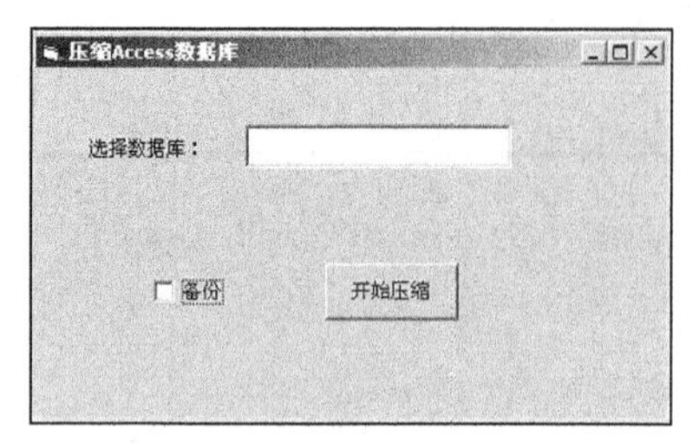

图 11-22　初始显示默认窗体

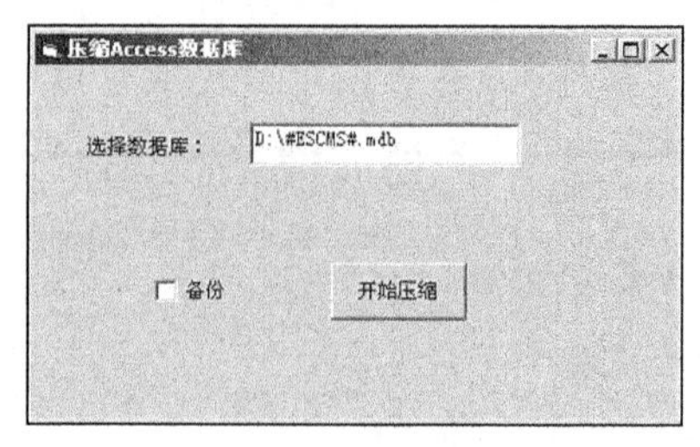

图 11-23　输入被压缩数据库的路径

11.3　使用 SQL Server 数据库

知识点讲解：光盘：视频\PPT 讲解（知识点）\第 11 章\使用 SQL Server 数据库.mp4

SQL Server 数据库是微软公司推出的面向企业级的数据库工具，它和 Access 相比具有更大的容量，并且支持远程控制和管理。当前 SQL Server 的最新版本是 SQL Server 2005，但是国内的主流服务器使用的都是 SQL Server 2000。在本节内容中，将向读者介绍 SQL Server 2000 的安装和配置流程，并对其基本的操作方法进行简要介绍。

11.3.1　SQL Server 2000 介绍

SQL Server 2000 是微软公司提出的普及型关系数据库系统。是建立在 WindowsNT/2000/2003 操作系统基础之上的，为用户提供了一个功能强大的客户/服务器端平台，同时能够支持多个并发用户的大型关系数据库。一经推出后，迅速成为使用最广的数据库系统。

目前国内的一些关于微软平台的数据库编程教程，喜欢使用 Access 作为数据库平台的案例，并展开相关的内容。这其实对于开发真正的数据库应用并没有直接的帮助作用，只能使大家停留在应用的初级阶段。SQL Server 2000 提供的非常傻瓜的缺省安装和使用模式，其上手难度并不比 Access 大。另外，SQL Server 2000 可以兼顾小、中、大规模的应用，有着远远比 Access 强大的伸缩性。因此，建议大家不如一步到位，直接从高起点开始，这对于持续发展个人技能也是很有好处的。

11.3.2　安装 SQL Server 2000

安装 SQL Server 2000 对计算机硬件要求如表 11-1 所示。

表 11-1　SQL Server 2000 硬件要求

硬　件	最 低 要 求
计算机	Pentium 166 MHz 或更高
内存（RAM）	至少 64 MB，建议 138 MB 或更多。根据笔者的经验，内存容量可以和数据容量保持 1:1 的比例，这样可以更好地发挥其效能
硬盘空间	需要约 500MB 的程序空间，以及预留 500M 的数据空间
显示器	需要设置成 800×600 模式，才能使用其图形分析工具

SQL Server 2000 有各种不同版本或组件，例如企业版、标准版等。不同的版本和不同的操作系统对应，其具体对应信息如表 11-2 所示。

表 11-2　　SQL Server 2000 版本及系统要求

SQL Server 版本	操作系统要求
企业版	Microsoft Windows NT Server 4.0、Microsoft Windows NT Server 4.0 企业版、Windows 2000 Server、Windows 2000 Advanced Server 和 Windows 2000 Data Center Server（所有版本均需要安装 IE5.0 以上版本浏览器）
标准版	Microsoft Windows NT Server 4.0、Windows 2000 Server、Microsoft Windows NT Server 企业版、Windows 2000 Advanced Server 和 Windows 2000 Data Center Server
个人版	Microsoft Windows Me、Windows 98、Windows NT Workstation 4.0、Windows 2000 Professional、Microsoft Windows NT Server 4.0、Windows 2000 Server 和所有更高级的 Windows 操作系统

注意：SQL Server 2000 的某些功能要求在 Windows 2000 Server 以上的系统上才能运行。因此建议读者最好将其安装在 Windows Server 2000 的系统上面。这样可以学习和使用到它的更多功能，并能享受其更好的性能。

对于广大读者来说，可能大多使用的是 Windows XP 操作系统，在 Windows XP 系统上只能安装个人版或开发版。企业版在 Windows XP 系统上面只能安装客户端，不能安装服务器端。在下面的内容中，将对个人版在 Windows XP 系统的本地安装方法进行详细的介绍。

SQL Server 2000 的安装流程如下所示。

双击安装光盘中的 Setup 文件→选择安装机器→选择安装类型→选择安装模式→选择验证模式→开始安装→完成安装。

第一步：首先进行安装配置，具体流程如下所示。

（1）放入安装光盘，在弹出的界面中单击安装 SQL server 2000 组件选项，如图 11-24 所示。

（2）选择安装机器，在此选择“本地计算机”，安装到本地机器上。然后单击【下一步】按钮，如图 11-25 所示。

图 11-24　弹出界面

图 11-25　选择“本地计算机”

（3）在“安装定义”界面选择安装类型，在此选择“服务器和客户端工具”，然后单击【下一步】按钮，如图 11-26 所示。

第二步：单击图 11-26 中的【下一步】按钮，设置登录密码并开始安装。具体流程如下所示。

（1）在弹出的“身份验证模式”界面中选择“混合模式”选项并输入登录密码，然后单击【下一步】按钮，如图 11-27 所示。

（2）弹出安装界面，开始安装，并显示安装进度，如图 11-28 所示。

（3）进度完成，单击【完成】按钮后 SQL Server 2000 安装完毕，如图 11-29 所示。

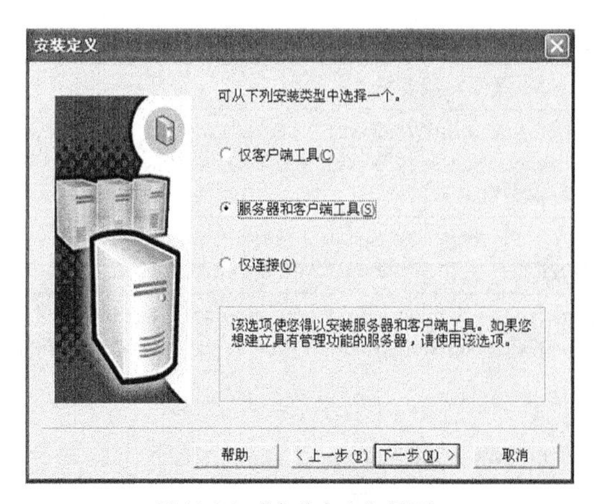

图 11-26 “安装定义”界面

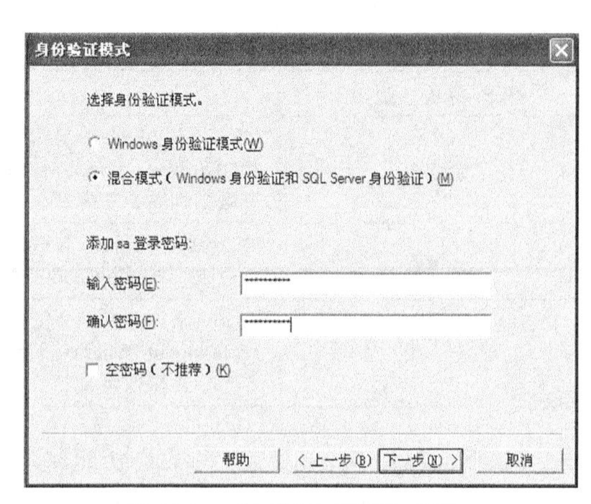

图 11-27 “身份验证模式”界面

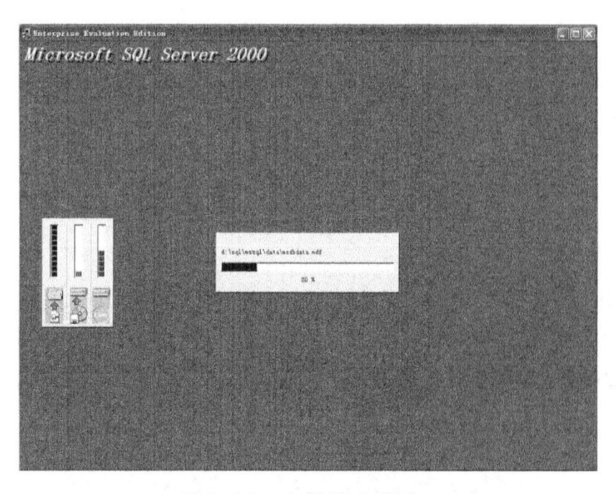

图 11-28 安装进度界面

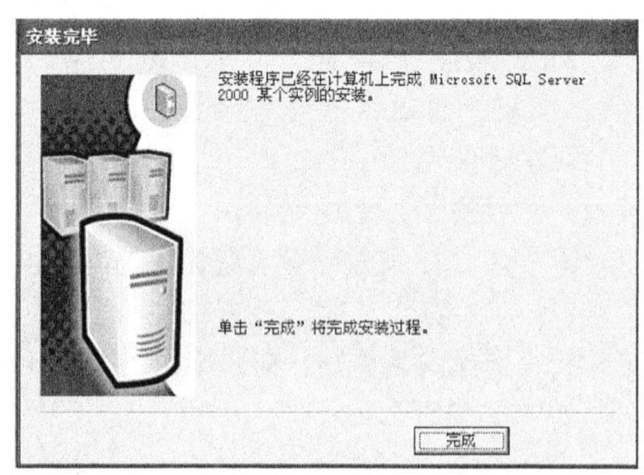

图 11-29 完成安装界面

11.3.3 SQL Server 2000 的基本操作

在前面的内容中，向读者介绍了 SQL Server 2000 的安装和配置方法。在下面内容中，将向读者介绍 SQL Server 2000 的基本操作的操作方法。

1. 创建数据库

使用 SQL Server 2000 创建数据库的方法有很多种，其中最常用的是使用企业管理器和数据库创建向导的方法。在下面内容中，将分别介绍这两种方法的操作流程。

❑ 使用企业管理器创建数据库。

使用企业管理器创建数据库的具体操作流程如下所示。

(1) 打开企业管理器，并展开服务器组。用鼠标右键单击“数据库”，然后单击“新建数据库”命令。如图 11-30 所示。

(2) 在弹出的“数据库属性”对话框中输入数据库名，如图 11-31 所示。

(3) 选择“数据文件”选项，设置文件属性，如图 11-32 所示。

(4) 选择“事务日志”选项卡，进行日志文件的设置。完成后单击【确定】按钮，如图 11-33 所示。

(5) 创建完毕后，新建的数据库将出现在数据库窗格中，如图 11-34 所示。

❑ 使用向导创建数据库。

使用向导创建数据库的具体操作流程如下所示。

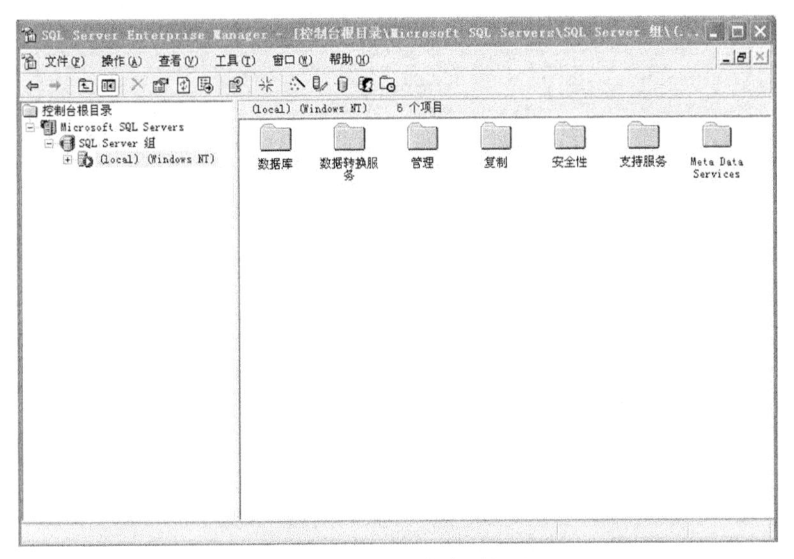

图 11-30 展开服务器组

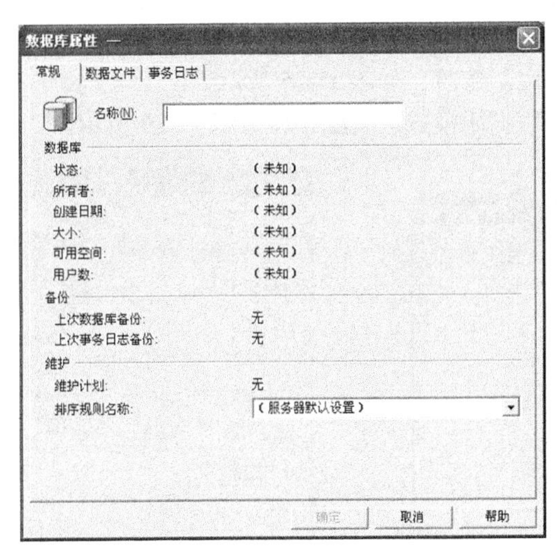

图 11-31 “数据库属性”对话框

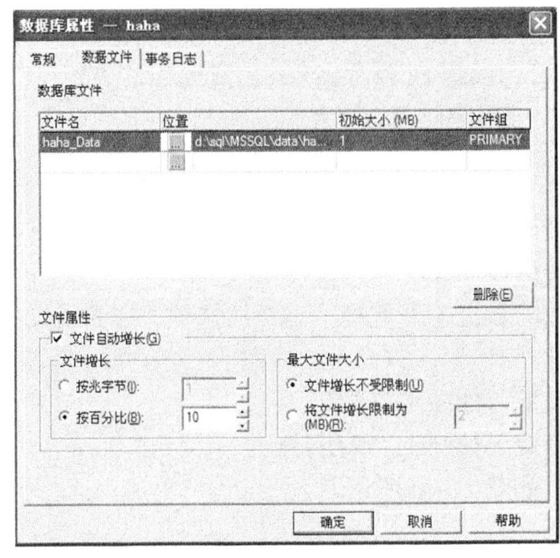

图 11-32 “数据文件”选项

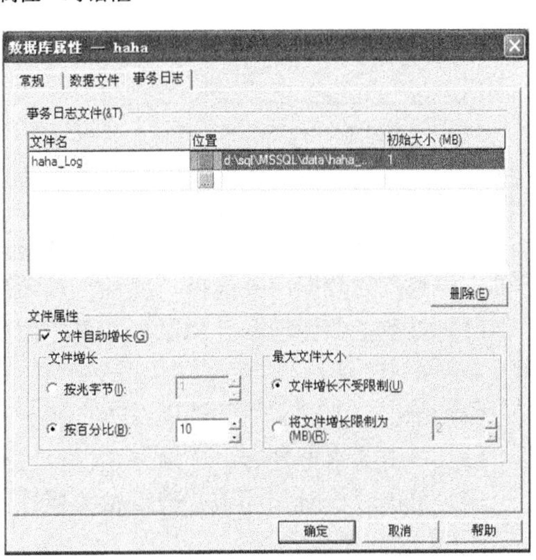

图 11-33 “事务日志”选项卡

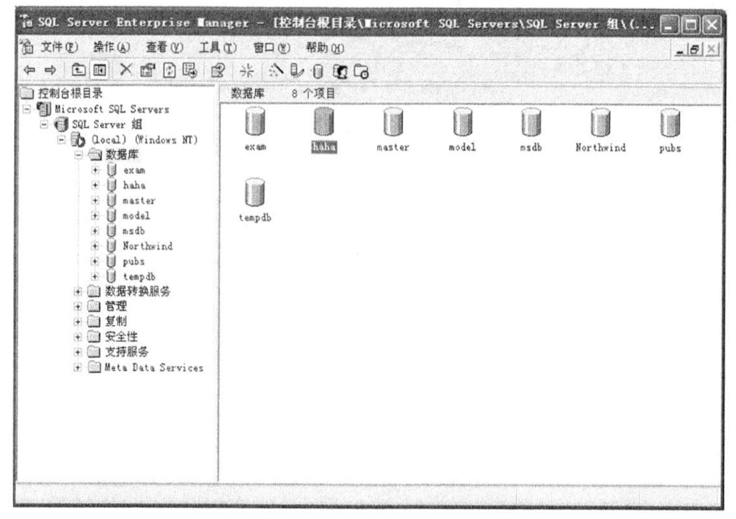

图 11-34 显示新创建的数据库

（1）展开服务器组，在“工具”中单击“向导”命令展开向导界面。然后选择“创建数据库向导”选项，单击【确定】按钮，如图 11-35 所示。

（2）来到设置界面按照默认模式进行配置，如图 11-36 所示。

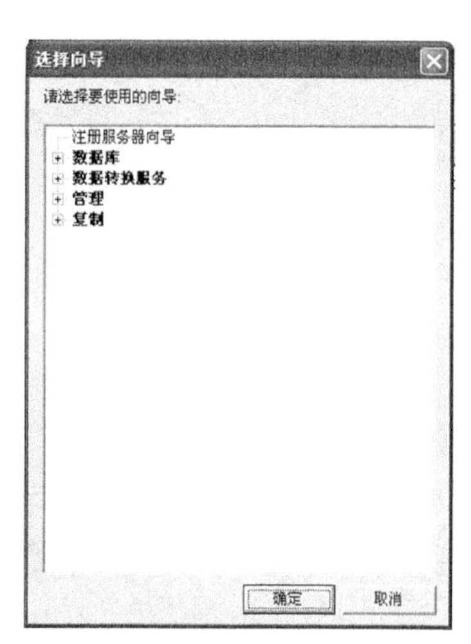

图 11-35 “选择向导”界面

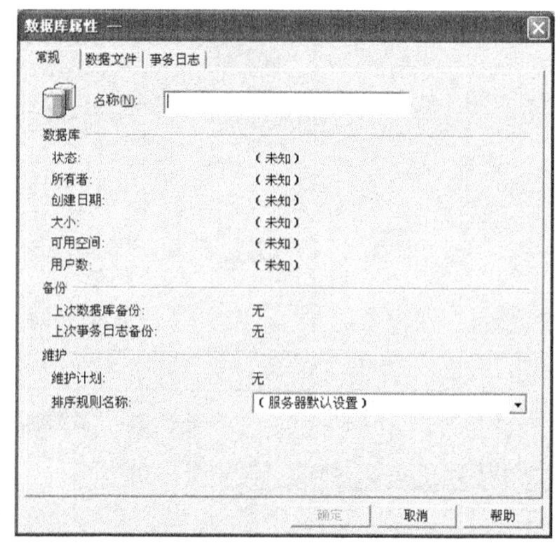

图 11-36 “数据库属性”对话框

2．修改数据库

创建完毕的数据库可以使用企业管理器进行修改，具体方法是打开企业管理器，用鼠标右键单击要修改的数据库并选择“属性”选项后，然后按照如下流程进行修改。

（1）打开企业管理器，用鼠标右键单击要修改的数据库并选择“属性”选项，来到设置界面。如图 11-37 所示。

（2）单击“数据文件”选项并进行相关属性设置，如图 11-38 所示。

（3）单击“事务日志”选项并进行相关属性设置，如图 11-39 所示。

（4）单击“权限”选项并进行相关属性设置，如图 11-40 所示。

3．删除数据库

创建完毕的数据库可以使用企业管理器进行删除，具体操作流程如下所示。

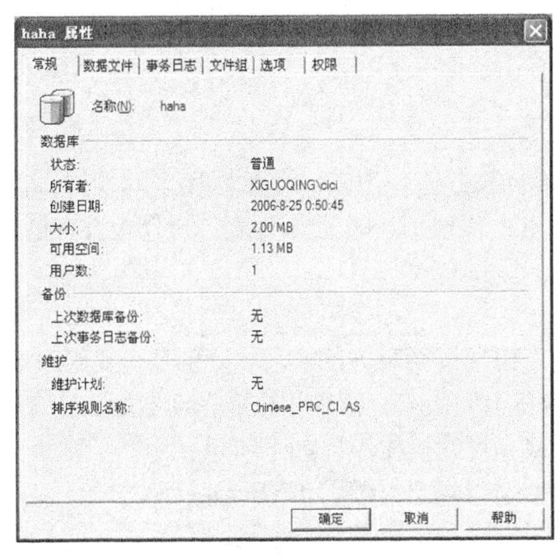

图 11-37 “属性”界面

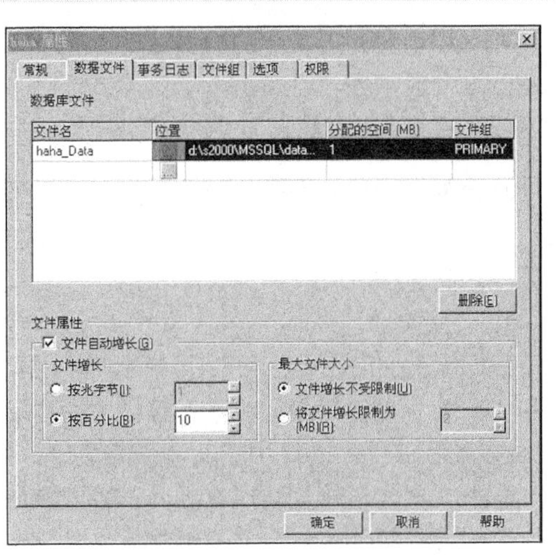

图 11-38 “数据文件”选项

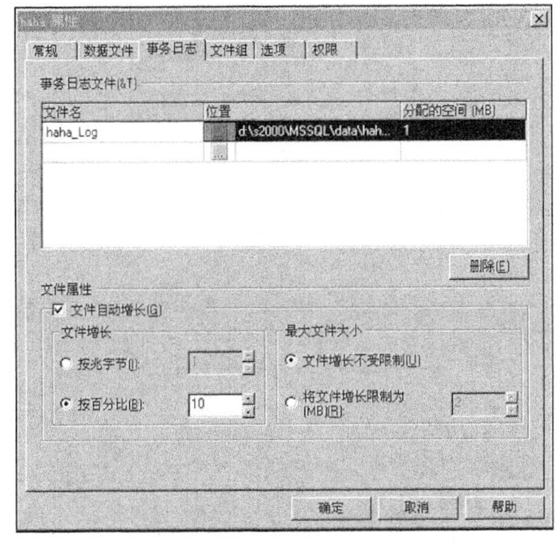

图 11-39 “事务日志”选项

图 11-40 “权限”选项

（1）打开企业管理器，用鼠标右键单击要删除的数据库并选择删除选项。

（2）在弹出的确认对话框中选择【是】按钮，删除此数据库，如图 11-41 所示。

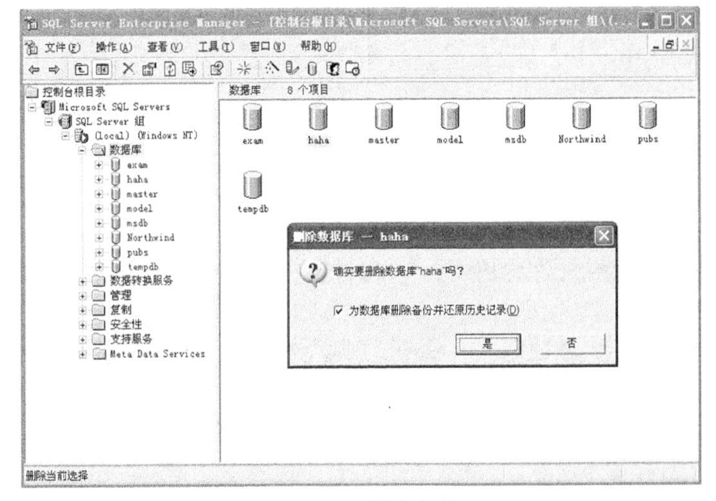

图 11-41 删除数据库

在利用企业管理器删除数据库时，只能一个一个地删除，而不能同时删除多个数据库，要想删除多个数据库，必须一个个删除。

11.3.4　操作数据库表

在数据库领域，表是一行列标题加上零行或多行数据值，用以保存数据库里的数据。在系统项目应用中，数据库表将保存项目的应用数据。SQL Server 2000 数据库表的操作主要有创建、修改和删除 3 种。

1. 创建新表

数据库表的创建方法和数据库的创建一样，也可以通过两种方法实现，分别是企业管理器方法和 T-SQL 语句。为了减少本书篇幅，在本章内容里只向大家介绍利用企业管理器的创建方法。

在 SQL Server 2000 中为某数据库创建一个“M”表的操作流程如下所示。

首先，打开新建数据库表界面，设置表的属性。具体操作流程如下所示。

（1）展开服务器组，展开数据库文件夹，选择要在其中创建表的数据库，单击鼠标右键后选择“新建”选项然后选择“表”命令。(也可以展开数据库，然后在“表”项目上单击鼠标右键后，选择“新建表”菜单也可以实现创建表的功能)，如图 11-42 所示。

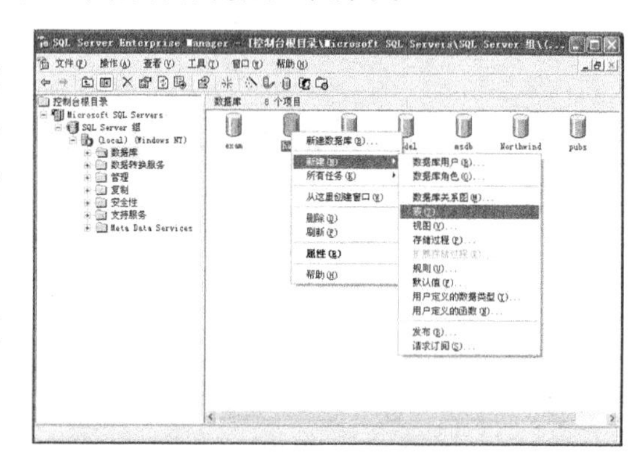

图 11-42　展开命令

（2）在出现的对话框的“列名”中输入“USER”作为字段名称，从“数据类型”的下拉列表中选择“char”作为此字段的数据类型，在长度中输入“10”作为此字段的数据长度，如图 11-43 所示。

然后，为新建的表设置主键并命名。具体操作流程如下所示。

（1）选中某列后单击主键标志，设置此列为主键，如图 11-44 所示。

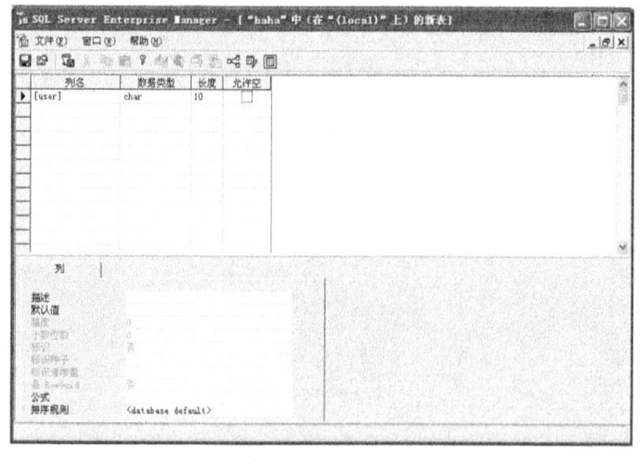

图 11-43　设置新建表数据

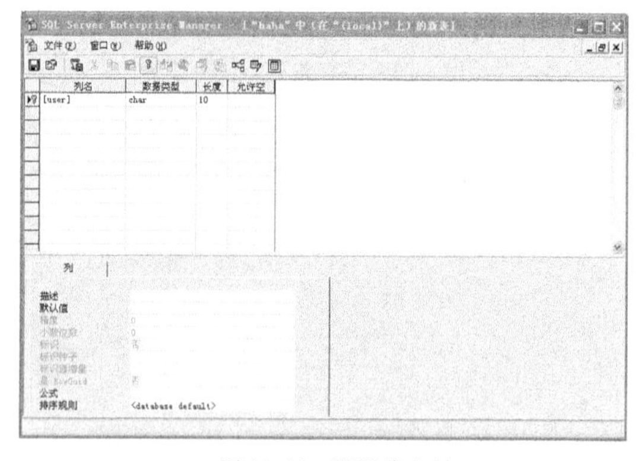

图 11-44　设置为主键

（2）单击【保存】按钮，在弹出表名定义对话框中输入表名，单击【确定】按钮后完成设置，如图 11-45 所示。

（3）经过上述操作后，在数据库中成功地创建了一个名为“M”的表，如图 11-46 所示。

2. 修改表

和数据库的修改一样，表的修改也可以通过企业管理器来实现。对前面创建的“M”表进行修改的具体操作流程如下所示。

（1）在数据库表界面中单击鼠标右键，然后选择表设置选项，如图 11-47 所示。

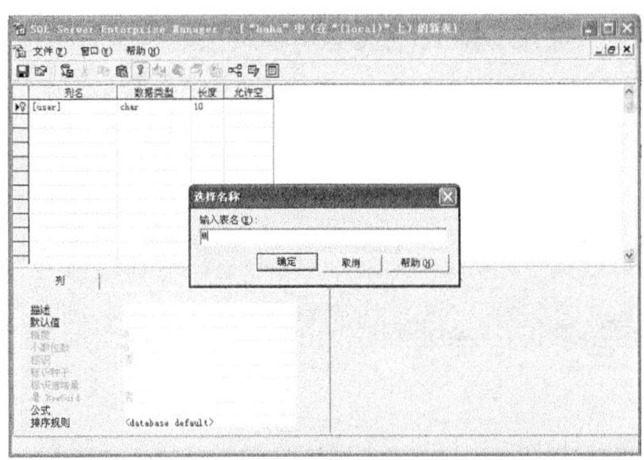

图 11-45 输入表名

图 11-46 成功创建一个新表

（2）在弹出的设置界面进行表的重新设置，完成后单击“保存”按钮，如图 11-48 所示。

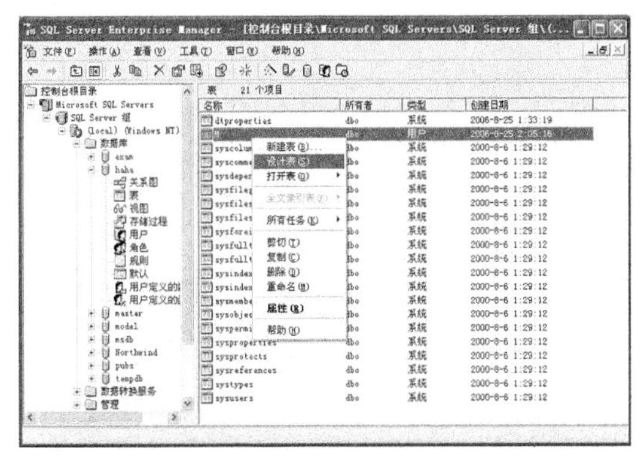

图 11-47 选择表设置选项

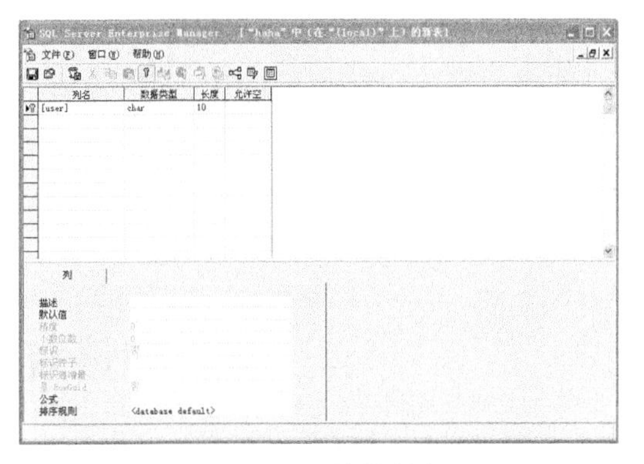

图 11-48 重新设置表

3．删除表

可以利用企业管理器对已存在的表进行删除，删除表“M”的具体操作流程如下所示。

（1）鼠标右键单击表“M”，然后选择“删除”选项，如图 11-49 所示。

（2）在弹出的“除去对象”界面单击【全部除去】按钮，如图 11-50 所示。

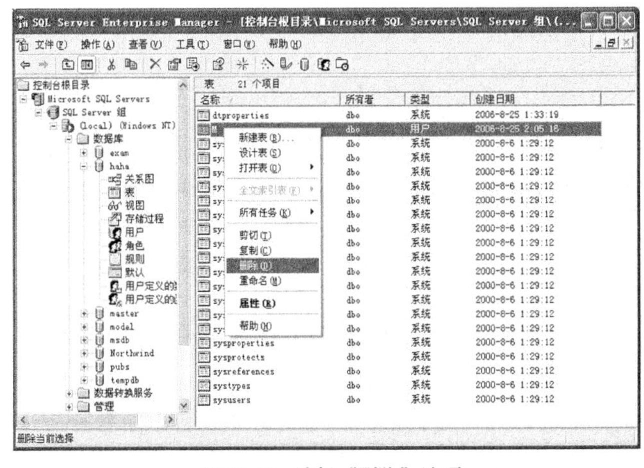

图 11-49 选择“删除”选项

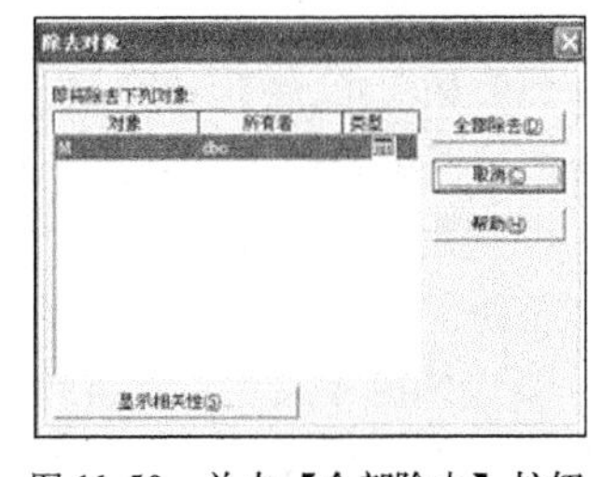

图 11-50 单击【全部除去】按钮

注意：无论是数据库的创建、删除和修改，还是表的创建、删除和修改，以及其他的视图等操作，除了利用企业管理器实现外，都可以通过 T-SQL 语句来实现。具体操作流程如下所示。

（1）依次单击【开始】|【程序】|【查询分析器】选项，输入登录密码后单击【确定】按钮，如图 11-51 所示。

（2）在 SQL 语句输入界面，输入可执行的 SQL 语句，单击执行按钮后可以进行数据库、表等方面的操作，如图 11-52 所示。

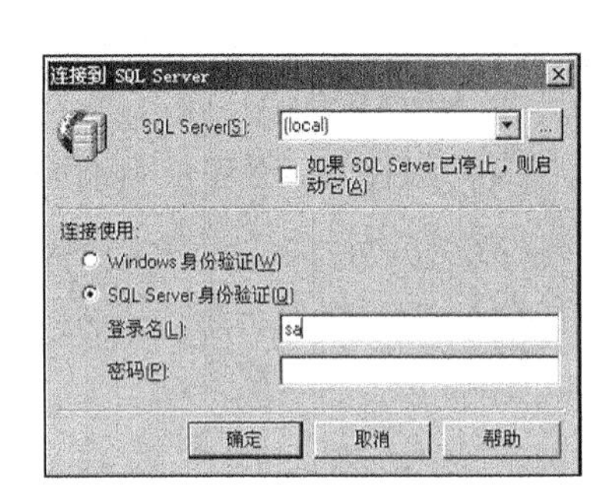

图 11-51　输入登录密码

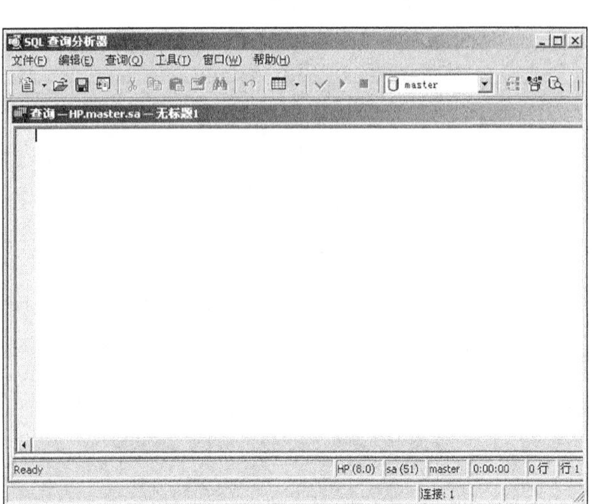

图 11-52　查询分析器界面

11.4　备份和恢复 SQL Server 数据库

知识点讲解：光盘：视频\PPT 讲解（知识点）\第 11 章\备份和恢复 SQL Server 数据库.mp4

数据库的备份和恢复工作十分重要，通过及时的数据备份可以防止系统灾难的发生。在 SQL Server 数据库中，可以通过复制数据库或事务日志的方法实现备份。而恢复则是把遭受破坏或已出现错误的数据恢复到原来的正常状态。在本节的内容中，将详细讲解备份和恢复 SQL Server 数据库的基本知识。

11.4.1　备份 SQL Server

备份 SQL Server 的方法有两种，分别是使用企业管理器和 Transact-SQL 中的 BACKUP 命令。

1．使用企业管理器

企业管理器方式备份 SQL Server 数据库的流程比较简单，整个过程是可视的。下面以 SQL Server 2000 内置数据库“pubs”为例，说明备份数据库的具体方法。备份操作的具体流程如下所示。

（1）依次单击【开始】|【所有程序】|【SQL Server】|【企业管理器】选项，打开 SQL Server 数据库，如图 11-53 所示。

（2）用鼠标右键单击“pubs”数据库，依次选择【所有任务】|【备份数据库】选项后弹出“备份”对话框，在“常规”选项卡中选择完全备份，如图 11-54 所示。

（3）单击【添加】按钮弹出“选择备份目的”对话框，然后设置文件名称，也可以单击后面的...图标，在弹出的“位置”对话框中选择备份位置，如图 11-55 所示。

另外，在上述流程中的图 11-54 界面中，还有多个选项，具体如图 11-56 所示。

在“重写”选项中，如果选择“追加到媒体”单选按钮，则会将备份的内容添加到当前备份之后；如果选择“重写现有媒体”单选按钮，则会将原备份覆盖。

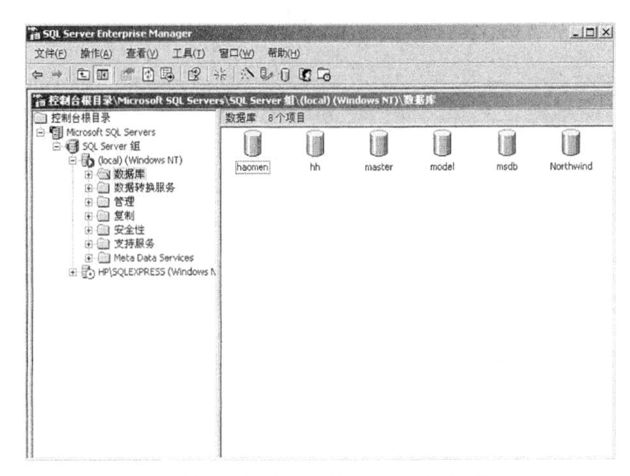

图 11-53　打开 SQL Server 数据库

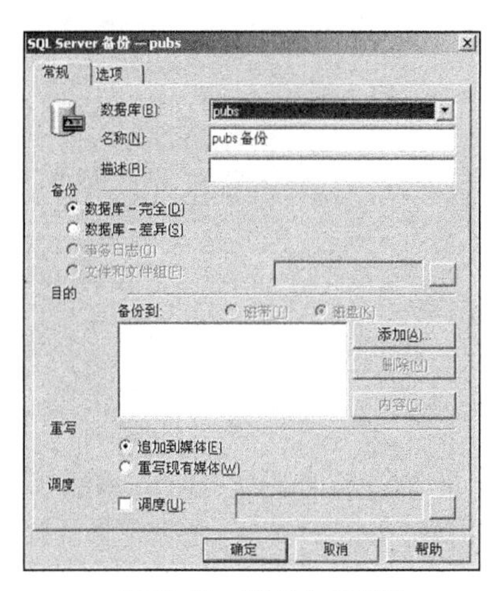

图 11-54　“备份”对话框

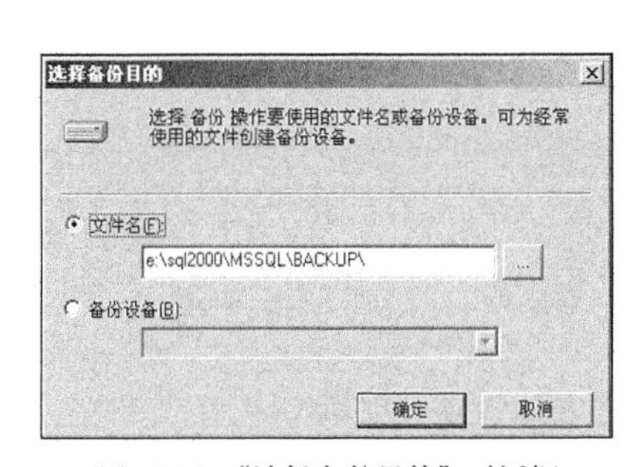

图 11-55　“选择备份目的”对话框

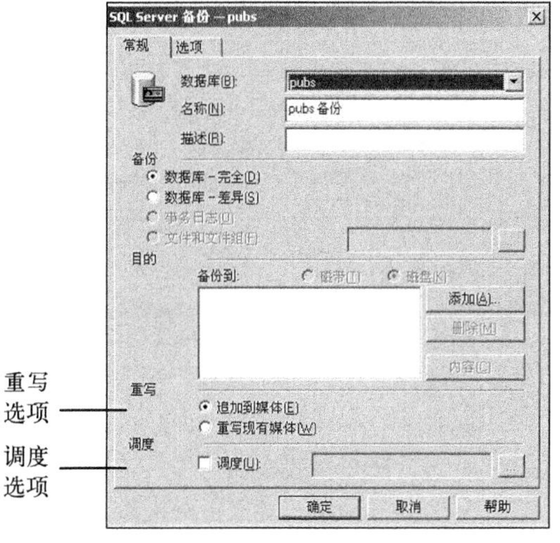

图 11-56　“备份”对话框

“调度”选项用于设置备份的时间表，当选择选项并单击它后面的 图标后可以在弹出的“编辑调度”对话框中修改备份的时间安排，具体如图 11-57 所示。

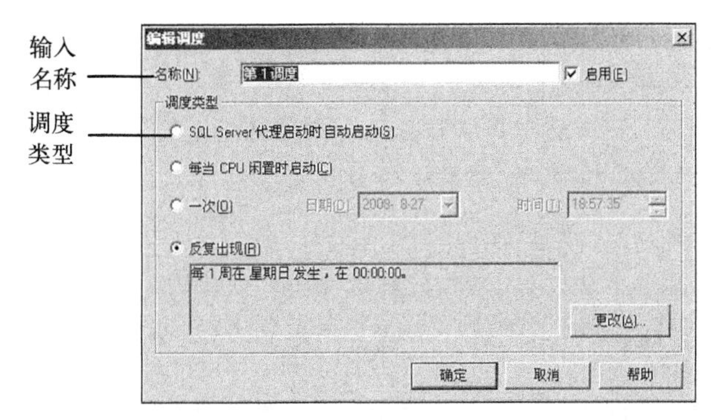

图 11-57　“编辑调度”对话框

在图 11-57 界面中单击【更改】按钮后，将会弹出“编辑反复出现的作业调度”对话框，在里面可以设置频率、持续时间和结束时间，具体如图 11-58 所示。

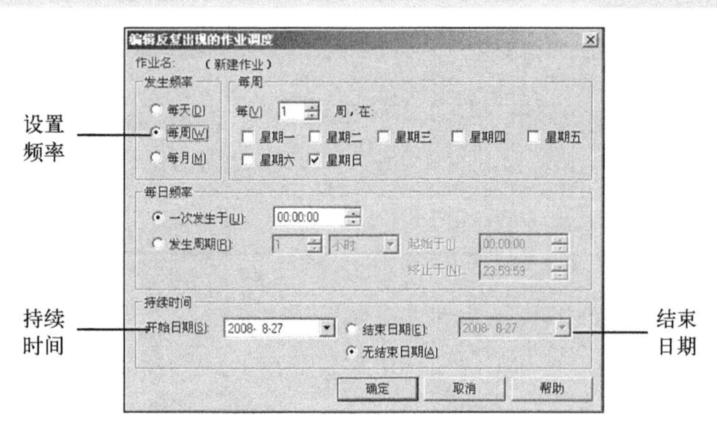

图 11-58 “编辑反复出现的作业调度”对话框

2. 使用 Transact-SQL 中的 BACKUP 命令

使用 Transact-SQL 中的 BACKUP 命令也可以实现对指定数据库的备份，其具体的语法格式如下所示。

```
BACKUP DATABASE {database_name | @ database_name _var}
TO <backup_device> [,...n]
[WITH
    [BLOCKSIZE = {blocksize | @ blocksize_variable}]
    [[,]DESCRIPTION = {'text' | @ text_variable }]
    [[,]DIFFERENTIAL]
[[,]EXPIREDATE={data | @ data _var} | RETAINDAYS={days | @ datas _var }]
[[,]PASSWORD={passwird | @ passwird _variable}]
[[,]FORMAT | NOFORMAT]
]
```

上述格式中各参数的具体说明如下所示。

（1）DATABASE：用于设置一个完整的数据库备份。

（2）database_name | @ database_name _var：设置一个数据库，用于从它里面备份事物日志、部分数据库或完整的数据库。

（3）backup_device：设置备份操作时要使用的物理或逻辑设备。如果指定 TO DISK 或 TO TAPE，则要输入完整的路径和文件名。

（4）n：设置多个备份设备的占位符，设备数的上限是 64。

（5）BLOCKSIZE = {blocksize | @ blocksize_variable}：使用字节数来设置物理块的大小。

（6）EXPIREDATE={data | @ data _var}：设置备份集的到期日期和允许被重写的日期。

（7）PASSWORD={passwird | @ passwird _variable}：用于设置备份集的密码。

注意：如果将备份放到磁盘中，会输入一个相对路径名，备份文件将被存储到默认的备份目录中。该目录在安装时被指定，并且保存在注册表中 KEY_LOCAL_MACHINE\Software\Microsoft\MSSQLServer 目录下的 BackupDirectory 键值中。

11.4.2 恢复 SQL Server

恢复 SQL Server 数据库的方法也有 2 种，分别是使用企业管理器和使用 Transact-SQL 中的 RESTORE 命令。下面以恢复 11.4.1 节中的“pubs”备份为例，介绍企业管理器恢复数据库的实现流程。具体操作流程如下所示。

（1）依次单击【开始】|【所有程序】|【SQL Server】|【企业管理器】选项，打开 SQL Server 数据库，如图 11-59 所示。

（2）用鼠标右键单击“pubs”数据库，依次选择【所有任务】|【恢复数据库】选项后弹出“还原数据库”对话框，然后选择数据库名，如图 11-60 所示。

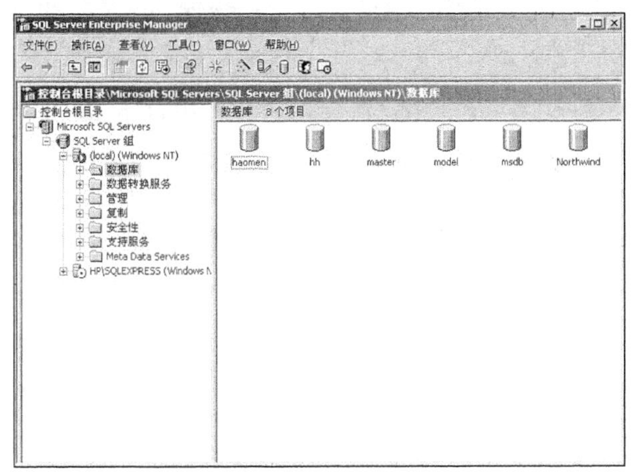

图 11-59 打开 SQL Server 数据库

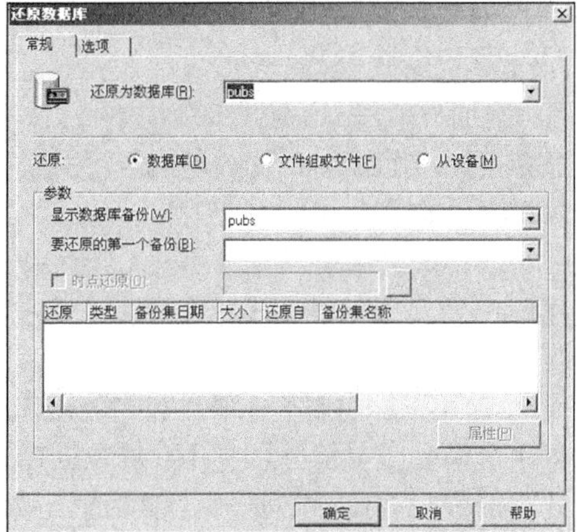

图 11-60 “还原数据库”对话框

(3) 分别设置参数中的“显示数据备份”选项和“要还原的第一个设备”选项，如图 11-61 所示。

在上述流程中，如果单击“还原”对话框中的“选项”选项卡，则在弹出界面中还可以进行详细设置，具体如图 11-62 所示。

图 11-61 设置参数

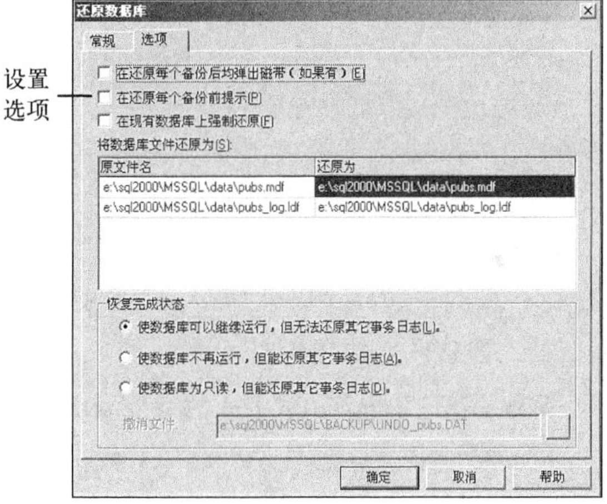

图 11-62 “选项”选项卡

图 11-62 所示的界面中各设置选项的具体说明如下所示。

- 在还原每个备份后均弹出磁带：表示在完成备份恢复时磁带从磁带机中自动退出。
- 在还原每个备份前提示：表示在前一个备份成功装入后，在下一个备份装入之前给出提示。
- 在现有数据库上强制还原：表示自动覆盖当前已经存在的数据库。
- 将数据还原为：通过网格中的“还原为”列，可以在恢复过程中改变文件的位置。

另外，通过 Transact-SQL 中的 RESTORE 命令，也可以实现对备份数据库的还原。

11.5 附加和分离 SQL Server 数据库

知识点讲解：光盘：视频\PPT 讲解（知识点）\第 11 章\附加和分离 SQL Server 数据库.mp4

除了备份还原处理外，还可以通过附加和分离的方式处理 SQL Server 数据库。这种方式不需要首先创建数据库，只需要将 SQL Server 的数据文件和日志文件复制到目标机器，然后通过 SQL Server

的附加工具直接附加即可。在本节的内容中，将详细讲解附加和分离 SQL Server 数据库的基本知识。

11.5.1　附加 SQL Server

附加 SQL Server 数据库的方式有两种，即通过企业管理器方式或 Transact-SQL 中的 sp_attach_db 命令方式。附加 SQL Server 数据库的具体操作流程如下所示。

（1）依次单击【开始】|【所有程序】|【SQL Server】|【企业管理器】选项，打开 SQL Server 数据库，如图 11-63 所示。

（2）用鼠标右键单击要附加的数据库，依次选择【所有任务】|【附加数据库】选项后弹出“附加数据库”对话框，如图 11-64 所示。

（3）单击 ... 图标，在弹出的界面中选择要附加的数据库文件，然后设置“附加为”和“指定数据库所有者”选项，如图 11-65 所示。

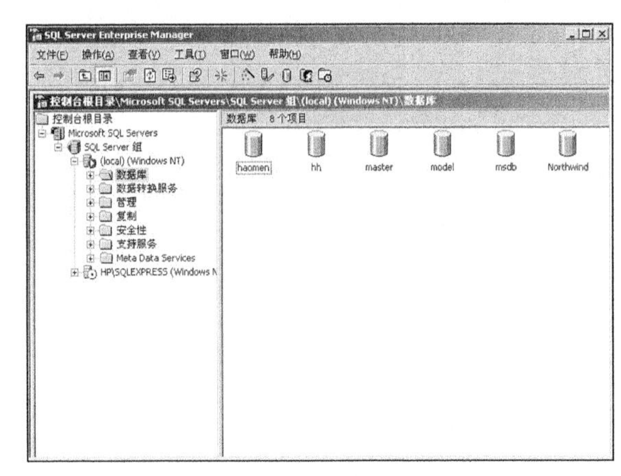

图 11-63　打开 SQL Server 数据库

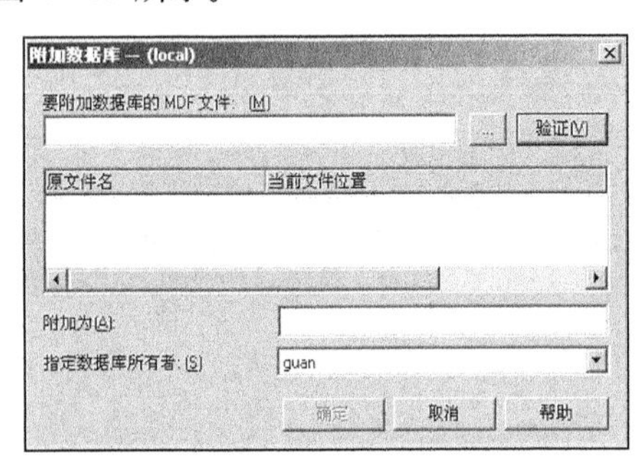

图 11-64　“附加数据库”对话框

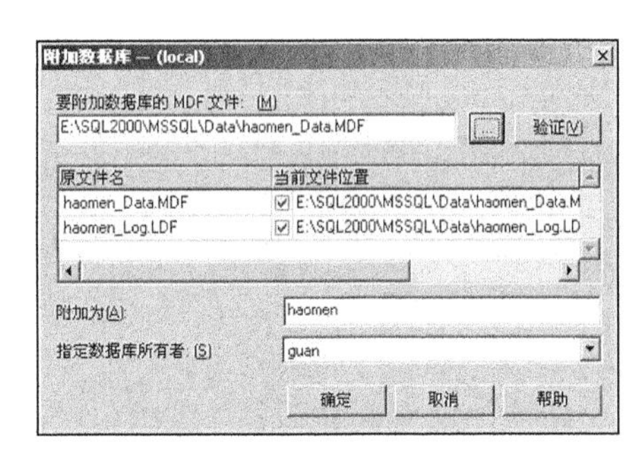

图 11-65　设置附加选项

另外，通过 Transact-SQL 中的 sp_attach_db 命令，也可以实现对备份数据库的附加。

实例 054　通过 Visual Basic 6.0 附加指定位置的.MDF 数据库文件和.LDF 日志文件

源码路径　光盘\daima\11\2\　　　视频路径　光盘\视频\实例\第 11 章\054

本实例的实现流程如图 11-66 所示。

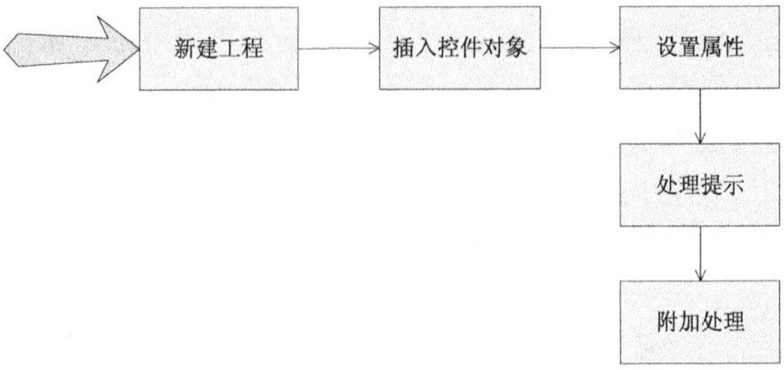

新建工程 → 插入控件对象 → 设置属性 → 处理提示 → 附加处理

图 11-66　实例实现流程图

下面将详细介绍上述实例流程的具体实现过程，首先新建项目工程并插入各个控件对象，具体实现流程如下所示。

（1）打开 Visual Basic 6.0 新建一个标准 EXE 工程，如图 11-67 所示。

（2）在窗体内插入 1 个 CommandButton 控件，并设置它的属性，如图 11-68 所示。

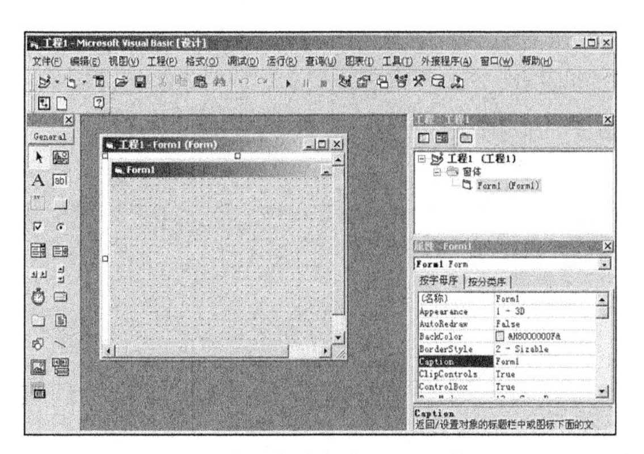

图 11-67 新建标准 EXE 工程

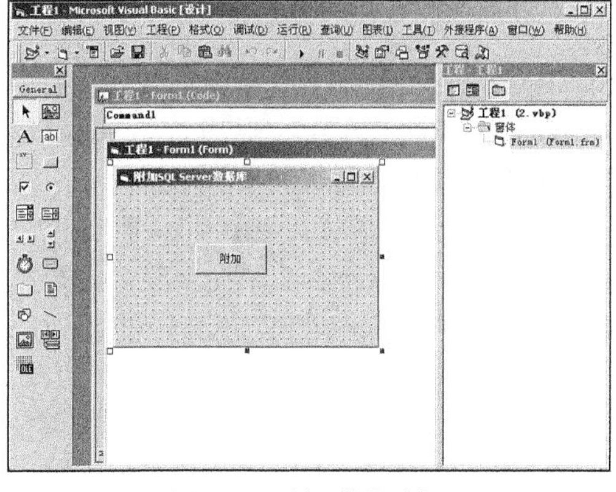

图 11-68 插入控件对象

窗体内各对象的主要属性设置如下所示。

- ❑ 窗体：设置名称为“Form1”，Caption 属性为“附加 SQL Server 数据库”。
- ❑ Command 控件：设置名称为“Command1”，Caption 属性为“附加”。

然后来到代码编辑界面，为窗体内按钮对象设置单击事件处理代码，具体代码如下所示。

```
Private Sub Command1_Click()
    Dim cn As New ADODB.Connection
    Dim msg As Long
    '建立工程和数据库的连接
    cn.Open "Provider=SQLOLEDB.1;
     Persist Security Info=False;
     User ID=sa;password=888888;
     Initial Catalog=master;Data Source=(local)"
     '弹出"确认附加"对话框
    msg = MsgBox("是否附加数据库？", vbYesNo, "提示")
    If msg = vbYes Then
    On Error GoTo Error1
  '对指定的数据库文件和日志文件进行附加处理
cn.Execute " sp_attach_db    @dbname    =    N'data', @filename1 = N'E:\人邮\精简\vb\daima\13\2\haomen_Data.MDF',
@filename2 = N'E:\人邮\精简\vb\daima\13\2\haomen_Log.LDF'     "
        MsgBox "附加成功", "提示"
    Exit Sub
Error1:
    MsgBox Err.Description, , "提示"
    End If
End Sub
Private Sub Form_Load()
End Sub
```

范例 107：演示表中数据的编辑
源码路径：光盘\演练范例\107\
视频路径：光盘\演练范例\107\
范例 108：演示表中数据的查询
源码路径：光盘\演练范例\108\
视频路径：光盘\演练范例\108\

经过上述设置处理后，整个实例设置完毕。执行后将按指定样式显示窗体，如图 11-69 所示；单击【附加】按钮后将弹出提示对话框，确定后将进行附加处理，如图 11-70 所示。

图 11-69 初始显示默认窗体

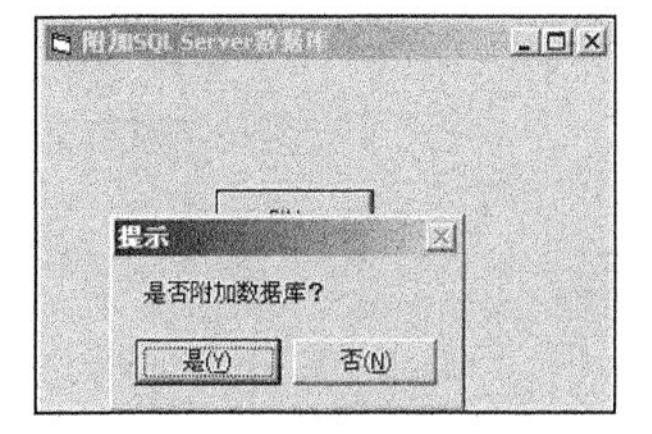

图 11-70 提示对话框

在上述实例中，通过简单的 Visual Basic 代码实现对指定 SQL Server 数据库的附加处理。除了上述简单的附加外，还可以使用 Visual Basic 代码实现对指定 SQL Server 数据库的批量附加处理。在网络中有大量的批量附加 SQL Server 数据库的 Visual Basic 代码资源，读者可以从这些网络资料中品味它们的具体实现方法和对应的原理。

11.5.2　分离 SQL Server

分离 SQL Server 数据库的方式也有两种，即通过企业管理器方式和 Transact-SQL 中的 sp_detachh_db 命令方式。附加 SQL Server 数据库的具体操作流程如下所示。

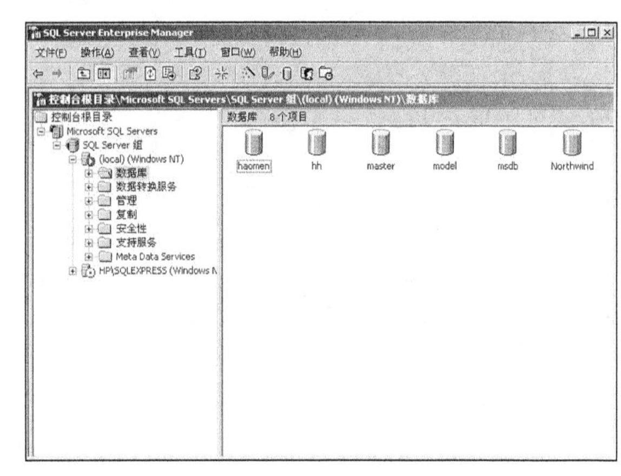

图 11-71　打开 SQL Server 数据库

（1）依次单击【开始】|【所有程序】|【SQL Server】|【企业管理器】选项，打开 SQL Server 数据库，如图 11-71 所示。

（2）用鼠标右键单击要附加的数据库，依次选择【所有任务】|【分离数据库】选项后弹出“分离数据库”对话框，如图 11-72 所示。

（3）当状态显示为“该数据库已就绪，可以分离”时，单击【确定】按钮后对选定的数据库进行分离处理，如图 11-73 所示。

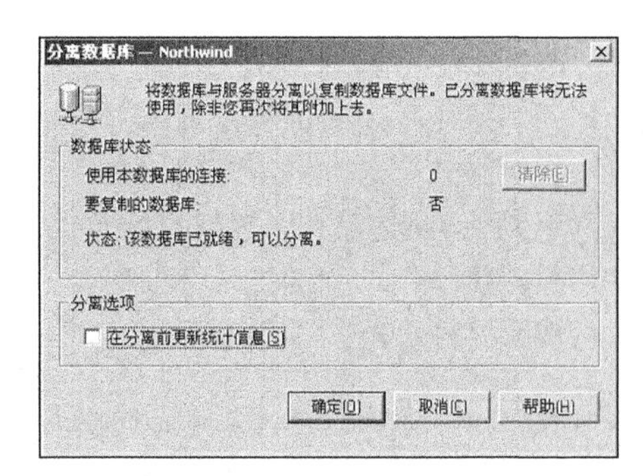

图 11-72　“分离数据库”对话框

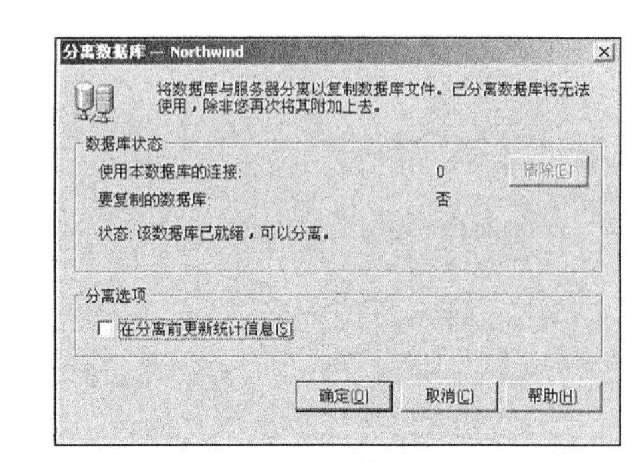

图 11-73　进行分离处理

某数据库被分离后，将会在 SQL Server 的控制台上消失。如果要还原此数据库，可以使用附加方法实现。另外，也可以通过 Transact-SQL 中的 sp_detachh_db 命令实现对数据库进行分离处理。

实例 055　通过 Visual Basic 6.0 分离数据库

源码路径　光盘\daima\11\3\　　　视频路径　光盘\视频\实例\第 11 章\055

本实例的实现流程如图 11-74 所示。

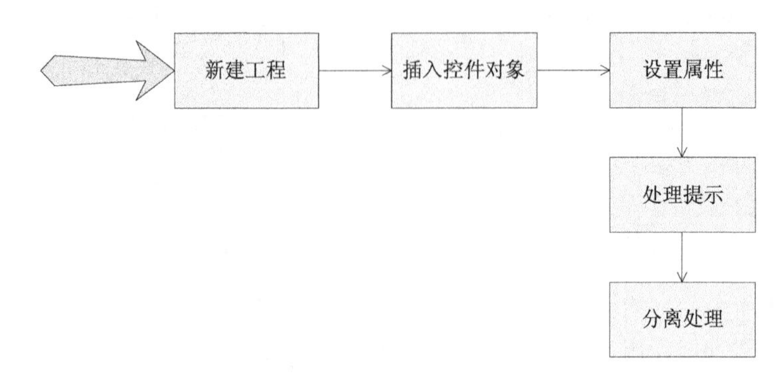

图 11-74　实例实现流程图

下面将详细介绍上述实例流程的具体实现过程，首先新建项目工程并插入各个控件对象，具体实现流程如下所示。

（1）打开 Visual Basic 6.0 新创建一个标准 EXE 工程，如图 11-75 所示。

（2）在窗体内分别插入 2 个 CommandButton 控件、1 个 TextBox 控件和 1 个 Label 控件，并分别设置它们的属性，如图 11-76 所示。

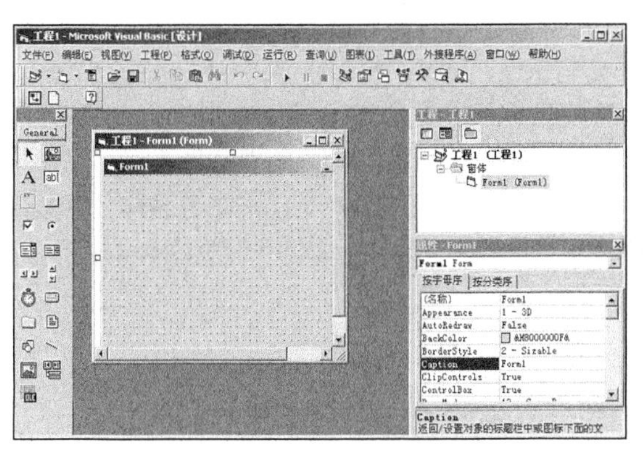

图 11-75　新建标准 EXE 工程

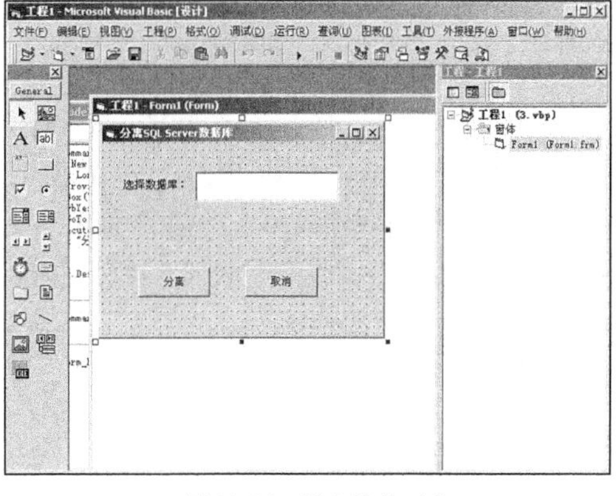

图 11-76　插入控件对象

窗体内各对象的主要属性设置如下所示。

- 窗体：设置名称为“Form1”，Caption 属性为“分离 SQL Server 数据库”。
- 第一个 CommandButton 控件：设置名称为“Command1”，Caption 属性为“分离”。
- 第二个 CommandButton 控件：设置名称为“Command2”，Caption 属性为“取消”。
- Label 控件：设置名称为“Label1”，Caption 属性为“选择数据库:”。
- TextBox 控件：设置名称为“TextBox1”，Text 属性为空。

然后来到代码编辑界面，为各窗体内按钮对象设置单击事件处理代码，具体代码如下所示。

```
Private Sub Command1_Click()
    Dim cn As New ADODB.Connection
    Dim msg As Long
    '建立工程和数据库的连接
    cn.Open "Provider=SQLOLEDB.1;
     Persist Security Info=False;
     User ID=sa;password=888888;
     Initial Catalog=master;
     Data Source=(local)"
     '弹出"确认附加"对话框
    msg = MsgBox("是否分离数据库？", vbYesNo, "提示")
    If msg = vbYes Then
    On Error GoTo Error1
        '对文本框内的数据库进行分离处理
        cn.Execute ("sp_detach_db @dbname='" & Text1 & "'")
        MsgBox "分离成功", "提示"
    Exit Sub
Error1:
    MsgBox Err.Description, , "提示"
    End If
End Sub
Private Sub Command2_Click()
    End
End Sub
Private Sub Form_Load()
End Sub
```

范例 109：添加、删除、修改和保存记录
源码路径：光盘\演练范例\109\
视频路径：光盘\演练范例\109\
范例 110：使用 DAO 对象浏览数据库记录
源码路径：光盘\演练范例\110\
视频路径：光盘\演练范例\110\

经过上述设置处理后，整个实例设置完毕。执行后将按指定样式显示窗体，如图 11-77 所示；当输入之顶数据库并单击【分离】按钮后，将弹出提示对话框，确定后将进行分离处理，如图 11-78 所示。

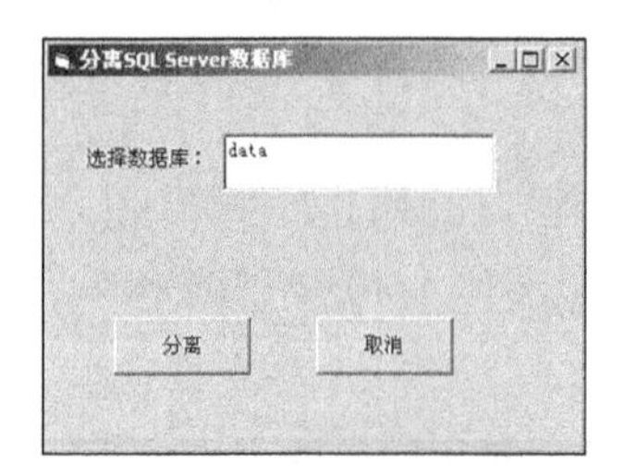

图 11-77　初始显示默认窗体

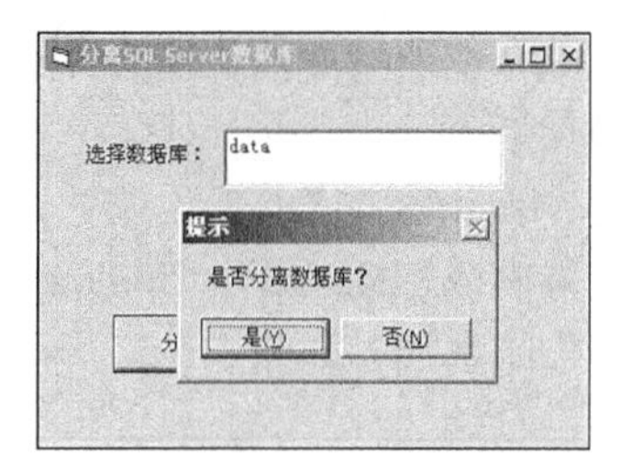

图 11-78　提示对话框

在上述实例中，通过简单的 Visual Basic 代码实现了对指定 SQL Server 数据库的分离处理。除了可以使用 Visual Basic 代码对正在运行的 SQL Server 数据库进行分离处理外，还可以使用 Visual Basic 代码暂停或停止当前的 SQL Server 服务器。上述分离的处理代码比较简单，但是暂停和停止 SQL Server 服务器的代码比较复杂，并且还需要引用 Microsoft SQLDMO Object Library。

11.6　技术解惑

11.6.1　数据库压缩技术

数据库压缩技术一直是当前应用项目中的技术核心，因为在 Access 数据库、Access 项目中删除数据或对象，可能会产生碎片并导致磁盘空间使用效率的降低。同时，数据库文件的大小并未减小，而是不断地增大，直至您的硬盘没有空间。这样在 Access 中可以对数据库进行压缩优化以提升 Access 数据库和 Access 项目的性能，这样的压缩处理的实质是复制该文件，并重新组织文件在磁盘上的存储方式。这样的压缩也不会影响到 Access 项目中的自动编号。在 Access 数据库中，如果已经从表的末尾删除了记录，压缩该数据库就会重新设置自动编号值。添加的下一个记录的自动编号值将会比表中没有删除的最后记录的自动编号值大。

数据库压缩的 Visual Basic 代码有很多，例如下面的代码也可以实现对 Access 数据库的压缩处理。

```
'工程-引入 Microsoft Jet and Replication Objects Library
Private Sub Command1_Click()
Dim FIXDB As New JRO.JetEngine
'CompactDatabase 第一个参数是原始数据库，第二个是目标数据库
FIXDB.CompactDatabase "Provider=Microsoft.Jet.OLEDB.4.0;Data Source=c:aa.mdb", _
"Provider=Microsoft.Jet.OLEDB.4.0;Data Source=c:aac.mdb"
End Sub
```

11.6.2　安装 SQL Server 的常见问题

SQL Server 2000 对安装要求十分严格。如果安装机器在以前安装过 SQL Server 2000，会出现不能安装的问题，并提示“以前的某个程序安装已在安装计算机上创建挂起的文件操作；运行安装程序之前必须重新启动计算机。”等错误信息。解决上述问题的方法如下。

（1）把以前安装的文件完全删除，并清空回收站。

（2）在【开始】|【运行】窗口中输入“regedit”，打开注册表编辑器。在“HKEY_LOCAL_MACHINE\SYSTEM\ControlSet001\Control\Session Manager”中找到 PendingFileRenameOperations，删除该键值（这个键值是安装程序暂挂项目，只要找到对应的应用程序清除掉就行了），关闭注册表编辑器。

按照上述步骤操作后，即可重新安装 SQL Server 2000。

另外，有的读者不禁要问，现在最新的是 SQL Server 2005，为什么本书讲的是 SQL Server 2000 的安装配置呢？这个问题很简单，主要有以下两个原因。

(1) 当前国内服务器的主流数据库还是 SQL Server 2000。

(2) 因为本书讲解的是 Visual Basic 6.0，通过实践证明 Visual Basic 6.0 和 SQL Server 2000 的结合是“天作之合”。

可能读者的开发环境因人而不同，如果读者想学习 Visual Basic 6.0 后想进一步向.NET 领域迈进，这就建议读者安装 SQL Server 2005，因为 SQL Server 2005 可以和 Microsoft Visual Studio 2005 具有更好的结合性。

11.6.3 在数据库中的 E-R 图

在数据库体系中，概念模型这一概念比较重要，概念模型是对信息世界的建模，它可以用 E-R 图来描述世界的概念模型。E-R 图提供了表示实体型、属性和联系的方法。

- 实体型：用矩形表示，框内写实体名称。
- 属性：用椭圆表示，框内写属性名称。
- 联系：用菱形表示，框内写联系名称。

例如图 11-79 描述了实体-属性图。

例如图 11-80 描述了实体-联系图。

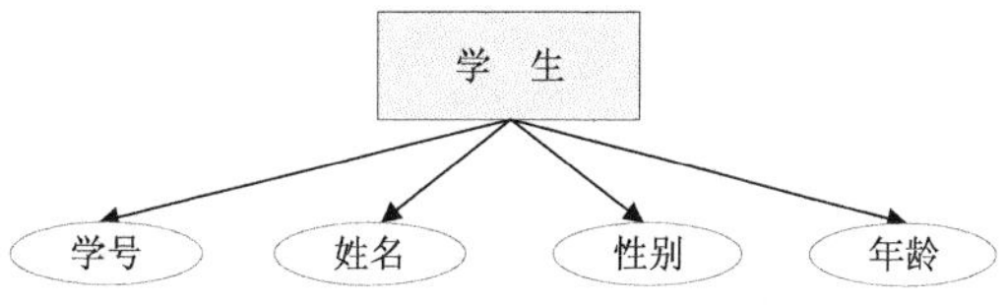

图 11-79 实体-属性图

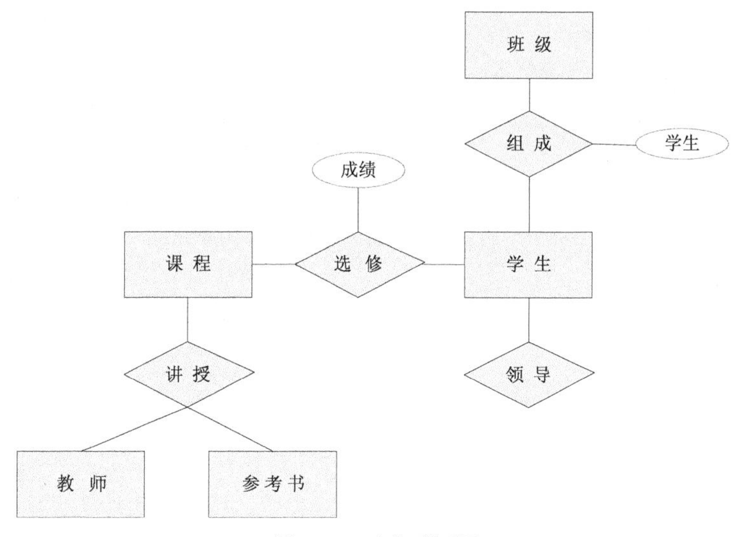

图 11-80 实体-联系图

11.6.4 数据模型和关系数据模型

不同的数据模型具有不同的数据结构。目前最为常用的数据模型有层次模型、网状模型、关系模型和面向对象数据模型。其中层次模型和网状模型统称为非关系模型。

概念模型是按照用户的观点对数据和信息进行建模，而数据模型是按照计算机系统的观点对数据进行建模。

关系模型是当前应用最为广泛的一种模型。关系数据库都采用关系模型作为数据的组织方式。自从 20 世纪 80 年代以来，计算机厂商推出的数据库管理系统几乎都支持关系模型。

关系模型的基本要求是关系必须要规范，即要求关系模式必须满足一定的规范条件，关系的分量必须是一个不可再分的数据项。

第12章

使用Data控件和ADO控件

通过数据库编程技术可以将项目和数据库相结合，通过 Visual Basic 6.0 中的专用数据库控件，可以灵活地实现数据的显示。在本章的内容中，将详细讲解常用的数据库对象编程技术的基本知识，并详细讲解 Visual Basic 6.0 中数据控件的具体使用方法。

本章内容

- 常用数据库编程方法
- 使用 ADO 对象
- ADO 事务处理
- 使用 Data 控件
- 使用 ADO 控件

技术解惑

总结 Recordset 的用法
数据库打开/关闭方法的选择
通过相对路径指定数据库文件
ADO 控件连接 Access 数据库的方法
必须先建立对 ADO 对象的引用
Recordse 管理数据库的方法
SQL 查询语言的结构

12.1 常用数据库编程方法

知识点讲解：光盘：视频\PPT 讲解（知识点）\第 12 章\常用数据库编程方法.mp4

在 Visual Basic 6.0 中可以使用的数据库编程方法是使用 DAO 控件、RDO 控件和 ADO 控件，具体说明如下所示。

- DAO 控件：数据访问对象，是第一个面向对象的接口，用于连接 Microsoft Jet 数据库引擎。可以允许 Visual Basic 6.0 程序员通过 ODBC，直接实现和 Access 的连接。
- RDO 控件：远程数据对象，是一个到 ODBC 并且面向对象的数据访问接口，它和 DAO style 组合在一起提供另一个接口。它是许多 SQL Server、Oracle 以及其他大型数据库开发人员常用的最佳接口，RDO 提供了用来访问存储过程的对象、属性及方法。
- ADO 控件：数据对象，是 DAO/RDO 的继承产品，它在两者之间存在相似的映射关系，它扩展了 DAO 和 RDO 所使用的对象模型，包含了较少的对象、更多的属性、方法和事件。

12.2 使用 ADO 对象

知识点讲解：光盘：视频\PPT 讲解（知识点）\第 12 章\使用 ADO 对象.mp4

ADO 可以用于实现数据库访问，使用 ADO 编写的应用程序可以存取在 Internet 上任何地方的资源。通过 ADO 可以编写出简洁的和可扩展的脚本，连接到与 OLE DB 兼容的数据源，如数据库、电子表格、顺序数据文件或电子邮件目录。OLE DB 是一个系统级的编程接口，它提供一套标准的 COM 接口，用来展示数据库管理系统的功能。

12.2.1 ADO 简介

使用 ADO 的对象模型，可以轻松地访问数据库接口，并将数据库功能添加到您的项目程序中。另外，还可以使用 ADO 访问与开放式数据库互连（ODBC）兼容的数据库。

ADO 可以使用 VBScript、JavaScript 脚本语言来控制数据库的存取以及输出查询结果。

ADO 可以用来建造客户/服务器结构及 Web 的应用，具有以下 3 个特点。

- 支持批处理，可以分批处理客户端提出的请求。
- 支持存储过程，可使用 in/out 参数给存储过程输入及输出值，并可以取得存储过程的返回值。
- 可以使用存储过程或批处理 SQL 指令，传回多组记录集的功能。

12.2.2 ADO 的对象

ADO 对象模型包括 7 个对象和 3 个集合，具体信息分别如表 12-1 和表 12-2 所示。

表 12-1 ADO 对象信息表

对　象	描　述
Connection	连接对象，用来建立数据源和 ADO 程序之间的连接
Command	命令对象，用来嵌入 SQL 查询，包括对存储过程的调用
Parameter	参数对象，用来传递参数给 SQL 查询，在使用存储过程时用到
Recordset	记录集对象，用来浏览及操作实际数据库内的数据，这是非常重要的一个对象
Field	字段对象，用来取得一个记录集（Recordset）内不同字段的值
Error	错误对象，用来返回一个数据库连接（Connection）上的错误
Property	属性对象，设置一个 ADO 对象的属性

表 12-2　ADO 集合信息表

集　合	描　述
Errors	所有的 Error 对象集合，用来响应一个连接（Connection）上的单一错误
Parameters	所有的 Parameter 对象集合，关联着一个 Command 对象
Fields	所有的字段对象集合，关联着一个 Recordset 对象的所有字段
Properties	所有的 Property 对象集合，关联着 Connection、Command、Recordset 或者 Field 对象

12.2.3　Command 对象

ADO 的 Command 对象用于执行面向数据库的一次简单查询。此查询可执行诸如创建、添加、取回、删除或更新记录等动作。

如果该查询用于取回数据，此数据将以一个 RecordSet 对象返回。这意味着被取回的数据能够被 RecordSet 对象的属性、集合、方法或事件进行操作。

Command 对象的主要特性是有能力使用存储查询和带有参数的存储过程。其创建格式如下所示。

```
set objCommand=Server.CreateObject("ADODB.command")
```

Command 对象通过它本身的属性、方法和集合来实现具体的操作功能。其中，Command 对象属性信息如表 12-3 所示。

表 12-3　Command 对象属性信息表

属　性	描　述
ActiveConnection	设置或返回包含了定义连接或 Connection 对象的字符串
CommandText	设置或返回包含提供者（provider）命令（如 SOL 语句、表格名称或存储的过程调用）的字符串值。默认值为""（零长度字符串）
CommandTimeout	设置或返回长整型值，该值指示等待命令执行的时间（单位为秒）。默认值为 30
CommandType	设置或返回一个 Command 对象的类型
Name	设置或返回一个 Command 对象的名称
Prepared	指示执行前是否保存命令的编译版本（已经准备好的版本）
State	返回一个值，此值可描述该 Command 对象处于打开、关闭、连接、执行还是取回数据的状态

Command 对象集合信息如表 12-4 所示。

表 12-4　Command 对象集合信息表

方　法	描　述
Cancel	取消一个方法的一次执行
CreateParameter	创建一个新的 Parameter 对象
Execute	执行 CommandText 属性中的查询、SQL 语句或存储过程

Command 对象方法信息如表 12-5 所示。

表 12-5　Command 对象方法信息表

方　法	描　述
Parameters	包含一个 Command 对象的所有 Parameter 对象
Properties	包含一个 Command 对象的所有 Property 对象

12.2.4　Connection 对象

ADO Connection 对象用于创建一个到达某个数据源的开放连接。通过此连接，您可以对一个数据库进行访问和操作。

如果需要多次访问某个数据库，您应当使用 Connection 对象来建立一个连接。您也可以经由一个 Command 或 Recordset 对象传递一个连接字符串来创建某个连接。不过，此类连接仅仅适合一次具体的简单的查询。

Connection 对象的创建格式如下所示。

```
set objConnection=Server.CreateObject("ADODB.connection")
```

Connection 对象通过它本身的属性、方法、事件和集合来实现具体的操作功能。其中，Command 对象属性信息如表 12-6 所示。

表 12-6 **Connection 对象属性信息表**

属　性	描　述
Attributes	设置或返回 Connection 对象的属性
CommandTimeout	指示在终止尝试和产生错误之前执行命令期间需等待的时间
ConnectionString	设置或返回用于建立连接数据源的细节信息
ConnectionTimeout	指示在终止尝试和产生错误前建立连接期间所等待的时间
CursorLocation	设置或返回游标服务的位置
DefaultDatabase	指示 Connection 对象的默认数据库
IsolationLevel	指示 Connection 对象的隔离级别
Mode	设置或返回 provider 的访问权限
Provider	设置或返回 Connection 对象提供者的名称
State	返回一个描述连接是打开还是关闭的值
Version	返回 ADO 的版本号

Connection 对象方法信息如表 12-7 所示。

表 12-7 **Connection 对象方法信息表**

方　法	描　述
BeginTrans	开始一个新事务
Cancel	取消一次执行
Close	关闭一个连接
CommitTrans	保存任何更改并结束当前事务
Execute	执行查询、SQL 语句、存储过程或 provider 具体文本
Open	打开一个连接
OpenSchema	从 provider 返回有关数据源的 schema 信息
RollbackTrans	取消当前事务中所作的任何更改并结束事务

Connection 对象事件信息如表 12-8 所示。

表 12-8 **Connection 事件信息表**

事　件	描　述
BeginTransComplete	在 BeginTrans 操作之后被触发
CommitTransComplete	在 CommitTrans 操作之后被触发
ConnectComplete	在一个连接开始后被触发
Disconnect	在一个连接结束之后被触发
ExecuteComplete	在一条命令执行完毕后被触发
InfoMessage	假如在一个 ConnectionEvent 操作过程中警告发生，则触发该事件
RollbackTransComplete	在 RollbackTrans 操作之后被触发
WillConnect	在一个连接开始之前被触发
WillExecute	在一条命令被执行之前被触发

Connection 对象集合信息如表 12-9 所示。

表 12-9　　Connection 集合信息表

集　合	描　述
Errors	包含 Connection 对象的所有 Error 对象
Properties	包含 Connection 对象的所有 Property 对象

12.2.5　Error 对象

ADO Error 对象包含与单个操作（涉及提供者）有关的数据访问错误的详细信息。ADO 会因每次错误产生一个 Error 对象。每个 Error 对象包含具体错误的详细信息，且 Error 对象被存储在 Errors 集合中。要访问这些错误，就必须引用某个具体的连接。

Error 对象的创建格式如下所示。

```
objErr.property
```

Error 对象通过它本身的属性来实现具体的操作功能，具体信息如表 12-10 所示。

表 12-10　　Error 对象属性信息表

属　性	描　述
Description	返回一个错误描述
HelpContext	返回 Microsoft Windows help system 中某个主题的内容 ID
HelpFile	返回 Microsoft Windows help system 中帮助文件的完整路径
NativeError	返回来自 provider 或数据源的错误代码
Number	返回可标识错误的一个唯一的数字
Source	返回产生错误的对象或应用程序的名称
SQLState	返回一个 5 字符的 SQL 错误码

12.2.6　Field 对象

ADO Field 对象包含有关 Recordset 对象中某一列的信息。Recordset 中的每一列对应一个 Field 对象，具体的创建格式如下所示。

```
set objField=Server.CreateObject("ADODB.field")
```

Field 对象通过它本身的属性、方法和集合来实现具体的操作功能。其中，Field 对象属性信息如表 12-11 所示。

表 12-11　　Field 对象属性信息表

属　性	描　述
ActualSize	返回一个字段值的实际长度
Attributes	设置或返回 Field 对象的属性
DefinedSize	返回 Field 对象被定义的大小
Name	设置或返回 Field 对象的名称
NumericScale	设置或返回 Field 对象中的值所允许的小数位数
OriginalValue	返回某个字段的原始值
Precision	设置或返回当表示 Field 对象中的数值时所允许的数字的最大数
Status	返回 Field 对象的状态
Type	设置或返回 Field 对象的类型
UnderlyingValue	返回一个字段的当前值
Value	设置或返回 Field 对象的值

Field 对象方法信息如表 12-12 所示。

表 12-12　　Field 对象方法信息表

方　法	描　述
AppendChunk	把大型的二进制或文本数据追加到 Field 对象
GetChunk	返回大型二进制或文本 Field 对象的全部或部分内容

Field 对象集合信息如表 12-13 所示。

表 12-13 **Field 对象集合信息表**

属　性	描　述
Properties	包含一个 Field 对象的所有 Property 对象

注意：在本章的内容中，前半部分主要讲解的是常用的数据库对象编程技术，其中着重对 ADO 技术进行了阐述。ADO 技术的核心知识是它本身的对象、方法、属性等。其中的每一个对象都包含有特定功能的方法和属性，由于涉及的信息过多，本书只是将各对象、方法和属性的主要信息在表格中作了简要说明。

12.2.7 Parameter 对象

ADO Parameter 对象可提供有关被用于存储过程或查询中的一个单个参数的信息。Parameter 对象在其被创建时被添加到 Parameters 集合。Parameter 集合与一个具体的 Command 对象相关联，Command 对象使用此集合在存储过程和查询内外传递参数。

参数被用来创建参数化的命令。这些命令（在它们已被定义和存储之后）使用参数在命令执行前来改变命令的某些细节。例如，SQL Select 语句可使用参数定义 Where 子句的匹配条件，而使用另一个参数来定义 SORT BY 子句的列的名称。

有 4 种类型的参数，分别是 input 参数、output 参数、input/output 参数以及 return 参数。

Parameter 对象的使用格式如下所示。

```
objectname.property
objectname.method
```

Parameter 对象通过它本身的属性和方法来实现具体的操作功能。其中，Parameter 对象属性信息如表 12-14 所示。

表 12-14 **Parameter 对象属性信息表**

属　性	描　述
Attributes	设置或返回一个 Parameter 对象的属性
Direction	设置或返回某个参数如何传递到存储过程或从存储过程传递回来
Name	设置或返回一个 Parameter 对象的名称
NumericScale	设置或返回一个 Parameter 对象的数值的小数点右侧的数字数目
Precision	设置或返回当表示一个参数中数值时所允许数字的最大数目
Size	设置或返回 Parameter 对象中的值的最大大小（按字节或字符）
Type	设置或返回一个 Parameter 对象的类型
Value	设置或返回一个 Parameter 对象的值

Parameter 对象方法信息如表 12-15 所示。

表 12-15 **Parameter 对象方法信息表**

方　法	描　述
AppendChunk	把二进制或字符数据追加到一个 Parameter 对象
Delete	从 Parameters 集合中删除一个对象

12.2.8 Property 对象

ADO Property 对象有内置属性和动态属性两种类型的属性。

1. 内置属性

是在 ADO Property 中实现并立即可用于任何新对象的属性，此时使用 MyObject.Property 语法。它们不会作为 Property 对象出现在对象的 Properties 集合中，因此，虽然可以更改它们的值，但无法更改它们的特性。

2. 动态属性

ADO Property 对象表示 ADO 对象的动态特性，这种动态特性是被 provider 定义的。

每个与 ADO 对话的 provider 拥有不同的方式与 ADO 进行交互。所以，ADO 需要通过某种方式来存储有关 provider 的信息。解决方法是 provider 为 ADO 提供具体的信息(动态属性)。ADO 把每个 provider 属性存储在一个 Property 对象中，而 Property 对象相应地也被存储在 Properties 集合中。此集合会被分配到 Command 对象、Connection 对象、Field 对象或者 Recordset 对象。

例如，指定给提供者的属性可能会指示 Recordset 对象是否支持事务或更新。这些附加的属性将作为 Property 对象出现在该 Recordset 对象的 Properties 集合中。

Property 对象的创建格式如下所示。

```
set objProperty=Server.CreateObject("ADODB.property")
```

Propert 对象通过它本身的属性来实现具体的操作功能，具体信息如表 12-16 所示。

表 12-16　Propert 对象属性信息表

属　性	描　述
Attributes	返回一个 Property 对象的属性
Name	设置或返回一个 Property 对象的名称
Type	返回 Property 的类型
Value	设置或返回一个 Property 对象的值

12.2.9　Recordset 对象

Recordset 对象用于容纳记录集中的一行或文件系统的一个文件或一个目录。ADO 2.5 之前的版本仅能够访问结构化的数据库。在一个结构化的数据库中，每个表在每一行均有确切相同的列数，并且每一列都由相同的数据类型组成。

Recordset 对象允许访问行与行之间的列数且/或数据类型不同的数据集。

Record 对象的使用格式如下所示。

```
objectname.property
objectname.method
```

Recordset 对象通过它本身的属性、方法和集合来实现具体的操作功能。其中，Recordset 对象属性信息如表 12-17 所示。

表 12-17　Recordset 对象属性信息表

属　性	描　述
ActiveConnection	设置或返回 Record 对象当前所属的 Connection 对象
Mode	设置或返回在 Record 对象中修改数据的有效权限
ParentURL	返回父 Record 的绝对 URL
RecordType	返回 Record 对象的类型
Source	设置或返回 Record 对象的 Open 方法的 src 参数
State	返回 Record 对象的状态

Recordset 对象方法信息如表 12-18 所示。

表 12-18　Recordset 对象方法信息表

方　法	描　述
Cancel	取消一次 CopyRecord、DeleteRecord、MoveRecord 或 Open 调用的执行
Close	关闭一个 Record 对象
CopyRecord	把文件或目录拷贝到另外一个位置
DeleteRecord	删除一个文件或目录
GetChildren	返回一个 Recordset 对象，其中的每一行表示目录中的文件或子目录

续表

方 法	描 述
MoveRecord	把文件或目录移动到另外一个位置
Open	打开一个已有的 Record 对象或创建一个新的文件或目录
MoveFirst	把 Recordset 记录指针移到第一个
MoveLast	把 Recordset 记录指针移到最后一个
MoveNext	把 Recordset 记录指针移到下一个，但是不能无限制移动
MovePrevious	把 Recordset 记录指针移到前一个

Recordset 对象集合信息如表 12-19 所示。

表 12-19　Recordset 对象集合信息表

集 合	描 述
Properties	特定提供者属性的一个集合
Fields	包含 Record 对象中的所有 Field 对象

12.2.10　Stream 对象

ADO Stream 对象用于读写以及处理二进制数据或文本流。Stream 对象可通过如下 3 种方法获得。

（1）通过指向包含二进制或文本数据的对象（通常是文件）的 URL。此对象可以是简单的文档、表示结构化文档的 Record 对象或文件夹。

（2）通过将 Stream 对象实例化。这些 Stream 对象可用来存储用于应用程序的数据。跟与 URL 相关联的 Stream 或 Record 的默认 Stream 不同，实例化的 Stream 在默认情况下与基本源没有关联。

（3）通过打开与 Record 对象相关联的默认 Stream 对象，打开 Record 时便可获取与 Record 对象相关联的默认流。只需打开该流便可删除一个往返过程。

使用 Stream 对象的语法格式如下所示。

```
objectname.property
objectname.method
```

Stream 对象通过它本身的属性和方法来实现具体的操作功能。其中，Stream 对象属性信息如表 12-20 所示。

表 12-20　Stream 对象属性信息表

属 性	描 述
CharSet	指定用于存储 Stream 的字符集
EOS	返回当前位置是否位于流的结尾
LineSeparator	设置或返回用在文本 Stream 对象中的分行符
Mode	设置或返回供修改数据的可用权限
Position	设置或返回从 Stream 对象开始处的当前位置（按字节计算）
Size	返回一个打开的 Stream 对象的大小
State	返回一个描述 Stream 是打开还是关闭的值
Type	设置或返回 Stream 对象中的数据的类型

Stream 对象方法信息如表 12-21 所示。

表 12-21　Stream 对象方法信息表

方 法	描 述
Cancel	取消对 Stream 对象的 Open 调用的执行
Close	关闭一个 Stream 对象
CopyTo	把指定数目的字符/比特从一个 Stream 对象拷贝到另外一个 Stream 对象
Flush	把 Stream 缓冲区中的内容发送到相关联的下层对象
LoadFromFile	把文件的内容载入 Stream 对象

续表

方　法	描　述
Open	打开一个 Stream 对象
Read	从一个二进制 Stream 对象读取全部流或指定的字节数
ReadText	从一个文本 Stream 对象中读取全部流、一行或指定的字节数
SaveToFile	把一个 Stream 对象的二进制内容保存到某个文件
SetEOS	设置当前位置为流的结尾（EOS）
SkipLine	在读取一个文本流时跳过一行
Write	把二进制数据写到一个二进制 Stream 对象
WriteText	把字符数据写到一个文本 Stream 对象

12.2.11　ADO 连接数据库

介绍了 ADO 的基本知识后，下一步则需要使用 ADO 实现和数据库的连接。在本节的内容中将通过 2 个具体的实例，来讲解通过 ADO 分别建立和 Access 数据库和 SQL Server 数据库的连接方法。

实例 056　实现和指定 Access 数据库的连接

源码路径　光盘\daima\12\1\　　　视频路径　光盘\视频\实例\第 12 章\056

本实例的实现流程如图 12-1 所示。

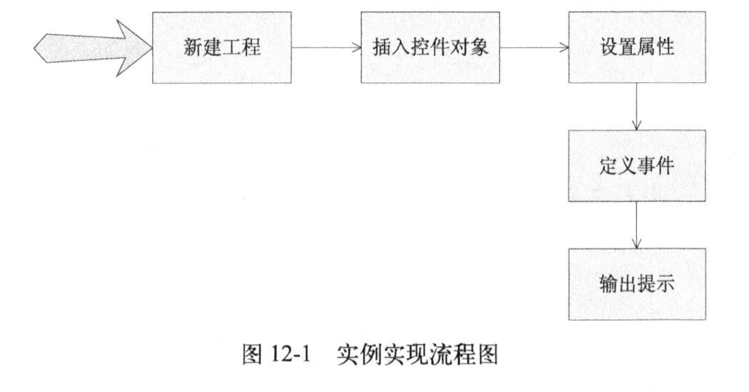

图 12-1　实例实现流程图

下面将详细介绍上述实例流程的具体实现过程，首先新建项目工程并插入各个控件对象，具体流程如下所示。

（1）打开 Visual Basic 6.0 新建一个标准 EXE 工程，并设置窗体 form1 的属性，如图 12-2 所示。

（2）在窗体 form1 内插入 2 个 CommandButton 控件和 3 个 Label 控件，并分别设置其属性，如图 12-3 所示。

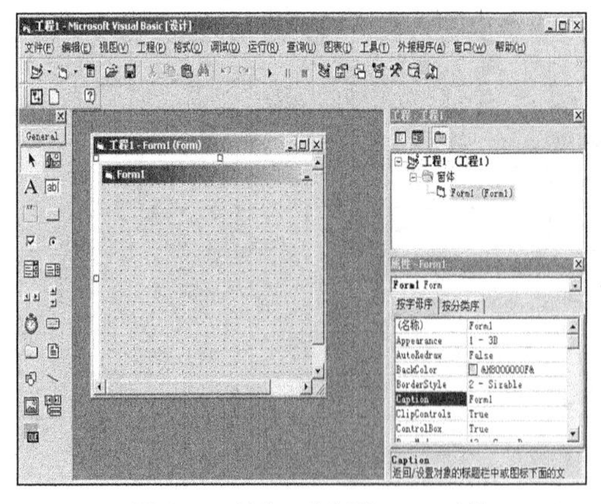

图 12-2　新建一个标准 EXE 工程

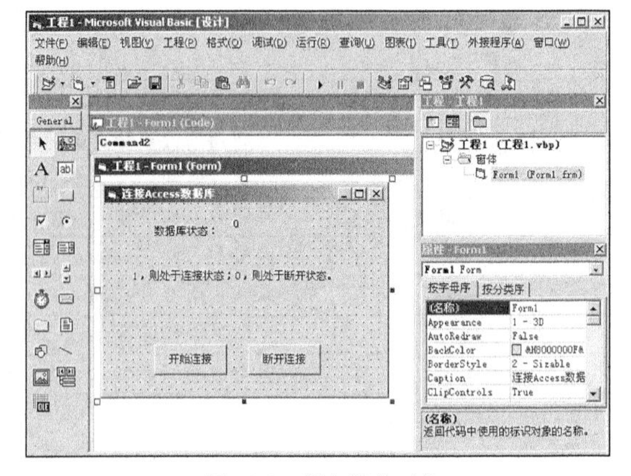

图 12-3　插入控件对象

窗体内各对象的主要属性设置如下所示。

- 窗体：设置名称为“Form1”，Caption 属性为“连接 Access 数据库”。
- 第一个 CommandButton 控件：设置名称为“Command1”，Caption 属性为“开始连接”。
- 第二个 CommandButton 控件：设置名称为“Command2”，Caption 属性为“断开连接”。
- 第一个 Lable 控件：设置名称为“Label1”，Caption 属性为“数据库状态：”。

- 第二个 Lable 控件：设置名称为“Label2”，Caption 属性为“0”。
- 第三个 Lable 控件：设置名称为“Label3”，Caption 属性为“1，则处于连接状态；0，则处于断开状态。”。

然后来到代码编辑界面，为 Command1 和 Command2 设置鼠标单击按钮事件的处理代码，具体代码如下所示。

```
'定义连接事件程序，如果发生错误，转到错误处理
'\Private myConn As New ADODB.Connection
 Private Sub Command1_Click()
 On Error GoTo Error1
 Set myConn = New ADODB.Connection
     '没有错误，则建立和指定数据库的连接
     myConn.ConnectionString = "Provider=Microsoft.Jet.OLEDB.4.0;Data Source=E:\\电子\\精简\\vb\\daima\\14\\1\\123.mdb;
      Persist Security Info=False"
     myConn.Open     '打开数据库
      '连接成功提示，并显示数据库连接状态
      MsgBox "连接成功！" "提示"
     Label2.Caption = myConn.State
 Exit Sub
Error1:
     MsgBox "连接错误！" & vbCrLf & Err.Description, , "警告"
 End Sub
Private Sub Command2_Click()'定义断开连接事件程序
myConn.Close
'连接断开提示，并显示数据库连接状态。
MsgBox "连接断开！", , "提示"
Label2.Caption = myConn.State
End Sub
Private Sub Form_Load()
End Sub
```

范例 111：浏览数据库中的记录信息
源码路径：光盘\演练范例\111\
视频路径：光盘\演练范例\111\
范例 112：检测绑定控件值是否被修改
源码路径：光盘\演练范例\112\
视频路径：光盘\演练范例\112\

经过上述设置处理后，整个实例设置完毕。执行后，将按指定样式在窗体内显示各对象，如图 12-4 所示；单击【开始连接】按钮后将实现和指定数据库的连接，并显示对应的状态提示，如图 12-5 所示；当单击【关闭连接】按钮后将关闭和指定数据库的连接，并显示对应的状态提示，如图 12-6 所示。

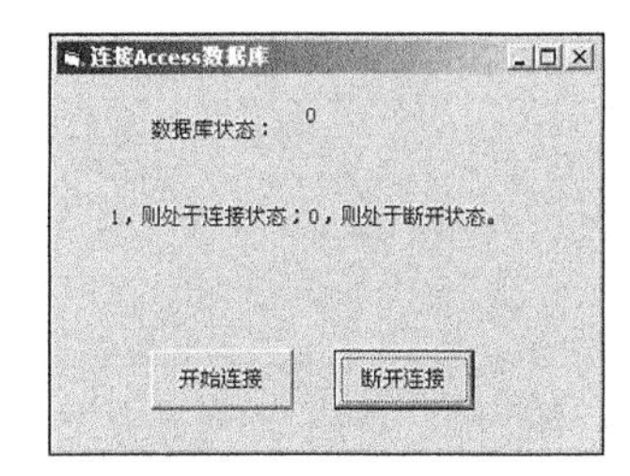

图 12-4　初始窗体显示

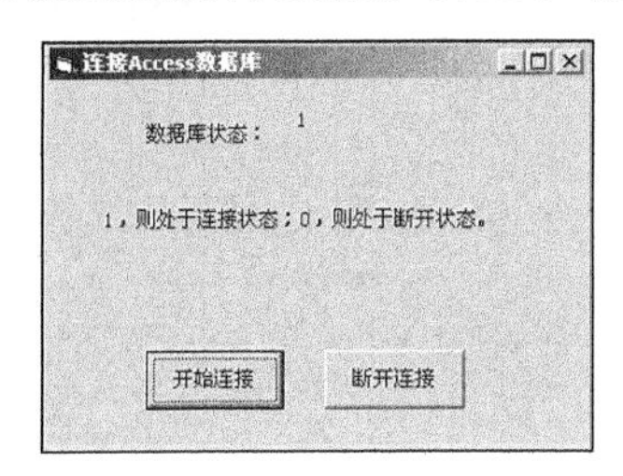

图 12-5　连接成功状态提示

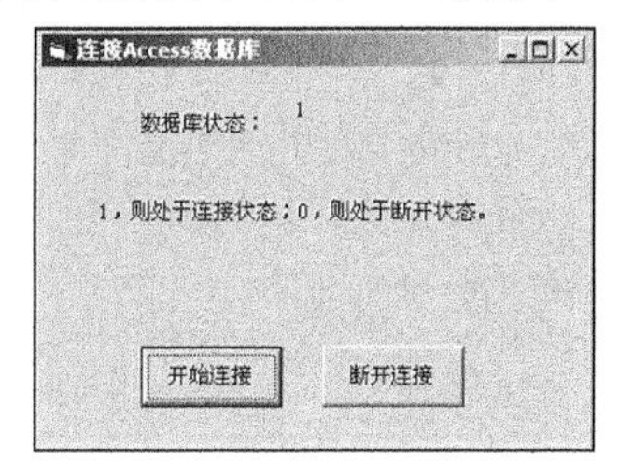

图 12-6　关闭连接状态提示

在上述实例中，讲解了使用 ADO 对象建立和 Access 数据库的连接方法。

实例 057　实现和指定 SQL Server 数据库的连接

源码路径　光盘\daima\12\2\　　视频路径　光盘\视频\实例\第 12 章\057

本实例的实现流程如图 12-7 所示。

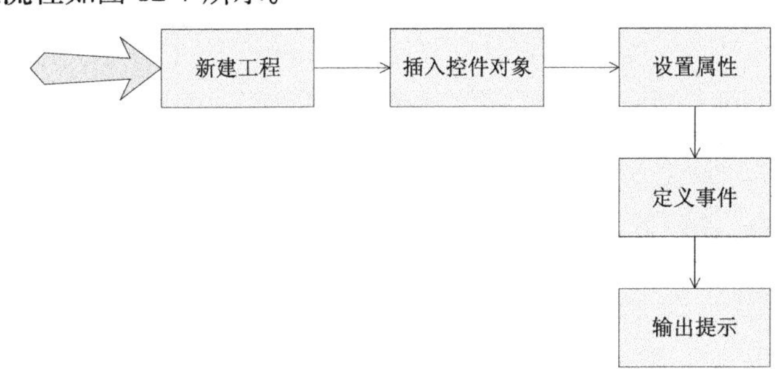

图 12-7　实例实现流程图

下面将详细介绍上述实例流程的具体实现过程，首先新建项目工程并插入各个控件对象，具体流程如下所示。

（1）打开 Visual Basic 6.0 新建一个标准 EXE 工程，并设置窗体 form1 的属性，如图 12-8 所示。

（2）在窗体 form1 内插入 2 个 CommandButton 控件和 3 个 Label 控件，并分别设置其属性，如图 12-9 所示。

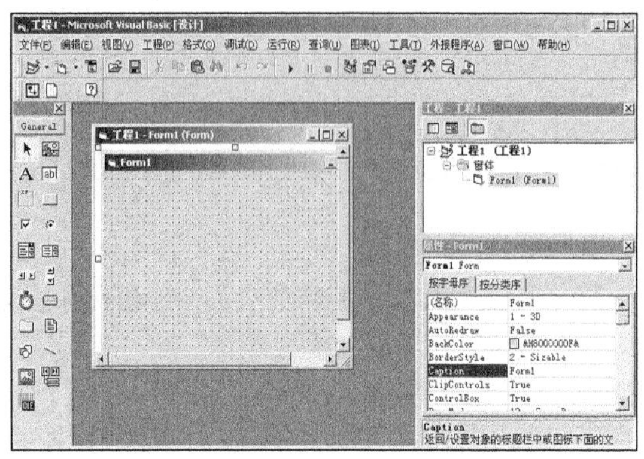
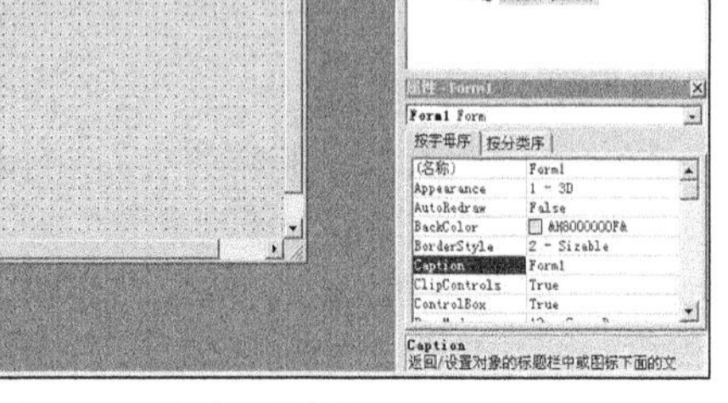

图 12-8　新建一个标准 EXE 工程

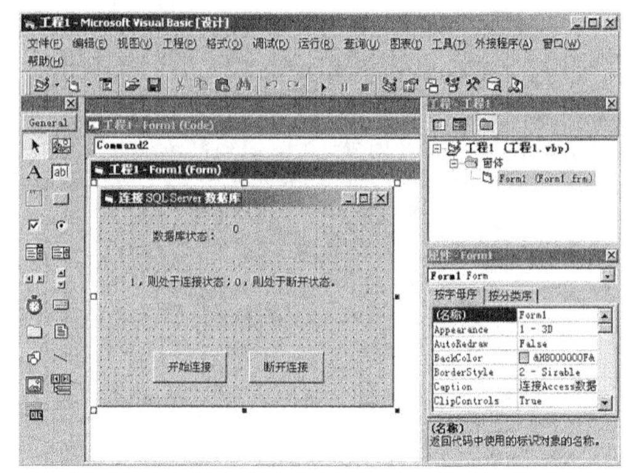

图 12-9　插入控件对象

窗体内各对象的主要属性设置如下所示。

- ❑ 窗体：设置名称为“Form1”，Caption 属性为“连接 SQL Server 数据”。
- ❑ 第一个 CommandButton 控件：设置名称为“Command1”，Caption 属性为“开始连接”。
- ❑ 第二个 CommandButton 控件：设置名称为“Command2”，Caption 属性为“断开连接”。
- ❑ 第一个 Lable 控件：设置名称为“Label1”，Caption 属性为“数据库状态：”。
- ❑ 第二个 Lable 控件：设置名称为“Label2”，Caption 属性为“0”。
- ❑ 第三个 Lable 控件：设置名称为“Label3”，Caption 属性为“1，则处于连接状态；0，则处于断开状态。”。

然后来到代码编辑界面，为 Command1 和 Command2 设置鼠标单击事件处理代码。具体代码如下所示。

```
'定义连接事件程序，如果发生错误，转到错误处理
Private myConn As New ADODB.Connection
 Private Sub Command1_Click()
 On Error GoTo Error1
 Set myConn = New ADODB.Connection
    '没有错误，则建立和指定数据库的连接
    myConn.ConnectionString = "Provider=SQLOLEDB.1;Persist
Security Info=False;User ID=sa;password=888888;Initial Catalog=pubs;Data
Source=(local)"
    myConn.Open     '打开数据库
     '连接成功提示，并显示数据库连接状态
     MsgBox "连接成功！" "提示"
    Label2.Caption = myConn.State
 Exit Sub
Error1:
    MsgBox "连接错误！" & vbCrLf & Err.Description, , "警告"
 End Sub
Private Sub Command2_Click()                    '定义断开连接事件程序
myConn.Close
'连接断开提示，并显示数据库连接状态
MsgBox "连接断开！", , "提示"
Label2.Caption = myConn.State
End Sub
Private Sub Form_Load()
End Sub
```

> 范例 113：使用 DAO 对象浏览数据库记录
> 源码路径：光盘\演练范例\113\
> 视频路径：光盘\演练范例\113\
> 范例 114：使用 DAO 对象操作记录
> 源码路径：光盘\演练范例\114\
> 视频路径：光盘\演练范例\114\

经过上述设置处理后，整个实例设置完毕。执行后，将按指定样式在窗体内显示各对象，如图 12-10 所示；单击【开始连接】按钮后将实现和指定数据库的连接，并显示对应的状态提

示，如图 12-11 所示；当单击【关闭连接】按钮后将关闭和指定数据库的连接，并显示对应的状态提示。如图 12-12 所示。

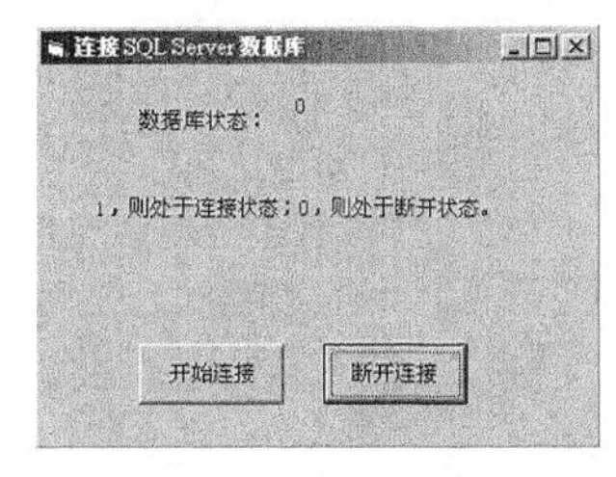

图 12-10　初始窗体显示

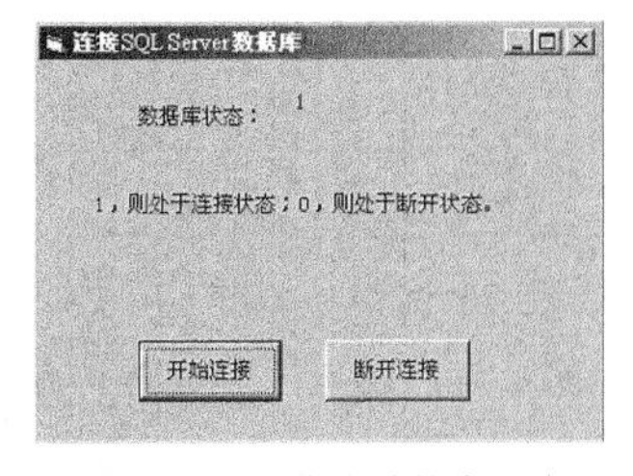

图 12-11　连接成功状态提示

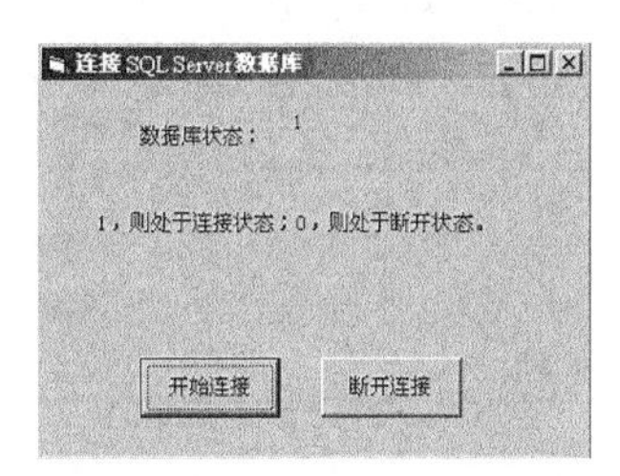

图 12-12　关闭连接状态提示

在上述两个实例中，分别讲解了使用 ADO 对象建立和 Access 数据库和 SQL Server 数据库的连接方法。

12.2.12　ADO 实现对数据库的操作

介绍了 ADO 的基本知识和连接数据的方法后，下一步则需要使用 ADO 实现对数据库数据的操作。在本节的内容中，将通过具体的实例来讲解 ADO 操作数据库数据的具体方法。

1. 读取显示数据

通过 ADO 的 Recordse 对象，可以将指定的数据库数据读取并显示出来。

实例 058　**输出显示 SQL Server 数据库 pubs 内的数据**

源码路径　光盘\daima\12\3\　　视频路径　光盘\视频\实例\第 12 章\058

本实例的实现流程如图 12-13 所示。

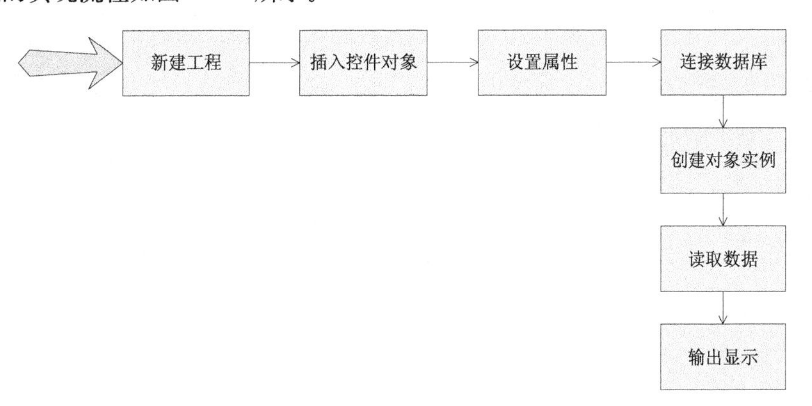

图 12-13　实例实现流程图

下面将详细介绍上述实例流程的具体实现过程，首先新建项目工程并插入各个控件对象，具体流程如下所示。

（1）打开 Visual Basic 6.0 新建一个标准 EXE 工程，并设置窗体 form1 的属性，如图 12-14 所示。

（2）在窗体 form1 内插入 6 个 Label 控件和 6 个 TextBox 控件，并分别设置其属性，如图 12-15 所示。

窗体内各对象的主要属性设置如下所示。

- 窗体：设置名称为“Form1”，Caption 属性为“Form1”。
- 第一个 TextBox 控件：设置名称为“Text1”，Text 属性为空。
- 第二个 TextBox 控件：设置名称为“Text2”，Text 属性为空。
- 第三个 TextBox 控件：设置名称为“Text3”，Text 属性为空。

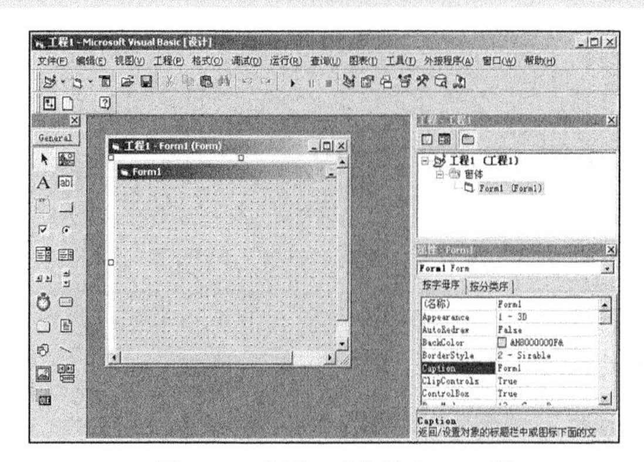

图 12-14　新建一个标准 EXE 工程

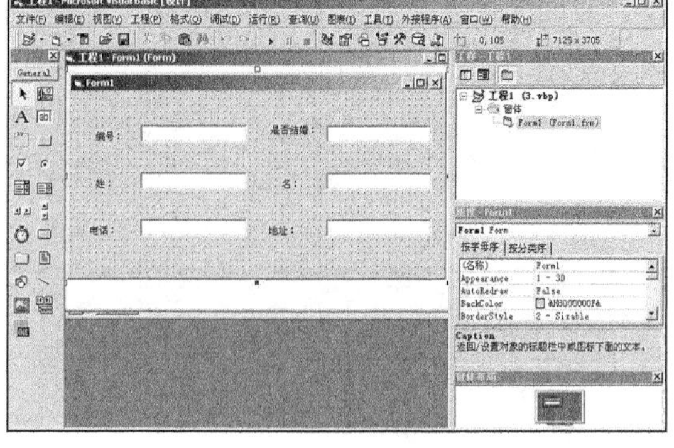

图 12-15　插入控件对象

- 第四个 TextBox 控件：设置名称为“Text4”，Text 属性为空。
- 第五个 TextBox 控件：设置名称为“Text5”，Text 属性为空。
- 第六个 TextBox 控件：设置名称为“Text6”，Text 属性为空。
- 第一个 Lable 控件：设置名称为“Label1”，Caption 属性为“编号:”。
- 第二个 Lable 控件：设置名称为“Label2”，Caption 属性为“姓:”。
- 第三个 Lable 控件：设置名称为“Label3”，Caption 属性为“名:”。
- 第四个 Lable 控件：设置名称为“Label4”，Caption 属性为“电话:”。
- 第五个 Lable 控件：设置名称为“Label5”，Caption 属性为“地址:”。
- 第六个 Lable 控件：设置名称为“Label6”，Caption 属性为“是否结婚:”。

然后来到代码编辑界面，编写窗体载入处理代码。具体代码如下所示。

```
Private myConn As New ADODB.Connection
Private myRecord As New ADODB.Recordset
Private Sub Form_Load()
    '创建和指定数据库的连接
    Set myConn = New ADODB.Connection
    myConn.ConnectionString = "Provider=SQLOLEDB.1;
      Integrated Security=SSPI;
      Persist Security Info=False;
      Initial Catalog=pubs;
      Data Source=(local)"
    myConn.Open
      '创建RecordSet对象实例，打开RecordSet对象，其中authors
      '是数据库的表名，也可以是SQL语句
       Set myRecord = New ADODB.Recordset
       myRecord.Open "authors", myConn, adOpenDynamic, adLockOptimistic
     '调用显示函数显示数据库的数据
    Xianshi
End Sub
Private Sub Xianshi()
'将数据库的数据在窗体文本框内显示
On Error Resume Next
    Text1.Text = myRecord.Fields("au_id").Value
    Text2.Text = myRecord.Fields("au_lname").Value
    Text3.Text = myRecord.Fields("au_fname").Value
    Text4.Text = myRecord.Fields("phone").Value
    Text5.Text = myRecord.Fields("address").Value
    Text6.Text = myRecord.Fields("contract").Value
End Sub
```

范例 115：使用 ADO 控件浏览数据库
源码路径：光盘\演练范例\115\
视频路径：光盘\演练范例\115\
范例 116：使用数据网格控件浏览数据库
源码路径：光盘\演练范例\116\
视频路径：光盘\演练范例\116\

经过上述设置处理后，整个实例设置完毕。执行后，将按指定样式在窗体文本框内显示指定数据库内指定表 authors 的数据。具体效果如图 12-16 所示。

在上述实例中，在窗体内通过 Recordset 显示了指定数据库内的数据信息。当应用程序在初始的 Form_Load 过程之前启动时，Data 控件被自动地初始化。如果 Connect、DatabaseName、Options、RecordSource、Exclusive、ReadOnly 和 RecordsetType 属性是合法的，或者在运行时设置这些 Data

控件属性并使用 Refresh 方法，则 Microsoft Jet 数据库引擎试图创建一个新的基于那些属性的 Recordset 对象。此 Recordset 对象可通过 Data 控件的 Recordset 属性访问。不过，如果在设计时错误地设置若干个这些属性，则当 Visual Basic 试图使用该属性来打开特定的数据库并创建 Recordset 对象时，将产生一个不可捕获的错误。

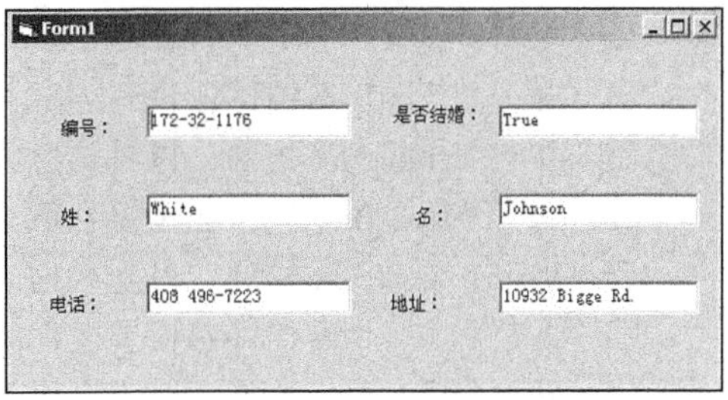

图 12-16 实例执行效果

2. 浏览数据

在实例 058 中，窗体内的文本框只是显示了库内的一条信息。通过 Recordset 对象的 MoveFirst、MoveLast、MoveNext 和 MovePrevious 方法，可以随意移动指针而实现对数据库内所有数据的浏览。

实例 059 浏览数据库 pubs 内 authors 表的数据信息

源码路径 光盘\daima\12\4\ 视频路径 光盘\视频\实例\第 12 章\059

本实例的实现流程如图 12-17 所示。

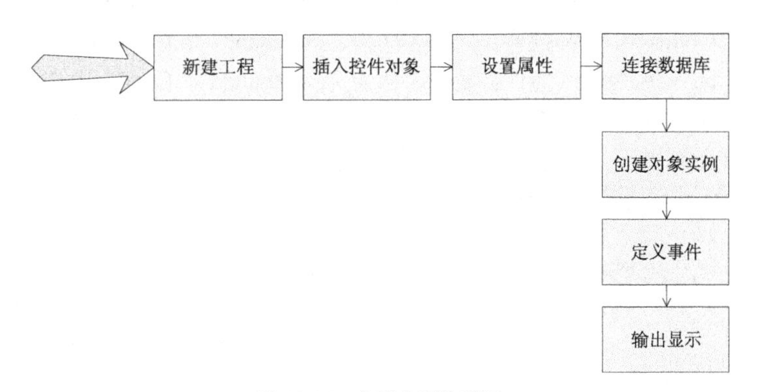

图 12-17 实例实现流程图

下面将详细介绍上述实例流程的具体实现过程，首先新建项目工程并插入各个控件对象，具体流程如下所示。

（1）打开 Visual Basic 6.0 新建一个标准 EXE 工程，并设置窗体 form1 的属性，如图 12-18 所示。

（2）在窗体 Form1 内插入 6 个 Label 控件、6 个 TextBox 控件和 4 个 CommandButton 控件并分别设置其属性，如图 12-19 所示。

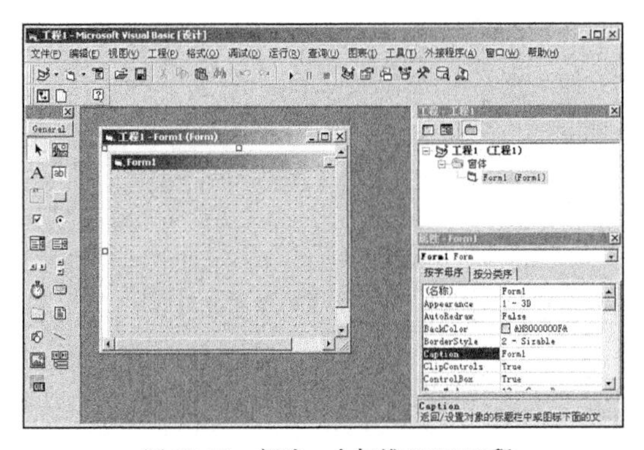

图 12-18 新建一个标准 EXE 工程

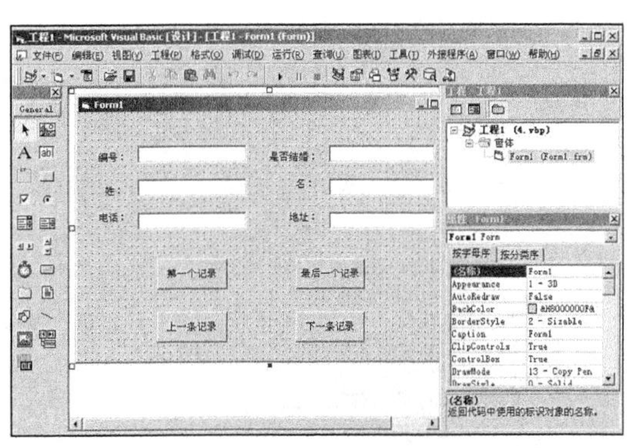

图 12-19 插入控件对象

窗体内各对象的主要属性设置如下所示。

- 窗体：设置名称为“Form1”，Caption 属性为“Form1”。
- 第一个 TextBox 控件：设置名称为“Text1”，Text 属性为空。
- 第二个 TextBox 控件：设置名称为“Text2”，Text 属性为空。
- 第三个 TextBox 控件：设置名称为“Text3”，Text 属性为空。
- 第四个 TextBox 控件：设置名称为“Text4”，Text 属性为空。
- 第五个 TextBox 控件：设置名称为“Text5”，Text 属性为空。
- 第六个 TextBox 控件：设置名称为“Text6”，Text 属性为空。
- 第一个 Lable 控件：设置名称为“Label1”，Caption 属性为“编号:”。
- 第二个 Lable 控件：设置名称为“Label2”，Caption 属性为“姓:”。
- 第三个 Lable 控件：设置名称为“Label3”，Caption 属性为“名:”。
- 第四个 Lable 控件：设置名称为“Label4”，Caption 属性为“电话:”。
- 第五个 Lable 控件：设置名称为“Label5”，Caption 属性为“地址:”。
- 第六个 Lable 控件：设置名称为“Label6”，Caption 属性为“是否结婚:”。
- 第一个 CommandButton 控件：设置名称为“Command1”，Caption 属性为“第一个记录”。
- 第二个 CommandButton 控件：设置名称为“Command2”，Caption 属性为“上一条记录”。
- 第三个 CommandButton 控件：设置名称为“Command3”，Caption 属性为“下一条记录”。
- 第四个 CommandButton 控件：设置名称为“Command4”，Caption 属性为“最后一个记录”。

然后来到代码编辑界面，编写窗体载入处理和按钮单击事件的处理代码，具体代码如下所示。

```
Private myConn As New ADODB.Connection
Private myRecord As New ADODB.Recordset
'定义按钮1的处理事件，显示表内第一个记录的信息
Private Sub Command1_Click()
    myRecord.MoveFirst
   '调用显示函数显示数据库的数据
   ShowData '显示记录
End Sub
'定义按钮2的处理事件，显示表内上一个记录的信息
Private Sub Command2_Click()
    '调用MoveFirst
    If Not myRecord.BOF Then
      myRecord.MovePrevious
    Else  '否则移动到首记录
       myRecord.MoveFirst
    End If
    '调用显示函数显示数据库的数据
ShowData '显示数据
End Sub
'定义按钮3的处理事件，显示表内下一个记录的信息
Private Sub Command3_Click()
     If Not myRecord.EOF Then
       myRecord.MoveNext
    Else     '否则，则移动到尾记录
       myRecord.MoveLast
    End If
   '调用显示函数显示数据库的数据
   ShowData    '显示数据
End Sub
'定义按钮4的处理事件，显示表内最后一条记录的信息
Private Sub Command4_Click()
    myRecord.MoveLast
    ShowData                                        '调用显示函数显示数据库的数据
End Sub
Private Sub Form_Load()
    '创建Connection对象实例
    Set myConn = New ADODB.Connection
    '设定ConnectionString属性连接数据库
    myConn.ConnectionString = "Provider=SQLOLEDB.1;Persist Security Info=False;User ID=sa;password=sa;Initial
    Catalog=pubs;Data Source=(local)"
    myConn.Open
    '创建RecordSet对象实例，打开RecordSet对象，其中authors是数据库的表名，也可以是SQL语句
```

范例 117：使用 ADO 对象访问数据库
源码路径：光盘\演练范例\117\
视频路径：光盘\演练范例\117\
范例 118：查询指定列的信息
源码路径：光盘\演练范例\118\
视频路径：光盘\演练范例\118\

```
    Set myRecord = New ADODB.Recordset
    '打开RecordSet对象，其中authors是数据库的表名，也可以是SQL语句
    myRecord.Open "authors", myConn, adOpenDynamic, adLockOptimistic
    '显示数据
    ShowData
End Sub
'将数据库的数据在窗体文本框内显示
Private Sub ShowData()
On Error Resume Next
    Text1.Text = myRecord.Fields("au_id").Value
    Text2.Text = myRecord.Fields("au_lname").Value
    Text3.Text = myRecord.Fields("au_fname").Value
    Text4.Text = myRecord.Fields("phone").Value
    Text5.Text = myRecord.Fields("address").Value
    Text6.Text = myRecord.Fields("contract").Value
End Sub
```

经过上述设置处理后，整个实例设置完毕。执行后，将按指定样式在窗体内显示库内的数据，如图 12-20 所示；单击【下一条记录】按钮后将显示表内的下一条数据信息；当单击【上一条记录】按钮后将显示表内的上一条数据信息；当单击【最后一条记录】按钮后将显示表内的最后一条数据信息，如图 12-21 所示。

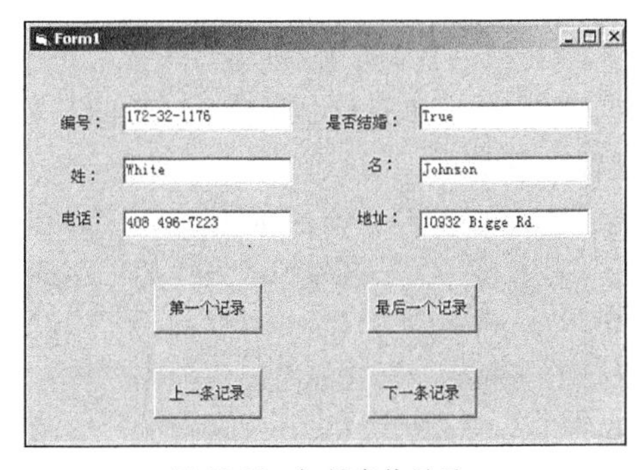

图 12-20　初始窗体显示

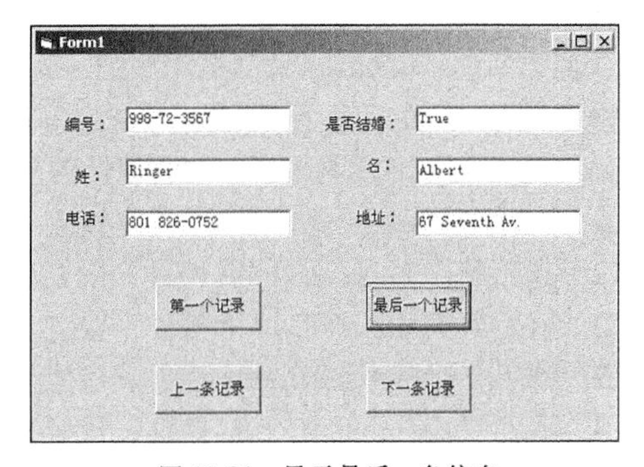

图 12-21　显示最后一条信息

3. 数据管理操作

在实例 058 中，窗体内的文本框只是显示了库内的一条信息。通过 Recordset 对象的 Delete 等方法，可以对指定数据库内所有数据进行更新、删除和保存等管理操作。

实例 060　实现添加、删除和修改处理

源码路径　光盘\daima\12\5\　　　视频路径　光盘\视频\实例\第 12 章\060

本实例是以前面的实例 059 为基础的，功能是对数据库 pubs 内 authors 表的数据信息进行添加、删除和修改处理。本实例的实现流程如图 12-22 所示。

图 12-22　实例实现流程图

下面将详细介绍上述实例流程的具体实现过程，首先新建项目工程并插入各个控件对象，

具体流程如下所示。

（1）打开 Visual Basic 6.0 新建一个标准 EXE 工程，并设置窗体 form1 的属性，如图 12-23 所示。

（2）在窗体 Form1 内插入 6 个 Label 控件、6 个 TextBox 控件和 9 个 CommandButton 控件并分别设置其属性，如图 12-24 所示。

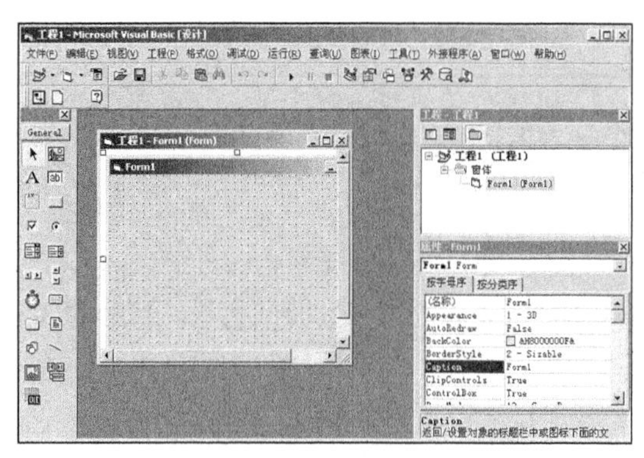

图 12-23　新建一个标准 EXE 工程

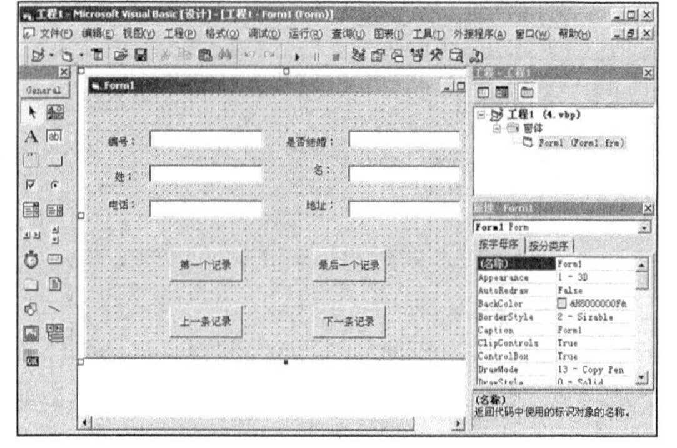

图 12-24　插入控件对象

窗体内各对象的属性设置和实例 059 基本相同，唯一的区别是增加了添加、删除、修改、保存和取消 5 个按钮。上述 5 个按钮属性的具体设置如下所示。

- 第一个 CommandButton 控件：设置名称为“Command5”，Caption 属性为“添加”。
- 第二个 CommandButton 控件：设置名称为“Command6”，Caption 属性为“删除”。
- 第三个 CommandButton 控件：设置名称为“Command7”，Caption 属性为“修改”。
- 第四个 CommandButton 控件：设置名称为“Command8”，Caption 属性为“保存”。
- 第五个 CommandButton 控件：设置名称为“Command9”，Caption 属性为“取消”。

然后来到代码编辑界面，编写窗体载入处理和按钮单击事件的处理代码，具体代码如下所示。

> 范例 119：使用聚集函数查询
> 源码路径：光盘\演练范例\119\
> 视频路径：光盘\演练范例\119\
> 范例 120：将查询结果排序
> 源码路径：光盘\演练范例\120\
> 视频路径：光盘\演练范例\120\

```
Private myConn As New ADODB.Connection
Private myRecord As New ADODB.Recordset
Private Sub Command1_Click()
'定义按钮1的处理事件，显示表内第一个记录的信息
    myRecord.MoveFirst
  ShowData                                          '显示记录
End Sub
'定义按钮2的处理事件，显示表内上一个记录的信息
Private Sub Command2_Click()
    '调用MoveFirst
    If Not myRecord.BOF Then
      myRecord.MovePrevious
    Else                                            '否则移动到首记录
      myRecord.MoveFirst
    End If
    ShowData                                        '显示数据
End Sub
'定义按钮3的处理事件，显示表内下一个记录的信息。
Private Sub Command3_Click()
      If Not myRecord.EOF Then
       myRecord.MoveNext
    Else                                            '否则，则移动到尾记录
       myRecord.MoveLast
    End If
  ShowData                                          '显示数据
End Sub
'定义按钮4的处理事件，显示表内最后一条记录的信息
Private Sub Command4_Click()
    myRecord.MoveLast
    ShowData                                        '调用显示函数显示数据库的数据
End Sub
Private Sub Command5_Click()
    '清空所有文本框中的内容
    Text1.Text = ""
```

```
    Text2.Text = ""
    Text3.Text = ""
    Text4.Text = ""
    Text5.Text = ""
    Text6.Text = ""
    myRecord.AddNew
    '屏蔽除了"保存"和"取消"按钮的使用
    Command1.Enabled = False
    Command2.Enabled = False
    Command3.Enabled = False
    Command4.Enabled = False
    Command5.Enabled = False
    Command6.Enabled = False
    Command7.Enabled = False
    '设置"保存"和"取消"按钮为可用
    Command8.Enabled = True
    Command9.Enabled = True
End Sub
Private Sub Command6_Click()
Dim Mag As Integer
    Mag = MsgBox("是否要删除此条记录！ ", vbYesNo, "警告")
    If Mag = vbYes Then
      myRecord.Delete                                '删除记录
      myRecord.MoveFirst                             '移动到第一条记录
      ShowData                                       '显示数据
    End If
End Sub
'定义按钮7的处理事件，将用户修改后的文本框数据保存到数据库
Private Sub Command7_Click()
  Command1.Enabled = False
    Command2.Enabled = False
    Command3.Enabled = False
    Command4.Enabled = False
    Command5.Enabled = False
    Command6.Enabled = False
    Command7.Enabled = False
    '设置"保存"和"取消"按钮为可用
    Command8.Enabled = True
    Command9.Enabled = True
End Sub
'定义按钮8的处理事件，将当前文本框内的数据保存到数据库中
Private Sub Command8_Click()
        If Text1.Text = "" Then
        MsgBox "编号不能为空!"
       Text1.SetFocus
     Exit Sub
     End If
     '保存文本框中的内容
     myRecord("au_id") = Text1.Text
     myRecord("au_lname") = Text2.Text
     myRecord("au_fname") = Text3.Text
    myRecord("phone") = Text4.Text
     myRecord("address") = Text5.Text
     myRecord("contract") = Text6.Text
     myRecord.Update
     ShowData                                        '显示数据
     Form_Load                                       '初始化窗体上各个按钮控件
End Sub
Private Sub Command9_Click()
    myRecord.CancelUpdate                            '取消更新数据
    Form_Load                                        '恢复按钮控件的状态
    ShowData                                         '显示数据
End Sub
Private Sub Form_Load()
    '创建Connection对象实例
    Set myConn = New ADODB.Connection
    '设定ConnectionString属性连接数据库
    myConn.ConnectionString = "Provider=SQLOLEDB.1;Persist Security Info=False;User ID=sa;password=sa;Initial
    Catalog=pubs;Data Source=(local)"
    myConn.Open
    Set myRecord = New ADODB.Recordset
    '打开RecordSet对象，其中authors是数据库的表名，也可以是SQL语句
    myRecord.Open "authors", myConn, adOpenDynamic, adLockOptimistic
    '显示数据
```

```
    ShowData
End Sub
Private Sub ShowData()                          '将数据库的数据在窗体文本框内显示
On Error Resume Next
    Text1.Text = myRecord.Fields("au_id").Value
    Text2.Text = myRecord.Fields("au_lname").Value
    Text3.Text = myRecord.Fields("au_fname").Value
    Text4.Text = myRecord.Fields("phone").Value
    Text5.Text = myRecord.Fields("address").Value
    Text6.Text = myRecord.Fields("contract").Value
End Sub
```

经过上述设置处理后，整个实例设置完毕。执行后，将按指定样式在窗体内显示库内的数据。单击【添加】按钮后将提供空白文本框，供用户添加新的数据信息；当单击【删除】按钮后将文本框内的数据信息删除；当单击【修改】按钮后将文本框内的数据信息修改；当单击【保存】按钮后将更新后的数据信息保存到系统库中；当单击【取消】按钮后将取消当前的添加和修改操作，具体如图 12-25 所示。

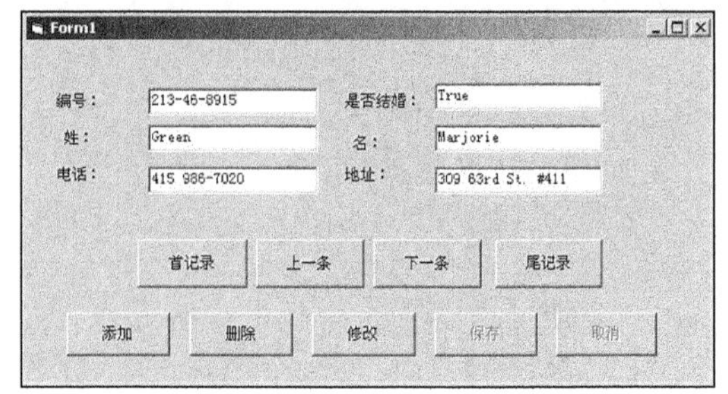

图 12-25　实例执行效果

在上述实例中，在窗体内通过 Recordset 实现了对指定数据库的数据信息的管理操作。

12.3　ADO 事务处理

知识点讲解：光盘：视频\PPT 讲解（知识点）\第 12 章\ADO 事务处理.mp4

事务是用户定义的一个数据操作序列，这些操作要么执行要么全部不执行。在关系数据库结构中，一个事务可以是一条 SQL 语句，也可以是整个程序语句。在本节的内容中，将对 ADO 事务处理的基本知识进行简要介绍。

12.3.1　事务特征和处理控制语句

事务具有原子性、一致性、隔离性和持久性 4 个特征，具体说明如下所示。

1．原子性

事务是数据库的逻辑工作单位，事务中的操作要么不全部执行，要么全部执行。

2．一致性

事务在完成时，必须是所有的数据都保持一致性，在相关数据库中所有的规则都必须应用于事务的修改，以确保所有数据的完整性。

3．隔离性

由并发所作的修改必须和任何其他并发事务所作的修改隔离。事务查看数据时数据所处的状态要么是另一并发事务修改之前的状态，要么是另一事务修改之后的状态。

4．持久性

事务处理完毕后，对系统的影响是长久性，即使修改出现的故障也将一直保持。

在 SQL 语句中，定义事务的语句有如下 3 个。

```
BEGIN TARANSACTION
COMMIT
ROLLBACK
```

事务处理通常以 BEGIN TARANSACTION 开始，以 COMMIT 或 ROLLBACK 结束。

12.3.2　Visual Basic 的事务处理编程

Visual Basic 中的事务处理编程有一个非常重要的意义，它可以在一次操作中多次写入数据库。通过事务编程处理，能够保证整个数据库的完整性。使得一系列动作要么同时产生，要么同时取消。例如在购物车处理程序中，当用户确认购买某个商品后，需要将订单信息进行修改，并同时将系统内此商品的库存信息进行修改，这就需要在同一事务中进行处理。

Visual Basic 6.0 的事务处理编程是通过 ADO 对象中的 BeginTrans、CommitTrans 和 RollbackTrans 方法来实现的。具体说明如下所示。

- BeginTrans：执行一个事务处理。
- CommitTrans：BeginTrans 的所有操作必须通过 CommitTrans 方法才能实现。
- RollbackTrans：中途取消事务处理。

实例 061 将数据库 title 表内的“工商管理”专业修改为“电子商务”

源码路径 光盘\daima\12\6\ 视频路径 光盘\视频\实例\第 12 章\061

本实例的实现流程如图 12-26 所示。

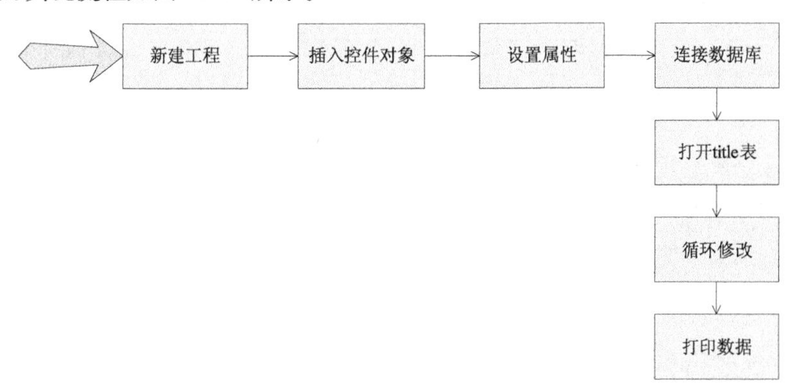

图 12-26 实例实现流程图

下面将详细介绍上述实例流程的具体实现过程，首先新建项目工程并插入各个控件对象，具体流程如下所示。

(1) 打开 Visual Basic 6.0 新建一个标准 EXE 工程，并设置窗体 Form1 的属性，如图 12-27 所示。

(2) 在窗体 Form1 内插入 2 个 CommandButton 控件，并分别设置其属性，如图 12-28 所示。

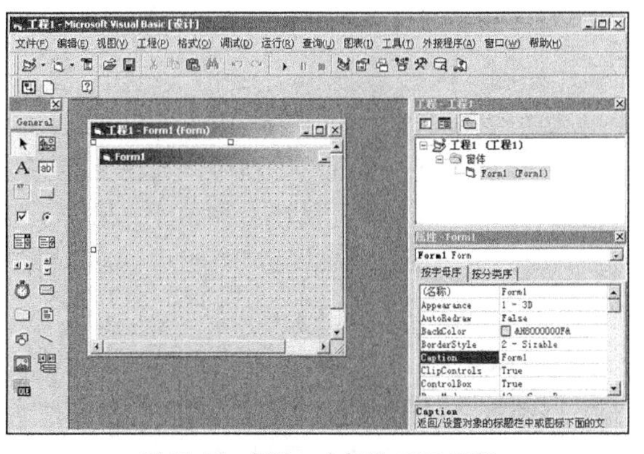

图 12-27 新建一个标准 EXE 工程

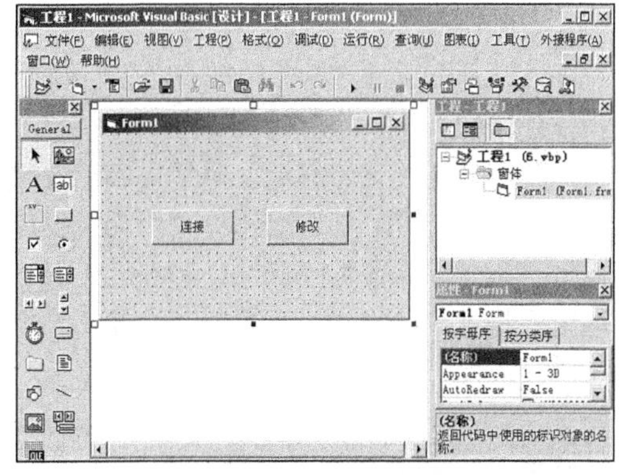

图 12-28 插入控件对象

窗体内各对象的主要属性设置如下所示。

- 窗体：设置名称为“Form1”，Caption 属性为“Form1”。
- 第一个 CommandButton 控件：设置名称为“Command1”，Caption 属性为“连接”。
- 第二个 CommandButton 控件：设置名称为“Command2”，Caption 属性为“修改”。

然后来到代码编辑界面，编写窗体载入处理和按钮单击事件的处理代码。具体代码如下所示。

范例 121：限制结果行数
源码路径：光盘\演练范例\121\
视频路径：光盘\演练范例\121\
范例 122：对查询结果分组
源码路径：光盘\演练范例\122\
视频路径：光盘\演练范例\122\

```
Dim cnn1 As ADODB.Connection
    Dim rstTitles As ADODB.Recordset
    Dim strCnn As String
    Dim strTitle As String
    Dim strMessage As String
Private Sub Command1_Click()
    ' 打开连接
    strCnn = "Provider=SQLOLEDB.1;Persist Security Info=False;
User ID=sa;password=888888;Initial Catalog=pubs;Data Source=(local)"
    Set cnn1 = New ADODB.Connection
    cnn1.Open strCnn
End Sub
Private Sub Command2_Click()
    '打开指定数据库的表title
Set rstTitles = New ADODB.Recordset
    rstTitles.CursorType = adOpenDynamic
    rstTitles.LockType = adLockPessimistic
    rstTitles.Open "titles", cnn1, , , adCmdTable
    rstTitles.MoveFirst
    cnn1.BeginTrans
    '用Do…Loop语句在记录集中循环并询问是否想要更改指定标题的类型
Do Until rstTitles.EOF
        If Trim(rstTitles!Type) = "工商管理" Then
            strTitle = rstTitles!Title
            strMessage = "Title数据表: " & strTitle & vbCr & _
            "的专业修改为"工商管理"?"
            ' 更改指定的标题。
            If MsgBox(strMessage, vbYesNo) = vbYes Then
                rstTitles!Type = "电子商务"
                rstTitles.Update
            End If
        End If
            rstTitles.MoveNext
    Loop
    '询问用户是否想提交以上所做的全部更改
    If MsgBox("提交修改?", vbYesNo) = vbYes Then
        cnn1.CommitTrans
    Else
        cnn1.RollbackTrans
    End If
    rstTitles.Requery
    rstTitles.MoveFirst
    Do While Not rstTitles.EOF                    ' 打印记录集中的当前数据
        Debug.Print rstTitles!Title & " - " & rstTitles!Type
        rstTitles.MoveNext
    Loop
    rstTitles.Close
    cnn1.Close
End Sub
Private Sub Form_Load()
End Sub
```

经过上述设置处理后，整个实例设置完毕。执行后将按指定样式显示窗体，如图 12-29 所示；单击【连接】按钮后建立和指定数据库的连接；当单击【修改】按钮后将顺序弹出提示对话框，依次询问是否对库内专业名为“工商管理”的数据进行修改，如图 12-30 所示；单击【是】按钮后将把库内的“工商管理”修改为“电子商务”，如图 12-31 所示。

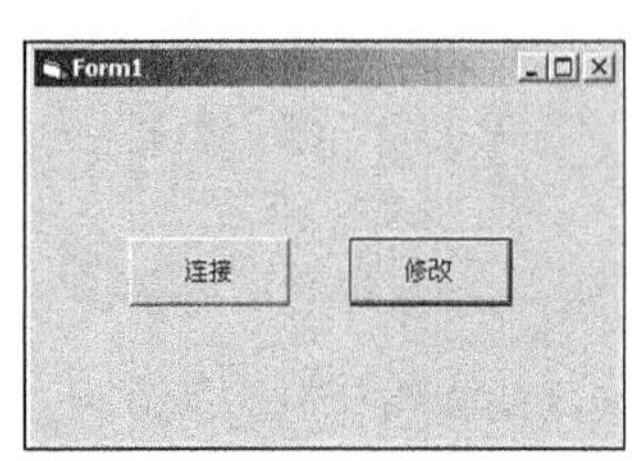

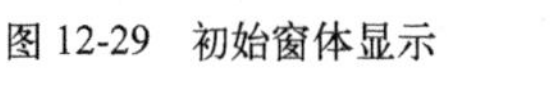
图 12-29　初始窗体显示

图 12-30　询问对话框

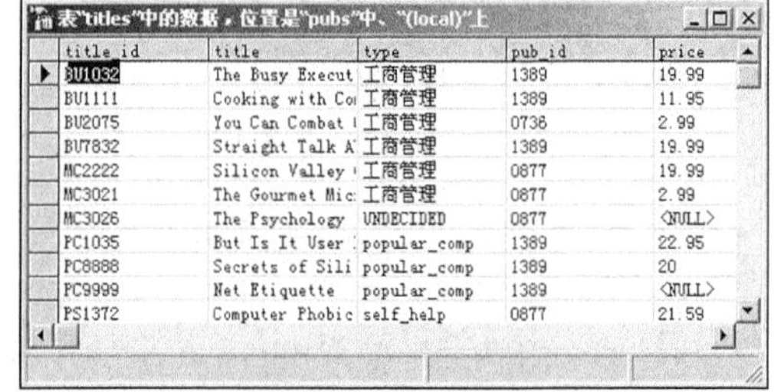

title_id	title	type	pub_id	price
BU1032	The Busy Execut	工商管理	1389	19.99
BU1111	Cooking with Co	工商管理	1389	11.95
BU2075	You Can Combat	工商管理	0736	2.99
BU7832	Straight Talk A	工商管理	1389	19.99
MC2222	Silicon Valley	工商管理	0877	19.99
MC3021	The Gourmet Mic	工商管理	0877	2.99
MC3026	The Psychology	UNDECIDED	0877	<NULL>
PC1035	But Is It User	popular_comp	1389	22.95
PC8888	Secrets of Sili	popular_comp	1389	20
PC9999	Net Etiquette	popular_comp	1389	<NULL>
PS1372	Computer Phobic	self_help	0877	21.59

图 12-31　修改数据

12.3.3 几种获取数据库数据的方法

在前面的章节中，介绍了 SQL 和事务处理等方式获取数据库数据的方法。除了上述方式外，还可以用 Field 对象来获取数据库内某表格的字段数据。在本节的内容中，将通过一个综合实例来说明几种获取数据库数据的方法。

实例 062　通过几种方式获取数据库内 authors 表的字段信息

源码路径　光盘\daima\12\7\　　　视频路径　光盘\视频\实例\第 12 章\062

本实例的实现流程如图 12-32 所示。

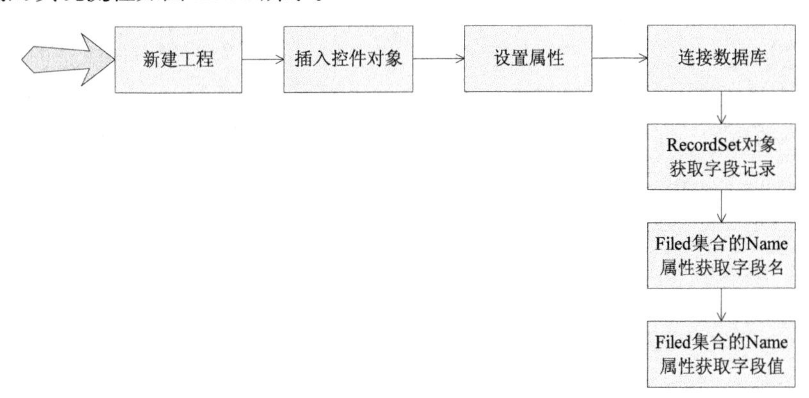

图 12-32　实例实现流程图

下面将详细介绍上述实例流程的具体实现过程，首先新建项目工程并插入各个控件对象，具体流程如下所示。

（1）打开 Visual Basic 6.0 新创建一个标准 EXE 工程，并设置窗体 Form1 的属性，如图 12-33 所示。

（2）在窗体 Form1 内插入 6 个 Label 控件和 6 个 TextBox 控件，并分别设置其属性，如图 12-34 所示。

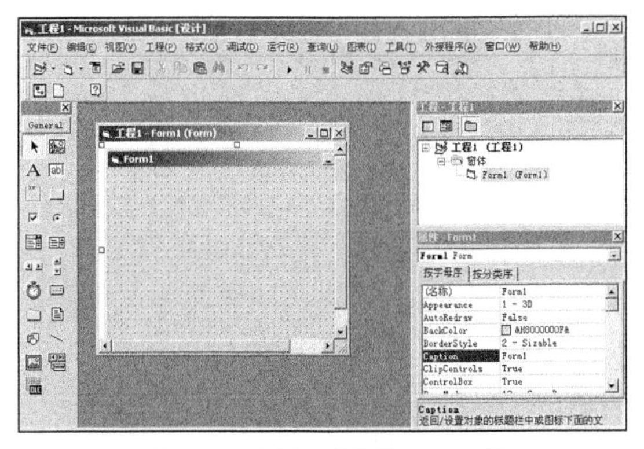

图 12-33　新建一个标准 EXE 工程

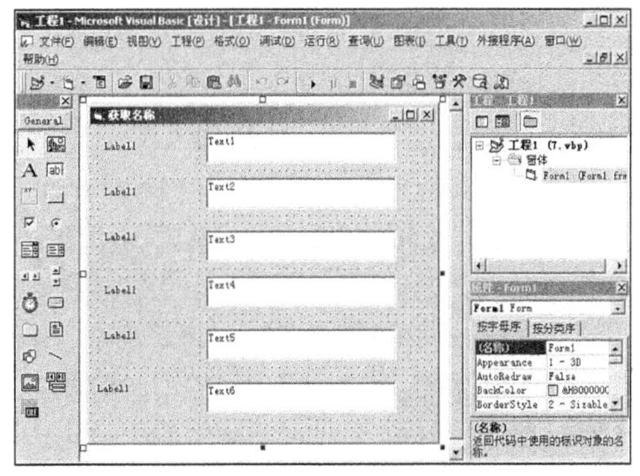

图 12-34　插入控件对象

窗体内各对象的主要属性设置如下所示。

- 窗体：设置名称为“Form1”，Caption 属性为“Form1”。
- 第一个 Label 控件：设置名称为“Label1”，Caption 属性为“Label1”。
- 第二个 Label 控件：设置名称为“Label2”，Caption 属性为“Label1”。
- 第三个 Label 控件：设置名称为“Label3”，Caption 属性为“Label1”。
- 第四个 Label 控件：设置名称为“Label4”，Caption 属性为“Label1”。
- 第五个 Label 控件：设置名称为“Label5”，Caption 属性为“Label1”。

- 第六个 Label 控件：设置名称为“Label6”，Caption 属性为“Label1”。
- 第一个 TextBox 控件：设置名称为“Text1”，Caption 属性为“Text1”。
- 第二个 TextBox 控件：设置名称为“Text2”，Caption 属性为“Text2”。
- 第三个 TextBox 控件：设置名称为“Text3”，Caption 属性为“Text3”。
- 第四个 TextBox 控件：设置名称为“Text4”，Caption 属性为“Text4”。
- 第五个 TextBox 控件：设置名称为“Text5”，Caption 属性为“Text5”。
- 第六个 TextBoxl 控件：设置名称为“Text6”，Caption 属性为“Text6”。

然后来到代码编辑界面，编写窗体载入处理和按钮单击事件的处理代码。具体代码如下所示。

```
Dim myConn As ADODB.Connection
Dim myRec As ADODB.Recordset
'窗体载入事件代码
Private Sub Form_Load()
Dim ConnStr As String
Dim mySQL As String
Dim i As Integer
    Set myConn = New ADODB.Connection
    '创建和指定数据库的连接
    ConnStr = "Provider=SQLOLEDB.1;Persist Security Info=False;
User ID=sa;password=888888;Initial Catalog=pubs;Data Source=(local)"
    myConn.ConnectionString = ConnStr
    myConn.Open    '打开Connection连接
    '创建RecordSet对象
    Set myRec = New ADODB.Recordset
    mySQL = "select au_lname,au_fname,phone,address,city,state from authors"
    myRec.Open mySQL, myConn, 1, 3
    '使用Filed集合的Name属性获取字段名
    For i = 0 To myRec.Fields.Count - 1
        Label1(i).Caption = myRec.Fields(i).Name
    Next
    '使用Filed集合的Name属性获取字段值
    Text1.Text = myRec.Fields(0).Value
    Text2.Text = myRec.Fields(1).Value
    Text3.Text = myRec.Fields(2).Value
    Text4.Text = myRec.Fields(3).Value
    Text5.Text = myRec.Fields(4).Value
    Text6.Text = myRec.Fields(5).Value
End Sub
```

范例 123：演示连接查询
源码路径：光盘\演练范例\123\
视频路径：光盘\演练范例\123\
范例 124：演示嵌套查询
源码路径：光盘\演练范例\124\
视频路径：光盘\演练范例\124\

经过上述设置处理后，整个实例设置完毕。执行后，将在窗体内的 Label 内显示字段名，在 TextBox 内显示字段值。具体如图 12-35 所示。

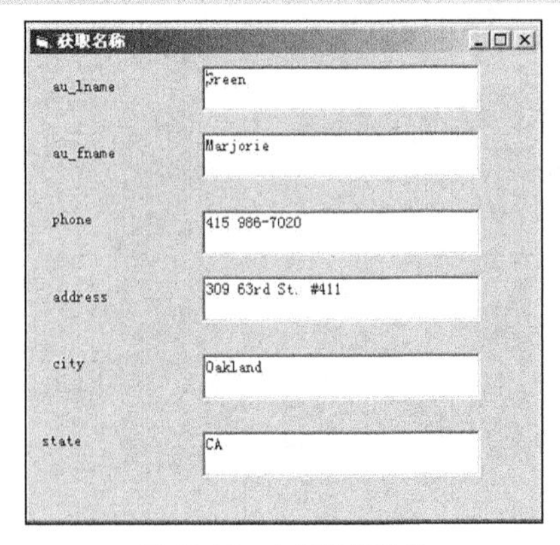

图 12-35　实例执行效果

在上述实例中，分别使用了 RecordSet 对象获取字段记录，使用了 Filed 集合的 Name 属性获取字段名，使用了 Filed 集合的 Name 属性获取字段值。Filed 集合是公用的数据库数据处理集合，在常用的开发语言中都可以使用 Filed 集合，他能够获取常见数据库表的数据信息。在上述实例中，可以进一步添加 Label 控件和 TextBox 控件，以便获取数据库内指定表的所有字段信息。

12.4　使用 Data 控件

知识点讲解：光盘：视频\PPT 讲解（知识点）\第 12 章\使用 Data 控件.mp4

Visual Basic 6.0 中内置的 Data 控件是通过微软的 Jet 数据库引擎来实现数据库访问的。这种技术可以使用户无缝的访问多种标准的数据库格式，而且使用户无需编写任何代码即可创建数据库识别的程序。这种内置的 Data 控件比较适合于较小的数据工具，例如 Access。通过使用

Visual Basic 6.0 中的内置 Data 控件，可以创建程序以显示、编辑和更新指定的数据库信息。在本节的内容中，将详细讲解 Data 控件的基本知识和具体使用方法。

12.4.1 Data 控件概述

Data 控件提供了一种迅速访问数据库中数据的方法，并且可以无需编写代码即可实现对 Visual Basic 6.0 所支持数据库的访问操作。

Data 控件不能直接显示和修改数据，只能在和数据库相关的数据约束控件中显示各个记录信息。Visual Basic 6.0 可以作为约束控件有 8 种，分别是文本框、标签、图片框、图像框、检查框、列表框、组合框和 OLE 等控件。

要把绑定控件实现被数据库的约束，则必须在设计或运行时设置这些控件的如下两个属性。

- ❑ DataSource 属性：通过指定一个有效的数据库控件连接到一个数据库上。
- ❑ DataField 属性：设置数据库有效的数据库控件连接到一个数据库上。

当和数据库控件绑定后，Visual Basic 6.0 就会将当前记录的字段值赋给控件。如果修改了绑定控件内的数据，只要移动记录指针，修改后的数据就会自动写入到数据库。

如果要使用 Data 控件返回数据库中记录的集合，则首先需要将 Data 控件添加到窗体内。Data 控件在 Visual Basic 6.0 的工具箱中，具体效果如图 12-36 所示。

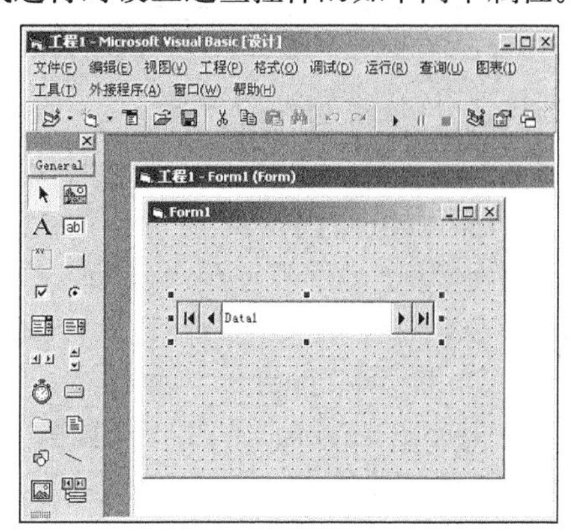

图 12-36 Visual Basic 6.0 中的 Data 控件

12.4.2 Data 控件的属性

Data 控件的主要属性有 Connect 属性、DatabaseName 属性、RecordType 属性、RecordSource 属性，EofAction 属性和 BofAction 属性。上述属性的具体信息如下所示。

❑ Connect 属性。

Connect 属性用于指定数据库的类型，Visual Basic 6.0 可以识别的数据库有 MDB 文件、DBF 文件、DB 文件、DF 文件和 ODBC 数据库。

❑ DatabaseName 属性。

DatabaseName 属性用于指定具体使用数据库的文件名，包含所有的路径名。如果连接的是单表数据库，则此属性设置为数据库文件所在的子目录名，文件名被放在 DatabaseName 属性中，看下面的一段代码。

```
Data1.DatabaseName = "D:\123.MDB"
```

上述代码的功能是，打开路径为"D:\123.MDB"的数据库文件。

❑ RecordType 属性。

RecordType 属性用于确定记录集合的类型。

❑ RecordSource 属性。

RecordSource 属性用于确定具体可以访问的数据表，这些数据构成记录集对象 RecordSet。此数据可以是数据库中的单个表名，一个存储查询或 SQL 查询的一个字符串。

❑ EofAction 属性和 BofAction 属性。

如果记录的指针指向 RecordSet 对象的开始或结束时，使用 EofAction 属性和 BofAction 属性可以决定数据控件所要采取的操作。

EofAction 属性的具体取值信息如表 12-22 所示。

表 12-22　**EofAction 属性值信息**

值	描　述
0	默认值，保持最后一个记录为当前记录
1	移过记录集结束位，定位到一个无效记录，触发数据控件对最后一个记录的无效时间
2	在记录集内加入新的空记录，可以编辑新记录并移动记录指针，新记录将被写入到数据库中

BofAction 属性的具体取值信息如表 12-23 所示。

表 12-23　**BofAction 属性值信息**

值	描　述
0	默认值，将第一个记录作为当前记录
1	移过记录集开始位，定位到一个无效记录，触发数据控件对第一个记录的无效时间

12.4.3　Data 控件的方法

Data 控件内有多个方法，其中最为常用的有如下 3 个。

- Refresh 方法。

在数据库控件中使用 Refresh 方法来打开或重新打开数据库。如果同时有多个用户在访问同一个数据库和表，可以通过 Refresh 方法使各用户对数据库的操作有效。

- UpdateControls 方法。

UpdateControls 方法用于从数据库控件的 RecordSet 对象中读取当前记录，并将数据显示在对应的约束控件中。

- UpdateRecord 方法。

当约束控件的内容改变时，如果不移动记录的指针则数据库内的数据不会改变。通过调用 UpdateRecord 方法来确认对记录的修改，将约束控件中的数据强制写入到数据库中。

12.4.4　Data 控件的事件

Data 控件的常用事件有 Reposition 和 Validate，具体信息如下。

1. Reposition 事件

当数据控件中移动记录指针改变当前记录时触发该事件，通常会在事件中显示当前指针的位置。

2. Validate 事件

如果移动数据控件中记录指针和约束控件中的内容已被修改，此时数据库当前记录的内容将被更新，同时触发此事件。

可以通过 Action 参数来判断哪一种操作触发 Validate 事件，Validate 事件的具体取值信息如表 12-24 所示。

表 12-24　**Validate 事件的取值信息**

值	描　述
0	当 Sub 退出时取消操作
1	MoveFirst 方法
2	MovePrevious 方法
3	MoveNext 方法
4	MoveLast 方法
5	AddNew 方法
6	Update 方法
7	Delete 方法
8	Find 方法

续表

值	描　述
9	Bookmark
10	Close 方法
11	正在卸载窗体

在现实应用种，通常使用 Validate 事件来验证数据的有效性。

注意：无论是上面介绍的 Validate 事件的取值，还是前面介绍的 EofAction 属性值和 BofAction 属性值，每一个数字取值都对应于一个常数。常数是 Visual Basic 6.0 对取值的描述，每个值都有一个对应常数。

12.5 使用 ADO 控件

知识点讲解：光盘：视频\PPT 讲解（知识点）\第 12 章\使用 ADO 控件.mp4

ADO 控件是微软公司推出的最为成熟的数据库开发技术，它实现了对 ADO 对象的封装，具有很好地扩展性。ADO 控件和 Data 控件十分相似，能够迅速实现和数据库的连接。在本节的内容中，将详细讲解 ADO 控件的基本知识和具体用法。

12.5.1 ADO 控件的属性

ADO 控件的主要属性有 ConnectionString 属性、RecordSource 属性、ConnectionTimeout 属性和 MaxRecords 属性，上述各属性的具体信息如下所示。

- ConnectionString 属性。

ConnectionString 属性用于建立和数据库的连接，包含了用来建立到数据源的连接信息。ADO 支持 ConnectionString 属性的 4 个参数，具体如表 12-25 所示。

表 12-25　ConnectionString 属性的参数信息

参　数	描　述
Provider	设置连接提供者的名称
FileName	设置包含连接信息的文件名
Remote Provider	设置打开客户端连接时使用的提供者名称
Provider Server	设置打开客户端连接时使用的服务器的路径名称

- RecordSource 属性。

RecordSource 属性设置可以访问的数据，这些数据构成记录集对象 RecordSet。此属性值可以是库中的单个表名或一个查询，也可以是 SQL 语句中的一个查询字符串。

- ConnectionTimeout 属性。

ConnectionTimeout 属性用于设置连接超时的时间，如果超时则显示超时提示信息。

- MaxRecords 属性。

MaxRecords 属性用于定义查询中最多能返回的记录数。

12.5.2 ADO 控件的方法

在 ADO 控件中有如下 3 个常用的方法。

- Refresh 方法。

Refresh 方法用于激活 ADO 控件。如果在设计时没有为打开的数据库控件的属性全部赋值，或在 RecordSource 运行时改变，则必须使用 Refresh 方法来激活这些修改。通过 Refresh 方法，可以支持多用户对同一数据库表的同时操作。

❑ UpdateControls 方法。

UpdateControls 方法能从控件的 ADO RecordSet 对象中获取当前行，并在绑定到此控件的控件中显示相应的数据。

❑ UpdateRecord 方法。

当修改帮助控件中的信息后，ADO 控件需要移动记录集的指针后才能完成修改。通过 UpdateRecord 方法，可以强制 ADO 控件将绑定控件中的数据写入到数据库中。

12.5.3 使用 ADO 控件连接数据库

ADO 控件不在 Visual Basic 6.0 的工具箱中显示，在使用前需要添加处理。即依次单击【工程】|【部件】选项，在弹出的“部件”对话框中勾选“Microsoft ADO Data Control 6.0 (OLEDB)”选项，具体如图 12-37 所示。

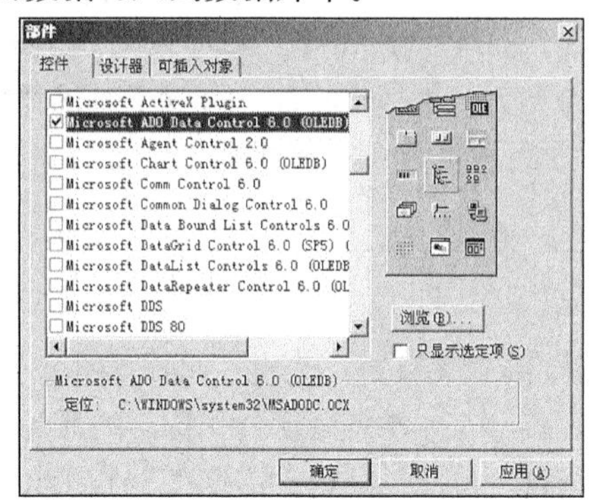

图 12-37　Visual Basic 6.0 中的 Data 控件

12.5.4 使用 ADO 控件连接 Access

通过 ADO 控件可以迅速建立和 Access 数据库的连接。在下面的内容中，将通过一个简单实例的实现过程来说明 ADO 控件连接 Access 数据库的方法。

实例 063　实现窗体内 ADO 控件和 Access 数据库的连接

源码路径　光盘\daima\12\8\　　　视频路径　光盘\视频\实例\第 12 章\063

本实例的具体流程如下所示。

（1）打开 Visual Basic 6.0 新建一个标准 EXE 工程，并设置窗体 form1 的属性，如图 12-38 所示。

（2）在窗体内插入 1 个 ADO 控件，如图 12-39 所示。

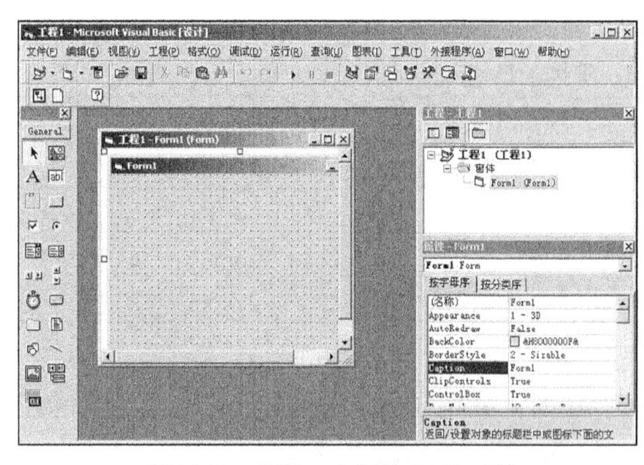

图 12-38　新建一个标准 EXE 工程

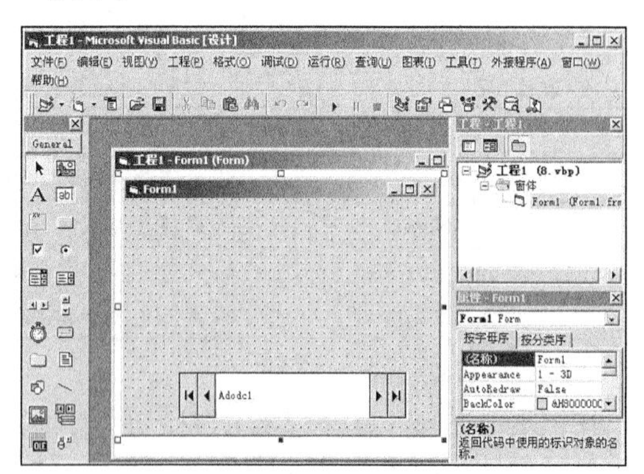

图 12-39　插入控件对象

（3）用鼠标右键单击插入的 ADO 控件，选择“ADODC 属性”选项，弹出“属性页”对话框，并选择“使用连接字符串”选项，如图 12-40 所示。

（4）单击【生成】按钮，在弹出的“提供程序”选项卡内选择连接的数据类型为“Microsoft Jet 4.0 OLE DB Provider”选项，如图 12-41 所示。

（5）单击“连接”选项卡，在弹出的对话框中选择要连接的数据库，如图 12-42 所示。

（6）单击【测试连接】按钮，弹出“测试连接”

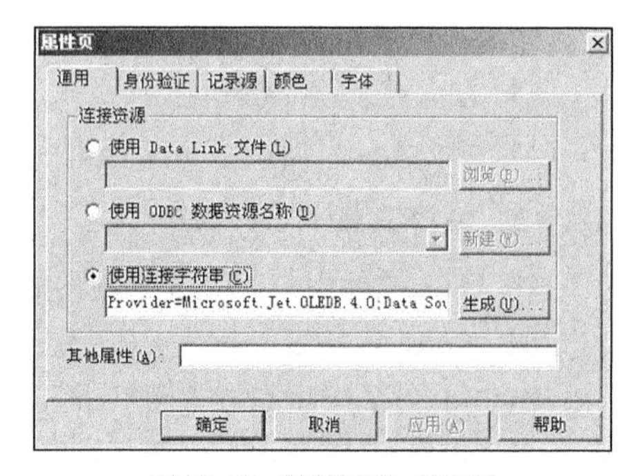

图 12-40　“属性页”对话框

成功后表示连接完成，如图 12-43 所示。

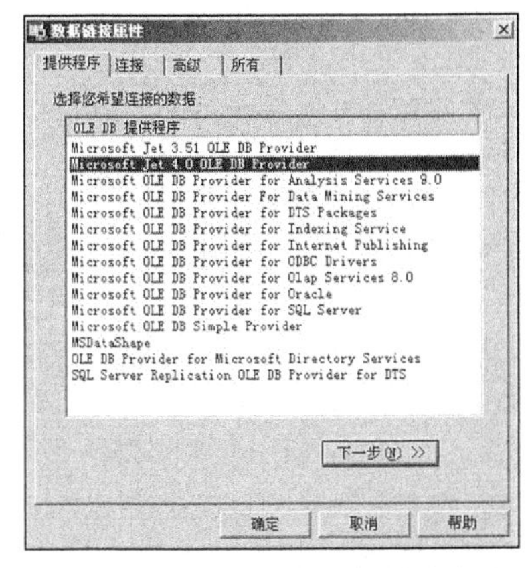

图 12-41 “提供程序”选项卡选择数据类型

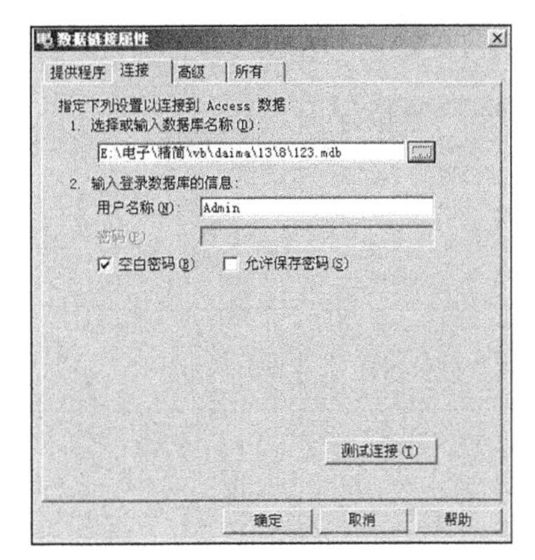

图 12-42 选择要连接的数据库

经过上述流程的设置操作后，单击【确定】按钮后保存，将完成整个实例的设计，执行效果如图 12-44 所示。

图 12-43 连接成功提示

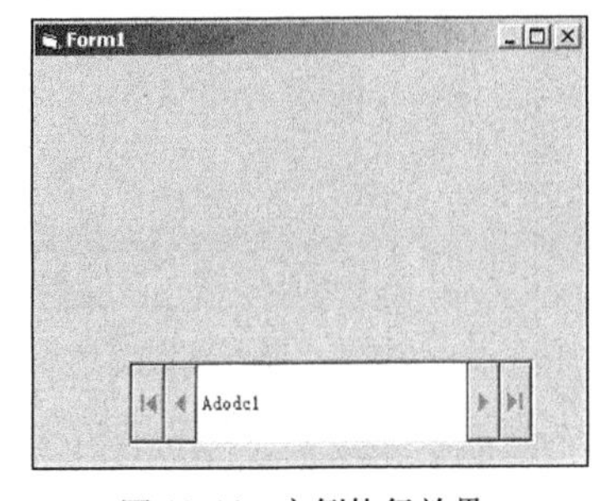

图 12-44 实例执行效果

范例 125：用 INSERT 语句向表中插入数据
源码路径：光盘\演练范例\125\
视频路径：光盘\演练范例\125\
范例 126：用 UPDATE 语句批量更新表中数据
源码路径：光盘\演练范例\126\
视频路径：光盘\演练范例\126\

在上述实例中，通过 ADO 控件实现了和指定 Access 数据库的连接，上述连接方法是通用的连接方法。在 ADODC1 控件属性页，使用连接字符串空白文本窗口中就有一长串字符串，注意该字符串可复制到程序代码用于编程。ADODC1 控件属性页的数据源内有命令文本（SQL）编写窗口可编写 SQL 查询语言。该窗口的 SQL 语句可复制到程序代码用于编程。

12.5.5 使用 ADO 控件连接 SQL Server 数据库

通过 ADO 控件可以迅速建立和 SQL Server 数据库的连接。在下面的内容中，将通过一个简单实例的实现过程来说明 ADO 控件连接 SQL Server 数据库的方法。

实例 064 实现窗体内 ADO 控件和 SQL Server 数据库的连接

源码路径 光盘\daima\12\9\ 视频路径 光盘\视频\实例\第 12 章\064

本实例的具体实现流程如下所示。

（1）打开 Visual Basic 6.0 新建一个标准 EXE 工程，并设置窗体 form1 的属性，如图 12-45 所示。

（2）在窗体内插入 1 个 ADO 控件，如图 12-46 所示。

（3）用鼠标右键单击插入的 ADO 控件，选择“ADODC 属性”选项，弹出“属性页”对话框，并选择“使用连接字符串”选项，如图 12-47 所示。

（4）单击【生成】按钮，在弹出的“提供程序”选项卡中选择连接的数据类型为“Microsoft OLE DB Provider for SQL Server”选项，如图 12-48 所示。

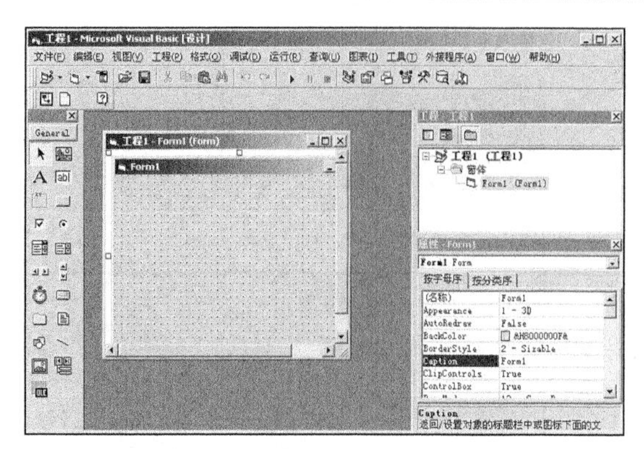

图 12-45　新建一个标准 EXE 工程

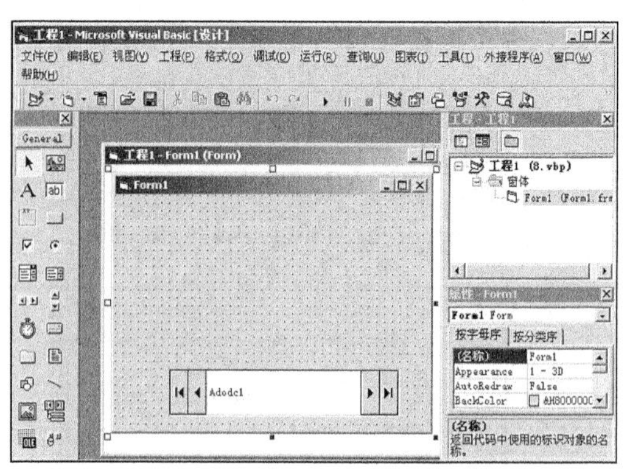

图 12-46　插入控件对象

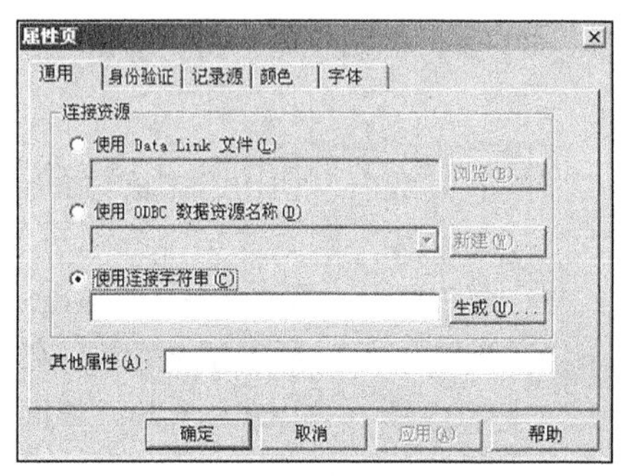

图 12-47　“属性页”对话框

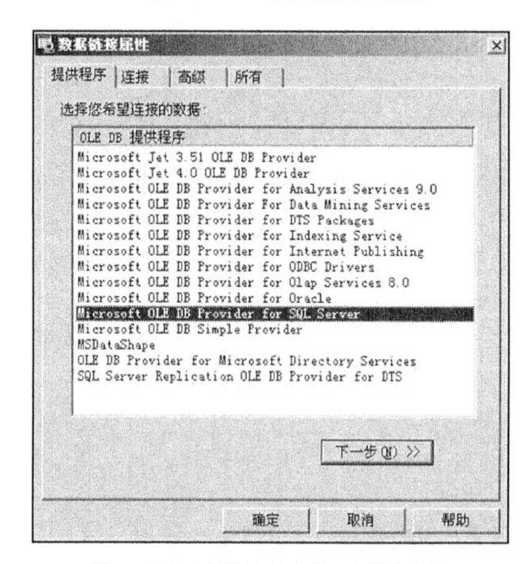

图 12-48　选择连接的数据类型

（5）单击“连接”选项卡，在弹出的对话框中选择要连接的数据库所在的服务器和名称，必要时输入连接用户名和密码，如图 12-49 所示。

（6）单击【测试连接】按钮，弹出“测试连接”成功后表示连接完成，如图 12-50 所示。

经过上述流程的操作设置操作后，单击【确定】按钮后保存，将完成整个实例的设计，执行效果如图 12-51 所示。

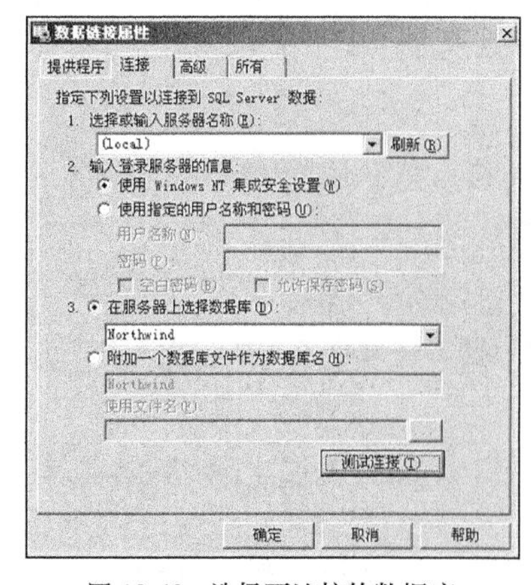

图 12-49　选择要连接的数据库

图 12-50　连接成功提示

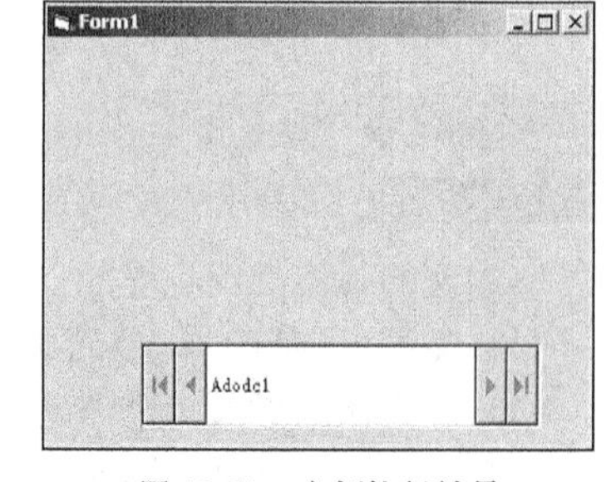

图 12-51　实例执行效果

在上述实例中，通过 ADO 控件实现了和指定 SQL Server 数据库的连接。除了上述方法外，读者也可以在代码中直接使用连接代码来实现。SQL Server 数据库支持分布式处理，所以在连接时就分为本地和远程，连接本地 SQL Server 的代码如下所示。

```
Set ConnectDataInfor = New ADODB.Connection
ConnectDataInfor.ConnectionString = ("
    Provider=SQLOLEDB;
    User ID=sa;PWD=sa;
    Initial Catalog=SysInfor;
    Data Source=."
)
ConnectDataInfor.Open
```

范例 127：用 DELETE 删除数据表中的数据
源码路径：光盘\演练范例\127\
视频路径：光盘\演练范例\127\
范例 128：检测绑定控件值是否被修改
源码路径：光盘\演练范例\128\
视频路径：光盘\演练范例\128\

连接远程 SQL Server 的代码如下所示。

```
Set ConnectDataInfor = New ADODB.Connection
ConnectDataInfor.ConnectionString = ("Provider=sqloledb;Data Source=190.190.200.100,1433;Network Library=DBMSSOCN;
Initial Catalog=pubs;User ID=myUsername;Password=myPassword;")
ConnectDataInfor.Open
```

12.6 技术解惑

12.6.1 总结 Recordset 的用法

（1）如果想让记录集中的第一条记录成为当前记录，可以使用 MoveFirst 方法。例如：

```
Data1.Recordset.MoveFirst
```

（2）如果想让记录集中的最后一条记录成为当前记录，可以使用 MoveLast 方法。例如：

```
Data1.recordset.MoveLast
```

（3）如果想让记录集中的下一条记录成为当前记录，可以使用 MoveNext 方法。MoveNext 方法常用来逐个浏览数据库中的数据。例如：

```
Data1.Recordset.MoveNext
```

使用 MoveNext 方法时要注意，当 Data 控件位于记录集的最后一条记录上时，如果再向后移动记录，就会使得记录集的 EOF 属性变为 True。如果将 Data 控件的 EOFAction 属性设置为 1，那么这时当前记录不再有效，并且清除被绑定的数据感知控件上的数据。这时不能再继续执行 MoveNext 方法，否则会产生一个可以捕获的错误。所以在使用 MoveNext 之前，最好先判断记录集对象的 EOF 值，防止出错，可以使用如下代码。

```
If Data1.Recordset.EOF=False Then Data1.Recordset.MoveNext End If
```

（4）如果想让记录集的上一条记录成为当前记录，可以使用 MovePrevious 方法。例如：

```
Data1.Recordset.MovePrevious
```

和 MoveNext 方法类似，使用 MovePrevious 方法时要注意，如果已经把 EOFAciton 属性设为 1，当 Recordset 的 EOF 属性为 True 时，不能再继续执行 MovePrevious 方法，所以在使用 MovePrevious 方法前，最好先判断记录集对象的 EOF 值，可以使用如下代码。

```
If Data1.Recordset.EOF=False Then Data1.Recordset.MovePrevious End if
```

12.6.2 数据库打开/关闭方法的选择

在通常情况下，数据库的打开操作是在程序代码中使用 OpenDatabase 方法实现，具体格式如下所示。

```
Set database=workspace.OpenDatabase(dbname,options,readonly,connect)
```

可以通过指定数据库名字、打开方式、连接信息等参数打开一个现已存在的数据库，使用 Close 方法即可关闭该数据库。由于涉及 Vsiaul Basic 代码的编写，其软件编制工作比较复杂。另一方面，Vsiaul Basic 的数据控件（Data Control）也可以执行数据库的打开、关闭操作。我们可以在数据控件的属性窗口中预先填好数据库打开的相关参数，一旦该数据控件启动，数据库便会自动以指定的方式打开，而当该数据控件终止时，对应的数据库也将自动关闭。对于按这二种方式打开的数据库，其后的数据库访问操作没有什么本质的区别。

以上两种数据库打用、关闭的方法各有千秋：使用 OpenDatabase 方法可以在程序运行中动态地设置数据库打开参数，并且可以多次以不同的方式打开和关闭同一个数据库，具有相当大的灵活性。而如果使用数据控件，则不需要另外编写 Vsiaul Basic 代码，只要在程序编制时预先设置数据库的相关参数，程序开始运行后便会自动地以我们指定的方式打开数据库，并在程序终止时自动关闭该数据库，因此显得相当方便。在实际应用中，可以视情况的不同而采用不同的处理方法：如果要求数据库在程序运行中始终处于打开状态并且其打开方式保持不变（如一直处于只读状态），那么，可以采用数据控件方法打开数据库；如果要求数据库在程序运行中时而打开时而关闭，或者经常在只读和读写方式间来回切换，则只能采用 OpenDatabase 方法编写程序代码。

12.6.3　通过相对路径指定数据库文件

在很多情况下，不管采用上述哪一种方法打开数据库，都必须在程序设计时就指定需要打开的数据库文件。但是，我们通常不能保证该软件完成后一定会被安装在每台机器的同一目录下。因此该数据库文件的绝对路径一般在设计时还难以完全确定，只能采用相对路径的办法来解决这个问题。

在 Vsiaul Basic 中，App 对象是一个全局对象，用来提供当前应用程序的相关信息，其 Path 属性反映的是当前应用程序的可执行文件（.exe）所在的绝对路径，并且只在程序运行时才有效。通过使用 App 对象的 Path 属性，可以方便地获得当前程序所在的目录路径。因此，如果把数据库文件存放在与程序路径相关的目录下，便可以在程序设计时就指定数据库文件的相对路径，当程序运行时，通过 App 对象的 Path 属性动态地获取其绝对路径。

下面的一段代码，用来在程序开始运行时获取程序的路径，并赋值给变量 AppPath，然后在数据控件 Data1 的 Database Name 属性中与数据库文件的相对路径"Database\Sample.Mdb"结合，组成数据库文件的绝对路径。这段代码通常出现在 Form-Load 中。

```
Dim AppPath As String ' 设置路径变量
AppPath=App.Path ' 获取程序路径
If Right(AppPath,1)<>"\"Then AppPath=AppPath+"\"
  ' 若路径尾部没有"\"，则添加
  Data1.Database Name=AppPath+"Database\Sample.mdb"
  ' 与相对路径结合，组成绝对路径
```

12.6.4　ADO 控件连接 Access 数据库的方法

实际上，ADO 控件连接 Access 数据库有如下两种方法。

（1）在 adodc1 的属性里设置数据库文件的路径，这种方法的优点是简单易操作，缺点是当源文件换了地方后，要重新设置数据库的路径，否则连接不上数据库。

（2）用代码设置数据库的路径，这种方法的优点就是只要源文件和数据库在同一文件夹下，无论移动到哪里都能连接上。上述实例就是用的此种方法，下面将简要说明第一种方法的实现过程。

通过设置 adodc1 的属性以连接数据库，在 adodc1 控件上右键单击，然后依次选择【Adodc 属性】|【使用连接字符串--【生成--Microsoft Jet 4.0 OLE DB Provider，然后选择或输入数据库名称，找到要连接的数据库后，并依次按照提示进行设置即可。

例如，在窗体建立一个文本框，设置属性中的 DataSource 为 adodc1，DataField 为要连接的数据库的字段名。如果数据库中有字段，会让你选择。

设置好后在窗体添加一个添加记录和一个提交的按钮，设置代码。

```
Private Sub Command1_Click()
Adodc1.Recordset.Update     '保存
Adodc1.Refresh '刷新
End Sub
```

添加按钮代码。

```
Private Sub Command2_Click()
Adodc1.Recordset.AddNew '添加新记录
Adodc1.Recordset("姓名").Value = Text1.Text
End Sub
```

读者课后可以尝试使用上述第一种方法，来实现上述实例的功能效果。

12.6.5 必须先建立对 ADO 对象的引用

在 Visual Basic 6.0 项目中，使用 ADO 对象时必须首先建立对它的引用，即在 Visual Basic 6.0 引用 ADO 控件。具体方法是依次单击【工程】|【引用】选项，在弹出的“引用”对话框中选择“Microsoft ActiveX Data Objects 2.8 Libray”选项。另外，使用 ADO 建立和数据库连接的方法有多种，例如可以分别使用 ODBC、OLE DB Provider 和 Ms Remote 方式实现连接。并且上述每种方式下又可以继续细分，例如 ODBC 方式下可以细分为系统 DSN 连接、文件 DSN 连接和数据库物理路径连接等方式。

12.6.6 Recordset 管理数据库的方法

通过 Recordset 对数据库进行的管理操作无非是添加、更新、删除和保存，在 Recordset 内都有对应的专门方法来实现。

（1）AddNew 方法。

AddNew 方法为可更新的 Recordset 对象创建一个新记录。AddNew 方法将添加一条新的空记录，并且定位在该记录上，用户可以在被绑定的数据感知控件中输入修改数据。新增加的记录的值为指定的默认值，如果没有指定值，则为 Null。

输入完新记录后，要使用 Update 方法才能将数据保存到数据库中，在使用 Update 方法前，数据库中的数据不会发生改变，只有执行 Update 方法或通过 Data 控件移动当前记录时，记录才从缓冲区存储到数据库文件中。使用 Update 方法后，新记录仍保持为当前记录。

（2）Delete 方法。

Delete 方法可将当前记录从记录集中删除。

（3）Edit 方法。

编辑修改数据库的记录，首先使要编辑的记录成为当前记录，然后使用 Edit 方法修改记录内容，使用 Edit 方法后，移动记录或者使用 Update 方法把数据存入到数据库中。

（4）Update 和 CancelUpdate 方法。

Update 方法保存对 Recordset 对象的当前记录所做的更改。使用 Update 方法可以保存自从调用 AddNew 方法或自从现有记录的任何字段值发生更改（使用 Edit 方法）之后，对 Recordset 对象的当前记录所作的所有更改。调用 Update 方法后当前记录仍为当前状态。

12.6.7 SQL 查询语言的结构

在日常的数据库更新操作时，使用事务等处理语句有时可能会看来不具直观性。此时读者可以多直接使用 SQL 语言，SQL 又称为结构化查询语言，1986 年 10 月美国国家标准局确立了 SQL 标准，1987 年，国际标准化组织也通过了这一标准。自此，SQL 成为了国际标准语言。所以各个数据库厂家纷纷推出各自支持的 SQL 软件或接口软件。

SQL 语言主要具有如下 3 个功能。

- 数据定义。
- 数据操纵。
- 视图。

SQL 查询语言主要结构如下所示。

```
Select 查询字段 from 表名 Where 查询条件语句 [排序语句或分组语句]
```

查询字段必须分别用（西文）逗号分开或就用一个*号代替，上述查询中排序语句建议最好应用。通过 SQL 语言可以灵活地实现对数据库数据的添加、修改和删除等操作。相关 SQL 语言的具体信息，读者可以参阅其他相关教材书籍。

第 13 章

DataGrid 控件和数据绑定

在本章的内容中，将详细讲解 ODBC 连接数据库的方法，并详细讲解 DataGrid 控件和数据绑定的具体使用方法，逐渐引领读者进入 Visual Basic 6.0 的数据库开发的高级世界。

本章内容

- ⏭ 用 ODBC 连接数据库
- ⏭ 控件绑定
- ⏭ 使用 DataGrid 控件

技术解惑

- for 语句在数据库中的应用
- 复制数据库的结构定义
- 选择数据库访问技术

13.1 用 ODBC 连接数据库

知识点讲解：光盘：视频\PPT 讲解（知识点）\第 13 章\用 ODBC 连接数据库.mp4

ODBC 是微软公司开放服务结构中有关数据库的一个组成部分，它建立了一组严格的规范。ODBC 提供了一组访问数据库的标准 API，这些 API 利用 SQL 来完成大部分的 ODBC 服务。并且 ODBC 本身提供了对 SQL 语言的支持，用户可以直接将 SQL 语句发送给 ODBC。

在本节的内容中，将通过具体实例的实现来说明 ODBC 连接数据库的方法。

13.1.1 使用 ODBC 连接 Access

通过 ODBC 可以迅速建立和 Access 数据库的连接。在下面的内容中，将通过一个简单实例的实现过程来说明 ODBC 连接 Access 数据库的方法。

实例 065 通过 ODBC 实现和 Access 数据库的连接

源码路径 光盘\daima\13\1\ 视频路径 光盘\视频\实例\第 12 章\065

在实现 ODBC 连接 Access 数据库时，需要首先将此 Access 数据库建立为数据源。建立 Access 数据源的具体实现流程如下所示。

（1）依次单击【开始】|【控制面板】|【管理工具】|【ODBC】选项，弹出“ODBC 数据源管理器”对话框，如图 13-1 所示。

（2）选择“系统 DSN”选项卡，单击【添加】按钮，在弹出的“创建数据源”对话框中选择“Driver do Microsoft Access(*mdb)”选项，如图 13-2 所示。

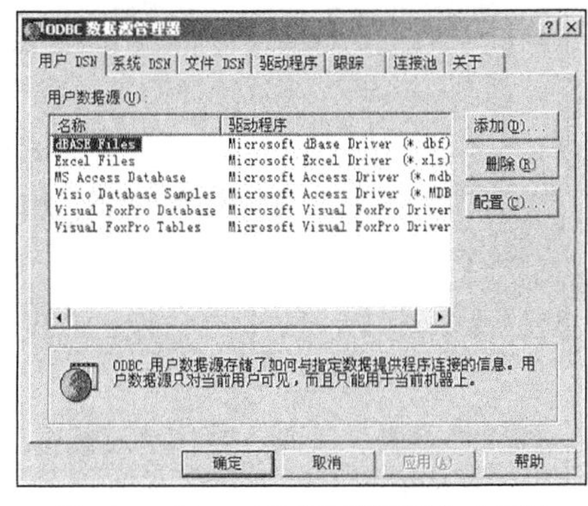

图 13-1 “ODBC 数据源管理器”对话框

图 13-2 “系统 DSN”选项卡

（3）单击【完成】按钮，在弹出的“安装”对话框中设置数据源的名称“dd”，如图 13-3 所示。

（4）单击【选择】按钮，在弹出的“选择数据库”对话框中选择要连接的数据库 123.mdb，如图 13-4 所示。

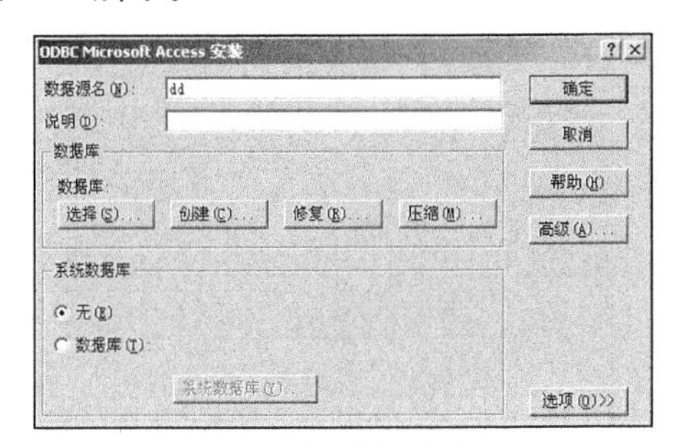

图 13-3 “安装”对话框

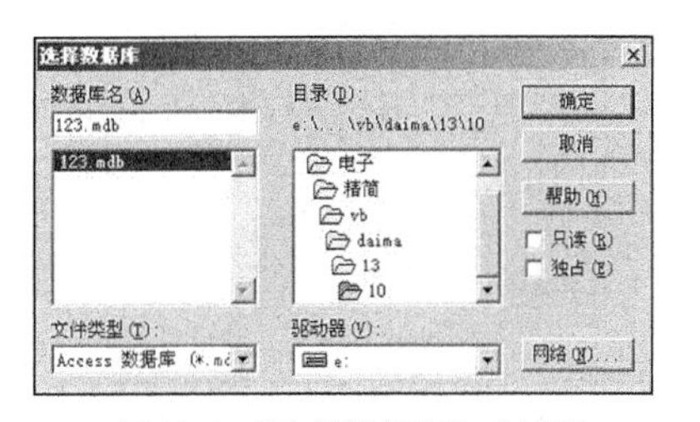

图 13-4 “选择数据库”对话框

（5）单击【确定】按钮后成功地创建了一个数据源“dd”，如图 13-5 所示。

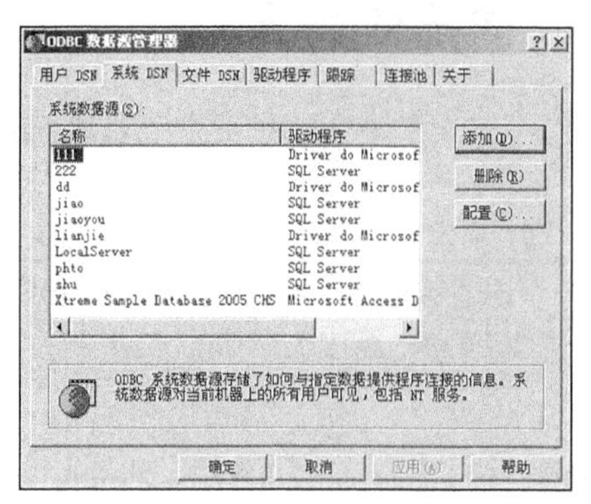

图 13-5　创建了一个数据源“dd”

范例 129：使用 Field 对象设计字段
源码路径：光盘\演练范例\129\
视频路径：光盘\演练范例\129\
范例 130：创建一个 QueryDef 对象查询
源码路径：光盘\演练范例\130\
视频路径：光盘\演练范例\130\

在上述操作流程中，创建了一个名为“dd”的数据源。在 Visual Basic 6.0 工程中，只要建立和数据源“dd”的连接，即可实现和数据库“123.mdb”的连接。

在 Visual Basic 6.0 工程中，实现 ADO 控件和数据源“dd”连接的具体流程如下所示。

（1）新建一个标准 EXE 工程，并设置窗体的属性，如图 13-6 所示。

（2）在窗体内插入 1 个 ADO 控件，如图 13-7 所示。

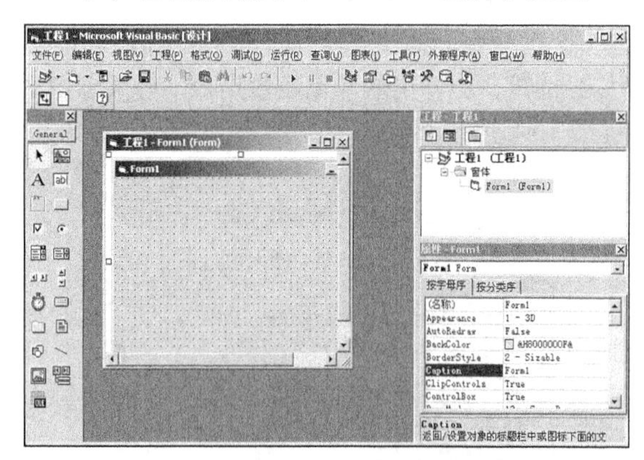

图 13-6　新建一个标准 EXE 工程

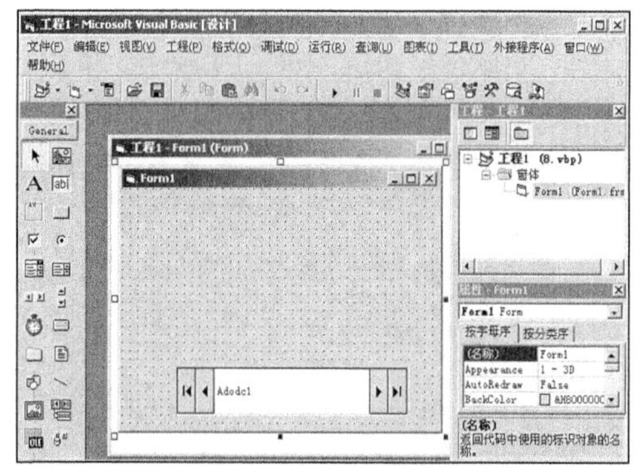

图 13-7　插入控件对象

（3）用鼠标右键单击插入的 ADO 控件，选择“ADODC 属性”选项，弹出“属性页”对话框，然后选择“使用 ODBC 数据资源名称”选项，并选择数据源的名称“dd”。如图 13-8 所示。

（4）打开“记录源”选项卡，选择命令类型为“2-adCmdTable”，在“表或存储过程名称”的下拉框中选择连接数据库的表，如图 13-9 所示。

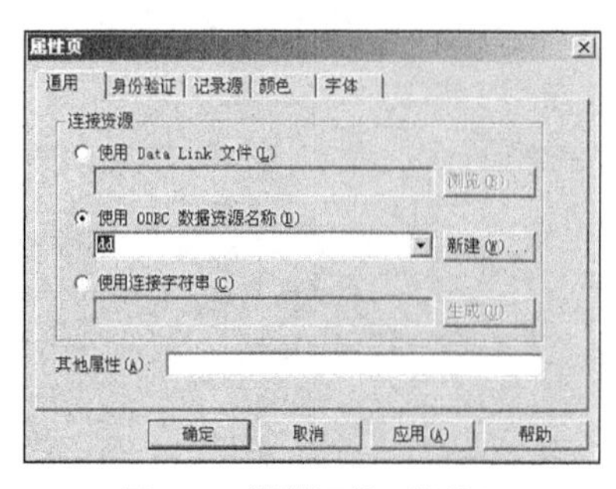

图 13-8　“属性页”对话框

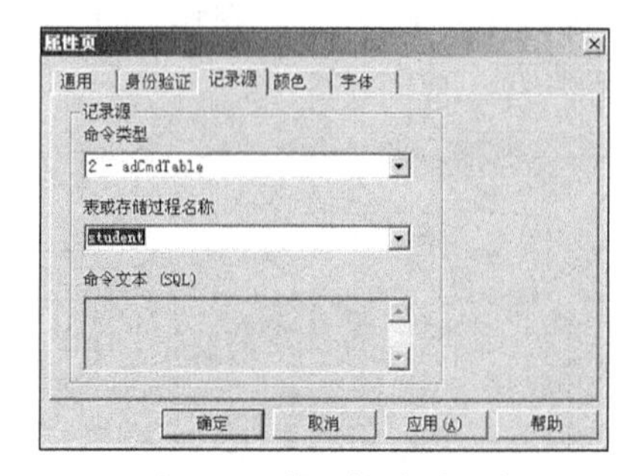

图 13-9　“记录源”选项卡

经过上述所示的操作流程设置后，成功实现 ADO 控件和 ODBC 数据源的连接。

注意：在上述实例中，通过 ODBC 数据源的方式实现了和指定 Access 数据库的连接。使用 ODBC 方式连接数据库，最大的好处就是保证了数据库数据的安全性。特别对于 Access 数据库来说，即使非法用户获取了你连接的数据源名称，但是也不知道具体是哪个 Access 数据库。而如果使用 ADO 等方式，在连接字符串中会直接出现 Access 数据库的名称，这样会给攻击者提供直接下载的方便。所以在此建议读者，如果开发项目使用 Access 数据库，最好使用 ODBC 数据源的连接方式。

13.1.2 使用 ODBC 连接 SQL Server

通过 ODBC 可以迅速建立和 SQL Server 数据库的连接。在下面的内容中，将通过一个简单实例的实现过程来说明 ODBC 连接 SQL Server 数据库的方法。

实例 066　通过 ODBC 实现和 SQL Server 数据库的连接

源码路径　光盘\daima\13\2\　　视频路径　光盘\视频\实例\第 12 章\066

在实现 ODBC 连接 SQL Server 数据库时，需要首先为此 SQL Server 数据库建立数据源。建立 SQL Server 数据源的实现流程如下所示。

范例 131：增加字符和数据型字段的值
源码路径：光盘\演练范例\131\
视频路径：光盘\演练范例\131\
范例 132：增加日期型字段的值
源码路径：光盘\演练范例\132\
视频路径：光盘\演练范例\132\

(1) 依次单击【开始】|【控制面板】|【管理工具】|【ODBC】选项，弹出“ODBC 数据源管理器”对话框，如图 13-10 所示。

(2) 选择“系统 DSN”选项卡，单击【添加】按钮，在弹出的“创建数据源”对话框中选择“SQL Server”选项，如图 13-11 所示。

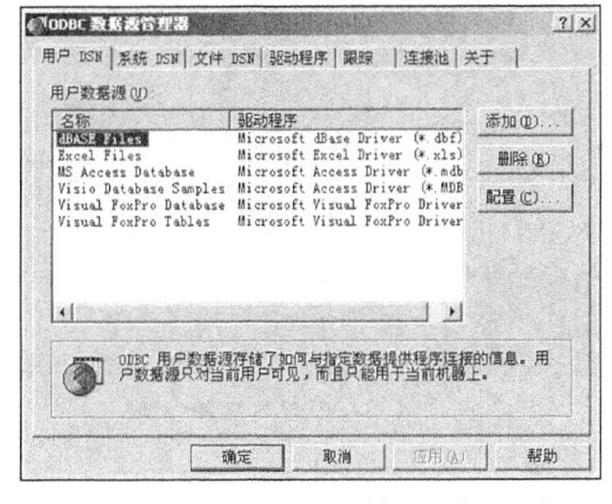

图 13-10 “ODBC 数据源管理器”对话框

图 13-11 “系统 DSN”选项卡

(3) 单击【完成】按钮，在弹出的“创建到 SQL Server 的新数据源”对话框中设置数据源的名称和服务器参数，在此名称为“ee”，如图 13-12 所示。

(4) 单击【下一步】按钮，输入 SQL 数据库的登录名和登录密码，如图 13-13 所示。

图 13-12 “创建到 SQL Server 的新数据源”对话框

图 13-13 输入 SQL 登录名和密码

（5）单击【下一步】按钮后选择 SQL 数据库的名称“Northwind”，如图 13-14 所示。

（6）单击【完成】按钮，为指定的 SQL 数据库成功创建了一个名为“ee”的数据源，如图 13-15 所示。

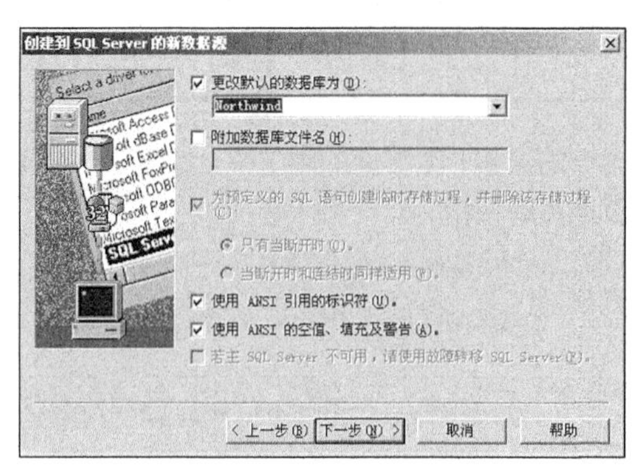

图 13-14　选择数据库名称

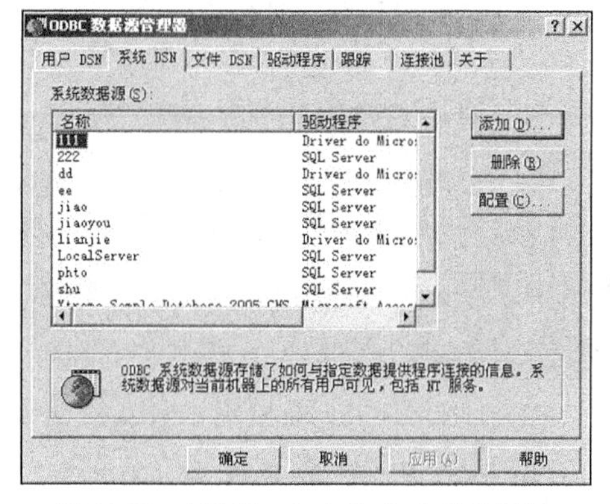

图 13-15　创建了一个名为“ee”的数据源

在上述所示的操作流程中，创建了一个名为“ee”的数据源。在 Visual Basic 6.0 工程中，只要建立和数据源“ee”的连接，即可实现和 SQL Server 数据库“Northwind”的连接。

在 Visual Basic 6.0 工程中，实现 ADO 控件和 SQL Server 数据源“ee”相连接的具体实现流程如下所示。

（1）新创建一个标准 EXE 工程，并设置窗体的属性，如图 13-16 所示。

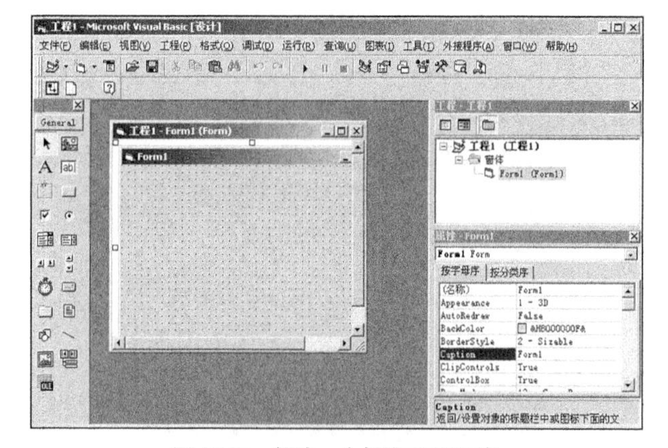

图 13-16　新建一个标准 EXE 工程

（2）在窗体内插入 1 个 ADO 控件，如图 13-17 所示。

（3）用鼠标右键单击插入的 ADO 控件，选择“ADODC 属性”选项，弹出“属性页”对话框，然后选择“使用 ODBC 数据源名称”选项，并选择数据源的名称为“ee”，如图 13-18 所示。

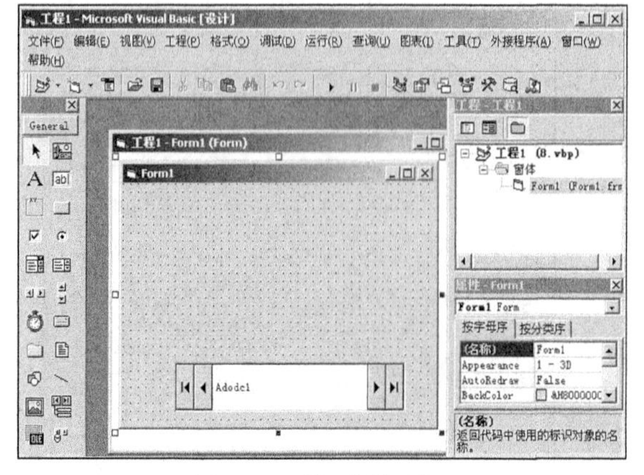

图 13-17　插入控件对象

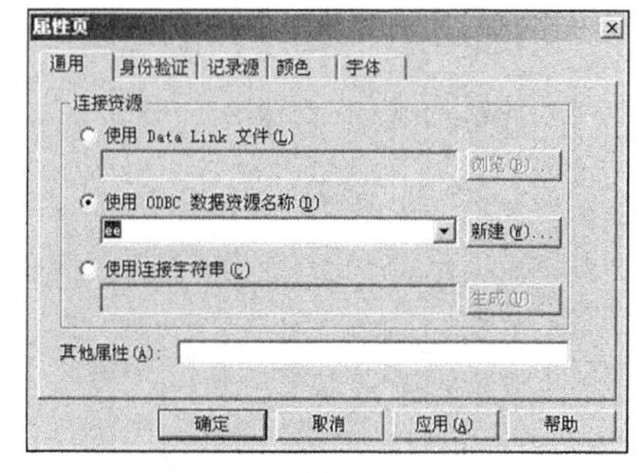

图 13-18　“属性页”对话框

（4）打开“记录源”选项卡，选择命令类型为“2-adCmdTable”，在“表或存储过程名称”的下拉框中选择连接数据库的表，如图 13-19 所示。

经过上述所示的操作流程设置后，成功实现 ADO 控件和 ODBC 数据源的连接。

注意：在上述实例的实现流程中，如果为 SQL Server 数据库设置了密码，即使在创建数据源的过程中输入了登录信息，也有可能在步骤 4 中出现登录错误。解决上述问题的方法是，在“身份验证”选项卡界面中再次输入登录信息，如图 13-20 所示。

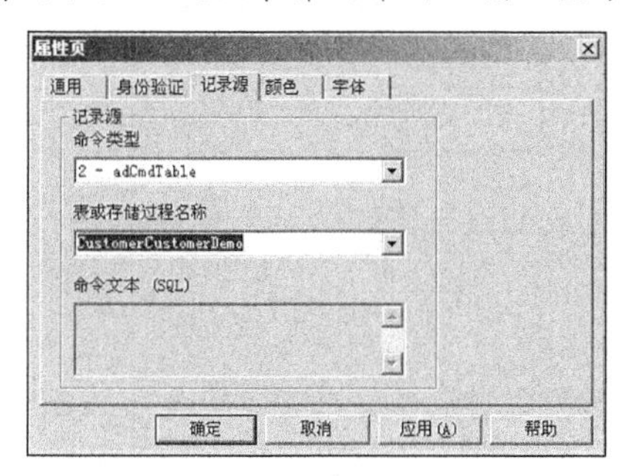

图 13-19 “记录源”选项卡

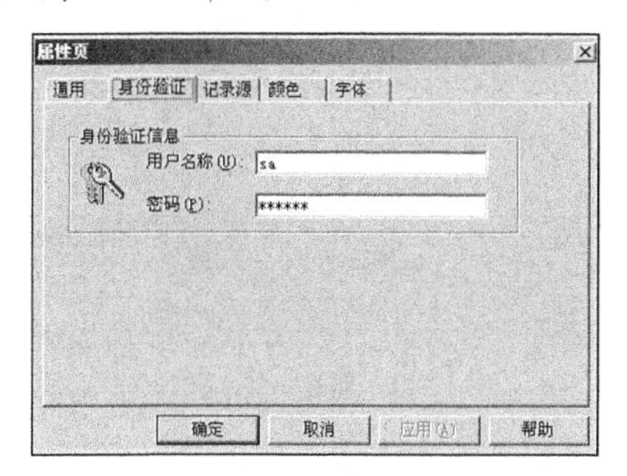

图 13-20 属性页对话框

读者课后请比较 ODBC 连接 Access 和 SQL Server 数据库的流程，考虑两者实现方式的异同点。

13.2 控件绑定

知识点讲解：光盘：视频\PPT 讲解（知识点）\第 13 章\控件绑定.mp4

通过 Visual Basic 6.0 进行数据库开发时，需要同时和其他的控件结合使用，这就需要对控件进行绑定处理。数据库控件能够和数据库的某表实现关联，以实现数据库表的存储操作。Visual Basic 6.0 提供了一些能够与数据控件创建关联，配合数据控件实现记录内容显示的控件。上述控件通常被称之为数据感知控件，常用的数据感知控件信息如表 13-1 所示。

表 13-1 常用数据感知控件信息

控　件	描　述
Label	显示文本信息、数据或日期，不能修改
Text	显示文本信息、数据或日期，可以修改
CheckBox	逻辑型字段值
Image	显示图像数据值
Picture	显示图像数据值
Richtextbox	显示备注型字段值
Listbox	显示文本、数值型、逻辑型和日期型数据
Combox	显示文本、数值型、逻辑型和日期型数据
Dbgrid	以网格形式显示数据，可以修改
Msflexgrid	以网格形式显示数据，可以修改

通过上述感知控件，可以实现数据的绑定。感知控件的常用属性有如下 2 个。

- Datasource 属性：设置数据浏览部件连接的数据源部件。
- DataField 属性：设置数据浏览部件对应数据库表中的实际字段名。

实例 067 在绑定控件显示指定数据库表内的数据

源码路径　光盘\daima\13\3\　　　　视频路径　光盘\视频\实例\第 12 章\067

本实例的具体实现流程如下所示。

（1）新建一个标准 EXE 工程，并设置窗体的属性，如图 13-21 所示。

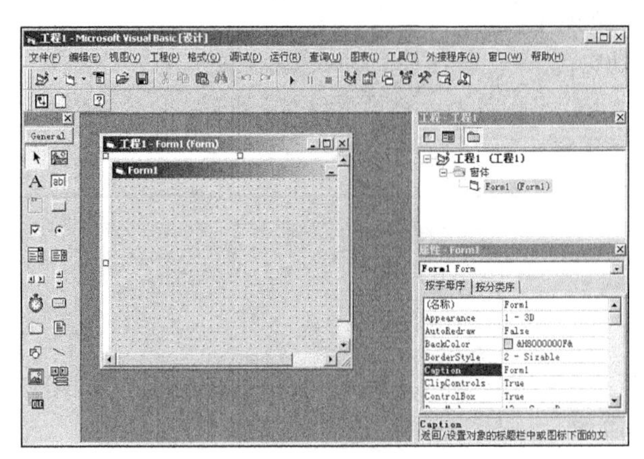

图 13-21　新建一个标准 EXE 工程

范例 133：使用 Data 控件增加数据
源码路径：光盘\演练范例\133\
视频路径：光盘\演练范例\133\
范例 134：使用 Data 控件修改数据
源码路径：光盘\演练范例\134\
视频路径：光盘\演练范例\134\

（2）在窗体内插入 7 个 Label 控件、7 个 TextBox 控件和 1 个 ADO 控件，并分别设置各控件的属性，如图 13-22 所示。

（3）用鼠标右键单击插入的 ADO 控件，选择“ADODC 属性”选项，弹出“属性页”对话框，然后选择“使用连接字符串”选项，如图 13-23 所示。

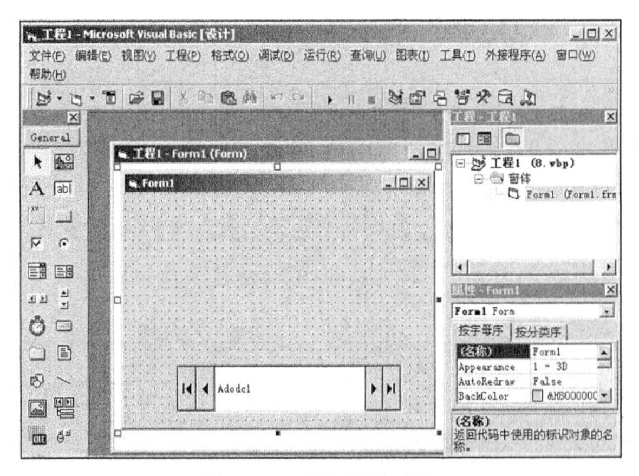

图 13-22　插入控件对象

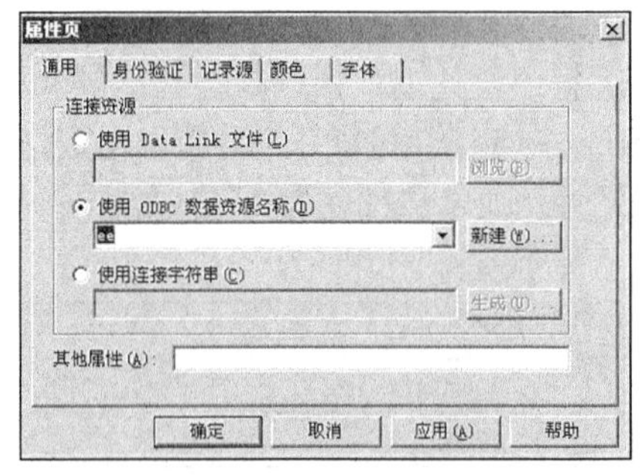

图 13-23　“属性页”对话框

（4）单击【生成】按钮，在弹出的数据连接“属性页”对话框中输入连接数据库的名称，如图 13-24 所示。

（5）单击“记录源”选项卡，然后选择命令类型为“2-adCmdTable”，表或存储过程名称为“123”，如图 13-25 所示。

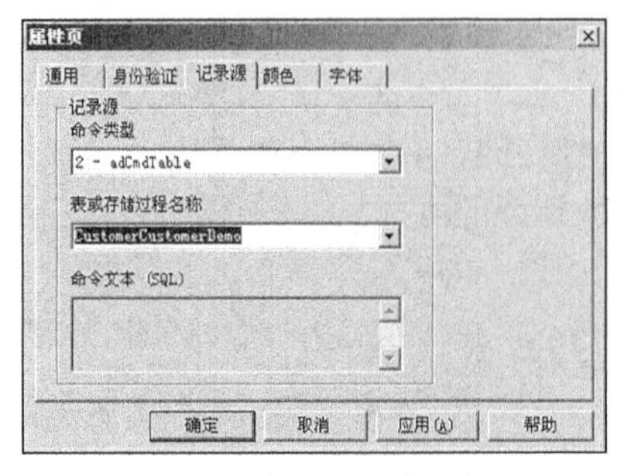

图 13-24　输入数据库名称

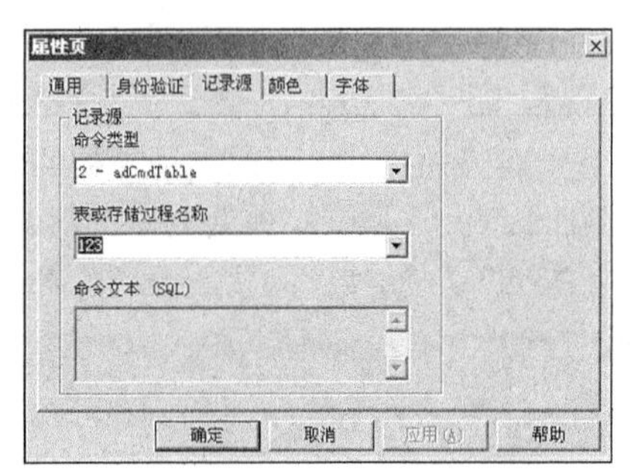

图 13-25　“记录源”选项卡

窗体内各对象的主要属性设置如下。

- 窗体：设置名称为“Form1”，Caption 属性为“Form1”。
- 第一个 TextBox 控件：设置名称为“Text1”，Text 属性为“Text1”。
- 第二个 TextBox 控件：设置名称为“Text2”，Text 属性为“Text2”。
- 第三个 TextBox 控件：设置名称为“Text3”，Text 属性为“Text3”。
- 第四个 TextBox 控件：设置名称为“Text4”，Text 属性为“Text4”。
- 第五个 TextBox 控件：设置名称为“Text5”，Text 属性为“Text5”。
- 第六个 TextBox 控件：设置名称为“Text6”，Text 属性为“Text6”。
- 第七个 TextBox 控件：设置名称为“Text7”，Text 属性为“Text7”。
- 第一个 Lable 控件：设置名称为“Label1”，Caption 属性为“编号:”。
- 第二个 Lable 控件：设置名称为“Label2”，Caption 属性为“姓名:”。
- 第三个 Lable 控件：设置名称为“Label3”，Caption 属性为“性别:”。
- 第四个 Lable 控件：设置名称为“Label5”，Caption 属性为“班级:”。
- 第五个 Lable 控件：设置名称为“Label6”，Caption 属性为“电话:”。
- 第六个 Lable 控件：设置名称为“Label4”，Caption 属性为“生日:”。
- 第七个 Lable 控件：设置名称为“Label8”，Caption 属性为“备注:”。

经过上述所示流程的操作设置后，整个实例设计完毕。执行后将按默认样式显示窗体对象，如图 13-26 所示；单击 ADO 控件内的|◀、◀、▶和▶|后可以灵活浏览库内的数据，如图 13-27 所示。

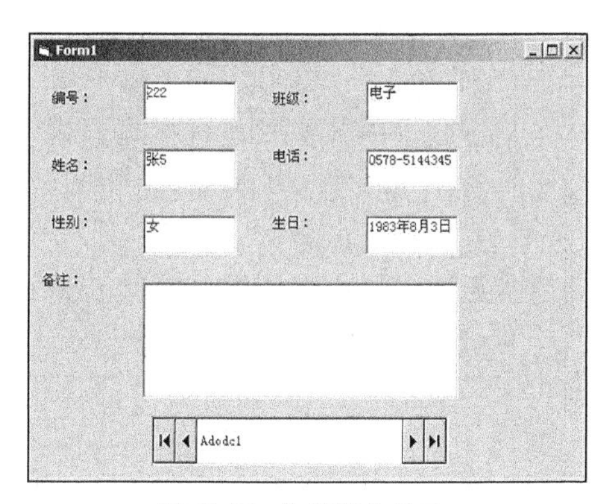

图 13-26　初始窗体显示

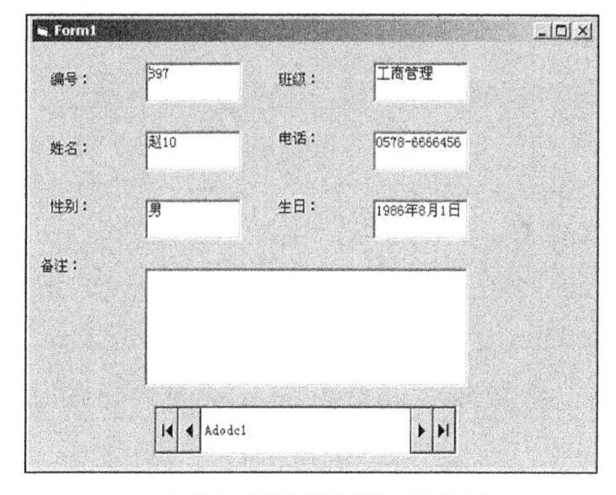

图 13-27　灵活浏览库内的数据

注意：数据绑定在 Visual Basic 6.0 编程过程中比较常见，只要和数据库有关的项目工程基本上都离不开数据绑定。所以在学习 Visual Basic 6.0 的过程中，读者应该加深对此部分内容的学习，要多通过具体实例来加深对知识的了解。读者在百度中可以检索“Visual Basic 6.0 数据绑定”关键字，来获取相关的知识和实例。另外可以登录 CSDN 的 Visual Basic 社区和广大读者交流学习经验、共同进步。

另外，在 Visual Basic 6.0 中提供了许多高级约束数据控件，例如约束网格控件 DBGrid、高级约束列表控件 DBList 和高级约束组合框控件 DBCombo，通过上述约束控件可以实现对数据的约束。

13.3　使用 DataGrid 控件

知识点讲解：光盘：视频\PPT 讲解（知识点）\第 13 章\使用 DataGrid 控件.mp4

DataGrid 控件是一种电子数据表的绑定控件，可以显示一系列的行和列来显示 Recordset 对象的记录和字段，其一般和 ADO 控件结合使用。在本节的内容中，将简要介绍 DataGrid 控件的基本知识和具体使用方法。

13.3.1　绑定 DataGrid 与 ADO 控件

因为DataGrid控件不是Visual Basic 6.0的内置控件，所以在使用前需要加入到工具箱中。具体方法是依次单击【工程】|【部件】选项，然后在“部件”对话框中勾选“Microsoft DataGrid Control 6.0(OLEDB)”选项，具体如图 13-28 所示。

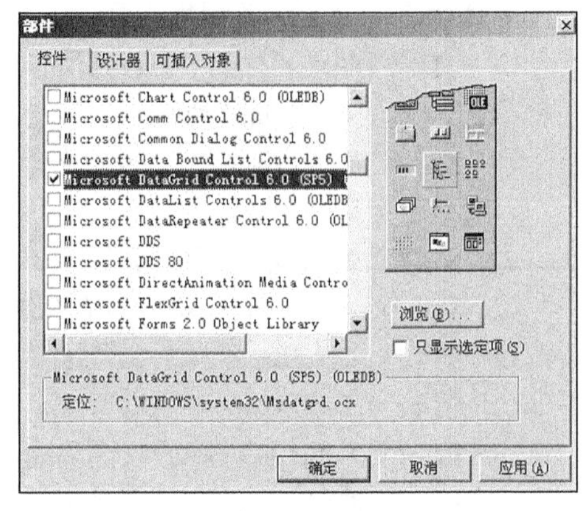

图 13-28　Visual Basic 6.0 中的 DataGrid 控件

通过绑定 DataGrid 与 ADO 控件，可以不编写任何代码即可实现对数据库数据的操作处理。在下面的内容中，将通过一个简单实例的实现过程来说明连接 SQL Server 数据库的方法。

实例 068　显示指定数据库中的数据

源码路径　光盘\daima\13\4\　　　视频路径　光盘\视频\实例\第 12 章\068

本实例的具体实现流程如下所示。

（1）新建一个标准 EXE 工程，并设置窗体的属性，如图 13-29 所示。

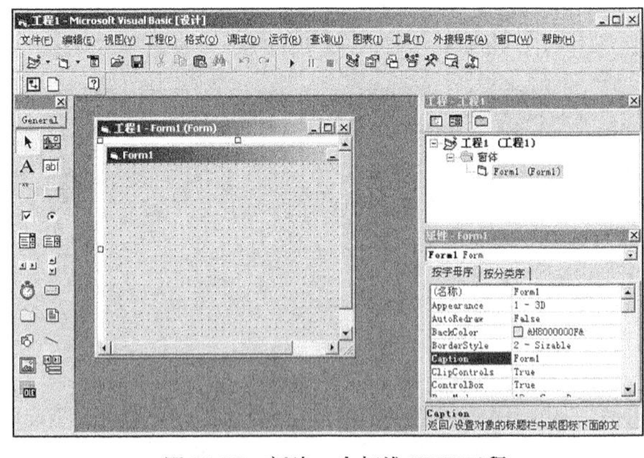

图 13-29　新建一个标准 EXE 工程

范例 135：使用 DataGrid 显示数据库中的数据
源码路径：光盘\演练范例\135\
视频路径：光盘\演练范例\135\
范例 136：使用 DataGrid 增加、删除、修改数据
源码路径：光盘\演练范例\136\
视频路径：光盘\演练范例\136\

（2）在窗体内插入 7 个 Label 控件、7 个 TextBox 控件、1 个 ADO 控件和 1 个 DataGrid 控件，如图 13-30 所示。

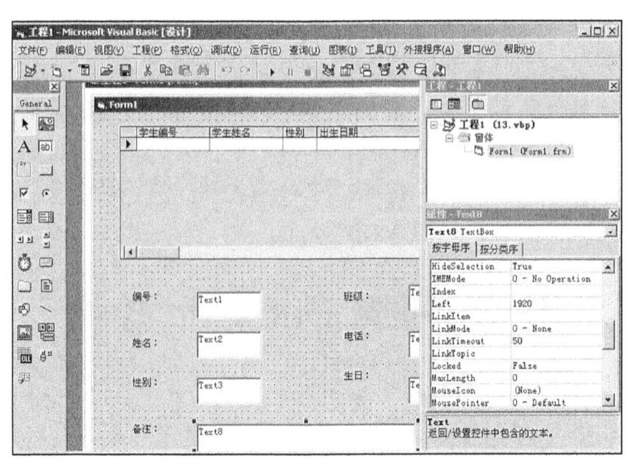

图 13-30　插入控件对象

（3）用鼠标右键单击插入的 DataGrid 控件，选择快捷菜单中的“检索字段”选项，在弹出的“检索字段”对话框中单击【是】按钮，如图 13-31 所示。

图 13-31 “检索字段”对话框

（4）用鼠标右键单击 DataGrid 控件，选择快捷菜单中的“属性”选项，在弹出的“属性页”对话框中设置显示的样式，如图 13-32 所示。

窗体内各对象的设置是基于前面的实例 067 为基础的，只是多了一个 DataGrid 控件。设置 DataGrid 控件的名称为“DataGrid1”。

经过上述操作流程的设置后，整个实例设计完毕。执行后将按默认样式显示窗体对象，并以表格样式显示表内的数据，具体如图 13-33 所示。

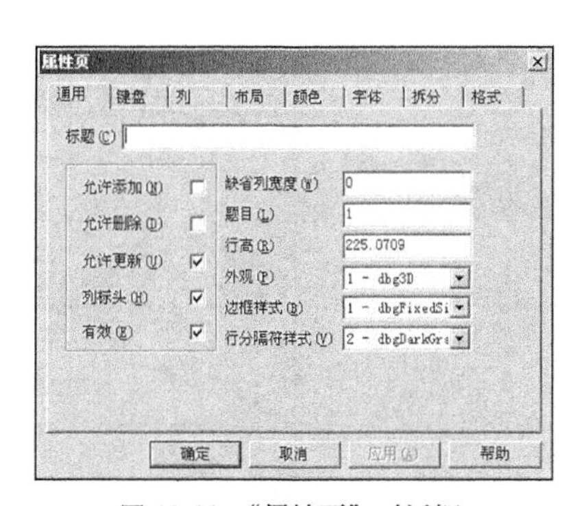

图 13-32 “属性页”对话框

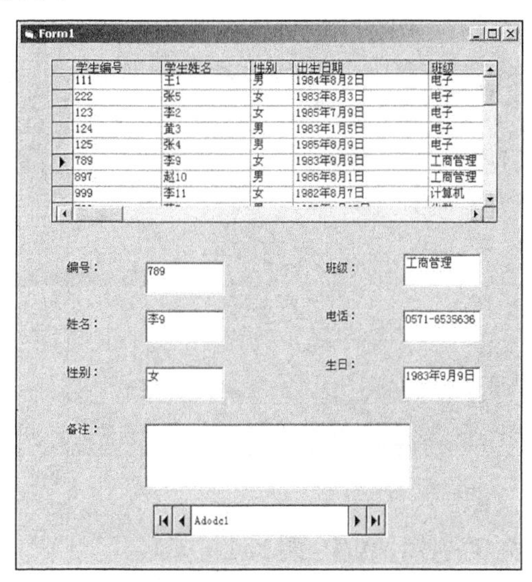

图 13-33 实例执行效果

可以通过 DataGrid 控件的属性来设置数据库数据的实现样式。DataGrid 控件中的常用属性有如下 6 个。

- DataSource 属性：用于返回或设置数据源，此数据源数据将被绑定。
- AllowAddNew 属性：设置用于是否能够在与 DataGrid 控件连接的 Recordset 对象中添加新记录。如果为 True，则可以添加新记录；如果为 False，则不可以添加新记录。
- AllowDelete 属性：设置用于是否能够在与 DataGrid 控件连接的 Recordset 对象中删除某个记录。如果为 True，则可以删除记录；如果为 False，则不可以删除记录。
- AllowUpdate 属性：设置用于是否能够在与 DataGrid 控件连接的 Recordset 对象中修改某个记录。如果为 True，则可以修改记录；如果为 False，则不可以修改记录。
- BackColor 属性和 ForeColor 属性：用于返回或设置对象的背景颜色和内置元素的前景颜色。
- ColumnHeaders 属性：确定是否在 DataGrid 控件中显示列表头。

13.3.2 Visual Basic 6.0 控件综合编程

数据库控件是 Visual Basic 6.0 数据库编程核心知识，通过数据库控件可以灵活地实现对数据库数据的操作处理，例如添加、修改、删除、检索和排序等操作。在下面的内容中，将通过一个具体实例的实现过程，来说明通过 ADO 控件实现数据浏览、添加、修改和删除操作的方法。

实例 069 对指定数据库数据实现浏览、添加、修改和删除操作

源码路径 光盘\daima\13\5\　　视频路径 光盘\视频\实例\第 12 章\069

本实例的实现流程如图 13-34 所示。

下面将详细介绍上述实例流程的具体实现过程，首先新建项目工程并插入各个控件对象，具体操作流程如下所示。

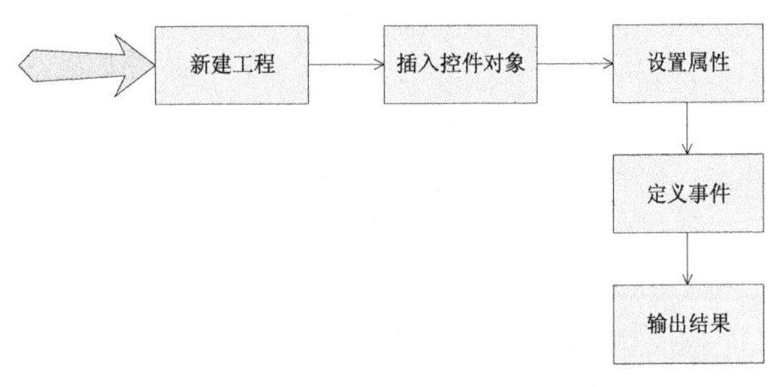

图 13-34　实例实现流程图

（1）新建一个标准 EXE 工程，并设置窗体的属性，如图 13-35 所示。

（2）在窗体 Form1 内插入 9 个 CommandButton 控件、6 个 Label 控件和 6 个 TextBox 控件，并分别设置各控件的属性，如图 13-36 所示。

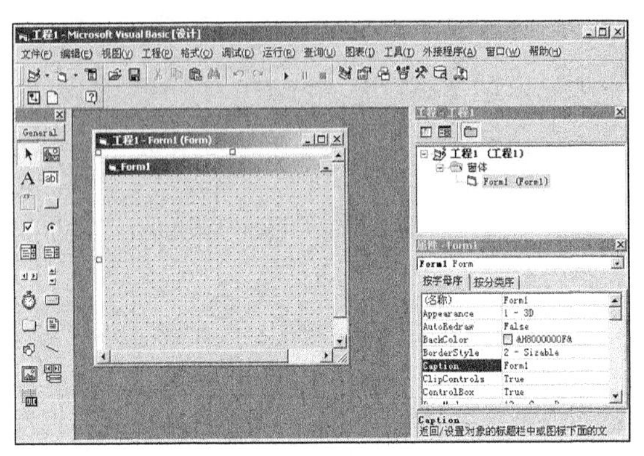

图 13-35　新建一个标准 EXE 工程

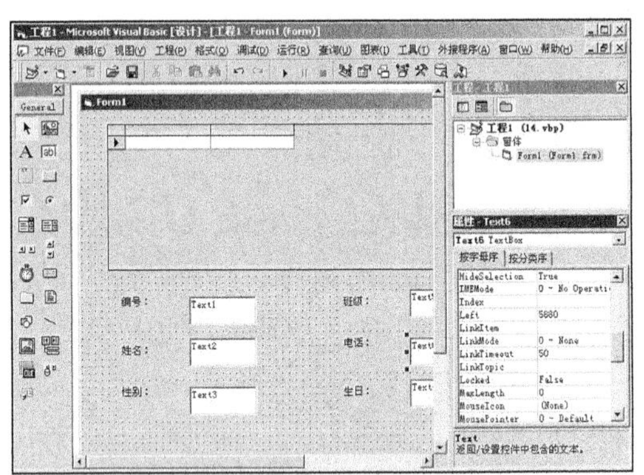

图 13-36　插入控件对象

窗体内各对象的主要属性设置如下。

- ❑ 第一个 TextBox 控件：设置名称为“Text1”，Text 属性为“Text1”。
- ❑ 第二个 TextBox 控件：设置名称为“Text2”，Text 属性为“Text2”。
- ❑ 第三个 TextBox 控件：设置名称为“Text3”，Text 属性为“Text3”。
- ❑ 第四个 TextBox 控件：设置名称为“Text4”，Text 属性为“Text4”。
- ❑ 第五个 TextBox 控件：设置名称为“Text5”，Text 属性为“Text5”。
- ❑ 第六个 TextBox 控件：设置名称为“Text6”，Text 属性为“Text6”。
- ❑ 第一个 Lable 控件：设置名称为“Label1”，Caption 属性为“编号：”。
- ❑ 第二个 Lable 控件：设置名称为“Label2”，Caption 属性为“姓名：”。
- ❑ 第三个 Lable 控件：设置名称为“Label3”，Caption 属性为“性别：”。
- ❑ 第四个 Lable 控件：设置名称为“Label5”，Caption 属性为“班级：”。
- ❑ 第五个 Lable 控件：设置名称为“Label6”，Caption 属性为“电话：”。
- ❑ 第六个 Lable 控件：设置名称为“Label4”，Caption 属性为“生日：”。
- ❑ 第一个 CommandButton 控件：设置名称为“Command1”，Text 属性为“第一条”。
- ❑ 第二个 CommandButton 控件：设置名称为“Command2”，Text 属性为“上一条”。
- ❑ 第三个 CommandButton 控件：设置名称为“Command3”，Text 属性为“下一条”。
- ❑ 第四个 CommandButton 控件：设置名称为“Command4”，Text 属性为“最后一条”。
- ❑ 第五个 CommandButton 控件：设置名称为“Command5”，Text 属性为“添加”。
- ❑ 第六个 CommandButton 控件：设置名称为“Command6”，Text 属性为“修改”。
- ❑ 第七个 CommandButton 控件：设置名称为“Command7”，Text 属性为“删除”。
- ❑ 第八个 CommandButton 控件：设置名称为“Command8”，Text 属性为“保存”。
- ❑ 第九个 CommandButton 控件：设置名称为“Command9”，Text 属性为“取消”。

然后来到代码编辑界面，为各按钮单击事件设置处理代码，具体代码如下所示。

```
'定义按钮1的处理事件，显示表内第一个记录的信息
Private Sub Command1_Click()
Adodc1.Recordset.MoveFirst
End Sub
'定义按钮2的处理事件，显示表内上一个记录的信息
'如果已经是第一条记录，则移动到上一条记录
Private Sub Command2_Click()
    '调用MoveFirst
    If Not Adodc1.Recordset.BOF Then
        Adodc1.Recordset.MovePrevious
    Else                          '否则移动到第一条记录
        Adodc1.Recordset.MoveFirst
    End If
End Sub
'定义按钮3的处理事件，显示表内下一个记录的信息。如果不是最后一条记录，则移动到下一条记录
Private Sub Command3_Click()
    If Not Adodc1.Recordset.EOF Then
        Adodc1.Recordset.MoveNext
    Else    '否则，则移动到最后一条记录
        Adodc1.Recordset.MoveLast
    End If
End Sub
Private Sub Command4_Click()               '定义按钮4的处理事件，显示最后一个记录信息
Adodc1.Recordset.MoveLast
End Sub
'定义按钮5的处理事件，执行记录添加处理，并清空文本框的数据
Private Sub Command5_Click()
Text1.Text = ""
Text2.Text = ""
Text3.Text = ""
Text4.Text = ""
Text5.Text = ""
Text6.Text = ""
Adodc1.Recordset.AddNew
Command1.Enabled = False
Command2.Enabled = False
Command3.Enabled = False
Command4.Enabled = False
Command5.Enabled = False
Command6.Enabled = False
Command7.Enabled = False
Command8.Enabled = True
Command9.Enabled = True
End Sub
Private Sub Command6_Click()
End Sub
'定义按钮7的处理事件，执行记录删除处理
Private Sub Command7_Click()
Dim Mag As Integer
    Mag = MsgBox("是否要删除此条记录！", vbYesNo, "警告")
    If Mag = vbYes Then
        Adodc1.Recordset.Delete
    End If
End Sub
'定义按钮8的处理事件，执行记录保存处理
Private Sub Command8_Click()
Adodc1.Recordset.Update
Form_Load
End Sub
'定义按钮9的处理事件，执行取消操作处理
Private Sub Command9_Click()
Adodc1.Recordset.CancelUpdate
Form_Load
End Sub
'窗体载入后设置按钮的可用性
Private Sub Form_Load()
Command1.Enabled = True
Command2.Enabled = True
Command3.Enabled = True
Command4.Enabled = True
Command5.Enabled = True
Command6.Enabled = True
```

范例137：在DataCombo控件中显示数据
源码路径：光盘\演练范例\137\
视频路径：光盘\演练范例\137\
范例138：在DataList控件中显示数据
源码路径：光盘\演练范例\138\
视频路径：光盘\演练范例\138\

```
Command7.Enabled = True
Command8.Enabled = False
Command9.Enabled = False
End Sub
```

经过上述设置处理后，整个实例设置完毕。执行后，将按指定的网格样式在窗体内显示库内的数据。单击【添加】按钮后将提供空白文本框，供用户添加新的数据信息；当单击【删除】按钮后将文本框内的数据信息删除；当单击【修改】按钮后将文本框内的数据信息修改；当单击【保存】按钮后将更新后的数据信息保存到系统库中；当单击【取消】按钮后将取消当前的添加和修改操作；单击 ADO 控件内的|◀、◀、▶和▶|后可以灵活浏览库内的数据，具体如图 13-37 所示。

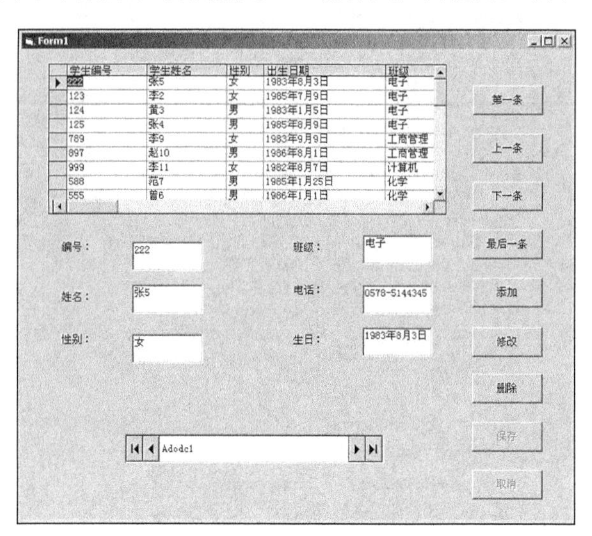

图 13-37　实例执行效果

注意：上述实例是对本章和第 12 章知识的综合运用，几乎涵盖了所有的数据库操作知识。在现实项目中，无论多复杂的数据库操作应用，都是基于上述实例的功能基础之上的。读者可以更换上述实例中的连接数据库，并修改操作处理的 SQL 语句，稍作修改后即可实现对其他数据库数据的操作。

13.4　技 术 解 惑

13.4.1　For 语句在数据库中的应用

For 语句是几乎所有高级语言都有的语句，通常用来完成指定次数的循环，在循环中可以完成一些指定的工作。而在 Vsiaul BasicB 中，For 语句还可以用来对某个集合中的每 1 个元素循环执行若干操作，而不必预先设定循环次数，其格式如下所示。

```
For Each element In group
   [statements]
Next[element]
```

For 语句的这一特点可用于按照指定条件搜索整个数据库。以下的代码便可以对数据库对象 DB 所指的数据库中的所有数据表进行搜索，并完成指定的操作。

```
For Each Td In DB.Table Defs ' 循环搜索数据库中的所有数据表
   … … ' 对数据表执行指定的操作
Next
```

13.4.2　复制数据库的结构定义

在数据库应用中，经常需要在程序运行时动态地把一个数据库的结构定义完整地复制到另一个数据库中。由于新型的数据库可以同时包含若干个数据表，而每个数据表的结构定义又不尽相同，因此，如果通过逐个定义数据表中所有字段的类型、长度的方法复制数据库结构，则该程序将变得相当冗长和复杂，日后的维护也比较困难。但是，通过综合运用上述的几种应用方法，用相当短的 Vsiaul Basic 语句完成同样的工作，而且程序也易于理解和维护，例如下面的演示代码。

```
Sub CopyDBStrnc(src As String,dst As String)
   ' 定义子程序Copy DBStrnc，用于复制数据库结构
   ' 调用参数:
   ' src--源数据库的文件名
   ' dst--目的数据库的文件名
   Dim DB As Database,Td As TableDef,SQLstr As String
   ' 定义变量:
```

```
    ' DB--数据库对象
    ' Td--数据表定义对象
    ' SQLstr--SQL语句变量
    Set DB=Create Database(dst,dbLangGeneral)
    ' 创建目的数据库dst
    ' 关闭目的数据库dst
    DB.Close
    Set db=OpenDatabase(src,False,True)
    ' 以共享、只读方式打开源数据库src
    For Each Td In DB.TableDefs
      ' 循环搜索源数据库DB中的所有数据表定义
      If(Td.Attributes And dbSyste mObect)=0 Then
        ' 忽略系统数据表，只针对用户定义的数据表进行搜写
        SQLstr="SELECT * INTO"+Td.Name+"IN"+dst+"FROM"+
               Td.Name+"IN"+src+"'WHERE False'
        ' 对SQL语句变量赋值，完成以下功能:
        ' 从源数据库src的数据表中选择所有字段
        ' 存入目的数据库dst的同名数据表中
        ' 选择数据表的字段定义，不包括任何记录
        DB.Execute(SQLstr) ' 执行SQL语句
      End If
    Next ' 结束循环搜索
    DB.Close ' 关闭源数据库
Exit Sub ' 结束子程序定义
```

13.4.3　选择数据库访问技术

当选择在此讨论的哪种技术是最佳技术时，需要注意两点：代码的重用和开发者实现选择的数据库访问方案的能力。设计者常常为实现或追求一种更特别的性能而使用有更多控件的奇异方案，这样设计出来的应用程序只会支持起来更复杂或维护时更困难。开发人员和他们的管理人员需要在 Visual Basic 的开发小组和各种数据库接口开发小组中注意避免这种趋势。这些小组经过协调努力简化了 Vsiaul Basic 中的数据访问接口会使程序的安全性和速度更好。Vsiaul Basic 也包含了全新的查询连接生成器，即 UserConnection 设计器，它使用 VisualBasic 新的 ActiveX 设计器体系结构，对要编程的数据访问提供设计支持。允许在设计时创建连接并查询对象（基于 RDOrdoConnection 和 rdoQuery 对象）。并把这些连接和查询对象当作工程级对象。可预先设置属性、定义新属性和方法并给对象编写代码来捕捉事件。

这不仅为响应由连接和查询而引起的事件，而且为在运行时调用已有存储过程和用户定义的查询提供了简单的方法。使用 UserConnection 设计器这种技术，代码可减少 10 倍，性能却没有任何损失。

现在用 Vsiaul Basic 来建服务器端组件或前端应用程序，可以使用的数据库接口方案至少有九种。每一种方案都可满足用户特定的需要，例如特殊的数据源和用户开发的技能等。

第 14 章

报表打印处理

报表打印处理是 Visual Basic 6.0 项目中的核心功能之一，通过其中的专门对象和属性，可以实现对报表项目的打印处理。在本章的内容中，将对 Visual Basic 6.0 中报表打印功能的基本知识，通过实例来讲解具体的实现过程。

本章内容

- ⏭ 报表打印技术基础
- ⏭ 使用 Printer 对象
- ⏭ Crystal Report 报表基础

技术解惑

Excel 的宏功能

使用第三方报表打印控件

14.1 报表打印技术基础

知识点讲解：光盘：视频\PPT 讲解（知识点）\第 14 章\报表打印技术基础.mp4

在 Visual Basic 6.0 中，提供了一组专用的报表打印控件 Data Report。通过 Data Report 控件，可以迅速实现报表打印处理。在本节的内容中，将详细讲解 Visual Basic 报表打印技术的基本知识。

14.1.1 数据环境设计器

数据环境设计器是 Visual Basic 6.0 的新增功能之一，它提供了一个创建 ADO 对象的交互式设置环境，能够作为数据源或报表上的数据被使用。数据环境设计器可以设置 Connection 和 Command 对象的属性值，可以编写代码响应 ADO 事件，执行 Command 创建层次结构。

将数据环境设计器作为数据源的操作流程如下所示。

（1）添加 DataEnvironment 对象到工程中，并在 DataEnvironment 环境中创建 Connection 对象。

（2）创建 Command 命令对象，通过表、SQL 语句、视图和存储过程与数据表连接。

（3）拖动字段和表到窗体中自动创建数据界面控件。

（4）拖动字段和表到数据报表设计器中自动创建报表打印界面控件。

上述操作流程的具体实现如下所示。

（1）依次单击【工程】|【添加 DataEnvironment】选项，弹出数据环境设计器，如图 14-1 所示。

（2）单击菜单中的“添加连接”图标，为环境设计器添加一个连接对象 Connection2，如图 14-2 所示。

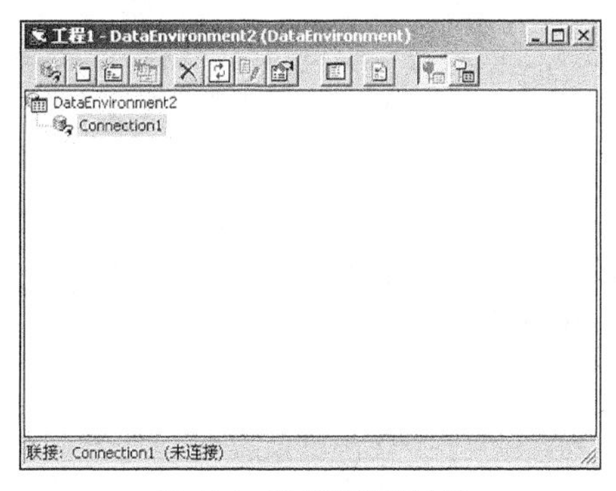

图 14-1 数据环境设计器

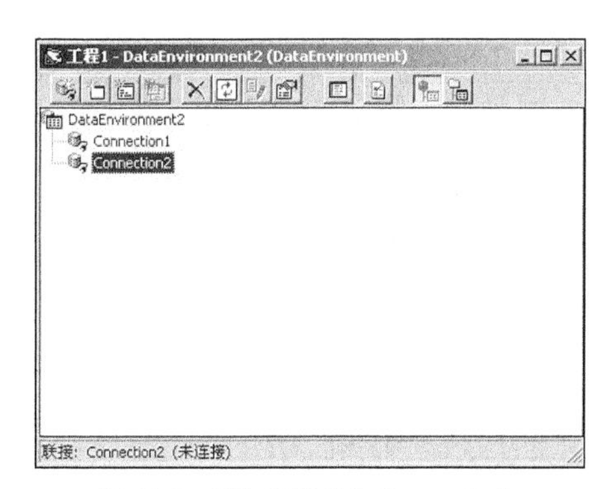

图 14-2 添加连接对象 Connection2

（3）用鼠标右键单击连接对象 Connection2，选择【属性】选项后弹出“数据链接属性”对话框，选择要连接的数据程序，如图 14-3 所示。

（4）单击【下一步】按钮，选择连接数据库的数据源名，如图 14-4 所示。

（5）用鼠标右键单击连接对象 Connection2，选择【添加命令】选项后为连接对象添加一个命令对象 Command1，如图 14-5 所示。

（6）用鼠标右键单击命令对象 Command1，选择【属性】选项后弹出“Command1 属性”对话框，在“通用”选项卡中设置“数据库对象”和“对象名称”，如图 14-6 所示。

（7）单击【确定】按钮返回数据环境设计器界面，将在命令对象 Command1 下自动生成数据库表信息，如图 14-7 所示。

（8）拖动一个 Field 字段到设计窗体中，窗体内将自动生成 TextBox 控件，如图 14-8 所示。

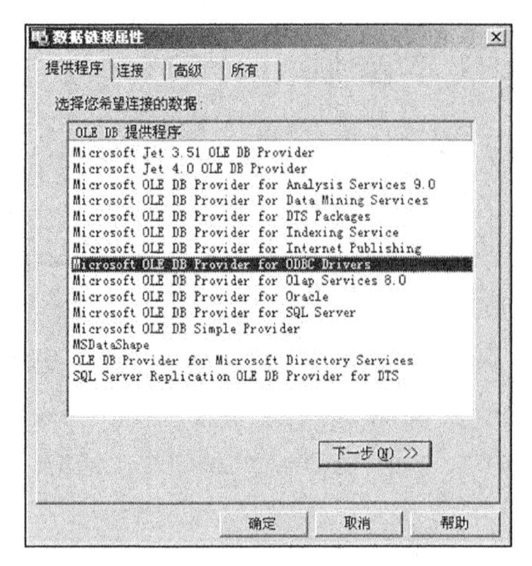

图 14-3　“数据链接属性”对话框

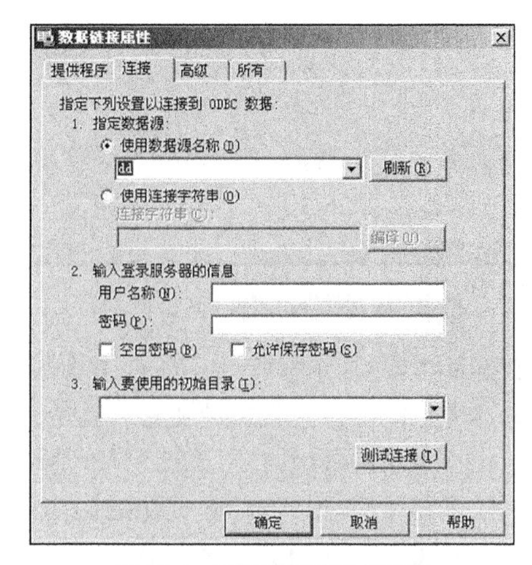

图 14-4　选择连接的数据源名

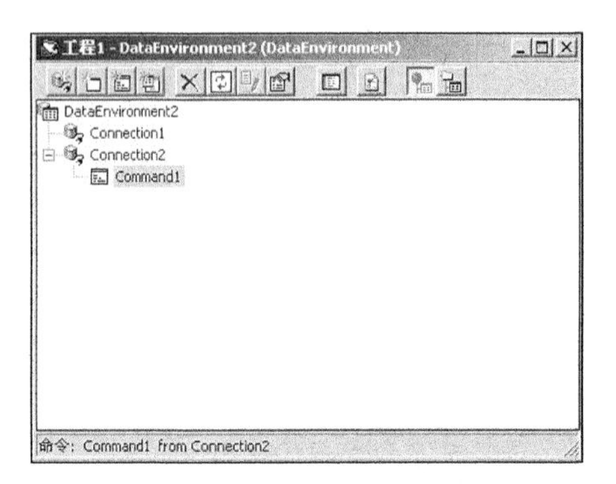

图 14-5　添加命令对象 Command1

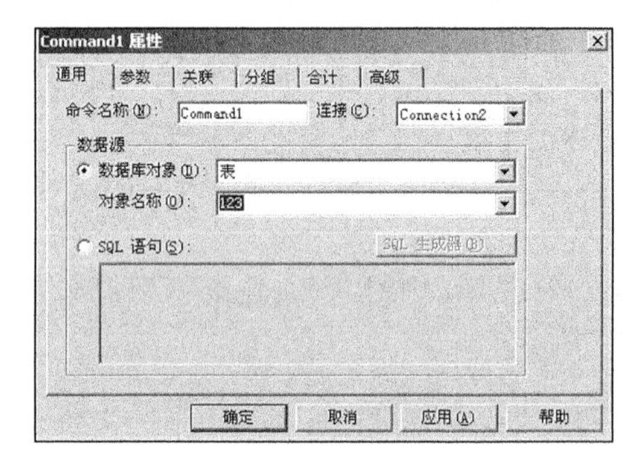

图 14-6　“通用”选项卡

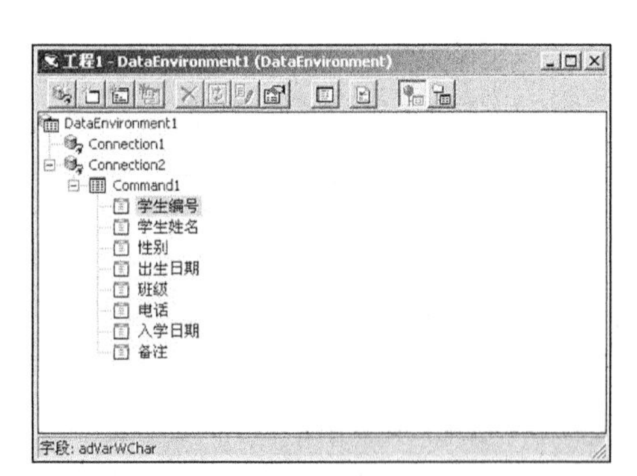

图 14-7　生成数据库表信息

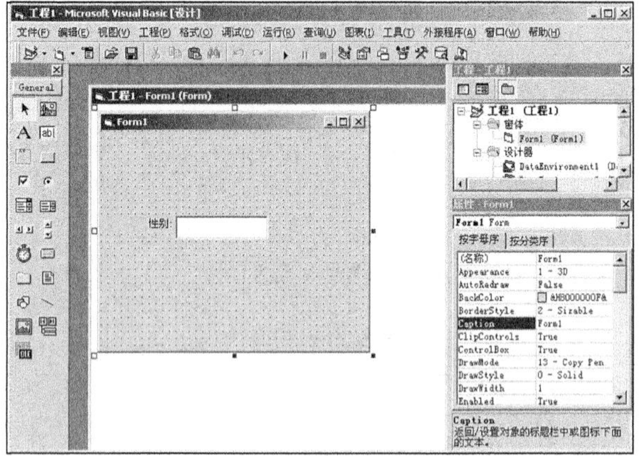

图 14-8　拖动 Field 字段到窗体

（9）拖动 Command1 的全部字段到设计窗体中，窗体内也将自动生成 TextBox 控件，如图 14-9 所示。

（10）右键拖动对象 Command1 到窗体，释放鼠标键后选择“数据网格”选项，将在窗体内自动生成一个 DataGrid 控件，如图 14-10 所示。

（11）经过上述设置后，运行后将在 DataGrid 控件内显示指定表的数据信息，如图 14-11 所示。

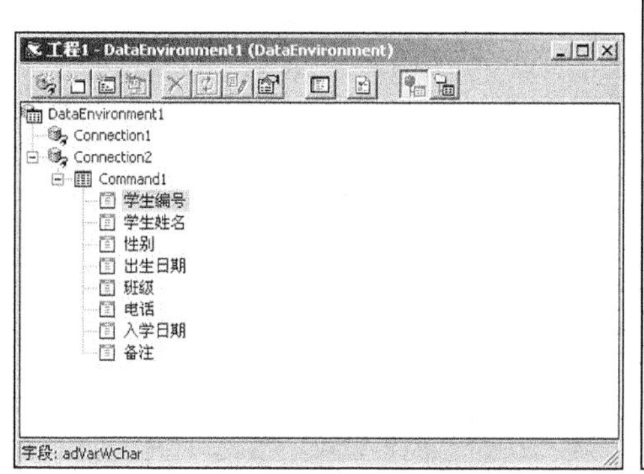

图 14-9 拖动 Command1 字段到窗体

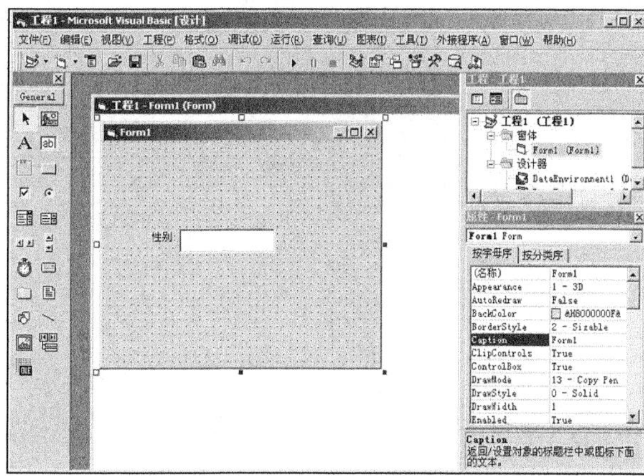

图 14-10 生成 DataGrid 控件

在上述操作流程中，步骤（6）也可以通过 SQL 语句来实现。具体方法是选择“SQL 语句”单选按钮后，在文本框中输入 SQL 的查询语句，具体如图 14-12 所示。

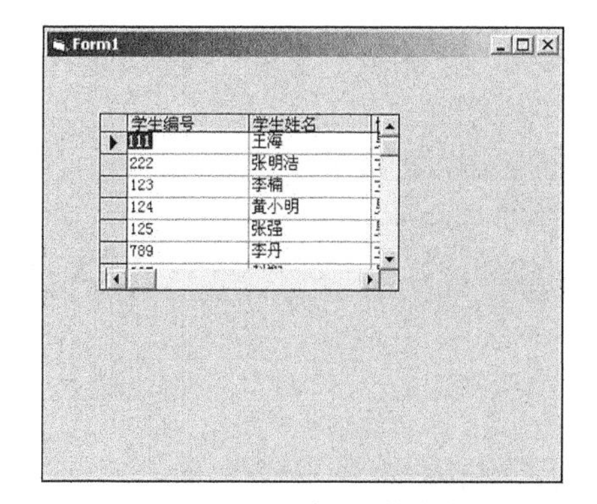

图 14-11 DataGrid 内显示指定表信息

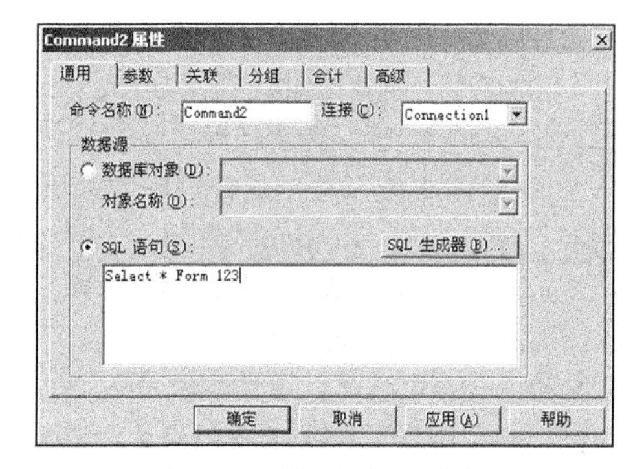

图 14-12 SQL 语来实现界面

14.1.2 数据报表对象（DataReport）

Visual Basic 6.0 的数据报表设计器是一个多功能的报表生成器，它可以灵活地从多个相关数据表创建数据报表。数据报表设计器可以使用数据报表对象和数据报表控件来设计打印报表。

使用数据报表对象进行报表设计时，应该首先在工程中添加此对象，并通过数据环境设计器将数据报表对象和数据库、数据库表相连接，然后在数据报表的各区域对象添加数据报表控件。这样，就能够打印出数据表中各字段的内容。

依次单击【工程】|【添加 Data DataReport】选项后，可以将数据报表设计器添加到项目工程的窗体中，如图 14-13 所示。

1. DataReport 报表组成

由图 14-13 所示界面可以看出，DataReport 报表的主要组成结构如下所示。

- 表头：报表的简要说明。
- 页表头：报表的页号、日期和事件等信息。
- 细节：运行时显示加入的控件。
- 页注脚：报表的页号、日期和事件等信息。
- 报表注脚：在其中加入 Function 控件，用于计算字段。

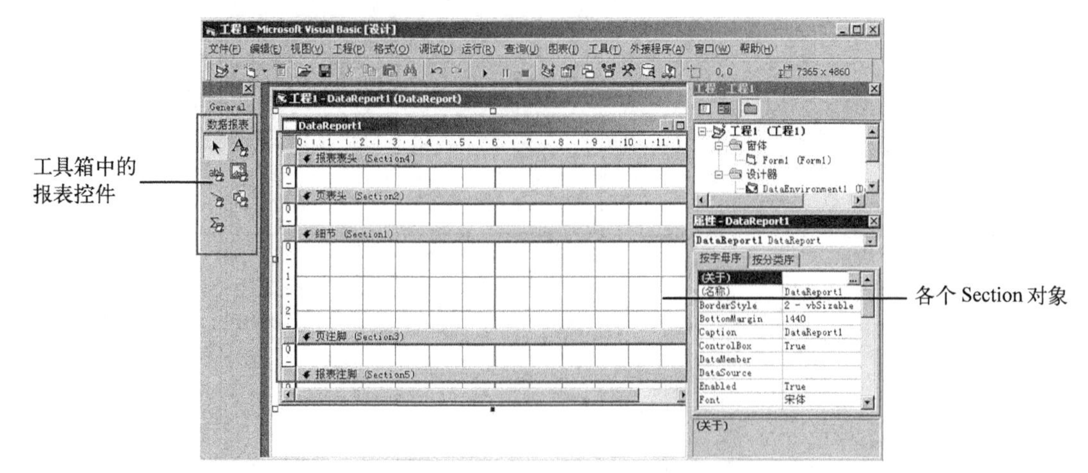

图 14-13 添加数据报表设计器后的窗体界面

2. DataReport 报表属性

DataReport 报表有 3 个常用属性，具体信息如下所示。

- ❑ DataSource 属性：用于设置或返回一个数据源，通过此数据源使用者将被绑定到一个数据库。对象只能是在工程中已经建立的数据环境对象。
- ❑ DataMenmber 属性：用于从数据供应程序提供的多个数据成员中返回或设置一个特定的数据成员，它必须是对应 DataSource 属性选择的 Command 对象之一。
- ❑ TopMargin、BottomMargin、LeftMargin 和 RightMargin 属性：分别用于设置报表的上、下、左、右边距，默认值是 1640。

3. DataReport 报表方法

DataReport 报表的常用方法有 3 个，具体信息如下所示。

- ❑ Show 方法：用于预览报表的内容，具体语法格式如下所示。

```
对象. Show Style
```

其中，“对象”是数据报表对象；“Style”是一个可选整数，用于设置显示数据报表的窗体模式。如果值为 1，则是有模式的；如果值为 0，则是无模式的。

- ❑ PrintReport 方法：用于打印用数据报表设计器创建的数据报表，具体语法格式如下所示。

```
对象.PrintReport(是/否，值1，值2，值3)
```

其中，“对象”是数据报表对象；“是/否”是一个布尔表达式，用于设置是否显示打印对话框；“值 1”是一个可选整数，为 0 时设置打印的所有页面，为 1 时设置打印指定范围内的页面；“值 2”是一个可选整数，设置打印开始页面；“值 3”是一个可选整数，设置打印结束页面。

- ❑ ExportReport 方法：使用一个指定的 ExportFormat 对象导出报表文本到一个文件中，具体语法格式如下所示。

```
对象.ExportReport (索引，文件名，表达式1，表达式2，表达式3，值1，值2，值3)
```

其中，“对象”是数据报表对象；“索引”是一个可选的索引、关键字或指定被使用的 ExportFormat 对象的 ExportFormat 对象引用；“表达式 1”设置文件名；“表达式 2”是可选的布尔表达式，设置文件是否被覆盖；“表达式 3”是可选的布尔表达式，设置是否显示另存为对话框；“值 1”是一个可选的布尔表达式，为 0 时设置打印的所有页面，为 1 时设置打印指定范围内的页面；“值 2”是一个可选整数，设置打印开始页面；“值 3”是一个可选整数，设置打印结束页面。

注意：DataReport 报表的显示功能是通过本身的属性和方法实现的，除了上面介绍的属性外，还有 MDIChild、Width、Height、ReportWidth 等属性。

14.1.3 数据报表控件

Visual Basic 6.0 工具箱中的数据报表控件有 6 个，各控件的具体信息如下所示。

- ❑ RptLabel 控件：RptLabel 控件和 Label 控件类似，用于在报表中显示报表头、页表头、页注脚和报表注脚等元素。
- ❑ RptTextBox 控件：RptTextBox 控件和 TextBox 控件类似，将被绑定到数据库中的一个列上。
- ❑ RptImage 控件：RptImage 控件用于在报表中显示位图和图标等图形图像。
- ❑ RptLine 控件：RptLine 控件用于在报表中绘制各样式的线条。
- ❑ RptShape 控件：RptShape 控件用于在报表中绘制矩形、圆形等常规图形。
- ❑ RptFunction 控件：RptFunction 控件用于在报表运行时显示各种内置函数的计算数字。

实例 070　打印 SQL Server 2000 自带的 pub 数据库中的表 authors 数据

源码路径　光盘\daima\14\1\　　　　视频路径　光盘\视频\实例\第 14 章\070

本实例的实现流程如图 14-14 所示。

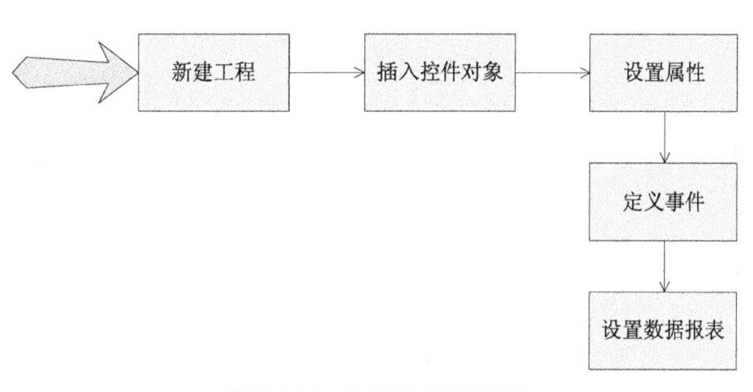

图 14-14　实例实现流程图

下面将详细介绍上述实例流程的具体实现过程，首先新建项目工程并插入各个控件对象，具体实现流程如下所示。

（1）打开 Visual Basic 6.0 新建一个标准 EXE 工程，如图 14-15 所示。

（2）在窗体 form1 内插入 2 个 CommandButton 控件，并设置其属性，如图 14-16 所示。

窗体内各对象的主要属性设置如下所示。

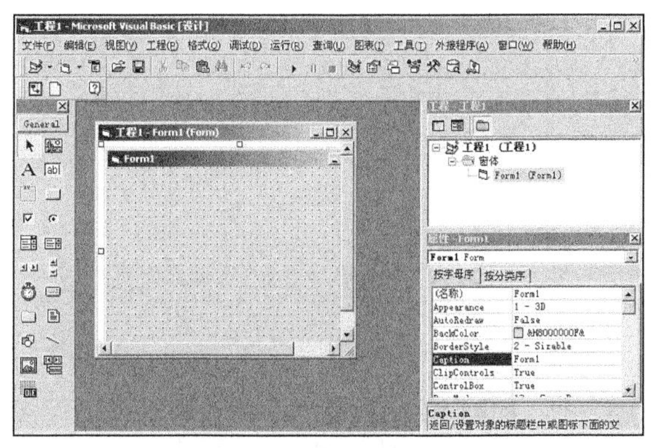

图 14-15　新建标准 EXE 工程

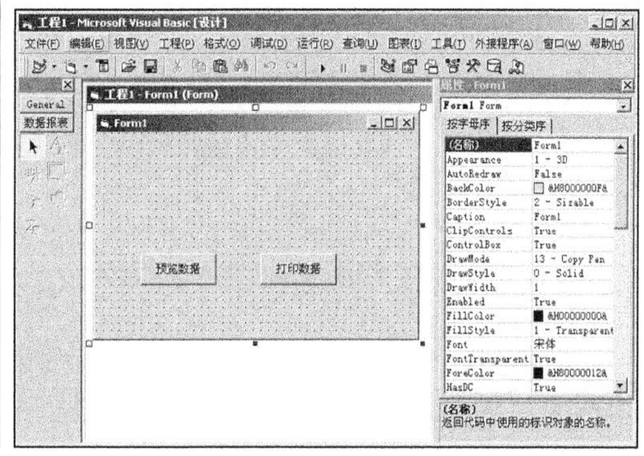

图 14-16　插入控件对象

- ❑ 窗体：设置名称为“form1”，Caption 属性为“显示当前系统时间”。
- ❑ 第一个 CommandButton 控件：设置名称为“Command1”，Caption 属性为“预览数据”。
- ❑ 第二个 CommandButton 控件：设置名称为“Command2”，Caption 属性为“打印数据”。

然后，为工程设置数据报表控件数据源和属性，具体实现流程如下所示。

（1）依次单击【工程】|【添加 DataEnvironment】选项，弹出数据环境设计器，如图 14-17 所示。

（2）单击环境设计器中的连接对象 Connection1，选择【属性】选项后弹出“数据链接属性”

对话框，选择要连接的数据程序，如图 14-18 所示。

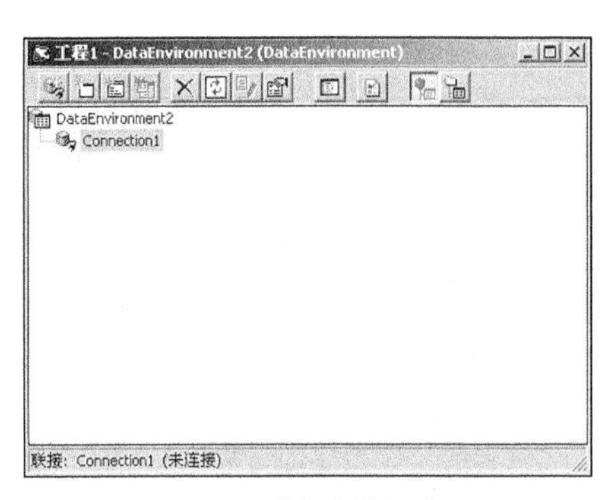

图 14-17　数据环境设计器

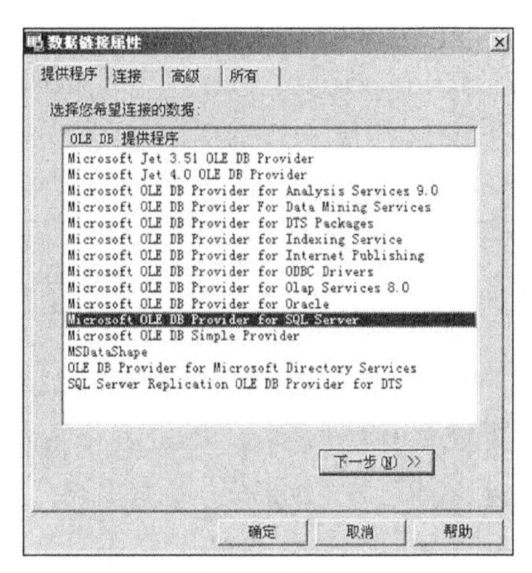

图 14-18　“数据链接属性”对话框

（3）单击【下一步】按钮，选择连接数据库的服务器名和数据库名，如图 14-19 所示。

（4）用鼠标右键单击连接对象 Connection1，选择【添加命令】选项后为连接对象添加一个命令对象 Command1，如图 14-20 所示。

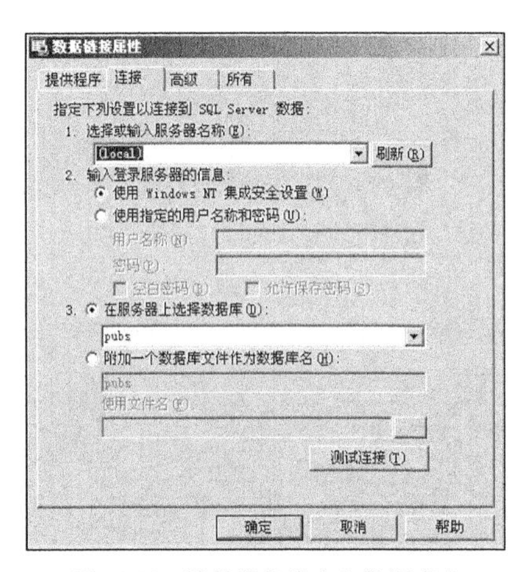

图 14-19　选择服务器名和数据库名

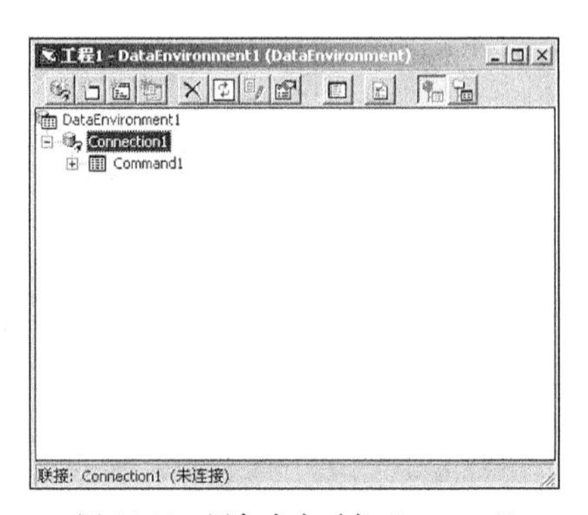

图 14-20　添加命令对象 Command1

（5）用鼠标右键单击命令对象 Command1，选择【属性】选项后弹出“Command1 属性”对话框，在“通用”选项卡中设置“数据库对象”和“对象名称”，如图 14-21 所示。

（6）单击【确定】按钮返回数据环境设计器界面，将在命令对象 Command1 下自动生成连接数据库表的信息，如图 14-22 所示。

（7）单击【工程】|【添加 DataReport】选项，在工程中添加一个数据报表对象，并设置其 DataSource 属性为 DataEnvironment1，DataMember 属性为 Command1。最后将 Command1 字段拖到 DataReport 内，如图 14-23 所示。

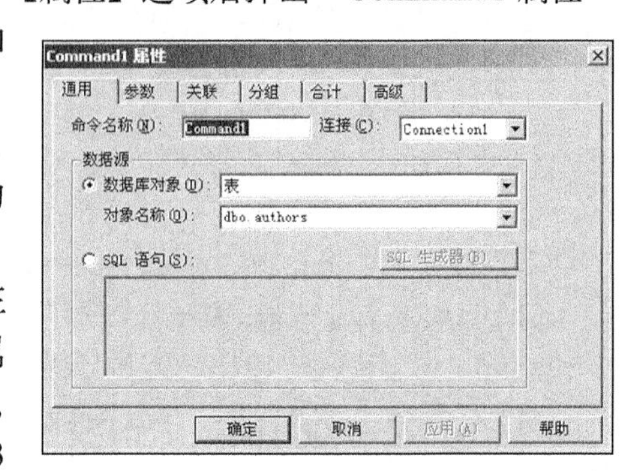

图 14-21　“Command1 属性”对话框

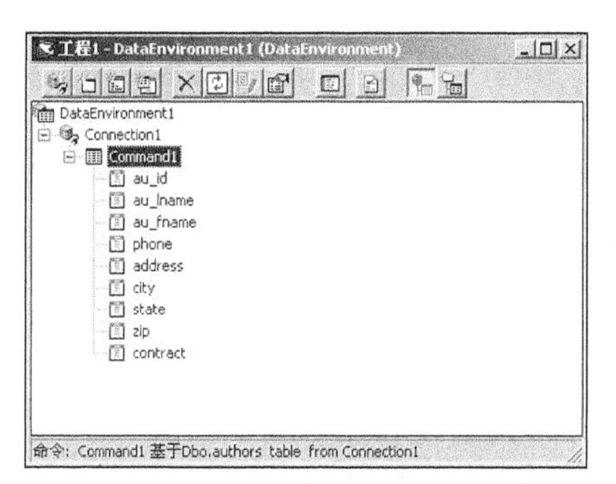

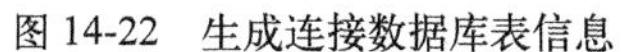
图 14-22　生成连接数据库表信息

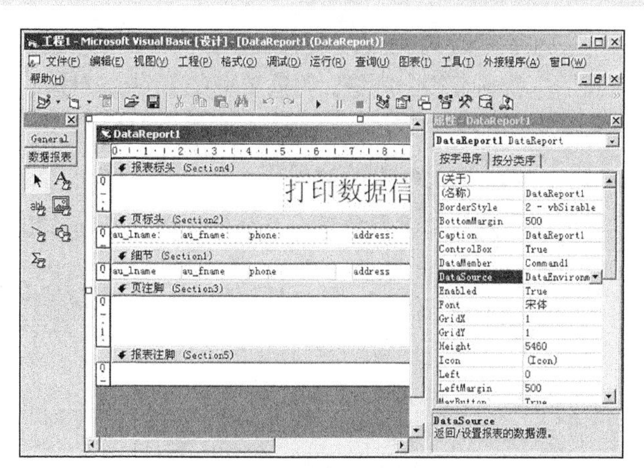

图 14-23　设置属性

然后，为窗体内的单击事件编写处理代码，具体代码如下所示。

```
'按钮1事件将通过Show方法预览显示指定表数据的打印效果
Private Sub Command1_Click()
DataReport1.Show
End Sub
'按钮2事件将通过PrintReport方法执行打印操作
Private Sub Command2_Click()
DataReport1.PrintReport
End Sub
Private Sub Form_Load()
End Sub
```

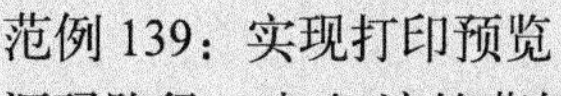
范例 139：实现打印预览
源码路径：光盘\演练范例\139\
视频路径：光盘\演练范例\139\
范例 140：打印简单文本
源码路径：光盘\演练范例\140\
视频路径：光盘\演练范例\140\

经过上述设置处理后，整个实例设置完毕。执行后，将按指定样式在窗体内显示各对象，如图 14-24 所示；单击【预览数据】按钮后将显示预览打印效果，如图 14-25 所示；当单击【打印数据】按钮后将开始执行打印，如图 14-26 所示。

图 14-24　初始窗体显示

DataReport1　缩放 100%

打印数据信息

au_lname:	au_fname:	phone:	address:	state:
Green	Marjorie	415 986-7020	309 63rd St.	OAkland
Carson	Cheryl	415 548-7723	589 Darwin Ln.	BArkeley
O'Leary	Michael	408 286-2428	22 Cleveland	SAn Jose
Straight	Dean	415 834-2919	5420 College	OAkland
Smith	Meander	913 843-0462	10 Mississippi	KAwrence
Bennet	Abraham	415 658-9932	6223 Bateman	BArkeley
Dull	Ann	415 836-7128	3410 Blonde St.	PAlo Alto
Gringlesby	Burt	707 938-6445	PO Box 792	CAvelo
Locksley	Charlene	415 585-4620	18 Broadway Av.	SAn Franci
Greene	Morningstar	615 297-2723	22 Graybar	NAshville
Blotchet-Hall	Reginald	503 745-6402	55 Hillsdale	ORrvallis
Yokomoto	Akiko	415 935-4228	3 Silver Ct.	WAlnut Cre
del Castillo	Innes	615 996-8275	2286 Cram Pl.	MAn Arbor

页: 1

图 14-25　预览打印效果

打印数据信息

au_lname:	au_fname:	phone:	address:
Green	Marjorie	415 986-7020	309 63rd St.
Carson	Cheryl	415 548-7723	589 Darwin Ln.
O'Leary	Michael	408 286-2428	22 Cleveland
Straight	Dean	415 834-2919	5420 College
Smith	Meander	913 843-0462	10 Mississippi
Bennet	Abraham	415 658-9932	6223 Bateman
Dull	Ann	415 836-7128	3410 Blonde St.
Gringlesby	Burt	707 938-6445	PO Box 792
Locksley	Charlene	415 585-4620	18 Broadway Av.
Greene	Morningstar	615 297-2723	22 Graybar
Blotchet-Hall	Reginald	503 745-6402	55 Hillsdale
Yokomoto	Akiko	415 935-4228	3 Silver Ct.

图 14-26　打印效果

14.2　使用 Printer 对象

知识点讲解：光盘：视频\PPT 讲解（知识点）\第 14 章\使用 Printer 对象.mp4

通过 Printer 对象可以实现强大的打印操作功能，它能够用于复杂数据格式的打印，并且控制灵活。在本节的内容中，将简要介绍 Printer 对象的基本知识，并通过对应实例的实现过程来讲解其具体的使用方法。

14.2.1 Printer 对象的属性

Printer 对象的常用属性有 8 个，各属性的具体信息分别如下所示。

1. Oriention 属性

Oriention 属性用于设置文档以纵向还是横向打印，各属性取值的具体说明如下所示。

- 1：以纸的窄边作为顶部。
- 2：以纸的宽边作为顶部。

2. PageSize 属性

PageSize 属性用于设置打印机的纸张大小，各属性取值的具体说明如下所示。

- 8：A3 打印纸大小。
- 9：A4 打印纸大小。
- 11：A5 打印纸大小。
- 12：B4 打印纸大小。
- 13：B5 打印纸大小。

3. PageBin 属性

PageBin 属性用于设置当前打印机的默认纸盒，各属性取值的具体说明如下所示。

- 1：以上层纸盒进纸。
- 2：以下层纸盒进纸。
- 3：以中间纸盒进纸。
- 4：等待插入各纸。
- 5：从信封进纸器进纸。
- 6：从信封进纸器进纸，但是要等待手动插入。
- 7：从当前默认层纸盒进纸。

4. PrintQuality 属性

PrintQuality 属性用于设置打印机的分辨率，各属性取值的具体说明如下所示。

- -1：草稿分辨率。
- -2：低分辨率。
- -3：中等分辨率。
- -4：高分辨率。

5. ScaleMode 属性

当使用图形或调整控件位置时，它可以设置对象坐标的度量单位。各属性取值的具体说明如下所示。

- 1：以缇为度量单位。
- 2：以磅为度量单位。
- 3：以像素为度量单位。
- 4：以字符为度量单位。
- 5：以英寸为度量单位。
- 6：以毫米为度量单位。
- 7：以厘米为度量单位。

6. ColorMode 属性

ColorMode 属性用于设置打印机是以彩色还是单色打印，各属性取值的具体说明如下所示。

- 1：单色打印。
- 2：彩色打印。

7. DrawMode 属性

DrawMode 属性用于设置线性外观，各属性取值的具体说明如下所示。

- 1：黑色。
- 2：非或笔。
- 3：与非笔。
- 4：非复制笔。
- 5：与笔非。
- 6：反转。

8. FileStyle 属性

FileStyle 属性用于设置填充格式，各属性取值的具体说明如下所示。

- 0：实线。
- 1：透明，是默认值。
- 2：水平直线。
- 3：垂直直线。
- 4：上斜角对角线。
- 5：下斜角对角线。
- 6：十字线。

注意：除了上述属性外，Printer 对象还有 FillColor 属性、CurrentX 属性和 CurrentY 属性等。各属性也都有具体的取值，并且每个属性值和一个常数相对应。有关 Printer 对象属性和对应常数的具体信息，读者可以在百度中通过检索“Printer 对象属性”或“Printer 属性常数”关键字，来获取更加详细的信息。

14.2.2 Printer 对象的方法

Printer 对象的常用方法有如下 3 个。

1. NewPage 方法

NewPage 方法用于结束 Printer 对象中的当前页并进入到下一页，具体语法格式如下所示。

```
Printer.NewPage
```

2. EndDoc 方法

EndDoc 方法用于终止发送给 Printer 对象的打印操作，将打印内容发送打印设备或后台打印程序。具体语法格式如下所示。

```
Printer.EndDoc
```

3. KillDoc 方法

KillDoc 方法用于终止当前的打印操作。具体语法格式如下所示。

```
Printer.KillDoc
```

14.3 Crystal Report 报表基础

知识点讲解：光盘：视频\PPT 讲解（知识点）\第 14 章\Crystal Report 报表基础.mp4

Crystal Reports 报表控件和 Data Report 的使用方法类似，也要为其选择目标数据源。Crystal Reports 报表控件是一个第三方提供的软件工具，在 Visual Basic 6.0 使用 Crystal Reports 时，需要首先下载并安装 Crystal Reports。在本节的内容中，将详细讲解 Visual Basic 6.0 处理 Crystal Reports 报表的基本知识。

14.3.1　Crystal Reports 控件基础

Crystal Reports 是具有强大内容创建和集成功能的报表技术。Crystal Reports XI 代表着技术创新的领导者，迎接不断变化的报表开发和集成挑战。可迅速将大多数数据转换成强大的、交互式的内容。报表功能与.NET、Java 和 COM 应用程序紧密集成。让最终用户通过入口站点、无线设备和 Microsoft Office 文档访问报表并与报表交互。

通过 Crystal Reports 可以实现如下功能。

- ❑ 快速地将任何数据转化为强大的、交互式的内容。
- ❑ 将报表集成、修改和查阅紧密集成到.NET, Java 和 COM 应用中。
- ❑ 使最终用户得以通过门户、无线设备和 Microsoft Office 文档对报表进行访问和交互。

Crystal Reports 有 Developer、Professional 和 Standard 3 种版本，各版本的具体信息如下所示。

- ❑ Developer：将灵活、高性能的报表集成到 Web 和 Windows 应用中。
- ❑ Professional：通过企业网设计交互式内容并发布给用户。
- ❑ Standard：在 PC 环境，如 Microsoft Office 中生成演示质量的报表。

Crystal Reports 控件的主要特点如下所示。

- ❑ 广泛的报表格式，生成你所能想象的虚拟的任何报表。
- ❑ 可定制的 ePortfolio，Crystal 的 Web 桌面，在企业的 Web 站点使用 Crystal Web Wizard 生成报表。
- ❑ 实现和 Microsoft Office 的集成。
- ❑ 易于管理和维护。
- ❑ 可以使用专有的、ODBC 和 OLE DB 接口连接 30 多种的 OLAP、SQL 和 PC 数据库。
- ❑ 提供了 VB、C++和其他的基于 COM 的开发工具一个强大的报表服务器。可以下载免费试用 30 天的 Report Designer Component 测试版。

14.3.2　安装 Crystal Reports

Crystal Reports 可以从 Seagate 公司的官方站点上免费下载试用版本，也可以从百度中检索其破解简易版。

安装 Visual Basic 6.0 后，可以通过如下流程进行 Crystal Reports 安装。

（1）双击安装程序运行图标，弹出安装对话框界面，如图 14-27 所示。

（2）单击【Next】按钮，在弹出的“协议”对话框中选择“同意协议”选项，如图 14-28 所示。

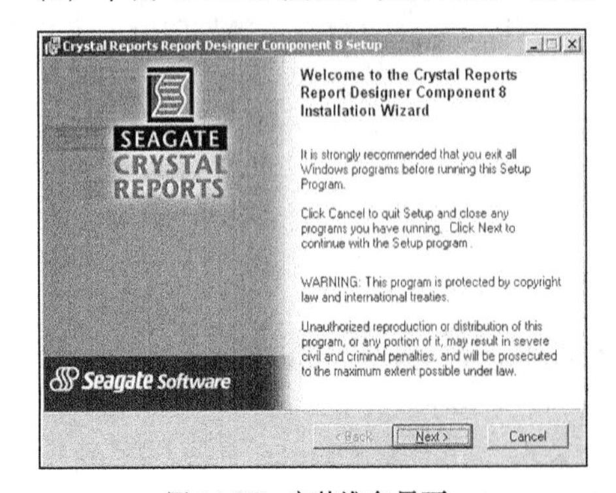

图 14-27　安装准备界面

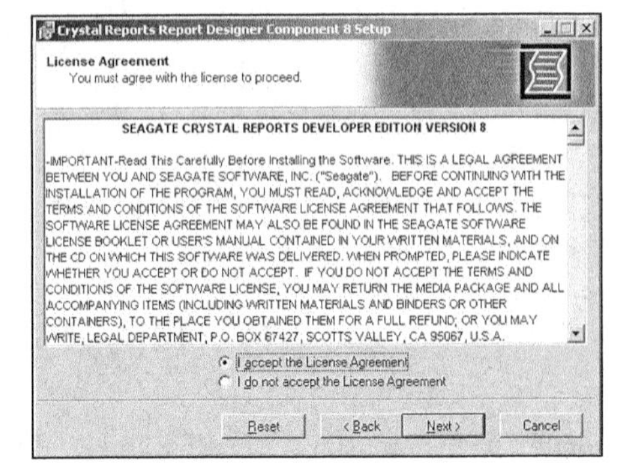

图 14-28　“协议”对话框

（3）单击【Next】按钮，在弹出的对话框中输入软件的“CD KEY”值，如图 14-29 所示。

（4）单击【Next】按钮，选择安装类型和安装文件的保存目录，如图 14-30 所示。

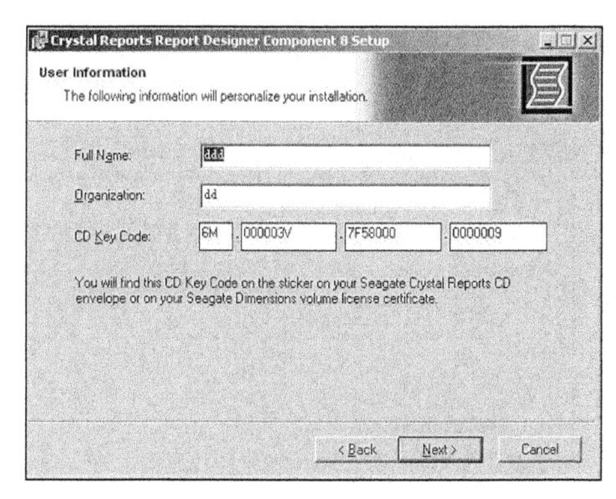

图 14-29 输入“CD KEY”值

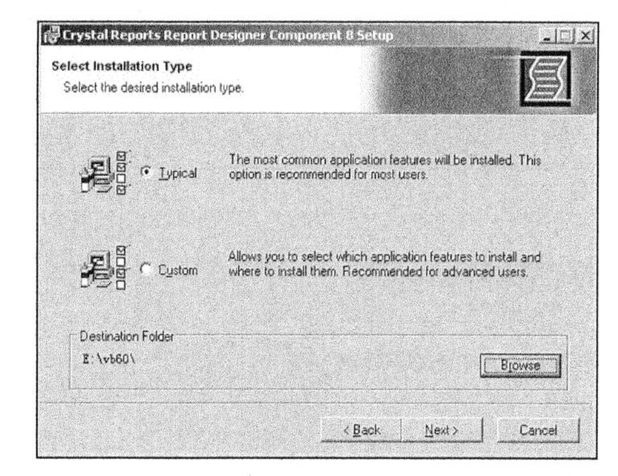

图 14-30 安装类型和安装文件

（5）单击【Next】按钮后开始进行安装，如图 14-31 所示。

（6）安装完成后弹出“输入注册号”对话框，输入正确的注册号，如图 14-32 所示。

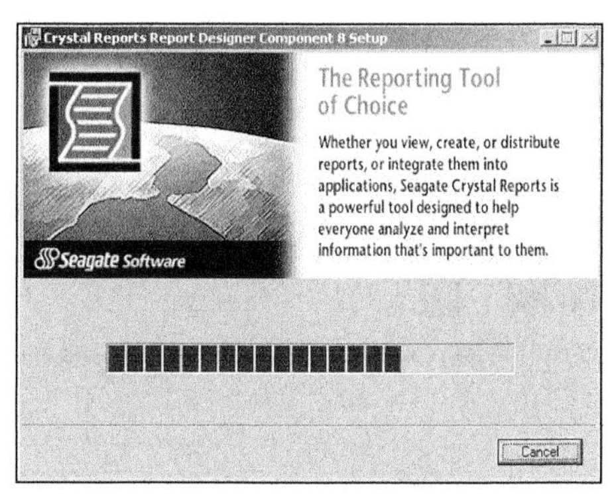

图 14-31 开始进行安装

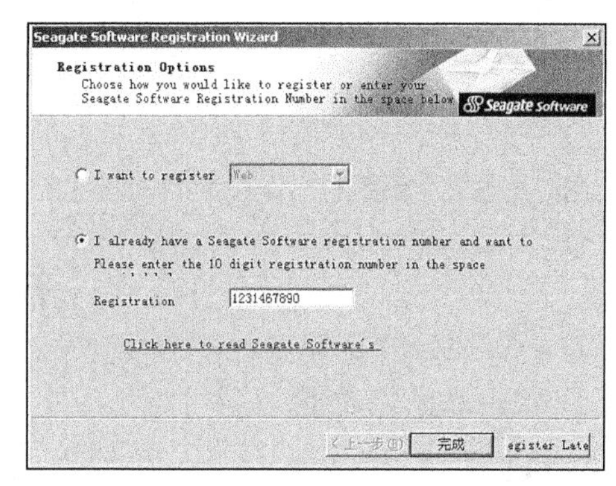

图 14-32 输入注册号

（7）单击【Finish】按钮后完成整个软件的安装操作，如图 14-33 所示。

14.3.3 使用 Crystal Reports 插件

和 Data Report 控件相比，Crystal Reports 的功能更加强大和完善。它能够轻松实现报表预览、打印和编辑等操作。但是 Crystal Reports 也有一定的局限性，例如不能在运行时创建自定义窗口。

在使用 Crystal Reports 时，应该首先将其引入到 Visual Basic 6.0 中。具体操作流程如下所示。

（1）依次单击【工程】|【部件】选项，在“部件”对话框中选择“Crystal Report Viewer Control”选项，如图 14-34 所示。

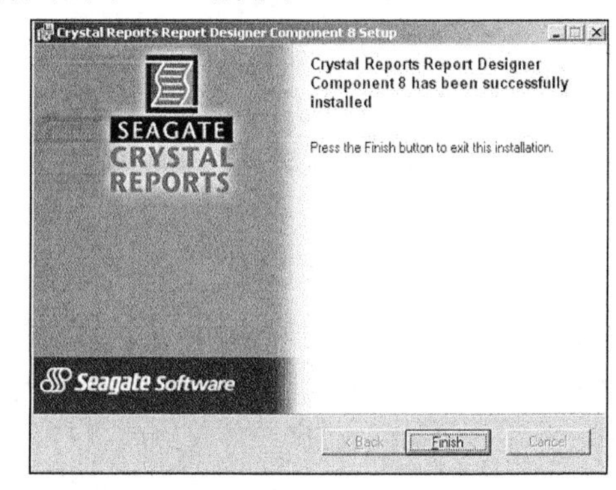

图 14-33 安装完成界面

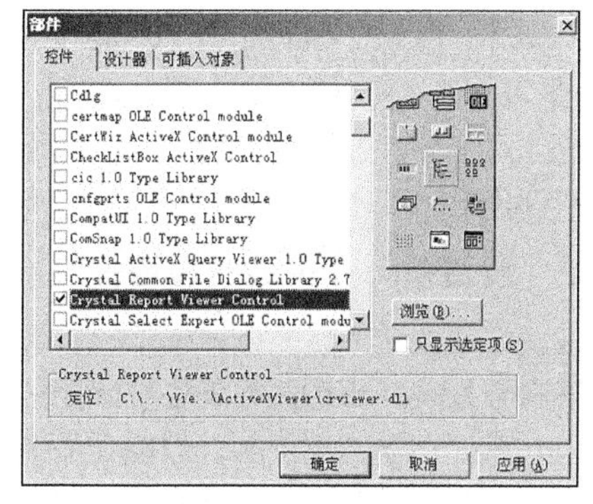

图 14-34 “部件”对话框

（2）单击“设计器”选项卡，选择“Crystal Reports 8”选项，如图 14-35 所示。

（3）单击【确定】按钮返回窗体界面，依次单击【工程】|【添加 Crystal Reports 8】选项，如图 14-36 所示。

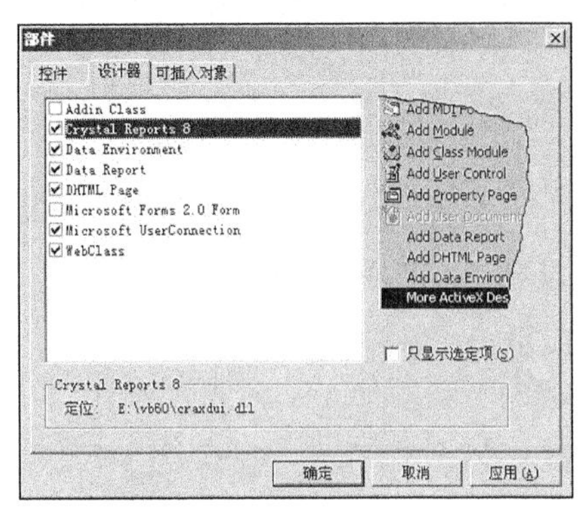

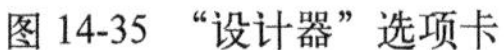
图 14-35 “设计器”选项卡

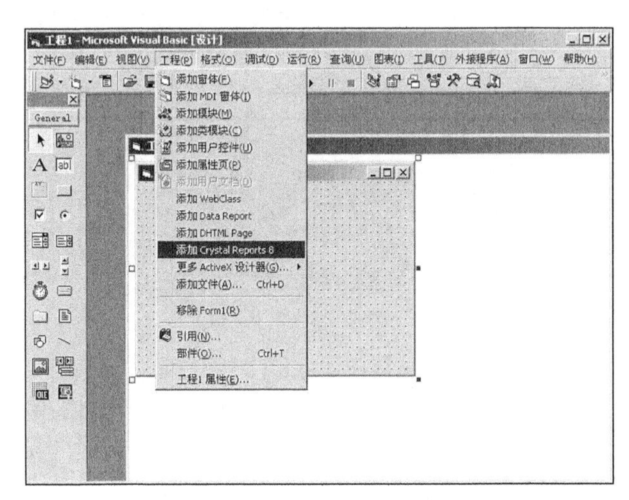

图 14-36 添加 Crystal Reports 8

经过上述所示流程的操作设置后，即可在 Visual Basic 6.0 中灵活使用 Crystal Reports 插件了。

14.4 技 术 解 惑

14.4.1 Excel 的宏功能

Excel 提供了一个 Visual Basic 编辑器，打开 Visual Basic 编辑器，其中有一工程属性窗口，单击右键菜单的“插入模块”，则增加一个“模块 1”，在此模块中可以运用 Visual Basic 语言编写函数和过程并称之为宏。其中，Excel 有两个自动宏：一个是启动宏（Sub Auto_Open()），另一个是关闭宏（Sub Auto_Close()）。它们的特性是：当用 Excel 打含有启动宏的工作簿时，就会自动运行启动宏，同理，当关闭含有关闭宏的工作簿时就会自动运行关闭宏。但是通过 Visual Basic 的自动化功能来调用 EXCEL 工作表时，启动宏和关闭宏不会自动运行，而需要在 Visual Basic 中通过命令 xlBook.RunAutoMacros（xlAutoOpen）和 xlBook.RunAutoMacros（xlAutoClose）来运行启动宏和关闭宏。

充分利用 Excel 的启动宏和关闭宏，可以实现 Visual Basic 与 Excel 的相互沟通，其方法是在 Excel 的启动宏中加入一段程序，其功能是在磁盘中写入一个标志文件，同时在关闭宏中加入一段删除此标志文件的程序。Visual Basic 程序在执行时通过判断此标志文件存在与否来判断 Excel 是否打开，如果此标志文件存在，表明 Excel 对象正在运行，应该禁止其他程序的运行。如果此标志文件不存在，表明 Excel 对象已被用户关闭，此时如果要使用 Excel 对象运行，必须重新创建 Excel 对象。

14.4.2 使用第三方报表打印控件

报表打印技术一直是办公软件的核心内容，读者可以通过其他的控件来实现。在网络上有很多第三方报表打印控件或表格打印控件，它们的使用方法非常简单。读者课后可以尝试下载并使用。另外，上述实例的打印模式是直接打印模式，一些常见的打印控件可以将要打印信息转换为 Word 格式或 Excel 文件，这样就可以使用 Word 或 Excel 的打印功能来实现间接打印。

第 15 章

存储过程

存储过程是一组能够实现特定功能的 SQL 语句集，它经过编译后被存储在数据库中。通过存储过程，可以实现高性能的数据处理，加强数据库数据的处理效率。在本章将详细讲解存储过程的基本知识，并详细讲解在 Visual Basic 6.0 中使用存储过程的方法。

本章内容

- 存储过程基础
- 创建存储过程
- 管理存储过程

技术解惑

执行存储过程的处理代码
使用 SQL 存储过程有什么好处
使用视图处理数据

15.1　存储过程基础

知识点讲解：光盘：视频\PPT 讲解（知识点）\第 15 章\存储过程基础.mp4

SQL Server 的存储过程分为系统提供的存储过程和用户自定义的存储过程两类。

1. 系统存储过程

系统的存储过程存储在 master 数据库中，并以 sp_为前缀，主要用于从系统表中获取信息，并为系统管理员管理 SQL Server 提供支持。

通过系统存储过程，SQL Server 中的许多管理性活动或信息性活动都可以灵活、迅速地完成。

2. 用户自定义的存储过程

用户自定义的存储过程由用户创建，并能完成某一特定功能。本章内容中讲解的存储过程主要是指用户自定义存储过程。

在创建存储过程时，需要明确存储过程的如下 3 部分信息。

- 所有的输入参数和传给调用者的输出参数。
- 被执行的针对数据库的操作语句。
- 返回给调用者的状态值以指名是成功还是失败。

15.2　创建存储过程

知识点讲解：光盘：视频\PPT 讲解（知识点）\第 15 章\创建存储过程.mp4

通过 SQL Server 2000 可以创建存储过程，具体方法有如下两种。

- 使用 Transaction-SQL 命令：Create Procedure。
- 使用图形化工具：企业管理器。

在日常开发过程中，建议读者使用企业管理器创建存储过程。企业管理器创建存储过程的具体流程如下所示。

（1）打开 SQL Server 数据库的企业管理器，打开要创建存储过程的数据库，如图 15-1 所示。

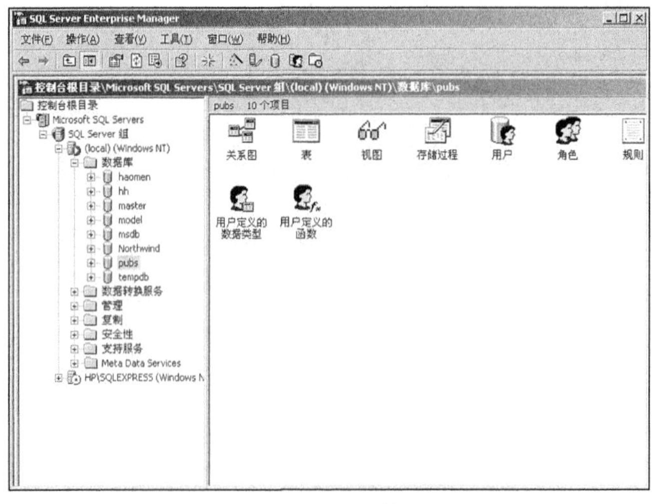

图 15-1　打开企业管理器

（2）用鼠标右键单击“存储过程”后选择“新建存储过程”选项，如图 15-2 所示。

（3）在文本框内输入创建的存储过程的 SQL 语句，如图 15-3 所示。

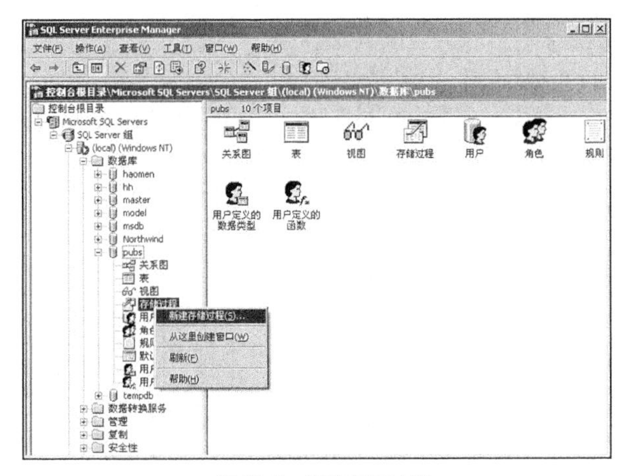

图 15-2　新建存储过程

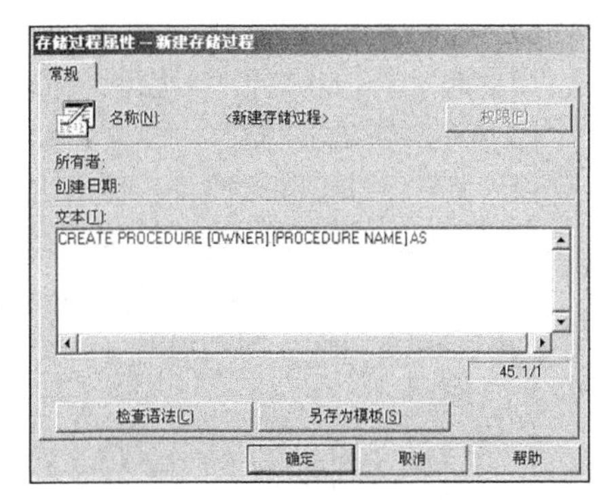

图 15-3　输入存储过程语句

实例 071　通过 Visual Basic 6.0 窗体程序为数据库创建存储过程

源码路径　光盘\daima\15\1\　　　　视频路径　光盘\视频\实例\第 15 章\071

本实例的实现流程如图 15-4 所示。

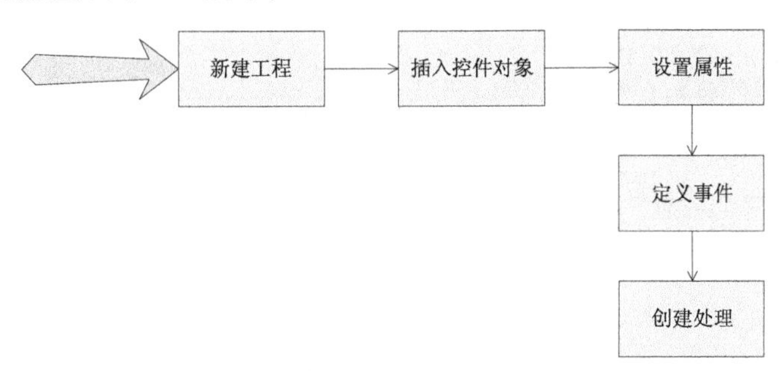

图 15-4　实例实现流程图

下面将详细介绍上述实例流程的具体实现过程，首先新建项目工程并插入各个控件对象，具体实现流程如下所示。

（1）打开 Visual Basic 6.0，新建一个标准 EXE 工程，如图 15-5 所示。

（2）在窗体内分插入 1 个 Command 控件、2 个 TextBox 控件和 2 个 Label 控件，并分别设置它们的属性，如图 15-6 所示。

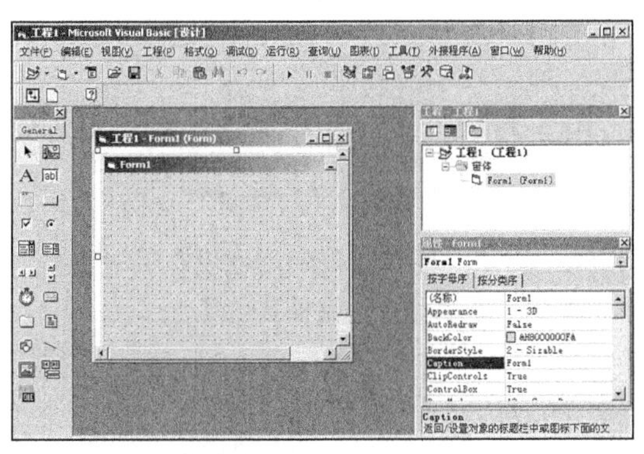

图 15-5　新建标准 EXE 工程

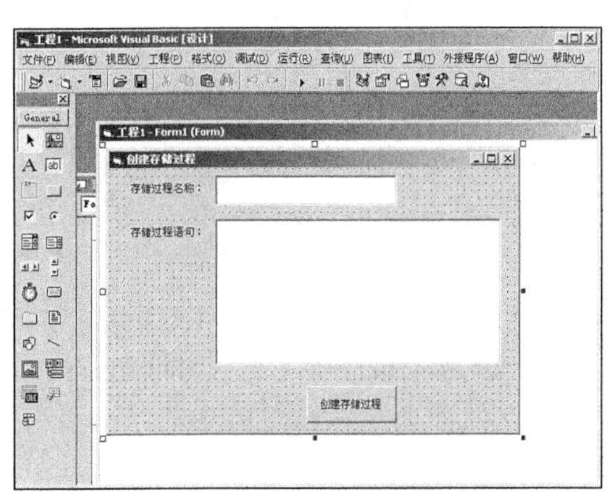

图 15-6　插入控件对象

窗体内各对象的主要属性设置如下所示。

- 窗体：设置名称为“Form1”，Caption 属性为“创建存储过程”。
- Command 控件：设置名称为“Command1”，Caption 属性为“创建存储过程”。
- 第一个 Label 控件：设置名称为“Label1”，Caption 属性为“存储过程名称:”。
- 第二个 Label 控件：设置名称为“Label1”，Caption 属性为“存储过程语句:”。
- 第一个 TextBox 控件：设置名称为“Text1”，Text 属性为空。
- 第二个 TextBox 控件：设置名称为“Text2”，Text 属性为空。

然后来到代码编辑界面，为 Command1 设置鼠标单击事件处理代码，具体代码如下所示。

> 范例 141：在 Visual Basic 6.0 中调用存储过程
> 源码路径：光盘\演练范例\141\
> 视频路径：光盘\演练范例\141\
> 范例 142：在 Visual Basic 6.0 中使用视图
> 源码路径：光盘\演练范例\142\
> 视频路径：光盘\演练范例\142\

```
Dim Con As New ADODB.Connection
Dim Rs As New ADODB.Recordset
'定义数据库连接参数，并打开连接数据库
Private Sub Command1_Click()
    Con.ConnectionString = "Provider=SQLOLEDB.1;
  Persist Security Info=False;
  User ID=sa;password=sa;
  Initial Catalog=pubs;
  Data Source=(local)"
    Con.Open
  '如果名称为空，则输出提示
  If Text1.Text = "" Then
    MsgBox "存储过程名称不能为空", 48, "提示"
  Else
    '执行存储过程的创建语句
    On Error GoTo Error
    Set Rs = Con.Execute("CREATE PROCEDURE [" + Text1.Text + "] AS " + Text2.Text + "")
    Set Rs = Con.Execute("EXECUTE " + Text1.Text + "")
    Con.Close
    MsgBox "存储过程已经创建", 64, "提示"
    Exit Sub
Error:
    MsgBox "创建存储过程的语法出错", 48, "错误提示"
  End If
    Con.Close
End Sub
Private Sub Form_Load()
End Sub
```

上述代码执行后，如果创建的名称为空则输出提示，如图 15-7 所示；创建成功后将在指定数据库中生成存储过程，具体效果如图 15-8 所示。

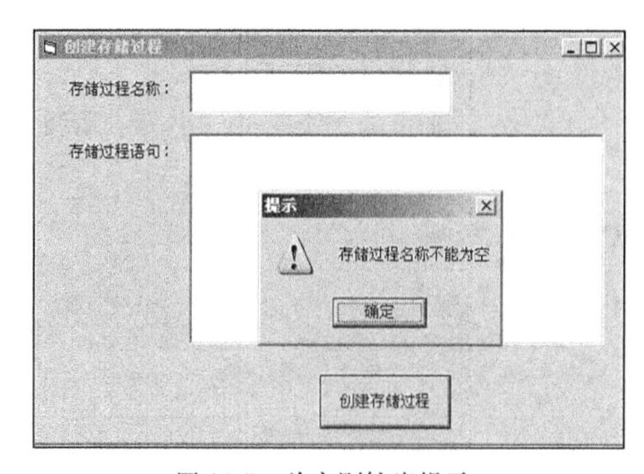

图 15-7　为空则输出提示

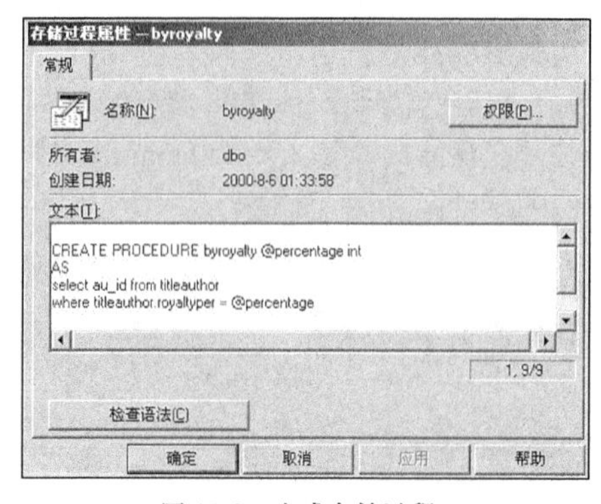

图 15-8　生成存储过程

在上述实例中，通过企业管理器创建了存储过程。除了使用企业管理器创建存储过程外，还可以通过编写程序来创建。Create Procedure 命令创建存储过程的语法格式如下所示。

```
CREATE PROCEDURE [owner] 过程名
[{@参数名 数据类型} [=参数默认值] [OUTPUT] ]
[,…n]
[WITH RECOMPILE,ENCRYPTION]
AS
TO-SQL语句
```

在 SQL Server 2000 的查询分析器内，可以灵活地使用 Create Procedure 命令创建存储过程，如图 15-9 所示。

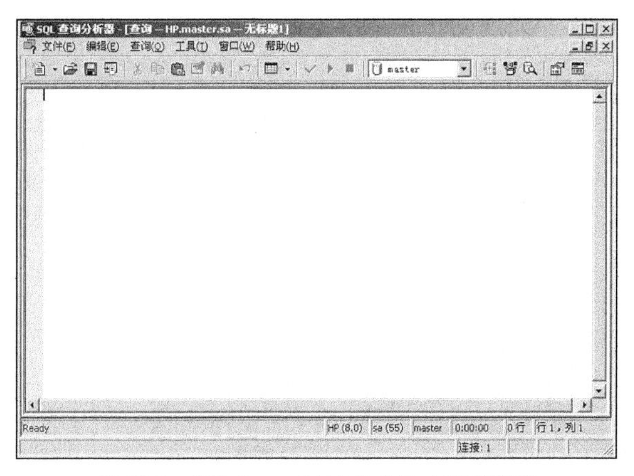

图 15-9　SQL Server 2000 的查询分析器界面

15.3　管理存储过程

知识点讲解：光盘：视频\PPT 讲解（知识点）\第 15 章\管理存储过程.mp4

创建存储过程后，可以根据情况的需要进行修改、删除等管理操作。在本节的内容中，将简要讲解管理存储过程的方法，并通过具体实例的实现来说明其对应的使用方法。

15.3.1　删除存储过程

可以通过 2 种方式删除已创建的存储过程，具体信息如下所示。

1. 使用企业管理器

通过 SQL Server 2000 的企业管理器，可以轻松地删除已创建的存储过程。具体方法是单击鼠标右键并选中指定的存储过程，然后在弹出的命令中选择“删除”选项即可。

2. 使用 SQL 命令

通过 SQL 语句的 drop 命令也可以删除指定的存储过程，其具体语法格式如下所示。

```
DROP PROCEDURE 存储过程名
```

实例 072　通过 Visual Basic 6.0 窗体程序删除指定的存储过程

源码路径　光盘\daima\15\2\　　视频路径　光盘\视频\实例\第 15 章\072

本实例的实现流程如图 15-10 所示。

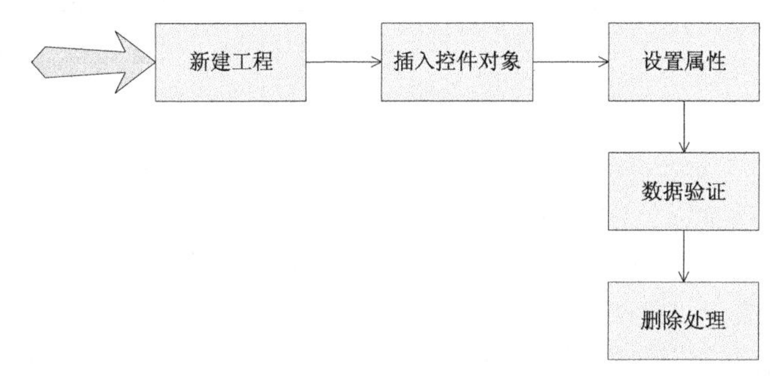

图 15-10　实例实现流程图

下面将详细介绍上述实例流程的具体实现过程，首先新建项目工程并插入各个控件对象，具体实现流程如下所示。

（1）打开 Visual Basic 6.0，新建一个标准 EXE 工程，如图 15-11 所示。

（2）在窗体内分别插入 2 个 Command 控件、1 个 TextBox 控件和 1 个 Label 控件，并分别设置它们的属性，如图 15-12 所示。

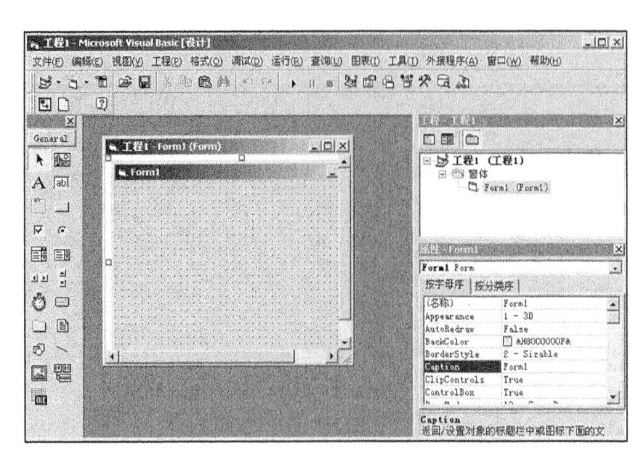

图 15-11　新建标准 EXE 工程

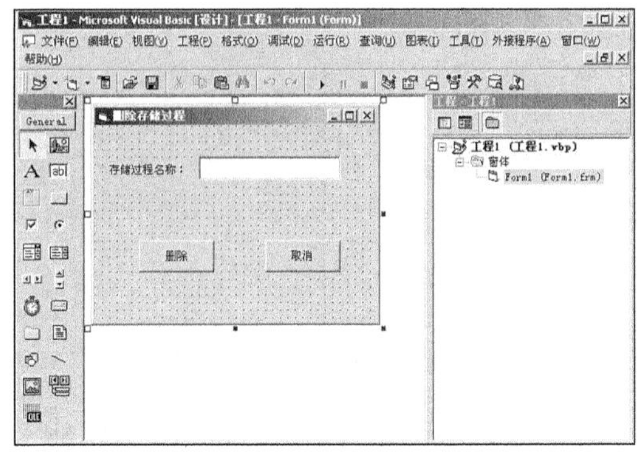

图 15-12　插入控件对象

窗体内各对象的主要属性设置如下所示。

- ❑ 窗体：设置名称为“Form1”，Caption 属性为“删除存储过程”。
- ❑ 第一个 Command 控件：设置名称为“Command1”，Caption 属性为“删除”。
- ❑ 第二个 Command 控件：设置名称为“Command1”，Caption 属性为“取消”。
- ❑ Label 控件：设置名称为“Label1”，Caption 属性为“存储过程名称：”。
- ❑ TextBox 控件：设置名称为“Text1”，Text 属性为空。

然后来到代码编辑界面，为 Command1 设置鼠标单击事件处理代码，具体代码如下所示。

```
Dim Con As New ADODB.Connection
Dim Rs As New ADODB.Recordset
'如果没有输入删除的存储过程名，则输出对应提示
Private Sub Command1_Click()
  If Text1.Text = "" Then
    MsgBox "存储过程名称不能为空", 48, "提示"
  Else
    '建立和指定数据库的连接
    Con.ConnectionString = "Provider=SQLOLEDB.1;Persist Security Info=False;User ID=sa;password=888888;Initial
    Catalog=pubs;Data Source=(local)"
    Con.Open
    '删除文本框中名称的存储过程
    Set Rs = Con.Execute("drop procedure " + Text1.Text + "")
    Con.Close
    MsgBox "存储过程已经被删除", 64, "提示"
  End If
End Sub
Private Sub Command2_Click()
End
End Sub
Private Sub Form_Load()
End Sub
```

范例 143：在 Visual Basic 6.0 中使用触发器
源码路径：光盘\演练范例\143\
视频路径：光盘\演练范例\143\
范例 144：在 Visual Basic 6.0 中使用游标
源码路径：光盘\演练范例\144\
视频路径：光盘\演练范例\144\

上述代码执行后，将首先按指定样式显示窗体，如图 15-13 所示；如果创建的名称为空则输出提示，如图 15-14 所示；删除成功后将输出对应的提示，如图 15-15 所示。

在上述实例中，通过 Visual Basic 程序删除了指定的存储过程。存储过程名是被存放在 SQL 数据库的 sysobjects 表里，所以可以先检测 sysobjects 表是否有要删除的这个存储过程名，如果没有则可以输出不存在提示；如果存在要删除的这个存储过程名，则就可以删除它。无论是存储过程的待用还是删除，都可以基于操作参数来实现。例如有一个名为 doc_ProcName 的存储过程，该存储过程有一个输入参数，一个输出参数。则可以使用如下方法完成调用。

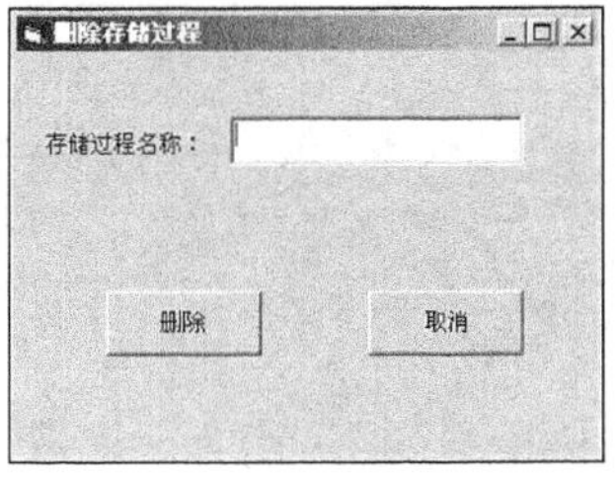

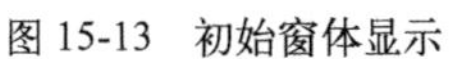
图 15-13 初始窗体显示

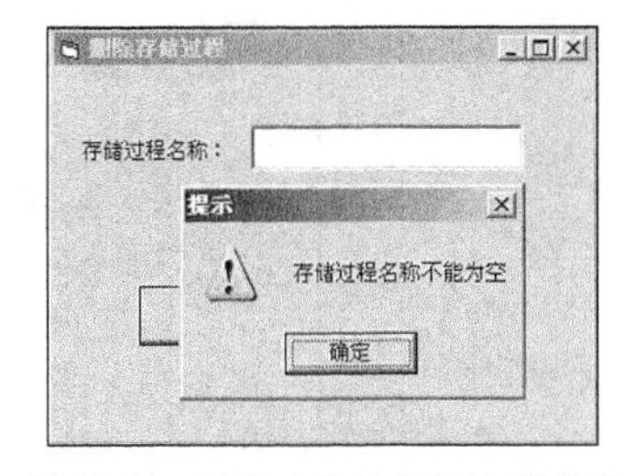

图 15-14 删除名称为空则输出提示

图 15-15 删除成功将输出提示

（1）直接传递参数调用存储过程。

（2）追加参数法调用存储过程。

读者课后可以参阅相关资料，并尝试将上述 2 个实例合二为一，使其能同时完成创建和删除存储过程的功能。

15.3.2 修改存储过程

可以通过 2 种方式修改已创建的存储过程，具体信息如下所示。

1. 使用企业管理器

通过 SQL Server 2000 的企业管理器，可以轻松地修改已创建的存储过程。具体方法是单击鼠标右键并选中指定的存储过程，在弹出的命令中选择“属性”选项，在弹出的“存储过程属性”对话框中即可对其进行修改，具体如图 15-16 所示。

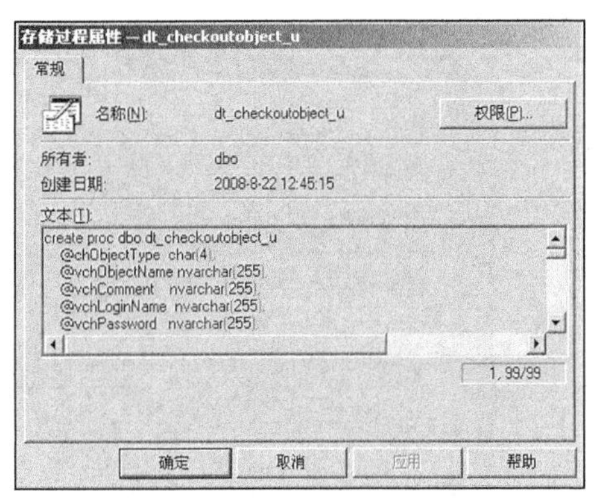

图 15-16 “存储过程属性”对话框

2. 使用 SQL 命令

通过 SQL 语句修改指定的存储过程，其具体语法格式如下所示。

```
ALTER PROCEDURE [owner] 过程名
[{@参数名 数据类型} [=参数默认值] [OUTPUT] ]
[,...n]
[WITH RECOMPILE,ENCRYPTION]
AS
TO-SQL语句
```

15.3.3 程序中使用存储过程

在 Visual Basic 6.0 项目程序中，经常需要通过存储过程实现对数据库数据的操作处理。通过使用 Command 对象，可以迅速地实现对存储过程的调用。另外通过 Visual Basic 6.0 的 ADO 控件，也可以在窗体内显示存储过程的数据。

实例 073 通过存储过程以网格样式显示指定数据库中的数据

源码路径 光盘\daima\15\3\ 视频路径 光盘\视频\实例\第 15 章\073

本实例的实现流程如下所示。

（1）在 Visual Basic 6.0 中新建一个标准的 EXE 工程文件，如图 15-17 所示。

（2）在工程窗体内插入一个 ADO 控件，如图 15-18 所示。

（3）用鼠标右键单击插入的 ADO 控件，在弹出的命令中选择“属性页”对话框，如图 14-19 所示。

（4）单击【生成】按钮，在弹出的“数据链接属性”对话框中选择“Microsoft OLE DB Provider for ODBC Drivers”选项，如图 15-20 所示。

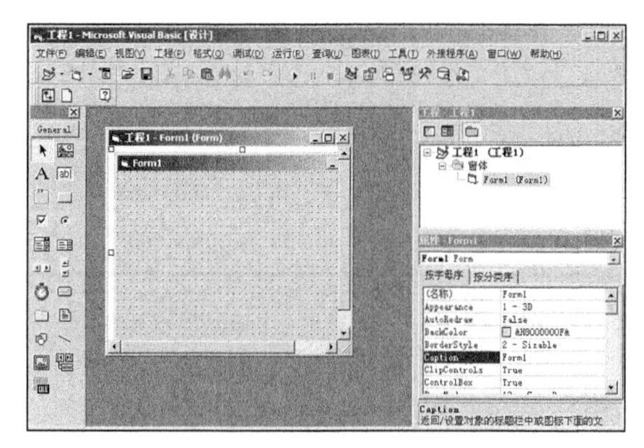

图 15-17　新建标准的 EXE 工程文件

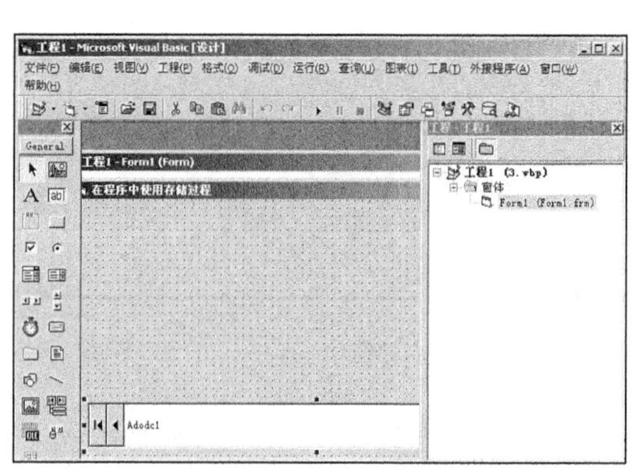

图 15-18　插入 ADO 控件

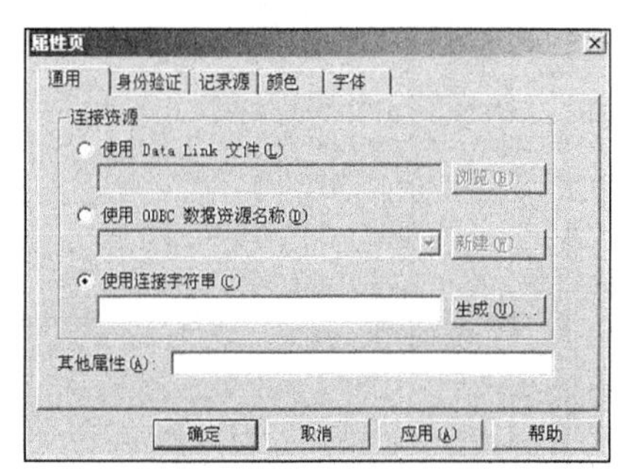

图 15-19　“属性页”对话框

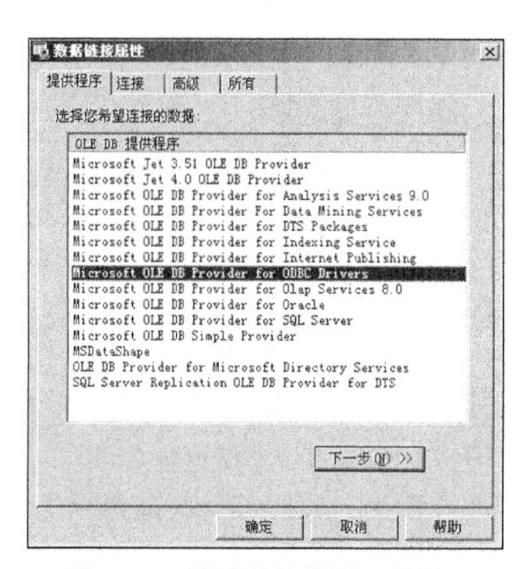

图 15-20　“数据链接属性”对话框

（5）单击【下一步】按钮，然后选择连接数据库的数据源名称，如图 14-21 所示。

（6）单击“身份验证”选项卡，分别输入连接数据库的用户名和密码，如图 15-22 所示。

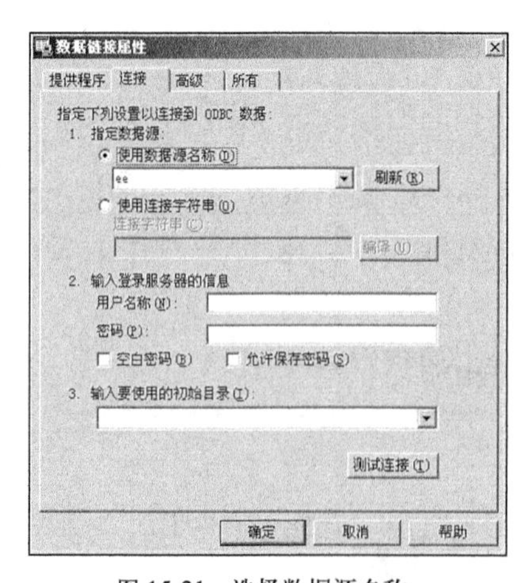

图 15-21　选择数据源名称

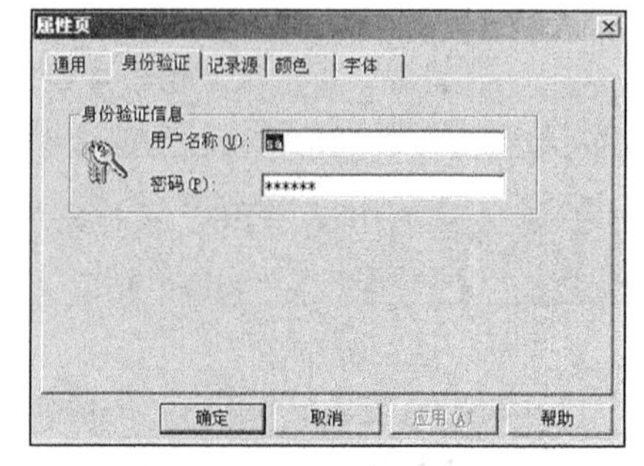

图 15-22　输入用户名和密码

（7）打开“记录源”选项卡，分别选择命令类型和要执行的存储过程名，如图 14-23 所示。

（8）在工程窗体内插入一个 DataGrid 控件，并设置其 DataSource 属性为“Adodc1”，如图 15-24 所示。

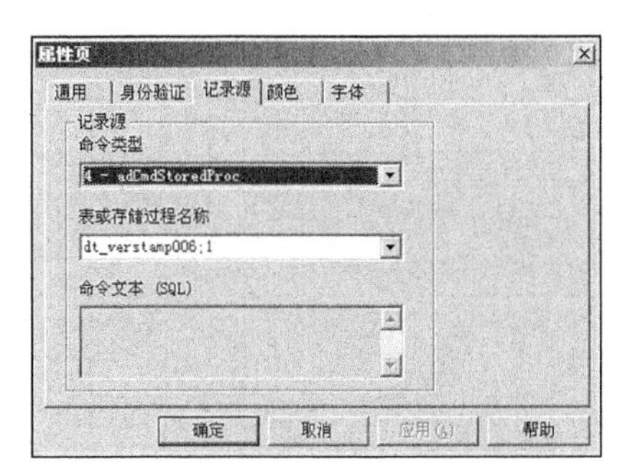

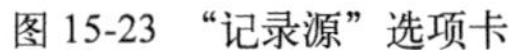
图 15-23 “记录源”选项卡

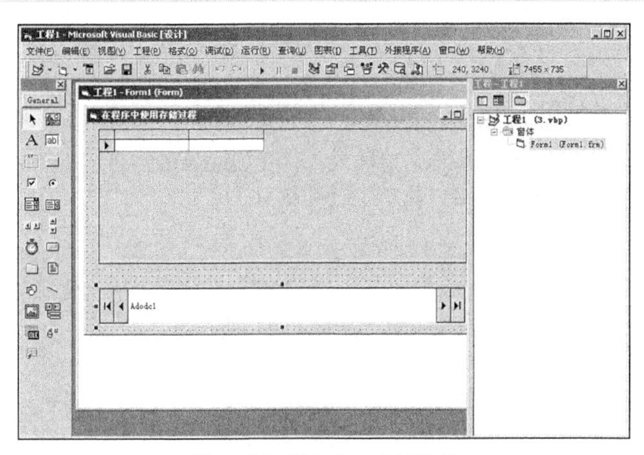

图 15-24 插入 DataGrid 控件

上述代码执行后将按指定样式显示窗体，并以网格样式显示数据库中的数据，具体效果如图 15-25 所示。

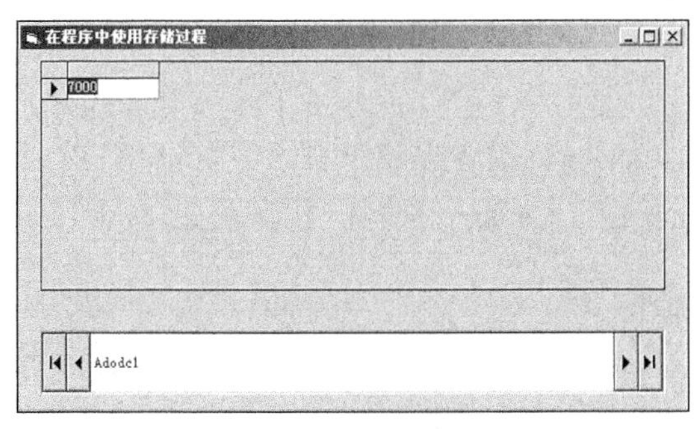

图 15-25 实例执行效果

范例 145：用 Connection 对象执行语句
源码路径：光盘\演练范例\145\
视频路径：光盘\演练范例\145\
范例 146：用 Command 对象执行语句
源码路径：光盘\演练范例\146\
视频路径：光盘\演练范例\146\

注意：在上述实例中使用的存储过程是 SQL Server 2000 中的内置数据库，数据库名为 pubs，存储过程名为 dt_verstamp006。

15.3.4 加密存储过程

如果把工程内的存储过程进行修改后，则会对整个项目带来巨大的破坏性影响。为了防止上述问题的发生，则可以使用 EXECUTE 语句加密某个存储过程。EXECUTE 语句的具体格式如下所示。

```
EXECUTE过程名
```

实例 074　为 SQL Server 2000 内置 pubs 数据库的 VIEW_state 表创建订单

源码路径　光盘\daima\15\4\　　视频路径　光盘\视频\实例\第 15 章\074

本实例的实现流程如图 15-26 所示。

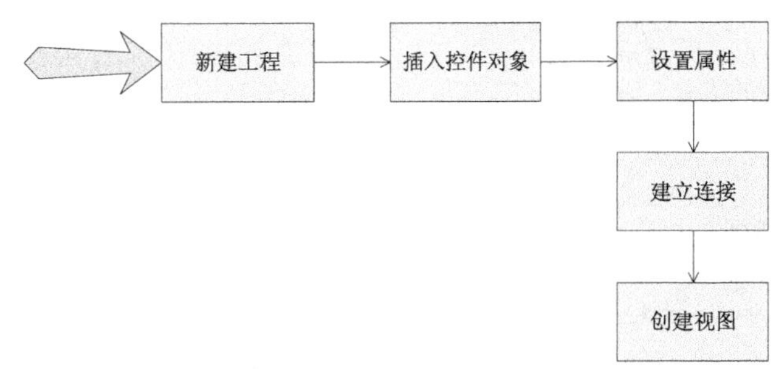

图 15-26 实例实现流程图

下面将详细介绍上述实例流程的具体实现过程，首先新创建项目工程并插入各个控件对象，具体实现流程如下所示。

（1）打开 Visual Basic 6.0，新创建一个标准 EXE 工程，如图 15-27 所示。

（2）在窗体内分别插入 1 个 Command 控件、1 个 ADO 控件和 1 个 DataGrid 控件，并分别设置它们的属性，如图 15-28 所示。

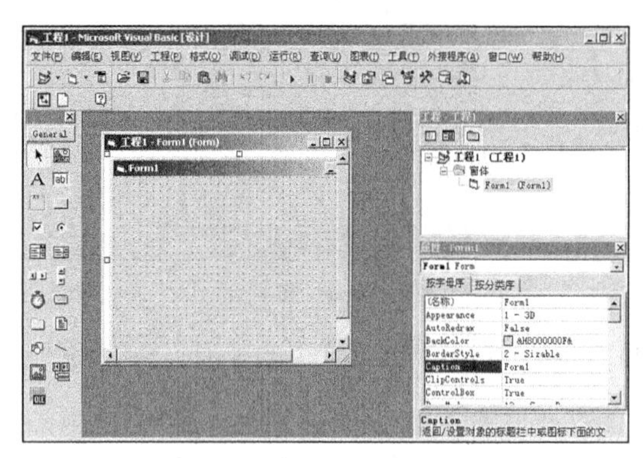

图 15-27　新建标准 EXE 工程

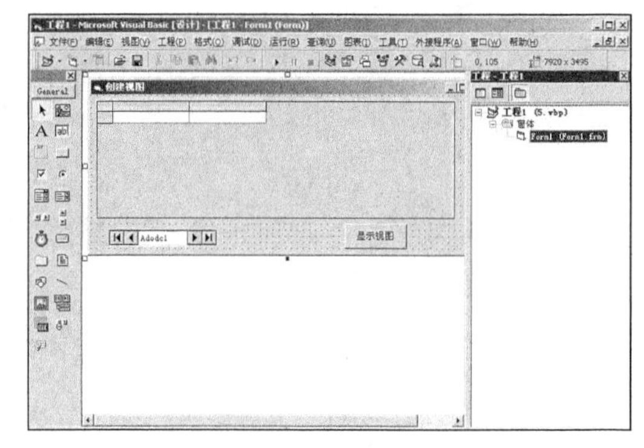

图 15-28　插入控件对象

窗体内各对象的主要属性设置如下所示。

- 窗体：设置名称为“Form1”，Caption 属性为“创建视图”。
- Command 控件：设置名称为“Command1”，Caption 属性为“显示视图”。
- ListView 控件：设置名称为“LV”。
- DataGrid 控件：设置名称为“DataGrid1”。
- ADO 控件：设置名称为“Adodc1”。

然后来到代码编辑界面，为 Command1 设置鼠标单击事件处理代码，具体代码如下所示。

> 范例 147：用 ADO 对象绑定 MSHFlexGrid
> 源码路径：光盘\演练范例\147\
> 视频路径：光盘\演练范例\147\
> 范例 148：使用 MSHFlexGrid 批量录入数据
> 源码路径：光盘\演练范例\148\
> 视频路径：光盘\演练范例\148\

```
Dim Con As New ADODB.Connection
Dim Rs As New ADODB.Recordset
Private Sub Command1_Click()
    '设置实现和指定数据库的连接
    Con.ConnectionString = "Provider=SQLOLEDB.1;
     Persist Security Info=False;
     User ID=sa;password=888888;
     Initial Catalog=pubs;
     Data Source=(local)"
    Con.Open
     On Error GoTo Error
     '为指定的表创建视图
    Set Rs = Con.Execute("CREATE VIEW 123 AS SELECT state, city, address, au_id, au_lname From dbo.authors")
    Adodc1.RecordSource = "select * from VIEW_state"
    Adodc1.Refresh
    Set DataGrid1.DataSource = Adodc1
    Con.Close
    Exit Sub
'同名视图已经存在则输出错误提示
Error:
    MsgBox "视图已经存在", "信息"
    Con.Close
End Sub

Private Sub Form_Load()
  Adodc1.ConnectionString = "Provider=SQLOLEDB.1;Persist Security Info=False;User ID=sa;password=888888;Initial
Catalog=pubs;Data Source=(local)"
  Adodc1.RecordSource = "select * from dbo.authors"
  Adodc1.Refresh
  Set DataGrid1.DataSource = Adodc1
End Sub
```

至此，整个实例执行完毕。执行后将首先按指定样式在 DataGrid 内显示数据信息，如图 15-29

所示；单击【视图】按钮后，会在指定数据库内创建指定的视图，并输出视图语句的查询结果，如图 15-30 所示。

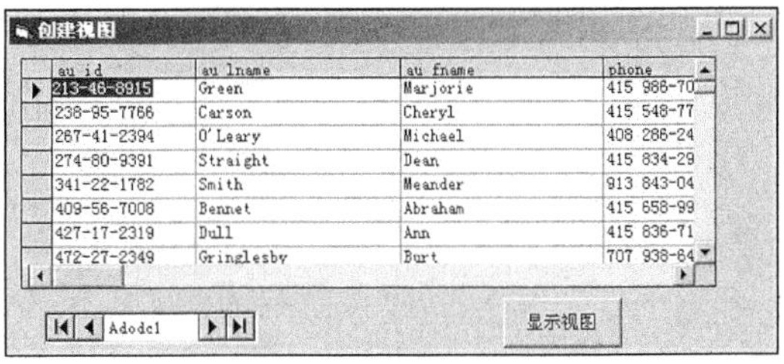

创建视图

au_id	au_lname	au_fname	phone
213-46-8915	Green	Marjorie	415 986-70
238-95-7766	Carson	Cheryl	415 548-77
267-41-2394	O'Leary	Michael	408 286-24
274-80-9391	Straight	Dean	415 834-29
341-22-1782	Smith	Meander	913 843-04
409-56-7008	Bennet	Abraham	415 658-99
427-17-2319	Dull	Ann	415 836-71
472-27-2349	Gringlesby	Burt	707 938-64

Adodc1　显示视图

图 15-29　初始窗体显示

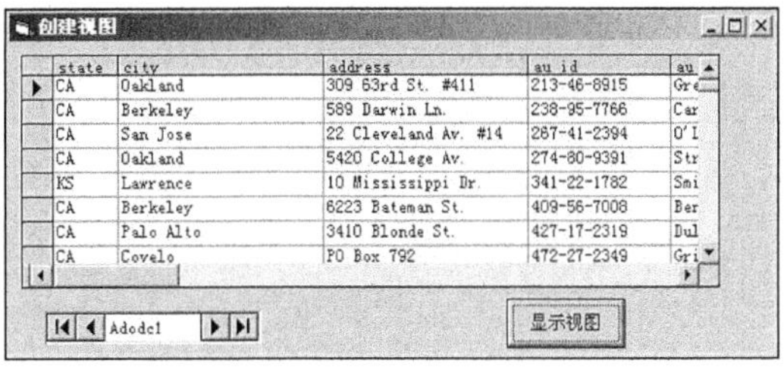

创建视图

state	city	address	au_id	au_
CA	Oakland	309 63rd St. #411	213-46-8915	Gre
CA	Berkeley	589 Darwin Ln.	238-95-7766	Car
CA	San Jose	22 Cleveland Av. #14	267-41-2394	O'L
CA	Oakland	5420 College Av.	274-80-9391	Str
KS	Lawrence	10 Mississippi Dr.	341-22-1782	Smi
CA	Berkeley	6223 Bateman St.	409-56-7008	Ber
CA	Palo Alto	3410 Blonde St.	427-17-2319	Dul
CA	Covelo	PO Box 792	472-27-2349	Gri

Adodc1　显示视图

图 15-30　视图显示指定表内的数据

15.4　技术解惑

15.4.1　执行存储过程的处理代码

在 Visual Basic 6.0 中，不但可以调用存储过程，而且可以执行存储过程的处理代码。例如，如果要求通过 Visual Basic 6.0 执行存储过程的处理代码，显示 SQL Server 2000 内置 Northwind 数据库内指定时间段的订单信息。则可以按照如下流程来实现。

首先，新建项目工程并插入各个控件对象，具体实现流程如下所示。

（1）打开 Visual Basic 6.0，新建一个标准 EXE 工程，如图 15-31 所示。

（2）在窗体内分别插入 1 个 Command 控件、1 个 ListView 控件、3 个 Label 控件、2 个 DTPicker 控件和 1 个 TextBox 控件，并分别设置它们的属性，如图 15-32 所示。

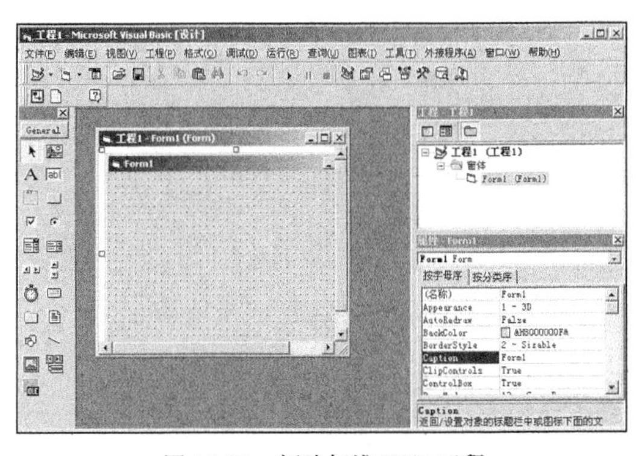

图 15-31　新建标准 EXE 工程

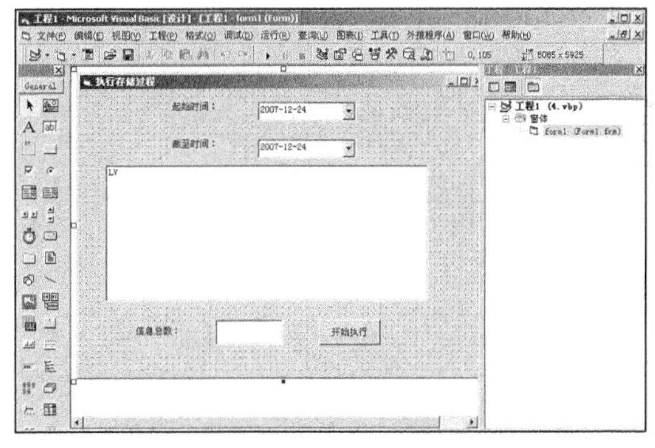

图 15-32　插入控件对象

窗体内各对象的主要属性设置如下所示。

- ❑ 窗体：设置名称为“Form1”，Caption 属性为“执行存储过程”。
- ❑ Command 控件：设置名称为“Command1”，Caption 属性为“开始执行”。
- ❑ ListView 控件：设置名称为“LV”。
- ❑ 第一个 DTPicker 控件：设置名称为“Label1”，Caption 属性为“起始时间:”。
- ❑ 第一个 Label 控件：设置名称为“DT1”。
- ❑ 第二个 Label 控件：设置名称为“DT2”。
- ❑ 第二个 Label 控件：设置名称为“Label2”，Caption 属性为“截至时间:”。
- ❑ 第三个 Label 控件：设置名称为“Label1”，Caption 属性为“信息总数:”。
- ❑ TextBox 控件：设置名称为“Text1”，Text 属性为空。

然后，来到代码编辑界面，为 Command1 设置鼠标单击事件处理代码，具体代码如下所示。

```
Option Explicit
    Dim CNN1 As ADODB.Connection                                '连接
    Dim RS As ADODB.Recordset                                   '结果集
    Dim StrCnn As String '连接字符串
    Dim DT10, DT20 As Variant                                   '日期变量
    Dim i As Integer '字段的计数
Private Sub Command1_Click()
  On Error Resume Next
  '获取设置查询的时间段
  DT10 = Format(Trim(DT1.Value), "yyyy-mm-dd")
  DT20 = Format(Trim(DT2.Value), "yyyy-mm-dd")
  '执行指定的存储过程
  Set RS = CNN1.Execute("[Employee Sales by Country] '" & DT10 & "','" & DT20 & "'")
 '如果截至时间小于开始时间，则在Listview控件内显示RS记录集的有效行
 If DT10 < DT20 Then
   '在Listview控件中显示RS记录集有效行
   If RS.Fields.Count > 0 Then
     i = RS.Fields.Count
     Listrec RS, LV
     RS.Close
   End If
  End If
End Sub
'定义Listrec函数，勇于在Listview控件内显示RS记录集的有效数据
Sub Listrec(ByRef RS As Recordset, ByRef LV As ListView)
  Dim head As ColumnHeader
  Dim Item As ListItem
  Dim K, P, Q As Integer
  K = 0
  '初始化listview的某些属性
  LV.ToolTipText = ""
  LV.View = lvwReport
  LV.GridLines = True
  LV.LabelEdit = lvwManual
  LV.ListItems.Clear
  LV.ColumnHeaders.Clear
  For i = 0 To RS.Fields.Count - 1
    '由于item.text不接受null ,故预先于空串作连接
    Set head = LV.ColumnHeaders.Add
    head.Text = RS.Fields(i).Name
  Next
 '初始化listview的某些属性，则逐一在Listview控件内显示对应的数据
While Not RS.EOF
    Set Item = LV.ListItems.Add
    Item.Text = "" & RS.Fields(0).Value
    For i = 1 To RS.Fields.Count - 1
      Item.SubItems(i) = "" & RS.Fields(i).Value
    Next
    K = K + 1
    RS.MoveNext
  Wend
  Text1.Text = ""
  Text1.Text = CStr(K)
  LV.ToolTipText = "有效记录条数:" + CStr(K)
End Sub
Private Sub Form_Load() '在窗体的LOAD事件中加入如下代码:
  Set CNN1 = New ADODB.Connection
  '使用Connection对象的StrCnn属性,直接指定连接的SQL Server数据库
  StrCnn = "Provider=SQLOLEDB;" & _
        "data source=(local);initial catalog=Northwind;" & _
      "Uid=sa;Pwd=888888;"
CNN1.Open StrCnn '打开连接
End Sub
```

上述项目执行后将首先按指定样式显示窗体，如图 15-33 所示；如果输入指定的查询时间段并单击【开始执行】按钮后，则输出显示对应的订单信息和信息数目，如图 15-34 所示。

这样就简单地实现了通过 Visual Basic 6.0 执行存储过程的处理代码，显示 SQL Server 2000 内置 Northwind 数据库内指定时间段订单信息的功能要求。

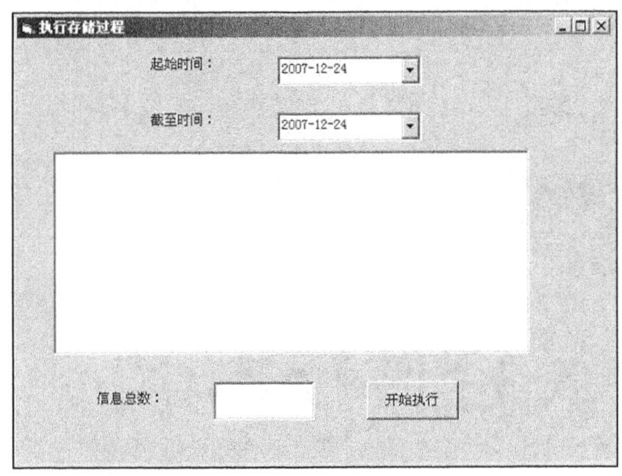

图 15-33 初始窗体显示

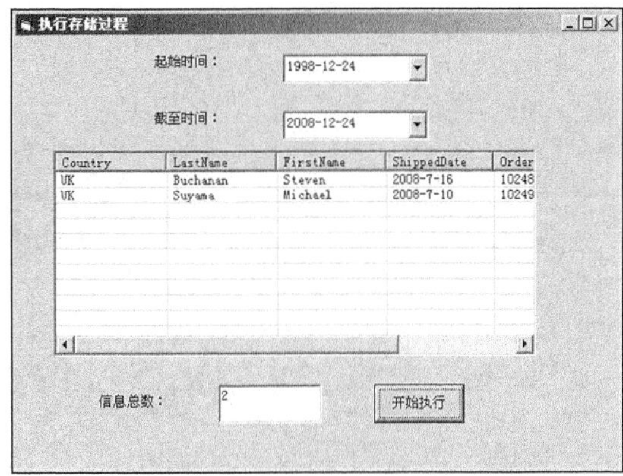

图 15-34 显示订单信息和信息数目

15.4.2 使用 SQL 存储过程有什么好处

- SQL 存储过程执行起来比 SQL 命令文本快得多。当一个 SQL 语句包含在存储过程中时，服务器不必每次执行它时都要分析和编译它。
- 调用存储过程可以认为是一个 3 层结构。这使你的程序易于维护。如果程序需要做某些改动，你只要改动存储过程即可。
- 可以在存储过程中利用 Transact-SQL 的强大功能。一个 SQL 存储过程可以包含多个 SQL 语句。你可以使用变量和条件。这意味着你可以用存储过程建立非常复杂的查询，以非常复杂的方式更新数据库。
- 这也许是最重要的，在存储过程中可以使用参数。你可以传送和返回参数。你还可以得到一个返回值（从 SQLRETURN 语句）。

15.4.3 使用视图处理数据

在数据库开发过程中，除了使用存储过程外，还经常使用视图。视图是从表或视图中导出的表，它和真实的表是不同的，因为它是虚拟的，所以被称为虚拟表。视图并不像存储过程那样被保存在数据库中，但是可以通过视图可见的输入字段和记录。视图也和存储过程一样，可以通过企业管理器或 SQL 语句创建，并且也可以对创建的视图进行修改和删除。

第 16 章

使用 ActiveX 控件技术

ActiveX 是 Microsoft 对于一系列策略性面向对象程序技术和工具的称呼，其中主要的技术是组件对象模型（COM）。在本章的内容中，将对 Visual Basic 6.0 中 ActiveX 控件技术的使用方法进行简要介绍，并通过具体的实例来加深对知识点的理解。在了解 ActiveX 控件技术基本知识的同时，读者可以借鉴本章的实例来加深对各知识点的理解，并且能够具体应用到自己的实践项目中。

本章内容

- ActiveX 基础
- 创建 ActiveX 控件
- 使用 ActiveX 控件

技术解惑

丢失 ActiveX 控件的解决方法

16.1 ActiveX 基础

知识点讲解：光盘：视频\PPT 讲解（知识点）\第 16 章\ActiveX 基础.mp4

ActiveX 是 Microsoft 对于一系列策略性面向对象程序技术和工具的称呼，其中主要的技术是组件对象模型（COM）。在有目录和其他支持的网络中，COM 变成了分布式 COM（DCOM）。在创建包括 ActiveX 程序时，主要的工作就是组件，一个可以自由地在 ActiveX 网络（现在的网络主要包括 Windows 和 Mac）中任意运行的程序。这个组件就是 ActiveX 控件。ActiveX 是 Microsoft 为抗衡 Sun Microsystems 的 JAVA 技术而提出的，此控件的功能和 Java applet 功能类似。

ActiveX 控件是由软件提供商开发的可重用的软件组件。使用 ActiveX 控件，可以很快地在网址、台式应用程序以及开发工具中加入特殊的功能。例如，StockTicker 控件可以用来在网页上即时地加入活动信息，动画控件可用来向网页中加入动画特性。

组件的一大优点就是可以被大多数应用程序再使用（这些应用程序称为组件容器）。一个 COM 组件（ActiveX 控件）可由不同语言的开发工具开发，包括 C++和 Visual Basic 或 PowerBuilder，甚至一些技术性语言如 VBScript。

ActiveX 组件包括如下几类。

- 自动化服务器：可以由其他应用程序编程驱动的组件。自动化服务器至少包括一个，也许是多个供其他应用程序生成和连接的基于 IDispatch 的接口。自动化服务器可以含有也可以没有用户界面（UI），这取决于服务器的特性和功能。
- 自动化控制器：那些使用和操纵自动化服务器的应用程序。
- 控件：ActiveX 控件等价于以前的 OLE 控件或 OCX。一个典型的控件包括设计时和运行时的用户界面，唯一的 IDispatch 接口定义控件的方法和属性，唯一的 IConnectionPoint 接口用于控件可引发的事件。
- 文档：ActiveX 文档，即以前所说的 DocObect，表示一种不仅仅是简单控件或自动化服务器的对象。ActiveX 文档在结构上是对 OLE 链接和模型的扩展，并对其所在的容器具有更多控制权。一个最显著的变化是菜单的显示方式。一个典型的 OLE 文档的菜单会与容器菜单合并成一个新的集合，而 ActiveX 文档将替换整个菜单系统，只表现出文档的特性而不是文档与容器共同的特性。
- 容器：ActiveX 容器是一个可以作为自动化服务器、控件和文档宿主的应用程序。

16.2 创建 ActiveX 控件

知识点讲解：光盘：视频\PPT 讲解（知识点）\第 16 章\创建 ActiveX 控件.mp4

通过 Visual Basic 6.0 可以创建自己需要的控件，这大大地方便了我们开发人员的工作。在本节内容中，将详细讲解在 Visual Basic 6.0 中创建 ActiveX 控件的方法。

16.2.1 向导创建 ActiveX 控件

在 Visual Basic 6.0 中，有专门的向导来创建 ActiveX 控件。下面将通过一个简单的实例，来讲解 Visual Basic 6.0 向导创建 ActiveX 控件的方法。

实例 075 通过 Visual Basic 6.0 向导创建一个简单的 ActiveX 控件

源码路径 光盘\daima\16\1\　　视频路径 光盘\视频\实例\第 16 章\075

本实例的具体操作流程如下所示。

（1）打开 Visual Basic 6.0，新创建一个标准 EXE 工程，如图 16-1 所示。

（2）依次单击【文件】|【添加工程】，弹出“添加工程”对话框，并选择“ActiveX 控件”选项，如图 16-2 所示。

（3）单击【打开】按钮，此时程序内将加入一个新的用户控件工程，并且工具箱中多了新的灰色工具，如图 16-3 所示。

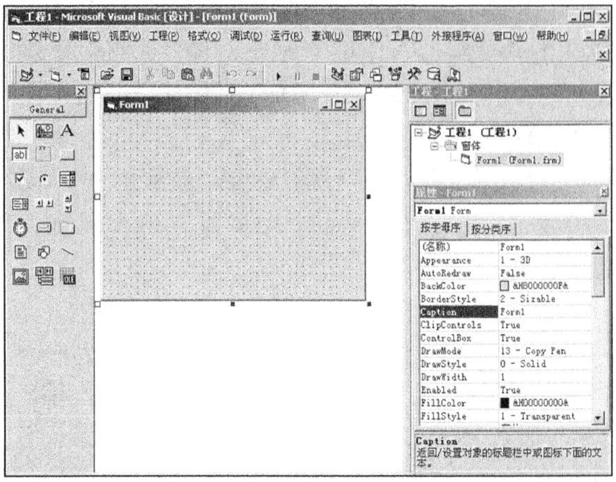

范例 149：多功能文档编辑器
源码路径：光盘\演练范例\149\
视频路径：光盘\演练范例\149\
范例 150：设置段落缩进
源码路径：光盘\演练范例\150\
视频路径：光盘\演练范例\150\

图 16-1　新建 EXE 工程

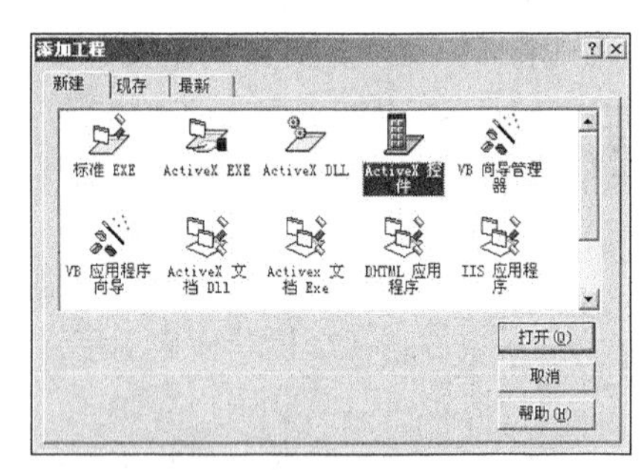

图 16-2　“添加工程”对话框

（4）在用户窗体依次加入 2 个 TextBox 控件、1 个 Image 控件和 1 条直线，如图 16-4 所示。

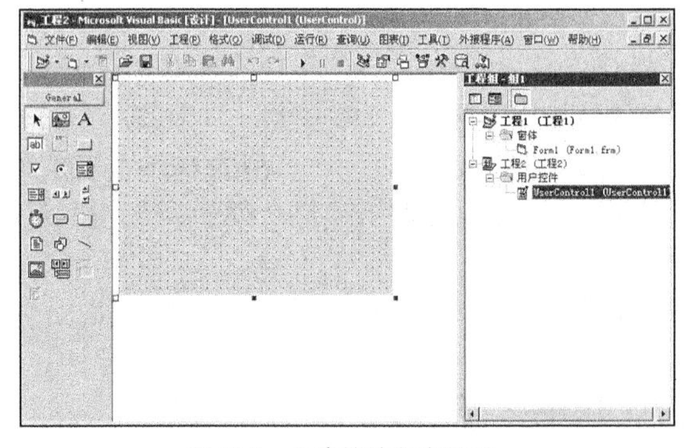

图 16-3　用户控件程序界面

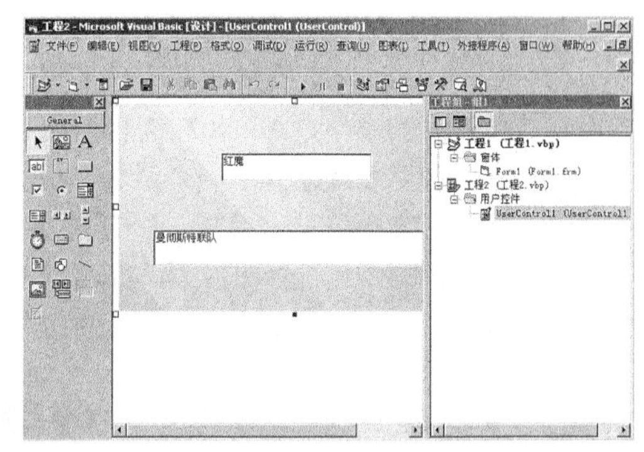

图 16-4　插入控件对象

上述界面中各控件对象的主要属性设置如下所示。

- 第一个 TextBox 控件：设置名称为“Text1”，Text 属性为“红魔”。
- 第二个 TextBox 控件：设置名称为“Text2”，Text 属性为“曼彻斯特联队”。
- Image 控件：设置名称为“Image1”，Picture 为指定的图片素材。

经过上述操作后，创建了一个简单的 ActiveX 控件。

在上述实例操作中，通过 Visual Basic 6.0 向导创建了一个简单的 ActiveX 控件。但是为了能够使用此控件建立内容不同的卡片，还需要为其设置必要的属性。在此可以通过“ActiveX 控件接口向导”为用户控件添加属性。具体操作流程如下所示。

（1）在 Visual Basic 6.0 中打开实例 1，依次单击【外接程序】|【外接程序管理器】。在弹出的“外接程序管理器”对话框中选择“接口向导”选项，并勾选下方的“加载/卸载”选项，

如图 16-5 所示。

（2）单击【确定】按钮返回程序界面，此时依次单击【外接程序】|【ActiveX 控件接口向导】后弹出“ActiveX 控件接口向导-介绍”对话框，如图 16-6 所示。

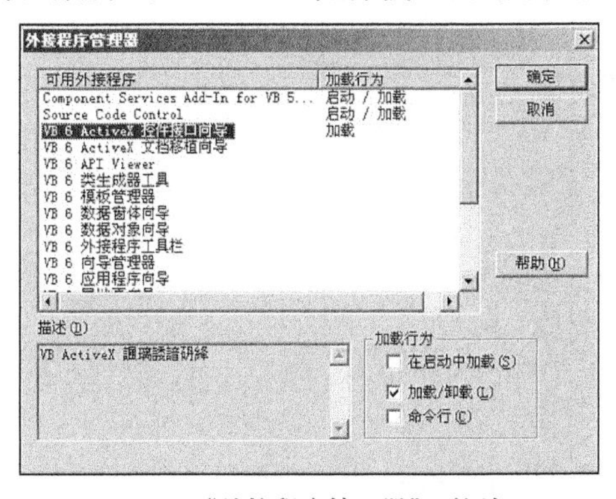

图 16-5 “外接程序管理器”对话框

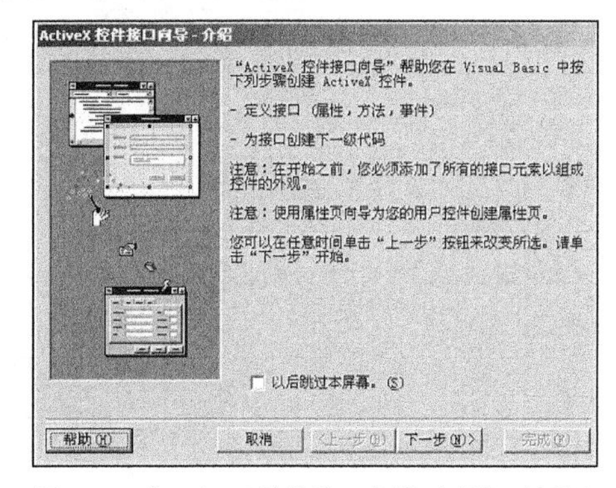

图 16-6 “ActiveX 控件接口向导-介绍”对话框

（3）单击【下一步】按钮来到“选定接口成员”对话框，在此可以选择需要的属性和事件，如图 16-7 所示。

（4）单击【下一步】按钮来到“创建自定义接口成员”对话框，在此可以单击【新建】按钮，并依次创建 2 个自定义的“属性”成员，如图 16-8 所示。

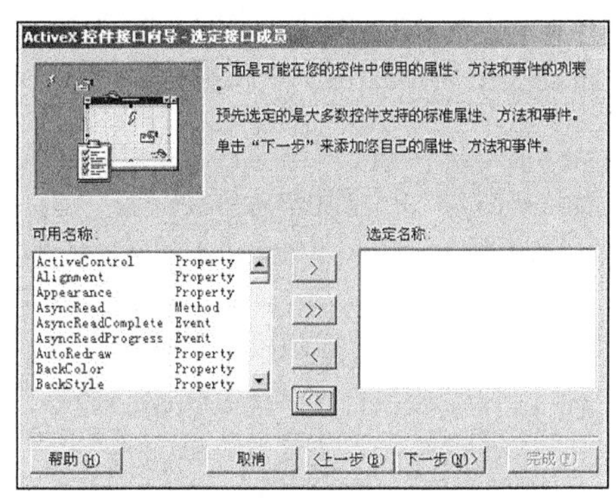

图 16-7 “选定接口成员”对话框

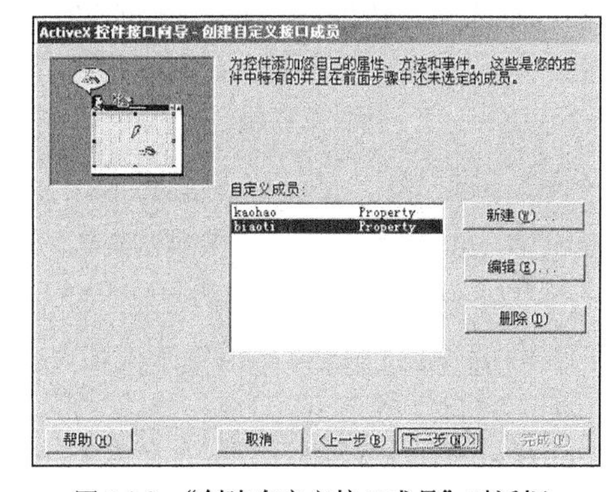

图 16-8 “创建自定义接口成员”对话框

（5）单击【下一步】按钮来到“设置映射”对话框，在此可以将图 16-8 中创建的自定义的“属性”成员和实例 075 中的 TextBox 控件分别相对应，如图 16-9 所示。

（6）单击【下一步】按钮来到“已完成”对话框，此处可以勾选“查看总结报告”选项，单击【完成】按钮后完成操作，如图 16-10 所示。

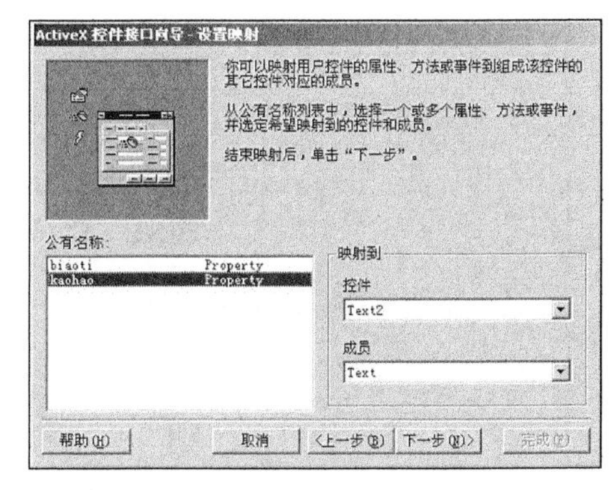

图 16-9 “设置映射”对话框

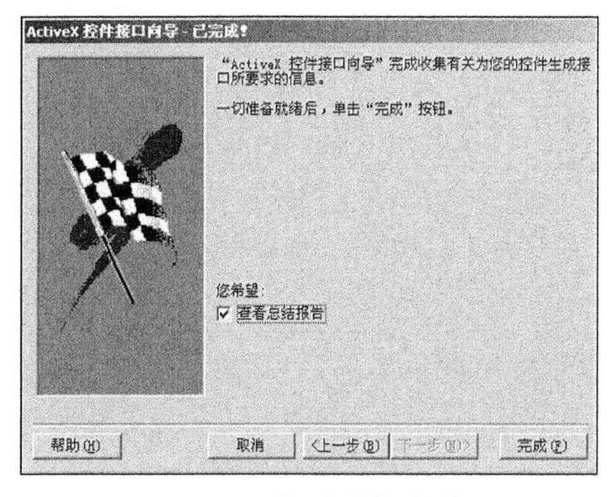

图 16-10 “已完成”对话框

经过上述处理后，通过向导创建的 ActiveX 控件就可以使用了。用户可以打开文件“组 1.vbg”，此时工具箱中的新建的 ActiveX 控件是可用的，如图 16-11 所示。

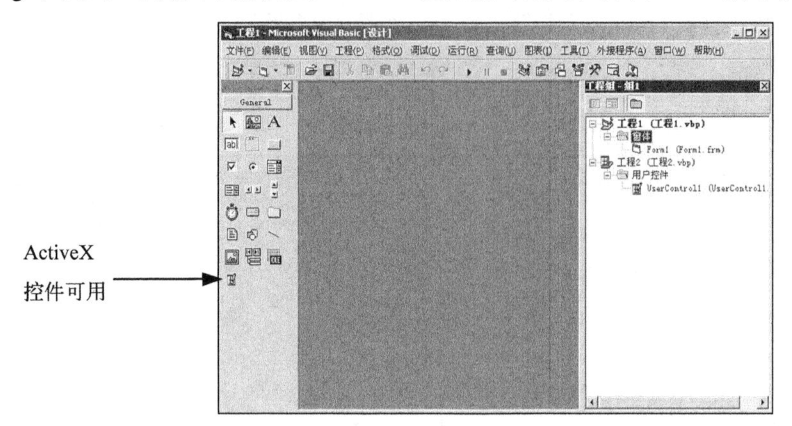

图 16-11　此工程中可用新建的 ActiveX

但是在使用上述新建的 ActiveX 控件时，只能设置其“kaohao”和“biaoti”属性，因为在图 16-8 步骤中，只自定义了上述两个属性。

16.2.2　手动创建 ActiveX 控件

虽然通过 Visual Basic 6.0 向导可以创建 ActiveX 控件，但是手动创建的 ActiveX 控件更灵活方便，并且功能也会更强。在下面的内容中，将通过一个简单的实例来讲解 Visual Basic 6.0 手动创建 ActiveX 控件的方法。

实例 076　通过 Visual Basic 6.0 手动创建一个简单的 ActiveX 控件

源码路径　光盘\daima\16\2\　　视频路径　光盘\视频\实例\第 16 章\076

本实例的具体操作流程如下所示。

(1) 打开 Visual Basic 6.0，新建一个标准 EXE 工程，如图 16-12 所示。

(2) 依次单击【文件】|【添加工程】，弹出“添加工程”对话框，并选择“ActiveX 控件”选项，如图 16-13 所示。

范例 151：播放 GIF 动画
源码路径：光盘\演练范例\151\
视频路径：光盘\演练范例\151\
范例 152：播放 Flash 动画
源码路径：光盘\演练范例\152\
视频路径：光盘\演练范例\152\

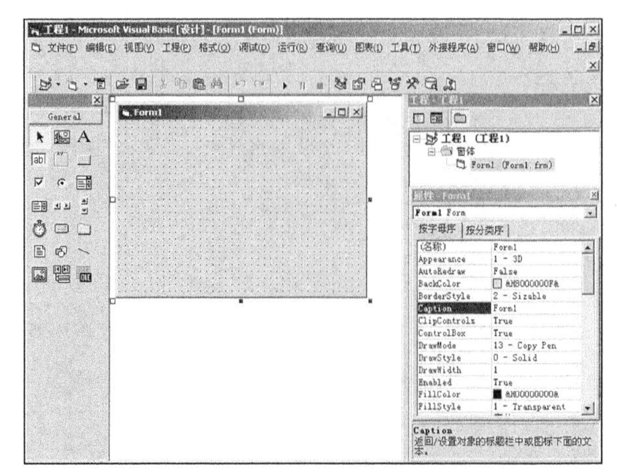

图 16-12　新建 EXE 工程

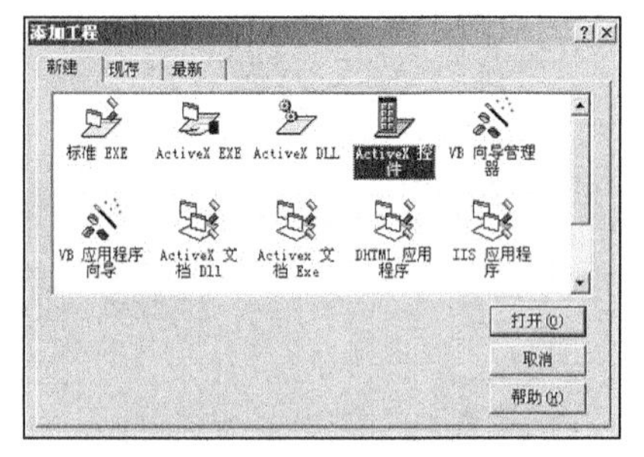

图 16-13　“添加工程”对话框

（3）单击【打开】按钮，此时程序内将加入一个新的用户控件工程，并且工具箱中多了新的灰色工具，如图 16-14 所示。

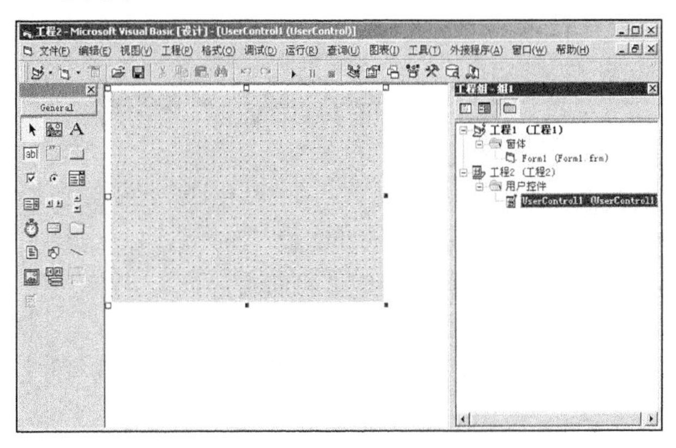

图 16-14　用户控件程序界面

（4）在用户控件窗体依次加入 2 个 TextBox 控件、1 个 Label 控件和 1 个 CommandButton 控件，如图 16-15 所示。

（5）来到代码编辑界面，依次单击【工具】|【添加过程】选项后弹出“添加过程”对话框。在此可以为控件设置属性、方法和事件，如图 16-16 所示。

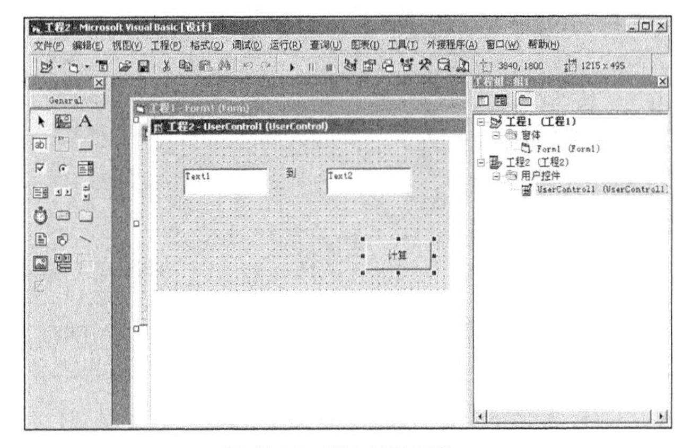

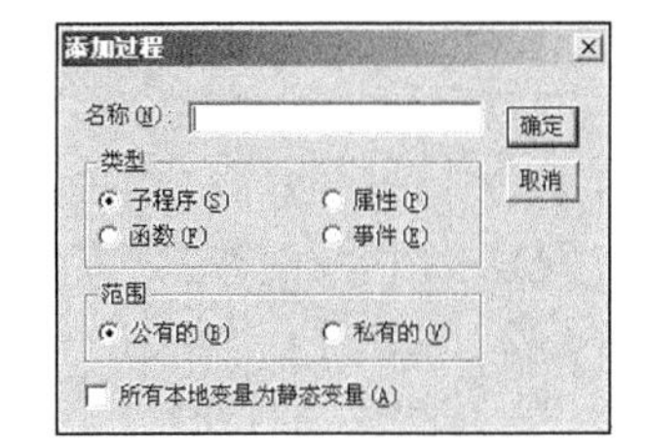

图 16-15　插入控件对象　　　　图 16-16　设置属性、方法和事件

（6）单击【确定】按钮返回代码界面，此时将自动生成创建属性、方法和事件的代码，如图 16-17 所示。

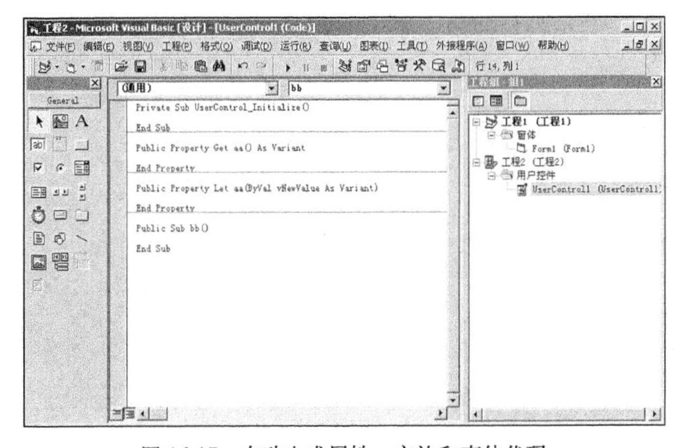

图 16-17　自动生成属性、方法和事件代码

注意：在上述实例中，通过 Visual Basic 6.0 手动创建一个简单的 ActiveX 控件，在图 16-17 所示的代码编辑界面中，读者可以进一步编写具体的过程代码和方法代码，以使其能够完成某些操作功能。读者可以尝试定义一个求和函数，用于计算上述 TextBox 控件中输入数字的和。

16.3　使用 ActiveX 控件

知识点讲解：光盘：视频\PPT 讲解（知识点）\第 16 章\使用 ActiveX 控件.mp4

通过 Visual Basic 6.0 创建了自己需要的 ActiveX 控件后，如果要将它应用于其他的项目工程，则需要对其进行编译处理。在本节内容中，将简要介绍 ActiveX 控件使用前的方法。

使用 ActiveX 控件的具体流程如下所示。

（1）在 Visual Basic 6.0 中打开创建的组文件，然后依次单击【文件】|【生成工程 2.ocx】选项，如图 16-18 所示。

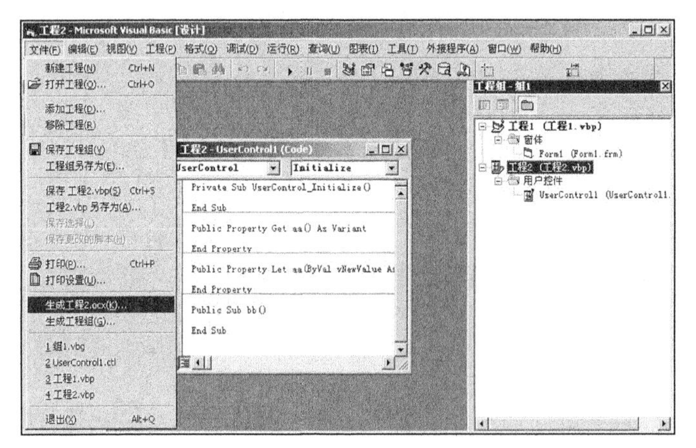

图 16-18　生成工程 2.ocx

（2）此时将在指定位置生成“工程 2.ocx”文件，然后将此文件复制到“C:\WINDOWS\system32”目录下。

（3）依次单击【开始】|【运行】选项，然后输入“regsvr32 工程 2.ocx”，对其进行注册，如图 16-19 所示。

（4）此时控件“工程 2.ocx”就可以和其他 Visual Basic 控件一样使用了，并且也需要在 Visual Basic 中通过【工程】|【部件】选项，将其添加到工具箱中，如图 16-20 所示。

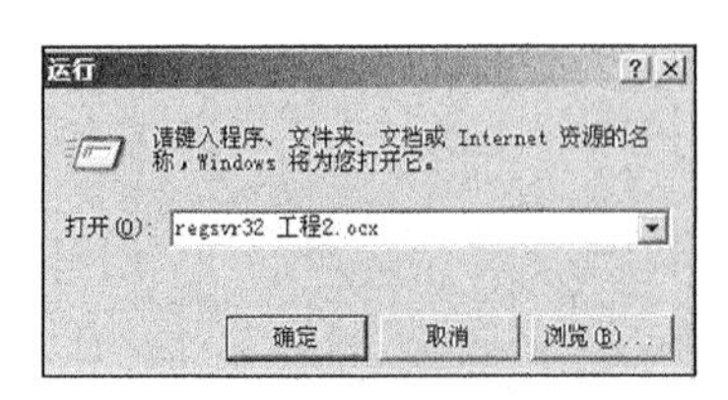

图 16-19　生成工程 2.ocx

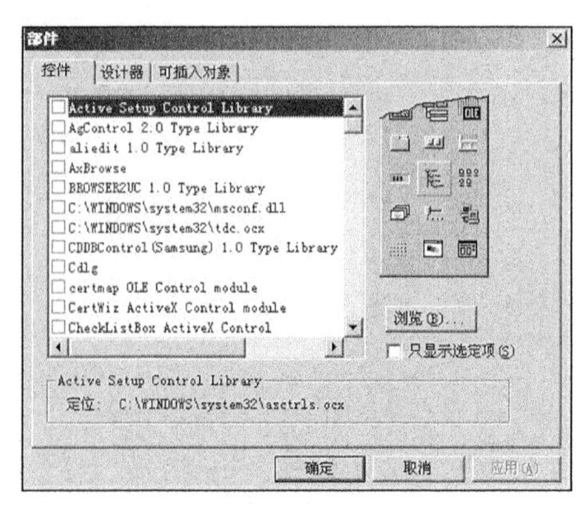

图 16-20　“部件”对话框

16.4 技术解惑

丢失 ActiveX 控件的解决方法

假如在打开一个 Excel 文件时，出现丢失了 Visual Basic 项目和 ActiveX 控件的情况，在一开始的时候出现了“类未注册，查找具有以下 CLSID 对象的提示。

```
{AC9F2F90-E877-11CE-9F68-00AA00574A4F}
```

而且卸载后重装 Office，还是如此，解决方法如下所示。

（1）首先，直接按快捷键“WIN+R”打开“运行”对话框执行下面的命令。

```
Regsvr32.exe fm20.dll
```

如果提示成功，则问题解决。

如果上述方法不行，提示文件未找到，则你的系统缺失 Regsvr32.exe 和 fm20.dll 这两个文件都在你的电脑系统目录下 windows\system32 的下面。如果没有，则去别的电脑复制过来，或者从网上寻找。

（2）下载安装程序 Regsvr32.exe。

执行 Regsvr 32 .exe 来注册 Fm20.dll。如果没有 Regsvr32.exe，可以到下面的地址下载此文件。

http://download.microsoft.com/download/access95/util5/1/win98/en-us/regsv32a.exe

（3）手动注册 Fm20.dll。

- 在 MicrosoftWindowsExplorer Windows\System 文件夹中或 Winnt\system32 文件夹下（MicrosoftWindowsNT）中查找 Fm20.dll 文件。如果文件没有，将其从 Microsoft Office 光盘上 OS\System 文件夹复制到适当位置。
- 关闭所有打开程序。
- 单击 Windows 任务栏上“开始”，单击“运行”后键入下面的命令。

```
Regsvr 32 .exe fm20.dll
```

单击“确定”按钮后会出现以下消息。

```
c:\windows\system\fm20.dll 中的DllRegisterServer成功。
```

第 17 章

文 件 处 理

文件是计算机编程中的常见处理对象，计算机中的程序就是被保存为各种文件格式。计算机领域中的文件是指，存储在计算机外部介质上的数据或信息的集合。用户必须首先在硬盘或其他存储介质中找到文件，然后将文件打开后才能浏览它的内容。在本章的内容中，将详细讲解 Visual Basic 6.0 中常见的文件操作方法，并通过具体的实例来加深对知识点的理解。

本章内容

- ⏭ 文件概述
- ⏭ 文件系统控件
- ⏭ 顺序文件操作
- ⏭ 随机文件操作
- ⏭ 二进制文件操作

技术解惑

实现图像在数据库的存储与显示的方法

Input#语句

存储二进制文件的意义

17.1 文件概述

知识点讲解：光盘：视频\PPT 讲解（知识点）\第 17 章\文件概述.mp4

众所周知，用户的计算机硬盘就是由众多不同类型的文件构成的。用户如果需要在介质内存储某个数据信息，就必须首先创建一个文件，然后向此文件内输入需要存储的信息。在本节的内容中，将对文件的相关概念和基本结构进行简要说明。

17.1.1 文件结构

文件是数据信息在磁盘上的一种存储结构，其基本单位是字节。文件可以由多个彼此不相关的，但都包含特定信息的字节数据组成。

计算机中的不同类型文件以不同的标识来定义，它由存储路径、主名和扩展名 3 部分构成。

一个文件可以由多个记录组成，每一个记录是多项相关信息的集合，每一项被称为“数据元素”或“字段”。

17.1.2 文件分类

计算机内的文件有多种格式和类型，可以按照其性质、访问方式或存储方式的不同进行划分。

1. 按性质划分

按文件的性质划分可以分为程序文件和数据文件两种，具体信息如下所示。

- 程序文件。

程序文件是可以由计算机执行的程序，包括可执行的文件和源程序文件。例如 Visual Basic 6.0 中的.exe 和.frm 都是常见的程序文件。

- 数据文件。

数据文件是用于保存数据的，例如动态项目中的数据库信息都会被保存在专用的数据库文件中。

2. 按访问方式划分

按文件的访问方式划分可以分为顺序文件和随机文件两种，具体信息如下所示。

- 顺序文件。

在读取文件内容时只能从头开始，逐一获取文件信息。即使是文件的中间部分内容，也只能从头开始读取，直到到达中间部分的内容。

- 随机文件。

随机文件中的每个记录的字段和长度都是固定的，并且每个记录都有一个专用的记录号。在读取文件时，不用从头开始，只要指定读取记录号后即可读取这个记录号的数据。

3. 按存储方式划分

按文件的存储方式划分可以分为 ASCII 文件和二进制文件两种，具体信息如下所示。

- ASCII 文件。

按字符的 ASCII 码格式存储，每个字符占用一个字节。

- 二进制文件。

按数据的机内码存储，每个数据所占用的存储空间为该类型数据的字节数。

17.1.3 访问文件

此处介绍的访问文件是指 Visual Basic 6.0 中的文件访问，主要包括如下 3 种操作。

- 打开文件。

打开指定的、要操作的文件。

❑ 读写文件。

根据文件的格式和用途，对文件进行读写操作。读操作是指读取文件的信息，写操作是指写入指定的信息到文件内。

❑ 关闭文件。

关闭指定的、正在操作的文件。

17.2　文件系统控件

知识点讲解：光盘：视频\PPT 讲解（知识点）\第 17 章\文件系统控件.mp4

在 Visual Basic 6.0 中提供了 3 个专用的控件，分别用于显示磁盘驱动器、目录和文件的信息。具体说明如下所示。

❑ 驱动器列表框控件：DriveListBox。

❑ 目录列表框控件：DirListBox。

❑ 文件列表框控件：FileListBox 控件。

在本节的内容中，将分别对上述控件的基本知识进行简要介绍。

17.2.1　驱动器列表框控件

驱动器列表框控件是一种下拉的列表控件，在运行后可以显示用户系统内所有的磁盘驱动器列表。通过驱动器列表框，可以在任意驱动器中打开任意的文件。

驱动器列表框控件是通过本身的属性和事件实现对应功能的，具体信息如下所示。

1. 属性

驱动器列表框控件的常用属性有 3 个，具体说明如下所示。

❑ Drive 属性。

Drive 属性用于返回或设置磁盘驱动器的名称，它可以是任意的有效字符串表达式。

❑ List 属性。

List 属性是一个数组，其中的每一个元素中的字符串是一个驱动器名，数组的下标从 0 开始。List 属性只能在程序中设置，而不能在属性窗口中设置。

❑ ListCount 属性。

ListCount 属性表示系统中的磁盘个数，也只能在程序中设置，而不能在属性窗口中设置。

2. 事件

驱动器列表框控件的常用事件有两个，具体说明如下所示。

❑ Change 事件。

当选择一个驱动器，或通过代码改变 Drive 属性值时将会触发 Change 事件。

❑ Click 事件。

当用户单击驱动器列表框时会触发 Click 事件。

17.2.2　目录列表框控件

目录列表框控件用于显示目录和路径信息，并且可以显示分层目录。目录列表框控件是通过本身的属性和事件实现对应功能的，具体信息如下所示。

1. 属性

目录列表框控件的常用属性有 4 个，具体说明如下所示。

❑ Path 属性。

Path 属性用于返回或设置当前目录的完整路径，具体语法格式如下所示。

```
目录路径列表框名.Path[=目录路径名]
```

- List 属性。

List 属性是一个数组，其中的每一个元素中包含对应条数的完整路径和目录名。List 属性只能在程序中设置，而不能在属性窗口中设置。

- ListCount 属性。

ListCount 属性表示 List 数组中的元素个数，即所选目录的下一级目录的数量。

- ListIndex 属性。

ListIndex 属性的取值范围是-n～ListCount-1，当前目录所对应的 ListCount 属性值为-1，上一级目录对应的 ListCount 属性值为-2。

2. 事件

目录列表框控件的常用事件有两个，具体说明如下所示。

- Change 事件。

当双击一个目录或通过代码改变 Path 属性值时将会触发 Change 事件。

- Click 事件。

当单击目录列表框控件中的某个目录名时将会触发 Click 事件。

17.2.3 文件列表框控件

文件列表框控件用于显示当前目录中的文件列表，当刚刚建立时会显示当前目录下的文件信息。如果要显示其他目录下的文件信息，则必须改变路径，重新设置文件列表框控件中的 Path 属性。

文件列表框控件是通过本身的属性和事件实现对应功能的，具体信息如下所示。

1. 属性

文件列表框控件的常用属性有 3 个，具体说明如下所示。

- Path 属性。

Path 属性值是字符串数据类型，用于设置当前文件列表框内所显示文件的存储路径。它只能在程序中设置，而不能在属性窗口中设置。

- FileName 属性。

FileName 属性用于设置或返回所选文件的路径和文件名。它也只能在程序中设置，而不能在属性窗口中设置。

当在代码中为 FileName 属性赋值时应该注意如下两点：

（1）当赋值字符串中包含驱动器或路径字符时，会同时改变 Path 属性。

（2）当赋值字符串中包含模式时，会同时改变 Pattern 属性。

- Pattern 属性。

Pattern 属性用于设置文件列表框中文件多显示模式，默认值是“*.*”，表示显示所有的文件。

2. 事件

文件列表框控件的常用事件有 4 个，具体说明如下所示。

- PathChange 事件。

当文件列表框的文件显示路径时，FileName 属性或 Path 属性改变时，将会触发 PathChange 事件。

- Click 事件。

当 FilelistBox 控件发生 Click 事件时，FileName 属性将会改变。

- PatternChange 事件。

当改变文件列表框中文件的显示模式时会触发此事件。可以使用 PatternChange 事件的过程来响应在显示模式中的改变。

❑ DbClick 事件。

当 FilelistBox 控件发生 DbClick 事件时，FileName 属性将会改变。

17.2.4　使用文件系统控件

了解了各文件系统控件的基本知识后，在下面的内容中，将通过一个具体实例的实现过程，来讲解文件系统控件的使用方法。

实例 077　通过用户选定的文件路径和指定格式，显示出符合要求的文件名

源码路径　光盘\daima\17\1\　　　视频路径　光盘\视频\实例\第 17 章\077

本实例的实现流程如图 17-1 所示。

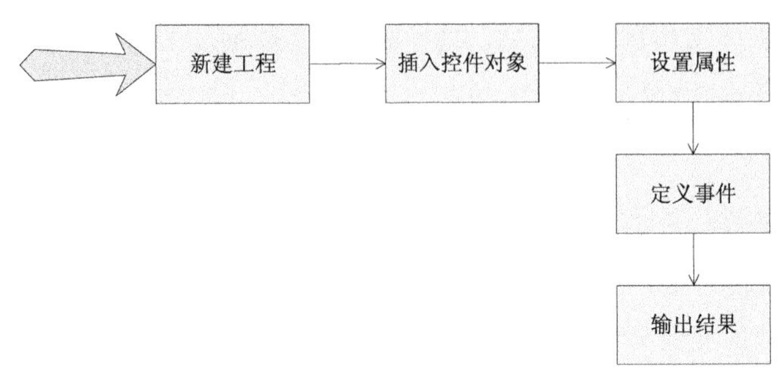

图 17-1　实例实现流程图

下面将详细介绍上述实例流程的具体实现过程，首先新建项目工程并插入各个控件对象，具体实现流程如下所示。

（1）打开 Visual Basic 6.0，新创建一个标准 EXE 工程，如图 17-2 所示。

（2）在窗体 Form1 内分别插入指定的控件，并分别设置其属性，如图 17-3 所示。

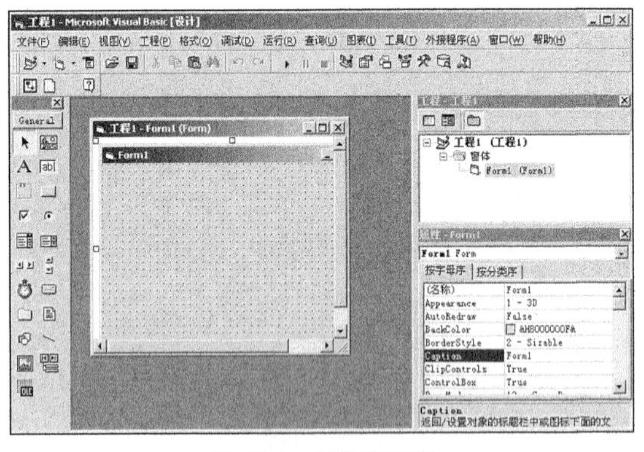

图 17-2　新创建工程

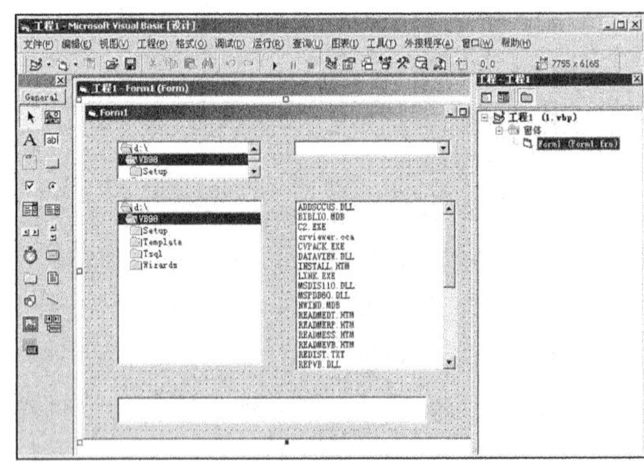

图 17-3　插入对象并设置属性

窗体内各对象的主要属性设置如下所示。

❑ 窗体：设置名称为“Form1”，Caption 属性为“Form1”。

❑ DriveListBox 控件：设置名称为“Drive1”。

❑ DirListBox 控件：设置名称为“Dir1”。

❑ FilelistBox 控件：设置名称为“File1”。

❑ ComboBox 控件：设置名称为“Combo1”，Text 属性为空。

❑ ComboBox 控件：设置名称为“Combo2”，Text 属性为空。

然后来到代码编辑界面，为窗体内的各个对象设置事件处理代码，具体代码如下所示。

```
'定义驱动器改变事件的处理代码
Private Sub Drive1_Change()
   Dir1.Path = Drive1.Drive
End Sub
'定义列表框改变事件的处理代码
Private Sub Combo1_Change()
   File1.Pattern = Combo1.Text
End Sub
Private Sub Dir1_Change()   '定义目录列表框改变事件的处理代码
  File1.Path = Dir1.Path
End Sub
Private Sub File1_Click()    '定义文件列表框改变事件的处理代码
  Text1.Text = File1.FileName
End Sub
'初始化文件列表框
Private Sub Form_Load()
With Combo1
    .AddItem ".exe"
    .AddItem ".txt"
    .AddItem ".doc"
    .AddItem ".xls"
    .AddItem ".rar"
End With
File1.Pattern = Combo1.Text
End Sub
```

范例 153：打开对话框的实例
源码路径：光盘\演练范例\153\
视频路径：光盘\演练范例\153\
范例 154：保存对话框的实例
源码路径：光盘\演练范例\154\
视频路径：光盘\演练范例\154\

经过上述设置处理后，整个实例设置完毕。执行后，将按指定样式在窗体内显示各窗体对象，如图 17-4 所示。当改变框内的选项时会触发事件处理代码，并改变框内的值，如图 17-5 所示。

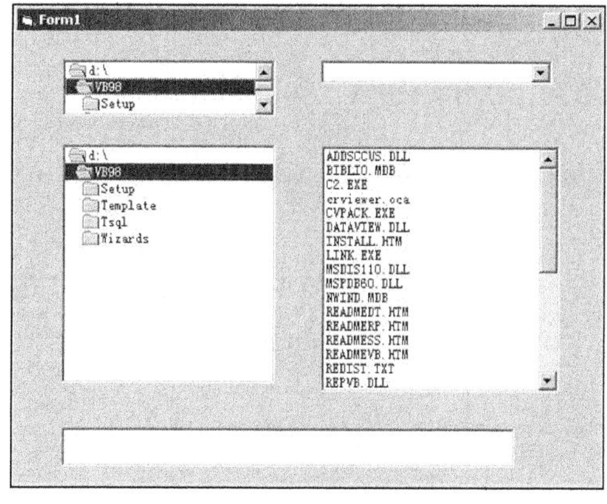

图 17-4　初始显示默认窗体

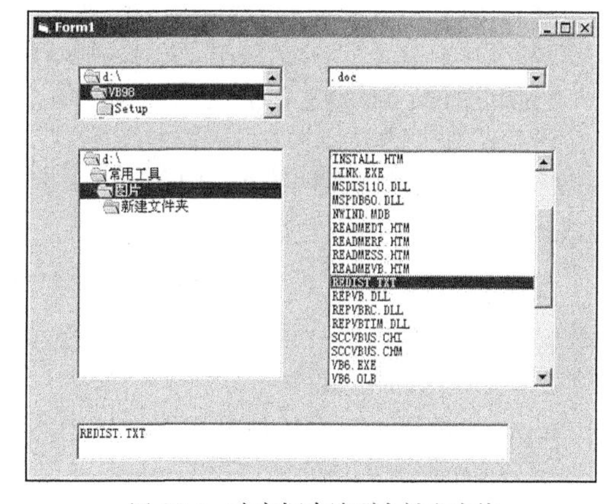

图 17-5　改变框内选项会触发事件

在上述实例中，通过用户选定的文件路径和指定格式，自动显示出了符合要求的文件名。当然读者可以随意选择硬盘路径范围，也可以随意设置文件类型。

注意：在上面的内容中，简要介绍了 Visual Basic 6.0 中文件系统控件的基本知识。除了书中介绍的常用属性和事件外，文件系统控件还有很多其他的属性和事件。相关的具体信息，读者可以在百度中通过检索“文件系统控件属性”或“文件系统控件方法”关键字，来获取对应的信息。也可以通过检索具体的属性名，来获取对应属性的使用方法。

17.3　顺序文件操作

知识点讲解：光盘：视频\PPT 讲解（知识点）\第 17 章\顺序文件操作.mp4

顺序文件通常被用于保存成批处理的数据，一般具有如下特点。

- 按一定顺序处理里面的数据，在建立时只能从第一个记录开始，并逐个记录地写入文件。
- 在读文件时只能快速定位文件头或文件尾，如果要查找中间的文件，则必须从头开始。
- 作为普通的纯文本文件，数据以字符形式存储，可以用任何字符处理软件访问。

- ❑ 访问简单。

对顺序文件操作主要包括建立、打开、读、写和删除。

17.3.1　打开与关闭

在处理任何一个文件时，必须首先将这个文件打开。当程序文件终止时，文件将会自动关闭。Visual Basic 6.0 中文件的打开操作使用 Open 语句，具体语法格式如下所示。

```
Open 文件名 For Mode [Lock Lock_level] As [#] 文件号 [Len = 记录长度]
```

上述格式中各参数的具体说明如下所示。

（1）文件名：是要访问的顺序文件的文件名及其路径。

（2）Mode：是文件访问模式，各取值的具体说明如下所示。

- ❑ Input：打开文件，只读的。如果文件不存在，则显示错误信息。
- ❑ Output：打开文件，只写的。如果文件不存在，则新建文件，存在则刷新此文件。
- ❑ Append：打开文件，在文件末尾追加数据。如果文件不存在，则新建文件。

（3）Lock_level：是文件的锁定模式，各取值的具体说明如下所示。

- ❑ Read：其他任务和进程不能读此文件。
- ❑ Write：其他任务和进程不能写此文件。
- ❑ Read Write：其他任务和进程不能读、写此文件。

（4）文件号：为打开文件后使用的通道号，是一个 1～511 的整数，一般从小到大使用。

（5）Len：设置文件和程序之间复制数据时缓冲区的字符数。

Visual Basic 6.0 中文件的关闭操作使用 Close 语句，具体语法格式如下所示。

```
Close #文件号 [,#文件号]
```

其中，“文件号”是打开文件时指定的文件号，如果省略则关闭所有用 Open 语句打开的文件。

17.3.2　读操作

如果使用 Input 模式打开一个文件后，可以在 Visual Basic 6.0 中使用函数或语句来实现对顺序文件的读操作。在下面的内容中，将分别介绍上述功能的具体实现过程。

1．使用 Input 函数

Input 函数用于返回从指定文件中读出的 *n* 个字符的字符串，具体的语法格式如下所示。

```
Input(读取字符串的长度,#文件号)
```

实例 078　使用 Input 函数读取当前目录下文件 123.txt 内容

源码路径　光盘\daima\17\2\　　　视频路径　光盘\视频\实例\第 17 章\078

本实例的实现流程如图 17-6 所示。

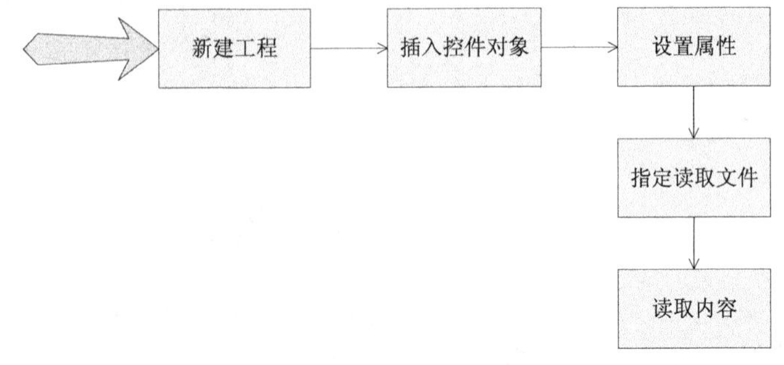

图 17-6　实例实现流程图

下面将详细介绍上述实例流程的具体实现过程，首先新建项目工程并插入各个控件对象，具体实现流程如下所示。

(1) 打开 Visual Basic 6.0，新创建一个标准 EXE 工程，如图 17-7 所示。

(2) 在窗体 From1 内插入 1 个 TextBox 控件和 2 个 CommandButton 控件，并分别设置其属性，如图 17-8 所示。

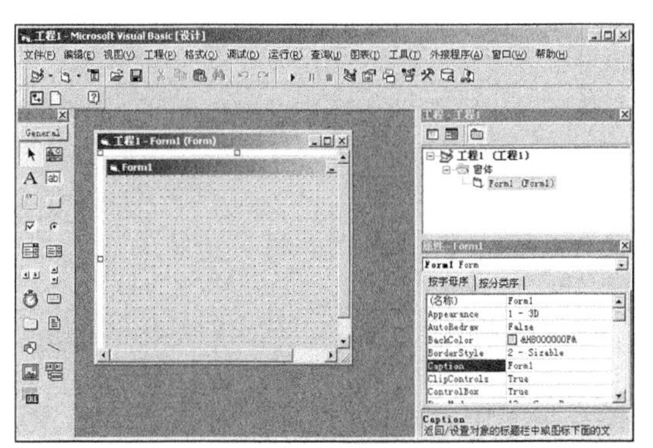

图 17-7　新建工程

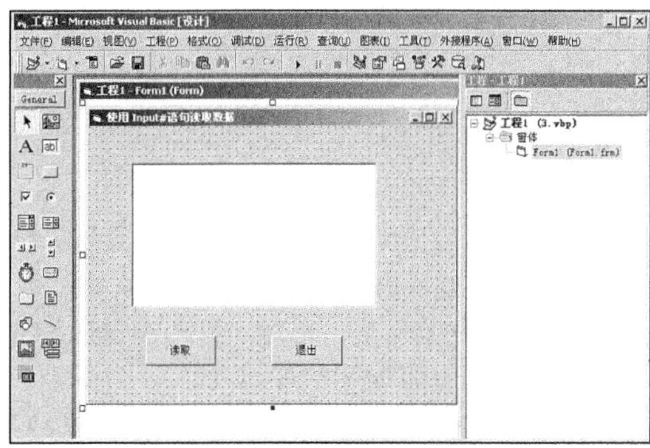

图 17-8　插入对象并设置属性

窗体内各对象的主要属性设置如下所示。

- 窗体：设置名称为“Form1”，Caption 属性为“使用 Input#语句读取数据”。
- 第一个 CommandButton 控件：设置名称为“Command1”，Caption 属性为“读取”。
- 第二个 CommandButton 控件：设置名称为“Command2”，Caption 属性为“退出”。
- TextBox 控件：设置名称为“Text1”，Text 属性为空。

然后来到代码编辑界面，为窗体内的按钮对象设置事件处理代码，具体代码如下所示。

```
Private Sub Command1_Click()
Dim MyChar
Dim FileName As String
'指定被读取的文件路径
FileName = App.Path & "\123.txt"
' 打开文件
Open FileName For Input As #1
' 循环至文件尾
Do While Not EOF(1)
    MyChar = Input(1, #1)                    ' 读入一个字符
    Text1 = Text1 & MyChar
Loop
Close #1                                     ' 关闭文件
End Sub
Private Sub Command2_Click()
End
End Sub
Private Sub Form_Load()
End Sub
```

范例 155：管理文件夹
源码路径：光盘\演练范例\155\
视频路径：光盘\演练范例\155\
范例 156：删除文件夹
源码路径：光盘\演练范例\156\
视频路径：光盘\演练范例\156\

经过上述设置处理后，整个实例设置完毕。执行后，将按指定样式在窗体内显示各窗体对象，如图 17-9 所示。当单击【读取】按钮后，会在文本框内显示目标文件的字符内容，如图 17-10 所示。

图 17-9　初始显示默认窗体

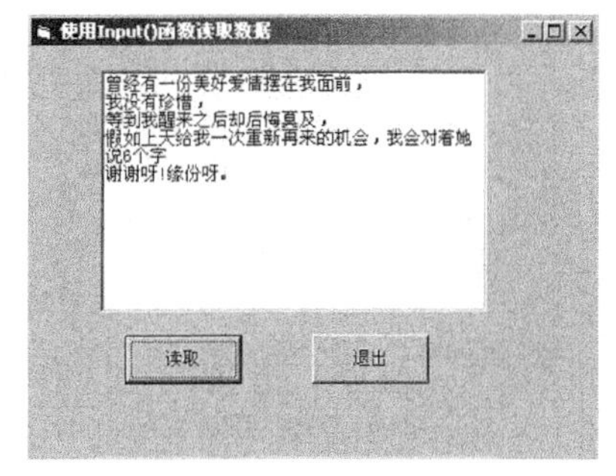

图 17-10　显示目标文件内容

注意：在上述实例中，通过使用 Input 函数在窗体内读取并显示了当前目录下指定文件的内容。除了实例中读取指定目标文件的全部文本内容的应用外，还可以设置读取文件的行数。例如，可以通过如下代码读取指定目标文件的前 10 行文本。

```
Private Sub Command1_Click()
Dim a(1 to 10) As Long
Open "d:\zzzz.txt" For Input As #1
For i = 1 To 10
line input #1, a(i)
Next i
Close #1
End sub
```

读者可以尝试对上述实例进行修改，使其能够获取目标文件的前 3 行文本内容。

2. 使用 Input#语句

Input#语句用于从一个顺序文件中读取数据项，并赋给程序变量。具体的语法格式如下所示。

```
Input # 文件号,变量名列表
```

实例 079　使用 Input#语句读取当前目录下文件 123.txt 内容

源码路径　光盘\daima\17\3\　　　视频路径　光盘\视频\实例\第 17 章\079

本实例的实现流程如图 17-11 所示。

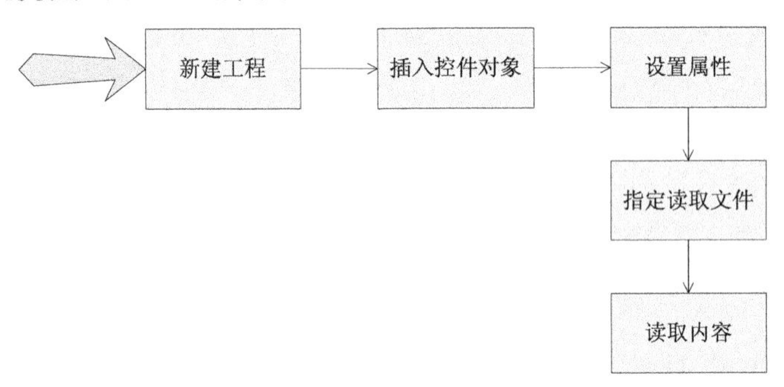

图 17-11　实例实现流程图

下面将详细介绍上述实例流程的具体实现过程，首先新建项目工程并插入各个控件对象，具体实现流程如下所示。

（1）打开 Visual Basic 6.0，新创建一个标准 EXE 工程，如图 17-12 所示。

（2）在窗体 From1 内插入 1 个 TextBox 控件和 2 个 CommandButton 控件，并分别设置其属性，如图 17-13 所示。

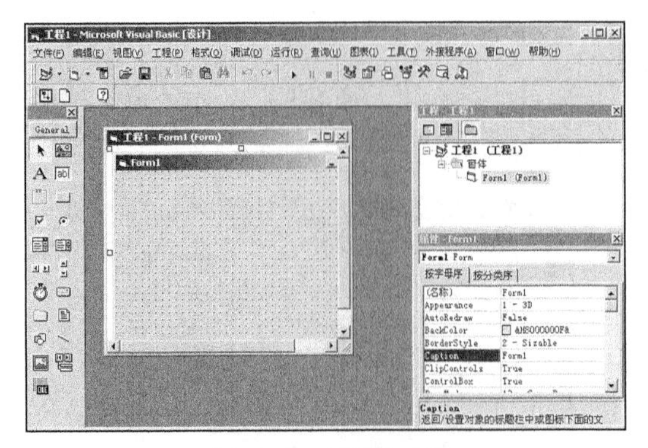

图 17-12　新创建工程

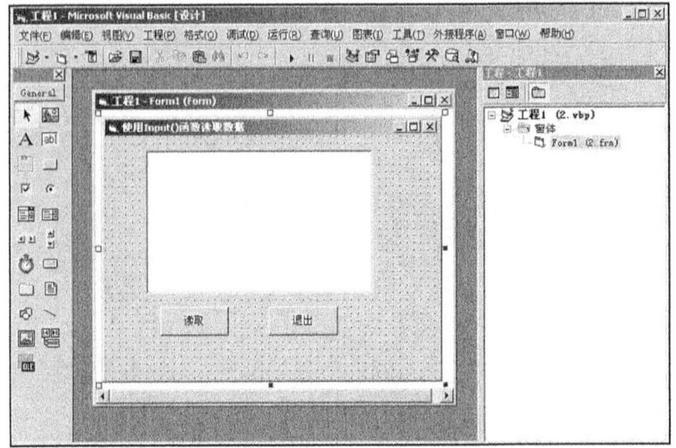

图 17-13　插入对象并设置属性

窗体内各对象的主要属性设置如下所示。

- 窗体：设置名称为“Form1”，Caption 属性为“使用 Input()函数读取数据”。

- ❑ 第一个 CommandButton 控件：设置名称为“Command1”，Caption 属性为“读取”。
- ❑ 第二个 CommandButton 控件：设置名称为“Command2”，Caption 属性为“退出”。
- ❑ TextBox 控件：设置名称为“Text1”，Text 属性为空。

然后来到代码编辑界面，为窗体内的按钮对象设置事件处理代码，具体代码如下所示。

```
Private Sub Command1_Click()
Dim MyLine
Dim FileName As String
'指定被读取的文件路径
FileName = App.Path & "\123.txt"

Open FileName For Input As #1            ' 打开文件
Do While Not EOF(1)                      ' 循环至文件尾
    Input #1, MyLine
   Text1.Text = Text1 & MyLine & vbCrLf
Loop
Close #1                                 ' 关闭文件
End Sub
Private Sub Command2_Click()
End
End Sub
Private Sub Form_Load()
End Sub
```

> 范例 157：复制文件夹
> 源码路径：光盘\演练范例\157\
> 视频路径：光盘\演练范例\157\
> 范例 158：管理文件
> 源码路径：光盘\演练范例\158\
> 视频路径：光盘\演练范例\158\

经过上述设置处理后，整个实例设置完毕。执行后，将按指定样式在窗体内显示各窗体对象，如图 17-14 所示。当单击【读取】按钮后，会在文本框内显示目标文件的字符内容，如图 17-15 所示。

图 17-14 初始显示默认窗体

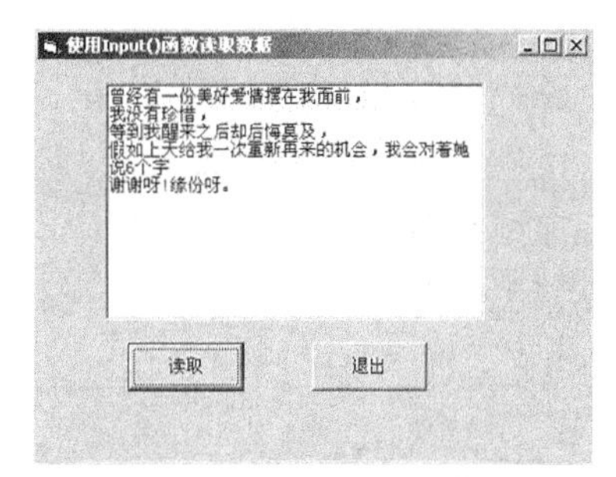

图 17-15 显示目标文件内容

3. 使用 Line Input#语句

Line Input#语句用于从一个顺序文件中读取一个完整的行，并赋给一个字符串变量。其具体的语法格式如下所示。

```
Line Input# 文件号,变量名列表
```

实例 080 使用 Line Input#语句读取当前目录下文件 123.txt 内容

源码路径 光盘\daima\17\4\　　视频路径 光盘\视频\实例\第 17 章\080

本实例的实现流程如图 17-16 所示。

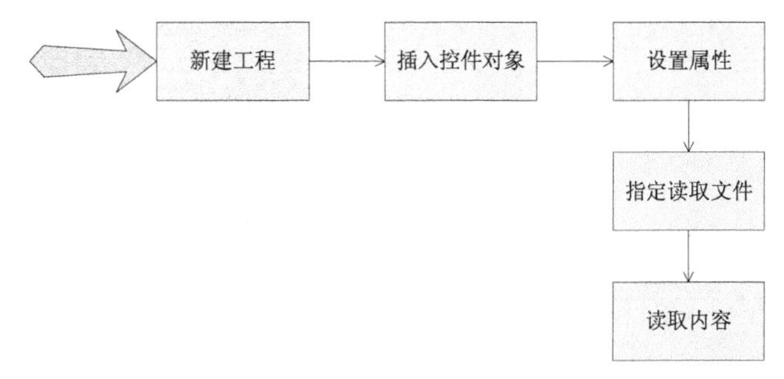

图 17-16 实例实现流程图

下面将详细介绍上述实例流程的具体实现过程，首先新建项目工程并插入各个控件对象，具体实现流程如下所示。

（1）打开 Visual Basic 6.0，新创建一个标准 EXE 工程，如图 17-17 所示。

（2）在窗体 From1 内插入 1 个 TextBox 控件和 2 个 CommandButton 控件，并分别设置其属性，如图 17-18 所示。

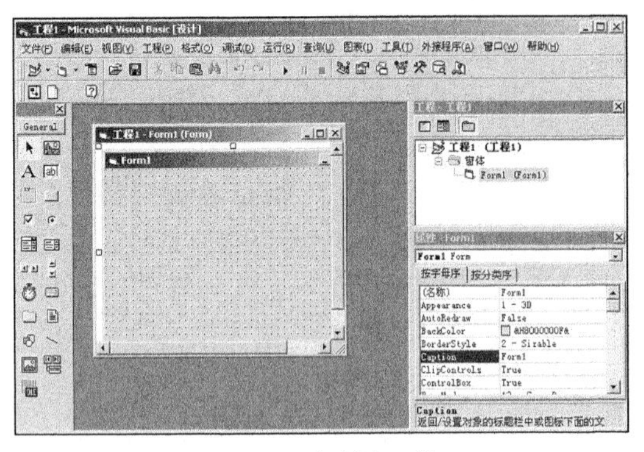

图 17-17　新创建工程

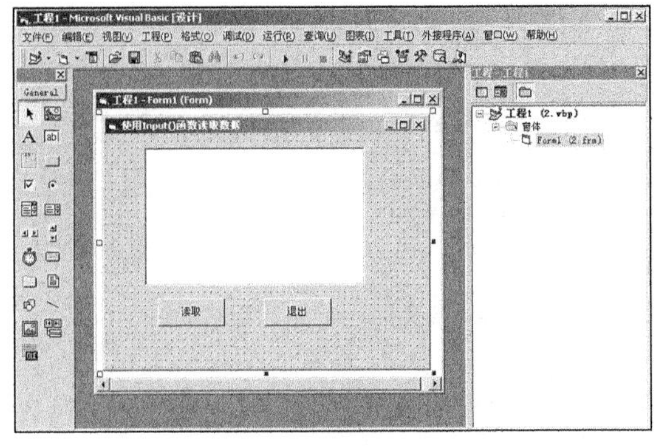

图 17-18　插入对象并设置属性

窗体内各对象的主要属性设置如下所示。

- 窗体：设置名称为“Form1”，Caption 属性为“使用 Line Input#语句读取数据”。
- 第一个 CommandButton 控件：设置名称为“Command1”，Caption 属性为“读取”。
- 第二个 CommandButton 控件：设置名称为“Command2”，Caption 属性为“退出”。
- TextBox 控件：设置名称为“Text1”，Text 属性为空。

然后来到代码编辑界面，为窗体内的按钮对象设置事件处理代码。具体代码如下所示。

```
Private Sub Command1_Click()
Dim MyLine
Dim FileName As String
FileName = App.Path & "\123.txt"          '指定被读取的文件路径

Open FileName For Input As #1             ' 打开文件
Do While Not EOF(1)                       ' 循环至文件尾
   Line Input #1, MyLine
   Text1.Text = Text1 & MyLine & vbCrLf
Loop
Close #1                                  ' 关闭文件
End Sub
Private Sub Command2_Click()
End
End Sub
Private Sub Form_Load()
End Sub
```

范例 159：获取文件信息
源码路径：光盘\演练范例\159\
视频路径：光盘\演练范例\159\
范例 160：寻找可执行文件
源码路径：光盘\演练范例\160\
视频路径：光盘\演练范例\160\

经过上述设置处理后，整个实例设置完毕。执行后，将按指定样式在窗体内显示各窗体对象，如图 17-19 所示；当单击【读取】按钮后，会在文本框内显示目标文件的字符内容，如图 17-20 所示。

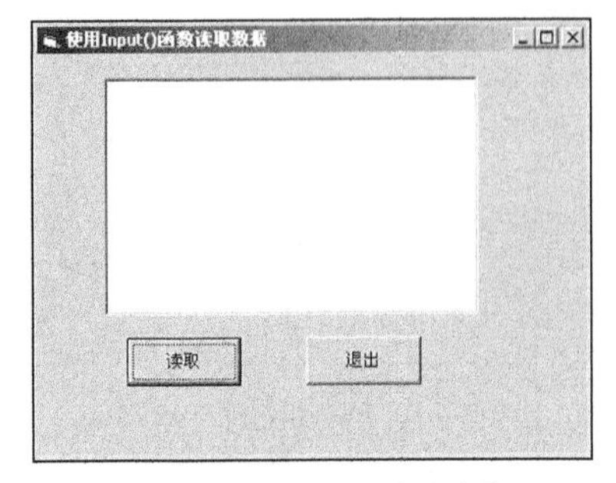

图 17-19　初始显示默认窗体

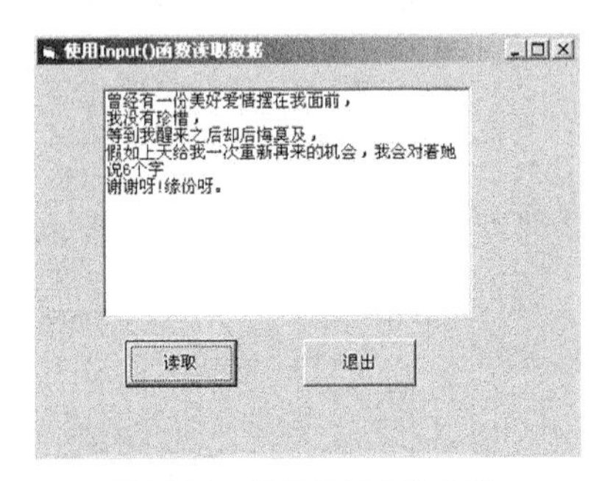

图 17-20　显示目标文件内容

在上述实例中，通过使用 Line Input#语句在窗体内读取并显示了当前目录下指定文件的内容。上述实例也是读取的目标文件的全部内容，它只能顺序地从第一个域开始，直到读取想要的域。因为 Line 的存在，所以只能以行为单位进行读取，但是在现实应用中遇见的问题有时会比较复杂。例如，项目要求只读取目标文件的最后一行，而并不知道目标文件有几行。这就需要通过如下代码来实现上述功能。

```
Dim Fileno As Integer
Dim mm As String
Fileno = FreeFile
Open "文件名" For Input As #Fileno
Do While Not EOF(Fileno)
Line Input #Fileno, mm
Loop
```

变量 mm 即为最为一行，读者课后可以在上述实例的基础上进行扩充尝试，使其只读取目标文件的最后一行内容。

17.3.3 写操作

如果使用 Output 或 Append 模式打开顺序文件后，可以对其使用写操作。在 Visual Basic 6.0 中，可以使用 Write#语句或 Print#语句实现写操作。

1. Write#语句

当使用 Write#语句进行写操作时，系统将会自动使用双引号把字符串数据括起，并且以字符形式存储数据，使用逗号将多个数据项分开。Write#语句的具体语法格式如下所示。

```
Write # 文件号，表达式列表
```

上述表达式的具体说明如下所示。

（1）表达式列表既可以用分号隔开，也可以用逗号隔开。

（2）表达式列表末尾没有分隔符，则输出回车和换行符到文件。

（3）表达式列表写入文件时，字符串两端自动加双引号。其他非数值类型数据写入文件时，两端加“#”。

实例 081　使用 Write#语句在文件 123.txt 中写入指定内容

源码路径　光盘\daima\17\5\　　　视频路径　光盘\视频\实例\第 17 章\081

本实例的实现流程如图 17-21 所示。

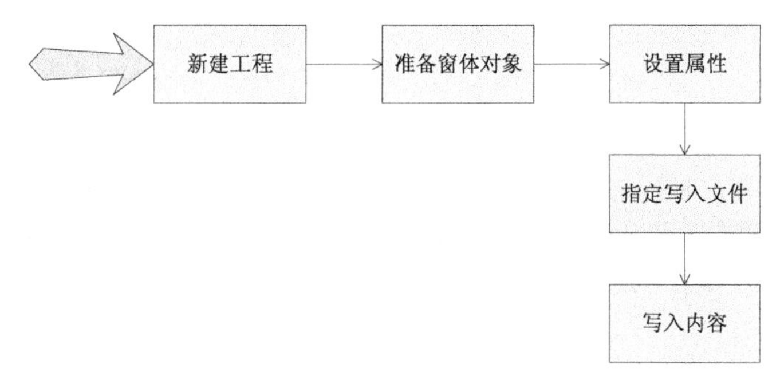

图 17-21　实例实现流程图

下面将详细介绍上述实例流程的具体实现过程，首先新建项目工程并设置窗体的属性，具体实现流程如下所示。

（1）打开 Visual Basic 6.0，新建一个标准 EXE 工程，如图 17-22 所示。

（2）在工程窗体 Form1 内设置窗体的属性，如图 17-23 所示。

窗体内各对象的主要属性设置如下所示。

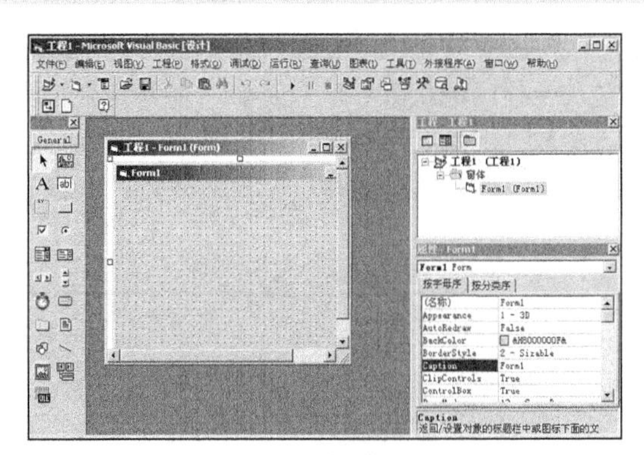

图 17-22　新建工程

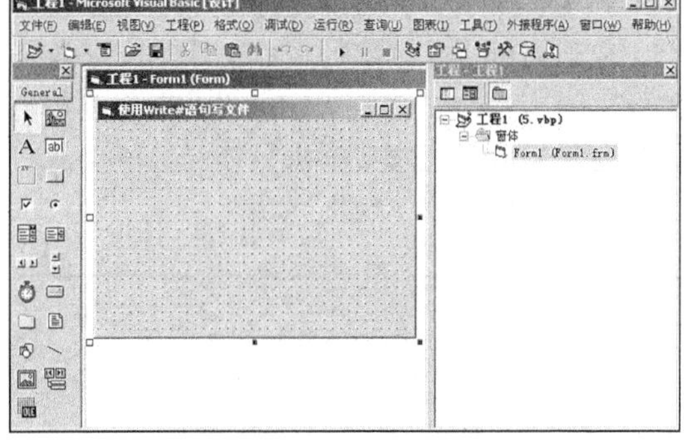

图 17-23　插入对象并设置属性

- ❑ 窗体：设置名称为“Form1”，Caption 属性为“使用 Write#语句写文件”。

然后来到代码编辑界面，为窗体对象设置事件处理代码，具体代码如下所示。

```
Private Sub Form_Click()
    '设置被写入的文件路径
    Open "E:\人邮\精简\vb\daima\
19\5\123.txt" For Output As #1
    '开始写入指定的内容到文件
    Write #1, "aaaaa"
    Write #1, "bbbbb！ "
    Write #1,
    Write #1, "ccccc"
    Close #1
End Sub
```

> 范例 161：建立顺序文件
> 源码路径：光盘\演练范例\161\
> 视频路径：光盘\演练范例\161\
> 范例 162：顺序文件写操作
> 源码路径：光盘\演练范例\162\
> 视频路径：光盘\演练范例\162\

经过上述设置处理后，整个实例设置完毕。执行后将按指定样式显示窗体，如图 17-24 所示；当单击窗体后会将设置的内容写入到文件 123.txt 中，如图 17-25 所示。

图 17-24　初始显示默认窗体

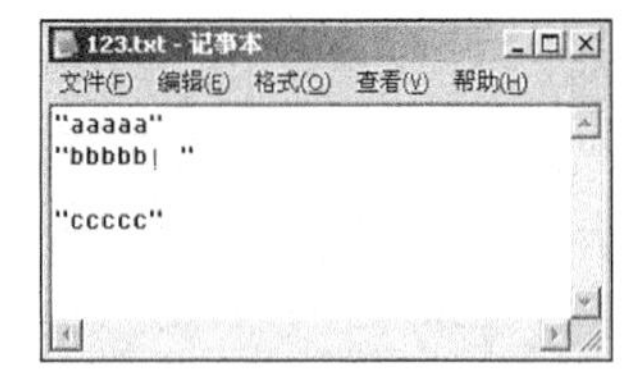

图 17-25　设置内容写入到文件 123.txt

在上述实例中，通过使用 Write#语句在目标文件 123.txt 中写入了指定内容，并且会自动为输出内容加上双引号。Write#语句和 Print 十分类似，但是 Print 不会给原文加上引号。在日常应用中，可能会需要特别设置输出格式。在此要求下，建议读者最好使用 Print。有关 Print 的具体知识在下面的内容中进行具体介绍，读者可以尝试对上述实例进行修改，通过 Print 来实现上述功能。

2. Print#语句

使用 Print#语句可以将指定的字符串写入到顺序文件中，并保存其换行、回车和制表符等格式信息。Print#语句的具体语法格式如下所示。

```
Print # 文件号，表达式列表
```

Print#语句执行后，会将变量的内容写到文件号所指定的顺序文件中。文件中原有字符内容，要取决于文件的访问模式。具体说明如下所示。

- ❑ 如果是以 Output 模式打开的，则原有内容全部丢失。
- ❑ 如果是以 Append 模式打开的，则原有内容仍将保留。

实例 082 使用 Print#语句在文件 123.txt 中写入指定内容

源码路径　光盘\daima\17\6\　　　　视频路径　光盘\视频\实例\第 17 章\082

本实例的实现流程如图 17-26 所示。

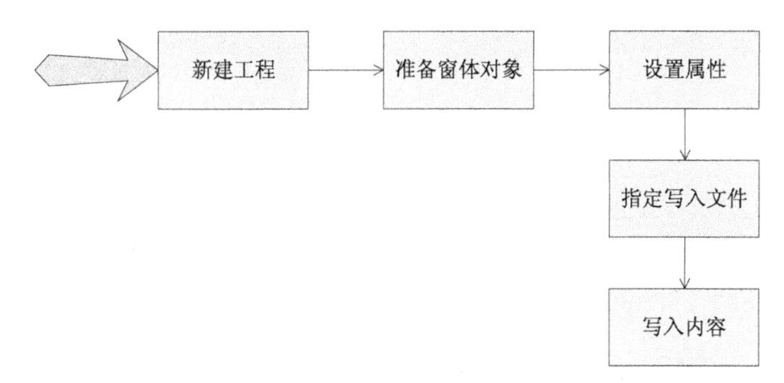

图 17-26　实例实现流程图

下面将详细介绍上述实例流程的具体实现过程，首先新建项目工程并设置窗体的属性，具体实现流程如下所示。

（1）打开 Visual Basic 6.0，新创建一个标准 EXE 工程，如图 17-27 所示。

（2）在工程窗体 Form1 内设置窗体的属性，如图 17-28 所示。

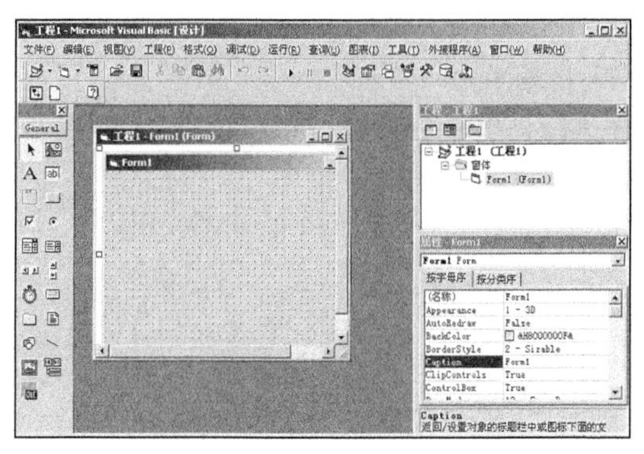

图 17-27　新创建工程

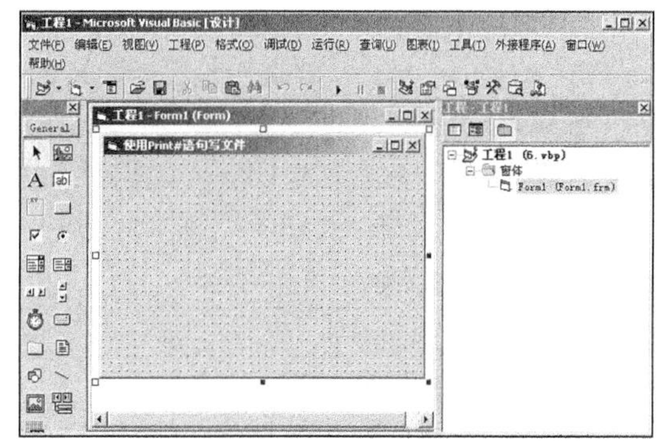

图 17-28　插入对象并设置属性

窗体内各对象的主要属性设置如下所示。

- 窗体：设置名称为“Form1”，Caption 属性为“使用 Print #语句写文件”。

然后来到代码编辑界面，为窗体对象设置事件处理代码。具体代码如下所示。

```
Private Sub Form_Click()
    '设置被写入的文件路径
    Open "E:\人邮\精简\vb\daima\19\6\
123.txt" For Append As #1
    '写入指定的内容到文件
    Print #1, "时间"
    Print #1,
    Print #1, "2008年8月20日"
    Close #1
End Sub
```

> 范例 163：读取顺序文件
> 源码路径：光盘\演练范例\163\
> 视频路径：光盘\演练范例\163\
> 范例 164：建立随机文件
> 源码路径：光盘\演练范例\164\
> 视频路径：光盘\演练范例\164\

经过上述设置处理后，整个实例设置完毕。执行后将按指定样式显示窗体，如图 17-29 所示；当单击窗体后会将设置的内容写入到文件 123.txt 中，如图 17-30 所示。

注意：在实例 081 中，使用了 Output 模式打开文件。所以即使原有文件有文本内容，执行写入操作程序后，会将原有内容删除，只显示后来写入的文本。而在实例 082 中，使用了

Append 模式打开文件。所以即使执行写入操作程序后，也会将保留文件的原有内容，并在后面写入程序指定的文本。

图 17-29　初始显示默认窗体

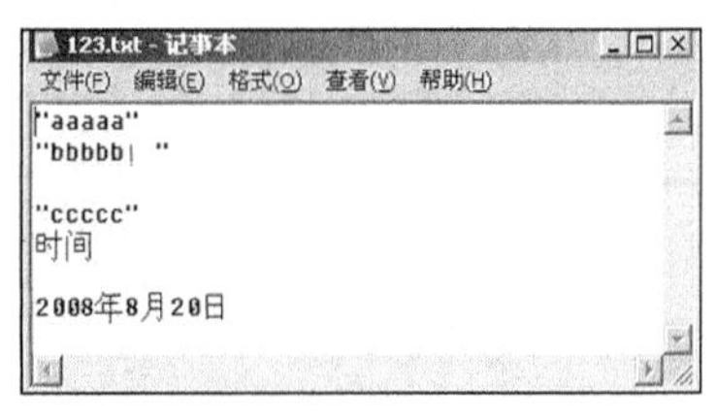

图 17-30　设置内容写入到文件 123.txt

17.4　随机文件操作

知识点讲解：光盘：视频\PPT 讲解（知识点）\第 17 章\随机文件操作.mp4

随机文件不按照顺序逐一被读取，它具有如下 4 个特点。

- 由固定长度的记录顺序排列而成，每个记录可由多个数据项组成。
- 记录是最小的读写单位，可以直接定位在任意一个记录后执行读写操作，能够便于查询和修改。
- 通过制定记录号可以快速访问相应的记录。
- 当打开文件后，在读出数据时同时允许写入新数据。

在 Visual Basic 6.0 中，对堆积文件的访问操作进行了严格的限制。规定在随机文件中的每条记录都要相同，并且每条记录所对应字段的数据类型也必须相同。

在本节的内容中，将详细讲解 Visual Basic 6.0 中对随机文件进行操作的基本知识。

17.4.1　打开与关闭

在处理任何一个文件时，必须首先将这个文件打开。Visual Basic 6.0 中文件的打开操作使用 Open 语句，具体语法格式如下所示。

```
Open 文件名 [For Random] As [Len = 记录长度]
```

上述格式中各参数的具体说明如下所示。

（1）文件名：是要打开的随机文件的文件名及其路径。

（2）Random：是默认的访问类型，用于打开随机文件，可以被省略。

（3）文件号：用于标识打开文件的文件句柄，具体为：

- Read：其他任务和进程不能读此文件。
- Write：其他任务和进程不能写此文件。
- Read Write：其他任务和进程不能读、写此文件。

（4）文件号：为打开文件后使用的通道号，是一个 1～511 的整数，一般从小到大使用。

（5）Len：设置每个记录的长度，可以使用 Len()函数来确定。每个记录的长度是将各字段所占字节数的和。

Visual Basic 6.0 中文件的关闭操作使用 Close 语句，具体语法格式如下所示。

```
Close文件号
```

其中，“文件号”是打开文件时指定的文件号。

17.4.2　读写操作

和顺序文件的读写操作一样，对随机文件的读写操作也使用专用语句来实现。

1. 读操作

可以使用 Get 语句实现对随机文件的读操作，方法是把一个打开的随机文件的一条记录读入到一个变量中。Get 语句语法格式如下所示。

```
Get [#]文件号,记录号,变量名
```

上述各参数的具体说明如下。

（1）文件号：打开文件时所指定的文件句柄。

（2）记录号：要读取的记录号，如果省略则读取当前记录号的那条记录。

（3）变量名：可以是一个自定义类型的变量，也可以是其他类型的变量，用于接收从随机文件中读取的记录数据。

2. 写操作

可以使用 Put 语句实现对随机文件的写操作，方法是把一个变量的数据写入到随机文件中。Put 语句语法格式如下所示。

```
Put [#]文件号,记录号,变量名
```

上述各参数的具体说明如下。

（1）文件号：打开文件时所指定的文件句柄。

（2）记录号：如果文件中已经有此记录号，则该记录将被新的数据所替代；如果文件没有此记录号，则将该记录添加到里面；如果省略此参数，则写入数据的记录号是上次读写记录的记录号加 1。

（3）变量名：可以是一个自定义类型的变量，也可以是其他类型的变量。

3. 添加记录

将 Put 语句中的“记录号”设置为文本中的记录号加 1。

4. 删除记录

删除随机文件中某记录的一般流程如图 17-31 所示。

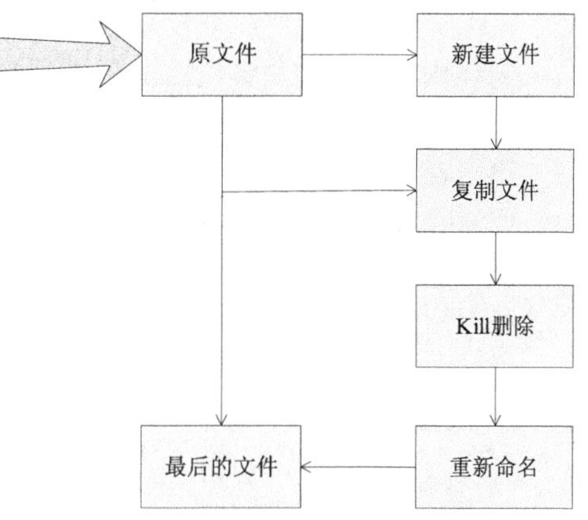

图 17-31　删除随机文件记录流程图

上述流程的具体说明如下所示。

（1）创建一个新的文件。

（2）把有用的记录从原文件复制到新文件中。

（3）关闭原文件后使用 Kill 语句删除记录。

（4）使用 Name 语句将新文件名修改为原文件名。

实例 083　分别使用 Get 语句和 Put 语句实现对文件 123.txt 的读写操作

源码路径　光盘\daima\17\7\　　视频路径　光盘\视频\实例\第 17 章\083

本实例的实现流程如图 17-32 所示。

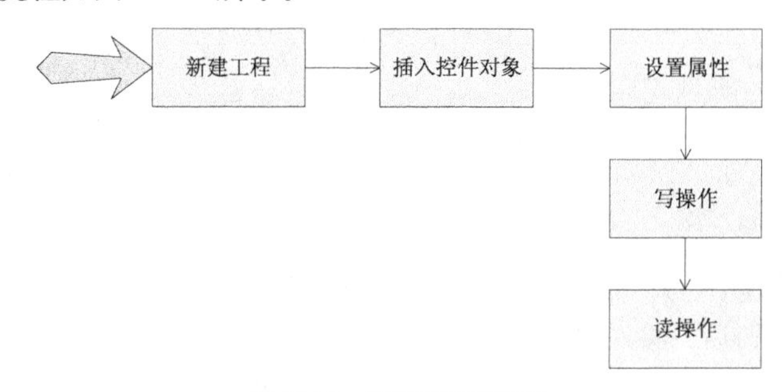

图 17-32　实例实现流程图

下面将详细介绍上述实例流程的具体实现过程，首先新建项目工程并设置窗体的属性，具体实现流程如下所示。

（1）打开 Visual Basic 6.0，新建一个标准 EXE 工程，如图 17-33 所示。

（2）在工程窗体 Form1 内插入 2 个 CommandButton 控件，并设置各窗体对象的属性，如图 17-34 所示。

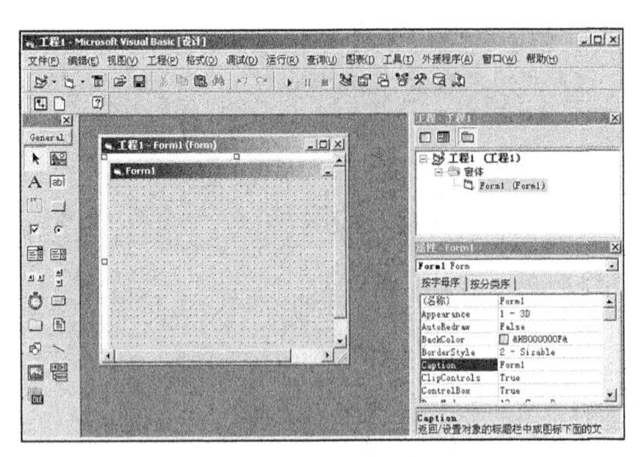

图 17-33　新建工程

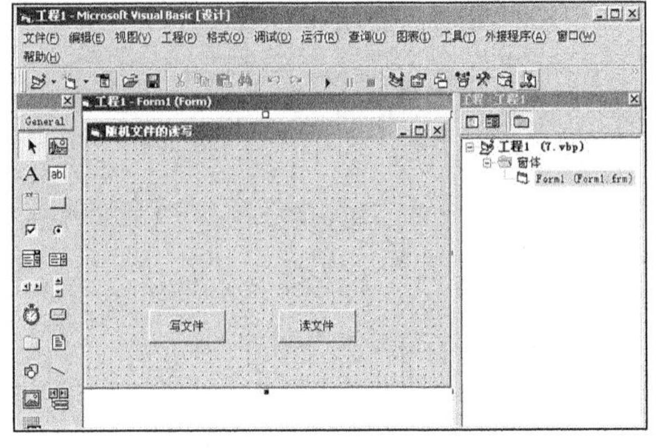

图 17-34　插入对象并设置属性

窗体内各对象的主要属性设置如下所示。

- 窗体：设置名称为“Form1”，Caption 属性为“随机文件的读写”。
- 第一个 CommandButton 控件：设置名称为“Command1”，Caption 属性为“写文件”。
- 第二个 CommandButton 控件：设置名称为“Command2”，Caption 属性为“读文件”。

然后来到代码编辑界面，为窗体内的按钮对象分别设置事件处理代码，具体代码如下所示。

> 范例 165：建立二进制文件
> 源码路径：光盘\演练范例\165\
> 视频路径：光盘\演练范例\165\
> 范例 166：识别相对路径
> 源码路径：光盘\演练范例\166\
> 视频路径：光盘\演练范例\166\

```
Option Base 1
Private Type club                                    '声明自定义类型
clubID As String * 3
    ClubName As String * 8
    DtmBirth As Date
End Type
Private Sub Command1_Click()
    Dim stu(2) As club'声明自定义类型的数组
    '以随机方式打开文件
    Open "E:\人邮\精简\vb\daima\19\7\123.txt" For Random As #1
     Len = Len(stu(1))
    stu(1).ClubName = "曼联队"                        '给数组元素赋值
    stu(1).DtmBirth = #2/1/1890#
    stu(2).ClubName = "巴塞罗那队"
    stu(2).DtmBirth = #12/1/2001#
    Put #1, 1, stu(1)                                '把数组元素写入文件中
    Put #1, 2, stu(2)
    Close 1
End Sub
Private Sub Command2_Click()
    Dim stu As club                                  '声明自定义类型的变量
    '打开随机文件
    Open "E:\电子\精简\vb\daima\19\7\123.txt" For Random As #1 Len = Len(stu)
    Get #1, , stu                                    '读入一个记录并显示内容
    Print stu.ClubName, stu.DtmBirth
    Get #1, , stu                                    '读入另一个记录并显示内容
    Print stu.ClubName, stu.DtmBirth
Close 1
End Sub
Private Sub Form_Load()
End Sub
```

经过上述设置处理后，整个实例设置完毕。执行后将按指定样式显示窗体，如图 17-35 所示。当单击【写文件】按钮后，将设置的内容写入到文件 123.txt 中，如图 17-36 所示；单击【读文件】按钮后将获取文件 123.txt 的内容并在窗体中显示，如图 17-37 所示。

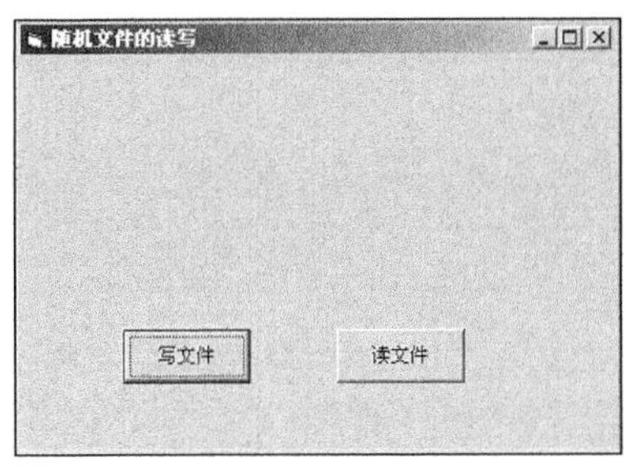

图 17-35 初始显示默认窗体

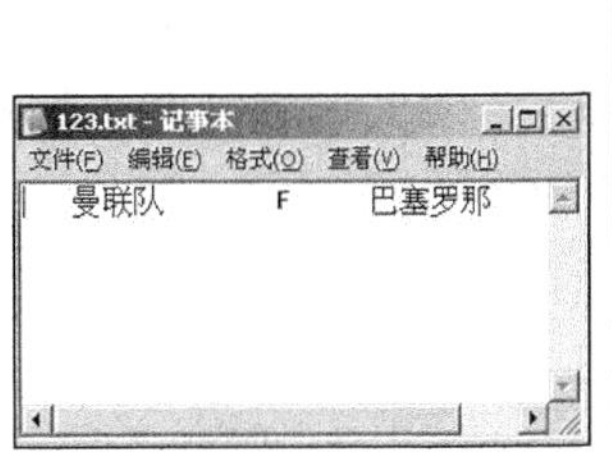

图 17-36 将设置的内容写入到 123.txt

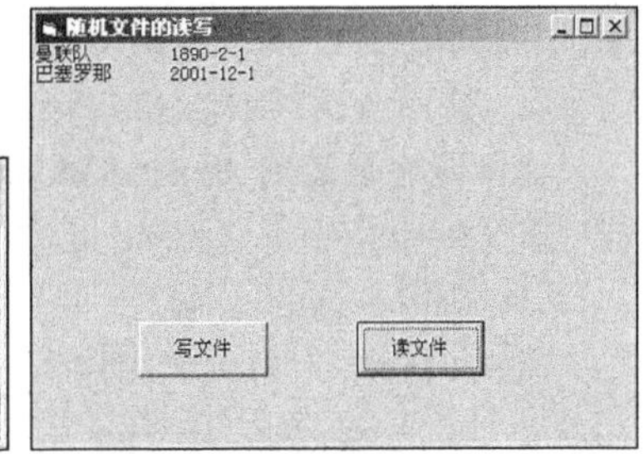

图 17-37 窗体中显示 123.txt 的内容

注意：读写操作功能是十分浩大的项目工程，小到简单的文件字符读写，大到和硬件相关的数据读写。所以读写技术在 Visual Basic 领域的地位十分重要，显示开发中最为常见的就是 IC 磁卡数据的读写处理。读者可以在网络上获取大量 IC 卡数据读写处理的 Visual Basic 源代码程序，并仔细体会它们具体的实现原理，相信会给读者的水平带来很大的提高。

17.5 二进制文件操作

知识点讲解：光盘：视频\PPT 讲解（知识点）\第 17 章\二进制文件操作.mp4

因为计算机处理的源数据是二进制的，所以二进制数据在计算机编程领域十分重要。二进制文件的最基本元素是字节，它用于存储二进制数据。二进制文件的占用空间十分小，使用普通的文本编辑器不能查看其具体的内容。

二进制文件和其他格式文件相比，具有如下 4 个突出特点。

（1）二进制文件以字节为单位进行读写。

（2）二进制文件不会限制固定的长度，可以使用任何需要的方式来存取文件。

（3）二进制文件能提供对文件的完全控制。

（4）二进制存取可以获取任何一个文件的原始字节，任何类型的文件都可以用二进制访问的方式打开。

在 Visual Basic 6.0 程序中，可以使用 Get#语句和 Put#语句实现对二进制数据的读写，使用 Open 语句和 Close 语句实现打开和关闭功能。

17.5.1 二进制文件的存储

在当前计算机领域内，对二进制文件的存储方式采用表加实体的方法。即将二进制文件保存在指定的目录下，而在数据库的表中存放反映数据文件的存储路径。

在 Access 数据库和 SQL Server 数据库中，专门提供了存储二进制文件的数据类型，即 OLE 类型和 BLOB 类型。通过上述类型可以把二进制文件直接保存在数据库中，这样就会大大提高系统的安全性。例如，在一个图片展示系统中，可以将图片以二进制文件格式保存在数据库表中。即使非法用户获取了数据库文件，显示的也是二进制提示，如图 17-38 所示。

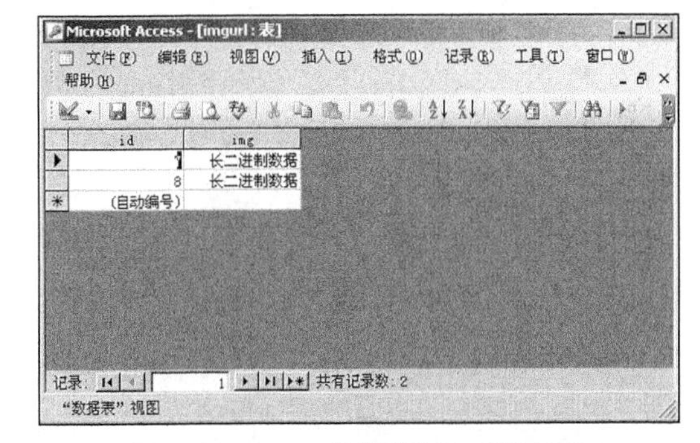

图 17-38 Access 数据库中的二进制文件

17.5.2 存储方法

将某数据库表的字段设置为二进制格式后，可以通过如下两种方法将二进制文件读入数据库，并将数据库中的二进制文件打开。

- 使用 ADO 对象中的 AppendChunk 方法和 GetChunk 方法。

具体做法是使用 AppendChunk 方法读出数据库的二进制数据，并写入到内存，然后存入到二进制文件中。使用 GetChunk 方法获取数据。

- 使用 Stream 对象。

通过 Stream 对象大大简化了二进制字段的存储操作。

17.5.3　保存到数据库实例

下面通过一个具体实例来说明在数据库中存储二进制文件的方法。

实例 084　将图片文件以二进制格式保存到数据库中

源码路径　光盘\daima\17\8\　　　　视频路径　光盘\视频\实例\第 17 章\084

本实例的实现流程如图 17-39 所示。

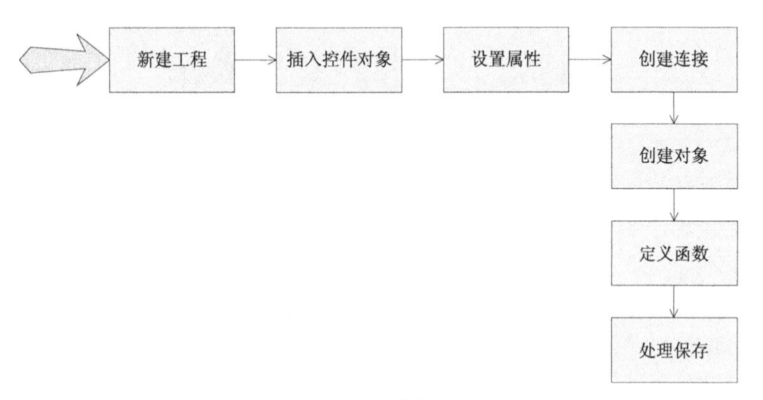

图 17-39　实例实现流程图

下面将详细介绍上述实例流程的具体实现过程，首先新建项目工程并设置窗体的属性，具体实现流程如下所示。

（1）打开 Visual Basic 6.0，新建一个标准 EXE 工程，如图 17-40 所示。

（2）在工程窗体 Form1 内插入两个 CommandButton 控件、1 个 PictureBox 控件和 1 个 CommonDialog 控件，并分别设置各窗体对象的属性，如图 17-41 所示。

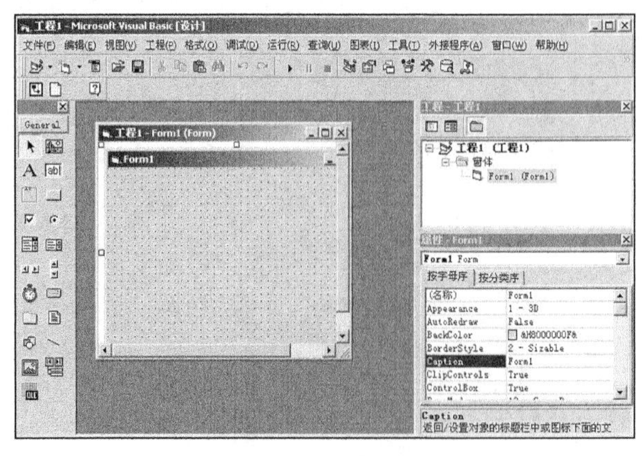

图 17-40　新建工程

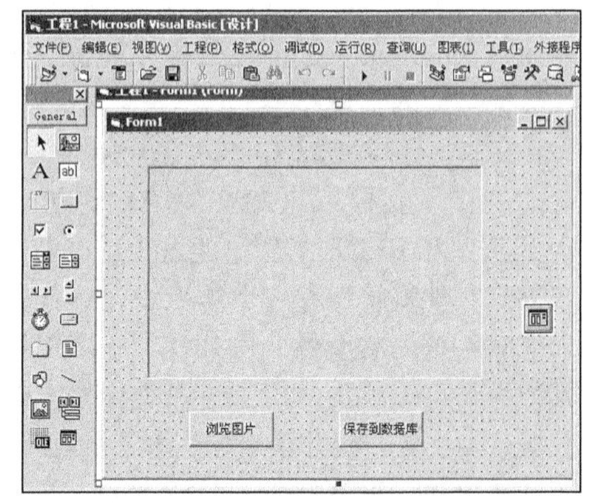

图 17-41　插入对象并设置属性

窗体内各对象的主要属性设置如下所示。

- 窗体：设置名称为“Form1”，Caption 属性为“Form1”。
- 第一个 CommandButton 控件：设置名称为“Command1”，Caption 属性为“浏览图片”。
- 第二个 CommandButton 控件：设置名称为“Command2”，Caption 属性为“保存到数据库”。
- PictureBox 控件：设置名称为“Picture1”。
- CommonDialog 控件：设置名称为“CommonDialog1”。

然后来到代码编辑界面，为窗体内的按钮对象分别设置事件处理代码。具体代码如下所示。

范例 167：检测文件是否存在
源码路径：光盘\演练范例\167\
视频路径：光盘\演练范例\167\
范例 168：删除指定类型文件
源码路径：光盘\演练范例\168\
视频路径：光盘\演练范例\168\

```
Dim FilePath As String
'定义项目内需要各个变量
Dim myConn As Connection
Dim myRec As Recordset
Dim tempPath As String
Const BLOCKSIZE = 4096
Private Sub Form_Load()            '窗体载入事件代码
Dim ConnStr As String
Dim mySQL As String
Dim i As Integer
    '设置临时文件的路径，并建立和指定数据库的连接。
    tempPath = App.Path & "\temp.tmp"
    Set myConn = New ADODB.Connection
    '设定连接字符串
    ConnStr = "Provider=Microsoft.Jet.OLEDB.4.0;Persist Security Info=False;"
    ConnStr = ConnStr + "Data Source=" & App.Path & "\123.mdb"
'如果数据库连接或对象出错，则分别转向ConnectionERR和RecordSetERR
On Error GoTo ConnectionERR
    myConn.ConnectionString = ConnStr
    myConn.Open   '打开Connection连接
On Error GoTo RecordSetERR
    '创建RecordSet对象，打开查询库内的图片信息
    Set myRec = New ADODB.Recordset
    mySQL = "select * from pic"
    myRec.Open mySQL, myConn, 1, 3
    If Not myRec.BOF Then
        myRec.MoveFirst
    End If
    Exit Sub
'分别定义连接错误和对象错误的提示代码
ConnectionERR:
    '错误处理程序
    MsgBox "数据库连接错误，" & Err.Description, vbCritical, "出错"
    Exit Sub
RecordSetERR:
    MsgBox "RecordSet生成错误，" & Err.Description, vbCritical, "出错"
    myRec.Close
    Exit Sub
End Sub
'定义函数GetFileName()，用于获取文件名
Private Function GetFileName() As String
    CommonDialog1.CancelError = True
On Error GoTo CancelErr
    CommonDialog1.Filter = "图像文件(*.jpg)|*.jpg"
    CommonDialog1.ShowOpen
    GetFileName = CommonDialog1.FileName
    Exit Function
CancelErr:
    GetFileName = ""
End Function
'定义【浏览图片】按钮单击事件的处理代码
Private Sub Command1_Click()
    FilePath = GetFileName                          '获得图像文件
    Picture1.Picture = LoadPicture(FilePath)
    Command2.Enabled = True
End Sub
'"保存"按钮单击事件代码
Private Sub Command2_Click()
    Command2.Enabled = False
```

```
        Call Save2DB
    End Sub
    '定义函数Save2DB()，将图片保存到数据块函数Save2DB
    '该函数主要调用SaveToDB从文件读取数据并保存
    Private Sub Save2DB()
      myRec.AddNew     '调用AddNew方法
    On Error GoTo OtherERR
        Call SaveToDB(myRec.Fields("PicContent"), FilePath)   '调用SaveToDB
        myRec.Update
        Exit Sub

    OtherERR:
        MsgBox "其他错误，" & Err.Description, vbCritical, "出错"
        myRec.Close
        myConn.Close
    End Sub
    '定义函数SaveToDB()，将图像数据添加到数据库的字段中
    Private Sub SaveToDB(ByRef Fld As ADODB.Field, DiskFile As String)
        '定义数据块数组
        Dim byteData() As Byte
        '定义数据块个数
        Dim NumBlocks As Long
        Dim FileLength As Long
        '定义剩余字节长度
        Dim LeftOver As Long
        Dim SourceFile As Long
        Dim i As Long
        '判断文件是否存在，存在则打开二进制文件
        If Dir(DiskFile) <> "" Then
            SourceFile = FreeFile
              Open DiskFile For Binary Access Read As SourceFile
            FileLength = LOF(SourceFile)
            '判断文件是否空，不为空则得到数据块的个数和剩余字节数
            If FileLength = 0 Then
                Close SourceFile
                MsgBox DiskFile & "文件无内容，请重新指定文件！", vbExclamation, "注意"
            Else
                NumBlocks = FileLength \ BLOCKSIZE
                LeftOver = FileLength Mod BLOCKSIZE
                Fld.Value = Null
                ReDim byteData(BLOCKSIZE)
                For i = 1 To NumBlocks
                    Get SourceFile, , byteData()
                    Fld.AppendChunk byteData()
                    DoEvents
                Next i
                '将剩余数据写入FLD
                ReDim byteData(LeftOver)
                Get SourceFile, , byteData()
                Fld.AppendChunk byteData()
                Close SourceFile
            End If
        Else
            MsgBox "文件不存在，请重新指定文件！", vbExclamation, "注意"
        End If
    End Sub
```

经过上述设置处理后，整个实例设置完毕。执行后将按指定样式显示窗体，如图 17-42 所示。当单击【浏览图片】按钮后，目标图片可以在窗体内浏览，如图 17-43 所示；当单击【保存到数据库】按钮后，将当前浏览的图片以二进制格式保存到数据库表中，如图 17-44 所示。

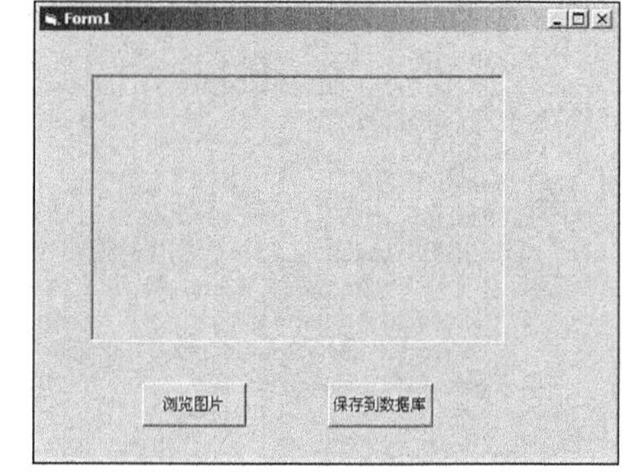

图 17-42　初始显示默认窗体

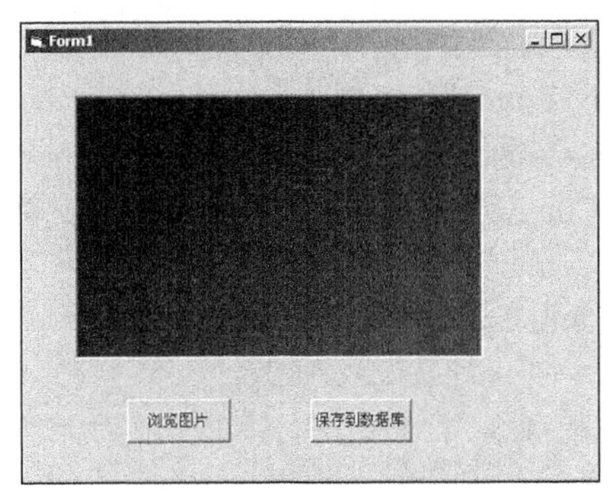

图 17-43 选择图片在窗体内浏览

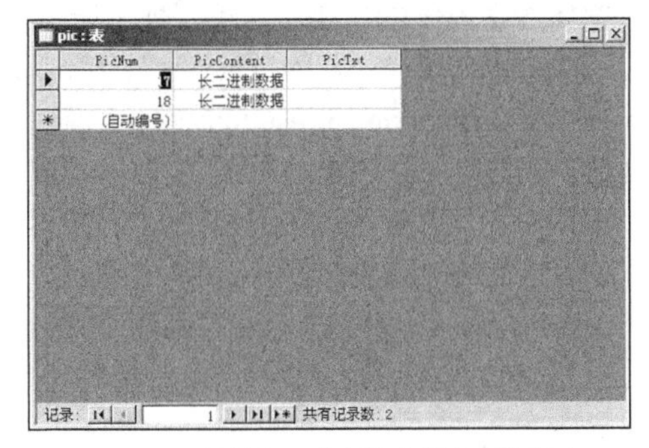

图 17-44 图片以二进制格式保存到数据库

17.5.4 读取数据库文件实例

下面通过一个具体实例来说明读取数据库中二进制文件的方法。

实例 085 读取保存在数据库中二进制格式的图片文件

源码路径 光盘\daima\17\9\ 视频路径 光盘\视频\实例\第 17 章\085

本实例的实现流程如图 17-45 所示。

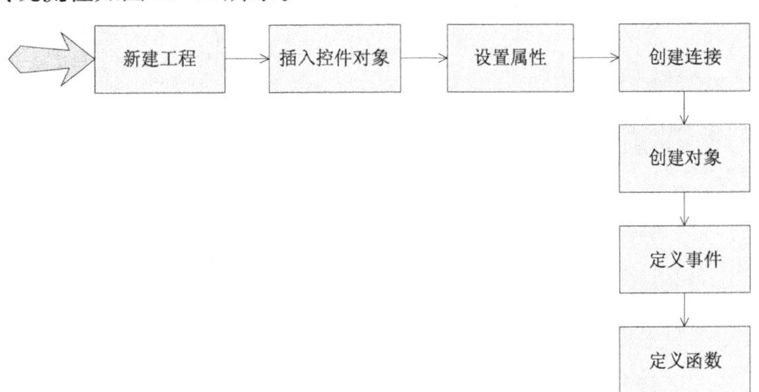

图 17-45 实例实现流程图

下面将详细介绍上述实例流程的具体实现过程，首先新建项目工程并设置窗体的属性，具体实现流程如下所示。

（1）打开 Visual Basic 6.0，新建一个标准 EXE 工程，如图 17-46 所示。

（2）在工程窗体 Form1 内插入 4 个 CommandButton 控件和 1 个 PictureBox 控件，并分别设置各窗体对象的属性，如图 17-47 所示。

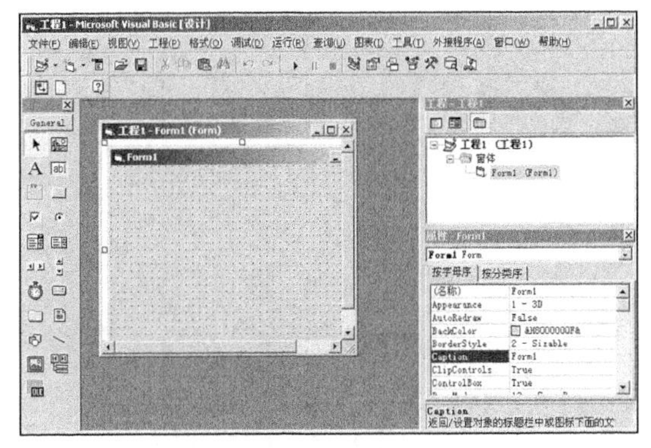

图 17-46 新建工程

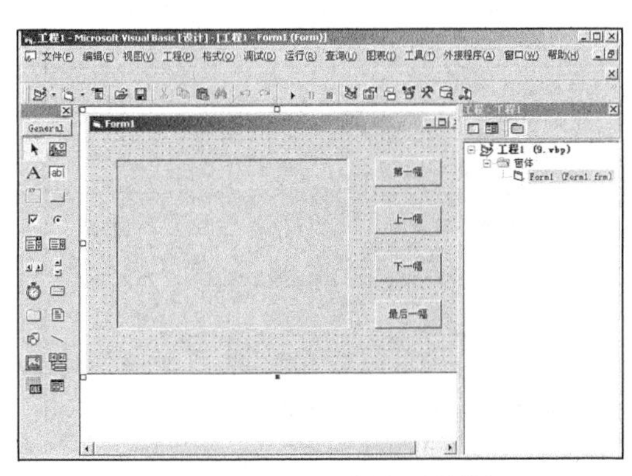

图 17-47 插入对象并设置属性

窗体内各对象的主要属性设置如下所示。

- ❑ 窗体：设置名称为“Form1”，Caption 属性为“Form1”。
- ❑ 第一个 CommandButton 控件：设置名称为“Command1”，Caption 属性为“第一幅”。
- ❑ 第二个 CommandButton 控件：设置名称为“Command2”，Caption 属性为“上一幅”。
- ❑ 第三个 CommandButton 控件：设置名称为“Command3”，Caption 属性为“下一幅”。
- ❑ 第四个 CommandButton 控件：设置名称为“Command2”，Caption 属性为“最后一幅”。
- ❑ PictureBox 控件：设置名称为“Picture1”。

然后来到代码编辑界面，为窗体内的按钮对象分别设置事件处理代码，具体代码如下所示。

```
Private Sub Form_Load()   '窗体载入事件代码
Dim ConnStr As String
Dim mySQL As String
Dim i As Integer
    '设置临时文件的路径，并建立和指定数据库的连接
    tempPath = App.Path & "\temp.tmp"
    Set myConn = New ADODB.Connection
    '设定连接字符串
    ConnStr = "Provider=Microsoft.Jet.OLEDB.4.0;Persist Security Info=False;"
    ConnStr = ConnStr + "Data Source=" & App.Path & "\123.mdb"
'若数据库连接出错，则转向ConnectionERR
On Error GoTo ConnectionERR
    myConn.ConnectionString = ConnStr
    myConn.Open    '打开Connection连接

'若RecordSet建立出错，则转向RecordsetERR
On Error GoTo RecordSetERR
    '创建RecordSet对象
    Set myRec = New ADODB.Recordset
    mySQL = "select * from pic"
    myRec.Open mySQL, myConn, 1, 3
    If Not myRec.BOF Then
        myRec.MoveFirst
    End If
    Call Save2File                                  '调用Save2File 函数
    Picture1.Picture = LoadPicture(tempPath)        '载入图片
   Exit Sub
ConnectionERR:
    '错误处理程序
    MsgBox "数据库连接错误，" & Err.Description, vbCritical, "出错"
    Exit Sub
RecordSetERR:
    MsgBox "RecordSet生成错误，" & Err.Description, vbCritical, "出错"
    myRec.Close
    Exit Sub
End Sub
'定义第2个按钮处理代码，用于打开上一个记录
Private Sub Command2_Click()
myRec.MovePrevious
If Not myRec.BOF Then
    Call Save2File
    Picture1.Picture = LoadPicture(tempPath)
Else
    myRec.MoveNext
End If
End Sub
'定义第3个按钮处理代码，用于打开下一个记录
Private Sub Command3_Click()
myRec.MoveNext
If Not myRec.EOF Then
    Call Save2File
    Picture1.Picture = LoadPicture(tempPath)
Else
    myRec.MovePrevious
End If
End Sub
'将图像保存到文件中，主要通过SaveToFile函数实现
Private Sub Save2File()
    If myRec.EOF Then Exit Sub
On Error GoTo OtherERR
```

范例 169：快速查找文件
源码路径：光盘\演练范例\169\
视频路径：光盘\演练范例\169\
范例 170：保存目录到文件
源码路径：光盘\演练范例\170\
视频路径：光盘\演练范例\170\

```
        Call SaveToFile(myRec.Fields("PicContent"), tempPath)
        Exit Sub
OtherERR:
        MsgBox "其他错误，" & Err.Description, vbCritical, "出错"

        myRec.Close
        myConn.Close
End Sub
'将数据库中的图像保存到文件中
Private Sub SaveToFile(ByRef Fld As ADODB.Field, DiskFile As String)
        '定义数据块数组
        Dim byteData() As Byte
        '定义数据块个数
        Dim NumBlocks As Long
        Dim FieldLength As Long
        '定义剩余字节长度
        Dim LeftOver As Long
        Dim DesFile As Long
        Dim i As Long
        '取得字段中数据实际长度
        FieldLength = Fld.ActualSize
        DesFile = FreeFile
        '打开二进制文件
    Open DiskFile For Binary Access Write As DesFile
      '得到数据块的个数
        NumBlocks = FieldLength \ BLOCKSIZE
        '得到剩余字节数
        LeftOver = FieldLength Mod BLOCKSIZE
        ReDim byteData(BLOCKSIZE)
        For i = 1 To NumBlocks
                '用GetChunck方法将FLD中二进制数据读出
                byteData() = Fld.GetChunk(BLOCKSIZE)
                Put DesFile, , byteData()
                DoEvents
        Next i
        '将剩余数据写入byteData
        ReDim byteData(LeftOver)
        byteData() = Fld.GetChunk(LeftOver)
        Put DesFile, , byteData()
        Close DesFile
End Sub
```

经过上述设置处理后，整个实例设置完毕。执行后将按指定样式显示窗体，并默认显示数据库内的第一幅图片。当单击【下一幅】按钮后，可以显示库内下一条图片记录；当单击【最后一幅】按钮后，将显示库内的最后一条图片记录，如图 17-48 所示。

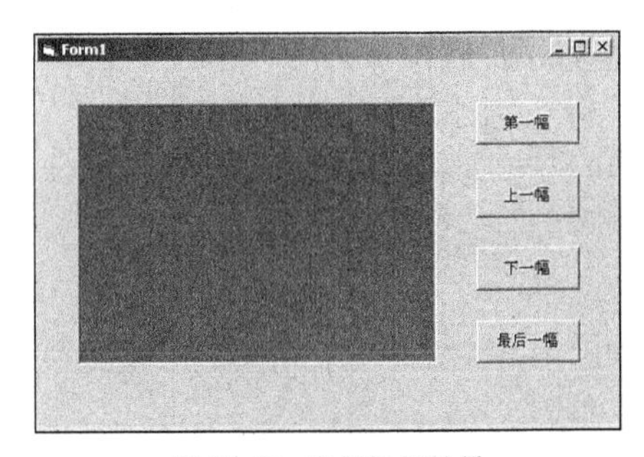

图 17-48 实例执行效果

17.6 技术解惑

17.6.1 实现图像在数据库的存储与显示的方法

对二进制图片文件的操作处理十分重要，这样可以直接将自己的图片保存在数据库中。这在网络应用项目中十分重要，因为可以防止自己的图片被非法下载。在下面将着重介绍实现图像在数据库的存储与显示的方法。

具体来说有如下两种显示与存储图像的方法。

（1）利用数据控件和数据绑定控件。

利用这种方法，不写或写少量代码就可以构造简单的数据库应用程序，这种方法易于被初学者接受。在举例之前，先把数据绑定功能简要地说明一下，凡是具有 DataSource 属性的控件都是对数据敏感的，它们都能通过数据控件直接使用数据库里的数据。比如 CheckBox Control、ComboBox Comtrol、TextBox Comtrol、PictureBox Control、Image Comtrol … 因为这种方式涉及到的知识点比较少，也比较容易理解，不多做说明，现直接介绍编程步骤。

第一步：从数据库中显示所需要的图片。

首先，添加一个 Data 数据控件，设置它的 DatabaseName 和 RecordSource 属性。

```
strPath = App.Path
If Right(strPath, 1) <> "\" Then
   strPath = strPath & "\"
MyData.DatabaseName = strPath & "ExampleDB.mdb" '数据库存储地址
MyData.RecordSource = "Info" '表名
```

然后，添加 Image 控件用来显示图片，设置它的 DataSource 和 DataField 属性。例如本例中：Image1.DataSource="MyData"和 Image1.DataField=" MyPhoto"。然后设置其他具有数据绑定功能的控件用来显示所要的其他内容，经过这两步的操作，运行程序就可以显示你要的数据了。

第二步：向数据库中添加需要存储的图片。

首先，利用数据控件所具有的 AddNew 属性，添加一个按钮，双击后添加如下代码 MyData.Recordset.AddNew。

然后，为 Image 控件图片指定图片路径 Image1.Picture = LoadPicture （"图片路径"），经过这两步的操作，就可以向数据库中添加图片了。

这种方法最简单快捷，要写的代码量很少。但是这种方法在运行速度和灵活性方面有一定的限制，适合于初学者和一些简单的应用，要想灵活多变地显示图像，可以使用下面的第二种方法。

（2）利用编写代码实现图片的存储与显示。

这种方法相对于方法一来说，代码量大，但是它操作灵活，能够满足多种形式下的操作，受到更多编程者的青睐。但是涉及到的知识点相对要多一些，不仅要掌握数据库的操作方法，还要对二进制文件的读写做进一步的了解。关于数据库及二进制文件的基本操作很多参考书上都介绍得比较详细，需要时请查阅即可。

第一步：从数据库中显示所需要的图片。

首先，打开数据库，看有没有要查找的内容，有则继续执行，没有就退出。

```
RS.Source = "select * from Info Where Name='" & sparaName & "';"
RS.ActiveConnection = "UID=;PWD=;DSN=TestDB;"
RS.Open
If RS.EOF Then RS.cCose : Exit Sub
```

然后，读出长二进制数据即图片数据，把它转换成图片文件，操作过程如下。

```
MediaTemp = strPath & "picturetemp.tmp"
DataFile = 1
Open MediaTemp For Binary Access Write As DataFile
lngTotalSize = RS!MyPhoto.ActualSize
Chunks = lngTotalSize \ ChunkSize
Fragment = lngTotalSize Mod ChunkSize
ReDim Chunk(Fragment)
Chunk() = RS!MyPhoto.GetChunk(Fragment)
Put DataFile, , Chunk()
For i = 1 To Chunks
ReDim Chunk(ChunkSize)
Chunk() = RS!MyPhoto.GetChunk(ChunkSize)
Put DataFile, , Chunk()
Next i
Close DataFile
```

最后，关闭数据库，这样就可以显示所要的图片了。

```
RS.Close
If MediaTemp = "" Then Exit Sub
Picture1.Picture = LoadPicture(MediaTemp)
If Picture1.Picture = 0 Then Exit Subj
```

第二步：向数据库中添加需要存储的图片

向数据库添加存储的图片是显示图片的逆过程，只要掌握了显示图片的操作，存储图片的操作也就迎刃而解了，下面将操作步骤介绍如下。

首先，打开数据库。

```
RS.Source = "select * from Info ;"
RS.CursorType = adOpenKeyset
RS.LockType = adLockOptimistic
RS.ActiveConnection = "UID=;PWD=;DSN=TestDB;"
RS.Open
```

然后，把要存储的图片转换成二进制长文件存入数据库中。

```
RS.AddNew
DataFile = 1
Open strPathPicture For Binary Access Read As DataFile
FileLen = LOF(DataFile) ' 文件中数据长度
If FileLen = 0 Then : Close DataFile : RS.Close : Exit Sub
Chunks = FileLen \ ChunkSize
Fragment = FileLen Mod ChunkSize
ReDim Chunk(Fragment)
Get DataFile, , Chunk()
RS!MyPhoto.AppendChunk Chunk()
ReDim Chunk(ChunkSize)
For i = 1 To Chunks
  Get DataFile, , Chunk()
  RS!MyPhoto.AppendChunk Chunk()
Next i
Close DataFile
```

最后，更新记录后，关闭数据库，就完成了数据图片到数据库的存储。

```
RS.Update
RS.Close
Set RS = Nothing
```

上述两种方法在使用方面各有所长，读者可以针对自己的情况做出合理的选择。

17.6.2 Input#语句

Input#语句能从已打开的顺序文件中读出数据并将数据指定给变量，通常用 Write#、Input#语句读出的数据写入文件。该语句只能用于以 Input 或 Binary 方式打开的文件，在读出数据时不经修改就可直接将标准的字符串或数值数据指定给变量。

如果数据中的双引号被忽略，文件中数据项目的顺序必须与 varlist 中变量的顺序相同，而且与相同数据类型的变量匹配。如果变量为数值类型而数据不是数值类型，则指定变量的值为零。

在输入数据项目时，如果已到达文件结尾，则会终止输入，并产生一个错误。为了能够用 Input#语句将文件的数据正确读入到变量中，在将数据写入文件时，要使用 Write#语句而不使用 Print #语句。使用 Write#语句可以确保将各个单独的数据域正确分隔开。

17.6.3 存储二进制文件的意义

在具体的项目涉及规划时，最好将图片等重要文件以二进制格式保存在数据库内，这样做具有如下 3 点好处。

（1）易于管理：当 BLOB 数据和其他数据一起存储在数据库中时，BLOB 会和表格数据一起备份和恢复。这就降低了表格数据和 BLOB 数据不同步的几率。

（2）可伸缩性：文件系统格式不能优化大量小文件，而数据库系统可以优化。

（3）可用性：数据库的复制允许在分布式环境中进行，在主系统失效的情况下，日志转移功能提供了保留数据库备用副本的方法。

第 18 章

绘 图 处 理

通过 Visual Basic 6.0，可以实现对图形图像的绘图处理。Visual Basic 6.0 中有专用的绘图处理控件，通过这些控件可以轻松地实现绘图处理。在本章的内容中，将详细讲解使用 Visual Basic 6.0 实现绘图处理的基本知识。

本章内容

⏭ 坐标系统
⏭ 颜色设置
⏭ 绘图方法
⏭ 常用绘图控件

技术解惑

调用 Win32 API 函数绘图
总结形状控件（Shape）的常用属性
通过 Line 控件实现分割线效果和时钟转动效果

18.1 坐 标 系 统

知识点讲解：光盘：视频\PPT 讲解（知识点）\第 18 章\坐标系统.mp4

在 Visual Basic 6.0 中，在屏幕、窗体或容器上定义的、表示图形对象位置的平面二维格线称为坐标系统。在本节的内容中，将详细讲解上述图形编程的基本知识。

18.1.1 坐标系统介绍

坐标系统是图形编程的基础知识之一，通过设置坐标可以控制图形的样式和位置。Visual Basic 6.0 中的坐标系统和数学中的略有不同，在默认情况下，窗体的左上角是（0,0）坐标，并且坐标值从左到右、从上到下依次增大。

Visual Basic 6.0 坐标系统采用数对（x,y）来定位，是指在屏幕（screen）、窗体（form）、容器（container）上定义的表示图形对象位置的平面二维格线，一般采用数对（x,y）的形式定位。其中，x 值是沿 x 轴点的位置，最左端是缺省位置 0。y 值是沿 y 轴点的位置，最上端是缺省位置 0。

18.1.2 刻度

在 Visual Basic 6.0 坐标系中，沿坐标轴定义位置的测量单位，统称为刻度，坐标系统的每个轴都有自己的刻度。坐标轴的方向、起点和刻度都是可变的。

在 Visual Basic 6.0 中，通过 Scale 方法来改变坐标系统的设置，以适用现实项目的需求。看下面的一段代码。

```
Dim a , b   As Integer
a = Form1.ScaleWidth
b = Form1.ScaleHeight
Form1.Scale(-a/2,b/2)- (a/2, -b/2)
```

在上述代码中使用了笛卡尔坐标系统，功能是重置绘图区的左上坐标和右下角坐标，从而改变了绘图区的坐标系统。

Scale 方法的使用格式如下所示。

```
对象.Scale(x1,y1)-(x2,y2)
```

在缺省状态下，系统中的最小刻度是 twip。

除了缺省的最小刻度 twip 外，还可以使用 ScaleMode 属性来设置定义的其他刻度。ScaleMode 各属性值的具体说明如下所示。

- 0：user，用户自定义。
- 1：twip，是缺省值。
- 2：point，磅。
- 3：pixel，像素。
- 4：character，字符。
- 5：inch，英寸。
- 6：milimeter，毫米
- 7：centimeter，厘米。

另外，也可以通过 ScaleLeft 和 ScaleTop 属性来设置左上角坐标，默认状态下是（0,0），而 ScaleWidth 属性表示对象的宽度值。上述各主要属性的具体说明如下所示。

- ScaleLeft：获取或设置对象距左边框的距离。
- ScaleTop：获取或设置对象距上边框的距离。
- ScaleWidth：获取或设置对象的宽度。
- ScaleHeight：获取或设置对象的高度。

18.2　颜色设置

知识点讲解：光盘：视频\PPT 讲解（知识点）\第 18 章\颜色设置.mp4

Visual Basic 6.0 中的重要颜色来源是调色板，每个象素都可以使用 8 位值来引用 256 色调色板。在 Windows 系统中，使用 RGB 三元组或四元组颜色值作为标准。在每一种标准下，可以使用一个三字节的值为每个像素定义红、绿、蓝的强度，强度的变化范围是 0～255。

在 Windows 的 RGB 系统中，16 位或 24 位彩色模式下的每个调色板项和像素项都由 4 字节的长整型数值构成。在此模式下，红色位于低字低位字节，黄色位于低字高位字节，蓝色位于高字低位字节。

在 Visual Basic 6.0 中，通常使用 RGB 函数来表示一种颜色。具体语法格式如下所示。

```
RGB（red,green,blue）
```

其中，“red”“green”和“blue”是必选的，分别表示此颜色中的红、绿、蓝强度，取值在 0～255 之间。

实例 086　使用指定的颜色填充窗体内的图形

源码路径　光盘\daima\18\1\　　　　视频路径　光盘\视频\实例\第 18 章\086

本实例的实现流程如图 18-1 所示。

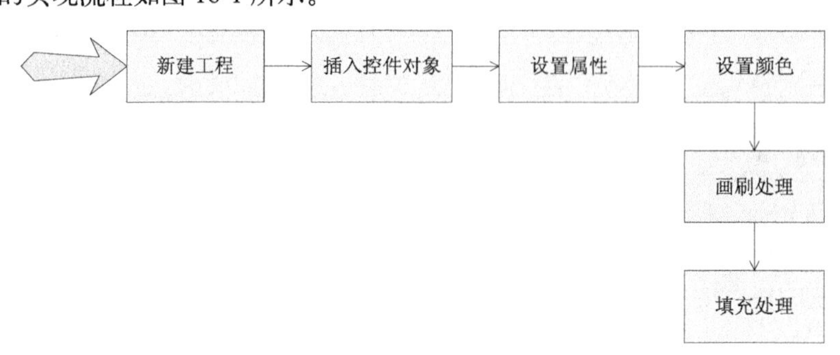

图 18-1　实例实现流程图

下面将详细介绍上述实例流程的具体实现过程，首先新建项目工程并插入各个控件对象，具体实现流程如下所示。

（1）打开 Visual Basic 6.0，新建一个标准 EXE 工程，如图 18-2 所示。

（2）在窗体 Form1 内插入 1 个 Label 控件和 1 个 ComboBox 控件，并分别设置其属性，如图 18-3 所示。

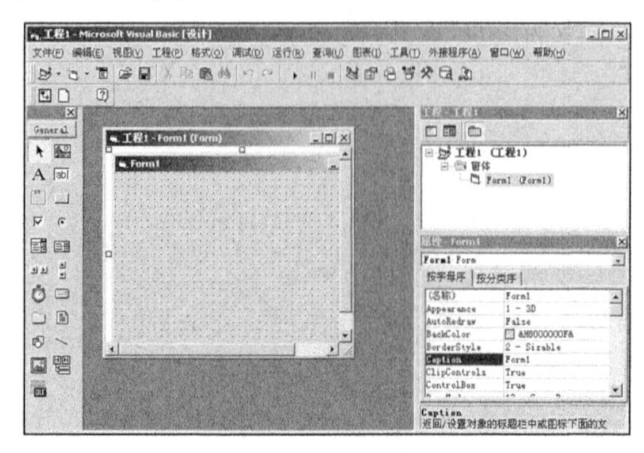

图 18-2　新建工程

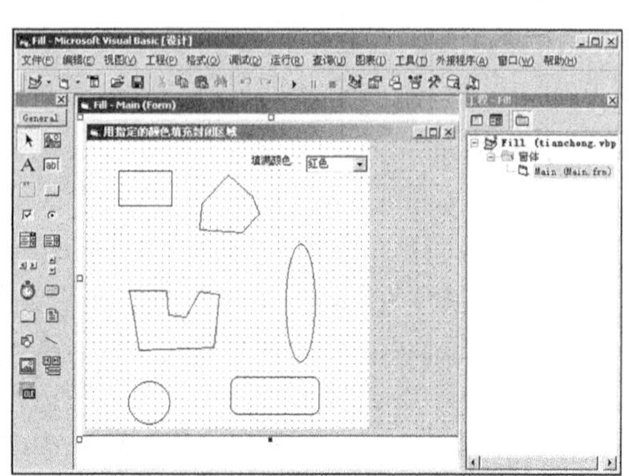

图 18-3　插入对象并设置属性

窗体内各对象的主要属性设置如下所示。

- 窗体：设置名称为“Form1”，Caption 属性为“用指定的颜色填充封闭区域”，Picture 属性为“backpic1.bmp”，即窗体内的图形背景图像。
- Label 控件：设置名称为“Label1”，Caption 属性为“填满颜色”。
- ComboBox 控件：设置名称为“ComboBox1”，List 列表属性有 5 个值，分别是红色、绿色、蓝色、黄色、X 颜色。

然后来到代码编辑界面，为窗体内的对象设置事件处理代码，具体代码如下所示。

```
Option Explicit
Private Declare Function FloodFill Lib "gdi32" _
    (ByVal hdc As Long, ByVal X As Long, ByVal Y _
    As Long, ByVal crColor As Long) As Long
'定义保存颜色值的数组
Dim Color(0 To 4) As Long
Private Sub Combo1_Change()
End Sub
'窗体载入后，分别设置数组内对应的颜色值
Private Sub Form_Load()
    Color(0) = RGB(255, 0, 0)
    Color(1) = RGB(0, 255, 0)
    Color(2) = RGB(0, 0, 255)
    Color(3) = RGB(255, 255, 0)
    Color(4) = RGB(100, 120, 45)
    Combo1.ListIndex = 0
End Sub
'鼠标移动事件，定义画刷，并根据选取的颜色选择对应画刷
Private Sub Form_MouseUp(Button As Integer, Shift As Integer, X As Single, Y As Single)
    Dim hBrush As Long, hOldBrush As Long
    ' 定义画刷
    hBrush = CreateSolidBrush(Color(Combo1.ListIndex))
    ' 选择画刷
    '使用选取颜色创建的画刷进行填充处理
    hOldBrush = SelectObject(Me.hdc, hBrush)
    ' 填充颜色
    FloodFill Me.hdc, X, Y, RGB(0, 0, 0)
    ' 恢复画刷
    SelectObject Me.hdc, hOldBrush
    DeleteObject hBrush
End Sub
```

范例 171：演示窗体坐标系
源码路径：光盘\演练范例\171\
视频路径：光盘\演练范例\171\
范例 172：用方法自定义坐标系
源码路径：光盘\演练范例\172\
视频路径：光盘\演练范例\172\

经过上述设置处理后，整个实例设置完毕。执行后，将按指定样式在窗体内显示各窗体对象，如图 18-4 所示；选取某颜色并单击窗体内的某图形后，此图形将被选取颜色填充，如图 18-5 所示。

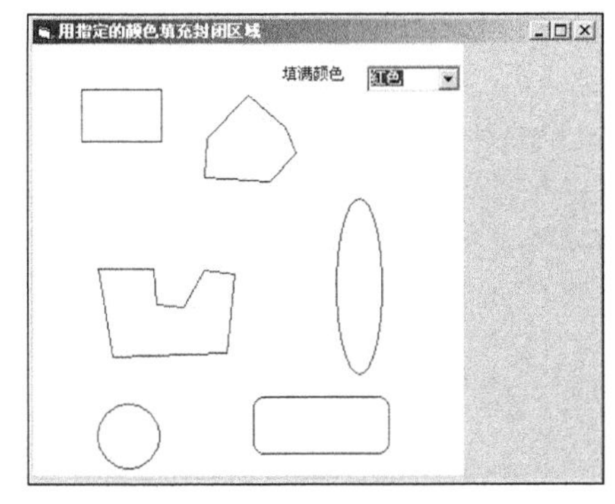

图 18-4　初始显示默认窗体

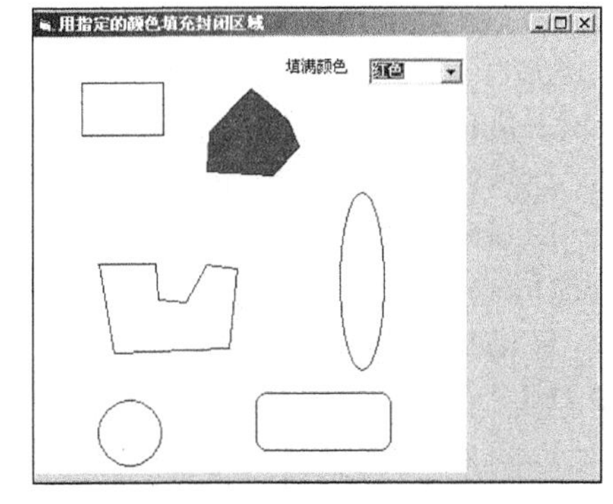

图 18-5　选择红色填充

在上述实例中，通过使用指定的颜色填充了窗体内的图形。具体的颜色是通过 RGB 来实现的，一个 RGB 颜色值指定红、绿、蓝三原色的相对亮度，生成一个用于显示的特定颜色。传给 RGB 的任何参数的值，如果超过 255，会被当作 255。

RGB 代表这些颜色以红、绿、蓝三原色组成，通过这三原色可以生成任意需要的颜色，例如黑色是 0 0 0、蓝色是 0 0 255、绿色是 0 255 0、青色是 0 255 255、红色是 255 0 0、洋红色是

255 0 255、黄色是 255 255 0、白色是 255 255 255。

18.3　绘图方法

知识点讲解：光盘：视频\PPT 讲解（知识点）\第 18 章\绘图方法.mp4

在 Visual Basic 6.0 中，有专用的绘图方法来实现在窗体内的绘图处理。在下面的内容中，将详细介绍 Visual Basic 6.0 中常用绘图方法的基本知识。

1. Pset 方法

Pset 方法的功能是在窗体内画出单个点，点的颜色可以由 ForeClore 属性来设置，点的大小由 DrawWidth 属性来设置。Pset 方法将根据设置的参数来画点，如果不使用 ForeClore 属性来设置颜色，则可以直接在 Pset 内设置颜色。

Pset 方法的具体格式如下所示。

```
对象名.Pset[Step](x,y),[color]
```

其中，“Step”是可选的，用于指定相对于由 CurrentX 和 CurrentY 属性提供的当前图形位置的坐标；“(x,y)”是必选的，用于设置所画点的 x 值和 y 值坐标；“color”用于设置所画点的颜色，它可以是 RGB 函数或 QBColor 函数指定的颜色。

看下面的代码。

```
Pset(100,100),RGB(255,0,0)
```

上述代码的功能是在窗体中的（100,100）处绘制一个红点。

因为理论上可以认为任何图形都是由点来构成的，所以可以用 Pset 方法创建任何图形。

2. Line 画线语句

在 Visual Basic 6.0 中的画线功能是由 Line 语句实现的，在绘制时需要设置线的起点和终点，在绘制时也可以设置线条的颜色。

Line 语句的具体格式如下所示。

```
对象名.Line[Step](x1,y1)- [Step](x2,y2),[color],[B][F]
```

其中，“Step”是可选的，用于指定相对于由 CurrentX 和 CurrentY 属性提供的当前图形位置的坐标；“(x1,y1)”是可选的，用于指定要画直线或矩形起点的起坐标或左上角坐标；“(x2,y2)”是可选的，用于指定要画直线或矩形终点的起点坐标或右下角坐标；“color”是可选的，用于设置所画直线或矩形的颜色，它可以是 RGB 函数或 QBColor 函数指定的颜色；“B”是可选的，用当前填充色和填充方式对矩形进行填充；“F”是可选的，用边框的颜色对矩形进行填充。

Line 语句的画线功能的样式是由其属性实现的，其中主要属性的具体信息如下所示。

- DrawMode：设置即将绘制的对象和容器中已有对象的相互作用。
- DrawStyle：设置绘制时使用的线型，例如点线、实线和虚线等。
- DrawWidth：设置绘制实线的宽度。
- FillClore：设置填充颜色。
- FillStyle：设置填充方式，例如网格填充。
- ForeClore：设置画边框时使用的颜色。

3. Circle 画圆语句

通过使用 Circle 语句，可以在窗体内绘制椭圆或弧。具体的语法格式如下所示。

```
Circle[Step](x,y),radius,[color],[start],[end],[,aspect]
```

其中，“Step”是可选的，用于指定相对于由 CurrentX 和 CurrentY 属性提供的当前图形位置的坐标；“(x,y)”是可选的，用于指定要画圆或椭圆的圆心坐标；“radius”是可选的，用于指定要画圆或椭圆的半径；“color”可选的，用于设置所画圆或椭圆的颜色；“start”是可选的，设置要画圆弧的起点位置；“end”是可选的，设置要画圆弧的终点位置；“aspect”设置要画圆的纵横尺寸比。

看下面的代码。

```
Circle (100,100),100
```

在上述代码中，将以（100,100）为原点绘制了一个半径为 100 的圆。

通过 Circle 语句中的 start 和 end 参数可以绘制一段圆弧，start 和 end 是以弧度表示的从水平方向算起的角度。如果 start 和 end 为负值，则将绘制出一个饼图；如果都为正，则将绘制出一个弧。

通过 Circle 语句中的 aspect 参数可以绘制一个椭圆，aspect 参数值的具体说明如下所示。

- 大于 1：表示椭圆的高大于宽。
- 小于 1：表示椭圆的宽大于高。

4. Point 方法

用于设置给定点的颜色，具体的语法格式如下所示。

```
对象名.Point (x,y)
```

其中参数“(x,y)”是必选的，用于设置要取颜色的点的 x 值和 y 值坐标。

5. Cls 方法

用于清除在窗体和图片框等对象中使用绘图方法绘制的所有图形，但是对对象内的控件无效。其具体格式如下所示。

```
对象名.Cls
```

6. PaintPicture 方法

PaintPicture 方法对应于 API 内的 BitBlt 函数，它可以将某对象内的图片全部或部分地复制到另外的指定位置。另外它还能够实现如下功能。

- 实现指定 2 幅图片的合并。
- 将位图的一部分或全部快速剪切并粘贴到其他地方。
- 将位图自动压缩或延伸，以适用新的环境。
- 在屏幕的不同位置、在屏幕和内存之间进行位图传递。

实例 087 在窗体内绘制指定样式的图形

源码路径 光盘\daima\18\2\ 视频路径 光盘\视频\实例\第 18 章\087

本实例的实现流程如图 18-6 所示。

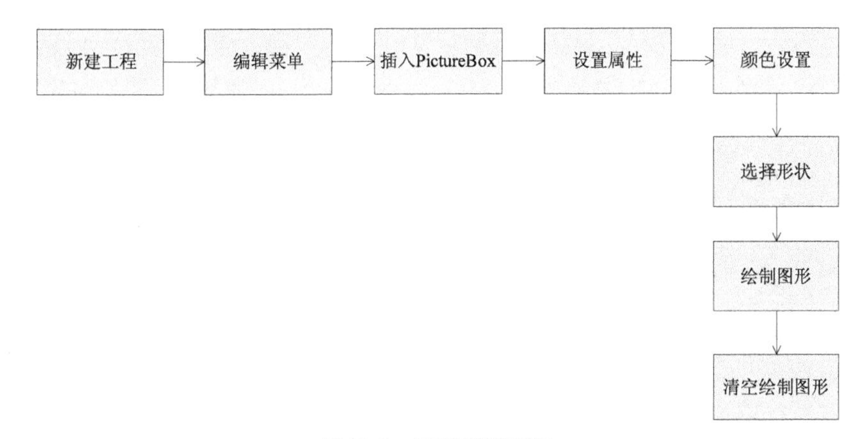

图 18-6 实例实现流程图

下面将详细介绍上述实例流程的具体实现过程，首先新建项目工程并插入各个控件对象，具体实现流程如下所示。

（1）打开 Visual Basic 6.0，新建一个标准 EXE 工程，如图 18-7 所示。

（2）在窗体 Form1 内插入菜单控件和 CommonDialog 控件，并分别设置其属性，如图 18-8 所示。

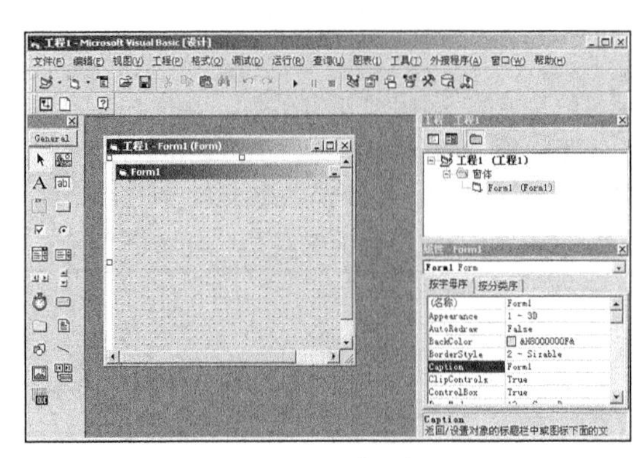

图 18-7　新建工程

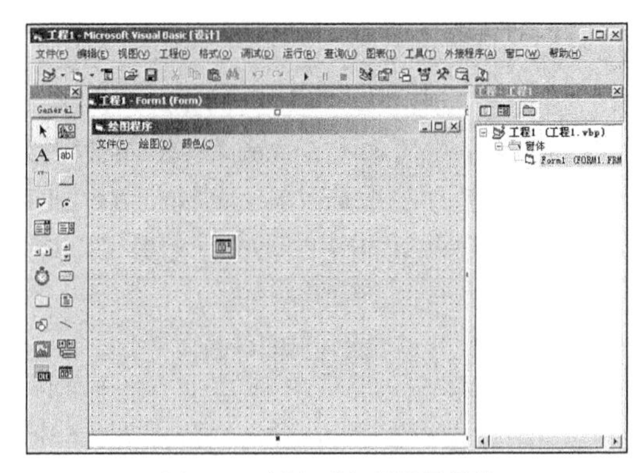

图 18-8　插入对象并设置属性

（3）在窗体 Form1 内插入 1 个 PictureBox 控件，并设置其属性，如图 18-9 所示。

窗体内各对象的主要属性设置如下所示。

- ❑ 窗体：设置名称为“Form1”，Caption 属性为“绘图程序”。
- ❑ CommonDialog 控件：设置名称为“CommonDialog1”。
- ❑ 各菜单选项：依次单击【工具】|【菜单编辑器】选项，在弹出的“菜单编辑器”对话框中依次设置菜单的各个选项信息，具体如图 18-10 所示。

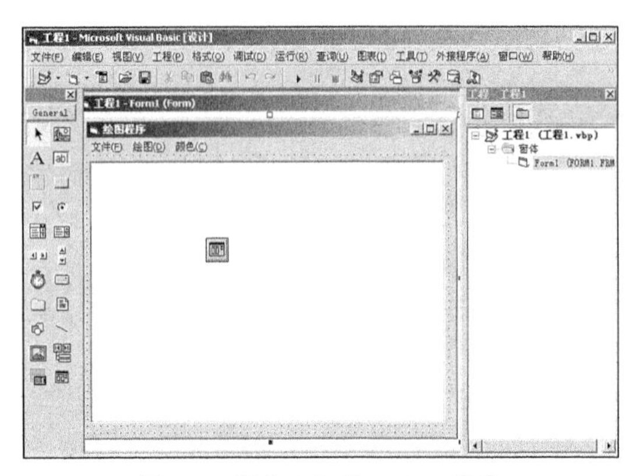

图 18-9　插入 1 个 PictureBox 控件

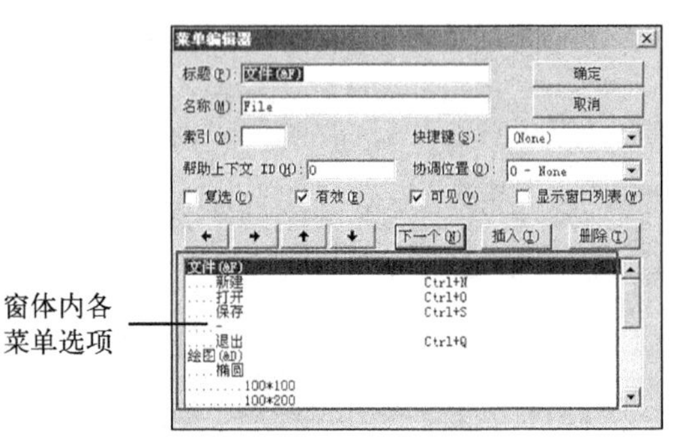

图 18-10　“菜单编辑器”对话框

然后来到代码编辑界面，为窗体内的对象设置事件处理代码，具体代码如下所示。

```
Dim Shape As Integer                '图形类型
Dim blChange As Boolean             '图片是否改变

Private Sub CLR_BLUE_Click()
    '设置绘图前景色
    Picture1.ForeColor = RGB(0, 0, 255)
End Sub
'设置菜单中绿颜色子项的选择事件代码
Private Sub CLR_GREEN_Click()
    Picture1.ForeColor = RGB(0, 255, 0)
End Sub
Private Sub CLR_MORE_Click()
    CommonDialog1.ShowColor                     '通过颜色对话框设置绘图前景色
    Picture1.ForeColor = CommonDialog1.COLOR
End Sub
'设置菜单中红颜色子项的选择事件代码
Private Sub CLR_RED_Click()
    Picture1.ForeColor = RGB(255, 0, 0)
End Sub

Private Sub DRAW_CLEAR_Click()
    Picture1.Cls                                '清除图片框所绘的内容
```

范例 173：当前坐标的实例
源码路径：光盘\演练范例\173\
视频路径：光盘\演练范例\173\
范例 174：线宽与线型
源码路径：光盘\演练范例\174\
视频路径：光盘\演练范例\174\

```
End Sub
'设置菜单中椭圆100*100子项的选择事件代码
Private Sub DRAW_ELLIPSE1_Click()
    Shape = 11
End Sub
'设置菜单中椭圆100*200子项的选择事件代码
Private Sub DRAW_ELLIPSE2_Click()
    Shape = 12
End Sub
'设置菜单中椭圆200*100子项的选择事件代码
Private Sub DRAW_ELLIPSE3_Click()
    Shape = 13
End Sub
'设置菜单中矩形100*100子项的选择事件代码
Private Sub DRAW_RECT1_Click()
    Shape = 21
End Sub
'设置菜单中矩形100*200子项的选择事件代码
Private Sub DRAW_RECT2_Click()
    Shape = 22
End Sub
'设置菜单中矩形200*100子项的选择事件代码
Private Sub DRAW_RECT3_Click()
    Shape = 23
End Sub
'设置菜单中退出子项的选择事件代码
Private Sub Exit_Click()
    End
End Sub
'设置菜单中新建子项的选择事件代码
Private Sub FileNew_Click()
    If blChange = True Then
        If MsgBox("图片内容已改变，是否要保存当前图片？", vbYesNo) = vbYes Then
            CommonDialog1.ShowSave
            SavePicture Picture1.Image, CommonDialog1.FileName          '保存图片框内容
        End If
    End If
    Picture1.Picture = LoadPicture("")                                  '清空图片框内容
End Sub
'设置菜单中打开子项的选择事件代码
Private Sub FileOpen_Click()
    CommonDialog1.ShowOpen
    Picture1.Picture = LoadPicture(CommonDialog1.FileName)              '载入图片文件
End Sub

Private Sub FileSave_Click()
    CommonDialog1.ShowSave
    SavePicture Picture1.Image, CommonDialog1.FileName                  '保存图片框内容
    blChange = False
End Sub
Private Sub Form_Load()
    Picture1.ScaleMode = vbPixels                                       '设置度量单位为像素
    Picture1.DrawWidth = 3                                              '设置线宽
    Picture1.AutoRedraw = True                                          '设置自动重绘有效，以便保存图片
    CommonDialog1.Filter = "BMP位图|*.bmp|全部文件|*.*" '设置［打开］对话框文件过滤
    blChange = False
End Sub
Private Sub Form_Resize()
    '在窗体大小改变后，图片框自动调整大小
    Picture1.Top = 200
    Picture1.Left = 100
    Picture1.Height = Me.Height - 1000
    Picture1.Width = Me.Width - 300
End Sub
Private Sub Picture1_MouseDown(Button As Integer, Shift As Integer, X As Single, Y As Single)
    If Button = 2 Then Me.PopupMenu DRAW                                '鼠标右键按下时弹出菜单
    Select Case Shape
    Case 11
        Picture1.Circle (X, Y), 50                                      '绘制圆形
    Case 12
        Picture1.Circle (X, Y), 100, , , , 0.5
    Case 13
        Picture1.Circle (X, Y), 50, , , , 2
```

```
        Case 21
            Picture1.Line (X, Y)-(X + 100, Y + 100), , B                          '绘制矩形
        Case 22
            Picture1.Line (X, Y)-(X + 200, Y + 100), , B
        Case 23
            Picture1.Line (X, Y)-(X + 100, Y + 200), , B
        End Select
        blChange = True
End Sub
```

经过上述设置处理后，整个实例设置完毕。执行后，将按指定样式在窗体内显示各窗体对象，如图 18-11 所示；单击菜单中的“打开”选项后，可以选择在窗体内打开的图片，如图 18-12 所示；当在菜单选项内选择绘制图形和颜色后，可以在打开图片内绘制指定样式的图形，如图 18-13 所示。

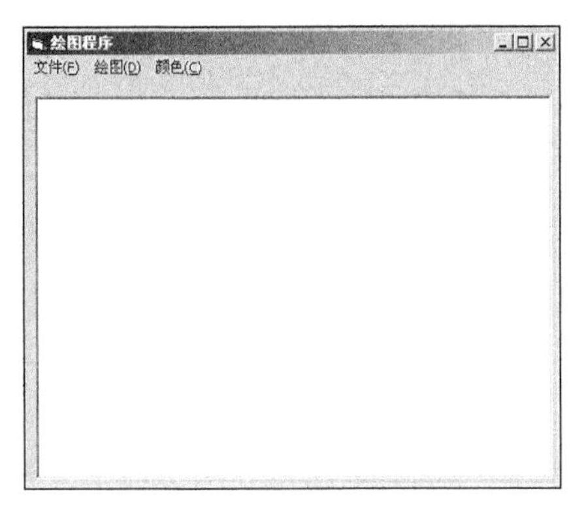

图 18-11　初始显示默认窗体

图 18-12　窗体内打开指定图片

图 18-13　绘制指定样式的图形

18.4　常用绘图控件

知识点讲解：光盘：视频\PPT 讲解（知识点）\第 18 章\常用绘图控件.mp4

在 Visual Basic 6.0 中，有专用的绘图控件来实现在窗体内的绘图处理。在下面的内容中，将详细介绍 Visual Basic 6.0 中常用绘图控件的基本知识。

18.4.1　使用 Line 控件

Visual Basic 6.0 中的 Line 控件是常用控件之一，它能够绘制显示直线。Line 控件在 Visual Basic 6.0 的工具箱中，是通过本身的属性和方法来实现绘制功能的。

1. Line 控件属性

Visual Basic 6.0 中 Line 控件的常用属性如表 18-1 所示。

表 18-1 **Line 控件的常用属性列表**

属性	说明
名称	用于标识某个控件，在代码中通过此属性名称来进行 Line 的操作
BorderColor	用于设置或选择直线的颜色
BorderStyle	用于设置或选择直线的类型
BorderWidth	用于设置直线的宽度
X1	用于设置直线的起点 X 值
Y1	用于设置直线的起点 Y 值
X2	用于设置直线的终点 X 值
Y2	用于设置直线的终点 Y 值
Visible	用于设置直线是否可见

2. Line 控件方法

Visual Basic 6.0 中 Line 控件的常用方法是 Refresh，功能是用于刷新容器中显示的 Line 控件。

3. 使用 Line 控件

下面将以创建用于在 Frame1 中以指定起点、终点、直线宽度和类型绘制相应的直线程序为例，讲解 Visual Basic 6.0 中 Line 控件的使用方法。

实例 088 在窗体内绘制指定样式的直线

源码路径 光盘\daima\18\3\ 视频路径 光盘\视频\实例\第 18 章\088

本实例的实现流程如图 18-14 所示。

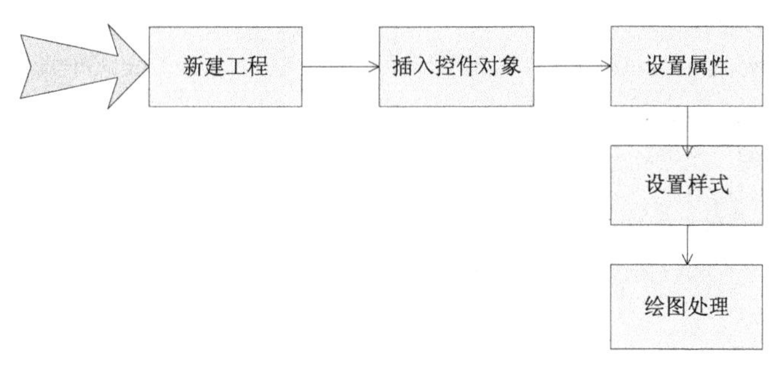

图 18-14 实例实现流程图

下面将详细介绍上述实例流程的具体实现过程，首先新建项目工程并插入各个控件对象，具体实现流程如下所示。

（1）打开 Visual Basic 6.0，新创建一个标准 EXE 工程，如图 18-15 所示。

（2）在窗体 Form1 内插入 1 个 Frame 控件、8 个 Label 控件、5 个 TextBox 控件、1 个 ComboBox 控件、2 个 CommandButton 控件和 1 个 Line 控件，并分别设置它们的属性，如图 18-16 所示。

窗体内各对象的主要属性设置如下所示。

- 窗体：设置名称为“frmmain”，Caption 属性为“直线”。
- 第一个 Label 控件：设置名称为“Label1”，Caption 属性为“起点位置：”。
- 第二个 Label 控件：设置名称为“Label2”，Caption 属性为“终点位置：”。
- 第三个 Label 控件：设置名称为“Label3”，Caption 属性为“X1：”。
- 第四个 Label 控件：设置名称为“Label4”，Caption 属性为“Y1：”。

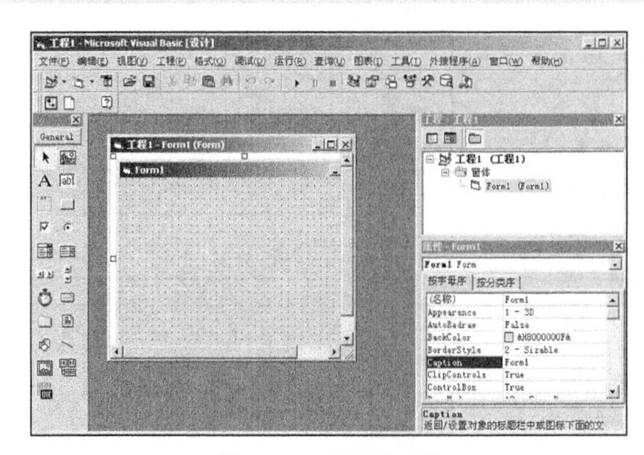
图 18-15　新创建工程

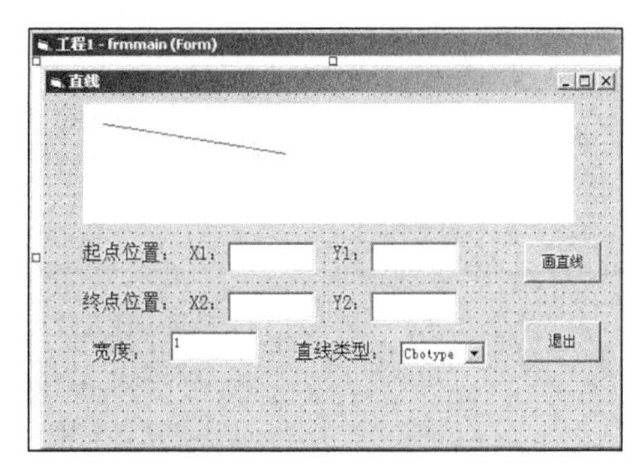

图 18-16　插入对象并设置属性

- ❑ 第五个 Label 控件：设置名称为“Label5”，Caption 属性为“X2：”。
- ❑ 第六个 Label 控件：设置名称为“Label6”，Caption 属性为“Y2：”。
- ❑ 第七个 Label 控件：设置名称为“Label7”，Caption 属性为“宽度：”。
- ❑ 第八个 Label 控件：设置名称为“Label8”，Caption 属性为“直线类型：”。
- ❑ Frame 控件：设置名称为“Frame1”，BackColor 为“&H80000005&”。
- ❑ 第一个 TextBox 控件：设置名称为“txtx1”，Text 属性为空。
- ❑ 第二个 TextBox 控件：设置名称为“txty1”，Text 属性为空。
- ❑ 第三个 TextBox 控件：设置名称为“txtx2”，Text 属性为空。
- ❑ 第四个 TextBox 控件：设置名称为“txty2”，Text 属性为空。
- ❑ 第五个 TextBox 控件：设置名称为“txtwidth”，Text 属性为“1”。
- ❑ ComboBox 控件：设置名称为“Cbotype”，list 属性为“实线、虚线、点、虚线点和虚线点点”的下拉列表。
- ❑ 第一个 CommandButton 控件：设置名称为“cmdhua”，Caption 属性为“画直线”。
- ❑ 第二个 CommandButton 控件：设置名称为“cmdquit”，Caption 属性为“退出”。

然后来到代码编辑界面，为窗体内的按钮对象设置事件处理代码，具体代码如下所示。

```
Private Sub cmdhua_Click()
If Trim(txtx1.Text) = "" Or Trim(txty1.Text) = "" Or Trim(txtx2.Text) = "" Or _
  Trim(txty2.Text) = "" Or Trim(txtwidth.Text) = "" Or Trim(Cbotype.Text) = "" Then
  MsgBox "所设置的直线的起点坐标或者终点坐标或者宽度或者直线类型不能为空！"
  txtx1.SetFocus
  Exit Sub
End If
Line1.BorderStyle = Cbotype.ListIndex + 1
Line1.BorderWidth = Val(txtwidth.Text)
Line1.X1 = Val(txtx1.Text)
Line1.Y1 = Val(txty1.Text)
Line1.X2 = Val(txtx2.Text)
Line1.Y2 = Val(txty2.Text)
Line1.Visible = True
End Sub
Private Sub cmdquit_Click()
End
End Sub
Private Sub Form_Load()
End Sub
```

范例 175：用_Line 方法画网格线
源码路径：光盘\演练范例\175\
视频路径：光盘\演练范例\175\
范例 176：用 Line 方法画矩形
源码路径：光盘\演练范例\176\
视频路径：光盘\演练范例\176\

经过上述设置处理后，整个实例设置完毕。执行后，将按指定样式在窗体内显示各窗体对象，如图 18-17 所示；依次设置起始点位置、宽度和直线类型，单击【画直线】按钮后将在 Frame1 中生成指定样式的直线，如图 18-18 所示。

在上述实例中，通过使用 Line 控件实现了直线绘图处理。Line 控件能够绘制直线，可以在窗体内绘制多条直线，并且可以控制直线间的角度。

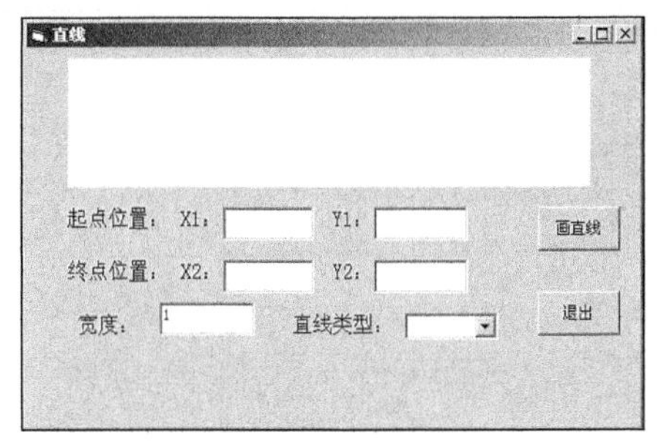

图 18-17 显示默认窗体

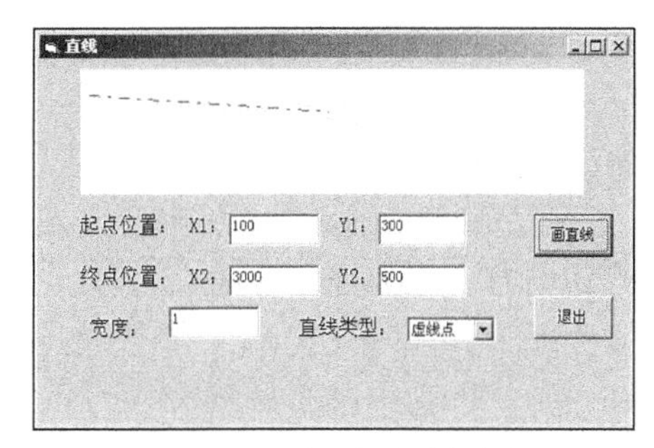

图 18-18 绘制指定样式直线

18.4.2 使用 Shape 控件

Visual Basic 6.0 中的 Shape 控件是常用控件之一，它能够显示正方形、圆形、椭圆和圆角矩形等。Shape 控件在 Visual Basic 6.0 的工具箱中，是通过本身的属性和方法来实现绘制功能的。

1. Shape 控件属性

Visual Basic 6.0 中 Shape 控件的常用属性如表 18-2 所示。

表 18-2 Shape 控件的常用属性列表

名 称	用于标识某个控件，在代码中通过此属性名称来进行 Shape 的操作
BackColor	用于设置或选择 Shape 的背景颜色
BorderStyle	用于设置或选择 Shape 的类型
BorderWidth	用于设置 Shape 的宽度
BackStyle	用于设置或选择 Shape 背景是否透明
BorderColor	用于设置或选择 Shape 的颜色
FillColor	用于设置或选择 Shape 的填充颜色
FillColor	用于设置或选择 Shape 的填充线颜色
Shape	用于设置 Shape 显示的图形类型
Visible	用于设置 Shape 是否可见

2. Shape 控件方法

Visual Basic 6.0 中 Shape 控件的常用方法有 Refresh 和 Move，其中 Refresh 的功能是用于刷新容器中显示的 Shape 控件；Move 的功能是，移动 Shape 控件的位置。

3. 使用 Line 控件

下面将以创建用于在 Shape 中以指定图形类型、填充类型、填充颜色和边框宽度来绘制相应的图形程序为例，讲解 Visual Basic 6.0 中 Shape 控件的使用方法。

实例 089 在窗体内绘制指定样式的图形

源码路径 光盘\daima\18\4\ 视频路径 光盘\视频\实例\第 18 章\089

本实例的实现流程如图 18-19 所示。

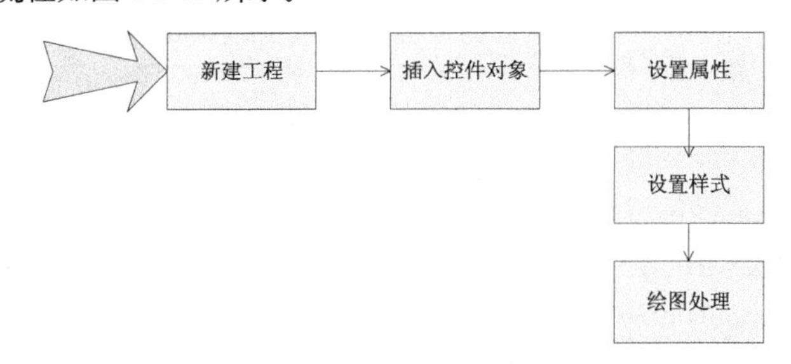

图 18-19 实例实现流程图

下面将详细介绍上述实例流程的具体实现过程，首先新建项目工程并插入各个控件对象，具体实现流程如下所示。

（1）打开 Visual Basic 6.0，新建一个标准 EXE 工程，如图 18-20 所示。

（2）在窗体 Form1 内插入 1 个 Shape 控件、5 个 Label 控件、2 个 TextBox 控件、3 个 ComboBox 控件、3 个 CommandButton 控件和 1 个 CommonDialog 控件，并分别设置它们的属性，如图 18-21 所示。

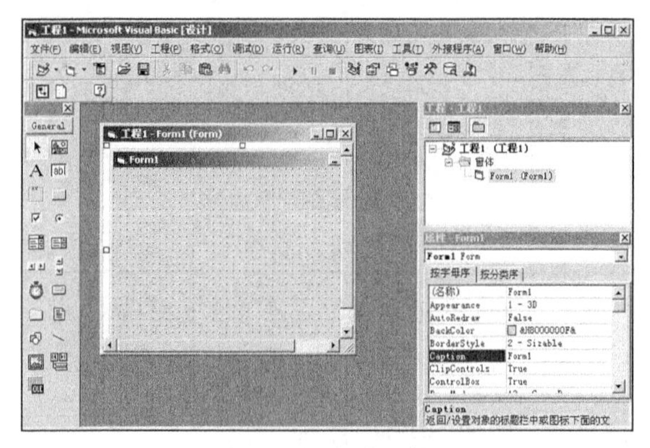

图 18-20　新建工程

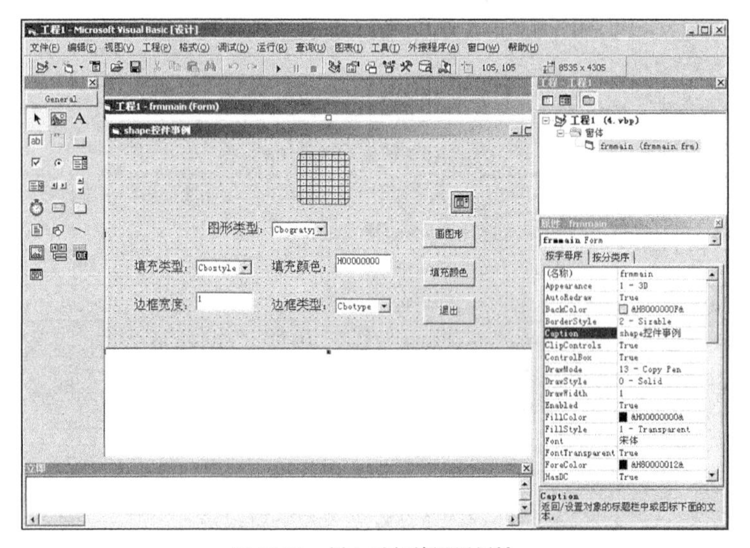

图 18-21　插入对象并设置属性

窗体内各对象的主要属性设置如下所示。

- ❑ 窗体：设置名称为“frmmain”，Caption 属性为“shape 控件事例”。
- ❑ 第一个 Label 控件：设置名称为“Label1”，Caption 属性为“填充类型：”。
- ❑ 第二个 Label 控件：设置名称为“Label2”，Caption 属性为“填充颜色：”。
- ❑ 第三个 Label 控件：设置名称为“Label3”，Caption 属性为“边框宽度：”。
- ❑ 第四个 Label 控件：设置名称为“Label4”，Caption 属性为“边框类型：”。
- ❑ 第五个 Label 控件：设置名称为“Label5”，Caption 属性为“图形类型：”。
- ❑ 第一个 TextBox 控件：设置名称为“txtcolor”，Text 属性为“&H00000000&”。
- ❑ 第二个 TextBox 控件：设置名称为“txtwidth”，Text 属性为“1”。
- ❑ 第一个 ComboBox 控件：设置名称为“Cbogratype”。
- ❑ 第二个 ComboBox 控件：设置名称为“Cbostyle”。
- ❑ 第三个 ComboBox 控件：设置名称为“Cbotype”。
- ❑ 第一个 CommandButton 控件：设置名称为“cmdhua”，Caption 属性为“画图形”。
- ❑ 第二个 CommandButton 控件：设置名称为“cmdcolor”，Caption 属性为“填充颜色”。
- ❑ 第三个 CommandButton 控件：设置名称为“cmdquit”，Caption 属性为“退出”。
- ❑ CommonDialog 控件：设置名称为“CommonDialog1”。

然后来到代码编辑界面，为窗体内的按钮对象设置事件处理代码，具体代码如下所示。

```
Private Sub cmdcolor_Click()
CommonDialog1.ShowColor
txtcolor.Text = CommonDialog1.Color
End Sub
Private Sub cmdhua_Click()
If Trim(Cbogratype.Text) = "" Or Trim(Cbostyle.Text) = "" Or Trim(txtcolor.Text) = "" Or _
   Trim(txtwidth.Text) = "" Or Trim(Cbotype.Text) = "" Then
   MsgBox "所设置图形的类型、填充类型、填充颜色、边框宽度和边框类型不能为空！"
   txtwidth.SetFocus
   Exit Sub
End If
Shape1.BorderStyle = Cbotype.ListIndex + 1
Shape1.BorderWidth = Val(txtwidth.Text)
Shape1.Shape = Cbogratype.ListIndex
Shape1.FillColor = Val(txtcolor.Text)
Shape1.FillStyle = Cbostyle.ListIndex
End Sub
Private Sub cmdquit_Click()
End
End Sub
Private Sub Form_Load()
End Sub
```

范例 177：用_Line 方法绘制抛物线
源码路径：光盘\演练范例\177\
视频路径：光盘\演练范例\177\
范例 178：用 Line 方法绘制随机射线
源码路径：光盘\演练范例\178\
视频路径：光盘\演练范例\178\

经过上述设置处理后，整个实例设置完毕。执行后，将按指定样式在窗体内显示各窗体对象，如图 18-22 所示；依次设置图形类型、填充类型、填充颜色、边框宽度和边框类型，单击【画图形】按钮后将绘制指定样式的图形，如图 18-23 所示。

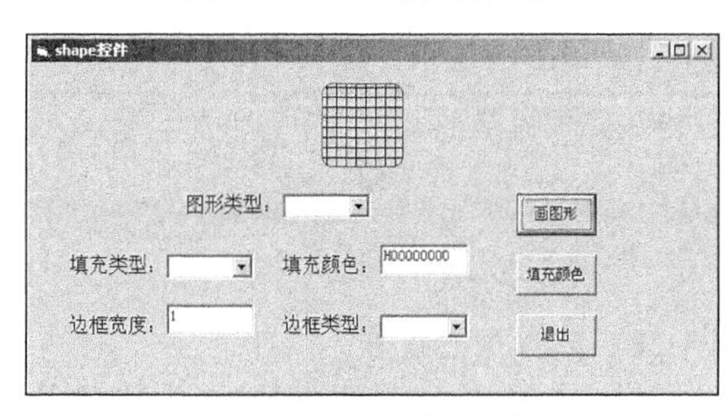

图 18-22　显示默认窗体

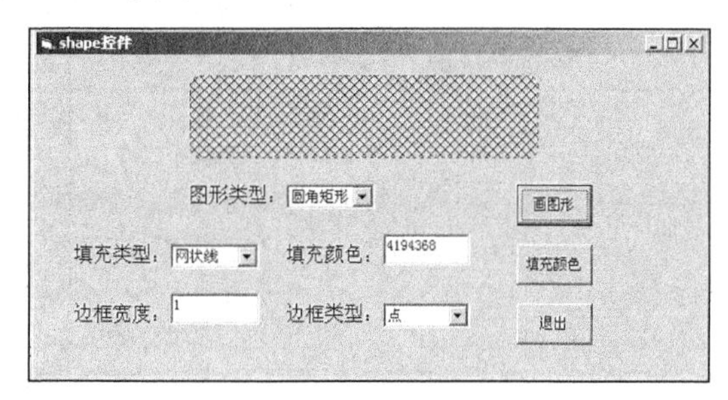

图 18-23　绘制指定样式图形

注意：因为 Shape 控件几乎能绘制你需要的所有图形，所以它在 Visual Basic 6.0 的图形领域十分重要。并且在使用时，可以将 Shape 控件放到其他空间上，并且也可以单独设置其他控件的属性。这样就为开发的目的性带来了很大的方便，从而实现了即相互联系又相互独立的开发模式。在其他开发语言中也有 Shape 控件，例如 C#、C++。

18.5　技术解惑

18.5.1　调用 Win32 API 函数绘图

在 Visual Basic 6.0 中，还可以通过调用 Win32 API 函数进行绘图。Visual Basic 方法和 API 方法都可以画出图形，但是由于其实现机制不同，其实现效率也有所差别。经过使用比较得出了如下结论。

（1）API 方法要快于 Visual Basic 方法。

（2）API 方法采用的是长整数参数和整数算法进行图形的绘制与缩放，而 Visual Basic 方法采用的是浮点形式的参数进行图形的绘制和缩放。

（3）API 方法包含了大量的图形函数，并且针对不同的图形给出了不同的函数，而 Visual Basic 方法只有有限的图形函数，绘制不同的图形必须附加不同的参数。

18.5.2　总结形状控件(Shape)的常用属性

形状控件（Shape）常用属性的具体说明如表 18-3 所示。

表 18-3　　形状控件（Shape）的常用属性

属　性	说　明
(Name)	形状控件的名称
BackColor	背景颜色，可从弹出的调色板选择
BorderStyle	背景风格，取值为 0 透明 1 不透明
BorderColor	画线的颜色（对象的边框颜色），可从弹出的调色板选择
BorderStyle	画线的风格（对象的边框样式），共有 7 种 0 Transparent（无线） 1 Solid（实线，此为默认值） 2 Dash（虚线） 3 Dot（点线） 4 Dash-Dot（单点划线） 5 Dash-Dot-Dot（双点划线） 6 Inside Solid（内部实线）
BorderWidth	画线的宽度（控件的边框宽度）
DrawMode	画线模式（控件输出时的外观），共有 16 种 1 黑色 2 非或笔，设置值 15 的反相 3 与非笔，背景色以及画笔反相二者共有颜色的组合 4 非复制笔，设置值 13 的反相 5 与笔非，画笔以及显示色反相二者共有颜色的组合 6 反相，显示颜色反相 7 异或笔，画笔颜色以及显示颜色的异或 8 非与笔，设置值 9 的反相 9 与笔，画笔以及显示色二者共有颜色的组合 10 非异或笔，设置值 7 的反相 11 无操作，该设置实际上是不画图 12 或非笔，显示颜色与画笔颜色反相的组合 13 复制笔，用 ForeColor 属性指定的颜色，此为默认值 14 或笔非，画笔颜色与显示颜色反相的组合 15 或笔，画笔颜色与显示颜色的组合 16 白色
FillColor	填充颜色，当 FillStyle 属性不为真时有效。可从弹出的调色板选择
FillStyle	填充样式，有 8 种可选 0 全部填充 1 透明，此为默认值 2 水平直线 3 竖直直线 4 上斜对角线 5 下斜对角线 6 十字线 7 交叉对角线
Height	形状控件的高度

续表

属 性	说 明
Index	在对象数组中的编号
Left	距容器左边界的距离
Shape	指定控件的外观，有 6 种可选 0 矩形 1 正方形 2 椭圆 3 圆 4 圆角矩形 5 圆角正方形
Tag	存储程序所需的附加数据
Top	距容器顶部边界的距离
Visible	设置此对象的可见性，取值为 True 该对象可见 False 该对象不可见
Width	控件的宽度

18.5.3 通过 Line 控件实现分割线效果和时钟转动效果

在 Visual Basic 6.0 项目中，还可以通过 Line 控件实现分割线效果和时钟转动效果。例如，通过如下操作可以在窗体内实现类似于 Frame 的分割线效果。

（1）添加两个 Line 控件到窗体。

（2）编写如下代码。

```
Private Sub Form_Load()
With Line1
.BorderColor = &H808080
.X1 = 0
.X2 = 5000
.Y1 = 1100
.Y2 = .Y1
End With
With Line2
.BorderColor = vbWhite
.BorderWidth = 2
.X1 = Line1.X1
.X2 = Line1.X2
.Y1 = Line1.Y1 + 20
.Y2 = .Y1
End With
Line1.ZOrder 0
End Sub
```

第 19 章

使用 MSChat 控件处理图形

通过 Visual Basic 6.0，能够以图形框样式来直观地展示数据，例如常见的图形统计框和直方图等。为了方便 Visual Basic 6.0 程序员快速地开发出图形项目，微软推出了 MSChat 控件，用于实现图形处理项目。在本章内容中，将对 MSChat 控件的基本知识进行简要介绍，并通过具体的实例来加深对知识点的理解。

本章内容

- Visual Basic 图形编程处理介绍
- 使用 MSChat 控件
- MSChat 控件的三维效果

技术解惑

实现图形数据的打印和预览处理
实现图形动画的 3 种方法

19.1 Visual Basic 图形编程处理介绍

知识点讲解：光盘：视频\PPT 讲解（知识点）\第 19 章\Visual Basic 6.0 图形编程处理介绍.mp4

在日常应用项目中，可以使用图形表格来表示某统计数据，这样可以更加直观地表示出数据的差别，给浏览者带来视觉上的冲击。

因为 Visual Basic 6.0 可以很灵活地和数据库工具进行结合使用，所以可以将数据库内的数据动态地表示为直观的图形。在 Visual Basic 6.0 中实现图形表示的方法有两种，具体信息如下所示。

1. 使用绘图函数

在 Visual Basic 6.0 中，提供专用的绘图函数，通过这些绘图函数可以实现直观的图形显示效果。例如，LINE、PET 和 Windows 提供的 GDI 函数都是常用的绘图函数。

这种方法的优点是灵活、快速，但是需要额外编写大量的代码，不太适于初学者理解和掌握。

2. 使用 MSChat 控件

创建图形显示效果的最简单方法是使用专用的控件，这样可以避免编写额外的代码。但是它的实现功能会受到控件本身的影响，如果控件本身的功能有限，则对应的图形显示效果也会受到限制。

在 Visual Basic 6.0 中，最专业的图形控件是 MSChat 控件，其主要特点如下所示。

- 使用简单：只需在 Visual Basic 6.0 中添加后即可使用。
- 图形美观：因为控件本身功能的强大，所以对应的图形效果也十分出色。

19.2 使用 MSChat 控件

知识点讲解：光盘：视频\PPT 讲解（知识点）\第 19 章\使用 MSChat 控件.mp4

MSChat 控件能够以图形方式显示数据，并且能够和 DataGrid 对象实现关联。DataGrid 数据网格是存有已图表化数据的表，包括用于在图表中标识系列和分类的标签。Visual Basic 6.0 中的 MSChat 控件可以支持如下 3 个特性。

- 三维效果。
- 常用的图表类型。
- 数据网格成员支持的随机数据和数组数据。

在下面的内容中，将对 Visual Basic 6.0 中使用 MSChat 控件的方法进行详细介绍。

19.2.1 添加 MSChat 控件

在 Visual Basic 6.0 中自动包含 MSChat 控件，但是没有在工具箱中默认显示，在使用时需要开发人员添加。MSChat 控件的添加和使用流程如下所示。

（1）Visual Basic 6.0 中依次选择【工程】|【部件】选项，在弹出的“部件”对话框中勾选“Microsoft Chart Control 6.0(OLEDB)”复选框，如图 19-1 所示。

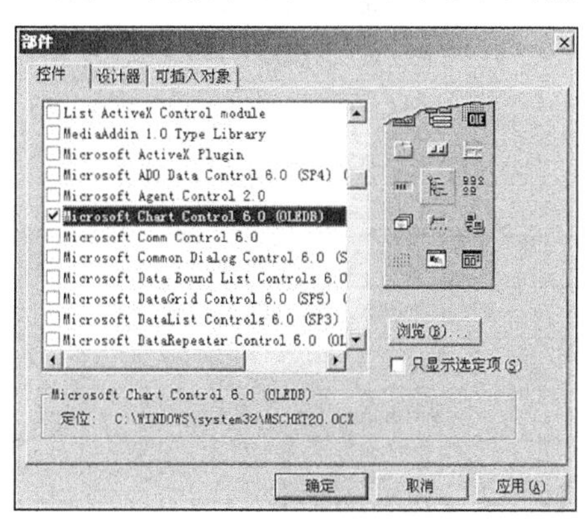

图 19-1 添加 MSChat 控件

（2）添加 MSChat 控件后，将在 Visual Basic 6.0 中的工具箱中显示出来，如图 19-2 所示。

（3）在使用 MSChat 控件时，可以和使用其他控件一样将其拖入并绘制在窗体内。此时数据的显示方式是条形图，背景颜色是由窗体的背景颜色所决定的。并且在里面显示坐标刻度，但是这些刻度和具体的数据无关，具体如图 19-3 所示。

（4）在窗体内添加 MSChat 控件后，其默认名称为“MSChat1”，开发人员可以对其进行重新命名。右键单击 MSChat 控件后，可以在弹出的“属性页”对话框中设置它的显示样式，具体如图 19-4 所示。

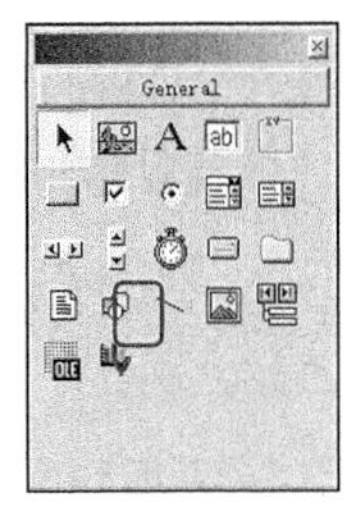

图 19-2 工具箱中的 MSChat 控件

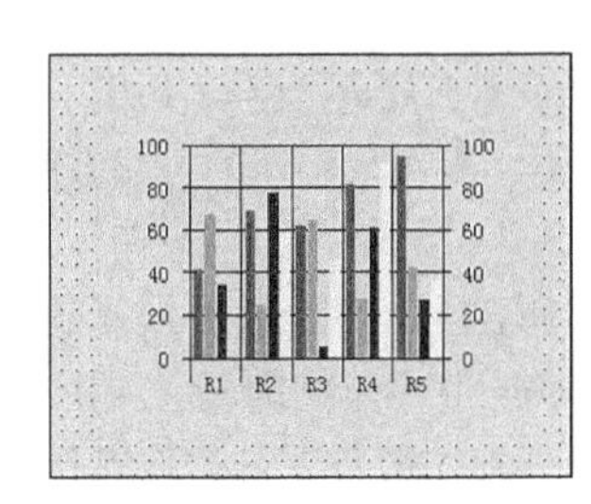

图 19-3 窗体内的 MSChat 控件

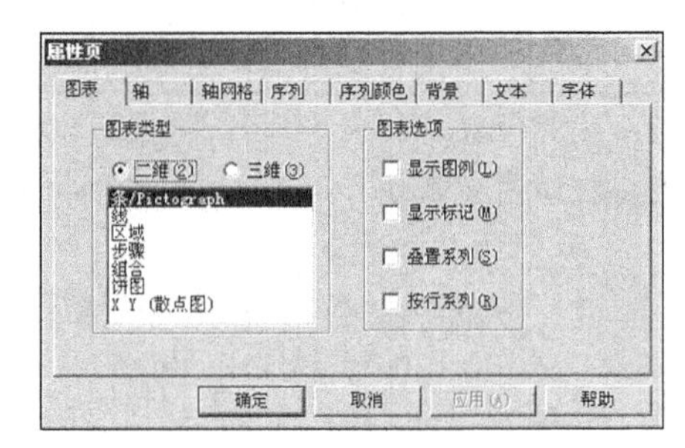

图 19-4 “属性页”对话框

MSChat 控件常用属性的具体说明如下所示。

- RowCount：设置图形数据的行数。
- ColumnCount：设置图形数据的列数。
- TitleText：设置图形标题。
- RowLabelCount：设置行标个数。
- ColumnLabel：设置列标。
- Row：设置当前行。
- Column：设置当前列。
- AutoIncrement：如果数据是连续存放的，则属性为 True，否在属性为 False。
- ShowLagend：设置为 True 时显示图例。

在 Visual Basic 6.0 中可以使用 MSChat 控件来绘制 12 种统计图表，所绘制图表的类型由其 ChartType 属性来决定。ChartType 各属性值的具体说明如表 19-1 所示。

表 19-1　　ChartType 属性值体说明

常　数	取　值	说　明
VtChChartType3dBar	0	三维条形图
VtChChartType2dBar	1	二维条形图
VtChChartType3dLine	2	三维折线图
VtChChartType2dLine	3	二维折线图
VtChChartType3dArea	4	三维面积图
VtChChartType2dArea	5	二维面积图
VtChChartType3dStep	6	三维阶梯图
VtChChartType2dStep	7	二维阶梯图
VtChChartType3dCombination	8	三维组合图
VtChChartType2dCombination	9	二维组合图
VtChChartType2dPie	14	二维饼图
VtChChartType2dXY	16	二维坐标图

19.2.2 获取图形数据

工程项目可以获取 MSChat 控件中的图形数据，具体实现方法有如下两种。

1. 使用 ChatData 属性

因为图表控件中的数据被保存在内部的数据网格内，所以可以使用 ChatData 属性直接存储数据网格。在下面的内容中，将通过一个具体的实例来说明此种方法的实现过程。

实例 090 在窗体内显示每月的销售额，使对应月份和对应的销售额在柱形图中显示出来

源码路径 光盘\daima\19\1\ 视频路径 光盘\视频\实例\第 19 章\090

本实例的具体实现流程如图 19-5 所示。

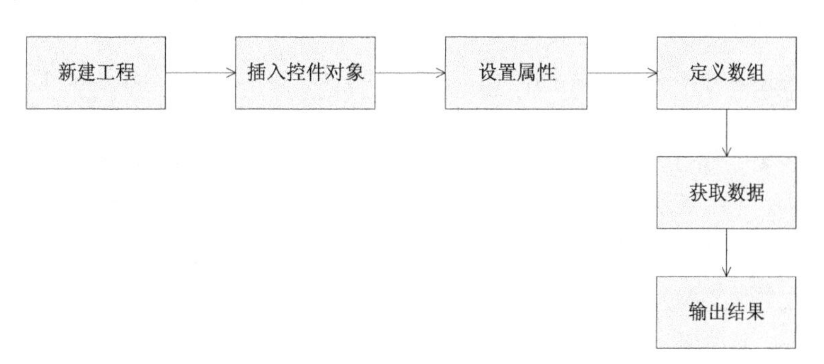

图 19-5 实例实现流程图

在下面的内容中，将详细介绍上述实例流程的具体实现过程。首先，新创建 Visual Basic 6.0 项目工程，并插入各个控件对象，具体如图 19-6 所示。

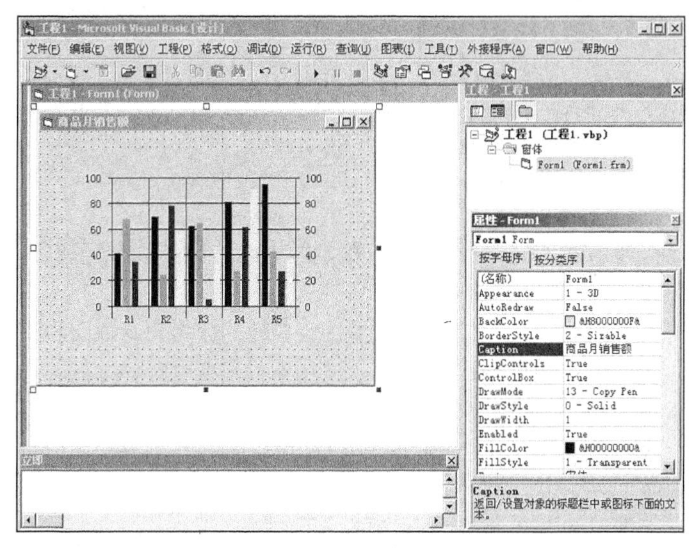

图 19-6 插入对象并设置属性

窗体内各对象的主要属性设置如下所示。

- 窗体：设置名称为“Form1”，Caption 属性为“商品月销售额”。
- MSChart 控件：设置名称为“MSChart1”。

来到代码编辑界面，为工程定义数据数组，并通过 ChatData 属性将数据以图形样式显示出来，具体代码如下所示。

```
Option Explicit
Option Base 1
Private Sub Form_Load()
Dim arrData(4, 1 To 4)  '定义4个月份
```

```
'在第一列设置标签
    arrData(1, 1) = "1月"
    arrData(2, 1) = "2月"
    arrData(3, 1) = "3月"
    arrData(4, 1) = "4月"
'设置商品的销售量
    arrData(1, 2) = 8                          '1月销售量
    arrData(2, 2) = 4                          '2月销售量
    arrData(3, 2) = 3                          '3月销售量
    arrData(4, 2) = 6                          '4月销售量
    MSChart1.ChartData = arrData
End Sub
```

范例 179：绘制长方体
源码路径：光盘\演练范例\179\
视频路径：光盘\演练范例\179\
范例 180：制作奥运五环旗
源码路径：光盘\演练范例\180\
视频路径：光盘\演练范例\180\

经过上述设置处理后，整个实例设置完毕。执行后将把数组内设置的销售统计数据以图形样式显示出来，具体如图 19-7 所示。

在上述实例中，为了突出显示图形在本书中的显示效果，特意在图 19-4 中的“属性页”对话框中将“序列颜色”设置为了黑色。在日常应用中，读者可以根据自己的需要，在“属性页”对话框中设置需要的属性。另外，在实例中只是显示了 4 个月的销售柱形图。读者可以重新定义数组中的代码，用于显示多个指定月份的销售统计图。在此请读者考虑如何实现图 19-8 所示的显示 6 个月的销售状况效果。

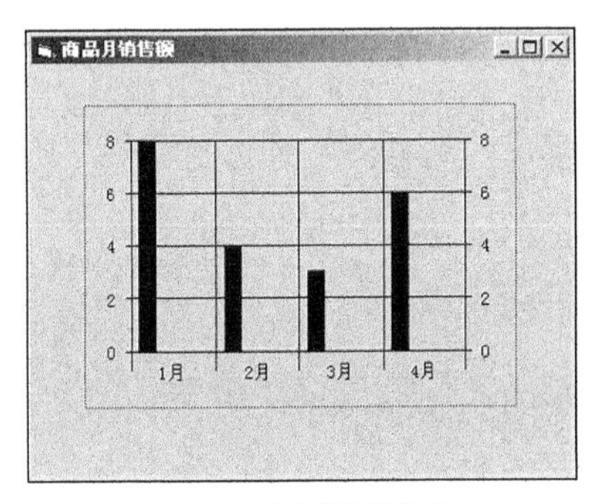

图 19-7　图形统计效果

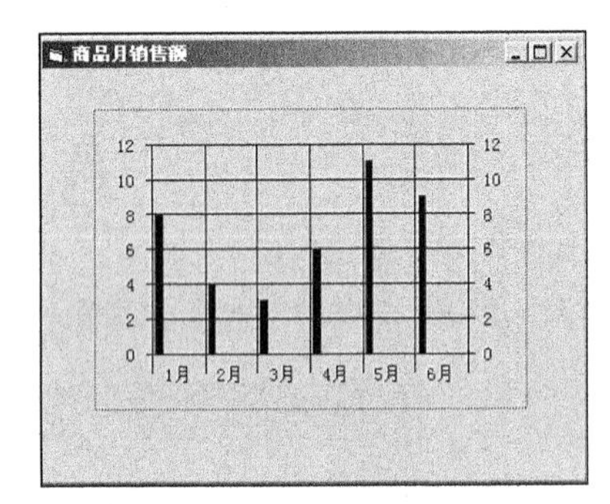

图 19-8　6 个月的销售状况

图 19-8 所示效果的具体实现代码保存为“工程 1-1.vbp”。

2. 使用 Data 属性

通过 MSChart 控件中的 Data 属性，可以指定数据网格中某一个元素的大小。Data 属性只能存储数字型的数据，而不能保存文本。

在使用 Data 属性进行设置时，必须首先设置图表控件的行数 RowCount 和列数 ColumnCount。例如要设置图表的行数为 6，列数为 5，可以通过如下代码实现。

```
MSChart1.RowCount = 6                  '行数
MSChart1.ColumnCount = 5               '列数
```

当为 Data 属性赋值时，还需要同时设置当前行和当前列。例如，如下代码将 abc 赋值于 Data 的第 2 行第 5 列。

```
MSChart1.RowCount = 2                  '行数
MSChart1.ColumnCount = 5               '列数
MSChart1.Data = abc
```

3. 使用 SetData 方法

通过 MSChart 控件中的 SetData 方法，也可以指定数据网格中某一个元素的大小。当为 Data 属性进行赋值时，需要同时设置当前行和当前列。

SetData 方法的语法格式如下所示。

```
MSChart控件名. DatGrid.SetData 行，列，数值，nullFlage
```

其中，“数值”是双精度，“nullFlag”用于设置数据点是否为空。

MSChart 控件是一个数据绑定控件，可以以图形样式将库中的数据显示出来。但是和其他绑定控件相比，MSChart 控件有如下突出特点。

- MSChart 控件不能和 Remote Data 控件和 Data 控件一起使用。
- 可以和 ADO 控件结合使用，在使用时需要将 MSChart 图形的 RecordSourse 属性设置为 RecordSet 对象。

在下面的内容中，将通过一个具体的实例来说明图形显示数据的方法。

实例 091 在窗体内将数据库中的学生各科成绩数以图形统计样式显示出来

源码路径 光盘\daima\19\2\ 视频路径 光盘\视频\实例\第 19 章\091

本实例的具体实现流程如图 19-9 所示。

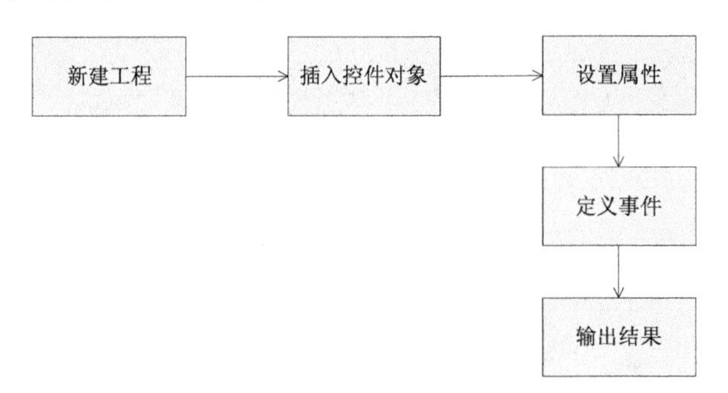

图 19-9 实例实现流程图

在下面的内容中，将详细介绍上述实例流程的具体实现过程。首先，新创建 Visual Basic 6.0 项目工程，分别插入按钮、MSChart 控件和 ADO 控件，具体如图 19-10 所示。

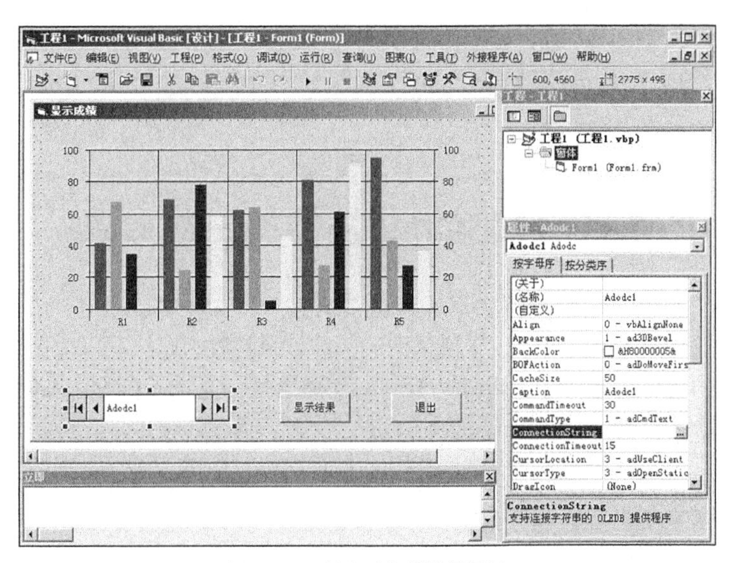

图 19-10 插入对象并设置属性

窗体内各对象的主要属性设置如下所示。

- 窗体：设置名称为“Form1”，Caption 属性为“显示成绩”。
- MSChart 控件：设置名称为“MSChart1”。
- 第一个 CommandButton 控件：设置名称为“Command1”，Caption 属性为“显示结果”。
- 第二个 CommandButton 控件：设置名称为“Command2”，Caption 属性为“退出”。
- ADO 控件：设置名称为“Adodc1”。

来到代码编辑界面，分别编写数据库连接代码和窗体对象的事件处理代码，具体代码如下所示。

```
Private Sub Command1_Click()
    '设置Adodc1控件的连接字符串属性
    Adodc1.ConnectionString =
      "Provider=Microsoft.Jet.OLEDB.4.0;
       Data Source=" & App.Path & "\123.mdb;
       Persist Security Info=False"            '连接的数据库名和表名
       '获取数据库数据
    Adodc1.RecordSource =
    "select curriculum,point from chengji "
    Set MSChart1.DataSource = Adodc1
End Sub
Private Sub Command2_Click()            '窗体退出
    End
End Sub
Private Sub Form_Load()                                         '窗体载入
End Sub
```

范例 181：绘制正弦曲线
源码路径：光盘\演练范例\181\
视频路径：光盘\演练范例\181\
范例 182：绘制阿基米德螺线
源码路径：光盘\演练范例\182\
视频路径：光盘\演练范例\182\

经过上述设置处理后，整个实例设置完毕。执行后将首先按照默认样式显示窗体，如图 19-11 所示。当单击【显示结果】按钮后，将指定数据库表中的成绩数据以图形样式显示，具体如图 19-12 所示。

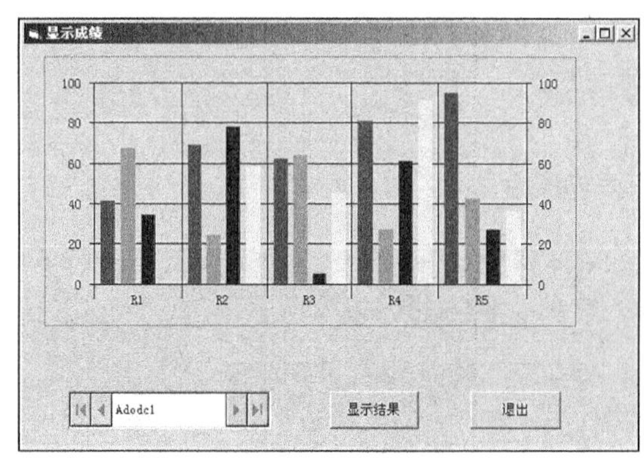

图 19-11　默认窗体效果

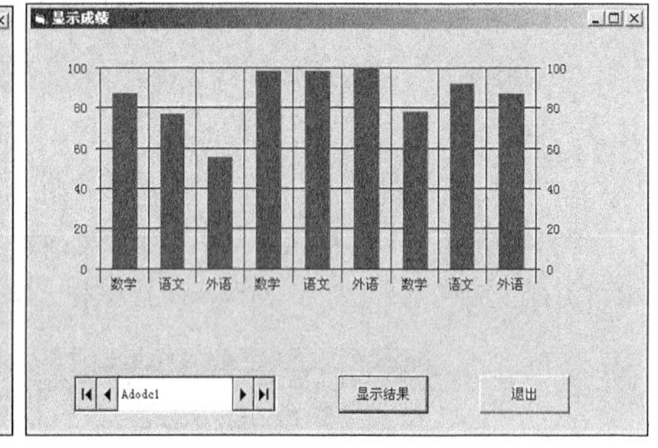

图 19-12　单击按钮后效果

19.3　MSChat 控件的三维效果

知识点讲解：光盘：视频\PPT 讲解（知识点）\第 19 章\MSChat 控件的三维效果.mp4

在使用 MSChat 控件时，可以设置使用它的三维效果特性，这样可以使图表变得更加精彩。在需要三维效果时，需要先选中 MSChat 控件，然后选择“属性”命令，在弹出的“属性页”对话框中选择“图表”选项卡，并在列表中选择“三维”单选按钮，具体如图 19-13 所示。

经过上述设置后，在项目窗体内的 MSChat 控件将以三维效果显示，如图 19-14 所示。

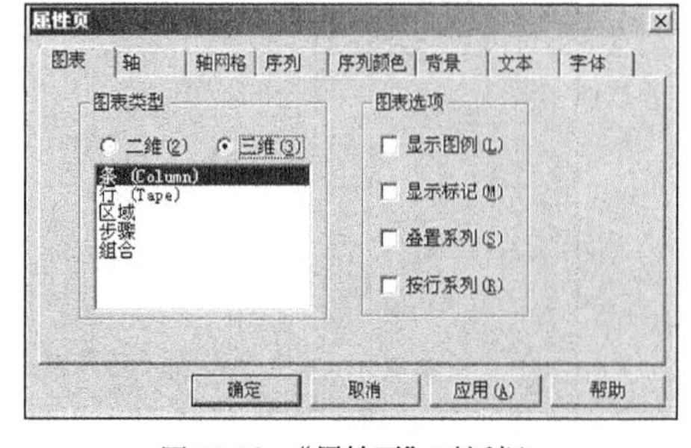

图 19-13　“属性页”对话框

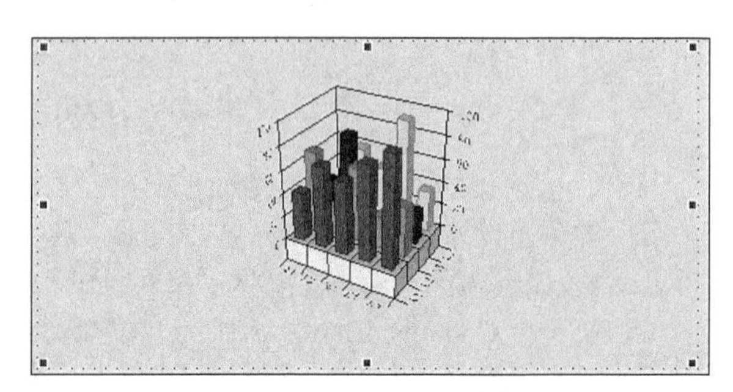

图 19-14　三维效果

在本节的内容中，将详细讲解使用 MSChat 控件实现三维效果的基本知识。

19.3.1 旋转处理

旋转 MSChat 图表的方法有 2 种，具体如下所示。

1. 手工旋转

在程序运行过程中，通过<Ctrl>+鼠标可以手工旋转一个三维图表，旋转后的效果如图 19-15 所示。

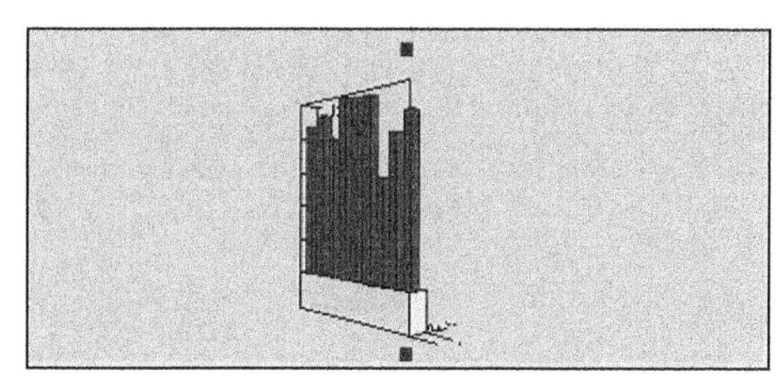

图 19-15 手工旋转效果

2. 代码设置

在 Visual Basic 6.0 程序中，可以使用 View3D 对象的 Set 方法来旋转三维图表。具体的语法格式如下所示。

```
MSChart控件名.Plot.View3D.Set,值，值
```

其中，第一个“值”表示旋转度，取值为 0～360；第二个“值”表示仰角度，取值为 0～90。

19.3.2 光线处理

通过 Light 特性可以控制一个虚拟的光线以何种方式照射到图表上。在旋转应用时，因为旋转的表面会反射固定光源的光线，所以图表的外观在旋转中会改变。

Light 特性由如下 2 部分构成。

（1）环境光：没有特定光源，没有方向性。

（2）LightSources：具有可变强度，可以从任何角度发射到图表，可以创建多个光源。

LightSources 是重要的光线处理集合，其具体的语法格式如下所示。

```
object.LightSources(index)
```

其中，“object”是对象表达式，表示在“应用于”列表中的对象；“index”是 Integer 类型，是一个数字，唯一标识该集合的一个成员。

LightSources 通过本身的属性和方法来实现具体功能，有关其属性和方法的具体信息如下所示。

- ❑ LightSources 属性：LightSources 的常用属性有 Count 属性和 Item 属性。其中，Item 返回对描述图表元素的集合内的对象的引用。
- ❑ LightSources 方法：LightSources 的常用方法有 Add 和 Remove。其中，Add 方法的功能是将一个 LightSource 对象添加到 LightSources 集合，具体的语法格式如下所示。

```
object.Add (x,y,z,intensity)
```

其中，“object”是对象表达式，用于计算“应用于”列表中的对象；“x, y, z”是整数，用于指示光源位置。如果将 *x*、*y* 和 *z* 设置为零，将生成一个 VtChInvalidArgument 错误。

Remove 方法的功能是从 LightSources 集合中移除 LightSource，具体的语法格式如下所示。

```
object.Remove (index)
```

其中，“object”是对象表达式，用于计算“应用于”列表中的对象；“index”是 Integer 类型，由光源列表中的位置指定的特定光源。

例如，通过如下代码可以添加一个 LightSource 成员。

```
MSChart1.Plot.Light.LightSource.Add 10,10,10,10,1
```

在下面的内容中，将通过一个具体的实例来说明 MSChat 控件三维效果的实现过程。

实例 092 **在窗体内提供光源照射，实现旋转时的被照管线面增亮显示的效果**

源码路径 光盘\daima\19\4\　　　　视频路径 光盘\视频\实例\第 19 章\092

本实例的具体实现流程如图 19-16 所示。

在下面的内容中，将详细介绍上述实例流程的具体实现过程。首先，新建 Visual Basic 6.0

项目工程，分别插入各个窗体对象，并设置对应的属性，具体如图 19-17 所示。

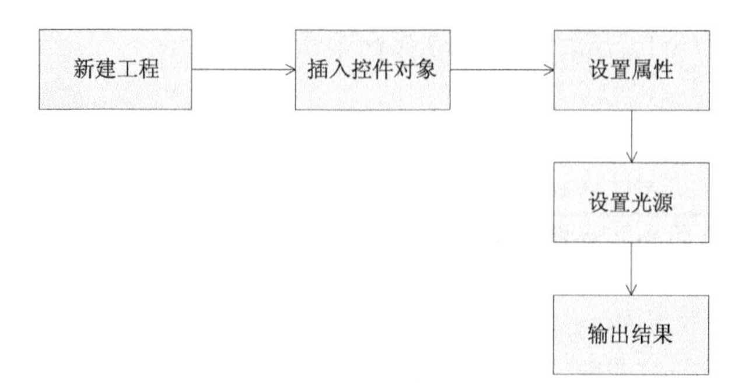

图 19-16　实例实现流程图

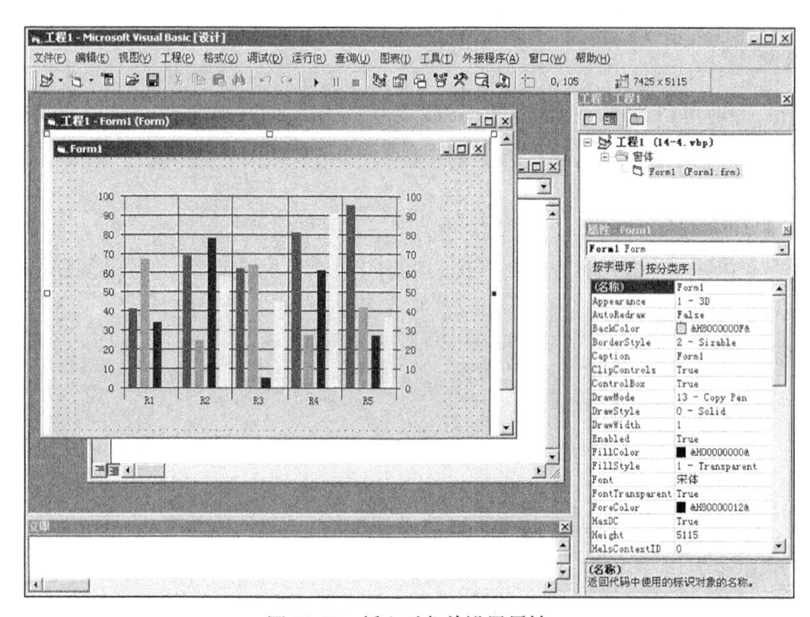

图 19-17　插入对象并设置属性

窗体内各对象的主要属性设置如下所示。

- 窗体：设置名称为“Form1”，Caption 属性为“照亮”。
- MSChart 控件：设置名称为“MSChart1”。

来到代码编辑界面，编写光源照亮处理代码，具体代码如下所示。

```
Private Sub Form_Load()      '窗体载入
    With MSChart1
        '设置图表类型
        .chartType = VtChChartType3dArea
        '设置光源
        .Plot.Light.LightSources(1).Set 10, 10, 10, 1
    End With
End Sub
Private Sub MSChart1_OLEStartDrag(Data As MSChart20Lib.DataObject,
AllowedEffects As Long)
End Sub
```

范例 183：用 Circle 方法画同心圆
源码路径：光盘\演练范例\183\
视频路径：光盘\演练范例\183\
范例 184：用 Circle 方法画弧和扇形
源码路径：光盘\演练范例\184\
视频路径：光盘\演练范例\184\

经过上述设置处理后，整个实例设置完毕。执行后将按照默认的照射样式显示窗体，如图 19-18 所示。当旋转图表后，直接面向光源的面会增亮显示，具体如图 19-19 所示。

注意：对于 MSChat 控件来说，它本身有很多的可编程处理部件，通过对这些部件的处理可以实现对 MSChat 图表那个部分的设置。MSChat 图表的的主要结构信息如图 19-20 所示。

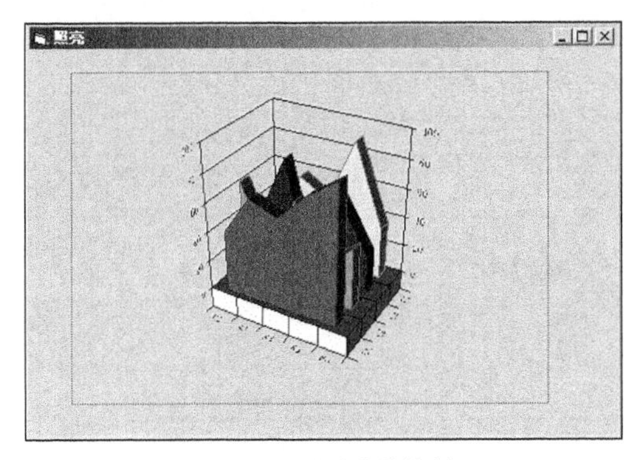

图 19-18　默认窗体效果

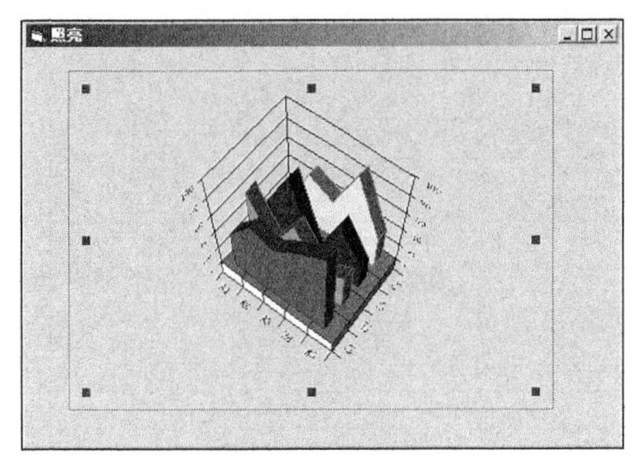

图 19-19　面光面增亮显示

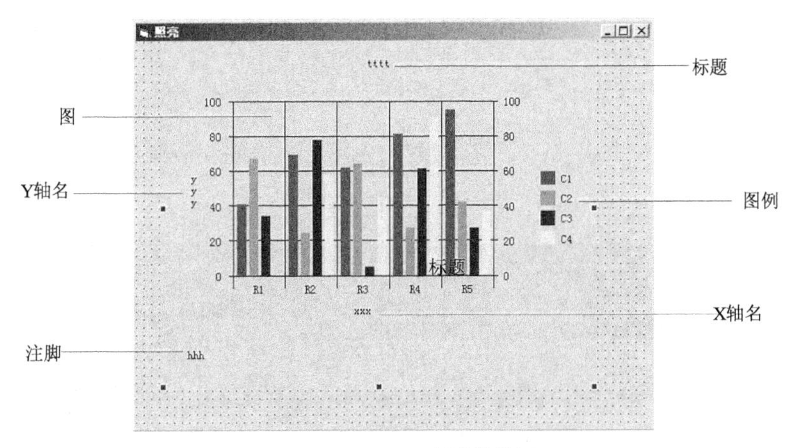

图 19-20　MSChat 图表结构图

在日常程序设计过程中，用户可以在其“属性”对话框中详细设置它们的属性。请读者在闲暇之余，练习下在图表内显示指定格式的文本和颜色。

19.3.3　MSChat 三维效果的综合实例

在下面的内容中，将通过一个综合实例的实现过程来说明 MSChat 控件三维效果的使用技巧。

实例 093　将数据库中的数据统计显示在图表内

源码路径　光盘\daima\19\5\　　　　视频路径　光盘\视频\实例\第 19 章\093

本实例的具体实现流程如下所示。

（1）建立和 SQL Server 数据库中 Northwind 的连接。

（2）如果连接出错则转向错误处理语句 ConnectionERR。

（3）通过 SQL 语句打开数据操作，如果错误则转向错误处理语句 ecordSetERR。

（4）建立 SQL 语句，用于对应的数值统计。

（5）通过“Do Until…Loop”语句来计算记录数量。

（6）通过 MSChat 绘制出对应的图表。

上述实例的对应实现流程图如图 19-21 所示。

在下面的内容中，将详细介绍上述实例流程的具体实现过程。首先，新创建 Visual Basic 6.0 项目工程，分别插入各个窗体对象，并设置对应的属性，具体如图 19-22 所示。

窗体内各对象的主要属性设置如下所示。

❑ 窗体：设置名称为“Form1”，Caption 属性为“Form1”。

- MSChart 控件：设置名称为“MSChart1”，并在其“属性”对话框中分别设置对应的属性。

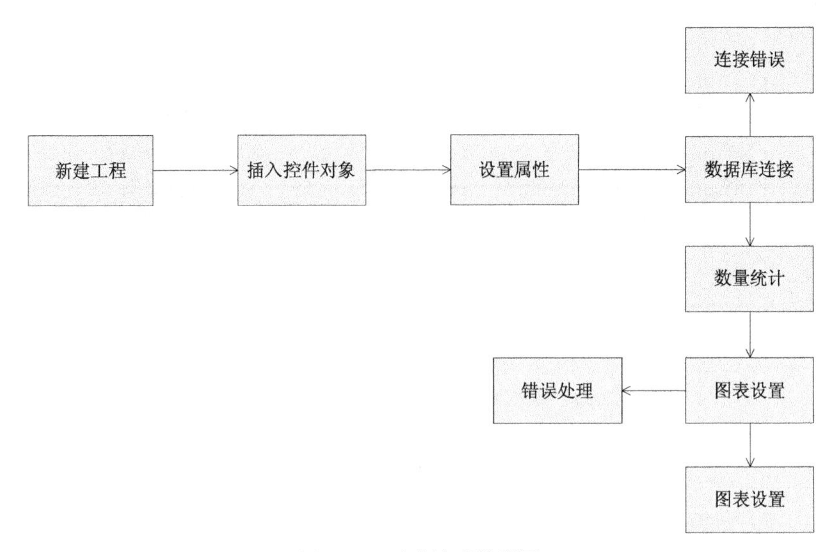

图 19-21　实例实现流程图

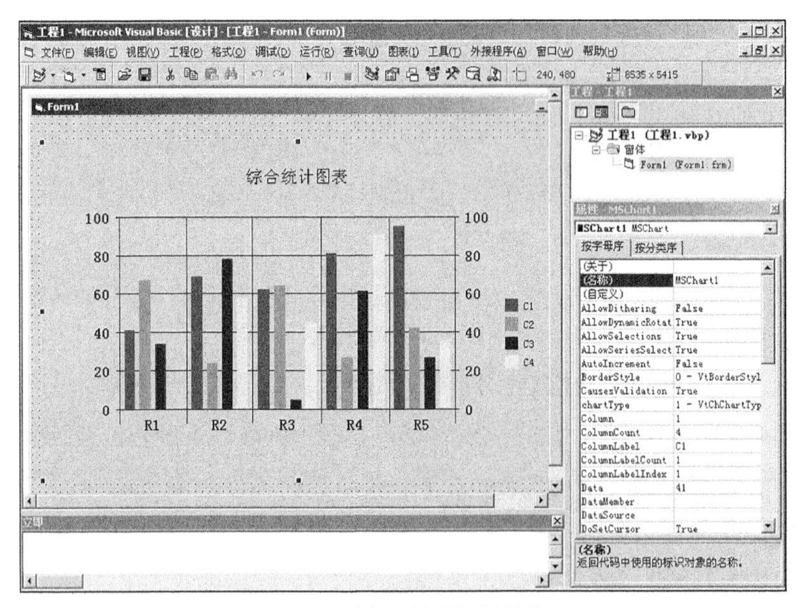

图 19-22　插入对象并设置属性

来到代码编辑界面，编写数据库连接代码、数据统计代码和图表生成代码，具体代码如下所示。

```
Private Sub Form_Load()
    '建立一个ADO数据连接
    Dim DataConn As New ADODB.Connection
    Dim DataRec As New ADODB.Recordset
    Dim strSQL As String
    '若数据库连接出错，则转向ConnectionERR
    On Error GoTo ConnectionERR
    '连接字符串
    DataConn.ConnectionString = "Provider=SQLOLEDB.1;Integrated
    Security=SSPI;"
    DataConn.ConnectionString = DataConn.ConnectionString &
    "Persist Security Info=False;"
    DataConn.ConnectionString = DataConn.ConnectionString &
    "Initial Catalog=Northwind;"
    DataConn.ConnectionString = DataConn.ConnectionString & "Data Source=(local)"
```

> 范例 185：成绩统计饼图
> 源码路径：光盘\演练范例\185\
> 视频路径：光盘\演练范例\185\
> 范例 186：绘制艺术图案
> 源码路径：光盘\演练范例\186\
> 视频路径：光盘\演练范例\186\

```
    DataConn.Open                                          '打开数据库连接
   '如果RecordSet建立出错，则转向RecordsetERR
   On Error GoTo RecordSetERR
    ' SQL语句实现数值统计工作
    strSQL = "SELECT CategoryName,"
    strSQL = strSQL & "Count(1) AS COUNT1,"                '返回记录数量
    '返回此类别的库存总量
    strSQL = strSQL & "SUM(UnitsInStock) AS STOCK "
    '从视图Products by Category查询
    strSQL = strSQL & "FROM [Products by Category] "
    strSQL = strSQL & "GROUP BY CategoryName" '按CategoryName分类
    DataRec.Open strSQL, DataConn
    Dim lngRecordCount As Long
    Dim lngI As Long, lngJ As Long
    lngRecordCount = 0
    '计算记录数量，因为Recordset的RecordCount属性不稳定
    '很多时候通过RecordCount属性无法取得确切的记录数量
    Do Until DataRec.EOF
        lngRecordCount = lngRecordCount + 1
        DataRec.MoveNext
    Loop
    On Error GoTo OtherERR
    '设置MSChart显示二维条形图
    MSChart1.chartType = VtChChartType3dBar
    '设置行数和列数
    MSChart1.RowCount = lngRecordCount
    MSChart1.ColumnCount = 2
    '设置Column的标签，这个标签将会在图例中显示出来
    MSChart1.Column = 1
   MSChart1.ColumnLabel = "商品种类数"
    MSChart1.Column = 2
    MSChart1.ColumnLabel = "库存商品数"
    DataRec.MoveFirst                                      '移动到第一条记录
    '填充表格数据
    For lngI = 1 To lngRecordCount
        MSChart1.Row = lngI
        '设置Row标签，这个标签将会在横轴上显示出来
        MSChart1.RowLabel = DataRec.Fields("CategoryName").Value
        MSChart1.Column = 1
        '用Data属性向MSChart数据网格填充数据
          MSChart1.Data = Val(DataRec.Fields("COUNT1").Value)
          MSChart1.Column = 2
        MSChart1.Data = Val(DataRec.Fields("STOCK").Value)
        DataRec.MoveNext
   Next lngI
   DataRec.Close
   '图例显示和处理代码
    MSChart1.ShowLegend = True
    MSChart1.SelectPart VtChPartTypePlot, index1, index2, _
        index3, index4
   MSChart1.EditCopy
    MSChart1.SelectPart VtChPartTypeLegend, index1, index2, index3, index4
    MSChart1.EditPaste
    Exit Sub
ConnectionERR:
    '错误处理程序
   MsgBox "数据库连接错误，" & Err.Description, vbCritical, "出错"
    Exit Sub
RecordSetERR:
   MsgBox "RecordSet生成错误，" & Err.Description, vbCritical, "错误"
   Exit Sub
OtherERR:
    MsgBox "其他错误，" & Err.Description, vbCritical, "出错"
 End Sub
Private Sub MSChart1_OLEStartDrag(Data As MSChart20Lib.DataObject, AllowedEffects As Long)
End Sub
```

经过上述设置处理后，整个实例设置完毕。执行后将按照默认的图表样式显示数据库中的统计数据。具体如图 19-23 所示。

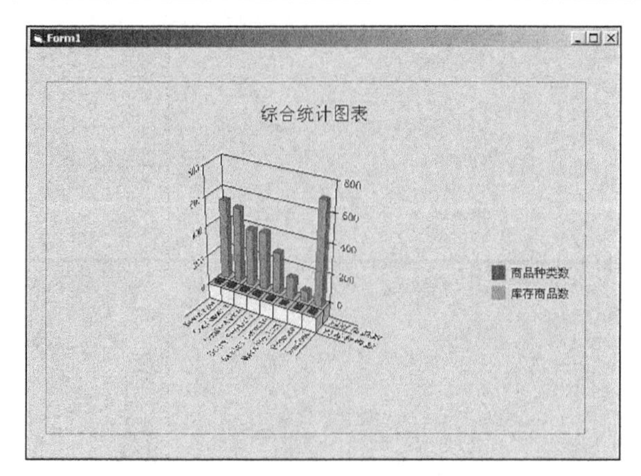

图 19-23　实例执行效果图

19.4　技术解惑

19.4.1　实现图形数据的打印和预览处理

对于 Visual Basic 6.0 数据库程序来说，最常见的应用是实现数据的打印处理。但是，MSChart 控件不支持数据打印。如果要实现图形数据的打印和预览处理，必须遵循如下流程来实现。

（1）使用 MSChart 控件的 EditCopy 方法将图表复制到剪切板中。

（2）将剪切板中的数据赋值给 PictureBox 控件的 Picture 属性，实现打印处理。

（3）使用 Printer 对象的 PaintPicture 方法来打印图表。

下面我们将在实例 091 的基础上进行升级处理，根据上面介绍的流程来实现对图形数据的打印和预览处理。具体升级步骤如下所示。

首先，在窗体内插入新的对象，并重新设置各窗体对象的属性，具体如图 19-24 所示。

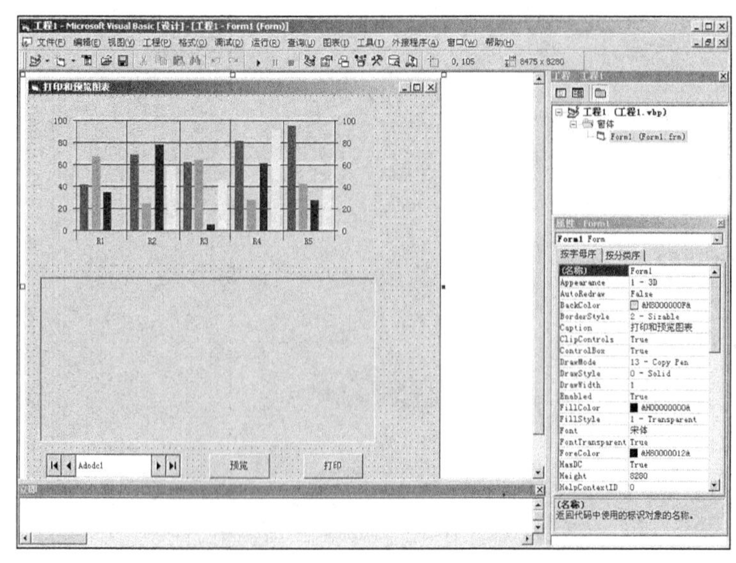

图 19-24　插入对象并设置属性

窗体内各对象的主要属性设置如下所示。

❑ 窗体：设置名称为“Form1”，Caption 属性为“打印和预览图表”。

- MSChart 控件：设置名称为“MSChart1”。
- PictureBox 控件：设置名称为“Picture1”，
- 第一个 CommandButton 控件：设置名称为“Command1”，Caption 属性为“预览”。
- 第二个 CommandButton 控件：设置名称为“Command2”，Caption 属性为“打印”。
- ADO 控件：设置名称为“Adodc1”。

然后，分别编写数据库连接代码和窗体对象的事件处理代码，具体代码如下所示。

```
Private Sub Form_Activate()
  '设置Adodc1控件的连接字符串属性
    Adodc1.ConnectionString = "Provider=Microsoft.Jet.OLEDB.4.0;Data Source=" & App.Path & "\123.mdb;Persist Security
    Info=False"
    Adodc1.RecordSource = "select curriculum,point from chengji "
    Set MSChart1.DataSource = Adodc1
    Adodc1.Refresh
End Sub
Private Sub Command1_Click()                                    '预览按钮事件
MSChart1.EditCopy
Picture1.Picture = Clipboard.GetData(vbCFDIB)
End Sub
Private Sub Command2_Click()
MSChart1.EditCopy                                               '复制图表到剪切板
Picture1.Picture = Clipboard.GetData(vbCFDIB)
Printer.PaintPicture Picture1.Picture, Picture1.Width, Picture1.Height
Picture1.CurrentX = 100                                         '横坐标
Picture1.CurrentY = 100                                         '纵坐标
Printer.NewPage                                                 '发送新页
Printer.EndDoc                                                  '打印完毕
End Sub
```

执行后将首先按照默认样式显示窗体，如图 19-25 所示。当单击【预览】按钮后，将在下方的“Picture1”内显示预览的图表，具体如图 19-26 所示。当单击【打印】按钮后，将对图表进行打印处理。

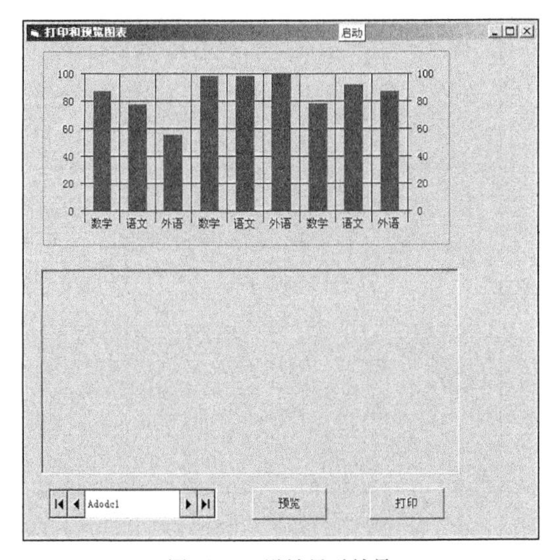

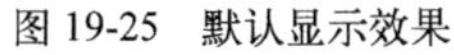
图 19-25 默认显示效果

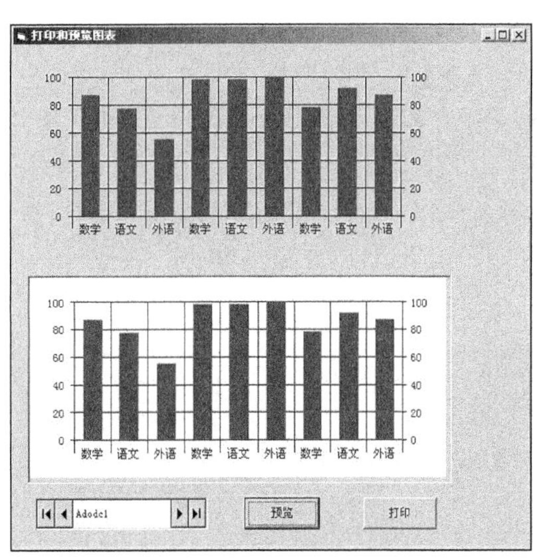

图 19-26 预览后的效果

对上述实例 091 的升级处理后的代码保存在“光盘：21\3\”文件夹内，读者可以仔细品味其中的奥秘。

19.4.2 实现图形动画的 3 种方法

动画由两个基本部分组成。一是物体相对于屏幕的运动，即屏幕级动画；二是物体内部的运动，即相对符号的动画。制作动画的原理就是画完一幅图形，清除它的屏幕显示部分，再在新位置画第二幅图形，如此交替下去，利用人眼的视觉效应，就可以产生动画效果，Visual Basic

实现动画的原理也如此，但 Visual Basic 它不要求编程人员详细了解图形如何再现和清除，这些工作由 Visual Basic 提供的工具来做，这样就使 Visual Basic 实现动画很方便，编程也很简捷。

（1）控制的移动。

采用控制的移动技术可实现屏幕级动画，而控制移动方式又可分两种：一种是在程序运行过程中，随时更改控制的位置坐标 Left 和 Top 属性，使控制出现动态；另一种是对控制调用 MOVE 方法，产生移动的效果。这里的控制可以是命令按钮、文本框、图形框、图像框和标签等。

（2）利用动画按钮控制。

Visual Basic 的工具箱中专门提供了一个动画按钮控制（Animated Button Control）进行动画设计，该工具在 Windows\system 子目录下以 Anibuton.vbx 文件存放，用时可加入项目文件中，这种方法实现动画的过程与电影胶片的放映极为相似，它将多幅图像装入内存，并赋予序号，通过定时或鼠标操作进行图像的切换，通过这种方法可实现相对符号的动画。

（3）利用图片剪切换控制。

该控制也提供了在一个控制上存储多幅图像或图标信息的技术，正如用动画按钮一样，它保存 Windows 资源并可快速访问多幅图像，该控制的访问方式不是依次切换多幅图，而是先将多幅图放置在一个控制中，然后在程序设计时利用选择控制中的区域，将图动态剪切下来放置于图片框中进行显示，程序控制每间隔一定时间剪切并显示一幅图，这样便可产生动画效果。

第 20 章

图形动画编程和多媒体编程

通过 Visual Basic 6.0 可以实现多媒体编程。在现实项目应用中，经常使用 Visual Basic 6.0 编写图形动画工具和多媒体播放器。在本章的内容中，将详细讲解在 Visual Basic 6.0 中实现多媒体编程的基本知识，并通过具体的实例来加深对知识点的理解。

本章内容

- ⏭ 图形动画编程
- ⏭ 多媒体编程
- ⏭ MCI 接口
- ⏭ Multimedia MCI 控件
- ⏭ ActiveMovie 控件
- ⏭ Mp3play.ocx 控件

技术解惑

使用第三方控件

Visual Basic 图形动画编程的实现

20.1　图形动画编程

知识点讲解：光盘：视频\PPT 讲解（知识点）\第 20 章\图形动画编程.mp4

在 Visual Basic 6.0 中的图形动画编程功能，主要通过图形方法、图形控件和 API 函数来实现。在本节的内容中，将对 Visual Basic 6.0 图形动画编程的基本知识进行简要说明。

20.1.1　Visual Basic 图形动画编程概述

动画由两个基本部分组成。一是物体相对于屏幕的运动，即屏幕级动画；二是物体内部的运动，即相对符号的动画。制作动画的原理就是画完一幅图形，清除它的屏幕显示部分，再在新位置画第二幅图形，如此交替下去，利用人眼的视觉效应，就可以产生动画效果，Visual Basic 实现动画的原理也如此，但它不要求编程人员详细了解图形如何再现和清除，这些工作由 Visual Basic 提供的工具来做，这样就使 Visual Basic 实现动画很方便，编程也很简捷。

1. 控制的移动

采用控制的移动技术可实现屏幕级动画，而控制移动方式又可分两种：一是在程序运行过程中，随时更改控制的位置坐标 Left 和 Top 属性，使控制出现动态；二是对控制调用 MOVE 方法，产生移动的效果。这里的控制可以是命令按钮、文本框、图形框、图像框和标签等。

2. 利用动画按钮控制

Visual Basic 工具箱中专门提供了一个动画按钮控制（Animated Button Control）进行动画设计，该工具在 Windows\system 子目录下以 Anibuton.vbx 文件存放，用时可加入项目文件中，这种方法实现动画的过程与电影胶片的放映极为相似，它将多幅图像装入内存，并赋予序号，通过定时或鼠标操作进行图像的切换，通过这种方法可实现相对符号的动画。此控制的有关属性介绍如下所示。

- ❑ Picture 和 Frame 属性：Picture 属性可装入多幅图像，由 Frame 属性作为控制中多幅图像数组的索引，通过选择 Frame 值来指定访问或装入哪一幅图像，这里 Picture 属性可装入.bmp、.ico 和.wmf 文件。
- ❑ Cycle 属性：该属性可设置动画控制中多幅图像的显示方式。
- ❑ PictDrawMode 属性：该属性设置控制的大小与装入图像大小之间的调整关系。
- ❑ Speed 属性：表示动态切换多幅图的速度，以毫秒（ms）为单位，一般设置小于 100 范围内。
- ❑ Specialop 属性：该属性在程序运行时设置，与定时器连用，来模拟鼠标的 Click 操作，不需用户操作触发，而由系统自动触发进行动态图的切换。

3. 利用图片剪切换控制

该控制也提供了在一个控制上存储多幅图像或图标信息的技术，正如用动画按钮一样，它保存 Windows 资源并可快速访问多幅图像，该控制的访问方式不是依次切换多幅图，而是先将多幅图放置在一个控制中，然后在程序设计时利用选择控制中的区域，将图动态剪切下来放置于图片框中进行显示，程序控制每间隔一定时间剪切并显示一幅图，这样便可产生动画效果。

20.1.2　制作一个动态图片展示程序

经过改前面基本知识学习，了解了 Visual Basic 6.0 中图形处理编程所需要的方法和属性。在下面的内容中，将通过具体的实例来说明 Visual Basic 6.0 图形编程的实现过程。

实例 094　调用设置函数使指定的图片以指定的效果展示

源码路径　光盘\daima\20\1\　　　视频路径　光盘\视频\实例\第 20 章\094

本实例的实现流程如图 20-1 所示。

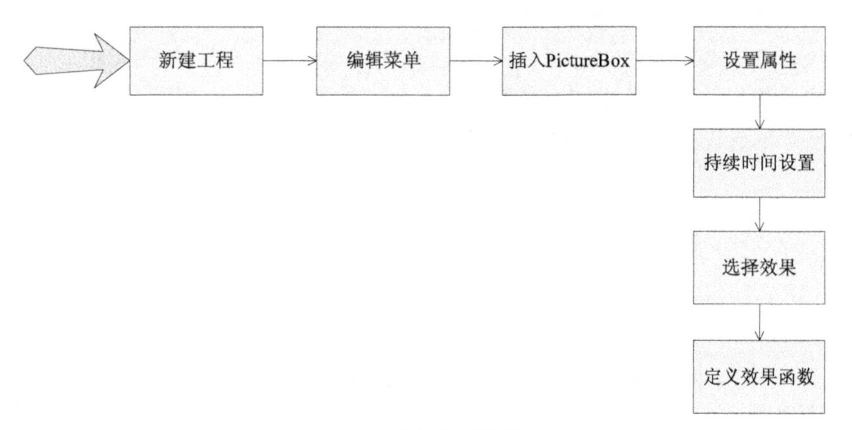

图 20-1 实例实现流程图

下面将详细介绍上述实例流程的具体实现过程，首先新建项目工程并插入各个控件对象，具体实现流程如下所示。

（1）打开 Visual Basic 6.0，新建一个标准 EXE 工程，如图 20-2 所示。

（2）在窗体 Form1 内插入菜单控件，并分别设置其属性，如图 20-3 所示。

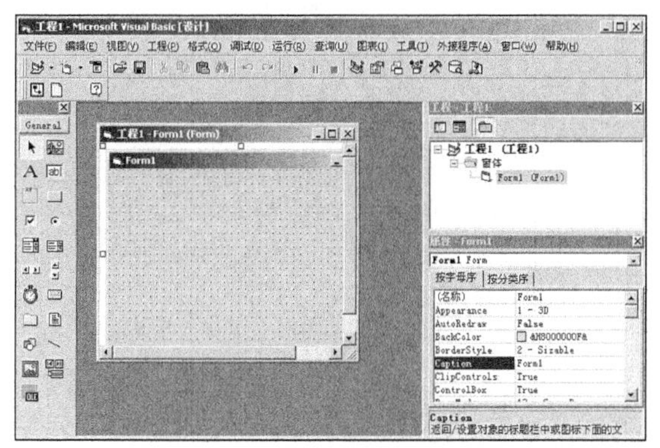

图 20-2 新建工程

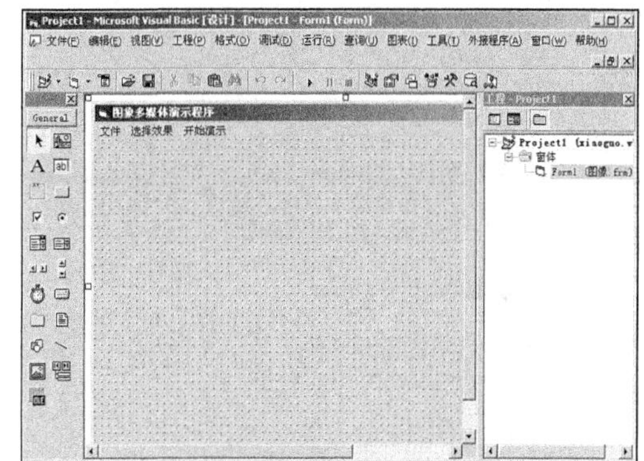

图 20-3 插入对象并设置属性

（3）在窗体 Form1 内插入 1 个 PictureBox 控件，并设置其属性，如图 20-4 所示。

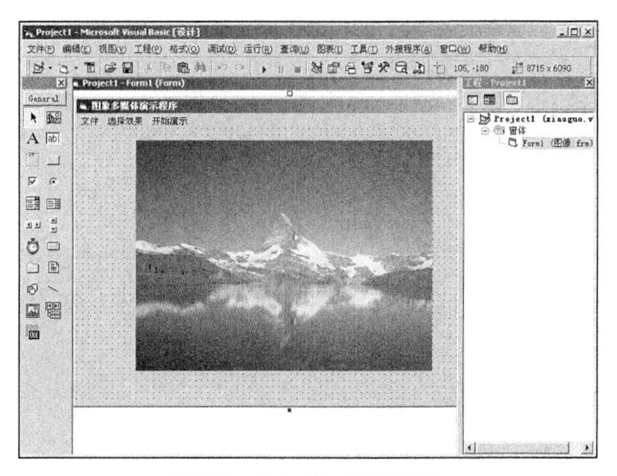

图 20-4 插入对象并设置属性

窗体内各对象的主要属性设置如下所示。

- 窗体：设置名称为“Form1”，Caption 属性为“图像多媒体演示程序”。
- 各菜单选项：依次单击【工具】|【菜单编辑器】选项，在弹出的“菜单编辑器”对话框中依次设置菜单的各个选项信息，具体如图 20-5 所示。

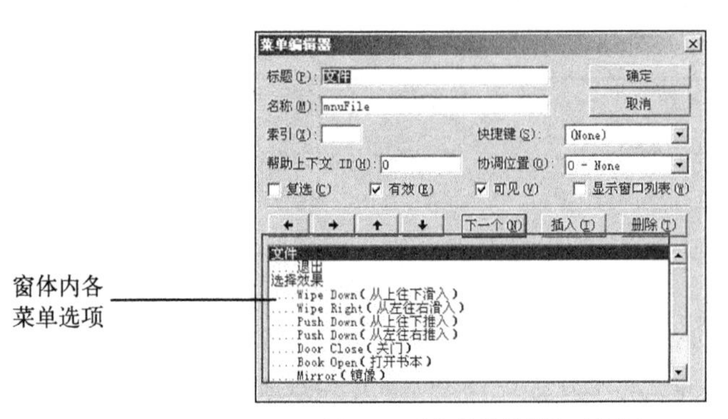

图 20-5　“菜单编辑器”对话框

然后来到代码编辑界面，为窗体内的各对象设置事件处理代码，具体代码如下所示。

> 范例 187：翻转并放大位图
> 源码路径：光盘\演练范例\187\
> 视频路径：光盘\演练范例\187\
> 范例 188：实现图形切入效果
> 源码路径：光盘\演练范例\188\
> 视频路径：光盘\演练范例\188\

```
Public NowEffect As Integer          '要显示的效果
' ADDPIXONCE最小值为8,应设置为8的倍数
' 其值越大，显示的速度越快，时间越短
Private Const ADDPIXONCE As Integer = 8
Private Sub Form_Load()
    NowEffect = 0
    ' 请在这里按代码加入你要显示的图片
    ' 建议图片大小800×600左右
    ' 如果仅仅观看显示效果，建议使用原来的图片
    imgSrc.Picture = LoadPicture(App.Path + "/123.jpg")
End Sub
Private Sub imgSrc_Click()
End Sub
'退出菜单子项的处理代码
Private Sub mnuFileExit_Click()
    End
End Sub
'开始演示菜单子项的处理代码
Private Sub mnuShow_Click()
    Me.Picture = LoadPicture()
    Me.Cls
' 由NowEffect选择应有的功能函数
' 0为Wipe Down（从上往下滑入）
' 1为Wipe Right（从左往右滑入）
' 2为Push Down（从上往下推入）
' 3为Push Right（从左往右推入）
' 4为Door Close（关门）
' 5为Book Open（打开书本）
' 6为Mirror（镜像）
' 7为Column（水平百叶窗方式）
' 8为Row（垂直百叶窗方式  ）
    Select Case NowEffect
        Case 0
            WipeDown
        Case 1
            WipeRight
        Case 2
            PushDown
        Case 3
            PushRight
        Case 4
            DoorClose
        Case 5
            BookOpen
        Case 6
```

```
            Mirror
        Case 7
            Column
        Case 8
            Row
    End Select
End Sub
' 通过菜单选择图形显示的效果
' 0为Wipe Down（从上往下滑入）
' 1为Wipe Right（从左往右滑入）
' 2为Push Down（从上往下推入）
' 3为Push Right（从左往右推入）
' 4为Door Close（关门）
' 5为Book Open（打开书本）
' 6为Mirror（镜像）
' 7为Column（水平百叶窗方式）
' 8为Row（垂直百叶窗方式  ）
Private Sub mnuEffects_Click(Index As Integer)
    Dim i As Integer
    For i = 0 To 8
        mnuEffects(i).Checked = False
    Next i
    mnuEffects(Index).Checked = True
    NowEffect = Index
End Sub
' Wipe Down（从上往下滑入）
Public Sub WipeDown()
    Dim Total As Integer
    Total = 0
    Do While Total < imgSrc.Height - ADDPIXONCE
        Me.PaintPicture imgSrc, 0, Total, Me.ScaleWidth, ADDPIXONCE, _
                        0, Total, imgSrc.Width, ADDPIXONCE, vbSrcCopy
        Total = Total + ADDPIXONCE
    Loop
End Sub
' Wipe Right（从左往右滑入）
Public Sub WipeRight()
    Dim Total As Integer
    Total = 0
    Do While Total < imgSrc.Width - ADDPIXONCE
        Me.PaintPicture imgSrc, Total, 0, ADDPIXONCE, Me.ScaleHeight, _
                        Total, 0, ADDPIXONCE, imgSrc.Height, vbSrcCopy
        Total = Total + ADDPIXONCE
    Loop
End Sub
' Push Down（从上往下推入）
Public Sub PushDown()
    Dim Total As Integer
    Total = 8
    Do While Total < imgSrc.Height - ADDPIXONCE
        Me.PaintPicture imgSrc, 0, 0, Me.ScaleWidth, Total, _
                        0, imgSrc.Height - Total, imgSrc.Width, Total, vbSrcCopy
        Total = Total + ADDPIXONCE
    Loop
End Sub
' Push Right（从左往右推入）
Public Sub PushRight()
    Dim Total As Integer
    Total = 8
    Do While Total < imgSrc.Width - ADDPIXONCE
        Me.PaintPicture imgSrc, 0, 0, Total, Me.ScaleHeight, _
                    imgSrc.Width - Total, 0, Total, imgSrc.Height, vbSrcCopy
        Total = Total + ADDPIXONCE
    Loop
End Sub
' Door Close（关门）
Public Sub DoorClose()
    Dim Total As Integer
    Total = 0
    Do While Total < imgSrc.Width / 2 - ADDPIXONCE
        Me.PaintPicture imgSrc, Total, 0, ADDPIXONCE, Me.ScaleHeight, _
                    Total, 0, ADDPIXONCE, imgSrc.Height, vbSrcCopy
```

```
            Me.PaintPicture imgSrc, Me.ScaleWidth - Total, 0, ADDPIXONCE, Me.ScaleHeight, _imgSrc.Width - Total -
            ADDPIXONCE, 0, ADDPIXONCE, imgSrc.Height, vbSrcCopy
            Total = Total + ADDPIXONCE
    Loop
End Sub
' Mirror（镜像）
Public Sub Mirror()
    Dim Total As Integer
    Total = 0
    Do While Total < imgSrc.Width - ADDPIXONCE
            Me.PaintPicture imgSrc, Me.ScaleWidth - Total, 0, ADDPIXONCE, Me.ScaleHeight, _Total, 0, ADDPIXONCE,
            imgSrc.Height, vbSrcCopy
            Total = Total + ADDPIXONCE
    Loop
End Sub
' Book Open（打开书本）
Public Sub BookOpen()
    Dim Total As Integer
    Total = 0
    Do While Total < imgSrc.Width / 2 - ADDPIXONCE
            Me.PaintPicture imgSrc, Me.ScaleWidth / 2 - Total, 0, ADDPIXONCE, Me.ScaleHeight, _imgSrc.Width / 2 - Total, 0,
            ADDPIXONCE, imgSrc.Height, vbSrcCopy
            Me.PaintPicture imgSrc, Me.ScaleWidth / 2 + Total, 0, ADDPIXONCE, Me.ScaleHeight, _imgSrc.Width / 2 + Total, 0,
            ADDPIXONCE, imgSrc.Height, vbSrcCopy
            Total = Total + ADDPIXONCE
    Loop
End Sub
' 垂直百叶窗方式
Public Sub Column()
    ' 20列
    Const ColNumber = 20
    Dim ColNum As Integer
    Dim i As Integer
    Dim Total As Integer
    ColNum = Val(InputBox("请输入列数（1-99）"))
    If ColNum = 0 Then
        ColNum = ColNumber
    End If
    Total = 0
    Do While Total < imgSrc.Width / ColNum - ADDPIXONCE
            For i = 0 To ColNum - 1
                    Me.PaintPicture imgSrc, (imgSrc.Width / ColNum) * i + Total, 0, ADDPIXONCE, Me.ScaleHeight, _(imgSrc.Width /
                    ColNum) * i + Total, 0, ADDPIXONCE, imgSrc.Height, vbSrcCopy
            Next i
            Total = Total + ADDPIXONCE
    Loop
End Sub
Public Sub Row()   ' 水平百叶窗方式
    ' 50行
    Const RowNumber = 50
    Dim RowNum As Integer
    Dim i As Integer
    Dim Total As Integer
    RowNum = Val(InputBox("请输入行数（1-99）"))
    If RowNum = 0 Then
            RowNum = RowNumber
    End If
    Total = 0
    Do While Total < imgSrc.Height / RowNum - ADDPIXONCE
            For i = 0 To RowNum - 1
                    Me.PaintPicture imgSrc, 0, (imgSrc.Height / RowNum) * i + Total, Me.ScaleWidth, ADDPIXONCE, _0,
                    (imgSrc.Height / RowNum) * i + Total, imgSrc.ScaleWidth, ADDPIXONCE, vbSrcCopy
            Next i
            Total = Total + ADDPIXONCE
    Loop
End Sub
```

经过上述设置处理后，整个实例设置完毕。执行后，将按指定样式在窗体内显示各窗体对象，如图 20-6 所示。在菜单项中可以选择某效果，如图 20-7 所示。当单击“开始演示”菜单项后将以选择样式展示指定的图片，如图 20-8 所示。

图 20-6 初始显示默认窗体

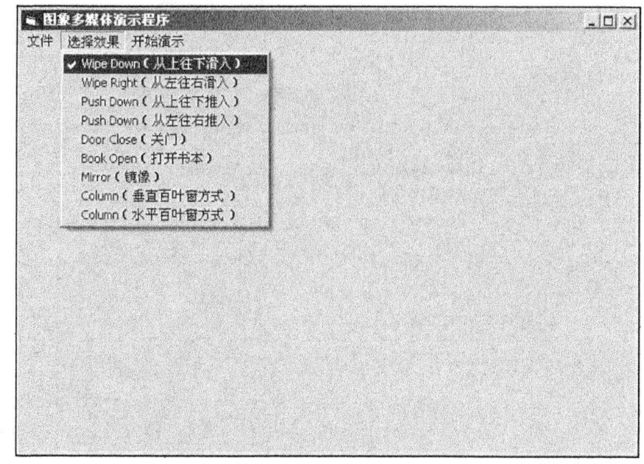

图 20-7 在菜单项中选择某效果

图 20-8 展示指定的图片

20.2 多媒体编程

知识点讲解：光盘：视频\PPT 讲解（知识点）\第 20 章\多媒体编程.mp4

随着计算机技术的迅速发展，多媒体播放器被迅速地用于常用开发项目领域。在 Visual Basic 6.0 中，提供了功能强大的专用开发模块，能够迅速地实现媒体播放器应用程序。

在 Visual Basic 6.0 中提供了多个多媒体控件，能够实现对音频、视频等多媒体文件的处理。其中最为常用的是 ActiveMove 控件和 MCI 控件，下面将分别介绍。

1. ActiveMove 控件

ActiveMove 控件的优点是功能强大并且使用简单，它能支持大多数的媒体文件格式，例如 MPEG、AVI、WAVE、MIDI、QuickTime 格式。

通过 ActiveMove 控件的属性、事件和方法，可以方便地控制多媒体。

2. MCI 控件

MCI 控件用于在和 MCI 兼容设备上回放多媒体文件。MCI 是媒体控制接口的缩写，它提供了播放和录制多媒体文件的标准命令，这些命令几乎对所有的多媒体接口都适用，并且实现了对 CD-ROM、声卡和磁带机的兼容。

在 Visual Basic 6.0 中使用 MCI 控件前要引用，依次单击【工程】|【部件】选项，在弹出的“部件”对话框中选择 Microsoft Common Dialog Control 6.0 选项，如图 20-9 所示。

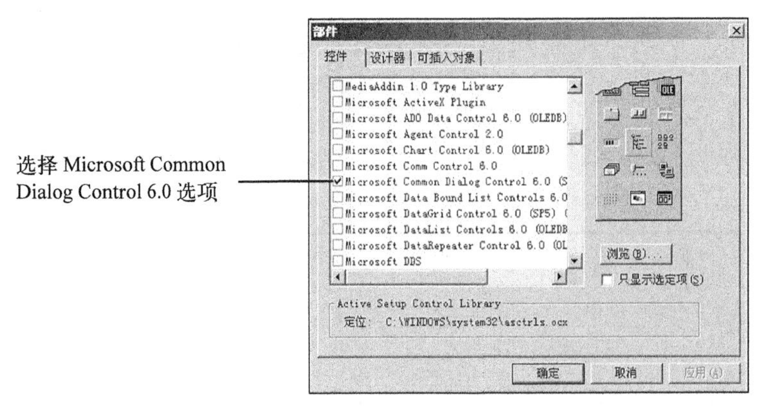

图 20-9 “部件”对话框

通过使用 MCI 控件，可以实现多媒体文件的回放处理，也可以设置为不可见，只使用代码来控制。如果要编写一个正在运行的多媒体 MCI 控件，而不是按控件的按钮，则需要设置 Command 属性。具体代码如下所示。

```
MMControl1.Comman = CmdString
```

其中，“CmdString”是一个字符串，设置了要进行的操作，取值可以是 Open、Close 等设备控制字符。

20.3 MCI 接口

知识点讲解：光盘：视频\PPT 讲解（知识点）\第 20 章\MCI 接口.mp4

Visual Basic 具有很强的多媒体处理控制功能，它本身的 MCI 接口（多媒体控制接口）包括一套控制音频和视频设备单和设备无关的命令，通过它可以非常简单地实现多媒体开发。

20.3.1 MCI 接口介绍

MCI（Multimedia Control Interface）是微软 Windows 定义的多媒体接口标准，MCI 接口包括了 CDAudio（激光唱机）、Scanner（图像扫描仪）、VCR（磁带录像机）、Videodisc（激光视盘机）、DAT（数字化磁带音频播放机）、DigitalVideo（窗口中的数字视频）、Overlay（窗口中的模拟视频叠加设备）、MMMovie（多媒体影片演播器）、Sequencer（MIDI 音序设备）、WaveAudio（波形音频设备）、Other（未定义的 MCI 设备）等多媒体的主要产品。MCI 的最大优点是应用系统与设备无关性，对于标准多媒体设备，安装相应的 Windows 的 MCI Drive，Windows 即可对该设备进行操作访问。而对于非标准的多媒体设备，只要有厂家提供所配的 MCI Driver 也一样可以操作。由于 MCI 与设备的无关性，程序员在多媒体应用系统的开发中，无需了解每种产品细节，就能开发出通用的多媒体应用系统。

在 Visual Basic 中是通过 Visual Basic 控件提供的功能来使用 MCI 的。MCI 支持 3 类函数，其中最为常用的是命令消息接口和命令字符串接口。在现实项目开发应用中，这 2 种函数可以单独使用，也可以组合使用。

20.3.2 MCI 函数

建议通过 API 函数和 MCI 指令来使用 MCI，因为这样将更加直接和灵活。和 MCI 有关的 API 函数有 3 个，分别是：mciSendString()，mciExecute()和 mciGetErrorString()。其中，mciSendString 函数的功能是传送指令字符串给 MCI；mciExecute 函数和 mciSendString 函数的功能一样，不同的是当发生错误时 mciExecute 会弹出对话框显示错误信息，而 mciGetErrorString 会将 MCI 错误代码转换为字符串。

在 Visual Basic 中使用 API 函数前必须事先声明，具体格式如下所示。

```
Declare Function mciExecute Lib "winmm.dll" Alias "mciExecute" (ByVal lpstrCommand As String) As Long
Declare Function mciSendString Lib "winmm.dll"Alias"mciSendStringA" (ByVal lpstrCommand As String, ByVal lpstrReturnString As String, ByVal uReturnLength As Long, ByVal hwndCallback As Long) As Long
Declare Function mciGet Error String Lib "winmm.dll" Alias "mciGetError String A" (ByVal dwError As Long, ByVal lpstrBuffer As String, ByVal uLength As Long) As Long
```

上述格式中主要参数的具体说明如下所示。

- lpstrCommand：是要发送的命令字符串，字符串结构如下所示。

```
[命令][设备别名][命令参数]
```

- lpstrReturnString：是返回信息的缓冲区，是一个指定大小的字符串变量。
- uReturnLength：缓冲区大小，是字符变量的长度。
- hwndCallback：回调方式，函数执行成功则返回 0，失败则返回错误代码。
- dwError：是 Mcisendstring 的返回值。

在计算机的操作系统安装目录"C:\Windows\"下，在"win.ini"文件内的[mci extensions]部分中记录了该计算机所能使用的所有媒体文件格式。例如"wma=MPEGVideo"，其等号左边字符表示媒体文件的扩展名，等号右边的文本表示用于打开左边类型的媒体文件设备名。

MCI 通过指令生成的字符串来控制设备，MCI 指令的格式如下所示。

```
MCI指令 设备名 [参数]
```

上述格式指令有多个，常见的几种指令如下所示。

- 打开多媒体设备：open，如：open CDAudio、open c:\windows\chimes.wav type waveaudio。
- 播放多媒体设备：play，如：play CDAudio from 5000 to 20000（播放 CD 的第 5 秒到第 20 秒）、play c:\windows\chimes.wav。
- 关闭多媒体设备：close，如：close all（关闭所有多媒体设备）。
- 得到设备状态信息：status，如：status cdaudio number of track（得到 CD 的曲目总数）

有了这些预备知识，就可以将 MCI 和 API 结合起来进行多媒体编程了。例如，要在程序中使用音效（播放 WAV 文件），要求如果 WAV 文件不存在的话要求忽略错误（即不弹出出错信息），则具体的 Visual Basic 代码如下所示。

```
Dim Result as Integer
Dim ReturnStr As String * 1024 '注意，必须指定String的长度
'ReturnStr为某些MCI指令执行后传送给程序的文字信息
Result=mciSendString("play c:\windows\chimes.wav",ReturnStr,1024,0)
```

以上这段程序可以播放指定的 WAV 文件，如果成功执行，则 Result 的值为 0，如果文件不存在或出现其他错误，错误代码会传送给 Result，但程序不会中断。

如果要根据错误代码自行处理错误信息，可以使用 mciGetErrorString 函数处理。例如下面的代码。

```
Dim ErrStr As String * 1024
    if Result=0 then
      msgbox "播放成功"
    Else
      i%=GetErrorString(ReturnStr,ErrStr,1024)
      msgbox ErrStr
End If
```

20.4 Multimedia MCI 控件

知识点讲解：光盘：视频\PPT 讲解（知识点）\第 20 章\Multimedia MCI 控件.mp4

前面介绍的 API 中的 MCI 函数的使用比较复杂，并且在当前 Visual Basic 6.0 多媒体开发领域中，它逐渐被 Visual Basic 6.0 中专用的媒体控件所代替。在本节的内容中，将详细介绍 Visual Basic 6.0 专用媒体播放控件 Multimedia MCI 的基本知识和使用方法。

20.4.1　Multimedia MCI 概述

Multimedia MCI 控件能够管理多媒体控制接口（MCI）设备上的多媒体文件的记录与回放。从概念上说，这种控件就是一组按钮，它被用来向诸如声卡、MIDI 序列发生器、CD-ROM 驱动器、视频 CD 播放器和视频磁带记录器及播放器等设备发出 MCI 命令。MCI 控件还支持 Windows (*.avi) 视频文件的回放。

在允许用户从 Multimedia MCI 控件选取按钮之前，应用程序必须先将 MCI 设备打开，并在 Multimedia MCI 控件上启用适当的按钮。在 Visual Basic 中，应将 MCI Open 命令放到 Form_Load 事件中。

20.4.2　Multimedia MCI 属性和事件

Multimedia MCI 控件是通过本身的属性、方法和事件来完成其功能的。下面将简要介绍 Multimedia MCI 控件的属性和事件的基本知识。

1. Multimedia MCI 属性

Multimedia MCI 可以播放各种多媒体文件，主要属性有。

- filename（待播放的文件名），可以在属性窗口中设置，也可以用代码实现。
- AutoStart（是否自动播放），默认是 True。
- AutoRewind（是否自动循环），默认是 False。
- PlayCount（文件播放遍数），默认是 1。
- Device Type：要打开 MCI 设备的类型，例如动画播放设备、激光视盘机和录像机等。
- Length：确定一个文件或 CD 唱片的长度。
- Track：当前 MCI 设备的轨道数。
- Tracklength：当前格式下，传回 Track 所指轨道的时间长度。
- Trackposition：当前格式下，传回 Track 所指轨道的起始位置。
- Visible：设置运行时 MCI 控件是否可见。

2. Multimedia MCI 事件

Multimedia MCI 控件的主要事件有如下 4 个。

- StatusUpdate 事件：按 UpdateInterval 属性所给定的时间间隔自动地触发：这一事件允许应用程序更新显示，以通知用户当前 MCI 设备状态。应用程序可从 Position、Length 和 Mode 等属性中获得状态信息。
- Done 事件：当 Notify 属性为 True 的 MCI 命令结束时发生，其语法格式如下所示。

```
Private Sub MMControl Done (NotifyCode As Integer)
```

其中，参数“NotifyCode”表示 MCI 命令是否成功，此参数的具体取值如表 20-1 所示。

表 20-1　参数“NotifyCode”值说明

值	设 置 值	描　述
1	MciSuccessful	命令成功地执行
2	MciSuperseded	命令被其他命令替代
4	MciAborted	命令被用户中断
8	MciFailure	命令失败

- ButtomClick 事件：当单击 Multimedia MCI 控件上的按钮时会触发此事件。
- ButtomCompleted 事件：当 MCI 控件按钮激活的 MCI 命令完成后触发此事件。

20.4.3　使用 Multimedia MCI

通过前面对基本知识的学习，了解了 Multimedia MCI 控件的基本知识。在下面的内容中，将通过具体的实例来说明 Visual Basic 6.0 中通过 Multimedia MCI 控件实现多媒体编程的实现过程。

实例 095 通过 Multimedia MCI 控件播放 AVI 格式文件

源码路径 光盘\daima\20\2\ 视频路径 光盘\视频\实例\第 20 章\095

本实例的实现流程如图 20-10 所示。

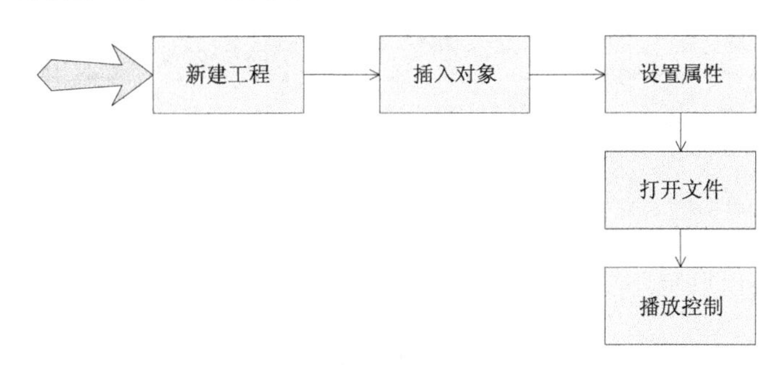

图 20-10 实例实现流程图

下面将详细介绍上述实例流程的具体实现过程，首先新建项目工程并插入各个控件对象，具体实现流程如下所示。

（1）打开 Visual Basic 6.0，新创建一个标准 EXE 工程，如图 20-11 所示。

（2）在窗体 Form1 内插入 1 个 TextBox 控件、1 个 MMControl 控件、4 个 CommandButton 控件和 1 个 CommonDialog 控件，并分别设置其属性，如图 20-12 所示。

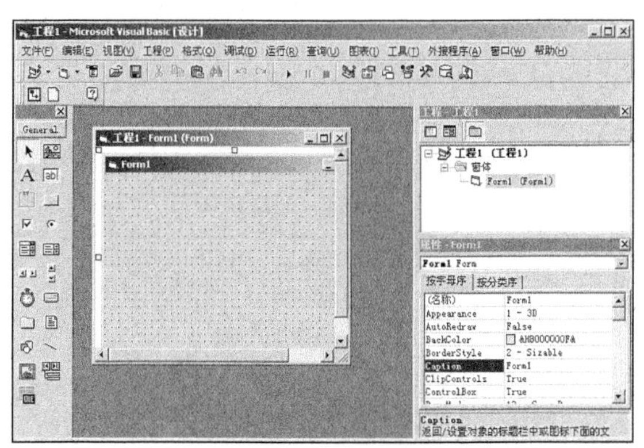

图 20-11 新创建工程

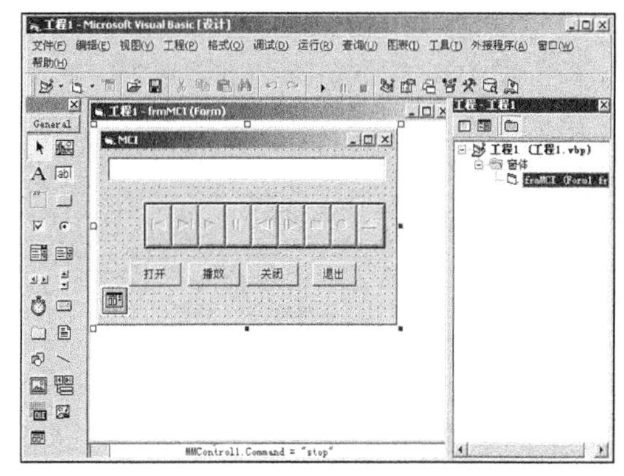

图 20-12 插入对象并设置属性

窗体内各对象的主要属性设置如下所示。

- ❑ 窗体：设置名称为“Form1”，Caption 属性为“frmMCI”。
- ❑ MMControl 控件：设置名称为“MMControl1”。
- ❑ CommonDialog 控件：设置名称为“CommonDialog1”。
- ❑ TextBox 控件：设置名称为“txtDisplay”，Text 属性为空。
- ❑ 第一个 CommandButton 控件：设置名称为“cmdOpen”，Caption 属性为“打开”。
- ❑ 第二个 CommandButton 控件：设置名称为“cmdPlayStop”，Caption 属性为“播放”。
- ❑ 第三个 CommandButton 控件：设置名称为“cmdClose”，Caption 属性为“关闭”。
- ❑ 第四个 CommandButton 控件：设置名称为“cmdExit”，Caption 属性为“退出”。

然后来到代码编辑界面，为窗体内的各对象设置事件处理代码，具体代码如下所示。

范例 189：播放 VCD
源码路径：光盘\演练范例\189\
视频路径：光盘\演练范例\189\
范例 190：MMControl 播放多媒体文件
源码路径：光盘\演练范例\190\
视频路径：光盘\演练范例\190\

```
Option Explicit
    Dim blnPlay As Boolean
    Dim strFileName As String
    '窗体打开载入后，设置打开播放文件的格式为"AVI"
    Private Sub Form_Load()
        MMControl1.DeviceType = "AVIVideo"
        MMControl1.EjectVisible = False
        MMControl1.RecordVisible = False
        CommonDialog1.Filter = "动画文件(*.avi)|*.avi"
    End Sub
        '设置单击【打开】按钮事件的处理代码，用于打开指定的
        '播放文件
        Private Sub cmdOpen_Click()
        CommonDialog1.FileName = ""
        CommonDialog1.ShowOpen
        If CommonDialog1.FileName <> "" Then
            MMControl1.Command = "close"
            MMControl1.FileName = CommonDialog1.FileName
            strFileName = CommonDialog1.FileName
            txtDisplay.Text = strFileName
            MMControl1.Command = "open"
        End If
    End Sub
    '设置单击【播放】按钮事件的处理代码，用于播放指定的文件，并在播放时设置此按钮显示"停止"
    Private Sub cmdPlayStop_Click()
        If strFileName = "" Then Exit Sub
        If blnPlay Then
            MMControl1.Command = "stop"
            cmdPlayStop.Caption = "播放"
            blnPlay = False
        Else
            MMControl1.Command = "seek"
            MMControl1.Command = "play"
            cmdPlayStop.Caption = "停止"
            blnPlay = True
        End If
    End Sub
    '设置单击【关闭】按钮事件的处理代码，用于关闭当前的播放文件
    Private Sub cmdClose_Click()
        strFileName = ""
        MMControl1.Command = "close"
        txtDisplay.Text = ""
    End Sub
    '设置单击【退出】按钮事件的处理代码，用于退出当前的操作
    Private Sub cmdExit_Click()
        MMControl1.Command = "close"
        Unload Me
    End Sub
    Private Sub MMControl1_Done(NotifyCode As Integer)
        cmdPlayStop.Caption = "播放"
        blnPlay = False
    End Sub
    'MCI上的暂停处理，显示"播放"
    Private Sub MMControl1_PauseClick(Cancel As Integer)
        cmdPlayStop.Caption = "播放"
        blnPlay = False
    End Sub
    'MCI上的播放处理，显示"停止"
    Private Sub MMControl1_PlayClick(Cancel As Integer)
        cmdPlayStop.Caption = "停止"
        blnPlay = True
    End Sub
    'MCI上的停止处理，显示"播放"
    Private Sub MMControl1_StopClick(Cancel As Integer)
        cmdPlayStop.Caption = "播放"
        blnPlay = False
    End Sub
    '项目窗体退出处理
    Private Sub Form_Unload(Cancel As Integer)
        MMControl1.Command = "close"
    End Sub
```

经过上述设置处理后，整个实例设置完毕。执行后，将按指定样式在窗体内显示各窗体对象，如图 20-13 所示。当单击【打开】按钮后，可以在弹出的对话框中选择播放文件，如图 20-14 所示。当单击【播放】按钮后，可以播放当前打开的媒体文件。当单击【关闭】按钮后，将中止当前媒体的播放。并且，MCI 上的控制按钮也随之变化，如图 20-15 所示。

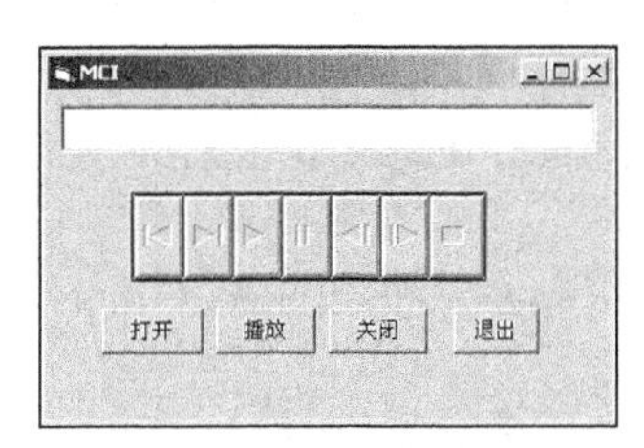

图 20-13　初始显示默认窗体

图 20-14　“打开”对话框

注意：在上述实例中，通过 Multimedia MCI 控件实现 AVI 格式文件的播放功能。但是在 Visual Basic 6.0 的默认工具箱中，没有 Multimedia MCI 控件工具。所以在使用前需要将 Multimedia MCI 添加引用，具体方法是在 Visual Basic 6.0 工具栏中依次单击【工程】|【部件】选项，在弹出的“部件”对话框中勾选“Microsoft Multimedia Control 6.0”并单击【确定】按钮，如图 20-16 所示。

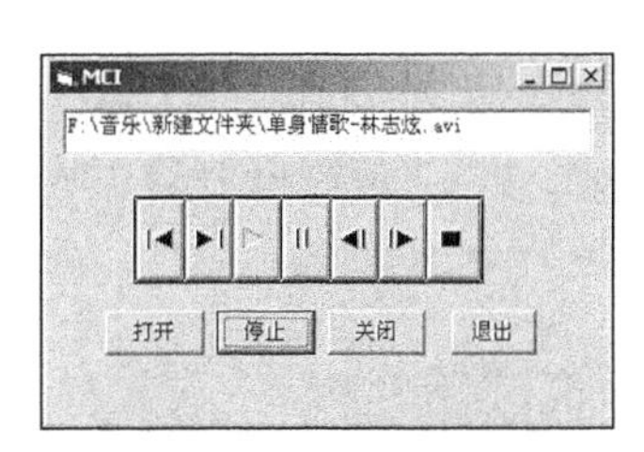

图 20-15　播放指定媒体

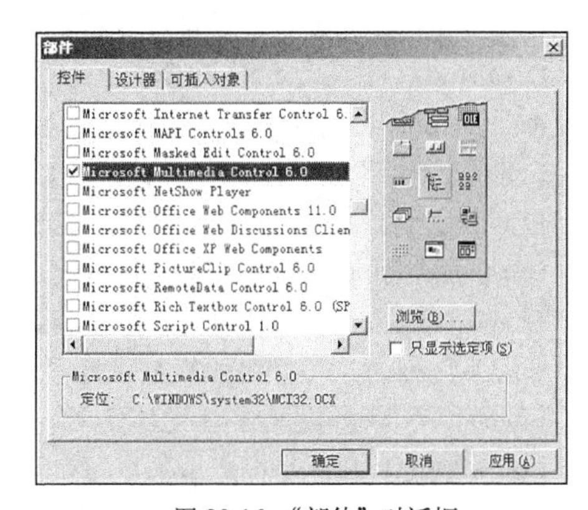

图 20-16　“部件”对话框

20.5　ActiveMovie 控件

知识点讲解：光盘：视频\PPT 讲解（知识点）\第 20 章\ActiveMovie 控件.mp4

ActiveMove 控件也是 Visual Basic 6.0 多媒体开发领域中最常用的控件之一。在本节的内容中，将详细介绍在 Visual Basic 6.0 中使用 ActiveMovie 控件实现多媒体开发的基本知识。

20.5.1　ActiveMovie 概述

ActiveMovie 控件是微软公司开发的一个可视化动画控件，它能够浏览互联网、局域网、本地硬盘和光驱内的媒体内容。ActiveMovie 控件也可以被嵌入到网页中使用，实现媒体播放功能。使用 ActiveMovie 可以很好地对播放媒体进行控制，并且支持当前主流媒体格式。

20.5.2　ActiveMovie 属性、方法和事件

ActiveMovie 控件是通过本身的属性、方法和事件来完成其功能的。下面将简要介绍 ActiveMovie 控件的主要属性、方法和事件的基本知识。

1. ActiveMovie 属性

ActiveMovie 中的常用属性如下所示。

- AllowChangeDisplayMode：在运行中允许/不允许改变显示方式。取值为 True、False。
- AllowHideControls：在运行中允许/不允许隐匿控制面板。取值为 True、False。
- AllowHideDisplay：在运行中允许/不允许隐匿显示面板。取值为 True、False。
- Appearance：是否用立体效果绘制。取值为 0 amv（平面）、1 amv3D（立体）。
- AutoRewind：媒体播放完后是否自动重放。取值为 True、False。
- AutoStart：在打开媒体文件后是否自动播放。取值为 True、False。
- Balance：获得或设置多媒体立体声的平衡。
- BorderStyle：设置边界样式。取值为 0 amvNone（无边界线）、1 amvFixedSingle（固定单线框）。
- CauseValidation：该控件获得焦点时，判断第二个控件的 Validate 事件是否发生。取值为 True 发生、False 不发生。
- DisplayBackColor：显示面板背景颜色，可从弹出的调色板选择。
- DisplayForeColor：显示面板前景颜色，可从弹出的调色板选择。
- DisplayMode：获得或设置显示方式（时间或结构）。取值为 0 amvTime（时间）、1 amvFrames（结构）。
- DragIcon：该对象在拖动过程中鼠标的图标。
- DragMode：该对象的拖动模式。取值为 0 vbManual（手动）、1 vbAutomatic（自动）。
- EnableContextMenu：单击右键是否显示上下文菜单。取值为 True、False。
- Enabled：用于设定是或对事件产生响应。取值为 True 可用、False 不可用。在执行程序时，该对象用灰色显示，并且不响应任何事件
- EnablePositionControls：在控制面板是否显示位置按钮。取值为 True、False。
- EnableSelectiontionControls：在控制面板是否显示选择按钮。取值为 True、False。
- EnableTracker：在控制面板是否显示跟踪条。取值为 True、False。
- FileName：获得或设置当前的多媒体文件。
- FullScreenMode：是否全屏幕显示。取值为 True、False。
- Height ActiveMoviel：控件的高度。
- HelpContextID：指定一个对象的默认帮助文件上下文标识符。
- Index：在对象数组中的编号。
- Left：距离容器左边框的距离。
- MovieWindowSize：获得或设置电影窗口尺寸，取值为 0 amvOriginalSize、1 amvadaouble aoariginaSize、2 amvOneSixteenthSreen、3 amvOneFourthScreen、4 amvOneHalfScreen。
- PlayCount：获得或设置电影播放时间的数目。
- Rate：获得或设置多媒体的比率。
- SelectionEnd：获得或设置在什么位置停止播放。
- SelectionStart：获得或设置在什么位置开始播放。
- ShowControls：显示/隐藏控制面板。取值为 True、False。
- ShowDisplay：显示/隐藏显示面板。取值为 True、False。

- ShowPositionControls：显示/隐藏控制面板位置按钮。取值为 True、False。
- ShowSelectiontionControls：显示/隐藏控制面板选择按钮。取值为 True、False。
- ShowTracker：显示/隐藏控制面板跟踪条。取值为 True、False。
- TabIndex：获得或设置此对象在父窗体的编号（父窗体中对象响应 Tab 键的顺序）。
- TabStop：设置是否可以用“Tab”键选取此对象。取值为 True 可以、False 不可以。
- Tag：存储程序所需的附加数据。
- ToolTipText：设置该对象的提示行。
- Top 距容器顶部边界的距离。
- Visible：设置此对象的可见性。取值为 True 该对象可见、False 该对象不可见。
- Volume：获得或设置多媒体音量。
- WhatsThisHelpID：获得或设置与对象相关联的上下文号。
- Width：设置该对象的宽度。

2. ActiveMovie 方法和事件

ActiveMovie 中常用的方法和事件如下所示。

- Run 方法：开始播放媒体文件。
- Pause 方法：暂停播放。
- Stop 方法：停止播放。
- OpenComplete 事件：当 ActiveMovie 完成文件加载后触发。
- StateChange 事件：当播放状态改变时触发，例如由播放变为停止时。

20.5.3 使用 ActiveMovie

通过前面对基本知识的学习，了解了 ActiveMovie 控件的基本知识。在下面的内容中，将通过具体的实例来说明 Visual Basic 6.0 中通过 ActiveMovie 控件实现多媒体编程的实现过程。

实例 096　通过 ActiveMovie 控件播放媒体文件

源码路径　光盘\daima\20\3\　　视频路径　光盘\视频\实例\第 20 章\096

本实例的实现流程如图 20-17 所示。

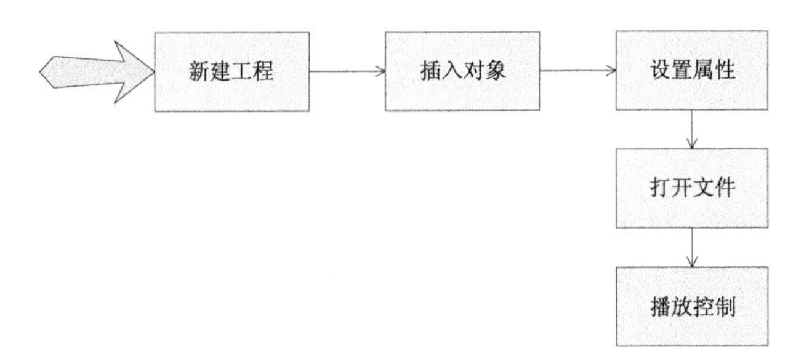

图 20-17　实例实现流程图

下面将详细介绍上述实例流程的具体实现过程，首先新建项目工程并插入各个控件对象，具体实现流程如下所示。

（1）打开 Visual Basic 6.0，新建一个标准 EXE 工程，如图 20-18 所示。

（2）在窗体 Form1 内插入 1 个 ActiveMovie 控件和 5 个 CommandButton 控件，并分别设置其属性，如图 20-19 所示。

窗体内各对象的主要属性设置如下所示。

- 窗体：设置名称为“Form1”，Caption 属性为“Form1”。

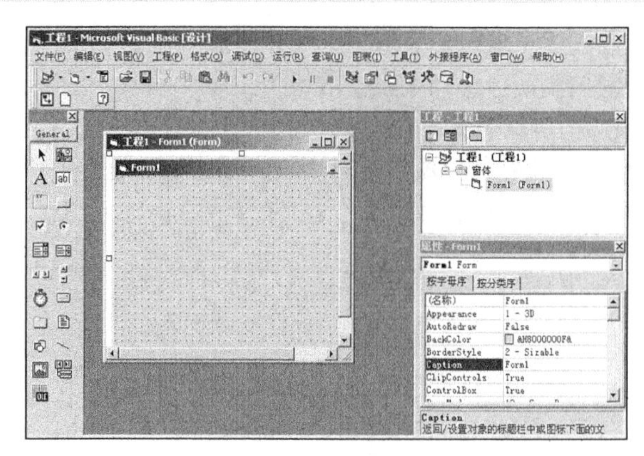

图 20-18　新建工程

图 20-19　插入对象并设置属性

- ActiveMovie 控件：设置名称为“ActiveMovie1”，ShowControls 属性为“False”，ShowDisplay 属性为“False”。
- 第一个 CommandButton 控件：设置名称为“Command1”，Caption 属性为“播放”。
- 第二个 CommandButton 控件：设置名称为“Command2”，Caption 属性为“暂停”。
- 第三个 CommandButton 控件：设置名称为“Command3”，Caption 属性为“快进”。
- 第四个 CommandButton 控件：设置名称为“Command4”，Caption 属性为“回放”。
- 第五个 CommandButton 控件：设置名称为“Command5”，Caption 属性为“结束”。

然后来到代码编辑界面，为窗体内的各按钮对象设置事件处理代码，具体代码如下所示。

```
Private Sub Form_Load()
    ActiveMovie1.FileName =
     "F:\音乐\新建文件夹\单身情歌-林志炫.avi"
End Sub
Private Sub Command1_Click()
    ActiveMovie1.Run
End Sub
Private Sub Command2_Click()
    ActiveMovie1.Pause
End Sub
Private Sub Command3_Click()
    ActiveMovie1.CurrentPosition = ActiveMovie1.CurrentPosition + 2
End Sub
Private Sub Command4_Click()
    ActiveMovie1.CurrentPosition = ActiveMovie1.CurrentPosition - 2
End Sub
Private Sub Command5_Click()
    ActiveMovie1.Stop
End Sub
```

范例 191：列表播放 midi 等媒体文件
源码路径：光盘\演练范例\191\
视频路径：光盘\演练范例\191\
范例 192：实现一个媒体文件浏览器
源码路径：光盘\演练范例\192\
视频路径：光盘\演练范例\192\

经过上述设置处理后，整个实例设置完毕。执行后，将按指定样式在窗体内显示各窗体对象，并且可以通过窗体内的按钮对播放的媒体文件进行控制。

注意：在上述实例中，通过 ActiveMovie 控件实现媒体格式文件的播放功能。但是在 Visual Basic 6.0 的默认工具箱中，没有 ActiveMovie 控件工具。所以在使用前需要将 ActiveMovie 添加引用，具体方法是在 Visual Basic 6.0 工具栏中依次单击【工程】|【部件】选项，在弹出的“部件”对话框中勾选“Microsoft ActiveMovie Control”并单击【确定】按钮，如图 20-20 所示。如果当前使用的 Visual Basic 6.0 版中没有“Microsoft ActiveMovie Control”，则可以到网上下载获取 ActiveMovie 控件，然后将其添加引用。

图 20-20　“部件”对话框

20.6 Mp3play.ocx 控件

知识点讲解：光盘：视频\PPT 讲解（知识点）\第 20 章\Mp3play.ocx 控件.mp4

Mp3play.ocx 控件是一个常用的 MP3 播放控件，它是一个第三方控件，需要从网上下载获取。Mp3play.ocx 控件与前面介绍的 ActiveMovie 控件和 Multimedia MCI 控件类似，也是通过其本身的属性、方法和事件来实现播放功能的。

实例 097 通过 Mp3play.ocx 控件制作一个 MP3 播放器

源码路径 光盘\daima\20\3\ 视频路径 光盘\视频\实例\第 20 章\097

本实例的实现流程如图 20-21 所示。

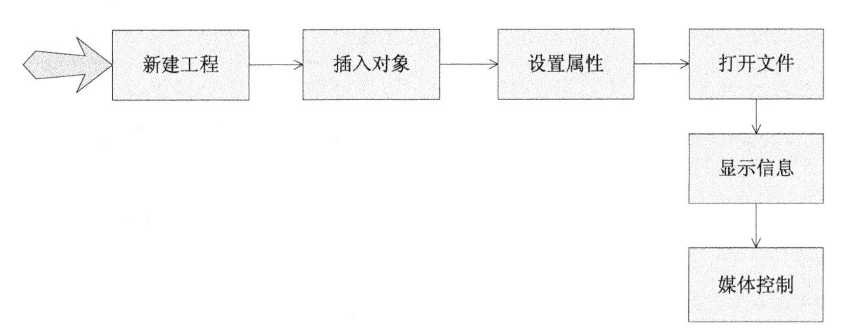

图 20-21 实例实现流程图

下面将详细介绍上述实例流程的具体实现过程，首先新建项目工程并插入各个控件对象，具体实现流程如下所示。

（1）打开 Visual Basic 6.0，新建一个标准 EXE 工程，如图 20-22 所示。

（2）在窗体 Form1 内插入 1 个 TextBox 控件、1 个 PictureBox 控件、1 个 CommonDialog 控件、1 个 Slider 控件、3 个 CommandButton 控件和 6 个 Label 控件，并分别设置其属性，如图 20-23 所示。

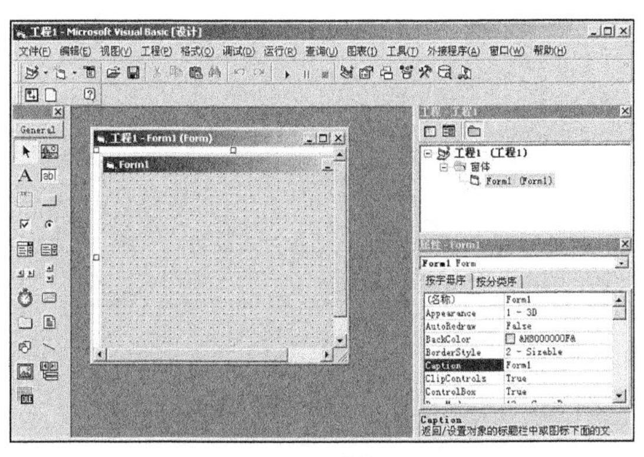

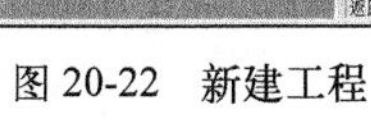

图 20-22 新建工程

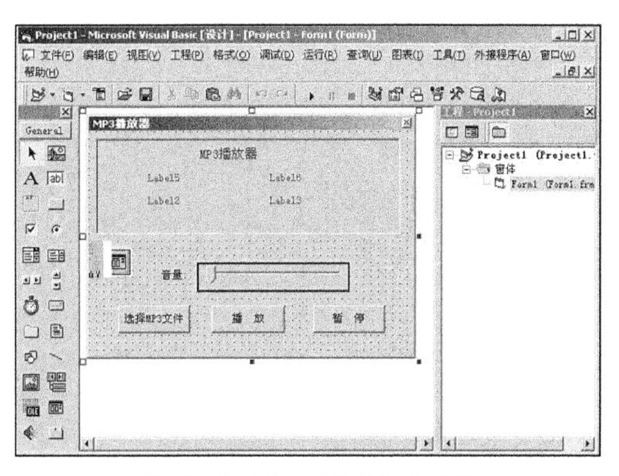

图 20-23 插入对象并设置属性

窗体内各对象的主要属性设置如下所示。

- 窗体：设置名称为“Form1”，Caption 属性为“MP3 播放器”。
- PictureBox 控件：设置名称为“Picture1”。
- CommonDialog 控件：设置名称为“CommonDialog1”。

- ❑ CommonDialog 控件：设置名称为“CommonDialog2”。
- ❑ 第一个 CommandButton 控件：设置名称为“Command1”，Caption 属性为“选择 MP3 文件”。
- ❑ 第二个 CommandButton 控件：设置名称为“Command2”，Caption 属性为“播放”。
- ❑ 第三个 CommandButton 控件：设置名称为“Command3”，Caption 属性为“暂停”。
- ❑ Slider 控件：设置名称为“Slider1”。
- ❑ 第一个 Label 控件：设置名称为“Label1”，Caption 属性为“音量”。
- ❑ 第二个 Label 控件：设置名称为“Label2”，Caption 属性为“Label2”。
- ❑ 第三个 Label 控件：设置名称为“Label3”，Caption 属性为“Label3”。
- ❑ 第四个 Label 控件：设置名称为“Label4”，Caption 属性为“Label4”。
- ❑ 第二个 Label 控件：设置名称为“Label5”，Caption 属性为“Label5”。
- ❑ 第二个 Label 控件：设置名称为“Label6”，Caption 属性为“Label6”。

然后来到代码编辑界面，为窗体内的各对象设置事件处理代码，具体代码如下所示。

范例 193：实现音量控制
源码路径：光盘\演练范例\193\
视频路径：光盘\演练范例\193\
范例 194：实现简易谱曲键盘
源码路径：光盘\演练范例\194\
视频路径：光盘\演练范例\194\

```
Dim lv As Long, rv As Long
Private Sub Command1_Click()
Dim totaltimes As Long
'处理对话框内要播放的文件
Dim mp3file As String, it As Integer
Dim i As Integer
Mp3Play1.Close
CommonDialog1.ShowOpen
  it = Len(CommonDialog1.FileName)
For i = 1 To it
 If Mid(CommonDialog1.FileName, it - i + 1, 1) = "\" Then
   mp3file = Mid(CommonDialog1.FileName, it - i + 2, i - 5)
   Exit For
  End If
  DoEvents
Next i
  '在播放界面分别使用Label控件显示文件名、时间长度、播放速度和波率
  Err = Mp3Play1.Open(CommonDialog1.FileName, "")
  totaltimes = Mp3Play1.TotalTime
  Label3.Caption = Str$(totaltimes \ 60000) & _
  "分 " & Str$((totaltimes Mod 60000) / 1000) & "秒"
  Label2.Caption = mp3file
  Label5.Caption = Str$(Mp3Play1.BitRate / 1000) & "kbps"
  Label6.Caption = Str$(Mp3Play1.SampleFrequency / 1000) & "khz"
  lv = Mp3Play1.GetVolumeLeft
  rv = Mp3Play1.GetVolumeRight
End Sub
'单击播放按钮事件处理，并按照设置音量播放
Private Sub Command2_Click()
  i = Mp3Play1.SetVolume(lv / 2, rv / 2)
  Mp3Play1.Play
End Sub
'暂停按钮单击事件
Private Sub Command3_Click()
  Mp3Play1.Pause
End Sub
'项目窗体载入后设置默认Label显示的字符，并设置打开对话框的属性
Private Sub Form_Load()
erra = Mp3Play1.Authorize("LightBringer", "1441658209")
CommonDialog1.DialogTitle = "打开文件"
CommonDialog1.Filter = "MP3文件(*.MP3)|*.mp3"
Label2.Caption = "文件"
Label3.Caption = "时间"
Label5.Caption = "kbps"
Label6.Caption = "khz"
Slider1.Value = 25
End Sub
'改变音量事件处理
Private Sub Slider1_Change()
 i = Mp3Play1.SetVolume(lv * Slider1.Value / 50, _
 rv * Slider1.Value / 50)
End Sub
```

经过上述设置处理后，整个实例设置完毕。执行后，将按指定样式在窗体内显示各窗体对象，如图 20-24 所示。当单击【选择 MP3 文件】按钮后，可以在弹出的对话框中选择播放文件，如图 20-25 所示。当单击【播放】按钮后，可以播放当前打开的 MP3 文件，并显示当播放文件的基本信息，如图 20-26 所示。当单击【暂停】按钮后，将终止当前文件的播放。

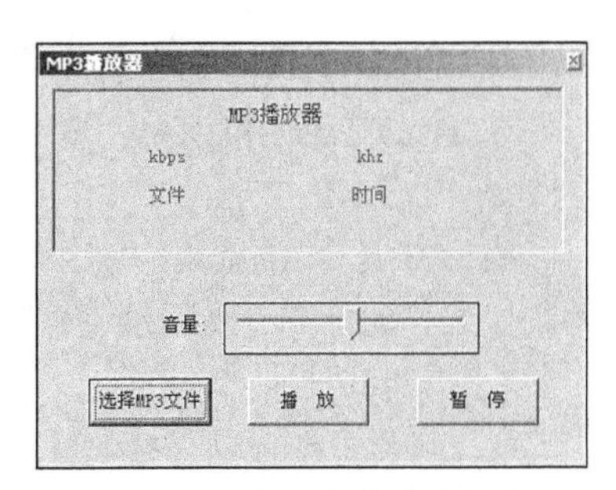

图 20-24　初始窗体显示界面

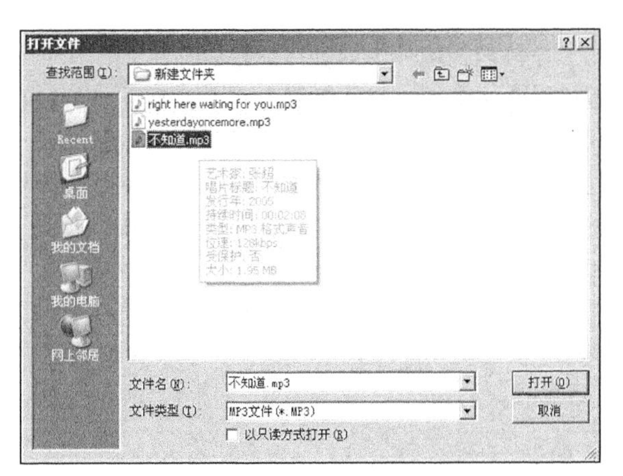

图 20-25　选择 MP3 文件对话框

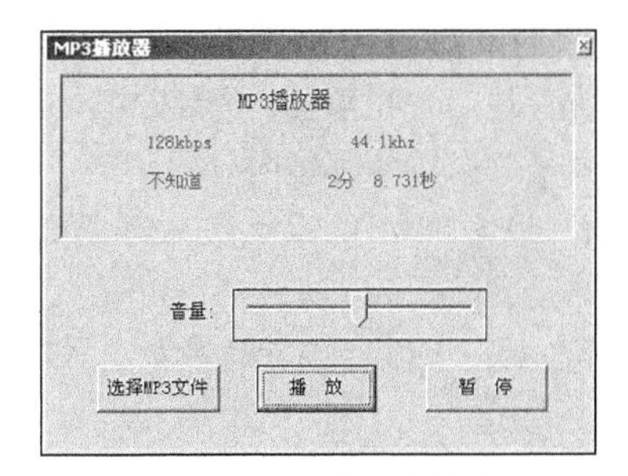

图 20-26　正在播放界面

20.7 技术解惑

20.7.1 使用第三方控件

因为 Mp3play.ocx 控件是一个第三方控件，所以在使用前需要首先下载获取，然后将其添加引用。具体方法是下载 Mp3play.ocx 控件后，在 Visual Basic 6.0 工具栏中依次单击【工程】|【部件】选项，弹出“部件”对话框，如图 20-27 所示。

然后单击【浏览】按钮，在弹出的“添加 ActiveX 控件”对话框中找到下载的控件文件，并单击【打开】按钮，如图 20-28 所示。

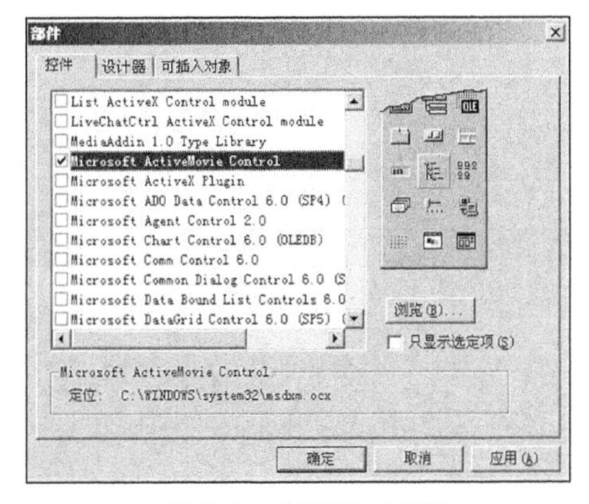

图 20-27　“部件”对话框

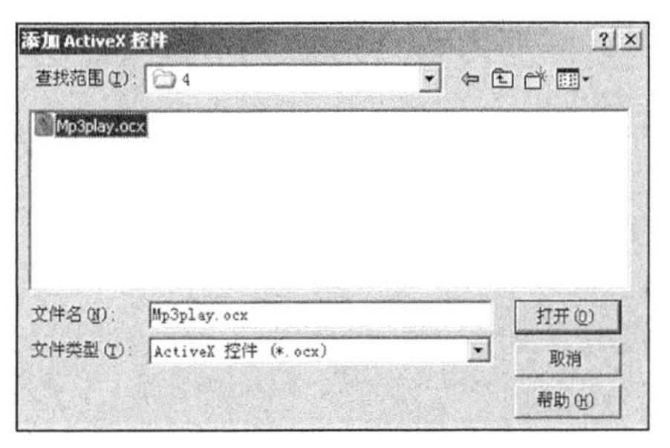

图 20-28　“添加 ActiveX 控件”对话框

20.7.2　Visual Basic 图形动画编程的实现

在 Visual Basic 应用中，有如下 3 种实现图形动画编程的方法。

1. 图形方法实现

图形方法可以绘制需要的图形，如果要使图形动起来，则需要使用背景色重新绘制该图形，并紧接着移动位置再重新绘制擦除过程。

2. 图形控件实现

通过图形方法可以实现简单的动画效果，但是对于比较复杂的位图图形，最简单的方法是将此位图图形载入到 Image 控件或 Picture 控件中，然后通过不断更改控件的位置来实现图形动画。

3. API 函数实现

如果只是要求图形在纯背景下进行移动，使用图形控件方法则还能很好地达到图形动画要求。但是如果在一幅图片上移动图形，会造成视觉上的不平滑，并且显示为只是一个方框在移动。为了解决上述问题，则可以使用 API 函数实现。

使用 API 函数实现动画效果需要位图技术，需要使用位图间的各种光栅操作完成。此技术的核心是 BitBlt 函数，是 Windows 的图形处理函数之一，它能够把图形从一个设备环境内复制到另外一个设备环境内。

注意：BitBlt 函数是 API 函数实现图形动画效果的核心技术，它是通过本身的参数设置来实现移动功能的。有关 BitBlt 函数的具体信息和使用知识，读者可以在百度中通过检索“BitBlt 函数”或“BitBlt 函数的参数”关键字，来获取相关的知识。

第21章

网 络 编 程

通过 Visual Basic 6.0 可以实现互联网领域的网络编程处理。在现实项目应用中，经常使用 Visual Basic 6.0 编写设置计算机主页程序、网页浏览器程序、邮件发送系统程序和提取网页信息程序。在本章的内容中，将详细讲解在 Visual Basic 6.0 中实现常用网络编程的方法。

本章内容

- 使用 Winsock 控件
- 使用 WebBrowser 控件
- 使用 Inet 控件
- Visual Basic 常见的网络应用

技术解惑

三类邮件系统

Inet 控件的功能

21.1　使用 Winsock 控件

知识点讲解：光盘：视频\PPT 讲解（知识点）\第 21 章\使用 Winsock 控件.mp4

Winsock 是 Windows 下网络编程的规范，是 Windows 下得到广泛应用的、开放的、支持多种协议的网络编程接口。并且在 Intel、Microsoft、Sun、SGI、Informix、Novell 等公司的全力支持下，已成为 Windows 网络编程的事实上的标准。

21.1.1　Winsock 控件介绍

Winsock 控件是 Visual Basic 中自带的、专门用于网络编程处理的控件，它位于 Visual Basic 的部件对话框内，名为“Microsoft Winsock Control 6.0”，如图 21-1 所示。

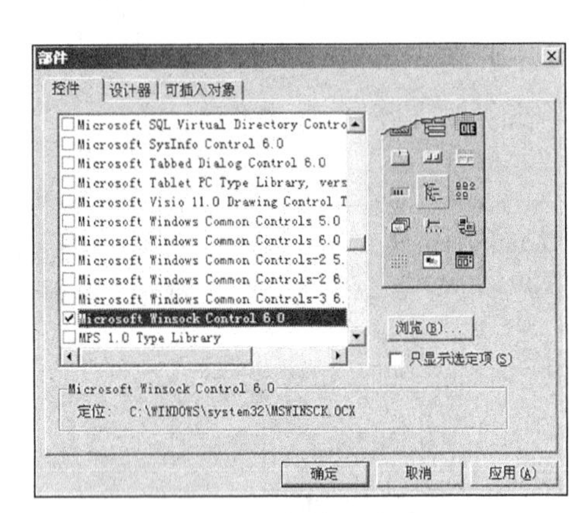

图 21-1　“部件”对话框

Winsock 控件能够通过通信协议建立到远程计算机的连接，并且能够和远程计算机实现数据交互。在 Visual Basic 6.0 开发中，Winsock 控件主要被用于如下领域。

- ❑ 创建客户端项目，实现和远程服务器的数据交互。
- ❑ 创建服务器项目，实现和各个客户端的交互。
- ❑ 创建聊天程序。
- ❑ 创建网络浏览器。

21.1.2　Winsock 属性、方法和事件

和其他 Visual Basic 6.0 控件一样，Winsock 控件也是通过本身的属性、方法和事件来实现具体功能的。在下面的内容中，将简要介绍 Winsock 控件属性、方法和事件的基本知识。

1. Winsock 属性

Winsock 控件的常用属性信息如下所示。

- ❑ LocalHostName：本地机器名。
- ❑ LocalIP：本地机器 IP 地址。
- ❑ LocalPort：本地机器通信程序的端口（0<端口<65536）。
- ❑ RemoteHost：远程机器名。
- ❑ RemotePort：客户点设置的、要访问的远程机器的通信端口。
- ❑ State：连接的当前状态，即两台计算机的连接状态。具体取值说明如表 21-1 所示。

表 21-1　State 取值说明

常　数	值	说　明
sckClosed	0	关闭，是默认值
sckOpen	1	打开
sckListening	2	侦听
sckConnectionPending	3	连接挂起
sckResolvingHost	4	识别主机
sckHostResolved	5	已识别主机
sckConnecting	6	正在连接

续表

常　　数	值	说　　明
SckConnected	7	已连接
sckClosing	8	同级人员正在关闭连接
sckError	9	错误

- Protocol：选择使用 TCP 或 UDP，具体取值说明如表 21-2 所示。

表 21-2　　Protocal 取值说明

常　　数	值	说　　明
sckTCPProtocal	0	使用 TCP
sckUDPProtocal	1	使用 UDP

2. Winsock 方法

Winsock 控件的常用方法信息如下所示。

- Listen：Listen 方法用于服务器程序，等待客户访问，具体格式如下所示。

```
Winsock对象.listen
```

- Connect：Connect 方法用于向远程主机发出连接请求，具体格式如下所示。

```
Winsock对象.connect [远程主机IP,远程端口]
```

- Accept：Accept 方法用于接受一个连接请求，具体格式如下所示。

```
Winsock对象.accept Request ID
```

- Senddata：此方法用于发送数据，具体格式如下所示。

```
Winsock对象.senddata数据
```

- Getdata：此方法用来取得接收到的数据，具体格式如下所示。

```
Winsock对象.getdata 变量 [,数据类型 [,最大长度]]
```

- Close：此方法关闭当前连接，具体格式如下所示。

```
Winsock对象.close
```

3. Winsock 事件

Winsock 控件的常用事件信息如下所示。

- Close：远程机器关闭连接时触发。
- Connect：连接建立好，可以进行通信时触发（客户端）。
- ConnectRequest：有请求连接到达时产生（服务器端）。
- DataArrival：有数据到达时触发。
- Error：发生错误时发生。
- SendProgress：数据传送进度。

注意：除了上述方法、属性和事件外，Winsock 控件中还有其他的属性、方法和事件。读者可以查阅相关资料或在百度中进行搜索，获取其更加详细的信息。

21.1.3　使用 Winsock 控件实例

经过前面基本知识的学习，了解了 Winsock 控件的主要知识。在下面的内容中，将通过具体的实例来说明 Visual Basic 6.0 中 Winsock 控件的具体使用流程。

实例 098　通过 Winsock 控件实现服务器端和客户端的 TCP 连接

源码路径　光盘\daima\21\1\　　　视频路径　光盘\视频\实例\第 21 章\098

本实例的实现流程如图 21-2 所示。

下面将详细介绍上述实例流程的具体实现过程。

1. 创建服务器端

首先，新建项目工程并插入各个控件对象，具体实现流程如下所示。

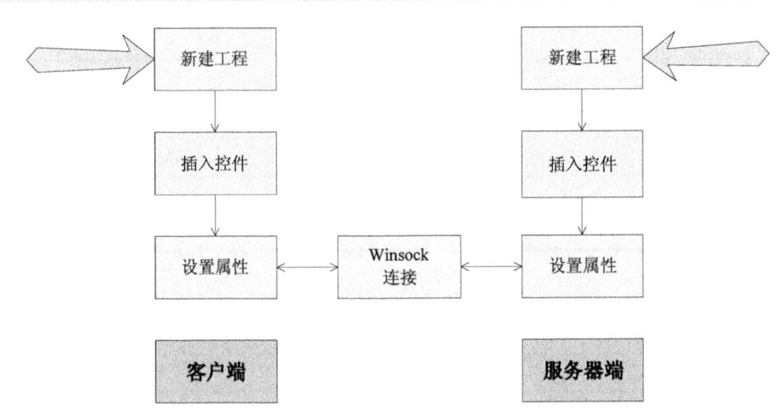

图 21-2　实例实现流程图

（1）打开 Visual Basic 6.0，新建一个标准 EXE 工程，如图 21-3 所示。

（2）在窗体 Form1 内分别插入 1 个 Winsock 控件、1 个 CommandButton 控件和 2 个 TextBox 控件，并分别设置其属性，如图 21-4 所示。

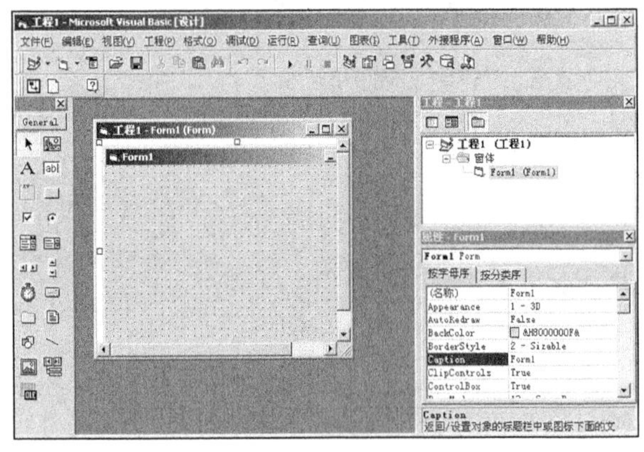

图 21-3　新建工程

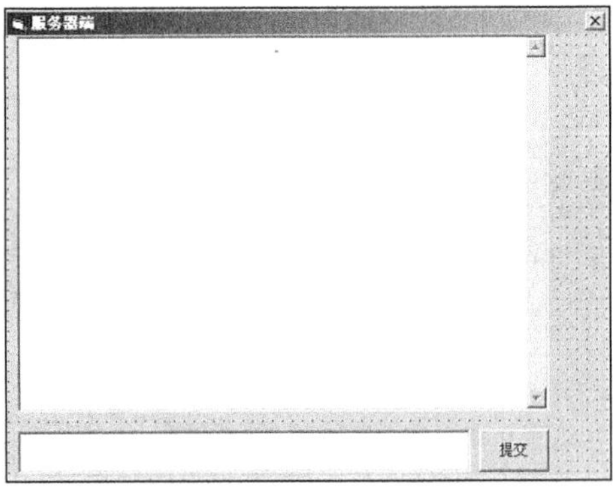

图 21-4　插入对象并设置属性

上述窗体内各对象的主要属性设置如下所示。

- ❑ 窗体：设置名称为“Form1”，Caption 属性为“服务器端”。
- ❑ 第一个 TextBox 控件：设置名称为“txtTalk”，Text 属性为“(文本)”。
- ❑ 第二个 TextBox 控件：设置名称为“txtInput”，Text 属性为空。
- ❑ CommandButton 控件：设置名称为“Command1”，Caption 属性为“提交”。
- ❑ Winsock 控件：设置名称为“WinServer”，Protocol 属性为“0”。

然后在代码编辑界面为窗体内控件对象编写事件处理代码，具体代码如下所示。

```
Private Sub Form_Load()
    WinServer.LocalPort = 1001      '设置监听端口
    WinServer.Listen
End Sub
Private Sub txtTalk_Change()
End Sub
Private Sub WinServer_ConnectionRequest
(ByVal requestID As Long)
    '判断是否已经存在连接
    If WinServer.State <> sckClosed Then
        WinServer.Close
    End If
    WinServer.Accept requested      '收到连接请求则触发ConnectRequest
End Sub
Private Sub WinServer_DataArrival(ByVal bytesTotal As Long)
    Dim strData As String
```

范例 195：网络连通检测
源码路径：光盘\演练范例\195\
视频路径：光盘\演练范例\195\
范例 196：获取网络连接信息
源码路径：光盘\演练范例\196\
视频路径：光盘\演练范例\196\

```
        WinServer.GetData strData
        '接收数据，显示数据。
        txtTalk.Text = txtTalk.Text + Chr(13) + Chr(10) + " 客户端说 - " + strData
    End Sub
    Private Sub Command1_Click()
        WinServer.SendData txtInput.Text
        '发送数据到服务器端
        txtTalk.Text = txtTalk.Text + Chr(13) + Chr(10) + " 服务器端说 - " + txtInput.Text
    End Sub
```

2. 创建客户端

首先，新建项目工程并插入各个控件对象，具体实现流程如下所示。

（1）打开 Visual Basic 6.0，新建一个标准 EXE 工程，如图 21-5 所示。

（2）在窗体 Form1 内分别插入 1 个 Winsock 控件、2 个 CommandButton 控件和 2 个 TextBox 控件，并分别设置其属性，如图 21-6 所示。

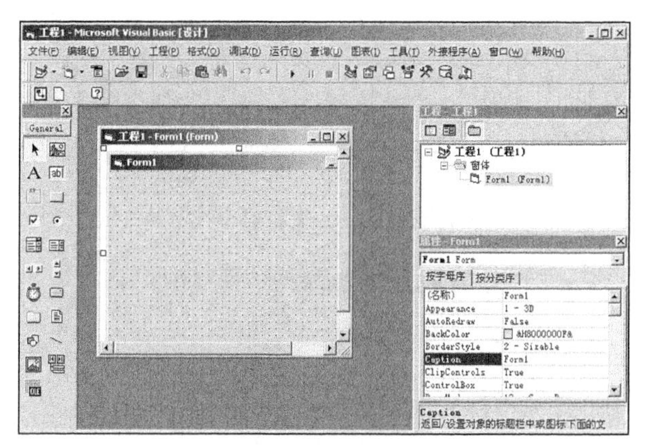

图 21-5 新建工程

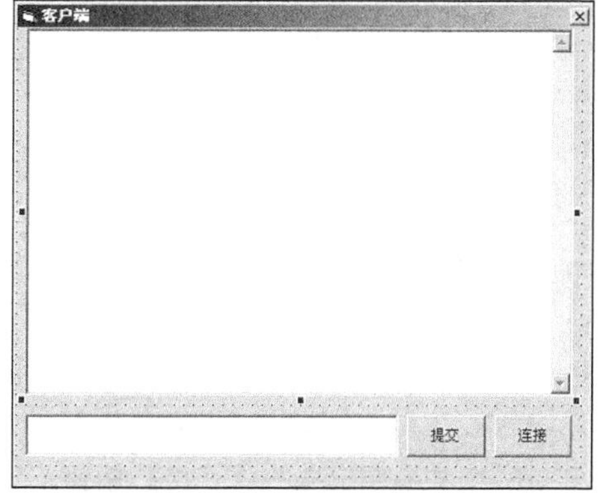

图 21-6 插入对象并设置属性

上述窗体内各对象的主要属性设置如下所示。

- 窗体：设置名称为“Form1”，Caption 属性为“客户端”。
- 第一个 TextBox 控件：设置名称为“txtTalk”，Text 属性为“(文本)”。
- 第二个 TextBox 控件：设置名称为“txtInput”，Text 属性为空。
- 第一个 CommandButton 控件：设置名称为“cmdSend”，Caption 属性为“提交”。
- 第二个 CommandButton 控件：设置名称为“cmdConn”，Caption 属性为“连接”。
- Winsock 控件：设置名称为“WinClient”，Protocol 属性为“0”。

然后在代码编辑界面为窗体内控件对象编写事件处理代码，具体代码如下所示。

```
Private Sub cmdConn_Click()
    If WinClient.State = sckConnected Then                    '检测是否存在连接
      Exit Sub
    End If
    WinClient.RemoteHost = "127.0.0.1"                        '设置要连接的服务器主机
    WinClient.RemotePort = 1001
    WinClient.Connect                                         '向服务器发送连接请求
End Sub
Private Sub cmdSend_Click()
    WinClient.SendData txtInput.Text
    '向服务器发送数据
    txtTalk.Text = txtTalk.Text + Chr(13) + Chr(10) + " 客户端说 - " + txtInput.Text
End Sub
Private Sub WinClient_DataArrival(ByVal bytesTotal As Long)
    Dim strData As String
    WinClient.GetData strData
    '换行显示接收的数据
txtTalk.Text = txtTalk.Text + Chr(13) + Chr(10) + " 服务器端说 - " + strData
End Sub
```

至此，本实例完全设计完毕。因为是客户端和服务器端的相互访问，所以需要先运行服务器端。执行后将按默认样式显示于服务器端窗体，如图 21-7 所示。然后再执行客户端，如图 21-8 所示。单击客户端的【连接】按钮后，实现客户端和服务器端的 TCP 连接，此时两端之间可以相互聊天交互，如图 21-9 所示。

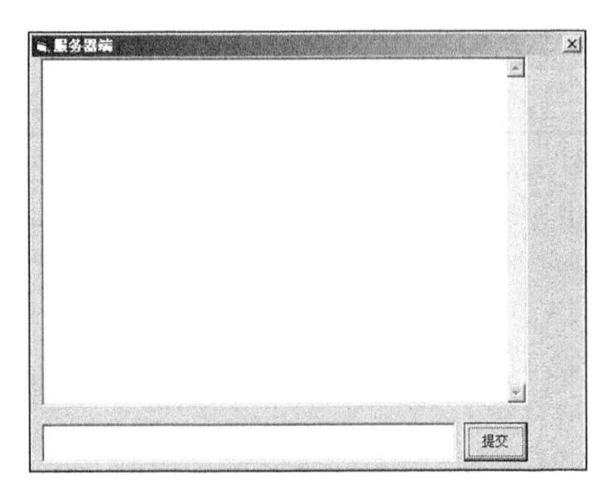

图 21-7　默认显示当前机器名称

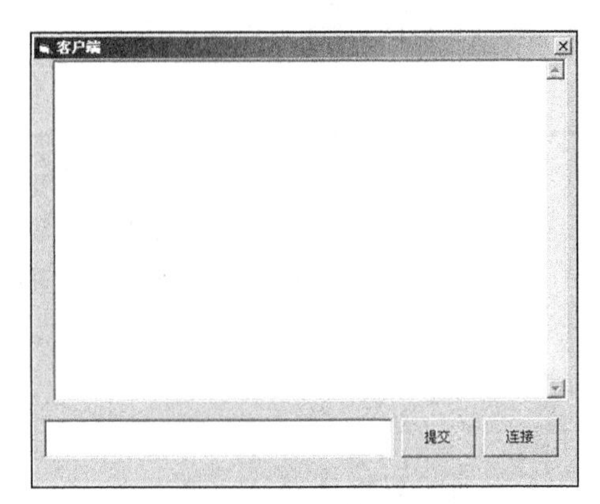

图 21-8　显示当前机器 IP

在上述实例中，通过 Winsock 实现了和远程服务器端的 TCP 连接，在调试时必须按照如下步骤。

（1）打开服务器端的“工程 1.dsw”工程。

（2）单击运行按钮。

（3）打开客户端的“工程 1.dsw”工程。

（4）单击客户端的【连接】按钮。

（5）此时服务器端和客户端已经建立连接。

（6）在服务器和客户端分别输入任何内容，另一端将会收到该内容并显示出来。

在上述实例中，设置要连接的服务器主机地址是“127.0.0.1”，即本地机器的 IIS 服务器。读者可以尝试修改为其他的主机地址，并修改为其他的端口，查看会有什么效果。

图 21-9　服务器端也显示客户端信息

21.2　使用 WebBrowser 控件

知识点讲解：光盘：视频\PPT 讲解（知识点）\第 21 章\使用 WebBrowser 控件.mp4

WebBrowser 控件是浏览器控件，它是微软 IE 浏览器中自带的一个控件。通过 WebBrowser 控件可以创建 Web 程序，实现浏览、存储和下载功能。Visual Basic 中可以使用创建浏览器工具，实现对网页的浏览。在本节的内容中，将对 WebBrowser 控件的基本知识和具体使用方法进行详细介绍。

21.2.1　WebBrowser 属性、方法和事件

和其他的 Visual Basic 控件一样，WebBrowser 控件也是通过自身的属性、方法和事件来实现具体功能的。在下面的内容中，将简要介绍 WebBrowser 控件的常用属性、方法和事件。

1. WebBrowser 属性

WebBrowser 控件的常用属性信息如下所示。

- Application：如果该对象有效，则返回掌管 WebBrowser 控件的应用程序实现的自动化对象（IDispatch）。如果在宿主对象中自动化对象无效，这个程序将返回 WebBrowser

控件的自动化对象。

- Parent：返回 WebBrowser 控件的父自动化对象，通常是一个容器，例如是宿主或 IE 窗口。
- Container：返回 WebBrowser 控件容器的自动化对象。通常该值与 Parent 属性返回的值相同。
- Document：为活动的文档返回自动化对象。如果 HTML 当前正被显示在 WebBrowser 中，则 Document 属性提供对 DHTML Object Model 的访问途径。
- TopLevelContainer：返回一个 Boolean 值，表明 IE 是否是 WebBrowser 控件顶层容器，是就返回 True。
- Type：返回已被 WebBrowser 控件加载的对象的类型。例如：如果加载.doc 文件，就会返回 Microsoft Word Document。
- Left：返回或设置 WebBrowser 控件窗口的内部左边与容器窗口左边的距离。
- Top：返回或设置 WebBrowser 控件窗口的内部左边与容器窗口顶边的距离。
- Width：返回或设置 WebBrowser 窗口的宽度，以像素为单位。
- Height：返回或设置 WebBrowser 窗口的高度，以像素为单位。
- LocationName：返回一个字符串，该字符串包含着 WebBrowser 当前显示的资源的名称，如果资源是网页就是网页的标题，如果是文件或文件夹，就是文件或文件夹的名称。
- LocationURL：返回 WebBrowser 当前正在显示的资源的 URL。
- Busy：返回一个 Boolean 值，说明 WebBrowser 当前是否正在加载 URL，如果返回 True 就可以使用 stop 方法来撤销正在执行的访问操作。

2. WebBrowser 方法

WebBrowser 控件的常用方法信息如下所示。

- GoBack：相当于 IE 的“后退”按钮，使你在当前历史列表中后退一项。
- GoForward：相当于 IE 的“前进”按钮，使你在当前历史列表中前进一项。
- GoHome：相当于 IE 的“主页”按钮，连接用户默认的主页。
- GoSearch：相当于 IE 的“搜索”按钮，连接用户默认的搜索页面。
- Navigate：连接到指定的 URL。
- Refresh：刷新当前页面。
- Refresh2：同上，只是可以指定刷新级别，所指定的刷新级别的值来自 RefreshConstants 枚举表，该表定义在 ExDisp.h 中，可以指定不同值的具体说明如表 21-3 所示。

表 21-3　RefreshConstants 枚举值说明

值	说　明
REFRESH_NORMAL	执行简单的刷新，不将 HTTP pragma: no-cache 头发送给服务器
REFRESH_IFEXPIRED	只有在网页过期后才进行简单的刷新
REFRESH_CONTINUE	仅作内部使用，MSDN 中注明在 DO NOT USE 请勿使用
REFRESH_COMPLETELY	将包含 pragma: no-cache 头的请求发送到服务器

- Stop：相当于 IE 的“停止”按钮，停止当前页面及其内容的载入。

3. WebBrowser 事件

WebBrowser 控件的常用事件信息如下所示。

- eforeNavigate2：导航发生前激发，刷新时不激发。
- CommandStateChange：当命令的激活状态改变时激发。它表明何时激活或关闭 Back 和 Forward 菜单项或按钮。
- DocumentComplete：当整个文档完成时激发，刷新页面不激发。

- DownloadBegin：当某项下载操作已经开始后激发，刷新也可激发此事件。
- DownloadComplete：当某项下载操作已经完成后激发，刷新也可激发此事件。
- NavigateComplete2：导航完成后激发，刷新时不激发。
- NewWindow2：在创建新窗口以前激发。
- OnFullScreen：当 FullScreen 属性改变时激发。该事件采用 VARIENT_BOOL 的一个输入参数来指示 IE 是全屏显示方式（VARIENT_TRUE）还是普通显示方式（VARIENT_FALSE）。
- OnMenuBar：改变 MenuBar 的属性时激发，标示参数是 VARIENT_BOOL 类型的，VARIANT_TRUE 表示可见，VARIANT_FALSE 表示隐藏。
- OnQuit：无论是用户关闭浏览器还是开发者调用 Quit 方法，当 IE 退出时就会激发。
- OnStatusBar：与 OnMenuBar 调用方法相同，标示状态栏是否可见。
- OnToolBar：调用方法同上，标示工具栏是否可见。
- OnVisible：控制窗口的可见或隐藏，也使用一个 VARIENT_BOOL 类型的参数。
- StatusTextChange：如果要改变状态栏中的文字，这个事件就会被激发，但它并不理会程序是否有状态栏。
- TitleChange：Title 有效或改变时激发。

21.2.2 WebBrowser 控件使用实例

经过前面基本知识的学习，了解了 WebBrowser 控件的主要知识。在下面的内容中，将通过具体的实例来说明 Visual Basic 6.0 中 WebBrowser 控件的具体使用流程。

实例 099　演示 Visual Basic 6.0 中 WebBrowser 控件的具体使用流程

源码路径　光盘\daima\21\2\　　　视频路径　光盘\视频\实例\第 21 章\099

本实例的实现流程如图 21-10 所示。

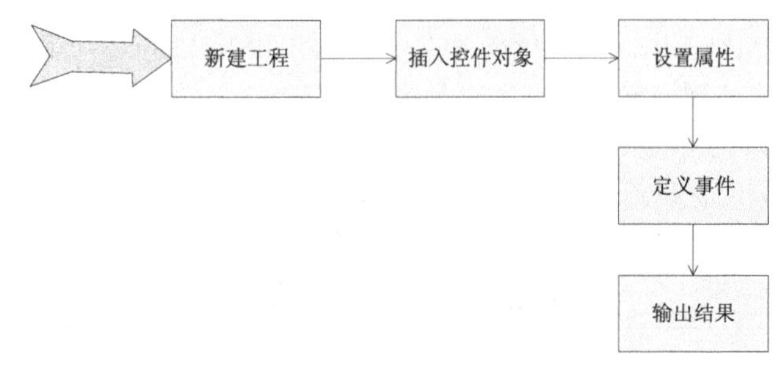

图 21-10　实例实现流程图

在下面的内容中，将详细介绍上述实例流程的具体实现过程。首先，新创建 Visual Basic 6.0 项目工程，并依次插入 1 个 WebBrowser 控件、1 个 TextBox 控件和 4 个 CommandButton 控件。具体如图 21-11 所示。

上述窗体内各对象的主要属性设置如下所示。

- 窗体：设置名称为“Form1”，Caption 属性为“简易浏览器”。
- TextBox 控件：设置名称为“txtURL”，Text 属性为空。
- 第一个 CommandButton 控件：设置名称为“cmdGo”，Caption 属性为“打开网页”。
- 第二个 CommandButton 控件：设置名称为“cmdHome”，Caption 属性为“打开主页”。
- 第三个 CommandButton 控件：设置名称为“cmdBack”，Caption 属性为“上一步”。
- 第四个 CommandButton 控件：设置名称为“cmdExit”，Caption 属性为“退出”。
- WebBrowser 控件：设置名称为“WebBrowser”，DragMode 属性为“0”。

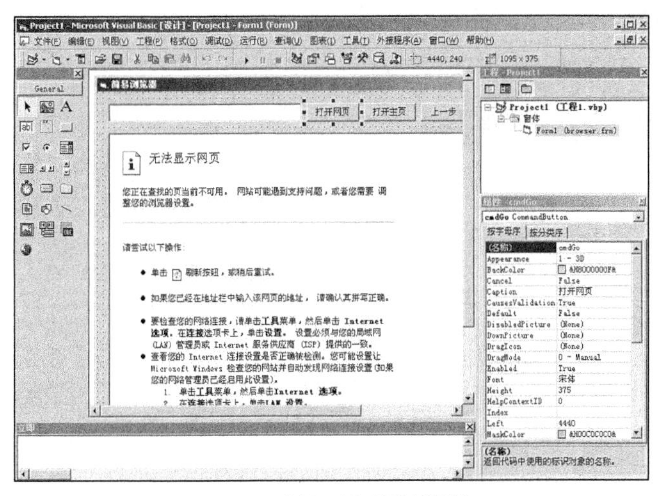

图 21-11　插入对象并设置属性

然后在代码编辑界面为窗体内各按钮对象编写事件处理代码，具体代码如下所示。

范例 197：获取 IP 地址
源码路径：光盘\演练范例\197\
视频路径：光盘\演练范例\197\
范例 198：获取 MAC 地址
源码路径：光盘\演练范例\198\
视频路径：光盘\演练范例\198\

```
Private Sub cmdBack_Click()
 On Error Resume Next
WebBrowser.GoBack
txtURL.Text = ""
End Sub
Private Sub cmdExit_Click()        '退出按钮事件
End
End Sub
Private Sub cmdGo_Click()          '来到指定页面
If Len(txtURL.Text) > 0 Then
   WebBrowser.Navigate txtURL.Text
Else
   WebBrowser.Stop
   MsgBox "Please Enter a valid URL.", vbOKOnly, "Invalid URL"          '地址为空则输出提示
   txtURL.SetFocus
End If
End Sub
Private Sub cmdHome_Click()
'打开默认主页
WebBrowser.Navigate "www.phei.com.cn"
txtURL.Text = "http://www.phei.com.cn"
End Sub
Private Sub Form_Load()
'设置默认主页
txtURL.Text = "http://www.fecit.com.cn"
WebBrowser.Navigate "http://www.fecit.com.cn"
End Sub
Private Sub txtURL_KeyPress(KeyAscii As Integer)
   On Error Resume Next
   If KeyAscii = vbKeyReturn Then
     WebBrowser.Navigate txtURL.Text
   End If
End Sub
```

至此，本实例设计完毕。执行后将按默认样式显示浏览器，并打开默认的主页，如图 21-12 所示。在地址栏中输入指定的网址并单击【打开网页】按钮后，能够打开显示输入地址的网页，如图 21-13 所示。

在上述实例代码中，通过 WebBrowser 控件制作了一个简单的浏览器。在此对其中的几个关键词进行解释如下。

- 默认主页：即程序运行后打开显示的页面。
- 打开默认主页：即程序运行后，单击【打开主页】按钮后打开显示的页面。
- 【打开网页】按钮：功能是打开地址栏中网页。

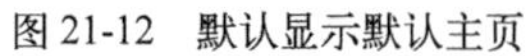
图 21-12　默认显示默认主页

图 21-13　显示地址栏页面

读者可以对上述实例中的默认主页和打开主页的网址进行随意更改，改为自己需要的地址。此浏览器也支持回车键功能，即输入网址后可以直接单击回车键以打开指定网页。

21.3　使用 Inet 控件

知识点讲解：光盘：视频\PPT 讲解（知识点）\第 21 章\使用 Inet 控件.mp4

Inet 控件即 Inteenet Transfer 控件，是 Visual Basic 中自带的、用于网络数据传输的控件。Inet 控件支持网络传输的 HTTP 和 FTP 两种传输协议，通过 HTTP 可以连接远程服务器，并进行文件下载；通过 FTP 可以登录到远程服务器并进行文件上传。

虽然 Inet 控件是 Visual Basic 自带的控件，但是在使用也前需要添加部件引用，它位于 Visual Basic 的部件对话框内，名为“Microsoft Internet Transfer Control 6.0-MSINET.OCX”，如图 21-14 所示。

在本节的内容中，将对 Inet 控件的基本知识和具体使用方法进行详细介绍。

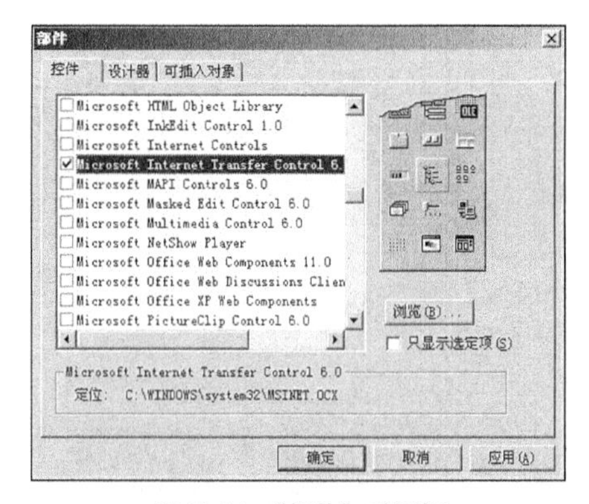

图 21-14　“部件”对话框

21.3.1　Inet 控件属性、方法和事件

和其他的 Visual Basic 控件一样，Inet 控件也是通过自身的属性、方法和事件来实现具体功能的。在下面的内容中，将简要介绍 Inet 控件的常用属性、方法和事件。

1. Inet 属性

Inet 控件的常用属性信息如下所示。

- AccessType：设置此控件用来与 Internet 进行通信的访问类型，各取值的具体说明如表 21-4 所示。

表 21-4　AccessType 取值说明

常　数	取　值	说　明
icUseDefault	0	使用在注册表中找到的默认值设置来访问 Internet
icDirect	1	直接链接到 Internet
icNamedProxy	2	设置使用 Proxy 属性中指定的代理服务器

- Protocol：设置和 Execute 方法一起使用的协议，各取值的具体说明如表 21-5 所示。

表 21-5 Protocol 取值说明

常　数	取　值	说　明
icUnknown	0	协议未知
icDefault	1	打开使用默认协议
icFTP	2	文件传输协议
icReserved	3	为将来保留
icHTTP	4	HTTP（超文本传输协议）
icHTTPS	5	安全性 HTTP
sckConnecting	6	正在连接
sckConnected	7	已经连接
sckClosing	8	正在关闭连接
sckError	9	错误

- StillExecuting：返回一个布尔值，指明控件是否处于繁忙状态，各取值的具体说明如表 21-6 所示。

表 21-6 StillExecuting 取值说明

常　数	取　值	说　明
False	0	空闲状态
True	1	繁忙状态

- Usename：设置或返回和请求一起发送到远程计算机的用户名称。
- Password：设置或返回一个密码，用于在远程计算机上登录。
- Document：设置或返回和 Execute 方法一起使用的文件或文档。
- hInternet：从下一级 Wininet.dllAPI 返回 Internet 句柄。
- Proxy：设置或返回和 Internet 进行通信的代理服务器名称和端口。
- RequestTimeout：设置或返回在超时截止前按秒计算的等待时间长度。
- ResponseCode：当 StateChanged 事件中出现 icError（11）状态时，此属性记录从连接返回的错误代码。
- ResponseInfo：返回发生的错误文本。
- URL：设置或返回 Execute 或 OpenURL 方法使用的。

2. Inet 事件

Inet 控件的主要事件是 StateChange 事件，当连接状态发生改变时被触发，具体语法格式如下所示。

```
object_StateChanged(ByVal State As Integer)
```

其中，“object”是对象表达式，其值是“应用于”列表中的对象；“State”是一个整数，用于记录连接状态的值，各取值的具体说明如表 21-7 所示。

表 21-7 State 取值说明

常　数	取　值	说　明
icNone	0	无状态可报告
icHostResolvingHost	1	该控件正在查询所指定的主机的 IP 地址
icHostResolved	2	该控件已成功地找到所指定的主机的 IP 地址
icConnecting	3	该控件正在与主机连接
icConnected	4	该控件已与主机连接成功
icRequesting	5	该控件正在向主机发送请求

续表

常　　数	取　　值	说　　明
icRequestSent	6	该控件发送请求已成功
icReceivingResponse	7	该控件正在接收主机的响应
icResponseReceived	8	该控件已成功地接收到主机的响应
icDisconnecting	9	该控件正在解除与主机的连接
icDisconnected	10	该控件已成功地与主机解除了连接
icError	11	与主机通信时出现了错误
icResponseCompleted	12	该请求已经完成，并且所有数据均已接收到

3. Inet 方法

Inet 控件主要方法的具体信息如下所示。

- Cancel：用于取消当前请求，关闭当前的连接。
- Execute：执行对远程服务器的请求，只能发送对特定协议有效的请求。具体语法格式如下所示。

```
Object.Execute url,operation,data,requestHeaders
```

其中，“url”是可选的，用于设置要连接的 URL；“operation”是可选参数，设置要执行的操作类型；“data”是可选参数，指定用于操作的数据；“requestHeaders”是可选参数，指定由远程服务器传来的附加的标头。

“operation”是一个字符串，指定 Execute 要做的操作，其取值的具体说明如表 21-8 所示。

表 21-8　　operation 取值说明

常　　数	说　　明
Get	检索由 URL 属性指定的 URL 中的数据
HEAD	发送请求的标头
POST	传递数据给服务器
PUT	PUT 操作，被替代的页面名在 data 参数中指定
CD file1	改为 file1 指定的目录
CDUP	改变到父目录
CLOSE	关闭当前 FTP 连接
DELETEfile1	删除 file1 中指定的文件
DIR file1	搜索 file1 中指定的目录
GETfile1file2	检索 file1 中指定的文件，创建 file2 指定的新本地文件
LS file	搜索 file1 中指定的目录
MKDIR file	搜索 file1 中指定的目录
PUT file1 file2	复制 file1 指定的本地文件到 file2 指定的远程主机上
PWD	返回当前目录名
Quit	终止当前用户
RECV file1 file2	检索 file1 中指定的远程文件，创建 file2 中指定的本地新文件
RMDIRfile1	删除 file1 中指定的远程目录
SEND file1 file2	复制 file1 指定的本地文件到 file 指定的远程主机上
SIZE file1	返回 file1 指定目录的大小
data	设置用于操作的数据（是可选的）
requestHeaders	设置远程服务器传来的附加标头（是可选的）

- GetChunk：执行 Execute 命令后会触发 StateChange 事件，如果 Execute 中的操作是 Get（下载文件），而且 StateChange 事件中状态（State）变为 icResponseCompleted（12）或

icResponseReceived（8），那么就可以用 GetChunk 方法传输大块数据。GetChunk 方法的语法格式为。

```
GetChunk (size[,datatype])
```

GetChunk 方法既可以返回一个字符串，也可以返回一个二进制字节流，取决于返回数据类型 datatype 的设置，具体的类型值说明如表 21-9 所示。

表 21-9 **datatype** 取值说明

常　数	取　值	说　明
icString	0	默认值，把数据作为字符串来检索
icByteArray	1	把数据作为字节数组来检索

另外，“size”表明数据传输的大小，一般这个值设为 1024。如果和服务器的连接很慢或不够稳定，应把这个值设得小一点。如果和服务器的连接很快且很安全，可以把这个值设得大一点。

❑ GetHeader：用于检索 HTTP 文件的标头文件，语法格式如下所示。

```
Object.GetHeader(hdrName)
```

“hdrName”是可选参数，是字符串的类型，用于指定被检索文件的标头，具体的标头信息如表 21-10 所示。

表 21-10 **hdrName** 取值说明

标头字符串	说　明
Date	返回文档传输的日期和时间
MIME-version	返回 MIME 协议的版本号
Server	返回服务器名称
Content-lenght	返回数据的字节长度
Content-Type	返回数据的 MIME 的当前类型
Last-modified	返回最后一次修改文档的日期和时间

❑ OpenURL：用于打开并返回指定的 URL 文档，具体语法格式如下所示。

```
Object.OpenURL url(,datatype)
```

其中，“url”是必需参数，设置被检索文档的 URL；“datatype”是可选参数，各取值的具体说明如表 21-11 所示。

表 21-11 **datatype** 取值说明

常　数	取　值	说　明
icString	0	默认值，把数据作为字符串来检索
icByteArray	1	把数据作为字节数组来检索

21.3.2 Inet 控件使用实例

经过前面基本知识的学习，了解了 Inet 控件的主要知识。在下面的内容中，将通过具体的实例来说明 Visual Basic 6.0 中 Inet 控件的具体使用流程。

实例 100 通过 Inet 控件实现网络下载功能

源码路径 光盘\daima\21\3\　　视频路径 光盘\视频\实例\第 21 章\100

本实例的实现流程如图 21-15 所示。

在下面的内容中，将详细介绍上述实例流程的具体实现过程。首先，新创建 Visual Basic 6.0 项目工程，并依次插入 1 个 Inet 控件、5 个 TextBox 控件、1 个 CommandButton 控件和 5 个 Label 控件，具体如图 21-16 所示。

上述窗体内各对象的主要属性设置如下所示。

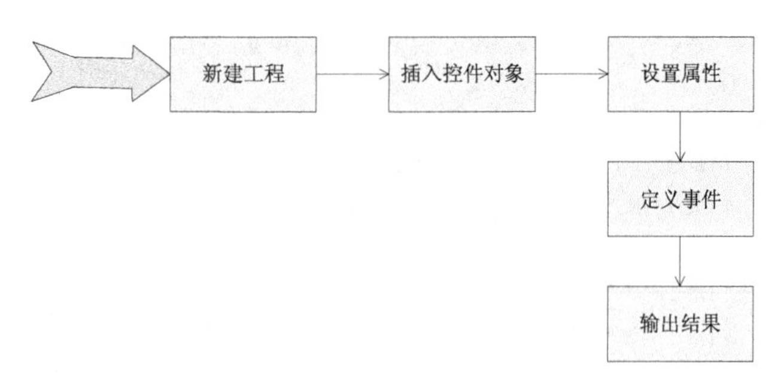

图 21-15 实例实现流程图

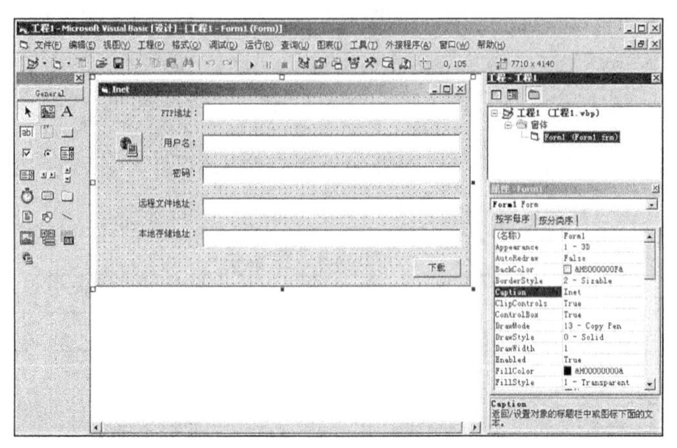

图 21-16 插入对象并设置属性

- 窗体：设置名称为“Form1”，Caption 属性为“Inet”。
- 第一个 TextBox 控件：设置名称为“hostAddress”，Text 属性为空。
- 第二个 TextBox 控件：设置名称为“userName”，Text 属性为空。
- 第三个 TextBox 控件：设置名称为“password”，Text 属性为空。
- 第四个 TextBox 控件：设置名称为“remoteFile”，Text 属性为空。
- 第五个 TextBox 控件：设置名称为“localFile”，Text 属性为空。
- CommandButton 控件：设置名称为“Command1”，Caption 属性为“下载”。
- Inet 控件：设置名称为“Inet11”，Protocol 属性为“0”。
- 第一个 Label 控件：设置名称为“Label1”，Caption 属性为“FTP 地址：”。
- 第二个 Label 控件：设置名称为“Label2”，Caption 属性为“用户名：”。
- 第三个 Label 控件：设置名称为“Label3”，Caption 属性为“密码：”。
- 第四个 Label 控件：设置名称为“Label4”，Caption 属性为“远程文件地址：”。
- 第五个 Label 控件：设置名称为“Label5”，Caption 属性为“本地存储地址：”。

然后在代码编辑界面为窗体内各按钮对象编写事件处理代码，具体代码如下所示。

```
Dim strRemoteFile As String
Dim strLocalFile As String
Private Sub Command1_Click()
    strHostAddress = hostAddress.Text
    strUserName = userName.Text
    strPassword = password.Text
    strRemoteFile = remoteFile.Text
    strLocalFile = localFile.Text
    With Inet1
        .URL = "ftp://" & strHostAddress          'ftp地址 .Protocol = icFTP
        .userName = strUserName
        .password = strPassword
        .RequestTimeout = 300                     '超时时间
```

范例 199：获取本机信息
源码路径：光盘\演练范例\199\
视频路径：光盘\演练范例\199\
范例 200：网络连接列表
源码路径：光盘\演练范例\200\
视频路径：光盘\演练范例\200\

```
        .Execute , "GET " & strRemoteFile & " " & strLocalFile
    Do While Inetconnect.StillExecuting
            DoEvents
        Loop
    .Execute , "close"                        '关闭连接
        End With
    End Sub

    Private Sub Form_Load()
    End Sub
```

至此，本实例设计完毕。执行后将按默认样式显示窗体，如图 21-17 所示。如果输入指定连接参数和下载路径，并单击【下载】按钮后，会将目标文件下载到本地的指定位置。

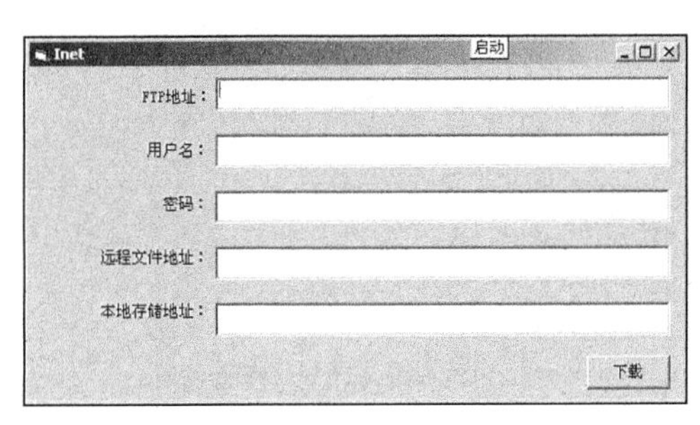

图 21-17　默认显示默认主页

21.4　Visual Basic 常见的网络应用

知识点讲解：光盘：视频\PPT 讲解（知识点）\第 21 章\Visual Basic 常见的网络应用.mp4

在前面的内容中，详细介绍了 Visual Basic 6.0 中使用 Winsock 控件、Inet 控件和 WebBrowser 控件的方法。在本节的内容中，将进一步讲解 Visual Basic 在网络开发中的其他常见应用，并通过具体实例的实现过程来加深读者对知识的理解。

21.4.1　获取本机名称和 IP 地址

在日常应用项目中，经常需要获取网络中某台机器的名称和 IP 地址，这通常也包括局域网内的某台机器。例如，在日常网络项目中，经常需要通过一个域名来获取它对应的 IP 地址。在 Visual Basic 6.0 中，获取某机器名称和 IP 地址的常见方法是使用 Windows 套接字。在本节的内容中将通过一个具体的实例来说明使用 Visual Basic 6.0 程序根据域名获取其 IP 地址的方法。

实例 101　**根据域名获取其 IP 地址**

源码路径　光盘\daima\21\4\　　　视频路径　光盘\视频\实例\第 21 章\101

本实例的功能是项目执行后显示当前机器的名称，单击【点击获取 IP 地址】按钮后，弹出显示此机器的 IP 地址，并可以显示用户指定域名的对应 IP 地址。本实例的具体实现流程如图 21-18 所示。

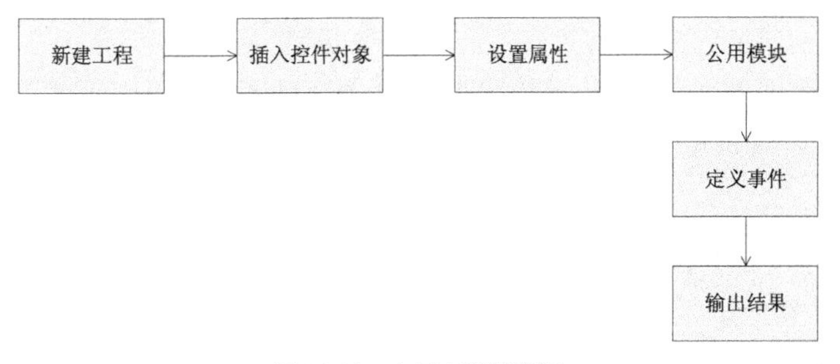

图 21-18　实例实现流程图

在下面的内容中，将详细介绍上述实例流程的具体实现过程。首先，新创建 Visual Basic 6.0 项目工程，并插入各个控件对象，具体如图 21-19 所示。

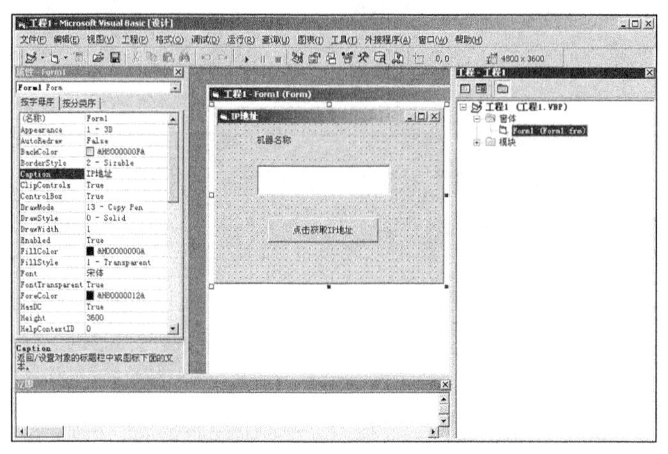

图 21-19 插入对象并设置属性

窗体内各对象的主要属性设置如下所示。

- 窗体：设置名称为“Form1”，Caption 属性为“IP 地址”。
- Label 控件：设置名称为“Label1”，Caption 属性为“机器名称”。
- TextBox 控件：设置名称为“Text1”，Text 属性为空。
- CommandButton 控件：设置名称为“Command1”，Caption 属性为“点击获取 IP 地址”。

然后来到代码编辑界面，在模块文件 Module1.bas 内编写通用函数和定义通用变量，具体代码如下所示。

```
Public Const WS_VERSION_REQD = &H101
Public Const WS_VERSION_MAJOR = WS_VERSION_REQD \ &H100 And &HFF&
Public Const WS_VERSION_MINOR = WS_VERSION_REQD And &HFF&
Public Const MIN_SOCKETS_REQD = 1
Public Const SOCKET_ERROR = -1
Public Const WSADescription_Len = 256
Public Const WSASYS_Status_Len = 128
Public Type HOSTENT
    hName As Long
    hAliases As Long
    hAddrType As Integer
    hLength As Integer
    hAddrList As Long
End Type
Public Type WSADATA
    wversion As Integer
    wHighVersion As Integer
    szDescription(0 To WSADescription_Len) As Byte
    szSystemStatus(0 To WSASYS_Status_Len) As Byte
    iMaxSockets As Integer
    iMaxUdpDg As Integer
    lpszVendorInfo As Long
End Type
Public Declare Function WSAGetLastError Lib "WSOCK32.DLL" () As Long
Public Declare Function WSAStartup Lib "WSOCK32.DLL" _
    (ByVal wVersionRequired&, _
    lpWSAData As WSADATA) _
    As Long
Public Declare Function WSACleanup Lib "WSOCK32.DLL" () As Long
Public Declare Function gethostbyname Lib "WSOCK32.DLL" _
    (ByVal hostname$) As Long
Public Declare Sub RtlMoveMemory Lib "kernel32" _
    (hpvDest As Any, _
    ByVal hpvSource&, _
    ByVal cbCopy&)
```

范例 201：实现定时网络共享
源码路径：光盘\演练范例\201\
视频路径：光盘\演练范例\201\
范例 202：实现映射网络驱动器
源码路径：光盘\演练范例\202\
视频路径：光盘\演练范例\202\

```
Public Declare Function GetComputerName Lib _
    "kernel32" Alias "GetComputerNameA" _
    (ByVal lpBuffer As String, _
    nSize As Long) _
    As Long
```

最后，在代码编辑界面为窗体内对象编写事件处理代码，具体代码如下所示。

```
Function hibyte(ByVal wParam As Integer)                          '获得整数的高位
    hibyte = wParam \ &H100 And &HFF&
End Function
Function lobyte(ByVal wParam As Integer)                          '获得整数的低位
    lobyte = wParam And &HFF&
End Function
Sub SocketsInitialize()
    Dim WSAD As WSADATA
    Dim iReturn As Integer
    Dim sLowByte As String, sHighByte As String, sMsg As String
    iReturn = WSAStartup(WS_VERSION_REQD, WSAD)
    If iReturn <> 0 Then
      MsgBox "Winsock.dll is not responding."
      End
    End If
    If lobyte(WSAD.wversion) < WS_VERSION_MAJOR Or _
      (lobyte(WSAD.wversion) = WS_VERSION_MAJOR And _
      hibyte(WSAD.wversion) < WS_VERSION_MINOR) Then
      sHighByte = Trim$(Str$(hibyte(WSAD.wversion)))
      sLowByte = Trim$(Str$(lobyte(WSAD.wversion)))
      sMsg = "Windows Sockets version " & sLowByte & "." & sHighByte
      sMsg = sMsg & " is not supported by winsock.dll "
      MsgBox sMsg
      End
    End If
    If WSAD.iMaxSockets < MIN_SOCKETS_REQD Then                  '不被winsock.dll支持
      sMsg = "This application requires a minimum of "
      sMsg = sMsg & Trim$(Str$(MIN_SOCKETS_REQD)) & " supported sockets."
      MsgBox sMsg
      End
    End If
End Sub
Sub SocketsCleanup()
    Dim lReturn As Long
    lReturn = WSACleanup()
    If lReturn <> 0 Then                                     'Socket有错误，Winsock.dll没有反应
      MsgBox "Socket error " & Trim$(Str$(lReturn)) & " occurred in Cleanup "
      End
    End If
End Sub
Private Sub Form_Load()
    Dim l1 As String
    Dim l2 As Long
    Dim l3 As Long
    l2 = 255
    l1 = String$(l2, " ")
    l3 = GetComputerName(l1, l2)                             '得到本机的名字
    getname = ""
    If l3 <> 0 Then
      getname = Left(l1, l2)
    End If
    Text1.Text = getname
    SocketsInitialize                                        'Socket初始化
End Sub
Private Sub Form_Unload(Cancel As Integer)
   SocketsCleanup                                            '关闭Socket
End Sub
Private Sub Command1_click()                                 '单击窗体按钮事件
   Dim hostent_addr As Long
   Dim host As HOSTENT
   Dim hostip_addr As Long
   Dim temp_ip_address() As Byte
   Dim i As Integer
   Dim ip_address As String                                  '取得主机地址
   hostent_addr = gethostbyname(Text1)
   If hostent_addr = 0 Then
     Exit Sub
   End If
   RtlMoveMemory host, hostent_addr, LenB(host)
   RtlMoveMemory hostip_addr, host.hAddrList, 4
```

```
        ReDim temp_ip_address(1 To host.hLength)
        RtlMoveMemory temp_ip_address(1), hostip_addr, host.hLength
        For i = 1 To host.hLength
            ip_address = ip_address & temp_ip_address(i) & "."
        Next i
        ip_address = Mid$(ip_address, 1, Len(ip_address) - 1)
        MsgBox "IP:" + ip_address
    End Sub
```

至此，本实例设计完毕。执行后将按默认样式显示窗体，并在文本框内显示本机器的名称，如图 21-20 所示。当单击【点击获取 IP 地址】按钮后，弹出显示此机器的 IP 地址，如图 21-21 所示。在文本框内输入一个指定的域名，当单击【点击获取 IP 地址】按钮后会显示此域名的对应 IP 地址，如图 21-22 所示。

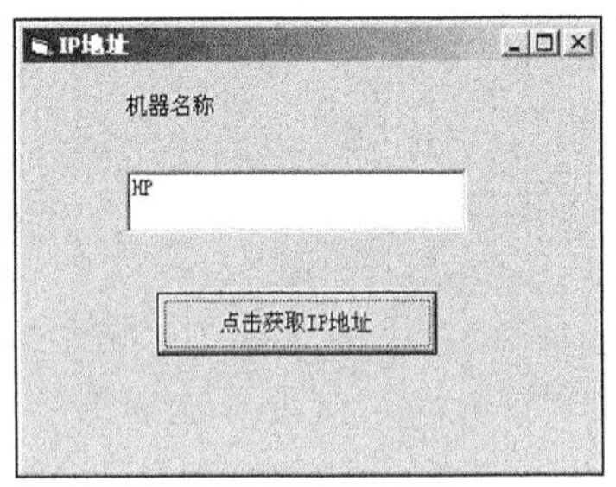

图 21-20　默认显示当前机器名称

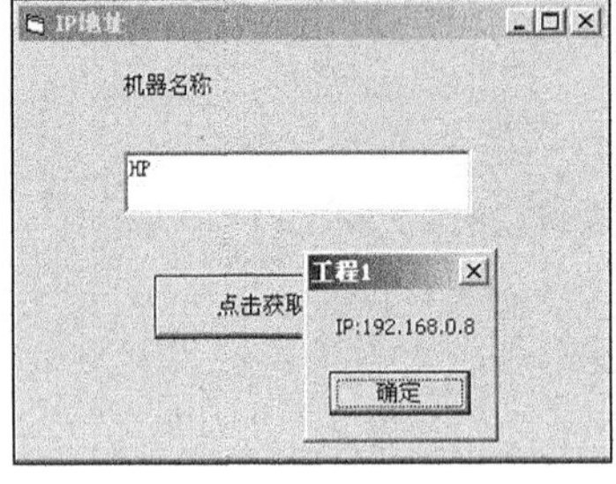

图 21-21　显示当前机器 IP

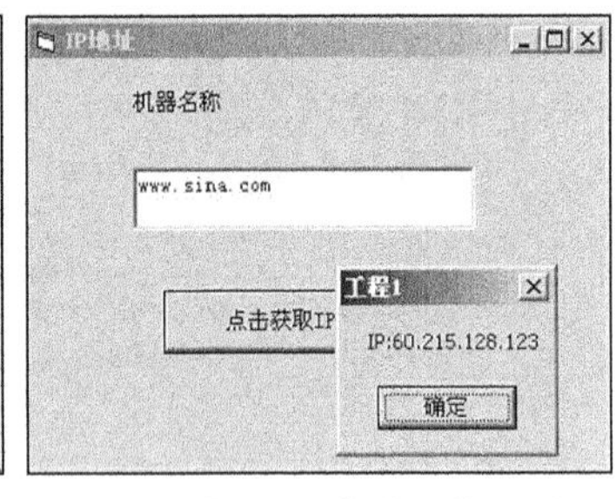

图 21-22　获取显示新浪网的 IP 地址

注意：在现实应用中，获取某指定域名 IP 地址的方法是使用【开始】|【运行】中的 ping 命令。例如，要获取 www.sina.com 的 IP 地址，可以在"运行"框中输入 ping www.sina.com，然后单击【确定】按钮后来获得，具体效果分别如图 21-23 和图 21-24 所示。

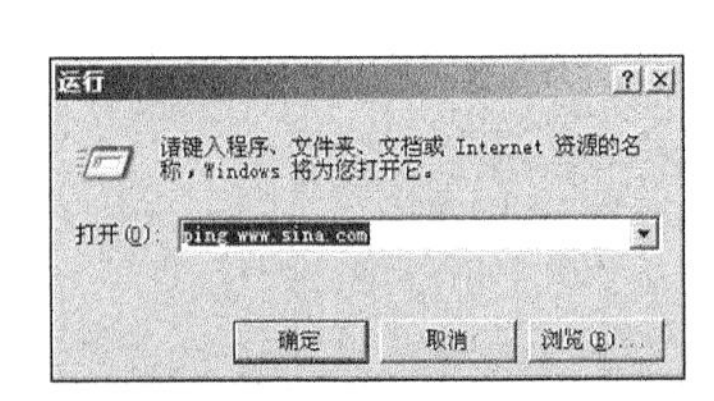

图 21-23　"运行"框中输入 ping 命令

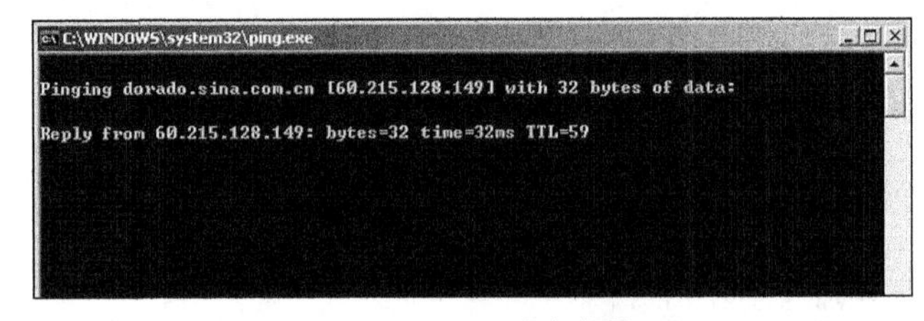

图 21-24　ping 命令结果

上述实例 101 的功能是基于"运行"框中使用 ping 命令的基础之上的，通过 Visual Basic 6.0 可以编写实现 ping 命令操作结果界面的效果。读者在此可以练习一下使用 Visual Basic 6.0 实现 ping 操作的方法，具体流程如下所示。

（1）新建模块文件 Module1.bas。

模块文件 Module1.bas 的功能是编写公用代码，定义需要的变量、常量和函数，其具体的实现代码如下所示。

```
Option Explicit
Public Const IP_STATUS_BASE = 11000
Public Const IP_SUCCESS = 0
Public Const IP_BUF_TOO_SMALL = (11000 + 1)
Public Const IP_DEST_NET_UNREACHABLE = (11000 + 2)
Public Const IP_DEST_HOST_UNREACHABLE = (11000 + 3)
Public Const IP_DEST_PROT_UNREACHABLE = (11000 + 4)
Public Const IP_DEST_PORT_UNREACHABLE = (11000 + 5)
Public Const IP_NO_RESOURCES = (11000 + 6)
Public Const IP_BAD_OPTION = (11000 + 7)
Public Const IP_HW_ERROR = (11000 + 8)
Public Const IP_PACKET_TOO_BIG = (11000 + 9)
Public Const IP_REQ_TIMED_OUT = (11000 + 10)
Public Const IP_BAD_REQ = (11000 + 11)
Public Const IP_BAD_ROUTE = (11000 + 12)
```

```
Public Const IP_TTL_EXPIRED_TRANSIT = (11000 + 13)
Public Const IP_TTL_EXPIRED_REASSEM = (11000 + 14)
Public Const IP_PARAM_PROBLEM = (11000 + 15)
Public Const IP_SOURCE_QUENCH = (11000 + 16)
Public Const IP_OPTION_TOO_BIG = (11000 + 17)
Public Const IP_BAD_DESTINATION = (11000 + 18)
Public Const IP_ADDR_DELETED = (11000 + 19)
Public Const IP_SPEC_MTU_CHANGE = (11000 + 20)
Public Const IP_MTU_CHANGE = (11000 + 21)
Public Const IP_UNLOAD = (11000 + 22)
Public Const IP_ADDR_ADDED = (11000 + 23)
Public Const IP_GENERAL_FAILURE = (11000 + 50)
Public Const MAX_IP_STATUS = 11000 + 50
Public Const IP_PENDING = (11000 + 255)
Public Const PING_TIMEOUT = 200
Public Const WS_VERSION_REQD = &H101
Public Const WS_VERSION_MAJOR = WS_VERSION_REQD \ &H100 And &HFF&
Public Const WS_VERSION_MINOR = WS_VERSION_REQD And &HFF&
Public Const MIN_SOCKETS_REQD = 1
Public Const SOCKET_ERROR = -1
Public Const MAX_WSADescription = 256
Public Const MAX_WSASYSStatus = 128
Public Type ICMP_OPTIONS
    Ttl              As Byte
    Tos              As Byte
    Flags            As Byte
    OptionsSize      As Byte
    OptionsData      As Long
End Type
Dim ICMPOPT As ICMP_OPTIONS
Public Type ICMP_ECHO_REPLY
    Address          As Long
    status           As Long
    RoundTripTime    As Long
    DataSize         As Integer
    Reserved         As Integer
    DataPointer      As Long
    Options          As ICMP_OPTIONS
    Data             As String * 250
End Type
Public Type WSADATA
    wVersion As Integer
    wHighVersion As Integer
    szDescription(0 To MAX_WSADescription) As Byte
    szSystemStatus(0 To MAX_WSASYSStatus) As Byte
    wMaxSockets As Integer
    wMaxUDPDG As Integer
    dwVendorInfo As Long
End Type
Public Declare Function IcmpCreateFile Lib "icmp.dll" () As Long
Public Declare Function IcmpCloseHandle Lib "icmp.dll" _
    (ByVal IcmpHandle As Long) _
    As Long
Public Declare Function IcmpSendEcho Lib "icmp.dll" _
    (ByVal IcmpHandle As Long, _
    ByVal DestinationAddress As Long, _
    ByVal RequestData As String, _
    ByVal RequestSize As Integer, _
    ByVal RequestOptions As Long, _
    ReplyBuffer As ICMP_ECHO_REPLY, _
    ByVal ReplySize As Long, _
    ByVal Timeout As Long) _
    As Long
Public Declare Function WSAGetLastError Lib "WSOCK32.DLL" () As Long
Public Declare Function WSAStartup Lib "WSOCK32.DLL" _
    (ByVal wVersionRequired As Long, _
    lpWSADATA As WSADATA) _
    As Long
Public Declare Function WSACleanup Lib "WSOCK32.DLL" () As Long
Public Function GetStatusCode(status As Long) As String
   Dim msg As String
   Select Case status
      Case IP_SUCCESS:                    msg = "ip success"
```

```
        Case IP_BUF_TOO_SMALL:              msg = "ip buf too_small"
        Case IP_DEST_NET_UNREACHABLE:   msg = "ip dest net unreachable"
        Case IP_DEST_HOST_UNREACHABLE: msg = "ip dest host unreachable"
        Case IP_DEST_PROT_UNREACHABLE: msg = "ip dest prot unreachable"
        Case IP_DEST_PORT_UNREACHABLE: msg = "ip dest port unreachable"
        Case IP_NO_RESOURCES:              msg = "ip no resources"
        Case IP_BAD_OPTION:                msg = "ip bad option"
        Case IP_HW_ERROR:                  msg = "ip hw_error"
        Case IP_PACKET_TOO_BIG:            msg = "ip packet too_big"
        Case IP_REQ_TIMED_OUT:             msg = "ip req timed out"
        Case IP_BAD_REQ:                   msg = "ip bad req"
        Case IP_BAD_ROUTE:                 msg = "ip bad route"
        Case IP_TTL_EXPIRED_TRANSIT:       msg = "ip ttl expired transit"
        Case IP_TTL_EXPIRED_REASSEM:       msg = "ip ttl expired reassem"
        Case IP_PARAM_PROBLEM:             msg = "ip param_problem"
        Case IP_SOURCE_QUENCH:             msg = "ip source quench"
        Case IP_OPTION_TOO_BIG:            msg = "ip option too_big"
        Case IP_BAD_DESTINATION:           msg = "ip bad destination"
        Case IP_ADDR_DELETED:              msg = "ip addr deleted"
        Case IP_SPEC_MTU_CHANGE:           msg = "ip spec mtu change"
        Case IP_MTU_CHANGE:                msg = "ip mtu_change"
        Case IP_UNLOAD:                    msg = "ip unload"
        Case IP_ADDR_ADDED:                msg = "ip addr added"
        Case IP_GENERAL_FAILURE:           msg = "ip general failure"
        Case IP_PENDING:                   msg = "ip pending"
        Case PING_TIMEOUT:                 msg = "ping timeout"
        Case Else:                         msg = "unknown    msg returned"
    End Select
    GetStatusCode = CStr(status) & "    [ " & msg & " ]"
End Function
Public Function HiByte(ByVal wParam As Integer)
    HiByte = wParam \ &H100 And &HFF&
End Function
Public Function LoByte(ByVal wParam As Integer)
    LoByte = wParam And &HFF&
End Function
Public Function Ping(szAddress As String, ECHO As ICMP_ECHO_REPLY) As Long
    Dim hPort As Long
    Dim dwAddress As Long
    Dim sDataToSend As String
    Dim iOpt As Long
    sDataToSend = "My Request"
    dwAddress = AddressStringToLong(szAddress)
    Call SocketsInitialize
    hPort = IcmpCreateFile()
    If IcmpSendEcho(hPort, _
                dwAddress, _
                sDataToSend, _
                Len(sDataToSend), _
                0, _
                ECHO, _
                Len(ECHO), _
                PING_TIMEOUT) Then
      ' Ping如果成功
      '.Status返回0
      '.RoundTripTime是Ping完成的时间，单位为ms
      '.Data是返回的数据
      '.Address是接受响应的IP地址
      '.DataSize是接收数据.Data的大小
       Ping = ECHO.RoundTripTime
    Else: Ping = ECHO.status * -1
    End If
    Call IcmpCloseHandle(hPort)
    Call SocketsCleanup
End Function
Function AddressStringToLong(ByVal tmp As String) As Long
    '程序给定的IP地址是***.***.***.***的格式，实际接收的是一个十六进制的长整型的值
    Dim i As Integer
    Dim parts(1 To 4) As String
    i = 0
    While InStr(tmp, ".") > 0
      i = i + 1
      parts(i) = Mid(tmp, 1, InStr(tmp, ".") - 1)
```

```
        tmp = Mid(tmp, InStr(tmp, ".") + 1)
      Wend
      i = i + 1
      parts(i) = tmp
      If i <> 4 Then
        AddressStringToLong = 0
        Exit Function
      End If
      AddressStringToLong = Val("&H" & Right("00" & Hex(parts(4)), 2) & _
                          Right("00" & Hex(parts(3)), 2) & _
                          Right("00" & Hex(parts(2)), 2) & _
                          Right("00" & Hex(parts(1)), 2))
  End Function
  Public Function SocketsCleanup() As Boolean
      Dim X As Long
      X = WSACleanup()
      If X <> 0 Then
        MsgBox "Windows Sockets error " & Trim$(Str$(X)) & _
              " occurred in Cleanup.", vbExclamation
        SocketsCleanup = False
      Else
        SocketsCleanup = True
      End If
  End Function
  Public Function SocketsInitialize() As Boolean
      Dim WSAD As WSADATA
      Dim X As Integer
      Dim szLoByte As String, szHiByte As String, szBuf As String
      X = WSAStartup(WS_VERSION_REQD, WSAD)
      If X <> 0 Then
        MsgBox "Windows Sockets for 32 bit Windows " & _
              "environments is not successfully responding."
        SocketsInitialize = False
        Exit Function
      End If
      If LoByte(WSAD.wVersion) < WS_VERSION_MAJOR Or _
        (LoByte(WSAD.wVersion) = WS_VERSION_MAJOR And _
        HiByte(WSAD.wVersion) < WS_VERSION_MINOR) Then

        szHiByte = Trim$(Str$(HiByte(WSAD.wVersion)))
        szLoByte = Trim$(Str$(LoByte(WSAD.wVersion)))
        szBuf = "Windows Sockets Version " & szLoByte & "." & szHiByte
        szBuf = szBuf & " is not supported by Windows " & _
                  "Sockets for 32 bit Windows environments."
        MsgBox szBuf, vbExclamation
        SocketsInitialize = False
        Exit Function
      End If
      If WSAD.wMaxSockets < MIN_SOCKETS_REQD Then
        szBuf = "This application requires a minimum of " & _
              Trim$(Str$(MIN_SOCKETS_REQD)) & " supported sockets."
        MsgBox szBuf, vbExclamation
        SocketsInitialize = False
        Exit Function
      End If
      SocketsInitialize = True
  End Function
```

（2）设置窗体文件 Form1。

在此设置窗体文件的作用是通过可视化的窗体来检验项目的实现效果。窗体 Form1 具体的设计界面效果如图 21-25 所示。

窗体内各对象的主要属性设置如下所示。

- 窗体：设置名称为“Form1”，Caption 属性为“Ping 操作”。
- 第一个 Label 控件：设置名称为“Label1”，Caption 属性为“IP 地址：”。
- 第二个 Label 控件：设置名称为“Label2”，Caption 属性为“测试次数：”。
- 第一个 TextBox 控件：设置名称为“Text1”，Text 属性为空”。
- 第一个 TextBox 控件：设置名称为“Text2”，Text 属性为空”。

- ListBox 控件：设置名称为“List1”，Text 属性为空”。
- 第一个 CommandButton 控件：设置名称为“Command1”，Caption 属性为“开始测试”。
- 第二个 CommandButton 控件：设置名称为“Command2”，Caption 属性为“退出程序”。

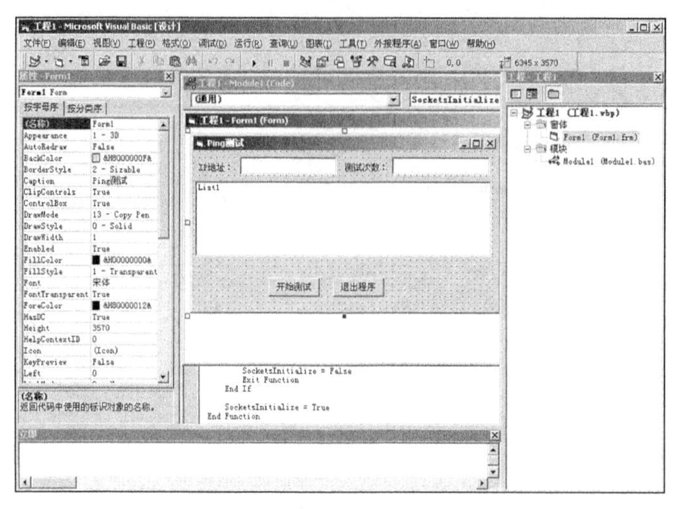

图 21-25 窗体设计界面效果

（3）编写事件代码。

为窗体内各控件对象设置处理代码，具体代码如下所示。

```
Private Sub Command1_Click()
   Dim ECHO As ICMP_ECHO_REPLY
   Dim pos As Integer
   If Not IsNumeric(Trim(Text2)) Then
    Text2 = 1
   End If
   ' 如果“测试次数”为空，则测试一次。
   For i = 1 To Text2.Text
      Ping Text1.Text, ECHO
      List1.AddItem "Reply from " & Text1.Text & ": Time = " & ECHO.RoundTripTime & "ms," & " TTL= " & ECHO.Options.
     Ttl & ", Size= " & ECHO.DataSize & " bytes."
   Next i
End Sub
Private Sub Command2_Click()
   End
End Sub
Private Sub Form_Load()
   SocketsInitialize
End Sub
Private Sub Form_Unload(Cancel As Integer)
   SocketsCleanup
End Sub
```

经过上述处理后，通过 Visual Basic 6.0 编写 ping 命令操作效果的方法实现完毕。执行后将首先按指定样式显示窗体效果，如图 21-26 所示。当输入指定域名和指定测试次数，并单击【开始测试】按钮后，可以在列表框内实现和 ping 命令完全一样的效果，如图 21-27 所示。

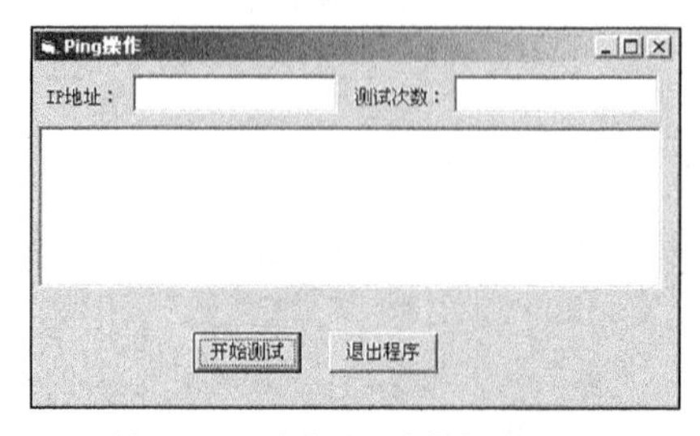

图 21-26 默认显示当前机器名称

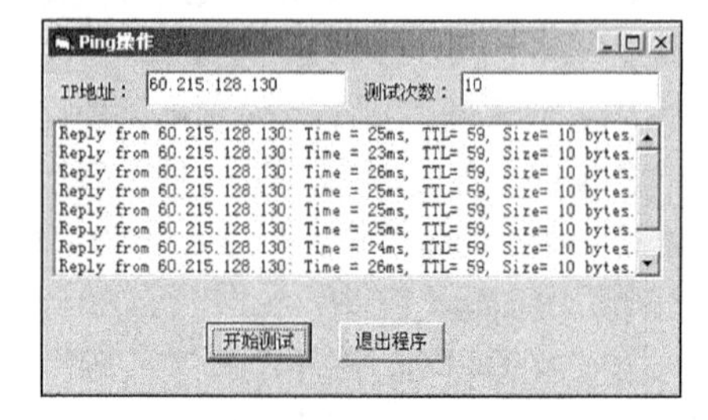

图 21-27 实现 ping 命令显示效果

上述练习的具体代码保存在“光盘:21\4\ping”文件夹内，读者可以直接复制后浏览执行效果。

21.4.2 获取网页源代码

在日常网络应用中，经常需要获取某网页的源代码。特别对于网页设计人员来说，要经常借鉴知名站点的设计理念，然后将理念应用于自己的站点项目内。通过 Visual Basic 6.0 编写专用的项目程序，可以获取某指定网页的源代码。在本节的内容中，将通过一个具体的实例来说明使用 Visual Basic 6.0 程序获取指定网页源代码的方法。

实例 102　获取文本框内指定网页的源代码

源码路径　光盘\daima\21\5\　　视频路径　光盘\视频\实例\第 21 章\102

本实例的具体实现流程如图 21-28 所示。

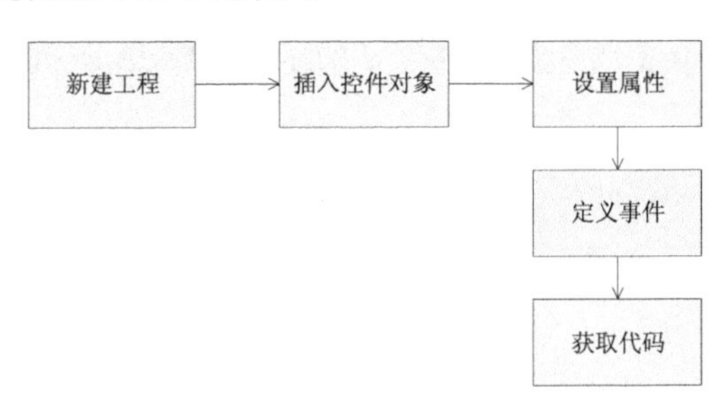

图 21-28　实例实现流程图

在下面的内容中，将详细介绍上述实例流程的具体实现过程。首先，新建 Visual Basic 6.0 项目工程，并插入各个控件对象，具体如图 21-29 所示。

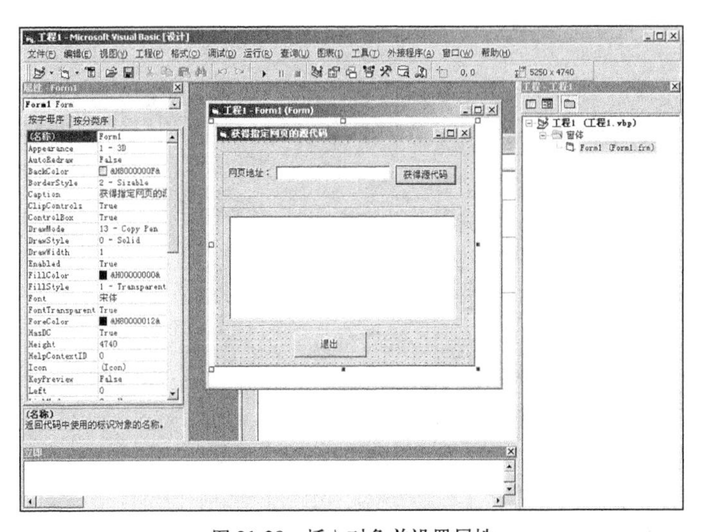

图 21-29　插入对象并设置属性

窗体内各对象的主要属性设置如下所示。

- 窗体：设置名称为“Form1”，Caption 属性为“获得指定网页的源代码”。
- Label 控件：设置名称为“Label1”，Caption 属性为“网页地址：”。
- TextBox 控件：设置名称为“URL”，Text 属性为空”。
- RichTextBox 控件：设置名称为“HTML”，Text 属性为空”。
- 第一个 CommandButton 控件：设置名称为“GetIt”，Caption 属性为“获得源代码”。
- 第二个 CommandButton 控件：设置名称为“Close”，Caption 属性为“退出”。

然后来到代码编辑界面，为窗体内对象编写事件处理代码，具体代码如下所示。

```
Private Sub Close_Click()                    '关闭则退出
Unload Me
End Sub
Private Sub Form_Load()                      '载入窗体
End Sub
Private Sub Frame1_DragDrop
(Source As Control, X As Single, Y As Single)
End Sub
Private Sub GetIt_Click()
Dim Strsource As String
Strsource = Inet1.OpenURL(URL.Text)                        '获取代码
HTML.Text = Strsource
End Sub
Private Sub HTML_Change()
End Sub
```

范例 203：备份服务器数据库
源码路径：光盘\演练范例\203\
视频路径：光盘\演练范例\203\
范例 204：获取局域网内机器名和 IP
源码路径：光盘\演练范例\204\
视频路径：光盘\演练范例\204\

至此，本实例设计完毕。执行后将按默认样式显示窗体，如图 21-30 所示。当输入指定网页地址并单击【获得源代码】按钮后，将在下方的 RichTextBox 内显示此网页的源代码，如图 21-31 所示。

图 21-30　默认显示窗体

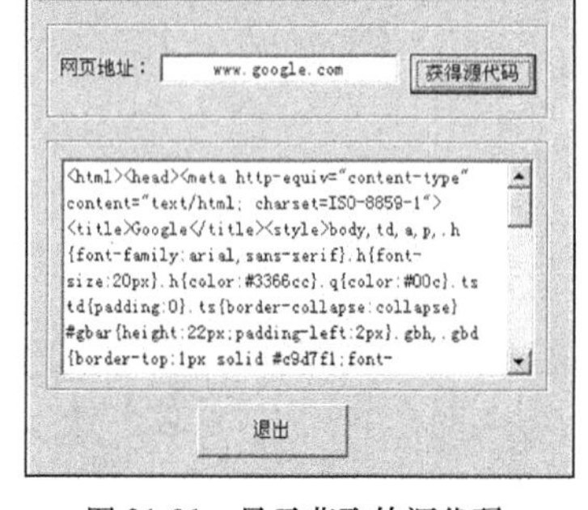

图 21-31　显示获取的源代码

注意：在上述实例 102 的代码中，使用了 Inet 控件和 RichTextBox 控件。这两个控件没有在 Visual Basic 6.0 的默认工具箱中，需要开发人员额外插入。具体方法是依次选【工程】|【部件】命令，然后分别勾选这 2 个控件，具体如图 21-32 所示。

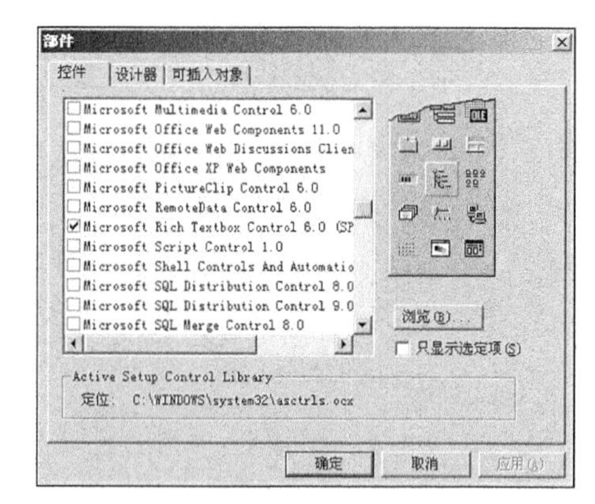

图 21-32　插入 RichTextBox 控件

RichTextBox 控件允许用户输入和编辑文本的同时提供了比普通的 TextBox 控件更高级的格式特征。RichTextBox 控件提供了数个有用的特征，你可以在控件中安排文本的格式。要改变文本的格式，必须先选中该文本。只有选中文本才可以编排字符和段落的格式。有了这些属性，就可以设置文本使用粗体，改变字体的颜色，创建超底稿和子底稿。也可以设置左右缩排或不缩排，从而调整段落的格式。

上述实例中，通过 RichTextBox 控件将获取的源代码文件在 HTML 框内显示。但是上述方法获取的只是网页的 HTML 代码，即和在打开网页时通过单击右键选择“查看源文件”命令的功能一样。

21.4.3　端口扫描

作为一名网络安全爱好者，经常使用端口扫描器去检测自己或别人的计算机的端口情况。计算机用户也可以扫描自己的计算机端口，获取它们的使用信息，以对自己的机器进行对应的安全调整。在 Visual Basic 6.0 中，可以通过 winsock 控件来获取机器的端口信息。在本节的内容中将通过一个具体的实例来说明使用 Visual Basic 6.0 程序来获取当前机器端口的具体使用信息。

实例 103 获取当前计算机的端口使用情况信息

源码路径 光盘\daima\21\6\　　视频路径 光盘\视频\实例\第 21 章\103

本实例的具体实现流程如图 21-33 所示。

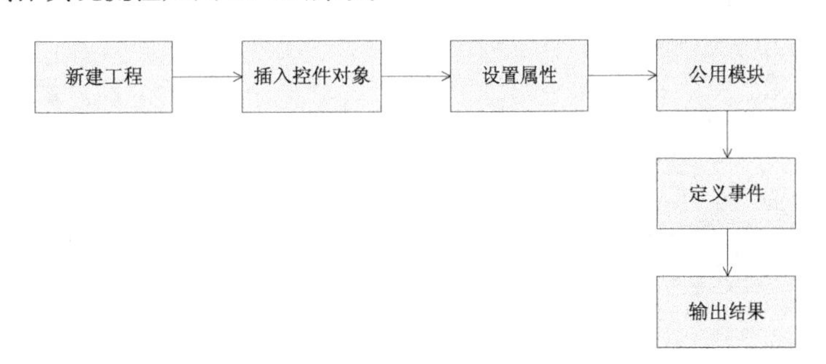

图 21-33　实例实现流程图

在下面的内容中，将详细介绍上述实例流程的具体实现过程。首先，新建 Visual Basic 6.0 项目工程，并插入各个控件对象，具体如图 21-34 所示。

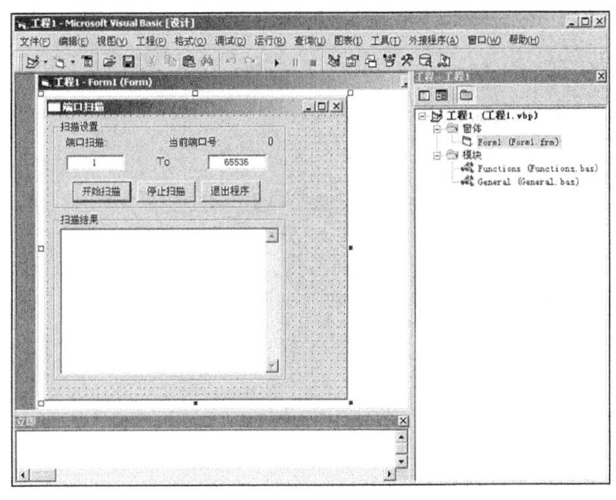

图 21-34　插入对象并设置属性

窗体内各对象的主要属性设置如下所示。

- ❑ 窗体：设置名称为“Form1”，Caption 属性为“端口扫描”。
- ❑ 第一个 Frame 控件：设置名称为“Frame1”，Caption 属性为“扫描结果”。
- ❑ 第二个 Frame 控件：设置名称为“Frame2”，Caption 属性为“扫描设置”。
- ❑ 第一个 Label 控件：设置名称为“Label2”，Caption 属性为“端口扫描:”。
- ❑ 第二个 Label 控件：设置名称为“Label1”，Caption 属性为“当前端口号:”。
- ❑ 第三个 Label 控件：设置名称为“lblCurrent”，Caption 属性为“0”。
- ❑ 第四个 Label 控件：设置名称为“Label3”，Caption 属性为“To”。
- ❑ 第一个 TextBox 控件：设置名称为“txtBeginPort”，Text 属性为“1”。
- ❑ 第二个 TextBox 控件：设置名称为“txtEndPort”，Text 属性为“65536”。
- ❑ 第一个 CommandButton 控件：设置名称为“cmdStart”，Caption 属性为“开始扫描”。
- ❑ 第二个 CommandButton 控件：设置名称为“cmdStop”，Caption 属性为“停止扫描”。
- ❑ 第三个 CommandButton 控件：设置名称为“cmdClosep”，Caption 属性为“退出程序”。

然后来到代码编辑界面，分别在设置模块文件 Functions.bas 和 General.bas 设置工程需要的通用函数和通用变量。其中，文件 Functions.bas 具体代码如下所示。

范例 205：设置 IE 主页
源码路径：光盘\演练范例\205\
视频路径：光盘\演练范例\205\
范例 206：网站导航效果
源码路径：光盘\演练范例\206\
视频路径：光盘\演练范例\206\

```
Option Explicit
'声明常量
Public Const REG_NONE = 0
Public Const REG_SZ = 1
Public Const REG_EXPAND_SZ = 2
Public Const REG_BINARY = 3
Public Const REG_DWORD = 4
Public Const REG_DWORD_LITTLE_ENDIAN = 4
Public Const REG_DWORD_BIG_ENDIAN = 5
Public Const REG_LINK = 6
Public Const REG_MULTI_SZ = 7
Public Const REG_RESOURCE_LIST = 8
Public Const REG_FULL_RESOURCE_DESCRIPTOR = 9
Public Const REG_RESOURCE_REQUIREMENTS_LIST = 10

Public Enum hKeyNames
    HKEY_CLASSES_ROOT = &H80000000
    HKEY_CURRENT_USER = &H80000001
    HKEY_LOCAL_MACHINE = &H80000002
    HKEY_USERS = &H80000003
End Enum
Public Const ERROR_SUCCESS = 0&
Public Const ERROR_NONE = 0
Public Const ERROR_BADDB = 1
Public Const ERROR_BADKEY = 2
Public Const ERROR_CANTOPEN = 3
Public Const ERROR_CANTREAD = 4
Public Const ERROR_CANTWRITE = 5
Public Const ERROR_OUTOFMEMORY = 6
Public Const ERROR_ARENA_TRASHED = 7
Public Const ERROR_ACCESS_DENIED = 8
Public Const ERROR_INVALID_PARAMETERS = 87
Public Const ERROR_NO_MORE_ITEMS = 259
Public Const KEY_ALL_ACCESS = &H3F
Public Const REG_OPTION_NON_VOLATILE = 0
Public Declare Function ReleaseCapture Lib "user32" () As Long
Public Declare Function SendMessage Lib "user32" Alias "SendMessageA" _
    (ByVal hwnd As Long, _
    ByVal wMsg As Long, _
    ByVal wParam As Long, _
    lParam As Any) _
    As Long
Public Const WM_SYSCOMMAND = &HA1
Public Const WM_MOVE = &O2
Declare Function WritePrivateProfileString _
    Lib "kernel32" Alias "WritePrivateProfileStringA" _
    (ByVal lpApplicationName As String, _
    ByVal lpKeyName As Any, _
    ByVal lpString As Any, _
    ByVal lpFileName As String) _
    As Long
Declare Function GetPrivateProfileString _
    Lib "kernel32" Alias "GetPrivateProfileStringA" _
    (ByVal lpApplicationName As String, _
    ByVal lpKeyName As Any, _
    ByVal lpDefault As String, _
    ByVal lpReturnedString As String, _
    ByVal nSize As Long, _
    ByVal lpFileName As String) _
    As Long
Declare Function GetPrivateProfileInt _
    Lib "kernel32" Alias "GetPrivateProfileIntA" _
    (ByVal lpApplicationName As String, _
    ByVal lpKeyName As String, _
    ByVal nDefault As Long, _
    ByVal lpFileName As String) _
    As Long
Declare Function GetComputerName _
    Lib "kernel32" Alias "GetComputerNameA" _
    (ByVal lpBuffer As String, _
    nSize As Long) _
```

```
        As Long
    Declare Function RegCloseKey Lib "advapi32.dll" _
        (ByVal hKey As Long) As Long
    Declare Function RegCreateKeyEx _
        Lib "advapi32.dll" Alias "RegCreateKeyExA" _
        (ByVal hKey As Long, _
        ByVal lpSubKey As String, _
        ByVal Reserved As Long, _
        ByVal lpClass As String, _
        ByVal dwOptions As Long, _
        ByVal samDesired As Long, _
        ByVal lpSecurityAttributes As Long, _
        phkResult As Long, _
        lpdwDisposition As Long) _
        As Long
    Declare Function RegOpenKeyEx _
        Lib "advapi32.dll" Alias "RegOpenKeyExA" _
        (ByVal hKey As Long, _
        ByVal lpSubKey As String, _
        ByVal ulOptions As Long, _
        ByVal samDesired As Long, _
        phkResult As Long) _
        As Long
    Declare Function RegQueryValueExString _
        Lib "advapi32.dll" Alias "RegQueryValueExA" _
        (ByVal hKey As Long, _
        ByVal lpValueName As String, _
        ByVal lpReserved As Long, _
        lpType As Long, _
        ByVal lpData As String, _
        lpcbData As Long) _
        As Long
    Declare Function RegQueryValueExLong _
        Lib "advapi32.dll" Alias "RegQueryValueExA" _
        (ByVal hKey As Long, _
        ByVal lpValueName As String, _
        ByVal lpReserved As Long, _
        lpType As Long, _
        lpData As Long, _
        lpcbData As Long) _
        As Long
    Declare Function RegQueryValueExNULL _
        Lib "advapi32.dll" Alias "RegQueryValueExA" _
        (ByVal hKey As Long, _
        ByVal lpValueName As String, _
        ByVal lpReserved As Long, _
        lpType As Long, _
        ByVal lpData As Long, _
        lpcbData As Long) _
        As Long
    Declare Function RegSetValueExString _
        Lib "advapi32.dll" Alias "RegSetValueExA" _
        (ByVal hKey As Long, _
        ByVal lpValueName As String, _
        ByVal Reserved As Long, _
        ByVal dwType As Long, _
        ByVal lpValue As String, _
        ByVal cbData As Long) _
        As Long
    Declare Function RegSetValueExLong _
        Lib "advapi32.dll" Alias "RegSetValueExA" _
        (ByVal hKey As Long, _
        ByVal lpValueName As String, _
        ByVal Reserved As Long, _
        ByVal dwType As Long, _
        lpValue As Long, _
        ByVal cbData As Long) _
        As Long
    Declare Function RegDeleteKey _
        Lib "advapi32.dll" Alias "RegDeleteKeyA" _
        (ByVal hKey As Long, _
        ByVal lpSubKey As String) _
        As Long
    Declare Function RegDeleteValue _
        Lib "advapi32.dll" Alias "RegDeleteValueA" _
```

```
    (ByVal hKey As Long, _
    ByVal lpValueName As String) _
    As Long
Declare Function SetEnvironmentVariable _
    Lib "kernel32" Alias "SetEnvironmentVariableA" _
    (ByVal lpName As String, _
    ByVal lpValue As String) _
    As Long
Declare Function GetEnvironmentVariable _
    Lib "kernel32" Alias "GetEnvironmentVariableA" _
    (ByVal lpName As String, _
    ByVal lpBuffer As String, _
    ByVal nSize As Long) _
    As Long
Private Function SetValueEx(ByVal hKey As Long, _
                            sValueName As String, _
                            lType As Long, _
                            vValue As Variant) _
                            As Long
    Dim lValue As Long
    Dim sValue As String
    Select Case lType
       Case REG_SZ
       sValue = vValue & Chr$(0)
       SetValueEx = RegSetValueExString(hKey, sValueName, 0&, lType, sValue, Len(sValue))
       Case REG_DWORD
       lValue = vValue
       SetValueEx = RegSetValueExLong(hKey, sValueName, 0&, lType, lValue, 4)
    End Select
End Function
Private Function QueryValueEx(ByVal lhKey As Long, _
                              ByVal szValueName As String, _
                              vValue As Variant) _
                              As Long
    Dim cch As Long
    Dim lrc As Long
    Dim lType As Long
    Dim lValue As Long
    Dim sValue As String
    On Error GoTo QueryValueExError
    lrc = RegQueryValueExNULL(lhKey, szValueName, 0&, lType, 0&, cch)
    If lrc <> ERROR_NONE Then Error 5
    Select Case lType
       Case REG_SZ, REG_EXPAND_SZ:
       sValue = String(cch, 0)
       lrc = RegQueryValueExString(lhKey, szValueName, 0&, lType, sValue, cch)
       If lrc = ERROR_NONE Then
          vValue = Left$(sValue, cch - 1)
       Else
          vValue = Empty
       End If
       Case REG_DWORD:
       lrc = RegQueryValueExLong(lhKey, szValueName, 0&, lType, lValue, cch)
       If lrc = ERROR_NONE Then vValue = lValue
       Case Else
       lrc = -1
    End Select
QueryValueExExit:
QueryValueEx = lrc
Exit Function
QueryValueExError:
Resume QueryValueExExit
End Function
Public Function GetSetting(AppName As String, _
                           Section As String, _
                           Key As String, _
                           Optional default As String, _
                           Optional hKeyName As hKeyNames = HKEY_LOCAL_MACHINE, _
                           Optional AppNameHeader = "SOFTWARE") _
                           As String
    Dim lRetVal As Long
    Dim hKey As Long
    Dim vValue As Variant
    Dim keyString As String
```

```
    keyString = ""
    If AppNameHeader <> "" Then
      keyString = keyString + AppNameHeader
    End If
    If AppName <> "" Then
      If keyString <> "" Then
        keyString = keyString & "\"
      End If
      keyString = keyString & AppName
    End If
    If Section <> "" Then
      If keyString <> "" Then
        keyString = keyString & "\"
      End If
      keyString = keyString & Section
    End If
    lRetVal = RegOpenKeyEx(hKeyName, keyString, 0, KEY_ALL_ACCESS, hKey)
    lRetVal = QueryValueEx(hKey, Key, vValue)
    If IsEmpty(vValue) Then
      vValue = default
    End If
    GetSetting = vValue
    RegCloseKey (hKey)
    Exit Function
e_Trap:
    vValue = default
    Exit Function
End Function
Public Function SaveSetting(AppName As String, _
                    Section As String, _
                    Key As String, _
                    Setting As String, _
                    Optional hKeyName As hKeyNames = HKEY_LOCAL_MACHINE, _
                    Optional AppNameHeader = "SOFTWARE") _
                    As Boolean
    Dim lRetVal As Long
    Dim hKey As Long
    Dim keyString As String
    On Error GoTo e_Trap
    keyString = ""
    If AppNameHeader <> "" Then
      keyString = keyString + AppNameHeader
    End If
    If AppName <> "" Then
      If keyString <> "" Then
        keyString = keyString & "\"
      End If
      keyString = keyString & AppName
    End If
    If Section <> "" Then
      If keyString <> "" Then
        keyString = keyString & "\"
      End If
      keyString = keyString & Section
    End If
    lRetVal = RegCreateKeyEx(hKeyName, keyString, 0&, _
      vbNullString, REG_OPTION_NON_VOLATILE, KEY_ALL_ACCESS, 0&, hKey, lRetVal)
    lRetVal = SetValueEx(hKey, Key, REG_SZ, Setting)
    RegCloseKey (hKey)
    SaveSetting = True
    Exit Function
e_Trap:
    SaveSetting = False
    Exit Function
End Function
Public Function DeleteSetting(AppName As String, _
                    Optional Section As String, _
                    Optional Key As String, _
                    Optional hKeyName As hKeyNames = HKEY_LOCAL_MACHINE, _
                    Optional AppNameHeader = "SOFTWARE") _
                    As Boolean
    Dim hNewKey As Long
    Dim lRetVal As Long
    Dim hKey As Long
```

```
    Dim keyString As String
    On Error GoTo e_Trap
    keyString = ""
    If AppNameHeader <> "" Then
      keyString = keyString + AppNameHeader
    End If
    If AppName <> "" Then
      If keyString <> "" Then
        keyString = keyString & "\"
      End If
      keyString = keyString & AppName
    End If
    If Section <> "" Then
      If keyString <> "" Then
        keyString = keyString & "\"
      End If
      keyString = keyString & Section
    End If
    If Key <> "" Then
      lRetVal = RegCreateKeyEx(hKeyName, keyString, 0&, _
          vbNullString, REG_OPTION_NON_VOLATILE, KEY_ALL_ACCESS, 0&, hKey, lRetVal)
      lRetVal = RegDeleteValue(hKey, Key)
      RegCloseKey (hKey)
    Else
      lRetVal = RegDeleteKey(hKeyName, keyString)
    End If
    DeleteSetting = True
    Exit Function
e_Trap:
    DeleteSetting = False
    Exit Function
End Function
Public Property Get Environ(variableName As String) As String
    Environ = GetSetting("Session Manager", "Environment", _
        variableName, "", HKEY_LOCAL_MACHINE, "System\CurrentControlSet\Control")
End Property
Public Property Let Environ(variableName As String, Setting As String)
    Call SaveSetting("Session Manager", "Environment", variableName, _
    Setting, HKEY_LOCAL_MACHINE, "SYSTEM\CurrentControlSet\Control")
    Call SetEnvironmentVariable(variableName, Setting)
End Property
Public Sub VerifyPath(pathString As String)
    Dim CurrentPath As String
    pathString = Trim(pathString)
    If pathString = "" Then Exit Sub
    CurrentPath = Environ("PATH")
    If Mid(pathString, 1, 1) = ";" Then
      pathString = Mid(pathString, 2)
    End If
    If Mid(pathString, Len(pathString), 1) = ";" Then
      pathString = Mid(pathString, 1, Len(pathString) - 1)
    End If
    If InStr(1, UCase(CurrentPath), UCase(pathString), vbTextCompare) = 0 Then
      If Mid(CurrentPath, Len(CurrentPath), 1) = ";" Then
        Environ("PATH") = CurrentPath & pathString
      Else
        Environ("PATH") = CurrentPath & ";" & pathString
      End If
    End If
End Sub
Function Serial_Check() As String
Dim i As Integer
Dim Letter As String, Code As String, Ser As Long, Sertxt As String, FinLet As String
If Len(Register.NameTxt.Text) < Len(Register.Email.Text) Then
FinLet = 1

For i = 1 To Len(Register.NameTxt.Text)
    Letter = Asc(Mid(Register.NameTxt.Text, i, 1))
    Code = Asc(Mid(Register.Email.Text, i, 1))
    FinLet = Letter Mod Code + FinLet
    Sertxt = Register.ProCode.Text * (Asc(Letter) / 1.3)
Next i
ElseIf Len(Register.NameTxt.Text) = Len(Register.Email.Text) Then
For i = 1 To Len(Register.NameTxt.Text)
```

```
        Letter = Asc(Mid(Register.NameTxt.Text, i, 1))
        Code = Asc(Mid(Register.Email.Text, i, 1))
        FinLet = Letter Mod Code + FinLet
        Sertxt = Register.ProCode.Text * (Asc(Letter) / 1.3)
    Next i
    ElseIf Len(Register.NameTxt.Text) > Len(Register.Email.Text) Then
    For i = 1 To Len(Register.Email.Text)
        Letter = Asc(Mid(Register.NameTxt.Text, i, 1))
        Code = Asc(Mid(Register.Email.Text, i, 1))
        FinLet = Letter Mod Code + FinLet
        Sertxt = ProductCode * (Asc(Letter) / 1.3)
    Next i
    End If
    Sertxt = ReplaceString(Sertxt, ".", "")
    Sertxt = ReplaceString(Sertxt, "+", "")
    Serial_Check = Sertxt
    End Function
    Function ReplaceString(MyString As String, ToFind As String, ReplaceWith As String) As String
      Dim Spot As Long, NewSpot As Long, LeftString As String
        Dim RightString As String, NewString As String
        Spot& = InStr(LCase(MyString$), LCase(ToFind))
        NewSpot& = Spot&
        Do
              If NewSpot& > 0& Then
                  LeftString$ = Left(MyString$, NewSpot& - 1)
                  If Spot& + Len(ToFind$) <= Len(MyString$) Then
                     RightString$ = Right(MyString$, Len(MyString$) - NewSpot& - Len(ToFind$) + 1)
                  Else
                     RightString = ""
                  End If
                  NewString$ = LeftString$ & ReplaceWith$ & RightString$
                  MyString$ = NewString$
              Else
                  NewString$ = MyString$
              End If
              Spot& = NewSpot& + Len(ReplaceWith$)
              If Spot& > 0 Then
                 NewSpot& = InStr(Spot&, LCase(MyString$), LCase(ToFind$))
              End If
        Loop Until NewSpot& < 1
        ReplaceString$ = NewString$
    End Function
    Function ProductCode() As String
    Dim CompName As String, Temp As String, i As Integer
    Dim NameSize As Long
    Dim X As Long
    CompName = Space$(16)
    NameSize = Len(CompName)
    Call GetComputerName(CompName, NameSize)
    For i = 1 To 8
    Temp = Temp & Asc(Mid(CompName, i, 1))
    Next i
    ProductCode = Temp
    End Function
    Sub FormDrag(TheForm As Form)
        Call ReleaseCapture
        Call SendMessage(TheForm.hwnd, WM_SYSCOMMAND, WM_MOVE, 0&)
    End Sub
```

文件 General.bas 的具体代码如下所示。

```
Global PortDone As Integer
Global OnPort As Long
Public Const WSA_DESCRIPTIONLEN = 256
Public Const WSA_DescriptionSize = WSA_DESCRIPTIONLEN + 1
Public Const WSA_SYS_STATUS_LEN = 128
Public Const WSA_SysStatusSize = WSA_SYS_STATUS_LEN + 1
Type Inet_address
    Byte4 As String * 1
    Byte3 As String * 1
    Byte2 As String * 1
    Byte1 As String * 1
    End Type
Type WSAdata
    wVersion As Integer
```

```
    wHighVersion As Integer
    szDescription(0 To 255) As Byte
    szSystemStatus(0 To 128) As Byte
    iMaxSockets As Integer
    iMaxUdpDg As Integer
    lpVendorInfo As Long
    End Type
Type Hostent
    h_name As Long
    h_aliases As Long
    h_addrtype As Integer
    h_length As Integer
    h_addr_list As Long
    End Type
Type IP_OPTION_INFORMATION
    TTL As Byte
    Tos As Byte
    flags As Byte
    OptionsSize As Long
    OptionsData As String * 128
    End Type
Type IP_ECHO_REPLY
    Address(0 To 3) As Byte
    Status As Long
    RoundTripTime As Long
    DataSize As Integer
    Reserved As Integer
    Data As Long
    Options As IP_OPTION_INFORMATION
    End Type

    Public pIPe As IP_ECHO_REPLY
    Public pIPe2 As IP_ECHO_REPLY
    Public pIPe3 As IP_ECHO_REPLY
    Public pIPo As IP_OPTION_INFORMATION
    Public pIPo2 As IP_OPTION_INFORMATION
    Public pIPo3 As IP_OPTION_INFORMATION
    Public IPLong As Inet_address
    Public IPLong2 As Inet_address
    Public IPLong3 As Inet_address
    Public IPLong4 As Inet_address
    Public IPLong5 As Inet_address
    Public IPLong6 As Inet_address
    Public IPLong7 As Inet_address
Declare Function WSAStartup Lib "wsock32.dll" _
    (ByVal wVersionRequired&, _
    lpWSAData As WSAdata) _
    As Long
Public Declare Function IcmpSendEcho Lib "ICMP" _
    (ByVal IcmpHandle As Long, _
    ByVal DestAddress As Long, _
    ByVal RequestData As String, _
    ByVal RequestSize As Integer, _
    RequestOptns As IP_OPTION_INFORMATION, _
    ReplyBuffer As IP_ECHO_REPLY, _
    ByVal ReplySize As Long, _
    ByVal timeout As Long) _
    As Boolean
Declare Function gethostname Lib "wsock32.dll" _
    (ByVal hostname$, HostLen&) As Long

Declare Function gethostbyname& _
    Lib "wsock32.dll" (ByVal hostname$)
Declare Function WSAGetLastError Lib "wsock32.dll" () As Long
Declare Function WSACleanup Lib "wsock32.dll" () As Long
Declare Sub CopyMemory Lib "kernel32" Alias "RtlMoveMemory" _
    (hpvDest As Any, _
    hpvSource As Any, _
    ByVal cbCopy As Long)
Public Declare Function IcmpCreateFile Lib "ICMP.dll" () As Long
Public Declare Function IcmpCloseHandle Lib "ICMP.dll" _
(ByVal HANDLE As Long) As Boolean
Function ScanPort(thePort As Long, ws1 As Winsock) As Boolean
ScanPort = False
```

```
On Error GoTo gotport
ws1.Close
ws1.LocalPort = thePort
ws1.Listen
Pause 0.1
ws1.Close
Exit Function
gotport:
If Err.Number = 10048 Then
    ScanPort = True
End If
End Function
Sub Pause(Interval)
'暂停
    Dim Current
    Current = Timer
    Do While Timer - Current < Val(Interval)
        DoEvents
    Loop
End Sub
```

最后，为窗体内的对象编写载入和按钮事件编写处理代码。具体代码如下所示。

```
Dim OnPort As Long
Dim LocalHost As Integer
Dim PortOpen As Long
Dim Host As String
Dim IP As String
Dim iReturn As Long, sLowByte As String, sHighByte As String
Dim sMsg As String, HostLen As Long
Dim Hostent As Hostent, PointerToPointer As Long, ListAddress As Long
Dim WSAdata As WSAdata, DotA As Long, DotAddr As String, ListAddr As Long
Dim MaxUDP As Long, MaxSockets As Long, i As Integer
Dim Description As String, Status As String
Dim bReturn As Boolean, hIP As Long
Dim szBuffer As String
Dim Addr As Long
Dim RCode As String
Dim RespondingHost As String
Dim TraceRT As Boolean
Dim TTL As Integer
Const WS_VERSION_MAJOR = &H101 \ &H100 And &HFF&
Const WS_VERSION_MINOR = &H101 And &HFF&
Const MIN_SOCKETS_REQD = 0
Private Sub cmdClose_Click()
End
End Sub
Private Sub cmdStart_Click()
txtBeginPort.Enabled = False
txtEndPort.Enabled = False
cmdStart.Enabled = False
cmdStop.Enabled = True
txtStatus = ""
OnPort = txtBeginPort
PortDone = 0
cmdStop.SetFocus
Call Scanner(txtBeginPort, txtEndPort)
End Sub
Sub Scanner(Begin As Long, ending As Long)
TotalPorts = 0
PortOpen = 0
Do Until OnPort = txtEndPort
Pause 0.05
If PortDone = 1 Then lblCurrent = lblCurrent - 1: Exit Sub
DoEvents
lblCurrent = OnPort
    If ScanPort(OnPort, Winsock1) = True Then
        TotalPorts = TotalPorts + 1
        PortOpen = PortOpen + 1
        If txtStatus = "" Then txtStatus = "端口  " & OnPort & "  正在使用中。": GoTo thisPart
        txtStatus = txtStatus & vbCrLf & "端口  " & OnPort & "  正在使用中。"
        txtStatus.SelStart = Len(txtStatus)
    End If
thisPart:
OnPort = OnPort + 1
```

```
Loop
lblCurrent = "扫描结束"
txtStatus = txtStatus & vbCrLf & OnPort - 1 & " 个端口扫描完毕。" _
  & vbCrLf & PortOpen & " 个端口正在使用中。"
txtStatus.SelStart = Len(txtStatus)
cmdStop.Enabled = False
txtBeginPort.Enabled = True
txtEndPort.Enabled = True
cmdStart.Enabled = True
cmdStart.SetFocus
End Sub
Private Sub cmdStop_Click()
cmdStop.Enabled = False
txtBeginPort.Enabled = True
txtEndPort.Enabled = True
cmdStart.Enabled = True
PortDone = 1
txtStatus = txtStatus & vbCrLf & OnPort - 1 & " 个端口扫描完毕，" _
  & vbCrLf & PortOpen & " 个端口正在使用中。"
txtStatus.SelStart = Len(txtStatus)
cmdStart.SetFocus
End Sub
Private Sub Form_Load()
OnPort = 1
optLocal = True
LocalHost = 1
lblCurrent = "0"
End Sub
Private Sub Form_Resize()
If Me.WindowState = vbNormal Then
Me.Height = 5670
Me.Width = 4695
ElseIf Me.WindowState = vbMaximized Then Me.WindowState = vbNormal
End If
End Sub
Private Sub Form_Unload(Cancel As Integer)
Call Clean_Up
Winsock1.Close
End Sub
Private Sub optLocal_Click()
txtIP.Enabled = False
LocalHost = 1
End Sub
Private Sub optRemote_Click()
txtIP.Enabled = True
LocalHost = 2
End Sub
Private Sub Frame2_DragDrop(Source As Control, X As Single, Y As Single)
End Sub
Private Sub Winsock1_Connect()
    txtStatus = txtStatus & vbCrLf & "Port " & OnPort & " is currently open."
    txtStatus.SelStart = Len(txtStatus)
    OnPort = OnPort + 1
    PortOpen = PortOpen + 1
End Sub
Public Sub vbGetHostByName()
    Dim szString As String
    Host = Trim$(Host)
    szString = String(64, &H0)
    Host = Host + Right$(szString, 64 - Len(Host))
    If gethostbyname(Host) = SOCKET_ERROR Then
       sMsg = "Winsock Error" & Str$(WSAGetLastError())
       MsgBox sMsg, 0, ""
    Else
       PointerToPointer = gethostbyname(Host)
       CopyMemory Hostent.h_name, ByVal _
       PointerToPointer, Len(Hostent)
       ListAddress = Hostent.h_addr_list
       CopyMemory ListAddr, ByVal ListAddress, 4
       CopyMemory IPLong5, ByVal ListAddr, 4
       CopyMemory Addr, ByVal ListAddr, 4
       IP = Trim$(CStr(Asc(IPLong5.Byte4)) + "." + CStr(Asc(IPLong5.Byte3)) _
       + "." + CStr(Asc(IPLong5.Byte2)) + "." + CStr(Asc(IPLong5.Byte1)))
    End If
End Sub
```

```
Sub Clean_Up()
On Error Resume Next
lblCurrent = 1
PortDone = 1
txtStatus = ""
cmdStop.Enabled = False
txtBeginPort.Enabled = True
txtEndPort.Enabled = True
cmdStart.Enabled = True
End Sub
```

至此，本实例设计完毕。执行后将按默认样式显示窗体，如图 21-35 所示。当分别输入要扫描的起始端口号并单击【开始扫描】按钮后，将在“扫描结果”框中显示对应的结果，如图 21-36 所示。

注意：在上述实例 103 的代码中，使用了 Inet 控件和 RichTextBox 控件。这两个控件没有在 Visual Basic 6.0 的默认工具箱中，需要开发人员额外插入。具体方法是依次选【工程】|【部件】命令，然后分别勾选这两个控件，具体如图 21-37 所示。

图 21-35　默认显示窗体效果

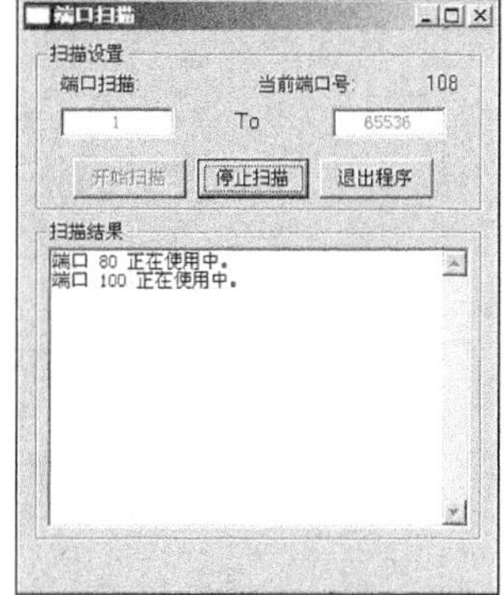

图 21-36　显示扫描结果

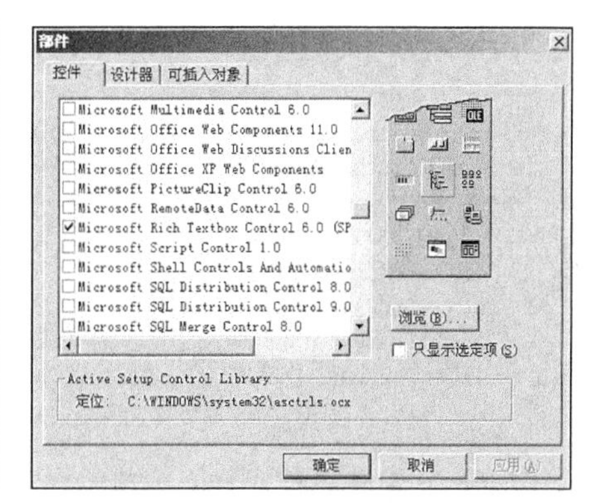

图 21-37　插入 RichTextBox 控件

21.4.4　在线邮件发送处理

邮件作为互联网发展的产物，已经越来越成为当前人们进行信息交流的重要手段之一。因为邮件的跨地域性和无线性，已经普及到广大的互联网用户。通过 Visual Basic 6.0，也可以开发出专用的在线邮件系统，实现信息的在线传输和交流。在本节的内容中，将通过一个具体的实例来说明使用 Visual Basic 6.0 实现在线邮件发送处理的方法。

实例 104　调用微软的 Outlook Express 发送在线邮件

源码路径　光盘\daima\21\7\　　　视频路径　光盘\视频\实例\第 21 章\104

本实例的具体实现流程如图 21-38 所示。

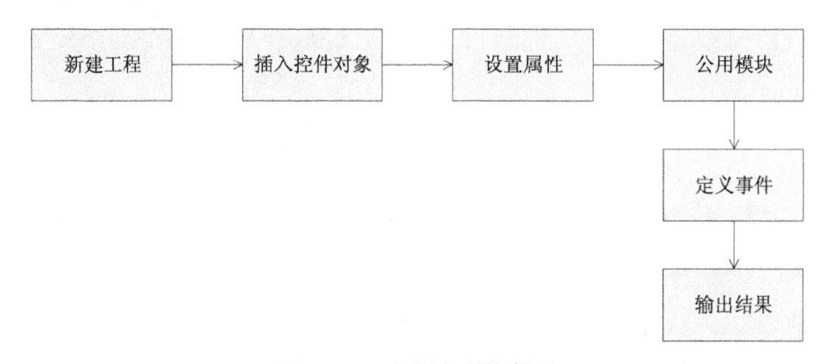

图 21-38　实例实现流程图

在下面的内容中，将详细介绍上述实例流程的具体实现过程。首先，新建 Visual Basic 6.0 项目工程，并分别插入 1 个 Label 控件、1 个 CommandButton 控件和 1 个 TextBox 控件，具体如图 21-39 所示。

窗体内各对象的主要属性设置如下所示。

- 窗体：设置名称为“Form1”，Caption 属性为“发送邮件”。
- Label 控件：设置名称为“Label1”，Caption 属性为“邮箱地址：”。
- TextBox 控件：设置名称为“Text1”，Text 属性为“@”。
- CommandButton 控件：设置名称为“Command1”，Caption 属性为“发邮件”。

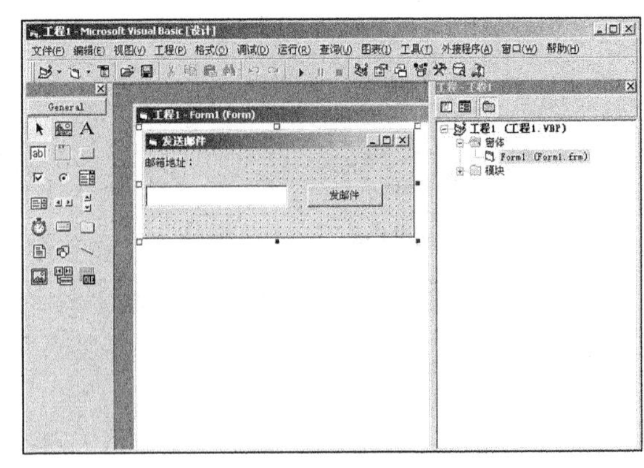

图 21-39　插入对象并设置属性

然后来到代码编辑界面，在模块文件 Module1.bas 内编写通用函数和定义通用变量，具体代码如下所示。

```
Public Declare Function ShellExecute Lib "shell32.dll" _
    Alias "ShellExecuteA" _
    (ByVal hwnd As Long, _
    ByVal lpOperation As String, _
    ByVal lpFile As String, _
    ByVal lpParameters As String, _
    ByVal lpDirectory As String, _
    ByVal nShowCmd As Long) _
    As Long
Public Const SW_SHOW = 5
```

范例 207：获取网页超链接
源码路径：光盘\演练范例\207\
视频路径：光盘\演练范例\207\
范例 208：提取网页源码
源码路径：光盘\演练范例\208\
视频路径：光盘\演练范例\208\

最后，在代码编辑界面为窗体内对象编写事件处理代码，具体代码如下所示。

```
Private Sub Label3_Click()
    Dim HyperJump
    Dim w
    w = Label3.Caption
    HyperJump = ShellExecute(0&, vbNullString, w, vbNullString, vbNullString, vbNormalFocus)
End Sub
Private Sub Command1_Click()
    k = "mailto:" + Text1.Text
    ShellExecute hwnd, "open", k, vbNullString, vbNullString, SW_SHOW
End Sub
Private Sub Form_Load()
End Sub位
```

至此，本实例设计完毕。执行后将按默认样式显示窗体，如图 21-40 所示。当输入对方邮件地址并单击【发邮件】按钮后，将弹出微软的 Outlook Express 界面，此时用户即可输入邮件信息，并可以在线发送，如图 21-41 所示。

图 21-40　默认显示窗体

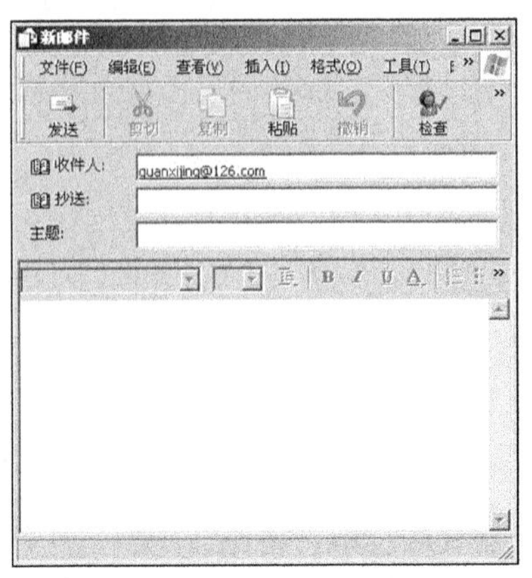

图 21-41　弹出 Outlook Express

21.5 技术解惑

21.5.1 三类邮件系统

Visual Basic 6.0 的功能更为强大，它可以通过窗体对象直接实现邮件的发送处理。当前的邮件系统有如下 3 类。

1. 调用类

即调用当前主流的邮件系统界面实现发送，例如上述实例就是此类。此类系统最为简单，因为不需要它实现任何功能，只需实现调用即可。

2. 配置类

此项目和自己已有的邮箱进行绑定来实现发送处理。此类邮件系统的好处是用户不用登录自己已经注册的邮箱，只需登录自己开发的项目系统，即可实现绑定邮箱邮件的浏览。例如用户可以通过如下代码实现邮件发送。

```
Private Sub Form_Load()
    Dim NameS As String
    Dim Email As Object
    NameS = "http://schemas.microsoft.com/cdo/configuration/"
    Set Email = CreateObject("CDO.Message")
    Email.From = "xxx@163.com"                    '//你自己的邮箱号码
    Email.To = "xxx@163.com"                      '// 你自己的邮箱号码（可以和上面相同）
    Email.Subject = "用VB代码发的邮件！"           '//相当于邮件里的标题
    Email.Textbody = "你收到用VB代码发送的邮件了！"'//相当于邮件里的内容
    Email.Configuration.Fields.Item(NameS & "sendusing") = 2
    '//邮件服务器
    Email.Configuration.Fields.Item(NameS & "smtpserver") = "smtp.163.com"
    '//端口号
    Email.Configuration.Fields.Item(NameS & "smtpserverport") = 25
    Email.Configuration.Fields.Item(NameS & "smtpauthenticate") = 1
    '//邮箱号码@前面的名字
    Email.Configuration.Fields.Item(NameS & "sendusername") = "xxxxxx"
    '//你邮箱的密码
    Email.Configuration.Fields.Item(NameS & "sendpassword") = "这里是密码"
    Email.Configuration.Fields.Update
    Email.send
End Sub
```

虽然上述代码能够实现邮件发送，但是所代表的身份只是绑定邮箱“xxx@163.com”。

3. 独立邮件服务器

此类邮件系统的功能最为强大，能够实现如网易和新浪等邮箱类似的功能，但是开发难度也最大。此类系统就需要开发人员熟悉编程语言，并精通 POP3 协议和 SMTP，并且还需要开发人员有很好的加密能力和网络开发能力。

21.5.2 Inet 控件的功能

在实际的开发应用中 Inet 控件的功能非常强大，具体来说能够实现如下所示的功能。

- 创建自动从公共 FTP 站点下载文件的应用程序。
- 分析 World Wide Web 站点中的图形引用，并只下载图形。
- 提供以自定义格式显示从 Web 页获得的动态数据。
- 实现在线升级处理。
- 获取目标页面源码。
- 自动站点登录。

第 22 章

程序打包和部署

一个 Visual Basic6.0 项目开发完毕后，如果要使程序能够脱离 Visual Basic6.0 的集成环境而独立运行，就必须对 Visual Basic6.0 程序进行打包和部署处理。在本章的内容中，将对 Visual Basic6.0 项目进行打包和部署处理的基本知识进行简要介绍。

22.1 Visual Basic 打包和部署介绍

知识点讲解：光盘：视频\PPT 讲解（知识点）\第 22 章\Visual Basic 打包和部署介绍.mp4

一个 Visual Basic 6.0 程序创建完毕后，直接拿到没有安装 Visual Basic 6.0 的计算机上将不能运行。为了解决上述问题，就需要对创建的 Visual Basic 6.0 程序进行编译处理，并生成可执行的 EXE 文件，然后使用 Visual Basic 6.0 打包和展开向导创建安装程序。这样就可以把得到的安装程序在其他的机器上进行安装，安装后的 Visual Basic 6.0 项目程序即可在没有 Visual Basic 6.0 的环境下运行。

具体来说，要使 Visual Basic 6.0 项目程序能够脱离 Visual Basic 6.0 集成环境运行，必须进行如下操作设置。

1.打包应用程序

打包应用程序是指将 Visual Basic 6.0 文件打包为一个或多个可以部署到选定位置的.cab 文件，并且可以根据需要创建安装程序。.cab 文件是一种经过压缩后的、适合发布到网络上的文件。

2.部署应用程序

部署应用程序是指将打包后的程序放置到某个位置，以便可以从该位置安装应用程序，这就可以将软件包复制到本地网络服务器上的文件，或可以将其部署到远程 Web 服务器上。

在 Visual Basic 6.0 中，程序的打包和部署处理可以使用如下两个工具。

- 打包和部署向导：提供有关如何配置.cab 文件的选项，使部署的应用程序所包含的许多步骤得以自动进行。
- 安装工具包：可以自定义在安装过程中发生的事情。

22.2 Visual Basic 程序打包和部署向导

知识点讲解：光盘：视频\PPT 讲解（知识点）\第 22 章\Visual Basic 程序打包和部署向导.mp4

Visual Basic 6.0 提供的程序打包和部署向导可以为 Visual Basic 6.0 程序创建专业级的安装程序。它能够创建.cab 格式文件，并将这些文件组合成一个包含安装所需要的所有信息单元和软件包。另外，此向导还通过编译随 Visual Basic 6.0 一起安装的安装工具包工程来为应用程序创建安装程序，这个安装程序被称为 setup1.exe。在下面的内容中，将简要介绍 Visual Basic 6.0 程序打包和部署向导的启动方法。

Visual Basic 6.0 程序打包和部署向导有两种启动方法，分别具体如下。

1. Visual Basic 6.0 中启动

开发人员可以在 Visual Basic 6.0 集成开发环境中将向导作为一个外接程序运行，即首先在“外接程序管理器”中设置必需的引用来加载该向导，然后在 Visual Basic 6.0 集成开发环境中执行该向导。

Visual Basic 6.0 中启动向导的操作步骤如下。

（1）用 Visual Basic 6.0 打开要部署的项目文件，如图 22-1 所示。

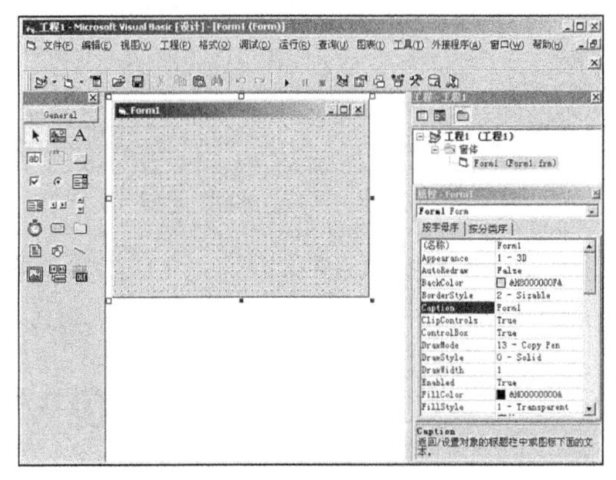

图 22-1 打开要部署的文件

（2）依次单击【外接程序】|【外接程序管理器】，弹出“外接程序管理器”对话框，并选择“打包和展开向导”选项，如图 22-2 所示。

（3）单击【确定】按钮返回开发界面，依次单击【外接程序】|【启动打包和部署】，此时将弹出“打包和展开向导”对话框，从而启动了打包和部署向导，如图 22-3 所示。

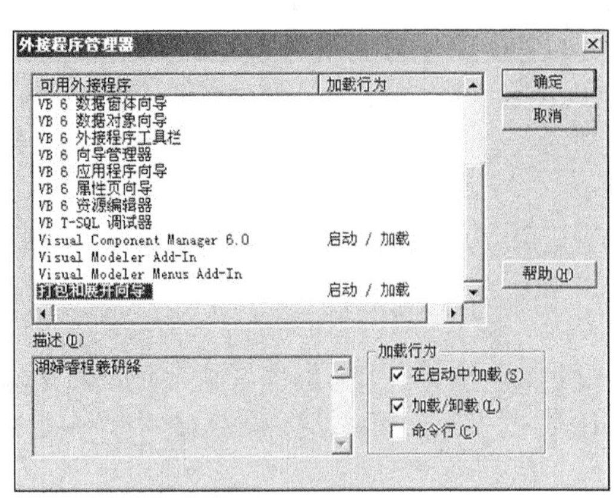

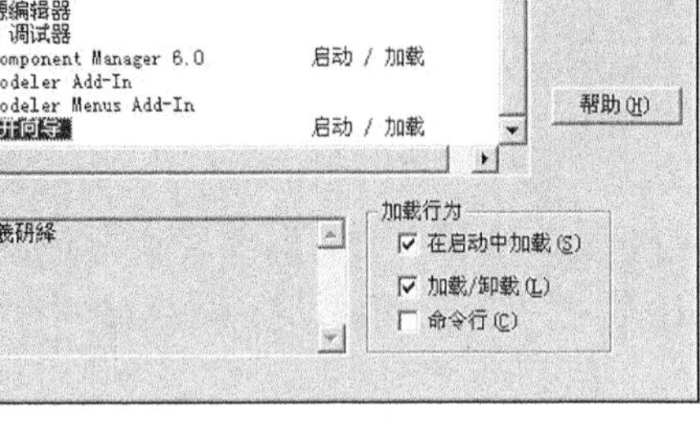

图 22-2 “外接程序管理器”对话框

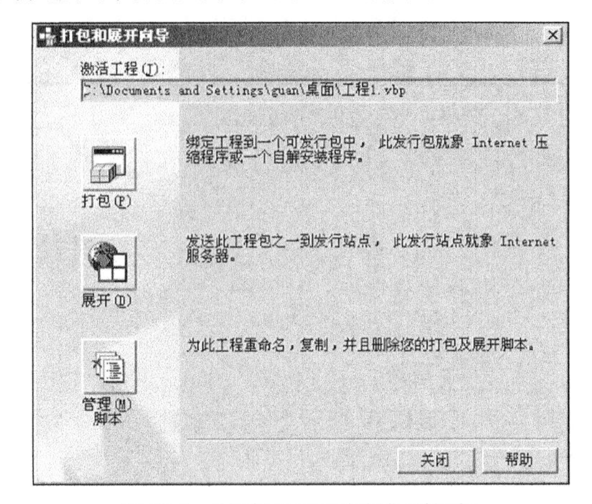

图 22-3 “打包和展开向导”对话框

2. 独立启动

除了使用 Visual Basic 6.0 启动外，还可以将打包和部署向导作为一个独立的部件在开发环境中运行。具体操作步骤如下。

（1）用 Visual Basic 6.0 打开要部署的项目文件，如图 22-4 所示。

（2）依次单击【开始】|【所有程序】|【Microsoft Visual Basic 6.0 中文版】|【Microsoft Visual Basic 6.0 中文版工具】|【Package&Deplyment 向导】，此时将启动打包和部署向导，如图 22-5 所示。

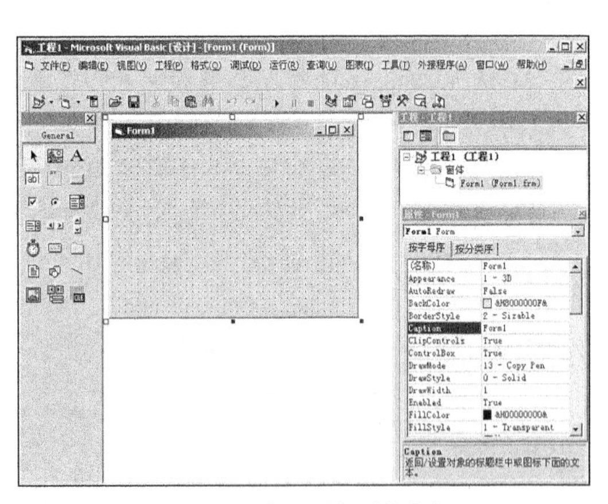

图 22-4 打开要部署的文件

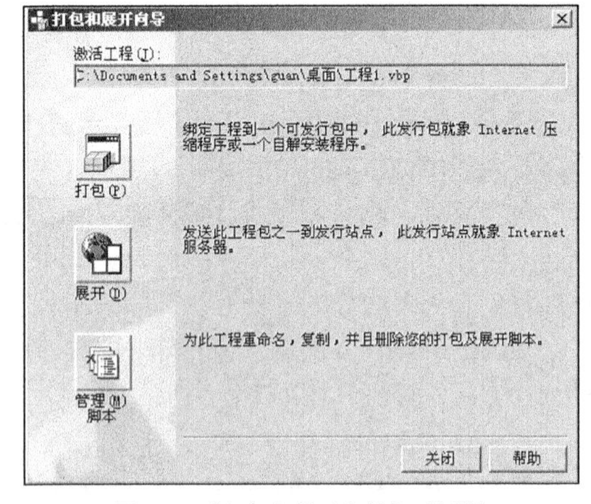

图 22-5 “打包和展开向导”对话框

通过使用打包和部署向导，可以自由发布 Visual Basic 6.0 的所有应用程序和部件。除了可执行的.exe 文件外，还可以处理其他的文件。

22.3 打包 Visual Basic 程序

知识点讲解：光盘：视频\PPT 讲解（知识点）\第 22 章\打包 Visual Basic6.0 程序.mp4

打包 Visual Basic 6.0 程序文件时，必须充分仔细并按照严格的步骤来进行。在本节的内容中，将简要介绍打包 Visual Basic 6.0 程序的操作方法。

22.3.1 打包前的准备工作

在任何程序的打包操作前，都需要做如下的准备工作：

1. 确定要创建的软件包类型

可以为基于 Windows 的，要通过磁盘、CD 或在网络上发布的程序创建一个标准软件包；或者可以为在 Web 上发布的程序创建一个 Internet 软件包。

2. 确定要创建的软件包类型

在程序打包操作前，必须确定应用程序的工程文件和从属文件。工程文件是包含在工程本身中的文件，例如.vbp 文件及其内容。从属文件是运行应用程序所需要的运行时文件或部件。从属信息保存在 vb.6dep.ini 文件中，或工程与部件相对应的各种.dep 文件中。另外，还可以包含一些其他文件，例如 DLL、ActiveX 控件或位图文件。

3. 确定将文件安装到用户计算机的位置

打包部署文件要确定安装到目标机器的位置，通常会将主文件装在“C:\Program Files”目录下或“C:\WINDOWS\system32”下。

4. 设置工程文件属性

设置工程文件属性的流程如下：

（1）用 Visual Basic 6.0 打开要部署的项目文件，如图 22-6 所示。

（2）依次单击【工程】|【工程 1-属性】，弹出“工程 1-工程属性”对话框，如图 22-7 所示。

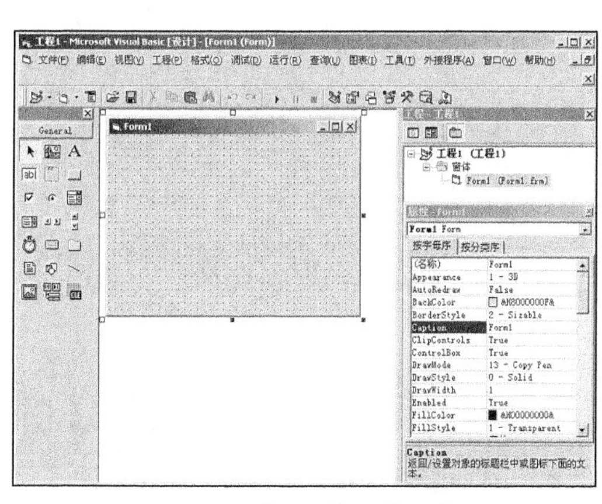

图 22-6 打开要部署的文件

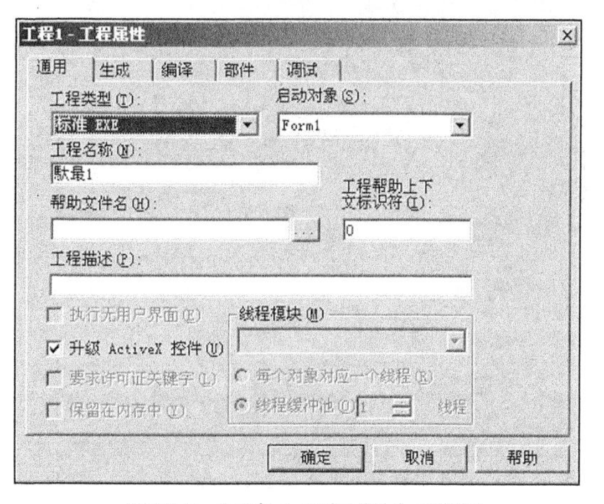

图 22-7 “工程 1-工程属性”对话框

（3）选择“生成”选项卡，在此设置要发布应用程序的版本号、版本信息、公司名称、作者名称和可执行文件的名称等信息，如图 22-8 所示。

（4）单击【确定】按钮返回设计界面，完成工程文件的属性设置。

5. 编译应用程序

编译应用程序是指将应用程序和它的工程文件合并，编译后 Visual Basic 6.0 将工程中的所有文件转换为可执行文件。

Visual Basic 6.0 编译应用程序的方法是在菜单栏中依次单击【文件】|【生成*.exe 文件】。经编译后将会生成一个独立于 Visual Basic 6.0 环境的可执行的.exe 文件，但是它依旧不能在没有安装 Visual Basic 6.0 的机器上运行。

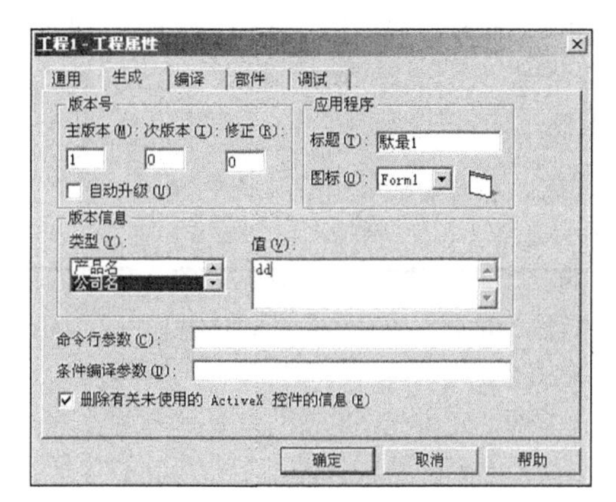

图 22-8　选择“生成”选项卡

24.3.2　打包 Visual Basic 应用程序

打包 Visual Basic 6.0 应用程序的流程如下。

（1）依次单击【开始】｜【所有程序】｜【Microsoft Visual Basic 6.0 中文版】｜【Microsoft Visual Basic 6.0 中文版工具】｜【Package&Deplyment 向导】，打开“打包和展开向导”对话框，如图 22-9 所示。

（2）单击【浏览】按钮，选择要打包的工程，然后单击【打包】按钮开始进行打包处理，如图 22-10 所示。

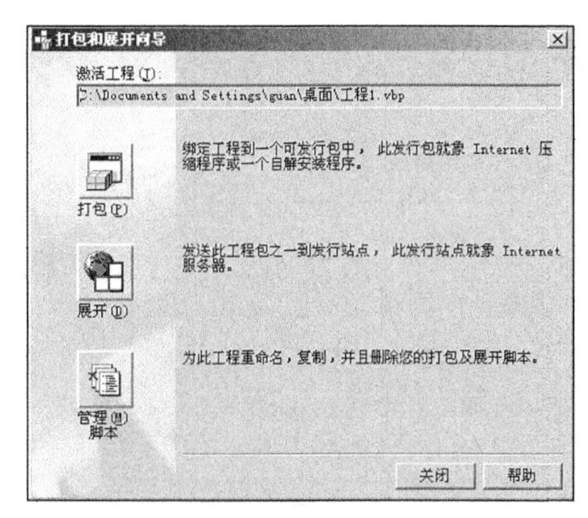

图 22-9　打包和展开向导

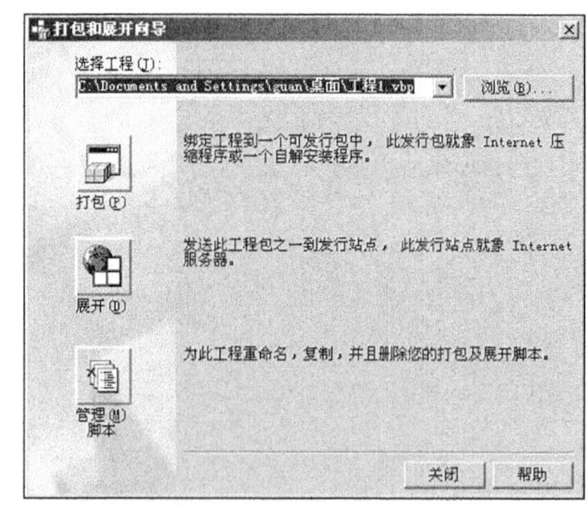

图 22-10　“工程 1-工程属性”对话框

（3）完成后弹出“打包和展开向导-包类型”对话框，在此选择打包类型，然后单击【下一步】按钮，如图 22-11 所示。

（4）在弹出的“打包和展开向导-打包文件夹”对话框中选择安装文件的保存路径，然后单击【下一步】按钮，如图 22-12 所示。

（5）在弹出的“打包和展开向导-包含文件”对话框中可以选择添加包含的文件，然后单击【下一步】按钮，如图 22-13 所示。

（6）在弹出的“打包和展开向导-压缩文件选项”对话框中可以选择压缩文件的选项，如果选择“多个压缩文件”，则可以设置压缩文件的大小，然后单击【下一步】按钮，如图 22-14 所示。

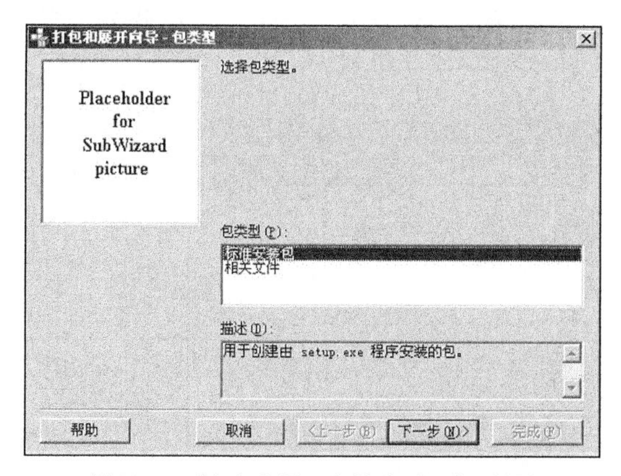

图 22-11 “打包和展开向导-包类型”对话框

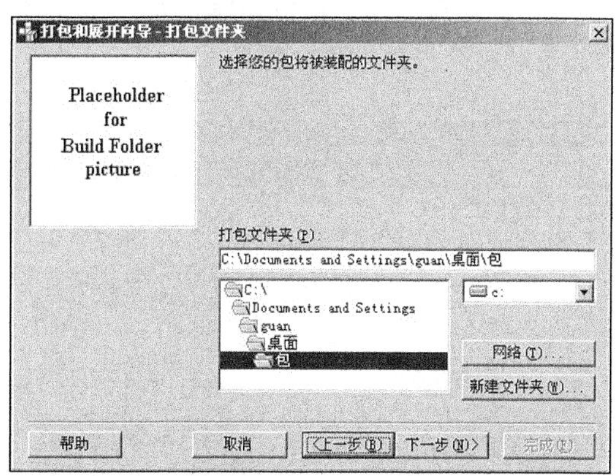

图 22-12 “打包和展开向导-打包文件夹”对话框

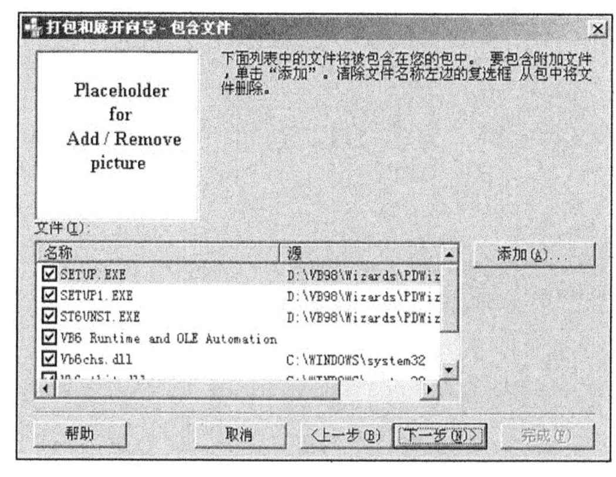

图 22-13 “打包和展开向导-包含文件”对话框

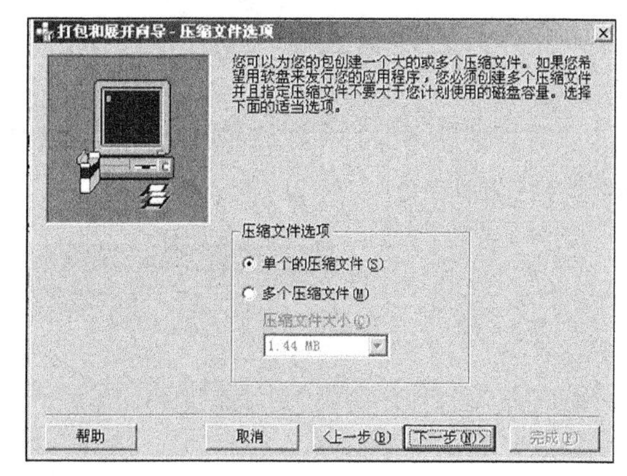

图 22-14 “打包和展开向导-压缩文件选项”对话框

（7）在弹出的“打包和展开向导-安装程序标题”对话框中可以设置标题，然后单击【下一步】按钮，如图 22-15 所示。

（8）在弹出的“打包和展开向导-启动菜单项”对话框中可以选择启动的菜单项文件，在此使用默认配置，然后单击【下一步】按钮，如图 22-16 所示。

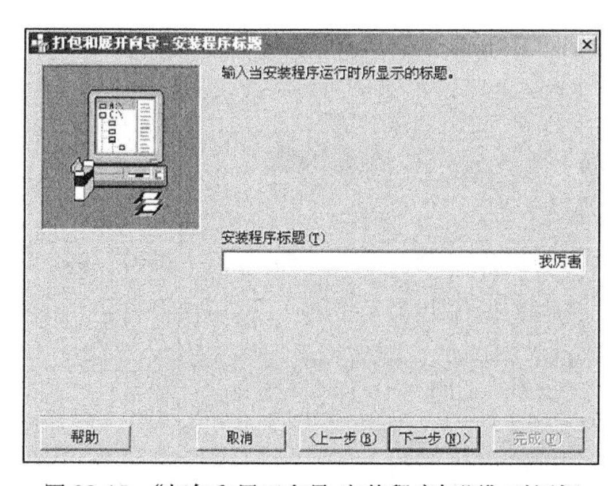

图 22-15 “打包和展开向导-安装程序标题”对话框

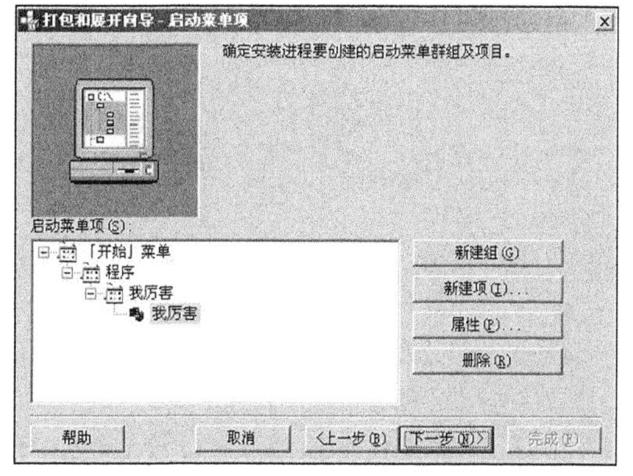

图 22-16 “打包和展开向导-启动菜单项”对话框

（9）在弹出的“打包和展开向导-安装位置”对话框中可以设置保存的位置，然后单击【下一步】按钮，如图 22-17 所示。

（10）在弹出的“打包和展开向导-共享文件”对话框中可以设置共享文件，被共享后的文件能够被多个程序调用，然后单击【下一步】按钮，如图 22-18 所示。

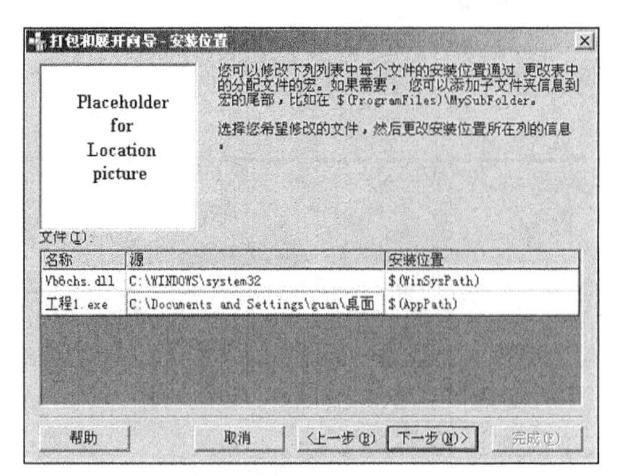

图 22-17 “打包和展开向导-安装位置”对话框

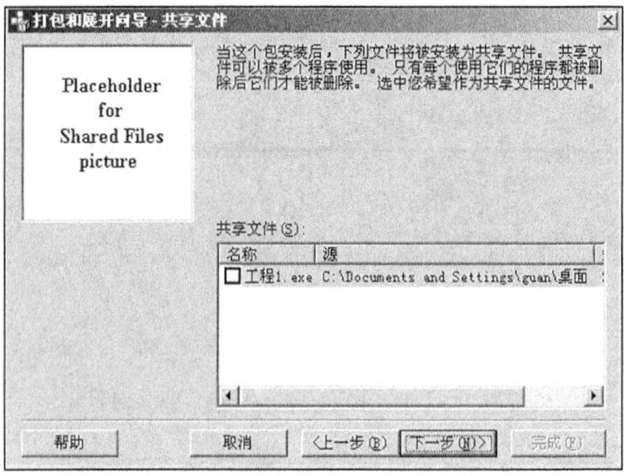

图 22-18 “打包和展开向导-共享文件”对话框

（11）最后弹出的“打包和展开向导-已完成！”对话框，单击【确定】按钮完成整个操作，如图 22-19 所示。

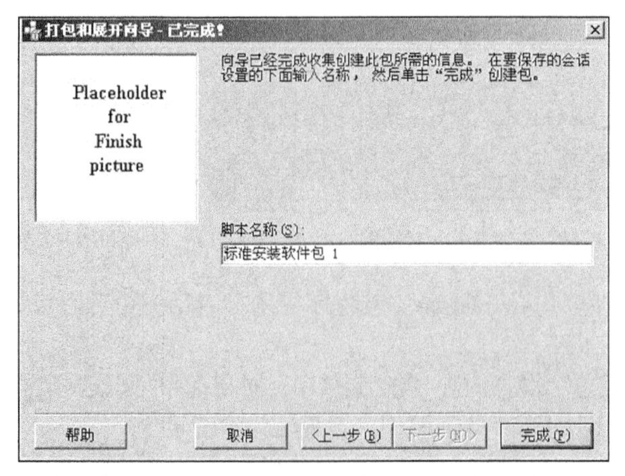

图 22-19 “打包和展开向导-已完成！”对话框

22.4　部署 Visual Basic6.0 程序

知识点讲解：光盘：视频\PPT 讲解（知识点）\第 22 章\部署 Visual Basic6.0 程序.mp4

打包 Visual Basic 6.0 程序后，制作安装应用程序的操作并没有完成，还必须将打包后的程序部署到某一个媒体上，或放置到 Web 上。在 Visual Basic 6.0 中有两种部署应用程序的方法。

- ❑ 使用打包和部署向导。
- ❑ 手动将文件复制到指定位置或指定的 Web 站点上。

在下面的内容中，将简要介绍部署 Visual Basic 6.0 程序的基本方法。

22.4.1　部署前的准备工作

在部署 Visual Basic 6.0 程序前，都需要做如下的准备工作。

1. 创建用于部署的软件包

用于部署的软件包既可以是单个.cab 文件，也可以是一系列的.cab 文件。

2. 确定要部署的软件包

部署的软件可以为选定的工程选择任何有效的软件包。

3. 选择部署方法

通常的部署方法包括如下两种。

- ❑ 部署到 Web。
- ❑ 部署到软盘、目录或 CD。

4. 选择要部署的文件

如果要部署到 Internet 上，可以对要部署的文件列表添加或删除文件。

5. 为部署文件确定目标

如果是 Internet 不是方式，则在此为其指定一个 Web 站点；如果是目录方式，则在此指定目录的具体位置。

22.4.2 部署 Visual Basic 应用程序

部署 Visual Basic6.0 应用程序的流程如下。

（1）依次单击【开始】|【所有程序】|【Microsoft Visual Basic 6.0 中文版】|【Microsoft Visual Basic 6.0 中文版工具】|【Package&Deplyment 向导】，打开“打包和展开向导”对话框，如图 22-20 所示。

（2）单击【浏览】按钮，选择要部署的工程，然后单击【展开】按钮开始进行部署处理，如图 22-21 所示。

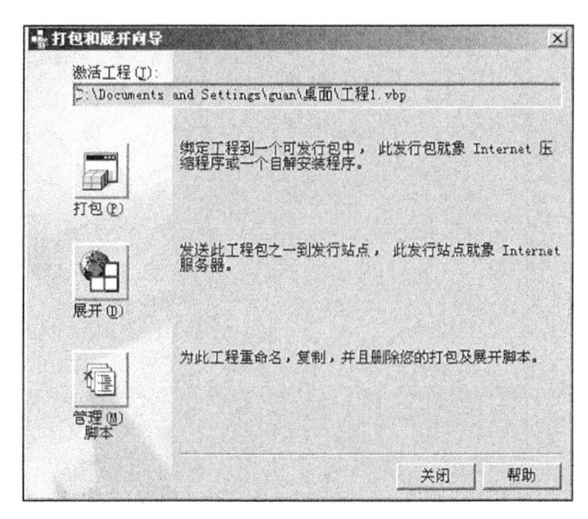

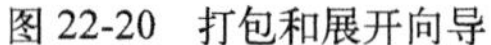
图 22-20 打包和展开向导

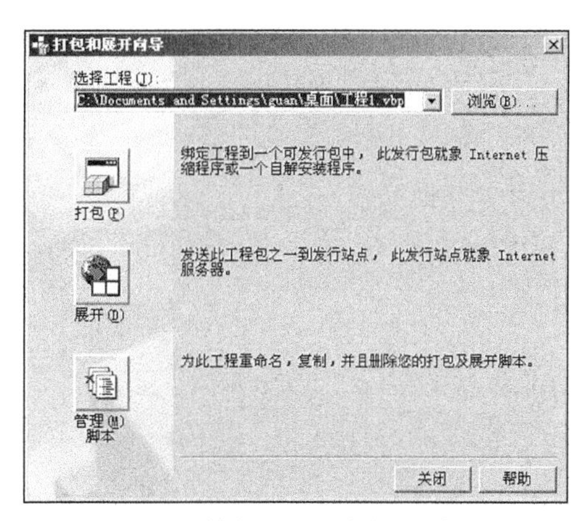

图 22-21 单击【展开】按钮开始部署

（3）完成后弹出“打包和展开向导-展开的包”对话框，在此选择展开包的类型，然后单击【下一步】按钮，如图 22-22 所示。

（4）在弹出的“打包和展开向导-展开方法”对话框中选择展开方法，在此选择“文件夹”，然后单击【下一步】按钮，如图 22-23 所示。

（5）在弹出的“打包和展开向导-文件夹”对话框中可以选择要展开包的位置，然后单击【下一步】按钮，如图 22-24 所示。

（6）在弹出的“打包和展开向导-已完成!”对话框中单击【完成】按钮，完成整个设置，如图 22-25 所示。

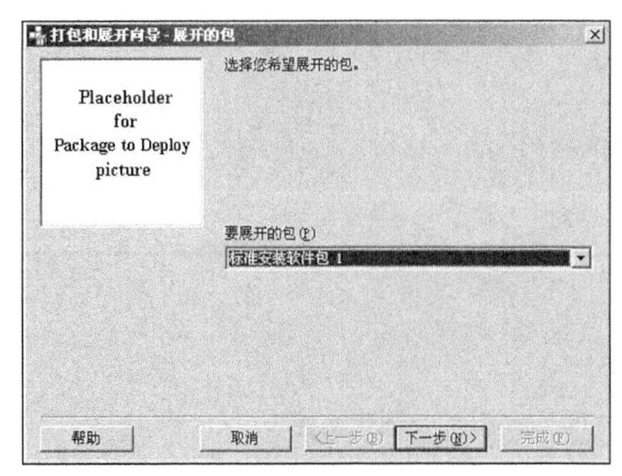

图 22-22　“打包和展开向导-展开的包”对话框

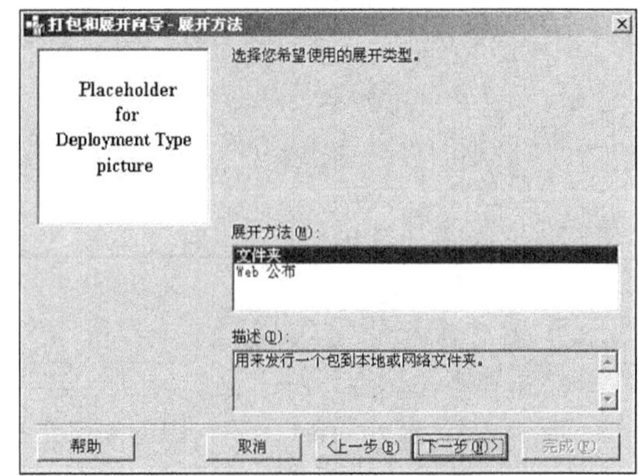

图 22-23　“打包和展开向导-展开方法”对话框

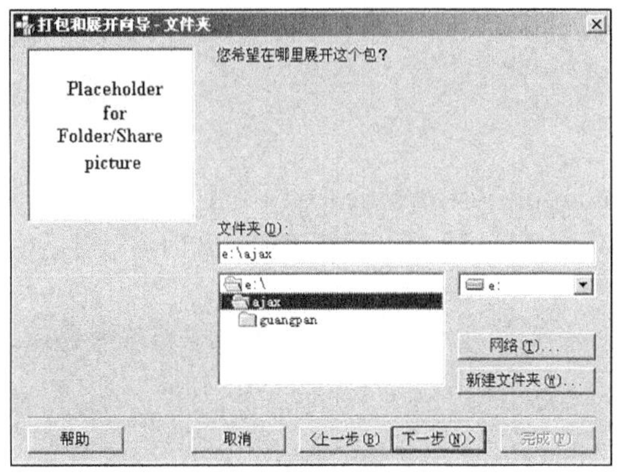

图 22-24　“打包和展开向导-文件夹”对话框

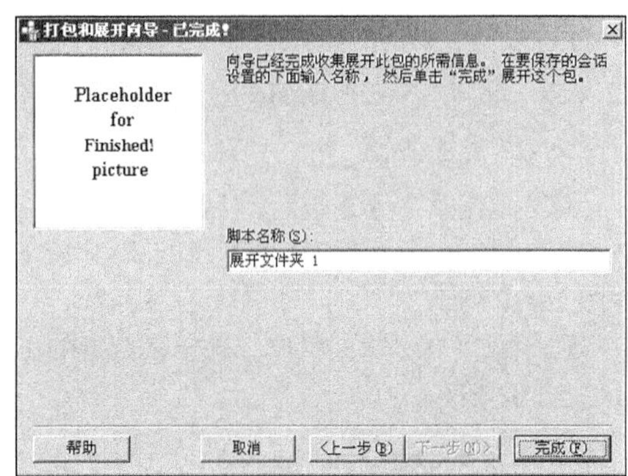

图 22-25　“打包和展开向导-已完成！”对话框

第 23 章

开发一个简单的扫雷游戏

在本章的内容中，将介绍如何在 Visual Basic 6.0 的环境下来开发一个简单的扫雷游戏。通过开发小型简单的游戏实例，使读者体验 Visual Basic 在开发软件程序或者游戏程序方面的强大功能，并充分了解简单的游戏界面的开发方法和可视化的编程实现流程。在介绍扫雷游戏的实现过程的同时，也介绍了 Visual Basic 6.0 在做界面小游戏开发方面的一些基本概念和方法，提高读者的逻辑思维能力。

23.1　扫雷游戏系统概述与预览

本实例使用 Visual Basic 6.0 版本开发，通过 Visual Basic 6.0 的内置控件实现全部功能。在本节的内容中，将对本游戏实例的基本信息和具体功能进行简要介绍。

23.1.1　扫雷游戏系统概述

当前通用扫雷游戏的规则如下。

- 游戏区域由很多的小方格所组成，其中小方格的数目是按照所选择的等级来设置的，等级越高对应的小方格数目也就越多，即难度也越大。
- 操作时使用鼠标左键去单击任意的一个小方格，如果打开的方格显示的为数字，则方格中的数字表示其周围的 8 个方格中隐藏了几颗雷。
- 如果点开的格子为空白格子，即其周围有 0 颗雷，系统会将其周围的格子自动打开，如果其周围还存在空白格子的话，则发生连锁反应。同时在您认为有雷的格子上单击鼠标右键即可标记雷，则出现一个小旗的图案。如果一个已打开格子周围所有的雷已经正确标出，则可以在此格上同时单击鼠标左右键打开其周围剩余的无雷格。
- 如果标记错误则游戏失败，如果单击左键时碰到雷，游戏也失败。系统将记录下您所操作的次数，以此记录您的成绩。

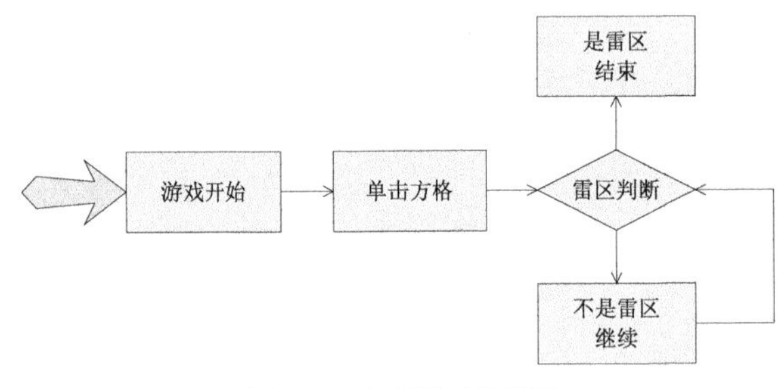

图 23-1　扫雷游戏流程图

根据上述游戏规则，总结出扫雷游戏的具体实现流程，具体如图 23-1 所示。

从图 23-1 中可以看出，整个游戏的流程很简单，逻辑关系也比较简单。其中最为关键的是进行雷与非雷的判断。从流程图中可以看出，当玩家通过对游戏区域的小方格的左击事件，从而进行是否存在雷的判断，从判断得到的结果再进行到下面的操作。可以说这个流程非常清晰，从而得到的关键点就是我们该如何去随机分配雷，以及如何触发每次左击事件。

23.1.2　扫雷游戏系统预览

在 Visual Basic 中按【启动】按钮或者用快捷键【F5】就可以把程序运行起来，如果已经制作成安装文件的，则需要我们运行安装包来安装该程序，然后通过【开始】|【所有程序】中能找到该游戏的可以执行文件。单击运行后将运行游戏，具体界面为如图 23-2 所示。

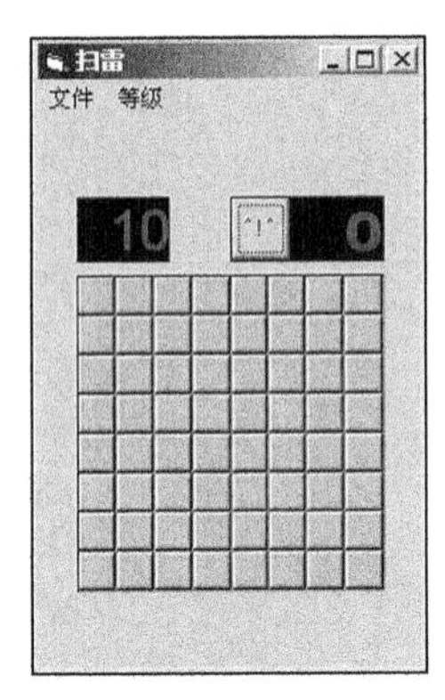

图 23-2 游戏运行图

如果选择的游戏级别为“大师级”，则展现给玩家的界面如图 23-3 所示。

本游戏实例的等级划分规则如下。

- 入门级：当级别为初级时，游戏区域由 8×8 个小方格组成。
- 初级：当级别指定为中级的时候，游戏区域变成由 16×16 个小方格组成。
- 中级：当级别指向为高级的时候，游戏区域变成由 30×16 个小方格组成。
- 高级：当级别指向为魔鬼级别的时候，游戏区域变成由 30×30 个小方格组成。

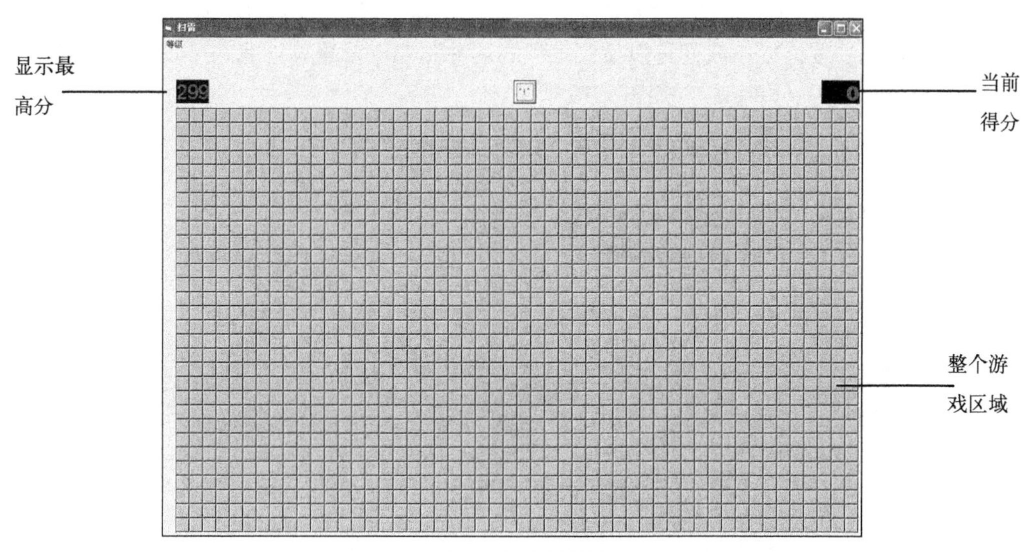

图 23-3 游戏运行图

- 大师级：当级别指向为天使级别的时候，游戏区域变成由 50×30 个小方格组成了，也是本小游戏的最高级别。

当单击的方格为雷区时则显示爆炸界面，如图 23-4 所示。

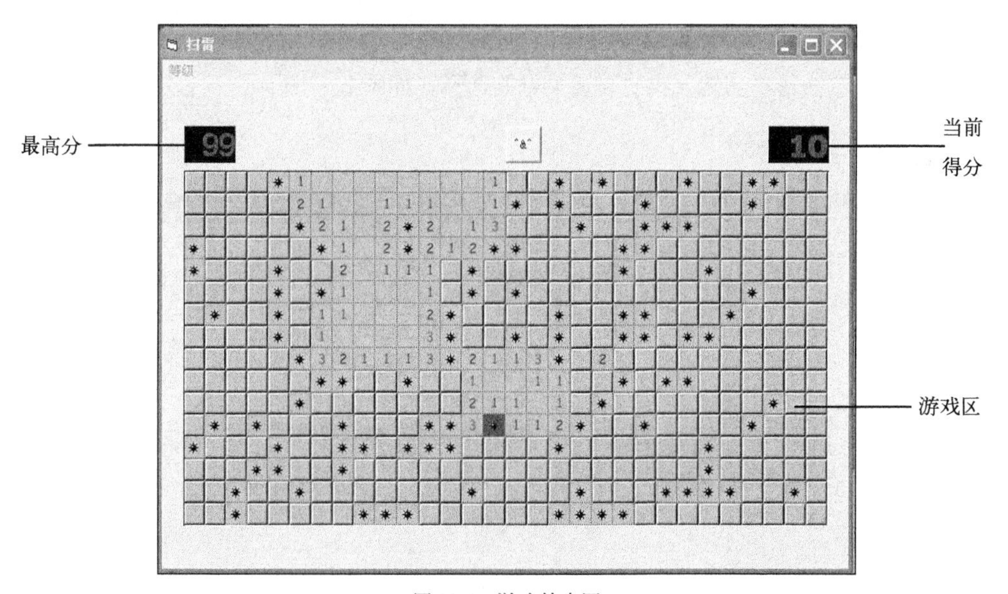

图 23-4 游戏结束图

除了上述界面外，整个游戏实例内还多个其他界面。限于本书的篇幅，在此将不给读者一一展示，留给大家在试玩或者开发的时候慢慢琢磨。

23.2 扫雷游戏系统设计与分析

首先，运行 Visual Basic 6.0，新创建一个标准.EXE 工程，然后设置工程内各个对象的属性。具体实现流程如下所示。

（1）运行 Visual Basic，双击“标准 EXE”开始新建工程，如图 23-5 所示。

（2）在右侧的属性栏中我们可以设置工程的名称和启动对象等，我们可以设置工程名称为“扫雷”，启动对象为“Form1”，如图 23-6 所示。

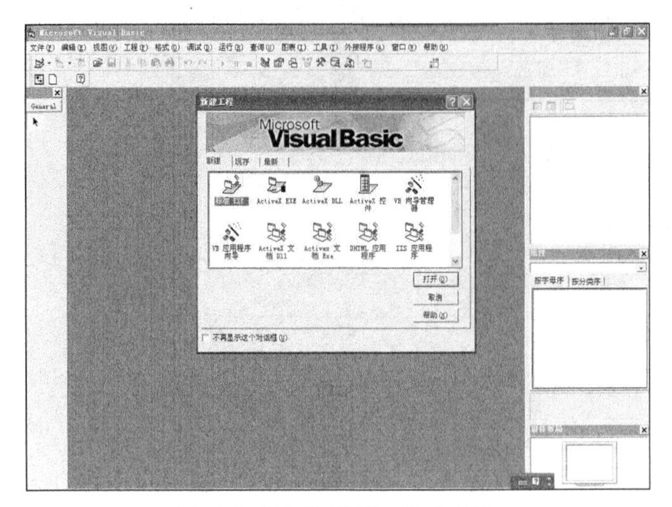

图 23-5　新创建“标准 EXE”工程

图 23-6　设置工程

（3）在右侧找到窗体“Form1”的属性面板，并设置新建对象的相关属性。在此设置其“Caption”属性为“扫雷”，则在窗体中的标题栏部位则变成了刚刚设置的“扫雷”了，如图 23-7 所示。

（4）设置游戏的基本功能，实现等级菜单的选择，如图 23-8 所示。

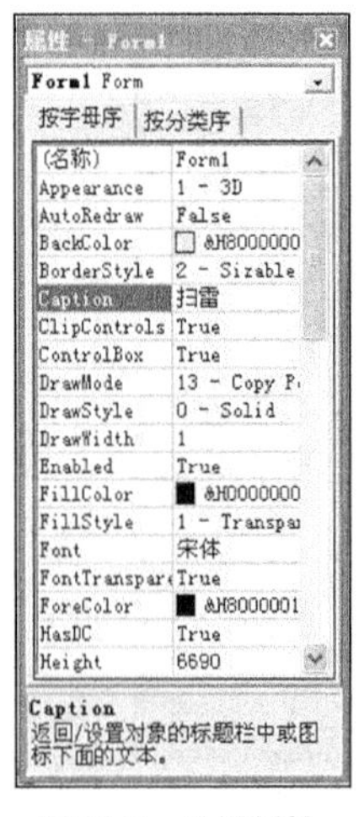

图 23-7　设置属性

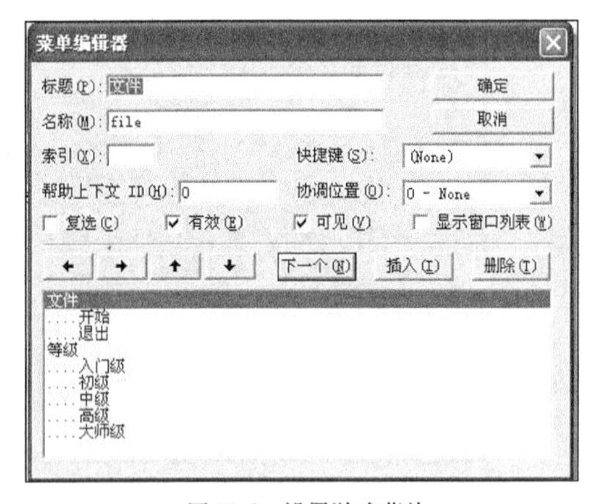

图 23-8　设置游戏菜单

在上述流程的步骤（4）中，菜单编辑器的菜单包括“文件”和“等级”两个主菜单，每个主菜单下面对应了几个二级菜单。包括对游戏的操作，用来控制游戏的开始或者是游戏的结束，并选择游戏的级别。

菜单编辑器窗口的调出方法：在系统菜单里面的依次单击【工具】|【菜单编辑器】选项，弹出菜单编辑器窗口，在这个窗口里面我们可以任意设置菜单的组合形式，上一级下一级的相互调整等。按照游戏预期功能设置了一个一级菜单选项“等级”，并且里面包含了 5 个二级菜单，分别是“初级”“中级”“高级”“魔鬼级”和“天使级”5 个等级。

注意：如果针对于大型程序来说这两个菜单是远远不能满足的，但是建立菜单的原理方法都是一样的，我们都可以按同理的方法去建立我们自己需要的菜单即可。然后对相应的菜单添加相应的功能就行。

下面来看下关于菜单的编程，主要实现功能为实现对某一个等级的选择，使得其他的选择等级就失效，及文件部分的游戏开始和结束功能，代码如下所示。

```
Private Sub gameleave_Click()                    '退出游戏事件
End
End Sub
'设置对应菜单的Checked属性，初始均为False，单击对应的菜单才设置为True
Private Sub level1_Click()
level1.Checked = False
level2.Checked = False
level3.Checked = False
level4.Checked = False
level5.Checked = False
level1.Checked = True
h = 8                                            '设置游戏区所含有的小方块的数目
w = 8
'设置地雷数及改变游戏区的小方格数
bombnum = 10
init
End Sub
```

在级别选择中，代码基本的原理是一样的。只需要在执行该按钮时，把其他几个按钮设置成“False”即可，所以，其他几个菜单的代码形式是一样的，只是需要变化的是按钮的对象名称，其中只有 h、w、bombnum 的变化，且 init 函数在后面讲述，具体流程如图 23-9 所示。

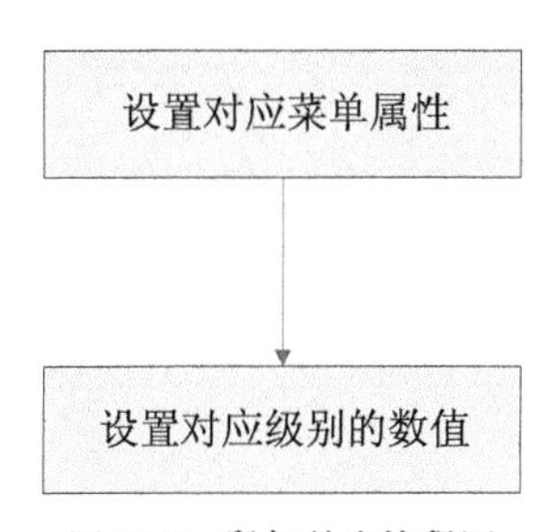

图 23-9　鼠标单击流程图

```
'设置对应菜单的Checked属性，初始均为False，单击对应的菜单才设置为True
Private Sub level2_Click()
level1.Checked = False
level2.Checked = False
level3.Checked = False
level4.Checked = False
level5.Checked = False
level2.Checked = True
'设置对应级别的数值
h = 16
w = 16
bombnum = 40
init
End Sub
'设置对应菜单的Checked属性，初始均为False，单击对应的菜单才设置为True
Private Sub level3_Click()
level1.Checked = False
level2.Checked = False
level3.Checked = False
level4.Checked = False
level5.Checked = False
level3.Checked = True
'设置对应级别的数值
h = 16
w = 30
bombnum = 99
init
End Sub
```

```
'设置对应菜单的Checked属性，初始均为False，单击对应的菜单才设置为True。
Private Sub level4_Click()
level1.Checked = False
level2.Checked = False
level3.Checked = False
level4.Checked = True
level5.Checked = False
'设置对应级别的数值
h = 30
w = 30
bombnum = 259
init
End Sub
'设置对应菜单的Checked属性，初始均为False，单击对应的菜单才设置为True。
Private Sub level5_Click()
level1.Checked = False
level2.Checked = False
level3.Checked = False
level4.Checked = False
level5.Checked = True
'设置对应级别的数值
h = 30
w = 50
bombnum = 299
init
End Sub
```

注意：上面需要注意的一个问题就是，菜单的单击事件需要在界面中双击对应的菜单，即可到达相应的菜单代码编写区域，而不是手动在代码中敲写 Private Sub level5_Click()这个事件，我们需要写的是这个事件中的代码。

另外，我们还需要设置一些公用变量用来存放数值，代码如下。

```
'声明各公用变量
Option Explicit
Dim h As Integer, w As Integer
Dim sizeofpicture As Integer
Dim bombnum As Integer
Dim bomb() As Integer
Dim view() As Integer
Dim onebuttonflag As Integer
Dim bactive As Boolean
Dim timeactive As Boolean
Dim oldx As Integer, oldy As Integer
```

上面在写菜单的单击事件时调用了一个 init 方法，为在 init 方法中写代码我们还要在界面中放入如表 23-1 所示的控件。

表 23-1　控件说明列表

控　件	控件名称	控件作用
button	clearbutton	是用来还原的，相当于重新再来或者重新开始
Label	time	主要作用为记录操作的次数，初始值设置为 0
Label	num	主要作用为用来提示地雷的颗数
PictureBox	bm	设置背景色为白色，主要作用为用来放置游戏区的小方格
Image	bakimg	里面包含了小方格中需要用到的所有图形
Timer	Time1s	记时的作用

从左侧的控件面板中拖入我们所需要的工具即可，如果左侧没有，则依次单击【视图】|【工具箱】命令后即可把控件箱界面调用出来，如图 23-10 所示。

我们可以从控件箱中拖出上面我们列出的几个控件，包括 Timer 控件、button 控件、Label 控件、PictureBox 控件、Image 控件，并设置各个控件的属性才能得到如下的效果。其中需要注意的是：Label 控件背景设置成“黑色”，字体颜色设置成“红色”即可得到；而 Image 控件则需要我们把预先设计好的一个图片添加进去，即在设置它的属性中找到那个图片即可。完成后的界面如图 23-11 所示。

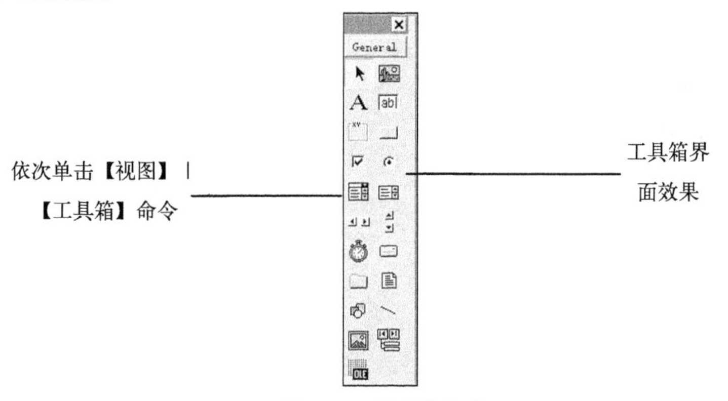

图 23-10 控件箱界面

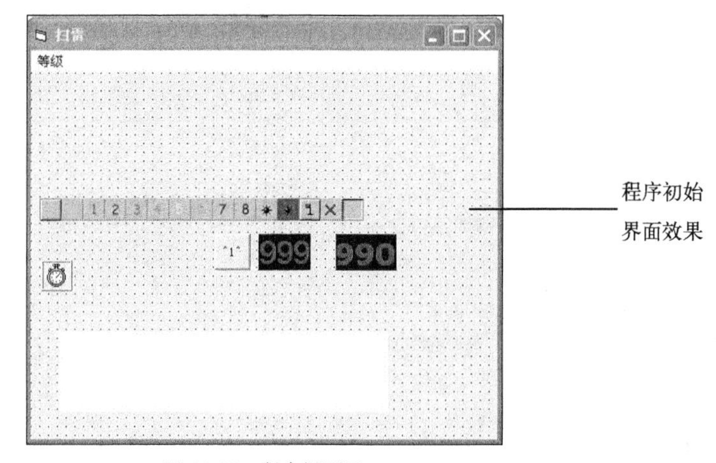

图 23-11 程序界面图

应用控件的主要作用是为产生随机数，其中 0 代表不存在雷，1 代表存在雷，分别放在两个数组中，并设定相关控件的属性。其具体实现流程如图 23-12 所示。

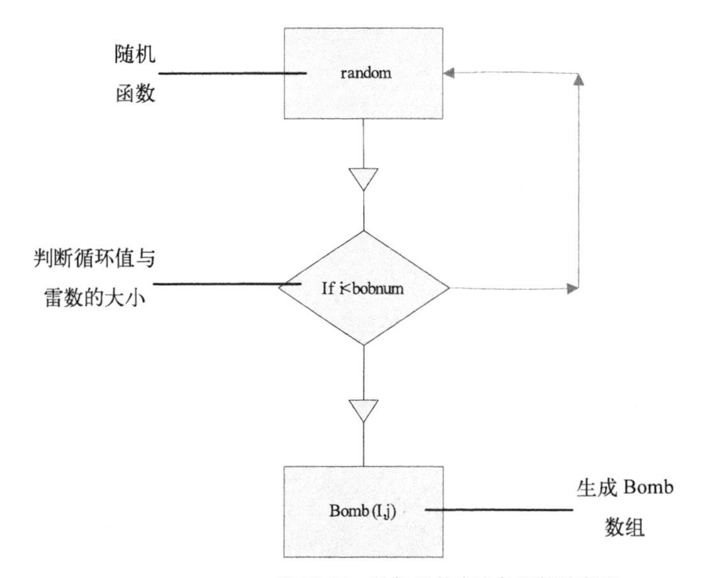

图 23-12 随机函数产生数组值流程图

上述流程的对应实现代码如下所示。

```
Public Sub init()
onebuttonflag = 0
bactive = True
'重新设置bomb、view两个整型数组的数组长度
ReDim bomb(w - 1, h - 1)
ReDim view(w - 1, h - 1)
Dim i, j As Integer
'初始化bomb、view两个数组的值
For i = 0 To w - 1
    For j = 0 To h - 1
        bomb(i, j) = 0
        view(i, j) = 0
    Next j
Next i
'使用随机函数
For i = 1 To bombnum
  Do
    j = Int(w * h * Rnd)
'使用随机函数把地雷总数放入到bomb数组中
    If bomb(Int(j / h), j Mod h) = 0 Then
        bomb(Int(j / h), j Mod h) = 1
        Exit Do
    End If
  Loop While True
Next i
For i = 1 To 5
'根据所有选择的等级来设置需要的窗体的大小
    Form1.Width = bakimg.Width / sizeofpicture * Form1.Width * (w + 2) / Form1.ScaleWidth
    Form1.Height = bakimg.Height * (Form1.Height - 20) * (h + 6) / Form1.ScaleHeight + 20
Next i
bm.Width = bakimg.Width / sizeofpicture * (w + 0.05)
bm.Height = bakimg.Height * (h + 0.05)
bm.Left = bakimg.Width / sizeofpicture
bm.Top = bakimg.Height * 4
bm.ScaleWidth = w + 0.05
bm.ScaleHeight = h + 0.05
'设置重新开始按钮的属性
clearbutton.Left = (Form1.ScaleWidth - clearbutton) / 2
clearbutton.Top = bakimg.Height * 2
clearbutton.Caption = "^!^"
'设置总的地雷数Label的属性
num.Left = bakimg.Width / sizeofpicture
num.Top = bakimg.Height * 2
num = bombnum
time.Left = bm.Left + bm.Width - time.Width
time.Top = bakimg.Height * 2
timeactive = False
'设置操作次数的值Label的属性
Time1s.Interval = 0
time = 0
timeactive = False
drawall         '调用了另外的一个方法
End Sub
```

其中在上面的方法中又用到了 drawall() 方法，下面我们接着分析 drawall() 方法中的代码，其主要功能即在将游戏区按所选择等级所设定值的小方格数目来填充，并在 PictrueBox 的四周划线（只是为了美观，没有实际功能），代码如下。

```
Public Sub drawall()
Dim i As Integer, j As Integer
'按照设定的两个数组的大小来填充小方格
For i = 0 To w - 1
For j = 0 To h - 1
    bm.PaintPicture bakimg, i, j, 1, 1, view(i, j), 0, 1, 1
Next j
Next i
'用来在PictureBox四周划线
bm.Line (0, 0)-(w + 0.05, 0)
bm.Line (w + 0.05, 0)-(w + 0.05, h + 0.05)
bm.Line (w + 0.05, h + 0.05)-(0, h + 0.05)
bm.Line (0, h + 0.05)-(0, 0)
End Sub
```

其中，在上面的程序代码中使用了 PictureBox 的 PaintPicture 方法，其具体的语法格式如下：

```
Object.PaintPicture  Pic, destX, destY, destWidth, destHeight, scrX, scrY, scrWidth, scrHeight
```

PaintPicture 方法的功能是，把一个源图像资源任意复制到指定的区域，并且通过改变参数 destWidth 与 destHeight 值，可以改变复制后的图像的尺寸，实现放大或缩小图像显示，甚至也可以设置这两个属性为负值，这样可使目标图像在水平方向翻转，实现特殊效果的图像显示。

上述格式中各参数的具体说明如下所示。

- ❑ Pic：为图片对象，如图形框 Picture 等。
- ❑ destX 和 destY：设置目标图像位置。
- ❑ destWidth 和 destHeight：设置目标图像尺寸大小。
- ❑ scrX 和 scrY：设置原图像的裁剪坐标。
- ❑ scrWidth 和 scrHeight：设置原图像的裁剪尺寸。

注意：在本实例中用到的 bm.PaintPicture bakimg，i，j，1，1，view（i，j），0，1，1 通过循环来实现对各个小图标的分割，从而达到图像组合显示的效果。

在设定窗体的加载事件时，需要在窗体的空白处双击鼠标左键，则转到代码编辑中的窗体加载事件中，设定了 sizeofpicture 的值为 15，其中的代码如下。

```
Private Sub Form_Load()                          '游戏开始运行
sizeofpicture = 15
Randomize
level3_Click
End Sub
```

其中需要说的是为什么我们一开始加载的级别都是“中级”呢？就是因为在初始化的时候用到了 level3_Click 方法。我们也可以改成 level1_Click，那么在初次运行的时候载入的就是“入门级”的游戏区了。

Randomize [number] 为初始化随机数生成器。使用时先进行初始化动作，Randomize 用 number 将 Rnd 函数的随机数生成器初始化，该随机数生成器给 number 一个新的种子值。如果省略 number，则用系统计时器返回的值作为新的种子值。

23.3 鼠标单击方格的事件

完成了上面的步骤后，整个游戏实例的运行界面已经完成了。下面就可以开始设置鼠标单击方格的事件及完成里面具体的算法了。首先设定 3 个方法，具体说明如下。

- ❑ 方法 Onerror()：当单击出雷或者是说游戏失败的时候执行的操作的方法。
- ❑ 方法 Checkcomplute()：该方法是用来检查是否把地雷全部找出来。
- ❑ 方法 Complute()：该方法是用来显示当地雷全部寻找出来时执行的操作。

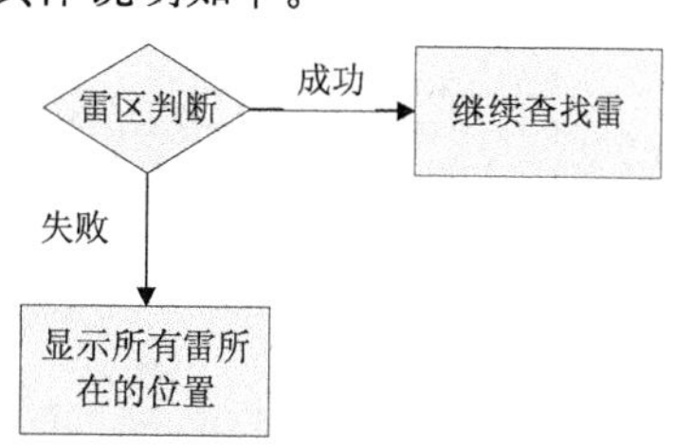

图 23-13 游戏判断流程图

上述 3 个方法的具体运行流程如图 23-13 所示。

上述功能的具体实现代码如下所示。

```
Public Sub onerror()
bactive = False
Time1s.Interval = 0
timeactive = False
Dim i As Integer, j As Integer
For i = 0 To w - 1
For j = 0 To h – 1
'当游戏失败时，则显示所有的雷
    If view(i, j) = 0 And bomb(i, j) = 1 Then
        view(i, j) = 10
```

```
                pt i, j
            End If
            If view(i, j) = 25 And bomb(i, j) = 0 Then
                view(i, j) = 13
                pt i, j
            End If
        Next j
        Next i
        clearbutton.Caption = "^&&^"
        End Sub
```

上面代码中我们需要重点分析循环里面的两个判断，其中第一个 if 是用来判断如果 Image 中的是第一个即▢和存在雷时，则显示为第 10 个小图像即✱，再接着调用 pt x、y 方法。

```
If view(i, j) = 0 And bomb(i, j) = 1 Then
        view(i, j) = 10
        pt i, j
    End If
```

第二个 if 是用来表示如果玩家在小方块上做了雷标识即1且判断错误（实际不存在雷），则显示为第 13 个小图像即✕，再接着调用 pt x、y 方法。

```
If view(i, j) = 25 And bomb(i, j) = 0 Then
        view(i, j) = 13
        pt i, j
    End If
```

上述处理流程如图 23-14 所示。

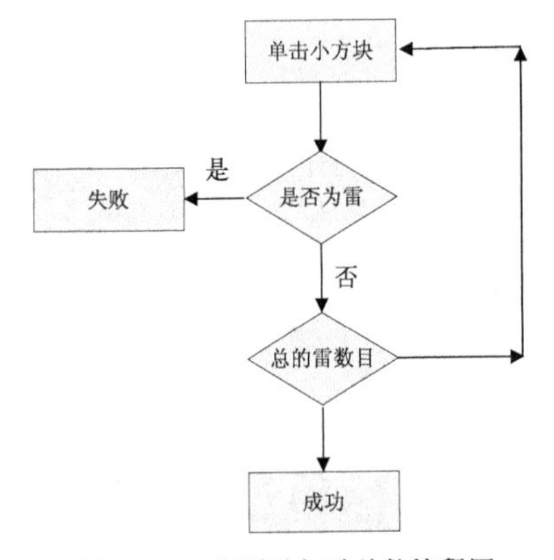

图 23-14　判断雷与雷总数流程图

上述流程的具体实现代码如下所示。

```
'用来判断是否把雷全部找出来
Public Sub checkcomplute()
Dim i As Integer, j As Integer, k As Integer
k = 0
For i = 0 To w - 1
For j = 0 To h - 1
    If view(i, j) > 0 And view(i, j) < 10 And bomb(i, j) = 0 Then
        k = k + 1
    End If
Next j
Next i
'当把全部的雷都找出来的时候就跳转到complute方法
If k = w * h - bombnum Then complute
End Sub
'当把所有的雷都找出来的时候执行，显示所有的方格内容
Public Sub complute()
bactive = False
timeactive = False
Time1s.Interval = 0
Dim i As Integer, j As Integer
For i = 0 To w - 1
For j = 0 To h - 1
    If view(i, j) = 0 And bomb(i, j) = 1 Then
        view(i, j) = 25
```

```
            pt i, j
        End If
    Next j
    Next i
    num = 0
    clearbutton.Caption = "^_^"
    End Sub
    '显示游戏区对应的位置所显示的图形
    Public Sub pt(X As Integer, Y As Integer)
        bm.PaintPicture bakimg, X, Y, 1, 1, view(X, Y), 0, 1, 1
        bm.Line (0, 0)-(w + 0.05, 0)
        bm.Line (w + 0.05, 0)-(w + 0.05, h + 0.05)
        bm.Line (w + 0.05, h + 0.05)-(0, h + 0.05)
        bm.Line (0, h + 0.05)-(0, 0)
    End Sub
```

下面两个方法的功能分别是用来实现对应鼠标按下、弹起时在游戏区的显示情况。当在 lbtmpdown 时，对应按下事件判断小方块是否是在第一个状态即，如果是则在按下的时候显示第 14 个小图像即这个图像。具体代码如下所示。

```
    Public Sub lbtmpdown(X As Integer, Y As Integer)
    If view(X, Y) = 0 Then
        view(X, Y) = 14
        pt X, Y
    End If
    End Sub
```

当在 lbtmpup 事件时，则正好与 lbtmpdown 事件相反显示，即对应鼠标弹起时判断小方块是否是在第 14 个小图像状态即，如果是则在弹起的时候显示第 1 个小图像即。具体代码如下所示。

```
    Public Sub lbtmpup(X As Integer, Y As Integer)
    '当读取小图标显示为14个时
    If view(X, Y) = 14 Then
        view(X, Y) = 0
        pt X, Y
    End If
    End Sub
    '读取整个游戏区域内的小方块调用lbtmpdown方法
    Public Sub dbtmpdown(X As Integer, Y As Integer)
    Dim i As Integer, j As Integer
     For i = X - 1 To X + 1
        For j = Y - 1 To Y + 1
            If i >= 0 And i < w And j >= 0 And j < h Then
                lbtmpdown i, j
            End If
        Next j
    Next i
    End Sub
    Public Sub dbtmpup(X As Integer, Y As Integer)
    Dim i As Integer, j As Integer
    '跟上面的方法反向调用，循环中调用lbtmpup方法
    For i = X - 1 To X + 1
        For j = Y - 1 To Y + 1
        If i >= 0 And i < w And j >= 0 And j < h Then
                lbtmpup i, j
            End If
        Next j
    Next i
    End Sub
```

处理鼠标单击之后的事件，用于判断是否处于未打开状态，否则将退出过程。接下来需要判断如果单击之后存在雷的话，则显示成图像中的第 11 个有雷的小图像，这样表示游戏失败。显示所有雷时需要调用 onerror 方法，具体代码如下所示。

```
    Public Sub lbdown(X As Integer, Y As Integer)
     If view(X, Y) <> 0 And view(X, Y) <> 10 And view(X, Y) <> 14 Then Exit Sub
    '当单击出来是雷的时候，显示所有雷区调出游戏失败方法
    If bomb(X, Y) = 1 Then
      view(X, Y) = 11
      pt X, Y
      onerror
      Exit Sub
```

```
    End If
    Dim i As Integer, j As Integer, k As Integer
    k = 0
'计算整个游戏区中雷的分布
For i = X - 1 To X + 1
    For j = Y - 1 To Y + 1
        If i >= 0 And i < w And j >= 0 And j < h Then
            k = k + bomb(i, j)
        End If
    Next j
Next i
view(X, Y) = k + 1
pt X, Y
If k = 0 Then dbdown X, Y
checkcomplute
End Sub
```

Rbdown 方法的主要功能是为了实现给有地雷的小方块做个小标记，每标记一次则左上的总雷数减少一颗，并以显示在游戏区。同时也设有实现取消该标记的功能，即在取消时候左上的总雷数增加一颗，并以重新显示在游戏区。上述功能的具体实现流程如图 23-15 所示。

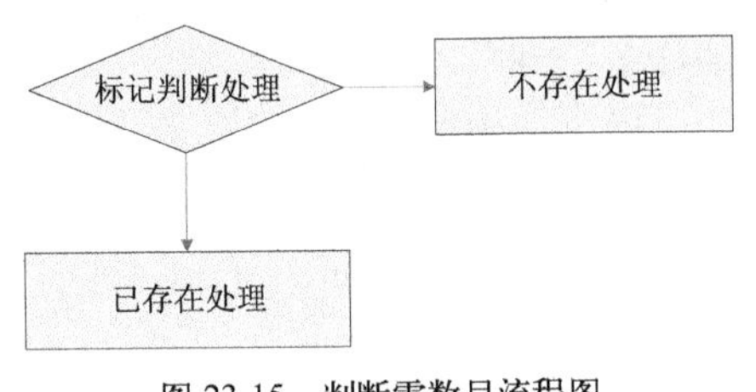

图 23-15 判断雷数目流程图

上述流程的对应实现代码如下所示。

```
Public Sub rbdown(X As Integer, Y As Integer)
'不存在标记时，可以在小方块上做个标记并使得雷总数减1。
If view(X, Y) = 0 Then
    view(X, Y) = 25
    num = num - 1
    pt X, Y
    Exit Sub
End If
'当已经存在雷标记时，也可以取消雷标记，并使得雷总数加1。
If view(X, Y) = 25 Then
    view(X, Y) = 0
    num = num + 1
    pt X, Y
    Exit Sub
End If
End Sub
Public Sub dbdown(X As Integer, Y As Integer)
If view(X, Y) = 0 Then Exit Sub
If view(X, Y) = 13 Then Exit Sub
  Dim i As Integer, j As Integer, k As Integer, l As Integer
  k = 0
  l = 0
'当已经存在雷标记时，也可以取消雷标记，并使得雷总数加1。
  For i = X - 1 To X + 1
    For j = Y - 1 To Y + 1
        If i >= 0 And i < w And j >= 0 And j < h Then
            k = k + bomb(i, j)
            If view(i, j) = 25 Then l = l + 1
        End If
    Next j
Next i
If k <> l Then Exit Sub
For i = X - 1 To X + 1
    For j = Y - 1 To Y + 1
        If i >= 0 And i < w And j >= 0 And j < h Then
            lbdown i, j
        End If
    Next j
Next i
End Sub
```

在 PictureBox 中的 keyDown 事件中为了使用键盘直接操作游戏以达到重新开始的目的，所以特意加了此功能，我们知道在键盘上【F1】键相当与键值 125，所以我们用【F1】键来代表重新开始，当键盘上按下【F1】键的时候游戏重新开始，具体代码如下所示。

```
'设置游戏快捷键
Private Sub bm_KeyDown(KeyCode As Integer, Shift As Integer)
If KeyCode = 125 Then
    init
End If
End Sub
```

设置鼠标在 PictureBox 上的各种单击事件，包括 MouseDown、MouseMove、MouseUp 三个事件。上述事件的运行流程如图 23-16 所示。

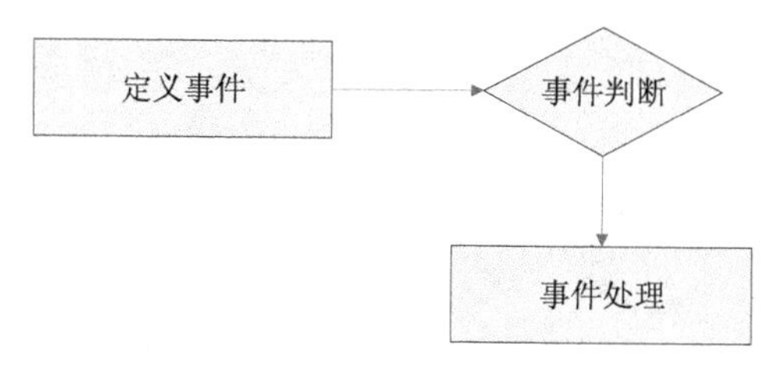

图 23-16　鼠标的事件

上述流程的对应实现代码如下所示。

```
'鼠标在小方格上按下状态时所触发的事件
Private Sub bm_MouseDown(Button As Integer, Shift As Integer, X As Single, Y As Single)
If bactive = False Then Exit Sub
Dim ox As Integer, oy As Integer
ox = Int(X)
oy = Int(Y)
If ox >= w Or ox < 0 Or oy < 0 Or oy >= h Then Exit Sub
'通过对button的值的判断发生对应的事件
If Button = 1 Then
   onebuttonflag = onebuttonflag + 1
   oldx = ox
   oldy = oy
   If onebuttonflag = 1 Then lbtmpdown ox, oy
   If onebuttonflag = 3 Then dbtmpdown ox, oy
End If
If Button = 2 Then
      If onebuttonflag = 0 Then
          rbdown (ox), (oy)
      End If
      onebuttonflag = onebuttonflag + 2
      If onebuttonflag = 3 Then
            oldx = ox
            oldy = oy
            dbtmpdown ox, oy
      End If
End If
End Sub
'鼠标移动到小方格上所发生的事件
Private Sub bm_MouseMove(Button As Integer, Shift As Integer, X As Single, Y As Single)
Dim ox As Integer, oy As Integer
ox = Int(X)
oy = Int(Y)
If ox >= w Or ox < 0 Or oy < 0 Or oy >= h Then Exit Sub
If Button = 0 And onebuttonflag <> 0 Then
      dbtmpup oldx, oldy
      onebuttonflag = 0
End If
'通过对button的值=1和onebuttonflag的值=1判断来进行相应的操作
If Button = 1 And onebuttonflag = 1 Then
      lbtmpup oldx, oldy
      oldx = ox
      oldy = oy
      lbtmpdown ox, oy
End If
'判断当Button=1和onebuttonflag=3时 进行操作
If Button = 1 And onebuttonflag = 3 Then
      dbtmpup oldx, oldy
      oldx = ox
      oldy = oy
```

```
        onebuttonflag = 1
        lbtmpdown ox, oy
    End If
    '判断当Button=3和onebuttonflag=3时 进行操作
    If Button = 3 And onebuttonflag = 3 Then
        dbtmpup oldx, oldy
        oldx = ox
        oldy = oy
        dbtmpdown ox, oy
    End If
    '判断当Button=3和onebuttonflag<>3时 进行操作
    If Button = 3 And onebuttonflag <> 3 Then
        dbtmpup oldx, oldy
        oldx = ox
        oldy = oy
        onebuttonflag = 3
        dbtmpdown ox, oy
    End If
    End Sub
    Private Sub bm_MouseUp(Button As Integer, Shift As Integer, X As Single, Y As Single)
    If bactive = False Then Exit Sub
    If timeactive = False Then
        timeactive = True
        time = 1
        Time1s.Interval = 1000
    End If
    '进行鼠标单击弹起时的响应事件
    Dim ox As Integer, oy As Integer
    ox = Int(X)
    oy = Int(Y)
    If ox >= w Or ox < 0 Or oy < 0 Or oy >= h Then Exit Sub
    If onebuttonflag = 3 Then
        dbtmpup ox, oy
        onebuttonflag = 0
        dbdown ox, oy
        Exit Sub
    End If
    If Button = 1 Then
    '判断当Button=1和onebuttonflag=1时 进行操作
        If onebuttonflag = 1 Then
            lbtmpup ox, oy
            onebuttonflag = 0
            lbdown ox, oy
        End If
    End If
    If Button = 2 Then
        onebuttonflag = 0
    End If
    End Sub
```

在代码编辑区中首先选择了控件的名称，前面我们设置的控件 PictureBox 的名称“bm”在后面的事件中选择 PictureBox 的 Paint 事件，主要功能是为了实现加载图片的作用，即使用 drawall 方法来描绘游戏区，代码段如下所示。

```
Private Sub bm_Paint()
Drawall                                        '执行生成方法
End Sub
```

界面面板中 button 控件名称设置为 “clearbutton”的单击事件，主要功能是为了实现重新开始的功能，代码也很简单，就是双击 button 然后在它的单击事件中重新执行一次 init 方法，即可完成重新开始的功能，具体代码如下所示。

```
Private Sub clearbutton_Click()
Init                                           '重新执行此方法函数
End Sub
```

另外，还有 Time1s 的计时事件，功能是为当每次单击成功的话，让 time 每次增加 1，具体代码如下。

```
Private Sub Time1s_Timer()
If timeactive = True Then time = time + 1
End Sub
```

23.4 制作游戏安装包

我们已经把整个游戏程序编写完了，这时我们就会想着怎么样才能把我们写好的小游戏也能在别人的机器上跑起来，而不需要每个人都安装 Visual Basic 6.0 的开发工具，如果这样的话估计没有几个人会想去玩你开发的游戏。Visual Basic 6.0 使得编译过程变得十分简单，当确信程序编译后，只需要依次单击【文件】|【生成工程】命令即可完成整个打包过程。

它只需要几秒钟来创建“扫雷.exe”文件。这个执行文件独立于 Visual Basic 环境，并可以像任何其他 Windows 应用程序一样被执行。但这并不是意味着可以将 EXE 文件传给其他人，并指望它工作。事实上，所有的 Visual Basic 程序都依赖于一些辅助文件，例如 MSVBVN60.DLL 文件，它是在 Visual Basic 运行时的一部分。除非所有这样的文件都正确安装在目标系统上，程序才能被正确执行。

因此，永远不要认为因为它在你的计算机或者你办公室的其他计算机上工作，故 Visual Basic 程序就将可以在每个 Windows 系统上执行。此外，使用 Package 和 Deployment Wizard 准备一个标准的安装程序，并在没有 Visual Basic 的系统中试着运行它，如果你专门开发软件，你手头总会有这样的未安装 Visual Basic 的系统，即可能的话只安装操作系统。如果你是独立的开发者，为测试软件可能不必另外购买完整的系统。我找到一个十分简单又相对不贵的方法来解决这个两难的处境：使用一个带可移动硬盘的计算机，因此可以在不同的系统结构下方便测试程序。

23.5 核心代码分析

本章中所讲到的扫雷游戏的开发其中有许多都是 Visual Basic 的基本技巧。具体介绍如下。

1. 使用菜单编辑器

当打开 Visual Basic 6.0，在界面窗口中单击系统菜单中的“工具”项，在其下拉菜单中有一个“菜单编辑器（M）”项，选择该项则弹出菜单编辑器。

每个菜单项基本上都有一个 Caption 属性（可能嵌入了一个“&”符号创建一个访问热键）和一个 Name 属性。每一个项目也支持三个布尔属性，分别是 Enable、Visible 和 Checked，可以在设计时或在运行时对它们进行设置。在设计时，可以给菜单项指定一个快捷键，以便终端用户执行一个常用命令时不必每次都进入菜单系统。该快捷键在运行时不能查询，更不用说修改了。

建立一个菜单在 Visual Basic 里十分简单，只需要输入 Caption 和 Name 值，然后设置其他的属性（或者接受系统的默认值），然后按【Enter】键进入下一项即可。当需要建立一个子菜单时，按向右的箭头。当想要返回工作在顶级菜单项时，按向左的箭头。可以通过相应的按钮来使本层次中的项目向上或者向下移动。

在 Visual Basic 中我们可以创建 5 层的子菜单（包括顶级菜单在内一共是 6 层），但这即使是对最有耐心的用户来说也会感觉麻烦，故平常我们在设计菜单时，发现菜单超过 3 层时，就应该考虑重新设计了。

例如，在此我们按照微软的 Office 工具中 Word 的菜单来做一个实例，只需打开“菜单编辑器”，然后进行如下设置即可得到类似于 Word 的菜单栏。如图 23-17 所示。

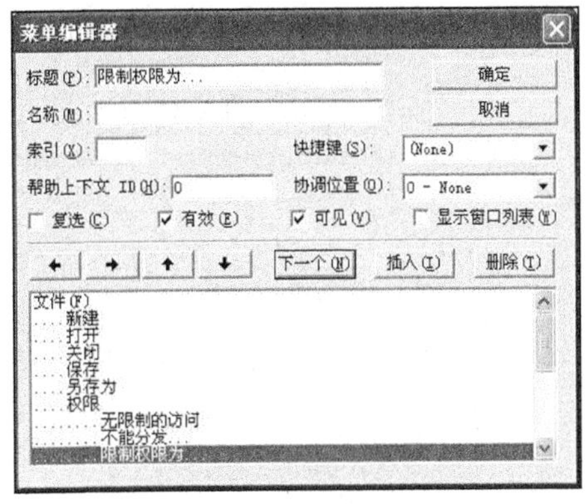

图 23-17 菜单多级设计图

当然通过 Visual Basic 6.0 的菜单编辑器来设计的菜单是不能像 Word 一样在菜单前面还带有一个小图标，那样看起来好看多了。当然我们自己也可以实现这样的功能，通过两种方法我们可以实现类似的功能。

（1）调用 Visual Basic 6.0 中的 API 用来在菜单的前面加入一个小图标。

（2）现在也有好多已经封装好的控件用来生成漂亮的 Visual Basic 6.0 菜单，我们可以借鉴。

下面我们给出一个制作带小图标的实例，主要步骤如下。

（1）利用菜单编辑器创建一个菜单。

主菜单为：文件

....一级子菜单分别为：

....新建

....打开

....保存

....打印

索引值分别为 0、1、2、3

（2）在窗体中建立 4 个图片框。

（3）在窗体中加入下面代码。

```
    Private Sub Form_Load()                              '隐藏控件
            Picture1.Visible = False
            Picture2.Visible = False
            Picture3.Visible = False
            Picture4.Visible = False
'使各Picture Box控件能够根据图片自动改变大小
Picture1.AutoSize = True
            Picture2.AutoSize = True
            Picture3.AutoSize = True
            Picture4.AutoSize = True
            '得到窗口菜单和第一个子菜单File的句柄
            hMenu& = GetMenu(Form1.hwnd)
            hSubMenu& = GetSubMenu(hMenu&, 0)
            '根据菜单项ID进行图片处理
            hID& = GetMenuItemID(hSubMenu&, 0)
            Picture1.Picture = LoadPicture(App.Path + "\New.bmp")
            SetMenuItemBitmaps hMenu&, hID&, MF_BITMAP, _
                                Picture1.Picture, Picture1.Picture
            '得到File菜单中的第二个菜单项的ID并为其添加图标
                hID& = GetMenuItemID(hSubMenu&, 1)
            Picture2.Picture = LoadPicture(App.Path + "\Open.bmp")
            SetMenuItemBitmaps hMenu&, hID&, MF_BITMAP, _
                                Picture2.Picture, Picture2.Picture
            '得到File菜单中的第三个菜单项的ID并为其添加图标
            hID& = GetMenuItemID(hSubMenu&, 2)
            Picture3.Picture = LoadPicture(App.Path + "\Save.bmp")
            SetMenuItemBitmaps hMenu&, hID&, MF_BITMAP, _
                                Picture3.Picture, Picture3.Pict
            '得到File菜单中的第四个菜单项的ID并为其添加图标
            hID& = GetMenuItemID(hSubMenu&, 3)
            Picture4.Picture = LoadPicture(App.Path + "\Print.bmp")
            SetMenuItemBitmaps hMenu&, hID&, MF_BITMAP, _
                                Picture4.Picture, Picture4.Picture
        End Sub
```

（4）建立一个模块文件，加入下面代码。

```
        '获得窗口菜单和子菜单
        Public Declare Function GetMenu Lib "user32"( ByVal hwnd As Long) As Long
        Public Declare Function GetSubMenu Lib "user32" (ByVal hMenu As Long,ByVal nPos As Long) As Long
'获得菜单项
Public Declare Function GetMenuItemID Lib "user32" _
        (_
            ByVal hMenu As Long, _
            ByVal nPos As Long _
            ) As Long
        Public Declare Function GetMenuItemCount Lib "user32" _
```

```
(_
    ByVal hMenu As Long _
    ) As Long
'获得指定菜单下菜单项的数目
'----------------------------------------------------
Public Declare Function GetMenuItemInfo Lib "user32" _
Alias "GetMenuItemInfoA" _
(_
    ByVal hMenu As Long, ByVal un As Long, _
    ByVal b As Boolean, lpMenuItemInfo As MENUITEMINFO _
    ) As Boolean
..........................................
Public Const MF_BITMAP = &H4&
```

2. 使用 PictureBox 控件

PictureBox 控件是 Visual Basic 的 Toolbox 窗口中最强有力也是最复杂的一个控件。从某种意义上说，这个控件比其他控件更像一个窗体。在本章中用到它的一个重要方法就是 PaintPicture，可以完成各种图像效果，包括缩放、滚动、全景、平铺和很多淡化效果。简要地说，该方法完成由源控件到目标控件的像素到像素的复制。

PictureBox 控件的功能是，把一个源图像资源任意复制到指定的区域，并且通过改变参数 destWidth 与 destHeight 的值，改变复制后的图像的尺寸，实现放大或缩小图像显示，甚至也可以设置这两个属性为负值，这样可使目标图像在水平方向翻转，实现特殊效果的图像显示。

PictureBox 控件的具体语法格式如下。

```
Object.PaintPicture  Pic, destX, destY, destWidth, destHeight, scrX, scrY, scrWidth, scrHeight
```

上述格式中各参数的具体说明如下。

- Pic：为图片对象，如图形框 Picture 等。
- destX，destY：目标图像位置。
- destWidth，destHeight：目标图像尺寸。
- scrX，scrY:：原图像的裁剪坐标。
- scrWidth，scrHeight：原图像的裁剪尺寸。

其中如果只想复制源图片的一部分，可能想给 srcX 和 srcY 赋一个特定的值，这个值就是源图片控件复制区域的左上角的坐标，例如下面的代码。

```
W=picsource.ScaleWidth/2
H=picsource.ScaleHeight/2
picDest.PaintPicture picsource,W,H,,,W,H,W,W
```

另外一个重要的特性是可以在传送图像时调整它的大小，甚至可以给 x 轴和 y 轴分别指定不同的缩放系数，只需要指定 destWidth 和 destHeight 参数即可，如果这些值比源图像的相应大小更大，就可以收到放大的效果，反之，就可收到缩小的效果。例如在下面的代码中，给出了如何将源图像的长宽各放大一倍。

```
picDest.PaintPicture picsource,0,0,picsource.ScaleWidth*2,picsource.ScaleHeight*2
```

作为 PaintPicture 方法的语法的一个特例，通过给 destWidth 和 destHeight 参数传负值，源图像甚至可以分别或者同时沿 x 轴或者 y 轴翻转。

```
Picdest.PaintPicture picsource.Picture, picsource.ScaleWidth, 0, -picsource.ScaleWidth
Picdest. PaintPicture picsource.Picture, 0, picsource.ScaleHeight, , - picsource.ScaleHeight
picDest.PaintPicture picsource.Picture, picsource.ScaleWidth, picsource.ScaleHeight, -picsource.ScaleWidth, - picsource.ScaleHeight
```

3. 算法方面

本程序对于小方格的定位均放置于两个二维数组中，需要熟练掌握对二维数组的操作及计算。关于对数组的操作请查看前面章节。

4. 二维数组随机赋值

在本游戏的开发中我们所用到的关键技术不多，主要是其中的二维数组随机赋值，具体代码如下。

```
ReDim bomb(w - 1, h - 1)   '对二维数组的长度重新设置
ReDim view(w - 1, h - 1)   '对二维数组的长度重新设置
Dim i, j As Integer
'对两个二维数组值进行初始化
For i = 0 To w - 1
    For j = 0 To h - 1
        bomb(i, j) = 0
        view(i, j) = 0
    Next j
Next i
'取得随机数，使得bomb的数组随机存在雷
For i = 1 To bombnum
  Do
    j = Int(w * h * Rnd)
    If bomb(Int(j / h), j Mod h) = 0 Then
        bomb(Int(j / h), j Mod h) = 1
        Exit Do
    End If
  Loop While True
Next i
```

通过本游戏的开发，我们可以发现做游戏也比较简单。大型的游戏也是通过一个个小的功能模块来拼起来的，一个小的功能模块里面也可以再继续细分成一个个更细的功能点。这就是我们做开发的一个基本的思路，拿到一个大的项目不用怕，找到小的突破口，分解成一个个小的模块去理解去开发，你会发现事情变得非常容易了。

第 24 章

图书借阅系统

数据库开发是计算机编程项目的核心内容，编程语言通过和数据库工具结合使用，能够建立起灵活多变的现实项目工程。通过数据库，可以实现对项目内数据信息的管理、更新和删除等操作，实现整个项目的信息化管理。

在本章的内容中，将通过 Visual Basic 6.0 开发一个图书借阅系统实例，详细介绍整个项目的实现过程，使读者对 Visual Basic 6.0 数据库开发有一个更加深入的认识。

24.1　图书借阅系统介绍和分析

在本节的内容中，讲着先简要介绍图书借阅管理系统的应用背景和整个系统的需求分析，为后面的具体项目设计打下坚实的基础。

24.1.1　图书借阅系统应用背景概述

随着计算机技术的迅猛发展和互联网的迅速普及，计算机技术也被广泛应用于图书馆中。通过自动化的图书借阅信息管理系统，可以实现对不同性质和类型图书馆的办公自动化，加快我国的信息化普及程度。

建立信息化的图书借阅系统，其优点主要体现在如下 3 个方面。

（1）便于管理员对整个馆内的信息进行统一管理。

（2）更加方便地实现了借书和还书操作的功能，只需单击鼠标即可完成简单的操作。

（3）能够根据系统的整体信息来分析图书馆的未来需求，并及时根据现状做出对应的调整。

24.1.2　图书借阅系统需求分析

本系统实例是图书借阅系统，所以可以被用于企事业单位的图书馆或学校图书馆，它能够方便地实现借书处理和还书处理功能。

根据现实中图书馆的功能需求和具体运作流程，总结出一个典型图书借阅系统基本需求的构成模块如下。

- 系统设置模块：实现对系统整体信息的设置。
- 图书管理模块：实现图书信息的基本管理，例如添加、删除和更新等操作。
- 客户管理模块：实现对借书客户信息的基本管理，例如添加、删除和更新等操作。
- 图书报表模块：实现图书信息的打印报表，例如报表内可以包含图书、读者和借书等信息。
- 信息检索模块：实现对系统内信息的快速检索。
- 过滤模块：实现对系统内图书信息和客户信息的过滤。
- 排序处理模块：实现对系统内的图书信息和读者信息的排序处理。
- 借书处理模块：实现借书操作功能。
- 还书处理模块：实现还书操作功能。

24.1.3　图书借阅系统功能模块结构

根据系统的需求分析，得出系统的具体功能模块结构图，如图 24-1 所示。

24.1.4　图书借阅系统概览

系统主界面效果如图 24-2 所示。

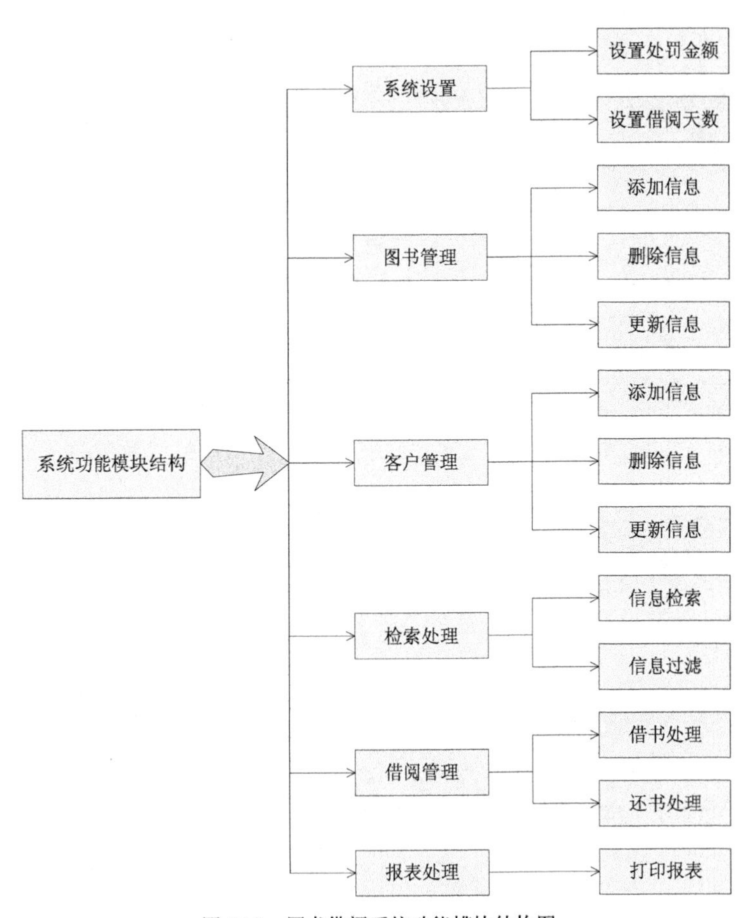

图 24-1　图书借阅系统功能模块结构图

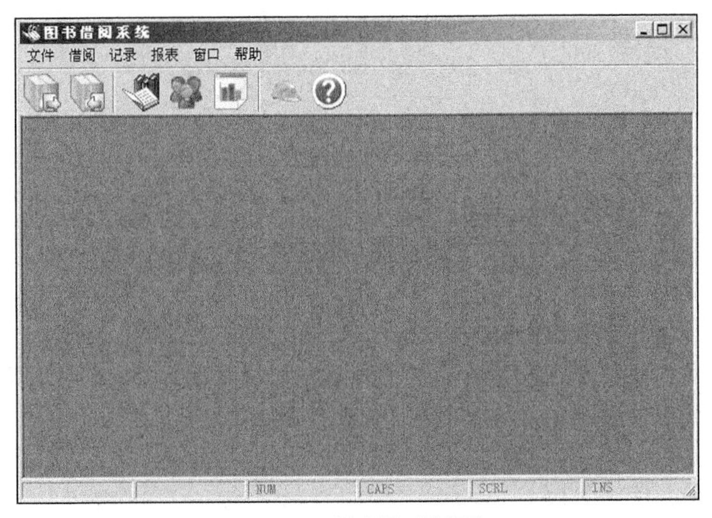

图 24-2　系统主界面效果图

系统借书界面和还书界面效果分别如图 24-3 和图 24-4 所示。

系统图书详情界面效果如图 24-5 所示。

图 24-3　系统借书界面效果图

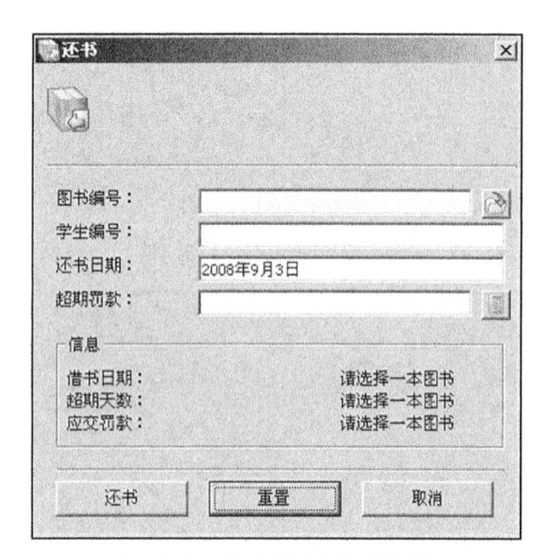

图 24-4　系统还书界面效果图

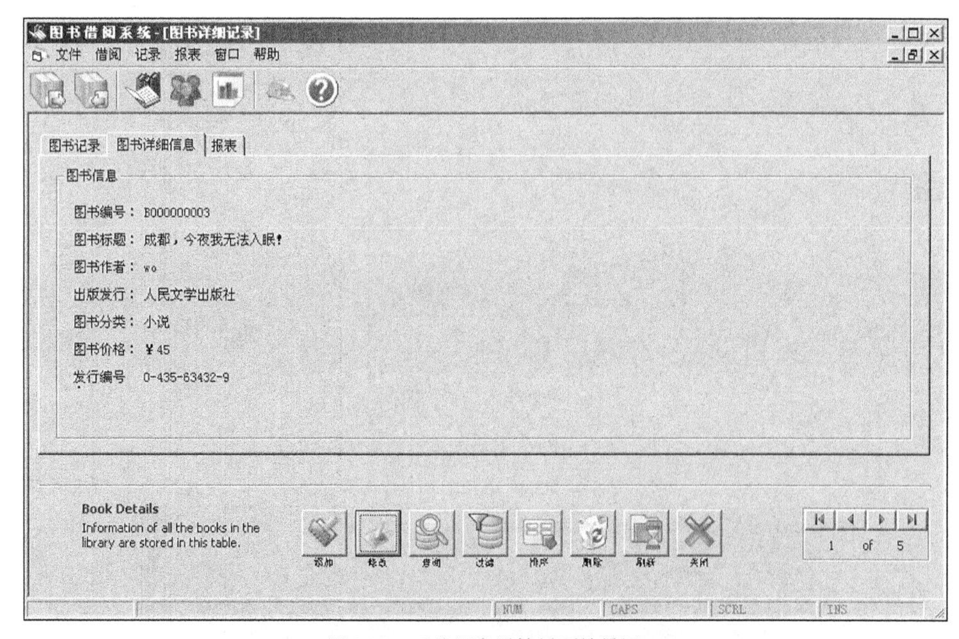

图 24-5　系统图书详情界面效果图

24.2　图书借阅系统数据库设计

数据库技术是实现动态网页技术的必要手段，在信息系统中占有非常重要的地位。系统 Web 页面内容实质上是显示的数据库内容，管理员通过修改数据库来实现页面内容的变化。

在 Web 系统的开发过程中，数据库的设计应该遵循如下 3 个步骤。

- ❑ 数据库需求分析。
- ❑ 数据库概念结构设计。
- ❑ 数据库逻辑结构设计。

在下面的内容中，将分别介绍上述过程的具体实现。

24.2.1　数据库需求分析

用户的需求具体体现在各种信息的操作方面，主要包括添加、更新、删除和查询方面，这就要求数据库结构能充分满足各种信息的显示和输入。所以应该收集各种数据，组成一份详细的数据字典，为后面的设计打下牢固的基础。

本系统面向图书馆管理员，所以在数据库需求分析时主要考虑这方面的因素。对于图书馆管理员来说，最重要的是方便对系统内数据的管理和维护。

根据系统的整体特点和需求，总结出管理员的具体需求分析如下所示。

- 方便图书信息的显示和操作维护。
- 方便客户信息的显示和操作维护。
- 集成管理系统的借阅信息。

24.2.2 概念结构设计

根据前面的数据结构，可以设计出满足系统需求的具体实体对象。结合前面的模块设计和数据库需求分析，本系统实例包括如下实体对象：管理员信息实体、商品信息实体、设置信息实体、系统会员信息实体、订单信息实体和商品分类信息实体。在下面的内容中，将对上述实体对象进行详细阐述。

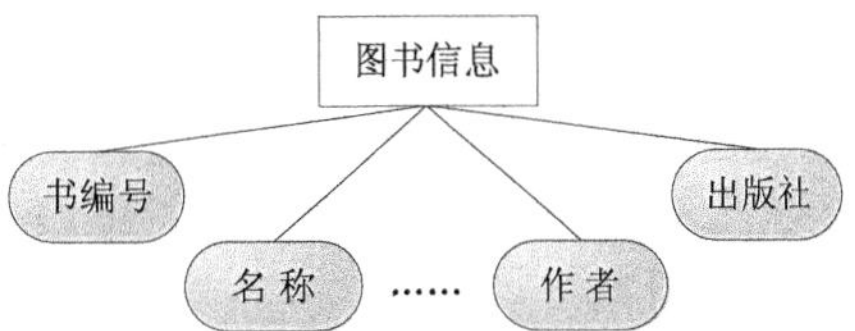

图 24-6 图书信息 E-R 图

订单信息实体的 E-R 图如图 24-6 所示。

客户信息实体的 E-R 图如图 24-7 所示。

系统借阅信息实体的 E-R 图如图 24-8 所示。

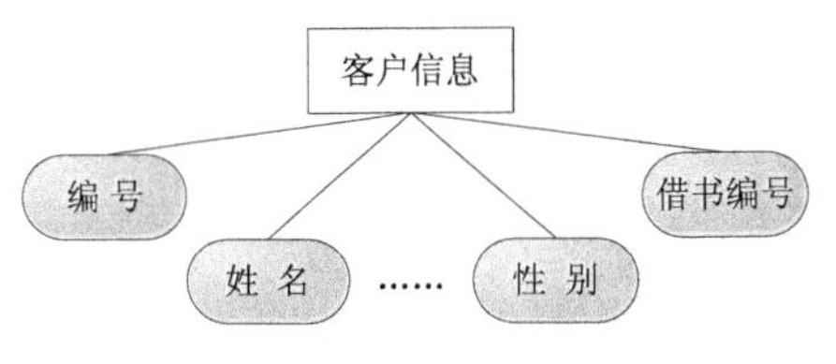

图 24-7 客户信息 E-R 图

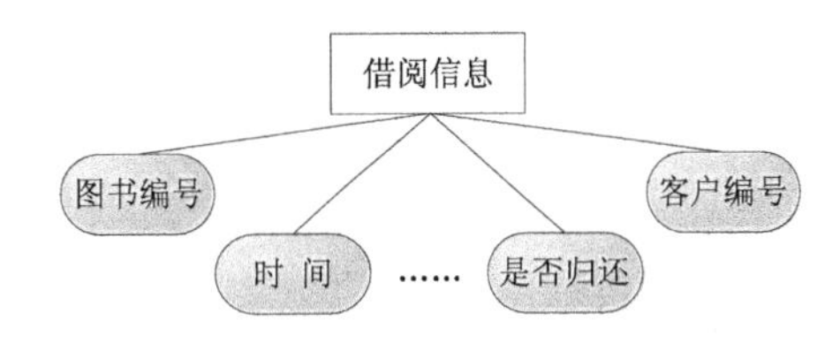

图 24-8 系统借阅信息 E-R 图

24.2.3 逻辑结构设计

通过前面的需求分析和概念结构设计后，就可将得到的概念结构转换为逻辑结构，进行具体的物理设计。本章实例使用的是 Access 数据库，名为“123.mdb”。在下面的内容中，将简要说明库中各表的具体设计结构。

系统图书信息设计如表 24-1 所示。

表 24-1 系统图书信息表（Books）

字段名称	数据类型	是否主键	默认值	功能描述
图书编号	文本	是	Null	系统图书编号
图书标题	文本	否	Null	系统图书名称
图书作者	文本	否	Null	某图书的作者
出版发行	文本	否	Null	图书的发行社
图书分类	文本	否	Null	图书所属类别
图书价格	货币	否	0	某图书的定价
发行编号	数字	否	Null	图书发行编号
是否出错	是/否	否	Null	信息是否出错

系统客户信息设计如表 24-2 所示。

表 24-2　　系统客户信息表（Members）

字段名称	数据类型	是否主键	默认值	功能描述
编号	文本	是	Null	客户编号
姓名	文本	否	Null	客户姓名
性别	文本	否	Null	客户性别
专业	文本	否	Null	客户专业
班级	文本	否	Null	客户所在班级
地区	货币	否	Null	客户所在地区
地区编号	数字	否	0	所在地区编号
Picture	OLE 对象	否	Null	客户照片

系统借阅信息设计如表 24-3 所示。

表 24-3　　系统借阅信息表（Trans）

字段名称	数据类型	是否主键	默认值	功能描述
图书编号	文本	是	Null	图书编号
客户编号	文本	否	Null	客户编号
借书时间	文本	否	Null	借阅时间
罚款	货币	否	0	罚款金额
是否归还	是否	否	Null	是否已归还

24.3　系统窗体概览

本章图书馆借阅系统实例由多个窗体和模块构成，具体如图 24-9 所示。

由图 24-9 所示的结构可以看出，整个实例工程由如下 4 大部分构成。

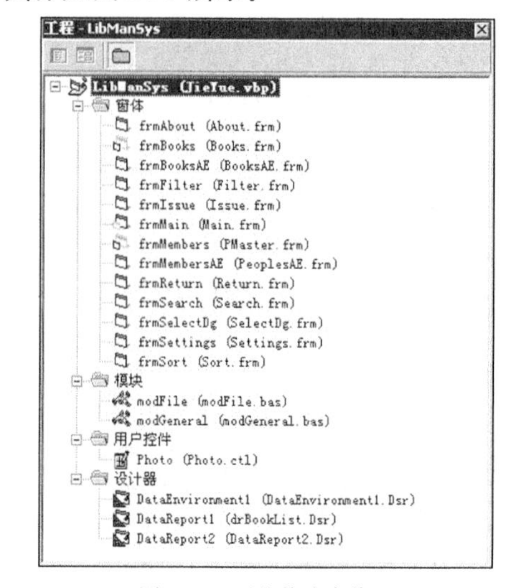

图 24-9　系统构成窗体图

（1）窗体

系统的窗体有 13 个，各窗体的具体说明如下。

- About.frm：系统介绍窗体。
- Books.frm：图书详情显示窗体。
- BooksAE.frm：添加、更改图书信息窗体。
- Filter.frm：信息过滤窗体。
- Issue.frm：添加借阅信息窗体。
- Main.frm：系统主窗体。
- Menmbers.frm：客户信息窗体。
- MenmbersAE.frm：添加、更改客户信息窗体。
- Return.frm：添加还书信息窗体。
- Search.frm：信息检索窗体。
- SelectDg.frm：选择信息窗体。
- Settings.frm：系统设置窗体。
- Sort.frm：信息排序窗体。

（2）模块

模块即系统工程的公用模块，用于定义系统经常需要的方法。本系统实例的模块文件有两个，分别是 modFile.bas 和 modGeneral.bas。

（3）用户控件

即 Image 控件，用于显示用户的图片。

（4）设计器

用于建立控件和数据库表的连接。

24.4 创建主窗体 Main.frm

本系统实例的主窗体是 MDI 界面，在界面中将显示系统需要的菜单栏和工具栏。在本节的内容中，将详细介绍 Main.frm 窗体的具体实现流程。

24.4.1 界面设计

主窗体 Main.frm 界面的具体设计流程如下。

（1）依次单击【文件】|【插入工程】选项，在弹出的“新建工程”对话框中选择标准 EXE，如图 24-10 所示，然后单击【打开】按钮。

（2）依次单击【工程】|【添加 MDI 窗体】选项，在弹出的“添加 MDI 窗体”对话框中选择“MDI 窗体”选项，如图 24-11 所示，然后单击【打开】按钮。

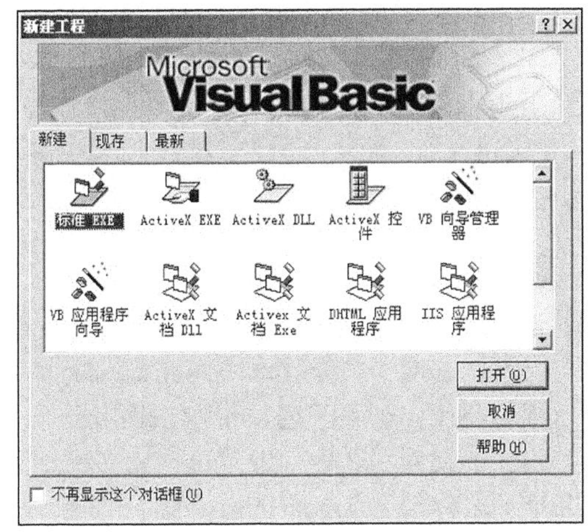

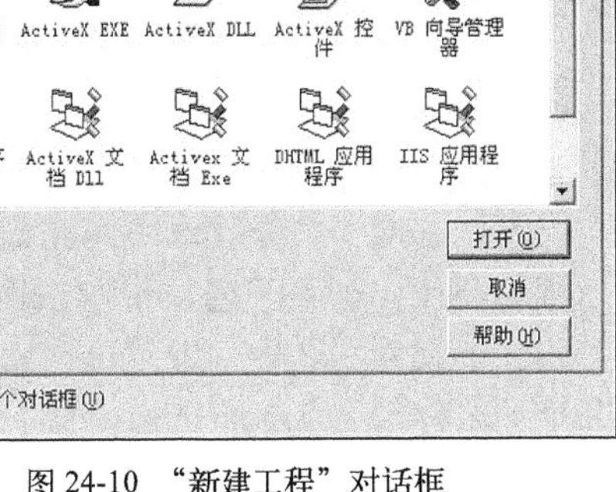

图 24-10 “新建工程”对话框

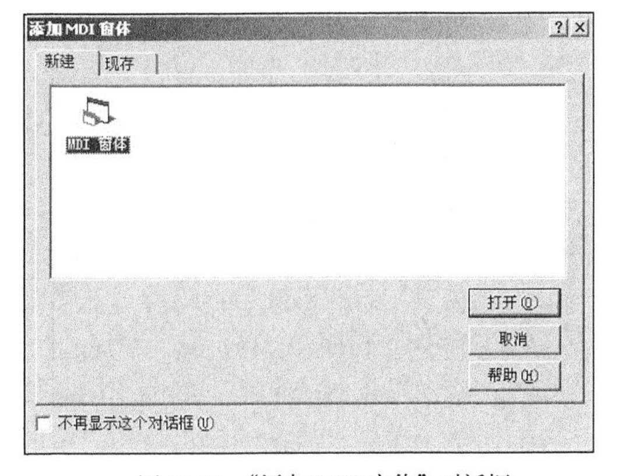

图 24-11 “添加 MDI 窗体”对话框

（3）新建的名为“MDIForm1”的窗体就是本系统的主窗体，然后依次设置其属性。主要属性的设置信息如下。

- 属性“名称”为“MDIForm1”。
- 属性“Caption”为“图书借阅系统”。
- 属性“WindowsState”为“2-Maximized”，即设置窗体以最大化的格式显示。

（4）右键单击窗体，然后在弹出命令中选择“菜单编辑器”选项后弹出“菜单编辑器”对话框，如图 24-12 所示。

（5）在“菜单编辑器”对话框中依次设置窗体内各级菜单选项的属性，如图 24-13 所示。

图 24-13 中各菜单选项主要属性的具体设置信息如下。

- 一级菜单项：属性“标题”为“文件”，属性“名称”为“mnuFile”。
- “文件”下的子选项：属性“标题”为“设置”，属性“名称”为“mnuSettings”。
- “文件”下的子选项：属性“标题”为“退出”，属性“名称”为“mnuExit”。

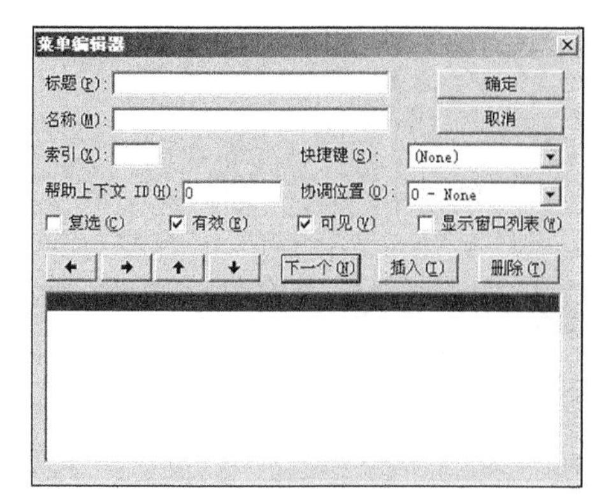

图 24-12　“菜单编辑器”对话框

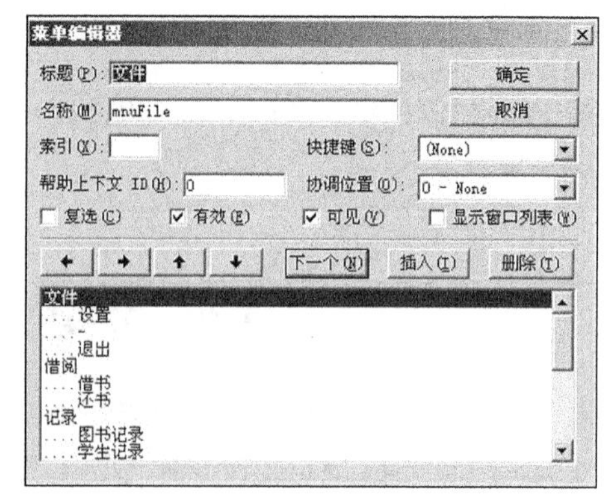

图 24-13　“添加 MDI 窗体”对话框

- 一级菜单项：属性“标题”为“借阅”，属性“名称”为“mnuTransaction”。
- “借阅”下的子选项：属性“标题”为“借书”，属性“名称”为“mnuIssue”。
- “借阅”下的子选项：属性“标题”为“还书”，属性“名称”为“mnuReturn”。
- 一级菜单项：属性“标题”为“记录”，属性“名称”为“mnuRecords”。
- “记录”下的子选项：属性“标题”为“图书记录”，属性“名称”为“mnuBookRec”。
- “记录”下的子选项：属性“标题”为“学生记录”，属性“名称”为“mnuMembers”。
- 一级菜单项：属性“标题”为“报表”，属性“名称”为“mnuReports”。
- “报表”下的子选项：属性“标题”为“图书报表”，属性“名称”为“mnuBookRep”。
- “报表”下的子选项：属性“标题”为“学生报表”，属性“名称”为“mnuReport”。
- “报表”下的子选项：属性“标题”为“未归还图书”，属性“名称”为“mnuUnreturnedBooks”。
- 一级菜单项：属性“标题”为“窗口”，属性“名称”为“mnuWindow”。
- “窗口”下的子选项：属性“标题”为“排列图标”，属性“名称”为“mnuArrangeIcons”。
- “窗口”下的子选项：属性“标题”为“层叠”，属性“名称”为“mnuCascade”。
- “窗口”下的子选项：属性“标题”为“水平”，属性“名称”为“mnuTileHorizontal”。
- “窗口”下的子选项：属性“标题”为“垂直”，属性“名称”为“mnuTileVertical”。
- 一级菜单项：属性“标题”为“帮助”，属性“名称”为“mnuHelp”。
- “帮助”下的子选项：属性“标题”为“系统介绍”，属性“名称”为“mnuAbout”。

（6）为窗体添加工具栏，依次单击【工程】|【部件】选项，在弹出的“部件”对话框中选择“Microsoft Windows Common Controls 6.0”选项，如图 24-14 所示。

（7）返回设计界面，双击工具箱中的 Toolbar 控件后在窗体内添加一个工具栏。

（8）右键单击插入的 Toolbar 控件，选择“属性”命令后弹出“属性”对话框，在对话框中依次设置各个工具栏按钮的属性，如图 24-15 所示。

（9）在窗体添加一个 ImgList 控件，用于存放工具栏中各按钮的图片。右键单击 ImgList 控件，选择“属性”命令后弹出“属性页”对话框，在对话框中依次设置要插入的图片，如图 24-16 所示。

（10）右键单击插入的 Toolbar 控件，选择“属性”命令后弹出“属性页”对话框，然后单击“按钮”选项卡，为各个按钮设置图像，如图 24-17 所示。

（11）继续设置窗体各个对象的相关属性，完成主窗体 Main.frm 的创建，最终界面如图 24-18 所示。

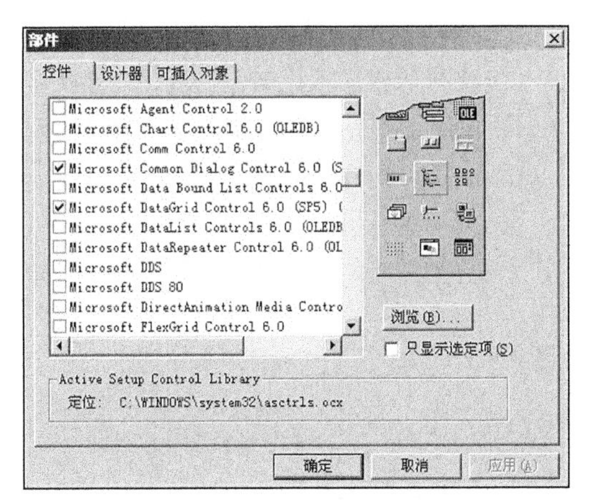

图 24-14 “部件”对话框

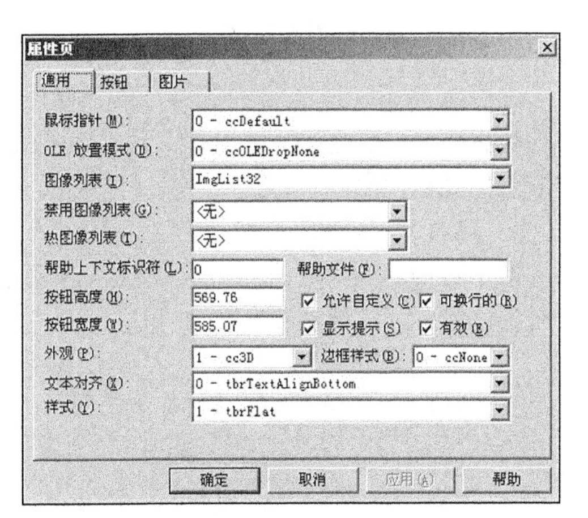

图 24-15 “属性页”对话框

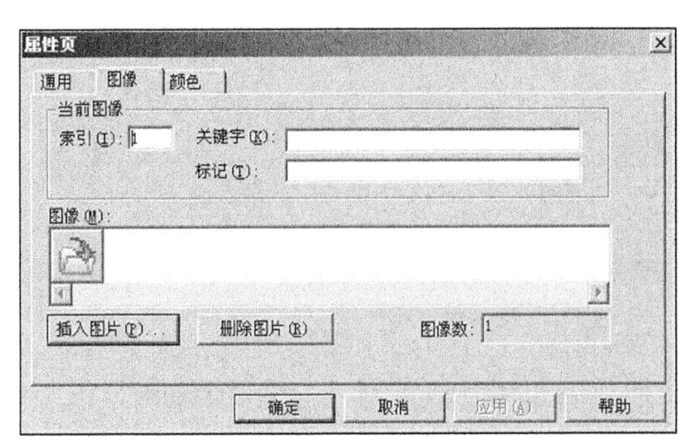

图 24-16 “属性页”对话框

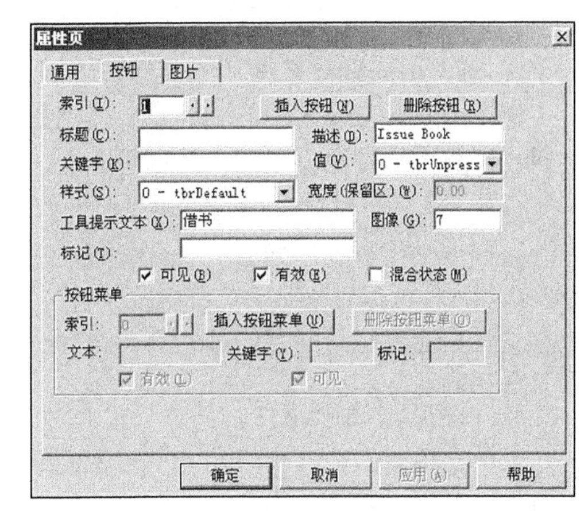

图 24-17 “属性页”对话框

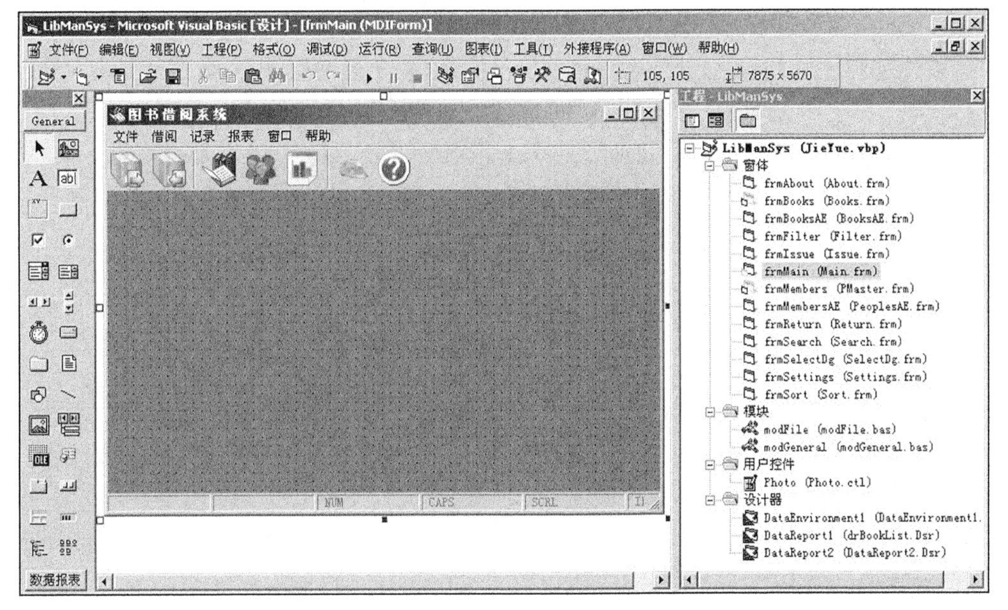

图 24-18 Main.frm 最终界面效果

24.4.2　编写窗体处理代码

主窗体 Main.frm 是本系统实例的父窗体，所以实例执行后将显示此窗体的界面，系统中所有的功能都可以通过其菜单项和工具栏按钮激活。在下面的内容中，将分别介绍主窗体 Main.frm 的各事件处理代码。

1．编写 Load 事件

窗体内 Load 事件的功能是，通过 CN 对象建立和系统数据库 123.mdb 的连接，并完成系统的初始化设置。主要实现代码如下。

```
Private Sub MDIForm_Load()
    Me.Show                                         '显示窗体
    Set CN = New ADODB.Connection
    '建立和制定数据库的连接
CN.Open "Provider=Microsoft.Jet.OLEDB.4.0;Data Source=" & App.Path & "\123.mdb;Persist Security Info=False;"
    If CN.State <> adStateOpen Then MsgBox "Could not establish a connection with the database" & vbNewLine & "The database should exist in ApplicationPath\123.mdb", vbExclamation, "Database not found!": Unload Me
    '依次设置罚款金额为2和最长期限为15。
    frmReturn.FineAmnt = CCur(GetSetting(App.Title, "Settings", "Fine Amount", "2"))
    frmReturn.MaxDays = CInt(GetSetting(App.Title, "Settings", "Max Days", "15"))
End Sub
```

2．编写 UnLload 事件

窗体内 UnLload 事件的功能是，退出程序时卸载所有的已打开窗体，断开和数据库的连接并回收已使用的资源。主要实现代码如下。

```
Private Sub MDIForm_Unload(Cancel As Integer)
Dim Form As Form
    For Each Form In Forms
        Unload Form                                 '卸载窗体
        Set Form = Nothing                          '释放连接
    Next Form
    Set CN = Nothing
End Sub
```

3．编写菜单选项事件

菜单选项事件是当用户单击主窗体内的菜单选项后要执行的代码，主要用于处理单击菜单后对应的功能。各菜单选项的事件处理代码如下。

```
Private Sub mnuAbout_Click()                        '打开系统介绍窗口
    frmAbout.Show vbModal
End Sub

Private Sub mnuArrangeIcons_Click()                 '排列图标
    frmMain.Arrange vbArrangeIcons
End Sub

Private Sub mnuBookRec_Click()                      '图书管理窗口
    With frmBooks
        .Show
        .SetFocus
    End With
End Sub
Private Sub mnuBookRep_Click()                      '图书报表窗口
DataReport1.Show
End Sub
Private Sub mnuCascade_Click()                      '窗口以层叠样式显示
    frmMain.Arrange vbCascade
End Sub
Private Sub mnuIssue_Click()                        '打开还书窗口
    frmIssue.Show vbModal
End Sub
Private Sub mnuMembers_Click()                      '打开客户管理窗口
    With frmMembers
        .Show
        .SetFocus
    End With
End Sub
Private Sub mnuReturn_Click()                       '还书窗口
    frmReturn.Show vbModal
```

```
End Sub
Private Sub mnuSettings_Click()                    '打开系统设置窗口
    frmSettings.Show vbModal
End Sub
Private Sub mnuTileHorizontal_Click()              '水平平铺窗口
    frmMain.Arrange vbTileHorizontal
End Sub
Private Sub mnuTileVertical_Click()                '垂直平铺窗口
    frmMain.Arrange vbTileVertical
End Sub
Private Sub mnuExit_Click()                        '退出程序
    Unload Me
End Sub
```

4. 编写 Toolbar 处理事件

此处是编写 Toolbar1 控件的 ButtomClick 事件，单击窗体中工具栏的按钮后将会响应并显示对应的窗口。具体实现代码如下。

```
Private Sub Toolbar1_ButtonClick(ByVal Button As MSComctlLib.Button)
    Select Case Button.Index
    Case 1: mnuIssue_Click                         '打开借书窗口
    Case 2: mnuReturn_Click                        '打开还书窗口
    Case 4: mnuBookRec_Click                       '打开图书管理窗口
    Case 5: mnuMembers_Click                       '打开客户管理窗口
    '打开报表窗口
Case 6: PopupMenu mnuReports, , Toolbar1.Buttons(6).Left, Toolbar1.Top + Toolbar1.Height
    Case 8: mnuSettings_Click                      '打开系统设置窗口
    Case 9: mnuAbout_Click                         '打开系统介绍窗口
    End Select
End Sub
```

至此，本系统实例的主窗体设计完毕。执行后将按指定的样式显示窗体内的各个元素，单击菜单项和工具栏按钮后会执行对应的操作或显示对应的窗口。最终执行效果如图 24-19 所示。

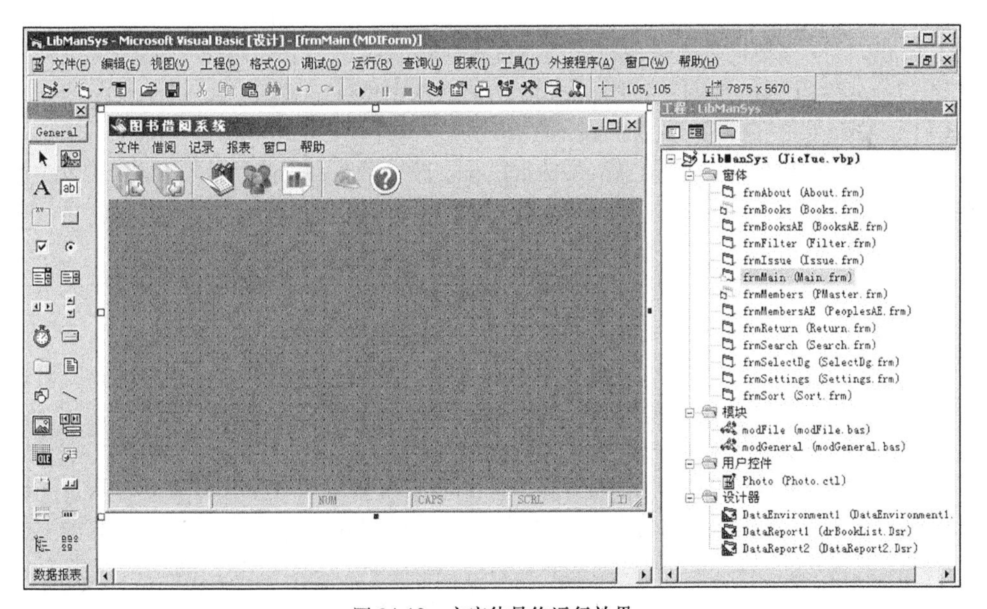

图 24-19　主窗体最终运行效果

24.5　创建图书管理窗体 Books.frm

通过系统的图书管理窗体，可以实现对系统内图书的添加、删除和更新等操作，并且能够查询系统内图书的详细信息。在本节的内容中，将详细介绍图书管理窗体 Books.frm 的具体实现流程。

24.5.1　界面设计

图书管理窗体 Books.frm 界面的具体设计流程如下。

（1）依次单击【工程】|【添加窗体】选项，在弹出的“添加窗体”对话框中单击【打开】按钮，添加一个新的窗体 Books.frm，如图 24-20 所示。

（2）在窗体内插入一个 SSTab 控件，然后右键单击此控件，在弹出命令中选择“属性”选项后弹出“属性页”对话框。在界面中依次为其设置 3 个选项卡，分别是“图书记录”“图书详细信息”和“报表”，如图 24-21 所示。

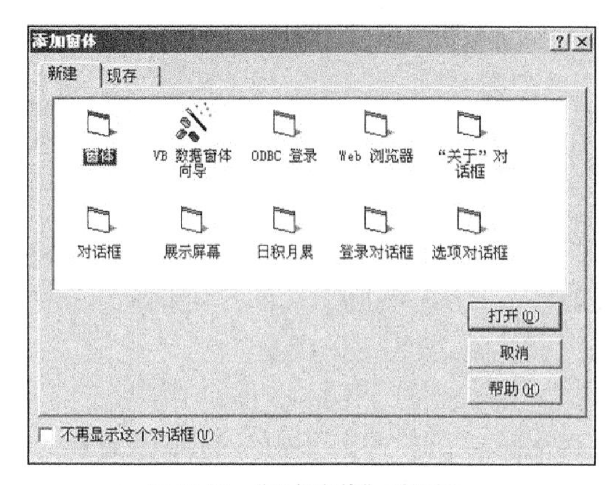

图 24-20　“添加窗体”对话框

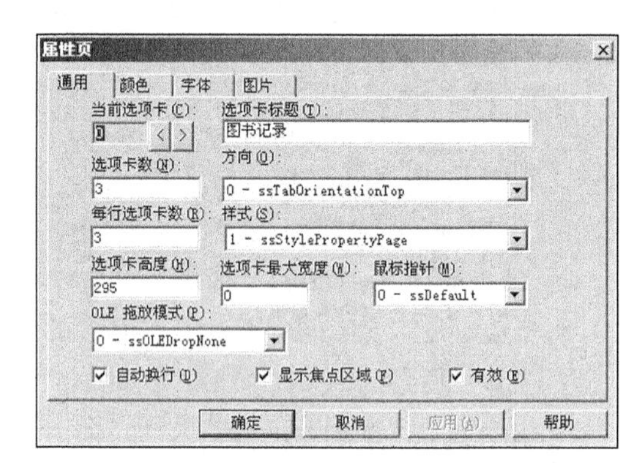

图 24-21　“属性页”对话框

Books.frm 内各主要控件对象属性的具体设置信息如下。

- 窗体名称为“frmBooks”，Caption 属性为“图书详细记录”。
- DataGrid 控件的名称为“DataGrid1”。
- SSTab 控件的名称为“SSTab1”，Caption 属性为“图书详细信息”。
- 第一个 TextBox 控件，名称为“txtDisp(0)”。
- 第二个 TextBox 控件，名称为“txtDisp(1)”。
- 第三个 TextBox 控件，名称为“txtDisp(2)”。
- 第四个 TextBox 控件，名称为“txtDisp(3)”。
- 第五个 TextBox 控件，名称为“txtDisp(4)”。
- 第六个 TextBox 控件，名称为“txtDisp(5)”。
- 第七个 TextBox 控件，名称为“txtDisp(6)”。
- 第一个 CommandButton 控件，名称为“cmdAMod(1)”，使用图片显示“添加”按钮。
- 第二个 CommandButton 控件，名称为“cmdAMod(0)”，使用图片显示“修改”按钮。
- 第三个 CommandButton 控件，名称为“cmdAMod(0)”，使用图片显示“查询”按钮。
- 第四个 CommandButton 控件，名称为“cmdAMod(1)”，使用图片显示“过滤”按钮。
- 第五个 CommandButton 控件，名称为“cmdAMod(2)”，使用图片显示“排序”按钮。
- 第六个 CommandButton 控件，名称为“cmdDelete”，使用图片显示“删除”按钮。
- 第七个 CommandButton 控件，名称为“cmdRefresh”，使用图片显示“刷新”按钮。
- 第八个 CommandButton 控件，名称为“cmdClose”，使用图片显示“关闭”按钮。

（3）继续设置窗体各个对象的相关属性，完成图书管理窗体 Books.frm 的创建，最终界面如图 24-22 所示，单击不同的选项卡后，会显示出不同的对应界面。

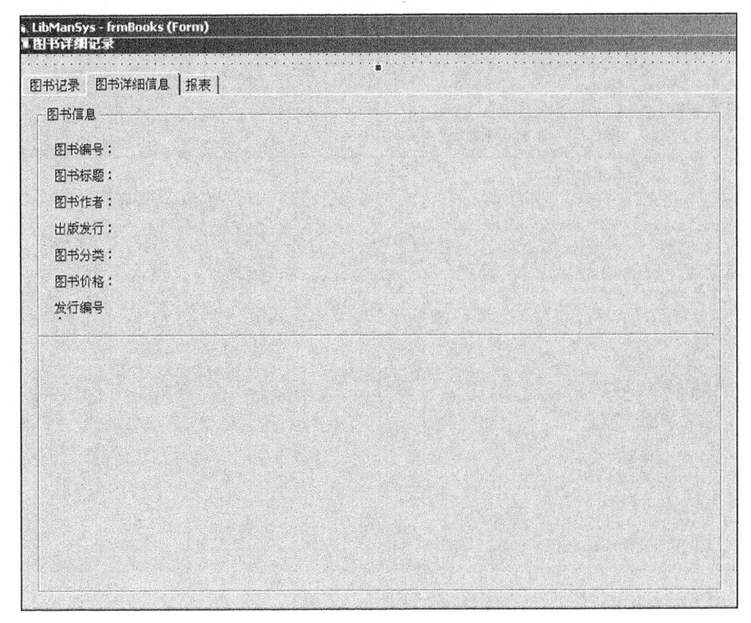

图 24-22　Books.frm 最终设计界面效果

24.5.2　编写窗体处理代码

图书管理窗体 Books.frm 是本系统实例的主要窗体之一，用于实现对系统内图书信息的管理和维护。在下面的内容中，将分别介绍窗体 Books.frm 的各事件处理代码。

1. 编写 Load 事件

窗体内 Load 事件的功能是，通过数据集来获取系统数据库中的数据，并在 DataGrid1 控件中显示对应的信息。主要实现代码如下。

```
Private Sub Form_Load()
    On Error GoTo hell                              '如果有错误，则来到错误处理语句。
    Set RS = New ADODB.RecordSet                    '定义数据集对象
    RS.CursorLocation = adUseClient
    '查询数据库中的图书数据
RS.Open "SELECT * FROM Books", CN, adOpenDynamic, adLockOptimistic
    Set DataGrid1.DataSource = RS                   '设置对应的数据源
    DisplayRecords                                  '更新记录
    With frmMain.ImgList32
        cmdReport(1).Picture = .ListImages(6).Picture
        cmdReport(0).Picture = .ListImages(6).Picture
    End With
Exit Sub
hell:                                               '错误处理语句
    Handler Err
    Resume Next
End Sub
```

2. 编写 Unload 事件

窗体内 Unload 事件的功能是，退出程序时关闭记录集和窗体。主要实现代码如下。

```
Private Sub Form_Unload(Cancel As Integer)
'Destroy recordset and form to free memory
    Set RS = Nothing
    Set frmBooks = Nothing                          '分别关闭记录集和窗体
End Sub
```

3. 编写窗体重绘事件

窗体重绘事件 Form_Resize 的功能是，当窗体大小改变或移动时重新设置窗体的大小。主要实现代码如下。

```
Private Sub Form_Resize()
    On Error Resume Next
        SSTab1.Height = Me.Height – 2500                              ' SSTab控件重绘处理
        SSTab1.Width = Me.Width - 400
        Line2.X1 = SSTab1.Left                                        ' Line控件重绘处理
        Line2.X2 = SSTab1.Left + SSTab1.Width
        Line2.Y1 = SSTab1.Top + SSTab1.Height + 400
        Line2.Y2 = Line2.Y1
        Line2.ZOrder vbBringToFront
        DataGrid1.Width = SSTab1.Width - 280                          ' DataGrid控件重绘处理
        DataGrid1.Height = SSTab1.Height - 580
        Frame1.Height = DataGrid1.Height - 100
        Frame1.Width = DataGrid1.Width - 200
        Line3.X1 = Frame1.Left
        Line3.X2 = Frame1.Width - Frame1.Left - 180
        Line3.Y1 = txtDisp(6).Height + txtDisp(6).Top + 1000
        Line3.Y2 = Line3.Y1
        LineMove Line4, Line3
        LineMove Line1, Line2
        pic.Top = Line1.Y1 + 200
        Label9.Top = pic.Top                                          ' Label控件重绘处理
        Label11.Top = Label9.Top + Label9.Height
        Image1.Top = pic.Top
        fraNavigation.Top = pic.Top
        fraNavigation.Left = Line1.X2 - fraNavigation.Width
End Sub
```

4. 编写 cmdOperations 控件的 Click 事件

通过窗体内 cmdOperations 控件的 Click 事件，可以实现“查找”“过滤”和“排序”工程窗口的显示。主要实现代码如下。

```
Private Sub cmdOperations_Click(Index As Integer)
Dim obj As Form
    If Index = 0 Then Set obj = frmSearch                             ' 打开“查找”窗口
    If Index = 1 Then Set obj = frmFilter                             ' 打开“过滤”窗口
    If Index = 2 Then Set obj = frmSort                               ' 打开“排序”窗口
    With obj
        Set .SourceRs = RS
        .Show vbModal
    End With
    Set obj = Nothing
End Sub
```

5. 编写 DataGrid1 控件的 KeyUp 事件

DataGrid1 控件中 KeyUp 事件的功能是，使用上下方移动键来移动记录信息，即如果按上方移动键则指向上一个记录；如果按下方移动键则指向下一个记录。主要实现代码如下。

```
Private Sub DataGrid1_KeyUp(KeyCode As Integer, Shift As Integer)
    If KeyCode = 38 Or KeyCode = 40 Then DisplayRecords
End Sub
```

6. 创建 DisplayRecords() 函数

窗体内 DisplayRecords() 函数的功能是，显示当前数据库中图书的信息和记录值。主要实现代码如下。

```
Private Sub DisplayRecords()
'改变当前记录和记录总数
Dim i As Intege
    On Error Resume Next
        With RS
            If .RecordCount < 1 Then                                  '如果总数小于1，则显示总数为0
                txtcount.Text = 0
            Else
                txtcount.Text = .AbsolutePosition                     '如果总数不小于1，则显示总数
            End If
            lblmax.Caption = .RecordCount                             '显示总数
            For i = 0 To 6
                txtDisp(i).Text = .Fields(i)                          '显示各字段内容
            Next i
        End With
        txtDisp(5).Text = FormatCurrency$(txtDisp(5).Text)
End Sub
```

7. 创建 cmdDelete_Click() 函数

窗体内 cmdDelete_Click() 函数的功能是，如果用户选中某记录并单击【删除】按钮后，则将此条记录信息从系统内删除。主要实现代码如下。

```
Private Sub cmdDelete_Click()
Dim ans As Integer, pos As Integer
    On Error GoTo hell                                          '有错误则来到错误语句
    With RS
        'Check if there is no record
        '没有记录则输出提示
        If .RecordCount < 1 Then MsgBox "没有记录可以被删除", vbExclamation: Exit Sub
        'Check whether book is borrowed
        '如果已经借出则输出不能删除提示
        If .Fields("是否借出") = True Then MsgBox "在此书归还前，该记录不能被删除", vbInformation, "图书借出"
        'Confirm deletion of record
        '确认删除对话框
        ans = MsgBox("你确定要删除这条记录吗?", vbCritical + vbYesNo, "删除记录")
        Screen.MousePointer = vbHourglass
        If ans = vbYes Then
            'Delete the record
            pos = .AbsolutePosition
            CN.BeginTrans
            .Delete                                             '删除
            .Requery
            CN.CommitTrans                                      '提交事务
            If pos > .RecordCount Then
                If Not .EOF Or .BOF Then .MoveFirst
            Else
                .AbsolutePosition = pos
            End If                                              '删除对话框
            MsgBox "Record has been successfully deleted.", vbInformation, "Confirm"
        End If
        Screen.MousePointer = vbDefault
    End With
Exit Sub
hell:                                                           '出错处理语句
    On Error Resume Next
        Handler Err
        CN.RollbackTrans
End Sub
```

8. 创建 cmdRefresh 控件的 cmdRefresh_Click 事件

窗体内 cmdRefresh 控件的 cmdRefresh_Click 事件的功能是，如果用户选单击窗体内的【刷新】按钮后，则刷新当前页面中的数据信息。主要实现代码如下。

```
Private Sub cmdRefresh_Click()
    With RS
        .Filter = adFilterNone
        .Requery
    End With
    DisplayRecords
End Sub
```

9. 创建 cmdClose 控件的 Click 事件

窗体内 cmdClose 控件的 Click 的功能是，如果用户选单击窗体内的【关闭】按钮后，则关闭当前打开的窗体。主要实现代码如下。

```
Private Sub cmdClose_Click()
    Unload Me
End Sub
```

10. 创建 cmdAMod 按钮的 Click 事件

窗体内 cmdAMod 按钮的 Click 事件的功能是，打开“添加/修改”窗口，实现对信息的添加或修改处理。主要实现代码如下。

```
Private Sub cmdAMod_Click(Index As Integer)
  On Error Resume Next                                  '有错误则来到错误语句
        With frmBooksAE                                 '打开“添加/修改”窗口
            .AddState = Index
            .OldID = RS.Fields(0)
            If Index = 0 Then                           '为0时修改数据
                .msdID.Text = RS.Fields(0)              '图书编号
```

```
                    .txtTitle.Text = RS.Fields(1)                '图书名称
                    .txtAuthor.Text = RS.Fields(2)               '图书作者
                    .txtPublisher.Text = RS.Fields(3)            '图书出版社
                    .cmbCategory.Text = RS.Fields(4)             '图书类别
                    .txtPrice.Text = RS.Fields(5)                '发行编号
                    .msdISBN.Text = RS.Fields(6)
                End If
                .Show vbModal
            End With
            cmdRefresh_Click                                     '刷新纪录
            DisplayRecords
    End Sub
```

至此，本系统实例的图书管理窗体 Books.frm 的主要模块设计完毕。执行后将按指定的样式显示窗体内的各个元素，如图 24-23 所示。当单击“图书记录”选项卡后，将显示系统内的所有图书信息，如图 24-24 所示。当单击“图书详细信息”选项卡后，将显示系统内的某本图书的详细信息，如图 24-25 所示。单击对应的管理按钮后，能够完成对应功能的操作。

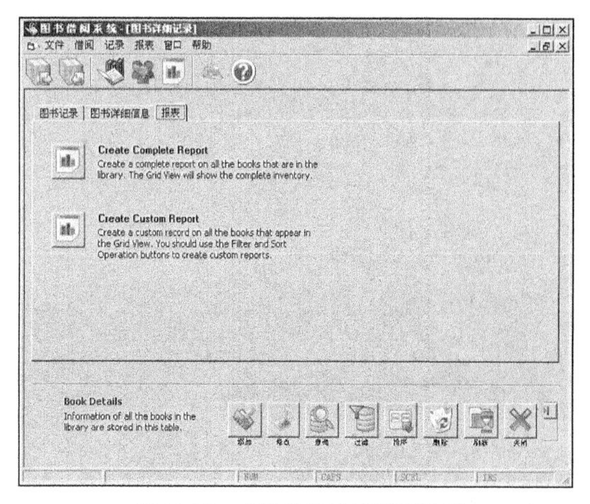

图 24-23　窗体默认显示界面效果

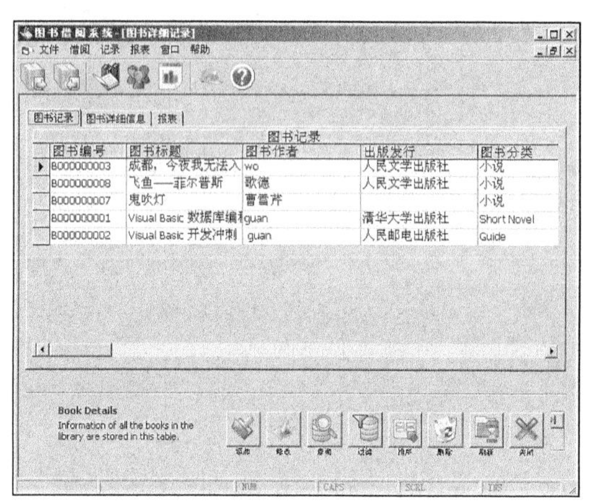

图 24-24　“图书记录”选项卡界面

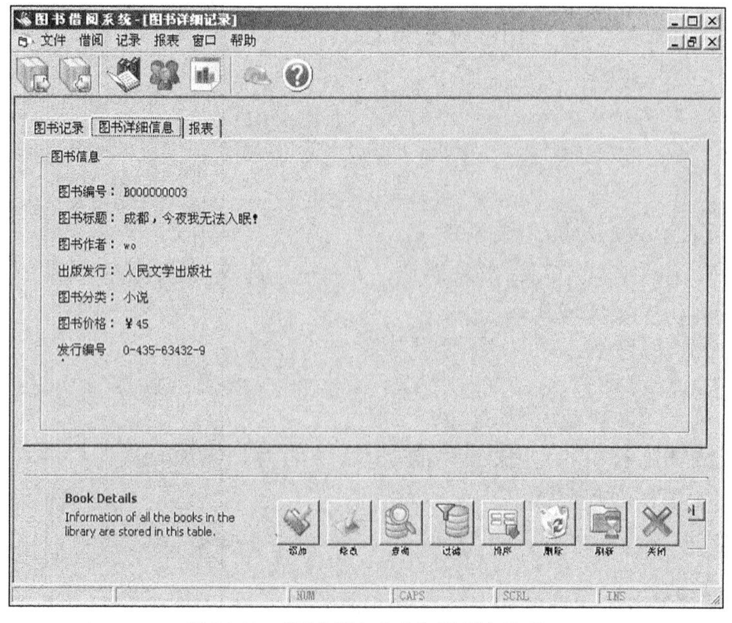

图 24-25　“图书详细信息”选项卡界面

24.6 图书添加/修改窗体 BooksAE.frm

通过系统的图书添加/修改窗体，可以实现对系统内图书的添加和更新操作。在本节的内容中，将详细介绍图书添加/修改窗体 BooksAE.frm 的具体实现流程。

24.6.1 界面设计

图书添加/修改窗体 BooksAE.frm 界面的具体设计流程如下。

（1）依次单击【工程】|【添加窗体】选项，在弹出的“添加窗体”对话框中单击【打开】按钮，添加一个新的窗体 BooksAE.frm，如图 24-26 所示。

（2）在窗体内插入控件，并依次设置各个控件的属性，如图 24-27 所示。

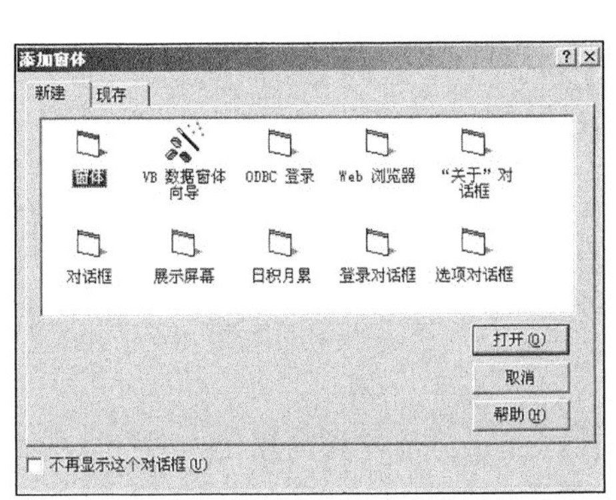

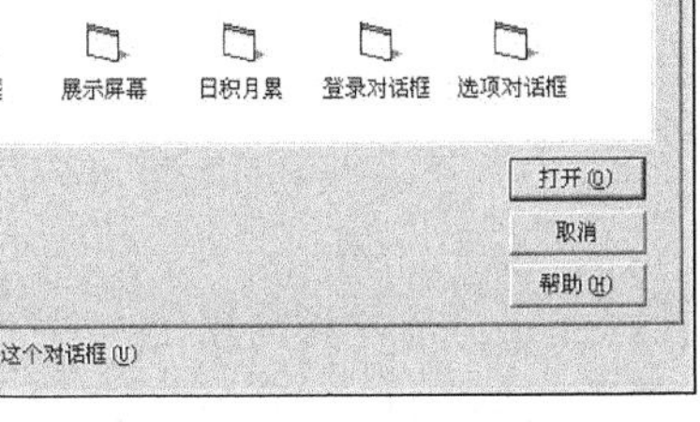

图 24-26 “添加窗体”对话框

图 24-27 设置窗体属性

BooksAE.frm 内各主要控件对象属性的具体设置信息如下。

- 窗体名称为“frmBooksAE”，Caption 属性为“记录”。
- 第一个 MaskEdBox 控件名称为“msdISBN”，Mask 属性为“#-###-#####-C”。
- 第二个 MaskEdBox 控件名称为“msdID”，Mask 属性为“B#########”。
- 第一个 Label 控件名称为“Label1”，Caption 属性为“图书编号”。
- 第二个 Label 控件名称为“Label3”，Caption 属性为“图书标题”。
- 第三个 Label 控件名称为“Label4”，Caption 属性为“图书作者”。
- 第四个 Label 控件名称为“Label5”，Caption 属性为“出版发行”。
- 第五个 Label 控件名称为“Label6”，Caption 属性为“图书分类”。
- 第六个 Label 控件名称为“Label8”，Caption 属性为“图书价格”。
- 第七个 Label 控件名称为“Label9”，Caption 属性为“发行编号”。
- 第八个 Label 控件名称为“Label10”，Caption 属性为“是否出错”。
- 第九个 Label 控件名称为“Label11”，Caption 属性为“借阅状况无法在这里修改，如果为“-1”说明在馆，如果为“0”说明处于外借状态”。
- 第一个 TextBox 控件名称为“txtTitle”，Text 属性为空。
- 第二个 TextBox 控件名称为“txtAuthor”，Text 属性为空。
- 第三个 TextBox 控件名称为“txtPublisher”，Text 属性为空。
- 第四个 TextBox 控件名称为“txtPrice”，Text 属性为空。
- ComboBox 控件名称为“cmbCategory”，Text 属性为“N/A”。

（3）继续设置窗体各个对象的相关属性，完成图书管理窗体 BooksAE.frm 的创建，最终界面如图 24-28 所示。单击【添加】或【修改】按钮后，会显示对应的处理界面。

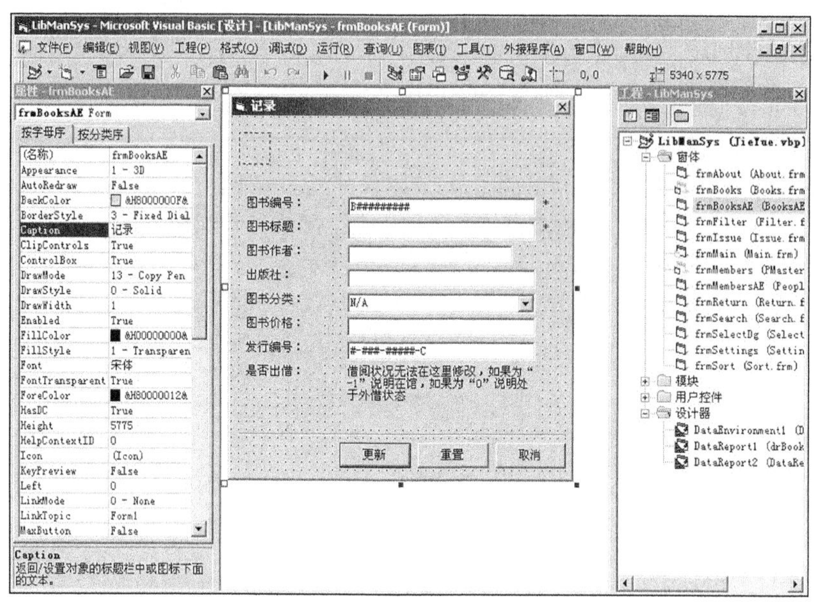

图 24-28　BooksAE.frm 的最终设计界面效果

24.6.2　编写窗体处理代码

图书管理窗体 BooksAE.frm 是本系统实例的主要窗体之一，用于实现对系统内图书信息的添加和修改处理。在下面的内容中，将分别介绍图书管理窗体 BooksAE.frm 的各事件处理代码。

1．编写 Load 事件

窗体内 Load 事件的功能是，在窗体打开时打开系统数据库表，并根据传递参数显示对应图书的信息。如果单击【添加】按钮，则窗体标题显示为"添加记录"；如果单击【修改】按钮，则窗体标题显示为"修改记录"。

上述功能的对应实现代码如下。

```
Private Sub Form_Load()
    On Error GoTo Err                                        '有错误则来到错误语句
    Set RS = New ADODB.RecordSet                             '创建对象
    '如果是添加，则打开数据表，并设置窗体标题为"添加记录"。
    If AddState Then
        Image1.Picture = frmBooks.cmdAMod(1).Picture
        RS.Open "SELECT * FROM Books", CN, adOpenStatic, adLockOptimistic
        Me.Caption = "添加记录"
        cmdAddSave.Caption = "保存"
    '如果不是添加，则选择数据表中的某个数据，并设置窗体标题为"修改记录"。
    Else 'NOT AddState...
        Image1.Picture = frmBooks.cmdAMod(0).Picture
        Me.Caption = "修改记录"
        cmdAddSave.Caption = "修改"
        RS.Open "SELECT * FROM Books WHERE [图书编号] = '" & OldID & "'", CN, adOpenStatic, adLockOptimistic
    End If
Exit Sub
Err:                                                         '错误语句
    If Err.Number = 94 Or Err.Number = 3265 Then
        Resume Next '-If encounter a null value
    Else
        Handler Err '-Unexpected error
    End If
End Sub
```

2. 编写 cmdAddSave 控件的 Click 事件

窗体内 cmdAddSave 控件的 Click 事件的功能是，当用户单击【添加】或【修改】按钮时，在数据库中将添加或修改一条图书记录。具体运行流程如下。

（1）出错判断：如果有错误则来到错误处理语句。

（2）为空判断：如果编号和标题为空，则退出程序。

（3）字符判断：控制编号必须是 10 位字符，并且由字符 B 和 9 位数字组成。

（4）处理判断：如果是 AddState 状态，则进行添加处理，如果不是则进行修改处理。

（5）合法判断：在添加时，如果添加数据已经存在，则退出程序。

（6）输出对应提示对话框。

上述流程的对应运行流程图如图 24-29 所示。

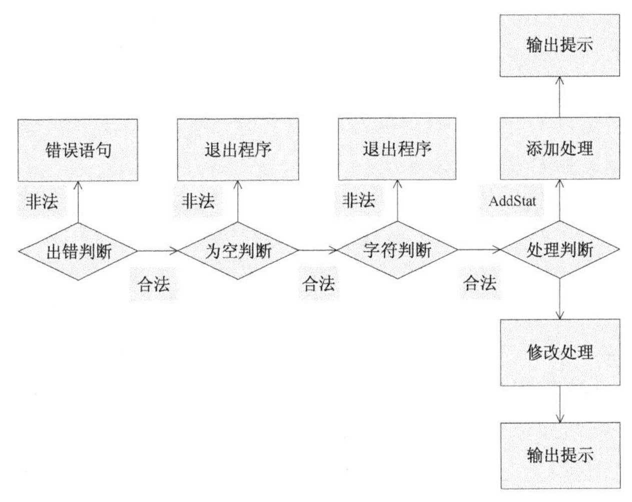

图 24-29　添加/修改处理流程图

上述功能的主要实现代码如下。

```
Private Sub cmdAddSave_Click()
    On Error GoTo hell                                            '有错误则来到错误语句
    'Verify
    If msdID.Text = "" Then msdID.SetFocus: Exit Sub              '编号为空则退出
    If txtTitle.Text = "" Then txtTitle.SetFocus: Exit Sub        '标题为空则退出
    If Len(msdID.Text) <> 10 Then MsgBox " 图书编号必须有10位", vbExclamation: HighLight msdID: Exit Sub
                                                                  '编号不足10位则输出提示
    msdID.Text = UCase$(msdID.Text)
    If IsNumeric(Right$(msdID.Text, 9)) = False Then MsgBox "图书编号必须是“B”以及其他9位数字组成", vbExclamation:
    HighLight msdID: Exit Sub                                     '编号是由B和9位数字组成的
    If AddState Then                                              '如果是添加记录状态，已经存在则退出
        If RecordExists("Books", "图书编号", msdID.Text, msdID) = True Then Exit Sub
    Else 'NOT AddState...                                         '如果是修改记录状态，不是旧记录则退出
        If msdID.Text <> OldID Then
            If RecordExists("Books", "图书编号", msdID.Text, msdID) = True Then Exit Sub
        End If
    End If
    CN.BeginTrans
    With RS
        '添加记录状态，添加数据
        If AddState = True Then RS.AddNew
        .Fields(0) = msdID.Text
        .Fields(1) = txtTitle.Text
        .Fields(4) = cmbCategory.Text
        .Fields(5) = CCur(txtPrice.Text)
        .Fields(6) = msdISBN.Text
        If txtAuthor.Text = "" Then .Fields(2) = " " Else .Fields(2) = txtAuthor.Text
        If txtPublisher.Text = "" Then .Fields(3) = " " Else .Fields(3) = txtPublisher.Text
        If txtPrice.Text = "" Then txtPrice.Text = "0"                '如果价格为空，则赋值为0
```

```
            RS.Update                                          '更新
        End With
        CN.CommitTrans
        If AddState Then
            FindRecord RS, RS.Fields(0).Name, True, msdID.Text, 0
            MsgBox "已经成功添加新的数据", vbInformation              '添加成功提示
            If MsgBox("你要添加一个新的记录吗?", vbQuestion + vbYesNo + vbDefaultButton1) = vbYes Then
                cmdReset_Click
            Else
                Unload Me
            End If
        Else 'NOT AddState...                                  '如果是修改记录状态
            FindRecord RS, RS.Fields(0).Name, True, msdID.Text, 0
            MsgBox "成功保存这个记录", vbInformation
            Unload Me
        End If
    Exit Sub
    hell:                                                      '错误处理
        On Error Resume Next
            Handler Err
            CN.RollbackTrans                                   '事务回滚
    End Sub
    Private Sub cmdCancel_Click()
        Unload Me
    End Sub
```

3. 编写 cmdCancel 控件的 Click 事件

窗体内 cmdCancel 控件的 Click 事件的功能是，如果用户单击【取消】按钮后，则卸载窗体内所有对象，退出当前操作。对应的实现代码如下。

```
    Private Sub cmdCancel_Click()
        Unload Me
    End Sub
```

4. 编写 cmdReset 控件的 Click 事件

窗体内 cmdReset 控件的 Click 事件的功能是，如果用户单击【重置】按钮后，则重置文本框内的所有文本。对应的实现代码如下。

```
    Private Sub cmdReset_Click()
        msdID.Text = ""                                        '重置所有文本框数据为空
        txtTitle.Text = ""
        txtAuthor.Text = ""
        txtPublisher.Text = ""
        txtPrice.Text = ""
        msdISBN.Text = ""
        cmbCategory.ListIndex = 0
    End Sub
```

至此，本系统实例的图书添加/修改窗体 BooksAE.frm 的主要模块设计完毕。当单击【添加】按钮后，将按指定的样式显示信息添加文本框界面，如图 24-30 所示。当单击【修改】按钮后，将按指定的样式显示信息修改文本框界面，并显示此图书的原来信息，如图 24-31 所示。

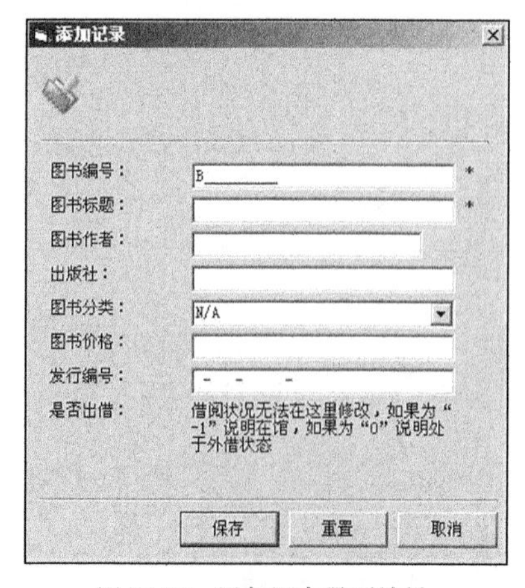

图 24-30　添加图书界面效果

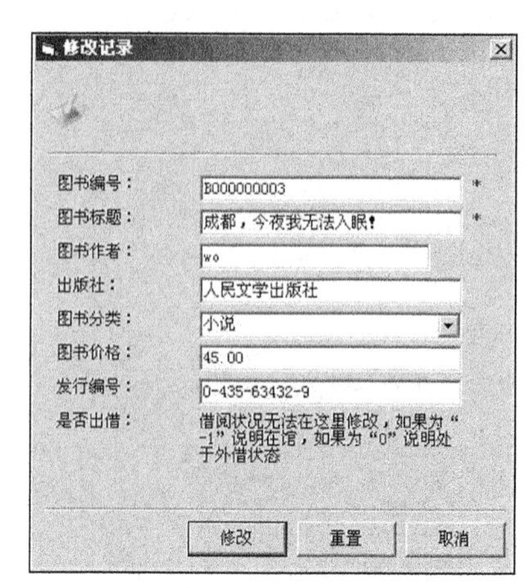

图 24-31　修改图书界面效果

24.7 图书查找窗体 Search.frm

通过系统的图书查找窗体，可以通过指定关键字快速地检索出特定需求的图书。在本节的内容中，将详细介绍图书查找窗体 Search.frm 的具体实现流程。

24.7.1 界面设计

图书查找窗体 Search.frm 界面的具体设计流程如下。

（1）依次单击【工程】|【添加窗体】选项，在弹出的“添加窗体”对话框中单击【打开】按钮，添加一个新的窗体 Search.frm，如图 24-32 所示。

（2）在窗体内插入控件，并依次设置各个控件的属性，如图 24-33 所示。

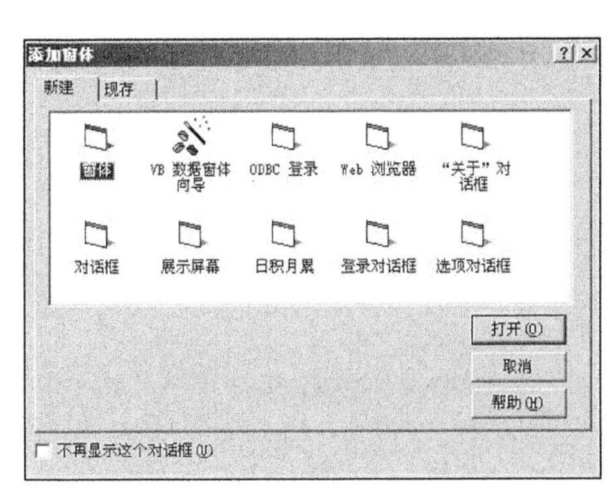

图 24-32 “添加窗体”对话框

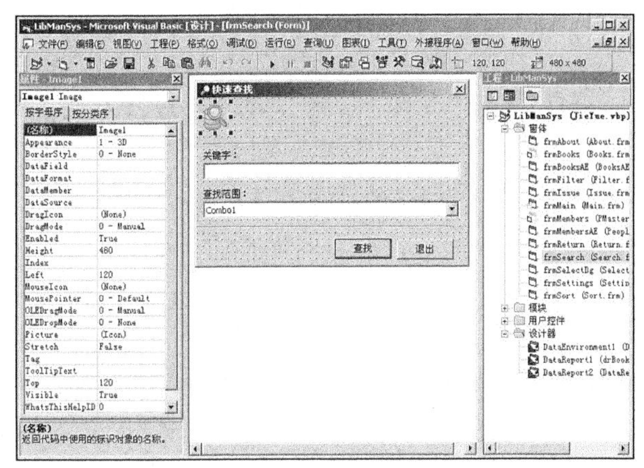

图 24-33 设置窗体属性

Search.frm 内各主要控件对象属性的具体设置信息如下。

- 窗体名称为“Search.frm”，Caption 属性为“快速查找”。
- 第一个 Label 控件名称为“Label1”，Caption 属性为“查找范围:”。
- 第二个 Label 控件名称为“Label3”，Caption 属性为“关键字:”。
- ComboBox 控件名称为“Combo1”。
- 第一个 CommandButton 控件名称为“Command1”，Caption 属性为“查找”。
- 第二个 CommandButton 控件名称为“Command2”，Caption 属性为“退出”。
- TextBox 控件名称为“Text1”，Text 属性为空。

（3）继续设置窗体各个对象的相关属性，完成图书查找窗体 Search.frm 的创建，最终界面如图 24-34 所示。输入关键字并选择查询范围，单击【查找】按钮后会显示对应的查询结果。

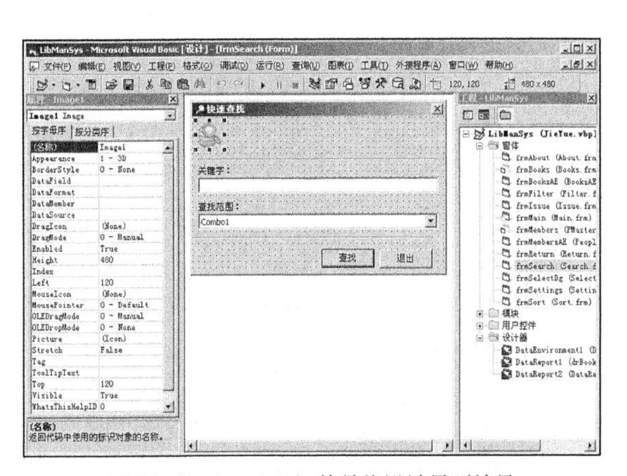

图 24-34 Search.frm 的最终设计界面效果

24.7.2　编写窗体处理代码

图书查找窗体 Search.frm 是本系统实例的主要窗体之一，用于实现对系统内图书信息的快速检索处理。在下面的内容中，将分别介绍图书查找窗体 Search.frm 的各事件处理代码。

1. 编写 Load 事件

窗体内 Load 事件的功能是，在窗体打开时加载显示窗体内的所有对象。对应的实现代码如下。

```
Private Sub Form_Load()
    FillCombo Combo1, SourceRs, False
    Me.Icon = Image1.Picture
    Combo1.ListIndex = 0
End Sub
```

2. 编写 Command1 控件的 Click 事件

窗体内 Command1 控件的 Click 事件的功能是，根据获取查询关键字的信息进行检索处理。具体流程如下。

（1）出错判断：如果有错误则来到错误处理语句。

（2）判断“关键字”和“范围”是否为空，如果为空则退出程序，不为空则进行检索处理。

上述流程的对应运行流程图如图 24-35 所示。

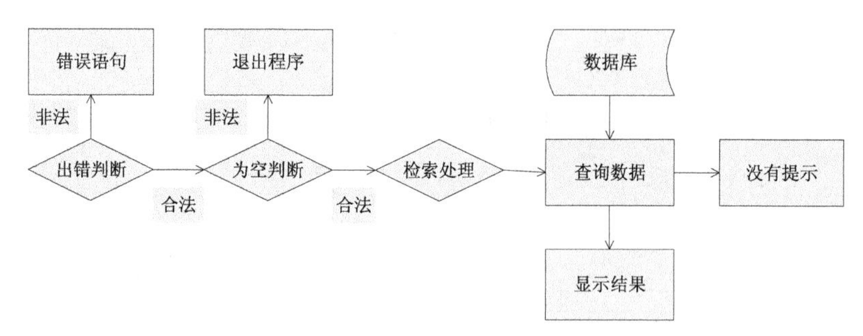

图 24-35　图书检索处理流程图

上述功能的主要实现代码如下。

```
Private Sub Command1_Click()
    On Error GoTo Err                                          '有错误则来到错误语句
    If Text1.Text = "" Then Text1.SetFocus: Exit Sub           '关键字为空则退出
    If Combo1.Text = "" Then Combo1.SetFocus: Exit Sub         '范围为空则退出
    With SourceRs
        If AlreadySearched = False Then                        '是第一次查找则保存位置
            oldpos = .AbsolutePosition
            .MoveFirst
            .Find "[" & Combo1.Text & "] like *" & Text1.Text & "*"    '根据关键字查找
            CurrPos = .AbsolutePosition
            If .EOF Then                                       '没有记录提示
                MsgBox "Could not find '" & Text1.Text & "' in '" & Combo1.Text & "'.", vbExclamation
                .AbsolutePosition = oldpos
            Else
                AlreadySearched = True                         '找到记录则设置AlreadySearched为true
                Command1.Caption = "Search Next"
            End If
        Else                                                   '不是第一次查找
            oldpos = .AbsolutePosition                         '保存位置
            .MoveNext
            .Find "[" & Combo1.Text & "] like *" & Text1.Text & "*"    '根据关键字检索
            CurrPos = .AbsolutePosition
            If .EOF Then MsgBox "Search completed.", vbInformation: AlreadySearched = False: .Absolute
            Position = oldpos                                  '没有记过提示
        End If
    End With
Exit Sub
```

```
    Err:                                                                    '错误语句
        If Err.Number = -2647267881 Then Search_Number: Resume Next
        If Err.Number = 3265 Then MsgBox "Please select a valid section from the list", vbExclamation: HighLight Text1: Exit Sub
        Handler Err
    End Sub
```

3. 编写 Search_Number() 函数

窗体内 Search_Number() 函数的功能是，如果在窗体文本框内输入的是数字则调用此函数。对应的实现代码如下。

```
    Private Sub Search_Number()
        On Error GoTo Err
        SourceRs.Find "[" & Combo1.Text & "] like " & Text1.Text & ""           '检索处理
    Exit Sub
    Err:                                                                        '错误语句
        Search_DateTime
    End Sub
```

4. 编写 Search_DateTime() 函数

窗体内 Search_DateTime() 函数的功能是，如果在窗体文本框内输入的是时间字符则调用此函数。对应的实现代码如下。

```
    Private Sub Search_DateTime()
        On Error GoTo Err
        SourceRs.Find "[" & Combo1.Text & "] like #" & Text1.Text & "#"          '检索处理
    Exit Sub
    Err:                                                                        '错误语句
        MsgBox "Please enter an appropriate value that correspand" & vbCrLf & "where to find it (ex.Search for 10/23/1985 and
Look in Date).", vbExclamation
    End Sub
```

5. 编写 Command2 控件的 Click 事件

窗体内 Command2 控件的 Click 事的功能是，如果单击【退出】按钮则退出此窗体。对应的实现代码如下。

```
    Private Sub Command2_Click()
        Unload Me
    End Sub
```

至此，本系统实例的图书查找窗体 Search.frm 的主要模块设计完毕。运行后将按指定的样式显示信息查找界面，如图 24-36 所示。当输入检索关键字并选择查找范围，然后单击【查找】按钮后，将输出显示符合条件的图书信息，如图 24-37 所示。

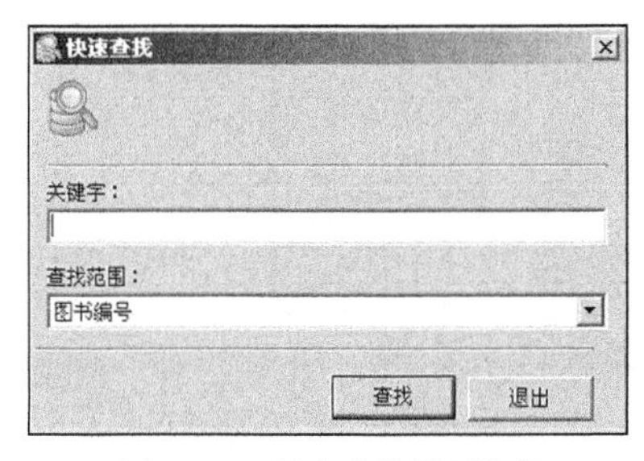

图 24-36　图书查找界面效果

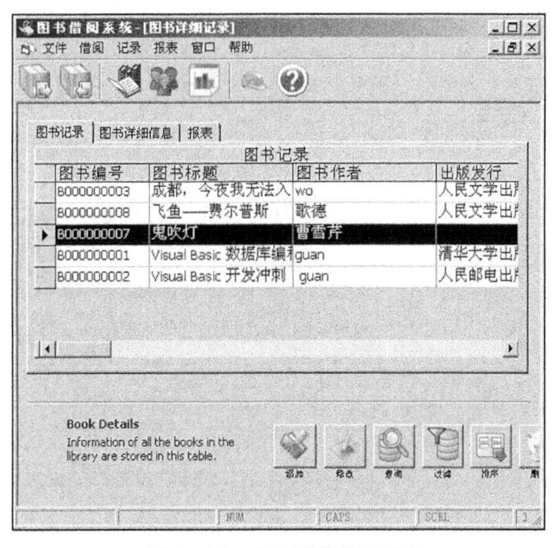

图 24-37　查询结果界面效果

24.8　图书过滤窗体 Filter.frm

通过系统的图书过滤窗体，可以通过指定关键字快速地过滤出特定需求的图书信息。在本节的内容中，将详细介绍图书过滤窗体 Filter.frm 的具体实现流程。

24.8.1　界面设计

图书过滤窗体 Filter.frm 界面的具体设计流程如下。

（1）依次单击【工程】|【添加窗体】选项，在弹出的"添加窗体"对话框中单击【打开】按钮，添加一个新的窗体 Filter.frm，如图 24-38 所示。

（2）在窗体内插入控件，并依次设置各个控件的属性，如图 24-39 所示。

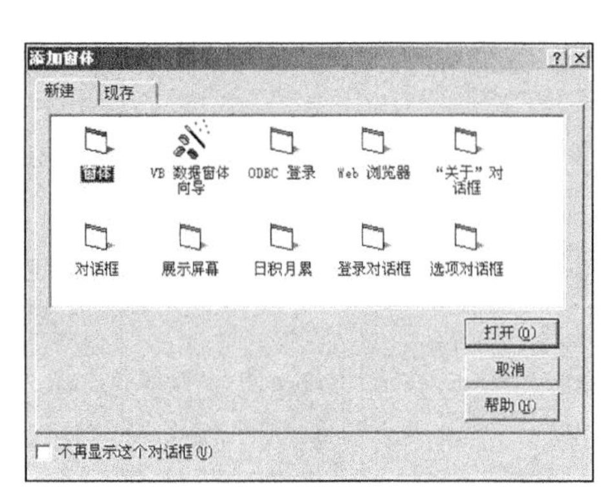

图 24-38　"添加窗体"对话框

图 24-39　设置窗体属性

Filter.frm 内各主要控件对象属性的具体设置信息如下。

- 窗体名称为"frmFilter"，Caption 属性为"过滤"。
- 第一个 Label 控件名称为"Label1"，Caption 属性为"范围："。
- 第二个 Label 控件名称为"Label3"，Caption 属性为"关键字："。
- ComboBox 控件名称为"Combo1"。
- 第一个 CommandButton 控件名称为"Command1"，Caption 属性为"过滤"。
- 第二个 CommandButton 控件名称为"Command2"，Caption 属性为"取消"。
- TextBox 控件名称为"Text1"，Text 属性为空。

（3）继续设置窗体各个对象的相关属性，完成图书过滤窗体 Filter.frm 的创建，最终界面如图 24-40 所示。输入关键字并选择过滤范围，单击【过滤】按钮后会显示对应的过滤结果。

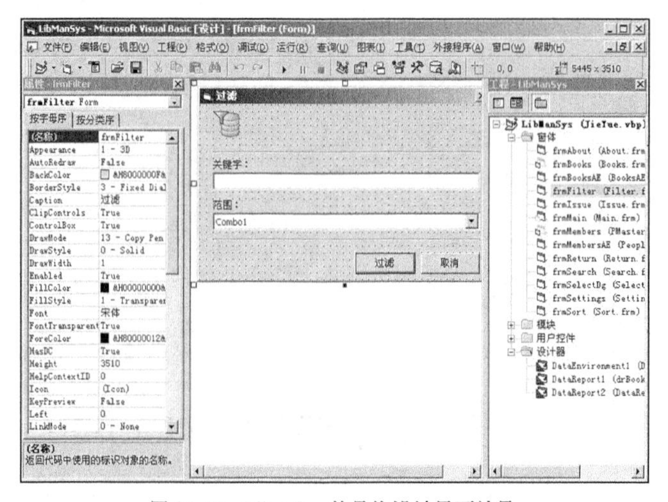

图 24-40　Filter.frm 的最终设计界面效果

24.8.2 编写窗体处理代码

图书过滤窗体 Filter.frm 是本系统实例的主要窗体之一，用于实现对系统内图书信息的快速过滤处理。在下面的内容中，将分别介绍图书过滤窗体 Filter.frm 的各事件处理代码。

1. 编写 Load 事件

窗体内 Load 事件的功能是，在窗体打开时加载显示窗体内的所有对象。对应的实现代码如下。

```
Private Sub Form_Load()
    Me.Icon = Image1.Picture
    FillCombo Combo1, SourceRs, False
    Combo1.ListIndex = 0
End Sub
```

2. 编写 Command1 控件的 Click 事件

窗体内 Command1 控件的 Click 事件的功能是，根据获取过滤关键字和过滤范围的信息进行过滤处理。具体流程如下。

（1）出错判断：如果有错误则来到错误处理语句。

（2）判断“关键字”和“范围”是否为空，如果为空则退出程序，不为空则进行检索处理。

上述流程的对应运行流程图如图 24-41 所示。

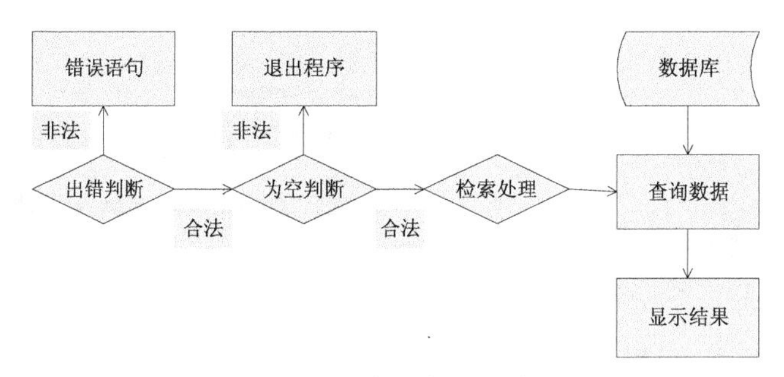

图 24-41 图书过滤处理流程图

上述功能的主要实现代码如下。

```
Private Sub Command1_Click()
    On Error GoTo Err                                              '有错误则来到错误语句
    If Text1.Text = "" Then Text1.SetFocus: Exit Sub               '关键字为空则退出
    If Combo1.Text = "" Then Combo1.SetFocus: Exit Sub             '范围为空则退出
    SourceRs.Filter = "[" & Combo1.Text & "] like *" & Text1.Text & "*"    '过滤处理
    Unload Me
Exit Sub
Err:                                                               '错误语句
    If Err.Number = 3001 Then MsgBox "Please select a valid section from the list.", vbExclamation: Text1.Text = "":
Combo1.SetFocus: Exit Sub
    If Err.Number = -2647267825 Then Search_Number: Resume Next: Exit Sub
    Handler Err
End Sub
```

3. 编写 Search_Number() 函数

窗体内 Search_Number() 函数的功能是，如果在窗体文本框内输入的是数字，则调用此函数。对应的实现代码如下。

```
Private Sub Search_Number()
    On Error GoTo Err
    SourceRs.Filter = Combo1.Text & " like " & Text1.Text & ""
Exit Sub
Err:
    Search_Date_Time
End Sub
```

4. 编写 Search_Date_Time() 函数

窗体内 Search_Date_Time() 函数的功能是，如果在窗体文本框内输入的是时间字符，则调用此函数。对应的实现代码如下。

```
Private Sub Search_Date_Time()
    On Error GoTo Err
    SourceRs.Filter = Combo1.Text & " like #" & Text1.Text & "#"
Exit Sub
Err:
    MsgBox "Please enter an appropriate value that correspand" & vbCrLf & "where to find it (ex.Search for 10/23/1985 and Look
    in Date).", vbExclamation
End Sub
End Sub
```

5. 编写 Command2 控件的 Click 事件

窗体内 Command2 控件的 Click 事的功能是，如果单击【取消】按钮，则退出此窗体。对应的实现代码如下。

```
Private Sub Command2_Click()
    Unload Me
End Sub
```

至此，本系统实例的图书过滤窗体 Filter.frm 的主要模块设计完毕。运行后将按指定的样式显示信息过滤界面，如图 24-42 所示。当输入过滤关键字并选择过滤范围，然后单击【过滤】按钮后，将输出显示符合条件的图书信息，如图 24-43 所示。

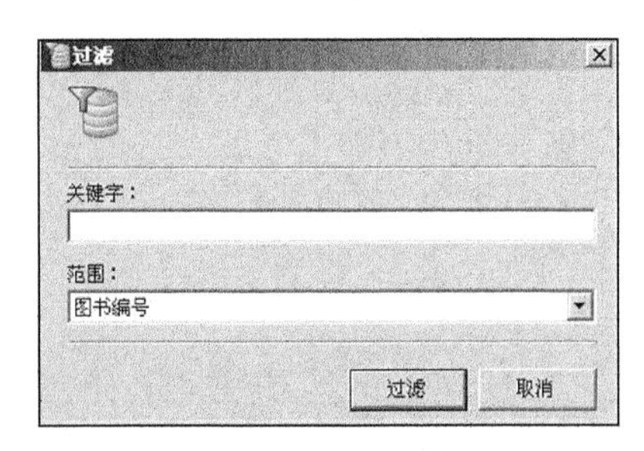

图 24-42　图书过滤界面效果

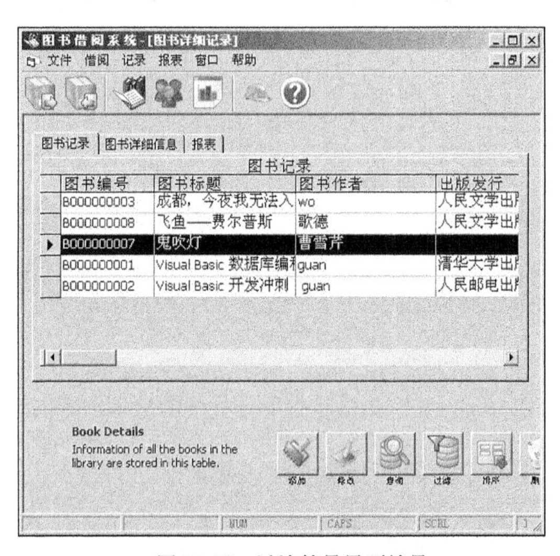

图 24-43　过滤结果界面效果

24.9　排序处理窗体 Sort.frm

通过系统的排序处理窗体 Sort.frm，可以通过指定的排序方式在图书详情界面内显示系统的图书信息。在本节的内容中，将详细介绍排序处理窗体 Sort.frm 的具体实现流程。

24.9.1　界面设计

排序处理窗体 Sort.frm 界面的具体设计流程如下。

（1）依次单击【工程】｜【添加窗体】选项，在弹出的“添加窗体”对话框中单击【打开】按钮，添加一个新的窗体 Sort.frm，如图 24-44 所示。

（2）在窗体内插入控件，并依次设置各个控件的属性，如图 24-45 所示。

排序处理窗体 Sort.frm 内各主要控件对象属性的具体设置信息如下。

- ❑ 窗体名称为“frmSort”，Caption 属性为“排序处理”。
- ❑ 第一个 Label 控件名称为“Label1”，Caption 属性为“排序条件：”。

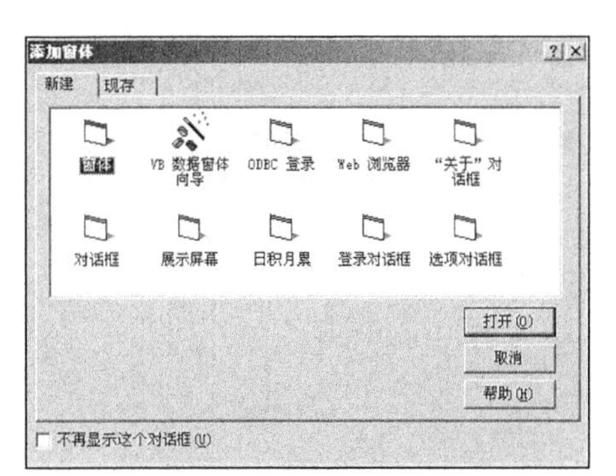

图 24-44 “添加窗体”对话框

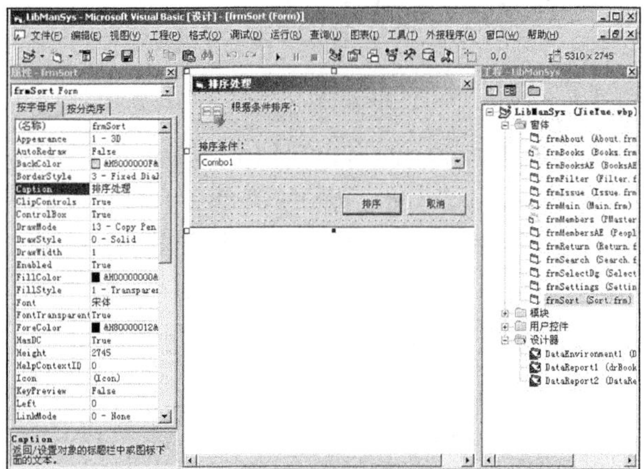

图 24-45 设置窗体属性

- ❑ 第二个 Label 控件名称为“Label2”，Caption 属性为“根据条件排序：”。
- ❑ ComboBox 控件名称为“Combo1”。
- ❑ 第一个 CommandButton 控件名称为“Command1”，Caption 属性为“排序”。
- ❑ 第二个 CommandButton 控件名称为“Command2”，Caption 属性为“取消”。

（3）继续设置窗体各个对象的相关属性，完成排序处理窗体 Sort.frm 的创建，最终的设计界面如图 24-46 所示。

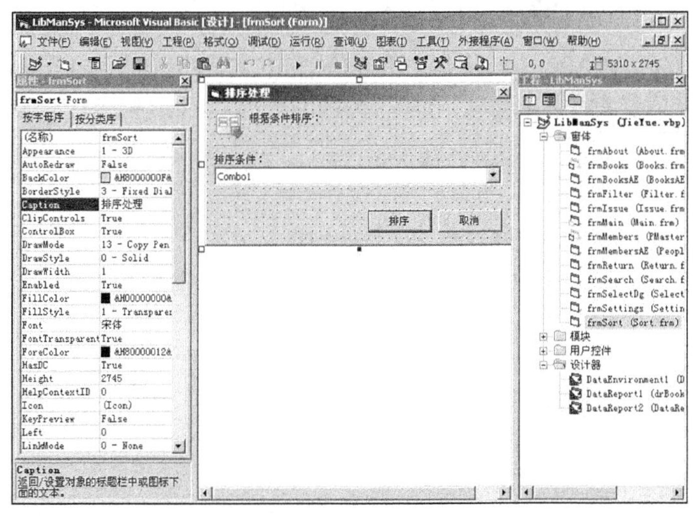

图 24-46 Sort.frm 的最终设计界面效果

24.9.2 编写窗体处理代码

排序处理窗体 Sort.frm 是本系统实例的主要窗体之一，用于实现对系统内图书信息的排序处理。在下面的内容中，将分别介绍排序处理窗体 Sort.frm 的各事件处理代码。

1. 编写 Load 事件

窗体内 Load 事件的功能是，在窗体打开时加载显示窗体内的所有对象。对应的实现代码如下。

```
Private Sub Form_Load()
    FillCombo Combo1, SourceRs, True
End Sub
```

2. 编写 UnLoad 事件

窗体内 Unload 事件的功能是，当窗体卸载后释放所有的资源。对应的实现代码如下。

```
Private Sub Form_Unload(Cancel As Integer)
    Set SourceRs = Nothing
End Sub
```

3. 编写 Command1 控件的 Click 事件

窗体内 Command1 控件的 Click 事件的功能是，当单击【排序】按钮后将数据图书数据按指定方式排序显示。对应的实现代码如下。

```
Private Sub Command1_Click()
    On Error GoTo Err                                    '有错误则来到错误语句
    SourceRs.Sort = Combo1.Text                          '排序处理
    Unload Me
Exit Sub
Err:                                                     '错误语句
    MsgBox "Please select a valid section from the list.", vbExclamation
    Combo1.SetFocus
End Sub
```

4. 编写 Command2 控件的 Click 事件

窗体内 Command2 控件的 Click 事的功能是，如果单击【取消】按钮则退出此窗体。对应的实现代码如下。

```
Private Sub Command2_Click()
    Unload Me
End Sub
```

至此，本系统实例的排序处理窗体 Sort.frm 的主要模块设计完毕。运行后将按指定的样式显示信息排序界面。当选择排序方式并单击【排序】按钮后，在图书详情模块中会按指定的排序方式显示。

24.10　创建客户管理窗体 Members.frm

通过系统的客户管理窗体，可以实现对系统内借书客户的添加、删除和更新等操作，并且能够迅速查询系统内客户的详细信息。在本节的内容中，将详细介绍客户管理窗体 Members.frm 的具体实现流程。

24.10.1　界面设计

客户管理窗体 Members.frm 界面的具体设计流程如下。

（1）依次单击【工程】|【添加窗体】选项，在弹出的“添加窗体”对话框中单击【打开】按钮，添加一个新的窗体 Members.frm，如图 24-47 所示。

（2）在窗体内插入一个 SSTab 控件，然后右键单击此控件，在弹出的命令中选择“属性”选项后弹出“属性页”对话框。在界面中依次为其设置 3 个选项卡，分别是“客户记录”、“客户详细信息”和“报表”，如图 24-48 所示。

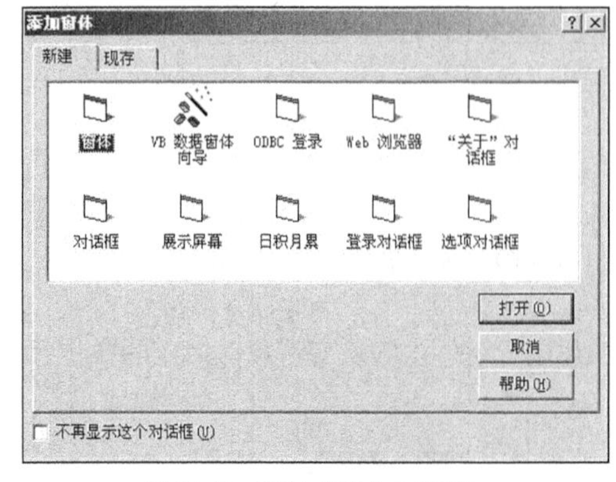

图 24-47　“添加窗体”对话框

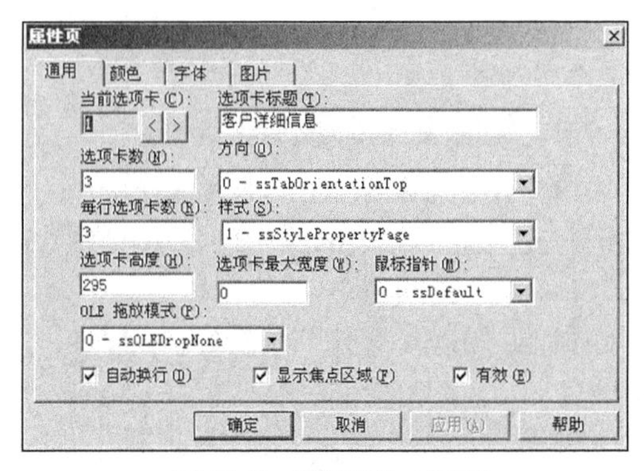

图 24-48　“属性页”对话框

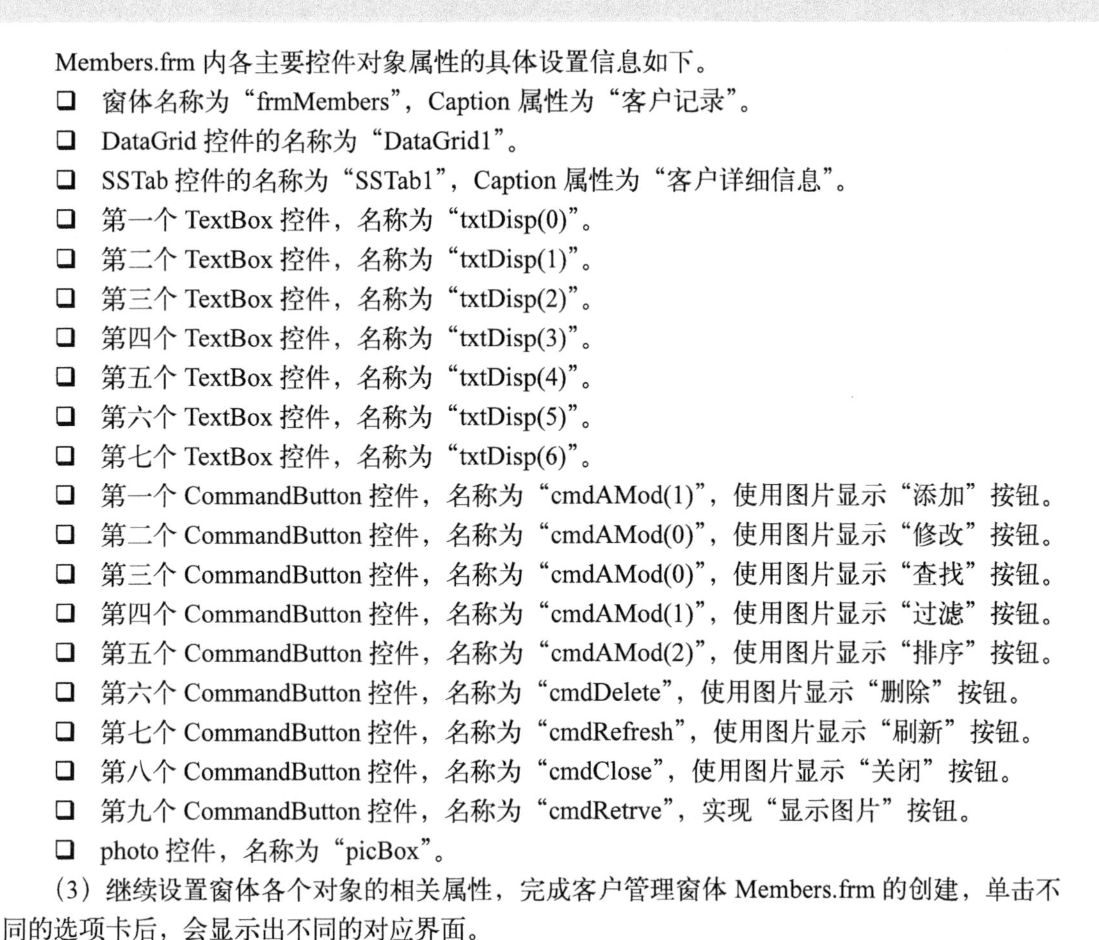

Members.frm 内各主要控件对象属性的具体设置信息如下。

- 窗体名称为“frmMembers”，Caption 属性为“客户记录”。
- DataGrid 控件的名称为“DataGrid1”。
- SSTab 控件的名称为“SSTab1”，Caption 属性为“客户详细信息”。
- 第一个 TextBox 控件，名称为“txtDisp(0)”。
- 第二个 TextBox 控件，名称为“txtDisp(1)”。
- 第三个 TextBox 控件，名称为“txtDisp(2)”。
- 第四个 TextBox 控件，名称为“txtDisp(3)”。
- 第五个 TextBox 控件，名称为“txtDisp(4)”。
- 第六个 TextBox 控件，名称为“txtDisp(5)”。
- 第七个 TextBox 控件，名称为“txtDisp(6)”。
- 第一个 CommandButton 控件，名称为“cmdAMod(1)”，使用图片显示“添加”按钮。
- 第二个 CommandButton 控件，名称为“cmdAMod(0)”，使用图片显示“修改”按钮。
- 第三个 CommandButton 控件，名称为“cmdAMod(0)”，使用图片显示“查找”按钮。
- 第四个 CommandButton 控件，名称为“cmdAMod(1)”，使用图片显示“过滤”按钮。
- 第五个 CommandButton 控件，名称为“cmdAMod(2)”，使用图片显示“排序”按钮。
- 第六个 CommandButton 控件，名称为“cmdDelete”，使用图片显示“删除”按钮。
- 第七个 CommandButton 控件，名称为“cmdRefresh”，使用图片显示“刷新”按钮。
- 第八个 CommandButton 控件，名称为“cmdClose”，使用图片显示“关闭”按钮。
- 第九个 CommandButton 控件，名称为“cmdRetrve”，实现“显示图片”按钮。
- photo 控件，名称为“picBox”。

(3) 继续设置窗体各个对象的相关属性，完成客户管理窗体 Members.frm 的创建，单击不同的选项卡后，会显示出不同的对应界面。

24.10.2 编写窗体处理代码

客户管理窗体 Members.frm 是本系统实例的主要窗体之一，用于实现对系统内客户信息的管理和维护。在下面的内容中，将分别介绍客户管理窗体 Members.frm 的各事件处理代码。

1. 编写 Load 事件

窗体内 Load 事件的功能是，通过数据集来获取系统数据库中的数据，打开数据库和创建记录集，并在 DataGrid1 控件中显示对应的信息。主要实现代码如下。

```
Private Sub Form_Load()
    On Error GoTo hell                                    '有错误则来到错误语句
    Set RS = New ADODB.RecordSet                          '创建记录对象
    RS.CursorLocation = adUseClient
    '从数据库表中选择记录
    RS.Open "SELECT * FROM Members", CN, adOpenDynamic, adLockOptimistic
    Set DataGrid1.DataSource = RS
    DisplayRecords                                        '浏览记录
    With frmMain.ImgList32                                '设置控件图片
        cmdReport(0).Picture = .ListImages(6).Picture
        cmdReport(1).Picture = .ListImages(6).Picture
    End With
Exit Sub
hell:                                                     '错误语句
    Handler Err
    Resume Next
End Sub
```

2. 编写 cmdOperations 控件的 Click 事件

窗体内 cmdOperations 控件的 Click 事件的功能是，根据用户单击的按钮来确定执行哪个操作。具体说明如下。

（1）如果单击了【查找】按钮，则打开“查找”窗体。

（2）如果单击了【过滤】按钮，则打开“过滤”窗体。

（3）如果单击了【排序】按钮，则打开“排序”窗体。

上述功能的主要实现代码如下。

```
Private Sub cmdOperations_Click(Index As Integer)
Dim obj As Form
    If Index = 0 Then Set obj = frmSearch                    '打开“查找”窗体
    If Index = 1 Then Set obj = frmFilter                    '打开“过滤”窗体
    If Index = 2 Then Set obj = frmSort                      '打开“排序”窗体
    With obj
        Set .SourceRs = RS
        .Show vbModal
    End With
    Set obj = Nothing
End Sub
```

3. 编写 cmdRetrive 控件的 Click 事件

窗体内 cmdRetrive 控件的 Click 事件的功能是，如果用户单击【显示图片】按钮后显示此用户的图片。其主要实现代码如下。

```
Private Sub cmdRetrive_Click()
Dim tmpRS As New ADODB.RecordSet
    With tmpRS
        '打开数据库中指定用户的图片信息记录
        .Open "SELECT [Picture] FROM Members WHERE [学生编号]= '" & txtDisp(0).Text & "'", CN, adOpenForwardOnly,
        adLockOptimistic
        If Len(RS!Picture) > 0 Then                          '有图片则加载
            picBox.LoadPhoto RS!Picture
        Else                                                 '没有图片则加载默认图片
            Set picBox.Picture = LoadPicture()
        End If
        .Close                                               '关闭记录集
    End With
    Set tmpRS = Nothing
End Sub
```

4. 编写 Unload 事件

窗体内 Unload 事件的功能是，当关闭当前窗体后释放窗体内所有的对象资源。主要实现代码如下。

```
Private Sub Form_Unload(Cancel As Integer)
    Set RS = Nothing
    Set frmMembers = Nothing
End Sub
```

5. 编写 DataGrid1 控件的 KeyUp 事件

窗体内 DataGrid1 控件的 KeyUp 事件的功能是，设置使用键盘上的方向键来浏览数据控件中的数据信息。具体的浏览记录功能是通过 DisplayRecords 函数实现的。主要实现代码如下。

```
Private Sub DataGrid1_KeyUp(KeyCode As Integer, Shift As Integer)
    If KeyCode = 38 Or KeyCode = 40 Then DisplayRecords
End Sub
```

6. 编写 DisplayRecords() 函数

窗体内 DisplayRecords() 函数的功能是，浏览数据库中的数据信息，如果小于 1 则显示当前记录为 0，否则将显示当前记录中的数据内容。主要实现代码如下。

```
Private Sub DisplayRecords()
Dim i As Integer
    On Error Resume Next                                     '有错误则来到错误处理语句
        With RS
            If .RecordCount < 1 Then                         '如果小于1则显示当前记录为0
                txtcount.Text = 0
            Else
                txtcount.Text = .AbsolutePosition            '显示当前记录中的数据内容
            End If
            lblmax.Caption = .RecordCount
            For i = 0 To 6                                   '显示记录
                txtDisp(i).Text = .Fields(i)
            Next i
        End With
End Sub
```

7. 编写 cmdDelete 控件的 Click 事件

窗体内 cmdDelete 控件的 Click 事件的功能是，如果用户单击【删除】按钮则删除指定的客户信息。具体实现流程如下。

（1）出错判断：如果有错误则来到错误处理语句。

（2）客户存在判断：如果此用户不存在则退出。

（3）存在则弹出“确认”对话框，单击【确认删除】按钮后将删除此数据。

上述流程的对应运行流程图如图 24-49 所示。

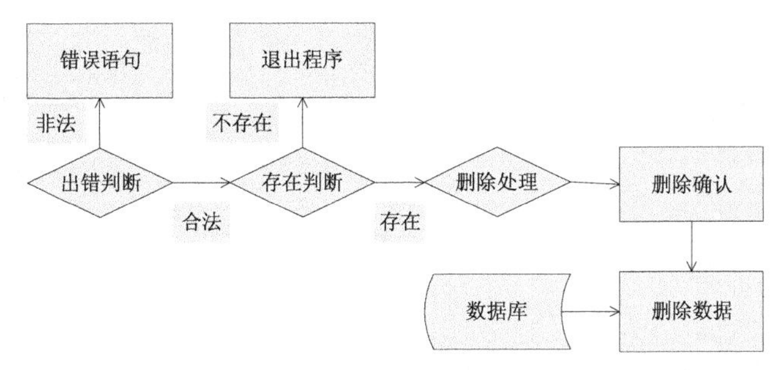

图 24-49 客户删除处理流程图

上述功能的主要实现代码如下。

```
Private Sub cmdDelete_Click()
    On Error GoTo hell                                          '有错误则来到错误处理语句
    With RS
        '-Check if there is no record
        '没有此数据
        If .RecordCount < 1 Then MsgBox "No record to delete.", vbExclamation: Exit Sub
        '-Confirm deletion of record
Dim ans As Integer, pos As Integer
        '确认删除对话框
        ans = MsgBox("你确定要删除这个记录?", vbCritical + vbYesNo, "删除记录")
        Screen.MousePointer = vbHourglass
        If ans = vbYes Then
            '-Delete the record
            pos = .AbsolutePosition
            CN.BeginTrans
            .Delete                                             '删除此客户
            .Requery
            CN.CommitTrans
            If pos > .RecordCount Then
                If Not .EOF Or .BOF Then .MoveFirst             '如果超出范围则来到第一条记录
            Else
                .AbsolutePosition = pos
            End If
            '删除成功提示
            MsgBox "Record has been successfully deleted.", vbInformation, "Confirm"
        End If
        Screen.MousePointer = vbDefault
    End With
Exit Sub
hell:                                                           '错误语句
    Handler Err
    CN.RollbackTrans
End Sub
```

8. 编写 cmdRefresh 控件的 ClickClick 事件

窗体内 cmdRefresh 控件的 ClickClick 事件的功能是，如果用户单击【刷新】按钮则刷新显示当前系统内的客户信息。其主要实现代码如下。

```
Private Sub cmdRefresh_Click()
    With RS
        .Filter = adFilterNone
        .Requery
    End With
End Sub
```

9. 编写 cmdClose 控件的 Click 事件

窗体内 cmdClose 控件的 Click 事件的功能是，如果用户单击【关闭】按钮则关闭当前的客户信息窗体。其主要实现代码如下。

```
Private Sub cmdClose_Click()
    Unload Me
End Sub
```

10. 编写 cmdAMod 控件的 Click 事件

窗体内 cmdAMod 控件的 Click 事件的功能是，如果用户单击【添加】或【修改】按钮，则输出显示对应的窗体。其主要实现代码如下。

```
Private Sub cmdAMod_Click(Index As Integer)
    On Error Resume Next                                    '有错误则来到错误处理语句
        With frmMembersAE
            .AddState = Index
            .OldID = RS.Fields(0)
            If Index = 0 Then                               '是修改则在窗体内显示此客户原来信息
                .txtCode.Text = RS(0)
                .txtName.Text = RS(1)
                .txtM.Text = RS(2)
                .txtC.Text = RS(3)
                .cmbP.Text = RS(4)
                .cmbSection = RS(5)
                .txtRoll = RS(6)
                frmMembersAE.cmdAddSave.Caption = "修改"
            End If
            .Show vbModal                                   '打开窗体
        End With
        cmdRefresh_Click                                    '刷新记录
        DisplayRecords
End Sub
```

11. 编写窗体重绘事件

窗体重绘事件 Form_Resize 的功能是，当窗体大小改变或移动时重新设置窗体的大小。主要实现代码如下。

```
Private Sub Form_Resize()
    On Error Resume Next
        SSTab1.Height = Me.Height - 2500
        SSTab1.Width = Me.Width - 400
        Line1.X1 = SSTab1.Left
        Line1.X2 = SSTab1.Left + SSTab1.Width
        Line1.Y1 = SSTab1.Top + SSTab1.Height + 400
        Line1.Y2 = Line1.Y1
        DataGrid1.Width = SSTab1.Width - 280
        DataGrid1.Height = SSTab1.Height - 580
        Frame1.Height = DataGrid1.Height - 100
        Frame1.Width = DataGrid1.Width - 200
        lnBorder(0).X1 = Frame1.Left
        lnBorder(0).X2 = Frame1.Width - Frame1.Left - 180
        lnBorder(0).Y1 = txtDisp(3).Height + txtDisp(3).Top + 180
        lnBorder(0).Y2 = lnBorder(0).Y1
        lnBorder(2).X1 = lnBorder(1).X1
        lnBorder(2).X2 = lnBorder(1).X2
        lnBorder(2).Y1 = txtDisp(6).Height + txtDisp(6).Top + 180
        lnBorder(2).Y2 = lnBorder(2).Y1
        LineMove Line2, Line1
        LineMove lnBorder(1), lnBorder(0)
        LineMove lnBorder(3), lnBorder(2)
        picBox.Left = txtDisp(0).Left + txtDisp(0).Width + 200
        picBox.Top = txtDisp(0).Top
        picBox.Height = Frame1.Height - cmdRetrive.Height - Frame1.Top
        picBox.Width = Frame1.Width - picBox.Left - picBox.Width + txtDisp(0).Widt
        cmdRetrive.Left = picBox.Left + picBox.Width - cmdRetrive.Width
End Sub
```

至此，本系统实例的客户管理窗体 Members.frm 的主要模块设计完毕。执行后将按指定的样式显示窗体内的各个元素，如图 24-50 所示。当单击“客户记录”选项卡后，将显示系统内的所有客户信息，如图 24-51 所示。当单击【显示图片】按钮后，将显示此用户的照片信息，如图 24-52 所示。单击对应的管理按钮后，能够完成对应功能的操作。

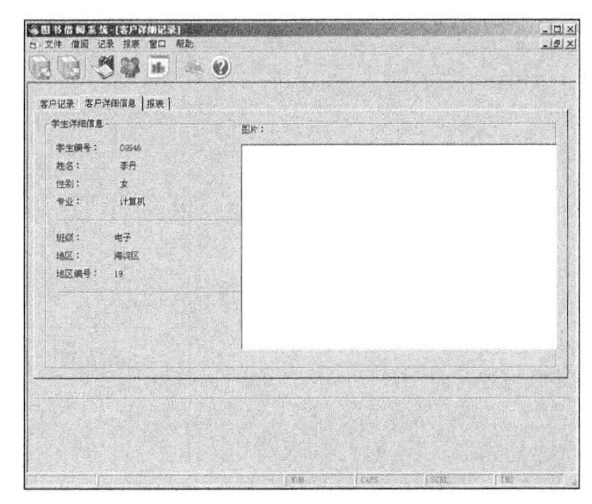

图 24-50　窗体默认显示界面效果

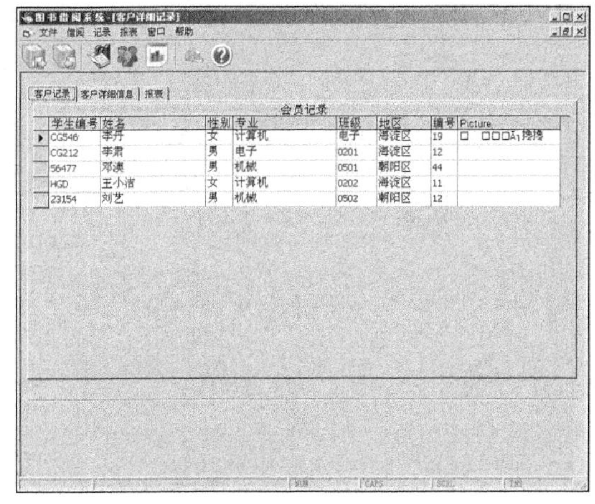

图 24-51　“客户记录”选项卡界面

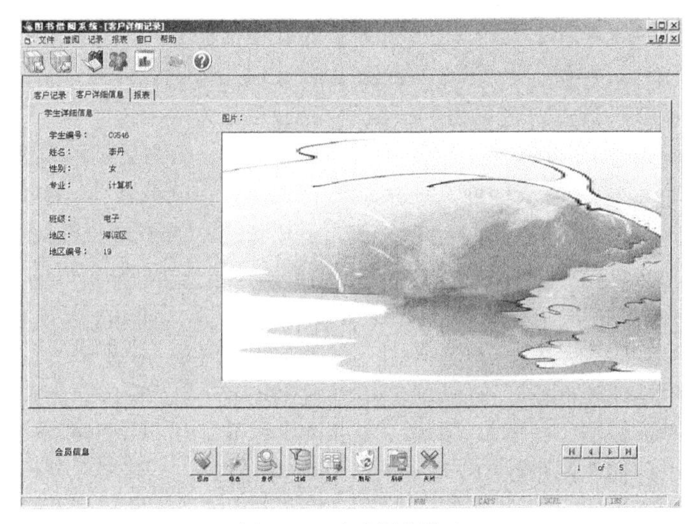

图 24-52　客户照片界面

24.11　创建借书处理窗体 Issue.frm

通过系统的借书处理窗体，客户可以在系统内实现借书处理。在本节的内容中，将详细介绍借书处理窗体 Issue.frm 的具体实现流程。

24.11.1　界面设计

借书处理窗体 Issue.frm 界面的具体设计流程如下。

（1）依次单击【工程】|【添加窗体】选项，在弹出的“添加窗体”对话框中单击【打开】按钮，添加一个新的窗体 Issue.frm，如图 24-53 所示。

（2）在窗体内插入需要的控件对象，并依次设置它们的属性，如图 24-54 所示。

Issue.frm 内各主要控件对象属性的具体设置信息如下。

- 窗体名称为“frmIssue”，Caption 属性为“借书”。
- SSTab 控件的名称为“SSTab1”，Caption 属性为“客户详细信息”。
- 第一个 TextBox 控件，名称为“Text4”，Text 属性为空。
- 第二个 TextBox 控件，名称为“Text1”，Text 属性为空。
- 第三个 TextBox 控件，名称为“Text5”，Text 属性为空。

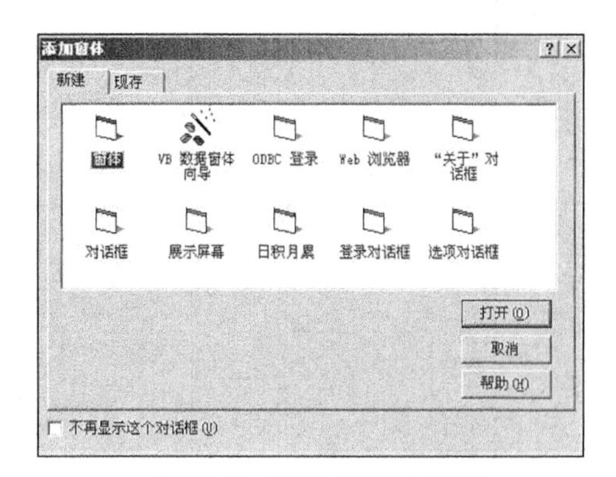

图 24-53 "添加窗体"对话框

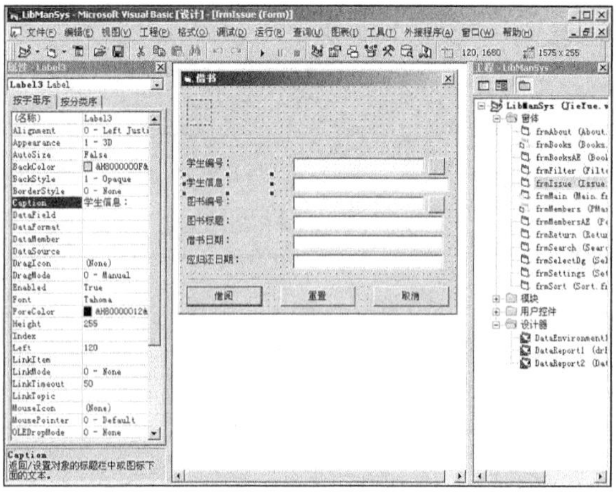

图 24-54 插入窗体控件

- ❑ 第四个 TextBox 控件，名称为"Text2"，Text 属性为空。
- ❑ 第五个 TextBox 控件，名称为"Text3"，Text 属性为空。
- ❑ 第六个 TextBox 控件，名称为"Text6"，Text 属性为空。
- ❑ 第一个 CommandButton 控件，名称为"cmdCode"，单击后显示客户信息。
- ❑ 第二个 CommandButton 控件，名称为"cmdBook"，单击后显示图书信息。
- ❑ 第三个 CommandButton 控件，名称为"cmdIssue"，Caption 属性为"借阅"。
- ❑ 第四个 CommandButton 控件，名称为"cmdReset"，Caption 属性为"重置"。
- ❑ 第五个 CommandButton 控件，名称为"cmdCancel"，Caption 属性为"取消"。
- ❑ 第一个 Label 控件，名称为"Label1"，Caption 属性为"学生编号:"。
- ❑ 第二个 Label 控件，名称为"Label3"，Caption 属性为"学生信息:"。
- ❑ 第三个 Label 控件，名称为"Label2"，Caption 属性为"图书编号:"。
- ❑ 第四个 Label 控件，名称为"Label4"，Caption 属性为"图书标题:"。
- ❑ 第五个 Label 控件，名称为"Label5"，Caption 属性为"借书日期:"。
- ❑ 第六个 Label 控件，名称为"Label6"，Caption 属性为"应归还日期:"。
- ❑ Image 控件，名称为"Image1"。

（3）继续设置窗体各个对象的相关属性，完成借书处理窗体 Issue.frm 的创建，最终界面如图 24-55 所示。

图 24-55 Issue.frm 最终设计界面效果

24.11.2 编写窗体处理代码

借书处理窗体 Issue.frm 是本系统实例的主要窗体之一，用于实现客户在系统内的借书处理。在下面的内容中，将分别介绍借书处理窗体 Issue.frm 的各事件处理代码。

1. 编写 Load 事件

窗体内 Load 事件的功能是，在装载窗体时初始化窗体、重置窗体并设置控件的图片。主要实现代码如下。

```
Private Sub Form_Load()
    cmdReset_Click                                              '重置窗体
    With frmMain
        cmdCode.Picture = .ImgList16.ListImages(1).Picture
        Me.Icon = .ImgList32.ListImages(7).Picture              '窗体标题
    End With
    cmdBook.Picture = cmdCode.Picture                           '按钮图片
    Image1.Picture = Me.Icon
End Sub
```

2. 编写 cmdBook 控件的 Click 事件

窗体内 cmdBook 控件的 Click 事件的功能是，如果用户单击“图书编号”文本框后的图标按钮，则打开图书列表窗体，并显示所有的可借图书信息。主要实现代码如下。

```
Private Sub cmdBook_Click()
    With frmSelectDg                                            '设置窗体对象
        .CommandText = "Select * From Books where 是否借出=False"
        .DataGrid1.Caption = "Members Table"
        .Show vbModal                                           '显示窗体
        If .OKPressed Then                                      '如果可以借出
            Text5.Text = .rRS1                                  '图书编号
            Text2.Text = .rRS2                                  '图书标体
        End If
    End With
End Sub
```

3. 编写 cmdCode 控件的 Click 事件

窗体内 cmdCode 控件的 Click 事件的功能是，在窗体内显示 Member 数据表中的所有信息。主要实现代码如下。

```
Private Sub cmdCode_Click()
Dim A As String, b As String, c As String
    With frmSelectDg
        .CommandText = "Select * From Members"                  '查询所有表内记录信息
        .DataGrid1.Caption = "学生信息表"
        .Show vbModal                                           '显示窗体
        If .OKPressed Then                                      '如果为True则显示数据
            Text4.Text = .rRS1
            A = .rRS2
            b = .rRS3
            c = .rRS4
            Text1.Text = A & " " & b & " " & c
        End If
    End With
End Sub
```

4. 编写 cmdIssue 控件的 Click 事件

窗体内 cmdIssue 控件的 Click 事件的功能描述如下。

（1）实现系统借书处理，将借书处理窗体内所有文本框中的数据添加到 Trans 表中。

（2）从表 Trans 中查找指定图书编号的记录。

（3）设置“是否借出”字段为 True。

（4）处理后弹出提示框，单击【确定】按钮则实现借书操作，单击【取消】按钮则退出窗体。

其主要实现代码如下。

```
Private Sub cmdIssue_Click()
Dim RS As ADODB.RecordSet
```

```
        If Text4.Text = "" Then Text4.SetFocus: Exit Sub                '客户编号为空则退出
        If Text5.Text = "" Then Text5.SetFocus: Exit Sub                '图书编号为空则退出
        On Error GoTo hell                                              '发生错误则来到出错语句
        CN.BeginTrans
        Set RS = New ADODB.RecordSet                                    '创建数据集对象
        With RS
            '查询表中的数据
            .Open "Select * from Trans", CN, adOpenDynamic, adLockOptimistic
            .AddNew                                                     '添加新借阅记录
            .Fields(0) = Text5.Text
            .Fields(1) = Text4.Text
            .Fields(2) = Date
            .Update                                                     '更新
            .Close
            .Open "Select [是否出借] from Books where [图书编号]= '" & Text5.Text & "'", CN, adOpenDynamic, adLockOptimistic
                                                                        '查询是否借出
            .MoveFirst
            .Fields(0) = True
            .Update                                                     '更新
            .Close                                                      '关闭
            Set RS = Nothing
        End With
        CN.CommitTrans
        If MsgBox("The book " & Text5.Text & " has been issued to " & Text4.Text & vbNewLine & "Do you want to create a new
        issue instance?", vbInformation + vbYesNo) = vbYes Then         '确认对话框
            cmdReset_Click
        Else
            Unload Me                                                   '卸载窗体
        End If
    Exit Sub
    hell:                                                               '错误处理语句
        Handler Err
        CN.RollbackTrans
    End Sub
```

5. 编写 cmdReset 控件的 Click 事件

窗体内 cmdReset 控件的 Click 事件的功能是，用于重置借书处理窗体中的所有文本框。其主要实现代码如下。

```
    Private Sub cmdReset_Click()
        Text1.Text = ""                                                 '设置窗体内文本框为空
        Text2.Text = ""
        Text5.Text = ""
        Text4.Text = ""
        Text3.Text = FormatDateTime$(Date, vbLongDate)
        Text6.Text = FormatDateTime$(Date + frmReturn.MaxDays, vbLongDate)
    End Sub
```

至此，本系统实例的借书处理窗体 Issue.frm 的主要模块设计完毕。执行后将按指定的样式在窗体内显示空白文本框，如图 24-56 所示。当依次单击“学生编号”和“图书编号”后的图标按钮，选择所借书和借书人信息后，然后单击【借阅】按钮后，将实现图书借阅操作，如图 24-57 所示。单击对应的【重置】和【取消】按钮后，能够完成对应功能的操作。

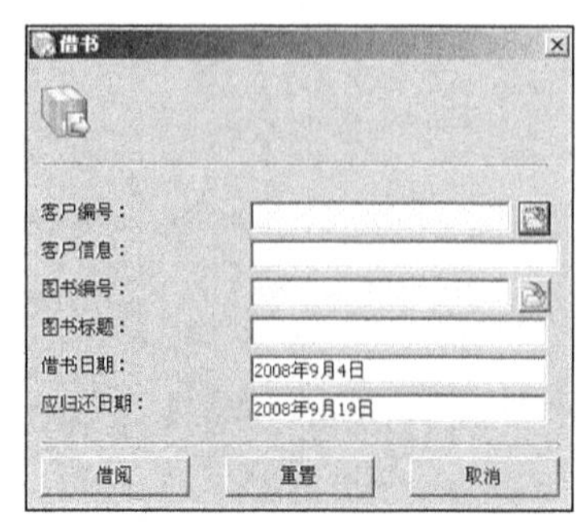

图 24-56　默认借阅界面效果

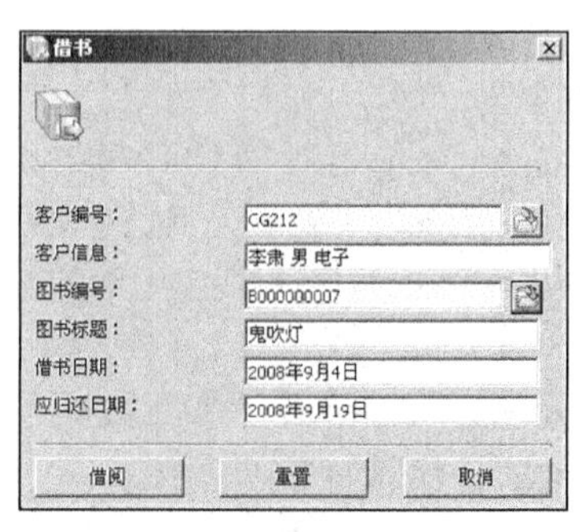

图 24-57　选择借阅信息后界面

24.12 创建还书处理窗体 Return.frm

通过系统的还书处理窗体，系统内的已借书客户可以实现还书处理。在本节的内容中，将详细介绍还书处理窗体 Return.frm 的具体实现流程。

24.12.1 界面设计

还书处理窗体 Return.frm 界面的具体设计流程如下。

（1）依次单击【工程】|【添加窗体】选项，在弹出的“添加窗体”对话框中单击【打开】按钮，添加一个新的窗体 Return.frm，如图 24-58 所示。

（2）在窗体内插入需要的控件对象，并依次设置它们的属性，如图 24-59 所示。

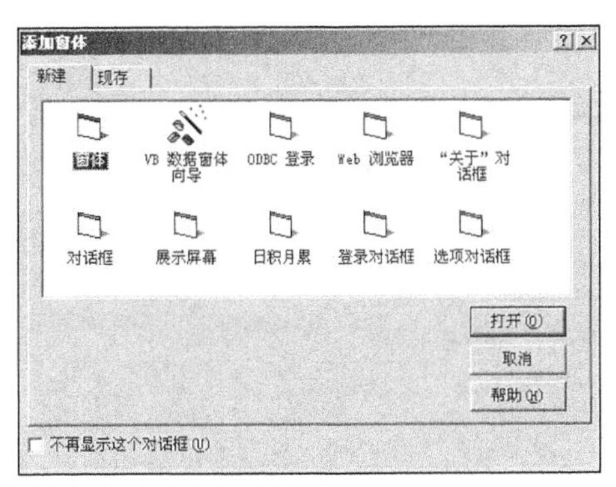

图 24-58 “添加窗体”对话框

图 24-59 插入窗体控件

窗体 Return.frm 内各主要控件对象属性的具体设置信息如下。

- 窗体名称为“frmReturn”，Caption 属性为“还书”。
- SSTab 控件的名称为“SSTab1”，Caption 属性为“客户详细信息”。
- 第一个 TextBox 控件，名称为“Text4”，Text 属性为空。
- 第二个 TextBox 控件，名称为“Text1”，Text 属性为空。
- 第三个 TextBox 控件，名称为“Text2”，Text 属性为空。
- 第四个 TextBox 控件，名称为“txtFines”，Text 属性为空。
- 第一个 Label 控件，名称为“Label2”，Caption 属性为“图书编号:”。
- 第二个 Label 控件，名称为“Label1”，Caption 属性为“学生编号:”。
- 第三个 Label 控件，名称为“Label7”，Caption 属性为“还书日期:”。
- 第四个 Label 控件，名称为“Label3”，Caption 属性为“超期罚款:”。
- 第五个 Label 控件，名称为“Label4”，Caption 属性为“借书日期:”。
- 第六个 Label 控件，名称为“Label5”，Caption 属性为“超期天数:”。
- 第七个 Label 控件，名称为“Label6”，Caption 属性为“应交罚款:”。
- 第八个 Label 控件，名称为“lblDate”，Caption 属性为“请先选择一本书”。
- 第九个 Label 控件，名称为“lblLate”，Caption 属性为“请先选择一本书”。
- 第十个 Label 控件，名称为“lblFines”，Caption 属性为“请先选择一本书”。

- ❑ 第一个 CommandButton 控件，名称为“cmdReturn”，Caption 属性为“还书”。
- ❑ 第二个 CommandButton 控件，名称为“cmdReset”，Caption 属性为“重置”。
- ❑ 第三个 CommandButton 控件，名称为“cmdCancel”，Caption 属性为“取消”。
- ❑ Image 控件，名称为“Image1”。

（3）继续设置窗体各个对象的相关属性，完成还书处理窗体 Return.frm 的创建，最终界面如图 24-60 所示。

图 24-60　窗体 Return.frm 最终设计界面效果

24.12.2　编写窗体处理代码

还书处理窗体 Return.frm 是本系统实例的主要窗体之一，用于实现客户在系统内的还书处理。在下面的内容中，将分别介绍还书处理窗体 Return.frm 的各事件处理代码。

1．编写 Load 事件

窗体内 Load 事件的功能是，初始化窗体并设置窗体的标题，初始化控件图片并调用 cmdReset_Click 中的代码。主要实现代码如下。

```
Private Sub Form_Load()
    Me.Icon = frmMain.ImgList32.ListImages(8).Picture
    Image1.Picture = Me.Icon
    cmdReset_Click                                              '重置窗体
    cmdCode.Picture = frmMain.ImgList16.ListImages(1).Picture
End Sub
```

2．编写 cmdReset 控件的 Click 事件

窗体内 cmdReset 控件的 Click 事件的功能是重置窗体内的所有信息。主要实现代码如下。

```
Private Sub cmdReset_Click()
    lblLate.Caption = "请选择一本图书"
    lblFines.Caption = "请选择一本图书"
    lblDate.Caption = "请选择一本图书"
    txtFines.Text = ""
    txtFines.Locked = True
    Text1.Text = ""
    Text4.Text = ""
    Text2.Text = FormatDateTime$(Date, vbLongDate)              '显示当前日期
End Sub
```

3．编写 cmdReturn 控件的 Click 事件

窗体内 cmdReturn 控件的 Click 事件的具体功能如下。

（1）出错判断：如果有错误则来到错误处理语句。

（2）根据获取的图书编号，将对应“是否借出”设置为 False，这样可以使已经归还的图书可以被再次借出。

（3）在 Trans 表中根据获取的图书编号将对应的“是否归还”设置为 True。

（4）如果超期，则计算罚金。

上述流程的对应运行流程图如图 24-61 所示。

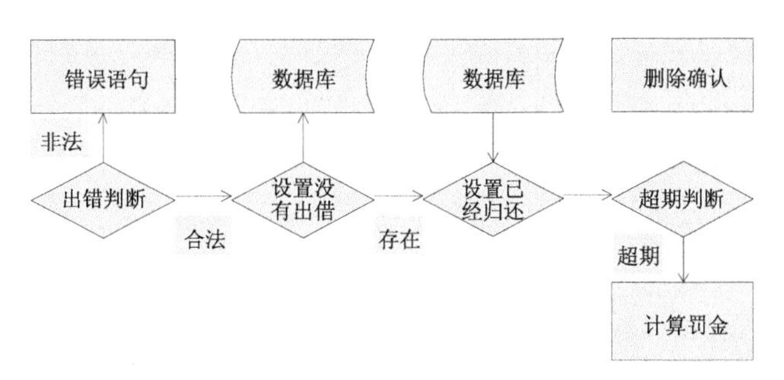

图 24-61　还书处理流程图

上述功能的主要实现代码如下。

```
Private Sub cmdReturn_Click()
    Dim RS As ADODB.RecordSet
    If Text4.Text = "" Then Text4.SetFocus
    On Error GoTo hell                                                    '有错误则来到错误语句
    Set RS = New ADODB.RecordSet                                          '创建记录集对象
    With RS
        CN.BeginTrans                                                     '开始事务
        .Open "Select [是否借出] from Books where [图书编号]= '" & Text4.Text & "'", CN, adOpenDynamic, adLockOptimistic
        .MoveFirst
        .Fields(0) = False                                                '设置没有借出
        .Update                                                           '更新处理
        .Close
        .Open "Select [罚款],[是否归还] From Trans where [图书编号]= '" & Text4.Text & "'" & "And [是否归还] = False",
        CN, adOpenDynamic, adLockOptimistic
        .MoveFirst
        .Fields("罚款") = CCur(txtFines.Text)                             '计算罚款
        .Fields("是否归还") = True                                        '设置已经归还
        .Update
        .Close
        CN.CommitTrans          'If no error was raised then record info
    End With
    Set RS = Nothing
    '确定归还提示框
    If MsgBox("这本书" & Text4.Text & " 已经归还 " & Text1.Text & vbNewLine & vbNewLine & "您是否要创建一条归还
    图书记录?", vbInformation + vbYesNo) = vbYes Then
        cmdReset_Click                                              '重置窗体
    Else
        Unload Me                                                   '关闭窗体
    End If
Exit Sub
hell:                                                               '错误处理语句
    Handler Err
    On Error Resume Next     'If an error was raised then rollback
        CN.RollbackTrans          'any transaction so GIGO does not take place
        'in the future.
End Sub
```

4. 编写 cmdCode 控件的 Click 事件

窗体内 cmdCode 控件的 Click 事件的功能如下。

（1）单击 cmdReset 后打开选择窗体，打开数据库表。

（2）查询其中没有归还的记录，并显示在窗体内。

（3）根据获取的信息计算超期罚金。

上述功能的主要实现代码如下。

```
Private Sub cmdCode_Click()
Dim RS As ADODB.RecordSet, i As Integer
    On Error Resume Next
        With frmSelectDg
            '查询超期信息
            .CommandText = "SELECT Trans.[图书编号], Trans.[学生编号], Books.图书标题, [姓名] & ' ' & [性别] & ' ' &
[专业] AS 借书人, Trans.[借书日期] FROM Members INNER JOIN (Books INNER JOIN Trans ON Books.[图书编号] = Trans.[图
书编号]) ON Members.[学生编号] = Trans.[学生编号] Where (((Trans.是否归还) = False)) ORDER BY Trans.[图书编号];"
            .DataGrid1.Caption = "借书信息"
            .Show vbModal
            If .OKPressed Then                                                          '显示数据
                Text4.Text = .rRS1
                Text1.Text = .rRS2
                txtFines.Locked = False
            Else
                Exit Sub
            End If
        End With
                Set RS = New ADODB.RecordSet                                            '创建记录集对象
        RS.Open "Select * from Trans Where [图书编号] ='" & Text4.Text & "'", CN, adOpenDynamic, adLockOptimistic
        lblDate.Caption = CDate(RS(2))                                                  '获取借书日期
        i = Date - CDate(lblDate.Caption)                                               '计算已经借出几天
        If i < 0 Then i = 0                                                             '没有超期则罚金为0
        If MaxDays < i Then lblLate.Caption = i - MaxDays Else lblLate.Caption = "0"
        lblFines.Caption = CStr(FormatCurrency$(FineAmnt * lblLate)) '超期则计算罚金
        txtFines.Text = lblFines.Caption
        Set RS = Nothing                                                                '清空记录集
End Sub
```

5. 编写 Command4 控件的 Click 事件

窗体内 Command4 控件的 Click 事件的功能是，单击"超期罚款"文本框后的▤图标后，弹出系统自带的计算器。主要实现代码如下。

```
Private Sub Command4_Click()
    On Error GoTo hell
    Shell "calc.exe", vbNormalFocus
Exit Sub
hell:
    MsgBox "The operating system cannot find the system calculator." & vbNewLine & "Please check whether it is properly
installed or not", vbCritical, "File not found"
```

至此，本系统实例的还书处理窗体 Return.frm 的主要模块设计完毕。执行后将按指定的样式在窗体内显示空白文本框，如图 24-62 所示。当依次单击"学生编号"和"图书编号"后的图标按钮，选择所借书和借书人信息后，然后单击【借阅】按钮，将实现图书借阅操作，如图 24-63 所示。单击"超期罚款"文本框后的▤图标后，弹出系统自带的计算器，如图 24-64 所示。

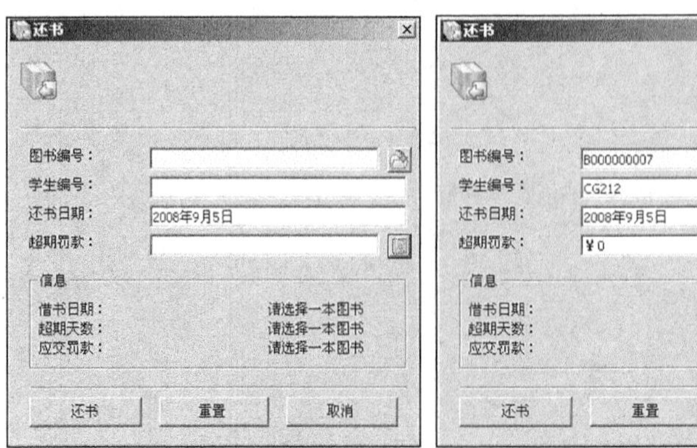

图 24-62　默认还书界面效果

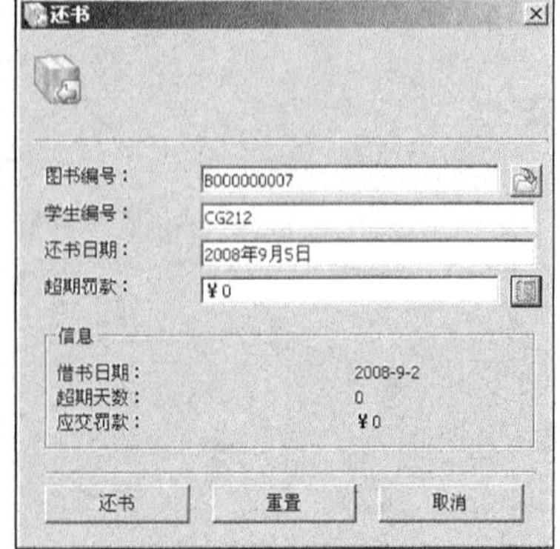

图 24-63　选择还书信息后界面

图 24-64　弹出 Windows 计算器界面

24.13 创建信息选择窗体 SelectDg.frm

通过系统的信息选择窗体，可以任意选择并浏览系统表内的某条数据。在本节的内容中，将详细介绍信息选择窗体 SelectDg.frm 的具体实现流程。

24.13.1 界面设计

信息选择窗体 SelectDg.frm 界面的具体设计流程如下。

（1）依次单击【工程】|【添加窗体】选项，在弹出的“添加窗体”对话框中单击【打开】按钮，添加一个新的窗体 SelectDg.frm，如图 24-65 所示。

（2）在窗体内插入需要的控件对象，并依次设置它们的属性，如图 24-66 所示。

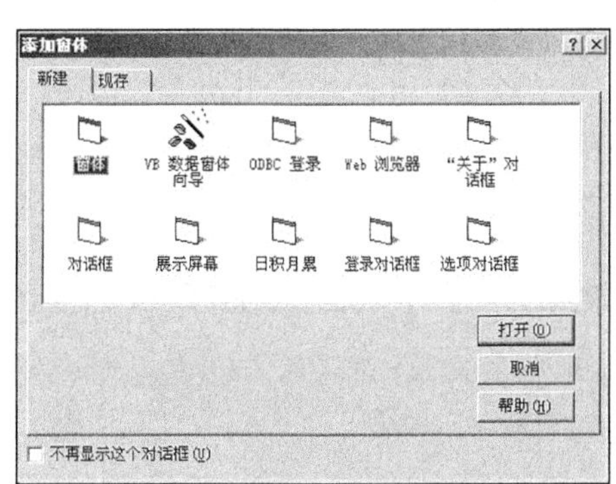

图 24-65 “添加窗体”对话框

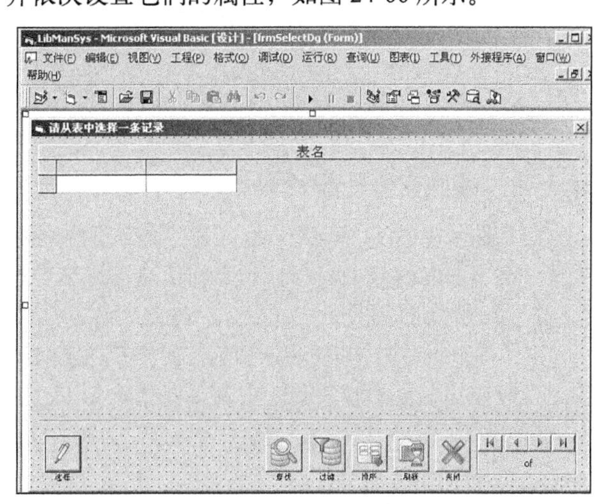

图 24-66 插入窗体控件

窗体 SelectDg.frm 内各主要控件对象属性的具体设置信息如下。

- 窗体名称为“frmSelectDg”，Caption 属性为“还书”。
- DataGrid 控件的名称为“DataGrid1”，Caption 属性为“表名”。
- 第一个 Label 控件，名称为“Label4”，Caption 属性为“选择”。
- 第二个 Label 控件，名称为“Label2”，Caption 属性为“查找”。
- 第三个 Label 控件，名称为“Label1”，Caption 属性为“排序”。
- 第四个 Label 控件，名称为“Label3”，Caption 属性为“刷新”。
- 第五个 Label 控件，名称为“Label8”，Caption 属性为“关闭”。
- 第六个 Label 控件，名称为“Label12”，Caption 属性为“of”。
- Frame 控件，名称为“fraNavigation”。
- 第十个 Label 控件，名称为“lblFines”，Caption 属性为“请先选择一本书”。
- 第一个 CommandButton 控件，名称为“cmdSelect”，实现选择功能按钮。
- 第二个 CommandButton 控件，名称为“cmdOperations”，实现查找功能按钮。
- 第三个 CommandButton 控件，名称为“cmdOperations”，实现过滤功能按钮。
- 第四个 CommandButton 控件，名称为“cmdOperations”，实现排序功能按钮。
- 第五个 CommandButton 控件，名称为“cmdRefresh”，实现刷新功能按钮。
- 第六个 CommandButton 控件，名称为“cmdClose”，实现关闭功能按钮。

（3）继续设置窗体各个对象的相关属性，完成信息选择窗体 SelectDg.frm 的创建，最终界面如图 24-67 所示。

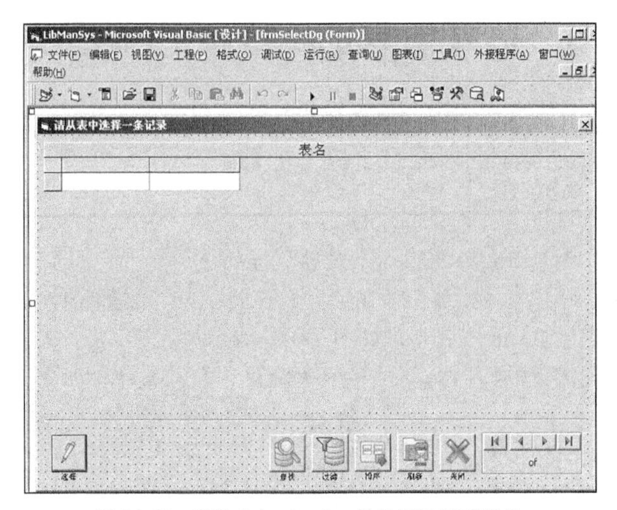

图 24-67　窗体 SelectDg.frm 最终设计界面效果

24.13.2　编写窗体处理代码

信息选择窗体 SelectDg.frm 是本系统实例的主要窗体之一，便于用户选择系统内的某记录信息。在下面的内容中，将分别介绍信息选择窗体 SelectDg.frm 的各事件处理代码。

1. 编写 Load 事件

窗体内 Load 事件的功能是初始化窗体并创建记录集对象，设置打开记录集各参数和 DataGrid 数据表格控件中显示的数据。主要实现代码如下。

```
Private Sub Form_Load()
    Set RS = New ADODB.RecordSet                                    '创建记录集对象
    RS.CursorLocation = adUseClient
    RS.Open CommandText, CN, adOpenDynamic, adLockOptimistic
    DisplayRecords
    Me.Icon = cmdSelect.Picture                                     '设置窗体图标
    Set DataGrid1.DataSource = RS                                   '设置显示的数据源数据
    OKPressed = False
End Sub
```

2. 编写 cmdClose 控件的 Click 事件

窗体内 cmdClose 控件的 Click 事件的功能是用户单击【关闭】按钮后关闭当前窗体。主要实现代码如下。

```
Private Sub cmdClose_Click()
    Unload Me
End Sub
```

3. 编写 cmdNavigate 控件的 Click 事件

窗体内 cmdNavigate 控件的 Click 事件的功能是用户单击导航条上的控制按钮后可以浏览表内的指定记录。主要实现代码如下。

```
Private Sub cmdNavigate_Click(Index As Integer)
    Navigate Index, RS
    DisplayRecords
End Sub
```

4. 编写 cmdRefresh 控件的 Click 事件

窗体内 cmdRefresh 控件的 Click 事件的功能是用户单击【刷新】按钮后可以刷新当前窗体内的数据。主要实现代码如下。

```
Private Sub cmdRefresh_Click()
    With RS
        .Filter = adFilterNone
        .Requery
    End With
End Sub
```

5. 编写 cmdSelect 控件的 Click 事件

窗体内 cmdSelect 控件的 Click 事件的功能是，当用户选择表内的某条数据并单击【选择】按钮后，可以选择当前的记录数据并关闭窗体。主要实现代码如下。

```
Private Sub cmdSelect_Click()
    On Error Resume Next                                    '有错误则来到错误处理语句
        With RS
            '记录数小于1则出错提示
            If .RecordCount < 1 Then MsgBox "No record to select!" & vbNewLine & "Please add records to the library first to
            select data from them.", vbExclamation, "No data Selected": Exit Sub
            rRS1 = .Fields(0)                               '获得记录中第一个字段
            rRS2 = .Fields(1)                               '获得记录中第二个字段
            rRS3 = .Fields(2)                               '获得记录中第三个字段
            rRS4 = .Fields(3)                               '获得记录中第四个字段
        End With
        CommandText = ""                                    '清空数据连接
        OKPressed = True
        Unload Me                                           '卸载窗体
End Sub
Private Sub DataGrid1_DblClick()
    cmdSelect_Click
End Sub
Private Sub DataGrid1_KeyUp(KeyCode As Integer, Shift As Integer)
    If KeyCode = 38 Or KeyCode = 40 Then DisplayRecords
End Sub
Private Sub DataGrid1_RowColChange(LastRow As Variant, ByVal LastCol As Integer)
    DisplayRecords
End Sub
```

6. 编写 Unload 事件

窗体内 Unload 事件的功能是卸载当前窗体并释放数据资源。主要实现代码如下。

```
Private Sub Form_Unload(Cancel As Integer)
    Set RS = Nothing
End Sub
```

7. 编写 cmdOperations 控件的 Click 事件

窗体内 cmdOperations 控件的 Click 事件的功能是根据获取的索引值打开不同的窗口。具体说明如下。

（1）单击【查找】按钮，则打开查找窗口。

（2）单击【过滤】按钮，则打开过滤窗口。

（3）单击【排序】按钮，则打开排序窗口。

上述功能的主要实现代码如下。

```
Private Sub cmdOperations_Click(Index As Integer)
Dim obj As Form
    If Index = 1 Then Set obj = frmSearch                   '设置对象为查找窗口
    If Index = 0 Then Set obj = frmFilter                   '设置对象为过滤窗口
    If Index = 2 Then Set obj = frmSort                     '设置对象为排序窗口
    With obj
        Set .SourceRs = RS
        .Show vbModal                                       '打开对应窗口
    End With
    Set obj = Nothing                                       '释放
End Sub
```

8. 编写 DisplayRecords() 函数

窗体内 DisplayRecords() 函数的功能是，浏览数据库中的数据，统计数据库中的数据信息总数，并确定当前记录所在的位置。主要实现代码如下。

```
Private Sub DisplayRecords()
    On Error GoTo hell                                      '有错误则来到错误处理语句
    With RS
        If .RecordCount < 1 Then                            '记录少于1则显示总数为0
            txtcount.Text = 0
        Else
            txtcount.Text = .AbsolutePosition               '显示记录总数
        End If
        lblmax.Caption = .RecordCount
```

```
        End With
    Exit Sub
hell:                                                          '错误处理语句
        Handler Err
End Sub
```

至此，本系统实例的信息选择窗体 SelectDg.frm 的主要模块设计完毕。在还书界面或借书界面中单击图标后会显示对应表的选择窗体，如图 24-68 所示。用户可以使用鼠标或导航条中的按钮来选择表中的数据。

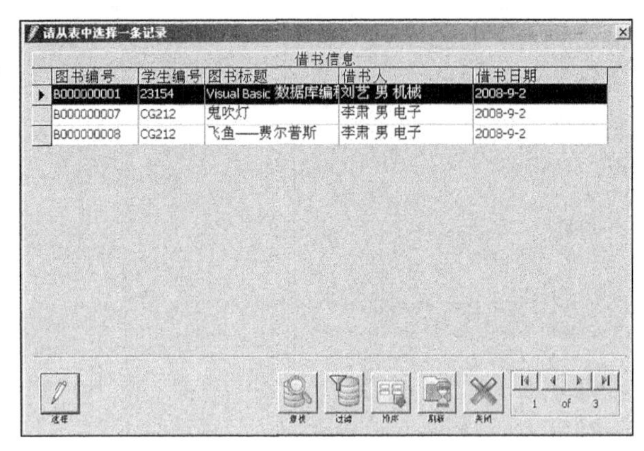

图 24-68　信息选择界面效果

24.14　创建系统设置窗体 Settings.frm

通过系统的系统设置窗体，管理员可以设置借阅系统的每天罚金金额和最多可借阅的天数。在本节的内容中，将详细介绍系统设置窗体 Settings.frm 的具体实现流程。

24.14.1　界面设计

系统设置窗体 Settings.frm 界面的具体设计流程如下。

（1）依次单击【工程】|【添加窗体】选项，在弹出的“添加窗体”对话框中单击【打开】按钮，添加一个新的窗体 Settings.frm，如图 24-69 所示。

（2）在窗体内插入需要的控件对象，并依次设置它们的属性，如图 24-70 所示。

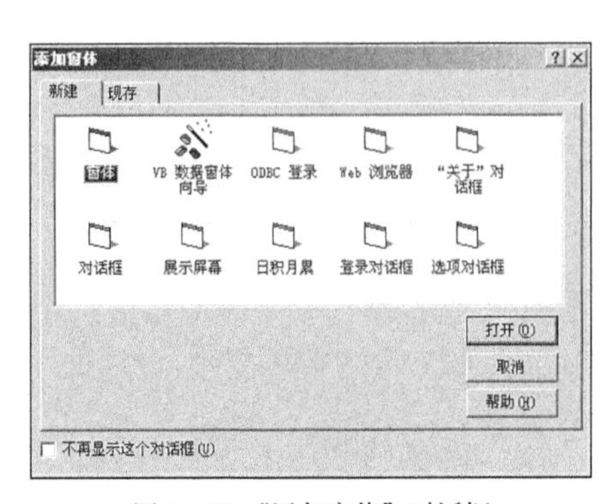

图 24-69　“添加窗体”对话框

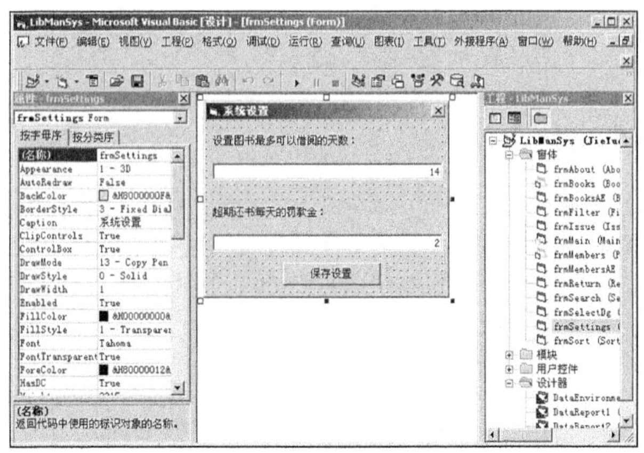

图 24-70　插入窗体控件

窗体 Settings.frm 内各主要控件对象属性的具体设置信息如下。

- 窗体名称为“frmSettings”，Caption 属性为“系统设置”。
- SSTab 控件的名称为“SSTab1”，Caption 属性为“客户详细信息”。
- 第一个 TextBox 控件，名称为“Text1”，Text 属性为 14。
- 第二个 TextBox 控件，名称为“Text2”，Text 属性为 2。
- 第一个 Label 控件，名称为“Label1”，Caption 属性为“设置图书最多可以借阅的天数：”。
- 第二个 Label 控件，名称为“Label2”，Caption 属性为“超期还书每天的罚款金：”。
- CommandButton 控件，名称为“Command1”，Caption 属性为“保存设置”。

（3）继续设置窗体各个对象的相关属性，完成系统设置窗体 Settings.frm 的创建，最终界面如图 24-71 所示。

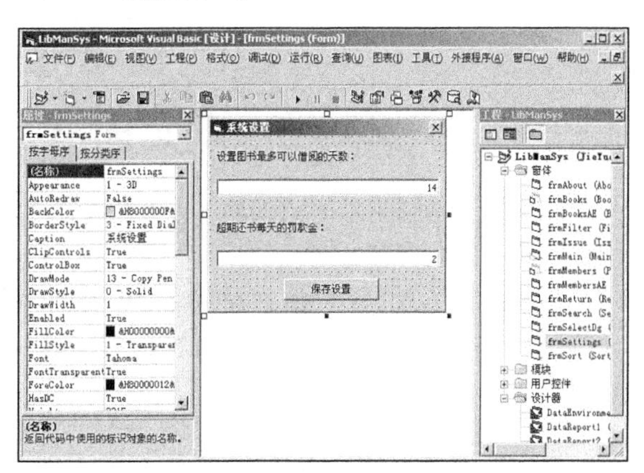

图 24-71　窗体 Settings.frm 最终设计界面效果

24.14.2　编写窗体处理代码

系统设置窗体 Settings.frm 是本系统实例的主要窗体之一，用于实现对系统常用参数的设置。在下面的内容中，将分别介绍系统设置窗体 Settings.frm 的各事件处理代码。

1. 编写 Load 事件

窗体内 Load 事件的功能是初始化窗体并设置系统参数，在此设置的最多借阅天数为 14，每天的超期罚金金额为 2。主要实现代码如下。

```
Private Sub Form_Load()
    Text2.Text = GetSetting(App.Title, "Settings", "Fine Amount", "2")
    Text1.Text = GetSetting(App.Title, "Settings", "Max Days", "14")
End Sub
```

2. 编写 Command1 控件的 Click 事件

窗体内 Command1 控件的 Click 的功能是初始化窗体并设置系统参数，在此设置的最多借阅天数为 14 天，每天的超期罚金金额为 2 元。主要实现代码如下。

```
Private Sub Command1_Click()
    On Error GoTo hell                                          '有错误则来到错误处理语句
    If Text1.Text = "" Or IsNumeric(Text1.Text) = False Or Text1.Text < 0 Or Text2.Text = "" Or IsNumeric(Text2.Text) = False
Or Text2.Text < 0 Then                                          '文本框为空或不是数字则输出错误
        GoTo hell
        Exit Sub '--->烱ottom
    Else                                                        '更新设置参数数据
        SaveSetting App.Title, "Settings", "Fine Amount", CStr(CCur(Text2.Text))
        SaveSetting App.Title, "Settings", "Max Days", CStr(CCur(Text1.Text))
        Unload Me
    End If
Exit Sub
hell:                                                           '错误处理语句
    MsgBox "You have entered an invalid charecter or no charecters at all in the textboxes" & vbNewLine & "therefore you
cannot save the settings" & vbNewLine & "You can enter only numeric data in the boxes", vbExclamation
End Sub
```

至此，本系统实例的系统设置窗体 Settings.frm 的主要模块设计完毕。当单击工具栏中的图标后会显示对应表的设置窗体，如图 24-72 所示。用户可以在文本框内设置自己需要的数据。

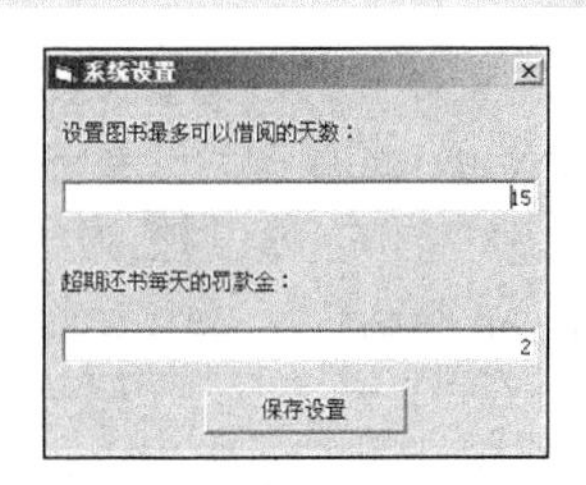

图 24-72　系统设置窗体界面效果

24.15　创建图书报表 DataReport1

为了便于系统的总体控制和实现办公自动化，系统为图书信息设置了报表模块，以便于图书信息的打印和导出处理。

为本系统实例的图书信息表创建报表的流程比较简单，其具体如下。

（1）依次单击【工程】|【添加 Data DataReport】选项，将数据报表设计器添加到项目工程的窗体中，如图 24-73 所示。

（2）依次设置报表的属性，其中“名称”为“DataReport1”，Caption 属性为“图书清单”。

（3）设置报表的 DataSource 属性为“DataEnvironment1”，即系统的图书表 Books。

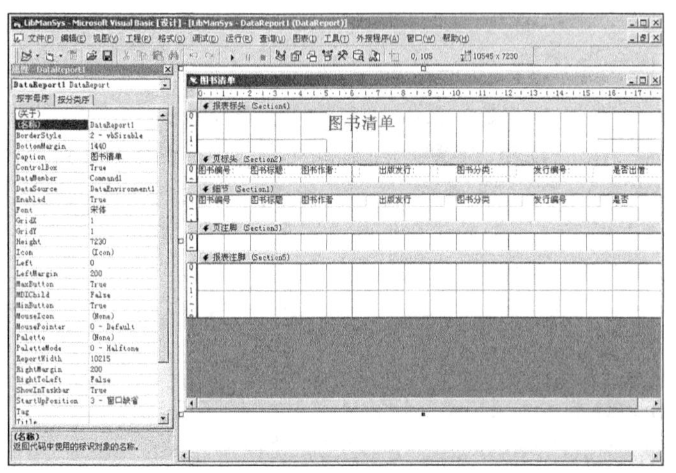

图 24-73　插入报表

设置完毕并执行后，将按指定样式显示系统内图书信息的报表，具体如图 24-74 所示。

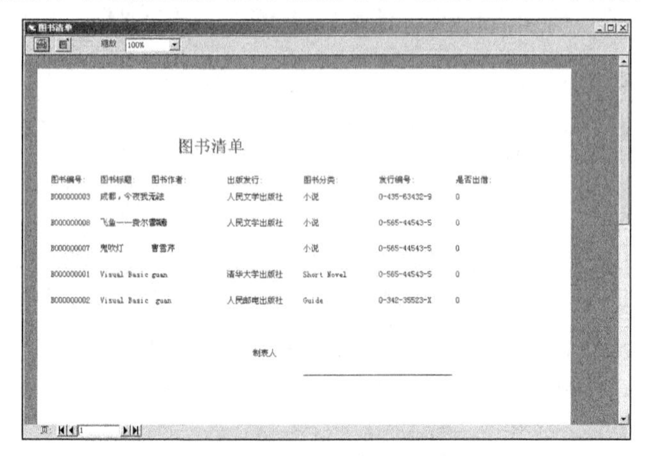

图 24-74　系统图书信息报表

读书笔记

读书笔记